SpringerWienNewYork

Josef Trölß

Angewandte Mathematik mit Mathcad

Lehr- und Arbeitsbuch

Band 2

Komplexe Zahlen und Funktionen
Vektoralgebra und Analytische Geometrie
Matrizenrechnung
Vektoranalysis

Dritte, aktualisierte Auflage

SpringerWienNewYork

Mag. Josef Trölß
Asten/Linz, Österreich

SpringerWien New York ist ein Unternehmen von
Springer Science + Business Media
springer.at

Korrektorat: Mag. Eva-Maria Oberhauser/Springer-Verlag
Satz: Reproduktionsfertige Vorlage des Autors
Druck und Bindearbeiten: Strauss GmbH, 69509 Mörlenbach, Deutschland

Gedruckt auf säurefreiem, chlorfrei gebleichtem Papier – TCF
SPIN: 12174430

Mit zahlreichen Abbildungen

Bibliografische Informationen der Deutschen Nationalbibliothek
Die Deutsche Nationalbibliothek verzeichnet diese Publikation in der Deutschen Nationalbibliografie; detaillierte bibliografische Daten sind im Internet über http://dnb.d-nb.de abrufbar.

ISBN 978-3-211-76744-3 SpringerWienNewYork
ISBN 978-3-211-71176-7 2. Aufl. SpringerWienNewYork

Vorwort

Dieses Lehr- und Arbeitsbuch aus dem vierbändigen Werk "Angewandte Mathematik mit Mathcad" richtet sich vor allem an Schülerinnen und Schüler höherer Schulen, Studentinnen und Studenten, Naturwissenschaftlerinnen und Naturwissenschaftler, sowie Anwenderinnen und Anwender, speziell im technischen Bereich, die sich über eine computerorientierte Umsetzung mathematischer Probleme informieren wollen und dabei die Vorzüge von Mathcad möglichst effektiv nützen möchten.
Dieses vierbändige Werk wird ergänzt durch das Lehr- und Arbeitsbuch "Einführung in die Statistik und Wahrscheinlichkeitsrechnung und in die Qualitätssicherung mithilfe von Mathcad".
Als grundlegende Voraussetzung für das Verständnis und die Umsetzung mathematischer und technischer Aufgaben mit Mathcad sind die im Band 1 (Einführung in Mathcad) angeführten Grundlagen.

Computer-Algebra-Systeme (CAS) und **computerorientierte numerische Verfahren (CNV)** vereinfachen den praktischen Umgang mit der Mathematik ganz entscheidend und erfahren heute eine weitreichende Anwendung. Bei ingenieurmäßigen Anwendungen kommen CAS und CNV nicht nur für anspruchsvolle mathematische Aufgabenstellungen und Herleitungen in Betracht, sondern auch als Engineering Desktop Software für alle Berechnungen. **Mathcad** stellt dazu eine Vielfalt von leistungsfähigen Werkzeugen zur Verfügung. So können **mathematische Formeln, Berechnungen, Texte, Grafiken usw.** in einem einzigen Arbeitsblatt dargestellt werden. Berechnungen und ihre Resultate lassen sich besonders einfach **illustrieren, visualisieren und kommentieren**. Werden auf dem Arbeitsblatt einzelne Parameter variiert, so passt die Software umgehend alle betroffenen Formeln und Diagramme des Arbeitsblattes an diese Veränderungen an. Spielerisch lässt sich so das "Was wäre wenn" untersuchen. Damit eignet sich diese Software in hervorragender Weise zur **Simulation** vieler Probleme. Auch die Visualisierung durch **Animation** kommt nicht zu kurz und fördert das Verständnis mathematischer Probleme. Ein weiterer Vorteil besteht auch darin, dass die meisten **mathematischen Ausdrücke** mit modernen Editierfunktionen **in gewohnter standardisierter mathematischer Schreibweise** dargestellt werden können.

Gliederung des zweiten Bandes

In diesem Band wird eine leicht verständliche anwendungsorientierte und anschauliche Darstellung des mathematischen Stoffes gewählt. Definitionen, Sätze und Formeln werden für das Verständnis möglichst kurz gefasst und durch zahlreiche Beispiele aus Naturwissenschaft und Technik und anhand vieler Abbildungen und Grafiken näher erläutert.
Dieses Buch wurde weitgehend mit Mathcad 14 (M011) erstellt, sodass die vielen angeführten Beispiele leicht nachvollzogen werden können. Sehr viele Aufgaben können aber auch mit älteren Versionen von Mathcad gelöst werden. Bei zahlreichen Beispielen werden die Lösungen teilweise auch von Hand ermittelt.

Im vorliegenden Band werden folgende ausgewählte Stoffgebiete behandelt:

- **Komplexe Zahlen und Funktionen:** Darstellungsmöglichkeiten komplexer Zahlen, Darstellungsformen komplexer Zahlen, Rechnen mit komplexen Zahlen, Anwendungen komplexer Größen: komplexe Darstellung von sinusförmigen Größen, Überlagerung von Schwingungen gleicher Frequenz; Berechnungen im Wechselstromkreis: Widerstands- und Leitwertoperatoren und Wechselstromleistung, Ortskurven, komplexe Wechselstromrechnung im Schwingkreis, Amplituden- und Phasengang bei Vierpolen.

- **Vektoralgebra und analytische Geometrie:** Vektoren, Grundrechenoperationen von Vektoren, Darstellung der Vektoren im kartesischen Koordinatensystem, Vektorräume: Untervektorräume, lineare Unabhängigkeit, Basis und Dimension; Betrag eines Vektors, Produkte von Vektoren: Skalarprodukt, Vektorprodukt, Spatprodukt; analytische Geometrie: Teilung einer Strecke, Geradendarstellung, Ebenendarstellung, Darstellung nichtlinearer geometrischer Gebilde.

- **Matrizenrechnung:** Reelle Matrizen: Transposition, Gleichheit von Matrizen, Multiplikation von Matrizen, Determinanten, reguläre und singuläre Matrix, inverse Matrix, orthogonale Matrix, Rang einer Matrix, Spur einer Matrix, verallgemeinerte inverse Matrix, Untermatrizen, verschiedene Matrixzerlegungen, lineare Gleichungssysteme, quadratische lineare Gleichungssysteme; komplexe Matrizen: konjugiert komplexe Matrix, konjugiert transponierte Matrix, hermitesche Matrix, schiefhermitesche Matrix, unitäre Matrizen, komplexe quadratische lineare Gleichungssysteme; Eigenwerte und Eigenvektoren einer quadratischen Matrix: Eigenwerte und Eigenvektoren einer Diagonal- bzw. Dreiecksmatrix, Eigenwerte und Eigenvektoren einer symmetrischen Matrix, Eigenwerte und Eigenvektoren einer hermiteschen Matrix, verallgemeinertes Eigenwertproblem; Matrixnormen und Konditionszahlen. Anwendungen der Matrizenrechnung in der Elektrotechnik: einfache Anwendungen in der linearen Netzwerktechnik, Anwendungen in der Vierpoltheorie; Anwendungen in der Mechanik, Anwendungen in der Computergrafik, Anwendungen in der linearen Optimierung, Anwendungen in der Ökonomie.

- **Vektoranalysis:** Raumkurven: vektorielle Darstellung einer Kurve, Ableitung einer Vektorfunktion, Tangenten- und Hauptnormaleneinheitsvektor und Krümmung einer Kurve; Flächen im Raum: vektorielle Darstellung einer Fläche, Kurven auf Flächen; ebene und räumliche Koordinatensysteme: zweidimensionale Koordinatensysteme (Kartesisches System und Polarkoordinatensystem), dreidimensionale Koordinatensysteme (Zylinderkoordinaten und Kugelkoordinaten); Skalar- und Vektorfelder, klassische Differentialoperatoren: Gradient eines Skalarfeldes, Divergenz eines Vektorfeldes, Rotation eines Vektorfeldes; Mehrfachanwendung der Differentialoperatoren, Linien- und Kurvenintegrale, Oberflächenintegrale von Vektorfeldern, Integralsätze von Gauß und Stokes.

Spezielle Hinweise

Beim Erstellen eines Mathcad-Dokuments ist es hilfreich, viele mathematische Sonderzeichen verwenden zu können. Ein recht umfangreicher Zeichensatz ist die **Unicode-Schriftart "Arial". Eine neue Mathematik-schriftart (Unicode-Schriftart "Mathcad UniMath") von Mathcad erweitert die verfügbaren mathematischen Symbole (wie z. B. griechische Buchstaben, mathematische Operatoren, Symbole und Pfeile) beträchtlich.** Einige **Sonderzeichen** aus der **Unicode-Schriftart "Arial"** stehen auch im **"Ressourcen-Menü"** von Mathcad zu Verfügung (**QuickSheets-Gesonderte Rechensymbole**).
Spezielle Zeichen finden sich auch in anderen Zeichensätzen wie z. B. **Bookshelf Symbol 2, Bookshelf Symbol 4, Bookshelf Symbol 5, MT Extra, UniversalMath1 PT, Castellar und CommercialScript BT. Empfohlen wird aber der Einsatz von reinen Unicode-Schriftarten.**
Zum **Einfügen verschiedener Zeichen** aus **verschiedenen Zeichensätzen** ist das **Programm Charmap.exe** sehr nützlich. Dieses Programm finden Sie unter **Zubehör-Zeichentabelle** in **Microsoft-Betriebssystemen. Es gibt aber auch andere nützliche Zeichentabellen-Programme.**
Viele **Zeichen** können aber auch mithilfe des **ASCII-Codes** (siehe Zeichentabelle) eingefügt werden (Eingabe mit Alt-Taste und Ziffercode mit dem numerischen Rechenblock der Tastatur).

Damit Variable zur Darstellung von **Vektoren und Matrizen** von normalen Variablen unterschieden werden können, werden diese hier in **Fettschreibweise** dargestellt. Die Darstellung von Vektoren mit Vektorpfeilen als Variablen ist in Mathcad **nur dann möglich, wenn z. B. die Schriftart "Tvector"** installiert wird. Der Vektorpfeil über mathematische Ausdrücke (in der Symbolleiste-Matrix) stellt einen Vektorisierungsoperator dar.

Zur Darstellung von **komplexen Variablen** wird hier die **Fettschreibweise mit Unterstreichung** gewählt.

Texte und Variable werden in diesem Buch in der Schriftart Arial dargestellt.

Damit Variable, denen bereits ein Wert zugewiesen wurde, wertunabhängig auch für nachfolgende symbolische Berechnungen mit den Symboloperatoren (live symbolic) verwendet werden können, werden diese einfach redefiniert (z. B. **x:=x**). Davon wird öfters Gebrauch gemacht.

Danksagung

Eine große Hilfe waren beim Erstellen dieses Buches die vielen Beiträge im Internet und einige im Anhang angeführte Bücher, von denen ich viel gelernt habe und deren Ideen und Vorschläge sich in einigen Bereichen dieser Arbeit widerspiegeln.
Mein außerordentlicher Dank gebührt meinen geschätzten Kollegen Hans Eder und Bernhard Roiss für ihre Hilfestellungen bei der Herstellung des Manuskriptes, für wertvolle Hinweise und zahlreiche Korrekturen.

Hinweise, Anregungen und Verbesserungsvorschläge sind jederzeit willkommen.

Linz, im Februar 2008 Josef Trölß

Inhaltsverzeichnis

Inhaltsverzeichnis

Inhaltsverzeichnis

Inhaltsverzeichnis

1. Komplexe Zahlen

1.1 Allgemeines

Im Bereich der reellen Zahlen ℝ sind die Rechenoperationen erster und zweiter Stufe (+, - , . , :) unbeschränkt ausführbar (außer der Division durch 0!). Dies gilt nicht für die Rechenoperationen 3. Stufe wie Potenzieren! Dieses Problem führt unweigerlich zum Begriff der komplexen Zahlen. Eine breite Anwendung finden komplexe Zahlen z. B. in der Elektro-, Regelungs- und Nachrichtentechnik.

Beispiel 1.1.1:

Lösung der quadratischen Gleichung:

$x^2 - 1 = 0$ gegebene Gleichung

$x^2 = -1$ umgeformte Gleichung

Im Reellen sind Zahlen wie $\sqrt{-1}$ nicht erklärt! Denn es gibt keine reelle Zahl x mit der Eigenschaft $x^2 = -1$! Die Quadrate von positiven und negativen Zahlen sind immer positiv! Es ist daher notwendig, neue Zahlen zu konstruieren (vor Einführung der negativen Zahlen gab es ja auch die Zahl -1 nicht).

1.2 Definition einer komplexen Zahl

Der formale Wurzelausdruck $\sqrt{-1}$ heißt imaginäre Einheit und wird durch das Symbol j gekennzeichnet:

$$j = \sqrt{-1} . \quad (1\text{-}1)$$

Das Quadrat der imaginären Einheit j ergibt dann die reelle Zahl -1:

$$j^2 = -1 \quad (1\text{-}2)$$

Bemerkung:
In der Mathematik wird statt j meist der Buchstabe i verwendet. In den physikalischen und technischen Anwendungen ist, um Verwechslungen mit der Stromstärke i zu vermeiden, der Buchstabe j gebräuchlich. Für die imaginäre Einheit wird nachfolgend j häufig verwendet.
Mit $j = \sqrt{-1}$ darf nicht mit den für nichtnegative Radikanden gültigen Wurzelgesetzen gerechnet werden, wie das nachfolgende Beispiel zeigt:

$$-1 = j \cdot j = \sqrt{-1} \cdot \sqrt{-1} = \sqrt{(-1) \cdot (-1)} = \sqrt{1} = 1 \text{ !!!}$$

Mit dieser Definition ist die oben angeführte Gleichung lösbar:

$x^2 + 1 = 0$ $x_1 = j$ $x_2 = -j$ Lösungen der Gleichung

Probe: $j^2 = -1$ $(-j)^2 = -1$

Potenzen der imaginären Einheit:

Positive Potenzen:

$j^0 = 1 \quad j^1 = j \quad j^2 = -1 \quad j^3 = j^2 \cdot j = -j \quad j^4 = j^2 \cdot j^2 = 1 \quad j^5 = j^4 \cdot j = j \quad j^6 = j^4 \cdot j^2 = -1$

Negative Potenzen:

$j^0 = 1 \quad j^{-1} = \frac{1}{j} = \frac{j}{j \cdot j} = -j \quad j^{-2} = \frac{1}{j^2} = -1 \quad j^{-3} = \frac{1}{j^3} = \frac{-1}{j} = j \quad j^{-4} = \frac{1}{j^4} = 1$

Allgemein gilt:

$$j^{4 \cdot n} = 1 \ , \ j^{4 \cdot n+1} = j \ , \ j^{4 \cdot n+2} = -1 \ , \ j^{4 \cdot n+3} = -j \qquad (1\text{-}3)$$

mit $n \in \mathbb{Z}$.

Definitionen:

Unter einer imaginären Zahl

$$j \cdot y \text{ oder } y \cdot j \qquad (1\text{-}4)$$

verstehen wir das formale Produkt aus der reellen Zahl y und der imaginären Einheit j.

Unter einer komplexen Zahl $\underline{z}$ verstehen wir die formale Summe aus einer reellen Zahl x und einer imaginären Zahl j.y:

$$\underline{z} = x + y \cdot j = x + j \cdot y \quad (x, y \in \mathbb{R}) \qquad (1\text{-}5)$$

Wir schreiben $\underline{z}$ auch in Zahlenpaarform: $\underline{z} = (x ; y)$.

Die komplexe Zahl

$$\underline{z}^* = \overline{\underline{z}} = x - j \cdot y \qquad (1\text{-}6)$$

heißt die zu $\underline{z} = x + j \cdot y$ konjugiert komplexe Zahl.

Bemerkung:
"Imaginär" bedeutet "nur in der Vorstellung existierend" im Vergleich zu reell (wirklich).
"Komplex" heißt "zusammengesetzt", nämlich aus einer "reellen Zahl und einer imaginären Zahl".

x und y . j heißen Komponenten von $\underline{z}$. Daher heißt diese Darstellung der komplexen Zahl Komponentendarstellung. Sie wird auch algebraische Form, kartesische Form oder Normalform genannt.

x heißt Realteil und y heißt Imaginärteil von $\underline{z}$.
Wir schreiben: $\text{Re}(\underline{z}) = x$ und $\text{Im}(\underline{z}) = y$. Eine komplexe Zahl kann damit auch in folgender Form geschrieben werden: $\underline{z} = \text{Re}(z) + j \cdot \text{Im}(z)$.

Die Menge $\mathbb{C} = \{ \underline{z} \mid \underline{z} = x + j \cdot y \wedge x, y \in \mathbb{R} \}$ heißt Menge der komplexen Zahlen.

In der Mathematik wird eine komplexe Zahl häufig nur mit z bezeichnet. In den Anwendungen werden komplexe Größen durch Unterstreichen gekennzeichnet (z. B. $\underline{U}$, $\underline{Z}$, $\underline{I}$ usw.). Wir verwenden hier generell die Schreibweise mit Unterstreichen.

1.3 Darstellungsmöglichkeiten komplexer Zahlen

Betrachten wir den Real- und Imaginärteil einer komplexen Zahl als kartesische Koordinaten eines Punktes P der x-y-Ebene, so kann jeder komplexen Zahl $\underline{z}$ genau ein Bildpunkt P($\underline{z}$) = (x ; y) zugeordnet werden. Es gilt auch die Umkehrung.

$$\underline{z} = x + j \cdot y \Leftrightarrow P(\underline{z}) = (x\,;\,y) \qquad (1\text{-}7)$$

Die Bildebene heißt komplexe Ebene oder Gauß'sche Zahlenebene. Die beiden Koordinatenachsen werden als reelle und imaginäre Achsen bezeichnet.

In Mathcad muss die imaginäre Einheit i bzw. j in der Form 1i bzw. 1j (ohne Malpunkt!) eingegeben werden. Falls wir die Eins vergessen, interpretiert Mathcad i bzw. j als normale Variable! Wir verwenden hier in Mathcad zur Darstellung einer komplexen Zahl ein eigenes Format (Fett mit Unterstreichen).

Beispiel 1.3.1:

$x := 3$ $\quad y := 2$ Real- und Imaginärteil

$\underline{z} := x + j \cdot y$ gegebene komplexe Zahl

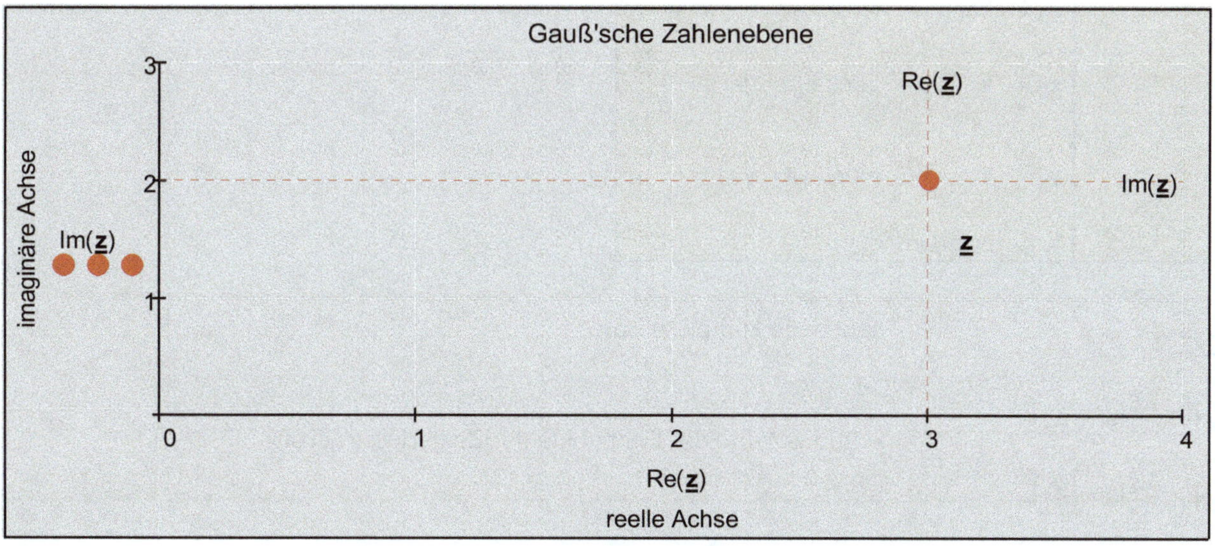

Abb. 1.3.1

Bildliche Darstellung einer komplexen Zahl durch einen Punkt in der Gauß'schen Zahlenebene. Die Bildpunkte der reellen Zahlen liegen dabei auf der reellen Achse und die Bildpunkte der imaginären Zahlen auf der imaginären Achse.

In den Anwendungen werden komplexe Zahlen (Größen) oft durch komplexe Zeiger dargestellt. Es handelt sich hier um eine bildliche Darstellung der komplexen Zahl $\underline{z}$ in Form eines Pfeils, der vom Koordinatenursprung aus zum Bildpunkt P($\underline{z}$) = (x ; y) gerichtet ist.
Diese geometrische Darstellungsform der komplexen Zahl darf nicht mit einem Vektor verwechselt werden! Zeiger und Vektoren unterliegen unterschiedlichen Rechengesetzen.

Beispiel 1.3.2:

ORIGIN := 1

$$\text{zeiger}(\underline{z}) := \begin{array}{|l} x_1 \leftarrow 0 \\ y_1 \leftarrow 0 \\ x_2 \leftarrow \text{Re}(\underline{z}) \\ y_2 \leftarrow \text{Im}(\underline{z}) \\ x_3 \leftarrow \text{Re}(\underline{z}) \\ y_3 \leftarrow \text{Im}(\underline{z}) \\ x_4 \leftarrow x_3 - \sin\left(\frac{\pi}{3} - \text{winkel}(x_3, y_3)\right) \\ y_4 \leftarrow y_3 - \cos\left(\frac{\pi}{3} - \text{winkel}(x_3, y_3)\right) \\ x_5 \leftarrow \text{Re}(\underline{z}) \\ y_5 \leftarrow \text{Im}(\underline{z}) \\ x_6 \leftarrow x_3 - \cos\left(\text{winkel}(x_3, y_3) - \frac{\pi}{6}\right) \\ y_6 \leftarrow y_3 - \sin\left(\text{winkel}(x_3, y_3) - \frac{\pi}{6}\right) \\ \mathbf{X} \leftarrow \text{erweitern}(\mathbf{x}, \mathbf{y}) \end{array}$$

Dieses Unterprogramm liefert die Endpunkte der Teilstrecken, aus denen ein Zeiger zusammengesetzt ist.

$\underline{z}_1 := 4 + j \cdot 4$ gegebene komplexe Zahl

$x_{z1} := \text{zeiger}(\underline{z}_1)^{\langle 1 \rangle}$

$y_{z1} := \text{zeiger}(\underline{z}_1)^{\langle 2 \rangle}$

x- und y-Werte der Endpunkte der Zeigerteilstrecken

$\underline{z}_2 := 4 - j \cdot 4$ gegebene komplexe Zahl (konjugiert komplexe Zahl von $\underline{z}_1$)

$x_{z2} := \text{zeiger}(\underline{z}_2)^{\langle 1 \rangle}$

$y_{z2} := \text{zeiger}(\underline{z}_2)^{\langle 2 \rangle}$

x- und y-Werte der Endpunkte der Zeigerteilstrecken

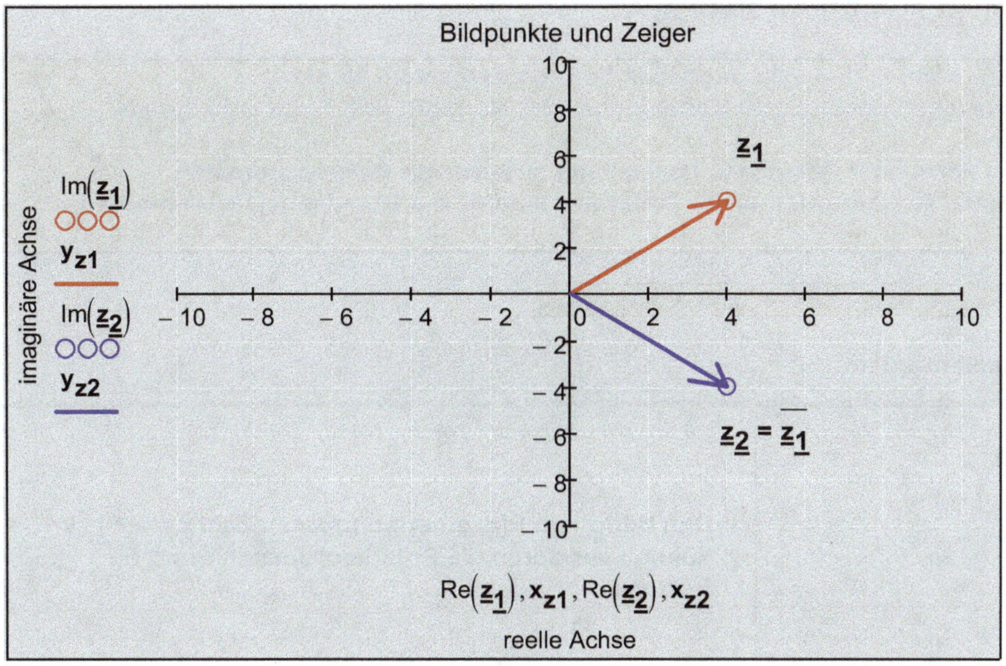

geometrische Punkt- und Zeigerdarstellung einer komplexen Zahl in der Gauß'schen Zahlenebene

Wegen der Zeigerdarstellung ist hier auf eine gleichmäßige Einteilung der Achsen zu achten!

Abb. 1.3.2

Bemerkung:

$\underline{z}_2$ ist die zu $\underline{z}_1$ konjugiert komplexe Zahl (Vorzeichenwechsel im Imaginärteil). Die zugehörigen Bildpunkte bzw. Zeiger liegen dabei spiegelsymmetrisch zur reellen Achse.

Unter dem absoluten Betrag

$$|\underline{z}| = \sqrt{x^2 + y^2} \quad (|\underline{z}| \geq 0) \qquad \textbf{(1-8)}$$

der komplexen Zahl $\underline{z} = x + j \cdot y$ verstehen wir die Länge des zugehörigen Zeigers.

Der absolute Betrag hat folgende Eigenschaften:

$$|\underline{z}| = |\underline{z}^*| \quad ; \quad |\underline{z}| = \sqrt{\underline{z} \cdot \underline{z}^*} \quad ; \quad |\underline{z}_1 \cdot \underline{z}_2| = |\underline{z}_1| \cdot |\underline{z}_2| \quad ; \quad \left|\frac{\underline{z}_1}{\underline{z}_2}\right| = \frac{|\underline{z}_1|}{|\underline{z}_2|}. \qquad \textbf{(1-9)}$$

Wir schreiben nach (1-6) in Mathcad anstatt $\underline{z}_1$* für die konjugiert komplexe Zahl $\overline{\underline{z}_1}$.

Der Querstrich kann nach Eingabe der Variablen $\underline{z}_1$ mithilfe der Anführungszeichentaste <"> eingegeben werden.

1.4 Darstellungsformen komplexer Zahlen

Eine komplexe Zahl $\underline{z}$ kann in drei verschiedenen Formen dargestellt werden:
1. Komponentenform (algebraische oder kartesische bzw. Normalform): Sie wurde bereits oben besprochen.
2. Trigonometrische Form oder Polarform: Darstellung mithilfe von Polarkoordinaten.
3. Exponentialform: Sie erhalten wir aus der Polarform mithilfe der Euler'schen Beziehungen.

Darstellung in trigonometrischer Form oder Polarform:

Gauß'sches Koordinatensystem:

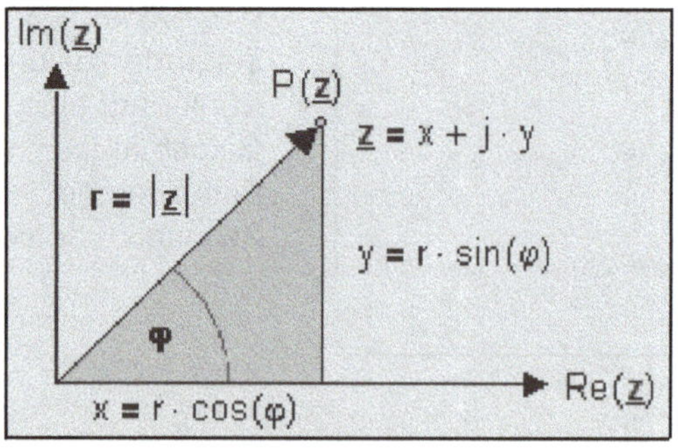

Abb. 1.4.1

Den Bildpunkt P($\underline{z}$) einer komplexen Zahl $\underline{z} = x + j \cdot y$ können wir durch die Polarkoordinaten r und φ festlegen.

Eine in Komponentenform $\underline{z} = x + j \cdot y$ vorliegende komplexe Zahl lässt sich mithilfe der Transformationsgleichungen

$$x = r \cdot \cos(\varphi),\ y = r \cdot \sin(\varphi) \tag{1-10}$$

und unter Berücksichtigung des Quadranten, in dem der zugehörige Bildpunkt liegt, in die trigonometrische Form oder Polarform

$$\underline{z} = x + j \cdot y = r \cdot \cos(\varphi) + j \cdot r \cdot \sin(\varphi) = r \cdot \cos(\varphi) + j \cdot \sin(\varphi) \tag{1-11}$$

überführen.

Wir schreiben $\underline{z}$ auch in Zahlenpaarform:

$$z = (r\,;\varphi) \tag{1-12}$$

Umgekehrt gilt auch: Eine in Polarform $\underline{z} = r \cdot (\cos(\varphi) + j \cdot \sin(\varphi))$ vorliegende komplexe Zahl lässt sich mithilfe der Transformationsgleichungen

$$x = r \cdot \cos(\varphi),\quad y = r \cdot \sin(\varphi) \tag{1.13}$$

in die Komponentenform

$$\underline{z} = x + j \cdot y \tag{1-14}$$

überführen. Es gilt dabei:

$$r = |\underline{z}| = \sqrt{x^2 + y^2} \quad \text{und} \quad \tan(\varphi) = \frac{y}{x}. \tag{1-15}$$

Bemerkung:
r steht hier für den Betrag von $\underline{z}$ (Länge des Zeigers).
$\varphi = \arg(\underline{z})$ heißt Argument, Winkel oder Phase von $\underline{z}$. Für $\mathrm{Re}(\underline{z}) = 0$ und $\mathrm{Im}(\underline{z}) = 0$ ist φ unbestimmt!

Der Übergang von einer komplexen Zahl $\underline{z}$ zu ihrer konjugiert komplexen Zahl bedeutet geometrisch eine Spiegelung des Bildpunktes $P(\underline{z})$ an der reellen Achse. Dabei tritt ein Vorzeichenwechsel im Argument φ ein (Drehung im mathematisch negativen Drehsinn), r bleibt dabei unverändert. Die konjugiert komplexe Zahl zu $\underline{z}$ lautet daher in Polarform:

$$\overline{\underline{z}} = r \cdot (\cos(-\varphi) + j \cdot \sin(-\varphi)) = r \cdot (\cos(\varphi) - j \cdot \sin(\varphi)) \,. \qquad (1\text{-}16)$$

Winkelbestimmung:

Bei der Winkelbstimmung φ ist besondere Sorgfalt geboten. Die Winkelkoordinate φ ist unendlich vieldeutig, denn jede weitere volle Umdrehung im Koordinatensystem führt zum gleichen Bildpunkt. Wir beschränken uns daher bei der Winkelangabe meist auf den im Intervall $0 \le \varphi < 2\pi$ gelegenen Wert. Er wird auch öfters Hauptwert genannt.

Beschränken wir uns wie vereinbart auf das Intervall $0 \le \varphi < 2\pi$, so ergibt sich der Winkel φ aus:

$$\varphi = \arctan\left(\frac{y}{x}\right) \quad \text{für den I. Quadranten,} \qquad (1\text{-}17)$$

$$\varphi = \arctan\left(\frac{y}{x}\right) + \pi \quad \text{für den II. und III. Quadranten,} \qquad (1\text{-}18)$$

$$\varphi = \arctan\left(\frac{y}{x}\right) + 2 \cdot \pi \quad \text{für den IV. Quadranten.} \qquad (1\text{-}19)$$

Die arctan-Funktion heißt in Mathcad atan. Der Winkel φ kann in Mathcad mit der Funktion winkel berechnet werden:

$$\varphi = \mathrm{winkel}(x, y) \qquad 0 \le \varphi < 2\pi. \qquad (1\text{-}20)$$

Im technischen Bereich wird häufig der kleinstmögliche Drehwinkel als Hauptwert angegeben.
Drehung im Gegenuhrzeigersinn (I. und II. Quadrant): positiver Drehwinkel von 0 bis π.
Drehung im Uhrzeigersinn (III. und IV. Quadrant): negativer Drehwinkel von 0 bis $-\pi$. Die Drehung erfolgt dabei aus der positiv-reellen Achse heraus. Die Hauptwerte des Winkels liegen demgemäß dann im Intervall $-\pi < \varphi \le \pi$.
Damit ergeben sich folgende Berechnungsformeln für φ:

$$\varphi = \begin{cases} \arccos\left(\frac{x}{r}\right) & \text{if} \quad y \ge 0 \\ -\arccos\left(\frac{x}{r}\right) & \text{if} \quad y < 0 \end{cases} \qquad (1\text{-}21)$$

Für die reellen Zahlen $z = x + j \,.\, 0 = x$ ist

$$\varphi = \begin{cases} 0 & \text{if} \quad x > 0 \\ \text{"unbestimmt"} & \text{if} \quad x = 0 \\ \pi & \text{if} \quad x < 0 \end{cases} \qquad (1\text{-}22)$$

Für die imaginären Zahlen z = 0 + j . y ist φ wie folgt gegeben:

$$\varphi = \begin{cases} \frac{\pi}{2} & \text{if } y > 0 \\ \frac{3}{2}\cdot\pi & \text{if } y < 0 \end{cases} \qquad (1\text{-}23)$$

Die arccos-Funktion heißt in Mathcad acos. Der Winkel φ kann in Mathcad mit den Funktionen arg oder atan2 berechnet werden:

$$\varphi = \arg(\underline{z})\ ; \qquad (1\text{-}24)$$
$$\varphi = \text{atan2}(x, y) \quad \textbf{mit} \quad -\pi < \varphi \le \pi$$

Es gilt nämlich:

$$\arg(x + j\cdot y) = \text{atan2}(x, y) \qquad (1\text{-}25)$$

Achtung:

Die Funktion $\text{atan}\left(\frac{y}{x}\right)$ **in Mathcad liefert nur Werte im Bereich -π/2 < φ < π/2 (- 90° < φ < 90°)!**

Quadrant	x	y	φ liegt zwischen	tan(φ)
I	+	+	0° und 90°	+
II	-	+	90° und 180°	-
III	-	-	180° und 270°	+
IV	+	-	270° und 360°	-

Beispiel 1.4.1:

$x := -3$	$y := 3$	Real- und Imaginärteil
$\underline{z} := x + y\cdot j$	$\underline{z} = -3 + 3j$	**komplexe Zahl in Komponentenform**
$\overline{\underline{z}} = -3 - 3j$		Konjugierte komplexe Zahl in Komponentenform
$\text{Re}(\underline{z}) = -3$	$\text{Im}(\underline{z}) = 3$	Real- und Imaginärteil von $\underline{z}$
$\text{Re}(\overline{\underline{z}}) = -3$	$\text{Im}(\overline{\underline{z}}) = -3$	Real- und Imaginärteil der konjugiert komplexen Zahl von $\underline{z}$
$r := \lvert\underline{z}\rvert$	$r = 4.243$	Betrag der komplexen Zahl (Länge des Zeigers)

Der Winkel zwischen reeller Achse und Zeiger kann auf verschiedene Art und Weise berechnet werden:

$\varphi_1 := \arg(\underline{z})$ $-\pi < \arg(\underline{z}) \le \pi$ $\varphi_1 = 2.356$ Winkel in Radiant $\varphi_1 = 135\cdot\text{Grad}$ Winkel in °

$\varphi_2 := \text{atan2}(x, y)$ $\varphi_2 = 135\cdot\text{Grad}$ $-\pi < \varphi_2 \le \pi$

$\varphi_3 := \text{atan}\left(\frac{y}{x}\right)$ $\varphi_3 = -45\cdot\text{Grad}$ **atan im Bereich -π/2 < φ_3 < π/2**

$\varphi := \text{winkel}(x, y)$ $\varphi = 135\cdot\text{Grad}$ Winkel in Grad   **Winkel im Bereich 0 ≤ φ < 2π**

$\underline{z} := r \cdot (\cos(\varphi) + j \cdot \sin(\varphi))$ **Polarkoordinatenform**

$\underline{z} = -3 + 3j$ numerische Auswertung

$° := \text{Grad}$ Graddefinition

$\underline{z_1} := 10 \cdot (\cos(30 \cdot °) + j \cdot \sin(30 \cdot °))$ gegebene komplexe Zahl in Polarform

$\underline{z_2} := 8 \cdot \left(\cos\left(\frac{-\pi}{3}\right) + j \cdot \sin\left(\frac{-\pi}{3}\right)\right)$ gegebene komplexe Zahl in Polarform

$x_z := \text{zeiger}(\underline{z})^{\langle 1 \rangle}$

$y_z := \text{zeiger}(\underline{z})^{\langle 2 \rangle}$

x- und y-Werte der Endpunkte der Zeigerteilstrecken

$x_{z1} := \text{zeiger}(\underline{z_1})^{\langle 1 \rangle}$

$y_{z1} := \text{zeiger}(\underline{z_1})^{\langle 2 \rangle}$

x- und y-Werte der Endpunkte der Zeigerteilstrecken

$x_{z2} := \text{zeiger}(\underline{z_2})^{\langle 1 \rangle}$

$y_{z2} := \text{zeiger}(\underline{z_2})^{\langle 2 \rangle}$

x- und y-Werte der Endpunkte der Zeigerteilstrecken

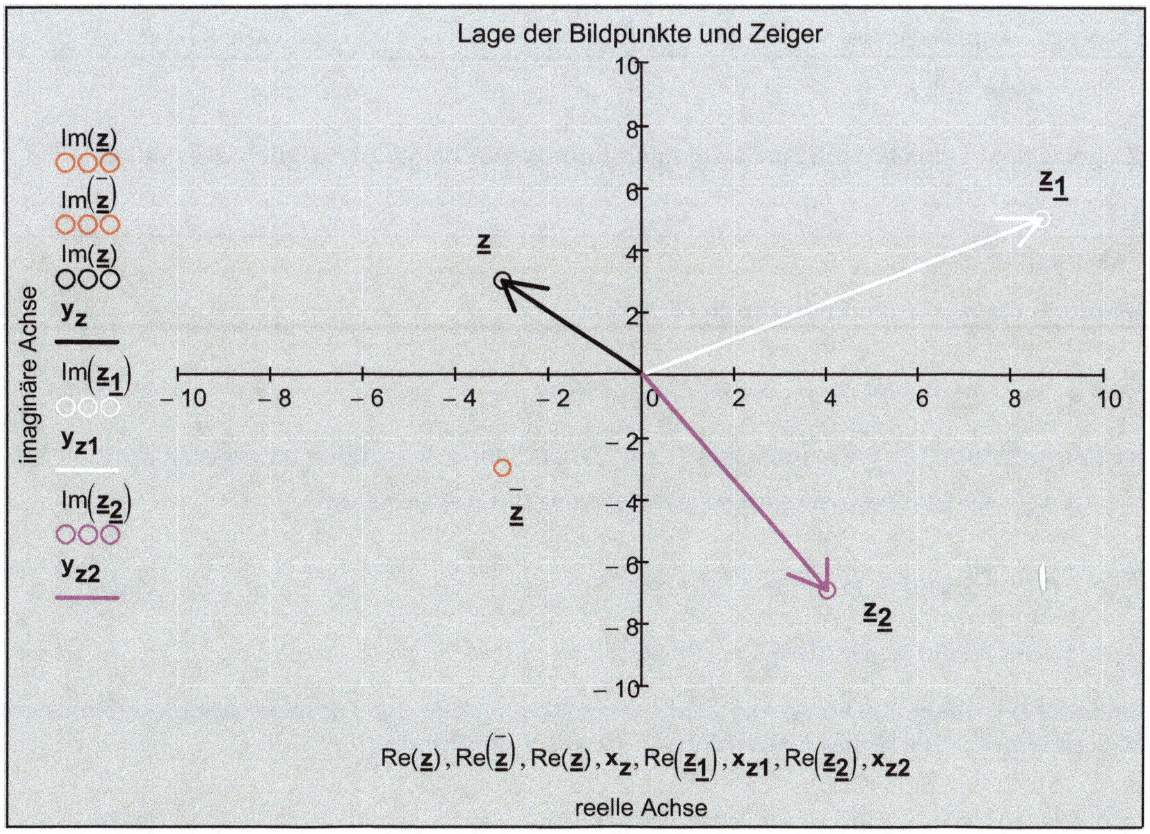

Abb. 1.4.2

Darstellung ohne Zeigerspitzen:

$k := 1..2$ — Bereichsvariable

$\mathbf{x_z} := (0 \;\; \mathrm{Re}(\underline{z}))^T \quad \mathbf{y_z} := (0 \;\; \mathrm{Im}(\underline{z}))^T$ — Ursprung und Bildpunkt

$\mathbf{x_{z^*}} := (0 \;\; \mathrm{Re}(\overline{\underline{z}}))^T \quad \mathbf{y_{z^*}} := (0 \;\; \mathrm{Im}(\overline{\underline{z}}))^T$ — Ursprung und Bildpunkt

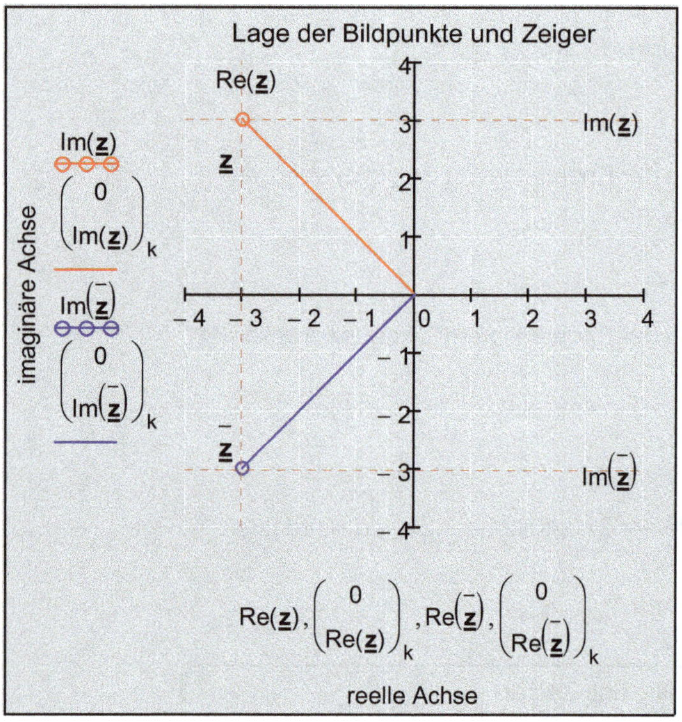

Abb. 1.4.3

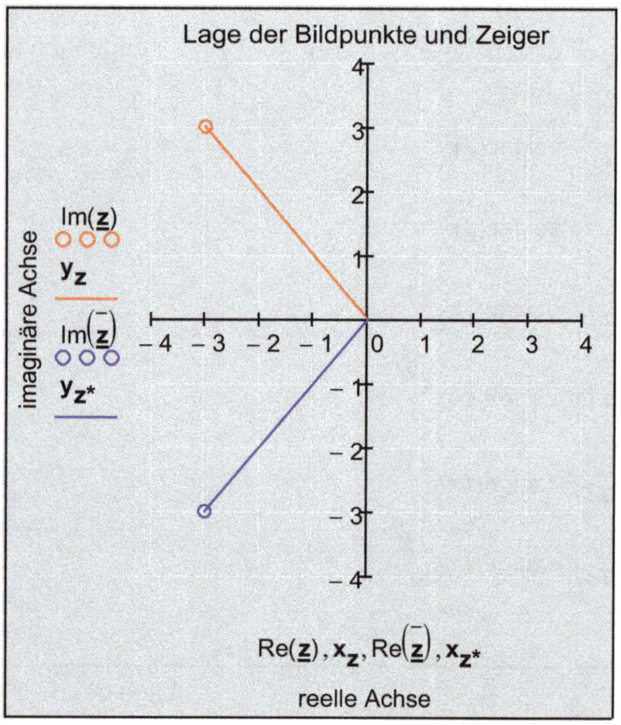

Abb. 1.4.4

Der komplexe Zeiger $\underline{z}$ liegt symmetrisch zum konjugiert komplexen Zeiger $\overline{\underline{z}}$ bezüglich der reellen Achse.

Darstellung in Exponentialform:

Unter der Verwendung der von Euler stammenden Formeln

$$e^{j\cdot\varphi} = \cos(\varphi) + j\cdot\sin(\varphi) \quad \text{und} \quad e^{-j\cdot\varphi} = \cos(\varphi) - j\cdot\sin(\varphi) \qquad (1\text{-}26)$$

erhalten wir aus der Polarform für $\underline{z} = r\cdot(\cos(\varphi) + j\cdot\sin(\varphi))$ und deren konjugiert komplexen Zahl $\overline{\underline{z}} = r\cdot(\cos(\varphi) - j\cdot\sin(\varphi))$ die als Exponentialform bezeichnete Darstellungsform:

$$\underline{z} = |\underline{z}|\cdot e^{j\cdot\varphi} = r\cdot e^{j\cdot\varphi} \quad \text{und} \quad \overline{\underline{z}} = |\overline{\underline{z}}|\cdot e^{-j\cdot\varphi} = r\cdot e^{-j\cdot\varphi}. \qquad (1\text{-}27)$$

Wir schreiben $\underline{z}$ auch hier in Zahlenpaarform: $z = (r ; \varphi)$.

Eine in Exponentialform vorliegende komplexe Zahl $\underline{z}$ lässt sich mithilfe der Transformations- gleichungen $x = r\cos(\varphi)$ und $y = r\sin(\varphi)$ in die Komponentenform $\underline{z} = x + j\,.\,y$ überführen:

$$\underline{z} = r\cdot e^{j\cdot\varphi} = r\cdot(\cos(\varphi) + j\cdot\sin(\varphi)) = r\cdot\cos(\varphi) + j\cdot r\cdot\sin(\varphi) = x + j\cdot y \qquad (1\text{-}28)$$

Beispiel 1.4.2:

$x := 8$ $\quad y := 3$ Real- und Imaginärteil

$\underline{z} := x + y \cdot j$ $\quad \underline{z} = 8 + 3j$ **komplexe Zahl in Komponentenform**

$r := |\underline{z}|$ $\quad r = 8.544$ Betrag von $\underline{z}$

$\varphi := \text{winkel}(x, y)$ $\quad \varphi = 20.556 \cdot \text{Grad}$ Winkel in Grad **Winkel im Bereich 0° ≤ φ < 360°**

$\underline{z} := r \cdot e^{j \cdot (\varphi + 10 \cdot \text{FRAME} \cdot \text{Grad})}$ **Exponentialform mit FRAME-Parameter**

$x_z := \text{zeiger}(\underline{z})^{\langle 1 \rangle}$

x- und y-Werte der Endpunkte der Zeigerteilstrecken

$y_z := \text{zeiger}(\underline{z})^{\langle 2 \rangle}$

$\varphi := 0, 0.01 .. 2 \cdot \pi$ Bereichsvariable

$x(\varphi) := r \cdot \cos(\varphi)$ $\quad y(\varphi) := r \cdot \sin(\varphi)$ Parameterdarstellung für den Kreis

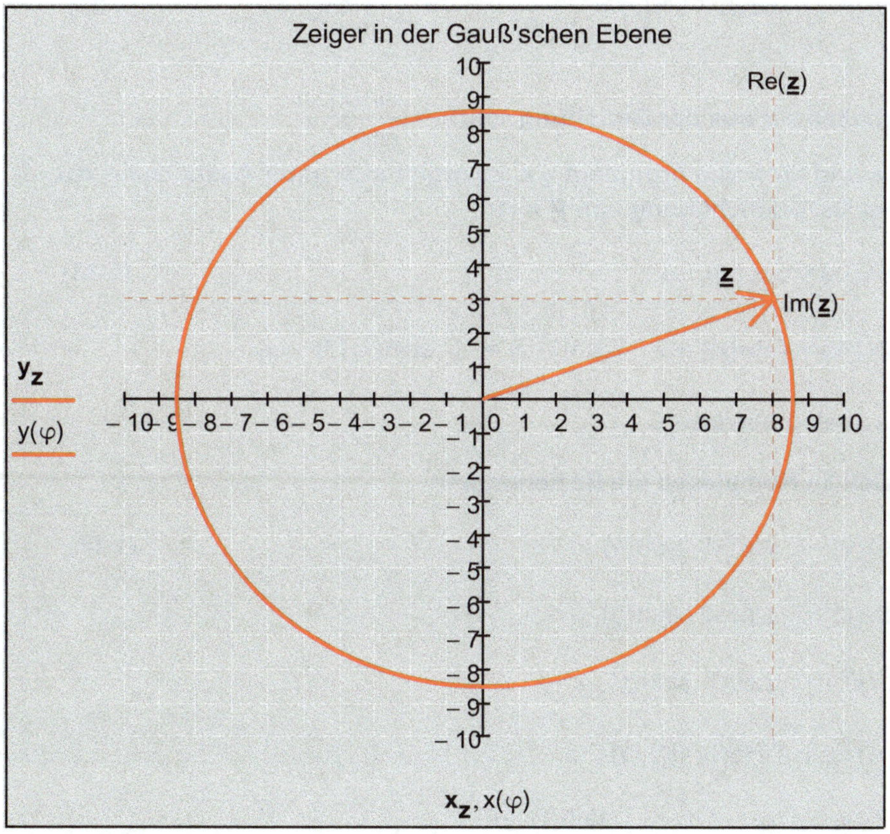

FRAME von 0 bis 36

$\underline{z} = 8 + 3j$

Abb. 1.4.5

<u>Zusammenhang zwischen Kreis- und Hyperbelfunktionen:</u>

Im Komplexen besteht zwischen Kreis- und Hyperbelfunktionen folgender Zusammenhang:

$$\cos(x) = \cosh(j \cdot x) \qquad \cosh(x) = \cos(j \cdot x) \qquad (1\text{-}29)$$

$$\sin(x) = -j \cdot \sinh(j \cdot x) \qquad \sinh(x) = -j \cdot \sin(j \cdot x)$$

$$\tan(x) = -j \cdot \tanh(j \cdot x) \qquad \tanh(x) = -j \cdot \tan(j \cdot x)$$

<u>Beweis:</u>
Durch Addition und Subtraktion der Euler'schen Beziehungen

$$e^{j \cdot x} = \cos(x) + j \cdot \sin(x) \qquad (1\text{-}30)$$

$$e^{-j \cdot x} = \cos(x) - j \cdot \sin(x)$$

erhalten wir

$$e^{j \cdot x} + e^{-j \cdot x} = 2 \cdot \cos(x) \qquad (1\text{-}31)$$

$$e^{j \cdot x} - e^{-j \cdot x} = 2 \cdot j \cdot \sin(x)$$

Damit ergibt sich durch Umformung

$$\cos(x) = \frac{e^{j \cdot x} + e^{-j \cdot x}}{2} = \cosh(j \cdot x) \quad \textbf{bzw.} \quad \sin(x) = \frac{e^{j \cdot x} - e^{-j \cdot x}}{2 \cdot j} = -j \cdot \sinh(j \cdot x)\,. \qquad (1\text{-}32)$$

Den Zusammenhang mit tan(x) erhalten wir aus der Beziehung $\tan(x) = \frac{\sin(x)}{\cos(x)}$.
Setzen wir für j . x das Argument x und für x das Argument -j x, so ergibt sich unter Ausnutzung der Symmetrieeigenschaften und unter Berücksichtigung von $j^2 = -1$**:**

$$\cos(-j \cdot x) = \cosh(x) \quad (\cos(-x) = \cos(x)) \Rightarrow \qquad (1\text{-}33)$$

$$\cos(j \cdot x) = \cosh(x)$$

$$\sin(-j \cdot x) = -j \cdot \sinh(x) \quad (\sin(-x) = -\sin(x)) \Rightarrow \quad -\sin(j \cdot x) = -j \cdot \sinh(x) \,/\, {*j} \quad \Rightarrow$$

$$\sinh(x) = -j \cdot \sin(j \cdot x)$$

Die anderen Beziehungen werden analog bewiesen.

Ähnlich wie im Reellen ergeben sich im Komplexen die Beziehungen:

$$\cos(x + j \cdot y) = \cos(x) \cdot \cosh(y) - j \cdot \sin(x) \cdot \sinh(y) \qquad (1\text{-}34)$$

$$\cos(x - j \cdot y) = \cos(x) \cdot \cosh(y) + j \cdot \sin(x) \cdot \sinh(y)$$

$$\sin(x + j \cdot y) = \sin(x) \cdot \cosh(y) + j \cdot \cos(x) \cdot \sinh(y)$$

$$\sin(x - j \cdot y) = \sin(x) \cdot \cosh(y) - j \cdot \cos(x) \cdot \sinh(y)$$

$$\tan(x + j \cdot y) = \frac{\sin(2 \cdot x)}{\cos(2 \cdot x) + \cosh(2 \cdot y)} + j \cdot \frac{\sinh(2 \cdot y)}{\cos(2 \cdot x) + \cosh(2 \cdot y)}$$

$$\tan(x - j \cdot y) = \frac{\sin(2 \cdot x)}{\cos(2 \cdot x) + \cosh(2 \cdot y)} - j \cdot \frac{\sinh(2 \cdot y)}{\cos(2 \cdot x) + \cosh(2 \cdot y)}$$

Analoge Beziehungen ergeben sich mit den Hyperbelfunktionen:

$$\cosh(x + j \cdot y) = \cosh(x) \cdot \cos(y) + j \cdot \sinh(x) \cdot \sin(y) \quad (1\text{-}35)$$

$$\cosh(x - j \cdot y) = \cosh(x) \cdot \cos(y) - j \cdot \sinh(x) \cdot \sin(y)$$

$$\sinh(x + j \cdot y) = \sinh(x) \cdot \cos(y) + j \cdot \cosh(x) \cdot \sin(y)$$

$$\sinh(x - j \cdot y) = \sinh(x) \cdot \cos(y) - j \cdot \cosh(x) \cdot \sin(y)$$

$$\tanh(x + j \cdot y) = \frac{\sinh(2 \cdot x)}{\cosh(2 \cdot x) + \cos(2 \cdot y)} + j \cdot \frac{\sin(2 \cdot y)}{\cosh(2 \cdot x) + \cos(2 \cdot y)}$$

$$\tanh(x - j \cdot y) = \frac{\sinh(2 \cdot x)}{\cosh(2 \cdot x) + \cos(2 \cdot y)} - j \cdot \frac{\sin(2 \cdot y)}{\cosh(2 \cdot x) + \cos(2 \cdot y)}$$

Der Beweis wird mithilfe der reellen Summensätze, den oben angeführten Beziehungen und folgenden Zusammenhängen geführt:

$\cos^2(x) + \sin^2(x) = 1$ $\qquad$ $\cosh^2(x) - \sinh^2(x) = 1$

$\sin(2\,x) = 2\,\sin(x)\cos(x)$ $\qquad$ $\sinh(2\,x) = 2\,\sinh(x)\cosh(x)$

$\cos(2\,x) = \cos^2(x) - \sin^2(x)$ $\qquad$ $\cosh(2\,x) + \sinh^2(x) + \sinh^2(x)$

1.5 Rechnen mit komplexen Zahlen

Auf der Zahlenmenge $\mathbb{C}$ lassen sich, wie bei reellen Zahlen, auch die vier Grundrechenarten (+ ; - ; . ; :) erklären. Bei der Festlegung dieser Rechenoperationen ist aber zu beachten, dass die reellen Zahlen einen Sonderfall der komplexen Zahlen darstellen ($\mathbb{R} \subset \mathbb{C}$). Die vier Grundrechenarten müssen so festgelegt werden, dass reelle und komplexe Zahlen den gleichen Grundgesetzen genügen (Permanenzprinzip). Es gibt jedoch eine Ausnahme: Für komplexe Zahlen lässt sich kein Anordnungsaxiom formulieren. Daher haben z. B. Ungleichungen, wie $\underline{z}_1 > \underline{z}_2$ oder $\underline{z}_1 < \underline{z}_2$, keinen Sinn!

Die vier Grundrechenoperationen für komplexe Zahlen genügen, im Einklang mit den reellen Zahlen, folgenden Grundgesetzen:

1. Die Summe $\underline{z}_1 + \underline{z}_2$, die Differenz $\underline{z}_1 - \underline{z}_2$, das Produkt $\underline{z} \,.\, \underline{z}_2$ und der Quotient $\underline{z}_1/\underline{z}_2$ zweier komplexer Zahlen $\underline{z}_1$ und $\underline{z}_2$ ergeben wiederum eine komplexe Zahl. Die Division durch 0 ist nicht erlaubt!
2. Die Addition und die Multiplikation sind kommutative Rechenoperationen. Für beliebige Zahlen $\underline{z}_1, \underline{z}_2 \in \mathbb{C}$ gelten stets die Kommutativgesetze:
   $\underline{z}_1 + \underline{z}_2 = \underline{z}_2 + \underline{z}_1$
   $\underline{z}_1 \cdot \underline{z}_2 = \underline{z}_2 \cdot \underline{z}_1$
3. Die Addition und die Multiplikation sind assoziative Rechenoperationen. Für beliebige Zahlen $\underline{z}_1, \underline{z}_2, \underline{z}_3 \in \mathbb{C}$ gelten stets die Assoziativgesetze:
   $\underline{z}_1 + (\underline{z}_2 + \underline{z}_3) = (\underline{z}_1 + \underline{z}_2) + \underline{z}_3$
   $\underline{z}_1 \cdot (\underline{z}_2 \cdot \underline{z}_3) = (\underline{z}_1 \cdot \underline{z}_2) \cdot \underline{z}_3$
4. Die Addition und die Multiplikation sind über das Distributivgesetz miteinander verbunden ($\underline{z}_1, \underline{z}_2, \underline{z}_3 \in \mathbb{C}$):
   $\underline{z}_1 \cdot (\underline{z}_2 + \underline{z}_3) = \underline{z}_1 \cdot \underline{z}_2 + \underline{z}_1 \cdot \underline{z}_3$

Eine Zahlenmenge mit diesen Eigenschaften wird als Körper bezeichnet. Die Menge $\mathbb{C}$ der komplexen Zahlen bildet somit einen Körper.

1.5.1 Addition und Subtraktion von komplexen Zahlen

Die Addition und die Subtraktion lassen sich nur in der Komponetenform durchführen. Realteil und Imaginärteil werden jeweils für sich addiert bzw. subtrahiert:

$\underline{z_1} = x_1 + j \cdot y_1$; $\underline{z_2} = x_2 + j \cdot y_2$

$$\underline{z} = \underline{z_1} + \underline{z_2} = (x_1 + j \cdot y_1) + (x_2 + j \cdot y_2) = (x_1 + x_2) + j \cdot (y_1 + y_2) = x + j \cdot y \qquad \text{(1-36)}$$

$$\underline{z} = \underline{z_1} - \underline{z_2} = (x_1 + j \cdot y_1) - (x_2 + j \cdot y_2) = (x_1 - x_2) + j \cdot (y_1 - y_2) = x + j \cdot y \qquad \text{(1-37)}$$

$$\underline{z} = \underline{z_1} + \overline{\underline{z_1}} = (x_1 + j \cdot y_1) + (x_1 - j \cdot y_1) = 2 \cdot x_1 \quad \text{(Das Ergebnis ist reell)} \qquad \text{(1-38)}$$

$$\underline{z} = z_1 - \overline{z_1} = (x_1 + j \cdot y_1) - (x_1 - j \cdot y_1) = j \cdot 2 \cdot y_1 \quad \text{(Das Ergebnis ist imaginär)} \qquad \text{(1-39)}$$

Beispiel 1.5.1

Gegeben sind folgende komplexe Zahlen:

$\underline{z_1} := 6 - j \cdot 4$ $\quad \underline{z_2} := 3 + j$ $\quad \underline{z_3} := 2 \cdot \left(\cos\left(\frac{\pi}{4}\right) + j \cdot \sin\left(\frac{\pi}{4}\right)\right)$ $\quad \underline{z_4} := 4 \cdot e^{j\frac{\pi}{6}}$

Gesucht sind:

$\underline{z} = \underline{z_1} + \underline{z_2}$ $\quad \underline{z} = \underline{z_1} - \underline{z_2}$ $\quad \underline{z} = \underline{z_1} + \overline{\underline{z_1}}$ $\quad \underline{z} = \underline{z_1} - \overline{\underline{z_1}}$

$\underline{z} = \underline{z_3} + \underline{z_4}$ $\quad \underline{z} = \underline{z_3} - \underline{z_4}$

$\underline{z} := \underline{z_1} + \underline{z_2}$ $\quad \underline{z} = 9 - 3j$ $\quad \underline{z} \rightarrow 9 - 3j$

$(6 - j \cdot 4) + (3 + j)$ Auswertung über komplexer Ebene ergibt $9 - 3j$

$\underline{z} := \underline{z_1} - \underline{z_2}$ $\quad \underline{z} = 3 - 5j$ $\quad \underline{z} \rightarrow 3 - 5j$

$(6 - j \cdot 4) - (3 + j)$ Auswertung über komplexer Ebene ergibt $3 - 5j$

$\underline{z} := \underline{z_1} + \overline{\underline{z_1}}$ $\quad \underline{z} = 12$ $\quad \underline{z} \rightarrow 12$

$\underline{z} := \underline{z_1} - \overline{\underline{z_1}}$ $\quad \underline{z} = -8j$ $\quad \underline{z} \rightarrow -8j$

$\underline{z_3} \rightarrow \sqrt{2} \cdot (1 + j)$ $\quad \underline{z_4} \rightarrow 2 \cdot \sqrt{3} + 2j$

$\underline{z_3} = 1.414 + 1.414j$ $\quad \underline{z_4} = 3.464 + 2j$

$\underline{z} := \underline{z_3} + \underline{z_4}$ $\underline{z} = 4.878 + 3.414j$ $\underline{z}$ rechteckig $\rightarrow \sqrt{2} + 2\cdot\sqrt{3} + \left(\sqrt{2} + 2\right)\cdot j$

$\underline{z} := \underline{z_3} - \underline{z_4}$ $\underline{z} = -2.05 - 0.586j$ $\underline{z}$ rechteckig $\rightarrow \sqrt{2} - 2\cdot\sqrt{3} + \left(\sqrt{2} - 2\right)\cdot j$

Geometrische Deutung:

$x_{z1} := \text{zeiger}\left(\underline{z_1}\right)^{\langle 1\rangle}$ $x_{z2} := \text{zeiger}\left(\underline{z_2}\right)^{\langle 1\rangle}$ $x_{zs} := \text{zeiger}\left(\underline{z_1} + \underline{z_2}\right)^{\langle 1\rangle}$

$y_{z1} := \text{zeiger}\left(\underline{z_1}\right)^{\langle 2\rangle}$ $y_{z2} := \text{zeiger}\left(\underline{z_2}\right)^{\langle 2\rangle}$ $y_{zs} := \text{zeiger}\left(\underline{z_1} + \underline{z_2}\right)^{\langle 2\rangle}$

$x_{zD} := \text{zeiger}\left(\underline{z_1} - \underline{z_2}\right)^{\langle 1\rangle}$ $x_{zN} := \text{zeiger}\left(-\underline{z_2}\right)^{\langle 1\rangle}$ x- und y-Werte der Endpunkte der Zeigerteilstrecken

$y_{zD} := \text{zeiger}\left(\underline{z_1} - \underline{z_2}\right)^{\langle 2\rangle}$ $y_{zN} := \text{zeiger}\left(-\underline{z_2}\right)^{\langle 2\rangle}$

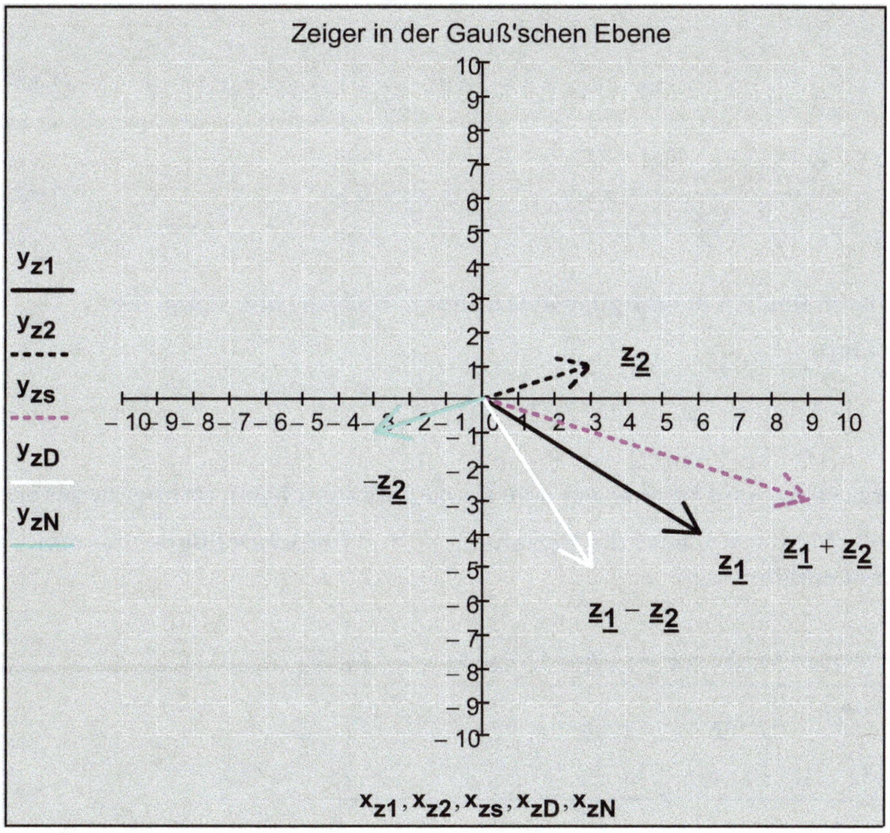

Abb. 1.5.1

Addition und Subtraktion erfolgen wie bei zweidimensionalen Vektoren nach der Parallelogrammregel.

Für komplexe Zahlen gilt die Dreiecksungleichheit

$$\left|\underline{z_1} + \underline{z_2}\right| \le \left|\underline{z_1}\right| + \left|\underline{z_2}\right| \quad \text{bzw.} \quad \left|\underline{z_1} - \underline{z_2}\right| \le \left|\underline{z_1}\right| + \left|\underline{z_2}\right|. \qquad (1\text{-}40)$$

Bemerkung:
Bei der numerischen Auswertung einer komplexer Zahl ist darauf zu achten, dass die Toleranzschwelle richtig festgelegt ist. Siehe dazu Registerblatt Ergebnisformat-Toleranz.

$\underline{z_2} := 5.3451 + 0.000781 \cdot j$

$\underline{z_2} = 5.3451 + 7.81i \times 10^{-4}$ komplexe Toleranzschwelle 4

$\underline{z_2} = 5.3451$ komplexe Toleranzschwelle 3 (unterdrückt bzw. setzt Im($\underline{z}$) = 0 !)

1.5.2 Multiplikation und Division von komplexen Zahlen

Unter dem Produkt bzw. Quotienten zweier komplexen Zahlen verstehen wir folgende komplexe Zahlen:

$\underline{z_1} = x_1 + j \cdot y_1 \;;\; \underline{z_2} = x_2 + j \cdot y_2;$

$$\underline{z} = \underline{z_1} \cdot \underline{z_2} = (x_1 + j \cdot y_1) \cdot (x_2 + j \cdot y_2) = (x_1 \cdot x_2 - y_1 \cdot y_2) + j \cdot (x_1 \cdot y_2 + x_2 \cdot y_1) = x + j \cdot y \qquad (1\text{-}41)$$

$$\underline{z} = \frac{\underline{z_1}}{\underline{z_2}} = \frac{x_1 \cdot x_2 + y_1 \cdot y_2}{x_2^2 + y_2^2} + j \cdot \frac{x_2 \cdot y_1 - x_1 \cdot y_2}{x_2^2 + y_2^2} = x + j \cdot y \qquad (\underline{z_2} \neq 0) \qquad (1\text{-}42)$$

Bei der Multiplikation wird wie im Reellen zuerst gliedweise ausmultipliziert und dabei die Beziehung $j^2 = -1$ berücksichtigt.

$$\underline{z} = \underline{z_1} \cdot \underline{z_2} = (x_1 + j \cdot y_1) \cdot (x_2 + j \cdot y_2) = x_1 \cdot x_2 + j \cdot x_1 \cdot y_2 + j \cdot x_2 \cdot y_1 + j^2 \cdot y_1 \cdot y_2$$
$$= (x_1 \cdot x_2 - y_1 \cdot y_2) + j \cdot (x_1 \cdot y_2 + x_2 \cdot y_1)$$

Bei der Division werden zuerst Zähler und Nenner mit dem konjugiert komplexen Nenner erweitert. Dadurch wird der Nenner reell. Wenn wir wieder die Beziehung $j^2 = -1$ berücksichtigen und den Zählerausdruck aufteilen, dann erhalten wir:

$$\underline{z} = \frac{\underline{z_1}}{\underline{z_2}} = \frac{(x_1 + j \cdot y_1) \cdot (x_2 - j \cdot y_2)}{(x_2 + j \cdot y_2) \cdot (x_2 - j \cdot y_2)} = \frac{x_1 \cdot x_2 - j \cdot x_1 \cdot y_2 + j \cdot x_2 \cdot y_1 - j^2 \cdot y_1 \cdot y_2}{x_2 \cdot x_2 - j \cdot x_2 \cdot y_2 + j \cdot x_2 \cdot y_2 - j^2 \cdot y_2 \cdot y_2}$$
$$= \frac{x_1 \cdot x_2 + y_1 \cdot y_2 + j \cdot (x_2 \cdot y_1 - x_1 \cdot y_2)}{x_2^2 + y_2^2} = \frac{x_1 \cdot x_2 + y_1 \cdot y_2}{x_2^2 + y_2^2} + j \cdot \frac{x_2 \cdot y_1 - x_1 \cdot y_2}{x_2^2 + y_2^2}$$

Wie hier ersichtlich ist, lässt sich demgemäß eine reelle Quadratsumme in ein Produkt von konjugiert komplexen Zahlen zerlegen:

$$x_2^2 + y_2^2 = (x_2 + j \cdot y_2) \cdot (x_2 - j \cdot y_2) \qquad (1\text{-}43)$$

Die Multiplikation und die Division vereinfachen sich wesentlich, wenn wir die komplexen Zahlen in Polarform bzw. Exponentialform darstellen:

$\underline{z_1} = r_1 \cdot (\cos(\varphi_1) + j \cdot \sin(\varphi_1))$; $\underline{z_2} = r_2 \cdot (\cos(\varphi_2) + j \cdot \sin(\varphi_2))$ bzw.

$\underline{z_1} = r_1 \cdot e^{j \cdot \varphi_1}$; $\underline{z_2} = r_2 \cdot e^{j \cdot \varphi_2}$;

$$\underline{z} = \underline{z_1} \cdot \underline{z_2} = r_1 \cdot r_2 \cdot (\cos(\varphi_1 + \varphi_2) + j \cdot \sin(\varphi_1 + \varphi_2)) \quad \text{(Polarform)} \qquad (1\text{-}44)$$

$$\underline{z} = \underline{z_1} \cdot \underline{z_2} = r_1 \cdot r_2 \cdot e^{j \cdot (\varphi_1 + \varphi_2)} \quad \text{(Exponentialform)} \qquad (1\text{-}45)$$

$$\underline{z} = \underline{z_1} \cdot \underline{z_2} = (r_1 \cdot r_2, \varphi_1 + \varphi_2) \quad \text{(Zahlenpaarform)} \qquad (1\text{-}46)$$

Das heißt, bei der Multiplikation werden die Beträge multipliziert und die Argumente addiert.

$$\underline{z} = \frac{\underline{z_1}}{\underline{z_2}} = \frac{r_1}{r_2} \cdot (\cos(\varphi_1 - \varphi_2) + j \cdot \sin(\varphi_1 - \varphi_2)) \quad \text{(Polarform)} \qquad (1\text{-}47)$$

$$\underline{z} = \frac{\underline{z_1}}{\underline{z_2}} = \frac{r_1}{r_2} \cdot e^{j(\varphi_1 - \varphi_2)} \quad \text{(Exponentialform)} \qquad (1\text{-}48)$$

$$\underline{z} = \frac{\underline{z_1}}{\underline{z_2}} = \left(\frac{r_1}{r_2}, \varphi_1 - \varphi_2\right) \quad \text{(Zahlenpaarform)} \qquad (1\text{-}49)$$

Das heißt, bei der Division werden die Beträge dividiert und die Argumente subtrahiert.

Bei der Multiplikation wird wie im Reellen zuerst gliedweise ausmultipliziert. Wenn wir wieder die Beziehung $j^2 = -1$ berücksichtigen und die Summensätze

$$\begin{aligned} \cos(\varphi_1 + \varphi_2) &= \cos(\varphi_1) \cdot \cos(\varphi_2) - \sin(\varphi_1) \cdot \sin(\varphi_2) \\ \sin(\varphi_1 + \varphi_2) &= \sin(\varphi_2) \cdot \cos(\varphi_1) + \cos(\varphi_2) \cdot \sin(\varphi_1) \end{aligned} \qquad (1\text{-}50)$$

anwenden, dann erhalten wir:

$$\begin{aligned} \underline{z} = \underline{z_1} \cdot \underline{z_2} &= r_1 \cdot (\cos(\varphi_1) + j \cdot \sin(\varphi_1)) \cdot r_2 \cdot (\cos(\varphi_2) + j \cdot \sin(\varphi_2)) \\ &= r_1 \cdot r_2 \cdot (\cos(\varphi_1) \cdot \cos(\varphi_2) + j \cdot \cos(\varphi_1) \cdot \sin(\varphi_2) + j \cdot \sin(\varphi_1) \cdot \cos(\varphi_2) + j^2 \cdot \sin(\varphi_1) \cdot \sin(\varphi_2)) \\ &= r_1 \cdot r_2 \cdot [\cos(\varphi_1) \cdot \cos(\varphi_2) - \sin(\varphi_1) \cdot \sin(\varphi_2) + j \cdot (\sin(\varphi_2) \cdot \cos(\varphi_1) + \cos(\varphi_2) \cdot \sin(\varphi_1))] \\ &= r_1 \cdot r_2 \cdot (\cos(\varphi_1 + \varphi_2) + j \cdot \sin(\varphi_1 + \varphi_2)) . \end{aligned}$$

Rechnen wir mit der Exponentialform und wenden wir wie im Reellen ein Potenzgesetz an, so erhalten wir:

$$\underline{z} = \underline{z_1} \cdot \underline{z_2} = r_1 \cdot e^{j \cdot \varphi_1} \cdot r_2 \cdot e^{j \cdot \varphi_2} = r_1 \cdot r_2 \cdot e^{j(\varphi_1 + \varphi_2)} .$$

Bei der Division werden zuerst Zähler und Nenner mit dem konjugiert komplexen Nenner erweitert:

$$\underline{z} = \frac{\underline{z_1}}{\underline{z_2}} = \frac{r_1}{r_2} \cdot \frac{\left(\cos(\varphi_1) + j \cdot \sin(\varphi_1)\right) \cdot \left(\cos(\varphi_2) - j \cdot \sin(\varphi_2)\right)}{\left(\cos(\varphi_2) + j \cdot \sin(\varphi_2)\right) \cdot \left(\cos(\varphi_2) - j \cdot \sin(\varphi_2)\right)}.$$

Durch Ausmultiplizieren erhalten wir:

$$\underline{z} = \frac{r_1}{r_2} \cdot \frac{\cos(\varphi_1) \cdot \cos(\varphi_2) - j \cdot \sin(\varphi_2) \cdot \cos(\varphi_1) + j \cdot \sin(\varphi_1) \cdot \cos(\varphi_2) - j^2 \cdot \sin(\varphi_1) \cdot \sin(\varphi_2)}{\cos(\varphi_2)^2 + \sin(\varphi_2)^2}.$$

Der Nenner ist wegen $\sin^2(\varphi) + \cos^2(\varphi) = 1$. Wenn wir wieder die Beziehung $j^2 = -1$ berücksichtigen, erhalten wir schließlich:

$$\underline{z} = \frac{r_1}{r_2} \cdot \left[\cos(\varphi_1) \cdot \cos(\varphi_2) + \sin(\varphi_1) \cdot \sin(\varphi_2) + j \cdot \left(\sin(\varphi_1) \cdot \cos(\varphi_2) - \cos(\varphi_1) \cdot \sin(\varphi_2)\right)\right].$$

Mithilfe der Summensätze

$$\cos(\varphi_1 - \varphi_2) = \cos(\varphi_1) \cdot \cos(\varphi_2) + \sin(\varphi_1) \cdot \sin(\varphi_2)$$

$$\sin(\varphi_1 - \varphi_2) = \sin(\varphi_2) \cdot \cos(\varphi_1) - \cos(\varphi_2) \cdot \sin(\varphi_1)$$

kann schließlich $\underline{z}$ noch weiter vereinfacht werden:

$$\underline{z} = \frac{r_1}{r_2} \cdot \left(\cos(\varphi_1 - \varphi_2) + j \cdot \sin(\varphi_1 - \varphi_2)\right).$$

Rechnen wir mit der Exponentialform und wenden ein Potenzgesetz an, so erhalten wir

$$\underline{z} = \frac{\underline{z_1}}{\underline{z_2}} = \frac{r_1 \cdot e^{j \cdot \varphi_1}}{r_2 \cdot e^{j \cdot \varphi_2}} = \frac{r_1}{r_2} \cdot e^{j \cdot (\varphi_1 - \varphi_2)}.$$

Beispiel 1.5.2

Gegeben sind folgende komplexe Zahlen:

$\underline{z_1} := 2 - j \cdot 2$ $\qquad$ $\underline{z_2} := 1 + j \cdot 3$

Gesucht sind:

$\underline{z} := \underline{z_1} \cdot \underline{z_2}$ $\qquad$ $\underline{z} = 8 + 4j$ $\qquad$ $\underline{z} \rightarrow 8 + 4j$

$\underline{z} := \underline{z_1} \cdot \overline{\underline{z_1}}$ $\qquad$ $\underline{z} = 8$ $\qquad$ $\underline{z} \rightarrow 8$

$\underline{z} := \underline{z_2} \cdot \overline{\underline{z_2}}$ $\qquad$ $\underline{z} = 10$ $\qquad$ $\underline{z} \rightarrow 10$

Beispiel 1.5.3

Gegeben sind folgende komplexe Zahlen:

$\underline{z_1} := 4 \cdot (\cos(327 \cdot Grad) + j \cdot \sin(327 \cdot Grad))$ $\quad$ $\underline{z_2} := 7 \cdot (\cos(290 \cdot Grad) + j \cdot \sin(290 \cdot Grad))$

Gesucht sind:

$\underline{z} := \underline{z_1} \cdot \underline{z_2}$ $\quad$ $\underline{z} = -6.299 - 27.282j$

$\underline{z} := \underline{z_1} \cdot \overline{\underline{z_1}}$ $\quad$ $\underline{z} = 16$ $\quad$ $\underline{z} \left| \begin{array}{l} \text{rechteckig} \\ \text{vereinfachen} \end{array} \right. \rightarrow 16$

$\underline{z} := \underline{z_2} \cdot \overline{\underline{z_2}}$ $\quad$ $\underline{z} = 49$ $\quad$ $\underline{z} \left| \begin{array}{l} \text{rechteckig} \\ \text{vereinfachen} \end{array} \right. \rightarrow 49$

Beispiel 1.5.4

Gegeben ist folgende komplexe Zahl:

$\underline{z} := 2 \cdot e^{j \cdot \frac{\pi}{4}}$ $\quad$ $\underline{z} \rightarrow \sqrt{2} \cdot (1 + j)$

Gesucht ist $\underline{z_1} = 3 \cdot \underline{z}$ und ihre geometrische Deutung.

$\underline{z_1} := 3 \cdot \underline{z}$

$\underline{z_1} = 4.243 + 4.243j$ $\quad$ $\underline{z_1} \rightarrow (3 + 3j) \cdot \sqrt{2}$

Geometrische Deutung:

$x_z := \text{zeiger}(\underline{z})^{\langle 1 \rangle}$

$y_z := \text{zeiger}(\underline{z})^{\langle 2 \rangle}$

x- und y-Werte der Endpunkte der Zeigerteilstrecken

$x_{z1} := \text{zeiger}(\underline{z_1})^{\langle 1 \rangle}$

$y_{z1} := \text{zeiger}(\underline{z_1})^{\langle 2 \rangle}$

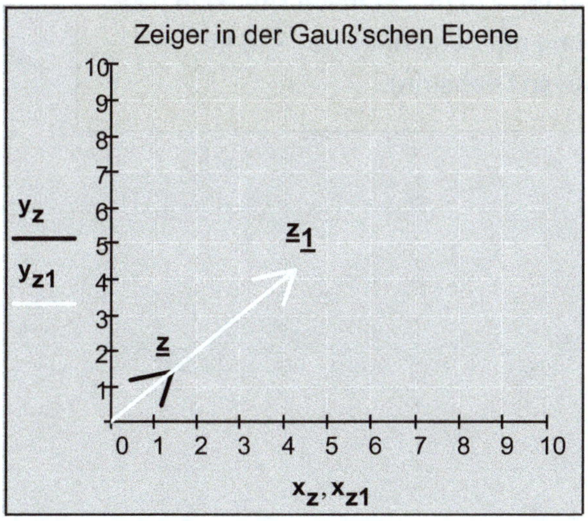

Die Multiplikation einer komplexen Zahl mit einer reellen Zahl k (k > 0) entspricht einer Streckung bzw. Stauchung des Zeigers auf das k-fache, wobei der Winkel φ erhalten bleibt. Multiplizieren wir jedoch mit einer negativen Zahl k (k < 0), so wird der Zeiger $\underline{z}$ um das |k|-fache gestreckt oder gestaucht und anschließend um 180° in positiver oder negativer Richtung gedreht.

Abb. 1.5.2

Beispiel 1.5.5

Gegeben sind folgende komplexe Zahlen:

$\underline{z_1} := 2 \cdot e^{j\frac{\pi}{4}}$ $\underline{z_2} := 4 \cdot e^{j\frac{\pi}{6}}$

Gesucht ist $\underline{z} = \underline{z_1} \cdot \underline{z_2}$ und ihre geometrische Deutung.

$\underline{z} := \underline{z_1} \cdot \underline{z_2}$ $\underline{z} = 2.071 + 7.727j$

Geometrische Deutung:

$x_{z1} := \text{zeiger}(\underline{z_1})^{\langle 1 \rangle}$

x- und y-Werte der Endpunkte der Zeigerteilstrecken

$y_{z1} := \text{zeiger}(\underline{z_1})^{\langle 2 \rangle}$

$x_{z2} := \text{zeiger}(\underline{z_2})^{\langle 1 \rangle}$

$y_{z2} := \text{zeiger}(\underline{z_2})^{\langle 2 \rangle}$

x- und y-Werte der Endpunkte der Zeigerteilstrecken

$x_z := \text{zeiger}(\underline{z})^{\langle 1 \rangle}$

$y_z := \text{zeiger}(\underline{z})^{\langle 2 \rangle}$

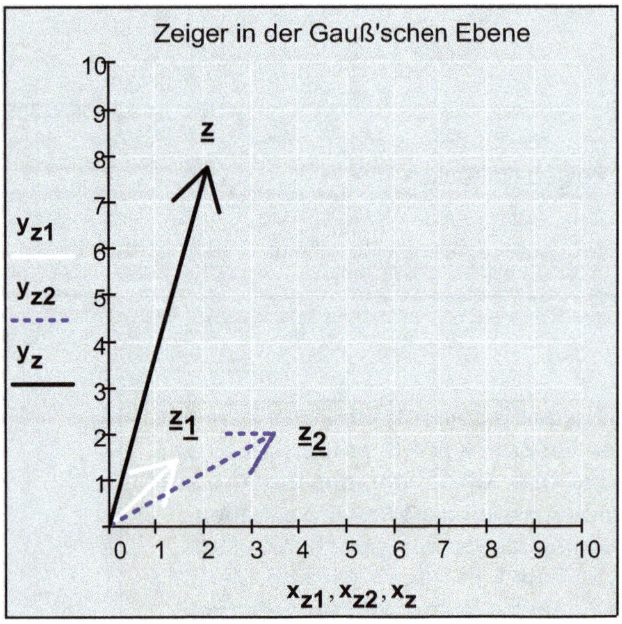

Abb. 1.5.3

Die Multiplikation zweier komplexen Zahlen $\underline{z} = \underline{z_1} \cdot \underline{z_2}$ entspricht geometrisch einer Drehstreckung bzw. Drehstauchung des Zeigers $\underline{z_1}$ (Streckung bzw. Stauchung um das r_2-fache und Drehung um den Winkel ($\varphi_2 > 0$) im positiven Drehsinn bzw. Drehung um den Winkel ($\varphi_2 < 0$) im negativen Drehsinn).

Beispiel 1.5.6

Gegeben ist folgende komplexe Zahl:

$\underline{z} := 4 + j \cdot 3$

Gesucht ist der Zeiger $\underline{z_1}$, der aus der Drehung von $\underline{z}$ um -30° entsteht.

$r := |\underline{z}|$ $\quad r = 5$ $\quad$ Betrag

$\varphi := \arg(\underline{z})$ $\quad \varphi = 0.644$ $\quad \varphi = 36.87 \cdot \mathrm{Grad}$ $\quad$ Argument

$\underline{z_1} := r \cdot e^{j \cdot \varphi} \cdot e^{-j\frac{\pi}{6}}$ $\quad \underline{z_1} = 4.964 + 0.598j$ $\quad |\underline{z_1}| = 5$ $\quad$ gesuchter Zeiger

Geometrische Deutung:

$x_z := \mathrm{zeiger}(\underline{z})^{\langle 1 \rangle}$

$y_z := \mathrm{zeiger}(\underline{z})^{\langle 2 \rangle}$

$x_{z1} := \mathrm{zeiger}(\underline{z_1})^{\langle 1 \rangle}$ $\quad$ x- und y-Werte der Endpunkte der Zeigerteilstrecken

$y_{z1} := \mathrm{zeiger}(\underline{z_1})^{\langle 2 \rangle}$

$x(\varphi) := r \cdot \cos(\varphi)$ $\quad y(\varphi) := r \cdot \sin(\varphi)$ $\quad$ Kreis in Parameterdarstellung

$\varphi := -\pi, -\pi + 0.01 .. \pi$ $\quad$ Bereichsvariable

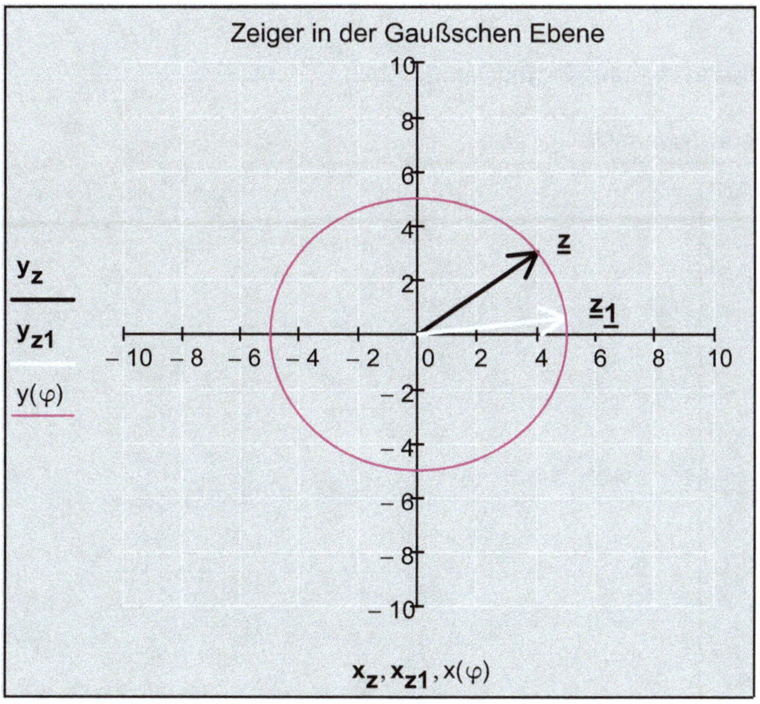

Abb. 1.5.4

Beispiel 1.5.7

Gegeben ist folgende komplexe Zahl: $\underline{z} = (3\ ;\ 30°)$.

Gesucht ist der Zeiger $\underline{z_2}$, der aus der Streckung von $\underline{z}$ um das k = 3fache ($\underline{z_1} = k\,\underline{z}$) und der Drehung um den Winkel von 60° hervorgeht.

$k := 3$ Streckungsfaktor

$\underline{z} := 3 \cdot e^{j \cdot 30 Grad}$ $\underline{z} = 2.598 + 1.5j$ gegebener Zeiger

$\underline{z_1} := k \cdot \underline{z}$ $\underline{z_1} = 7.794 + 4.5j$ gestreckter Zeiger

$\underline{z_2} := \underline{z_1} \cdot e^{j \cdot 60 Grad}$ $\underline{z_2} = 9j$ gesuchter Zeiger

Geometrische Deutung:

$x_z := zeiger(\underline{z})^{\langle 1 \rangle}$

$y_z := zeiger(\underline{z})^{\langle 2 \rangle}$ x- und y-Werte der Endpunkte der Zeigerteilstrecken

$x_{z1} := zeiger(\underline{z_1})^{\langle 1 \rangle}$

$y_{z1} := zeiger(\underline{z_1})^{\langle 2 \rangle}$ x- und y-Werte der Endpunkte der Zeigerteilstrecken

$x_{z2} := zeiger(\underline{z_2})^{\langle 1 \rangle}$

$y_{z2} := zeiger(\underline{z_2})^{\langle 2 \rangle}$

$x(\varphi) := r \cdot \cos(\varphi)$ $y(\varphi) := r \cdot \sin(\varphi)$ Kreis in Parameterdarstellung

$\varphi := -\pi, -\pi + 0.01 .. \pi$ Bereichsvariable

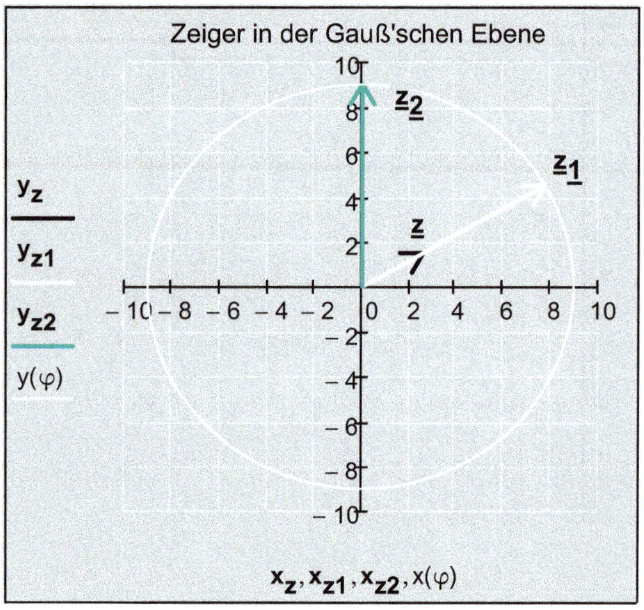

Abb. 1.5.5

Beispiel 1.5.8

Gegeben ist folgende komplexe Zahl: $\underline{z} := 2 \cdot \sqrt{3} + j \cdot 2 \cdot \sqrt{3}$.

Gesucht sind: $\underline{z_1} = j \cdot \underline{z}$ $\quad \underline{z_2} = j \cdot \underline{z_1}$ $\quad \underline{z_3} = j \cdot \underline{z_2}$ $\quad \underline{z_4} = j \cdot \underline{z_3}$

$r := |\underline{z}|$ $\quad r = 4.899$ $\quad$ Betrag

$\varphi := \arg(\underline{z})$ $\quad \varphi = 0.785$ $\quad \varphi = 45 \cdot \text{Grad}$ $\quad$ Argument

Die imaginäre Einheit j lässt sich in Exponentialform darstellen:

$$j = 1 \cdot e^{j \cdot 90 \text{Grad}} \text{ oder } j = 1 \cdot e^{j \cdot \frac{\pi}{2}}. \qquad \textbf{(1-51)}$$

$\underline{z_1} := e^{j \cdot 90 \text{Grad}} \cdot r \cdot e^{j \cdot 45 \text{Grad}}$ $\quad \underline{z_1} = j \cdot \underline{z}$

$\underline{z_2} := j \cdot \underline{z_1}$ $\quad \underline{z_2} = j \cdot \underline{z_1} = j^2 \cdot \underline{z}$

$\underline{z_3} := j \cdot \underline{z_2}$ $\quad \underline{z_3} = j \cdot \underline{z_2} = j \cdot j^2 \cdot \underline{z} = j^3 \cdot \underline{z}$

$\underline{z_4} := j \cdot \underline{z_3}$ $\quad \underline{z_4} = j \cdot \underline{z_3} = j \cdot j^3 \cdot \underline{z} = j^4 \cdot \underline{z}$ $\quad \underline{z_4} = 3.464 + 3.464j$ $\quad \underline{z} = 3.464 + 3.464j$

Geometrische Deutung:

$x_z := \text{zeiger}(\underline{z})^{\langle 1 \rangle}$

$y_z := \text{zeiger}(\underline{z})^{\langle 2 \rangle}$

$x_{z1} := \text{zeiger}(\underline{z_1})^{\langle 1 \rangle}$

$y_{z1} := \text{zeiger}(\underline{z_1})^{\langle 2 \rangle}$ $\quad$ x- und y-Werte der Endpunkte der Zeigerteilstrecken

$x_{z2} := \text{zeiger}(\underline{z_2})^{\langle 1 \rangle}$

$y_{z2} := \text{zeiger}(\underline{z_2})^{\langle 2 \rangle}$

$x_{z3} := \text{zeiger}(\underline{z_3})^{\langle 1 \rangle}$

$y_{z3} := \text{zeiger}(\underline{z_3})^{\langle 2 \rangle}$

$x(\varphi) := r \cdot \cos(\varphi)$ $\quad y(\varphi) := r \cdot \sin(\varphi)$ $\quad$ Kreis in Parameterdarstellung

$\varphi := -\pi, -\pi + 0.01 .. \pi$ $\quad$ Bereichsvariable

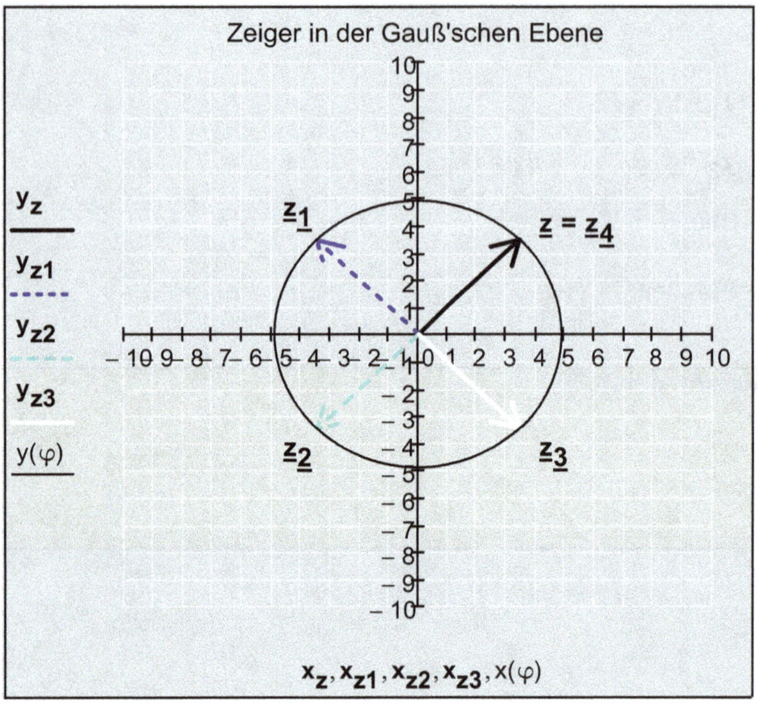

Abb. 1.5.6

Die Multiplikation einer komplexen Zahl $\underline{z}$ mit der imaginären Einheit j bedeutet geometrisch eine Drehung des Zeigers $\underline{z}$ um 90° gegen den Uhrzeigersinn.

Die Multiplikation einer komplexen Zahl $\underline{z_1}$ mit j ^{n} (n ∈ ℕ) entspricht einer Drehung des Zeigers $\underline{z_1}$ um n . 90° gegen den Uhrzeigersinn. Wenden wir ein Potenzgesetz wie im Reellen an, dann ergibt sich nämlich:

$$\underline{z} = \underline{z_1} \cdot j^n = r_1 \cdot e^{j \cdot \varphi_1} \cdot \left(e^{j \cdot 90 \text{Grad}}\right)^n = r_1 \cdot e^{j \cdot \varphi_1} \cdot e^{j \cdot n \cdot 90 \text{Grad}} = r_1 \cdot e^{j \cdot (\varphi_1 + n \cdot 90 \text{Grad})} \quad \textbf{(1-52)}$$

Ist n = 1, so wird der Zeiger $\underline{z_1}$ um 90° gedreht.

Spezielle Werte des Faktors $e^{j\varphi}$:

$$e^{j \cdot 2 \cdot n \cdot \pi} = 1 \qquad e^{j \frac{\pi}{2}} = j \qquad e^{j \frac{2 \cdot \pi}{3}} = -\frac{1}{2} + j \cdot \frac{\sqrt{3}}{2} \quad \textbf{(1-53)}$$

$$e^{j \cdot (2 \cdot n + 1) \cdot \pi} = -1 \qquad e^{j \frac{3 \cdot \pi}{2}} = -j \qquad e^{j \frac{4 \cdot \pi}{3}} = -\frac{1}{2} - j \cdot \frac{\sqrt{3}}{2}$$

Beispiel 1.5.9

Gegeben sind folgende komplexe Zahlen:

$\underline{z_1} := 3 + 4 \cdot j \qquad \underline{z_2} := -1 - j$

Gesucht sind:

$\underline{z} := \frac{\underline{z_1}}{\underline{z_2}} \qquad \underline{z} = -3.5 - 0.5j \qquad \underline{z} \rightarrow -\frac{7}{2} - \frac{1}{2} \cdot j$

$\underline{z} := \frac{\underline{z_1}}{\overline{\underline{z_1}}}$ $\underline{z} = -0.28 + 0.96j$ $\underline{z} \to -\frac{7}{25} + \frac{24}{25} \cdot j$

$\underline{z} := \frac{\underline{z_2}}{\overline{\underline{z_2}}}$ $\underline{z} = j$ $\underline{z} \to j$

Beispiel 1.5.10

Gegeben sind folgende komplexe Zahlen:

$\underline{z_1} := 2.5 \cdot (\cos(100 \cdot Grad) + j \cdot \sin(100 \cdot Grad))$ $\underline{z_2} := 1.5 \cdot (\cos(20 \cdot Grad) + j \cdot \sin(20 \cdot Grad))$

Gesucht sind:

$\underline{z} := \frac{\underline{z_1}}{\underline{z_2}}$ $\underline{z} = 0.289 + 1.641i$

$\underline{z_r} := \frac{1}{\overline{\underline{z_1}}}$ $\underline{z_r} = -0.069 + 0.394j$ Reziproke Zahl zu $\underline{z}$

Beispiel 1.5.11

Gegeben sind folgende komplexe Zahlen:

$\underline{z_1} := 6 \cdot e^{j\frac{\pi}{4}}$ $\underline{z_1} \to (3 + 3j) \cdot \sqrt{2}$ $\underline{z_2} := \frac{5}{4} \cdot e^{j\frac{2\cdot\pi}{3}}$ $\underline{z_2} \to -\frac{5}{8} + \frac{5j \cdot \sqrt{3}}{8}$

Gesucht sind $\underline{z} = \frac{\underline{z_1}}{\underline{z_2}}$ bzw. $\underline{z_r} = \frac{1}{\underline{z_2}}$ und ihre geometrische Deutung.

$\underline{z} := \frac{\underline{z_1}}{\underline{z_2}}$ $\underline{z} = 1.242 - 4.636j$

$\underline{z_r} := \frac{1}{\underline{z_2}}$ $\underline{z_r} = -0.4 - 0.693j$

Geometrische Deutung:

$x_{z1} := \text{zeiger}(\underline{z_1})^{\langle 1\rangle}$ $x_{z2} := \text{zeiger}(\underline{z_2})^{\langle 1\rangle}$

$y_{z1} := \text{zeiger}(\underline{z_1})^{\langle 2\rangle}$ $y_{z2} := \text{zeiger}(\underline{z_2})^{\langle 2\rangle}$

x- und y-Werte der Endpunkte der Zeigerteilstrecken

$x_z := \text{zeiger}(\underline{z})^{\langle 1\rangle}$ $x_{zr} := \text{zeiger}(\underline{z_r})^{\langle 1\rangle}$

$y_z := \text{zeiger}(\underline{z})^{\langle 2\rangle}$ $y_{zr} := \text{zeiger}(\underline{z_r})^{\langle 2\rangle}$

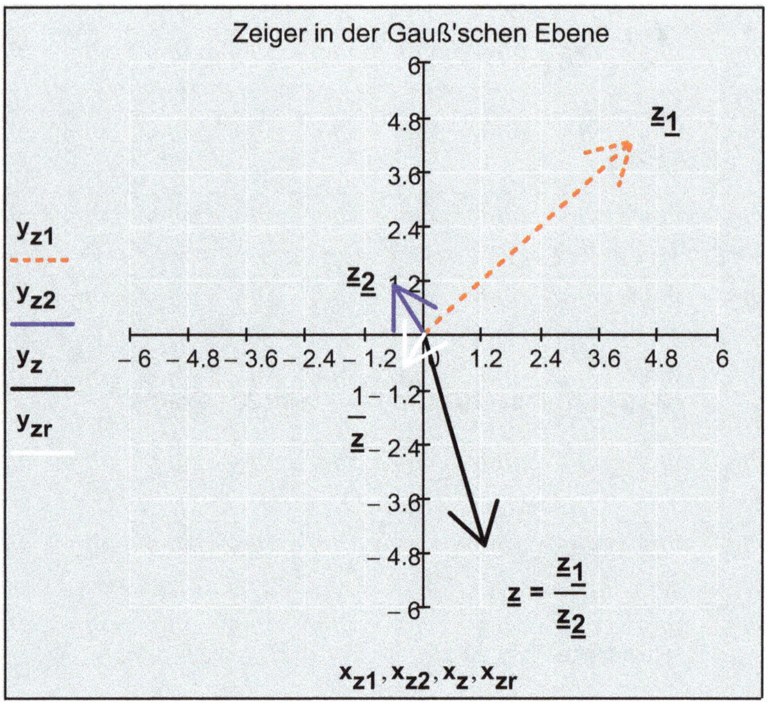

Abb. 1.5.7

Die Division zweier komplexer Zahlen $\underline{z} = \underline{z}_1 / \underline{z}_2$ entspricht geometrisch einer Drehstreckung bzw. Drehstauchung des Zeigers $\underline{z}_1$ (Streckung bzw. Stauchung um das $1/r_2$-fache und Drehung um den Winkel ($\varphi_2 > 0$) im positiven Drehsinn bzw. Drehung um den Winkel ($\varphi_2 < 0$) im negativen Drehsinn.

Beispiel 1.5.12

Gegeben ist folgende komplexe Zahl $\underline{z} := 2 \cdot \sqrt{3} + j \cdot 2 \cdot \sqrt{3}$.

Gesucht sind: $\underline{z}_1 = \frac{\underline{z}}{j}$ $\quad \underline{z}_2 = \frac{\underline{z}_1}{j}$ $\quad \underline{z}_3 = \frac{\underline{z}_2}{j}$ $\quad \underline{z}_4 = \frac{\underline{z}_3}{j}$

$r := |\underline{z}|$ $\quad r = 4.899$ $\quad$ Betrag

$\varphi := \arg(\underline{z})$ $\quad \varphi = 0.785$ $\quad \varphi = 45 \cdot \text{Grad}$ $\quad$ Argument

Der Kehrwert der imaginären Zahl 1/j lässt sich in Exponentialform (unter Anwendung eines Potenzgesetzes im Reellen) darstellen:

$$\frac{1}{j} = \frac{1}{1 \cdot e^{j \cdot 90 \cdot \text{Grad}}} = 1 \cdot e^{-j \cdot 90 \cdot \text{Grad}} \quad \text{bzw.} \quad \frac{1}{j} = 1 \cdot e^{-j \cdot \frac{\pi}{2}} \qquad (1\text{-}54)$$

$\underline{z}_1 := e^{-j \cdot 90 \cdot \text{Grad}} \cdot r \cdot e^{j \cdot 45 \cdot \text{Grad}}$ $\qquad \underline{z}_1 = j^{-1} \cdot \underline{z}$

$\underline{z}_2 := \frac{\underline{z}_1}{j}$ $\qquad \underline{z}_2 = \frac{\underline{z}_1}{j} = j^{-2} \cdot \underline{z}$

$\underline{z}_3 := \frac{\underline{z}_2}{j}$ $\qquad \underline{z}_3 = \frac{\underline{z}_2}{j} = j^{-3} \cdot \underline{z}$

$\underline{z}_4 := \frac{\underline{z}_3}{j}$ $\qquad \underline{z}_4 = \frac{\underline{z}_3}{j} = j^{-4} \cdot \underline{z}$ $\qquad \underline{z}_4 = 3.464 + 3.464j$ $\qquad \underline{z} = 3.464 + 3.464j$

Geometrische Deutung:

$x_z := zeiger(\underline{z})^{\langle 1 \rangle}$ $\quad x_{z1} := zeiger(\underline{z_1})^{\langle 1 \rangle}$

$y_z := zeiger(\underline{z})^{\langle 2 \rangle}$ $\quad y_{z1} := zeiger(\underline{z_1})^{\langle 2 \rangle}$ x- und y-Werte der Endpunkte der Zeigerteilstrecken

$x_{z2} := zeiger(\underline{z_2})^{\langle 1 \rangle}$ $\quad x_{z3} := zeiger(\underline{z_3})^{\langle 1 \rangle}$

$y_{z2} := zeiger(\underline{z_2})^{\langle 2 \rangle}$ $\quad y_{z3} := zeiger(\underline{z_3})^{\langle 2 \rangle}$

$x(\varphi) := r \cdot \cos(\varphi)$ $\quad y(\varphi) := r \cdot \sin(\varphi)$ Kreis in Parameterdarstellung

$\varphi := -\pi, -\pi + 0.01 .. \pi$ Bereichsvariable

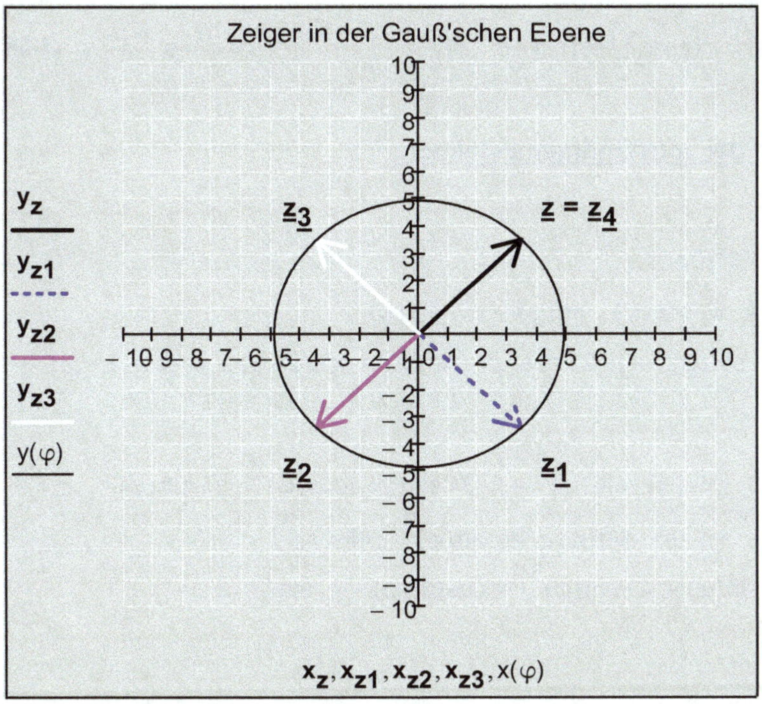

Abb. 1.5.8

Die Division einer komplexen Zahl $\underline{z}$ durch die imaginäre Einheit j bedeutet geometrisch eine Drehung des Zeigers $\underline{z}$ um 90° im Uhrzeigersinn.

Die Division einer komplexen Zahl $\underline{z_1}$ durch j^n ($n \in \mathbb{N}$) entspricht einer Drehung des Zeigers $\underline{z_1}$ um n . (-90°) im Uhrzeigersinn. Wenden wir ein Potenzgesetz wie im Reellen an, dann ergibt sich nämlich:

$$\underline{z} = \frac{\underline{z_1}}{j^n} = \frac{r_1 \cdot e^{j \cdot \varphi_1}}{1 \cdot \left(e^{j \cdot 90 \cdot Grad}\right)^n} = r_1 \cdot e^{j \cdot \varphi_1} \cdot e^{-j \cdot n \cdot 90 \cdot Grad} = r_1 \cdot e^{j \cdot (\varphi_1 - n \cdot 90 \cdot Grad)} \qquad (1\text{-}55)$$

Ist n = 1, so wird der Zeiger $\underline{z_1}$ um -90° gedreht.

1.5.3 Potenzieren von komplexen Zahlen

Unter der n-ten Potenz ($n \in \mathbb{N}$) einer komplexen Zahl $\underline{z}$ verstehen wir nach dem Satz von Moivre folgende komplexe Zahl:

$\underline{z} = r \cdot (\cos(\varphi) + j \cdot \sin(\varphi))$;

$$\underline{z_1} = \underline{z}^n = [r \cdot (\cos(\varphi) + j \cdot \sin(\varphi))]^n = r^n \cdot (\cos(n \cdot \varphi) + j \cdot \sin(n \cdot \varphi)) \quad \text{(Polarform)} \qquad (1\text{-}56)$$

$$\underline{z_1} = \underline{z}^n = \left(r^n, n \cdot \varphi\right) \quad \text{(Zahlenpaarform)} \qquad (1\text{-}57)$$

In Exponentialform ergibt sich (Faktor r und Summand φ treten jeweils n-mal auf):

$\underline{z} = r \cdot e^{j \cdot \varphi}$;

$$\underline{z_1} = \underline{z}^n = \left(r \cdot e^{j \cdot \varphi}\right)^n = \left(r \cdot e^{j \cdot \varphi}\right) \cdot \left(r \cdot e^{j \cdot \varphi}\right) \ldots \left(r \cdot e^{j \cdot \varphi}\right) = \left(r \cdot r \cdot r_{\ldots} \cdot r\right) \cdot e^{j \cdot (\varphi + \varphi + \ldots + \varphi)} = r^n \cdot e^{j \cdot n \cdot \varphi} \qquad (1\text{-}58)$$

Beweis des Satzes von Moivre mithilfe der vollständigen Induktion:

1) n = 1; n = 2; n= 3

A(1): $(\cos(\varphi) + j \cdot \sin(\varphi))^1 = \cos(\varphi) + j \cdot \sin(\varphi)$

A(2): $(\cos(\varphi) + j \cdot \sin(\varphi))^2 = \cos(\varphi)^2 + j \cdot 2 \cdot \cos(\varphi) \cdot \sin(\varphi) + j^2 \cdot \sin(\varphi)^2$

$= \cos(\varphi)^2 - \sin(\varphi)^2 + j \cdot 2 \cdot \cos(\varphi) \cdot \sin(\varphi) = \cos(2 \cdot \varphi) + j \cdot (\sin(2 \cdot \varphi))$

A(3): $\sin^2(\varphi) = 1 - \cos^2(\varphi)$

$$(\cos(\varphi) + j \cdot \sin(\varphi))^3 = \cos(\varphi)^3 - 3 \cdot \cos(\varphi) \cdot \sin(\varphi)^2 + j \cdot 3 \cdot \sin(\varphi) \cdot \cos(\varphi)^2 - j \cdot \sin(\varphi)^3$$
$$= \cos(\varphi)^3 - 3 \cdot \cos(\varphi) + 3 \cdot \cos(\varphi)^3 + j \cdot \left(3 \cdot \sin(\varphi) - 3 \cdot \sin(\varphi)^3 - \sin(\varphi)^3\right)$$
$$= 4 \cdot \cos(\varphi)^3 - 3 \cdot \cos(\varphi) + j \cdot \left(3 \cdot \sin(\varphi) - 4 \cdot \sin(\varphi)^3\right) = \cos(3 \cdot \varphi) + j \cdot \sin(3 \cdot \varphi)$$

2) Annahme A(n) ist gültig:

A(n): $(\cos(\varphi) + j \cdot \sin(\varphi))^n = \cos(n \cdot \varphi) + j \cdot \sin(n \cdot \varphi)$

3) Muss auch für A(n+1) gültig sein:

A(n+1): $(\cos(\varphi) + j \cdot \sin(\varphi))^{n+1} = (\cos(n \cdot \varphi) + j \cdot \sin(n \cdot \varphi))^n \cdot (\cos(\varphi) + j \cdot \sin(\varphi))^1$

$= (\cos(n \cdot \varphi) + j \cdot \sin(n \cdot \varphi)) \cdot (\cos(\varphi) + j \cdot \sin(\varphi))$

$= (\cos(n \cdot \varphi) \cdot \cos(\varphi) - \sin(n \cdot \varphi) \cdot \sin(\varphi)) + j \cdot (\sin(n \cdot \varphi) \cdot \cos(\varphi) + \cos(n \cdot \varphi) \cdot \sin(\varphi))$

$= \cos(n \cdot \varphi + \varphi) + j \cdot \sin(n \cdot \varphi + \varphi) = \cos[(n + 1) \cdot \varphi] + j \cdot \sin[(n + 1) \cdot \varphi]$

4) gilt für alle $n \in \mathbb{N}$ (gilt auch für $n \in \mathbb{Z}$ und auch für $n \in \mathbb{Q}$).

Beispiel 1.5.13

Gegeben ist folgende komplexe Zahl $\underline{z} := 1 + j \cdot \sqrt{3}$.

Gesucht ist: $\underline{z_1} = \underline{z}^4 = x_1 + j \cdot y_1$

$r := |\underline{z}|$ $r = 2$ Betrag

$\varphi := \arg(\underline{z})$ $\varphi = 1.047$ $\varphi = 60 \cdot \text{Grad}$ Argument

$$\underline{z_1} = \left(2^4, 4 \cdot 60°\right) = 16 \cdot [\cos(240°) + j \cdot \sin(240°) = 16 \cdot (\cos(-60°) + j \cdot \sin(-60°)$$

$$\underline{z_1} = 16 \cdot \left(\frac{1}{2} - j \cdot \frac{\sqrt{3}}{2}\right) = 8 \cdot \left(1 - j \cdot \sqrt{3}\right) = 8 \cdot \overline{\underline{z}}$$

$\underline{z_1} := [r \cdot (\cos(\varphi) + j \cdot \sin(\varphi))]^4$ $\underline{z_1} = -8 - 13.856i$ $\underline{z}^4 = -8 - 13.856j$ gesuchte komplexe Zahl

$\underline{z_1} := r^4 \cdot e^{j \cdot 4 \cdot \varphi}$ $\underline{z_1} = -8 - 13.856j$

$\left(1 + j \cdot \sqrt{3}\right)^4$ komplex $\rightarrow -8 - 8 \cdot \sqrt{3} \cdot j$

Das Potenzieren kann auch in Komponentenform durchgeführt werden. Dies ist aber händisch wesentlich aufwendiger.

Geometrische Deutung:

$x_z := \text{zeiger}(\underline{z})^{\langle 1 \rangle}$ $x_{z1} := \text{zeiger}\left(\underline{z_1}\right)^{\langle 1 \rangle}$

$y_z := \text{zeiger}(\underline{z})^{\langle 2 \rangle}$ $y_{z1} := \text{zeiger}\left(\underline{z_1}\right)^{\langle 2 \rangle}$

x- und y-Werte der Endpunkte der Zeigerteilstrecken

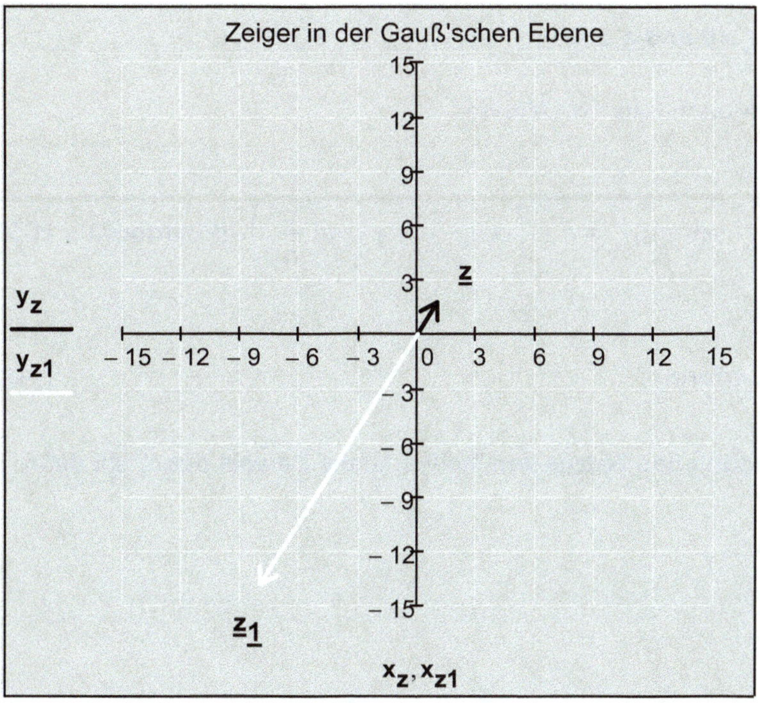

Abb. 1.5.9

Das Potenzieren einer komplexen Zahl ($n \in \mathbb{N}$) bedeutet eine wiederholte Multiplikation. Dies entspricht geometrisch einer Drehstreckung bzw. Drehstauchung des Zeigers.

Beispiel 1.5.14

Gegeben ist folgende komplexe Zahl $\underline{z} := 3 - \frac{2}{1+j}$.

Gesucht ist: $\underline{z_1} = \underline{z}^8 = x_1 + j \cdot y_1$

Es gilt: $\frac{2}{1+j} = \frac{2 \cdot (1-j)}{(1+j) \cdot (1-j)} = \frac{2 - 2 \cdot j}{2} = 1 - j$ Damit ergibt sich $\underline{z}$ zu: $\underline{z} = 3 - (1-j) = 2 + j$

$\underline{z} = 2 + j$

$r := |\underline{z}|$ $\quad r = 2.236$ $\quad r = \sqrt{2^2 + 1^2} = \sqrt{5}$ $\quad$ Betrag

$\varphi := \arg(\underline{z})$ $\quad \varphi = 0.464$ $\quad \varphi = 26.565 \cdot \text{Grad}$ $\quad$ Argument

$\underline{z_1} := [r \cdot (\cos(\varphi) + j \cdot \sin(\varphi))]^8$ $\quad \underline{z_1} = -527 - 336i$ bzw. $\underline{z}^8 = -527 - 336j$

$\underline{z_1} := r^8 \cdot e^{j \cdot 8 \cdot \varphi}$ $\quad \underline{z_1} = -527 - 336j$

gesuchte komplexe Zahl

1.5.4 Wurzelziehen (Radizieren) von komplexen Zahlen

Für reelle Zahlen gilt:

$b = \sqrt[n]{a} \Leftrightarrow b^n = a$ **mit** $n \in \mathbb{N}$ **und** $a, b \in \mathbb{R}^+$

Für komplexe Zahlen definieren wir:

$\underline{z}_0 = \sqrt[n]{\underline{z}} \Leftrightarrow (\underline{z}_0)^n = \underline{z}$ **mit** $n \in \mathbb{N}$, $\underline{z} \neq 0$ **und** $\underline{z} \in \mathbb{C}$

Mit $\underline{z} = r \cdot (\cos(\varphi) + j \cdot \sin(\varphi))$ **gilt dann nach Satz von Moivre:**

$$\underline{z}_0 = \sqrt[n]{\underline{z}} = \underline{z}^{\frac{1}{n}} = [r \cdot (\cos(\varphi) + j \cdot \sin(\varphi))]^{\frac{1}{n}} = r^{\frac{1}{n}} \cdot \left(\cos\left(\frac{\varphi}{n}\right) + j \cdot \sin\left(\frac{\varphi}{n}\right)\right)$$ **(Polarform)** **(1-59)**

$$\underline{z}_0 = \underline{z}^{\frac{1}{n}} = \left(r^{\frac{1}{n}}, \frac{\varphi}{n}\right)$$ **(Zahlenpaarform)** **(1-60)**

In Exponentialform und unter Anwendung des Satzes von Moivre (siehe Beweis oben) gilt dann mit $\underline{z} = r \cdot e^{j \cdot \varphi}$:

$$\underline{z}_0 = \underline{z}^{\frac{1}{n}} = \left(r \cdot e^{j \cdot \varphi}\right)^{\frac{1}{n}} = r^{\frac{1}{n}} \cdot e^{j \cdot \frac{\varphi}{n}}$$

(1-61)

Bemerkung:

Kosinus- und Sinusfunktion sind periodische Funktionen mit der kleinsten Periode von 2 π.
Daher gilt: cos(φ) = cos(φ + k* 2* π) bzw. sin(φ) = sin(φ + k* 2* π). Im Komplexen muss dieses periodische Verhalten berücksichtigt werden! Daher steht $\sqrt[n]{\underline{z}}$ nicht für eine komplexe Zahl $\underline{z}_0$, sondern für n verschiedene komplexe Zahlen $\underline{z}_0, \underline{z}_1, \underline{z}_2, \ldots \underline{z}_{n-1}$, für die gilt: $(\underline{z}_k)^n = \underline{z}$ (k = 0, 1, 2, 3, ..., n-1). Also gibt es k Wurzeln! $\underline{z}_0$ heißt Hauptwert, $\underline{z}_1, \underline{z}_2, \ldots \cdot \underline{z}_{n-1}$ heißen Nebenwerte.
Für k = n, n+1, n+2, ... und für negative k wiederholen sich die Werte wegen der Periodizität der Kosinus- und Sinusfunktion.

Die oben angeführte Definition muss daher noch modifiziert werden:

$$\underline{z}_k = \sqrt[n]{\underline{z}} = \underline{z}^{\frac{1}{n}} = [r \cdot (\cos(\varphi + k \cdot 2 \cdot \pi) + j \cdot \sin(\varphi + k \cdot 2 \cdot \pi))]^{\frac{1}{n}} \quad \textbf{(Polarform)} \qquad \textbf{(1-62)}$$

$$\underline{z}_k = \sqrt[n]{\underline{z}} = \underline{z}^{\frac{1}{n}} = r^{\frac{1}{n}} \cdot \left(\cos\left(\frac{\varphi + k \cdot 2 \cdot \pi}{n}\right) + j \cdot \sin\left(\frac{\varphi + k \cdot 2 \cdot \pi}{n}\right)\right)$$

$$\underline{z}_k = \underline{z}^{\frac{1}{n}} = \left(r^{\frac{1}{n}}, \frac{\varphi + k \cdot 2 \cdot \pi}{n}\right) \quad \textbf{(Zahlenpaarform)} \qquad \textbf{(1-63)}$$

In Exponentialform unter Berücksichtigung der Periodizität ergibt sich dann:

$\underline{z} = r \cdot e^{j \cdot \varphi}$;

$$\underline{z}_k = \underline{z}^{\frac{1}{n}} = \left[r \cdot e^{j \cdot (\varphi + k \cdot 2 \cdot \pi)}\right]^{\frac{1}{n}} = r^{\frac{1}{n}} \cdot e^{j \frac{\varphi + k \cdot 2 \cdot \pi}{n}} \quad \textbf{(k = 0, 1, 2, 3, ..., n-1)} \qquad \textbf{(1-64)}$$

Beispiel 1.5.15

Gegeben ist folgende komplexe Zahl $\underline{z1}$ = (10 ; 60°).

Gesucht ist: $\underline{z}_k = \sqrt{\underline{z1}}$

$$\underline{z}_k = 10^{\frac{1}{2}} \cdot \left(\cos\left(\frac{60 \cdot ° + k \cdot 360 \cdot °}{2}\right) + j \cdot \sin\left(\frac{60 \cdot ° + k \cdot 360}{2}\right)\right)$$ in Polarform

$$\underline{z}_0 = 10^{\frac{1}{2}} \cdot (\cos(30 \cdot °) + j \cdot \sin(30 \cdot °)) = 10^{\frac{1}{2}} \cdot \frac{\sqrt{3}}{2} + j \cdot 10^{\frac{1}{2}} \cdot \frac{1}{2}$$

gesuchte Wurzeln

$$\underline{z}_1 = 10^{\frac{1}{2}} \cdot (\cos(30 \cdot ° + 180 \cdot °) + j \cdot \sin(30 \cdot ° + 180 \cdot °)) = -10^{\frac{1}{2}} \cdot \frac{\sqrt{3}}{2} - j \cdot 10^{\frac{1}{2}} \cdot \frac{1}{2}$$

$\underline{z1} := 10 \cdot (\cos(60 \cdot \text{Grad}) + j \cdot \sin(60 \cdot \text{Grad}))$ gegebene komplexe Zahl

$\sqrt{\underline{z1}} = 2.739 + 1.581j$ **Die Wurzel liefert in Mathcad nur den Hauptwert!**

$\varphi := \arg(\underline{z1})$ Winkel zwischen -π und +π

ORIGIN := 0

$k := 0..1$ Bereichsvariable für die Wurzelwerte

$$\underline{z}_k := \sqrt{|\underline{z1}|} \cdot e^{j\cdot\left(\frac{\varphi + k\cdot 2\cdot\pi}{2}\right)} \qquad \underline{z} = \begin{pmatrix} 2.739 + 1.581j \\ -2.739 - 1.581j \end{pmatrix}$$ **Haupt- und Nebenwert**

$\underline{z}_0 = 2.739 + 1.581j$

$\underline{z}_1 = -2.739 - 1.581j$

Geometrische Deutung:

$\mathbf{x_z} := \text{zeiger}(\underline{\mathbf{z1}})^{\langle 0 \rangle}$ $\mathbf{x_{z0}} := \text{zeiger}(\underline{z}_0)^{\langle 0 \rangle}$ $\mathbf{x_{z1}} := \text{zeiger}(\underline{z}_1)^{\langle 0 \rangle}$

$\mathbf{y_z} := \text{zeiger}(\underline{\mathbf{z1}})^{\langle 1 \rangle}$ $\mathbf{y_{z0}} := \text{zeiger}(\underline{z}_0)^{\langle 1 \rangle}$ $\mathbf{y_{z1}} := \text{zeiger}(\underline{z}_1)^{\langle 1 \rangle}$

x- und y-Werte der Endpunkte der Zeigerteilstrecken

$x(\varphi) := |\underline{z}_0| \cdot \cos(\varphi)$ $y(\varphi) := |\underline{z}_0| \cdot \sin(\varphi)$ Kreis in Parameterdarstellung

$\varphi := -\pi, -\pi + 0.01 .. \pi$ Bereichsvariable

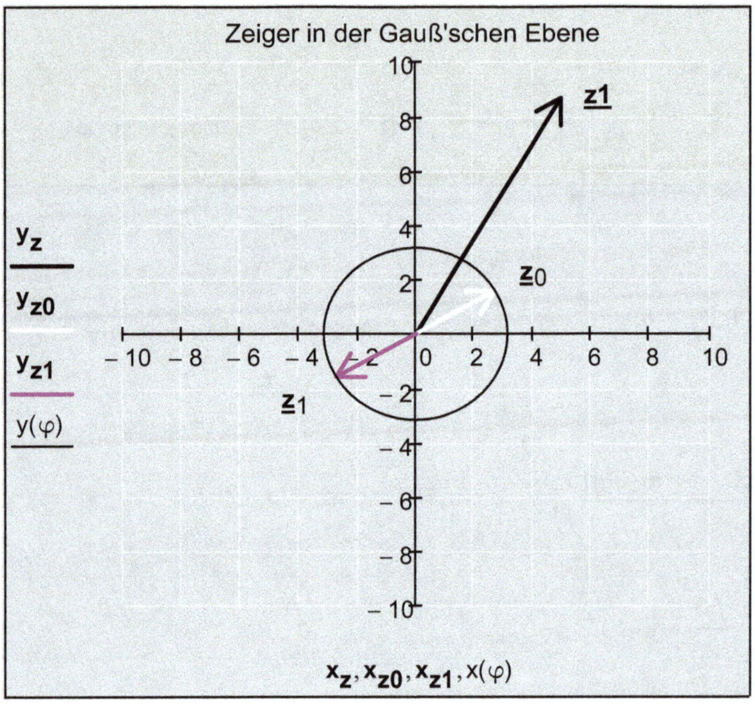

Abb. 1.5.10

Zweiteilung des Kreises mit Radius r = $|\underline{z}_0|$

Beispiel 1.5.16

Gegeben ist folgende komplexe Zahl $\underline{z1} = 8$. Gesucht ist: $\underline{z}_k = \sqrt[3]{\underline{z1}}$

$\sqrt[3]{8} = 2$ Im Reellen!

$\underline{z1} := 8$ gegebene komplexe Zahl

$\sqrt[3]{\underline{z1}} = 2$ **Die Wurzel liefert in Mathcad nur den Hauptwert!**

$\varphi := \arg(\underline{z1})$ $\varphi = 0 \cdot \text{Grad}$ Winkel zwischen $-\pi$ und $+\pi$

ORIGIN := 0 ORIGIN festlegen

$k := 0..2$ Bereichsvariable für die Wurzelwerte

$\underline{z}_k := \sqrt[3]{8} \cdot e^{j \cdot \left(\frac{\varphi + k \cdot 2 \cdot \pi}{3}\right)}$ $\underline{z} = \begin{pmatrix} 2 \\ -1 + 1.732j \\ -1 - 1.732j \end{pmatrix}$ **Haupt- und Nebenwerte**

Geometrische Deutung:

$x_z := \text{zeiger}(\underline{z1})^{\langle 0 \rangle}$ $x_{z0} := \text{zeiger}(\underline{z}_0)^{\langle 0 \rangle}$

$y_z := \text{zeiger}(\underline{z1})^{\langle 1 \rangle}$ $y_{z0} := \text{zeiger}(\underline{z}_0)^{\langle 1 \rangle}$

x- und y-Werte der Endpunkte der Zeigerteilstrecken

$x_{z1} := \text{zeiger}(\underline{z}_1)^{\langle 0 \rangle}$ $x_{z2} := \text{zeiger}(\underline{z}_2)^{\langle 0 \rangle}$

$y_{z1} := \text{zeiger}(\underline{z}_1)^{\langle 1 \rangle}$ $y_{z2} := \text{zeiger}(\underline{z}_2)^{\langle 1 \rangle}$

$x(\varphi) := |\underline{z}_0| \cdot \cos(\varphi)$ $y(\varphi) := |\underline{z}_0| \cdot \sin(\varphi)$ Kreis in Parameterdarstellung

$\varphi := -\pi, -\pi + 0.01 .. \pi$ Bereichsvariable

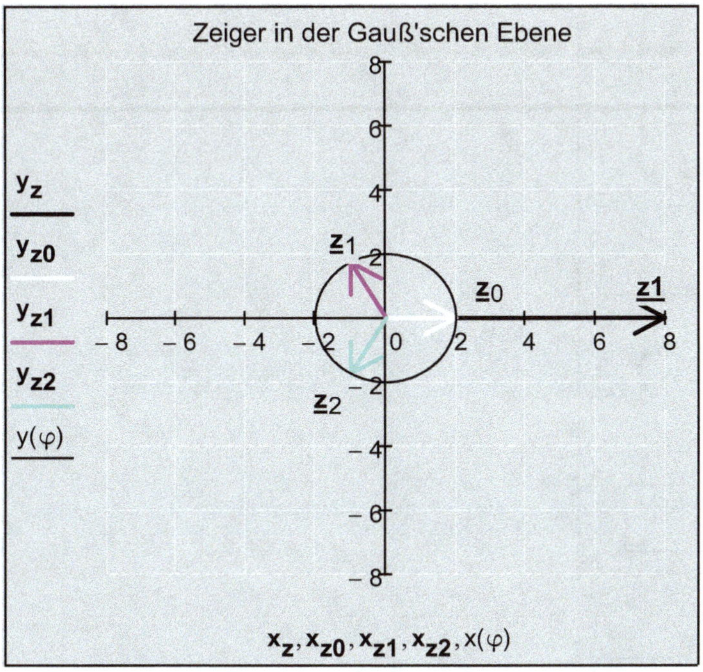

Dreiteilung des Kreises mit Radius $r = |\underline{z}_0|$

Abb. 1.5.11

Die Zeigerspitzen liegen auf einem regulären Polygon (regelmäßiges n-Eck mit $n \geq 3$ Seiten):

$\underline{z1} := 8$ gegebene komplexe Zahl

$\varphi := \arg(\underline{z1})$ $\varphi = 0$ Winkel zwischen $-\pi$ und $+\pi$

ORIGIN := 0

$n := 3$ Wurzelexponent (Seitenanzahl eines regulären Polygon)

$k := 0 .. n - 1$ Bereichsvariable für die Wurzelwerte

Haupt- und Nebenwerte:

$$\underline{z}_k := \sqrt[n]{|\underline{z1}|} \cdot e^{j \cdot \left(\frac{\varphi + k \cdot 2 \cdot \pi}{n}\right)} \qquad \underline{z} = \begin{pmatrix} 2 \\ -1 + 1.732j \\ -1 - 1.732j \end{pmatrix}$$

$x_k := \mathrm{Re}(\underline{z}_k)$ $y_k := \mathrm{Im}(\underline{z}_k)$ **Bildpunktkoordinaten**

$\mathbf{P} := \mathrm{erweitern}(\mathbf{x}, \mathbf{y})$ **Lage der Bildpunkte**

$$\mathbf{P}^T = \begin{pmatrix} 2 & -1 & -1 \\ 0 & 1.732 & -1.732 \end{pmatrix}$$

$\mathbf{x1} := \mathrm{stapeln}(\mathbf{x}, x_0)$ $\mathbf{y1} := \mathrm{stapeln}(\mathbf{y}, y_0)$ **Eckpunktskoordinaten zur Darstellung der Seiten**

$\mathbf{x1}^T = (2 \quad -1 \quad -1 \quad 2)$

$\mathbf{y1}^T = (0 \quad 1.732 \quad -1.732 \quad 0)$

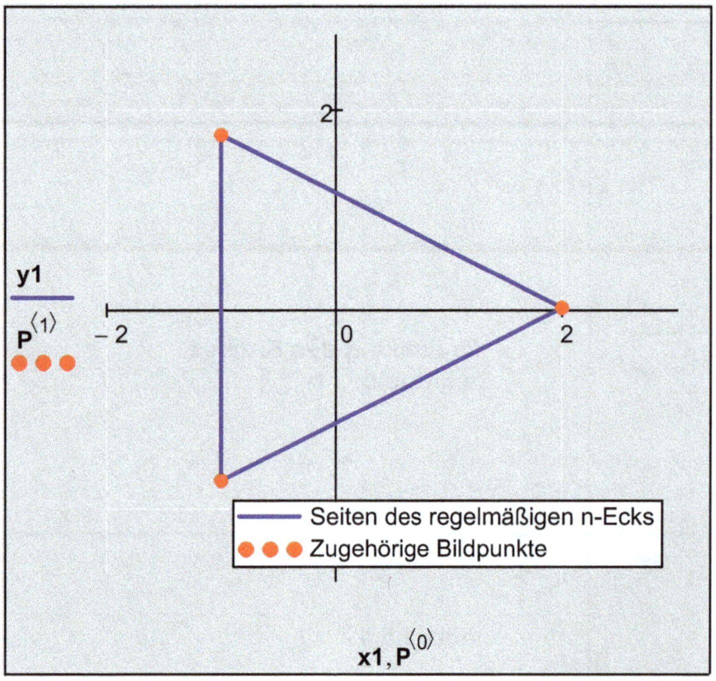

Abb. 1.5.12

Eine algebraische Gleichung n-ten Grades

$$a_n \cdot x^n + a_{n-1} \cdot x^{n-1} + ... + a_2 \cdot x^2 + a_1 \cdot x + a_0 = 0 \qquad \text{(1-65)}$$

($x \in \mathbb{R}$, $a_n \neq 0$, $a_i \in \mathbb{R}$ (i =0, 1, 2, ..., n)) hat höchstens n reelle Lösungen (Wurzeln).

Lösen wir die Gleichung im Komplexen, so besagt der Fundamentalsatz der Algebra:
Eine algebraische Gleichung n-ten Grades

$$a_n \cdot \underline{z}^n + a_{n-1} \cdot \underline{z}^{n-1} + ... + a_2 \cdot \underline{z}^2 + a_1 \cdot \underline{z} + a_0 = 0 \qquad \text{(1-66)}$$

($\underline{z} \in \mathbb{C}$, $a_n \neq 0$, $a_i \in \mathbb{C}$ (i =0, 1, 2, ..., n)) besitzt in der Menge $\mathbb{C}$ der komplexen Zahlen stets genau n Lösungen (Wurzeln).

Das Polynom vom Grade n lässt sich im komplexen Zahlenbereich in Linearfaktoren zerlegen:

$$a_n \cdot \underline{z}^n + a_{n-1} \cdot \underline{z}^{n-1} + ... + a_2 \cdot \underline{z}^2 + a_1 \cdot \underline{z} + a_0 = a_n \cdot (\underline{z} - \underline{z_1}) \cdot (\underline{z} - \underline{z_2}) \cdot .... \cdot (\underline{z} - \underline{z_n}) \qquad \text{(1-67)}$$

$\underline{z_1}$, $\underline{z_2}$, $\underline{z_3}$, ..., $\underline{z_n}$ sind dabei die n Lösungen (n Polynomnullstellen) der algebraischen Gleichung.

Bei ausschließlich reellen Koeffizienten ($a_i \in \mathbb{R}$) treten komplexe Lösungen der algebraischen Gleichung immer paarweise auf, nämlich als Paare zueinander konjugiert komplexer Zahlen. Wenn nämlich $\underline{z_1}$ eine Lösung ist, so ist $\underline{z_1}^*$ ebenfalls eine Lösung.

Beispiel 1.5.17

Lösen Sie die nachfolgend angegebene algebraische Gleichung und zerlegen Sie das Polynom in Linearfaktoren:

$\underline{z}^3 - \underline{z}^2 + 4 \cdot \underline{z} - 4 = 0$

$\underline{z}^3 - \underline{z}^2 + 4 \cdot \underline{z} - 4 = 0$ hat als Lösung(en) $\begin{pmatrix} 2j \\ -2j \\ 1 \end{pmatrix}$

$\underline{z} := \underline{z}$ Redefinition

$\begin{pmatrix} \underline{z_1} \\ \underline{z_2} \\ \underline{z_3} \end{pmatrix} := \underline{z}^3 - \underline{z}^2 + 4 \cdot \underline{z} - 4 = 0$ auflösen, $\underline{z} \rightarrow \begin{pmatrix} 1 \\ 2j \\ -2j \end{pmatrix}$

$\underline{z}^3 - \underline{z}^2 + 4 \cdot \underline{z} - 4 = (\underline{z} - 1) \cdot (\underline{z} - 2 \cdot j) \cdot (\underline{z} + 2 \cdot j)$ Zerlegung in Linearfaktoren

$(\underline{z} - \underline{z_1}) \cdot (\underline{z} - \underline{z_2}) \cdot (\underline{z} - \underline{z_3})$ erweitern $\rightarrow \underline{z}^3 - \underline{z}^2 + 4 \cdot \underline{z} - 4$

Beispiel 1.5.18

Lösen Sie die nachfolgend angegebene algebraische Gleichung und stellen Sie die Bildpunkte in der Gauß'schen Zahlenebene dar.

Die algebraische Gleichung $\underline{z}^n - 1 = 0$ ($\underline{z} \in \mathbb{C}$, $n \in \mathbb{N}$) heißt Kreisteilungsgleichung und deren Lösungen $\underline{z}_k = (1 ; k * 360°/n)$ (k = 0, 1, 2, ..., n-1) werden n-te Einheitswurzeln genannt.

$\underline{z}^6 = 1$ **Diese Kreisteilungsgleichung hat genau 6 Lösungen!**

ORIGIN := 0 ORIGIN festlegen

n := 6 Wurzelexponent (Seitenanzahl eines regulären Polygon)

k := 0 .. n − 1 Bereichsvariable für die Wurzelwerte

Haupt- und Nebenwerte:

$\underline{z}_k := 1 \cdot e^{j \cdot \left(\frac{k \cdot 2 \cdot \pi}{n}\right)}$ $\underline{z} = \begin{pmatrix} 1 \\ 0.5 + 0.866j \\ -0.5 + 0.866j \\ -1 \\ -0.5 - 0.866j \\ 0.5 - 0.866j \end{pmatrix}$

$\mathbf{x}_k := \mathrm{Re}(\underline{z}_k)$ $\mathbf{y}_k := \mathrm{Im}(\underline{z}_k)$ **Bildpunktkoordinaten**

P := erweitern(**x**, **y**) **Lage der Bildpunkte**

$\mathbf{P}^T = \begin{pmatrix} 1 & 0.5 & -0.5 & -1 & -0.5 & 0.5 \\ 0 & 0.866 & 0.866 & 0 & -0.866 & -0.866 \end{pmatrix}$

x1 := stapeln$(\mathbf{x}, \mathbf{x}_0)$ **y1** := stapeln$(\mathbf{y}, \mathbf{y}_0)$ **Eckpunktskoordinaten zur Darstellung der Seiten**

$\mathbf{x1}^T = (1 \ \ 0.5 \ \ -0.5 \ \ -1 \ \ -0.5 \ \ 0.5 \ \ 1)$ $\mathbf{y1}^T = (0 \ \ 0.866 \ \ 0.866 \ \ 0 \ \ -0.866 \ \ -0.866 \ \ 0)$

$x(\varphi) := 1 \cdot \cos(\varphi)$ $y(\varphi) := 1 \cdot \sin(\varphi)$ Kreis in Parameterdarstellung

$\varphi := -\pi, -\pi + 0.01 .. \pi$ Bereichsvariable

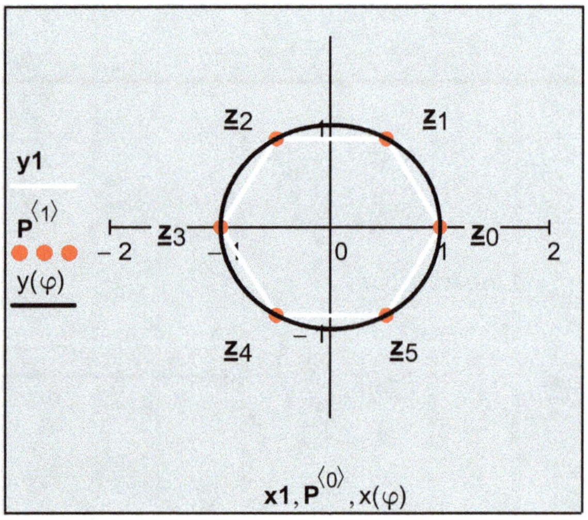

Die Bildpunkte liegen in der Gauß'schen Zahlenebene an den Ecken eines regelmäßigen Sechsecks.

Die Lösungen $\underline{z}_0$ und $\underline{z}_3$ sind reell. $\underline{z}_1$ und $\underline{z}_5$ bzw. $\underline{z}_2$ und $\underline{z}_4$ sind paarweise zueinander konjugiert komplexe Zahlen.

Abb. 1.5.13

1.5.5 Logarithmieren von komplexen Zahlen

Im Bereich der reellen Zahlen ist der natürliche Logarithmus einer positiven reellen Zahl folgendermaßen definiert:

$$a = e^x \;\Leftrightarrow\; x = \ln(a) \quad (a \in \mathbb{R}^+) \qquad (1\text{-}68)$$

Unter Beachtung des Permanenzprinzips können wir diesen Begriff auf den komplexen Bereich übertragen. Wie bereits ausgeführt, kann jede komplexe Zahl $\underline{z}$ ($\underline{z} \neq 0$) in der Exponentialform

$$\underline{z} = r \cdot e^{j \cdot (\varphi + k \cdot 2 \cdot \pi)} \quad (k \in \mathbb{Z})$$

mit $r > 0$ und $0 \le \varphi < 2\pi$ dargestellt werden.
Wir verstehen dann unter dem natürlichen Logarithmus einer komplexen Zahl $\underline{z}$ die unendlich vielen komplexen Zahlen

$$\ln(\underline{z}) = \ln\left[r \cdot e^{j \cdot (\varphi + k \cdot 2 \cdot \pi)}\right] = \ln(r) + \ln\left[e^{j \cdot (\varphi + k \cdot 2 \cdot \pi)}\right] = \ln(r) + j \cdot (\varphi + k \cdot 2 \cdot \pi) \qquad (1\text{-}69)$$

$k \in \mathbb{Z}$. Für $k = 0$ erhalten wir den Hauptwert:

$$\ln(\underline{z}) = \ln(r) + j \cdot \varphi \quad (0 \le \varphi < 2\pi) \qquad (1\text{-}70)$$

$\ln(r)$, mit $r = |\underline{z}|$, ist sein Realteil und das Argument φ der Imaginärteil der komplexen Zahl $\underline{z}$ (Hauptwert). Die übrigen Werte heißen Nebenwerte. Sie ergeben sich aus dem Hauptwert durch Addition ganzzahliger Vielfacher von $2\pi j$. Die verschiedenen komplexen Zahlen stimmen also im Realteil überein.

Bemerkung:

$\ln(\underline{z})$ ist für jede komplexe Zahl ($\underline{z} \neq 0$) erklärt (auch für negative reelle Zahlen).
Die Rechengesetze für Logarithmen komplexer Zahlen sind die gleichen wie im Reellen.
Wie bereits hingewiesen wurde, wird in der Technik der Hauptwert des Arguments φ auf das Intervall $-\pi < \varphi \le \pi$ beschränkt. Bei dieser Festlegung ändern sich auch der Haupt- und die Nebenwerte des Logarithmus einer komplexen Zahl entsprechend.

Beispiel 1.5.19

Berechnen Sie den natürlichen Logarithmus folgender komplexen Zahl:

$\underline{z} := -5 + j \cdot 6$ — gegebene komplexe Zahl

$r := |\underline{z}|$ $\quad r = 7.81$ — Betrag

$\varphi := \arg(\underline{z})$ $\quad \varphi = 2.266$ $\quad \varphi = 129.806 \cdot \text{Grad}$ — Argument

$\underline{z} = r \cdot e^{j \cdot (\varphi + k \cdot 2 \cdot \pi)}$ Exponentialform $\quad \ln(\underline{z}) = \ln(r) + j(\varphi + k \cdot 2 \cdot \pi)$ Logarithmus von $\underline{z}$

$\ln(\underline{z}) = 2.055 + 2.266j$ — Hauptwert

$k := 0 .. 2$ — Bereichsvariable für Hauptwert und 2 Nebenwerte

$\mathbf{lnz}_k := [\ln(r) + j \cdot (\varphi + k \cdot 2 \cdot \pi)]$ — Logarithmuswerte in einem Vektor zusammengefasst

$$\mathbf{lnz} = \begin{pmatrix} 2.055 + 2.266j \\ 2.055 + 8.549j \\ 2.055 + 14.832j \end{pmatrix}$$ Hauptwert und 2 Nebenwerte

1.6. Anwendungen von komplexen Zahlen

1.6.1 Komplexe Darstellung von sinusförmigen Größen

Bei der Behandlung von Schwingungsproblemen ist die komplexe Rechnung der reellen Rechnung aufgrund der einfacheren komplexen Rechengesetze überlegen. Die komplexe Darstellung von Wechselstromgrößen ist in der Elektro- und Nachrichtentechnik unentbehrlich. Viele Probleme lassen sich mithilfe dieser symbolischen Methode analog denen in der Gleichstromlehre lösen. Es gelten im Komplexen die Formeln für Reihen- und Parallelschaltung, aber auch die Kirchhoff'schen Regeln sowie das Ohm'sche Gesetz.

Ausgehend von der Funktionsgleichung einer harmonischen mechanischen Schwingung oder elektrischen Schwingung, wie z. B. Wechselspannung oder Wechselstrom, soll die symbolische Methode erläutert und eingeführt werden.

$$y(t) = \hat{A} \cdot \sin(\omega \cdot t + \varphi) = A \cdot \sin(\omega \cdot t + \varphi) = A_0 \cdot \sin(\omega \cdot t + \varphi) \text{ (mechanische Schwingung)} \quad (2\text{-}1)$$

$$u(t) = \hat{U} \cdot \sin\left(\omega \cdot t + \varphi_u\right) = U_{max} \cdot \sin\left(\omega \cdot t + \varphi_u\right) = U_0 \cdot \sin\left(\omega \cdot t + \varphi_u\right) \text{ (Wechselspannung)} \quad (2\text{-}2)$$

$$i(t) = \hat{I} \cdot \sin\left(\omega \cdot t + \varphi_i\right) = I_{max} \cdot \sin\left(\omega \cdot t + \varphi_i\right) = I_0 \cdot \sin\left(\omega \cdot t + \varphi_i\right) \text{ (Wechselstrom)} \quad (2\text{-}3)$$

Die physikalischen Größen bedeuten:

$\hat{A}$, A, A_0	Schwingungsamplitude mit der entsprechenden Einheit
$\hat{U}$, U_{max}, U_0	Scheitelwert der Spannung in V
$\hat{I}$, I_{max}, I_0	Scheitelwert des Stromes in A
$\omega = 2 . \pi . f$	Kreisfrequenz in 1/s
f	Frequenz der Schwingung in Hz
T = 1/f	Perioden- oder Schwingungsdauer der Schwingung in s
φ, $\varphi = \omega.t_2 - \omega.t_1$, $\varphi = \varphi_u - \varphi_i$	Phasenverschiebungswinkel (Phasenwinkel oder Nullphasenwinkel) in rad oder Grad.

Die Beschränkung auf Sinusschwingungen ist deshalb gerechtfertigt, weil sich Kosinusschwingungen immer auf Sinusschwingungen zurückführen lassen:

$$y(t) = \hat{A} \cdot \cos(\omega \cdot t + \varphi) = \hat{A} \cdot \sin\left(\omega \cdot t + \varphi + \frac{\pi}{2}\right) \quad (2\text{-}4)$$

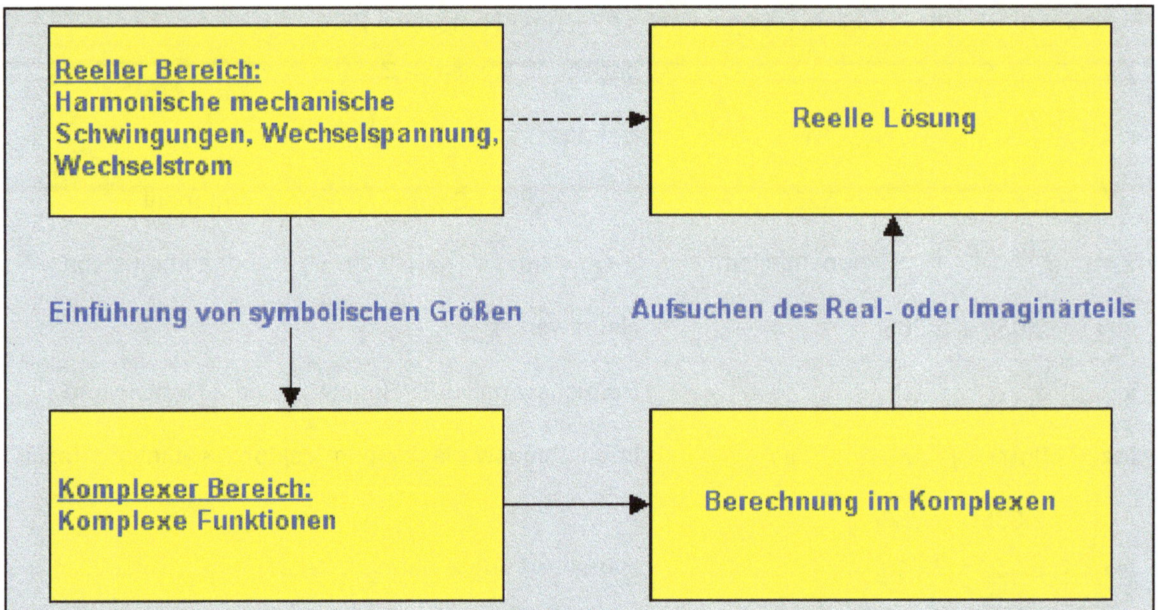

Abb. 1.6.1

$y(t) = \hat{A} \cdot \sin(\omega \cdot t + \varphi)$

$u(t) = \hat{U} \cdot \sin(\omega \cdot t + \varphi_u)$

$i(t) = \hat{I} \cdot \sin(\omega \cdot t + \varphi_i)$

$y(t) = Im(\underline{y}) = \hat{A} \cdot \sin(\omega \cdot t + \varphi)$

$u(t) = Im(\underline{u}) = \hat{U} \cdot \sin(\omega \cdot t + \varphi_u)$

$i(t) = Im(i) = \hat{I} \cdot \sin(\omega \cdot t + \varphi_i)$

$\underline{y} = \hat{A} \cdot (\cos(\omega \cdot t + \varphi) + j \cdot \sin(\omega \cdot t + \varphi))$

$\underline{u} = \hat{U} \cdot (\cos(\omega \cdot t + \varphi_u) + j \cdot \sin(\omega \cdot t + \varphi_u))$

$\underline{i} = \hat{I} \cdot (\cos(\omega \cdot t + \varphi_i) + j \cdot \sin(\omega \cdot t + \varphi_i))$

$\underline{y} = \hat{A} \cdot e^{j \cdot (\omega \cdot t + \varphi)} = \hat{A} \cdot e^{j \cdot \varphi} \cdot e^{j \cdot \omega \cdot t} = \underline{\hat{A}} \cdot e^{j \cdot \omega \cdot t}$

$\underline{u} = \hat{U} \cdot e^{j \cdot (\omega \cdot t + \varphi_u)} = \hat{U} \cdot e^{j \cdot \varphi_u} \cdot e^{j \cdot \omega \cdot t} = \underline{\hat{U}} \cdot e^{j \cdot \omega \cdot t}$

$\underline{i} = \hat{I} \cdot e^{j \cdot (\omega \cdot t + \varphi_i)} = \hat{I} \cdot e^{j \cdot \varphi_i} \cdot e^{j \cdot \omega \cdot t} = \underline{\hat{I}} \cdot e^{j \cdot \omega \cdot t}$

Durchführung der Rechnung mit komplexer Amplitude (Ruhende Zeiger z. B. bei t = 0):

$\underline{\hat{A}} = \hat{A} \cdot e^{j \cdot \varphi}$ $\quad \underline{\hat{U}} = \hat{U} \cdot e^{j \cdot \varphi_u}$ $\quad \underline{\hat{I}} = \hat{I} \cdot e^{j \cdot \varphi_i}$

Mit den komplexen Amplituden:

$\underline{\hat{U}} = \hat{U} \cdot e^{j \cdot \varphi_u} = \sqrt{2} \cdot U_{eff} \cdot e^{j \cdot \varphi_u}$

$\underline{\hat{I}} = \hat{I} \cdot e^{j \cdot \varphi_i} = \sqrt{2} \cdot I_{eff} \cdot e^{j \cdot \varphi_i}$

bzw. bei Zugrundelegung des Effektivwertes mit dem zeitunabhängigen Spannungs- bzw. Stromzeiger

$\underline{U} = \sqrt{2} \cdot U_{eff} = \underline{U_{eff}}$ $\quad \underline{I} = \sqrt{2} \cdot I_{eff} = \underline{I_{eff}}$

Die physikalischen Größen bedeuten:

y, u, i	Augenblickswert	$\underline{y}, \underline{u}, \underline{i}$	komplexer Zeitwert
$\underline{\hat{A}}, \underline{\hat{U}}, \underline{\hat{I}}$	komplexe Amplitude oder Scheitelwert		
$\underline{U}_{eff}, \underline{I}_{eff}$	komplexer Effektivwert	U_{eff}, I_{eff}	Betrag des Effektivwertes
$e^{j\omega t}$	Drehfaktor. Die Zeitfunktion der Schwingung beschreibt den Einheitskreis, der durch den Einheitskreiszeiger festgelegt wird.		
$e^{j\varphi}$	Winkelfaktor (gibt die Phasenlage an. Die Bezugsgröße liegt meist in der reellen Achse)		

Der oben angeführte Zusammenhang soll nun etwas näher erläutert werden. Die durch die Funktionen

$$y(t) = \hat{A} \cdot \sin(\omega \cdot t + \varphi)\,,\; u(t) = \hat{U} \cdot \sin(\omega \cdot t + \varphi_u) \text{ und } i(t) = \hat{I} \cdot \sin(\omega \cdot t + \varphi_i) \qquad (2\text{-}5)$$

beschriebenen harmonischen Schwingungen lassen sich in einem Zeigerdiagramm durch einen mit der Winkelgeschwindigkeit ω im positiven Drehsinn um den Nullpunkt rotierenden Zeiger der Länge Â, Û bzw. Î anschaulich darstellen (Abb. 1.6.2).

Beispiel 1.6.1

Harmonische mechanische Schwingung (vorerst ohne Einheiten):

$\varphi := \frac{\pi}{8}$ Phasenwinkel

$\omega := 2$ Kreisfrequenz

$\hat{A} := 1$ Amplitude

$t_1 := 0$ Zeitpunkt t_1

$t_2 := 0.3 + \frac{FRAME}{10}$ Zeitpunkt t_2 **Animation: FRAME von 0 bis 30 mit 10 Bilder/s**

$t := -0.5, -0.5 + 0.001 .. 3.5$ Bereichsvariable für die Zeit

$y(t) := \hat{A} \cdot \sin(\omega \cdot t + \varphi)$ Schwingungsgleichung

$\mathbf{x_{z1}} := \left(0 \;\; \hat{A} \cdot \cos(\omega \cdot t_1 + \varphi)\right)^T$ $\mathbf{y_{z1}} := \left(0 \;\; y(t_1)\right)^T$

$\mathbf{x_{z2}} := \left(0 \;\; \hat{A} \cdot \cos(\omega \cdot t_2 + \varphi)\right)^T$ $\mathbf{y_{z2}} := \left(0 \;\; y(t_2)\right)^T$ Ursprung und Zeigerspitze

$\mathbf{x2} := \left(\hat{A} \cdot \cos(\omega \cdot t_2 + \varphi) \;\; \hat{A} \cdot \cos(\omega \cdot t_2 + \varphi)\right)^T$ $\mathbf{y2} := \left(0 \;\; y(t_2)\right)^T$

$\mathbf{x} := \left(t_2 \;\; t_2\right)^T$ $\mathbf{y} := \left(0 \;\; y(t_2)\right)^T$ Ordinatenwert der Zeigerspitze und augenblicklicher Funktionswert

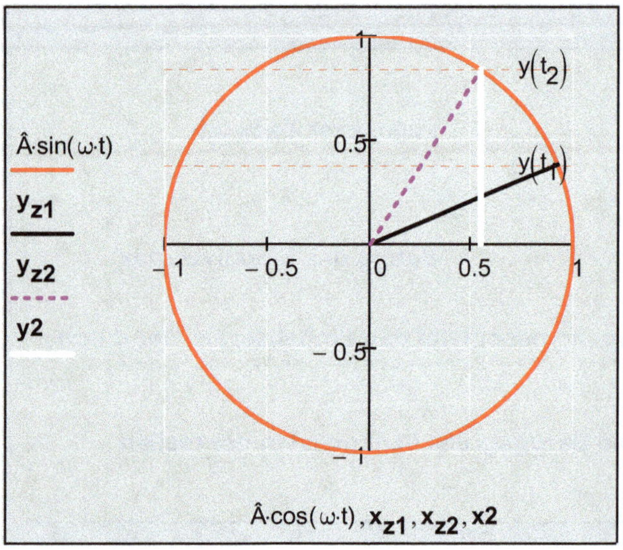

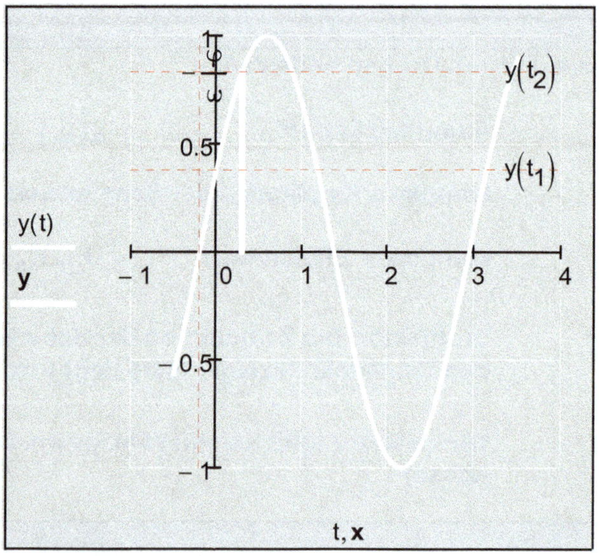

Abb. 1.6.2

Der Zeiger befindet sich zum Zeitpunkt $t_1 = 0$ in der Ausgangsposition. Sein Richtungswinkel gegenüber der Bezugsachse (t-Achse) ist der Phasenwinkel (Nullphasenwinkel) φ. In der Zeit t_2 dreht sich der Zeiger um ωt_2 weiter. Sein Richtungswinkel gegenüber der Bezugsachse ist nunmehr $\omega t_2 + \varphi$. Der Ordinatenwert der Zeigerspitze entspricht dabei dem augenblicklichen Funktionswert y(t). Bei der Rotation des Zeigers um den Nullpunkt durchläuft daher die Ordinate nacheinander alle Funktionswerte der Sinusschwingung.
Wird also von den Augenblickswerten y(t), u(t) bzw. i(t) abgesehen, so genügt allein die Darstellung des Zeigers, um daraus die Amplitude (Scheitelwert) und Phasenlage φ ablesen zu können. In der Praxis ist es nun tatsächlich so, dass die Kenntnis der Augenblickswerte oft von untergeordneter Bedeutung ist.
Wir deuten nun die Ebene, in der die Rotation des Zeigers erfolgt, als Gauß'sche Zahlenebene und beschreiben die augenblickliche Lage des Zeigers durch die zeitabhängige komplexe Zahl

$$\underline{y} = \hat{A} \cdot (\cos(\omega \cdot t + \varphi) + j \cdot \sin(\omega \cdot t + \varphi)) = \hat{A} \cdot e^{j \cdot (\omega \cdot t + \varphi)} = \hat{A} \cdot e^{j \cdot \varphi} \cdot e^{j \cdot \omega \cdot t} = \underline{\hat{A}} \cdot e^{j \cdot \omega \cdot t} \tag{2-6}$$

$$\underline{u} = \hat{U} \cdot \left(\cos\left(\omega \cdot t + \varphi_u\right) + j \cdot \sin\left(\omega \cdot t + \varphi_u\right)\right) = \hat{U} \cdot e^{j \cdot \left(\omega \cdot t + \varphi_u\right)} = \hat{U} \cdot e^{j \cdot \varphi_u} \cdot e^{j \cdot \omega \cdot t} = \underline{\hat{U}} \cdot e^{j \cdot \omega \cdot t} \tag{2-7}$$

$$\underline{i} = \hat{I} \cdot \left(\cos\left(\omega \cdot t + \varphi_i\right) + j \cdot \sin\left(\omega \cdot t + \varphi_i\right)\right) = \hat{I} \cdot e^{j \cdot \left(\omega \cdot t + \varphi_i\right)} = \hat{I} \cdot e^{j \cdot \varphi_i} \cdot e^{j \cdot \omega \cdot t} = \underline{\hat{I}} \cdot e^{j \cdot \omega \cdot t} \tag{2-8}$$

Der ruhende Zeiger (Anfangslage des Zeigers zum Zeitpunkt t = 0) wird allein durch die komplexe Schwingungsamplitude gekennzeichnet:

$$\underline{\hat{A}} = \hat{A} \cdot e^{j \cdot \varphi} \quad ; \quad \underline{\hat{U}} = \hat{U} \cdot e^{j \cdot \varphi_u} \quad ; \quad \underline{\hat{I}} = \hat{I} \cdot e^{j \cdot \varphi_i} \tag{2-9}$$

Die komplexe Amplitude $\underline{\hat{A}}$, $\underline{\hat{U}}$ bzw. $\underline{\hat{I}}$ besitzt den Betrag $|\underline{\hat{A}}| = \hat{A}$, $|\underline{\hat{U}}| = \hat{U}$ bzw. $|\underline{\hat{I}}| = \hat{I}$ und den Nullphasenwinkel φ und legt die Anfangslage des rotierenden Zeigers fest. Die Zeitfunktion $e^{j\omega t}$ beschreibt die Rotation des Zeigers mit der Winkelgeschwindigkeit ω um den Nullpunkt der komplexen Zahlenebene.
Der Momentanwert der Sinusschwingung entspricht dann dem Imaginärteil des rotierenden Zeigers:

$$y(t) = \mathrm{Im}(\underline{y}) = \mathrm{Im}\left(\underline{\hat{A}} \cdot e^{j \cdot \omega \cdot t}\right) = \hat{A} \cdot \sin(\omega \cdot t + \varphi) \tag{2-10}$$

$$u(t) = \mathrm{Im}(\underline{u}) = \mathrm{Im}\left(\underline{\hat{U}} \cdot e^{j \cdot \omega \cdot t}\right) = \hat{U} \cdot \sin\left(\omega \cdot t + \varphi_u\right) ; \tag{2-11}$$

$$i(t) = \mathrm{Im}(\underline{i}) = \mathrm{Re}\left(\hat{I} \cdot e^{j \cdot \omega \cdot t}\right) = \hat{I} \cdot \sin\left(\omega \cdot t + \varphi_i\right) . \tag{2-12}$$

Liegt eine Schwingung als Kosinusschwingung vor, so ergeben sich für die Berechnung folgende Möglichkeiten:

1. Die Schwingung wird zunächst als sinusförmige Schwingung dargestellt. Anschließend erfolgen die oben angegebenen Rechenschritte.
2. Die Schwingung wird in Kosinusform belassen. Anschließend erfolgen wieder die oben angeführten Rechenschritte. Jedoch bei der Rücktransformation aus dem Komplexen ins Reelle ist der Realteil des Zeigers zu nehmen:

$$y(t) = \mathrm{Re}(\underline{y}) = \mathrm{Re}\left(\underline{\hat{A}} \cdot e^{j \cdot \omega \cdot t}\right) = \hat{A} \cdot \cos(\omega \cdot t + \varphi) \tag{2-13}$$

$$u(t) = \mathrm{Re}(\underline{u}) = \mathrm{Re}\left(\underline{\hat{U}} \cdot e^{j \cdot \omega \cdot t}\right) = \hat{U} \cdot \cos\left(\omega \cdot t + \varphi_u\right) \tag{2-14}$$

$$i(t) = \mathrm{Re}(\underline{i}) = \mathrm{Re}\left(\hat{I} \cdot e^{j \cdot \omega \cdot t}\right) = \hat{I} \cdot \cos\left(\omega \cdot t + \varphi_i\right) \tag{2-15}$$

Beispiel 1.6.2

Zur Zeigerdarstellung verwenden wir wieder das bereits angeführte Unterprogramm:

ORIGIN := 1   ORIGIN festlegen

$$\text{zeiger}(\underline{z}) := \begin{array}{|l} x_1 \leftarrow 0 \\ y_1 \leftarrow 0 \\ x_2 \leftarrow \text{Re}(\underline{z}) \\ y_2 \leftarrow \text{Im}(\underline{z}) \\ x_3 \leftarrow \text{Re}(\underline{z}) \\ y_3 \leftarrow \text{Im}(\underline{z}) \\ x_4 \leftarrow x_3 - \sin\left(\frac{\pi}{3} - \text{winkel}(x_3, y_3)\right) \\ y_4 \leftarrow y_3 - \cos\left(\frac{\pi}{3} - \text{winkel}(x_3, y_3)\right) \\ x_5 \leftarrow \text{Re}(\underline{z}) \\ y_5 \leftarrow \text{Im}(\underline{z}) \\ x_6 \leftarrow x_3 - \cos\left(\text{winkel}(x_3, y_3) - \frac{\pi}{6}\right) \\ y_6 \leftarrow y_3 - \sin\left(\text{winkel}(x_3, y_3) - \frac{\pi}{6}\right) \\ X \leftarrow \text{erweitern}(x, y) \end{array}$$

Dieses Unterprogramm liefert die Endpunkte der Teilstrecken, aus denen ein Zeiger zusammengesetzt ist.

Wir stellen die mechanische Schwingung $y(t) = \hat{A} \cdot \sin(\omega \cdot t + \varphi)$ als Zeiger in der komplexen Ebene dar und führen dann die Rücktransformation in die reelle Form durch:

$\varphi := \frac{\pi}{8}$ $\varphi = 22.5 \cdot \text{Grad}$ Phasenwinkel

$\omega := 2 \cdot s^{-1}$ Kreisfrequenz

$\hat{A} := 8 \cdot cm$ Amplitude

Übergang von der reellen Form zur komplexen Form:

$$\underline{y} = \hat{A} \cdot e^{j \cdot (\omega \cdot t + \varphi)} = \hat{A} \cdot e^{j \cdot \varphi} \cdot e^{j \cdot \omega \cdot t}$$

$\underline{y}(t) := \hat{A} \cdot e^{j \cdot (\omega \cdot t + \varphi)}$ rotierender Zeiger

$\underline{\hat{A}} := \hat{A} \cdot e^{j \cdot \left(\varphi + \frac{FRAME}{10}\right)}$ komplexe Schwingungsamplitude

Animation: FRAME von 0 bis 65 mit 10 Bilder/s

$x_y := \text{zeiger}\left(\frac{\hat{\underline{A}}}{cm}\right)^{\langle 1 \rangle} \cdot cm$ $\quad y_y := \text{zeiger}\left(\frac{\hat{\underline{A}}}{cm}\right)^{\langle 2 \rangle} \cdot cm$ x- und y-Werte der Endpunkte der Zeigerteilstrecken (Achtung auf Einheiten!)

$t := 0 \cdot s, 0.1 \cdot s .. \pi \cdot s$ Bereichsvariable für die Zeit

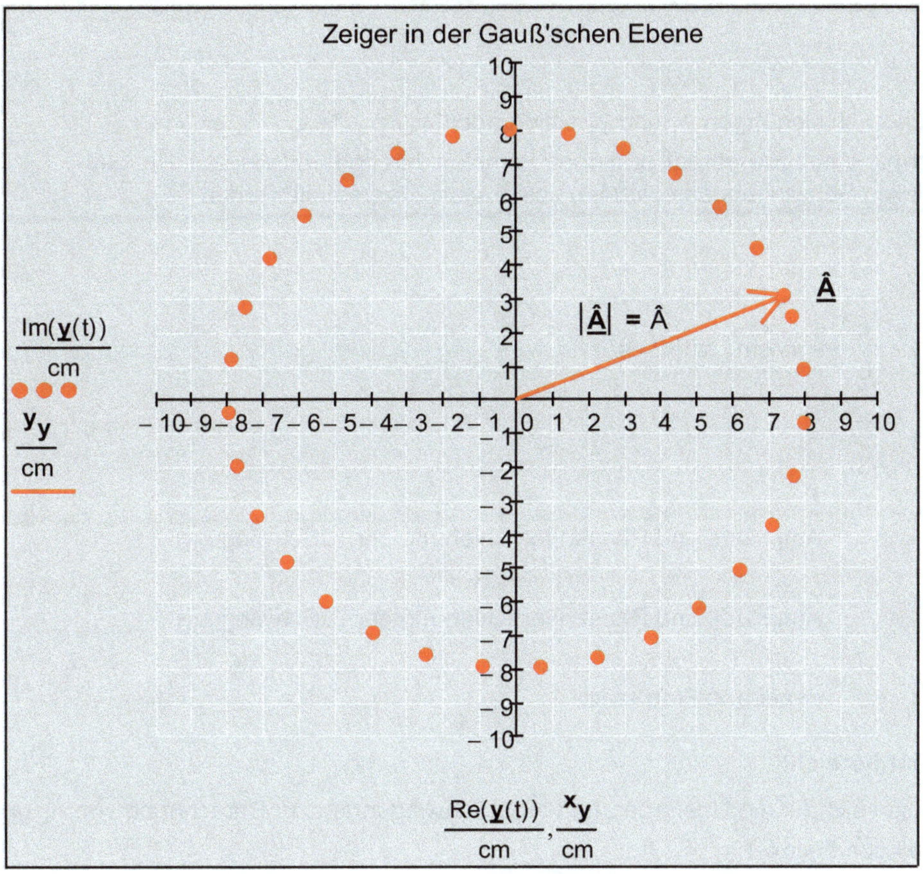

$\hat{\underline{A}} = (7.391 + 3.061j) \cdot cm$

$Re(\hat{\underline{A}}) = 7.391 \cdot cm$

$Im(\hat{\underline{A}}) = 3.061 \cdot cm$

$|\hat{\underline{A}}| = 8 \cdot cm$

Abb. 1.6.3

Rücktransformation aus der komplexen Form in die reelle Form:

$$y(t) = Im(\underline{y}(t)) = Im\left[\hat{A} \cdot e^{j \cdot (\omega \cdot t + \varphi)}\right] = Im(\hat{A} \cdot \cos(\omega \cdot t + \varphi) + j \cdot \hat{A} \cdot \sin(\omega \cdot t + \varphi)) = \hat{A} \cdot \sin(\omega \cdot t + \varphi)$$

$\hat{A} := |\hat{\underline{A}}|$ $\quad \hat{A} = 8 \cdot cm$ $\quad$ Betrag von $\hat{\underline{A}}$

$\varphi := \arg(\hat{\underline{A}})$ $\quad \varphi = 22.5 \cdot \text{Grad}$ $\quad$ **Winkel im Bereich -180° < φ ≤ 180°**

1.6.2 Überlagerung von Schwingungen gleicher Frequenz

Nach dem Superpositionsprinzip der Physik überlagern sich Schwingungen gleicher Frequenz ungestört. Die Überlagerung von sinusförmigen Schwingungen gleicher Frequenz ergibt wieder eine sinusförmige Schwingung gleicher Frequenz.

Beispiel 1.6.3

Zwei harmonische mechanische Schwingungen y_1 und y_2 sollen additiv ($y = y_1 + y_2 = \hat{A}_s \sin(\omega\, t + \varphi_s)$) überlagert werden. Die Berechnung soll zuerst reell und dann komplex durchgeführt werden. Die geometrische Addition der komplexen Schwingungsamplituden soll grafisch dargestellt werden.

$$y_1(t) := 5 \cdot cm \cdot \sin\left(2 \cdot s^{-1} \cdot t\right)$$

$$y_2(t) = 4 \cdot cm \cdot \cos\left(2 \cdot s^{-1} \cdot t - \frac{\pi}{6}\right) = 4 \cdot cm \cdot \sin\left(2 \cdot s^{-1} \cdot t - \frac{\pi}{6} + \frac{\pi}{2}\right)$$

$$y_2(t) := 4 \cdot cm \cdot \sin\left(2 \cdot s^{-1} \cdot t + \frac{\pi}{3}\right)$$

$\hat{A}_1 := 5 \cdot cm \qquad \varphi_1 := 0$ Amplitude und Phasenverschiebung der 1. Schwingung

$\hat{A}_2 := 4 \cdot cm \qquad \varphi_2 := \frac{\pi}{3}$ Amplitude und Phasenverschiebung der 2. Schwingung

$\omega := 2 \cdot s^{-1}$ gegebene Frequenz

Berechnung im reellen Zahlenbereich:

Aus dem Zeigerdiagramm lassen sich für die Überlagerung von 2 Schwingungen zur Berechnung von $\hat{A}_s$ und φ_s folgende Beziehungen geometrisch herleiten:

$$\hat{A}_s := \sqrt{\hat{A}_1^{\,2} + \hat{A}_2^{\,2} + 2 \cdot \hat{A}_1 \cdot \hat{A}_2 \cdot \cos(\varphi_1 - \varphi_2)} \qquad \varphi_s := \operatorname{atan}\left(\frac{\hat{A}_1 \cdot \sin(\varphi_1) + \hat{A}_2 \cdot \sin(\varphi_2)}{\hat{A}_1 \cdot \cos(\varphi_1) + \hat{A}_2 \cdot \cos(\varphi_2)}\right)$$

$$\hat{A}_s = 7.81 \cdot cm \qquad \varphi_s = 26.33 \cdot Grad$$

Berechnung in komplexer Form:

1. Übergang von der reellen Form zur komplexen Form:

$$\underline{y_1} = \hat{A}_1 \cdot e^{j \cdot (\omega \cdot t + \varphi_1)} = \hat{A}_1 \cdot e^{j \cdot \varphi_1} \cdot e^{j \cdot \omega \cdot t}$$

$\underline{\hat{A}_1} := \hat{A}_1 \cdot e^{j \cdot (\varphi_1)}$ komplexe Schwingungsamplitude der 1. Schwingung

$$\underline{y_2} = \hat{A}_2 \cdot e^{j \cdot (\omega \cdot t + \varphi_2)} = \hat{A}_2 \cdot e^{j \cdot \varphi_2} \cdot e^{j \cdot \omega \cdot t}$$

$\underline{\hat{A}_2} := \hat{A}_2 \cdot e^{j \cdot (\varphi_2)}$ komplexe Schwingungsamplitude der 2. Schwingung

2. Addition der komplexen Amplituden:

$\underline{\hat{A}_s} := \underline{\hat{A}_1} + \underline{\hat{A}_2}$ $\qquad$ $\underline{\hat{A}_s} = (7 + 3.464j) \cdot cm$

$x_{y1} := \text{zeiger}\left(\frac{\underline{\hat{A}_1}}{cm}\right)^{\langle 1 \rangle} \cdot cm$ $\qquad$ $y_{y1} := \text{zeiger}\left(\frac{\underline{\hat{A}_1}}{cm}\right)^{\langle 2 \rangle} \cdot cm$ $\qquad$ x- und y-Werte der Endpunkte der Zeigerteilstrecken des Zeigers 1

$x_{y2} := \text{zeiger}\left(\frac{\underline{\hat{A}_2}}{cm}\right)^{\langle 1 \rangle} \cdot cm$ $\qquad$ $y_{y2} := \text{zeiger}\left(\frac{\underline{\hat{A}_2}}{cm}\right)^{\langle 2 \rangle} \cdot cm$ $\qquad$ x- und y-Werte der Endpunkte der Zeigerteilstrecken des Zeigers 2

$x_{ys} := \text{zeiger}\left(\frac{\underline{\hat{A}_s}}{cm}\right)^{\langle 1 \rangle} \cdot cm$ $\qquad$ $y_{ys} := \text{zeiger}\left(\frac{\underline{\hat{A}_s}}{cm}\right)^{\langle 2 \rangle} \cdot cm$ $\qquad$ x- und y-Werte der Endpunkte der Zeigerteilstrecken des Summenzeigers

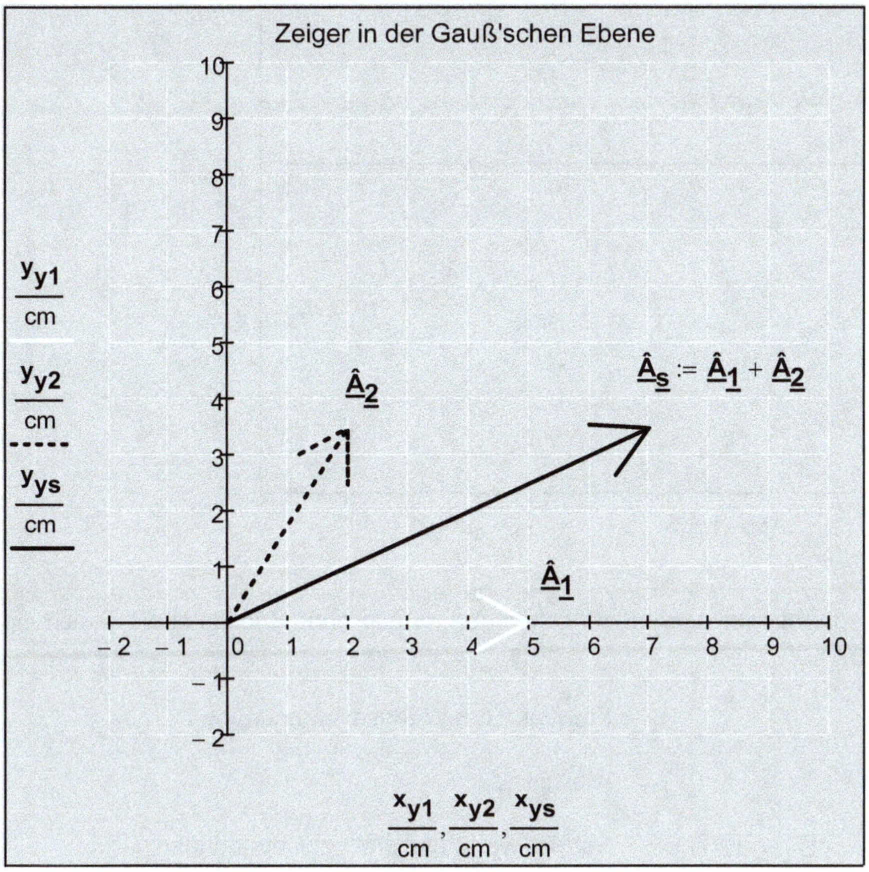

Abb. 1.6.4

$\hat{A}_s := \left|\underline{\hat{A}_s}\right|$ $\qquad$ $\hat{A}_s = 7.81 \cdot cm$ $\qquad$ Betrag von $\underline{\hat{A}}$

$\varphi_s := \arg\left(\underline{\hat{A}_s}\right)$ $\qquad$ $\varphi_s = 26.33 \cdot \text{Grad}$ $\qquad$ **Winkel im Bereich -180° < φ ≤ 180°**

$\underline{\hat{A}_S} := \hat{A}_S \cdot e^{j\cdot\varphi_S}$ $\underline{\hat{A}_S} = (7 + 3.464j) \cdot cm$ komplexe Amplitude

$\underline{y_S} = \underline{\hat{A}_S} \cdot e^{j\cdot\omega\cdot t}$ Summenschwingung in komplexer Form

3. Rücktransformation aus der komplexen Form in die reelle Form:

$$y(t) = Im(\underline{y_S}) = Im\left(\hat{A}_S \cdot e^{j\cdot\omega\cdot t}\right) = Im\left(\hat{A}_S \cdot e^{j\cdot\varphi_S} \cdot e^{j\cdot\omega\cdot t}\right) = Im\left[\hat{A}_S \cdot e^{j\cdot(\omega\cdot t+\varphi_S)}\right]$$

$y(t) := \hat{A}_S \cdot \sin(\omega \cdot t + \varphi_S)$ Summenschwingung

$t := 0 \cdot s, 0.001 \cdot s .. 6 \cdot s$ Bereichsvariable

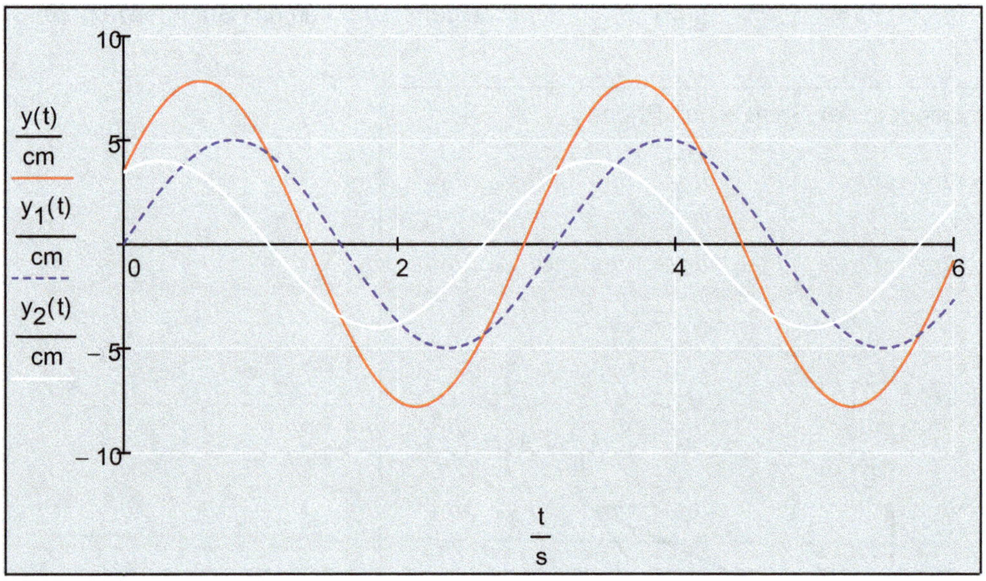

Abb. 1.6.5

Beispiel 1.6.4

Die nachfolgenden drei Wechselspannungen werden zur Überlagerung gebracht. Wie lautet die Gleichung der resultierenden Wechselspannung u(t)?

$f := 50 \cdot Hz$ Frequenz der Wechselspannungen

$\omega := 2 \cdot \pi \cdot f$ Kreisfrequenz

$\hat{U}_1 := 150 \cdot V$ $\hat{U}_2 := 220 \cdot V$ $\hat{U}_3 := 120 \cdot V$ Scheitelwerte der Wechselspannungen

$\varphi_{u1} := \frac{2 \cdot \pi}{3}$ $\varphi_{u3} := 0$ $\varphi_{u2} := \frac{5 \cdot \pi}{6}$ Nullphasenwinkel für Schwingung 1, 2 und 3

$u_1(t) = \hat{U}_1 \cdot \sin(\omega \cdot t + \varphi_{u1})$

$u_2(t) = \hat{U}_2 \cdot \cos(\omega \cdot t + \varphi_{u2})$ Wechselspannungen

$u_3(t) = \hat{U}_3 \cdot \sin(\omega \cdot t + \varphi_{u3})$

Die Wechselspannung u_2 muss noch in Sinusform umgewandelt werden:

$$u_2(t) = \hat{U}_2 \cdot \cos\left(\omega \cdot t + \frac{5 \cdot \pi}{6}\right) = \hat{U}_2 \cdot \sin\left(\omega \cdot t + \frac{5 \cdot \pi}{6} + \frac{\pi}{2}\right) = \hat{U}_2 \cdot \sin(\omega \cdot t + \varphi_{u2})$$

$\varphi_{u2} := \frac{4 \cdot \pi}{3}$ neuer Nullphasenwinkel für die Schwingung in Sinusform

1. Übergang von der reellen Form zur komplexen Form:

$$\underline{u_1} = \hat{U}_1 \cdot e^{j \cdot (\omega \cdot t + \varphi_{u1})} = \hat{U}_1 \cdot e^{j \cdot \varphi_{u1}} \cdot e^{j \cdot \omega \cdot t}$$

$\underline{\hat{U}_1} := \hat{U}_1 \cdot e^{j \cdot (\varphi_{u1})}$ komplexer Scheitelwert der 1. Schwingung

$$\underline{u_2} = \hat{U}_2 \cdot e^{j \cdot (\omega \cdot t + \varphi_{u2})} = \hat{U}_2 \cdot e^{j \cdot \varphi_{u2}} \cdot e^{j \cdot \omega \cdot t}$$

$\underline{\hat{U}_2} := \hat{U}_2 \cdot e^{j \cdot (\varphi_{u2})}$ komplexer Scheitelwert der 2. Schwingung

$$\underline{u_3} = \hat{U}_3 \cdot e^{j \cdot (\omega \cdot t + \varphi_{u3})} = \hat{U}_3 \cdot e^{j \cdot \varphi_{u3}} \cdot e^{j \cdot \omega \cdot t}$$

$\underline{\hat{U}_3} := \hat{U}_3 \cdot e^{j \cdot (\varphi_{u3})}$ komplexer Scheitelwert der 3. Schwingung

2. Addition der komplexen Amplituden:

$\underline{\hat{U}} := \underline{\hat{U}_1} + \underline{\hat{U}_2} + \underline{\hat{U}_3}$ $\underline{\hat{U}} = (-65 - 60.622j)\,V$ komplexer Scheitelwert

$\hat{U} := |\underline{\hat{U}}|$ $\hat{U} = 88.882\,V$ reeller Scheitelwert (Betrag der komplexen Gesamtamplitude)

$\varphi_s := \arg(\underline{\hat{U}})$ $\varphi_s = -136.996 \cdot \text{Grad}$ Phasenverschiebung (**Winkel im Bereich -180° < φ ≤ 180°**)

$\varphi_u := \varphi_s + 2 \cdot \pi$ $\varphi_u = 223.004 \cdot \text{Grad}$ Nullphasenwinkel (Phasenverschiebung) der resultierenden Wechselspannung

$$\operatorname{atan}\left(\frac{\operatorname{Im}(\underline{\hat{U}})}{\operatorname{Re}(\underline{\hat{U}})}\right) + \pi = 223.004 \cdot \text{Grad}$$

alternative Winkelberechnung

$$\text{winkel}(\operatorname{Re}(\underline{\hat{U}}), \operatorname{Im}(\underline{\hat{U}})) = 223.004 \cdot \text{Grad}$$

$\underline{\hat{U}} := \hat{U} \cdot e^{j \cdot \varphi_u}$ $\underline{\hat{U}} = (-65 - 60.622j)\,V$ komplexer Scheitelwert

$\underline{u} = \underline{\hat{U}} \cdot e^{j \cdot \omega \cdot t}$ resultierende Wechselspannung in komplexer Form

3. Rücktransformation aus der komplexen Form in die reelle Form:

$$u(t) = \operatorname{Im}(\underline{u}) = \operatorname{Im}\left(\underline{\hat{U}} \cdot e^{j \cdot \omega \cdot t}\right) = \operatorname{Im}\left(\hat{U} \cdot e^{j \cdot \varphi_u} \cdot e^{j \cdot \omega \cdot t}\right) = \operatorname{Im}\left[\hat{U} \cdot e^{j \cdot (\omega \cdot t + \varphi_u)}\right]$$

$u(t) := \hat{U} \cdot \sin(\omega \cdot t + \varphi_u)$ resultierende Wechselspannung

$u_1(t) := \hat{U}_1 \cdot \sin(\omega \cdot t + \varphi_{u1})$

$u_2(t) := \hat{U}_2 \cdot \sin(\omega \cdot t + \varphi_{u2})$ gegebene Teilspannungen

$u_3(t) := \hat{U}_3 \cdot \sin(\omega \cdot t + \varphi_{u3})$

$t := 0 \cdot s, 0.001 \cdot s .. 0.1 \cdot s$ Bereichsvariable

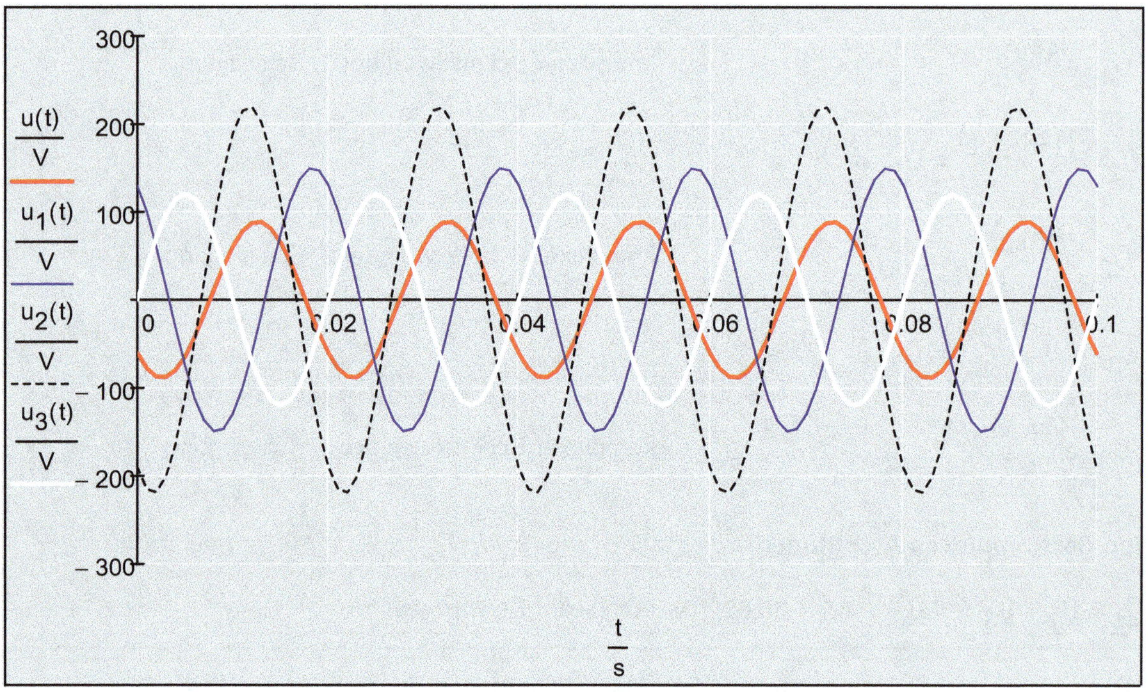

Abb. 1.6.6

1.6.3 Berechnungen im Wechselstromkreis

Weist ein aus Widerständen R, Kondensatoren C und Spulen L bestehendes elektrisches Netzwerk nur Quellen einer festen Frequenz auf, müssen alle Ströme i(t) und Spannungen u(t) Schwingungen derselben Frequenz sein, da die Zusammenhänge sich entweder durch Proportionalität (R), Integration (C) oder Ableitung (L) ergeben, die wieder zu trigonometrischen Zeitfunktionen führen. Wenn wir von den Momentanwerten der Wechselstromgrößen absehen, kann allein mit den komplexen Scheitelwerten bzw. komplexen Effektivwerten gerechnet und als Zeiger (ähnlich wie Vektoren) grafisch dargestellt werden.

Die in der komplexen Form dargestellte sinusförmige Wechselspannung

$$\underline{u} = \hat{U} \cdot e^{j \cdot (\omega \cdot t + \varphi_u)} = \hat{U} \cdot e^{j \cdot \varphi_u} \cdot e^{j \cdot \omega \cdot t} = \underline{\hat{U}} \cdot e^{j \cdot \omega \cdot t} = \sqrt{2} \cdot \underline{U} \cdot e^{j \cdot \omega \cdot t} \qquad (2\text{-}16)$$

erzeugt den gleichfrequenten sinusförmigen Wechselstrom

$$\underline{i} = \hat{I} \cdot e^{j \cdot (\omega \cdot t + \varphi_i)} = \hat{I} \cdot e^{j \cdot \varphi_i} \cdot e^{j \cdot \omega \cdot t} = \underline{\hat{I}} \cdot e^{j \cdot \omega \cdot t} = \sqrt{2} \cdot \underline{I} \cdot e^{j \cdot \omega \cdot t} \qquad (2\text{-}17)$$

Die komplexen Scheitelwerte $\underline{\hat{U}}$ und $\underline{\hat{I}}$ hängen im komplexen Bereich und deren Beträge im reellen Bereich über den Faktor $\sqrt{2}$ mit den Effektivwerten zusammen:

$$\underline{\hat{U}} = \sqrt{2} \cdot \underline{U}_{eff} = \sqrt{2} \cdot \underline{U} \quad ; \quad \underline{\hat{I}} = \sqrt{2} \cdot \underline{I}_{eff} = \sqrt{2} \cdot \underline{I} \, ; \qquad (2\text{-}18)$$

$$\hat{U} = \sqrt{2} \cdot U_{eff} = \sqrt{2} \cdot U \quad ; \quad \hat{I} = \sqrt{2} \cdot I_{eff} = \sqrt{2} \cdot I \, . \qquad (2\text{-}19)$$

Unter dem Effektivwert verstehen wir den quadratisch zeitlichen Mittelwert während einer Periode.

Der Scheitelwert ist im komplexen oder reellen Bereich stets das $\sqrt{2}$ fache des Effektivwertes. Häufig ist es üblich, die komplexen Effektivwerte im Zeigerdiagramm darzustellen:

$$\underline{U} = U \cdot e^{j \cdot \varphi_u} \quad ; \quad \underline{I} = I \cdot e^{j \cdot \varphi_i} \qquad (2\text{-}20)$$

Nehmen wir auf den in der reellen Achse liegenden Strom- bzw. Spannungszeiger Bezug, so gilt:

$$\underline{U} = U \cdot e^{j \cdot \varphi_u} = U \cdot \cos(\varphi_u) + j \cdot U \cdot \sin(\varphi_u) = U_W + j \cdot U_B \qquad (2\text{-}21)$$

$$U = U_{eff} = \sqrt{U_W^2 + U_B^2} \; ; \; \tan(\varphi_u) = \frac{U_B}{U_W}$$

$$\underline{I} = I \cdot e^{j \cdot \varphi_i} = I \cdot \cos(\varphi_u) + j \cdot I \cdot \sin(\varphi_u) = I_W + j \cdot I_B \qquad (2\text{-}22)$$

$$I = I_{eff} = \sqrt{I_W^2 + I_B^2} \quad ; \; \tan(\varphi_i) = \frac{I_B}{I_W}$$

U_W und I_W heißen Wirkkomponenten, I_W und I_B Blindkomponenten.

Die Kirchhoff'schen Regeln lauten im Komplexen:

$$\sum_k \underline{\hat{I}}_k = 0 \text{ bzw. } \sum_k \underline{I}_k = 0 \text{ und } \sum_k \underline{\hat{U}}_k = 0 \text{ bzw. } \sum_k \underline{U}_k = 0 \, . \qquad (2\text{-}23)$$

1.6.3.1 Widerstands- und Leitwertoperatoren und Wechselstromleistung

Legen wir eine Wechselspannung $\underline{u} = \underline{\hat{U}} \cdot e^{j \cdot \omega \cdot t}$ an einen Widerstand $\underline{Z}$, so fließt ein Strom $\underline{i} = \underline{\hat{I}} \cdot e^{j \cdot \omega \cdot t}$. Das Verhältnis $\underline{u}/\underline{i}$ liefert dann den komplexen Wechselstromwiderstand:

$$\underline{Z} = \frac{\underline{u}}{\underline{i}} = \frac{\underline{\hat{U}} \cdot e^{j \cdot \omega \cdot t}}{\underline{\hat{I}} \cdot e^{j \cdot \omega \cdot t}} = \frac{\underline{\hat{U}}}{\underline{\hat{I}}} = \frac{\sqrt{2} \cdot \underline{U}}{\sqrt{2} \cdot \underline{I}} = \frac{\underline{U}}{\underline{I}} \qquad \underline{Z} = \frac{\underline{U}}{\underline{I}} = \frac{U \cdot e^{j \cdot \varphi_u}}{I \cdot e^{j \cdot \varphi_i}} = \frac{U}{I} \cdot e^{j \cdot (\varphi_u - \varphi_i)} = \frac{U}{I} \cdot e^{j \cdot \varphi_Z} \qquad (2\text{-}24)$$

$$\underline{Z} = |\underline{Z}| \cdot e^{j \cdot \varphi_Z} = Z \cdot e^{j \cdot \varphi_Z}$$ komplexer Scheinwiderstand (Impedanz) (2-25)

$$\underline{Z} = R + j \cdot X$$ R heißt Wirkwiderstand und X Blindwiderstand (2-26)

$$|\underline{Z}| = Z = \sqrt{R^2 + X^2} \qquad \tan(\varphi_Z) = \frac{X}{R} \qquad [\,Z\,] = 1\,\Omega \qquad (2\text{-}27)$$

Wegen der Zeitunabhängigkeit bezeichnen wir den Wechselstromwiderstand als Widerstandsoperator.

Den Leitwertoperator $\underline{Y}$ erhalten wir durch Kehrwertbildung (Spiegelung (Inversion) des Widerstandsoperators):

$$\underline{Y} = \frac{1}{\underline{Z}} = \frac{1}{Z \cdot e^{j \cdot \varphi_Z}} = \frac{1}{Z} \cdot e^{-j \cdot \varphi_Z} = Y \cdot e^{-j \cdot \varphi_Z}$$ komplexer Scheinleitwert (Admittanz) (2-28)

$$\underline{Y} = G + j \cdot B$$ G heißt Wirkleitwert und B Scheinleitwert (2-29)

$$|\underline{Y}| = Y = \sqrt{G^2 + B^2} \qquad \tan(\varphi_Z) = \frac{B}{G} \qquad [\,Y\,] = 1\,S \qquad (2\text{-}30)$$

Operatoren haben im Gegensatz zu den Zeigern eine unveränderbar definierte Richtung in der komplexen Zahlenebene. Die Lage kann jedoch durch Parallelverschiebung geändert werden. Um eine Verwechslung zwischen Zeigern und Operatoren auszuschließen, werden in grafischen Darstellungen Zeiger als Strecken mit Pfeilspitzen (z. B. $\underline{U}$ und $\underline{I}$) und Operatoren oft nur als Strecken (z. B. Z; Y; S) gekennzeichnet.

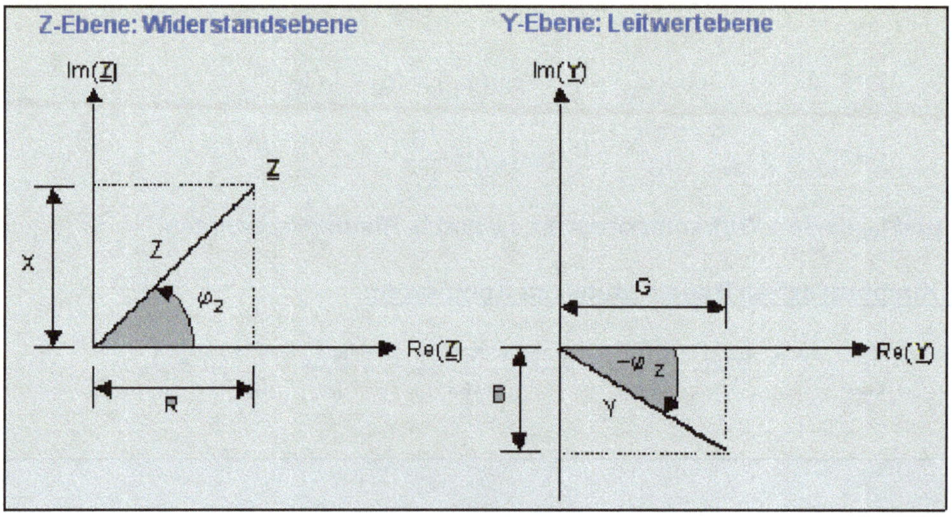

Abb. 1.6.7

Aus den oben angegebenen Beziehungen folgt das oft als Ohm'sches Gesetz der Wechselstromtechnik bezeichnete Gesetz:

$\underline{U} = \underline{Z} \cdot \underline{I}$ $\qquad$ $\underline{I} = \underline{Y} \cdot \underline{U}$ $\qquad$ (2-31)

Die komplexen Effektivwerte können auch durch die komplexen Scheitelwerte ersetzt werden:

$\underline{\hat{U}} = \underline{Z} \cdot \underline{\hat{I}}$ $\qquad$ $\underline{\hat{I}} = \underline{Y} \cdot \underline{\hat{U}}$ $\qquad$ (2-32)

Beispiel 1.6.5

Durch einen komplexen Widerstand $\underline{Z} = 0.00625 \cdot e^{j\frac{\pi}{3}} \cdot k\Omega$ fließt ein Strom $\underline{I} = 5 \cdot A$. Stellen Sie $\underline{Z}$, $\underline{U}$, $\underline{I}$ und $\underline{Y}$ in der Gauß'schen Ebene dar.

$\underline{Z} := 0.00625 \cdot e^{j\frac{\pi}{3}} \cdot k\Omega$ $\qquad$ $\underline{Z} = (3.125 + 5.413j)\,\Omega$ $\qquad$ Scheinwiderstand

$\underline{I} := 5 \cdot A$ $\qquad$ $\underline{I} = 5A$ $\qquad$ Effektivwert des Stromes

$\underline{U} := \underline{Z} \cdot \underline{I}$ $\qquad$ $\underline{U} = (15.625 + 27.063j)\,V$ $\qquad$ Effektivwert der Spannung

$\underline{Y} := \frac{1}{\underline{Z}}$ $\qquad$ $\underline{Y} = (0.08 - 0.139j)\,\frac{1}{\Omega}$ $\qquad$ Scheinleitwert

$x_Z := (0 \;\; Re(\underline{Z}))^T$

$y_Z := (0 \;\; Im(\underline{Z}))^T$

Anfangs- und Endpunkt des Widerstandsoperators

$x_Y := (0 \;\; Re(\underline{Y}))^T$

$y_Y := (0 \;\; Im(\underline{Y}))^T$

Anfangs- und Endpunkt des Widerstandsleitwertoperators

$x_I := zeiger\left(\frac{\underline{I}}{A}\right)^{\langle 1 \rangle} \cdot A$

$y_I := zeiger\left(\frac{\underline{I}}{A}\right)^{\langle 2 \rangle} \cdot A$

x- und y-Werte der Endpunkte der Zeigerteilstrecken des Stromes

$x_U := zeiger\left(\frac{\underline{U}}{V}\right)^{\langle 1 \rangle} \cdot V$

$y_U := zeiger\left(\frac{\underline{U}}{V}\right)^{\langle 2 \rangle} \cdot V$

x- und y-Werte der Endpunkte der Zeigerteilstrecken der Spannung

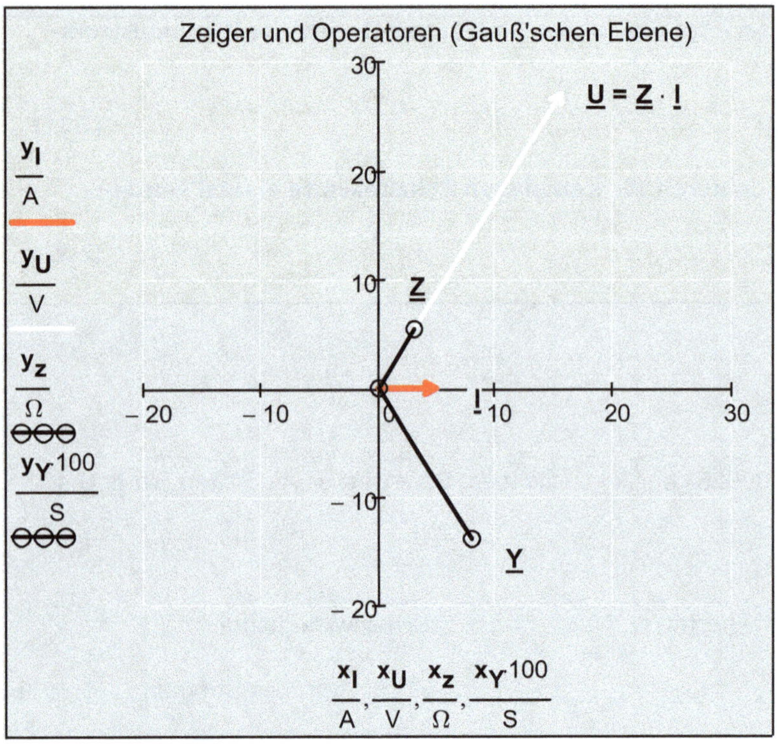

$\underline{U} = (15.625 + 27.063j)\,V$

$\underline{I} = 5A$

$\underline{Z} = (3.125 + 5.413j)\,\Omega$

$\underline{Y} = (0.08 - 0.139j)\,\frac{1}{\Omega}$

Der Leitwertoperator $\underline{Y}$ wurde hier um das 100-fache vergrößert.

Abb. 1.6.8

a) Widerstands- und Leitwertoperatoren des Ohm'schen Widerstandes R

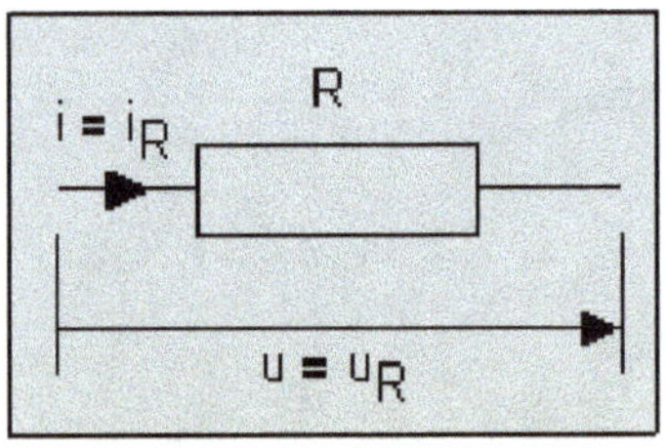

Abb. 1.6.9

Für einen Ohm'schen Widerstand gilt $u = R \cdot i$ **und in komplexer Darstellung** $\underline{u} = R \cdot \underline{i}$. **Daraus erhalten wir:**

$$\sqrt{2} \cdot \underline{U} \cdot e^{j \cdot \omega \cdot t} = R \cdot \sqrt{2} \cdot \underline{I} \cdot e^{j \cdot \omega \cdot t} \qquad (2\text{-}33)$$

Durch Kürzen folgt schließlich das Ohm'sche Gesetz in komplexer Formulierung:

$$\underline{U} = R \cdot \underline{I} \qquad (2\text{-}34)$$

Damit wird ein Ohm'scher Widerstand durch den reellen Widerstandsoperator dargestellt:

$$\underline{Z} = \underline{Z_R} = R \qquad (2\text{-}35)$$

Der Leitwertoperator ergibt sich demnach zu:

$$\underline{Y} = \underline{Y_R} = \frac{1}{\underline{Z_R}} = \frac{1}{R} = G \qquad (2\text{-}36)$$

R heißt Wirkwiderstand (Resistanz) und G Wirkleitwert (Konduktanz). Strom und Spannung sind in Phase, d. h. $\varphi_u = \varphi_i$ **und damit** $\varphi = 0$.

Zeigerdiagramme (Scheitelwerte und Effektivwerte):

Abb. 1.6.10

Z-Ebene: Widerstandsebene **Y-Ebene: Leitwertebene**

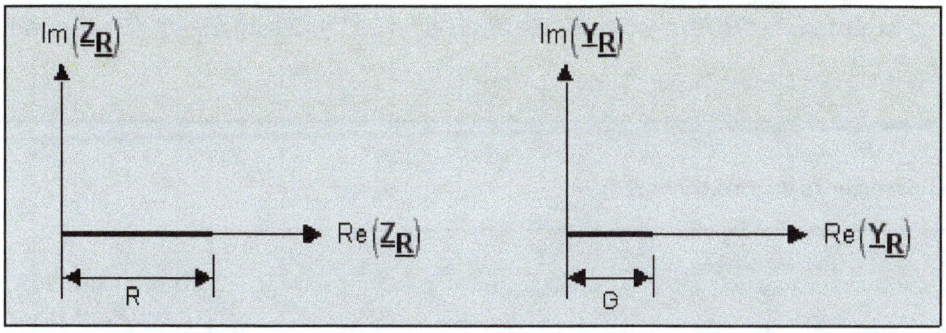

Abb. 1.6.11

b) **Widerstands- und Leitwertoperatoren der verlustfreien Spule L**

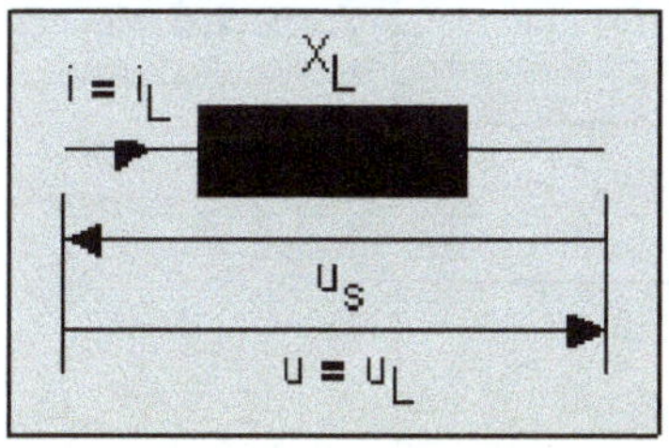

Abb. 1.6.12

Für eine Spule gilt das Induktionsgesetz

$$u = -u_S = L \cdot \frac{d}{dt} i(t), \tag{2-37}$$

und in komplexer Darstellung (Permanenzprinzip - die Differentiation verläuft nach den gleichen Regeln wie im Reellen)

$$\underline{u} = L \cdot \frac{d}{dt} \underline{i} \, . \tag{2-38}$$

Daraus erhalten wir:

$$\sqrt{2} \cdot \underline{U} \cdot e^{j \cdot \omega \cdot t} = L \cdot \frac{d}{dt}\left(\sqrt{2} \cdot \underline{I} \cdot e^{j \cdot \omega \cdot t}\right) = j \cdot \sqrt{2} \cdot \omega \cdot L \cdot \underline{I} \cdot e^{j \cdot \omega \cdot t} \, . \tag{2-39}$$

Durch Kürzen folgt schließlich das Ohm'sche Gesetz in komplexer Formulierung:

$$\underline{U} = j \cdot \omega \cdot L \cdot \underline{I} \, . \tag{2-40}$$

Damit wird ein induktiver Widerstand durch den imaginären Widerstandsoperator dargestellt:

$$\underline{Z_L} = j \cdot \omega \cdot L = j \cdot X_L \, . \tag{2-41}$$

Der Leitwertoperator ergibt sich demnach zu:

$$\underline{Y}_L = \frac{1}{\underline{Z}_L} = \frac{1}{j \cdot \omega \cdot L} = -j \cdot \frac{1}{\omega \cdot L} = -j \cdot B_L \,. \qquad (2\text{-}42)$$

X_L heißt induktiver Blindwiderstand (Reaktanz) und B_L induktiver Blindleitwert (Suszeptanz).

Der Zeiger $\underline{I}$ wird gegenüber $\underline{U}$ durch den Faktor $j = e^{j\pi/2}$ um 90° gedreht. Phasenmäßig liegt der induktive Wechselstromwiderstand X_L um 90° phasenverschoben zum Ohm'schen Widerstand.

Für Strom und Spannung ergibt sich die Phasenverschiebung φ_u = 90° (π/2 rad), φ_i =0° (0 rad) und damit $\varphi = \varphi_u$.

Zeigerdiagramme (Scheitelwerte und Effektivwerte):

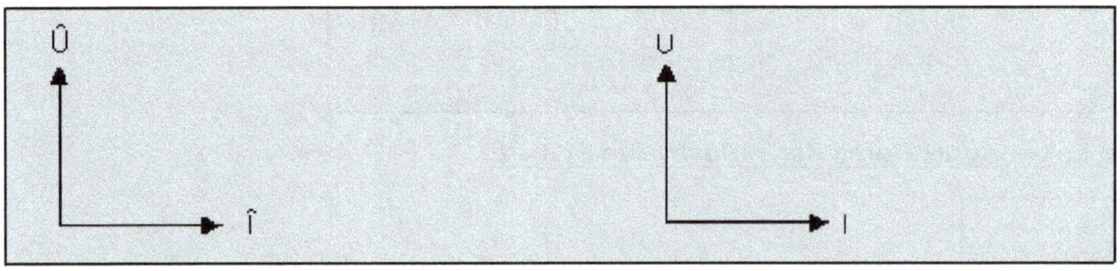

U eilt I um 90° vor bzw. I eilt U um 90° nach

Abb. 1.6.13

Z-Ebene: Widerstandsebene

Y-Ebene: Leitwertebene

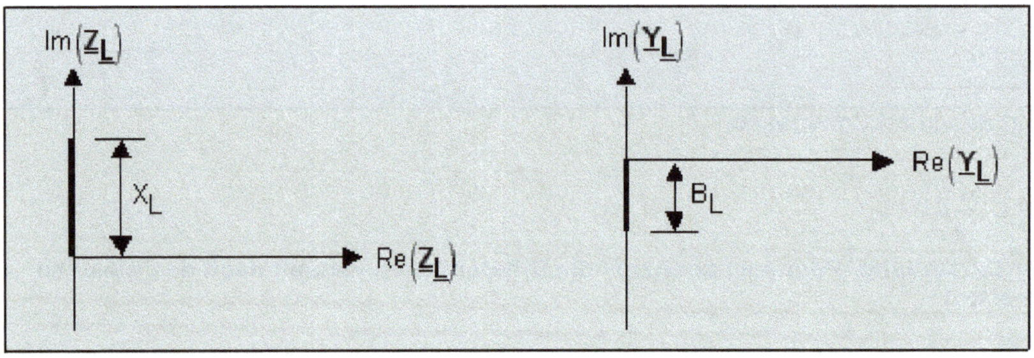

Abb. 1.6.14

c) Widerstands- und Leitwertoperatoren bei rein kapazitiver Belastung

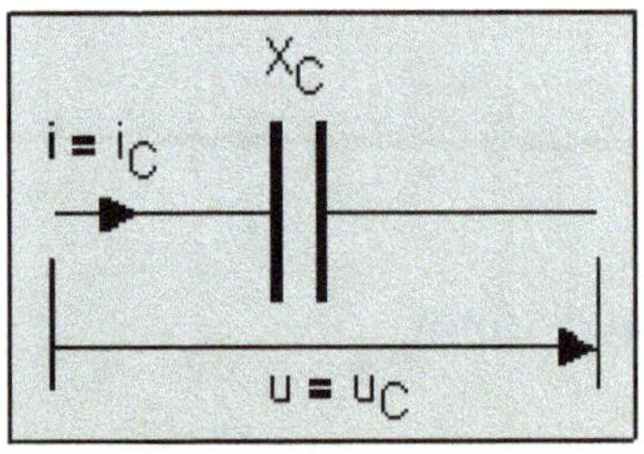

Abb. 1.6.15

Bei einem Kondensator gilt folgender Zusammenhang zwischen Ladung q, Kapazität C und Spannung:

$q = C \cdot u$ bzw. in komplexer Darstellung $\underline{q} = C \cdot \underline{u}$. (2-43)

Differenzieren wir die Gleichung (2-43) nach t und berücksichtigen wir, dass

$$i = \frac{d}{dt}\underline{q} \qquad (2\text{-}44)$$

gilt, so ergibt sich

$$\frac{d}{dt}\underline{q} = C \cdot \frac{d}{dt}\underline{u} \quad \text{bzw.} \quad \underline{i} = C \cdot \frac{d}{dt}\underline{u}\,. \qquad (2\text{-}45)$$

Daraus erhalten wir:

$$\sqrt{2} \cdot \underline{I} \cdot e^{j \cdot \omega \cdot t} = C \cdot \frac{d}{dt}\left(\sqrt{2} \cdot \underline{U} \cdot e^{j \cdot \omega \cdot t}\right) = j \cdot \sqrt{2} \cdot \omega \cdot C \cdot \underline{U} \cdot e^{j \cdot \omega \cdot t}\,. \qquad (2\text{-}46)$$

Durch Kürzen folgt schließlich das Ohm'sche Gesetz in komplexer Formulierung:

$$\underline{I} = j \cdot \omega \cdot C \cdot \underline{U} \quad \text{oder} \quad \underline{U} = \frac{1}{j \cdot \omega \cdot C} \cdot \underline{I} = -j \cdot \frac{1}{\omega \cdot C} \cdot \underline{I}\,. \qquad (2\text{-}47)$$

Damit wird ein kapazitiver Widerstand durch den imaginären Widerstandsoperator dargestellt:

$$\underline{Z_C} = -j \cdot \frac{1}{\omega \cdot C} = -j \cdot X_C\,. \qquad (2\text{-}48)$$

Der Leitwertoperator ergibt sich demnach zu:

$$\underline{Y_C} = \frac{1}{\underline{Z_C}} = j \cdot \omega \cdot C = j \cdot B_C\,. \qquad (2\text{-}49)$$

X_C heißt kapazitiver Blindwiderstand (Reaktanz) und B_C kapazitiver Blindleitwert (Suszeptanz).

Der Zeiger $\underline{U}$ wird gegenüber $\underline{I}$ durch den Faktor $1/j = e^{-j\pi/2}$ um -90° gedreht. Phasenmäßig liegt der kapazitive Wechselstromwiderstand X_C um -90° phasenverschoben zum Ohm'schen Widerstand.

Für Strom und Spannung ergibt sich die Phasenverschiebung $\varphi_u = 0°$, $\varphi_i = 90°$ und damit $\varphi = \varphi_i$.

Zeigerdiagramme (Scheitelwerte und Effektivwerte):

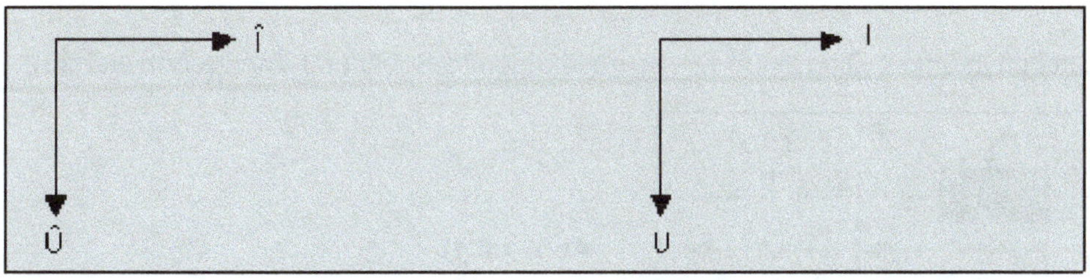

U eilt I um 90° nach bzw. I eilt U um 90° vor

Abb. 1.6.16

Z-Ebene: Widerstandsebene **Y-Ebene: Leitwertebene**

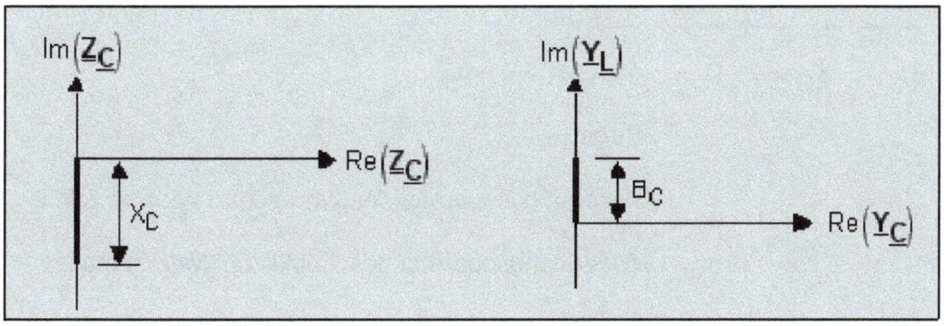

Abb. 1.6.17

d) Reihen- und Parallelschaltung

Bei einer Reihenschaltung von R-, L- und C-Gliedern addieren sich Real- und Imaginärteile der einzelnen komplexen Widerstände:

$$\underline{Z} = \underline{Z_1} + \underline{Z_2} + \underline{Z_3} + ... = \sum R + j \cdot \sum (X_L - X_C) \qquad (2\text{-}50)$$

$$Z = |\underline{Z}| = \sqrt{\left(\sum R\right)^2 + \left[\sum (X_L - X_C)\right]^2} \qquad (2\text{-}51)$$

$$\tan(\varphi) = \frac{\sum (X_L - X_C)}{\sum R} \qquad (2\text{-}52)$$

Bei einer Parallelschaltung von R-, L- und C-Gliedern addieren sich Real- und Imaginärteile der einzelnen komplexen Leitwerte:

$$\underline{Y} = \underline{Y_1} + \underline{Y_2} + \underline{Y_3} + ... = \sum G + j \cdot \sum (B_C - B_L) \qquad (2\text{-}53)$$

$$Y = |\underline{Y}| = \sqrt{\left(\sum G\right)^2 + \left[\sum (B_C - B_L)\right]^2} \qquad (2\text{-}54)$$

$$\tan(\varphi) = \frac{\sum (B_C - B_L)}{\sum G} \qquad (2\text{-}55)$$

Beispiel 1.6.6

Die Zeiger und Operatoren sollen in einem Diagramm für die nachfolgende Schaltung angegeben werden:

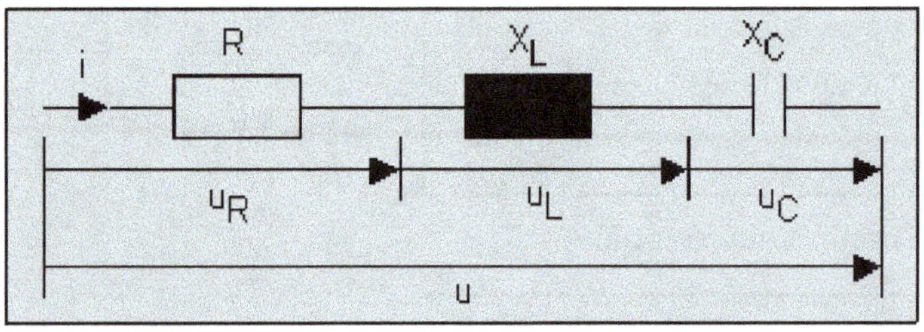

Abb. 1.6.18

$R := 3 \cdot \Omega$ $\quad X_L := 4 \cdot \Omega$ $\quad X_C := 2 \cdot \Omega$ gegebene Werte

$\underline{I} := 6 \cdot A$ Strom

$\underline{Z_R} := R$ Widerstandsoperator des Ohm'schen Widerstandes

$\underline{Z_L} := j \cdot X_L$ $\quad X_L = \omega \cdot L$ Widerstandsoperator des induktiven Widerstandes

$\underline{Z}_C := -j \cdot X_C$ $\quad X_C = \frac{1}{\omega \cdot C}$ Widerstandsoperator des kapazitiven Widerstandes

$\underline{Z} = \underline{Z}_R + \underline{Z}_L + \underline{Z}_C = R + j \cdot X_L - j \cdot X_C = R + j \cdot (X_L - X_C) = R + j \cdot X$ Scheinwiderstand (Wirkwiderstand R und Blindwiderstand $X = X_L - X_C$)

$\underline{Z} := \underline{Z}_R + \underline{Z}_L + \underline{Z}_C$ $\quad \underline{Z} = (3 + 2j)\,\Omega$

$\underline{U} := \underline{Z} \cdot \underline{I}$ $\quad \underline{U} = (18 + 12j)\,V$ Effektivwert der Spannung

$x_R := \left(0 \quad Re(\underline{Z}_R)\right)^T$

Anfangs- und Endpunkt des Ohm'schen Widerstandsoperators

$y_R := \left(0 \quad Im(\underline{Z}_R)\right)^T$

$x_L := \left(0 \quad Re(\underline{Z}_L)\right)^T$

Anfangs- und Endpunkt des induktiven Widerstandsoperators

$y_L := \left(0 \quad Im(\underline{Z}_L)\right)^T$

$x_C := \left(0 \quad Re(\underline{Z}_C)\right)^T$

Anfangs- und Endpunkt des kapazitiven Widerstandsoperators

$y_C := \left(0 \quad Im(\underline{Z}_C)\right)^T$

$x_Z := \left(0 \quad Re(\underline{Z})\right)^T$

Anfangs- und Endpunkt des Widerstandsoperators

$y_Z := \left(0 \quad Im(\underline{Z})\right)^T$

$x_I := zeiger\left(\frac{\underline{I}}{A}\right)^{\langle 1 \rangle} \cdot A$

x- und y-Werte der Endpunkte der Zeigerteilstrecken des Stromes

$y_I := zeiger\left(\frac{\underline{I}}{A}\right)^{\langle 2 \rangle} \cdot A$

$x_U := zeiger\left(\frac{\underline{U}}{V}\right)^{\langle 1 \rangle} \cdot V$

x- und y-Werte der Endpunkte der Zeigerteilstrecken der Spannung

$y_U := zeiger\left(\frac{\underline{U}}{V}\right)^{\langle 2 \rangle} \cdot V$

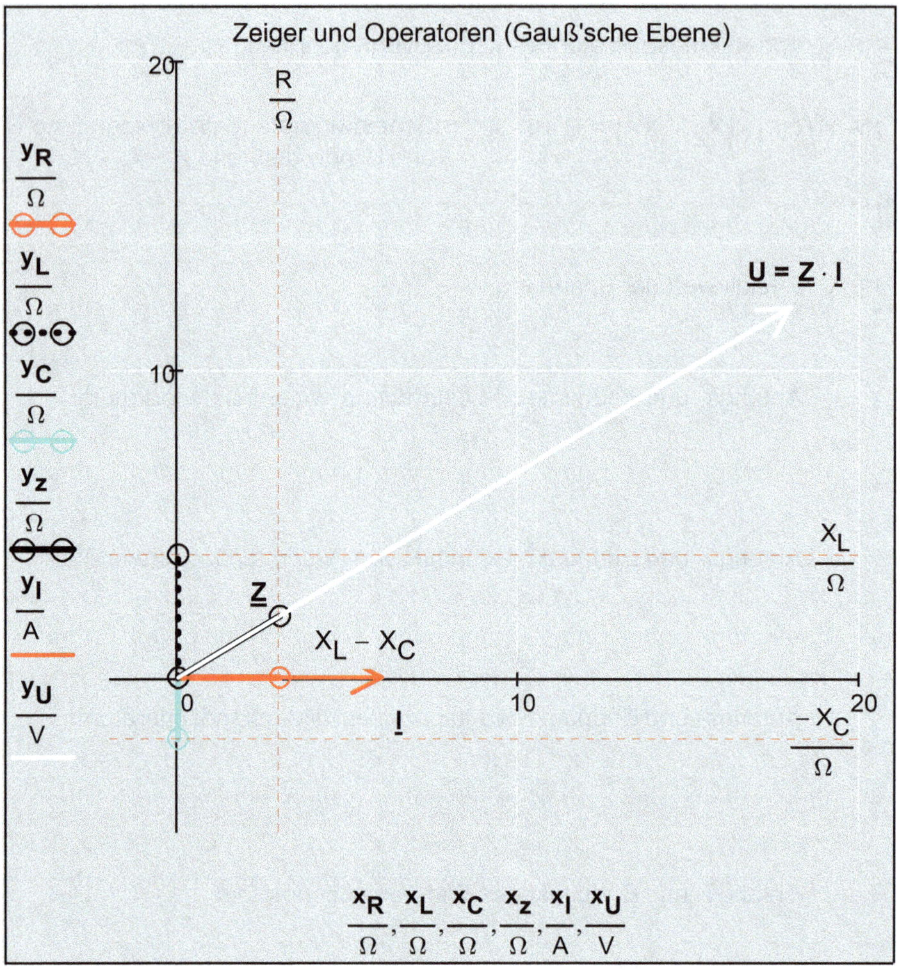

Abb. 1.6.19

$\underline{Z}_R = 3\,\Omega$

$\underline{Z}_L = 4j\,\Omega$

$\underline{Z}_C = -2j\,\Omega$

$\underline{Z} = (3 + 2j)\,\Omega$

$\underline{I} = 6\,A$

$\underline{U} = (18 + 12j)\,V$

Wird der Zeitpunkt t = 0 so gewählt, dass der Phasenwinkel $\varphi_i = 0$ wird, so ist die Phase φ des Widerstandsoperators gleich der Phase der Spannung. $\underline{Z}$ und $\underline{U}$ liegen also in Phase. Das Widerstandsdiagramm wird zum Spannungsdiagramm.

$Z := \sqrt{R^2 + (X_L - X_C)^2}$ $\quad Z = 3.606\,\Omega$ Scheinwiderstand

$Z := |\underline{Z}|$ $\quad Z = 3.606\,\Omega$

$U := |\underline{U}|$ $\quad U = 21.633\,V$ Effektivwert der angelegten Wechselspannung

$I := |\underline{I}|$ $\quad I = 6\,A$ Effektivwert des Stromes

$I := \frac{U}{Z}$ $\quad I = 6\,A$

$U_R := R \cdot I$ $\quad U_R = 18\,V$ Effektivwert der Teilspannung am Ohm'schen Widerstand

$U_L := X_L \cdot I$ $\quad U_L = 24\,V$ Effektivwert der Teilspannung an der Spule

$U_C := X_C \cdot I$ $\quad U_C = 12\,V$ Effektivwert der Teilspannung am Kondensator

e) Wechselstromleistung

Für die Wechselstromleistung gelten folgende Zusammenhänge:

$P = U_R \cdot I_R$ Wirkleistung in W (2-56)

$Q = U_B \cdot I_B$ Blindleistung in Var (2-57)

$S = U \cdot I$ Scheinleistung in VA (2-58)

Nach dem Leistungsdreieck gilt:

$$S^2 = P^2 + Q^2 \quad (2\text{-}59)$$

$$P = S \cdot \cos(\varphi_S) = U \cdot I \cos(\varphi_S) \quad (2\text{-}60)$$

$$Q = S \cdot \sin(\varphi) = U \cdot I \cdot \sin(\varphi) \quad (2\text{-}61)$$

Symbolische Methode:

Komplexe Scheinleistung (für den Strom $\underline{I}$ ist die konjugierte Größe $\underline{I}^* = \bar{\underline{I}}$ einzusetzen):

$$\underline{S} = \underline{U} \cdot \bar{\underline{I}} \quad (2\text{-}62)$$

$$\underline{S} = U \cdot e^{j \cdot \varphi_u} \cdot I \cdot e^{-j \cdot \varphi_i} = U \cdot I \cdot e^{j \cdot (\varphi_u - \varphi_i)} = U \cdot I \cdot e^{j \cdot \varphi_S} = S \cdot e^{j \cdot \varphi_S} \quad (2\text{-}63)$$

$$\underline{S} = P + j \cdot Q \;;\quad P = \mathrm{Re}(\underline{S}) = S \cdot \cos(\varphi_S) \;;\quad Q = \mathrm{Im}(\underline{S}) = S \cdot \sin(\varphi_S) \quad (2\text{-}64)$$

$$|\underline{S}| = S = \sqrt{P^2 + Q^2} \;;\quad \tan(\varphi_S) = \frac{Q}{P} \quad (2\text{-}65)$$

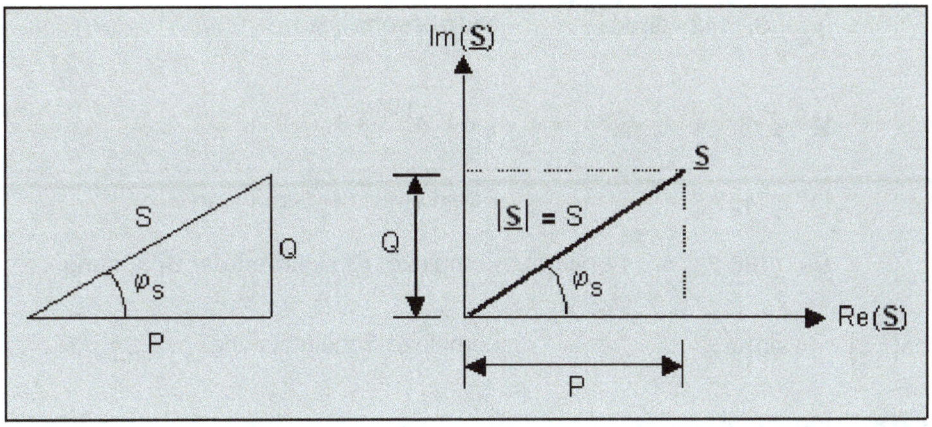

Abb. 1.6.20

Nachfolgend verwenden wir für die Scheinleistung S den Buchstaben S1, um nicht mit der Einheit Siemens (S) in Konflikt zu kommen.

Beispiel 1.6.7

Wie groß sind der Scheinwiderstand $\underline{Z}$, die Stromstärke $\underline{I}$ und die Leistungsanteile $\underline{S}$, P, Q der gegebenen Schaltung? Gesucht sind auch die Zeiger- und Operatorendarstellung für die Schaltung.

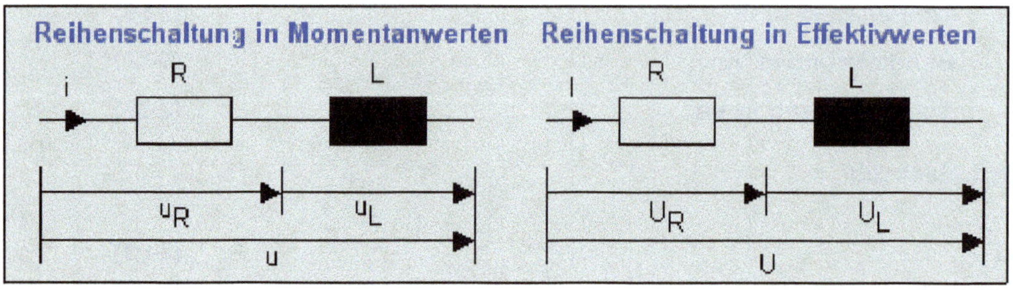

Abb. 1.6.21

$f := 50 \cdot Hz$		Frequenz
$R := 250 \cdot \Omega$		Widerstand
$L := 0.5 \cdot H$		Induktivität
$U := 220 \cdot V$		Effektivwert der Spannung
$\underline{Z_R} := R$	$\underline{Z_R} = 250\,\Omega$	komplexer Ohm'scher Widerstand
$X_L := 2 \cdot \pi \cdot f \cdot L$	$X_L = 157.08\,\Omega$	induktiver Blindwiderstand
$\underline{Z_L} := j \cdot X_L$	$\underline{Z_L} = 157.08j\,\Omega$	komplexer induktiver Widerstand
$\underline{Z} := R + j \cdot X_L$	$\underline{Z} = (250 + 157.08j)\,\Omega$	komplexer Scheinwiderstand
$Z := \lvert\underline{Z}\rvert$	$Z = 295.252\,\Omega$	Scheinwiderstand
$\varphi_Z := \arg(\underline{Z})$	$\varphi_Z = 32.142 \cdot Grad$	Nullphasenwinkel
$I = \frac{\lvert\underline{U}\rvert}{\lvert\underline{Z}\rvert} = \frac{U}{Z}$	$\underline{U} = \underline{Z} \cdot \underline{I}$	$\underline{I} = I \cdot e^{j \cdot 0°} = I$
$I := \frac{U}{Z}$	$I = 0.745\,A$	Effektivwert der Stromstärke
$\underline{U} := \underline{Z} \cdot I$	$\underline{U} = (186.281 + 117.044j)\,V$	komplexer Effektivwert der Spannung

$\underline{S1} := U \cdot I \cdot \left(\cos(\varphi_Z) + j \cdot \sin(\varphi_Z)\right)$ komplexe Scheinleistung $\underline{S1} = P + j \cdot Q$

$\underline{S1} = (138.803 + 87.212j) \cdot V \cdot A$

$S1 := \lvert\underline{S1}\rvert$	$S1 = 163.928 \cdot V \cdot A$	Betrag der komplexen Scheinleistung
$\varphi_Z = \varphi_S = \varphi_u - \varphi_i$	$\varphi_i = 0$	Phasenbeziehung
$\cos(\varphi_Z) = 84.673 \cdot \%$		ca. 85 % der Scheinleistung sind als Wirkleistung verwertbar
$\sin(\varphi_Z) = 53.202 \cdot \%$		ca. 53 % der Scheinleistung sind Blindleistung

$$\text{zeiger1}(\underline{z}) := \left| \begin{array}{l} r \leftarrow |\underline{z}| \\ \varphi \leftarrow \arg(\underline{z}) \\ a \leftarrow \dfrac{r}{30} \ \text{ if } \ |\underline{z}| > 3 \\ a \leftarrow \dfrac{r}{6} \ \text{ if } \ |\underline{z}| \le 3 \\ P \leftarrow \begin{pmatrix} \cos(\varphi) & -\sin(\varphi) \\ \sin(\varphi) & \cos(\varphi) \end{pmatrix} \cdot \begin{pmatrix} 0 & r & r-a & r & r-a \\ 0 & 0 & -a & 0 & a \end{pmatrix} \end{array} \right.$$

Ein anderes Unterprogramm zur Zeigerdarstellung.

$\mathbf{x_R} := \left(0 \quad \mathrm{Re}(\underline{\mathbf{Z_R}})\right)^T$

$\mathbf{y_R} := \left(0 \quad \mathrm{Im}(\underline{\mathbf{Z_R}})\right)^T$

Anfangs- und Endpunkt des Ohm'schen Widerstandsoperators

$\mathbf{x_L} := \left(0 \quad \mathrm{Re}(\underline{\mathbf{Z_L}})\right)^T$

$\mathbf{y_L} := \left(0 \quad \mathrm{Im}(\underline{\mathbf{Z_L}})\right)^T$

Anfangs- und Endpunkt des induktiven Widerstandsoperators

$\mathbf{x_z} := \left(0 \quad \mathrm{Re}(\underline{\mathbf{Z}})\right)^T$

$\mathbf{y_z} := \left(0 \quad \mathrm{Im}(\underline{\mathbf{Z}})\right)^T$

Anfangs- und Endpunkt des Scheinwiderstandsoperators

$\underline{\mathbf{I1}} := \text{zeiger1}\left(\dfrac{\underline{\mathbf{I}} \cdot 20}{A}\right) \cdot A$

x- und y-Werte der Endpunkte der Zeigerteilstrecken des Stromes - beachten Sie hier den Maßstab!

$\underline{\mathbf{U1}} := \text{zeiger1}\left(\dfrac{\underline{\mathbf{U}}}{V}\right) \cdot V$

x- und y-Werte der Endpunkte der Zeigerteilstrecken der Spannung

$j := 1 .. 5$

Bereichsvariable

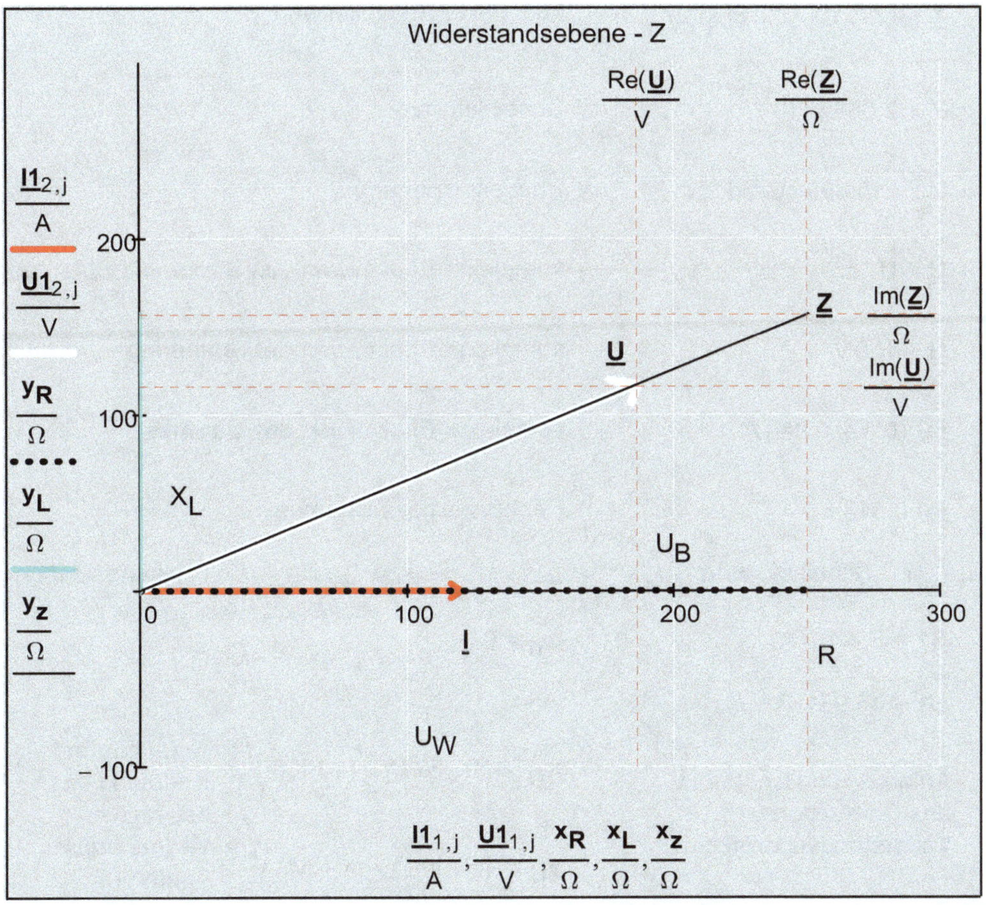

Abb. 1.6.22

Beispiel 1.6.8

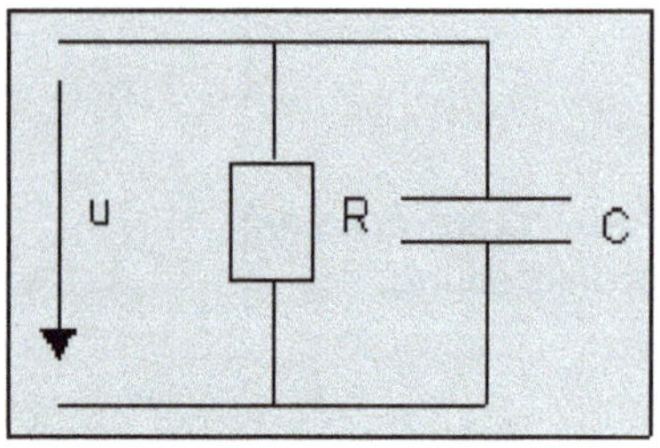

Wie groß sind der Scheinleitwert $\underline{Y}$, die Stromstärke $\underline{I}$ und die Leistungsanteile $\underline{S}$, P, Q der gegebenen Schaltung? Gesucht sind auch die Zeiger- und Operatorendarstellung für die Schaltung.

Abb. 1.6.23

$\omega := 3000 \cdot s^{-1}$ Kreisfrequenz

$R := 500 \cdot \Omega$ Widerstand

$C := 0.2 \cdot \mu F$ Kapazität

$U := 150 \cdot V$ Effektivwert der Spannung

$G := \frac{1}{R}$ $\quad G = 2 \times 10^{-3} \frac{1}{\Omega}$ Wirkleitwert

$\underline{Y}_R := G$ $\quad \underline{Y}_R = 0.002 \frac{1}{\Omega}$ komplexer Leitwert des Ohm'schen Widerstandes

$B_C := \omega \cdot C$ $\quad B_C = 6 \times 10^{-4} \frac{1}{\Omega}$ kapazitiver Blindwiderstand

$\underline{Y}_C := j \cdot B_C$ $\quad \underline{Y}_C = 6j \times 10^{-4} \frac{1}{\Omega}$ komplexer kapazitiver Blindwiderstand

$\underline{Y} := \underline{Y}_R + \underline{Y}_C$ $\quad \underline{Y} = \left(2 \times 10^{-3} + 6j \times 10^{-4}\right) \frac{1}{\Omega}$ komplexer Scheinleitwert

$Y := |\underline{Y}|$ $\quad Y = 2.088 \times 10^{-3} \frac{1}{\Omega}$ Scheinleitwert

$\varphi_y := \arg(\underline{Y})$ $\quad \varphi_y = 16.699 \cdot Grad$ Phasenbeziehung

$\underline{I} = \underline{Y} \cdot \underline{U}$ $\quad \underline{U} = U \cdot e^{j \cdot 0°} = U$ komplexer Effektivwert von Strom und Spannung

$\underline{U} := U$ $\quad \underline{U} = 150\,V$ komplexer Effektivwert der Spannung

$\underline{I} := \underline{Y} \cdot U$ $\quad \underline{I} = (0.3 + 0.09j)\,A$ komplexer Effektivwert des Stromes

$I := |\underline{I}|$ $\quad I = 0.313\,A$ Effektivwert des Stromes

$\underline{S1} := U \cdot I \cdot \left(\cos(\varphi_y) + j \cdot \sin(\varphi_y)\right)$ Scheinleistung $\quad \varphi_z = -\varphi_y = \varphi_s = \varphi_u - \varphi_i$ Phasenbeziehung

$\underline{S1} = (45 + 13.5j) \cdot V \cdot A$ $\quad \underline{S1} = P + j \cdot Q$ $\quad \varphi_u = 0$

$S1 := |\underline{S1}|$ $\quad S1 = 46.981 \cdot V \cdot A$

$x_R := \left(0 \quad Re(\underline{Y}_R) \cdot 1000\right)^T$

$y_R := \left(0 \quad Im(\underline{Y}_R) \cdot 1000\right)^T$

Anfangs- und Endpunkt des Ohm'schen Widerstandsoperators

$x_C := \left(0 \quad Re(\underline{Y}_C) \cdot 1000\right)^T$

$y_C := \left(0 \quad Im(\underline{Y}_C) \cdot 1000\right)^T$

Anfangs- und Endpunkt des kapazitiven Widerstands-operators

$\mathbf{x_Y} := (0 \quad Re(\underline{Y}) \cdot 1000)^T$

$\mathbf{y_Y} := (0 \quad Im(\underline{Y}) \cdot 1000)^T$

Anfangs- und Endpunkt des Leitwertoperators

$\underline{\mathbf{I1}} := zeiger1\left(\frac{\underline{I} \cdot 10}{A}\right) \cdot A$

x- und y-Werte der Endpunkte der Zeigerteilstrecken des Stromes

$\underline{\mathbf{U1}} := zeiger1\left(\frac{\frac{\underline{U}}{V}}{100}\right) \cdot V$

x- und y-Werte der Endpunkte der Zeigerteilstrecken der Spannung

$j := 1..5$

Bereichsvariable

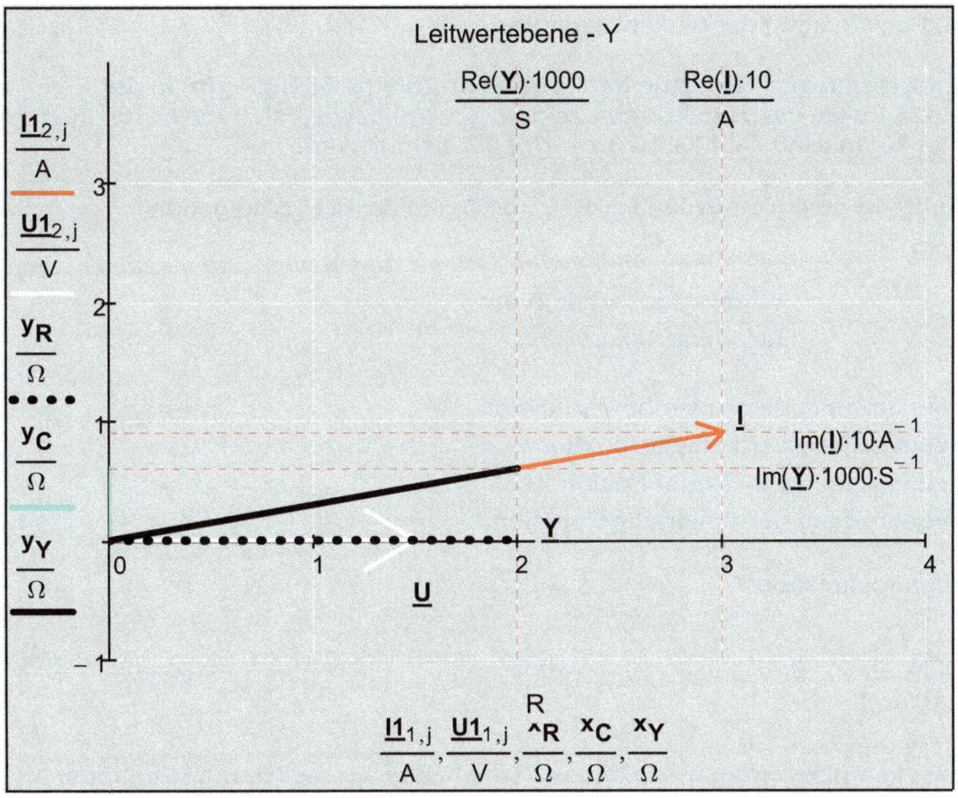

Beachten Sie hier die verschiedenen Maßstäbe!

Abb. 1.6.24

$P := Re(\underline{\mathbf{S1}})$ $\qquad Q := Im(\underline{\mathbf{S1}})$

Wirk- und Blindleistung

$\mathbf{P} := (0 \quad P \quad P \quad 0)^T$ $\qquad \mathbf{Q} := (0 \quad 0 \quad Q \quad 0)^T$

Koordinaten der Eckpunkte

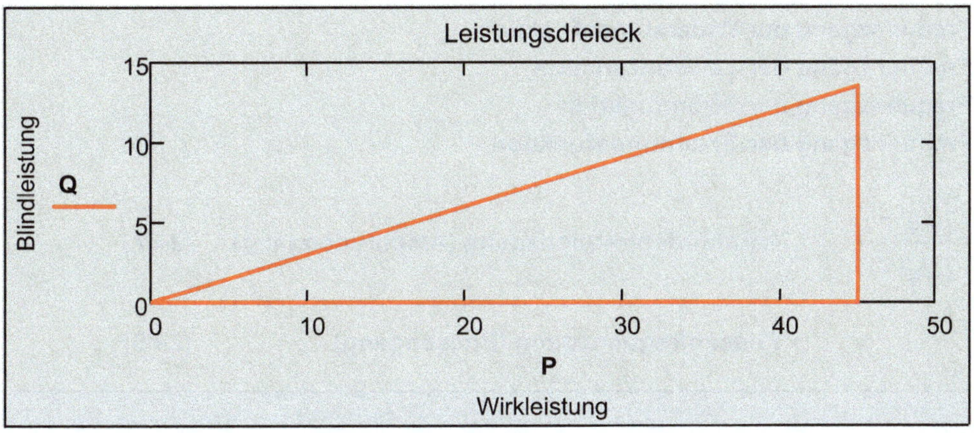

Abb. 1.6.25

1.7 Ortskurven

Ortskurven werden bei Untersuchungen an Schwingkreisen, Bandfiltern u. dgl., bei Stabilitätsuntersuchungen von Rück- und Gegenkopplungsschaltungen, in der Leitungs- und Antennentheorie, in der Regelungstechnik, in der elektrischen Energietechnik und in vielen anderen Fällen verwendet.
Es treten häufig komplexe Größen auf, die noch von einem reellen Parameter abhängen. Solche Abhängigkeiten lassen sich in anschaulicher Weise durch sogenannte Ortskurven in der Gauß'schen Zahlenebene darstellen.

Die von einem Parameter p abhängige komplexe Zahl (komplexe Größe)

$$\underline{z} = \underline{z}(p) = x(p) + j \cdot y(p) \qquad a \le p \le b$$

heißt eine komplexwertige Funktion $\underline{z}(p)$ der reellen Variablen p.

Mit dem Parameter p verändert sich auch die Lage der komplexen Zahl (Größe) $\underline{z} = \underline{z}(p)$ in der Gauß'schen Zahlenebene. Die Spitze des zugehörigen Zeigers $\underline{z} = \underline{z}(p)$ bewegt sich dabei auf einer Kurve, die als Ortskurve der komplexen Zahl (Größe) $\underline{z} = \underline{z}(p)$ bezeichnet wird.

Als Parameter p treten häufig die positiven Größen ω, R, L und C und damit z. B. folgende komplexwertige Funktionen auf:

$\underline{Z}(R)$, $\underline{Z}(L)$, $\underline{Z}(C)$	Widerstandsortskurven
$\underline{Y}(R)$, $\underline{Y}(L)$, $\underline{Y}(C)$	Leitwertortskurven

$\underline{Z}(\omega)$	Frequenzgang der Widerstandsfunktion
$\underline{Y}(\omega)$	Frequenzgang der Leitwertfunktion
$\underline{I}(\omega)$	Frequenzgang der Stromfunktion
$\underline{U}(\omega)$	Frequenzgang der Spannungsfunktion

Frequenzgang der Übertragungsfunktion:

$$\underline{G}(\omega) = \frac{\underline{U}_a(\omega)}{\underline{U}_e(\omega)} = \left|\frac{\underline{U}_a(\omega)}{\underline{U}_e(\omega)}\right| \cdot e^{j \cdot \varphi(\omega)} = |\underline{G}(\omega)| \cdot e^{j \cdot \varphi(\omega)} \qquad (2\text{-}66)$$

Bilden wir den Betrag dieser komplexwertigen Funktionen, so erhalten wir reellwertige Funktionen der Art:

$Z(R)$, $Z(L)$, $Z(C)$, $X(\omega)$	Widerstandsortskurven
$Y(R)$, $Y(L)$, $Y(C)$, $B(\omega)$	Leitwertortskurven

$Z(\omega)$	Frequenzgang der Widerstandsfunktion
$Y(\omega)$	Frequenzgang der Leitwertfunktion
$I(\omega)$	Frequenzgang der Stromfunktion
$U(\omega)$	Frequenzgang der Spannungsfunktion

$$A(\omega) = |\underline{G}(\omega)| = \left|\frac{\underline{U}_a(\omega)}{\underline{U}_e(\omega)}\right| \qquad \text{Amplitudenfrequenzgang (Amplitudengang)} \qquad (2\text{-}67)$$

$$\varphi(\omega) \qquad \text{Phasenfrequenzgang (Phasengang)} \qquad (2\text{-}68)$$

1.7.1 Geradlinige Ortskurven

Parallele Gerade zur imaginären Achse :

$\underline{Z}(p) = a + j \cdot b(p) \qquad a(p) = a = \text{konstant}$ **(2-69)**

Parallele Gerade zur reellen Achse:

$\underline{Z}(p) = a(p) + j \cdot b \qquad b(p) = b = \text{konstant}$ **(2-70)**

Gerade in beliebiger Lage:

$\underline{Z}(p) = \underline{Z}_1 + g(p) \cdot \underline{Z}_2 \qquad g(p) \neq \text{konstant}$ **(2-71)**

Beispiel 1.7.1

Gegeben ist ein Zweipol an einer Wechselspannung mit einer Induktivität L = 1H und einer Frequenz von f = 300 Hz. Gesucht ist die Ortskurve des Scheinwiderstandes **Z** für R = 100 Ω, 200 Ω, 300 Ω, 400 Ω.

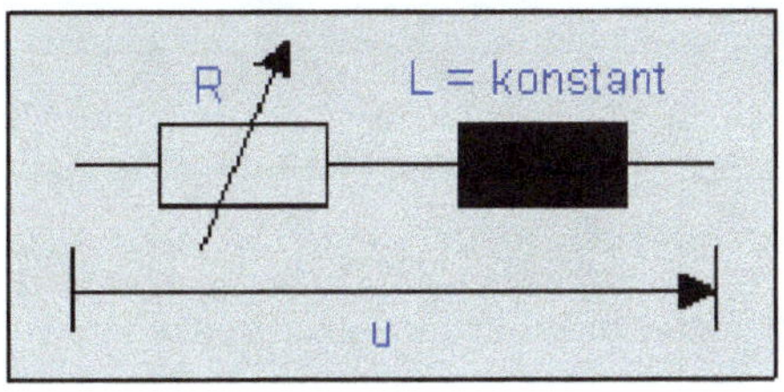

Abb. 1.7.1

$f := 300 \cdot Hz$ Frequenz

$L := 15 \cdot H$ Induktivität

$X_L := 2 \cdot \pi \cdot f \cdot L \qquad X_L = 28.274 \cdot k\Omega$ induktiver Blindwiderstand

$R := 0 \cdot \Omega, 100 \cdot \Omega .. 400 \cdot \Omega$ Bereichsvariable für den Ohm'schen Widerstand

$\underline{Z}(R) := R + j \cdot X_L$ komplexwertige Scheinwiderstandsfunktion

ORIGIN := 0 ORIGIN festlegen

$k := 0 .. 1$ Bereichsvariable

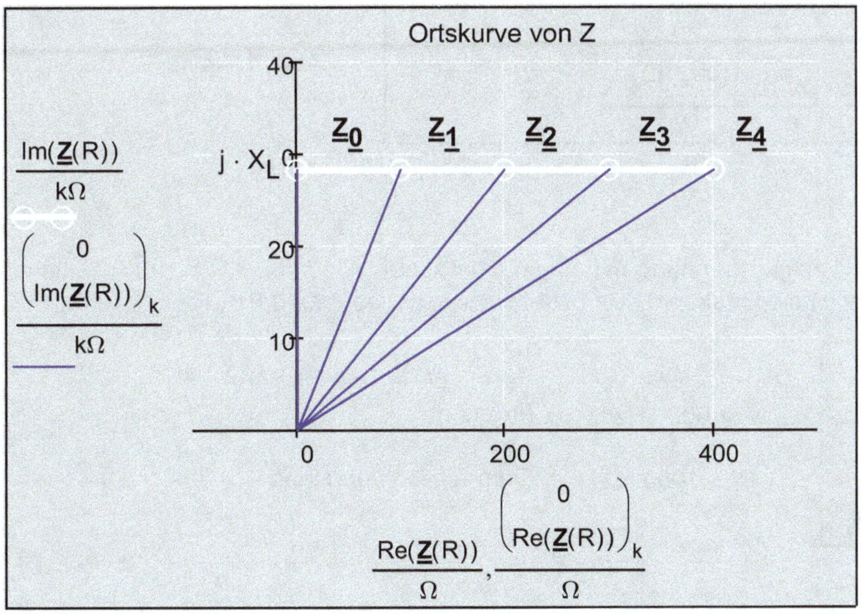

$$\frac{\underline{Z}(R)}{k\Omega} = \begin{pmatrix} 28.274j \\ 0.1 + 28.274j \\ 0.2 + 28.274j \\ 0.3 + 28.274j \\ 0.4 + 28.274j \end{pmatrix}$$

Abb. 1.7.2

Beispiel 1.7.2

Gegeben ist ein Zweipol an einer Wechselspannung mit einem Ohm'schen Widerstand R = 500 Ω und einer Frequenz von f = 500 Hz. Gesucht ist die Ortskurve des Scheinwiderstandes **Z** für L = 10 H, 20 H, 30 H, 40 H.

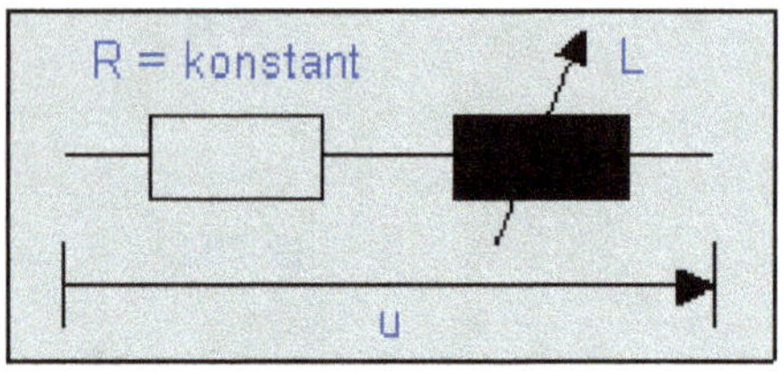

Abb. 1.7.3

$f := 500 \cdot Hz$ Frequenz

$R := 500 \cdot \Omega$ Ohm'scher Widerstand

$L := 0 \cdot H, 10 \cdot H .. 40 \cdot H$ Bereichsvariable für die Induktivität

$\underline{Z}(L) := R + j \cdot 2 \cdot \pi \cdot f \cdot L$ komplexwertige Scheinwiderstandsfunktion

ORIGIN := 0 ORIGIN festlegen

$k := 0 .. 1$ Bereichsvariable

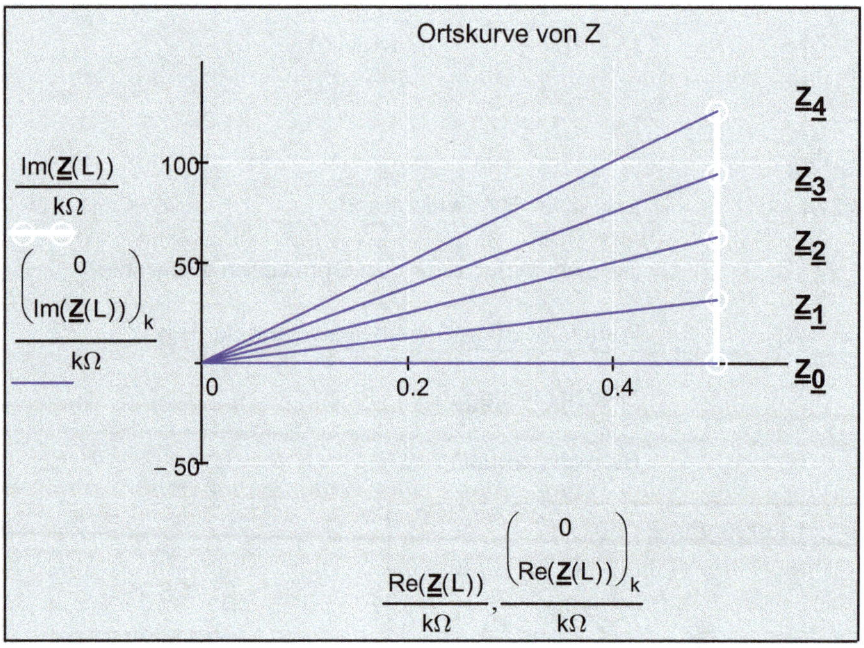

$$\frac{\underline{Z}(L)}{k\Omega} = \begin{pmatrix} 0.5 \\ 0.5 + 31.416j \\ 0.5 + 62.832j \\ 0.5 + 94.248j \\ 0.5 + 125.664j \end{pmatrix}$$

Abb. 1.7.4

Beispiel 1.7.3

Gegeben ist ein Zweipol an einer Wechselspannung mit einem Ohm'schen Widerstand R = 1000 Ω und einer Frequenz von f = 600 Hz. Gesucht ist die Ortskurve des Scheinwiderstandes **Z** für 0.01 μF ≤ C ≤ 0.8 μF.

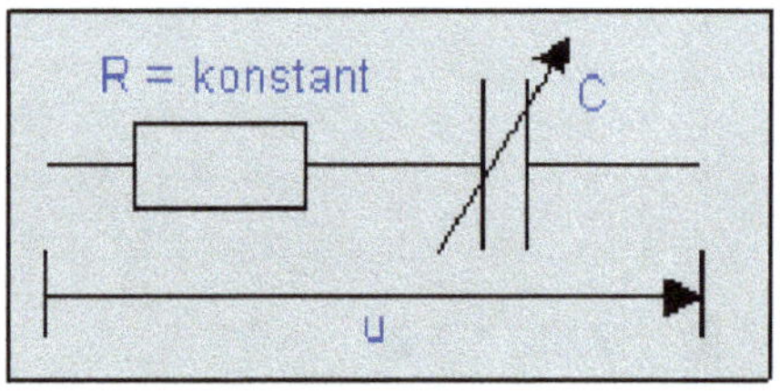

Abb. 1.7.5

$f := 600 \cdot Hz$ Frequenz

$R := 1000 \cdot \Omega$ Ohm'scher Widerstand

$C_a := 0.1 \cdot \mu F$ Anfangskapazität

$C_e := 0.8 \cdot \mu F$ Endkapazität

$\Delta C := \frac{C_e - C_a}{3}$ Schrittweite

$C := C_a, C_a + \Delta C .. C_e$ Bereichsvariable für die Kapazität

$\underline{Z}(C) := R - j \cdot \frac{1}{2 \cdot \pi \cdot f \cdot C}$ komplexwertige Scheinwiderstandsfunktion

ORIGIN := 1 ORIGIN festlegen

$k := 1 .. 2$ Bereichsvariable

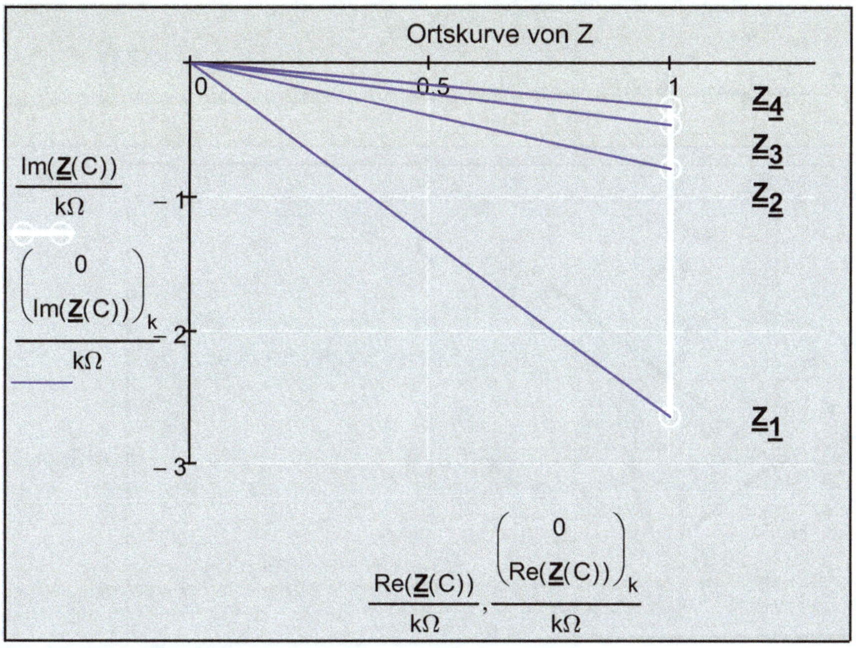

Abb. 1.7.6

$$\frac{\underline{Z}(C)}{k\Omega} = \begin{pmatrix} 1 - 2.653j \\ 1 - 0.796j \\ 1 - 0.468j \\ 1 - 0.332j \end{pmatrix}$$

1.7.2 Ortskurve durch Inversion komplexer Größen

Unter der Inversion einer komplexen Zahl (Größe) verstehen wir die Bildung ihres Kehrwertes. Fassen wir $\underline{z}$ als frei wählbare komplexe Variable und $\underline{w} = 1/\underline{z}$ als Gleichung einer komplexen Funktion auf, die jeder von null verschiedenen komplexen Zahl in eindeutiger Weise den Kehrwert $1/\underline{z}$ als Funktionswert zuordnet, so schreiben wir symbolisch:

$$\underline{z} \longmapsto \underline{w} = f(\underline{z}) = 1/\underline{z} \qquad (2\text{-}72)$$

Die komplexe Funktion $\underline{w} = 1/\underline{z}$ kann als eine Abbildung der z-Ebene auf die w-Ebene gedeutet werden. In den Anwendungen wird jedoch meist für die grafische Darstellung der $\underline{z}$- und $\underline{w}$-Werte eine gemeinsame komplexe Zahlenebene verwendet. Im Nullpunkt $\underline{z} = 0$ ist die Funktion nicht definiert. Diesem Punkt ordnen wir dann den "unendlich" fernen Bildpunkt mit der Kennzeichnung " ∞ " zu.

Die Umwandlung $\underline{Y} = 1/\underline{Z}$ nennen wir also Inversion (Spiegelung am Einheitskreis).

$$\underline{Z} = R + j \cdot X \qquad \underline{Y} = \frac{1}{\underline{Z}} = \frac{1}{R + j \cdot X} = \frac{R}{R^2 + X^2} - j \cdot \frac{X}{R^2 + X^2} = G - j \cdot B \qquad (2\text{-}73)$$

$$\underline{Z} = Z \cdot e^{j \cdot \varphi} \qquad \underline{Y} = \frac{1}{Z \cdot e^{j \cdot \varphi}} = \frac{1}{Z} \cdot e^{-j \cdot \varphi} = Y \cdot e^{-j \cdot \varphi} \qquad (2\text{-}74)$$

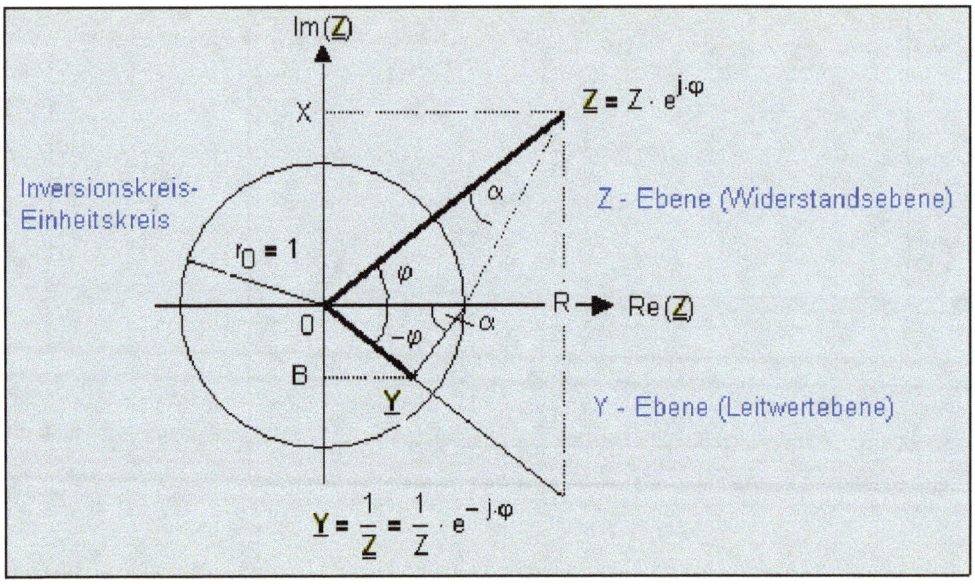

Abb. 1.7.7

In der Praxis ist weniger die Inversion von einzelnen komplexen Größen als die Inversion von parameterabhängigen Kurven (Ortskurven) von Bedeutung. Besonders häufig treten dabei Gerade und Kreise als Ortskurven auf. Sie unterliegen folgenden Inversionsregeln:

1. Gerade gelten als entartete Kreise (unendlich großer Durchmesser und der Mittelpunkt im Unendlichen).
2. Gerade, die durch den Ursprung gehen, gehen in sich selbst über.
3. Durch Inversion entsteht aus einer Geraden, die nicht durch den Ursprung geht, ein Kreis durch den Ursprung.
4. Kreise durch den Ursprung gehen bei der Inversion in Geraden über, die nicht durch den Ursprung gehen.
5. Durch Inversion entsteht aus einem Kreis, der nicht durch den Ursprung geht, wieder ein solcher Kreis (Kreistreuheit).
6. Das "Bild" des unendlich fernen Punktes ist der Ursprung und umgekehrt.
7. Punkte der oberen Halbebene werden auf die untere Halbebene abgebildet und umgekehrt.

8. Punkte auf dem Inversionskreis bleiben auf dem Inversionskreis.
9. Punkte auf der reellen bzw. imaginären Achse bleiben auf der reellen bzw. imaginären Achse.

Zu jeder Z- bzw. U-Ortskurve (eine Gerade bei Serienschaltung; I = konstant) kann eine Y- bzw. I-Ortskurve (ein Kreis bei Serienschaltung; U = konstant) angegeben werden und umgekehrt. Praktisch werden oft die Widerstandsebene und die Leitwertebene in einem Koordinatensystem dargestellt. Dabei ergeben sich aber Maßstabsprobleme. Ist z. B. Z = 10, so ist Y = 1/10. Damit können wir schlecht Z und Y in einem Koordinatensystem darstellen. Daher wählen wir den Inversionskreisradius $r_0 > 1$. Damit gilt:

$$Y = r_0^2 \cdot \frac{1}{Z} \qquad (2\text{-}75)$$

Bezeichnungen:

α ... Maßstab des Leitwertes
β ... Maßstab des Scheinwiderstandes

$$\alpha' = \frac{\alpha}{U}$$ ... Maßstab der Stromkurve bei konstanter Spannung (2-76)

$$\beta' = \frac{\beta}{I}$$ ... Maßstab der Spannungskurve bei konstantem Strom (2-77)

$$l_1 = \alpha \cdot \frac{1}{R}\ ;\ l_2 = \beta \cdot R$$ Abstände (siehe dazu Abbildung 1.7.8) (2-78)

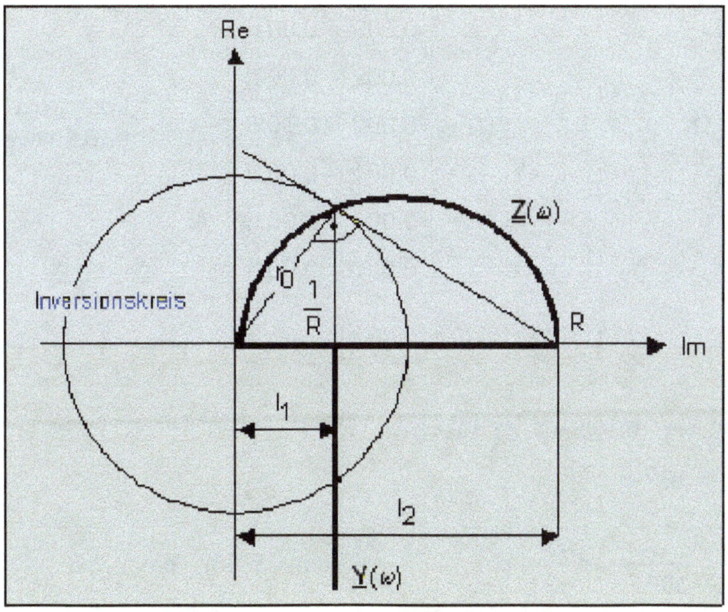

Abb. 1.7.8

Aus der Ähnlichkeit der Dreiecke folgt:
$r_0 : l_1 = l_2 : r_0$
Daraus ergibt sich der Inversionskreisradius

$$r_0^2 = l_1 \cdot l_2 \text{ bzw. } r_0 = \sqrt{l_1 \cdot l_2}$$ (geometrisches Mittel aus l_1 und l_2). (2-79)

Wählen wir für R die doppelte Strecke von von 1/R, dann ist der Mittelpunkt des gesuchten Ortskurvenkreises Z(ω) am Ende der Strecke 1/R.

Beispiel 1.7.4

Gegeben ist ein Zweipol an einer Wechselspannung mit einem Ohm'schen Widerstand R = 300 Ω und einer Induktivität L = 0.318 H. Gesucht sind die Ortskurve des Scheinwiderstandes **Z(ω)** für den Frequenzbereich f = 0 Hz ... 300 Hz und die Ortskurve des Scheinleitwertes **Y**(ω) aus der Widerstandsortskurve (maßstäblich).

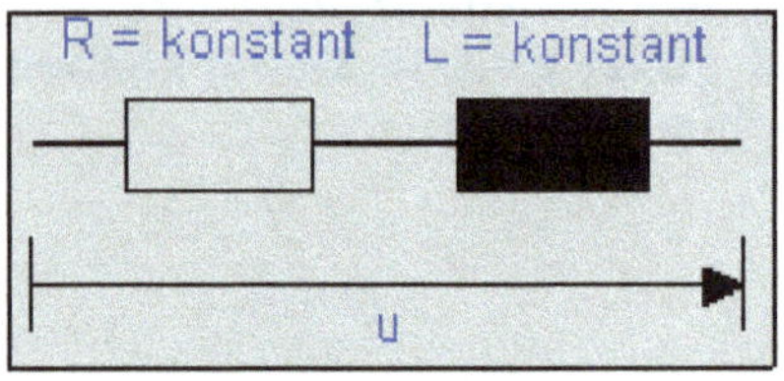

Abb. 1.7.9

$R := 300 \cdot \Omega$ Ohm'scher Widerstand

$L := 0.318 \cdot H$ Induktivität

$f := 0 \cdot Hz, 50 \cdot Hz .. 300 \cdot Hz$ Bereichsvariable für die Frequenz

$f_1 := 0 \cdot Hz, 1 \cdot Hz .. 3000 \cdot Hz$ Bereichsvariable für die Frequenz

$\underline{Z}(f) := R + j \cdot 2 \cdot \pi \cdot f \cdot L$ komplexwertige Scheinwiderstandsfunktion

$\underline{Y}(f) := \frac{1}{\underline{Z}(f)}$ komplexwertige Leitwertfunktion

$$\underline{Z}(f) = \begin{pmatrix} 300 \\ 300 + 99.9i \\ 300 + 199.8i \\ 300 + 299.7i \\ 300 + 399.6i \\ 300 + 499.5i \\ 300 + 599.4i \end{pmatrix} \Omega \qquad \underline{Y}(f) = \begin{pmatrix} 0.003 \\ 0.003 - 0.001i \\ 0.002 - 0.002i \\ 0.002 - 0.002i \\ 0.001 - 0.002i \\ 0.001 - 0.001i \\ 0.001 - 0.001i \end{pmatrix} \frac{1}{\Omega}$$

komplexwertige Scheinwiderstands- und Leitwertfunktion

Maßstabswahl:

$\underline{Z}_0 = 300\,\Omega$; $\underline{Y}_0 = 1/\underline{Z}_0 = 1/\,300\,\Omega = 3.33\;10^{-3}$ S

1 cm ≙ 100 Ω ; 2 cm ≙ 10^{-3} S

$$l_1 = \alpha \cdot \frac{1}{R} = \frac{2 \cdot cm}{10^{-3} \cdot S} \cdot \frac{1}{300 \cdot \Omega} = \frac{20}{3} \cdot cm \qquad \frac{20}{3} \cdot cm = 6.667 \cdot cm$$

$$l_2 = \beta \cdot R = \frac{1 \cdot cm}{100 \cdot \Omega} \cdot 300 \cdot \Omega = 3 \cdot cm$$

$\underline{Y}(\omega) := \underline{Y}(\omega) \cdot 100$ Die komplexwertige Funktion wird hier aus Maßstabsgründen mit dem Wert 100 multipliziert!

ORIGIN := 0 ORIGIN festlegen

$k := 0 .. 1$ Bereichsvariable

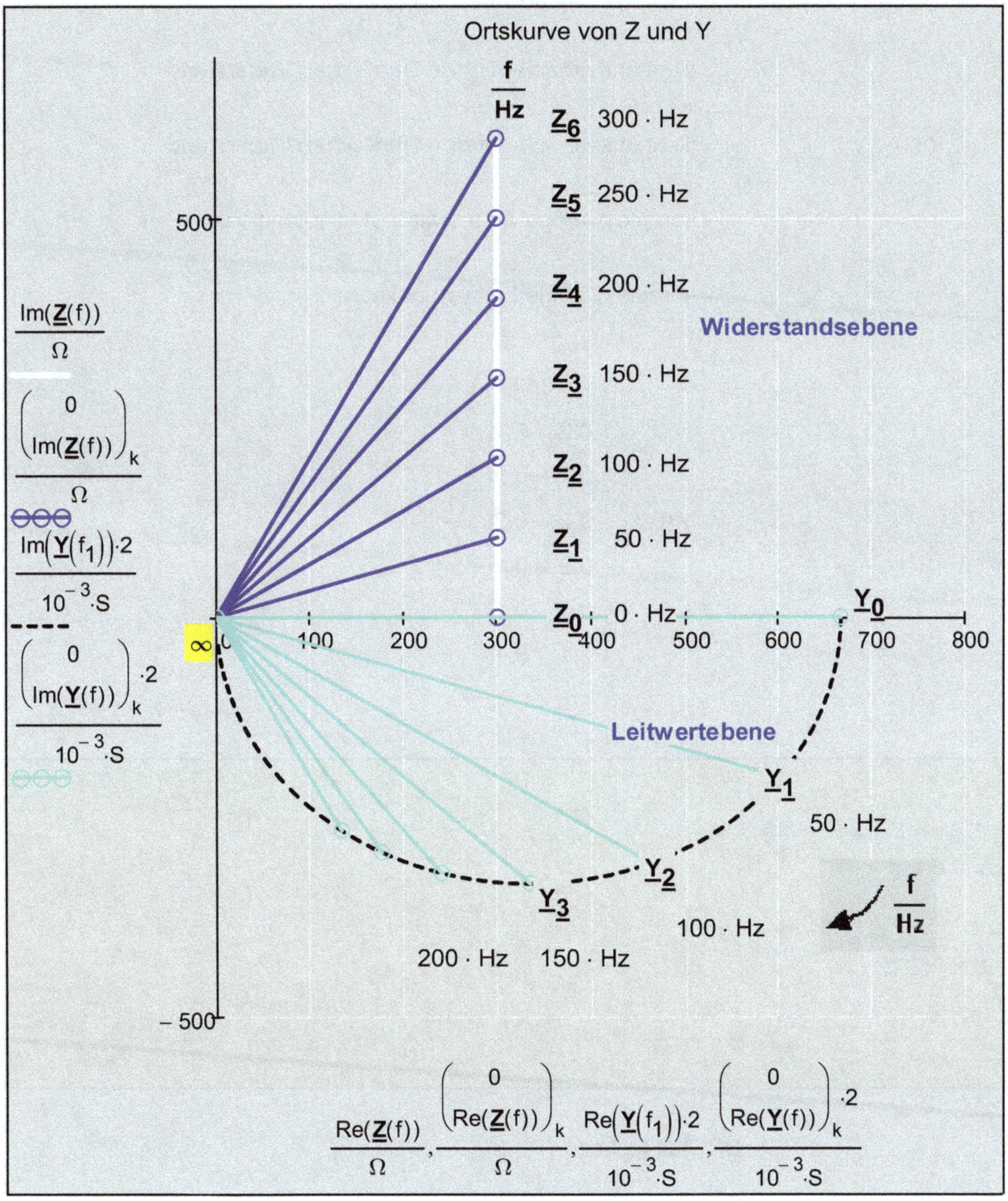

Abb. 1.7.10

Beispiel 1.7.5

Gegeben ist ein Zweipol an einer Wechselspannung mit einem variablen Ohm'schen Widerstand und einer Induktivität L = 0.007 H. Gesucht sind die Ortskurve des Scheinwiderstandes **Z**(ω) für den Ohm'schen Bereich R = 0 Ω ... 6 Ω und die Ortskurve des Scheinleitwertes **Y**(ω) aus der Widerstandsortskurve (maßstäblich).

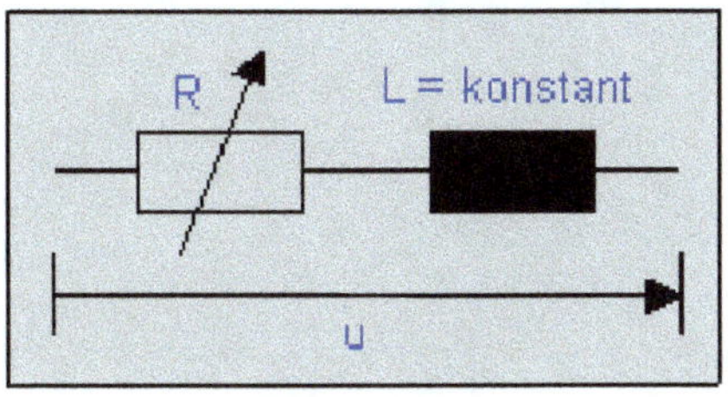

Abb. 1.7.11

$f := 50 \cdot Hz$ Frequenz

$L := 0.007 \cdot H$ Induktivität

$X_L := 2 \cdot \pi \cdot f \cdot L \qquad X_L = 2.199 \cdot \Omega$ induktiver Blindwiderstand

$R := 0 \cdot \Omega, 1 \cdot \Omega .. 6 \cdot \Omega$ Bereichsvariable für den Ohm'schen Widerstand

$R_1 := 0 \cdot \Omega, 0.01 \cdot \Omega .. 1000 \cdot \Omega$ Bereichsvariable für den Ohm'schen Widerstand

$\underline{Z}(R) := R + j \cdot X_L$ komplexwertige Scheinwiderstandsfunktion

$\underline{Y}(R) := \frac{1}{\underline{Z}(R)}$ komplexwertige Leitwertfunktion

$$\underline{Z}(R) = \begin{pmatrix} 2.2i \\ 1+2.2i \\ 2+2.2i \\ 3+2.2i \\ 4+2.2i \\ 5+2.2i \\ 6+2.2i \end{pmatrix} \Omega \qquad \underline{Y}(R) = \begin{pmatrix} -0.5i \\ 0.2-0.4i \\ 0.2-0.2i \\ 0.2-0.2i \\ 0.2-0.1i \\ 0.2-0.1i \\ 0.1-0.1i \end{pmatrix} \frac{1}{\Omega}$$

Maßstabswahl:

$\underline{Z}_0 = 2.2\ \Omega$; $\underline{Y}_0 = 1/\underline{Z}_0 = 1/\ 2.2\ \Omega = 0.5\ S$
1 cm ≙ 1 Ω ; 1 cm ≙ 0.1 S

$$l_1 = \alpha \cdot \frac{1}{R} = \frac{1 \cdot cm}{0.1 \cdot S} \cdot \frac{1}{2.2 \cdot \Omega} = 4.5 \cdot cm$$

$$l_2 = \beta \cdot R = \frac{1 \cdot cm}{\Omega} \cdot 2.2 \cdot \Omega = 2.2 \cdot cm$$

$ORIGIN := 0$ ORIGIN festlegen

$k := 0 .. 1$ Bereichsvariable

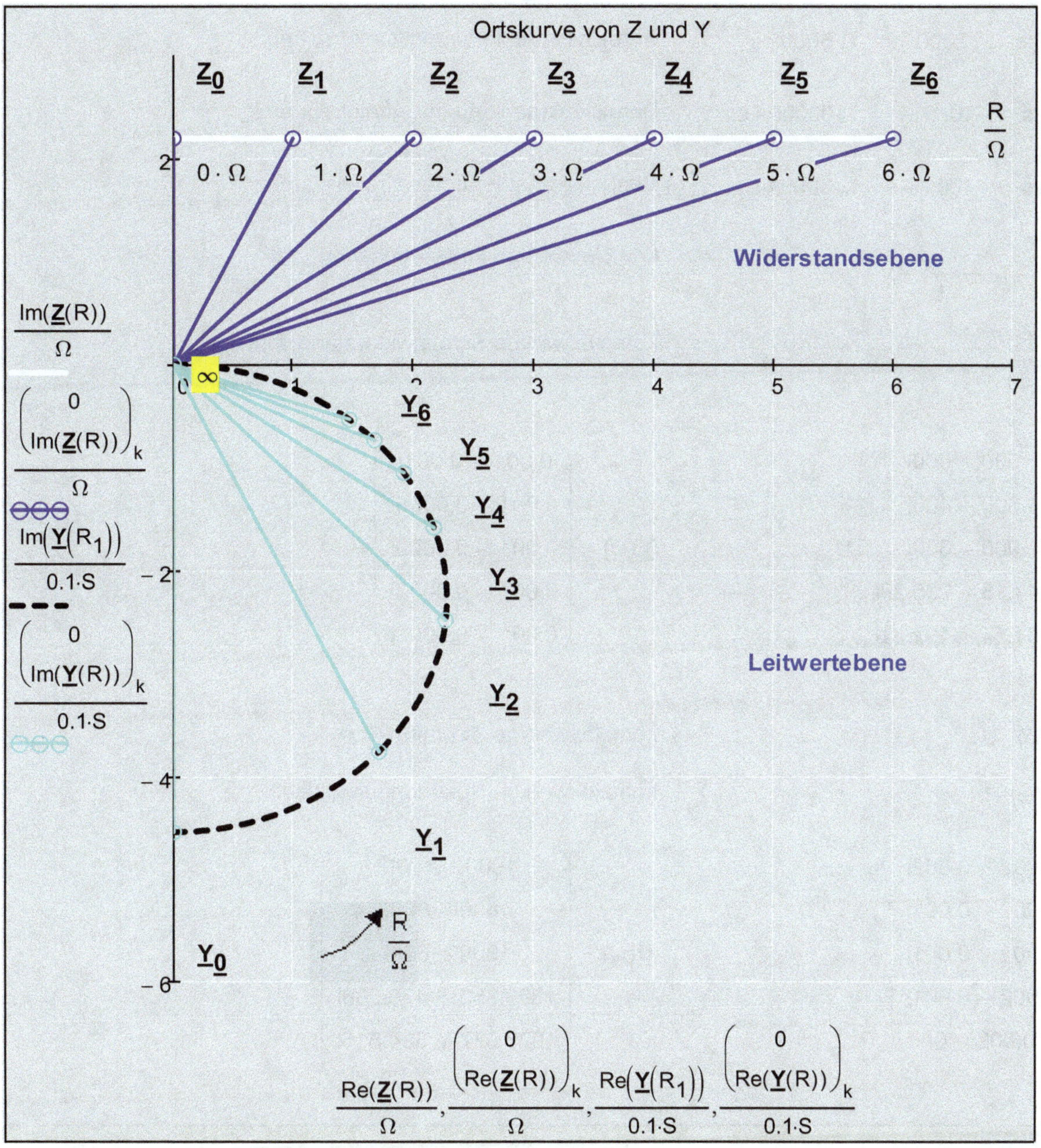

Abb. 1.7.12

Beispiel 1.7.6

Gegeben ist ein Zweipol an einer Wechselspannung mit einem konstanten Ohm'schen Widerstand R = 1 kΩ und einer konstanten Induktivität L = 1 H. Gesucht sind die Ortskurve des Scheinwiderstandes $\underline{Z}(\omega)$ für den Frequenzbereich $\omega = 1000\ s^{-1}\ ...\ 5000\ s^{-1}$ und die Ortskurve des Scheinleitwertes $\underline{Y}(\omega)$ aus der Widerstandsortskurve. Außerdem soll die Ortskurve des Stromes bei konstanter Spannung U = 2 V und die Ortskurve der Spannung bei konstantem Strom I = 2 A im gleichen Koordinatensystem dargestellt werden. Es soll eine maßstäbliche Darstellung gewählt werden.

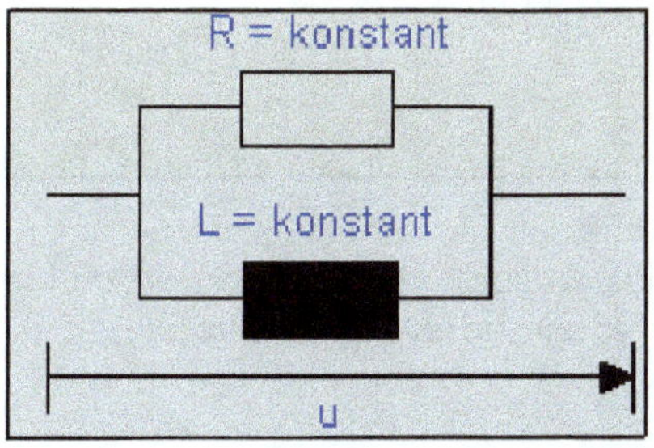

$R := 1 \cdot k\Omega$ Ohm'scher Widerstand

$L := 1 \cdot H$ Induktivität

$U := 2 \cdot V$ Spannung

$I := 2 \cdot A$ Strom

Abb. 1.7.13

$\omega := 1000 \cdot s^{-1}, 2000 \cdot s^{-1} .. 5000 \cdot s^{-1}$ Bereichsvariable für die Kreisfrequenz

$\omega_1 := 0.1 \cdot s^{-1}, 10.1 \cdot s^{-1} .. 100000 \cdot s^{-1}$ Bereichsvariable für die Kreisfrequenz

$\omega_2 := 0.1 \cdot s^{-1}, 100.1 \cdot s^{-1} .. 3000 \cdot s^{-1}$ Bereichsvariable für die Kreisfrequenz

$\underline{\mathbf{Y}}(\omega) := \frac{1}{R} - j \cdot \frac{1}{\omega \cdot L}$ komplexwertige Leitwertfunktion

$\underline{\mathbf{Z}}(\omega) := \frac{1}{\underline{\mathbf{Y}}(\omega)}$ komplexwertige Scheinwiderstandsfunktion

$$\underline{\mathbf{Z}}(\omega) = \begin{pmatrix} 500 + 500i \\ 800 + 400i \\ 900 + 300i \\ 941.18 + 235.29i \\ 961.54 + 192.31i \end{pmatrix} \Omega \qquad \underline{\mathbf{Y}}(\omega) = \begin{pmatrix} 0.001 - 0.001i \\ 0.001 - 0.0005i \\ 0.001 - 0.0003i \\ 0.001 - 0.0003i \\ 0.001 - 0.0002i \end{pmatrix} \frac{1}{\Omega}$$

$\underline{\mathbf{I}}(\omega) := \underline{\mathbf{Y}}(\omega) \cdot U$ komplexwertige Stromfunktion

$\underline{\mathbf{U}}(\omega) := \underline{\mathbf{Z}}(\omega) \cdot I$ komplexwertige Spannungsfunktion

$$\underline{\mathbf{I}}(\omega) = \begin{pmatrix} 0.002 - 0.002i \\ 0.002 - 0.001i \\ 0.002 - 0.001i \\ 0.002 - 0.001i \\ 0.002 - 0i \end{pmatrix} A \qquad \underline{\mathbf{U}}(\omega) = \begin{pmatrix} 1000 + 1000i \\ 1600 + 800i \\ 1800 + 600i \\ 1882.353 + 470.588i \\ 1923.077 + 384.615i \end{pmatrix} V$$

Maßstabswahl:

$1/R = \underline{Y}_0 = 1/1000\ \Omega = 10.10^{-4}$; $\underline{Z}_0 = 1/\underline{Y}_0 = 1000\ \Omega$

1 cm ≙ 10^{-4} S ; 10 cm ≙ 500 Ω   also 1 cm ≙ 50 Ω

$l_1 = \alpha \cdot \frac{1}{R} = \frac{1 \cdot cm}{10^{-4} \cdot S} \cdot \frac{1}{1000 \cdot \Omega} = 10 \cdot cm$ $l_2 = \beta \cdot R = \frac{1 \cdot cm}{50 \cdot \Omega} \cdot 1000 \cdot \Omega = 20 \cdot cm$

$\alpha' = \frac{\alpha}{U} = \frac{1 \cdot cm}{10^{-4} \cdot S \cdot 2 \cdot V} = \frac{1 \cdot cm}{2 \cdot 10^{-4} \cdot A}$ $\beta' = \frac{\beta}{I} = \frac{1 \cdot cm}{50 \cdot \Omega \cdot 2 \cdot A} = \frac{1 \cdot cm}{100 \cdot V}$

also 1 cm ≙ 2.10^{-4} A   **also 1 cm ≙ 100 V**

$\underline{\mathbf{Y}}(\omega) := \underline{\mathbf{Y}}(\omega) \cdot 50 \quad \underline{\mathbf{I}}(\omega) := \underline{\mathbf{I}}(\omega) \cdot 50 \quad \underline{\mathbf{U}}(\omega) := \underline{\mathbf{U}}(\omega) \cdot 50$

Die komplexwertigen Funktionen werden hier aus Maßstabsgründen mit dem Wert 50 multipliziert!

ORIGIN := 0 ORIGIN festlegen

k := 0 .. 1 Bereichsvariable

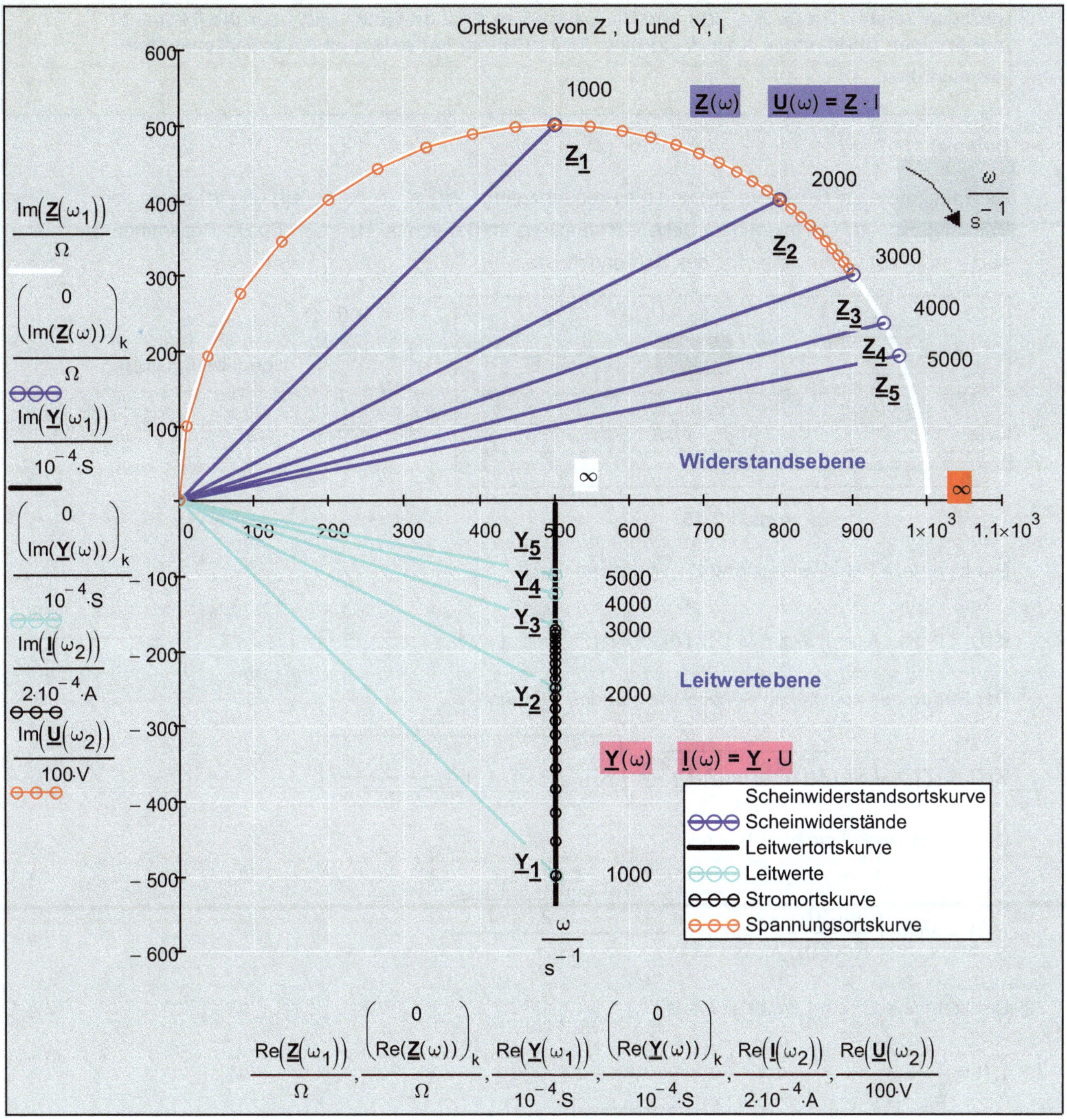

Abb. 1.7.14

Aus den Ortskurven lassen sich der Scheinwiderstand Z, der Scheinleitwert Y und der Phasenwinkel φ ablesen. φ gibt die Phasenverschiebung zwischen Strom und Spannung an.

1.7.3 Komplexe Wechselstromrechnung im Schwingkreis

Neben der Ortskurvendarstellung für komplexe Widerstandsfunktionen $\underline{Z}(\omega)$, Ströme $\underline{I}(\omega)$ oder Spannungen $\underline{U}(\omega)$ in Abhängigkeit von der Frequenz ist es üblich, neben dem Betrag der darzustellenden Größe $Z(\omega)$, $I(\omega)$ und $U(\omega)$, auch den Phasenwinkel $\varphi(\omega)$ oder die frequenzabhängigen Blindanteile $X_L(\omega$, $X_C(\omega)$ bzw. $X(\omega)$ in einem kartesischen Koordinatensystem darzustellen.

Beispiel 1.7.7

Bestimmen Sie die Ortskurve $\underline{Z}(f)$ und die Frequenzgänge $Z(f)$, $X_L(f)$, $X_C(f)$, $X(f)$ und $I(f)$ sowie den Phasengang $\varphi_z(f)$ von folgendem Serienschwingkreis im Bereich 50 Hz $\le f \le$ 500 Hz. Bestimmen Sie auch die Resonanzfrequenz f_{res} des Schwingkreises.

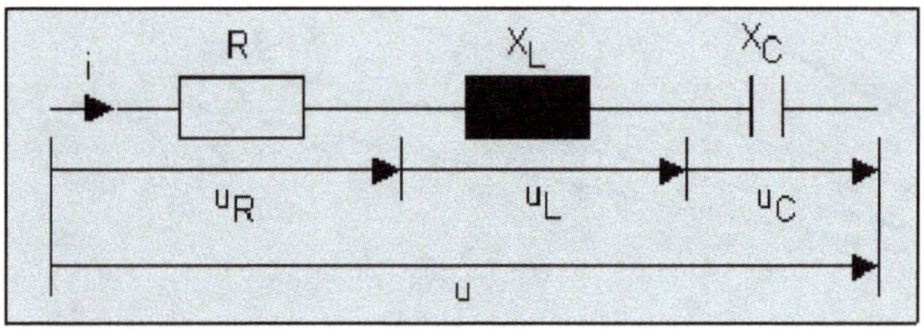

Abb. 1.7.15

$R = 100 \cdot \Omega$

$L = 0.5 \cdot H$

$C = 1 \cdot \mu F$

$U = 220 \cdot V$

gegebene Größen

Der komplexe Scheinwiderstand $\underline{Z}$ ist gegeben durch:

$$\underline{Z}(f) = R + j \cdot X_L - j \cdot X_C = R + j \cdot (X_L - X_C) = R + j \cdot \left(\omega \cdot L - \frac{1}{\omega \cdot C}\right) = R + j \cdot \left(2 \cdot \pi \cdot f \cdot L - \frac{1}{2 \cdot \pi \cdot f \cdot C}\right)$$

Der Betrag des komplexen Scheinwiderstandes ist dann:

$$Z(f) = |\underline{Z}| = \sqrt{Re(\underline{Z}(f))^2 + Im(\underline{Z}(f))^2} = \sqrt{R^2 + \left(2 \cdot \pi \cdot f \cdot L - \frac{1}{2 \cdot \pi \cdot f \cdot C}\right)^2}$$

Der Phasenwinkel ergibt sich aus:

$$\varphi(f) = \arctan\left(\frac{Im(\underline{Z}(f))}{Re(\underline{Z}(f))}\right) = \arctan\left(\frac{2 \cdot \pi \cdot f \cdot L - \frac{1}{2 \cdot \pi \cdot f \cdot C}}{R}\right)$$

Der komplexe Strom $\underline{I}$ ergibt sich aus:

$$\underline{I}(f) = \frac{U}{\underline{Z}} = \frac{U}{R + 1 \cdot j \cdot \left(2 \cdot \pi \cdot f \cdot L - \frac{1}{2 \cdot \pi \cdot f \cdot C}\right)}$$

Der Betrag des komplexen Stromes ist dann:

$$I(f) = \frac{U}{\sqrt{R^2 + \left(2 \cdot \pi \cdot f \cdot L - \frac{1}{2 \cdot \pi \cdot f \cdot C}\right)^2}}$$

Die Resonanzfrequenz kann in verschiedener Weise bestimmt werden:

1. Resonanz ergibt sich, wenn $\underline{Z} = R = \underline{Z}_{min}$, d. h. wenn $\mathrm{Im}(\underline{\mathbf{Z}}) = 0$ ist (die Blindwiderstände verschwinden):

$\omega \cdot L - \frac{1}{\omega \cdot C} = 0$ hat als Lösung(en) $\begin{pmatrix} -\frac{\sqrt{C \cdot L}}{C \cdot L} \\ \frac{\sqrt{C \cdot L}}{C \cdot L} \end{pmatrix}$

Da in der Praxis keine negativen Frequenzen vorkommen, ist die 1. Lösung nicht relevant

$$\omega_{res} = \sqrt{\frac{1}{L \cdot C}}$$

2. Resonanz ergibt sich, wenn $\varphi = 0$ (also $\tan(\varphi)=0$) ist:

$$\frac{\omega \cdot L - \frac{1}{\omega \cdot C}}{R} = 0$$

Diese Gleichung hat dieselben Lösungen wie unter 1.

3. $Z(\omega)$ hat genau dann ein Minimum, wenn folgende Bedingungen (Genaueres zur Ableitung, siehe Band 3) erfüllt sind:

$$\frac{d}{d\omega}Z(\omega) = 0 \qquad \frac{d^2}{d\omega^2}Z(\omega) > 0$$

Zur Untersuchung des Minimums, kann die Wurzel bei $Z(\omega)$ weggelassen werden:

$$Z'(\omega, R, L, C) := R^2 + \left(\omega \cdot L - \frac{1}{\omega \cdot C}\right)^2 \qquad \frac{d}{d\omega}Z'(\omega, R, L, C) \rightarrow -2 \cdot \left(\frac{1}{C \cdot \omega} - L \cdot \omega\right) \cdot \left(L + \frac{1}{C \cdot \omega^2}\right)$$

$$\frac{d}{d\omega}Z'(\omega, R, L, C) = 0 \text{ auflösen}, \omega \rightarrow \begin{pmatrix} \frac{j}{\sqrt{C} \cdot \sqrt{L}} \\ -\frac{j}{\sqrt{C} \cdot \sqrt{L}} \\ \frac{\sqrt{C \cdot L}}{C \cdot L} \\ -\frac{\sqrt{C \cdot L}}{C \cdot L} \end{pmatrix}$$

Hier ist nur die 3. Lösung von Bedeutung!

$$\frac{\sqrt{C \cdot L}}{C \cdot L} = \sqrt{\frac{1}{L \cdot C}}$$

$$\frac{d^2}{d\omega^2}Z'(\omega, R, L, C) \left| \begin{array}{l} \text{ersetzen}, \omega = \sqrt{\frac{1}{L \cdot C}} \\ \text{vereinfachen} \end{array} \right. \rightarrow 8 \cdot L^2$$

Die zweite Ableitung ist größer 0!

$R := 100 \cdot \Omega$	Ohm'scher Widerstand
$L := 0.5 \cdot H$	Induktivität
$C := 1 \cdot \mu F$	Kapazität
$U := 220 \cdot V$	angelegte Spannung (Effektivwert)
$X_L(f) := 2 \cdot \pi \cdot f \cdot L$	Frequenzgang des induktiven Blindwiderstandes
$X_C(f) := \frac{1}{2 \cdot \pi \cdot f \cdot C}$	Frequenzgang des kapazitiven Blindwiderstandes
$X(f) := X_L(f) - X_C(f)$	Frequenzgang des gesamten Blindwiderstandes
$\underline{\mathbf{Z}}(f) := R + j \cdot X(f)$	Frequenzgang des komplexen Scheinwiderstandes
$Z(f) := \lvert\underline{\mathbf{Z}}(f)\rvert$	Betrag des komplexen Scheinwiderstandes
$\varphi_Z(f) := \arg(\underline{\mathbf{Z}}(f))$	Phasenwinkel
$I(f) := \frac{U}{\sqrt{R^2 + \left(2 \cdot \pi \cdot f \cdot L - \frac{1}{2 \cdot \pi \cdot f \cdot C}\right)^2}}$	Betrag des komplexen Stromes
$\omega_{res} := \sqrt{\frac{1}{L \cdot C}}$	Resonanzkreisfrequenz
$f_{res} := \frac{\omega_{res}}{2 \cdot \pi}$ $\quad f_{res} = 225.079 \frac{1}{s}$	Resonanzfrequenz
$Z_{min} := Z(f_{res})$ $\quad Z_{min} = 100\,\Omega$	Scheinwiderstand Z bei Resonanz ($Z_{min} = R$)
$f_1 := 50 \cdot Hz$	Startfrequenz
$f_2 := 500 \cdot Hz$	Endfrequenz
$N := 2000$	Schrittanzahl
$\Delta f := \frac{f_2 - f_1}{N}$	Schrittweite
$f := f_1, f_1 + \Delta f .. f_2$	Bereichsvariable für die Frequenz
$f_z := f_1, f_1 + \frac{f_2 - f_1}{3} .. f_2$	Bereichsvariable für die Frequenz

ORIGIN := 1

ORIGIN festlegen

k := 1 .. 2

Bereichsvariable

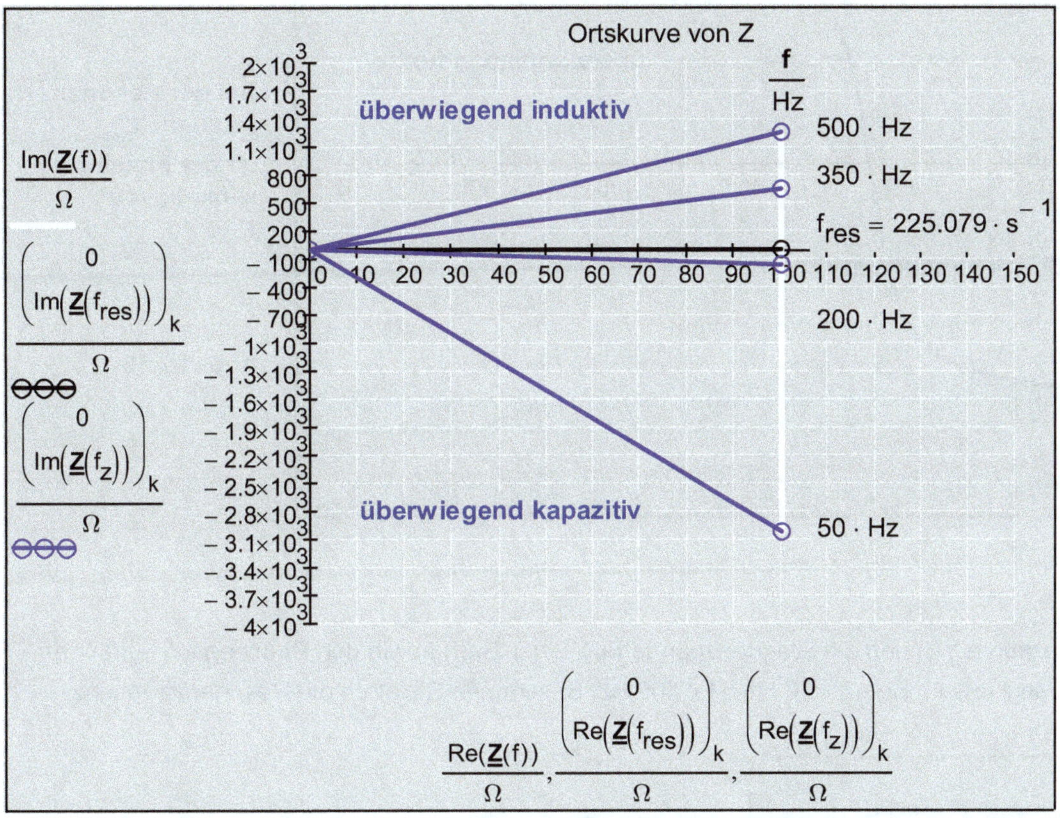

Darstellung des Frequenzganges von $\underline{Z}(f)$ in der Gauß'schen Zahlenebene.

Abb. 1.7.16

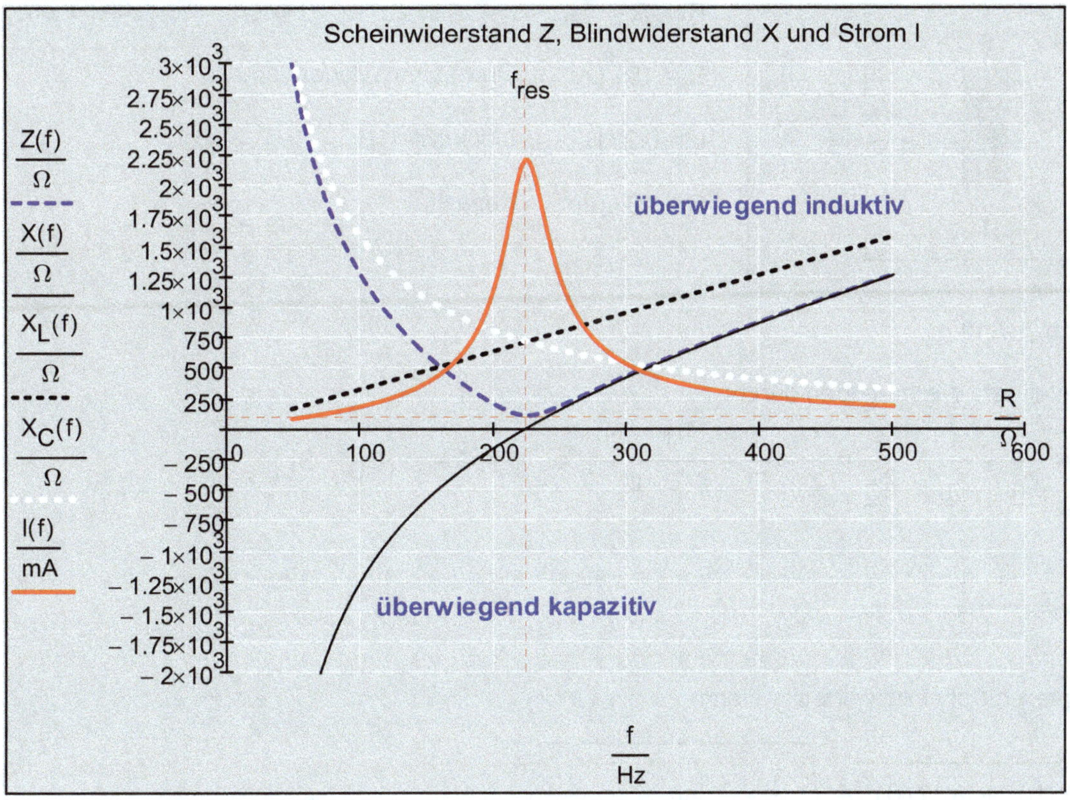

$Z_{min} = 100\ \Omega$

In der Umgebung der Resonanzfrequenz f_{res} hat der Scheinwiderstand Z(f) ein Minimum und der Strom I(f) ein Maximum. Wir sprechen hier auch von Spannungsresonanz.

Abb. 1.7.17

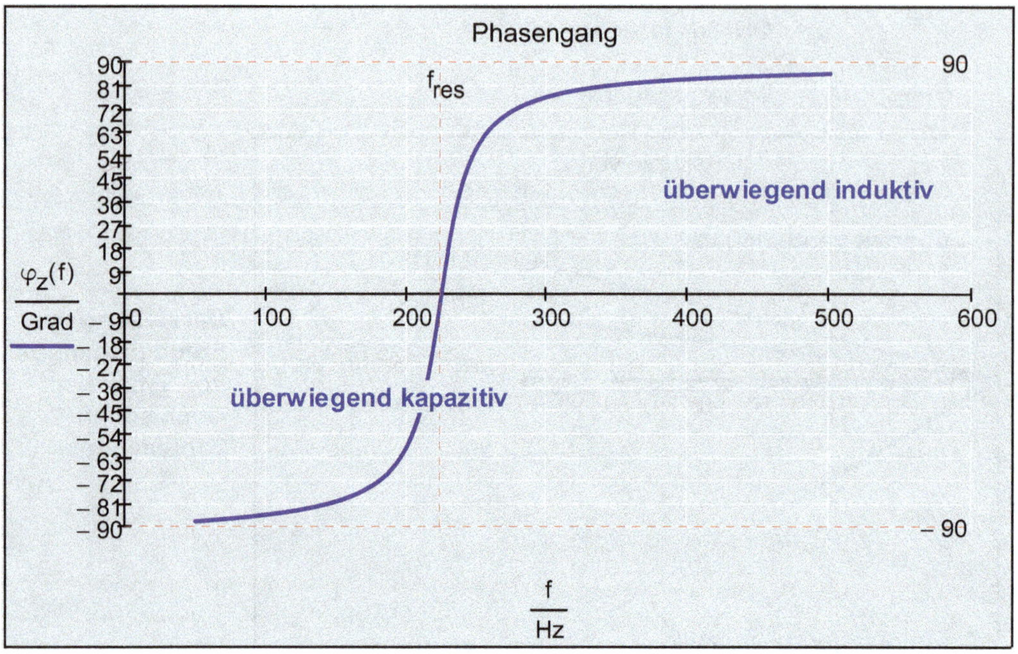

Bei der Resonanzfrequenz f_{res} ist der Phasenwinkel $\varphi = 0°$.

Abb. 1.7.18

Beispiel 1.7.8

Bestimmen Sie die Ortskurve $\underline{Y}(f)$ und die Frequenzgänge B(f), $B_L(f)$, $B_C(f)$ sowie den Phasengang $\varphi_y(f)$ von folgendem Serienschwingkreis im Bereich 10 Hz $\le f \le$ 500 Hz. Bestimmen Sie auch die Resonanzfrequenz des Schwingkreises.

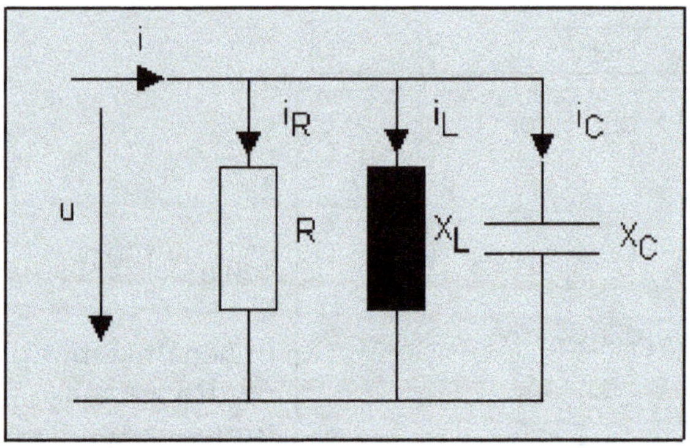

Abb. 1.7.19

$R := R \quad L := L \quad C := C \quad U := U$ Redefinitionen

$R = 15 \cdot \Omega$ Ohm'scher Wiederstand

$L = 0.2 \cdot H$ Induktivität

$C = 40 \cdot \mu F$ Kapazität

Der komplexe Scheinleitwert $\underline{Y}$ ist gegeben durch:

$$\underline{Y} = \underline{Y_R} + \underline{Y_L} + \underline{Y_C} = \frac{1}{\underline{Z_R}} + \frac{1}{\underline{Z_L}} + \frac{1}{\underline{Z_C}} = \frac{1}{\underline{Z}} = \frac{1}{R} + \frac{1}{j \cdot \omega \cdot L} + j \cdot \omega \cdot C = G + j \cdot (B_C - B_L)$$

$$\underline{Y}(f) = \frac{1}{R} + j \cdot \left(\omega \cdot C - \frac{1}{\omega \cdot L}\right)$$

Der Betrag des komplexen Scheinleitwertes ist dann:

$$Y(f) = |\underline{Y}| = \sqrt{\mathrm{Re}(\underline{Y}(f))^2 + \mathrm{Im}(\underline{Y}(f))^2} = \sqrt{\left(\frac{1}{R}\right)^2 + \left(\omega \cdot C - \frac{1}{\omega \cdot L}\right)^2}$$

Der Phasenwinkel ergibt sich aus:

$$\varphi(\omega) = \arctan\left(\frac{\mathrm{Im}(\underline{\mathbf{Y}}(\omega))}{\mathrm{Re}(\underline{\mathbf{Y}}(\omega))}\right) = \arctan\left(\frac{\omega \cdot C - \frac{1}{\omega \cdot L}}{\frac{1}{R}}\right)$$

Die Resonanzfrequenz kann auf verschiedene Weise bestimmt werden:

1. Resonanz ergibt sich, wenn $\underline{Y} = 1/R = \underline{Y}_{min}$, d. h. wenn $\mathrm{Im}(\underline{\mathbf{Y}}) = 0$ ist (die Blindwiderstände verschwinden):

$$\omega \cdot C - \frac{1}{\omega \cdot L} = 0 \quad \text{hat als Lösung(en)} \quad \begin{pmatrix} -\frac{\sqrt{C \cdot L}}{C \cdot L} \\ \frac{\sqrt{C \cdot L}}{C \cdot L} \end{pmatrix}$$

Da in der Praxis keine negativen Frequenzen vorkommen, ist die 1. Lösung nicht relevant.

$$\frac{\sqrt{C \cdot L}}{C \cdot L} = \sqrt{\frac{1}{L \cdot C}}$$

$$\omega_{res} = \sqrt{\frac{1}{L \cdot C}}$$

2. Resonanz ergibt sich, wenn $\varphi = 0$ (also $\tan(\varphi)=0$) ist:

$$\frac{\omega \cdot C - \frac{1}{\omega \cdot L}}{R} = 0$$

Diese Gleichung hat dieselben Lösungen wie unter 1.

3. $Z(\omega)$ hat genau dann ein Minimum, wenn folgende Bedingungen erfüllt sind (siehe Näheres dazu Band 3):

$$\frac{d}{d\omega}Y(\omega) = 0 \qquad \frac{d^2}{d\omega^2}Y(\omega) > 0$$

Zur Untersuchung des Minimums, kann die Wurzel bei $Z(\omega)$ weggelassen werden:

$$Y'(\omega, R, L, C) := \left(\frac{1}{R}\right)^2 + \left(\omega \cdot C - \frac{1}{\omega \cdot L}\right)^2 \qquad \frac{d}{d\omega}Y'(\omega, R, L, C) \rightarrow -2 \cdot \left(\frac{1}{L \cdot \omega} - C \cdot \omega\right) \cdot \left(C + \frac{1}{L \cdot \omega^2}\right)$$

$$\frac{d}{d\omega}Y'(\omega, R, L, C) = 0 \text{ auflösen}, \omega \rightarrow \begin{pmatrix} \frac{j}{\sqrt{C} \cdot \sqrt{L}} \\ -\frac{j}{\sqrt{C} \cdot \sqrt{L}} \\ \frac{\sqrt{C \cdot L}}{C \cdot L} \\ -\frac{\sqrt{C \cdot L}}{C \cdot L} \end{pmatrix}$$

Hier ist nur die 3. Lösung von Bedeutung!

$$\frac{\sqrt{C \cdot L}}{C \cdot L} = \sqrt{\frac{1}{L \cdot C}}$$

$$\frac{d^2}{d\omega^2}Y'(\omega,R,L,C) \left| \begin{array}{l} \text{ersetzen}, \omega = \sqrt{\frac{1}{L\cdot C}} \\ \text{vereinfachen} \end{array} \right. \rightarrow 8\cdot C^2$$

Die zweite Ableitung ist größer 0!

$R := 15\cdot\Omega$ — Ohm'scher Widerstand

$L := 0.2\cdot H$ — Induktivität

$C := 40\cdot\mu F$ — Kapazität

$U := 220\cdot V$ — angelegte Spannung (Effektivwert)

$G := \frac{1}{R}$ — Leitwert

$X_L(f) := 2\cdot\pi\cdot f\cdot L$ — Frequenzgang des induktiven Blindwiderstandes

$B_L(f) := \frac{1}{X_L(f)}$ — Frequenzgang des induktiven Blindleitwertes

$X_C(f) := \frac{1}{2\cdot\pi\cdot f\cdot C}$ — Frequenzgang des kapazitiven Blindwiderstandes

$B_C(f) := \frac{1}{X_C(f)}$ — Frequenzgang des kapazitiven Blindleitwertes

$B(f) := B_C(f) - B_L(f)$ — Frequenzgang des gesamten Blindleitwertes

$\underline{\mathbf{Y}}(f) := G + j\cdot B(f)$ — Frequenzgang des komplexen Scheinleitwertes

$Y(f) := \left|\underline{\mathbf{Y}}(f)\right|$ — Betrag des komplexen Scheinleitwertes

$\varphi_y(f) := \arg(\underline{\mathbf{Y}}(f))$ — Phasenwinkel

$\omega_{res} := \sqrt{\frac{1}{L\cdot C}}$ — Resonanzkreisfrequenz

$f_{res} := \frac{\omega_{res}}{2\cdot\pi}$ $\quad f_{res} = 56.27\,\frac{1}{s}$ — Resonanzfrequenz

$Y_{min} := Y(f_{res})$ $\quad Y_{min} = 0.067\,\frac{1}{\Omega}$ — Scheinleitwert Y bei Resonanz ($Y_{min} = 1/R$)

$f_1 := 10\cdot Hz$ — Startfrequenz

$f_2 := 500\cdot Hz$ — Endfrequenz

$N := 2000$ — Schrittanzahl

$\Delta f := \frac{f_2 - f_1}{N}$ Schrittweite

$f := f_1, f_1 + \Delta f .. f_2$ Bereichsvariable für die Frequenz

$f_z := f_1, f_1 + \frac{f_2 - f_1}{5} .. f_2$ Bereichsvariable für die Frequenz

ORIGIN := 1 ORIGIN festlegen

$k := 1 .. 2$ Bereichsvariable

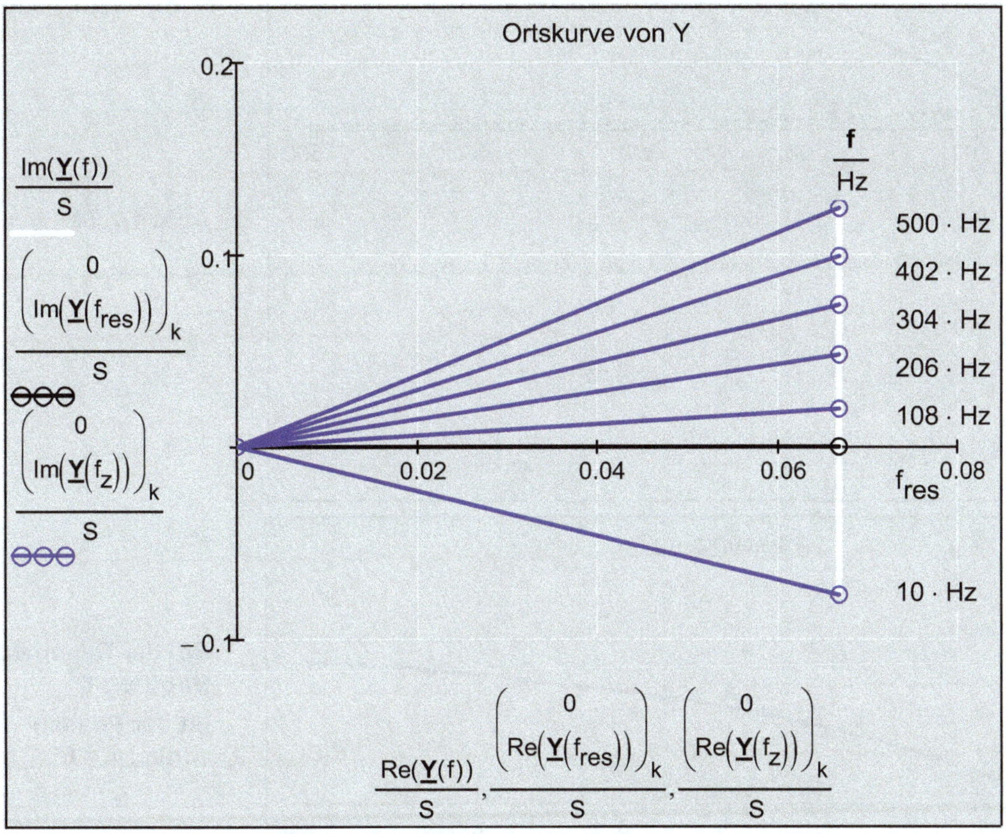

Darstellung des Frequenzganges von $\underline{Y}(f)$ in der Gauß'schen Zahlenebene.

Abb. 1.7.20

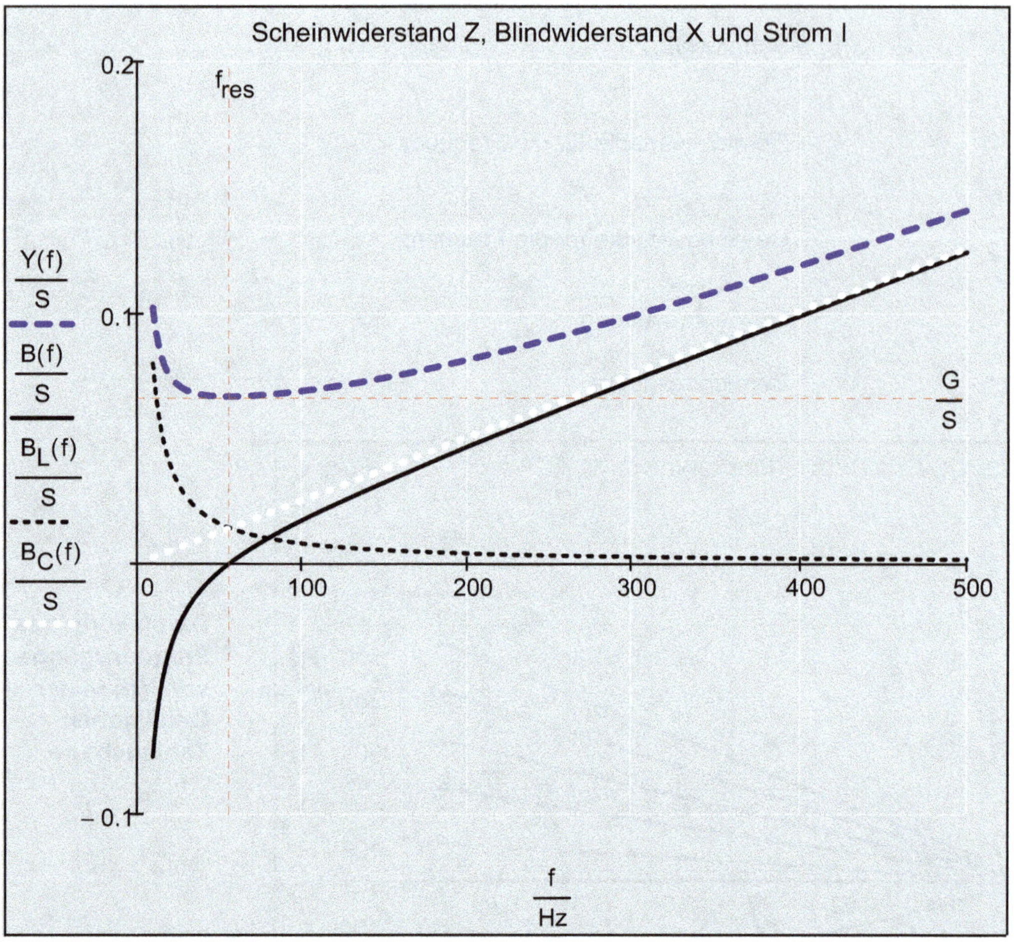

$Y_{min} = 0.067 \frac{1}{\Omega}$

In der Umgebung der Resonanzfrequenz f_{res} hat der Scheinleitwert $\underline{Y}(f)$ ein Minimum.

Abb. 1.7.21

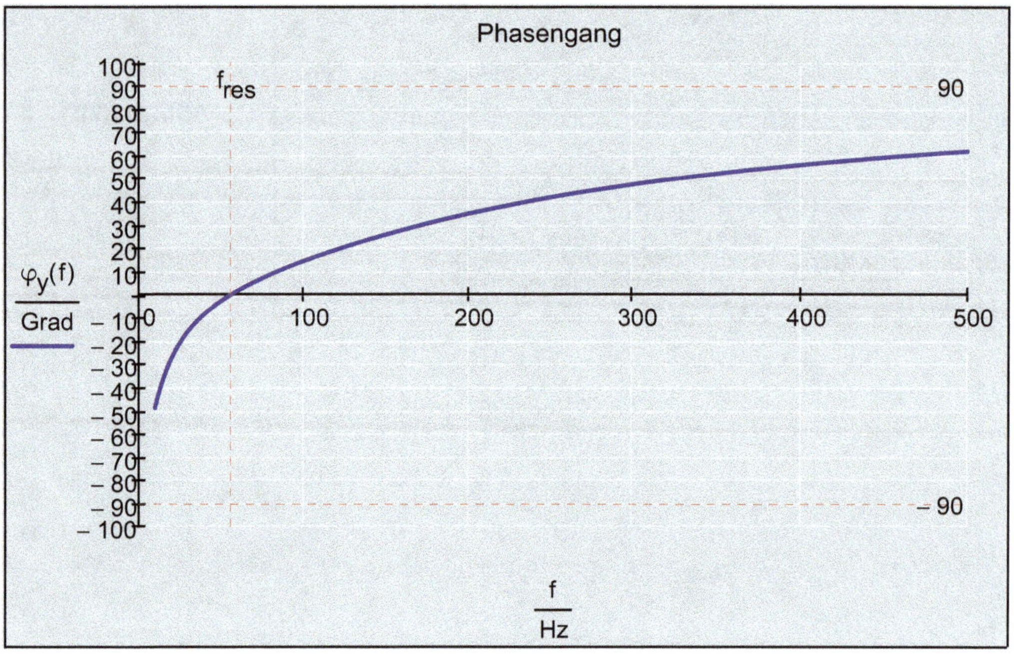

Bei der Resonanzfrequenz f_{res} ist der Phasenwinkel $\varphi = 0°$.

Abb. 1.7.22

Beispiel 1.7.9

An einem Zweipol (RLC in Serie und ein Kondensator C_p parallel) wird eine Wechselspannung mit verschiedenen Frequenzen f angelegt. Untersuchen Sie das Verhalten des Zweipols.

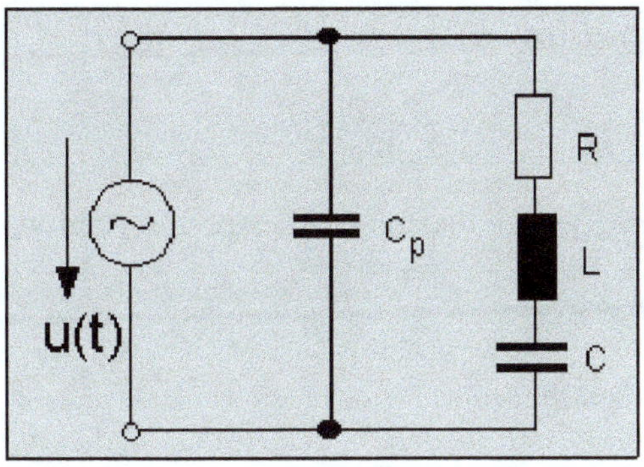

Zweipol mit folgenden Daten:
R = 50 Ω, L = 80 mH,
C = 12.5 nF und C_p = 5 nF.

Abb. 1.7.23

Wie lauten der komplexe Scheinwiderstand **Z**(f) und der komplexe Scheinleitwert **Y**(f)?
Berechnen Sie die Resonanzfrequenz f_{res} ($\varphi = 0$) und den Scheinwiderstand Z_{res} und den Scheinleitwert Y_{res} bei Resonanz.
Wie lautet von Z(f) das Maximum Z_{max} für f_{max} und von Y(f) das Minimum Y_{min} für f_{max}?
Stellen Sie die Ortskurven für den Gesamtwiderstand **Z**(f) und für den Leitwert **Y**(f) in Abhängigkeit von der Frequenz im Bereich von f = 25 Hz bis 640 Hz dar. In der Ortskurve von **Z** sollen die Zeiger bei Z_{res} und Z_{max} angezeigt werden. In der Ortskurve von **Y** sollen die Zeiger bei Y_{res} und Y_{min} angezeigt werden.
Stellen Sie den Scheinwiderstand Z = | **Z** | und den Phasenwinkel φ in Abhängigkeit von f dar. Geben Sie für die Frequenz f_{res} den Scheinwiderstand Z_{res} und für die Frequenz f_{max} den Scheinwiderstand Z_{max} in der Grafik für den Scheinwiderstand Z an.

$R := 50 \cdot \Omega$ Ohm'scher Widerstand

$L := 80 \cdot \mu H$ Induktivität

$C := 12.5 \cdot nF$ $\quad C_p := 5 \cdot nF$ Kapazitäten

$X_L(f) := 2 \cdot \pi \cdot f \cdot L$ induktiver Widerstand

$X_C(f) := \dfrac{1}{2 \cdot \pi \cdot f \cdot C}$ kapazitiver serieller Widerstand

$X_{Cp}(f) := \dfrac{1}{2 \cdot \pi \cdot f \cdot C_p}$ kapazitiver paralleler Widerstand

$\underline{Z_r}(f) := R + j \cdot X_L(f) - j \cdot X_C(f)$ komplexer Widerstand der Reihenschaltung

$\underline{Z_p}(f) := -j \cdot X_{Cp}(f)$ komplexer Widerstand des Kondensators

$\underline{Z}(f) := \dfrac{\underline{Z_r}(f) \cdot \underline{Z_p}(f)}{\underline{Z_r}(f) + \underline{Z_p}(f)}$ komplexer Gesamtscheinwiderstand

$\underline{Y}(f) := \dfrac{1}{\underline{Z}(f)}$ komplexer Gesamtscheinleitwert

$Z(f) := |\underline{Z}(f)|$ — Betrag des komplexen Scheinwiderstandes

$Y(f) := |\underline{Y}(f)|$ — Betrag des komplexen Scheinleitwertes

$\varphi_Z(f) := \arg(\underline{Z}(f))$ — Phasenwinkel

Die Resonanzfrequenz ist jene Frequenz, bei der Im($\underline{Z}$) = 0 ist.

$TOL := 10^{-12}$ — Toleranzgrenze für das numerische Verfahren

$f_1 := 300 \cdot kHz$ — Schätzwert

$f_{res} := wurzel(Im(\underline{Z}(f_1)), f_1)$ $\quad f_{res} = 271.229 \cdot kHz$ — Resonanzfrequenz

$Z_{res} := \underline{Z}(f_{res})$ $\quad Z_{res} = 209.816\,\Omega$ — Scheinwiderstand bei Resonanz

$Y_{res} := \frac{1}{Z_{res}}$ $\quad Y_{res} = 0.005\,\frac{1}{\Omega}$ — Scheinleitwert bei Resonanz

Das Maximum von Z(f) und das Minimum von Y(f):

$f2 := 300 \cdot kHz$ — Schätzwert

$f_{max} := Maximieren(Z, f2)$ $\quad f_{max} = 301.667 \cdot kHz$ — maximale Frequenz

$\underline{\mathbf{Z_{max}}} := \underline{Z}(f_{max})$ $\quad \underline{\mathbf{Z_{max}}} = (221.322 - 122.828j)\,\Omega$ — maximaler komplexer Scheinwiderstand

$Z_{max} := |\underline{Z}(f_{max})|$ $\quad Z_{max} = 253.121\,\Omega$ — maximaler Scheinwiderstand

$\underline{\mathbf{Y_{min}}} := \frac{1}{\underline{Z}(f_{max})}$ $\quad \underline{\mathbf{Y_{min}}} = (0.003 + 0.002i)\,\frac{1}{\Omega}$ — minimaler komplexer Scheinleitwert

$Y_{min} := |\underline{\mathbf{Y_{min}}}|$ $\quad Y_{min} = 0.004\,\frac{1}{\Omega}$ — minimaler Scheinleitwert

$\arg(\underline{Z}(f_{max})) = -29.029 \cdot Grad$ — Phasenverschiebung bei f_{max}

$f := 25 \cdot kHz, 25 \cdot kHz + 10 \cdot kHz .. 640 \cdot kHz$ — Bereichsvariable für die Frequenz

$ORIGIN := 1$ — ORIGIN festlegen

$k := 1 .. 2$ — Bereichsvariable

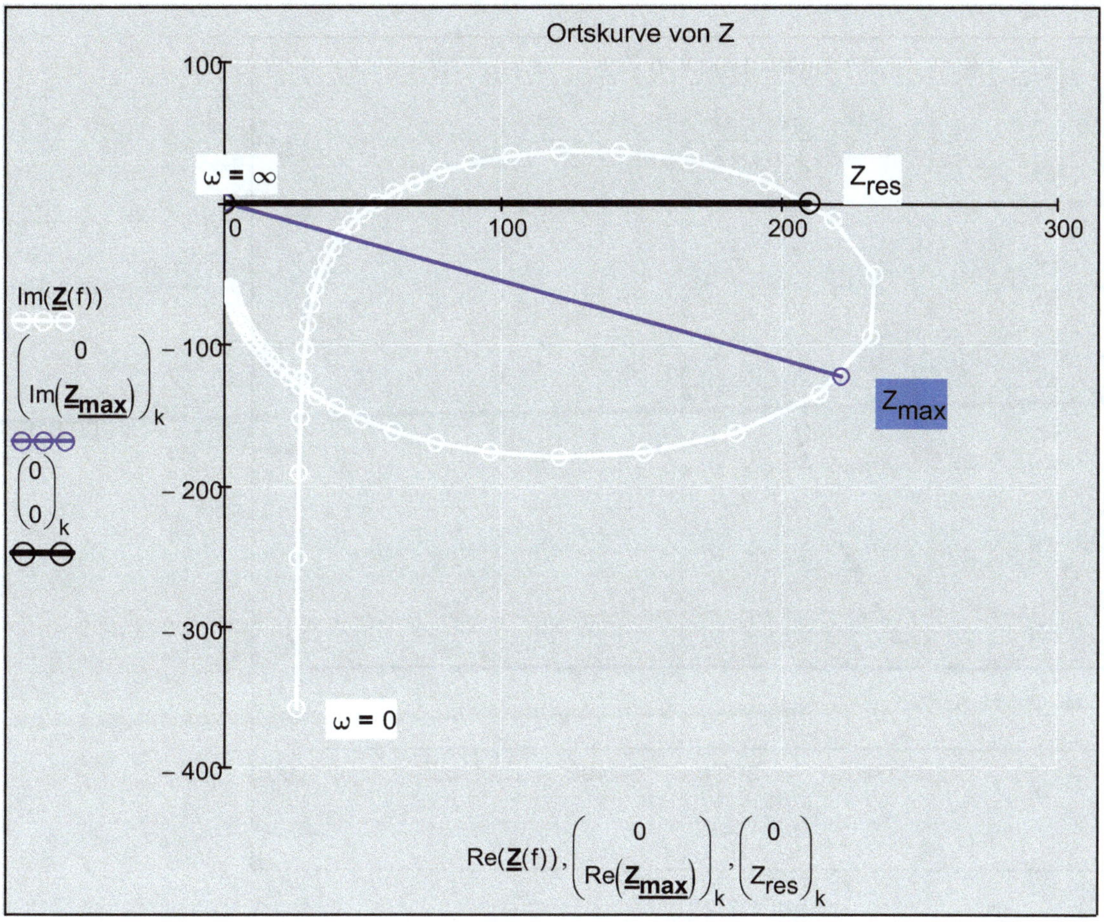

Abb. 1.7.24

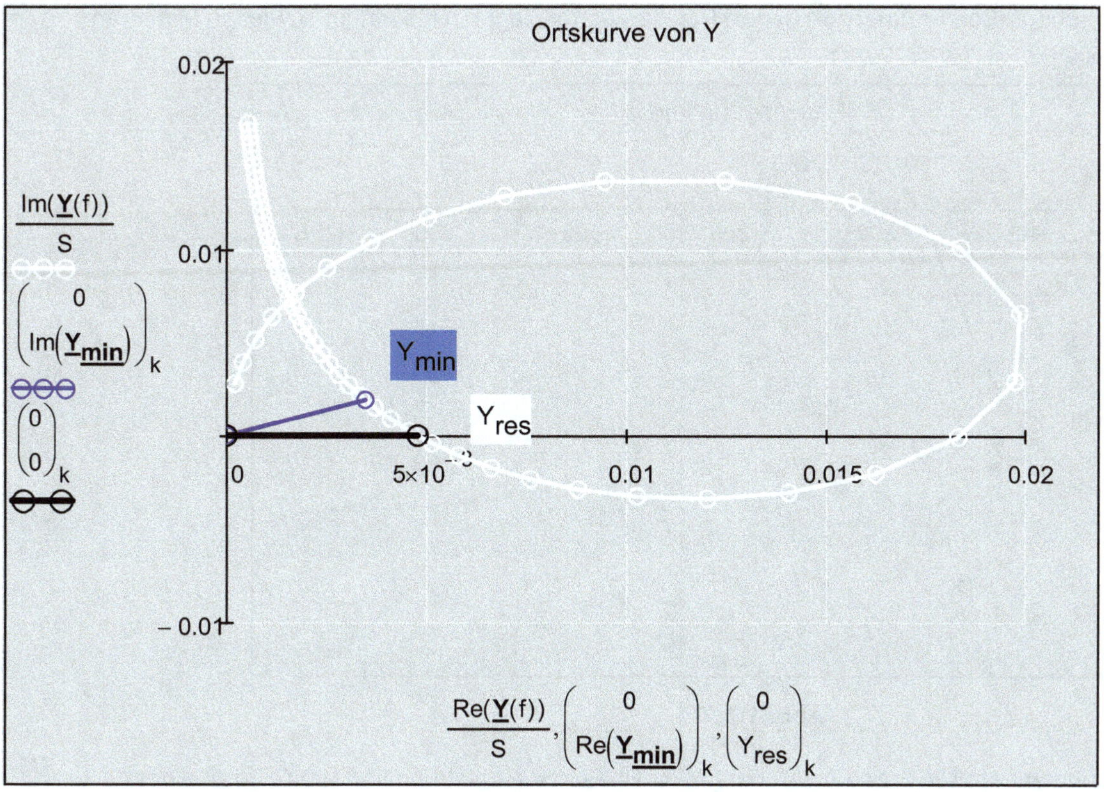

Abb. 1.7.25

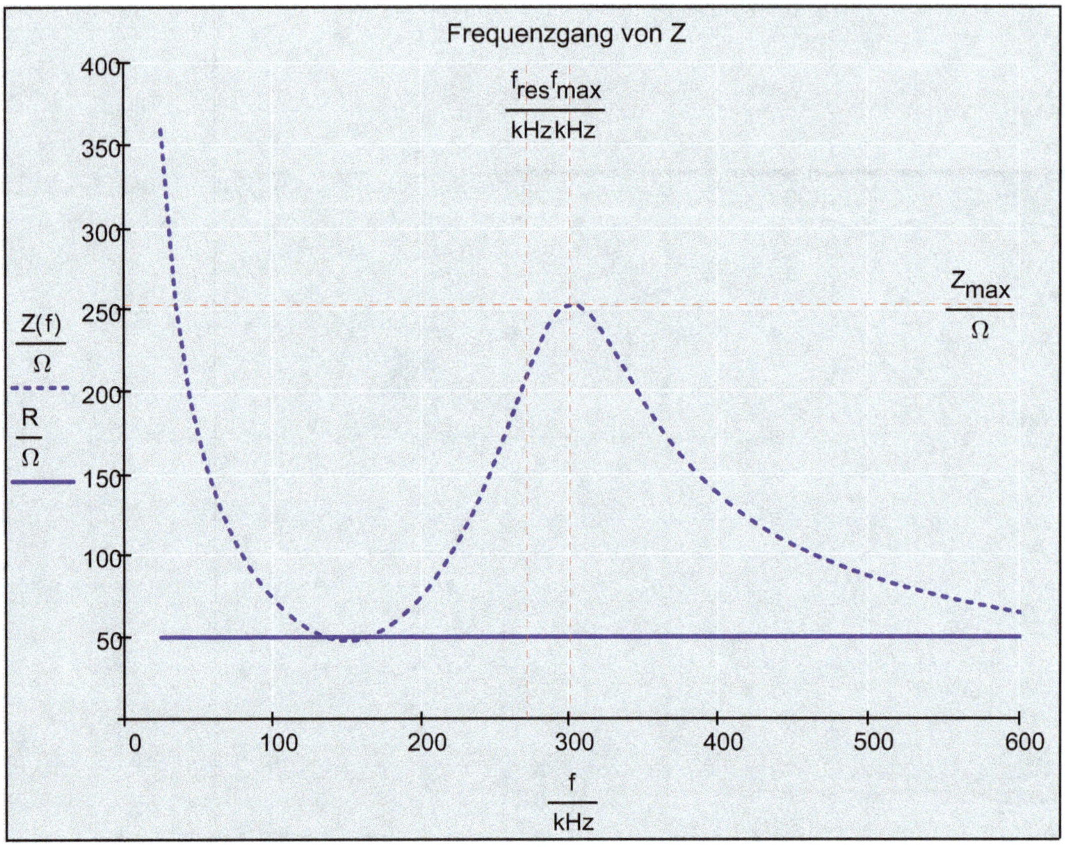

$$\frac{Z_{max}}{\Omega} = 253.121$$

$$\frac{Z_{res}}{\Omega} = 209.816$$

Abb. 1.7.26

Aufgrund des Parallelkondensators C_p geht bei sehr kleinen Frequenzen der komplexe Widerstand gegen unendlich und bei sehr großen Frequenzen gegen R. Dazwischen liegt ein Maximum sowie ein Minimum des Z-Frequenzganges.

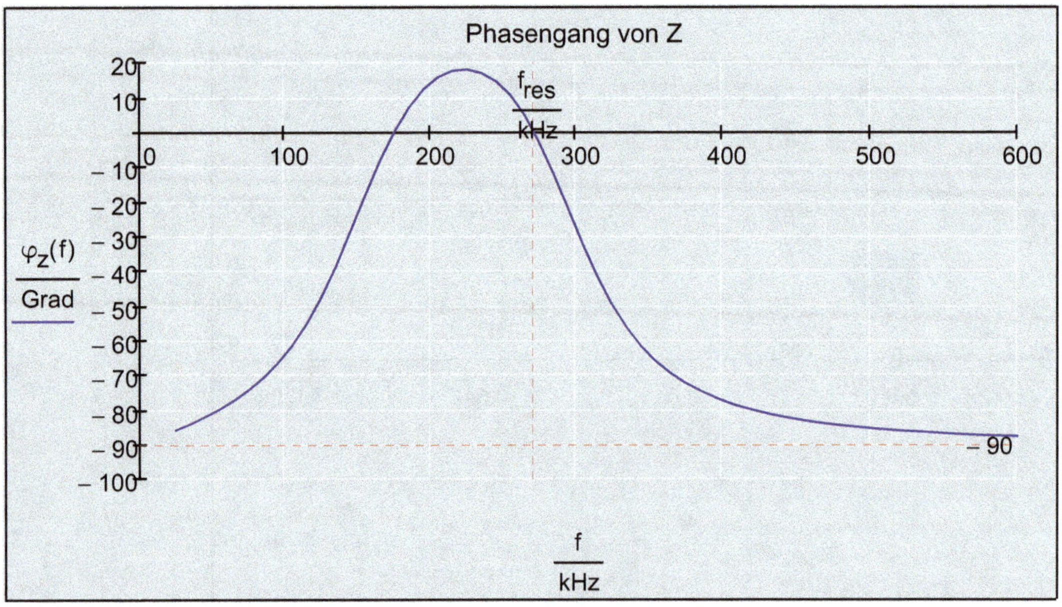

Abb. 1.7.27

Bei sehr kleinen und sehr großen Frequenzen hat Z eine Phasenverschiebung von -90 Grad. Bei der Resonanzfrequenz tritt keine Phasenverschiebung auf.

1.7.4 Amplitudengang und Phasengang bei Vierpolen

Bei der Signalübertragung und Signalverarbeitung stellt sich häufig die Aufgabe, bestimmte Frequenzkomponenten oder Frequenzbereiche des Signals zu dämpfen oder bevorzugt zu übertragen (z. B. Bandbegrenzung; Selektion; Kanaltrennung; Bandbereichsunterdrückung; Impulsformung; Entzerrung usw.). Dafür werden Filter eingesetzt. In der Regelungstechnik interessiert man sich sehr häufig für Regelkreisglieder (z. B. Operationsverstärker). Bei all diesen Aufgaben sind lineare Netzwerke in Form von Vierpolen zu untersuchen.

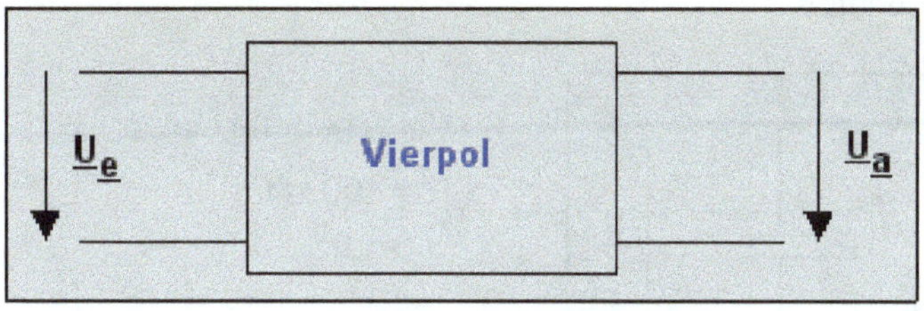

Abb. 1.7.28

Zur Beschreibung eines Vierpols wird der komplexe Frequenzgang der Übertragungsfunktion $\underline{G}(\omega)$ herangezogen:

$$\underline{\mathbf{G}}(\omega) = \frac{\underline{\mathbf{U_a}}(\omega)}{\underline{\mathbf{U_e}}(\omega)} = \left|\frac{\underline{\mathbf{U_a}}(\omega)}{\underline{\mathbf{U_e}}(\omega)}\right| \cdot e^{j \cdot \varphi(\omega)} = \left|\underline{\mathbf{G}}(\omega)\right| \cdot e^{j \cdot \varphi(\omega)} \qquad (2\text{-}80)$$

Die grafische Darstellung $\underline{G}(\omega)$ als Ortskurve wird Nyquist-Diagramm genannt.
Der Zähler und der Nenner von $\underline{G}(\omega)$ sind jeweils Polynome von $s = j\,\omega$ (und damit der Frequenz f bzw. $\omega = 2\,\pi\,f$). Der Grad des Zählerpolynoms ist immer kleiner oder gleich dem des Nennerpolynoms. Der Grad des Nennerpolynoms wird Ordnung des Vierpols genannt. Zum Beispiel die Ordnung eines Filters bestimmt die Steilheit des Übergangs von Durchlass- und Sperrbereich und die konstanten Koeffizienten der Polynome bestimmen Art und Charakteristik des Filters.
Mithilfe der Laplacetransformation (siehe dazu Band 4) lassen sich mit $\underline{G}(s)$ ($s = j\,\omega$) die Ausgangssignale für beliebige Zeitfunktionen der Eingangssignale bestimmen.

Die logarithmische Darstellung der Abszisse (ω-Achse) des Amplitudenganges

$$A(\omega) = \left|\underline{\mathbf{G}}(\omega)\right| \qquad (2\text{-}81)$$

und des Phasenganges

$$\varphi(\omega) = \arctan\left(\frac{\mathrm{Im}(\underline{\mathbf{G}}(\omega))}{\mathrm{Re}(\underline{\mathbf{G}}(\omega))}\right) = \arg(\underline{\mathbf{G}}(\omega)) \qquad (2\text{-}82)$$

in Abhängigkeit von der Frequenz wird Bodediagramm genannt.

Ein Vierpol kann sowohl eine Verstärkung als auch Dämpfung aufweisen. Allgemein wird daher immer von der Übertragungsgröße a gesprochen, die sowohl ein Verstärkungsfaktor als auch ein Dämpfungsfaktor sein kann. Üblicherweise wird die Übertragungsgröße a im log-Maß für die Spannungs-, Strom- und Leistungsberechnung wie folgt herangezogen:

$$a_{dB} = 20 \cdot \log\left(\frac{U_a}{U_e}\right) \;;\; a_{dB} = 20 \cdot \log\left(\frac{I_a}{I_e}\right) \;;\; a_{dB} = 10 \cdot \log\left(\frac{P_a}{P_e}\right) \qquad (2\text{-}83)$$

Die Einheit für die Dämpfung bzw. Verstärkung ist das Dezibel (dB).

Beispiel 1.7.10

Von einem Bandpass, bestehend aus R-C-Hochpass und R-C-Tiefpass, sollen Amplitudengang und Phasengang (Bodediagramm) dargestellt werden.
In der Messtechnik und in Schaltungen zur Schwingungserzeugung findet sich oft die angegebene RC-Kombination nach Wien (Wien-Glied). Mit dieser Schaltung lassen sich Phasenverschiebungen zwischen der Eingangs- und Ausgangsspannung herstellen.
Der Bandpass ist für einen ganz bestimmten Frequenzbereich durchlässig. Schwingungen mit Frequenzen in der Umgebung der Bandmittenfrequenz f_0 werden relativ gut übertragen, tiefere und höhere Frequenzen werden jedoch mehr und mehr gedämpft.

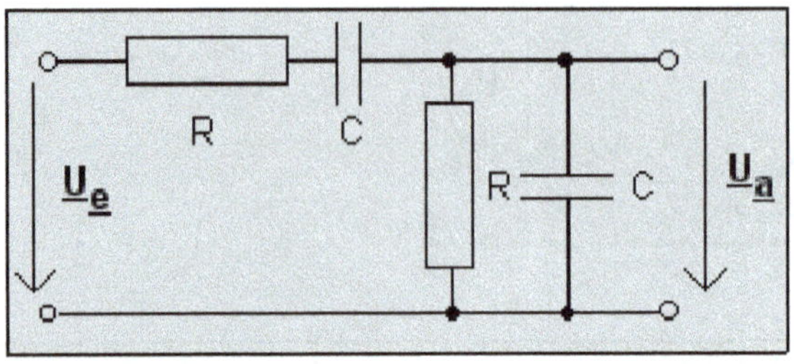

Vorgegebene Daten:

$R = 100\ k\Omega$
$C = 1\ \mu F$

Abb. 1.7.29

Stellen Sie Amplituden- und Phasengang der komplexen Übertragungsfunktion $\underline{G}(\omega)$ in einem Bodediagramm dar. Vergleichen Sie das Bodediagramm mit der Ortskurve der Übertragungsfunktion und interpretieren Sie das Ergebnis.
Bei welcher Kreisfrequenz ω_0 bzw. Frequenz f_0 wird das Spannungsverhältnis U_a/U_e reell, d. h. keine Phasenverschiebung zwischen U_a und U_e? Bei welcher Frequenz ist die Phasenverschiebung genau 45°? Zeigen Sie, dass ω_0 auch jene Kreisfrequenz ist, bei der der Amplitudengang maximal ist. Wie groß ist das Maximum?

Amplitudengang und Phasengang der komplexen Übertragungsfunktion $\underline{G}(\omega)$:

$R := R$ $\quad C := C$ $\quad$ Redefinitionen

Reihenschaltung von R und C:

$$\underline{Z_1} = R + \frac{1}{j \cdot \omega \cdot C}$$

vereinfacht auf

$$\underline{Z_1} = \frac{R \cdot \omega \cdot C - j}{\omega \cdot C}$$

Parallelschaltung von R und C:

$$\frac{1}{\underline{Z_2}} = \frac{1}{R} + \frac{1}{\frac{1}{j \cdot \omega \cdot C}}$$ hat als Lösung(en) $$\frac{1}{\frac{1}{R} + C \cdot \omega \cdot j}$$ nach $\underline{Z}_2$ Variable auflösen

hat als Lösung(en)

$$\underline{Z_2} = \frac{R}{1 + j \cdot \omega \cdot C \cdot R}$$

Die Wechselstromwiderstände $\underline{Z}_1$ und $\underline{Z}_2$ in komplexer Darstellung.

$$\underline{G}(\omega) = \frac{\underline{U_a}}{\underline{U_e}} = \frac{\underline{Z_2}}{\underline{Z_1} + \underline{Z_2}}$$

Spannungsübertragungsfunktion $\underline{G}(\omega)$ (komplexwertige Funktion)

$$\underline{G}(\omega, R, C) := \frac{\underline{Z_2}}{\underline{Z_1} + \underline{Z_2}} \left| \begin{array}{l} \text{ersetzen}, \underline{Z_1} = R + \frac{1}{j \cdot \omega \cdot C} \\ \text{ersetzen}, \underline{Z_2} = \frac{1}{\frac{1}{R} + C \cdot \omega \cdot j} \\ \text{vereinfachen} \end{array} \right. \rightarrow \frac{C \cdot R \cdot \omega}{3 \cdot C \cdot R \cdot \omega - j + C^2 \cdot R^2 \cdot \omega^2 \cdot j}$$

Amplitudengang A(ω):

$$A(\omega, R, C) := \left|\underline{\mathbf{G}}(\omega, R, C)\right| \text{ vereinfachen } \rightarrow \frac{|C \cdot R \cdot \omega|}{\left|3 \cdot C \cdot R \cdot \omega - j + C^2 \cdot R^2 \cdot \omega^2 \cdot j\right|}$$

Phasengang φ(ω):

$$\varphi(\omega, C, R) := \arg(\underline{\mathbf{G}}(\omega, R, C)) \rightarrow \arg\left(\frac{C \cdot R \cdot \omega}{3 \cdot C \cdot R \cdot \omega - j + C^2 \cdot R^2 \cdot \omega^2 \cdot j}\right)$$

$C_1 := 1 \cdot \mu F$ $R_1 := 100 \cdot k\Omega$ **vorgegebene Daten**

Das Spannungsverhältnis wird reell, wenn der Imaginärteil der Übertragungsfunktion G(ω) gleich 0 ist:

$$\operatorname{Im}(\underline{\mathbf{G}}(\omega, R, C)) \begin{vmatrix} \text{rechteckig} \\ \text{vereinfachen} \end{vmatrix} \rightarrow -\frac{C \cdot R \cdot \omega \cdot \left(C^2 \cdot R^2 \cdot \omega^2 - 1\right)}{C^4 \cdot R^4 \cdot \omega^4 + 7 \cdot C^2 \cdot R^2 \cdot \omega^2 + 1}$$

$$\operatorname{Im}(\underline{\mathbf{G}}(\omega)) = 0$$

$$-\frac{C \cdot R \cdot \omega \cdot \left(C^2 \cdot R^2 \cdot \omega^2 - 1\right)}{C^4 \cdot R^4 \cdot \omega^4 + 7 \cdot C^2 \cdot R^2 \cdot \omega^2 + 1} = 0 \begin{vmatrix} \text{annehmen}, R > 0, C > 0 \\ \text{auflösen}, \omega \end{vmatrix} \rightarrow \begin{pmatrix} 0 \\ \frac{1}{C \cdot R} \\ -\frac{1}{C \cdot R} \end{pmatrix}$$

0 ist keine brauchbare Lösung!

brauchbare Lösung

Eine negative Frequenz gibt es nicht!

$$\omega_0 := \frac{1}{R_1 \cdot C_1} \qquad \omega_0 = 10 \cdot s^{-1}$$ **Bandmittenkreisfrequenz**

$$f_0 := \frac{1}{2 \cdot \pi \cdot R_1 \cdot C_1} \qquad f_0 = 1.592 \frac{1}{s}$$ **Bandmittenfrequenz**

$$\operatorname{Im}\left(\underline{\mathbf{G}}\left(\omega_0, R_1, C_1\right)\right) = 0$$ Imaginärteil der Spannungsübertragungsfunktion G(ω)

$$\operatorname{Re}\left(\underline{\mathbf{G}}\left(\omega_0, R_1, C_1\right)\right) = 0.333$$ Realteil der Spannungsübertragungsfunktion G(ω)

Die Spannungsverschiebung wird 45°, wenn der Imaginärteil der Übertragungsfunktion G(ω) gleich dem Realteil ist:

$$\operatorname{Re}(\underline{\mathbf{G}}(\omega)) = \operatorname{Im}(\underline{\mathbf{G}}(\omega))$$

$$\operatorname{Re}(\underline{\mathbf{G}}(\omega, R, C)) \begin{vmatrix} \text{rechteckig} \\ \text{vereinfachen} \end{vmatrix} \rightarrow \frac{3 \cdot C^2 \cdot R^2 \cdot \omega^2}{C^4 \cdot R^4 \cdot \omega^4 + 7 \cdot C^2 \cdot R^2 \cdot \omega^2 + 1}$$

Realteil der Spannungsübertragungsfunktion G(ω)

$$\operatorname{Im}(\underline{\mathbf{G}}(\omega, R, C)) \begin{vmatrix} \text{rechteckig} \\ \text{vereinfachen} \end{vmatrix} \rightarrow -\frac{C \cdot R \cdot \omega \cdot \left(C^2 \cdot R^2 \cdot \omega^2 - 1\right)}{C^4 \cdot R^4 \cdot \omega^4 + 7 \cdot C^2 \cdot R^2 \cdot \omega^2 + 1}$$

Imaginärteil der Spannungsübertragungsfunktion G(ω)

$$\mathrm{Re}(\underline{\mathbf{G}}(\omega,R,C)) = \mathrm{Im}(\underline{\mathbf{G}}(\omega,R,C)) \left|\begin{array}{l}\text{annehmen}, R>0, C>0\\ \text{auflösen}, \omega\end{array}\right. \rightarrow \begin{pmatrix} 0 \\ \dfrac{\sqrt{13}-3}{2\cdot C\cdot R} \\ -\dfrac{\sqrt{13}+3}{2\cdot C\cdot R} \end{pmatrix}$$

0 ist keine brauchbare Lösung!

brauchbare Lösung

Eine negative Frequenz gibt es nicht!

$$\omega_{45} := \frac{\sqrt{13}-3}{2\cdot C_1\cdot R_1} \qquad \omega_{45} = 3.028\cdot s^{-1}$$ Kreisfrequenz bei 45°

$\mathrm{Im}\left(\underline{\mathbf{G}}\left(\omega_{45},R_1,C_1\right)\right) = 0.167$ Imaginärteil der Kreisfrequenz bei 45°

$\mathrm{Re}\left(\underline{\mathbf{G}}\left(\omega_{45},R_1,C_1\right)\right) = 0.167$ Realteil der Kreisfrequenz bei 45°

Die Bandmittenfrequenz f_0 ist auch jene Frequenz, bei der der Amplitudengang maximal ist:

$\omega_1 := 20\cdot s^{-1}$ Startwert (geschätzt)

$A_1(\omega) := A\left(\omega,R_1,C_1\right)$ Amplitudengang

$\omega_{max} := \left|\mathrm{Maximieren}\left(A_1,\omega_1\right)\right|$

$\omega_{max} = 10\cdot s^{-1}$ $\quad A_1\left(\omega_{max}\right) = 0.333$ **das Maximum liegt bei H(10 s^{-1} | 1/3)**

Weil der Amplituden- und der Phasengang logarithmisch bezüglich der Abszisse (ω-Achse) in Abhängigkeit der Variablen ω dargestellt wird, empfiehlt es sich, die Variable exponentiell laufen zu lassen, damit sie im Grafen äquidistante Werte annimmt:

$n := 3$ Anzahl der Dekaden

$\omega_{min} := 10^{-n}\cdot s^{-1} \quad \omega_{max} := 10^{n}\cdot s^{-1}$ minimale und maximale Kreisfrequenz

$N := 20\cdot n$ Anzahl der Schritte

$$\Delta\omega := \frac{\ln\left(\dfrac{\omega_{max}}{s^{-1}}\right) - \ln\left(\dfrac{\omega_{min}}{s^{-1}}\right)}{N}$$ Schrittweite

$ORIGIN := 0$ ORIGIN festlegen

$k := 0..N$ Bereichsvariable

$\boldsymbol{\omega}_k := \omega_{min}\cdot e^{k\cdot\Delta\omega}$ Vektor der Kreisfrequenzen.
Oder mit $\boldsymbol{\omega}$:=logspace(ω_{min}, ω_{max},N).

Nach logarithmierter ω-Achse gilt daher: $$\ln\left(\boldsymbol{\omega}_k\right) = \ln\left(\omega_{min}\right) + k\cdot\frac{\ln\left(\omega_{max}\right)-\ln\left(\omega_{min}\right)}{N}$$

Amplituden- und Phasengang (Bodediagramm):

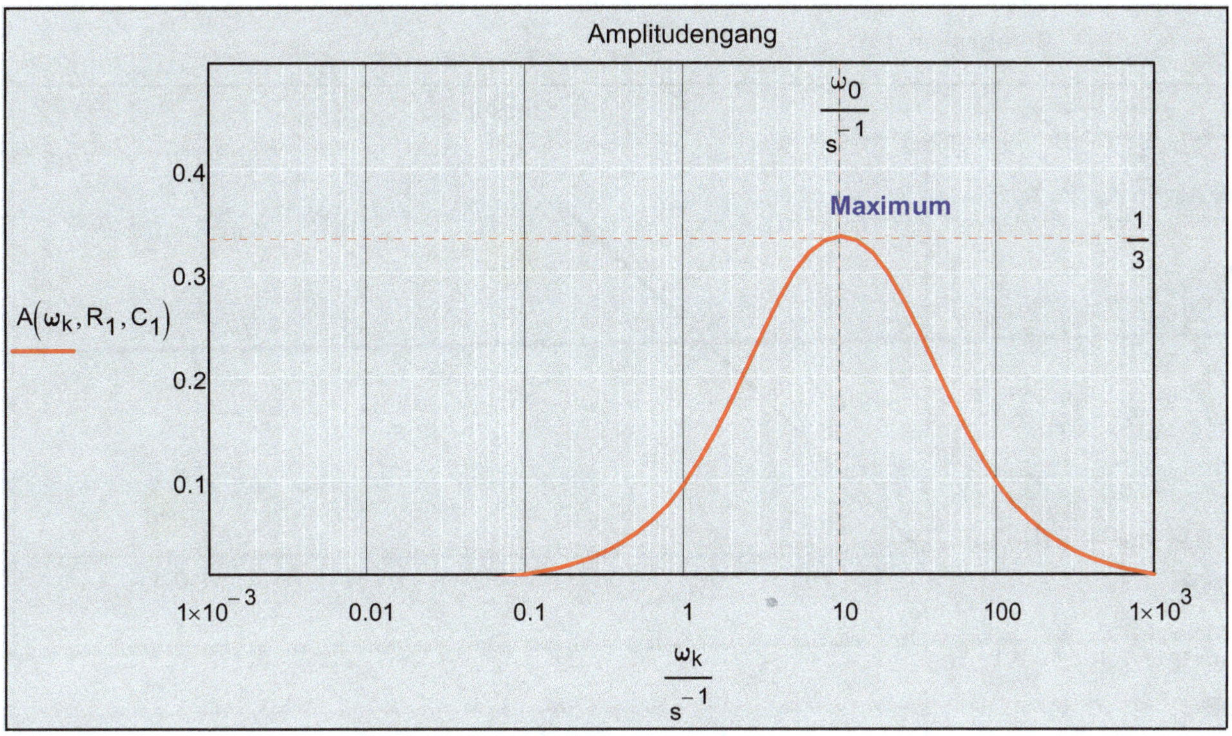

Abb. 1.7.30

Frequenzen nahe der Bandmittenfrequenz werden fast vollständig übertragen. Je weiter die Frequenzen von ω_0 entfernt sind, desto stärker werden sie gedämpft.

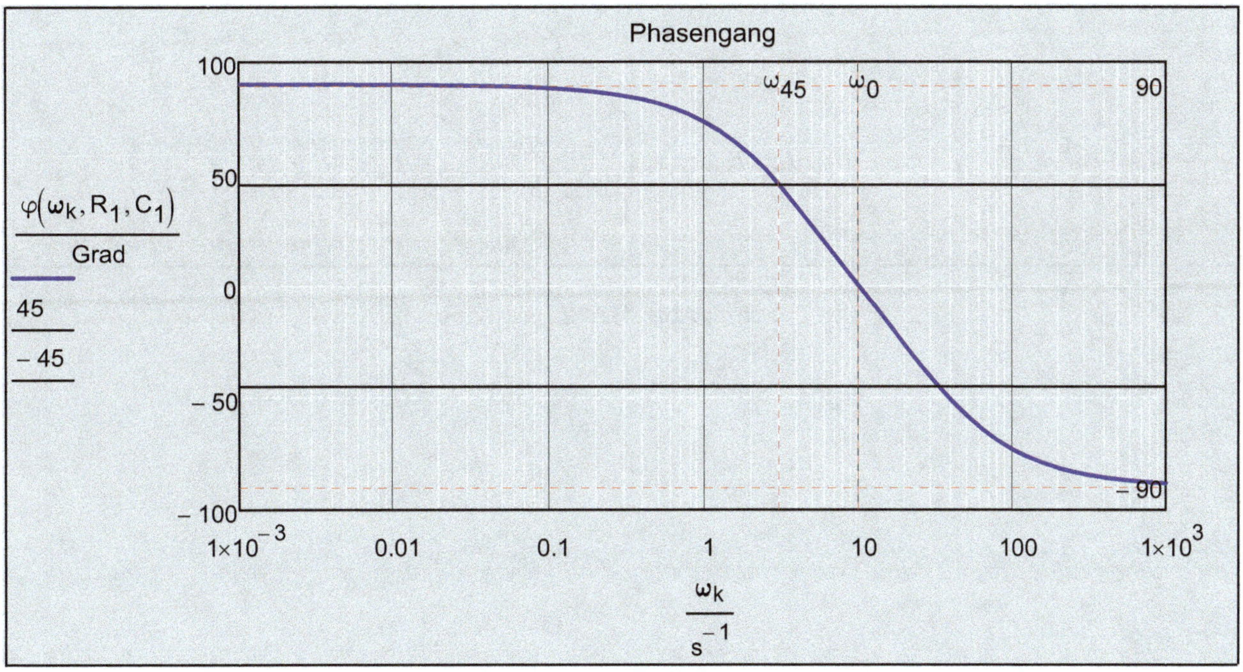

Abb. 1.7.31

Bei der Bandmittenfrequenz tritt keine Phasenverschiebung zwischen Ein- und Ausgang auf. Bei Frequenzen kleiner ω_0 geht der Phasenwinkel gegen + 90 Grad und bei größeren gegen -90 Grad (**Asymptoten bei + 90° und -90°**).

Nyquist-Ortskurve (kartesische Darstellung):

$i := 0..1$ Bereichsvariable

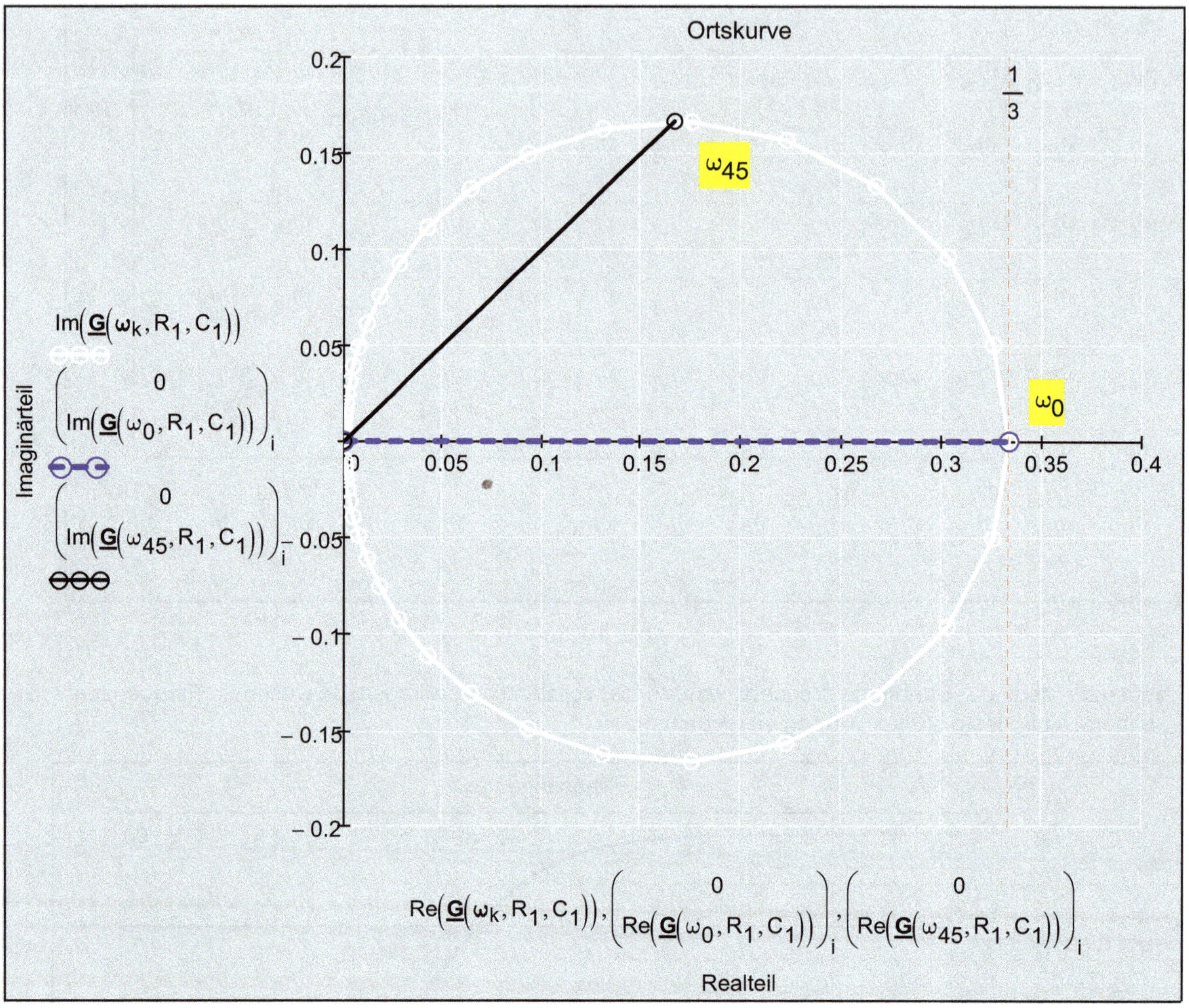

Abb. 1.7.32

Polarkoordinatendarstellung der Ortskurve:

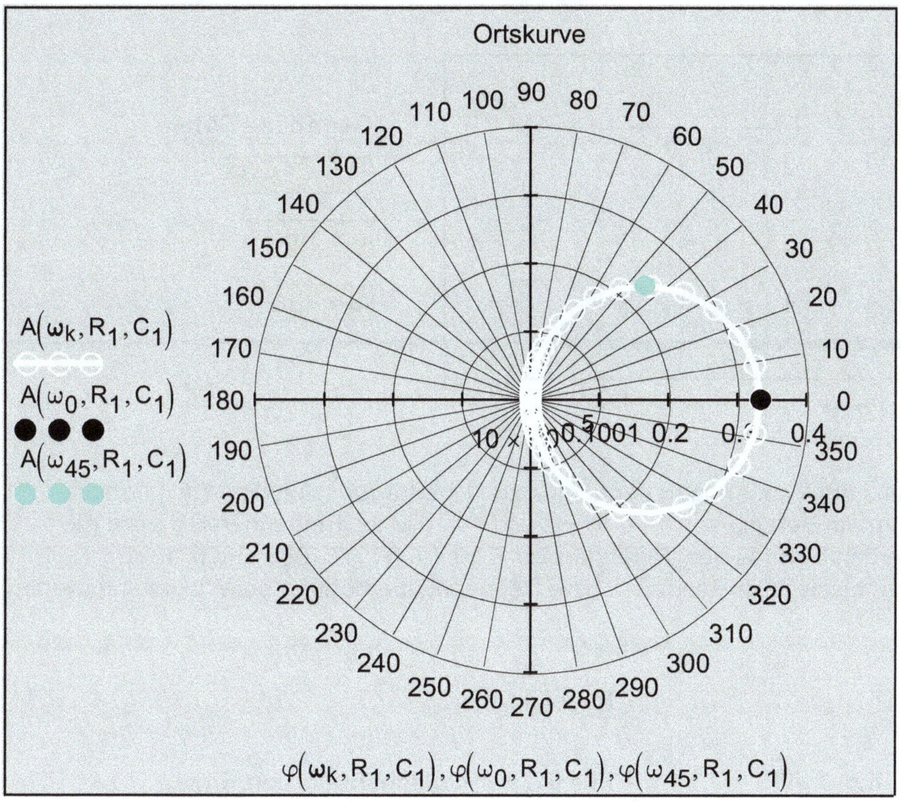

Abb. 1.7.33

Um die Verstärkung in Dezibel auf der y-Achse auszugeben, definieren wir eine neue Funktion:

$A_{dB}(\omega) := 20 \cdot \log(A(\omega, R_1, C_1))$

Durch die logarithmische Frequenzachse bedingt, liegen die Messpunkte bei hohen Frequenzen viel enger zusammen als bei tiefen. Um dies zu vermeiden, müssen wir eine äquidistante Teilung für eine logarithmische Frequenzachse durchführen:

$N := 20 \qquad \omega_{min} := 10^{-1} \cdot \frac{1}{s} \qquad \omega_{max} := 10^3 \cdot \frac{1}{s}$ 4 Frequenzdekaden

Äquidistante Teilung der logarithmischen Frequenzachse:

$k := 0..N \qquad \omega_k := \omega_{min} \cdot \left(\frac{\omega_{max}}{\omega_{min}}\right)^{\frac{k}{N}}$ Kreisfrequenzvektor

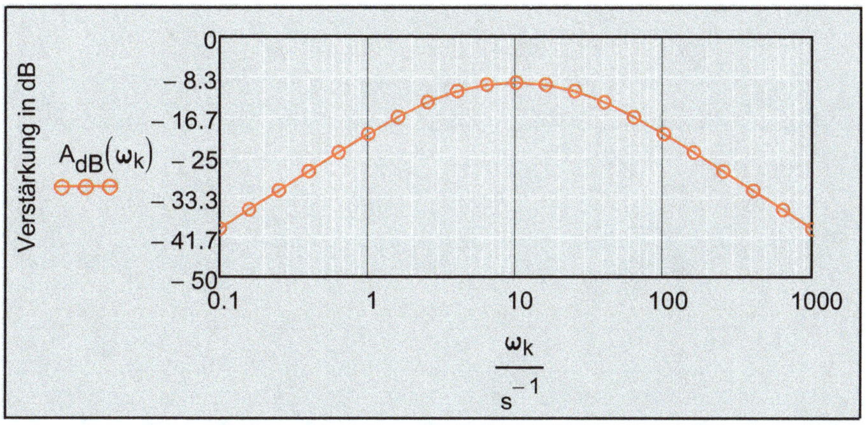

Abb. 1.7.34

Beispiel 1.7.11

Gegeben ist ein RLC-Tiefpassfilter.

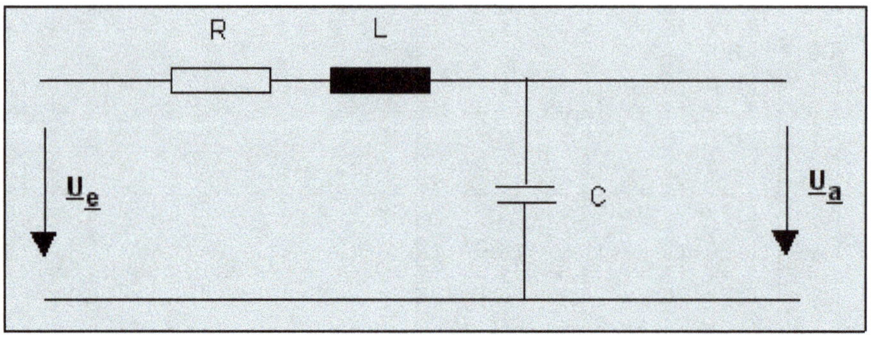

Abb. 1.7.35

Gegebene Daten:

$R = 4.7 \cdot k\Omega$

$L = 1mH$

$C = 1\mu F$

Gesucht sind der Amplitudengang und der Phasengang der komplexen Übertragungsfunktion $\underline{G}(\omega)$ und die grafische Darstellung (Bodediagramm) im Bereich von f = 0.01 Hz und f = 10 MHz. Berechnen Sie auch die Grenzfrequenz und untersuchen Sie den Einfluss des Widerstandes R für 100*R , R/1000 und R/10. Interpretieren Sie das Bodediagramm hinsichtlich Resonanz bzw. Resonanzüberhöhung bei Widerstandswerten zwischen 0 Ω und 50 Ω.

$f := f \quad R := R \quad L := L \quad C := C$ Redefinitionen

Für die Serienschaltung von R, L und C gilt:

$$\underline{Z_1} = R + j \cdot \omega \cdot L + \frac{1}{j \cdot \omega \cdot C}$$

Für die Parallelschaltung von C gilt:

$$\frac{1}{\underline{Z_2}} = \frac{1}{\frac{1}{j \cdot \omega \cdot C}} \qquad \underline{Z_2} = \frac{1}{j \cdot \omega \cdot C}$$

Komplexe Übertragungsfunktion $\underline{G}(\omega)$:

$$\underline{G}(\omega) = \frac{\underline{U_a}}{\underline{U_e}} = \frac{\underline{Z_2}}{\underline{Z_1}} = \frac{\frac{1}{j \cdot \omega \cdot C}}{R + j \cdot \omega \cdot L + \frac{1}{j \cdot \omega \cdot C}}$$

vereinfacht auf

$$\underline{G}(\omega) = \frac{\underline{U_a}}{\underline{U_e}} = \frac{\underline{Z_2}}{\underline{Z_1}} = -\frac{j}{C \cdot L \cdot j \cdot \omega^2 + C \cdot R \cdot \omega - j}$$

$$\underline{G}(f, R, L, C) := \frac{j}{C \cdot L \cdot j \cdot (2 \cdot \pi \cdot f)^2 + C \cdot R \cdot 2 \cdot \pi \cdot f - j}$$

Amplitudengang:

$$A(f, R, L, C) := \left|\underline{G}(f, R, L, C)\right|$$

Phasengang:

$$\varphi(f, R, L, C) := \arg(\underline{G}(f, R, L, C))$$

$R_1 := 4.7 \cdot k\Omega$ $L_1 := 1mH$ $C_1 := 1\mu F$ **Gegebene Daten**

Polstellenberechnung vom Amplitudengang. Die Knickfrequenzen sind die positiven Imaginärteile der Polstellen.

$$\left[4 \cdot R^2 \cdot \pi^2 \cdot f^2 \cdot C^2 + \left(4 \cdot \pi^2 \cdot f^2 \cdot L \cdot C - 1\right)^2\right]^{\frac{1}{2}}$$

hat als Lösung(en)

$$\begin{bmatrix} -\sqrt{-\dfrac{\dfrac{\frac{1}{8}}{\pi^2}}{\dfrac{C^2}{L^2}} \cdot \left(C^2 \cdot R^2 - 2 \cdot C \cdot L + R \cdot \sqrt{C^4 \cdot R^2 - 4 \cdot C^3 \cdot L}\right)} \\ \sqrt{-\dfrac{C^2 \cdot R^2 - 2 \cdot C \cdot L + R \cdot \sqrt{C^4 \cdot R^2 - 4 \cdot C^3 \cdot L}}{8 \cdot \pi^2 \cdot C^2 \cdot L^2}} \\ -\sqrt{\dfrac{\dfrac{\frac{1}{8}}{\pi^2}}{\dfrac{C^2}{L^2}} \cdot \left(2 \cdot C \cdot L - C^2 \cdot R^2 + R \cdot \sqrt{C^4 \cdot R^2 - 4 \cdot C^3 \cdot L}\right)} \\ \sqrt{\dfrac{2 \cdot C \cdot L - C^2 \cdot R^2 + R \cdot \sqrt{C^4 \cdot R^2 - 4 \cdot C^3 \cdot L}}{8 \cdot \pi^2 \cdot C^2 \cdot L^2}} \end{bmatrix}$$

untere Grenzfrequenz:

$$f_{gr1} := \mathrm{Im}\left(\sqrt{\frac{2 \cdot C_1 \cdot L_1 - C_1^{\,2} \cdot R_1^{\,2} + R_1 \cdot \sqrt{C_1^{\,4} \cdot R_1^{\,2} - 4 \cdot C_1^{\,3} \cdot L_1}}{8 \cdot \pi^2 \cdot C_1^{\,2} \cdot L_1^{\,2}}}\right) \qquad f_{gr1} = 33.864 \frac{1}{s}$$

obere Grenzfrequenz:

$$f_{gr2} := \mathrm{Im}\left(\sqrt{-\frac{C_1^{\,2} \cdot R_1^{\,2} - 2 \cdot C_1 \cdot L_1 + R_1 \cdot \sqrt{C_1^{\,4} \cdot R_1^{\,2} - 4 \cdot C_1^{\,3} \cdot L_1}}{8 \cdot \pi^2 \cdot C_1^{\,2} \cdot L_1^{\,2}}}\right) \qquad f_{gr2} = 7.48 \times 10^5 \frac{1}{s}$$

Berechnung der Resonanzfrequenz:

Es gibt ein Maximum, wenn die 1. Ableitung des Betrages der Übertragungsfunktion null wird (siehe dazu Band 3):

$$\frac{d}{df}\frac{1}{\left[4\cdot R^2\cdot\pi^2\cdot f^2\cdot C^2+\left(4\cdot\pi^2\cdot f^2\cdot L\cdot C-1\right)^2\right]^{\frac{1}{2}}} = 0 \text{ auflösen}, f \rightarrow \begin{pmatrix} 0 \\ \frac{\sqrt{2}\cdot\sqrt{2\cdot C\cdot L-C^2\cdot R^2}}{4\cdot\pi\cdot C\cdot L} \\ -\frac{\sqrt{2}\cdot\sqrt{2\cdot C\cdot L-C^2\cdot R^2}}{4\cdot\pi\cdot C\cdot L} \end{pmatrix}$$

Nur die positive Lösung ist von Interesse:

$$f_{res}(R,L,C) := \frac{\sqrt{2}\cdot\sqrt{2\cdot C\cdot L-C^2\cdot R^2}}{4\cdot\pi\cdot C\cdot L}$$

$$f_{res}\left(0\cdot\Omega,L_1,C_1\right) = 5032.921\cdot Hz$$

$$A\left(f_{res}\left(0\cdot\Omega,L_1,C_1\right),0\cdot\Omega,L_1,C_1\right) = 4.504\times10^{15}$$

Bei diesem Spezialfall gibt es keine Dämpfung (R = 0!). Deshalb tritt eine Singularität auf! Mathcad zeigt hier nur einen hohen Wert an!

Wenn der Ausdruck unter der Wurzel gleich null ist, lässt sich errechnen, ab welchem Widerstand eine Resonanzerhöhung auftritt:

$$2\cdot C\cdot L-C^2\cdot R^2 \text{ auflösen}, R \rightarrow \begin{pmatrix} \frac{\sqrt{2}\cdot\sqrt{L}}{\sqrt{C}} \\ -\frac{\sqrt{2}\cdot\sqrt{L}}{\sqrt{C}} \end{pmatrix}$$

Nur der positive Wert ist von Interesse!

$$R_{resGr} := \frac{\sqrt{2}\cdot\sqrt{L}}{\sqrt{C}}$$

$$R_{resGr} = 113.137\,\Omega$$

Der Widerstand beim Grenzfall wird unten im Bodediagramm eingetragen.

$A_{dB}(x) := 20 \cdot \log(x)$ — **Definition einer Dämpfungsfunktion in dB**

$f_{min} := 0.01 \cdot Hz$ — kleinste Frequenz

$f_{max} := 10 \cdot MHz$ — größte Frequenz

$N := 500$ — Anzahl der Schritte

$$\Delta f := \frac{\log\left(\frac{f_{max}}{f_{min}}\right)}{N}$$ Schrittweite

$k := 0 .. N$ — Bereichsvariable

$\mathbf{f}_k := f_{min} \cdot 10^{k \cdot \Delta f}$ — Vektor der Frequenzwerte. Oder mit $\mathbf{f}$:=logspace(f_{min},f_{max},N).

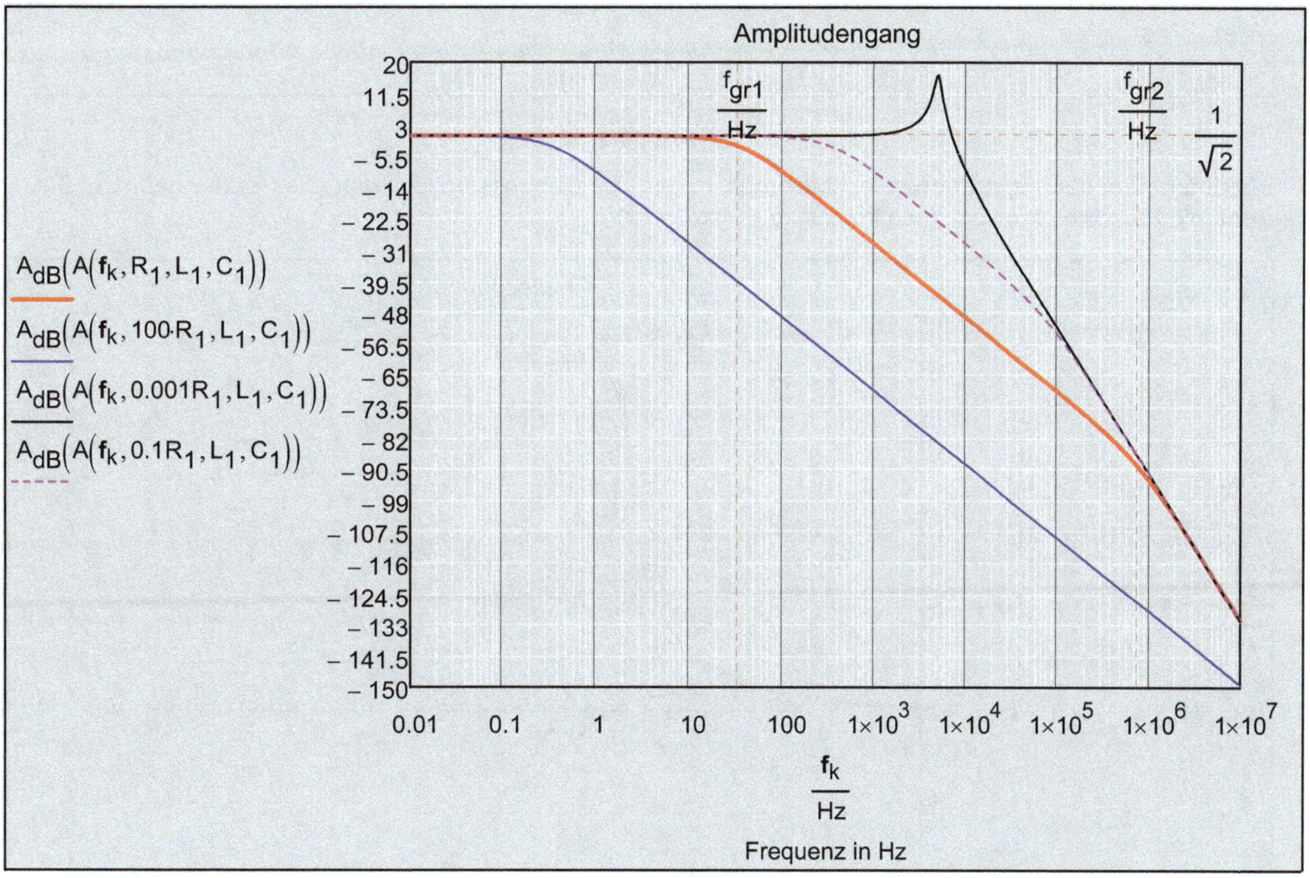

Abb. 1.7.36

Laut Definition wird die Grenzfrequenz dann erreicht, wenn die Amplitude auf (-3 dB) abgesunken ist.
Der vorliegende Tiefpass ist ein Tiefpass 2. Ordnung, daher gibt es zwei Knickfrequenzen. Dadurch gibt es einen Bereich nach der 1. Knickfrequenz, in den der Amplitudengang mit 20 dB pro Dekade fällt, und einen Bereich nach der 2. Knickfrequenz, in den der Amplitudengang mit 40 dB pro Dekade fällt.
Mit einer Variation von R lässt sich die Dämpfung und damit auch die Position der beiden Knickfrequenzen bestimmen.

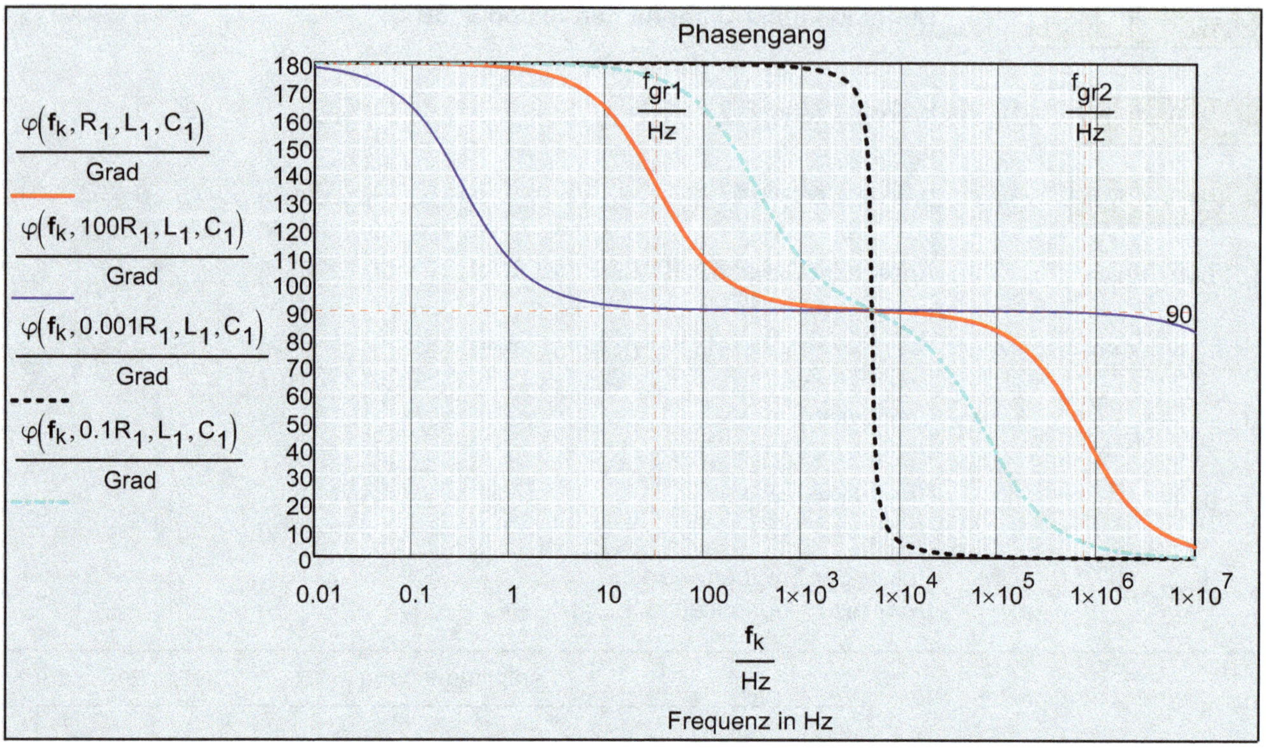

Abb. 1.7.37

Resonanz liegt dann vor, wenn es ein Maximum in der Übertragungsfunktion gibt (dies ist nur dann der Fall, wenn die Polstelle eine konjugiert komplexe Polstelle ist).

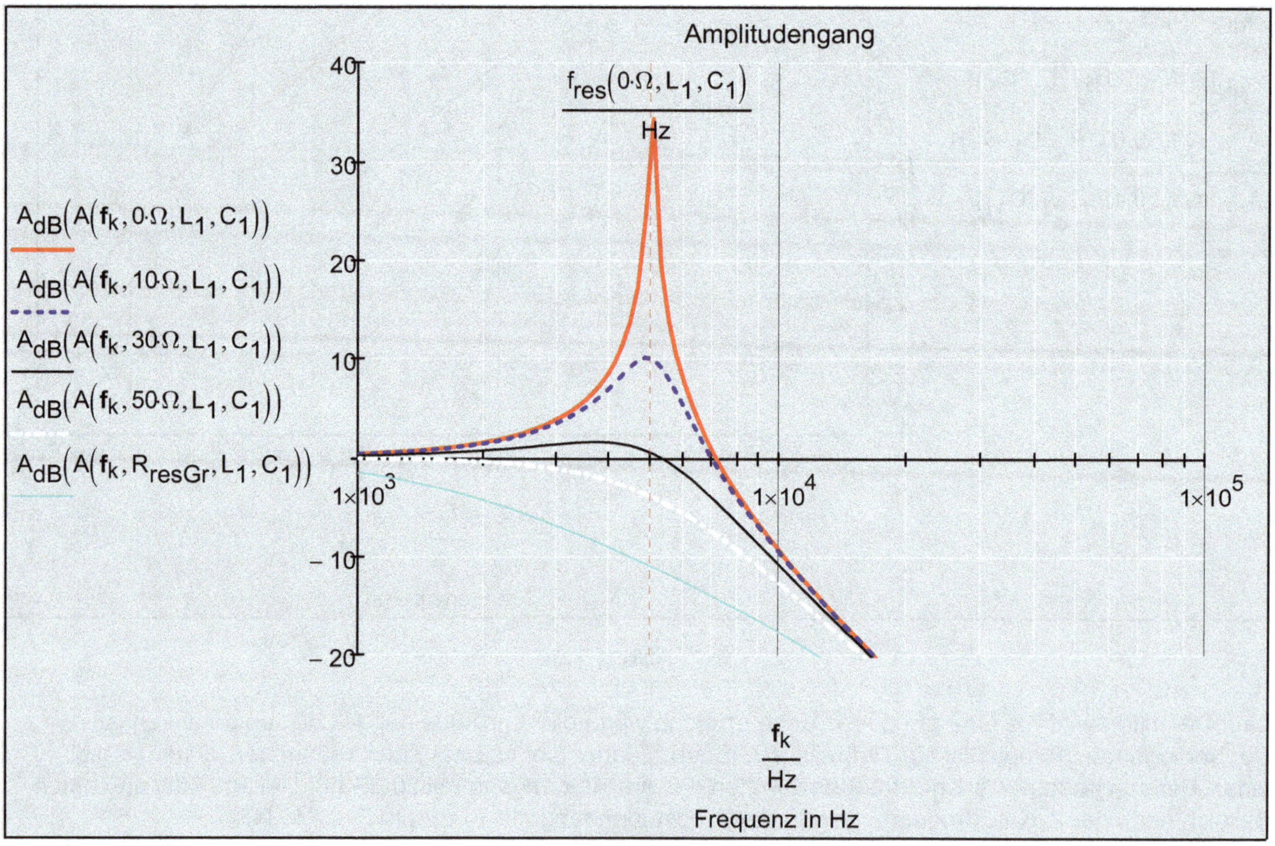

Abb. 1.7.38

Beispiel 1.7.12

Gegeben ist die Übertragungsfunktion eines Vierpols. Gesucht ist das zugehörige Bodediagramm im Frequenzbereich von 0.01 Hz und 10000 Hz.

$$\underline{\mathbf{G1}}(s) := \frac{(s+.01)\cdot(s+100)}{s^2+5.5\cdot s+15}$$ Übertragungsfunktion

Zur Darstellung verwenden wir hier das nachfolgende Unterprogramm.

$\text{bodediagramm}(G1, f_{min}, f_{max}, \text{Schritte}) :=$

```
ORIGIN ← 0
"Frequenzvektor"
for N ∈ 0.. Schritte
    f_N ← 1/(2·π) · 10^(log(f_min) + (log(f_max) − log(f_min))/Schritte · N)
"Amplitudengang"
A ← 20 · log(|G1(2·π·f·j)|)   (vektorisiert)
"Phasengang"
φ ← arg(G1(2·π·f·j)) · 180/π   (vektorisiert)
k ← 0
for n ∈ 0.. Schritte − 1
    Δφ ← φ_(n+1) − φ_n
    if (Δφ > 180) + (Δφ < −180)
        pos_k ← n + 1
        h_k ← −Δφ
        k ← k + 1
for m ∈ 0.. k − 1     if k ≠ 0
    for r ∈ pos_m .. Schritte
        φ_r ← φ_r + h_m
(f A φ)
```

$$\begin{pmatrix} \mathbf{f} \\ \mathbf{A} \\ \varphi \end{pmatrix} := \text{bodediagramm}(\underline{\mathbf{G1}}, .01, 10000, 400)$$

Das Unterprogramm liefert den Frequenzvektor, die Werte des Amplitudenganges und die Werte für den Phasengang (in Grad) als Vektor zurück. Einheiten dürfen hier nicht eingesetzt werden. Gegebenenfalls herauskürzen!

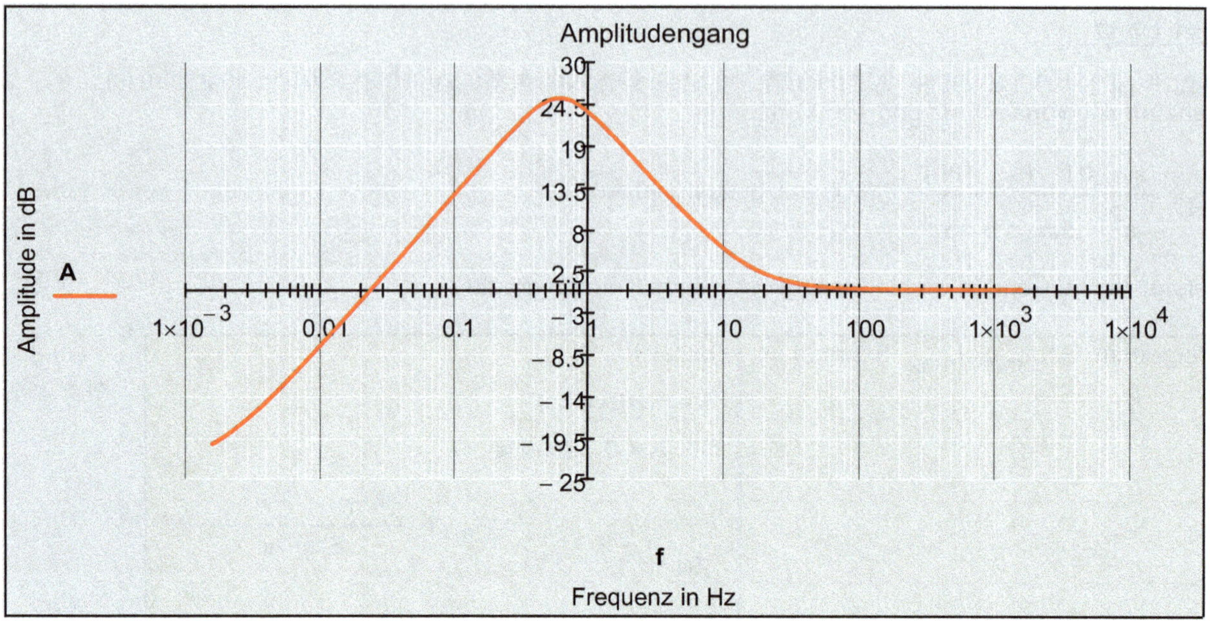

Abb. 1.7.39

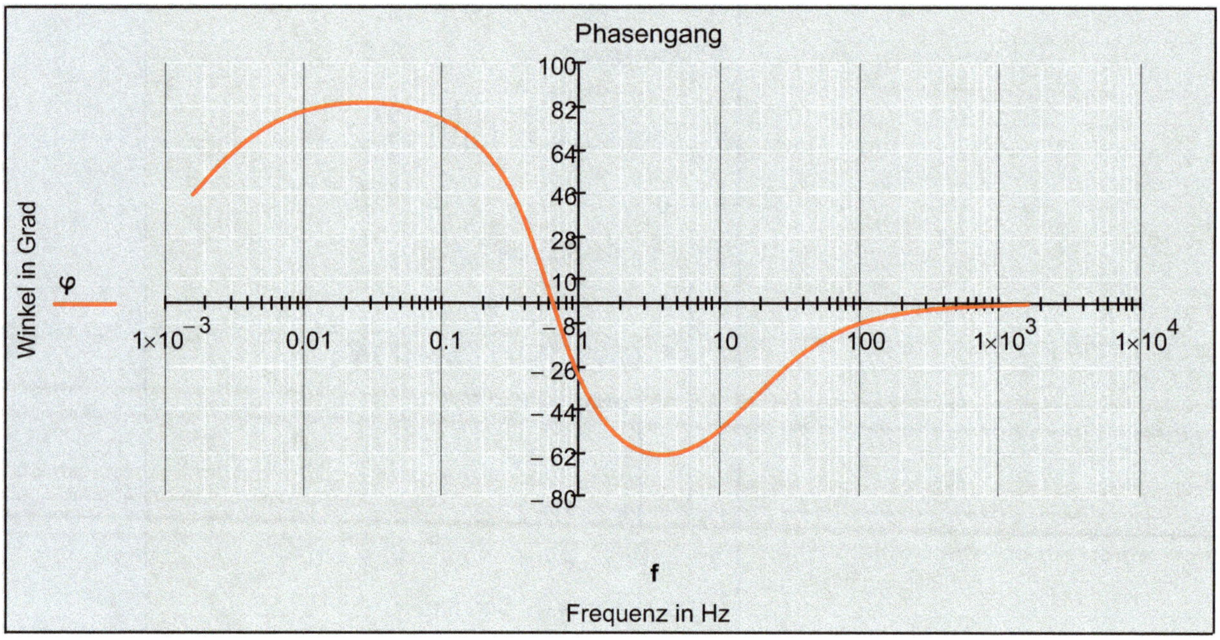

Abb. 1.7.40

2. Vektoralgebra und analytische Geometrie

Die Vektorrechnung dient nicht nur zur Beschreibung von geometrischen Sachverhalten, wie z. B. in der analytischen Geometrie, sie ist außerdem ein sehr wertvolles Hilfsmittel zur Beschreibung naturwissenschaftlicher und technischer Probleme.
Während in der Mathematik ein Vektor das Element eines Vektorraumes ist, also z. B. eine Abbildung sein kann, verstehen wir in der Physik unter einem Vektor eine physikalische Größe (z. B. Geschwindigkeit, Beschleunigung, Kraft), die eine Richtung und einen Betrag, bestehend aus einem Zahlenwert und einer Einheit, besitzt. Dazu unterscheiden wir noch die skalare Größe, die sich eindeutig durch Angabe einer Maßzahl (in physikalisch-technischen Anwendungen außerdem einer Maßeinheit) beschreiben lässt (z. B. Masse, Temperatur, Arbeit, Ladung).
Der Begriff "physikalische Größe“ hat in der Mathematik keine Bedeutung. Ein Physiker oder Techniker wird aber natürlich einen in mathematischer Sprache formulierten Vektor als physikalische Größe interpretieren. Die "Richtung“ wird geometrisch aufgefasst, so dass wir z. B. Verschiebungsvektoren zur Darstellung verwenden. Im Folgenden wird daher der Vektorbegriff zuerst anhand geometrischer Überlegungen entwickelt.

2.1 Vektoren

Im zwei- oder dreidimensionalen Raum betrachten wir Pfeile. Ein Pfeil (siehe Abbildung 2.1.1) besteht aus einem Angriffspunkt P_0 und einem Zielpunkt P_1.

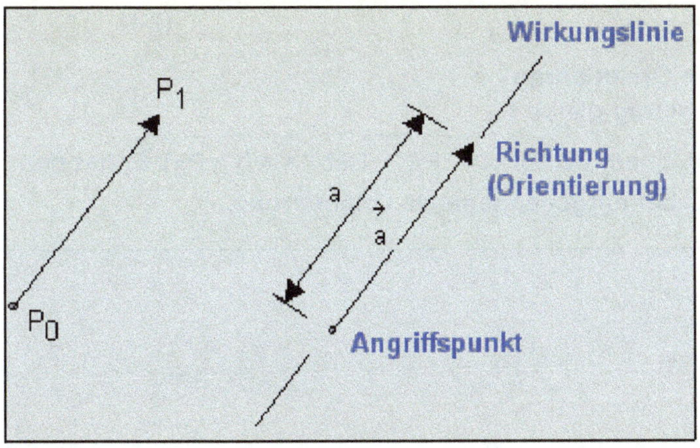

Abb. 2.1.1

Ein solcher Pfeil kann angesehen werden als die Verschiebung des Punktes P_0 in den Punkt P_1 oder z. B. in physikalischer Interpretation als eine im Punkt P_0 angreifende Kraft.
Eine Klasse gleich langer, paralleler und gleich orientierter Pfeile der Ebene oder des Raumes (siehe Abbildung 2.1.2) heißt ein Vektor.

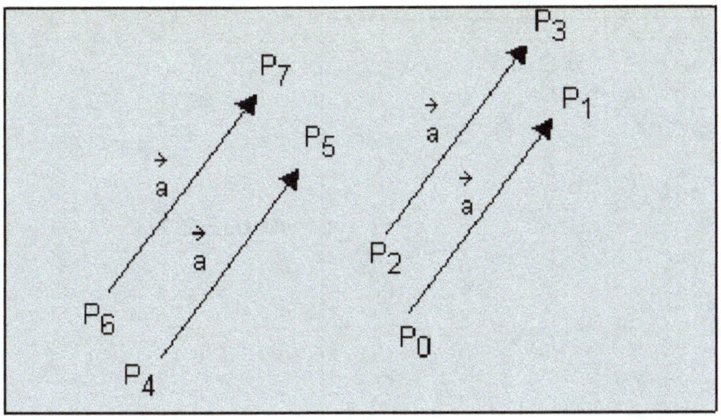

Abb. 2.1.2

Gebräuchliche Bezeichnungen und Festlegungen:

a) Der Pfeil von P_0 nach P_1 legt dieselbe Verschiebung fest wie alle zu ihm verschiebungsgleichen Pfeile.

Demnach kann jeder dieser verschiedenen Pfeile mit $\vec{a}$ gekennzeichnet werden, denn jeder stellt denselben Verschiebungsvektor dar oder repräsentiert ihn.
Unter dem Vektor von P_0 nach P_1 verstehen wir die Zusammenfassung aller Pfeile im Raum, die gleich lang und gleich gerichtet sind wie der Pfeil von P_0 nach P_1. Alle Vektoren zusammen bilden einen Vektorraum.

b) Allgemein schreiben wir für diese Vektoren oft

$\vec{a}, \vec{b}, \vec{c}, ..., \vec{s}, ..., \vec{v}, ...$

$\overrightarrow{(P_0 P_1)}, \overrightarrow{(P_2 P_3)}, ..., \overrightarrow{AB}, ...$

$\vec{A}, \vec{B}, ..., \vec{F}, \vec{G}, ..., \overrightarrow{F_1}, \overrightarrow{F_2}, ...$

Für Berechnungen mit Mathcad schreiben wir nachfolgend generell die Vektoren in Fettschreibweise, aber ohne Vektorpfeile!

c) Der Betrag eines Vektors (siehe Abschnitt 2.5) ist die Maßzahl der Länge der Pfeile (Abb. 2.1.1)

$$\left|\vec{a}\right| = a \tag{2-1}$$

d) Der Nullvektor $\vec{0}$ hat den Betrag 0 und jede Orientierung.
e) Der Einheitsvektor ist ein Vektor mit dem Betrag gleich 1.
f) Der Gegenvektor (oder inverse Vektor) von einem Vektor $\vec{a} = \overrightarrow{(P_0 P_1)}$ ist $-\vec{a} = \overrightarrow{(P_1 P_0)}$. Er hat den gleichen Betrag und die gleiche Richtung, aber entgegengesetzte Orientierung.

2.2 Grundrechenoperationen für Vektoren

2.2.1 Addition von Vektoren

Als Addition von zwei Verschiebungsvektoren (Translation) $\vec{a}$ und $\vec{b}$ definieren wir das Hintereinanderausführen der beiden Verschiebungen. Zwei Vektoren werden also grafisch addiert, indem wir den Anfangspunkt eines Pfeils an den Endpunkt des anderen ansetzen (Abb. 2.2.1).

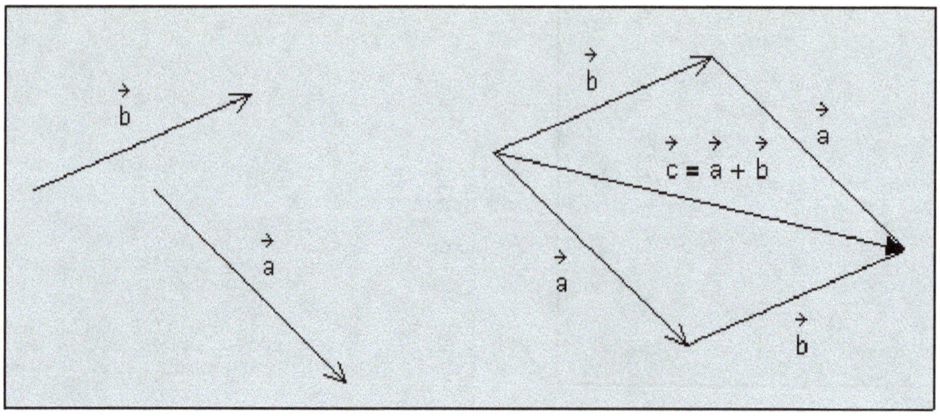

Abb. 2.2.1

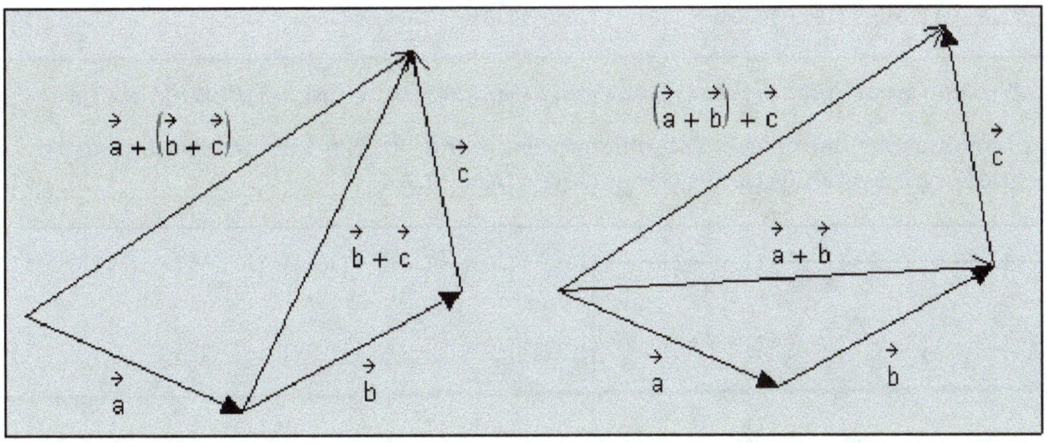

Abb. 2.2.2

Bezüglich der Addition gelten folgende Gesetze:

a) $\vec{a} + \vec{b} = \vec{b} + \vec{a}$ **Kommutativgesetz (Abb. 2.2.1)** (2-2)

b) $\vec{a} + \left(\vec{b} + \vec{c}\right) = \left(\vec{a} + \vec{b}\right) + \vec{c} = \vec{a} + \vec{b} + \vec{c}$ **Assoziativgesetz (Abb. 2.2.2)** (2-3)

c) $\vec{a} + \vec{0} = \vec{0} + \vec{a} = \vec{a}$ **neutrales Element** (2-4)

d) $\vec{a} + \left(-\vec{a}\right) = \left(-\vec{a}\right) + \vec{a} = \vec{0}$ **inverses Element** (2-5)

e) Die Menge der Verschiebungsvektoren V ist abgeschlossen gegenüber der Addition. Die Summe zweier Vektoren ist wieder ein Vektor. Ein Tupel (V,+) mit einer Verknüpfung +: V x V $\longrightarrow$ V heißt kommutative oder abelsche Gruppe, wenn außer b) c) und d) noch für alle $\vec{a}$, $\vec{b} \in$ V a) gilt.

Beispiel 2.2.1:

Ermitteln Sie grafisch die resultierende Kraft $\vec{F_R}$.

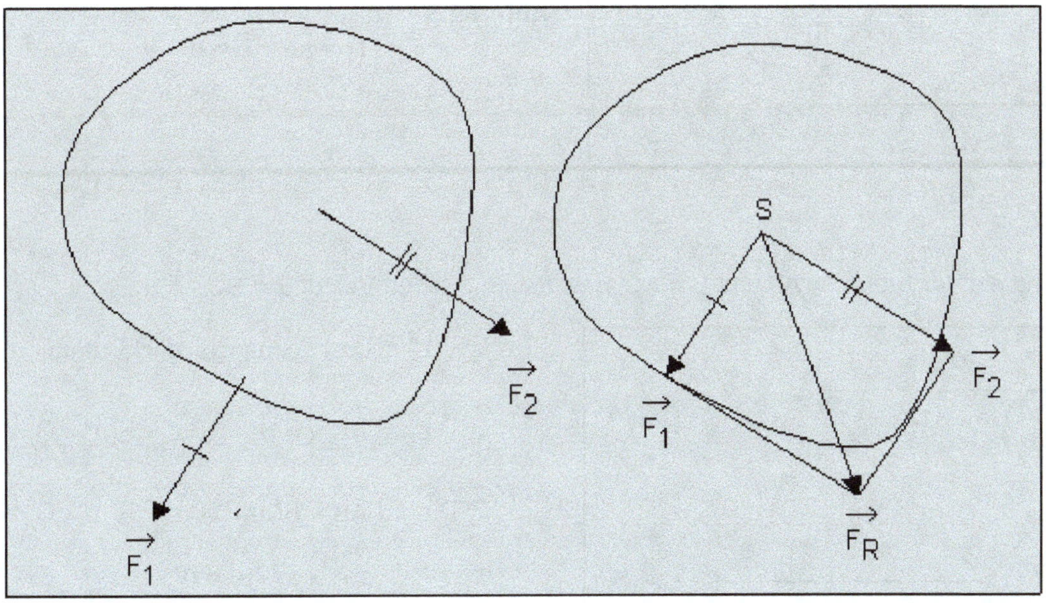

Abb. 2.2.3

Vektoren dürfen parallel und entlang der Wirkungslinie verschoben werden! Aus dem Kräfteparallelogramm kann dann die resultierende Kraft ermittelt werden.

2.2.2 Subtraktion von Vektoren

Als Subtraktion von zwei Verschiebungsvektoren (Translation) $\vec{a}$ und $\vec{b}$ definieren wir das Hintereinanderausführen der beiden Verschiebungen $\vec{a}$ und $-\vec{b}$. Ein Vektor $\vec{b}$ wird grafisch subtrahiert, indem wir seinen Gegenvektor addieren (Abb. 2.2.4).

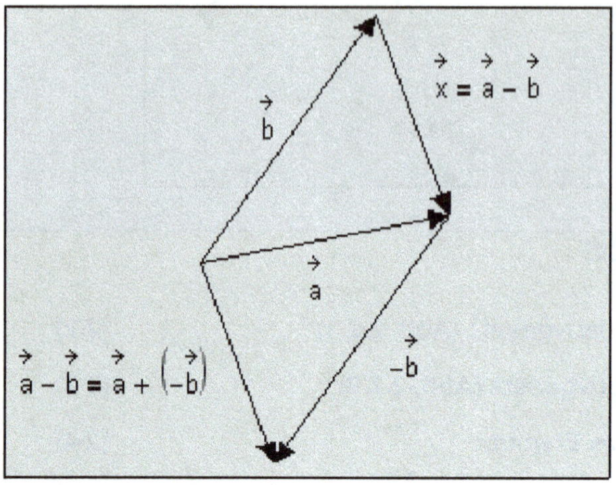

Abb. 2.2.4

Beispiel 2.2.2:

Die Vektoren $\vec{a}$ und $\vec{b}$ spannen ein Parallelogramm ABCD auf.

Bestimmen Sie die Vektoren $\overrightarrow{AC} = \vec{e}_1$ und $\overrightarrow{BD} = \vec{f}_1$

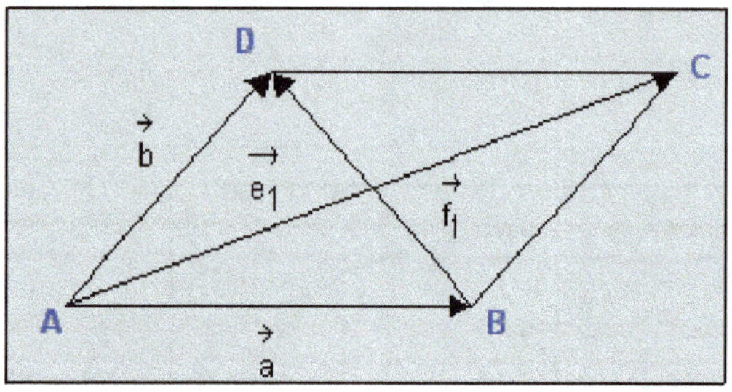

Abb. 2.2.5

$\vec{e}_1 = \vec{a} + \vec{b}$

$\vec{f}_1 = -\vec{a} + \vec{b} = \vec{b} - \vec{a}$

Beispiel 2.2.3:

Gegeben sind die Vektoren $\vec{c} = \overrightarrow{AB}$ und $\vec{b} = \overrightarrow{AC}$. Bestimmen Sie den Vektor $\vec{x} = \overrightarrow{BC}$.

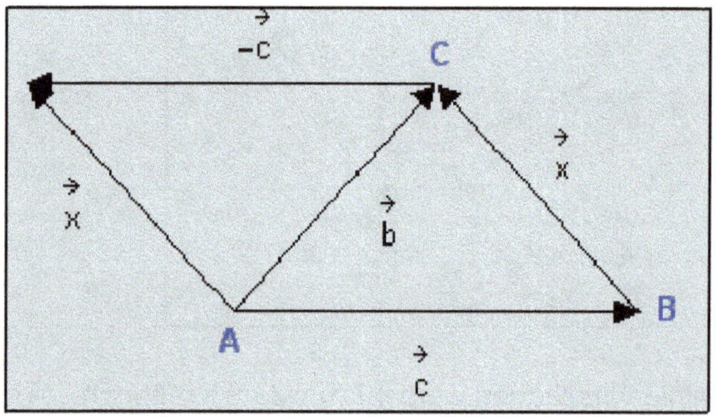

Abb. 2.2.6

Drei Lösungsmöglichkeiten:

$\vec{c} + \vec{x} = \vec{b} \quad \Rightarrow \quad \vec{x} = \vec{b} - \vec{c}$

$\overrightarrow{AB} + \overrightarrow{BC} + \overrightarrow{CA} = \vec{0}$

$\vec{c} + \vec{x} + \left(-\vec{b}\right) = \vec{0} \quad \Rightarrow \quad \vec{x} = \vec{b} - \vec{c}$

$\vec{x} = \overrightarrow{BC} = \overrightarrow{BA} + \overrightarrow{AC} = -\vec{c} + \vec{b}$

2.2.3 Multiplikation eines Vektors mit einer Zahl

Das Produkt des Vektors $\vec{a}$ mit einer Zahl $\lambda \in \mathbb{R}$ (Skalar) ist ein Vektor mit folgenden Eigenschaften:

a) $\lambda \cdot \vec{a}$ hat gleiche Richtung wie $\vec{a}$ (Abb.2.2.7); (2-6)

b) $\left|\lambda \cdot \vec{a}\right| = |\lambda| \cdot \left|\vec{a}\right|$ bedeutet den λ-fachen Betrag von $\vec{a}$ (Abb. 2.27); (2-7)

c) Für $\lambda > 0$ sind $\lambda \cdot \vec{a}$ und $\vec{a}$ gleich orientiert (Abb. 2.2.7); (2-8)

für $\lambda < 0$ sind $\lambda \cdot \vec{a}$ und $\vec{a}$ entgegengesetzt orientiert;

für $\lambda = 0$ ist $\lambda \cdot \vec{a} = \vec{0}$.

Ist $\vec{a}$ ein von $\vec{0}$ verschiedener Vektor, so heißt (Abb. 2.2.7)

$$\vec{e}_a = \frac{1}{\left|\vec{a}\right|} \cdot \vec{a} = \frac{1}{a} \cdot \vec{a} \qquad (2\text{-}9)$$

der Einheitsvektor in Richtung des Vektors $\vec{a}$.
Für ihn gilt

$$\left|\vec{e}_a\right| = 1 \text{ und damit } \vec{a} = \left|\vec{a}\right| \cdot \vec{e}_a = a \cdot \vec{e}_a. \qquad (2\text{-}10)$$

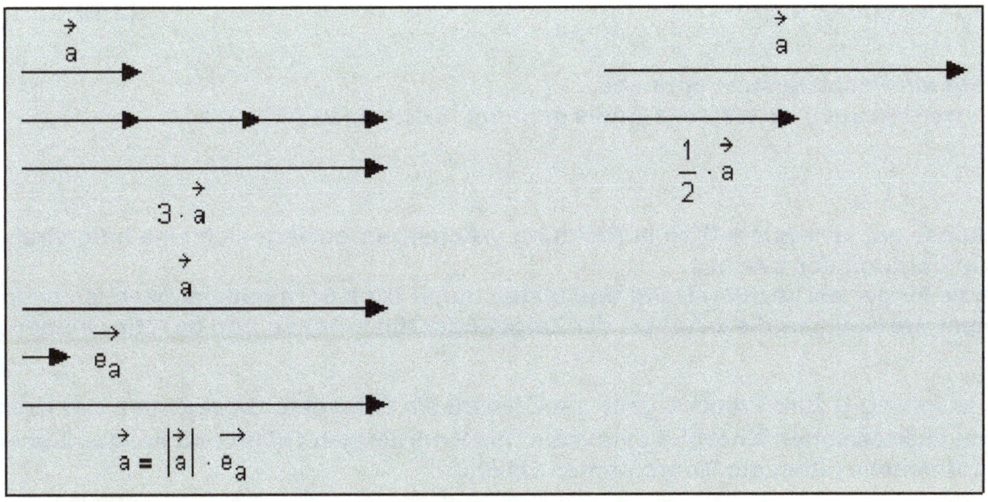

Abb. 2.2.7

Bezüglich der Multiplikation gelten folgende Gesetze ($\lambda, \mu \in \mathbb{R}$):

a) $1 \cdot \vec{a} = \vec{a}$ — Existenz des Einselements (2-11)

b) $\lambda \cdot \left(\mu \cdot \vec{a}\right) = (\lambda \cdot \mu) \cdot \vec{a} = \lambda \cdot \mu \cdot \vec{a}$ — Assoziativgesetz (2-12)

c) $\lambda \cdot \left(\vec{a} + \vec{b}\right) = \lambda \cdot \vec{a} + \lambda \cdot \vec{b}$ — Distributivgesetze (2-13)

$(\lambda + \mu) \cdot \vec{a} = \lambda \cdot \vec{a} + \mu \cdot \vec{a}$

Beispiel 2.2.4:

M ist der Halbierungspunkt der Strecke $\overline{AB}$. Es soll $\vec{m} = \overrightarrow{OM}$ durch $\vec{a}$ und $\vec{b}$ ausgedrückt werden.

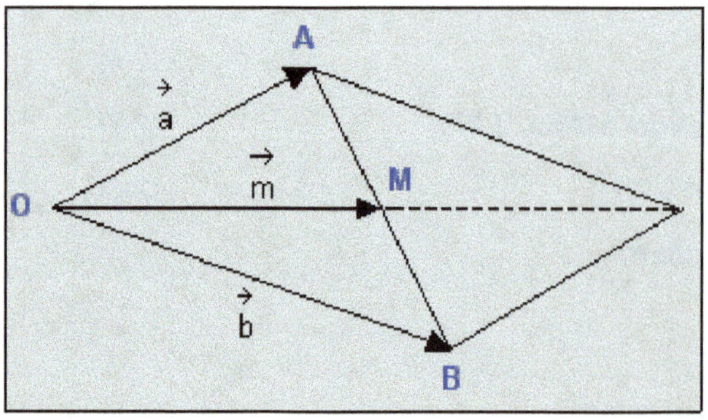

Abb. 2.2.8

$$\overrightarrow{OM} = \overrightarrow{OA} + \overrightarrow{AM} = \overrightarrow{OA} + \frac{1}{2} \cdot \overrightarrow{AB}$$

$$\overrightarrow{AB} = \vec{b} - \vec{a}$$

$$\vec{m} = \vec{a} + \frac{1}{2} \cdot \left(\vec{b} - \vec{a}\right)$$

2.3 Darstellung der Vektoren im kartesischen Koordinatensystem

Wir werden unseren weiteren Überlegungen ein kartesisches Koordinatensystem zugrunde legen. Die Basis bilden dabei sogenannte paarweise orthogonale Einheitsvektoren (siehe Abschnitt 2.4.3).

Im ebenen kartesischen Koordinatensystem sind es die Basisvektoren

$$\vec{e}_x = \vec{e}_1 \text{ und } \vec{e}_y = \vec{e}_2 . \qquad (2\text{-}14)$$

Im dreidimensionalen Raum werden die Basisvektoren

$$\vec{e}_x = \vec{e}_1 ,\ \vec{e}_y = \vec{e}_2 \text{ und } \vec{e}_z = \vec{e}_3 \qquad (2\text{-}15)$$

so angeordnet, dass ein Rechtssystem entsteht.
Die Basisvektoren werden auch kartesische Basis genannt. Siehe dazu Abb. 2.3.1.

Rechtssystem:

Drehen wir die x-Achse auf kürzestem Weg in Richtung y-Achse, so bewegt sich eine mitgedrehte Rechtsschraube in Richtung der z-Achse.
Oder nehmen wir die Finger der rechten Hand und bilden damit die Koordinatenachsen, so ist in einem Rechtssystem der Daumen die x-Achse, der Zeigefinger die y-Achse und der Mittelfinger die z-Achse.

Der Pfeil der vom Ursprung O zum Punkt A geht $\vec{a} = \overrightarrow{OA}$ wird als Ortsvektor bezeichnet. Der Ursprung selbst hat im ebenen kartesischen Koordinatensystem die Koordinaten O(0|0) und im räumlichen kartesischen Koordinantensystem die Koordinanten O(0|0|0).

Bemerkungen:

In praktischen Anwendungen können wir häufig die Lage des Koordinatensystems (Ursprung und Achsenrichtungen) frei wählen. Wir werden dann die Auswahl so treffen, dass sich Vereinfachungen beim Rechnen ergeben. Öfters kann aber auch auf das Einzeichnen eines Koordinatensystems verzichtet werden.
Die Basisvektoren werden auch mit i, j und k bezeichnet.

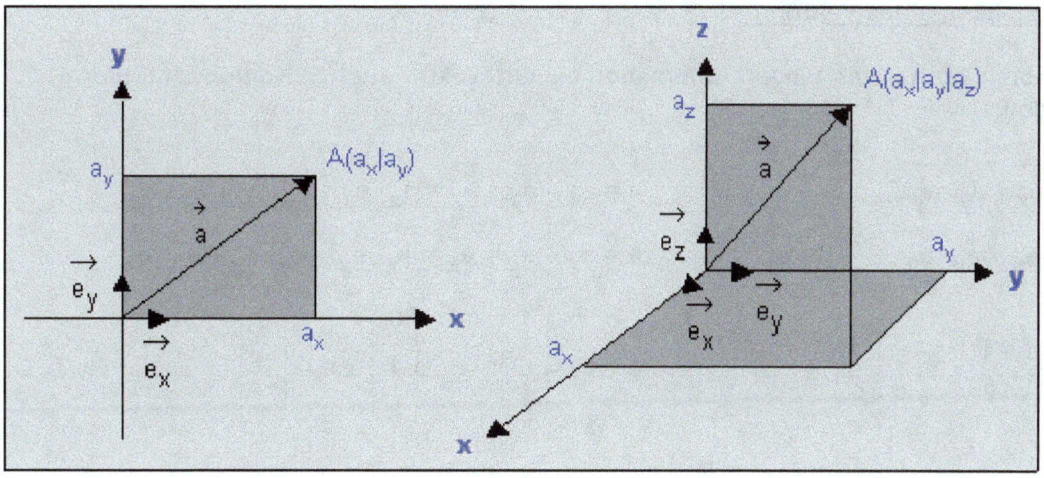

Abb. 2.3.1

Die x-Achse wird Abszisse und die y-Achse Ordinate genannt. Die zwei Achsen zerlegen die Ebene in vier Quadranten.

Die drei durch je zwei Achsen bestimmten Ebenen heißen Koordinatenebenen bzw. xy-Ebene, xz-Ebene und yz-Ebene. Durch die Koordinatenebenen wird der Raum in acht Oktanden zerlegt.

Vektoren in Koordinatendarstellung:

Wir nennen $a_x, a_y, a_z \in \mathbb{R}$ (oder $a_i \in \mathbb{R}$) die Koordinaten des Vektors $\mathbf{a} = \vec{a}$.

$\mathbf{a} = \vec{a} = \begin{pmatrix} a_x \\ a_y \end{pmatrix}$ zweidimensionaler Ortsvektor

$\mathbf{e_x} = \vec{e}_x = \begin{pmatrix} 1 \\ 0 \end{pmatrix}$ Basisvektor in x-Richtung

$\mathbf{e_y} = \vec{e}_y = \begin{pmatrix} 0 \\ 1 \end{pmatrix}$ Basisvektor in y-Richtung

$\mathbf{0} = \vec{0} = \begin{pmatrix} 0 \\ 0 \end{pmatrix}$ Nullvektor in der Ebene

$\mathbf{a} = \vec{a} = \begin{pmatrix} a_x \\ a_y \\ a_z \end{pmatrix}$ dreidimensionaler Ortsvektor

$\mathbf{e_x} = \vec{e}_x = \begin{pmatrix} 1 \\ 0 \\ 0 \end{pmatrix}$ Basisvektor in x-Richtung

$\mathbf{e_y} = \vec{e}_y = \begin{pmatrix} 0 \\ 1 \\ 0 \end{pmatrix}$ Basisvektor in y-Richtung

$\mathbf{e_z} = \vec{e}_z = \begin{pmatrix} 0 \\ 0 \\ 1 \end{pmatrix}$ Basisvektor in z-Richtung

$\mathbf{0} = \vec{0} = \begin{pmatrix} 0 \\ 0 \\ 0 \end{pmatrix}$ Nullvektor im Raum

Für den Ortsvektor $\vec{a} = \overrightarrow{OA}$ des Punkte A stimmen die Koordinaten des Endpunktes A mit den Koordinaten des Ortsvektors überein.

Komponentendarstellung eines Vektors:

Mit den Basisvektoren kann durch Linearkombination ein Ortsvektor auch in Komponentenform geschrieben werden:

$$\vec{a} = \vec{a_x} + \vec{a_y} = a_x \cdot \vec{e_x} + a_y \cdot \vec{e_y}$$

$$\mathbf{a} = \mathbf{a_x} + \mathbf{a_y} = a_x \cdot \mathbf{e_x} + a_y \cdot \mathbf{e_y}$$

$$\mathbf{a} = a_x \cdot \begin{pmatrix} 1 \\ 0 \end{pmatrix} + a_y \cdot \begin{pmatrix} 0 \\ 1 \end{pmatrix}$$

$$\vec{a} = \vec{a_x} + \vec{a_y} + \vec{a_z} = a_x \cdot \vec{e_x} + a_y \cdot \vec{e_y} + a_z \cdot \vec{e_z}$$

$$\mathbf{a} = \mathbf{a_x} + \mathbf{a_y} + \mathbf{a_z} = a_x \cdot \mathbf{e_x} + a_y \cdot \mathbf{e_y} + a_z \cdot \mathbf{e_z}$$

$$\mathbf{a} = a_x \cdot \begin{pmatrix} 1 \\ 0 \\ 0 \end{pmatrix} + a_y \cdot \begin{pmatrix} 0 \\ 1 \\ 0 \end{pmatrix} + a_z \cdot \begin{pmatrix} 0 \\ 0 \\ 1 \end{pmatrix}$$

2.4 Vektorräume

Für die Verschiebungsvektoren konnten bisher eine Reihe von Gesetzmäßigkeiten erkannt werden, etwa die Gruppeneigenschaft bezüglich der Addition oder die Gesetze zur Multiplikation mit Skalaren aus $\mathbb{R}$. Wir wollen nun eine Menge mit Verknüpfungen als Vektorraum definieren, die diesen Gesetzen folgen. Anstatt $\mathbb{R}$ könnten wir auch einen anderen Körper wie $\mathbb{Q}$ oder $\mathbb{C}$ für die Skalare verwenden.

Es sei $(\mathbb{R},+,\cdot)$ ein Körper und V eine Menge mit einer inneren Verknüpfung "+" zwischen Elementen aus V und einer äußeren Verknüpfung "·", die für jedes $\lambda \in \mathbb{R}$ und jedes $\vec{a} \in V$ ein Element $\lambda \cdot \vec{a} \in V$ definiert.

Ein Element $\vec{a} \in V$ heißt ein Vektor, ein Element $\lambda \in \mathbb{R}$ heißt ein Skalar und V heißt ein Vektorraum über dem Körper $\mathbb{R}$ bzw. ein $\mathbb{R}$-Vektorraum (reeller Vektorraum), wenn die folgenden Eigenschaften gelten:

a) (V,+) ist eine kommutative Gruppe mit $\vec{a}, \vec{b}, \vec{c}, \vec{0}, -\vec{a} \in V$ ((2-2) bis (2-5)).

b) Es gelten die Gesetze für die Multiplikation von Skalaren $\lambda, \mu \in \mathbb{R}$ mit Vektoren $\vec{a}, \vec{b} \in V$ ((2-11) bis (2-13)).

Bemerkung:
Jede Menge mit Verknüpfungen, die diese Eigenschaften erfüllen, ist ein Vektorraum! Es muss keinen geometrischen oder physikalischen Bezug für Vektorräume geben. Beispiele für Vektorräume sind z. B. Polynome vom Grad $n \le 3$ oder Matrizen mit m Zeilen und n Spalten (kurz m x n Matrizen). Auf Matrizen werden wir in einem der nächsten Kapitel eingehen.

Zu den einfachsten und grundlegendsten Vektorräumen gehören die Räume der n-Tupel.
Für $n \in \mathbb{N}$ ist die Menge aller reellen n-Tupel das n-fache kartesische Produkt $\mathbb{R}^n := \mathbb{R} \times \mathbb{R} \times ... x \mathbb{R}$.

Unter der Vereinbarung der Spaltenschreibweise für $\vec{a} \in \mathbb{R}^n$

$$\vec{a} = \begin{pmatrix} a_1 \\ a_2 \\ ... \\ ... \\ a_n \end{pmatrix} \quad \text{mit } a_1, a_2, ..., a_n \in \mathbb{R} \qquad (2\text{-}16)$$

ist bezüglich der Addition

$$\begin{pmatrix} a_1 \\ a_2 \\ ... \\ a_n \end{pmatrix} + \begin{pmatrix} b_1 \\ b_2 \\ ... \\ b_n \end{pmatrix} = \begin{pmatrix} a_1 + b_1 \\ a_2 + b_2 \\ ... \\ a_n + b_n \end{pmatrix} \text{ für alle } a_1, a_2, ..., a_n, b_1, b_2, ..., b_n \in \mathbb{R} \qquad (2\text{-}17)$$

und der Vervielfachung

$$\lambda \cdot \begin{pmatrix} a_1 \\ a_2 \\ ... \\ a_n \end{pmatrix} = \begin{pmatrix} \lambda \cdot a_1 \\ \lambda \cdot a_2 \\ ... \\ \lambda \cdot a_n \end{pmatrix} \text{ für alle } \lambda, a_1, a_2, ..., a_n \in \mathbb{R} \qquad (2\text{-}18)$$

$\mathbb{R}^n$ ein reeller Vektorraum.

Der Nullvektor im $\mathbb{R}^n$ ist dann gegeben durch:

$$\vec{0} = \begin{pmatrix} 0 \\ 0 \\ ... \\ 0 \end{pmatrix} \qquad (2\text{-}19)$$

Durch Verwendung des Transponierungszeichens "T" können wir die Spalten auch platzsparend als Zeile schreiben (Näheres siehe dazu im Kapitel Matrizen):

$$\begin{pmatrix} a_1 & a_2 & ... & a_n \end{pmatrix}^T = \begin{pmatrix} a_1 \\ a_2 \\ ... \\ a_n \end{pmatrix} \qquad (2\text{-}20)$$

Ist n = 1, so entspricht $\mathbb{R}^1$ dem Körper $\mathbb{R}$ selbst. Daher ist $\mathbb{R}$ selbst der einfachste reelle Vektorraum.

Beispiel 2.4.1:

Gegeben: $\mathbf{a} := \begin{pmatrix} 3 \\ 1 \end{pmatrix}$ $\quad \mathbf{b} := \begin{pmatrix} -2 \\ 1 \end{pmatrix}$

Gesucht: $\mathbf{c} = \mathbf{a} + \mathbf{b}$, $\mathbf{d} = \mathbf{a} - \mathbf{b}$ in Koordinaten- und Komponentendartellung.

$$\mathbf{c} = \mathbf{a} + \mathbf{b} = \begin{pmatrix} 3 \\ 1 \end{pmatrix} + \begin{pmatrix} -2 \\ 1 \end{pmatrix} = \begin{pmatrix} 3-2 \\ 1+1 \end{pmatrix} = \begin{pmatrix} 1 \\ 2 \end{pmatrix} \qquad \mathbf{d} = \mathbf{a} - \mathbf{b} = \begin{pmatrix} 3 \\ 1 \end{pmatrix} - \begin{pmatrix} -2 \\ 1 \end{pmatrix} = \begin{pmatrix} 3+2 \\ 1-1 \end{pmatrix} = \begin{pmatrix} 5 \\ 0 \end{pmatrix}$$

Berechnung händisch

$\mathbf{c} := \mathbf{a} + \mathbf{b} \qquad \mathbf{c} = \begin{pmatrix} 1 \\ 2 \end{pmatrix} \qquad \mathbf{d} := \mathbf{a} - \mathbf{b} \qquad \mathbf{d} = \begin{pmatrix} 5 \\ 0 \end{pmatrix}$

Berechnung mit Mathcad

$$\mathbf{c} = \mathbf{a} + \mathbf{b} = 3 \cdot \mathbf{e_x} + 1 \cdot \mathbf{e_y} - 2 \cdot \mathbf{e_x} + 1 \cdot \mathbf{e_y} = (3-2) \cdot \mathbf{e_x} + (1+1) \cdot \mathbf{e_y} = 1 \cdot \mathbf{e_x} + 2 \cdot \mathbf{e_y}$$

$$\mathbf{d} = \mathbf{a} - \mathbf{b} = 3 \cdot \mathbf{e_x} + 1 \cdot \mathbf{e_y} - \left(-2 \cdot \mathbf{e_x} + 1 \cdot \mathbf{e_y}\right) = (3+2) \cdot \mathbf{e_x} + (1-1) \cdot \mathbf{e_y} = 5 \cdot \mathbf{e_x}$$

Beispiel 2.4.2:

Gegeben: $\mathbf{a} := \begin{pmatrix} 1 \\ 3 \\ 2 \end{pmatrix}$ $\quad \mathbf{b} := \begin{pmatrix} 2 \\ 4 \\ -3 \end{pmatrix}$

Gesucht: **c** = **a** + **b**, **d** = **a** - **b** in Koordinaten- und Komponentendarstellung.

$$\mathbf{c} = \mathbf{a} + \mathbf{b} = \begin{pmatrix} 1 \\ 3 \\ 2 \end{pmatrix} + \begin{pmatrix} 2 \\ 4 \\ -3 \end{pmatrix} = \begin{pmatrix} 3 \\ 7 \\ -1 \end{pmatrix} \qquad \mathbf{d} = \mathbf{a} - \mathbf{b} = \begin{pmatrix} 1 \\ 3 \\ 2 \end{pmatrix} - \begin{pmatrix} 2 \\ 4 \\ -3 \end{pmatrix} = \begin{pmatrix} -1 \\ -1 \\ 5 \end{pmatrix}$$

Berechnung händisch

$$\mathbf{c} := \mathbf{a} + \mathbf{b} \qquad \mathbf{c} = \begin{pmatrix} 3 \\ 7 \\ -1 \end{pmatrix} \qquad \mathbf{d} := \mathbf{a} - \mathbf{b} \qquad \mathbf{d} = \begin{pmatrix} -1 \\ -1 \\ 5 \end{pmatrix}$$

Berechnung mit Mathcad

$$\mathbf{c} = \mathbf{a} + \mathbf{b} = 1 \cdot \mathbf{e_x} + 3 \cdot \mathbf{e_y} + 2 \cdot \mathbf{e_z} + 2 \cdot \mathbf{e_x} + 4 \cdot \mathbf{e_y} - 3 \cdot \mathbf{e_z} = 3 \cdot \mathbf{e_x} + 7 \cdot \mathbf{e_y} - 1 \cdot \mathbf{e_z}$$

$$\mathbf{d} = \mathbf{a} - \mathbf{b} = 1 \cdot \mathbf{e_x} + 3 \cdot \mathbf{e_y} + 2 \cdot \mathbf{e_z} - \left(2 \cdot \mathbf{e_x} + 4 \cdot \mathbf{e_y} - 3 \cdot \mathbf{e_z}\right) = -1 \cdot \mathbf{e_x} - 1 \cdot \mathbf{e_y} + 5 \cdot \mathbf{e_z}$$

Beispiel 2.4.3:

Gegeben: P(3 | -2 | 3), Q(3 | 2 | 2)

Gesucht: $\vec{a} = \overrightarrow{PQ}$

$$\vec{a} = \overrightarrow{PQ} = \overrightarrow{PO} + \overrightarrow{OQ} = \overrightarrow{OQ} - \overrightarrow{OP} = \vec{q} - \vec{p}$$

Den Vektor $\vec{a}$ erhalten wir aus dem Differenzvektor der beiden Ortsvektoren ("Zielpunkt minus Angriffspunkt")!

$$\mathbf{p} := \begin{pmatrix} 3 \\ -2 \\ 3 \end{pmatrix} \qquad \mathbf{q} := \begin{pmatrix} 3 \\ 2 \\ 2 \end{pmatrix}$$

Ortsvektoren zu den Punkten P und Q

$$\mathbf{a} := \mathbf{q} - \mathbf{p} \qquad \mathbf{a} = \begin{pmatrix} 0 \\ 4 \\ -1 \end{pmatrix}$$

gesuchter Vektor $\vec{a} = \overrightarrow{PQ}$

Beispiel 2.4.4

Gegeben: $\mathbf{a} = \begin{pmatrix} -2 \\ -4 \\ 1 \end{pmatrix}$ $\quad \mathbf{b} = \begin{pmatrix} 5 \\ -2 \\ 10 \end{pmatrix}$ $\quad \mathbf{c} = -6 \cdot \mathbf{e_1} + 2 \cdot \mathbf{e_2} - 8 \cdot \mathbf{e_3}$

Gesucht: $\mathbf{d} = 2 \cdot \mathbf{a} - 3 \cdot \mathbf{b} + \frac{1}{2} \cdot \mathbf{c}$

$$\mathbf{d} = 2\cdot\begin{pmatrix}-2\\-4\\1\end{pmatrix} - 3\cdot\begin{pmatrix}5\\-2\\10\end{pmatrix} + \frac{1}{2}\cdot\begin{pmatrix}-6\\2\\-8\end{pmatrix} = \begin{pmatrix}-4\\-8\\2\end{pmatrix} + \begin{pmatrix}-15\\6\\-30\end{pmatrix} + \begin{pmatrix}-3\\1\\-4\end{pmatrix} = \begin{pmatrix}-22\\-1\\-32\end{pmatrix}$$

Berechnung händisch

$$\mathbf{a} := \begin{pmatrix}-2\\-4\\1\end{pmatrix} \quad \mathbf{b} := \begin{pmatrix}5\\-2\\10\end{pmatrix} \quad \mathbf{c} := \begin{pmatrix}-6\\2\\-8\end{pmatrix}$$

gegebene Vektoren

$$\mathbf{d} := 2\cdot\mathbf{a} - 3\cdot\mathbf{b} + \frac{1}{2}\cdot\mathbf{c} \qquad \mathbf{d} = \begin{pmatrix}-22\\-1\\-32\end{pmatrix}$$

Berechnung mit Mathcad

Beispiel 2.4.5:

Eine Flussfähre bewegt sich mit der Eigengeschwindigkeit v = 5 m/s relativ zum Fluss vom Uferpunkt A aus auf kürzestem Weg zum gegenüberliegenden Flussufer. Unter welchem Winkel α muss die Fähre gegen die Strömung gesteuert werden, wenn die Strömungsgeschwindigkeit 1.5 m/s beträgt? Wie groß ist dann die resultierende Geschwindigkeit v_r der Fähre?

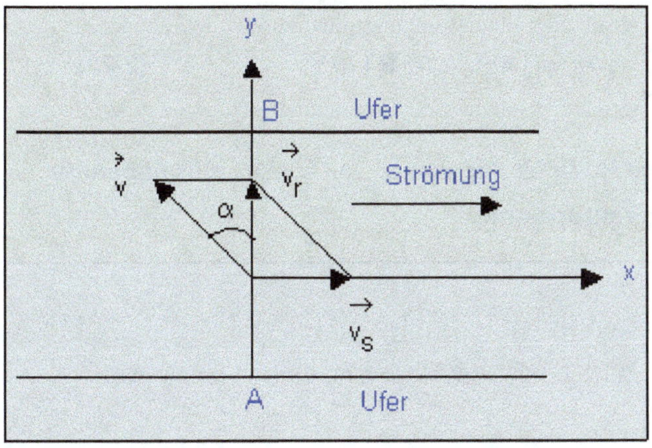

Die Vektoren in Koordinatendarstellung lauten:

$$\mathbf{v} = \begin{pmatrix}-v\cdot\sin(\alpha)\\v\cdot\cos(\alpha)\end{pmatrix} \qquad \mathbf{v_r} = \begin{pmatrix}0\\v_r\end{pmatrix} \qquad \mathbf{v_s} = \begin{pmatrix}v_s\\0\end{pmatrix}$$

Abb. 2.4.1

Nach Abb. 2.4.1 gilt folgende Vektorgleichung:

$$\mathbf{v_r} = \mathbf{v} + \mathbf{v_s}$$

$$\begin{pmatrix}0\\v_r\end{pmatrix} = \begin{pmatrix}-v\cdot\sin(\alpha)\\v\cdot\cos(\alpha)\end{pmatrix} + \begin{pmatrix}v_s\\0\end{pmatrix} \quad \text{vereinfacht auf} \quad \begin{pmatrix}0\\v_r\end{pmatrix} = \begin{pmatrix}v_s - v\cdot\sin(\alpha)\\v\cdot\cos(\alpha)\end{pmatrix}$$

$$v := 5\cdot\frac{m}{s} \qquad v_s := 1.5\cdot\frac{m}{s}$$

gegebene Geschwindigkeiten

Aus der 1. Koordinate lässt sich der Winkel berechnen:

$$\sin(\alpha) = \frac{v_s}{v} \qquad \alpha := \operatorname{asin}\left(\frac{v_s}{v}\right) \qquad \alpha = 17.458\cdot\text{Grad}$$

Aus der zweiten Koordinate ergibt sich die resultierende Geschwindigkeit der Fähre:

$$v_r := v\cdot\cos(\alpha) \qquad v_r = 4.77\frac{m}{s}$$

2.4.1 Untervektorräume

Untervektorräume:

Sei V ein $\mathbb{R}$-Vektorraum. Eine Teilmenge $U \subseteq V$ heißt Untervektorraum von V, wenn $U \neq \{\}$ und wenn für alle $\vec{a}, \vec{b} \in U$ und alle $\lambda \in \mathbb{R}$ gilt: $\vec{a} + \vec{b} \in U$, $\lambda \cdot \vec{a} \in U$.
Ein Untervektorraum U von V ist zusammen mit der durch V gegebenen Addition und Skalarmultiplikation selbst ein $\mathbb{R}$-Vektorraum.

Sei *V* ein $\mathbb{R}$-Vektorraum. Sind $\vec{a_1}, \vec{a_2}, ..., \vec{a_n} \in V$ und $\lambda_1, \lambda_2, ..., \lambda_n \in \mathbb{R}$, so nennen wir

$$\sum_{k=1}^{n} \left(\lambda_k \cdot \vec{a_k}\right) = \lambda_1 \cdot \vec{a_1} + \lambda_2 \cdot \vec{a_2} + ... + \lambda_n \cdot \vec{a_n} \qquad (2\text{-}21)$$

eine Linearkombination der Vektoren $\vec{a_1}, \vec{a_2}, ..., \vec{a_n}$ und $\lambda_1, \lambda_2, ..., \lambda_n$ heißen die Koeffizienten der Linearkombination.

Die Menge aller Linearkombinationen der Vektoren $\vec{a_1}, \vec{a_2}, ..., \vec{a_n}$

$$\text{span}\{\vec{a_1}, \vec{a_2}, ..., \vec{a_n}\} = \{\vec{a} \in V \mid \vec{a} = \sum_{i=1}^{n} \left(\lambda_i \cdot \vec{a_i}\right) \text{ mit } \lambda_i \in \mathbb{R}\} \subseteq V \qquad (2\text{-}22)$$

heißt lineare Hülle von $\vec{a_1}, \vec{a_2}, ..., \vec{a_n}$. Die lineare Hülle ist der von $\vec{a_1}, \vec{a_2}, ..., \vec{a_n}$ aufgespannte Untervektorraum von *V* und damit selbst ein $\mathbb{R}$-Vektorraum.

Beispiel 2.4.6:

In einem räumlichen kartesischen Koordinatensystem ist jeder Ortsvektor eine Linearkombination der Basisvektoren:

$$\vec{a} = a_x \cdot \vec{e_x} + a_y \cdot \vec{e_y} + a_z \cdot \vec{e_z}$$

Es gilt: $\text{span}\{\vec{e_x}, \vec{e_y}, \vec{e_z}\} = \mathbb{R}^3$.

Die Punkte der xy-Ebene sind Linearkombinationen von $\vec{e_x}$ und $\vec{e_y}$. Somit entspricht die xy-Ebene $\text{span}\{\vec{e_x}, \vec{e_y}\}$ und kann somit als Untervektorraum aufgefasst werden.

Beispiel 2.4.7:

Ist $V = \mathbb{R}^3$, so ist $\text{span}\left\{\begin{pmatrix} 1 \\ 2 \\ 0 \end{pmatrix}\right\} = \left\{\begin{pmatrix} 1 \cdot \lambda \\ 2 \cdot \lambda \\ 0 \end{pmatrix} \in \mathbb{R}^3 \mid \lambda \in \mathbb{R}\right\}$ ein Unterraum von $\mathbb{R}^3$.

Es handelt sich (geometrisch interpretiert) dabei um eine Gerade im dreidimensionalen Raum durch den Nullpunkt.

2.4.2 Lineare Unabhängigkeit

Lineare Unabhängigkeit:

Betrachten wir Verschiebungsvektoren, deren Repräsentanten parallel zueinander sind, wie in Abbildung 2.4.2, so bezeichnen wir sie als kollineare Vektoren (zu einer Geraden gehörend).

Zwei zueinander kollineare Vektoren $\vec{a}$ und $\vec{b}$ können somit durch Multiplikation mit einem Skalar ineinander übergeführt werden, also

$\vec{b} = \mu \cdot \vec{a}$ mit $\mu \in \mathbb{R}$

oder allgemeiner formuliert

$\lambda_1 \cdot \vec{a} + \lambda_2 \cdot \vec{b} = \vec{0}$ mit $\lambda_1, \lambda_2 \in \mathbb{R} \setminus \{0\}$.

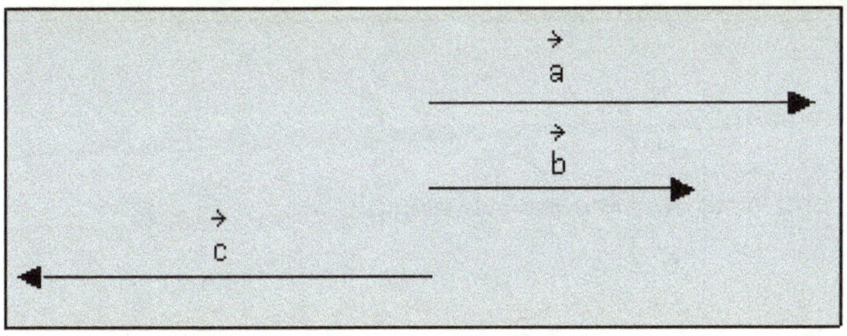

Abb. 2.4.2

Finden wir aber keine Linearkombination dieser Art, d. h., wenn $\lambda_1 = \lambda_2 = 0$ sein muss, damit $\vec{0}$ erzeugt werden kann, dann sind $\vec{a}$ und $\vec{b}$ nicht kollinear und werden linear unabhängig genannt.

Betrachten wir Verschiebungsvektoren $\vec{a}$, $\vec{b}$ und $\vec{c}$, deren Repräsentanten nach geeigneter Streckung wie in Abbildung 2.4.3 ein Dreieck als geschlossene Vektorkette bilden, so bezeichnen wir sie als komplanare Vektoren (zu einer Ebene gehörend).
Es gilt also dann

$\lambda_1 \cdot \vec{a} + \lambda_2 \cdot \vec{b} + \lambda_3 \cdot \vec{c} = \vec{0}$ mit $\lambda_1, \lambda_2, \lambda_3 \in \mathbb{R}$ und nicht alle λ_i sind null.

Finden wir aber keine Linearkombination dieser Art, d. h., wenn $\lambda_1 = \lambda_2 = \lambda_3 = 0$ sein muss, damit $\vec{0}$ erzeugt werden kann, dann sind $\vec{a}$, $\vec{b}$ und $\vec{c}$ nicht komplanar und werden linear unabhängig genannt.

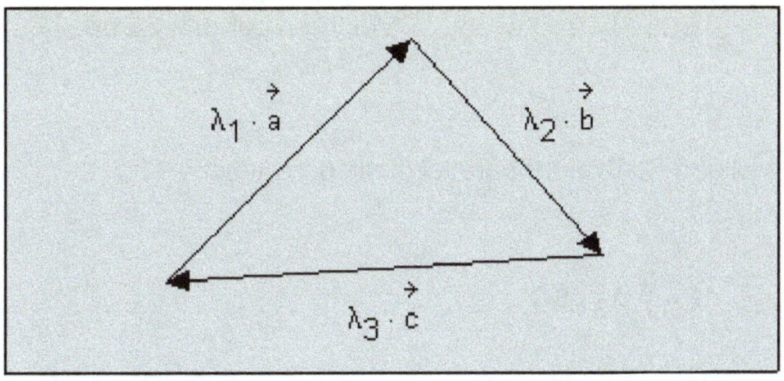

Abb. 2.4.3

Dieser Begriff der linearen Unabhängigkeit lässt sich für beliebige Vektorräume formulieren:
Sei V ein ℝ-Vektorraum. Endlich viele Vektoren $\vec{a_1}, \vec{a_2}, ..., \vec{a_n} \in V$ heißen linear unabhängig, wenn eine Linearkombination von $\vec{a_1}, \vec{a_2}, ..., \vec{a_n}$ nur dann null sein kann, wenn alle Koeffizienten der Linearkombination null sind (triviale Linearkombination), d. h., wenn aus

$$\lambda_1 \cdot \vec{a_1} + \lambda_2 \cdot \vec{a_2} + ... + \lambda_n \cdot \vec{a_n} = \vec{0}$$

stets folgt, dass $\lambda_1 = \lambda_2 = ... = \lambda_2 = 0$.

Andernfalls heißen die Vektoren $\vec{a_1}, \vec{a_2}, ..., \vec{a_n}$ linear abhängig, d. h., es gibt dann $\beta_1, \beta_2, ..., \beta_n \in$ ℝ, die nicht alle null sind, mit

$$\beta_1 \cdot \vec{a_1} + \beta_2 \cdot \vec{a_2} + ... + \beta_n \cdot \vec{a_n} = \vec{0}.$$

Beispiel 2.4.8:

Sind die Vektoren $\vec{a} = \begin{pmatrix} 1 \\ 0 \\ 0 \end{pmatrix}$, $\vec{b} = \begin{pmatrix} 0 \\ 2 \\ 3 \end{pmatrix}$ bzw. $\vec{a}, \vec{b}$ und $\vec{c} = \begin{pmatrix} -1 \\ 4 \\ 6 \end{pmatrix}$ linear unabhängig?

$$\vec{0} = \lambda_1 \cdot \vec{a} + \lambda_2 \cdot \vec{b} = \begin{pmatrix} \lambda_1 \\ 0 \\ 0 \end{pmatrix} + \begin{pmatrix} 0 \\ 2 \cdot \lambda_2 \\ 3 \cdot \lambda_2 \end{pmatrix} = \begin{pmatrix} \lambda_1 \\ 2 \cdot \lambda_2 \\ 3 \cdot \lambda_2 \end{pmatrix}$$

Sind linear unabhängig, weil hier $\lambda_1 = \lambda_2 = 0$ gelten muss.

Die Vektoren $\vec{a}$, $\vec{b}$ und $\vec{c}$ sind nicht linear unabhängig, denn es gilt: $\vec{a} - 2 \cdot \vec{b} + \vec{c} = \vec{0}$.

Beispiel 2.4.9:

Bei einem Dreibein, dessen Stäbe gelenkig gelagert sind, greift im Gelenk S (z-Achse) eine Gewichtskraft $\vec{G}$ vom Betrag G = 20 kN (in Richtung x-y-Ebene) an. Welche Reaktionskräfte (Druckkräfte) $\vec{F_A}$, F_B und $\vec{F_C}$ treten in den drei Stäben SA, SB und SC auf? Die Koordinaten der Endpunkte der Stäbe lauten: S = (0;0;2) m A = (2; 1; 0) m, B = (-1; 1; 0) m und C = (1; -2; 0) m. Das Eigengewicht der Stäbe wird nicht berücksichtigt.

$$\mathbf{SA} := \begin{pmatrix} 2 \\ 1 \\ -2 \end{pmatrix} \cdot m \qquad \mathbf{SB} := \begin{pmatrix} -1 \\ 1 \\ -2 \end{pmatrix} \cdot m \qquad \mathbf{SC} := \begin{pmatrix} 1 \\ -2 \\ -2 \end{pmatrix} \cdot m$$

Vektoren der drei Stäbe

Die Stabkräfte $\mathbf{F_A}$, $\mathbf{F_B}$ und $\mathbf{F_C}$ sind zu ihrem jeweiligen Stabvektor parallel (kollineare Vektoren).
Es gilt daher:

$$\mathbf{F_A} = \lambda_1 \cdot \mathbf{SA} \qquad \mathbf{F_B} = \lambda_2 \cdot \mathbf{SB} \qquad \mathbf{F_C} = \lambda_3 \cdot \mathbf{SC}$$

Im statischen Gleichgewicht muss die folgende Vektorgleichung erfüllt sein:

$\mathbf{F_A} + \mathbf{F_B} + \mathbf{F_C} + \mathbf{G} = \mathbf{0}$

$kN := 10^3 \cdot N$ Einheitendefinition

$$\lambda_1 \cdot \begin{pmatrix} 2 \\ 1 \\ -2 \end{pmatrix} \cdot m + \lambda_2 \cdot \begin{pmatrix} -1 \\ 1 \\ -2 \end{pmatrix} \cdot m + \lambda_3 \cdot \begin{pmatrix} 1 \\ -2 \\ -2 \end{pmatrix} \cdot m + \begin{pmatrix} 0 \\ 0 \\ -20 \end{pmatrix} \cdot kN = \begin{pmatrix} 0 \\ 0 \\ 0 \end{pmatrix} \cdot kN$$

vereinfacht auf

$$\begin{bmatrix} m \cdot (2 \cdot \lambda_1 - \lambda_2 + \lambda_3) \\ m \cdot (\lambda_1 + \lambda_2 - 2 \cdot \lambda_3) \\ -20 \cdot kN - 2 \cdot m \cdot \lambda_1 - 2 \cdot m \cdot \lambda_2 - 2 \cdot m \cdot \lambda_3 \end{bmatrix} = \begin{pmatrix} 0 \\ 0 \\ 0 \end{pmatrix}$$

$\lambda_1 := 10 \cdot \frac{kN}{m}$ $\lambda_2 := 10 \cdot \frac{kN}{m}$ $\lambda_3 := 10 \cdot \frac{kN}{m}$ Startwerte

Vorgabe

$$m \cdot (2 \cdot \lambda_1 - \lambda_2 + \lambda_3) = 0 \cdot kN$$

$$m \cdot (\lambda_1 + \lambda_2 - 2 \cdot \lambda_3) = 0 \cdot kN$$

inhomogenes lineares Gleichungssystem

$$-20 \cdot kN - 2 \cdot m \cdot \lambda_1 - 2 \cdot m \cdot \lambda_2 - 2 \cdot m \cdot \lambda_3 = 0 \cdot kN$$

$$\begin{pmatrix} \lambda_1 \\ \lambda_2 \\ \lambda_3 \end{pmatrix} := \text{Suchen}(\lambda_1, \lambda_2, \lambda_3)$$

$$\begin{pmatrix} \lambda_1 \\ \lambda_2 \\ \lambda_3 \end{pmatrix} = \begin{pmatrix} -1.111 \\ -5.556 \\ -3.333 \end{pmatrix} \frac{1}{m} \cdot kN$$ Lösungsvektor

Die gesuchten Druckkräfte lauten daher:

$\mathbf{F_A} := \lambda_1 \cdot \mathbf{SA}$ $\mathbf{F_B} := \lambda_2 \cdot \mathbf{SB}$ $\mathbf{F_C} := \lambda_3 \cdot \mathbf{SC}$

$$\mathbf{F_A} = \begin{pmatrix} -2.222 \\ -1.111 \\ 2.222 \end{pmatrix} \cdot kN \quad \mathbf{F_B} = \begin{pmatrix} 5.556 \\ -5.556 \\ 11.111 \end{pmatrix} \cdot kN \quad \mathbf{F_C} = \begin{pmatrix} -3.333 \\ 6.667 \\ 6.667 \end{pmatrix} \cdot kN$$

2.4.3 Basis und Dimension

Basis:

Sei V ein $\mathbb{R}$-Vektorraum. Ein n-Tupel $(\vec{b}_1, \vec{b}_2, \ldots, \vec{b}_n)$ von Vektoren aus V heißt Basis von V, wenn gilt:

a) $\vec{b}_1, \vec{b}_2, \ldots, \vec{b}_n$ sind linear unabhängig;

b) V wird von den Basisvektoren aufgespannt, d. h. $V = \mathrm{span}\{\vec{b}_1, \vec{b}_2, \ldots, \vec{b}_n\}$.

Beispiel 2.4.10:

Für den Vektorraum $\mathbb{R}^3$ gilt: $\mathrm{span}\{\begin{pmatrix}1\\0\\0\end{pmatrix}, \begin{pmatrix}0\\1\\0\end{pmatrix}, \begin{pmatrix}0\\0\\1\end{pmatrix}\} = \mathbb{R}^3$.

Außerdem sind die drei Einheitsvektoren linear unabhängig, weil nur für $\lambda_1 = \lambda_2 = \lambda_3 = 0$ gilt:

$$\lambda_1 \cdot \begin{pmatrix}1\\0\\0\end{pmatrix} + \lambda_2 \cdot \begin{pmatrix}0\\1\\0\end{pmatrix} + \lambda_3 \cdot \begin{pmatrix}0\\0\\1\end{pmatrix} = \begin{pmatrix}\lambda_1\\\lambda_2\\\lambda_3\end{pmatrix} = \begin{pmatrix}0\\0\\0\end{pmatrix}.$$

Damit bilden sie eine **Basis des $\mathbb{R}^3$**. Wir nennen diese Basis **kanonische Basis**, die wir bereits im Abschnitt 2.3 als kartesische Basis bei kartesischen Koordinatensystemen kennengelernt haben.

Eindeutigkeit der Basisdarstellung:

Sei V ein $\mathbb{R}$-Vektorraum mit der Basis $(\vec{b}_1, \vec{b}_2, \ldots, \vec{b}_n)$. Dann ist jedes $\vec{a} \in V$ in eindeutiger Weise als Linearkombination der Basisvektoren darstellbar, d. h., zu jedem $\vec{a} \in V$ gibt es genau ein $(\lambda_1 \ \lambda_2 \ \ldots \ \lambda_n)^T \in \mathbb{R}^n$, für das gilt:

$$\vec{a} = \lambda_1 \cdot \vec{b}_1 + \lambda_2 \cdot \vec{b}_2 + \ldots + \lambda_n \cdot \vec{b}_n \qquad \textbf{(2-23)}$$

Beispiel 2.4.11:

Im $\mathbb{R}^2$ ist mit $\vec{b}_1 = \begin{pmatrix}2\\ \frac{1}{2}\end{pmatrix}$ und $\vec{b}_2 = \begin{pmatrix}\frac{1}{2}\\3\end{pmatrix}$ eine Basis gegeben.

Mit (2-23) ist jeder Vektor $\mathbb{R}^2$ eindeutig als Linearkombination dieser Basisvektoren darstellbar.

Betrachtet wir den Vektor $\vec{a} = \begin{pmatrix}9\\8\end{pmatrix}$, so lässt sich die Komponentenzerlegung geometrisch eindeutig mit einem Vektorparallelogramm durchführen (siehe Abbildung 2.4.4).

Im vorliegenden Beispiel gilt:

$$4 \cdot \vec{b_1} + 2 \cdot \vec{b_2} = 4 \cdot \begin{pmatrix} 2 \\ \frac{1}{2} \end{pmatrix} + 2 \cdot \begin{pmatrix} \frac{1}{2} \\ 3 \end{pmatrix} = \begin{pmatrix} 8 \\ 2 \end{pmatrix} + \begin{pmatrix} 1 \\ 6 \end{pmatrix} = \vec{a_1} + \vec{a_2} = \begin{pmatrix} 9 \\ 8 \end{pmatrix} = \vec{a}$$

$\vec{a_1}$ und $\vec{a_2}$ nennen wir auch die Vektorkomponenten von $\vec{a}$ bezüglich der betrachteten Basis.

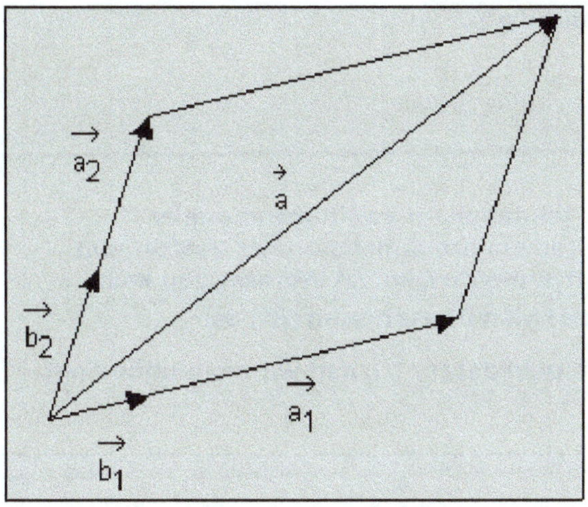

Abb. 2.4.4

In einem n-dimensionalen Vektorraum bildet jede Menge von n unabhängigen Vektoren eine Basis, d. h., jeder beliebige Vektor dieses Raumes lässt sich als Linearkombination dieser n Vektoren beschreiben. Besonders bedeutsam als Basisvektoren sind Einheitsvektoren (unter Einheitsvektoren verstehen wir Vektoren mit dem Betrag 1), die paarweise orthogonal zueinander sind. Wir sprechen in diesem Fall von einem Orthogonalsystem (i = 1, 2, ..., n).
Damit gilt für das sogenannte Skalarprodukt (siehe Abschnitt 5.6)

$$\vec{e_i} \cdot \vec{e_j} = \delta_{ij} \qquad \text{(2-24)}$$

mit der Kronecker-Deltafunktion

$$\delta_{ij} = \begin{vmatrix} 0 & \text{if } i \neq j \\ 1 & \text{otherwise} \end{vmatrix} \qquad \text{(2-25)}$$

In Mathcad ist die Kronecker-Deltafunktion durch δ(i,j) definiert.
Ein Orthogonalsystem, das gleichzeitig Basis des Vektorraumes V ist, bezeichnen wir als vollständig.
Für einen beliebigen Vektor $\vec{a} \in V$ gilt dann

$$\vec{a} = \sum_{j=1}^{n} \left(a_j \cdot \vec{e_j}\right). \qquad \text{(2-26)}$$

Die a_i sind die Komponenten des Vektors $\vec{a}$ bezüglich der Basis $\vec{e_1}, \vec{e_2}, \ldots, \vec{e_n}$. Wie bereits erwähnt bilden die kartesischen Basisvektoren $\vec{e_x} = \vec{e_1}, \vec{e_y} = \vec{e_2}$ und $\vec{e_z} = \vec{e_3}$ ein vollständiges Orthogonalsystem.
Für den dreidimensionalen (euklidischen) Raum können wir somit (siehe auch Abschnitt 2.3) explizit schreiben:

$$\vec{a} = a_x \cdot \vec{e_x} + a_y \cdot \vec{e_y} + a_z \cdot \vec{e_z} = a_1 \cdot \vec{e_1} + a_2 \cdot \vec{e_2} + a_3 \cdot \vec{e_3} = \sum_{j=1}^{3} \left(a_j \cdot \vec{e_j}\right).$$

Dimension:

- Besitzt ein $\mathbb{R}$-Vektorraum V eine Basis $(\vec{b}_1, \vec{b}_2, ..., \vec{b}_n)$, so heißt V ein endlichdimensionaler Vektorraum und n die Dimension von V. Wir schreiben dimV = n.
- Besitzt ein $\mathbb{R}$-Vektorraum $V \neq \{0\}$ für kein n ($n \le n < \infty$) eine Basis $(\vec{b}_1, \vec{b}_2, ..., \vec{b}_n)$, so heißt V ein unendlichdimensionaler Vektorraum. Wir schreiben $\dim V = \infty$.
- Für den $\mathbb{R}$-Vektorraum {0} setzen wir dim {0} = 0.
- Für den $\mathbb{R}$-Vektorraum $\mathbb{R}^n$ gilt $\dim \mathbb{R}^n = n$.

Der Raum der Ortsvektoren aus der Anschauungsebene ist daher ein zweidimensionaler Vektorraum und der "gewöhnliche" Raum der Ortsvektoren ein dreidimensionaler Vektorraum. Die Behandlung höherdimensionaler Vektorräume ist mit den entwickelten Werkzeugen kein Problem. In der Physik betrachtet wir z. B. den 6-dimensionalen Phasenraum ($\mathbb{R}^6$) der Hamilton'schen Mechanik, aus Orts- und Impulsvektoren gebildet $(\vec{r}, \vec{p})$, den wir nicht unbedingt geometrisch interpretieren müssen.

2.5 Betrag eines Vektors

Die Abbildung

$$\|\cdot\| : \mathbb{R}^n \longrightarrow \mathbb{R}_0^+$$

$$\vec{a} \longmapsto \left\|\vec{a}\right\| = \sqrt{\sum_{i=1}^{n} a_i} = \sqrt{a_1^2 + a_2^2 + ... + a_n^2} \qquad (2\text{-}27)$$

heißt euklidische Norm oder Betrag (Länge oder Abstand) auf dem $\mathbb{R}^n$.

Neben der euklidischen Norm ist auch manchmal z. B. die Summennorm oder Maximumnorm von Bedeutung.

Wir schreiben in weiterer Folge, wie bereits in Abschnitt 2.1 formuliert, den Betrag mit einfachen Betragsstrichen!

Im ebenen bzw. räumlichen Koordinatensystem gilt auch nach Pythagoras (Abb.2.3.1) für den Betrag eines Vektors $\vec{a}$

$$a = \left\|\vec{a}\right\| = \left|\vec{a}\right| = \left|\begin{pmatrix} a_x \\ a_y \end{pmatrix}\right| = \sqrt{a_x^2 + a_y^2} \qquad (2\text{-}28)$$

bzw.

$$a = \left\|\vec{a}\right\| = \left|\vec{a}\right| = \left|\begin{pmatrix} a_x \\ a_y \\ a_z \end{pmatrix}\right| = \sqrt{a_x^2 + a_y^2 + a_z^2}. \qquad (2\text{-}29)$$

Beispiel 2.5.1:

Zeigen Sie, dass der Einheitsvektor $\vec{e}_a$ in Richtung eines Vektors $\vec{a}$ den Betrag gleich 1 besitzt.

Nach (2-9) gilt: $\vec{e}_a = \frac{1}{|\vec{a}|} \cdot \vec{a}$. Bilden wir davon den Betrag, so erhalten wir:

$$|\vec{e}_a| = \left|\frac{1}{|\vec{a}|} \cdot \vec{a}\right| = \frac{|\vec{a}|}{|\vec{a}|} = \frac{a}{a} = 1$$

Beispiel 2.5.2:

In der Physik wird häufig einer skalar formulierten Gleichung durch den Einheitsvektor eine Richtung zugeordnet. Die Gravitationskraft besitzt den Betrag $F = \gamma \cdot \frac{m \cdot M}{r^2}$.

Sie wirkt entlang der Verbindungslinie der beiden Massen M und m. Wie lautet die Gravitationskraft in Vektorform, die von der Masse M auf die Masse m ausgeübt wird?

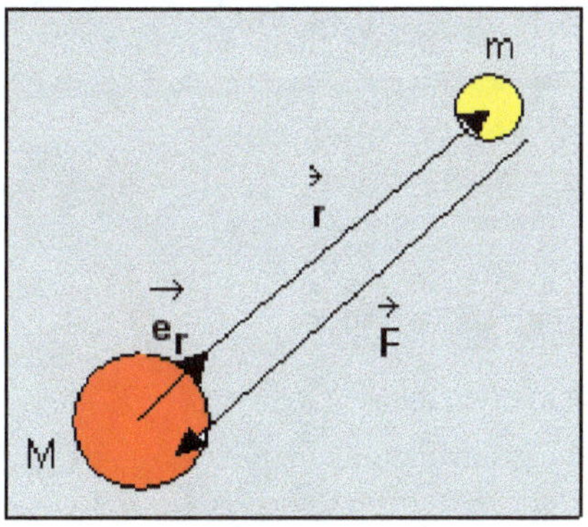

Abb. 2.5.1

Der Einheitsvektor, der von der großen Masse zur kleinen Masse zeigt, ist gegeben durch:

$$\vec{e}_r = \frac{\vec{\mathbf{r}}}{|\vec{\mathbf{r}}|}$$

Die Richtung der Gravitationskraft ist gegeben durch:

$$-\vec{e}_r = -\frac{\vec{\mathbf{r}}}{|\vec{\mathbf{r}}|}$$

Die Gravitationskraft lautet somit:

$$\vec{\mathbf{F}} = -\gamma \cdot \frac{M \cdot m}{r^2} \cdot \frac{\vec{\mathbf{r}}}{|\vec{\mathbf{r}}|}$$

Siehe dazu auch Kapitel 4.

Beispiel 2.5.3:

Zwei Punktladungen Q_1 = 1 nC und Q_2 = -3 Q_1 befinden sich an den Orten X_1 = (1; -2; 4) cm und X_2 = (-5; 8; -4) cm. Berechnen Sie die elektrische Feldstärke am Ort X = (1; 2; 4) cm.

Die elektrische Feldstärke einer Ladung Q im kartesischen Koordinatensystem zerlegt in seine Komponenten lautet (siehe dazu auch Kapitel 4):

$$\mathbf{E} = \frac{Q}{4 \cdot \pi \cdot \varepsilon_0 \cdot r^2} \cdot \mathbf{e_x} = \frac{Q}{4 \cdot \pi \cdot \varepsilon_0 \cdot r^2} \cdot \frac{\mathbf{r}}{|\mathbf{r}|} = \frac{Q}{4 \cdot \pi \cdot \varepsilon_0 \cdot r^3} \cdot \mathbf{r} = \frac{Q}{4 \cdot \pi \cdot \varepsilon_0 \cdot \left(x^2 + y^2 + z^2\right)^{\frac{3}{2}}} \cdot \begin{pmatrix} x \\ y \\ z \end{pmatrix}$$

ORIGIN := 1 — ORIGIN festlegen

$nC := 10^{-9} \cdot C$ — Einheit definieren

$Q_1 := 1 \cdot nC$ — Punktladung 1

$Q_2 := -3 \cdot Q_1$ Punktladung 2

$\varepsilon_0 := 8.854 \cdot \frac{pF}{m}$ elektrische Feldkonstante

$\mathbf{x_1} := \begin{pmatrix} 1 \\ -2 \\ 4 \end{pmatrix} \cdot cm \qquad \mathbf{x_2} := \begin{pmatrix} -5 \\ 8 \\ -4 \end{pmatrix} \cdot cm \qquad \mathbf{x} := \begin{pmatrix} 1 \\ 2 \\ 4 \end{pmatrix} \cdot cm$ Ortsvektoren zu den Punktladungen

$$\mathbf{E_1} := \frac{Q_1}{4 \cdot \pi \cdot \varepsilon_0 \cdot \left[\left(x_1 - \mathbf{x_1}_1\right)^2 + \left(x_2 - \mathbf{x_1}_2\right)^2 + \left(x_3 - \mathbf{x_1}_3\right)^2\right]^{\frac{3}{2}}} \cdot \begin{pmatrix} x_1 - \mathbf{x_1}_1 \\ x_2 - \mathbf{x_1}_2 \\ x_3 - \mathbf{x_1}_3 \end{pmatrix}$$

Feldstärke zwischen Ort X_1 und X

$$\mathbf{E_2} := \frac{Q_2}{4 \cdot \pi \cdot \varepsilon_0 \cdot \left[\left(x_1 - \mathbf{x_2}_1\right)^2 + \left(x_2 - \mathbf{x_2}_2\right)^2 + \left(x_3 - \mathbf{x_2}_3\right)^2\right]^{\frac{3}{2}}} \cdot \begin{pmatrix} x_1 - \mathbf{x_2}_1 \\ x_2 - \mathbf{x_2}_2 \\ x_3 - \mathbf{x_2}_3 \end{pmatrix}$$

Feldstärke zwischen Ort X_2 und X

$\mathbf{E} := \mathbf{E_1} + \mathbf{E_2} \qquad \mathbf{E} = \begin{pmatrix} -1.02 \\ 6.637 \\ -1.36 \end{pmatrix} \cdot \frac{kV}{m}$ gesuchter Feldstärkevektor

Beispiel 2.5.4:

Berechnen Sie die Stabkräfte $\vec{s_1}, \vec{s_2}, \vec{s_3}$ und Auflagerreaktionen $\vec{F_A}, \vec{F_B}$ des skizzierten Systems (Abb.2.5.2), wenn die Abstände a, b und die Kraft $\vec{F}$ gegeben sind.

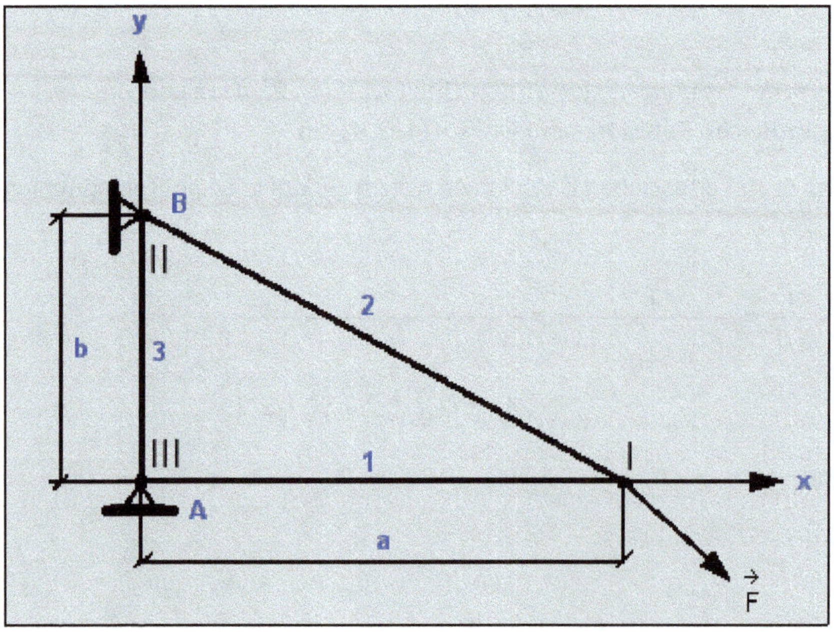

Abb. 2.5.2

$\vec{F} = \begin{pmatrix} F_1 \\ -F_2 \end{pmatrix}$ gegebene Kraft

Knoten I: Stabkräfte als Zugkräfte angesetzt!

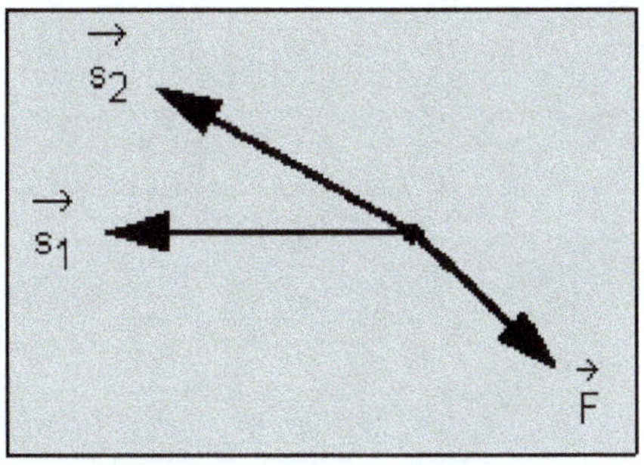

Abb. 2.5.3

Wir stellen zunächst Richtungsvektoren $\overrightarrow{r_{I,III}}$ und $\overrightarrow{r_{I,II}}$ beliebiger Länge auf. Wenn wir diese Vektoren jeweils durch ihren Betrag teilen, erhalten wir die Einheitsvektoren in Richtung der Kraft.

$$\overrightarrow{e_{s1}} = \frac{\overrightarrow{r_{I,III}}}{\left|\overrightarrow{r_{I,III}}\right|}$$

Einheitsvektor in Richtung der Stabkraft $\overrightarrow{s_1}$

$$\overrightarrow{e_{s2}} = \frac{\overrightarrow{r_{I,II}}}{\left|\overrightarrow{r_{I,II}}\right|}$$

Einheitsvektor in Richtung der Stabkraft $\overrightarrow{s_2}$

Für die Stabkräfte gilt dann:

$$\overrightarrow{s_1} = s_1 \cdot \overrightarrow{e_{s1}} = s_1 \cdot \frac{\overrightarrow{r_{I,III}}}{\left|\overrightarrow{r_{I,III}}\right|} = \frac{s_1}{\left|\overrightarrow{r_{I,III}}\right|} \cdot \overrightarrow{r_{I,III}} = S_1 \cdot \overrightarrow{r_{I,III}}$$

$$\overrightarrow{s_2} = s_2 \cdot \overrightarrow{e_{s2}} = s_2 \cdot \frac{\overrightarrow{r_{I,II}}}{\left|\overrightarrow{r_{I,II}}\right|} = \frac{s_2}{\left|\overrightarrow{r_{I,II}}\right|} \cdot \overrightarrow{r_{I,II}} = S_2 \cdot \overrightarrow{r_{I,II}}$$

Um sich die Rechenarbeit beim Lösen des Gleichungssystems zu erleichtern, können die Stabkräfte nun in folgender Form geschrieben werden:

$$\overrightarrow{s_1} = S_1 \cdot \begin{pmatrix} -a \\ 0 \end{pmatrix} \qquad \overrightarrow{s_2} = S_2 \cdot \begin{pmatrix} -a \\ b \end{pmatrix}$$

Mit der Gleichgewichtsbedingung erhalten wir die folgende Vektorgleichung im Knoten I:

$$\vec{F} + \overrightarrow{s_1} + \overrightarrow{s_2} = \vec{0} \quad \text{bzw.} \quad \overrightarrow{s_1} + \overrightarrow{s_2} = -\vec{F}$$

$$S_1 \cdot \begin{pmatrix} -a \\ 0 \end{pmatrix} + S_2 \cdot \begin{pmatrix} -a \\ b \end{pmatrix} = \begin{pmatrix} -F_1 \\ F_2 \end{pmatrix}$$ vereinfacht auf $$\begin{bmatrix} -a \cdot (S_1 + S_2) \\ S_2 \cdot b \end{bmatrix} = \begin{pmatrix} -F_1 \\ F_2 \end{pmatrix}$$

$$\begin{bmatrix} -a \cdot (S_1 + S_2) = -F_1 \\ S_2 \cdot b = F_2 \end{bmatrix} \text{auflösen}, \begin{pmatrix} S_1 \\ S_2 \end{pmatrix} \rightarrow \begin{pmatrix} -\frac{F_2 \cdot a - F_1 \cdot b}{a \cdot b} & \frac{F_2}{b} \end{pmatrix}$$

Lösungen des Gleichungssystems

$\vec{s_1} = -\frac{F_2 \cdot a - F_1 \cdot b}{a \cdot b} \cdot \begin{pmatrix} -a \\ 0 \end{pmatrix}$ vereinfacht auf $\vec{s_1} = \begin{pmatrix} \frac{F_2 \cdot a}{b} - F_1 \\ 0 \end{pmatrix}$

$\vec{s_2} = \frac{F_2}{b} \cdot \begin{pmatrix} -a \\ b \end{pmatrix}$ vereinfacht auf $\vec{s_2} = \begin{pmatrix} -\frac{F_2 \cdot a}{b} \\ F_2 \end{pmatrix}$

Knoten II:

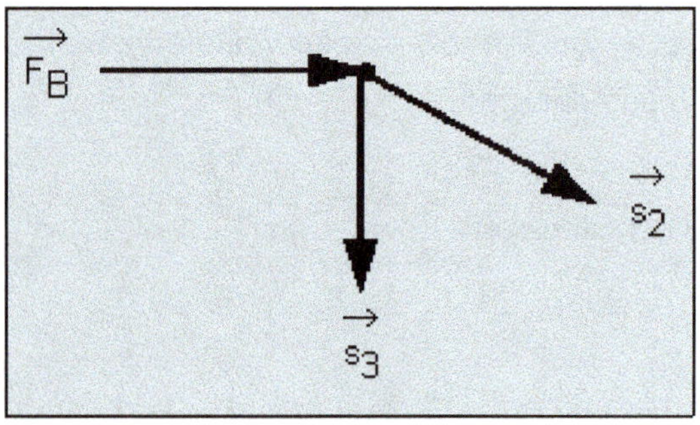

Abb. 2.5.4 $\vec{F_B} = \begin{pmatrix} F_B \\ 0 \end{pmatrix}$ angreifende Kraft im Punkt B

Für die Stabkraft $\vec{s_3}$ gilt analog wie oben:

$$\vec{s_3} = s_3 \cdot \vec{e_{s3}} = s_3 \cdot \frac{\vec{r_{II,III}}}{\left|\vec{r_{II,III}}\right|} = \frac{s_3}{\left|\vec{r_{II,III}}\right|} \cdot \vec{r_{II,III}} = S_3 \cdot \vec{r_{II,III}}$$

$$\vec{s_3} = S_3 \cdot \begin{pmatrix} 0 \\ -b \end{pmatrix}$$

Mit der Gleichgewichtsbedingung erhalten wir die folgende Vektorgleichung im Knoten II:

$\vec{F_B} - \vec{s_2} + \vec{s_3} = \vec{0}$ bzw. $\vec{s_2} - \vec{s_3} = \vec{F_B}$

$\begin{pmatrix} -\frac{F_2 \cdot a}{b} \\ F_2 \end{pmatrix} - S_3 \cdot \begin{pmatrix} 0 \\ -b \end{pmatrix} = \begin{pmatrix} F_B \\ 0 \end{pmatrix}$ vereinfacht auf $\begin{pmatrix} -\frac{F_2 \cdot a}{b} \\ F_2 + S_3 \cdot b \end{pmatrix} = \begin{pmatrix} F_B \\ 0 \end{pmatrix}$

Daraus folgt:

$F_B = -\frac{a}{b} \cdot F_2$ $\qquad S_3 = -\frac{F_2}{b}$

$\vec{F_B} = \begin{pmatrix} -\frac{a}{b} \cdot F_2 \\ 0 \end{pmatrix}$ $\qquad \vec{s_3} = \frac{-F_2}{b} \cdot \begin{pmatrix} 0 \\ -b \end{pmatrix} = \begin{pmatrix} 0 \\ F_2 \end{pmatrix}$

Knoten III:

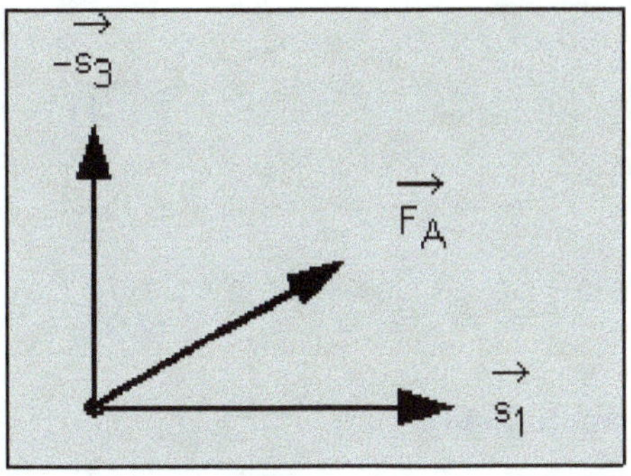

Abb. 2.5.5 $\vec{F}_A = \begin{pmatrix} F_{Ax} \\ F_{Ay} \end{pmatrix}$ angreifende Kraft im Punkt A

Mit der Gleichgewichtsbedingung erhalten wir die folgende Vektorgleichung im Knoten III:

$-\vec{s}_3 + \vec{F}_A - \vec{s}_1 = \vec{0}$ bzw. $\vec{s}_3 + \vec{s}_1 = \vec{F}_A$

$$\begin{pmatrix} 0 \\ F_2 \end{pmatrix} + \begin{pmatrix} \frac{F_2 \cdot a}{b} - F_1 \\ 0 \end{pmatrix} = \begin{pmatrix} F_{Ax} \\ F_{Ay} \end{pmatrix} \quad \text{vereinfacht auf} \quad \begin{pmatrix} \frac{F_2 \cdot a}{b} - F_1 \\ F_2 \end{pmatrix} = \begin{pmatrix} F_{Ax} \\ F_{Ay} \end{pmatrix}$$

Damit gilt:

$$\vec{F}_A = \begin{pmatrix} F_{Ax} \\ F_{Ay} \end{pmatrix} = \begin{pmatrix} \frac{a \cdot F_2 - F_1 \cdot b}{b} \\ F_2 \end{pmatrix}$$

2.6 Produkte von Vektoren

2.6.1 Skalarprodukt

Für zwei Vektoren $\vec{a}, \vec{b} \in \mathbb{R}^n$ nennen wir die Zahl

$$\vec{a} \cdot \vec{b} = a_1 \cdot b_1 + a_2 \cdot b_2 + ... + a_n \cdot b_n = \sum_{i=1}^{n} (a_i \cdot b_i) \qquad \textbf{(2-30)}$$

das Skalarprodukt von $\vec{a}$ und $\vec{b}$.

Das Skalarprodukt ist eine skalare Größe und wird auch als inneres Produkt der Vektoren $\vec{a}$ und $\vec{b}$ bezeichnet.

Für den zwei- und dreidimensionalen Vektorraum gilt demnach:

$$\vec{a} \cdot \vec{b} = \begin{pmatrix} a_x \\ a_y \end{pmatrix} \cdot \begin{pmatrix} b_x \\ b_y \end{pmatrix} = a_x \cdot b_x + a_y \cdot b_y \qquad \vec{a} \cdot \vec{b} = \begin{pmatrix} a_x \\ a_y \\ a_z \end{pmatrix} \cdot \begin{pmatrix} b_x \\ b_y \\ b_z \end{pmatrix} = a_x \cdot b_x + a_y \cdot b_y + a_z \cdot b_z$$

Ist in einem Vektorraum ein Skalarprodukt erklärt, so ist mit der Einführung einer Metrik (euklidische Metrik d(x,y) - euklidischer Abstand) - also einer Abstandsdefinition zweier Punkte - dieser Vektorraum euklidisch.

Führen wir die vorhergehende Rechnung für die Projektionen von $\vec{a}$ auf $\vec{b}$ bzw. $\vec{b}$ auf $\vec{a}$ durch (Abb. 2.6.1), so erhalten wir das Skalarprodukt aus

$$\vec{a} \cdot \vec{b} = \vec{b} \cdot \vec{a_b} = \vec{a} \cdot \vec{b_a} = \left|\vec{a}\right| \cdot \left|\vec{b}\right| \cdot \cos(\varphi) \qquad (2\text{-}31)$$

bzw.

$$\vec{a} \cdot \vec{b} = \left|\vec{a}\right| \cdot \left|\vec{b}\right| \cdot \cos(\alpha - \beta) = \left|\vec{a}\right| \cdot \left|\vec{b}\right| \cdot \cos(\varphi). \qquad (2\text{-}32)$$

φ ist der von beiden Vektoren eingeschlossene Winkel. Siehe dazu auch (2-44).

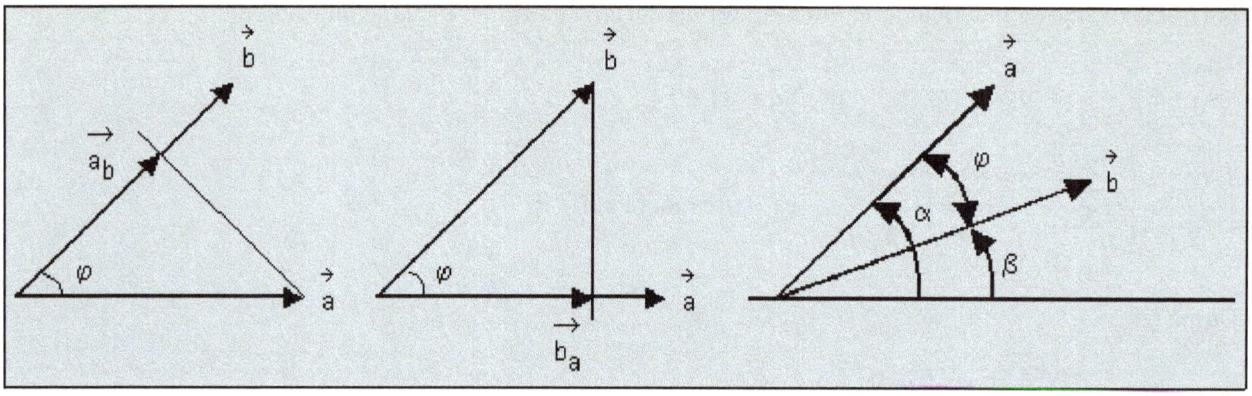

Abb. 2.6.1

Beispiel 2.6.1

Es soll die Beziehung (2-32) rechnerisch nachgewiesen werden.

$$\vec{a} = \begin{pmatrix} \left|\vec{a}\right| \cdot \cos(\alpha) \\ \left|\vec{a}\right| \cdot \sin(\alpha) \end{pmatrix} \qquad \vec{b} = \begin{pmatrix} \left|\vec{b}\right| \cdot \cos(\beta) \\ \left|\vec{b}\right| \cdot \sin(\beta) \end{pmatrix}$$

Koordinatendarstellung beider Vektoren

$$\vec{a} \cdot \vec{b} = \begin{pmatrix} a_x \\ a_y \end{pmatrix} \cdot \begin{pmatrix} b_x \\ b_y \end{pmatrix} = a_x \cdot b_x + a_y \cdot b_y = \left|\vec{a}\right| \cdot \left|\vec{b}\right| \cdot (\cos(\alpha) \cdot \cos(\beta) + \sin(\alpha) \cdot \sin(\beta)) = \left|\vec{a}\right| \cdot \left|\vec{b}\right| \cdot \cos(\alpha - \beta)$$

Es gelten folgende Gesetze für das Skalarprodukt:

a) $\vec{a} \cdot \vec{b} = \vec{b} \cdot \vec{a}$ **Kommutativgesetz** (2-33)

b) $\vec{a} \cdot \left(\vec{b} + \vec{c}\right) = \vec{a} \cdot \vec{b} + \vec{a} \cdot \vec{c}$ **Distributivgesetz** (2-34)

c) $\lambda \cdot \left(\vec{a} \cdot \vec{b}\right) = \left(\lambda \cdot \vec{a}\right) \cdot \vec{b} = \vec{a} \cdot \left(\lambda \cdot \vec{b}\right)$ $\lambda \in \mathbb{R}$ (2-35)

Eigenschaften des Skalarproduktes:

a) Sonderfälle:

$$\vec{a} \cdot \vec{0} = 0 \qquad (2\text{-}36)$$

$$\vec{a} \cdot \vec{a} = \left(\vec{a}\right)^2 = \left(\left|\vec{a}\right|\right)^2 = a^2 \qquad (2\text{-}37)$$

b) Der Betrag eines Vektors kann mithilfe des Skalarproduktes bestimmt werden:
Wegen (2-37) gilt:

$$a = \left|\vec{a}\right| = \sqrt{\vec{a} \cdot \vec{a}} = \sqrt{\left(\vec{a}\right)^2} = \sqrt{\left(\left|\vec{a}\right|\right)^2} \qquad \text{(2-38)}$$

Es gilt aber auch wegen (2-24) und (2-26):

$$a = \left|\vec{a}\right| = \sqrt{\vec{a} \cdot \vec{a}} = \sqrt{\sum_{i,j=1}^{3} \left[a_i \cdot a_j \cdot \left(\vec{e_i} \cdot \vec{e_j}\right)\right]} = \sqrt{\sum_{i,j=1}^{3} \left(a_i \cdot a_j \cdot \delta_{ij}\right)} = \sqrt{\sum_{i=1}^{3} a_i^2} = \sqrt{a_1^2 + a_2^2 + a_3^2}\,.$$

c) $\vec{a} \cdot \vec{b}$ besitzt für $\varphi = 0$ seinen größten Wert ($\cos(0) = 1$, $\vec{a}$ ist parallel zu $\vec{b}$):

$$\vec{a} \cdot \vec{b} = \left|\vec{a}\right| \cdot \left|\vec{b}\right| \qquad \text{(2-39)}$$

Für $\varphi = \pi$ nimmt das Skalarprodukt seinen kleinsten Wert an ($\cos(\pi) = -1$, $\vec{a}$ ist antiparallel zu $\vec{b}$), nämlich

$$\vec{a} \cdot \vec{b} = -\left|\vec{a}\right| \cdot \left|\vec{b}\right| \qquad \text{(2-40)}$$

Für $\varphi = \pi/2$ wird $\vec{a} \cdot \vec{b} = 0$, auch wenn $\vec{a}$ und $\vec{b}$ ungleich null sind ($\cos(\pi/2) = 0$, $\vec{a}$ senkrecht auf $\vec{b}$); also

$$\vec{a} \cdot \vec{b} = 0, \text{ wenn } \vec{a} \perp \vec{b} \qquad \text{(2-41)}$$

d) Der von zwei Vektoren $\vec{a}$ und $\vec{b}$ eingeschlossene Winkel φ lässt sich aus (2-31) berechnen:

$$\cos(\varphi) = \frac{\vec{a} \cdot \vec{b}}{\left|\vec{a}\right| \cdot \left|\vec{b}\right|} \quad \Rightarrow \quad \varphi = \arccos\left(\frac{\vec{a} \cdot \vec{b}}{\left|\vec{a}\right| \cdot \left|\vec{b}\right|}\right) \qquad \text{(2-42)}$$

e) Die Projektion eines Vektors $\vec{b}$ auf einen (Abb. 2.6.1) zweiten Vektor $\vec{a}$ erhalten wir aus (2-31):

$$\vec{a} \cdot \vec{b} = \left|\vec{a}\right| \cdot \left|\vec{b}\right| \cdot \cos(\varphi) = \left|\vec{a}\right| \cdot \left|\vec{b_a}\right| \qquad \text{(2-43)}$$

Durch Division durch $\left|\vec{a}\right|$ erhalten wir

$$\left|\vec{b_a}\right| = \frac{\vec{a} \cdot \vec{b}}{\left|\vec{a}\right|} \qquad \text{(2-44)}$$

Der Vektor $\vec{b_a}$ besitzt die gleiche Richtung wie der Vektor $\vec{a}$. Daher gilt mit dem Einheitsvektor in Richtung $\vec{a}$ und unter Berücksichtigung von (2-44):

$$\vec{b_a} = \left|\vec{b_a}\right| \cdot \vec{e_a} = \left|\vec{b_a}\right| \cdot \frac{\vec{a}}{\left|\vec{a}\right|} = \frac{\left|\vec{b_a}\right|}{\left|\vec{a}\right|} \cdot \vec{a} = \frac{\vec{a} \cdot \vec{b}}{\left|\vec{a}\right| \cdot \left|\vec{a}\right|} \cdot \vec{a} = \left[\frac{\vec{a} \cdot \vec{b}}{\left(\left|\vec{a}\right|\right)^2}\right] \cdot \vec{a} \qquad \text{(2-45)}$$

f) Ein Vektor $\vec{a}$ bildet mit den Koordinatenachsen der Reihe nach die Winkel α und β bzw. α, β und γ, die als Richtungswinkel bezeichnet werden (Abb. 2.6.2).

Setzen wir in die Beziehung (2-42) für $\vec{b}$ der Reihe nach die Basisvektoren $\vec{e_x}$ und $\vec{e_y}$ bzw. $\vec{e_x}$, $\vec{e_y}$ und $\vec{e_z}$ ein, so erhalten wir:

$$\cos(\alpha) = \frac{\vec{a}\cdot\vec{e_x}}{|\vec{a}|\cdot|\vec{e_x}|} = \frac{\begin{pmatrix} a_x \\ a_y \end{pmatrix}\cdot\begin{pmatrix} 1 \\ 0 \end{pmatrix}}{|\vec{a}|\cdot 1} = \frac{a_x}{|\vec{a}|} = \frac{a_x}{a} \text{ bzw. } \cos(\alpha) = \frac{\vec{a}\cdot\vec{e_x}}{|\vec{a}|\cdot|\vec{e_x}|} = \frac{\begin{pmatrix} a_x \\ a_y \\ a_z \end{pmatrix}\cdot\begin{pmatrix} 1 \\ 0 \\ 0 \end{pmatrix}}{|\vec{a}|\cdot 1} = \frac{a_x}{|\vec{a}|} = \frac{a_x}{a}.$$

Analoge Gleichungen können auch für die anderen Richtungswinkel hergeleitet werden.

$$\cos(\alpha) = \frac{a_x}{|\vec{a}|}, \quad \cos(\beta) = \frac{a_y}{|\vec{a}|}, \quad \cos(\alpha)^2 + \cos(\beta)^2 = 1, \ \alpha = 90° - \beta \qquad (2\text{-}46)$$

$$\cos(\alpha) = \frac{a_x}{|\vec{a}|}, \quad \cos(\beta) = \frac{a_y}{|\vec{a}|}, \quad \cos(\gamma) = \frac{a_z}{|\vec{a}|}, \ \cos(\alpha)^2 + \cos(\beta)^2 + \cos(\gamma)^2 = 1 \qquad (2\text{-}47)$$

Die Richtungswinkel sind damit voneinander abhängige Größen!

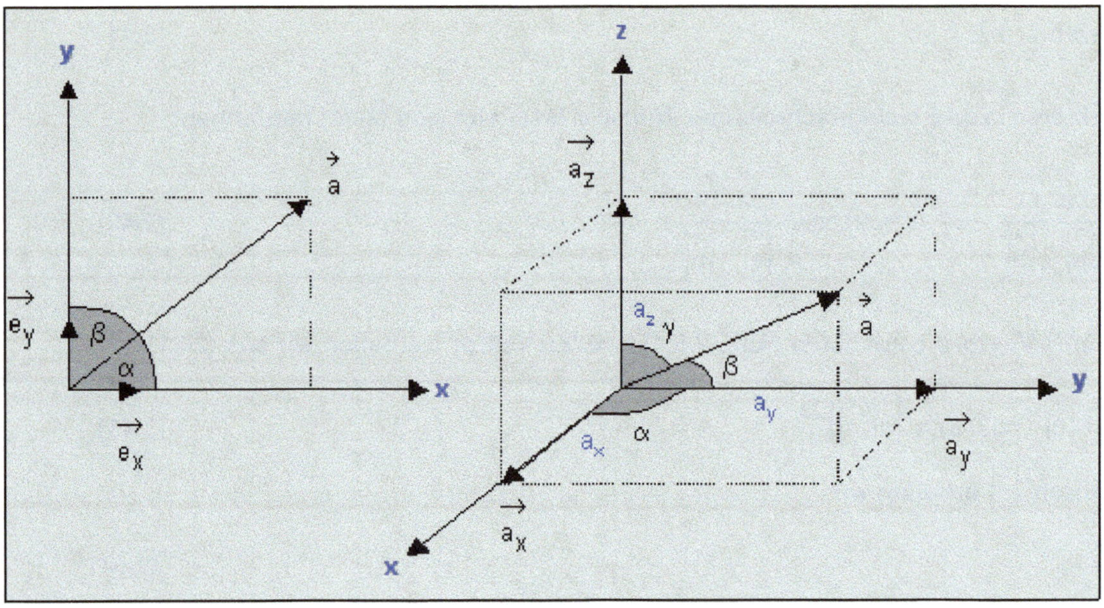

Abb. 2.6.2

Beispiel 2.6.2:

Bilden Sie das Skalarprodukt der nachfolgend gegebenen Vektoren.

$\mathbf{a} := \begin{pmatrix} 5 \\ 2 \\ 1 \end{pmatrix} \quad \mathbf{b} := \begin{pmatrix} -2 \\ 1 \\ 4 \end{pmatrix}$ gegebene Vektoren

$\mathbf{a}\cdot\mathbf{b} = 5\cdot(-2) + 2\cdot 1 + 1\cdot 4 = -4 \qquad \mathbf{a}\cdot\mathbf{b} = -4$ Skalarprodukt händisch und mit Mathcad berechnet

Beispiel 2.6.3:

Zeigen Sie, dass die Einheitsvektoren $\vec{e_x}$, $\vec{e_y}$ und $\vec{e_z}$ die Bedingung der Orthonormalität erfüllen.

$\mathbf{e_x} := \begin{pmatrix} 1 \\ 0 \\ 0 \end{pmatrix}$ $\mathbf{e_y} := \begin{pmatrix} 0 \\ 1 \\ 0 \end{pmatrix}$ $\mathbf{e_z} := \begin{pmatrix} 0 \\ 0 \\ 1 \end{pmatrix}$

$\mathbf{e_x} \cdot \mathbf{e_y} = 0$ $\mathbf{e_x} \cdot \mathbf{e_z} = 0$ $\mathbf{e_y} \cdot \mathbf{e_z} = 0$ die Einheitsvektoren stehen aufeinander senkrecht

$\mathbf{e_x} \cdot \mathbf{e_x} = 1$ $\mathbf{e_y} \cdot \mathbf{e_y} = 1$ $\mathbf{e_z} \cdot \mathbf{e_z} = 1$ das Quadrat des Betrages

Beispiel 2.6.4:

Sind die nachfolgend gegebenen Vektoren orthogonal, d. h., stehen sie senkrecht aufeinander?

$\mathbf{a1} := \begin{pmatrix} 3 \\ 2 \end{pmatrix}$ $\mathbf{n1} := \begin{pmatrix} -2 \\ 3 \end{pmatrix}$ gegebene Vektoren

$\mathbf{a1} \cdot \mathbf{n1} = 0$ die Vektoren sind orthogonal (der Vektor $\vec{n1}$ heißt auch Normalvektor zu $\vec{a1}$)

Beispiel 2.6.5:

Welche Winkel bildet der Vektor $\vec{a} = 3 \cdot \vec{e_x} + 1 \cdot \vec{e_y}$ mit den beiden Koordinatenachsen (siehe auch Abb. 2.6.2)?

$\mathbf{e_x} := \begin{pmatrix} 1 \\ 0 \end{pmatrix}$ $\mathbf{e_y} := \begin{pmatrix} 0 \\ 1 \end{pmatrix}$ Basisvektoren

$\mathbf{a} := \begin{pmatrix} 3 \\ 1 \end{pmatrix}$ Vektor in Koordinatendarstellung

Nach (2-24) gilt:

$$\mathbf{a} \cdot \mathbf{e_x} = |\mathbf{a}| \cdot |\mathbf{e_x}| \cdot \cos(\alpha)$$

$$\mathbf{a} \cdot \mathbf{e_y} = |\mathbf{a}| \cdot |\mathbf{e_y}| \cdot \cos(\beta)$$

Daraus folgt:

$\alpha := \operatorname{acos}\left(\frac{\mathbf{a} \cdot \mathbf{e_x}}{|\mathbf{a}| \cdot |\mathbf{e_x}|}\right)$ $\alpha = 18.435 \cdot \text{Grad}$

$\beta := \operatorname{acos}\left(\frac{\mathbf{a} \cdot \mathbf{e_y}}{|\mathbf{a}| \cdot |\mathbf{e_y}|}\right)$ $\beta = 71.565 \cdot \text{Grad}$

Für α und β gilt natürlich: $\cos(\alpha)^2 + \cos(\beta)^2 = 1$ und $\alpha + \beta = 90 \cdot \text{Grad}$

Beispiel 2.6.6:

Zeigen Sie, dass für Vektoren

$\left(\vec{a} - \vec{b}\right) \cdot \left(\vec{a} + \vec{b}\right) = \left(\vec{a}\right)^2 - \left(\vec{b}\right)^2 = a_x^{\,2} + a_y^{\,2} - \left(b_x^{\,2} + b_y^{\,2}\right)$ gilt.

$\left[\begin{pmatrix} a_x \\ a_y \end{pmatrix} - \begin{pmatrix} b_x \\ b_y \end{pmatrix}\right] \cdot \left[\begin{pmatrix} a_x \\ a_y \end{pmatrix} + \begin{pmatrix} b_x \\ b_y \end{pmatrix}\right]$ | annehmen, a_x = reell, a_y = reell
annehmen, b_x = reell, b_y = reell $\rightarrow a_x^2 + a_y^2 - b_x^2 - b_y^2$
erweitern

Beispiel 2.6.7:

Bestimmen Sie den Vektor $\vec{b}_a$, wenn die Vektoren $\vec{a}$ und $\vec{b}$ gegeben sind.

$\mathbf{a} := \begin{pmatrix} 2 \\ 0 \\ 1 \end{pmatrix}$ $\quad \mathbf{b} := \begin{pmatrix} 5 \\ -2 \\ 8 \end{pmatrix}$ gegebene Vektoren

$\mathbf{b_a} := \left[\frac{\mathbf{a} \cdot \mathbf{b}}{(|\mathbf{a}|)^2}\right] \cdot \mathbf{a}$ $\quad \mathbf{b_a} = \begin{pmatrix} 7.2 \\ 0 \\ 3.6 \end{pmatrix}$ Projektion des Vektors $\vec{b}$ auf den Vektor $\vec{a}$

Beispiel 2.6.8:

Wie lauten die Richtungswinkel α, β, und γ des Vektors $\vec{a}$?

$\mathbf{a} := \begin{pmatrix} -2 \\ 1 \\ -5 \end{pmatrix}$ gegebener Vektor

ORIGIN := 1 ORIGIN festlegen

$\alpha := \mathrm{acos}\left(\frac{\mathbf{a}_1}{|\mathbf{a}|}\right)$ $\quad \alpha = 111.417 \cdot \mathrm{Grad}$

$\beta := \mathrm{acos}\left(\frac{\mathbf{a}_2}{|\mathbf{a}|}\right)$ $\quad \beta = 79.48 \cdot \mathrm{Grad}$

$\gamma := \mathrm{acos}\left(\frac{\mathbf{a}_3}{|\mathbf{a}|}\right)$ $\quad \gamma = 155.905 \cdot \mathrm{Grad}$

Beispiel 2.6.9:

Ein Vektor $\vec{v}$ vom Betrage $|\vec{v}| = 6$ bilde mit der x- und y-Achse jeweils einen Winkel von 60° und mit der z-Achse einen spitzen Winkel (0° < γ < 90°). Wie lauten die Koordinaten des Vektors?

Aus $\cos^2(\alpha) + \cos^2(\beta) + \cos^2(\gamma) = 1$ folgt:

$\cos(\gamma) = \sqrt{1 - \cos(\alpha)^2 - \cos(\beta)^2}$ Es kommt hier nur die positive Wurzel in Frage, weil γ spitz sein soll!

$\alpha := 60 \cdot \mathrm{Grad}$ $\quad \beta := 60 \cdot \mathrm{Grad}$ gegebene Winkel

$\gamma := \mathrm{acos}\left(\sqrt{1 - \cos(\alpha)^2 - \cos(\beta)^2}\right)$ $\quad \gamma = 45 \cdot \mathrm{Grad}$

Die Koordinaten lauten somit:

$v_x := 6 \cdot \cos(\alpha)$ $\quad v_x = 3$ $\quad v_y := 6 \cdot \cos(\beta)$ $\quad v_y = 3$ $\quad v_z := 6 \cdot \cos(\gamma)$ $\quad v_z = 4.243$

Beispiel 2.6.10:

Bestimmen Sie die Projektion $\vec{F_s}$ des Kraftvektors $\vec{F}$ in Richtung des Wegvektors $\vec{s}$ bei gegebenen Vektoren $\vec{F}$ und $\vec{s}$.

$$\mathbf{F} := \begin{pmatrix} 50 \\ 30 \\ 40 \end{pmatrix} \cdot N \qquad \mathbf{s} := \begin{pmatrix} 10 \\ -10 \\ 30 \end{pmatrix} \cdot m$$ gegebene Vektoren

$\mathbf{F} \cdot \mathbf{s} = 1.4 \times 10^3\, J$ ergibt offensichtlich die Größe einer verrichteten Arbeit

$$\mathbf{F_s} := \left[\frac{\mathbf{F} \cdot \mathbf{s}}{(|\mathbf{s}|)^2}\right] \cdot \mathbf{s} \qquad \mathbf{F_s} = \begin{pmatrix} 12.727 \\ -12.727 \\ 38.182 \end{pmatrix} N$$

$\mathbf{F_s} \cdot \mathbf{s} = 1.4 \times 10^3\, J$ ergibt ebenfalls die Größe einer verrichteten Arbeit

Beispiel 2.6.11:

Eine konstante Kraft $\vec{F}$ verschiebe einen Massenpunkt (siehe Abb. 2.6.3) vom Punkte P_1(2 m| 4 m| 1 m) aus geradlinig in den Punkt P_2 (5 m| 2 m| 3 m). Welche Verschiebungsarbeit wird dabei verrichtet? Wie groß ist der Winkel φ zwischen Kraft- und Verschiebungsvektor? Welche Länge hat der Verschiebungsvektor?

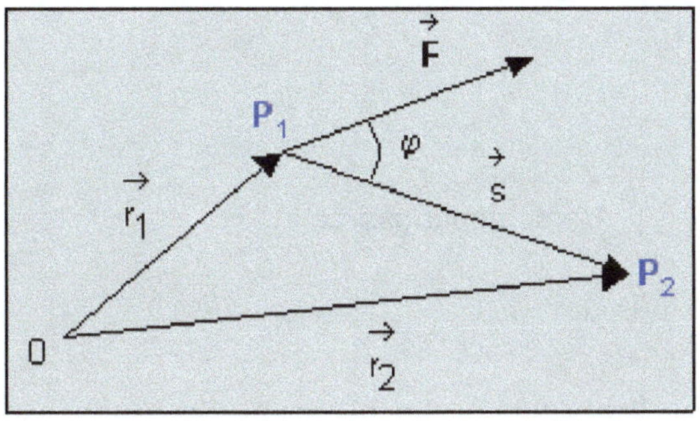

Abb. 2.6.3

$$\mathbf{F} := \begin{pmatrix} 200 \\ 30 \\ 50 \end{pmatrix} \cdot N \qquad \mathbf{r_1} := \begin{pmatrix} 2 \\ 4 \\ 1 \end{pmatrix} \cdot m \qquad \mathbf{r_2} := \begin{pmatrix} 5 \\ 2 \\ 3 \end{pmatrix} \cdot m$$ gegebene Kraft und Ortsvektoren

$$\mathbf{s} := \mathbf{r_2} - \mathbf{r_1} \qquad \mathbf{s} = \begin{pmatrix} 3 \\ -2 \\ 2 \end{pmatrix} m$$ Verschiebungsvektor

$W := \mathbf{F} \cdot \mathbf{s}$ $\qquad W = 640\, J$ Verschiebungsarbeit

$$\varphi := \mathrm{acos}\left(\frac{\mathbf{F} \cdot \mathbf{s}}{|\mathbf{F}| \cdot |\mathbf{s}|}\right) \qquad \varphi = 41.833 \cdot Grad$$ Winkel zwischen Kraft und Verschiebungsvektor

$$\mathrm{dist}(a, b) := \sqrt{\sum \overrightarrow{(a-b)^2}} \qquad \mathrm{dist}(\mathbf{r_2}, \mathbf{r_1}) = 4.123\, m$$ oder $|\mathbf{s}| = 4.123\, m$ Länge des Verschiebungsvektors

Beispiel 2.6.12:

Berechnen Sie die Arbeit W von der Kraft $\vec{F}$ entlang des Weges $\vec{s}$, wenn $\alpha = 60°$ und $\beta = 30°$ beträgt (Abb.2.6.4).

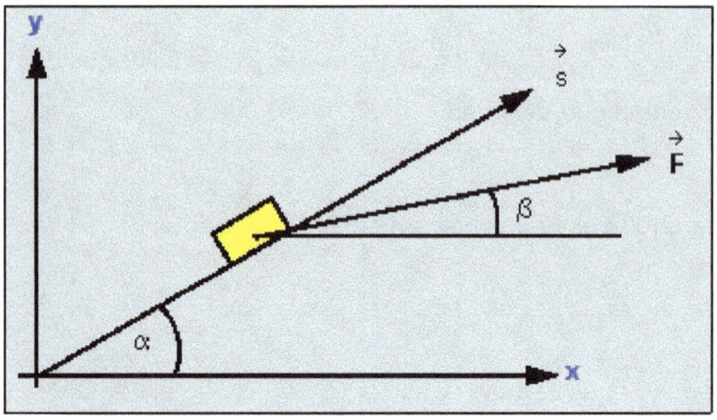

Abb. 2.6.4

$$\mathbf{s} = \begin{pmatrix} s \cdot \cos(\alpha) \\ s \cdot \sin(\alpha) \end{pmatrix} \qquad \mathbf{s} = \begin{pmatrix} s \cdot \cos(60 \cdot \text{Grad}) \\ s \cdot \sin(60 \cdot \text{Grad}) \end{pmatrix} = s \cdot \begin{pmatrix} \frac{1}{2} \\ \frac{\sqrt{3}}{2} \end{pmatrix}$$

Verschiebungsvektor

$$\mathbf{F} = \begin{pmatrix} F \cdot \cos(\beta) \\ F \cdot \sin(\beta) \end{pmatrix} \qquad \mathbf{F} = \begin{pmatrix} F \cdot \cos(30 \cdot \text{Grad}) \\ F \cdot \sin(30 \cdot \text{Grad}) \end{pmatrix} = F \cdot \begin{pmatrix} \frac{\sqrt{3}}{2} \\ \frac{1}{2} \end{pmatrix}$$

Kraftvektor

$$W = \mathbf{F} \cdot \mathbf{s} = F \cdot s \cdot \left(\frac{1}{2} \cdot \frac{\sqrt{3}}{2} + \frac{\sqrt{3}}{2} \cdot \frac{1}{2} \right) = F \cdot s \cdot \frac{\sqrt{3}}{2}$$

Verschiebungsarbeit

$$W = \mathbf{F_s} \cdot \mathbf{s} = F \cdot s \cdot \cos(30 \cdot \text{Grad})$$

2.6.2 Vektorprodukt

Das Vektorprodukt (Kreuzprodukt oder äußeres Produkt) $\vec{a} \times \vec{b}$ ($\vec{a}, \vec{b} \in \mathbb{R}^3$) der Vektoren $\vec{a}$ und $\vec{b}$ (gesprochen $\vec{a}$ kreuz $\vec{b}$) von zwei Vektoren ist ein Vektor, der auf $\vec{a}$ und $\vec{b}$ senkrecht steht und dessen Betrag gleich dem Flächeninhalt des von $\vec{a}$ und $\vec{b}$ aufgespannten Parallelogramms ist (Abb. 2.6.5). Da es zwei solcher Vektoren gibt, einen "nach oben" und einen "nach unten", legen wir seine Richtung so fest, dass $\vec{a}$, $\vec{b}$ und $\vec{a} \times \vec{b}$ ein Rechtssystem bilden, d. h., zeigt $\vec{a}$ in Richtung des Daumens, $\vec{b}$ in Richtung des Zeigefingers der ausgestreckten Hand, dann zeigt $\vec{a} \times \vec{b}$ in Richtung des abgewinkelten Mittelfingers ("Rechte-Hand-Regel").

Ist φ wieder der von $\vec{a}$ und $\vec{b}$ eingeschlossene Winkel, dann ist der Flächeninhalt des Parallelogramms $A = a \cdot b \cdot \sin(\varphi)$.
Für den Betrag ds Vektorproduktes gilt daher:

$$\left| \vec{a} \times \vec{b} \right| = a \cdot b \cdot \sin(\varphi) \quad (0 < \varphi < 180°) \qquad (2\text{-}48)$$

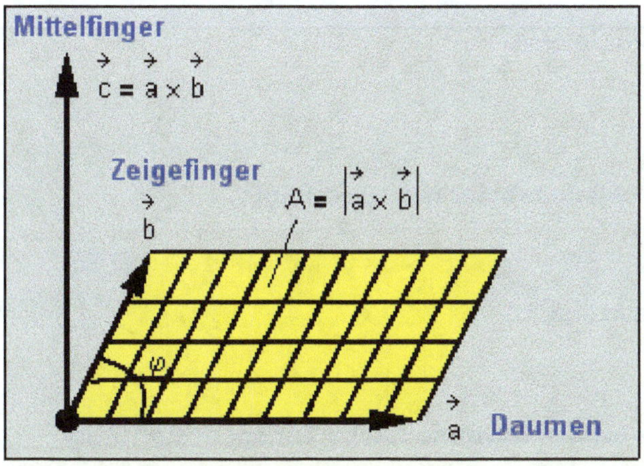

Abb. 2.6.5

Da der Vektor $\vec{c}$ (Abb. 2.6.5) auf $\vec{a}$ und $\vec{b}$ senkrecht steht, ergeben sich mit den Eigenschaften des Skalarproduktes aus dem Gleichungssystem

$\vec{a} \cdot \vec{c} = 0$, $\vec{b} \cdot \vec{c} = 0$ **(mit einem beliebigen gewählten Wert z. B.** $c_z = a_x \cdot b_v - a_v \cdot b_x$**)**

die Koordinaten von $\vec{a} \times \vec{b}$ **zu**

$$\vec{c} = \vec{a} \times \vec{b} = \begin{pmatrix} a_x \\ a_y \\ a_z \end{pmatrix} \times \begin{pmatrix} b_x \\ b_y \\ b_z \end{pmatrix} = \begin{bmatrix} a_y \cdot b_z - a_z \cdot by \\ -(a_x \cdot b_z - b_x \cdot a_z) \\ a_x \cdot b_y - a_y \cdot b_x \end{bmatrix} = \begin{pmatrix} a_y \cdot b_z - a_z \cdot b_y \\ a_y \cdot b_z - a_z \cdot b_y \\ a_x \cdot b_y - a_y \cdot b_x \end{pmatrix} \qquad (2\text{-}49)$$

oder

$$\vec{c} = \vec{a} \times \vec{b} = (a_y \cdot b_z - a_z \cdot b_y) \cdot \vec{e_x} - (a_y \cdot b_z - a_z \cdot b_y) \cdot \vec{e_y} + (a_x \cdot b_y - a_y \cdot b_x) \cdot \vec{e_3} . \qquad (2\text{-}50)$$

Es gelten folgende Gesetze für das Vektorprodukt:

a) $\vec{a} \times \vec{b} = -\vec{b} \times \vec{a}$ — **Antikommutativität** (2-51)

b) $\vec{a} \times (\vec{b} + \vec{c}) = \vec{a} \times \vec{b} + \vec{a} \times \vec{c}$ — **Distributivgesetz** (2-52)

c) $(\lambda \cdot \vec{a}) \times \vec{b} = \vec{a} \times (\lambda \cdot \vec{b}) = \lambda \cdot (\vec{a} \times \vec{b})$ — $\lambda \in \mathbb{R}$ (2-53)

Eigenschaften des Skalarproduktes:

a) $\vec{a} \times \vec{b} = \vec{0}$ ⇔ $\vec{a}$ **ist parallel zu** $\vec{b}$ **(d. h.** $\vec{a}$ **und** $\vec{b}$ **sind kollinear).** (2-54)

b) **Für die Basisvektoren** $\vec{e_x} = \vec{e_1}$, $\vec{e_y} = \vec{e_2}$ **und** $\vec{e_z} = \vec{e_3}$ **folgt aus (2-49):**

$$\vec{e_1} \times \vec{e_2} = \vec{e_3} \ ; \ \vec{e_3} \times \vec{e_3} = \vec{e_1} \ ; \ \vec{e_3} \times \vec{e_1} = \vec{e_2} \qquad (2\text{-}55)$$

Die Vertauschung der Reihenfolge ändert aber das Vorzeichen

$\vec{e}_2 \times \vec{e}_1 = -\vec{e}_3$ usw. und es gilt $\vec{e}_i \times \vec{e}_i = \vec{0}$.

c) Multiplizieren wir den resultierenden Vektor in (2-55) wieder skalar mit $\vec{e}_i$, so folgt

$$\varepsilon_{i,j,k} = \vec{e}_i \cdot \left(\vec{e}_j \times \vec{e}_k\right) = \begin{cases} 1 & \text{if "falls (i,j,k) zyklisch aus (1,2,3)"} \\ -1 & \text{if "falls (i,j,k) antizyklisch aus (1,2,3)"} \\ 0 & \text{otherwise} \end{cases} \tag{2-56}$$

$\varepsilon_{i,j,k}$ ist das Levi-Civita-Symbol oder der sogenannte total antisymmetrische Tensor dritter Stufe (ε-Tensor).

Dieser Tensor ist in Mathcad durch die Funktion $\varepsilon(i,j,k)$ definiert!

d) Mit dem ε-Tensor lassen sich Vektorprodukte der Basisvektoren zusammenfassend formulieren:

$$\vec{e}_i \times \vec{e}_j = \sum_{k=1}^{3} \left(\varepsilon_{i,j,k} \cdot \vec{e}_k\right). \tag{2-57}$$

e) Für allgemeine Vektorprodukte gilt entsprechend

$$\vec{c} = \vec{a} \times \vec{b} = \sum_{i,j=1}^{3} \left[a_i \cdot b_j \cdot \left(\vec{e}_i \times \vec{e}_j\right)\right] = \sum_{i,j,k=1}^{3} \left(\varepsilon_{i,j,k} \cdot a_i \cdot b_j \cdot \vec{e}_k\right) = \sum_{k=1}^{3} \left(c_k \cdot \vec{e}_k\right) \tag{2-58}$$

und mit der abgekürzten Schreibweise

$$c_k = \sum_{i,j=1}^{3} \left(\varepsilon_{i,j,k} \cdot a_i \cdot b_j\right) \quad (c_1 = a_2 \cdot b_3 - a_3 \cdot b_2;\ c_2 = a_3 \cdot b_1 - a_1 \cdot b_3;\ c_3 = a_1 \cdot b_2 - a_2 \cdot b_1) \tag{2-59}$$

f) Spezielle Produkte:

$$\vec{a} \times \left(\vec{b} \times \vec{c}\right) = \left(\vec{a} \cdot \vec{c}\right) \cdot \vec{b} - \left(\vec{a} \cdot \vec{b}\right) \cdot \vec{c} \quad \text{(Graßmann'sche Entwicklungssatz)} \tag{2-60}$$

$$\left(\vec{a} \times \vec{b}\right) \cdot \vec{c} = \left(\vec{a} \cdot \vec{c}\right) \cdot \vec{b} - \left(\vec{b} \cdot \vec{c}\right) \cdot \vec{a} \quad \text{(Graßmann'sche Entwicklungssatz)} \tag{2-61}$$

$$\left(\vec{a} \times \vec{b}\right) \cdot \left(\vec{c} \times \vec{d}\right) = \left(\vec{a} \cdot \vec{c}\right) \cdot \left(\vec{b} \cdot \vec{d}\right) - \left(\vec{a} \cdot \vec{d}\right) \cdot \left(\vec{b} \cdot \vec{c}\right) \tag{2-62}$$

Die Skalarprodukte in den Klammern auf der rechten Seite des Gleichheitszeichens sind zuerst zu bilden!

Beispiel 2.6.13:

Berechnen Sie den Flächeninhalt des von den beiden Vektoren $\vec{a}$ und $\vec{b}$ aufgespannten Parallelogramms. Wie groß ist der Winkel φ zwischen $\vec{a}$ und $\vec{b}$?

$\mathbf{a} := \begin{pmatrix} 1 \\ -5 \\ 2 \end{pmatrix} \cdot m$ $\quad \mathbf{b} := \begin{pmatrix} 2 \\ 0 \\ 3 \end{pmatrix} \cdot m$ gegebene Vektoren

$\mathbf{a} \times \mathbf{b} = \begin{pmatrix} 1 \\ -5 \\ 2 \end{pmatrix} \cdot m \times \begin{pmatrix} 2 \\ 0 \\ 3 \end{pmatrix} \cdot m = \begin{pmatrix} -15 - 0 \\ 4 - 3 \\ 0 + 10 \end{pmatrix} \cdot m^2 = \begin{pmatrix} -15 \\ 1 \\ 10 \end{pmatrix} \cdot m^2$ Vektorprodukt händisch ausgewertet

$\mathbf{c} := \mathbf{a} \times \mathbf{b}$ $\quad \mathbf{c} = \begin{pmatrix} -15 \\ 1 \\ 10 \end{pmatrix} m^2$ mit Mathcad ausgewertet

$\left| \begin{pmatrix} \mathbf{e_1} & \mathbf{e_2} & \mathbf{e_3} \\ 1 \cdot m & -5 \cdot m & 2 \cdot m \\ 2 \cdot m & 0 \cdot m & 3 \cdot m \end{pmatrix} \right| \rightarrow \mathbf{e_2} \cdot m^2 - 15 \cdot \mathbf{e_1} \cdot m^2 + 10 \cdot \mathbf{e_3} \cdot m^2$ Determinantenauswertung mit Mathcad (Komponentendarstellung)

$A := |\mathbf{a} \times \mathbf{b}|$ $\quad A = 18.055\, m^2$ Fläche des Parallelogramms

$\varphi := \mathrm{asin}\left(\frac{|\mathbf{a} \times \mathbf{b}|}{|\mathbf{a}| \cdot |\mathbf{b}|} \right)$ $\quad \varphi = 66.103 \cdot \mathrm{Grad}$ Winkel zwischen $\vec{a}$ und $\vec{b}$

Beispiel 2.6.14:

Ein Elektron mit der Elementarladung e = 1.6 10^{-19} C tritt mit einer Geschwindigkeit $\vec{v}$ in ein räumlich und zeitlich konstantes Magnetfeld ein. Es erfährt dort eine Lorentz-Kraft von $\vec{F_L} = -e \cdot \left(\vec{v} \times \vec{B}\right)$. Wie groß ist die Kraftwirkung auf das Elektron, wenn $\vec{v}$ und die Flussdichte $\vec{B}$ des Magnetfeldes gegeben sind?

$\mathbf{v} := \begin{pmatrix} 2000 \\ 2000 \\ 0 \end{pmatrix} \cdot \frac{m}{s}$ gegebene Geschwindigkeit

$\mathbf{B} := \begin{pmatrix} 0 \\ 0.2 \\ 0.1 \end{pmatrix} \cdot \frac{V \cdot s}{m^2}$ gegebene Flussdichte (V s / m^2 = 1 T)

$e := 1.6 \cdot 10^{-19} \cdot C$ Elementarladung

$\mathbf{F_L} := -e \cdot (\mathbf{v} \times \mathbf{B})$ $\qquad \mathbf{F_L} = \begin{pmatrix} -3.2 \times 10^{-17} \\ 3.2 \times 10^{-17} \\ -6.4 \times 10^{-17} \end{pmatrix} N$

Lorentz-Kraft
Nullschwelle auf 20 gesetzt!
(Menü-Format-Ergebnisformat-Toleranz)

Beispiel 2.6.15:

Ein Elektron wird mit der Geschwindigkeit $\vec{v}$ in ein räumlich und zeitlich konstantes elektromagnetisches Feld mit der elektrischen Feldstärke $\vec{E}$ und der magnetischen Flussdichte $\vec{B}$ eingeschossen. Das Elektron erfährt in diesem elektromagnetischen Feld eine Kraft $\vec{F} = -e \cdot \vec{E} - e \cdot (\vec{v} \times \vec{B})$.

a) Welche Voraussetzungen sind notwendig, damit das Elektron kräftefrei bleibt? Welche Eigenschaften muss $\vec{E}$ in diesem Sonderfall besitzen?

b) Wie groß ist der Betrag von $\vec{E}$, und wie lauten die drei Richtungswinkel α, β und γ des elektrischen Feldstärkevektors?

ORIGIN := 1 ORIGIN festlegen

$\mathbf{v} := \begin{pmatrix} 300 \\ 300 \\ 300 \end{pmatrix} \cdot \frac{m}{s}$ gegebener Geschwindigkeitsvektor

$\mathbf{B} := \begin{pmatrix} 1 \\ -1 \\ 2 \end{pmatrix} \cdot \frac{V \cdot s}{m^2}$ gegebene Flussdichte

a) Im kräftefreien Fall gilt $\vec{F} = \vec{0}$:

$$-e \cdot \vec{E} - e \cdot (\vec{v} \times \vec{B}) = \vec{0} \quad \Rightarrow \quad \vec{E} + (\vec{v} \times \vec{B}) = \vec{0} \quad \Rightarrow \quad \vec{E} = -(\vec{v} \times \vec{B}) = \vec{B} \times \vec{v}$$

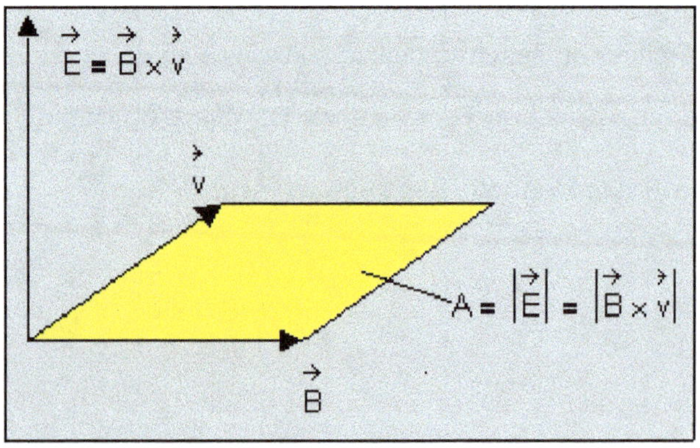

Abb. 2.6.6

Dies bedeutet nach Abb. 2.6.6:

a) $\vec{E}$ steht senkrecht zu $\vec{B}$ und $\vec{v}$.

b) Der Betrag von $\vec{E}$, also $|\vec{E}| = |\vec{B} \times \vec{v}|$, ist gleich dem Flächeninhalt des von $\vec{B}$ und $\vec{v}$ aufgespannten Parallelogramms.

c) Die Vektoren $\vec{B}$, $\vec{v}$ und $\vec{E}$ bilden in dieser Reihenfolge ein Rechtssystem.

b) Feldstärkeberechnung und Richtungswinkel:

$\mathbf{E} := \mathbf{B} \times \mathbf{v}$ $\quad \mathbf{E} = \begin{pmatrix} -900 \\ 300 \\ 600 \end{pmatrix} \cdot \frac{V}{m}$ Feldstärkevektor

$E := |\mathbf{E}|$ $\quad E = 1.122 \times 10^3 \cdot \frac{V}{m}$ Betrag des Feldstärkevektors

$\alpha := \operatorname{acos}\left(\frac{\mathbf{E}_1}{E}\right)$ $\quad \alpha = 143.301 \cdot \text{Grad}$

$\beta := \operatorname{acos}\left(\frac{\mathbf{E}_2}{E}\right)$ $\quad \beta = 74.499 \cdot \text{Grad}$ Richtungswinkel

$\gamma := \operatorname{acos}\left(\frac{\mathbf{E}_3}{E}\right)$ $\quad \gamma = 57.688 \cdot \text{Grad}$

Beispiel 2.6.16:

An einem starren Körper (Abb. 2.6.7) greift eine Kraft $\vec{F}$ an, die in der Drehebene liegend angenommen wird. Sie erzeugt ein Drehmoment $\vec{M} = \vec{r} \times \vec{F}$, das in Richtung der Drehachse zeigt. $\vec{r}$, $\vec{F}$ und $\vec{M}$ bilden in dieser Reihenfolge ein Rechtssystem. Berechnen Sie den Drehmomentvektor und dessen Betrag.

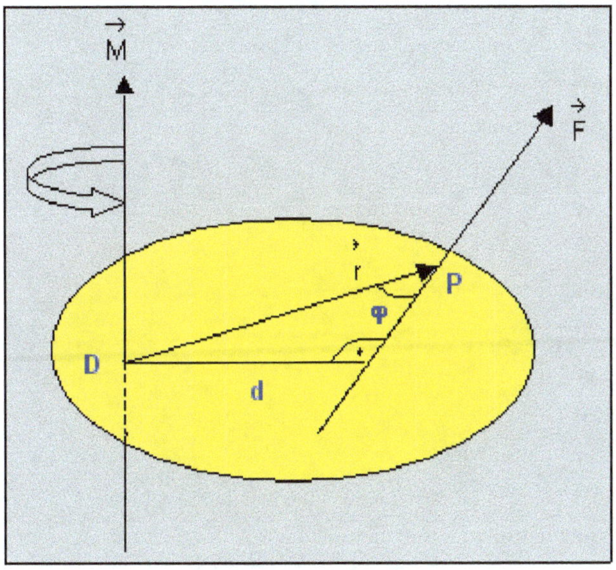

Abb. 2.6.7

$\mathbf{r} := \begin{pmatrix} 0.2 \\ 0 \\ 0.1 \end{pmatrix} \cdot m$ gegebener Ortsvektor

$\mathbf{F} := \begin{pmatrix} 1000 \\ 200 \\ 1000 \end{pmatrix} \cdot N$ gegebener Kraftvektor

Betrag des Drehmomentvektors:

$d = r \cdot \sin(\varphi)$ Normalabstand von der Wirkungslinie der Kraft

r ist der Abstand des Angriffspunktes P der Kraft vom Drehpunkt

$M = d \cdot F = r \cdot \sin(\varphi) \cdot F = r \cdot F \cdot \sin(\varphi)$

$M = |\vec{r} \times \vec{F}| = |\vec{r}| \cdot |\vec{F}| \cdot \sin(\varphi)$

$\mathbf{M} := \mathbf{r} \times \mathbf{F}$ $\quad \mathbf{M} = \begin{pmatrix} -20 \\ -100 \\ 40 \end{pmatrix} \cdot N \cdot m$ Drehmomentvektor

$M := |\mathbf{M}|$ $\quad M = 109.545 \cdot N \cdot m$ Betrag von **M**

Beispiel 2.6.17:

Gegeben ist ein Fachwerk, das aus unbeweglichen Kräften zusammengesetzt ist (Abb. 2.6.8). Bestimmen Sie die Auflagekräfte $\vec{F_A}$ und $\vec{F_B}$. Die z-Achse ist normal zur x-y-Ebene und auf den Beobachter gerichtet zu denken.

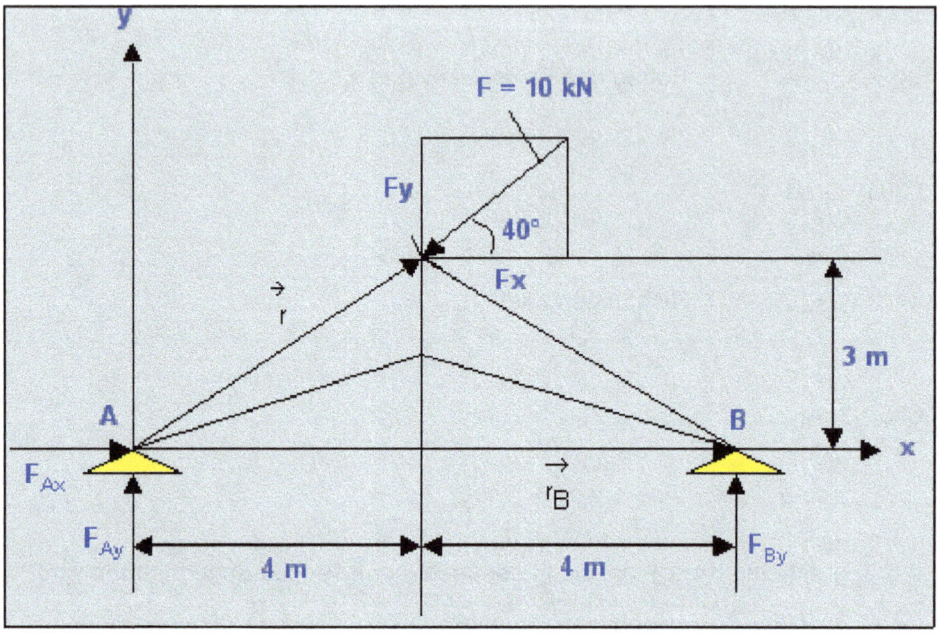

Abb. 2.6.8

Die Gleichgewichtsbedingungen lauten:

$$\sum_i \vec{F_i} = \vec{0} \qquad \text{und} \qquad \sum_i \vec{M_i} = \vec{0}$$

Die Summe der Kräfte muss verschwinden, also

$$\vec{F_A} + \vec{F} + \vec{F_B} = \vec{0}$$

Die Kraftkomponenten werden aus der Grafik bestimmt:

$$F_x := -10 \cdot kN \cdot \cos(40 \cdot Grad) \qquad F_x = -7.66 \cdot kN$$

$$F_y := -10 \cdot kN \cdot \sin(40 \cdot Grad) \qquad F_y = -6.428 \cdot kN$$

Damit gilt:

$$\begin{pmatrix} F_{Ax} \\ F_{Ay} \\ 0 \cdot kN \end{pmatrix} + \begin{pmatrix} F_x \\ F_y \\ 0 \cdot kN \end{pmatrix} + \begin{pmatrix} 0 \cdot kN \\ F_{By} \\ 0 \cdot kN \end{pmatrix} = \begin{pmatrix} 0 \cdot kN \\ 0 \cdot kN \\ 0 \cdot kN \end{pmatrix} \qquad \text{vereinfacht auf} \qquad \begin{pmatrix} F_x + F_{Ax} \\ F_y + F_{Ay} + F_{By} \\ 0 \end{pmatrix} = \begin{pmatrix} 0 \\ 0 \\ 0 \end{pmatrix}$$

Wir wählen aus praktischen Gründen als Bezugspunkt den Punkt A, weil dann die Momente der Stützkräfte $\vec{F_{Ax}}$ und $\vec{F_{Ay}}$ gleich 0 sind. Die Summe aller Momente muss verschwinden, also

$$\left(\vec{r} \times \vec{F}\right) + \left(\vec{r_B} \times \vec{F_B}\right) = \vec{0}$$

$$\left[\begin{pmatrix}4\cdot m\\3\cdot m\\0\cdot m\end{pmatrix}\times\begin{pmatrix}F_x\\F_y\\0\cdot kN\end{pmatrix}\right]+\left[\begin{pmatrix}8\cdot m\\0\cdot m\\0\cdot m\end{pmatrix}\times\begin{pmatrix}0\cdot kN\\F_{By}\\0\cdot kN\end{pmatrix}\right]=\begin{pmatrix}0\cdot kN\cdot m\\0\cdot kN\cdot m\\0\cdot kN\cdot m\end{pmatrix}$$

Das erste Vektorprodukt liefert:

$$\begin{pmatrix}4\cdot m\\3\cdot m\\0\cdot m\end{pmatrix}\times\begin{pmatrix}F_x\\F_y\\0\cdot kN\end{pmatrix}=\begin{pmatrix}0\\0\\-2.73\end{pmatrix}\cdot kN\cdot m$$

Damit ergibt sich die nichtverschwindende Komponente in z-Richtung:

$$\begin{pmatrix}0\cdot kN\cdot m\\0\cdot kN\cdot m\\-2.73\cdot kN\cdot m+8\cdot m\cdot F_{By}\end{pmatrix}=\begin{pmatrix}0\cdot kN\cdot m\\0\cdot kN\cdot m\\0\cdot kN\cdot m\end{pmatrix}$$

Daraus ergibt sich nun ein lineares Gleichungssystem zur Berechnung der Koordinaten der Auflagekräfte:

$F_{Ax} := 1\cdot kN$ $\quad F_{Ay} := 1\cdot kN$ $\quad F_{By} := 1\cdot kN$ Startwerte

Vorgabe

$$F_x + F_{Ax} = 0\cdot kN$$

$$F_y + F_{Ay} + F_{By} = 0\cdot kN$$

$$-2.73\cdot kN + 8\cdot F_{By} = 0\cdot kN$$

$$\begin{pmatrix}F_{Ax}\\F_{Ay}\\F_{By}\end{pmatrix} := \text{Suchen}(F_{Ax}, F_{Ay}, F_{By})$$

$$\begin{pmatrix}F_{Ax}\\F_{Ay}\\F_{By}\end{pmatrix}=\begin{pmatrix}7.66\\6.087\\0.341\end{pmatrix}\cdot kN$$ gesuchte Auflagekraftkomponenten

$$\mathbf{F_A} := \begin{pmatrix}F_{Ax}\\F_{Ay}\\0\cdot kN\end{pmatrix}\qquad \mathbf{F_A}=\begin{pmatrix}7.66\\6.087\\0\end{pmatrix}\cdot kN\qquad |\mathbf{F_A}| = 9.784\cdot kN$$

Auflagekräfte

$$\mathbf{F_B} := \begin{pmatrix}0\cdot kN\\F_{By}\\0\cdot kN\end{pmatrix}\qquad \mathbf{F_B}=\begin{pmatrix}0\\0.341\\0\end{pmatrix}\cdot kN\qquad |\mathbf{F_B}| = 0.341\cdot kN$$

2.6.3 Spatprodukt

Das Skalarprodukt eines Vektors $\vec{a}$ mit dem Vektorprodukt zweier Vektoren $\vec{b}$ und $\vec{c}$ heißt Spatprodukt (gemischtes Produkt):

$$\vec{a} \cdot \left(\vec{b} \times \vec{c}\right) \quad (\vec{a}, \vec{b}, \vec{c} \in \mathbb{R}^3) \tag{2-63}$$

Sein Ergebnis ist ein Skalar.

Dabei ist φ bei geometrischer Deutung der von $\vec{b}$ und $\vec{c}$ eingeschlossene Winkel (Abb. 2.6.9), also $A = b \cdot c \cdot \sin(\varphi)$ die Fläche des von $\vec{b}$ und $\vec{c}$ aufgespannten Parallelogramms. ψ ist der Winkel, den $\vec{a}$ mit $\vec{b} \times \vec{c}$ einschließt. Daraus ergibt sich, dass das Spatprodukt bis auf das Vorzeichen das Volumen des Spats (allgemeines Prisma oder Parallelepiped) angibt, der von den Vektoren $\vec{a}$, $\vec{b}$ und $\vec{c}$ aufgespannt wird ($h = a \cdot \cos(\psi)$).

$$V = \left|\vec{a} \cdot \left(\vec{b} \times \vec{c}\right)\right| \tag{2-64}$$

$$V = A \cdot h = \left|\vec{b} \times \vec{c}\right| \cdot a \cdot \cos(\psi) = b \cdot c \cdot \sin(\varphi) \cdot a \cdot \cos(\psi) = a \cdot b \cdot c \cdot \sin(\varphi) \cdot \cos(\psi) \tag{2-65}$$

Das Spatprodukt lässt sich auch aus folgender dreireihigen Determinante (siehe dazu Abschnitt 3.1.4) berechnen:

$$\vec{a} \cdot \left(\vec{b} \times \vec{c}\right) = \left|\begin{pmatrix} a_x & a_y & a_z \\ b_x & b_y & b_z \\ c_x & c_y & c_z \end{pmatrix}\right| \tag{2-66}$$

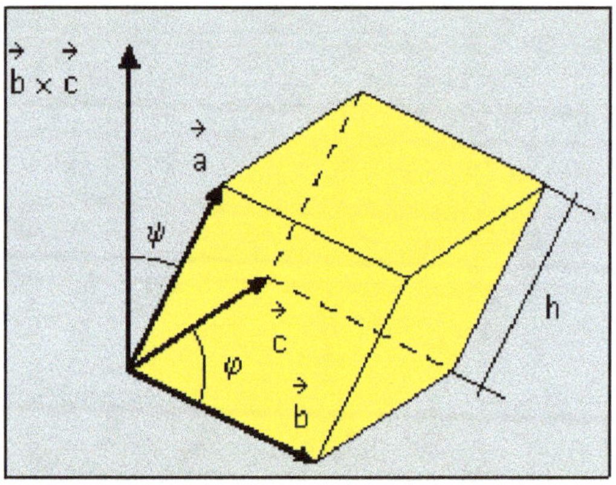

Abb. 2.6.9

Eigenschaften des Spatproduktes:

a) Drei vom Nullvektor verschiedene Vektoren $\vec{a}$, $\vec{b}$ und $\vec{c}$ sind genau dann komplanar (sie liegen in einer Ebene), wenn das aus ihr gebildete Spatprodukt verschwindet:

$$\vec{a} \cdot \left(\vec{b} \times \vec{c}\right) = 0 \tag{2-67}$$

b) Das Spatprodukt ändert seinen Wert nicht, wenn wir die Vektoren "zyklisch" vertauschen:

$$\vec{a} \cdot \left(\vec{b} \times \vec{c}\right) = \vec{c} \cdot \left(\vec{a} \times \vec{b}\right) = \vec{b} \cdot \left(\vec{c} \times \vec{a}\right) \quad \text{("Durchschieberegel")} \tag{2-68}$$

Beispiel 2.6.18:

Liegen die Punkte A(2 | -1 | -2), B(1 | 2 | 1), C(2 | 3 | 0) und D(5 | 0 | -6) in einer Ebene?

Wir wählen den Punkt D als Ecke aus und bilden dazu das Spatprodukt (2-60):

$\mathbf{a} := \begin{pmatrix} 2 \\ -1 \\ -2 \end{pmatrix}$ $\mathbf{b} := \begin{pmatrix} 1 \\ 2 \\ 1 \end{pmatrix}$ $\mathbf{c} := \begin{pmatrix} 2 \\ 3 \\ 0 \end{pmatrix}$ $\mathbf{d} := \begin{pmatrix} 5 \\ 0 \\ -6 \end{pmatrix}$ gegebene Ortsvektoren

$\mathbf{AD} := \mathbf{d} - \mathbf{a}$ $\mathbf{BD} := \mathbf{d} - \mathbf{b}$ $\mathbf{CD} := \mathbf{d} - \mathbf{c}$ Verschiebungsvektoren

$\mathbf{AD} \cdot (\mathbf{BD} \times \mathbf{CD}) = 0$ Das Spatprodukt ist null, daher liegen die vier Punkte in einer Ebene!

Beispiel 2.6.19:

Sind die nachfolgend gegebenen Kräfte komplanar, d. h., liegen sie in einer Ebene?

ORIGIN := 1 ORIGIN festlegen

$\mathbf{F_1} := \begin{pmatrix} -2 \\ 1 \\ 4 \end{pmatrix}$ $\mathbf{F_2} := \begin{pmatrix} 11 \\ -4 \\ 11 \end{pmatrix}$ $\mathbf{F_3} := \begin{pmatrix} 5 \\ -2 \\ 1 \end{pmatrix}$ gegebene Kräfte in N

Zu zeigen ist, dass das Spatprodukt $\vec{F_1} \cdot \left(\vec{F_2} \times \vec{F_3}\right) = 0 \cdot \mathrm{N}$ ist.
Wir verwenden zur Auswertung die Determinantenmethode (Abschnitt 3.1.4):

$$\left|\begin{pmatrix} {F_1}_1 & {F_1}_2 & {F_1}_3 \\ {F_2}_1 & {F_2}_2 & {F_2}_3 \\ {F_3}_1 & {F_3}_2 & {F_3}_3 \end{pmatrix}\right| \cdot \mathrm{N} = 1.066 \times 10^{-14} \mathrm{N}$$

Die drei Einzelkräfte liegen in einer Ebene.

Beispiel 2.6.20:

Bestimmen Sie das Volumen eines Parallelepipeds, das durch die nachfolgend angegebenen Vektoren aufgespannt wird.

$dm := 10^{-1} m$ Einheitendefinition

$\mathbf{a} := \begin{pmatrix} 1 \\ -1 \\ 3 \end{pmatrix} \cdot dm$ $\mathbf{b} := \begin{pmatrix} 2 \\ 3 \\ -2 \end{pmatrix} \cdot dm$ $\mathbf{c} := \begin{pmatrix} -1 \\ 2 \\ -3 \end{pmatrix} \cdot dm$ gegebene Vektoren

$V_1 := |(\mathbf{a} \times \mathbf{b}) \cdot \mathbf{c}|$ $V_1 = 8 \cdot dm^3$

$V_1 := |\mathbf{a} \cdot (\mathbf{b} \times \mathbf{c})|$ $V_1 = 8 \cdot dm^3$

Volumen des Perallelepipeds (Spat)

Beispiel 2.6.21:

Eine dreieckige Leiterschleife mit den Eckpunkten P_1(0.2 m| 0 m| 0 m), P_2(0 m| 0.3 m| 0 m) und P_3(0 m| 0 m| 0.1 m) wird von einem homogenen Magnetfeld mit der magnetischen Flussdichte $\vec{B} = (10 \quad 0 \quad 0)^T \cdot T$ durchflutet. Wie groß ist der Spannungsstoß, der durch die Induktion in der Leiterschleife beim Einschalten des Magnetfeldes zur Zeit t = 0 s entsteht?

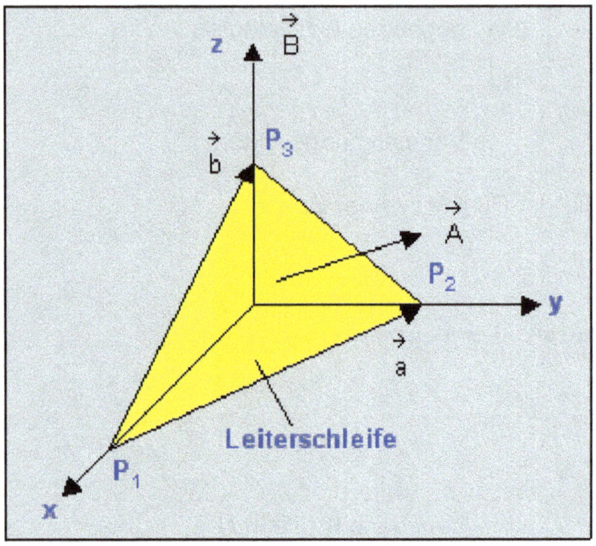

Abb. 2.6.10

Der magnetische Fluss Φ ist durch das Skalarprodukt $\Phi = \vec{B} \cdot \vec{A}$ gegeben, wobei der Flächenvektor $\vec{A}$ senkrecht zur Dreiecksfläche orientiert ist.
Aus dem Induktionsgesetz folgt zunächst $d\Phi = u\ dt$. Integrieren wir auf beiden Seiten, so ergibt sich der Spannungsstoß aus:

$$\int u\ dt = \Phi$$

Der zuerst gesuchte Flächenvektor $\vec{A}$ ergibt sich aus folgender Überlegung: Nach (2-41) ist der Betrag des Vektorproduktes $\vec{a} \times \vec{b}$ gleich dem Flächeninhalt des Parallelogramms. Das Dreieck $P_1P_2P_3$ besitzt nur den halben Flächeninhalt des Parallelogramms. Der Vektor, der sich aus dem Vektorprodukt $\vec{a} \times \vec{b}$ ergibt, steht definitionsgemäß senkrecht zur Parallelogrammfläche und somit auch senkrecht zur Fläche des Dreiecks.
Es muss daher für den Flächenvektor gelten: $\vec{A} = \frac{1}{2} \cdot \left(\vec{a} \times \vec{b}\right)$.

Der Spannungsstoß ergibt sich dann aus $\int u\ dt = \Phi = \vec{B} \cdot \vec{A} = \frac{1}{2} \cdot \vec{B} \cdot \left(\vec{a} \times \vec{b}\right)$.

$\mathbf{p_1} := \begin{pmatrix} 0.2 \\ 0 \\ 0 \end{pmatrix} \cdot m \qquad \mathbf{p_2} := \begin{pmatrix} 0 \\ 0.3 \\ 0 \end{pmatrix} \cdot m \qquad \mathbf{p_3} := \begin{pmatrix} 0 \\ 0 \\ 0.1 \end{pmatrix} \cdot m$ Ortsvektoren zu den Eckpunkten des Dreiecks

$\mathbf{a} := \mathbf{p_2} - \mathbf{p_1} \qquad \mathbf{b} := \mathbf{p_3} - \mathbf{p_1}$ Seitenvektoren des Dreiecks

$\mathbf{B} := \begin{pmatrix} 10 \\ 0 \\ 0 \end{pmatrix} \cdot \frac{V \cdot s}{m^2}$ magnetische Flussdichte

$\Phi := \frac{1}{2} \cdot \mathbf{B} \cdot (\mathbf{a} \times \mathbf{b}) \qquad \Phi = 0.15 \cdot V \cdot s$ Spannungsstoß

Bemerkung:
Berechnen wir das Spatprodukt mithilfe der Determinante (Abschnitt 3.1.4), so ist darauf zu achten, dass keine gemischten Einheiten in der Matrix vorkommen, wenn man diese mit Mathcad auswertet!

2.7 Analytische Geometrie

Analytische Geometrie nennt sich derjenige Teil der Mathematik, in dem Punkte, Geraden, Ebenen und andere geometrische Gebilde durch Zahlen und die zwischen diesen Gebilden bestehenden Beziehungen durch Gleichungen dargestellt werden. Die Aufgaben der Geometrie werden also auf Aufgaben der Algebra zurückgeführt.
Eine bedeutende Vereinfachung der Rechenverfahren wird in der analytischen Geometrie durch die Vektorrechnung bewirkt, die daher im Folgenden die Grundlage für alle nachfolgenden Überlegungen sein soll.
Den Ausführungen in diesem Abschnitt legen wir stets ein kartesisches Koordinatensystem zu Grunde, obwohl alle Ausführungen und Formeln in jedem beliebigen (affinen) Koordinatensystem gelten.
Der Vorteil der vektoriellen Behandlung der analytischen Geometrie besteht vor allem darin, dass die analytische Geometrie der Ebene und des Raumes gleichzeitig behandelt werden können.
Wenn nichts anderes gesagt wird, gehen wir stets von einem räumlichen kartesischen Koordinatensystem aus. Die Formeln in Vektorschreibweise gelten in der Ebene und im Raum.

2.7.1 Teilung einer Strecke

Mittelpunkt einer Strecke:

Für den Mittelpunkt M der Strecke $\overline{AB}$ ergibt sich aus Abb. 2.7.1:

$$\vec{m} = \frac{1}{2}\cdot\left(\vec{a}+\vec{b}\right) \qquad \textbf{(2-69)}$$

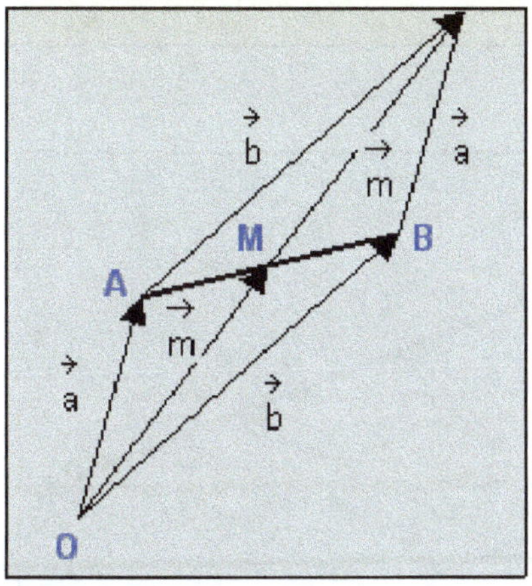

Abb. 2.7.1

Beispiel 2.7.1:

Stellen Sie den Vektor $\vec{s_a}$ der Schwerlinie s_a des Dreiecks ABC mit A(2 | -1), B(6 | 3) und C(4 | 7) als Linearkombination der Ortsvektoren der Eckpunkte dar.

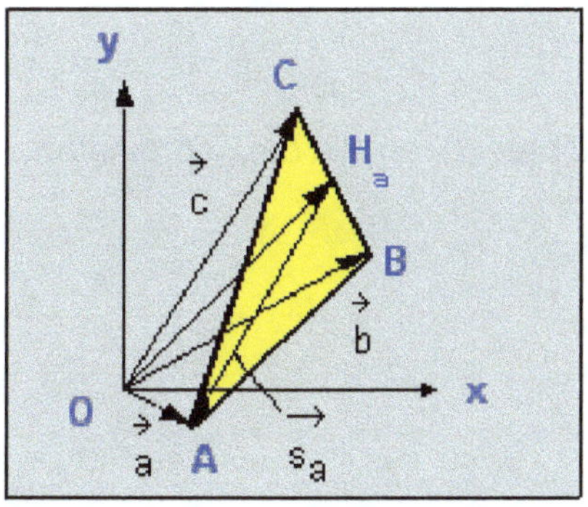

Abb. 2.7.2

$$\mathbf{a} := \begin{pmatrix} 2 \\ -1 \end{pmatrix} \quad \mathbf{b} := \begin{pmatrix} 6 \\ 3 \end{pmatrix} \quad \mathbf{c} := \begin{pmatrix} 4 \\ 7 \end{pmatrix}$$ Ortsvektoren zu den Eckpunkten

$$\vec{s_a} = \overrightarrow{OA} - \overrightarrow{OH_a} = \vec{a} - \frac{1}{2}\cdot\left(\vec{b}+\vec{c}\right) = \frac{1}{2}\cdot\left(2\cdot\vec{a}-\vec{b}-\vec{c}\right)$$

$$\mathbf{s_a} := \frac{1}{2}\cdot(2\cdot\mathbf{a}-\mathbf{b}-\mathbf{c}) \qquad \mathbf{s_a} = \begin{pmatrix} -3 \\ -6 \end{pmatrix}$$

<u>Teilungspunkt einer Strecke:</u>

Ist T ein von B verschiedener Punkt der Geraden g(A,B), so gibt es genau eine reelle Zahl λ, sodass gilt:

$$\overrightarrow{AT} = \lambda \cdot \overrightarrow{BT} \quad (2\text{-}70)$$

Ist $\lambda < 0$, so sind $\overrightarrow{AT}$ und $\overrightarrow{BT}$ entgegengesetzt orientiert (Abb. 2.7.3). T heißt innerer Teilungspunkt der gerichteten Strecke $\overline{AB}$.

Ist $\lambda > 0$, so sind $\overrightarrow{AT}$ und $\overrightarrow{BT}$ gleich orientiert (Abb. 2.7.4). T heißt dann äußerer Teilungspunkt der gerichteten Strecke $\overline{AB}$.

Die reelle Zahl λ heißt Teilverhältnis des Punktes T in Bezug auf die gerichtete Strecke $\overline{AB}$.
Für den Mittelpunkt der Strecke $\overline{AB}$ gilt $\lambda = -1$.

Aus den Abb. 2.7.3 und 2.7.4 folgt:

$$\vec{t} - \vec{a} = \lambda \cdot \left(\vec{t} - \vec{b}\right) \quad (2\text{-}71)$$

Daraus folgt durch Umformung:

$$\vec{t} = \frac{\vec{a} - \lambda \cdot \vec{b}}{1 - \lambda} \quad (\lambda \neq 0) \quad (2\text{-}72)$$

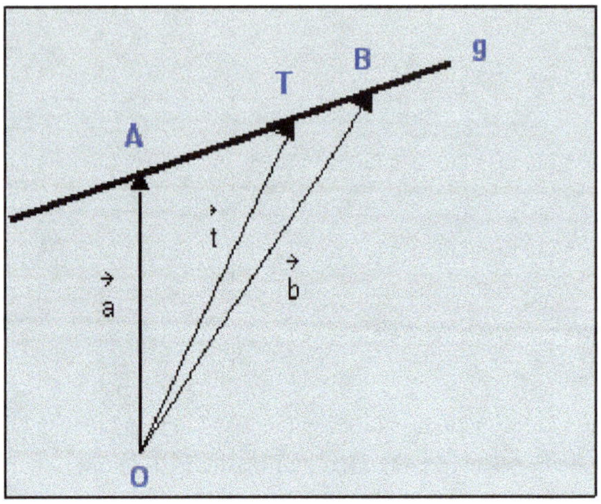

Abb. 2.7.3

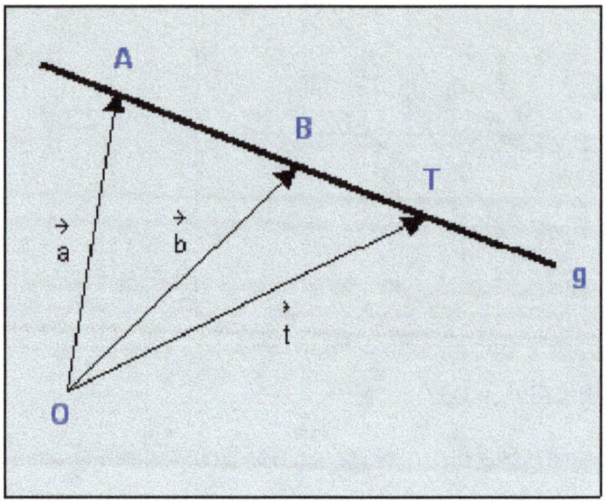

Abb. 2.7.4

<u>Beispiel 2.7.2:</u>

Teilen Sie die Strecke $\overline{AB}$ (A(-2|10), B(8|-5)) innen im Verhältnis 2:3 und berechnen Sie die Koordinaten des Teilungspunktes.

$\mathbf{a} := \begin{pmatrix} -2 \\ 10 \end{pmatrix} \qquad \mathbf{b} := \begin{pmatrix} 8 \\ -5 \end{pmatrix}$ gegebene Vektoren

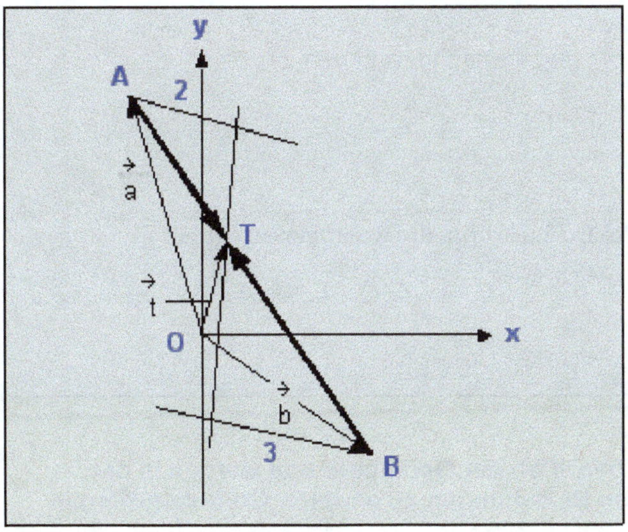

Abb. 2.7.5

$t := \frac{1}{5} \cdot (3 \cdot \mathbf{a} + 2 \cdot \mathbf{b})$ $\qquad$ $\mathbf{t} = \begin{pmatrix} 2 \\ 4 \end{pmatrix}$

Es gilt:

$$\frac{\overline{AT}}{\overline{BT}} = \frac{2}{3}$$

$\lambda = \frac{-2}{3}$ — T ist innerer Teilungspunkt

$\overline{AT} = -\frac{2}{3} \cdot \overline{BT}$ — nach (2-70)

$\vec{t} - \vec{a} = -\frac{2}{3} \cdot \left(\vec{t} - \vec{b}\right)$ — nach (2-71)

Daraus folgt:

$$\vec{t} = \frac{1}{5} \cdot \left(3 \cdot \vec{a} + 2 \cdot \vec{b}\right)$$

Damit hat der Teilungspunkt die Koordinaten T(2|4).

Schwerpunkt eines Dreiecks:

Wegen $\overrightarrow{MS} = \frac{1}{3} \cdot \overrightarrow{MC}$ **folgt aus Abb. 2.7.6:**

$$\vec{s} = \vec{m} + \frac{1}{3} \cdot \left(\vec{c} - \vec{m}\right) = \frac{1}{3} \cdot \left(2 \cdot \vec{m} + \vec{c}\right) = \frac{1}{3} \cdot \left(\vec{a} + \vec{b} + \vec{c}\right) \qquad \textbf{(2-73)}$$

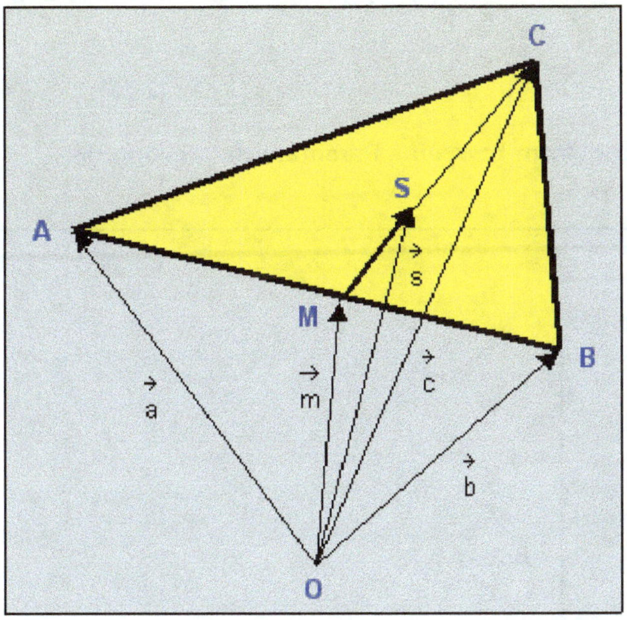

Abb. 2.7.6

Beispiel 2.7.3:

Von einem Dreieck ABC kennen wir den Schwerpunkt S(4|1) und zwei Eckpunkte A(0|2), B(6|-2). Wie lauten die Koordinaten des dritten Eckpunktes?

$\mathbf{a} := \begin{pmatrix} 0 \\ 2 \end{pmatrix}$ $\mathbf{b} := \begin{pmatrix} 6 \\ -2 \end{pmatrix}$ $\mathbf{s} := \begin{pmatrix} 4 \\ 1 \end{pmatrix}$ gegebene Ortsvektoren

Aus (2-73) folgt:

$\mathbf{c} := 3 \cdot \mathbf{s} - \mathbf{a} - \mathbf{b}$ $\mathbf{c} = \begin{pmatrix} 6 \\ 3 \end{pmatrix}$ Der dritte Eckpunkt hat die Koordinaten C(6|3).

2.7.2 Geradendarstellung

Vektorielle Punkt-Richtungsform einer Geraden:

Geraden gehören wie auch Punkte zu den Grundbegriffen der Geometrie und werden in der Geometrie nicht definiert, sondern nur in Form von Beziehungen zu anderen Grundbegriffen in Axiomen festgelegt.
Wir beschreiten hier nicht diesen axiomatischen Weg, sondern betrachten ein festes kartesisches Koordinatensystem und den $\mathbb{R}^2$ bzw. $\mathbb{R}^3$ in seiner Doppelfunktion als Punktemenge und als Vektorraum.
Geraden definieren wir analytisch als Teilmengen von $\mathbb{R}^3$ (bzw. $\mathbb{R}^2$) über Geradengleichungen.

Sind $\vec{x_1}$ und $\vec{a} \in \mathbb{R}^3$ mit $\vec{a} \neq \vec{0}$, so wird durch

$$g = \{ \vec{x} \in \mathbb{R}^3 \mid \vec{x} = \vec{x_1} + \lambda \cdot \vec{a}, \lambda \in \mathbb{R} \} \qquad (2\text{-}74)$$

eine Gerade g im $\mathbb{R}^3$ festgelegt (Abb. 2.7.7).
Dabei ist $\vec{x_1}$ ein Ortsvektor eines Punktes P_1 der Geraden und $\vec{a}$ ist die Richtung der Geraden.

Enthält die Gerade den Ursprung O, so kann für P_1 der Punkt O(0|0|0) gewählt werden, und (2-74)) geht über in

$$g = \{ \vec{x} \in \mathbb{R}^3 \mid \vec{x} = \lambda \cdot \vec{a}, \lambda \in \mathbb{R} \}. \qquad (2\text{-}75)$$

Die Darstellung in Vektorform heißt Punkt-Richtungsform bzw. eine Parameterdarstellung der Geraden g.

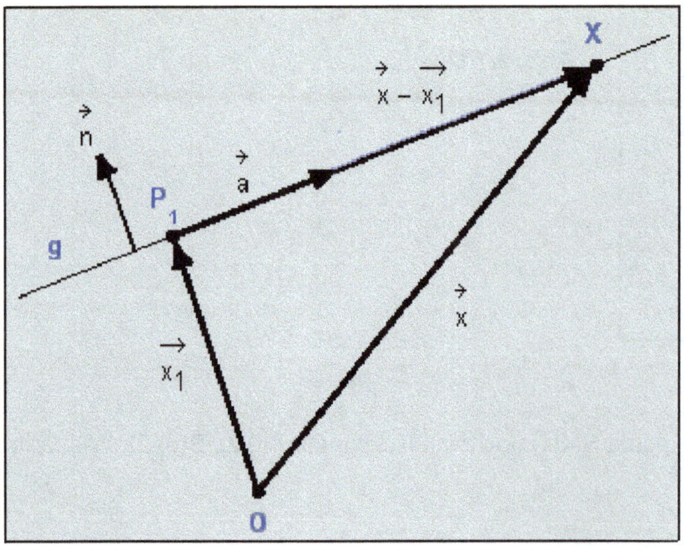

Abb. 2.7.7

Vektorielle Zwei-Punkte-Form einer Geraden:

Ist die Gerade g durch zwei verschiedene Punkte P_1 und P_2 festgelegt (Abb. 2.7.8), so ist der Differenzvektor der Ortsvektoren von P_1 und P_2 ein Richtungsvektor der Geraden g.

Sind $\vec{x}_1$ und $\vec{x}_2 \in \mathbb{R}^3$ mit $\vec{x}_1 \neq \vec{x}_2$ die Ortsvektoren zweier Punkte einer Geraden g, so ist durch

$$g = \{ \vec{x} \in \mathbb{R}^3 \mid \vec{x} = \vec{x}_1 + \lambda \cdot (\vec{x}_2 - \vec{x}_1), \lambda \in \mathbb{R} \} \quad (2\text{-}76)$$

die Zwei-Punkteform der Geraden g gegeben.

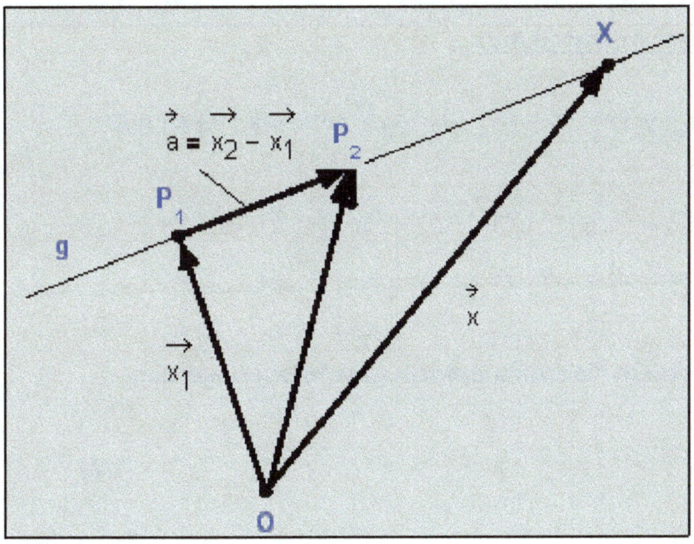

Abb. 2.7.8

Beispiel 2.7.4:

Wie lautet die Geradengleichung in Parameterdarstellung, wenn die Gerade g durch $P_1(-2 \mid 3)$ mit dem Richtungsvektor $\vec{a} = (7 \quad 0)^T$ bzw. durch $P_1(2 \mid -3 \mid 0)$ mit dem Richtungsvektor $\vec{a} = (5 \quad 9 \quad 1)^T$ geht.

g: $\vec{x} = \begin{pmatrix} -2 \\ 3 \end{pmatrix} + \lambda \cdot \begin{pmatrix} 7 \\ 0 \end{pmatrix}$

g: $\vec{x} = \begin{pmatrix} 2 \\ -3 \\ 0 \end{pmatrix} + \lambda \cdot \begin{pmatrix} 5 \\ 9 \\ 1 \end{pmatrix}$

Setzen wir z. B. $\mu = 2\,\lambda$, so könnte auch mit μ eine andere Parameterdarstellung angegeben werden!

Beispiel 2.7.5:

Gegeben sind zwei Punkte A(2 | 1 | 1) und B(-1 | 0 | 3) einer Geraden. Wie lautet die Geradengleichung? Bestimmen Sie für verschiedene λ jeweils einen Punkt der Geraden. Wie lautet die Geradengleichung, wenn der Einheitsvektor von A nach B als Richtungsvektor genommen wird? Wie lautet der Punkt, der 5 Einheiten vom Punkt A entfernt liegt?

$\mathbf{OA} := \begin{pmatrix} 2 \\ 1 \\ 1 \end{pmatrix} \qquad \mathbf{OB} := \begin{pmatrix} -1 \\ 0 \\ 3 \end{pmatrix}$ gegebene Ortsvektoren

$\mathbf{AB} := \mathbf{OB} - \mathbf{OA} \qquad \mathbf{AB} = \begin{pmatrix} -3 \\ -1 \\ 2 \end{pmatrix}$ Richtungsvektor von A nach B

$\mathbf{OX}(\lambda) := \mathbf{OA} + \lambda \cdot \mathbf{AB}$ Geradengleichung in Parameterdarstellung

$\mathbf{OX}(0) = \begin{pmatrix} 2 \\ 1 \\ 1 \end{pmatrix}$ $\mathbf{OX}(1) = \begin{pmatrix} -1 \\ 0 \\ 3 \end{pmatrix}$ $\mathbf{OX}(2) = \begin{pmatrix} -4 \\ -1 \\ 5 \end{pmatrix}$ Jeder Wert λ ergibt einen Punkt der Geraden!

$\mathbf{OX}(\lambda) := \mathbf{OA} + \lambda \cdot \frac{\mathbf{AB}}{|\mathbf{AB}|}$ Geradengleichung mit dem Einheitsvektor als Richtungsvektor.

$\mathbf{OX}(5) = \begin{pmatrix} -2.009 \\ -0.336 \\ 3.673 \end{pmatrix}$ Ein Punkt, der 5 Einheiten von A entfernt liegt!

Koordinatenform der Geradengleichung in Parameterdarstellung:

Mit $P_1(x_1 \mid y_1)$, $\vec{a} = (a_x \;\; a_y)^T$ und $X(x \mid y)$ bzw. $P_1(x_1 \mid y_1 \mid z_1)$, $\vec{a} = (a_x \;\; a_y \;\; a_z)^T$ und $X(x \mid y \mid z)$ gilt:

$$\begin{pmatrix} x \\ y \end{pmatrix} = \begin{pmatrix} x_1 \\ y_1 \end{pmatrix} + \lambda \cdot \begin{pmatrix} a_x \\ a_y \end{pmatrix} = \begin{pmatrix} x_1 + \lambda \cdot a_x \\ y_1 + \lambda \cdot a_y \end{pmatrix} \text{ bzw. } \begin{pmatrix} x \\ y \\ z \end{pmatrix} = \begin{pmatrix} x_1 \\ y_1 \\ z_1 \end{pmatrix} + \lambda \cdot \begin{pmatrix} a_x \\ a_y \\ a_z \end{pmatrix} = \begin{pmatrix} x_1 + \lambda \cdot a_x \\ y_1 + \lambda \cdot a_y \\ z_1 + \lambda \cdot a_z \end{pmatrix}.$$

Damit kann die Geradengleichung in Parameterform in Koordinatenform geschrieben werden ($\lambda \in \mathbb{R}$):

$$x = x_1 + \lambda \cdot a_x \qquad y = y_1 + \lambda \cdot a_y \qquad (2\text{-}77)$$

bzw.

$$x = x_1 + \lambda \cdot a_x \qquad y = y_1 + \lambda \cdot a_y \qquad z = z_1 + \lambda \cdot a_z \qquad (2\text{-}78)$$

Parameterfreie Form der Geradengleichung in der Ebene:

Durch Elimination des Parameters λ aus den Gleichungen einer Geraden g der Ebene erhalten wir durch geeignete Multiplikation und anschließender Addition der Gleichungen:

$x = x_1 + \lambda \cdot a_x \quad |.(-a_y)$

$y = y_1 + \lambda \cdot a_y \quad |.a_x$

$-a_y \cdot x + a_x \cdot y = -x_1 \cdot a_y + y_1 \cdot a_x$

Setzen wir $a = -a_y$, $b = a_x$ und $c = x_1 a_y - y_1 a_x$, so gilt:

In der Ebene ist eine Gerade g mit $(a,b) \neq (0,0)$ durch eine lineare Gleichung mit zwei Variablen festgelegt:

g: $a \cdot x + b \cdot y + c = 0$ **(Normalform oder implizite Form)** (2-79)

Die Normalform oder implizite Form einer Geraden in der Ebene ist gleichwertig zur Parameterdarstellung einer Geraden, d. h., beide Formen sind ineinander umrechenbar.

Aus der Normalform können noch weitere Formen abgeleitet werden (mit diesen Darstellungsformen können aber keine senkrechten Geraden dargestellt werden):

Für a, b $\in \mathbb{R} \setminus \{0\}$ ist die Achsenabschnittsform einer Geraden im $\mathbb{R}^2$ gegeben durch

$$g: \frac{x}{a} + \frac{y}{b} = 1 \qquad (2\text{-}80)$$

Diese Gerade schneidet die Koordinatenachsen in den Punkten (a|0) und (0|b).

Für d, k $\in \mathbb{R}$ ist die explizite Form (Funktionsform) einer Geraden im $\mathbb{R}^2$ gegeben durch

$$g: y = k \cdot x + d \qquad (2\text{-}81)$$

Diese Gerade schneidet die y-Achse im Punkt (d|0) und besitzt die Steigung k. Für $k \neq 0$ schneidet die Gerade die x-Achse im Punkt (-d/k | 0).

Bemerkung:

Der oben benannte Richtungsvektor $\vec{a}$ einer Geraden g (Abb. 2.7.7) kann auch mithilfe der Steigung k der Geraden oder mithilfe eines anderen Steigungsdreiecks mit den Seiten q und p in folgender Form dargestellt werden:

$$\vec{a} = \vec{e}_x + k \cdot \vec{e}_y = \begin{pmatrix} 1 \\ k \end{pmatrix} \quad \text{oder} \quad \vec{a} = q \cdot \vec{e}_x + p \cdot \vec{e}_y = \begin{pmatrix} q \\ p \end{pmatrix} \qquad (2\text{-}82)$$

Damit lautet die Gerade g in Koordinatenform:

$$x = x_1 + \lambda \qquad (2\text{-}83)$$
$$y = y_1 + \lambda \cdot k$$

Geraden, die parallel zur y-Achse liegen, können damit nicht festgelegt werden, weil solchen Geraden keine Steigung zugeordnet werden kann!

Normalvektorform und Hesse'sche Normalform der Geradengleichung:

In der Ebene kann eine Gerade auch durch einen Punkt und einen ihrer Normalvektoren festgelegt werden.
Im Raum ist aber eine Gerade durch einen Punkt und einen ihrer Normalvektoren nicht eindeutig bestimmt!

Es sei $\vec{n} \neq \vec{0}$ ein Normalvektor der Geraden g (Abb. 2.7.7), $\vec{x}_1$ der Ortsvektor des gegebenen Punktes $P_1(x_1|y_1)$ und X(x|y) ein beliebiger Punkt der Geraden g in der Ebene. Weil die Vektoren $\vec{x} - \vec{x}_1$ und $\vec{n}$ aufeinander normal stehen, folgt:

$$\vec{n} \cdot \left(\vec{x} - \vec{x}_1\right) = 0 \quad \text{bzw.} \quad \vec{n} \cdot \vec{x} = \vec{n} \cdot \vec{x}_1 . \qquad (2\text{-}84)$$

Wir nennen jede der beiden Gleichungen die Normalvektorform der Geradengleichung in $\mathbb{R}^2$.

Wählen wir insbesondere in (2-84) einen Normalvektor $\vec{e}_n = \vec{n}_0$, der auch Einheitsvektor ist, so nennen wir die Gleichung Hesse'sche Normalform (HNF) der Geradengleichung im $\mathbb{R}^2$:

$$\vec{n}_0 \cdot (\vec{x} - \vec{x}_1) = 0 \quad \text{bzw.} \quad \vec{n}_0 \cdot \vec{x} = \vec{n}_0 \cdot \vec{x}_1. \tag{2-85}$$

Nach Ausführung der Skalarmultiplikation in (2-84) erhalten wir die Normalform oder implizite Form der Geradengleichung:

$$n_x \cdot x + n_y \cdot y = n_x \cdot x_1 + n_y \cdot y_1 \text{ (= konstant).} \tag{2-86}$$

Setzen wir $n_x \cdot x_1 + n_y \cdot y_1 = -c$, $n_x = a$ und $n_y = b$, so erhalten wir wieder die gleiche Form der impliziten Geradengleichung wie in (2-72): $a \cdot x + b \cdot y + c = 0$.

Hieraus ist ersichtlich, dass die Koeffizienten a und b die Koordinaten eines Normalvektors einer Geraden g sind:

$$\vec{n} = \begin{pmatrix} a \\ b \end{pmatrix}. \tag{2-87}$$

Mit dem Normalvektor als Einheitsvektor $\vec{n}_0 = \frac{1}{\sqrt{a^2 + b^2}} \cdot \begin{pmatrix} a \\ b \end{pmatrix}$ ergibt sich die Hesse'sche Normalform in Koordinatenschreibweise zu

$$\frac{a \cdot x + b \cdot y + c}{\sqrt{a^2 + b^2}} = 0. \tag{2-88}$$

Zu jedem Vektor $\vec{a} = \begin{pmatrix} a_x \\ a_y \end{pmatrix}$ können zwei Normalvektoren mit der gleichen Länge wie $\vec{a}$ angegeben werden (Abb. 2.7.9):

$$\vec{n} = \begin{pmatrix} -a_y \\ a_x \end{pmatrix} \quad \text{bzw.} \quad \vec{n} = \begin{pmatrix} a_y \\ -a_x \end{pmatrix}. \tag{2-89}$$

Bemerkung:

Jeder Vektor $\lambda \cdot \begin{pmatrix} -a_y \\ a_x \end{pmatrix}$ ist zu $\vec{n}$ kollinear und daher ebenfalls ein Normalvektor zu $\vec{a}$!

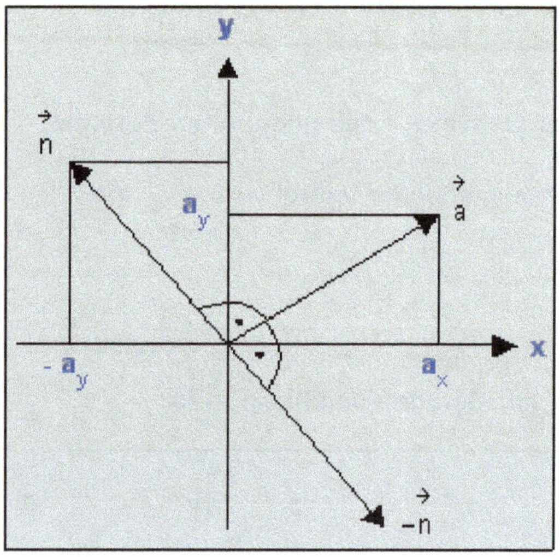

Abb. 2.7.9

Beispiel 2.7.6:

Wie lautet die parameterfreie Form der Geradengleichung bei gegebener Vektorform in impliziter Form, expliziter Form und Achsenabschnittsform?

$$\vec{x} = \begin{pmatrix} 2 \\ 1 \end{pmatrix} + \lambda \cdot \begin{pmatrix} 2 \\ 3 \end{pmatrix}$$ gegebene Vektorform der Geradengleichung

$$x = 2 + \lambda \cdot 2 \quad | \cdot 3$$
$$\qquad | +$$
$$y = 1 + \lambda \cdot 3 \quad | \cdot (-2)$$

g: $3 \cdot x - 2 \cdot y - 4 = 0$ implizite Form der Geradengleichung

Durch Division durch 4 der impliziten Form erhalten wir:

$$\frac{3}{4} \cdot x - \frac{2}{4} \cdot y = \frac{4}{4}$$

Daraus folgt die Achsenabschnittsform:

$$\frac{x}{\frac{4}{3}} + \frac{y}{-2} = 1$$

Durch Umformung der impliziten Form auf y = f(x) erhalten wir die explizite Form:

$$y = \frac{3}{2} \cdot x - 2$$

Beispiel 2.7.7:

Aus einer gegebenen impliziten Form einer Geradengleichung g soll eine Parameterdarstellung angegeben werden.

g: $2 \cdot x - 3 \cdot y = 6$ gegebene Geradengleichung

Wir wählen $x = \lambda_1$ (es könnte auch $y = \lambda_1$ gewählt werden) und setzen in die Gleichung ein. Daraus kann dann y errechnet werden:

$$2 \cdot \lambda_1 - 3 \cdot y = 6 \quad \Rightarrow \quad y = -2 + \frac{2}{3} \cdot \lambda_1$$

Wird nun λ_1 durch 3 λ ersetzt, so ergibt sich die Geradengleichung in Koordinatenform zu:

g: $x = 3 \cdot \lambda$

$y = -2 + 2 \cdot \lambda$

Die Parameterdarstellung lautet somit:

$$\vec{x} = \begin{pmatrix} 0 \\ -2 \end{pmatrix} + \lambda \cdot \begin{pmatrix} 3 \\ 2 \end{pmatrix}$$

Beispiel 2.7.8:

Ermitteln Sie die Gleichung der Geraden g durch den Punkt P(3 | 2) mit der Steigung k = 4/7 in Vektorform und Koordinatenform.

In Vektorform:

$$\vec{x} = \begin{pmatrix} 3 \\ 2 \end{pmatrix} + \lambda \cdot \begin{pmatrix} 1 \\ \frac{4}{7} \end{pmatrix} \quad \text{oder (2-82)} \quad \vec{x} = \begin{pmatrix} 3 \\ 2 \end{pmatrix} + \lambda \cdot \begin{pmatrix} 7 \\ 4 \end{pmatrix}$$

In Koordinatenform:

$$x = 3 + \lambda \qquad\qquad x = 3 + 7 \cdot \lambda$$

oder

$$y = 2 + \frac{4}{7} \cdot \lambda \qquad\qquad y = 2 + 4 \cdot \lambda$$

Beispiel 2.7.9:

Liegen die Punkte $P_1(2|3)$ oder $P_2(3|5)$ auf der nachfolgend gegebenen Geraden?

$$\vec{x} = \begin{pmatrix} 3 \\ 4 \end{pmatrix} + \lambda \cdot \begin{pmatrix} 1 \\ 1 \end{pmatrix}$$ gegebene Gerade

$$\begin{pmatrix} 2 \\ 3 \end{pmatrix} = \begin{pmatrix} 3 \\ 4 \end{pmatrix} + \lambda \cdot \begin{pmatrix} 1 \\ 1 \end{pmatrix}$$ vereinfacht auf $$\begin{pmatrix} 2 \\ 3 \end{pmatrix} = \begin{pmatrix} \lambda + 3 \\ \lambda + 4 \end{pmatrix}$$ Die Vektorgleichung ist für $\lambda = -1$ erfüllt. P_1 liegt auf der Geraden g.

$$\begin{pmatrix} 3 \\ 5 \end{pmatrix} = \begin{pmatrix} 3 \\ 4 \end{pmatrix} + \lambda \cdot \begin{pmatrix} 1 \\ 1 \end{pmatrix}$$ vereinfacht auf $$\begin{pmatrix} 3 \\ 5 \end{pmatrix} = \begin{pmatrix} \lambda + 3 \\ \lambda + 4 \end{pmatrix}$$ Es gibt kein gemeinsames λ. P_2 liegt nicht auf der Geraden g.

Beispiel 2.7.10:

Liegt der Punkt P(1|7|5) auf der nachfolgend gegebenen Geraden.

$$\vec{x} = \begin{pmatrix} 3 \\ 5 \\ 3 \end{pmatrix} + \lambda \cdot \begin{pmatrix} -1 \\ 1 \\ 1 \end{pmatrix}$$ gegebene Gerade

$$\begin{pmatrix} 1 \\ 7 \\ 5 \end{pmatrix} = \begin{pmatrix} 3 \\ 5 \\ 3 \end{pmatrix} + \lambda \cdot \begin{pmatrix} -1 \\ 1 \\ 1 \end{pmatrix}$$ vereinfacht auf $$\begin{pmatrix} 1 \\ 7 \\ 5 \end{pmatrix} = \begin{pmatrix} 3 - \lambda \\ \lambda + 5 \\ \lambda + 3 \end{pmatrix}$$ Die Vektorgleichung ist für $\lambda = 2$ erfüllt. P liegt daher auf der Geraden g.

Beispiel 2.7.11:

Wie lautet der Schnittpunkt der folgenden Geraden? Welchen Winkel schließen diese Geraden ein?

$$g_1:\ \vec{x} = \begin{pmatrix} 2 \\ 0 \end{pmatrix} + \lambda \cdot \begin{pmatrix} 2 \\ 2 \end{pmatrix} \qquad g_2:\ \vec{x} = \begin{pmatrix} 0 \\ 4 \end{pmatrix} + \mu \cdot \begin{pmatrix} 2 \\ -1 \end{pmatrix}$$ gegebene Geradengleichungen

$$\begin{pmatrix} 2 \\ 0 \end{pmatrix} + \lambda \cdot \begin{pmatrix} 2 \\ 2 \end{pmatrix} = \begin{pmatrix} 0 \\ 4 \end{pmatrix} + \mu \cdot \begin{pmatrix} 2 \\ -1 \end{pmatrix}$$ vereinfacht auf $$\begin{pmatrix} 2 \cdot \lambda + 2 \\ 2 \cdot \lambda \end{pmatrix} = \begin{pmatrix} 2 \cdot \mu \\ 4 - \mu \end{pmatrix}$$

Vorgabe

$2 \cdot \lambda + 2 = 2 \cdot \mu$

$2 \cdot \lambda = 4 - \mu$

Bei symbolischer Auswertung sind keine Startwerte erforderlich!

$\mathbf{m} := \text{Suchen}(\lambda, \mu) \rightarrow \begin{pmatrix} 1 \\ 2 \end{pmatrix}$ $\begin{pmatrix} \lambda \\ \mu \end{pmatrix} := \mathbf{m}$ $\lambda = 1$ $\mu = 2$ gesuchte Parameter

ORIGIN := 1 ORIGIN festlegen

$\mathbf{x1} := \begin{pmatrix} 2 \\ 0 \end{pmatrix} + \lambda \cdot \begin{pmatrix} 2 \\ 2 \end{pmatrix}$ $\mathbf{x1} = \begin{pmatrix} 4 \\ 2 \end{pmatrix}$ $\mathbf{x2} := \begin{pmatrix} 0 \\ 4 \end{pmatrix} + \mu \cdot \begin{pmatrix} 2 \\ -1 \end{pmatrix}$ $\mathbf{x2} = \begin{pmatrix} 4 \\ 2 \end{pmatrix}$ Ortsvektor des Schnittpunktes

Der Schnittpunkt ist daher: S(4|2).

$S_x := \mathbf{x1}_1$ $S_y := \mathbf{x1}_2$ Koordinaten des Schnittpunktes

Der Schnittwinkel ergibt sich mithilfe der beiden Richtungsvektoren:

$$\varphi := \text{acos}\left[\frac{\begin{pmatrix} 2 \\ 2 \end{pmatrix} \cdot \begin{pmatrix} 2 \\ -1 \end{pmatrix}}{\left|\begin{pmatrix} 2 \\ 2 \end{pmatrix}\right| \cdot \left|\begin{pmatrix} 2 \\ -1 \end{pmatrix}\right|}\right] \qquad \varphi = 71.565 \cdot \text{Grad}$$

$\lambda := -2, -2 + 0.01 .. 3$

Bereichsvariable für die Parameter

$\mu := -1, -1 + 0.01 .. 4$

$\mathbf{x1}(\lambda) := \begin{pmatrix} 2 \\ 0 \end{pmatrix} + \lambda \cdot \begin{pmatrix} 2 \\ 2 \end{pmatrix}$ $\mathbf{x2}(\mu) := \begin{pmatrix} 0 \\ 4 \end{pmatrix} + \mu \cdot \begin{pmatrix} 2 \\ -1 \end{pmatrix}$ Geradengleichungen

$i := 1 .. 2$ Bereichsvariable

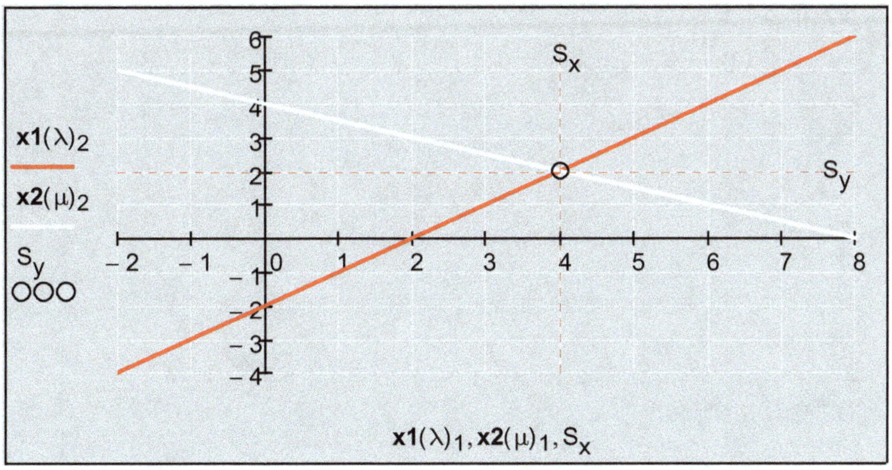

Abb. 2.7.10

Beispiel 2.7.12:

Wie lautet der Schnittpunkt der folgenden Geraden? Welchen Winkel schließen diese Geraden ein ?

g_1: $\vec{x} = \begin{pmatrix}1\\1\\0\end{pmatrix} + \lambda \cdot \begin{pmatrix}2\\1\\1\end{pmatrix}$ g_2: $\vec{x} = \begin{pmatrix}2\\0\\2\end{pmatrix} + \mu \cdot \begin{pmatrix}1\\-1\\2\end{pmatrix}$ gegebene Geradengleichungen

$\begin{pmatrix}1\\1\\0\end{pmatrix} + \lambda \cdot \begin{pmatrix}2\\1\\1\end{pmatrix} = \begin{pmatrix}2\\0\\2\end{pmatrix} + \mu \cdot \begin{pmatrix}1\\-1\\2\end{pmatrix}$ vereinfacht auf $\begin{pmatrix}2\cdot\lambda+1\\\lambda+1\\\lambda\end{pmatrix} = \begin{pmatrix}\mu+2\\-\mu\\2\cdot\mu+2\end{pmatrix}$ Schnitt der Geraden

$\lambda := \lambda$ $\mu := \mu$ Redefinitionen

$(\lambda\ \ \mu) := \begin{pmatrix}2\cdot\lambda+1 = \mu+2\\\lambda+1 = -\mu\\\lambda = 2\cdot\mu+2\end{pmatrix}$ auflösen, $\lambda, \mu \rightarrow (0\ \ -1)$ $\lambda = 0$ $\mu = -1$ gesuchte Parameter

oder:

Vorgabe

$2\cdot\lambda + 1 = \mu + 2$

$\lambda + 1 = -\mu$

$\lambda = 2\cdot\mu + 2$

$\mathbf{m} := \text{Suchen}(\lambda, \mu) \rightarrow \begin{pmatrix}0\\-1\end{pmatrix}$ $\begin{pmatrix}\lambda\\\mu\end{pmatrix} := \mathbf{m}$ $\lambda = 0$ $\mu = -1$ gesuchte Parameter

$\mathbf{x1}(\lambda) := \begin{pmatrix}1\\1\\0\end{pmatrix} + \lambda \cdot \begin{pmatrix}2\\1\\1\end{pmatrix}$ $\mathbf{x1}(\lambda) = \begin{pmatrix}1\\1\\0\end{pmatrix}$ Ortsvektor des Schnittpunktes. Der Schnittpunkt lautet also: S(1|1|0).

oder:

$\mathbf{x2}(\mu) := \begin{pmatrix}2\\0\\2\end{pmatrix} + \mu \cdot \begin{pmatrix}1\\-1\\2\end{pmatrix}$ $\mathbf{x2}(\mu) = \begin{pmatrix}1\\1\\0\end{pmatrix}$

$\varphi := \text{acos}\left[\dfrac{\begin{pmatrix}2\\1\\1\end{pmatrix}\cdot\begin{pmatrix}1\\-1\\2\end{pmatrix}}{\left|\begin{pmatrix}2\\1\\1\end{pmatrix}\right|\cdot\left|\begin{pmatrix}1\\-1\\2\end{pmatrix}\right|}\right]$ $\varphi = 60 \cdot \text{Grad}$ Winkel zwischen g_1 und g_2

ORIGIN := 1 ORIGIN festlegen

$\mathbf{X1} := \begin{pmatrix}\mathbf{x1}(-5)_1\\\mathbf{x1}(\lambda)_1\\\mathbf{x1}(10)_1\end{pmatrix}$ $\mathbf{Y1} := \begin{pmatrix}\mathbf{x1}(-5)_2\\\mathbf{x1}(\lambda)_2\\\mathbf{x1}(10)_2\end{pmatrix}$ $\mathbf{Z1} := \begin{pmatrix}\mathbf{x1}(-5)_3\\\mathbf{x1}(\lambda)_3\\\mathbf{x1}(10)_3\end{pmatrix}$ Vektoren mit den x-, y- und z-Werten von 3 Punkten der Geraden g_1

$$X2 := \begin{pmatrix} x2(-3)_1 \\ x2(\mu)_1 \\ x2(6)_1 \end{pmatrix} \quad Y2 := \begin{pmatrix} x2(-3)_2 \\ x2(\mu)_2 \\ x2(6)_2 \end{pmatrix} \quad Z2 := \begin{pmatrix} x2(-3)_3 \\ x2(\mu)_3 \\ x2(6)_3 \end{pmatrix}$$

Vektoren mit den x-, y- und z-Werten von 3 Punkten der Geraden g_2

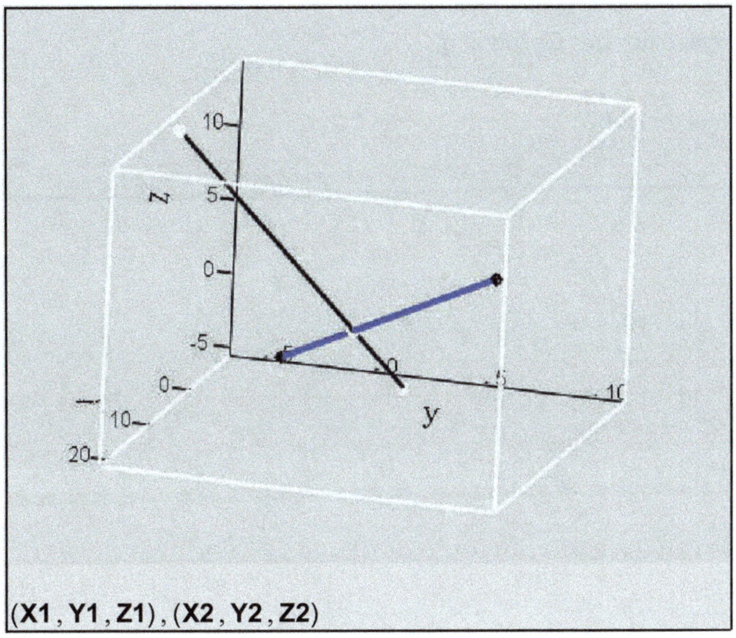

Diagrammformat:
Allgemein:
Streuungsdiagramm,
3D-Rahmen
Darstellung:
Punktoption-Punkte zeichnen,
Linienoption-Linien

Abb. 2.7.11

Eine weitere Möglichkeit zur Darstellung von Geraden im Raum:

$S1(u) := \mathbf{x1}(\lambda)$ Schnittpunkt als Funktion von u $\quad S1(\lambda) = \begin{pmatrix} 1 \\ 1 \\ 0 \end{pmatrix}$

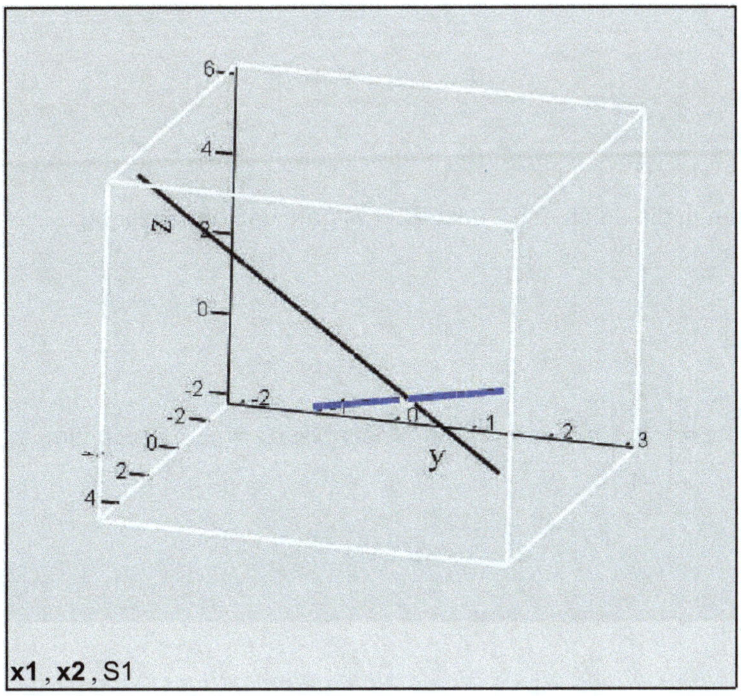

Diagrammformat:
Allgemein:
Streuungsdiagramm,
3D-Rahmen
Darstellung:
Linienoption-Linien
QuickPlot-Daten: Beginn -2, Ende 2, Schrittweite 20

Abb. 2.7.12

Beispiel 2.7.13:

Berechnen Sie eine implizite Gleichung der Geraden g, die durch die Punkte A(-1 | 6), B(5 | 2) geht.

Die Koordinaten des Normalvektors sind nach (2-80) die Koeffizienten der Variablen:

$\vec{a} = \overrightarrow{AB} = \begin{bmatrix} 5-(-1) \\ 2-6 \end{bmatrix} = \begin{pmatrix} 6 \\ -4 \end{pmatrix} = 2 \cdot \begin{pmatrix} 3 \\ -2 \end{pmatrix}$ Richtungsvektor der Geraden g

$\vec{n} = \begin{pmatrix} 2 \\ 3 \end{pmatrix}$ Normalvektor (2-82)

Punkt A $\in$ g:

$2 \cdot x + 3 \cdot y = 2 \cdot (-1) + 3 \cdot 6 = 16$

Punkt B $\in$ g:

$2 \cdot x + 3 \cdot y = 2 \cdot 5 + 3 \cdot 2 = 16$

Die implizite Gleichung der Geraden g lautet damit:

$2 \cdot x + 3 \cdot y = 16$

Beispiel 2.7.14:

Berechnen Sie die implizite Gleichung der Geraden g, die durch den Punkt P(-1 | 3) geht und parallel zur Geraden g_1: 2 x + 3 y + 5 = 0 ist.

Die Geraden g und g_1 haben denselben Normalvektor $\vec{n} = \begin{pmatrix} 2 \\ 3 \end{pmatrix}$.

$2 \cdot x + 3 \cdot y = 2 \cdot (-1) + 3 \cdot 3 = 7$

Die implizite Gleichung der Geraden g lautet damit:

$2 \cdot x + 3 \cdot y = 7$

Beispiel 2.7.15:

Berechnen Sie die implizite Gleichung der Geraden g, die durch den Punkt P(2 | 3) geht und die Steigung k = 4/5 hat.

Für den Richtungsvektor gilt nach (2-75): $\vec{a} = \begin{pmatrix} 1 \\ k \end{pmatrix}$.

Ein Normalvektor ist dann nach (2-82): $\vec{n} = \begin{pmatrix} k \\ -1 \end{pmatrix} = \begin{pmatrix} \frac{4}{5} \\ -1 \end{pmatrix} = \frac{1}{5} \cdot \begin{pmatrix} 4 \\ -5 \end{pmatrix}$. Damit ist aber $\overrightarrow{n_1} = \begin{pmatrix} 4 \\ -5 \end{pmatrix}$ auch ein Normalvektor.

$4 \cdot x - 5 \cdot y = 4 \cdot 2 - 5 \cdot 3 = -7$

Die implizite Gleichung der Geraden g lautet damit:

$4 \cdot x - 5 \cdot y + 7 = 0$

Beispiel 2.7.16:

Gegeben ist die explizite Darstellung einer Geraden g: y = 3 x + 5. Wie lautet die Parameterdarstellung der Geraden?

$x_1 = \begin{pmatrix} 0 \\ 5 \end{pmatrix}$ $\quad x_2 = \begin{pmatrix} \frac{-5}{3} \\ 0 \end{pmatrix}$ Schnittpunkte der Geraden mit den Koordinatenachsen

$\vec{a} = \begin{pmatrix} 1 \\ k \end{pmatrix} = \begin{pmatrix} 1 \\ 3 \end{pmatrix}$ Verschiebungsvektor zwischen P_1 und P_2

Die Geradengleichung in Parameterform lautet damit:

$$\vec{x} = \begin{pmatrix} 0 \\ 5 \end{pmatrix} + \lambda \cdot \begin{pmatrix} 1 \\ 3 \end{pmatrix}$$

Parameterfreie Form der Geradengleichung im Raum:

Durch Elimination des Parameters λ aus je zwei Gleichungen in (2-78) erhalten wir für eine Gerade g des Raumes:

$x = x_1 + \lambda \cdot a_x \quad | \cdot (-a_y)$

$y = y_1 + \lambda \cdot a_y \quad | \cdot a_x \quad | \cdot (-a_z)$

$z = z_1 + \lambda \cdot a_z \quad | \cdot a_y$

$$g: \; -a_y \cdot x + a_x \cdot y = -x_1 \cdot a_y + y_1 \cdot a_x \qquad \textbf{(2-90)}$$

$$-a_z \cdot y + a_y \cdot z = -y_1 \cdot a_z + z_1 \cdot a_y$$

Im Raum ist eine Gerade g durch zwei lineare Gleichungen mit drei Variablen festgelegt!

Beispiel 2.7.17:

Wie lautet die parameterfreie Form der Geradengleichung?

$\vec{x} = \begin{pmatrix} 2 \\ 1 \\ 3 \end{pmatrix} + \lambda \cdot \begin{pmatrix} -2 \\ 1 \\ -3 \end{pmatrix}$ gegebene Geradengleichung in Parameterdarstellung

g: $x = 2 - 2 \cdot \lambda \quad | \cdot 1$ $\quad | +$

$y = 1 + \lambda \quad | \cdot 2 \quad | \cdot 3 \quad | +$

$z = 3 - 3 \cdot \lambda \quad | \cdot 1$

g: $x + 2 \cdot y - 4 = 0$

$3 \cdot y + z - 6 = 0$

Normalabstand eines Punktes von einer Geraden:

Zu den Grundaufgaben der analytischen Geometrie gehört auch die Berechnung von Abständen zwischen Punkten und Geraden bzw. zwischen Geraden.

Wir betrachten dazu eine Gerade g durch den Punkt P_1 mit Richtung $\vec{a}$. Um den Abstand eines Punktes P von dieser Geraden zu berechnen, fällen wir das Lot auf die Gerade mit dem Lotpunkt $Q \in g$ (Abb. 2.42).

Zur Berechnung des Abstandes $d = \left|\overrightarrow{PQ}\right|$ lassen sich u. a. verschiedene Beziehungen herleiten:

Durch $\vec{x_1}$ und $\vec{a} \in \mathbb{R}^3$ mit $\vec{a} \neq \vec{0}$ sei eine Gerade

$$g = \{ \vec{x} \in \mathbb{R}^3 \mid \vec{x} = \vec{x_1} + \lambda \cdot \vec{a}, \lambda \in \mathbb{R} \} \tag{2-91}$$

im $\mathbb{R}^3$ gegeben, wobei $\vec{x_1}$ der Ortsvektor des Geradenpunktes P_1 ist.

a) Dem rechtwinkeligen Dreieck in Abb. 2.7.13 entnehmen wir:

$$d = \overline{P1P} \cdot \sin(\varphi) = \left|\overrightarrow{P1P}\right| \cdot \sin(\varphi) \tag{2-92}$$

b) Aus $\overrightarrow{PQ} \cdot \vec{a} = 0$ und $\overrightarrow{PQ} = \overrightarrow{PP_1} + \lambda \cdot \vec{a}$ folgt (Abb. 2.7.13):

$$\overrightarrow{PQ} = \overrightarrow{PP_1} - \frac{\overrightarrow{PP_1} \cdot \vec{a}}{\left(\left|\vec{a}\right|\right)^2} \cdot \vec{a} \tag{2-93}$$

Für den Abstand $d = \left|\overrightarrow{PQ}\right|$ ergibt sich durch Herleitung:

$$d = \left|\overrightarrow{PQ}\right| = \frac{\left|\overrightarrow{PP_1} \times \vec{a}\right|}{\left|\vec{a}\right|} \tag{2-94}$$

Der Fußpunkt Q des Lotes auf die Gerade ist gegeben durch den Ortsvektor:

$$\vec{q} = \overrightarrow{OQ} = \vec{x_1} - \frac{\overrightarrow{PP_1} \cdot \vec{a}}{\left(\left|\vec{a}\right|\right)^2} \cdot \vec{a} = \vec{x_1} + \frac{\left(\overrightarrow{OP} - \vec{x_1}\right) \cdot \vec{a}}{\left(\left|\vec{a}\right|\right)^2} \cdot \vec{a} \tag{2-95}$$

c) Den Normalabstand d des Punktes P von der Geraden g erhalten wir in der Ebene, wenn wir im Term der linken Seite der Hesse'schen Normalform der Geradengleichung (2-85) den Ortsvektor $\vec{x}$ durch den Ortsvektor $\vec{p} = \overrightarrow{OP}$ ersetzen.

$$d = \left|\vec{n_0} \cdot \left(\vec{p} - \vec{x_1}\right)\right| \quad \text{bzw. in Koordinatenform} \quad d = \left|\frac{a \cdot x + b \cdot y + c}{\sqrt{a^2 + b^2}}\right| \tag{2-96}$$

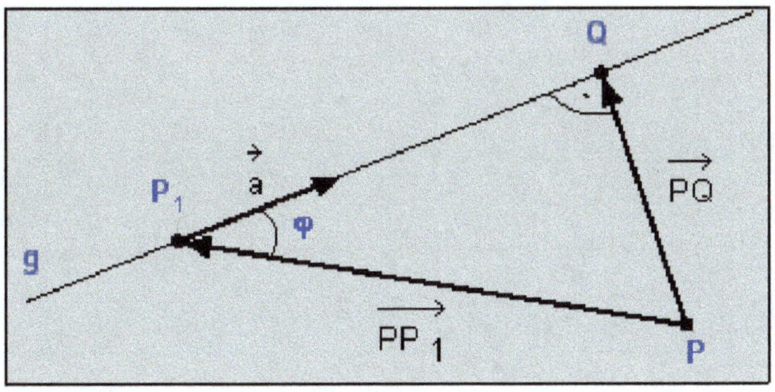

Abb. 2.7.13

Beispiel 2.7.18:

Eine Gerade sei gegeben durch g: $\vec{x} = \begin{pmatrix} 0 \\ 2 \end{pmatrix} + \lambda \cdot \begin{pmatrix} 3 \\ -2 \end{pmatrix}$

Bestimmen Sie den Normalabstand des Punkte P(5|4) von der Geraden. Wie lautet der Fußpunkt Q des Lotes von P auf g?

$\mathbf{x_1} := \begin{pmatrix} 0 \\ 2 \end{pmatrix}$ Ortsvektor zu einem Punkt auf der Geraden

$\mathbf{a} := \begin{pmatrix} 3 \\ -2 \end{pmatrix}$ Richtungsvektor

$\mathbf{p} := \begin{pmatrix} 5 \\ 4 \end{pmatrix}$ Ortsvektor zum Punkt P

$\mathbf{P1P} := \mathbf{p} - \mathbf{x_1}$ Vektor $\overrightarrow{P1P}$

$|\mathbf{P1P}| = 5.385$ Abstand von P_1 nach P

$\varphi := \operatorname{acos}\left(\frac{\mathbf{P1P} \cdot \mathbf{a}}{|\mathbf{P1P}| \cdot |\mathbf{a}|}\right)$ $\varphi = 55.491 \cdot \text{Grad}$

$d := |\mathbf{P1P}| \cdot \sin(\varphi)$ $d = 4.438$ Normalabstand von P nach Q (2-92)

oder:

$\mathbf{PP_1} := \mathbf{x_1} - \mathbf{p}$ Vektor $\overrightarrow{PP_1}$

$\mathbf{PQ} := \mathbf{PP_1} - \frac{\mathbf{PP_1} \cdot \mathbf{a}}{(|\mathbf{a}|)^2} \cdot \mathbf{a}$ $\mathbf{PQ} = \begin{pmatrix} -2.462 \\ -3.692 \end{pmatrix}$ Vektor $\overrightarrow{PQ}$ (2-85)

$d := |\mathbf{PQ}|$ $d = 4.438$ Normalabstand von P nach Q

Q ist der Schnittpunkt von g mit der Normalen h auf g durch P. Ein Richtungsvektor $\vec{n}$ von h ist Normalvektor von g: $\vec{n} = \begin{pmatrix} 2 \\ 3 \end{pmatrix}$.

Eine Parameterdarstellung von h lautet somit:

h: $\vec{x} = \begin{pmatrix} 5 \\ 4 \end{pmatrix} + \mu \cdot \begin{pmatrix} 2 \\ 3 \end{pmatrix}$

Für den Schnittpunkt gilt:

$\begin{pmatrix} 0 \\ 2 \end{pmatrix} + \lambda \cdot \begin{pmatrix} 3 \\ -2 \end{pmatrix} = \begin{pmatrix} 5 \\ 4 \end{pmatrix} + \mu \cdot \begin{pmatrix} 2 \\ 3 \end{pmatrix}$ vereinfacht auf $\begin{pmatrix} 3 \cdot \lambda \\ 2 - 2 \cdot \lambda \end{pmatrix} = \begin{pmatrix} 5 + 2 \cdot \mu \\ 4 + 3 \cdot \mu \end{pmatrix}$

Vorgabe

$3 \cdot \lambda = 5 + 2 \cdot \mu$

$2 - 2 \cdot \lambda = 4 + 3 \cdot \mu$ lineares Gleichungssystem für λ und μ

$\mathbf{m} := \text{Suchen}(\lambda, \mu) \rightarrow \begin{pmatrix} \frac{11}{13} \\ -\frac{16}{13} \end{pmatrix}$ $\begin{pmatrix} \lambda \\ \mu \end{pmatrix} := \mathbf{m}$ $\lambda \rightarrow \frac{11}{13}$ $\mu \rightarrow -\frac{16}{13}$

$\mathbf{OQ} := \begin{pmatrix} 0 \\ 2 \end{pmatrix} + \lambda \cdot \begin{pmatrix} 3 \\ -2 \end{pmatrix}$ $\mathbf{OQ} = \begin{pmatrix} 2.538 \\ 0.308 \end{pmatrix}$ Ortsvektor zum Punkt Q

Oder:

$\mathbf{OQ} := \mathbf{x_1} - \frac{\mathbf{PP_1} \cdot \mathbf{a}}{(|\mathbf{a}|)^2} \cdot \mathbf{a}$ $\mathbf{OQ} = \begin{pmatrix} 2.538 \\ 0.308 \end{pmatrix}$ Ortsvektor zum Punkt Q (2-95)

Beispiel 2.7.19:

Eine Gerade sei gegeben durch g: $\vec{x} = \begin{pmatrix} -1 \\ -1 \\ -1 \end{pmatrix} + \lambda \cdot \begin{pmatrix} 1 \\ 2 \\ -2 \end{pmatrix}$

Bestimmen Sie den Normalabstand des Punktes P(-2 | 3 | 4) von der Geraden. Wie lautet der Fußpunkt Q des Lotes von P auf g?

$\mathbf{x_1} := \begin{pmatrix} -1 \\ -1 \\ -1 \end{pmatrix}$ Ortsvektor zu einem Punkt auf der Geraden

$\mathbf{a} := \begin{pmatrix} 1 \\ 2 \\ -2 \end{pmatrix}$ Richtungsvektor

$\mathbf{p} := \begin{pmatrix} -2 \\ 3 \\ 4 \end{pmatrix}$ Ortsvektor zum Punkt P

$\mathbf{PP_1} := \mathbf{x_1} - \mathbf{p}$ Vektor $\overrightarrow{PP_1}$

$\mathbf{OQ} := \mathbf{x_1} - \dfrac{\mathbf{PP_1} \cdot \mathbf{a}}{(|\mathbf{a}|)^2} \cdot \mathbf{a}$ $\mathbf{OQ} = \begin{pmatrix} -1.333 \\ -1.667 \\ -0.333 \end{pmatrix}$ Ortsvektor zum Punkt Q (2-95)

$\mathbf{OQ} \rightarrow \begin{pmatrix} -\frac{4}{3} \\ -\frac{5}{3} \\ -\frac{1}{3} \end{pmatrix}$ Ortsvektor zum Punkt Q

$\mathbf{PQ} := \mathbf{p} - \mathbf{OQ}$ $\mathbf{PQ} \rightarrow \begin{pmatrix} -\frac{2}{3} \\ \frac{14}{3} \\ \frac{13}{3} \end{pmatrix}$

$d := |\mathbf{PQ}|$ $d = 6.403$ Normalabstand von P nach Q

Oder:

$d := \dfrac{|\mathbf{PP_1} \times \mathbf{a}|}{|\mathbf{a}|}$ $d = 6.403$ Normalabstand von P nach Q

Beispiel 2.7.20:

Bestimmen Sie den Normalabstand des Punkte P(10 | 3 | -4) von der Geraden. Wie lautet der Fußpunkt Q des Lotes von P auf g?

Eine Gerade sei gegeben durch g:

$\vec{x} = \begin{pmatrix} 2 \\ 3 \\ 4 \end{pmatrix} + \lambda \cdot \begin{pmatrix} 0 \\ 1 \\ -1 \end{pmatrix}$

$\mathbf{x_1} := \begin{pmatrix} 2 \\ 3 \\ 4 \end{pmatrix}$ Ortsvektor zu einem Punkt auf der Geraden

$\mathbf{a} := \begin{pmatrix} 0 \\ 1 \\ -1 \end{pmatrix}$ Richtungsvektor

$\mathbf{p} := \begin{pmatrix} 10 \\ 3 \\ -4 \end{pmatrix}$ Ortsvektor zum Punkt P

$PP_1 := x_1 - p$ Vektor $\overrightarrow{PP_1}$

$d := \frac{|PP_1 \times a|}{|a|}$ $d = 9.798$ Normalabstand von P nach Q

$OQ := x_1 - \frac{PP_1 \cdot a}{(|a|)^2} \cdot a$ $OQ = \begin{pmatrix} 2 \\ 7 \\ 0 \end{pmatrix}$ Ortsvektor zum Punkt Q (2-95)

Beispiel 2.7.21:

Berechnen Sie den Normalabstand des Punktes P(-5 | 4) von der Geraden g: 3 x - 4 y - 4 = 0.

$n_0 := \frac{1}{\sqrt{3^2 + (-4)^2}} \cdot \begin{pmatrix} 3 \\ -4 \end{pmatrix}$ genormter Normalvektor

$p := \begin{pmatrix} -5 \\ 4 \end{pmatrix}$ Ortsvektor zum Punkt P

$x_1 := \begin{pmatrix} 0 \\ -1 \end{pmatrix}$ Punkt auf der Geraden

$d := |n_0 \cdot (p - x_1)|$ $d = 7$ Normalabstand des Punktes P von der Geraden g

oder:

$d := \left| \frac{3 \cdot (-5) - 4 \cdot 4 - 4}{\sqrt{3^2 + (-4)^2}} \right|$ $d = 7$ Normalabstand des Punktes P von der Geraden g

Abstand zweier Geraden:

Wir betrachten nun eine Gerade g durch den Punkt P_1 mit Richtung $\vec{a}$ und eine zweite Gerade h durch den Punkt P_2 mit Richtung $\vec{b}$.

Im Weiteren sei $\vec{a} \times \vec{b} \neq \vec{0}$, d. h., die beiden Geraden sind nicht parallel. Wir betrachten nun, um den Abstand der Geraden zu berechnen, das Lot von der einen Geraden auf die andere Gerade (siehe Abb. 2.7.14).

Nach (2-95) gilt für einen beliebigen Punkt P der Geraden h: $\overrightarrow{PQ} = \overrightarrow{PP_1} - \frac{\overrightarrow{PP_1} \cdot \vec{a}}{(|\vec{a}|)^2} \cdot \vec{a}$ mit $\overrightarrow{PQ} \cdot \vec{a} = 0$.

Nun muss zusätzlich auch noch $\overrightarrow{PQ} \cdot \vec{b} = 0$ und nach Abb. 2.7.14 $\overrightarrow{PP_1} = \mu \cdot \vec{b} - \overrightarrow{P1P2}$ gelten. Daraus lässt sich der Abstand $d = |\overrightarrow{PQ}|$ herleiten.

a) Durch $\vec{x_1}$ und $\vec{a} \in \mathbb{R}^3$ mit $\vec{a} \neq \vec{0}$ sei eine Gerade

$$g = \{ \vec{x} \in \mathbb{R}^3 \mid \vec{x} = \vec{x_1} + \lambda \cdot \vec{a}, \lambda \in \mathbb{R} \}$$

im $\mathbb{R}^3$ gegeben, wobei $\vec{x_1}$ der Ortsvektor des Geradenpunktes P_1 ist.

Weiters sei durch $\vec{x_2}$ und $\vec{b} \in \mathbb{R}^3$ mit $\vec{b} \neq \vec{0}$ eine Gerade

$$h = \{ \vec{x} \in \mathbb{R}^3 \mid \vec{x} = \vec{x_2} + \mu \cdot \vec{b}, \mu \in \mathbb{R} \}$$

im $\mathbb{R}^3$ gegeben, wobei $\vec{x_2}$ der Ortsvektor des Geradenpunktes P_2 ist.

Der Abstand d der beiden Geraden ist dann gegeben durch:

$$d = \frac{\left| \left(\vec{a} \times \vec{b} \right) \cdot \overrightarrow{P1P2} \right|}{\left| \vec{a} \times \vec{b} \right|} \quad \text{für } \vec{a} \times \vec{b} \neq \vec{0}. \qquad (2\text{-}97)$$

Sind $\vec{a}$ und $\vec{b}$ kollinear, also die Gerade g parallel zur Geraden h, dann ist der Abstand gegeben durch:

$$d = \frac{\left| \vec{a} \times \overrightarrow{P1P2} \right|}{\left| \vec{a} \right|} \quad \text{für } \vec{a} \times \vec{b} = \vec{0}. \qquad (2\text{-}98)$$

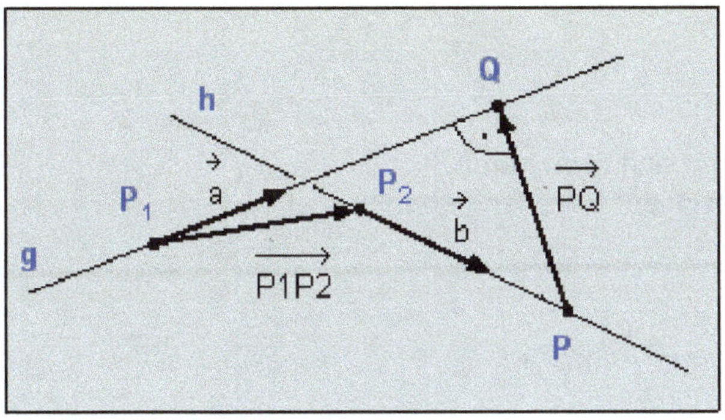

Abb. 2.7.14

Beispiel 2.7.22:

Wie groß ist der Abstand der Geraden g zur Geraden h?

$$g: \quad \vec{x} = \begin{pmatrix} 1 \\ 1 \\ 4 \end{pmatrix} + \lambda \cdot \begin{pmatrix} 1 \\ 1 \\ 1 \end{pmatrix} \qquad h: \quad \vec{x} = \begin{pmatrix} 4 \\ 0 \\ 3 \end{pmatrix} + \mu \cdot \begin{pmatrix} 3 \\ 3 \\ 3 \end{pmatrix}$$

$\mathbf{a} := \begin{pmatrix} 1 \\ 1 \\ 1 \end{pmatrix}$ $\mathbf{b} := \begin{pmatrix} 3 \\ 3 \\ 3 \end{pmatrix}$ Richtungsvektoren

$\mathbf{a} \times \mathbf{b} = \begin{pmatrix} 0 \\ 0 \\ 0 \end{pmatrix}$ Die beiden Geraden g und h sind also parallel!

$\mathbf{P1P2} := \begin{pmatrix} 4 \\ 0 \\ 3 \end{pmatrix} - \begin{pmatrix} 1 \\ 1 \\ 4 \end{pmatrix}$ Vektor vom Punkt P_1 zum Punkt P_2

$d := \frac{|\mathbf{a} \times \mathbf{P1P2}|}{|\mathbf{a}|}$ $d = 3.266$ Abstand der Geraden g zur Geraden h (2-98)

Beispiel 2.7.23:

Wie groß ist der Abstand der Geraden g zur Geraden h?

g: $\vec{x} = \begin{pmatrix} 2 \\ 3 \\ 4 \end{pmatrix} + \lambda \cdot \begin{pmatrix} 0 \\ 1 \\ -1 \end{pmatrix}$ h: $\vec{x} = \begin{pmatrix} -1 \\ 0 \\ 2 \end{pmatrix} + \mu \cdot \begin{pmatrix} 2 \\ -1 \\ 0 \end{pmatrix}$

$\mathbf{a} := \begin{pmatrix} 0 \\ 1 \\ -1 \end{pmatrix}$ $\mathbf{b} := \begin{pmatrix} 2 \\ -1 \\ 0 \end{pmatrix}$ Richtungsvektoren

$\mathbf{b} \times \mathbf{a} = \begin{pmatrix} 1 \\ 2 \\ 2 \end{pmatrix}$ Die beiden Geraden g und h sind nicht parallel!
g und h werden auch windschiefe Geraden genannt.

$\mathbf{x_1} := \begin{pmatrix} 2 \\ 3 \\ 4 \end{pmatrix}$ $\mathbf{x_2} := \begin{pmatrix} -1 \\ 0 \\ 2 \end{pmatrix}$ Ortsvektoren zu den Punkten P_1 und P_2

$\mathbf{P1P2} := \mathbf{x_2} - \mathbf{x_1}$ Vektor vom Punkt P_1 zum Punkt P_2

$d := \frac{|(\mathbf{a} \times \mathbf{b}) \cdot \mathbf{P1P2}|}{|\mathbf{a} \times \mathbf{b}|}$ $d = 4.333$ Abstand der Geraden g zur Geraden h (2-97)

2.7.3 Ebenendarstellung

Vektorielle Punkt-Richtungsform einer Ebene:

Wir betrachten auch hier ein festes kartesisches Koordinatensystem und $\mathbb{R}^3$ in seiner Doppelfunktion als Punktemenge und als Vektorraum.
Ebenen definieren wir analytisch als Teilmengen von $\mathbb{R}^3$ über Ebenengleichungen.

Sind $\vec{x}_1, \vec{a}, \vec{b} \in \mathbb{R}^3$ mit linear unabhängigen Richtungsvektoren $\vec{a}, \vec{b}$ der Ebene, so wird durch

$$E = \{ \vec{x} \in \mathbb{R}^3 \mid \vec{x} = \vec{x}_1 + \lambda \cdot \vec{a} + \mu \cdot \vec{b}, \lambda, \mu \in \mathbb{R} \} \qquad \text{(2-99)}$$

eine Ebene E im $\mathbb{R}^3$ festgelegt (Abb. 2.7.15).

Die Darstellung in Vektorform heißt Punkt-Richtungsform bzw. eine Parameterdarstellung der Ebene E.

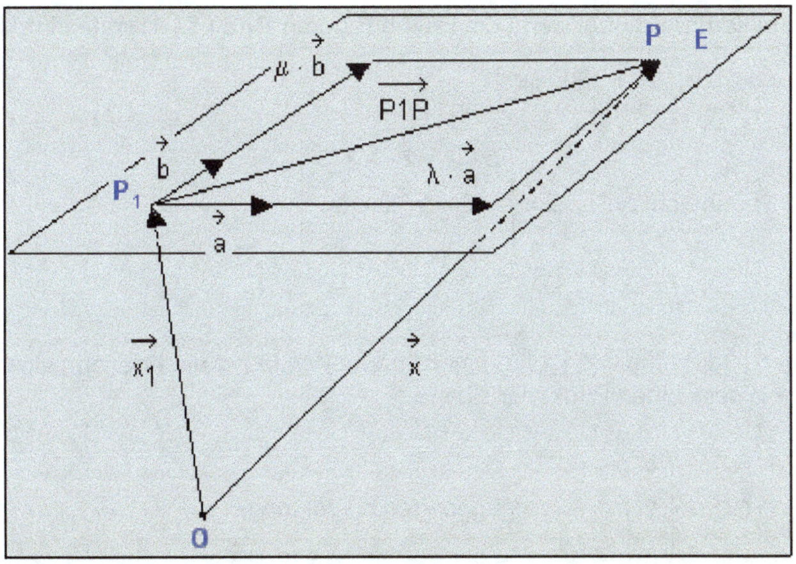

Abb. 2.7.15

Vektorielle Drei-Punkteform einer Ebene:

Sind $\vec{x}_1, \vec{x}_2, \vec{x}_3 \in \mathbb{R}^3$ drei nicht kollineare Punkte einer Ebene E im $\mathbb{R}^3$, so ist durch

$$E = \{ \vec{x} \in \mathbb{R}^3 \mid \vec{x} = \vec{x}_1 + \lambda \cdot \left(\vec{x}_2 - \vec{x}_1\right) + \mu \cdot \left(\vec{x}_3 - \vec{x}_1\right), \lambda, \mu \in \mathbb{R} \} \qquad \text{(2-100)}$$

die Drei-Punkteform der Ebene E gegeben (Abb. 2.7.16).

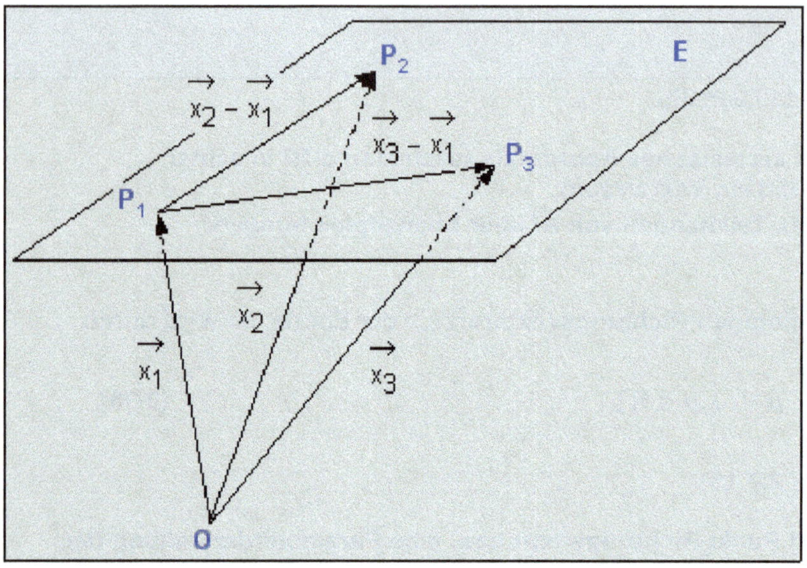

Abb. 2.7.16

Beispiel 2.7.24:

Wie lautet die Ebenengleichung in Parameterdarstellung, wenn die Ebene E durch $P_1(3 \mid 5 \mid 1)$ verläuft und ihre Richtungsvektoren $\vec{a} = (2 \ \ 5 \ \ 1)^T$ und $\vec{b} = (5 \ \ 1 \ \ 3)^T$ sind?

E: $\vec{x} = \begin{pmatrix} 3 \\ 5 \\ 1 \end{pmatrix} + \lambda \cdot \begin{pmatrix} 2 \\ 5 \\ 1 \end{pmatrix} + \mu \cdot \begin{pmatrix} 5 \\ 1 \\ 3 \end{pmatrix}$ vereinfacht auf $\vec{x} = \begin{pmatrix} 5 \cdot \mu + 2 \cdot \lambda + 3 \\ \mu + 5 \cdot \lambda + 5 \\ 3 \cdot \mu + \lambda + 1 \end{pmatrix}$

Beispiel 2.7.25:

Gegeben sind die Punkte A(-1 | 1 | 3), B(-1 | 3 | 2) und C(5 | 2 | 6) einer Ebene. Wie lautet die Ebenengleichung? Bestimmen Sie für verschiedene λ und μ jeweils einen Punkt der Ebene.

$\mathbf{OA} := \begin{pmatrix} -1 \\ 1 \\ 3 \end{pmatrix}$ $\mathbf{OB} := \begin{pmatrix} -1 \\ 3 \\ 2 \end{pmatrix}$ $\mathbf{OC} := \begin{pmatrix} 5 \\ 2 \\ 6 \end{pmatrix}$ gegebene Ortsvektoren

$\mathbf{AB} := \mathbf{OB} - \mathbf{OA}$ $\mathbf{AB} = \begin{pmatrix} 0 \\ 2 \\ -1 \end{pmatrix}$ Vektor von A nach B (Richtungsvektor)

$\mathbf{AC} := \mathbf{OC} - \mathbf{OA}$ $\mathbf{AC} = \begin{pmatrix} 6 \\ 1 \\ 3 \end{pmatrix}$ Vektor von A nach C (Richtungsvektor)

$\mathbf{OX}(\lambda, \mu) := \mathbf{OA} + \lambda \cdot \mathbf{AB} + \mu \cdot \mathbf{AC}$ Geradengleichung in Parameterdarstellung

$\mathbf{OX}(0, 1) = \begin{pmatrix} 5 \\ 2 \\ 6 \end{pmatrix}$ $\mathbf{OX}(1, 2) = \begin{pmatrix} 11 \\ 5 \\ 8 \end{pmatrix}$ $\mathbf{OX}(2, 2) = \begin{pmatrix} 11 \\ 7 \\ 7 \end{pmatrix}$ Jeder Wert für λ und μ ergibt einen Punkt der Ebene.

Koordinatenform der Ebenengleichung in Parameterdarstellung:

Mit $P_1(x_1 | y_1 | z_1)$, $\vec{a} = \begin{pmatrix} a_x & a_y & a_z \end{pmatrix}^T$, $\vec{b} = \begin{pmatrix} b_x & b_y & b_z \end{pmatrix}^T$ und $X(x | y | z)$ gilt:

$$\begin{pmatrix} x \\ y \\ z \end{pmatrix} = \begin{pmatrix} x_1 \\ y_1 \\ z_1 \end{pmatrix} + \lambda \cdot \begin{pmatrix} a_x \\ a_y \\ a_z \end{pmatrix} + \mu \cdot \begin{pmatrix} b_x \\ by \\ b_z \end{pmatrix} = \begin{pmatrix} x_1 + \lambda \cdot a_x + \mu \cdot b_x \\ y_1 + \lambda \cdot a_y + \mu \cdot b_y \\ z_1 + \lambda \cdot a_z + \mu \cdot b_z \end{pmatrix}.$$

Damit kann die Ebenengleichung in Parameterform in Koordinatenform geschrieben werden ($\lambda, \mu \in \mathbb{R}$):

$$x = x_1 + \lambda \cdot a_x + \mu \cdot b_x \qquad \text{(2-101)}$$
$$y = y_1 + \lambda \cdot a_y + \mu \cdot b_y$$
$$z = z_1 + \lambda \cdot a_z + \mu \cdot b_z$$

Parameterfreie Form der Ebenengleichung:

Durch Elimination der Parameters λ und μ aus den Gleichungen in Koordinatenform erhalten wir durch geeignete Multiplikation und anschließender Addition der Gleichungen eine lineare Gleichung mit drei Variablen ($(a | b | c) \neq (0 | 0 | 0)$):

$$E: \; a \cdot x + b \cdot y + c \cdot z + d = 0 \qquad \text{(Normalform oder implizite Form)} \qquad \text{(2-102)}$$

Die Normalform oder implizite Form einer Geraden in der Ebene ist gleichwertig zur Parameterdarstellung einer Geraden, d. h., beide Formen sind ineinander umrechenbar.

Beispiel 2.7.26:

Wie lautet die parameterfreie Form der Ebenengleichung?

$$\vec{x} = \begin{pmatrix} 2 \\ 3 \\ 1 \end{pmatrix} + \lambda \cdot \begin{pmatrix} 2 \\ 2 \\ -1 \end{pmatrix} + \mu \cdot \begin{pmatrix} -3 \\ -5 \\ 1 \end{pmatrix}$$ gegebene Ebenengleichung in Parameterdarstellung

Koordinatenform:

$x = 2 + 2 \cdot \lambda - 3 \cdot \mu$ | . 5
| + ⇒ $5 \cdot x - 3 \cdot y = 1 + 4 \cdot \lambda$ | . 3

$y = 3 + 2 \cdot \lambda - 5 \cdot \mu$ | . (-3) | . 1
| + ⇒

$z = 1 - 1 \cdot \lambda + 1 \cdot \mu$ | . 5
| + ⇒ $y + 5 \cdot z = 8 - 3 \cdot \lambda$ | . 4

E: $15 \cdot x - 5 \cdot y + 20 \cdot z = 35$ implizite Ebenengleichung

Beispiel 2.7.27:

Ermitteln Sie eine Parameterform der Ebenengleichung, wenn die implizite Form der Ebenengleichung gegeben ist.

E: $x + 2 \cdot y - z = 3$ gegebene implizite Ebenengleichung

Wir verwenden zwei Variable als Parameter (z. B. $y = \lambda$ und $z = \mu$) und setzen diese in die Gleichung ein:

$$x + 2 \cdot \lambda - \mu = 3 \quad \Rightarrow \quad x = 3 - 2 \cdot \lambda + \mu$$

Damit erhalten wir die Koordinatenform:

$$\begin{aligned} x &= 3 - 2\lambda + \mu \\ y &= \lambda \\ z &= \mu \end{aligned}$$

Und daraus folgt eine Parameterform:

$$\vec{x} = \begin{pmatrix} 3 \\ 0 \\ 0 \end{pmatrix} + \lambda \cdot \begin{pmatrix} -2 \\ 1 \\ 0 \end{pmatrix} + \lambda \cdot \begin{pmatrix} 1 \\ 0 \\ 1 \end{pmatrix}$$

<u>Normalvektorform und Hess'esche Normalform der Ebenengleichung:</u>

Im Raum kann eine Ebene durch einen Punkt und einen ihrer Normalvektoren eindeutig bestimmt werden.

Es sei $\vec{n} \neq \vec{0}$ ein Normalvektor der Geraden g (Abb. 2.7.17), $\vec{x_1}$ der Ortsvektor des gegebenen Punktes $P_1(x_1 \mid y_1 \mid z_1)$ und $X(x \mid y \mid z)$ ein beliebiger Punkt der Ebene. Weil die Vektoren $\vec{x} - \vec{x_1}$ und $\vec{n}$ aufeinander normal stehen, folgt:

$$\vec{n} \cdot \left(\vec{x} - \vec{x_1}\right) = 0 \quad \text{bzw.} \quad \vec{n} \cdot \vec{x} = \vec{n} \cdot \vec{x_1} \qquad (2\text{-}103)$$

Wir nennen jede der beiden Gleichungen die <u>Normalvektorform</u> der Ebenengleichung in $\mathbb{R}^3$.

Wählen wir insbesondere in (2-103) einen Normalvektor $\vec{e_n} = \vec{n_0}$, der auch Einheitsvektor ist, so nennen wir die Gleichung <u>Hesse'sche Normalform</u> (HNF) der Ebenengleichung im $\mathbb{R}^3$:

$$\vec{n_0} \cdot \left(\vec{x} - \vec{x_1}\right) = 0 \quad \text{bzw.} \quad \vec{n_0} \cdot \vec{x} = \vec{n_0} \cdot \vec{x_1} \qquad (2\text{-}104)$$

Nach Ausführung der Skalarmultiplikation in (2-104) erhalten wir die Normalform oder implizite Form der Ebenengleichung:

$$n_x \cdot x + n_y \cdot y \cdot n_z \cdot z = n_x \cdot x_1 + n_y \cdot y_1 + n_z \cdot z_1 \quad (= \text{konstant}) \qquad (2\text{-}105)$$

Setzen wir $n_x \cdot x_1 + n_y \cdot y_1 + n_z \cdot z_1 = -d$, $n_x = a$, $n_y = b$ und $n_z = c$, so erhalten wir wieder die gleiche Form der impliziten Ebenengleichung wie in (2-102): $a \cdot x + b \cdot y + c \cdot z + d = 0$.
Hieraus ist ersichtlich, dass die Koeffizienten a, b und c die Koordinaten eines Normalvektors einer Ebene E sind:

$$\vec{n} = \begin{pmatrix} a \\ b \\ c \end{pmatrix} \qquad (2\text{-}106)$$

Mit dem Normalvektor als Einheitsvektor $\vec{n}_0 = \frac{1}{\sqrt{a^2+b^2+c^2}} \cdot \begin{pmatrix} a \\ b \\ c \end{pmatrix}$ ergibt sich die Hesse'sche Normalform in Koordinatenschreibweise zu

$$\frac{a \cdot x + b \cdot y + c \cdot z + d}{\sqrt{a^2+b^2+c^2}} = 0. \qquad \text{(2-107)}$$

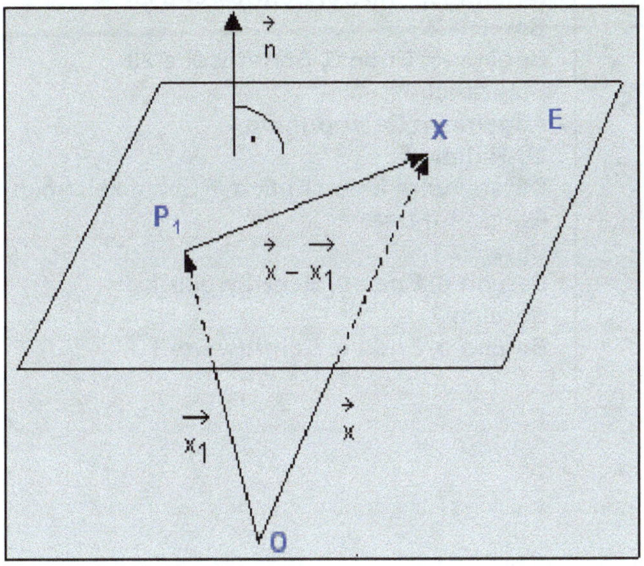

Abb. 2.7.17

Beispiel 2.7.28:

Liegt der Punkt P(11| - 3 | 1) in der nachfolgend gegebenen Ebene?

$$\vec{x} = \begin{pmatrix} 3 \\ -1 \\ 2 \end{pmatrix} + \lambda \cdot \begin{pmatrix} 0 \\ 6 \\ 5 \end{pmatrix} + \mu \cdot \begin{pmatrix} 4 \\ 2 \\ 1 \end{pmatrix}$$ gegebene Ebene

$$\begin{pmatrix} 11 \\ -3 \\ 1 \end{pmatrix} = \begin{pmatrix} 3 \\ -1 \\ 2 \end{pmatrix} + \lambda \cdot \begin{pmatrix} 0 \\ 6 \\ 5 \end{pmatrix} + \mu \cdot \begin{pmatrix} 4 \\ 2 \\ 1 \end{pmatrix}$$ vereinfacht auf $$\begin{pmatrix} 11 \\ -3 \\ 1 \end{pmatrix} = \begin{pmatrix} 4 \cdot \mu + 3 \\ 2 \cdot \mu + 6 \cdot \lambda - 1 \\ \mu + 5 \cdot \lambda + 2 \end{pmatrix}$$

$\mu := \mu \qquad \lambda := \lambda$ Redefinitionen

$$(\mu \;\; \lambda) := \begin{pmatrix} 4 \cdot \mu + 3 = 11 \\ 2 \cdot \mu + 6 \cdot \lambda - 1 = -3 \\ \mu + 5 \cdot \lambda + 2 = -1 \end{pmatrix} \text{ auflösen}, \begin{pmatrix} \mu \\ \lambda \end{pmatrix} \rightarrow (2 \;\; -1)$$

Die Vektorgleichung ist erfüllt, wenn $\mu = 2$ und $\lambda = -1$ ist. Der Punkt P liegt also in der gegebenen Ebene.

$$\mathbf{x_E}(\lambda, \mu) := \begin{pmatrix} 3 \\ -1 \\ 2 \end{pmatrix} + \lambda \cdot \begin{pmatrix} 0 \\ 6 \\ 5 \end{pmatrix} + \mu \cdot \begin{pmatrix} 4 \\ 2 \\ 1 \end{pmatrix}$$ Ebene als Funktion von λ und μ

$x_{E1}(\lambda,\mu) := x_E(\lambda,\mu)$ Punkt der Ebene

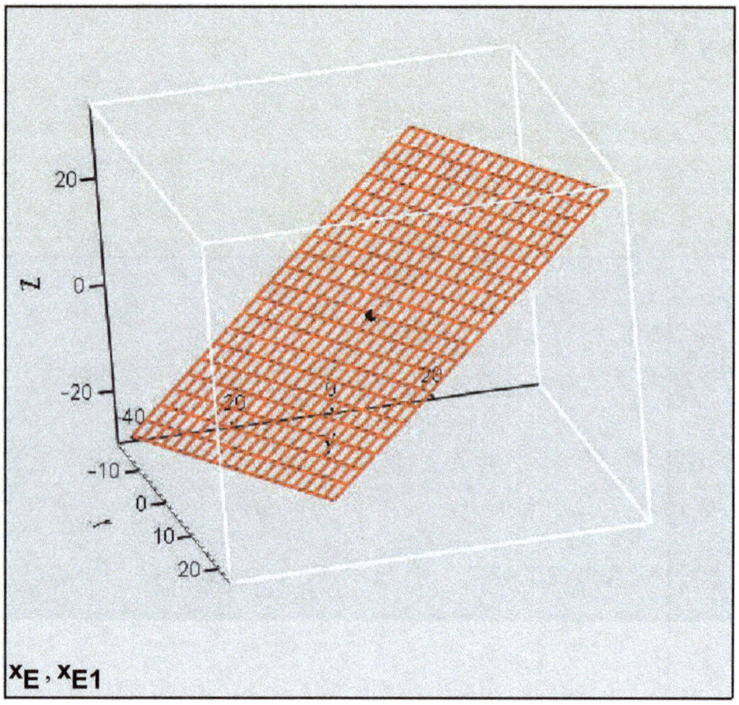

Diagrammformat:
Diagramm 1:
Allgemein: Flächendiagramm
3D-Rahmen
Darstellung: Drahtmodell
QuickPlot-Daten:
Bereich 1
Beginn -5, Ende 5, Schrittweite 20
Bereich 2
Beginn -5, Ende 5, Schrittweite 20
Diagramm 2:
Allgemein: Datenpunkte
3D-Rahmen
Darstellung: keine Linien, Punkte zeichnen
QuickPlot-Daten:
Bereich 1
Beginn 0, Ende 0, Schrittweite 1
Bereich 2
Beginn 0, Ende 0, Schrittweite 1

Abb. 2.7.18

Beispiel 2.7.29:

Bestimmen Sie die Gleichung der Ebene, die den Punkt $P_1(2 \mid -5 \mid 3)$ enthält und auf der der Normalvektor $\vec{n}$ steht.

$\mathbf{n} = \begin{pmatrix} 4 \\ 2 \\ 5 \end{pmatrix}$ gegebener Normalvektor

$$\begin{pmatrix} 4 \\ 2 \\ 5 \end{pmatrix} \cdot \left[\begin{pmatrix} x \\ y \\ z \end{pmatrix} - \begin{pmatrix} 2 \\ -5 \\ 3 \end{pmatrix}\right] = 0 \quad \left| \begin{array}{l} \text{annehmen, ALLE(S)} = \text{reell} \\ \text{erweitern} \end{array} \right. \rightarrow 4 \cdot x + 2 \cdot y + 5 \cdot z - 13 = 0$$

$4 \cdot x + 2 \cdot y + 5 \cdot z - 13 = 0$ Ebenengleichung in impliziter Form

Beispiel 2.7.30:

Bestimmen Sie die Gleichung der Ebene, die den Punkt $P_1(2 \mid -3 \mid -1)$ enthält und auf der der Normalvektor $\vec{n}$ steht. Wie lautet die Hesse'sche Normalform der Ebenengleichung?

$\mathbf{n} = \mathbf{e_x} - 2 \cdot \mathbf{e_y} + 4 \cdot \mathbf{e_z}$ gegebener Normalvektor in Komponentendarstellung

$$\begin{pmatrix} 1 \\ -2 \\ 4 \end{pmatrix} \cdot \begin{pmatrix} x \\ y \\ z \end{pmatrix} = \begin{pmatrix} 1 \\ -2 \\ 4 \end{pmatrix} \cdot \begin{pmatrix} 2 \\ -3 \\ -1 \end{pmatrix} \text{ annehmen}, x = \text{reell}, y = \text{reell}, z = \text{reell} \rightarrow x - 2 \cdot y + 4 \cdot z = 4$$

$x - 2 \cdot y + 4 \cdot z = 4$ — Ebenengleichung in impliziter Form

$\mathbf{n} := \begin{pmatrix} 1 \\ -2 \\ 4 \end{pmatrix} \quad |\mathbf{n}| \rightarrow \sqrt{21}$ — Normalvektor in Koordinatendarstellung

$\mathbf{n_0} := \frac{1}{|\mathbf{n}|} \cdot \mathbf{n} \quad \mathbf{n_0}^T \rightarrow \begin{pmatrix} \frac{\sqrt{21}}{21} & -\frac{2 \cdot \sqrt{21}}{21} & \frac{4 \cdot \sqrt{21}}{21} \end{pmatrix}$ — Normalvektor als Einheitsvektor

$$\mathbf{n_0} \cdot \left[\begin{pmatrix} x \\ y \\ z \end{pmatrix} - \begin{pmatrix} 2 \\ -3 \\ -1 \end{pmatrix} \right] = 0 \; \left| \begin{array}{l} \text{annehmen}, x = \text{reell} \\ \text{annehmen}, y = \text{reell} \\ \text{annehmen}, z = \text{reell} \end{array} \right. \rightarrow \frac{\sqrt{21} \cdot (x-2)}{21} - \frac{2 \cdot \sqrt{21} \cdot (y+3)}{21} + \frac{4 \cdot \sqrt{21} \cdot (z+1)}{21} = 0$$

$$\frac{x - 2 \cdot y + 4 \cdot z - 4}{21^{\frac{1}{2}}} = 0$$

Hesse'sche Normalform in Koordinatenform

Beispiel 2.7.31:

Wie lautet die Hesse'sche Normalform der Ebene $\vec{x} = \begin{pmatrix} 3 \\ -1 \\ 2 \end{pmatrix} + \lambda \cdot \begin{pmatrix} 0 \\ 6 \\ 5 \end{pmatrix} + \mu \cdot \begin{pmatrix} 4 \\ 2 \\ 1 \end{pmatrix}$?

$\mathbf{x_1} := \begin{pmatrix} 3 \\ -1 \\ 2 \end{pmatrix}$ — Ortsvektor zum Punkt P_1 der Ebene

$\mathbf{a} := \begin{pmatrix} 0 \\ 6 \\ 5 \end{pmatrix} \quad \mathbf{b} := \begin{pmatrix} 4 \\ 2 \\ 1 \end{pmatrix}$ — Richtungsvektoren der Ebene

$\mathbf{n} := \mathbf{a} \times \mathbf{b} \quad \mathbf{n} = \begin{pmatrix} -4 \\ 20 \\ -24 \end{pmatrix}$ — ein Normalvektor der Ebene

$|\mathbf{n}| \rightarrow 4 \cdot \sqrt{62}$ — Betrag des Normalvektors

$-4 \cdot x + 20 \cdot y - 24 \cdot z = \mathbf{n} \cdot \mathbf{x_1} \rightarrow 20 \cdot y - 4 \cdot x - 24 \cdot z = -80$ — implizite Form der Ebene

$\frac{-1 \cdot x + 5 \cdot y - 6 \cdot z + 20}{\sqrt{62}} = 0$ — Hesse'sche Normalform der Ebene

Normalabstand eines Punktes von einer Ebene:

Gegeben sei eine Ebene E: $\vec{n} \cdot \left(\vec{x} - \vec{x}_1\right) = 0$ und ein Punkt P mit dem Ortsvektor $\vec{p}$ (Abb. 2.7.19).

Der Vektor von P_1 nach P ergibt sich aus $\overrightarrow{P1P} = \vec{p} - \vec{x}_1$. Seine Projektion in die Richtung des Normalvektors $\vec{n}$ ergibt den Vektor $\overrightarrow{P1D} = \vec{d}$, der mit dem Vektor $\overrightarrow{P2P}$ der Länge $d = \left|\vec{d}\right|$ übereinstimmt.

Für die Projektion von $\overrightarrow{P1P}$ auf $\vec{n}$ gilt nach Gleichung (2-38):

$$\vec{d} = \left[\frac{\vec{n} \cdot \overrightarrow{P1P}}{\left(\left|\vec{n}\right|\right)^2}\right] \cdot \vec{n} = \left[\frac{\vec{n} \cdot \left(\vec{p} - \vec{x}_1\right)}{\left(\left|\vec{n}\right|\right)^2}\right] \cdot \vec{n} \qquad (2\text{-}108)$$

Für den Betrag gilt dann:

$$d = \left|\vec{d}\right| = \left|\left[\frac{\vec{n} \cdot \left(\vec{p} - \vec{x}_1\right)}{\left(\left|\vec{n}\right|\right)^2}\right] \cdot \vec{n}\right| = \frac{\left|\vec{n} \cdot \left(\vec{p} - \vec{x}_1\right)\right|}{\left(\left|\vec{n}\right|\right)^2} \cdot \left|\vec{n}\right| = \frac{\left|\vec{n} \cdot \left(\vec{p} - \vec{x}_1\right)\right|}{\left|\vec{n}\right|} \qquad (2\text{-}109)$$

Mit dem Normalvektor als Einheitsvektor $\vec{n}_0$ behält auch die in (2-96) formulierte Abstandsformel ihre Gültigkeit:

$$d = \left|\vec{n}_0 \cdot \left(\vec{p} - \vec{x}_1\right)\right| \text{ bzw. in Koordinatenform } d = \left|\frac{a \cdot x + b \cdot y + c + z + d}{\sqrt{a^2 + b^2 + c^2}}\right| \qquad (2\text{-}110)$$

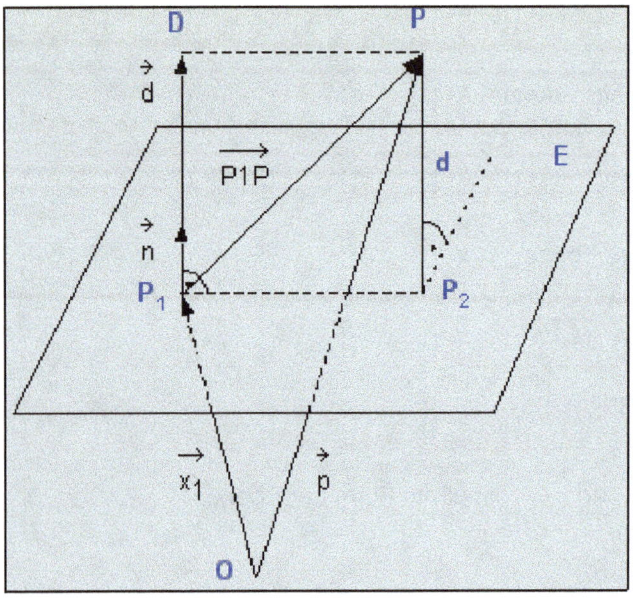

Abb. 2.7.19

Beispiel 2.7.32:

Gegeben ist ein Punkt $P_1(1 \mid 0 \mid 9)$ und ein Normalvektor $\vec{n} = (1 \;\; 3 \;\; 5)^T$ einer Ebene.
Bestimmen Sie den Normalabstand des Punktes $P(-2 \mid 1 \mid 3)$ zur Ebene.

$\mathbf{n} := \begin{pmatrix} 1 \\ 3 \\ 5 \end{pmatrix}$ Normalvektor der Ebene

$\mathbf{x_1} := \begin{pmatrix} 1 \\ 0 \\ 9 \end{pmatrix} \quad \mathbf{p} := \begin{pmatrix} -2 \\ 1 \\ 3 \end{pmatrix}$ Ortsvektor zum Punkt P_1 und zum Punkt P

$d := \dfrac{\left|\mathbf{n} \cdot (\mathbf{p} - \mathbf{x_1})\right|}{|\mathbf{n}|}$ $d = 5.071$ Abstand des Punktes P zur Ebene (2-109)

$\mathbf{n_0} := \dfrac{1}{|\mathbf{n}|} \cdot \mathbf{n}$ Normalvektor als Einheitsvektor

$d := \left|\mathbf{n_0} \cdot (\mathbf{p} - \mathbf{x_1})\right|$ $d = 5.071$ Abstand des Punktes P zur Ebene (2-110)

Beispiel 2.7.33:

Berechnen Sie den Normalabstand des Punktes $P(5 \mid 4 \mid -3)$ von der Ebene E: $-3x - 4y + 4z - 5 = 0$.

$\mathbf{n_0} := \dfrac{1}{\sqrt{(-3)^2 + (-4)^2 + 4^2}} \cdot \begin{pmatrix} -3 \\ -4 \\ 4 \end{pmatrix}$ genormter Normalvektor

$\mathbf{x_1} := \begin{pmatrix} 1 \\ 0 \\ 2 \end{pmatrix} \quad \mathbf{p} := \begin{pmatrix} 5 \\ 4 \\ -3 \end{pmatrix}$ Ortsvektor zum Punkt P_1 und zum Punkt P der Ebene

$d := \left|\mathbf{n_0} \cdot (\mathbf{p} - \mathbf{x_1})\right|$ $d = 7.496$ Normalabstand des Punktes P von der Ebene (2-110)

oder:

$d := \left|\dfrac{-3 \cdot 5 - 4 \cdot 4 + 4 \cdot (-3) - 5}{\sqrt{(-3)^2 + (-4)^2 + 4^2}}\right|$ $d = 7.496$ Normalabstand des Punktes P von der Ebene

Lagebeziehungen von Gerade und Ebene:

Eine Gerade g und eine Ebene E können folgende Lagen zueinander haben:

1. **g liegt in der Ebene**
2. **g und E sind zueinander parallel**
3. **g und E schneiden einander in einem Punkt**

Abstand einer Geraden von einer Ebene:

Wir setzen voraus, dass g: $\vec{x} = \vec{x_1} + \lambda \cdot \vec{a}$ **parallel zu E:** $\vec{n} \cdot \left(\vec{x} - \vec{x_0}\right) = 0$ **verläuft. Dies ist nur dann der Fall, wenn der Richtungsvektor** $\vec{a}$ **der Geraden senkrecht auf dem Normalvektor** $\vec{n}$ **steht, d. h.** $\vec{n} \cdot \vec{a} = 0$ **ist (Abb. 2.7.20). Mit den Überlegungen von vorher ((2-109) und (2-110)) gilt hier für den Abstand einer Geraden g von einer Ebene E:**

$$d = \frac{\left|\vec{n} \cdot \left(\vec{x_1} - \vec{x_0}\right)\right|}{\left|\vec{n}\right|} . \qquad \text{(2-111)}$$

Mit dem Normalvektor als Einheitsvektor $\vec{n_0}$ **ergibt sich dann:**

$$d = \left|\vec{n_0} \cdot \left(\vec{x_1} - \vec{x_0}\right)\right| \qquad \text{(2-112)}$$

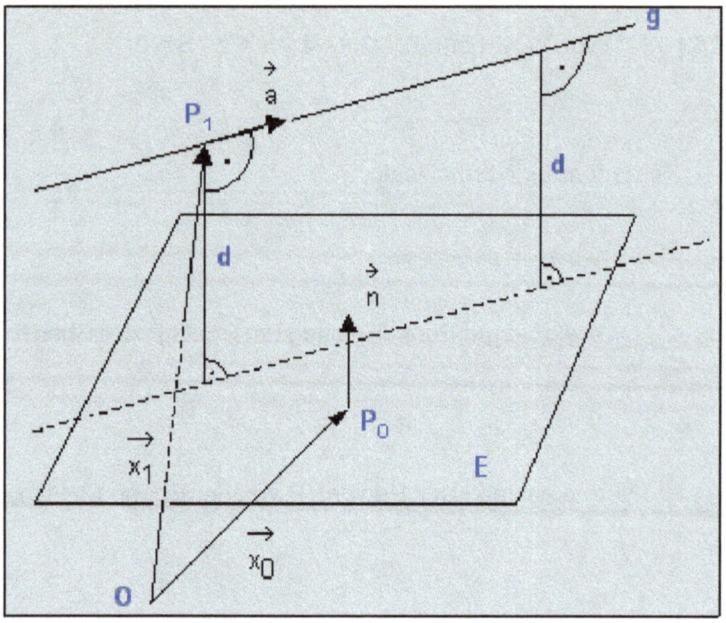

Abb. 2.7.20

Beispiel 2.7.34:

Wie groß ist der Abstand zwischen der Geraden g und der Ebene E?

$$\vec{x} = \begin{pmatrix} 0 \\ 1 \\ -1 \end{pmatrix} + \lambda \cdot \begin{pmatrix} -1 \\ -4 \\ 2 \end{pmatrix} \qquad \text{gegebene Gerade g}$$

$\begin{pmatrix} 2 \\ 1 \\ 3 \end{pmatrix} \cdot \left[\begin{pmatrix} x \\ y \\ z \end{pmatrix} - \begin{pmatrix} 1 \\ 5 \\ 2 \end{pmatrix} \right] = 0$ vereinfacht auf $2 \cdot x - 13 + y + 3 \cdot z = 0$ gegebene Ebene E

$\mathbf{x_1} := \begin{pmatrix} 0 \\ 1 \\ -1 \end{pmatrix}$ Punkt der Geraden g

$\mathbf{a} := \begin{pmatrix} -1 \\ -4 \\ 2 \end{pmatrix}$ Richtungsvektor der Geraden g

$\mathbf{n} := \begin{pmatrix} 2 \\ 1 \\ 3 \end{pmatrix}$ Normalvektor der Ebene

$\mathbf{x_0} := \begin{pmatrix} 1 \\ 5 \\ 2 \end{pmatrix}$ Punkt in der Ebene

$\mathbf{n} \cdot \mathbf{a} = 0$ Gerade und Ebene verlaufen parallel!

$d := \frac{\left|\mathbf{n} \cdot (\mathbf{x_1} - \mathbf{x_0})\right|}{|\mathbf{n}|}$ $d = 4.009$ Abstand der Geraden von der Ebene (2-111)

oder.:

$\mathbf{n_0} := \frac{1}{|\mathbf{n}|} \cdot \mathbf{n}$ Normalvektor als Einheitsvektor

$d := \left|\mathbf{n_0} \cdot (\mathbf{x_1} - \mathbf{x_0})\right|$ $d = 4.009$ Abstand der Geraden von der Ebene (2-112)

Schnittpunkt und Schnittwinkel einer Geraden mit einer Ebene:

Wir setzen voraus, dass sich die Gerade g: $\vec{x} = \vec{x_1} + \lambda \cdot \vec{a}$ und die Ebene E: $\vec{n} \cdot \left(\vec{x} - \vec{x_0}\right) = 0$ in einem Punkt S schneiden. Dies ist nur dann der Fall, wenn der Richtungsvektor $\vec{a}$ der Geraden nicht senkrecht auf dem Normalvektor $\vec{n}$ steht, d. h. $\vec{n} \cdot \vec{a} \neq 0$ ist (Abb. 2.7.21).

Der Ortsvektor $\vec{x_S}$ des Schnittpunktes S erfüllt dann sowohl die Geradengleichung als auch die Gleichung der Ebene:

$$\vec{x_S} = \vec{x_1} + \lambda_S \cdot \vec{a} \quad \text{und} \quad \vec{n} \cdot \left(\vec{x_S} - \vec{x_0}\right) = 0 \qquad \textbf{(2-113)}$$

Durch Einsetzen der Geradengleichung in die Gleichung der Ebene erhalten wir den zu bestimmenden Parameter λ_s:

$\vec{n} \cdot (\vec{x_s} - \vec{x_0}) = \vec{n} \cdot (\vec{x_1} + \lambda_s \cdot \vec{a} - \vec{x_0}) = \vec{n} \cdot (\vec{x_1} - \vec{x_0} + \lambda_s \cdot \vec{a}) = \vec{n} \cdot (\vec{x_1} - \vec{x_0}) + \lambda_s \cdot (\vec{n} \cdot \vec{a}) = 0$. Daraus folgt:

$$\lambda_s = \frac{\vec{n} \cdot (\vec{x_0} - \vec{x_1})}{\vec{n} \cdot \vec{a}} \qquad \text{(2-114)}$$

Setzen wir diesen Wert in die Geradengleichung ein, so erhalten wir den Ortsvektor $\vec{x_S}$ des Schnittpunktes S:

$$\vec{x_S} = \vec{x_1} + \left[\frac{\vec{n} \cdot (\vec{x_0} - \vec{x_1})}{\vec{n} \cdot \vec{a}}\right] \cdot \vec{a} \qquad (\vec{n} \cdot \vec{a} \neq 0) \qquad \text{(2-115)}$$

Für $\alpha = 90° + \varphi$ bzw. $\alpha = 90° - \varphi$ (ist abhängig von der Richtung des Normalvektors) lässt sich der Winkel aus dem Skalarprodukt der Vektoren $\vec{n}$ und $\vec{a}$ berechnen:

$$\cos(\alpha) = \frac{\vec{n} \cdot \vec{a}}{|\vec{n}| \cdot |\vec{a}|} \qquad \text{(2-116)}$$

Mit dem Summensatz

$\cos(\alpha) = \cos(90° +/- \varphi) = \cos(90°) \cdot \cos(\varphi) +/- \sin(90°) \cdot \sin(\varphi) = +/- \sin(\varphi)$

erhalten wir unter Berücksichtigung, dass φ im Intervall $0° \le \varphi \le 90°$ liegt und daher $\sin(\varphi)$ positiv ist, aus (2-116):

$$\sin(\varphi) = \frac{|\vec{n} \cdot \vec{a}|}{|\vec{n}| \cdot |\vec{a}|} \qquad \text{(2-117)}$$

Daraus ergibt sich der Winkel φ durch:

$$\varphi = \arcsin\left(\frac{|\vec{n} \cdot \vec{a}|}{|\vec{n}| \cdot |\vec{a}|}\right) \qquad \text{(2-118)}$$

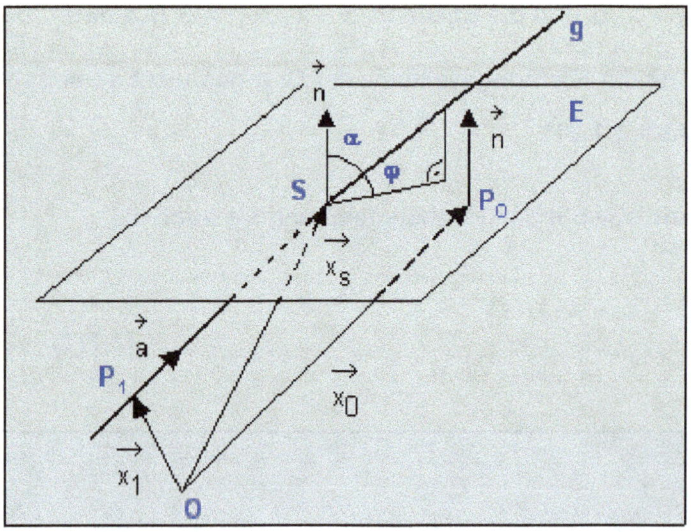

Abb. 2.7.21

Beispiel 2.7.35:

Eine Ebene und eine Gerade sind gegeben durch:

$a := 11 \quad b := 5 \quad c := -4 \quad d := -10$

$E(x,y,z) = a \cdot x + b \cdot y + c \cdot z + d = 0$ Ebenengleichung

$\mathbf{x_1} := \begin{pmatrix} -5 \\ -5 \\ 0 \end{pmatrix} \quad \mathbf{a} := \begin{pmatrix} 2 \\ 1 \\ 2 \end{pmatrix}$ Ortsvektor zum Punkt P1 und Richtungsvektor der Geraden

Gesucht wird der Schnittpunkt der Geraden mit der Ebene und der Winkel zwischen Gerade und Ebene.

$E(x,y,z) := (a \cdot x + b \cdot y + c \cdot z + d)$

$z1(x,y) := E(x,y,z) = 0 \text{ auflösen}, z \rightarrow \frac{11 \cdot x}{4} + \frac{5 \cdot y}{4} - \frac{5}{2}$ Ebenengleichung nach z aufgelöst

$z1(0,0) = -2.5$

$\mathbf{x_0} := \begin{pmatrix} 0 \\ 0 \\ -2.5 \end{pmatrix}$ ein Punkt der Ebene

$\mathbf{n} := \begin{pmatrix} a \\ b \\ c \end{pmatrix}$ Normalenvektor der Ebene

$\mathbf{n} \cdot \mathbf{a} = 19$ es gibt einen Schnittpunkt

$\mathbf{x_s} := \mathbf{x_1} + \left[\frac{\mathbf{n} \cdot (\mathbf{x_0} - \mathbf{x_1})}{\mathbf{n} \cdot \mathbf{a}}\right] \cdot \mathbf{a} \qquad \mathbf{x_s} = \begin{pmatrix} 4.474 \\ -0.263 \\ 9.474 \end{pmatrix}$ Schnittpunkt der Geraden mit der Ebene

$\varphi := \operatorname{asin}\left(\frac{|\mathbf{a} \cdot \mathbf{n}|}{|\mathbf{a}| \cdot |\mathbf{n}|}\right) \qquad \varphi = 29.8 \cdot \text{Grad}$ Schnittwinkel zwischen Gerade und Ebene

$\mathbf{g}(\lambda) := \mathbf{x_1} + \lambda \cdot \mathbf{a}$ Geradengleichung

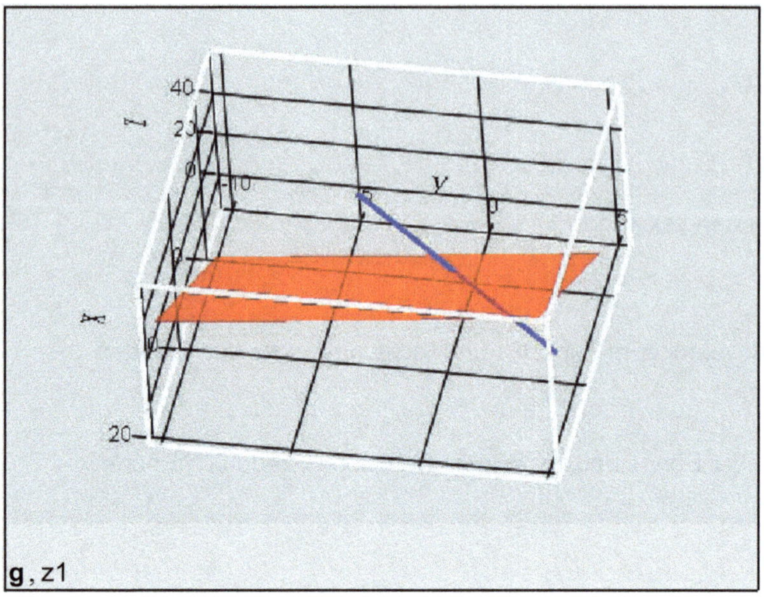

Diagrammformat:
Diagramm 1:
Allgemein: Streuungsdiagramm
3D-Rahmen
Darstellung: Linien
QuickPlot-Daten:
Beginn 0, Ende 10, Schrittweite 20
Diagramm 2:
Allgemein: Flächendiagramm
3D-Rahmen
Darstellung: Fläche füllen
QuickPlot-Daten:
Bereich 1
Beginn 0, Ende 20, Schrittweite 20
Bereich 2
Beginn -10, Ende 5, Schrittweite 20

Abb. 2.7.22

Beispiel 2.7.36:

Bestimmen Sie den Schnittpunkt einer Geraden mit einer Ebene.

$$\mathbf{OX}(\lambda_1) := \begin{pmatrix} -2 \\ 5 \\ 4 \end{pmatrix} + \lambda_1 \cdot \begin{pmatrix} 1 \\ -1 \\ -3 \end{pmatrix}$$ gegebene Gerade

$$\mathbf{OE}(\lambda, \mu) := \begin{pmatrix} 2 \\ 1 \\ 1 \end{pmatrix} + \lambda \cdot \begin{pmatrix} -3 \\ -1 \\ 2 \end{pmatrix} + \mu \cdot \begin{pmatrix} 3 \\ -2 \\ -5 \end{pmatrix}$$ gegebene Ebene

$$\begin{pmatrix} -2 \\ 5 \\ 4 \end{pmatrix} + \lambda_1 \cdot \begin{pmatrix} 1 \\ -1 \\ -3 \end{pmatrix} = \begin{pmatrix} 2 \\ 1 \\ 1 \end{pmatrix} + \lambda \cdot \begin{pmatrix} -3 \\ -1 \\ 2 \end{pmatrix} + \mu \cdot \begin{pmatrix} 3 \\ -2 \\ -5 \end{pmatrix}$$ beide Terme gleichsetzen

Gleichungssystem umformen:

$$\lambda_1 \cdot \begin{pmatrix} 1 \\ -1 \\ -3 \end{pmatrix} - \lambda \cdot \begin{pmatrix} -3 \\ -1 \\ 2 \end{pmatrix} - \mu \cdot \begin{pmatrix} 3 \\ -2 \\ -5 \end{pmatrix} = \begin{pmatrix} 2 \\ 1 \\ 1 \end{pmatrix} - \begin{pmatrix} -2 \\ 5 \\ 4 \end{pmatrix}$$ vereinfacht auf $$\begin{pmatrix} 3 \cdot \lambda - 3 \cdot \mu + \lambda_1 \\ 2 \cdot \mu + \lambda - \lambda_1 \\ 5 \cdot \mu - 2 \cdot \lambda - 3 \cdot \lambda_1 \end{pmatrix} = \begin{pmatrix} 4 \\ -4 \\ -3 \end{pmatrix}$$

Koeffizientenmatrix **A** und Konstantenvektor **c** aufstellen:

$$\mathbf{A} := \begin{pmatrix} 1 & 3 & -3 \\ -1 & 1 & 2 \\ -3 & -2 & 5 \end{pmatrix}$$ Koeffizientenmatrix

$|\mathbf{A}| = -9$ Reguläre Matrix, weil die Determinante ungleich 0 ist.

$\mathbf{c} := \begin{pmatrix} 4 \\ -4 \\ -3 \end{pmatrix}$ Konstantenvektor

$\begin{pmatrix} \lambda_1 \\ \lambda \\ \mu \end{pmatrix} := \mathbf{A}^{-1} \cdot \mathbf{c}$ $\begin{pmatrix} \lambda_1 \\ \lambda \\ \mu \end{pmatrix} = \begin{pmatrix} -5 \\ -1 \\ -4 \end{pmatrix}$ Lösungsvektor

λ_1 in die Geradengleichung oder λ und μ in die Ebenengleichung einsetzen:

$\mathbf{OX}(\lambda_1) = \begin{pmatrix} -7 \\ 10 \\ 19 \end{pmatrix}$ Koordinaten des Schnittpunktes S(-7 | 10 | 19)

$\mathbf{OE}(\lambda, \mu) = \begin{pmatrix} -7 \\ 10 \\ 19 \end{pmatrix}$

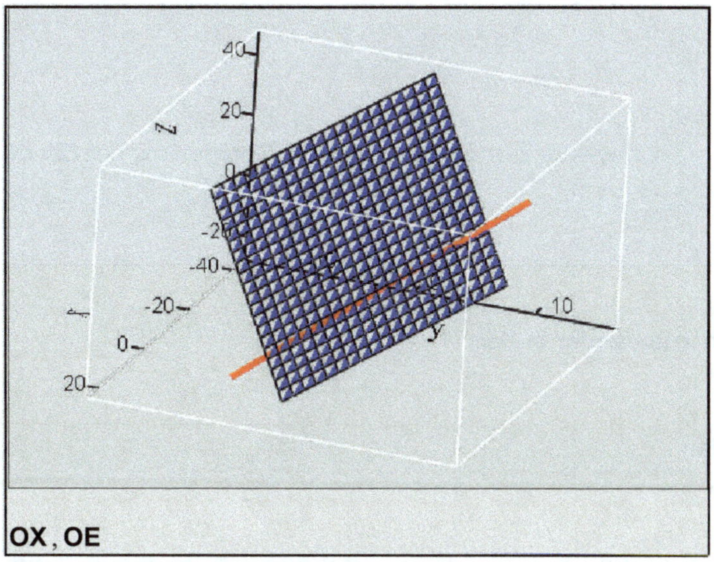

Abb. 2.7.23

Diagrammformat:
Diagramm 1:
Allgemein: Streuungsdiagramm
3D-Rahmen
Darstellung: Linien
QuickPlot-Daten:
Beginn -10, Ende 10, Schrittweite 20
Diagramm 2:
Allgemein: Flächendiagramm
3D-Rahmen
Darstellung: Fläche füllen
QuickPlot-Daten:
Bereich 1
Beginn -5, Ende 10, Schrittweite 20
Bereich 2
Beginn -5, Ende 2, Schrittweite 20

Beispiel 2.7.37:

Bestimmen Sie den Schnittpunkt einer Geraden mit einer Ebene.

$\text{OX}(\lambda) = \begin{pmatrix} 6 \\ 2 \\ 3 \end{pmatrix} + \lambda \cdot \begin{pmatrix} 4 \\ -2 \\ -5 \end{pmatrix}$ gegebene Gerade

$2 \cdot x - y + 3 \cdot z = 2$ gegebene Ebene

$$OX(\lambda) = \begin{pmatrix} 6 \\ 2 \\ 3 \end{pmatrix} + \lambda \cdot \begin{pmatrix} 4 \\ -2 \\ -5 \end{pmatrix} \quad \text{vereinfacht auf} \quad OX(\lambda) = \begin{pmatrix} 4 \cdot \lambda + 6 \\ 2 - 2 \cdot \lambda \\ 3 - 5 \cdot \lambda \end{pmatrix}$$

Koordinaten der Geradengleichung in die Ebenengleichung einsetzen:

$2 \cdot (4 \cdot \lambda + 6) - (2 - 2 \cdot \lambda) + 3 \cdot (3 - 5 \cdot \lambda) = 2$ vereinfacht auf $19 - 5 \cdot \lambda = 2$

$19 - 5 \cdot \lambda = 2$ hat als Lösung(en) $\dfrac{17}{5}$

oder:

$f(\lambda) := 2 \cdot (4 \cdot \lambda + 6) - (2 - 2 \cdot \lambda) + 3 \cdot (3 - 5 \cdot \lambda) - 2$ mit dem Term der Geradengleichung eine Funktion festlegen

$\lambda_1 := 1$ Startwert

$\lambda := \text{wurzel}\left(f(\lambda_1), \lambda_1\right)$ $\lambda = 3.4$ gesuchter Parameter

$$OX(\lambda) := \begin{pmatrix} -1 + 4 \cdot \lambda \\ 2 - 2 \cdot \lambda \\ 3 - 5 \cdot \lambda \end{pmatrix}$$ vereinfachte Geradengleichung

$$OX(\lambda) = \begin{pmatrix} 12.6 \\ -4.8 \\ -14 \end{pmatrix}$$ Ortsvektor zum Schnittpunkt der Geraden mit der Ebene

Lagebeziehungen von zwei Ebenen:

Zwei Ebenen E_1 und E_2 können folgende Lagen zueinander haben:

1. **E_1 und E_2 fallen zusammen**
2. **E_1 und E_2 sind zueinander parallel**
3. **E_1 und E_2 schneiden sich längs einer Geraden**

Abstand zweier paralleler Ebenen

Wir setzen voraus, dass die Ebenen E_1: $\vec{n}_1 \cdot (\vec{x} - \vec{x}_1)$ und E_2: $\vec{n}_2 \cdot (\vec{x} - \vec{x}_2) = 0$ zueinander parallel sind.

Dies ist nur dann der Fall, wenn die zugehörigen Normalvektoren $\vec{n}_1$ und $\vec{n}_2$ kollinear sind, d. h. $\vec{n}_1 \times \vec{n}_2 = \vec{0}$ ist (Abb. 2.7.24).

Wir erhalten den Abstand zweier paralleler Geraden nach der Abstandsformel (2-111):

$$d = \frac{\left|\vec{n}_1 \cdot (\vec{x}_2 - \vec{x}_1)\right|}{\left|\vec{n}_2\right|} . \qquad (2\text{-}119)$$

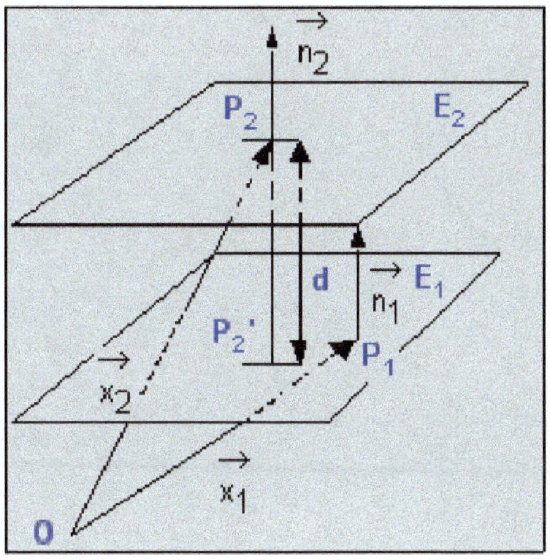

Abb. 2.7.24

Beispiel 2.7.38:

Gegeben sind zwei Ebenen. Wie groß ist der Abstand der beiden Ebenen, wenn sie parallel liegen?

E_1: $-1 \cdot x + 4 \cdot y + 2 \cdot z - 10 = 0$

E_2: $-2 \cdot x + 8 \cdot y + 4 \cdot z - 2 = 0$

gegebene Ebenen

$E_1(x, y, z) := -1 \cdot x + 4 \cdot y + 2 \cdot z - 10$

$E_2(x, y, z) := -2 \cdot x + 8 \cdot y + 4 \cdot z - 2$

Terme der Ebenen als Funktion definiert

$z_{E1}(x, y) := E_1(x, y, z) = 0$ auflösen, z $\rightarrow \frac{x}{2} - 2 \cdot y + 5$

$z_{E2}(x, y) := E_2(x, y, z) = 0$ auflösen, z $\rightarrow \frac{x}{2} - 2 \cdot y + \frac{1}{2}$

nach z aufgelöste Gleichungen der Ebenen

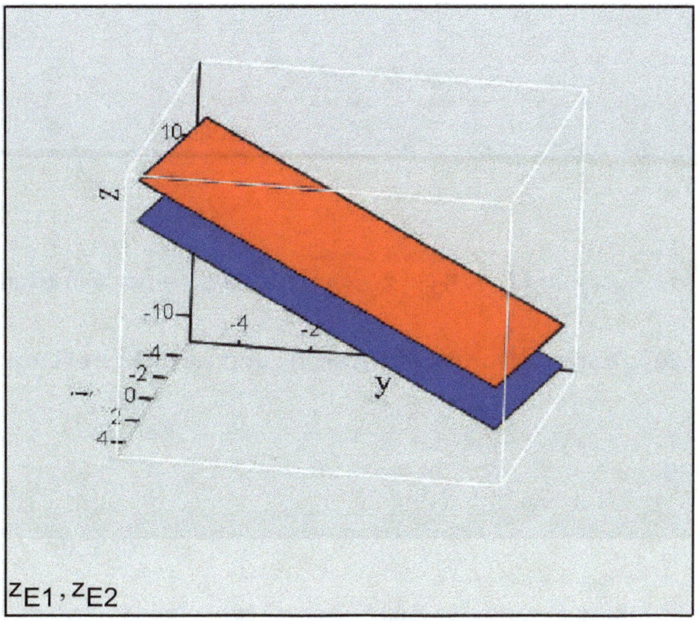

Abb. 2.7.25

Diagrammformat:
Diagramm 1:
Allgemein: Flächendiagramm
3D-Rahmen
Darstellung: Fläche füllen, Drahtmodell
QuickPlot-Daten:
Bereich 1
Beginn -5, Ende 5, Schrittweite 1
Bereich 2
Beginn -5, Ende 5, Schrittweite 1
Diagramm 2:
Allgemein: Flächendiagramm
3D-Rahmen
Darstellung: Fläche füllen, Drahtmodell
QuickPlot-Daten:
Bereich 1
Beginn -5, Ende 5, Schrittweite 1
Bereich 2
Beginn -5, Ende 5, Schrittweite 1

$n_1 := \begin{pmatrix} -1 \\ 4 \\ 2 \end{pmatrix}$ Normalvektor der Ebene E_1

$n_2 := \begin{pmatrix} -2 \\ 8 \\ 4 \end{pmatrix}$ Normalvektor der Ebene E_2

$E_1(0,2,1) = 0$

$x_1 := \begin{pmatrix} 0 \\ 2 \\ 1 \end{pmatrix}$ Punkt der Ebene E_1

$E_2(-1,-1,2) = 0$

$x_2 := \begin{pmatrix} -1 \\ -1 \\ 2 \end{pmatrix}$ Punkt der Ebene E_2

$n_1 \times n_2 = \begin{pmatrix} 0 \\ 0 \\ 0 \end{pmatrix}$ Die Ebenen liegen parallel!

$d := \frac{|n_1 \cdot (x_2 - x_1)|}{|n_1|}$ $d = 1.964$

Abstand der beiden Ebenen

oder:

$d := \frac{|n_2 \cdot (x_2 - x_1)|}{|n_2|}$ $d = 1.964$

Schnittgerade und Schnittwinkel zweier Ebenen

Wir setzen voraus, dass sich die Ebenen E_1: $\vec{n_1} \cdot (\vec{x} - \vec{x_1})$ und E_2: $\vec{n_2} \cdot (\vec{x} - \vec{x_2}) = 0$ längs einer Geraden g schneiden. Dies ist nur dann der Fall, wenn die zugehörigen Normalvektoren $\vec{n_1}$ und $\vec{n_2}$ nicht kollinear sind, d. h. $\vec{n_1} \times \vec{n_2} \neq \vec{0}$ ist (Abb. 2.7.26).

Für die Schnittgerade g wählen wir die Darstellung:

$$\vec{x} = \vec{x_0} + \lambda \cdot \vec{a}. \qquad \text{(2-120)}$$

Der Ortsvektor $\vec{x_0}$ des auf der Geraden liegenden Punktes P_0 und der Richtungsvektor $\vec{a}$ müssen noch bestimmt werden.

Der Richtungsvektor $\vec{a}$ kann aus dem Vektorprodukt der beiden Richtungsvektoren der Ebenen bestimmt werden, weil diese jeweils senkrecht auf der Schnittgeraden stehen:

$$\vec{a} = \vec{n_1} \times \vec{n_2} . \qquad (2\text{-}121)$$

Der Punkt P_0 liegt in beiden Ebenen, sodass der Ortsvektor $\vec{x_0}$ die Gleichungen der beiden Ebenen erfüllen muss:

$$\vec{n_1} \cdot \left(\vec{x_0} - \vec{x_1}\right) = 0 , \qquad (2\text{-}122)$$
$$\vec{n_2} \cdot \left(\vec{x_0} - \vec{x_2}\right) = 0 .$$

Nach dem Ausmultiplizieren der beiden Gleichungen (2-122) erhalten wir ein lineares Gleichungssystem mit zwei Gleichungen und drei unbekannten Koordinaten x_0, y_0 und z_0 des Punktes P_0:

$$n_{1x} \cdot (x_0 - x_1) + n_{1y} \cdot (y_0 - y_1) + n_{1z} \cdot (z_0 - z_1) = 0, \qquad (2\text{-}123)$$
$$n_{2x} \cdot (x_0 - x_1) + n_{2y} \cdot (y_0 - y_1) + n_{2z} \cdot (z_0 - z_1) = 0.$$

Eine der drei Koordinaten ist frei wählbar, z. B. kann man $x_0 = 0$ setzen.

Der Schnittwinkel φ zweier Ebenen E_1 und E_2 ist der Winkel zwischen den zugehörigen Normalvektoren $\vec{n_1}$ und $\vec{n_2}$. Der Winkel kann nach Gleichung (2-35) berechnet werden:

$$\varphi = \arccos\left(\frac{\vec{n_1} \cdot \vec{n_2}}{\left|\vec{n_1}\right| \cdot \left|\vec{n_2}\right|}\right) \qquad (2\text{-}124)$$

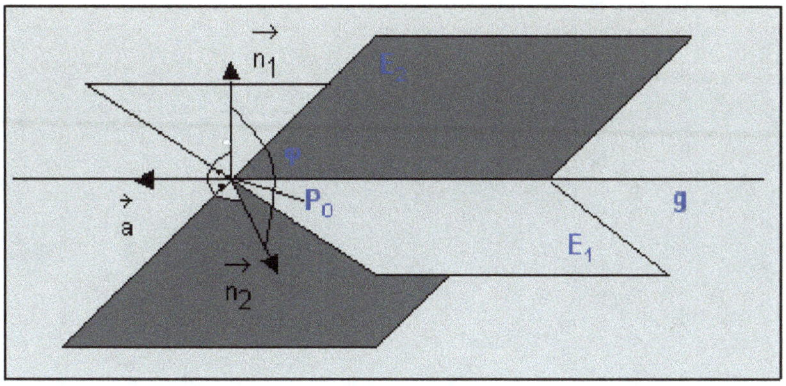

Abb. 2.7.26

Beispiel 2.7.39:

Bestimmen Sie die Schnittgerade g und den Schnittwinkel der nachfolgend gegebenen Ebenen.

$$E_1(\lambda,\mu) := \begin{pmatrix}1\\0\\1\end{pmatrix} + \lambda\cdot\begin{pmatrix}1\\0\\0\end{pmatrix} + \mu\cdot\begin{pmatrix}0\\1\\-1\end{pmatrix}$$

gegebene Ebenen

$$E_2(\lambda,\mu) := \begin{pmatrix}1\\0\\1\end{pmatrix} + \lambda\cdot\begin{pmatrix}1\\0\\0\end{pmatrix} + \mu\cdot\begin{pmatrix}0\\1\\1\end{pmatrix}$$

$$\mathbf{n_1} := \begin{pmatrix}1\\0\\0\end{pmatrix}\times\begin{pmatrix}0\\1\\1\end{pmatrix} \qquad \mathbf{n_1} = \begin{pmatrix}0\\-1\\1\end{pmatrix}$$

Normalvektor der Ebene E1

$$\mathbf{n_2} := \begin{pmatrix}1\\0\\0\end{pmatrix}\times\begin{pmatrix}0\\1\\-1\end{pmatrix} \qquad \mathbf{n_2} = \begin{pmatrix}0\\1\\1\end{pmatrix}$$

Normalvektor der Ebene E1

$$\mathbf{n_1}\times\mathbf{n_2} = \begin{pmatrix}-2\\0\\0\end{pmatrix}$$

die Ebenen schneiden einander

$$\mathbf{a} := \mathbf{n_1}\times\mathbf{n_2}$$

Richtungsvektor der Geraden g

$$\begin{pmatrix}0\\-1\\1\end{pmatrix}\cdot\left[\begin{pmatrix}x_0\\y_0\\z_0\end{pmatrix}-\begin{pmatrix}1\\0\\1\end{pmatrix}\right] = 0 \quad \text{vereinfacht auf} \quad -y_0 + z_0 - 1 = 0$$

$$\begin{pmatrix}0\\1\\1\end{pmatrix}\cdot\left[\begin{pmatrix}x_0\\y_0\\z_0\end{pmatrix}-\begin{pmatrix}1\\0\\1\end{pmatrix}\right] = 0 \quad \text{vereinfacht auf} \quad y_0 + z_0 - 1 = 0$$

Vorgabe

$$-y_0 + z_0 - 1 = 0$$
$$y_0 + z_0 - 1 = 0$$

$$\mathbf{m} := \text{Suchen}(y_0, z_0) \rightarrow \begin{pmatrix}0\\1\end{pmatrix} \qquad \begin{pmatrix}x_0\\y_0\end{pmatrix} := \mathbf{m}$$

$x_0 = 0 \qquad y_0 = 1$

Damit ist $x_0 = 0$, $y_0 = 0$ und $z_0 = 1$.

Somit ist die Schnittgerade gegeben durch:

$$\mathbf{x1}(\lambda) := \begin{pmatrix} 0 \\ 0 \\ 1 \end{pmatrix} + \lambda \cdot \begin{pmatrix} -2 \\ 0 \\ 0 \end{pmatrix}$$

$$\varphi := \operatorname{acos}\left(\frac{\mathbf{n_1} \cdot \mathbf{n_2}}{|\mathbf{n_1}| \cdot |\mathbf{n_2}|}\right) \qquad \varphi = 90 \cdot \mathrm{Grad}$$ Schnittwinkel

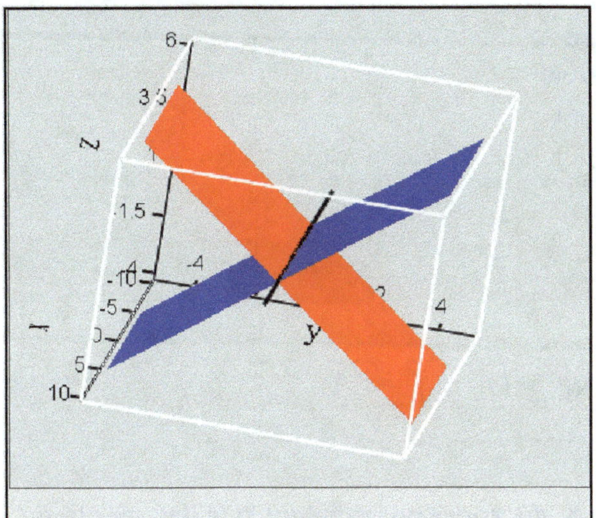

$E_1, E_2, \mathbf{x1}$

Abb. 2.7.27

Diagrammformat:
Diagramm 1 und 2
Allgemein: Flächendiagramm
3D-Rahmen
Darstellung: Fläche füllen
QuickPlot-Daten:
Bereich 1
Beginn -5, Ende 5, Schrittweite 10
Bereich 2
Beginn -5, Ende 5, Schrittweite 10
Diagramm3:
Allgemein: Streuungsdiagramm
3D-Rahmen
Darstellung: Linien
QuickPlot-Daten:
Beginn -5, Ende 5, Schrittweite 20

2.7.4 Darstellung nichtlinearer geometrischer Gebilde

In der parameterfreien Darstellung wird eine Ebene im $\mathbb{R}^3$ durch eine lineare Gleichung (2-94) dargestellt. Analog wird eine Gerade im $\mathbb{R}^2$ durch eine lineare Gleichung (2-72) dargestellt und eine Gerade im $\mathbb{R}^3$ kann als Schnitt zweier Ebenen durch zwei lineare Gleichungen dargestellt werden, wie im vorangegangenen Abschnitt gezeigt wurde.
Auch andere geometrische Gebilde lassen sich in analoger Weise durch nichtlineare Gleichungen oder Ungleichungen beschreiben. Bereits bei der Verwendung quadratischer Gleichungen ergibt sich eine Vielzahl von geometrischen Gebilden:

- **Die durch Schnitt eines dreidimensionalen geraden Doppelkreiskegels mit einer Ebene entstehenden ebenen Kurven zweiter Ordnung im $\mathbb{R}^2$ werden als Kegelschnitte bezeichnet. Zu ihnen gehören Kreis, Ellipse, Hyperbel und Parabel.**
- **Flächen zweiter Ordnung (Quadriken) im $\mathbb{R}^3$: Kugel (Sphäre), Ellipsoid, zweischaliges Hyperboloid, einschaliges Hyperboloid, elliptischer Doppelkegel, elliptisches Paraboloid, hyperbolisches Paraboloid, elliptischer Zylinder, hyperbolischer Zylinder, parabolischer Zylinder etc.**

Kegelschnitte:

Aus analytischer Sicht handelt es sich bei den verschiedenen Schnittfiguren um die Punktmengen, deren Koordinaten (x | y) einer algebraischen quadratischen Gleichung 2. Grades folgender Form genügen:

$$A \cdot x^2 + B \cdot y^2 + C \cdot x + D \cdot y + E = 0 \qquad (A^2 + B^2 \neq 0) \tag{2-125}$$

Die konstanten Koeffizienten dieser Gleichung entscheiden über die Art eines Kegelschnittes:

$A = B$	Kreis
$A \cdot B > 0$, $A \neq B$	Ellipse
$A \cdot B < 0$	Hyperbel
$A = 0$, $B \neq 0$ oder $B = 0$, $A \neq 0$	Parabel

Kreis und Kreisscheibe:

Sei $\vec{m} \in \mathbb{R}^2 \setminus \{0\}$ und $r > 0$.

Es heißt

$$k = \{ \vec{x} \in \mathbb{R}^2 \mid (\vec{x} - \vec{m})^2 = r^2 \} = \{ \vec{x} \in \mathbb{R}^2 \mid (x - x_0)^2 + (y - y_0)^2 = r^2 \} \tag{2-126}$$

ein Kreis im $\mathbb{R}^2$ (Abb. 2.7.28).

Der Kreis ist also der geometrische Ort aller Punkte X, die vom Kreismittelpunkt M den gleichen Abstand r besitzen:

$$\overline{MX} = r = \text{konstant}. \tag{2-127}$$

Es heißt

$$K = \{ \vec{x} \in \mathbb{R}^2 \mid (\vec{x} - \vec{m})^2 \leq r^2 \} = \{ \vec{x} \in \mathbb{R}^2 \mid (x - x_0)^2 + (y - y_0)^2 \leq r^2 \} \tag{2-128}$$

eine abgeschlossenen Kreisscheibe im $\mathbb{R}^2$ (Abb. 2.7.28).

Die Gleichung

$$(x - x_0)^2 + (y - y_0)^2 = r^2 \qquad M(x_0 \mid y_0) \tag{2-129}$$

heißt Hauptform (Koordinatenform) der Gleichung des Kreises.

Die Gleichung

$$x^2 + y^2 = r^2 \qquad M(0 \mid 0) \tag{2-130}$$

heißt Mittelpunktsgleichung oder Normalform (Koordinatenform) der Gleichung des Kreises.

Die Gleichungen (2-120) und (2-121) sind implizite Formen. Die Gleichung (2-130) kann explizit aufgelöst werden:

$y = \sqrt{r^2 - x^2}$ **oberer Halbkreis** **(2-131)**

$y = -\sqrt{r^2 - x^2}$ **unterer Halbkreis**

Von den möglichen Lagen einer Geraden zum Kreis (Passante, Tangente, Sekante) ist nur für die Tangente t (Abb. 2.7.28) eine allgemeine Gleichung interessant:

$(x_1 - x_0) \cdot (x - x_0) + (y_1 - y_0) \cdot (y - y_0) = r^2$ **$M(x_0 | y_0)$ und $P_1(x_1 | y_1)$** **(2-132)**

Es lässt sich jedoch für eine Gerade g: $y = k \cdot x + d$ eine Berührbedingung herleiten, die Auskunft über die Lage einer Geraden g zu einem Kreis gibt:

$(x_0 \cdot k - y_0 + d)^2 = r^2 \cdot (k^2 + 1)$ **$M(x_0 | y_0)$** **(2-133)**

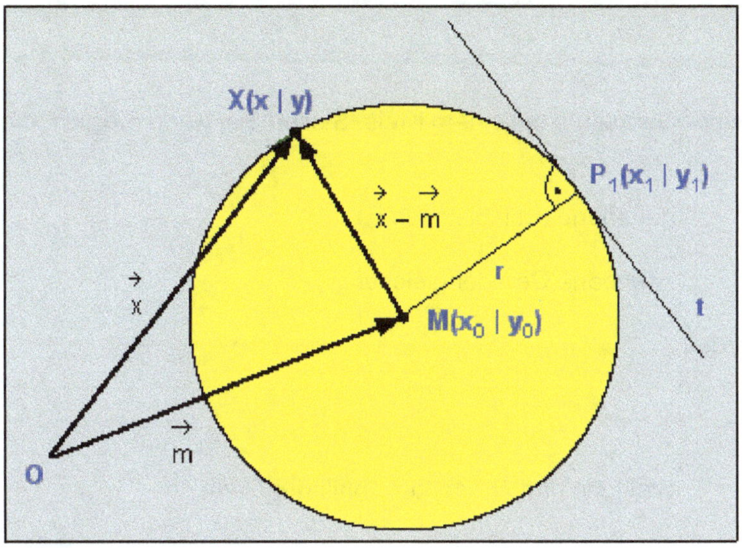

Abb. 2.7.28

Beispiel 2.7.40:

Repräsentiert die nachfolgende algebraische Gleichung einen Kreis? Bestimmen Sie allenfalls den Mittelpunkt und den Radius.

$x^2 + y^2 - 4 \cdot x + 6 \cdot y - 23 = 0$ gegebene algebraische Gleichung

Die gegebene Gleichung repräsentiert wegen A = B einen Kreis. Durch quadratische Ergänzung lässt sich die Kreisgleichung auf die folgende Hauptform bringen:

$x^2 - 4 \cdot x + y^2 + 6 \cdot y = 23$ ordnen der Glieder

$(x^2 - 4 \cdot x + 4) + (y^2 + 6 \cdot y + 9) = 23 + 4 + 9$ quadratische Ergänzung

$(x - 2)^2 + (y + 3)^2 = 36$ Hauptform der Kreisgleichung

Der Mittelpunkt ist daher M(2 | -3) und der Radius r = 6.

Beispiel 2.7.41:

Ermitteln Sie die Schnittpunkte, falls vorhanden, einer Geraden g mit einem Kreis.

$(x+3)^2 + (y-1)^2 = 50$ gegebene Kreisgleichung

$x + y = 6$ gegebene Geradengleichung

Vorgabe

$(x+3)^2 + (y-1)^2 = 50$ Lösung des Gleichungssystems

$x + y = 6$

$\mathbf{X} := \text{Suchen}(x,y) \rightarrow \begin{pmatrix} 4 & -2 \\ 2 & 8 \end{pmatrix}$ $\begin{pmatrix} x_1 & x_2 \\ y_1 & y_2 \end{pmatrix} := \mathbf{X}$

$x_1 = 4$ $y_1 = 2$

$x_2 = -2$ $y_2 = 8$ Koordinaten der Schnittpunkte der Geraden mit dem Kreis

Beispiel 2.7.42:

Ermitteln Sie den Schnittpunkt, falls vorhanden, einer Geraden g mit einem Kreis. Stellen Sie, wenn möglich, die Tangentengleichung im Berührungspunkt auf.

$(x+3)^2 + (y-1)^2 = 50$ gegebene Kreisgleichung

$x + y = 8$ gegebene Geradengleichung

Die Geradengleichung kann explizit aufgelöst werden:

$y = -x + 8$

$k := -1$ $d := 8$ Steigung und Achsenabschnitt der Geraden

$x_0 := -3$ $y_0 := 1$ Koordinaten des Mittelpunktes des Kreises

$r := \sqrt{50}$ Radius des Kreises

$\left[\left(x_0 \cdot k - y_0 + d\right)^2 = r^2 \cdot \left(k^2 + 1\right)\right] = 1$ Die Berührbedingung (2-133) ist erfüllt (1 ... wahre Aussage)

Vorgabe

$(x+3)^2 + (y-1)^2 = 50$ Lösung des Gleichungssystems

$x + y = 8$

$\begin{pmatrix} x_1 \\ y_1 \end{pmatrix} := \text{Suchen}(x,y) \rightarrow \begin{pmatrix} 2 \\ 6 \end{pmatrix}$ $x_1 = 2$ $y_1 = 6$ Koordinaten des Schnittpunktes der Geraden mit dem Kreis

$\mathbf{x_1} := \begin{pmatrix} x_1 \\ y_1 \end{pmatrix}$ $\quad \mathbf{x_1} = \begin{pmatrix} 2 \\ 6 \end{pmatrix}$ Ortsvektor zum Schnittpunkt P_1

$\mathbf{m} := \begin{pmatrix} x_0 \\ y_0 \end{pmatrix}$ $\quad \mathbf{m} = \begin{pmatrix} -3 \\ 1 \end{pmatrix}$ Ortsvektor zum Mittelpunkt des Kreises

Die Tangente t im Punkte P_1 hat den Normalvektor:

$\mathbf{MP_1} := \mathbf{x_1} - \mathbf{m} \qquad \mathbf{MP_1} = \begin{pmatrix} 5 \\ 5 \end{pmatrix}$

Es ist daher auch

$\mathbf{n} := \begin{pmatrix} -1 \\ -1 \end{pmatrix}$

ein Normalvektor.

$\mathbf{n} \cdot \mathbf{x_1} \rightarrow -8$

Die Geradengleichung lautet daher implizit bzw. explizit:

$-x - y = -8$ bzw. $y = -x + 8$ Vergleiche die gegebene Geradengleichung

$y_o(x) := 1 + \sqrt{50 - (x+3)^2}$

oberer und unterer Halbkreis

$y_u(x) := 1 - \sqrt{50 - (x+3)^2}$

$y(x) := -x + 8$ Tangentengleichung

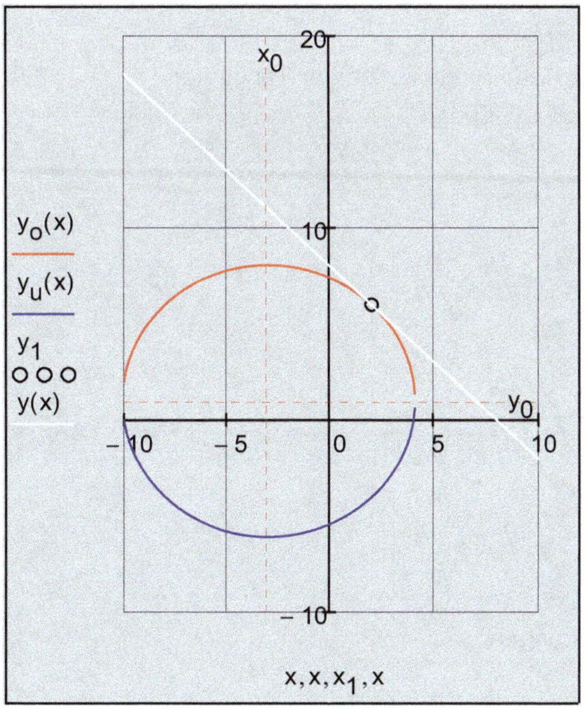

Abb. 2.7.29

Beispiel 2.7.43:

Errichten Sie von einem Punkt P(8 | 6) aus die Tangenten an den folgenden Kreis:

$(x-3)^2 + (y-1)^2 = 5$

$x_0 := 3 \qquad y_0 := 1$ Koordinaten des Mittelpunktes des Kreises

$r := \sqrt{5}$ Radius des Kreises

Nach (2-124) gilt:

$(x_1 - x_0)\cdot(x - x_0) + (y_1 - y_0)\cdot(y - y_0) = r^2$ Tangente am Kreis

$(x_P - 3)\cdot(x-3) + (y_P - 1)\cdot(y-1) = 5$ hat als Lösung(en) $\dfrac{y_P - (x-3)\cdot(x_P - 3) + 4}{y_P - 1}$

$x_P := 8 \qquad y_P := 6$ Koordinaten des Punktes P (auch Pol genannt)

$\dfrac{y_P - (x-3)\cdot(x_P-3) + 4}{y_P - 1} \rightarrow 5 - x$ Term der sogenannten Polaren

Vorgabe

$(x-3)^2 + (y-1)^2 = 5$ Schnitt des Kreises mit der sogenannten Polaren

$y = 5 - x$

$\mathbf{X} := \text{Suchen}(x, y) \rightarrow \begin{pmatrix} 5 & 2 \\ 0 & 3 \end{pmatrix}$ $\qquad \begin{pmatrix} x_1 & x_2 \\ y_1 & y_2 \end{pmatrix} := \mathbf{X}$

$x_1 = 4 \qquad y_1 = 2$

$x_2 = -2 \qquad y_2 = 8$

Koordinaten der Berührungspunkte der Tangenten (sie liegen auf der Polaren)

$y := y$ Redefinition

Die Tangenten haben die Darstellung:

$(x_1 - x_0)\cdot(x - x_0) + (y_1 - y_0)\cdot(y - y_0) = r^2$ auflösen, y $\rightarrow 9 - x$

$(x_2 - x_0)\cdot(x - x_0) + (y_2 - y_0)\cdot(y - y_0) = r^2$ auflösen, y $\rightarrow \dfrac{5\cdot x}{7} - \dfrac{3}{7}$

$y_{pol}(x) := -x + 5$ Polare

$y_{1t}(x) := 2\cdot x - 10$

$y_{2t}(x) := \dfrac{1}{2}\cdot x + 2$

Tangentengleichungen

$y_o(x) := 1 + \sqrt{5 - (x-3)^2}$

$y_u(x) := 1 - \sqrt{5 - (x-3)^2}$

oberer und unterer Halbkreis

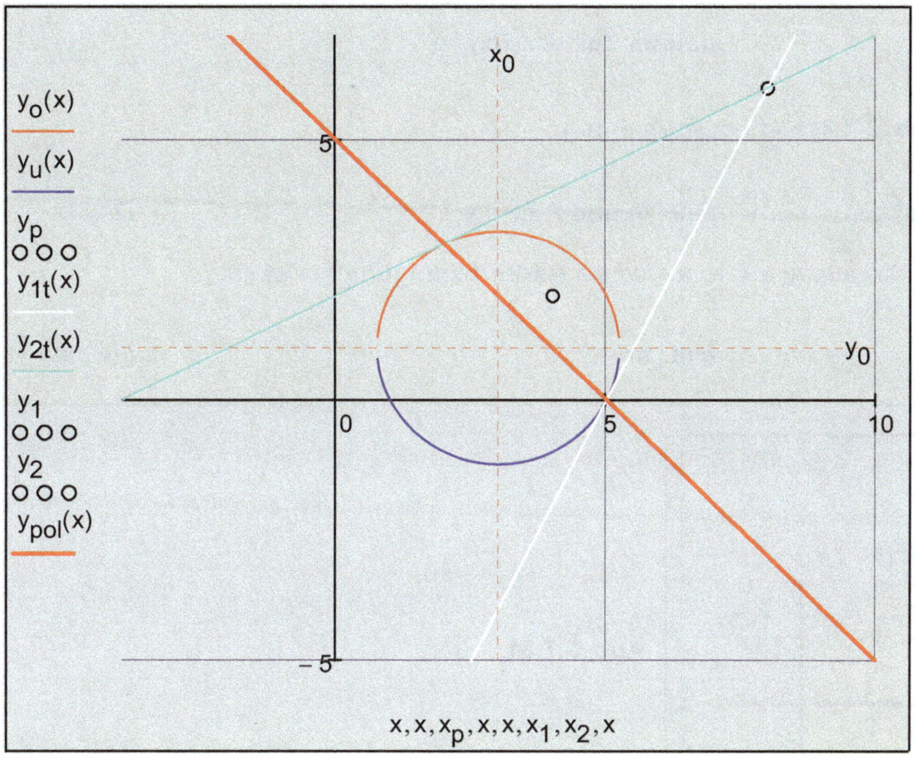

Abb. 2.7.30

Ellipse:

Für a, b > 0 beschreibt die Punktmenge

$$Ell = \{ \vec{x} \in \mathbb{R}^2 \mid \frac{(x-x_0)^2}{a^2} + \frac{(y-y_0)^2}{b^2} = 1 \} \qquad (2\text{-}134)$$

die Hauptform einer Ellipse im $\mathbb{R}^2$ mit der Hauptachse a und Nebenachse b (Abb. 2.7.31). a und b werden auch Halbachsen genannt. Der Mittelpunkt ist gegeben durch $M(x_0 \mid y_0)$. F_1 und F_2 heißen Brennpunkte.

Die Brennweite e ist gegeben durch $e^2 = a^2 - b^2$.
Die Ellipse ist der geometrische Ort aller Punkte P, für die die Summe der Entfernungen von den Brennpunkten konstant ist:

$$\overline{P1F_1} + \overline{P2F_2} = 2 \cdot a = \text{konstant}. \qquad (2\text{-}135)$$

Die Gleichung

$$\frac{x^2}{a^2} + \frac{y^2}{b^2} = 1 \text{ oder } b^2 \cdot x^2 + a^2 \cdot y^2 = a^2 \cdot b^2 \qquad M(0 \mid 0) \qquad (2\text{-}136)$$

heißt Mittelpunktsgleichung oder Normalform (Koordinatenform) der Gleichung der Ellipse.

Die Gleichungen (2-126) und (2-128) sind implizite Formen. Die Gleichung (2-136) kann explizit aufgelöst werden:

$$y = \frac{b}{a} \cdot \sqrt{a^2 - x^2} \qquad (-a \leq x \leq a) \qquad \text{oberer Teil der Ellipse} \qquad (2\text{-}137)$$

$$y = -\frac{b}{a} \cdot \sqrt{a^2 - x^2} \qquad \text{unterer Teil der Ellipse}$$

Die Tangente t im Punkt P_1 (Abb. 2.7.31) ist gegeben durch:

$$b^2 \cdot x_1 \cdot x + a^2 \cdot y_1 \cdot y = a^2 \cdot b^2 \qquad M(0 \mid 0) \text{ und } P_1(x_1 \mid y_1) \qquad (2\text{-}138)$$

Es lässt sich auch hier für eine Gerade g: $y = k \cdot x + d$ eine Berührbedingung herleiten:

$$a^2 \cdot k^2 + b^2 = d^2 \qquad M(0 \mid 0) \qquad (2\text{-}139)$$

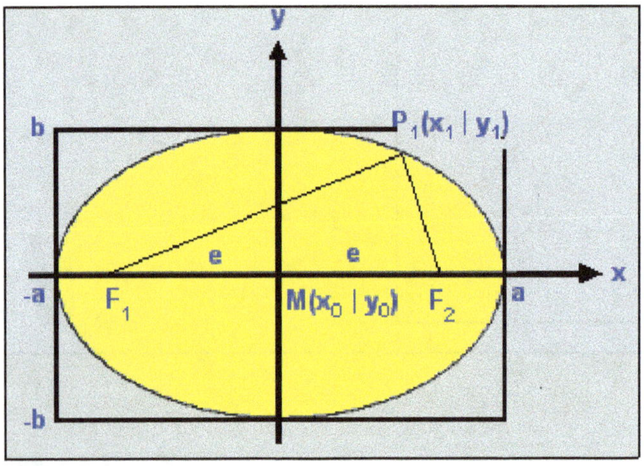

Abb. 2.7.31

Beispiel 2.7.44:

Wird durch die gegebene Kegelschnittgleichung eine Ellipse beschrieben? Wenn ja, bestimmen Sie die Ellipsengleichung.

$$16 \cdot x^2 + 4 \cdot y^2 + 10 \cdot x - 20 \cdot y + 15 = 0$$

Hier ist A = 16 und B = 4 und A B = 64 > 0. Es liegt eine Ellipse vor.

$$16 \cdot x^2 + 10 \cdot x + 4 \cdot y^2 - 20 \cdot y = -15 \qquad \text{Glieder ordnen}$$

$$16 \cdot \left[x^2 + 2 \cdot \frac{10}{2 \cdot 16} \cdot x + \left(\frac{5}{16}\right)^2\right] + 4 \cdot \left[y^2 - 2 \cdot \frac{20}{2 \cdot 4} \cdot y + \left(\frac{5}{2}\right)^2\right] = -15 + \frac{25}{16} + 25 \qquad \text{quadratische Ergänzung}$$

$$16 \cdot \left(x + \frac{5}{16}\right)^2 + 4 \cdot \left(y - \frac{5}{2}\right)^2 = \frac{185}{16} \qquad \text{vereinfachte Gleichung}$$

$$\frac{16\cdot\left(x+\frac{5}{16}\right)^2}{\frac{185}{16}}+\frac{4\cdot\left(y-\frac{5}{2}\right)^2}{\frac{185}{16}}=1$$ umgeformte Gleichung

$$\frac{\left(x+\frac{5}{16}\right)^2}{\frac{185}{256}}+\frac{\left(y-\frac{5}{2}\right)^2}{\frac{185}{64}}=1$$ Hauptform der Ellipse

Beispiel 2.7.45:

Ermitteln Sie die Schnittpunkte, falls vorhanden, einer Geraden g mit einer Ellipse.

$4\cdot x^2+25\cdot y^2=100$ gegebene Ellipsengleichung

$2\cdot x+3\cdot y=50$ gegebene Gerade

Vorgabe

$4\cdot x^2+25\cdot y^2=100$ Lösung des Gleichungssystems

$2\cdot x+3\cdot y=2$

$$\mathbf{X} := \text{Suchen}(x,y) \rightarrow \begin{pmatrix} \frac{15\cdot\sqrt{33}}{34}+\frac{25}{34} & \frac{25}{34}-\frac{15\cdot\sqrt{33}}{34} \\ \frac{3}{17}-\frac{5\cdot\sqrt{33}}{17} & \frac{5\cdot\sqrt{33}}{17}+\frac{3}{17} \end{pmatrix} \qquad \begin{pmatrix} x_1 & x_2 \\ y_1 & y_2 \end{pmatrix} := \mathbf{X}$$

$x_1 = 3.27$ $y_1 = -1.513$

$x_2 = -1.799$ $y_2 = 1.866$

Koordinaten der Schnittpunkte der Geraden mit der Ellipse

Beispiel 2.7.46:

Ermitteln Sie den Schnittpunkt, falls vorhanden, einer Geraden g mit einer Ellipse. Stellen Sie, wenn möglich, die Tangentengleichung im Berührungspunkt auf.

$9\cdot x^2+4\cdot y^2=36$ gegebene Ellipsengleichung

$4\cdot x+2\cdot y=10$ gegebene Geradengleichung

Die Geradengleichung kann explizit aufgelöst werden:

$y=-2\cdot x+5$

$k:=-2$ $d:=5$ Steigung und Achsenabschnitt der Geraden

$a := 2 \qquad b := 3$ — Halbachsen der Ellipse

$\left(a^2 \cdot k^2 + b^2 = d^2\right) = 1$ — Die Berührbedingung (2-139) ist erfüllt (1 ... wahre Aussage)!

Vorgabe

$$9 \cdot x^2 + 4 \cdot y^2 = 36$$

$$4 \cdot x + 2 \cdot y = 10$$

Lösung des Gleichungssystems

$$\mathbf{x} := \text{Suchen}(x, y) \rightarrow \begin{pmatrix} \frac{8}{5} \\ \frac{9}{5} \end{pmatrix} \qquad \begin{pmatrix} x_1 \\ y_1 \end{pmatrix} := \mathbf{x}$$

Koordinaten des Schnittpunktes der Geraden mit der Ellipse

$$\mathbf{x_1} := \begin{pmatrix} x_1 \\ y_1 \end{pmatrix} \qquad \mathbf{x_1} = \begin{pmatrix} 1.6 \\ 1.8 \end{pmatrix}$$

Ortsvektor zum Schnittpunkt P_1

$$b^2 \cdot x_1 \cdot x + a^2 \cdot y_1 \cdot y = a^2 \cdot b^2 \text{ auflösen}, y \rightarrow 5 - 2 \cdot x$$

vergleiche die gegebene Geradengleichung

$$9 \cdot x^2 + 4 \cdot y^2 = 36 \quad \text{hat als Lösung(en)} \quad \begin{bmatrix} \frac{3 \cdot \sqrt{-(x-2) \cdot (x+2)}}{2} \\ -\frac{3 \cdot \sqrt{-(x-2) \cdot (x+2)}}{2} \end{bmatrix}$$

Ellipsengleichung explizit aufgelöst

$$y_o(x) := \frac{3 \cdot \sqrt{-(x-2) \cdot (x+2)}}{2}$$

$$y_u(x) := -\frac{3 \cdot \sqrt{-(x-2) \cdot (x+2)}}{2}$$

oberer und unterer Teil der Ellipse

$$y(x) := -2 \cdot x + 5$$

Tangentengleichung

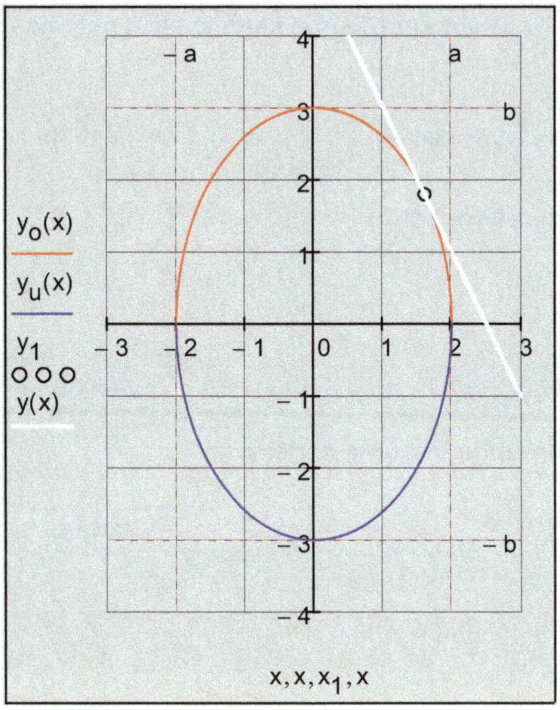

Abb. 2.7.32

Hyperbel:

Für a, b > 0 beschreibt die Punktmenge

$$Hyp = \{\ \vec{x} \in \mathbb{R}^2 \mid \frac{(x - x_0)^2}{a^2} - \frac{(y - y_0)^2}{b^2} = 1\ \} \qquad (2\text{-}140)$$

die Hauptform einer Hyperbel im $\mathbb{R}^2$ mit der Hauptachse a und Nebenachse b (Abb. 2.7.33). a und b werden auch Halbachsen genannt. Der Mittelpunkt ist gegeben durch $M(x_0 \mid y_0)$. F_1 und F_2 heißen Brennpunkte. S_1 und S_2 heißen Scheitelpunkte der Hyperbel. Die Brennweite e ist gegeben durch $e^2 = a^2 + b^2$.
Die Hyperbel ist der geometrische Ort aller Punkte P_1, für die die Differenz der Entfernungen von den Brennpunkten konstant ist:

$$\left|\overline{P1F_1} - \overline{P2F_2}\right| = 2 \cdot a = \text{konstant}. \qquad (2\text{-}141)$$

Die Gleichung

$$\frac{x^2}{a^2} - \frac{y^2}{b^2} = 1 \text{ oder } b^2 \cdot x^2 - a^2 \cdot y^2 = a^2 \cdot b^2 \qquad M(0 \mid 0) \qquad (2\text{-}142)$$

heißt Mittelpunktsgleichung oder Normalform (Koordinatenform) der Gleichung der Hyperbel.

Die Gleichungen (2-140) und (2-142) sind implizite Formen. Die Gleichung (2-142) kann explizit aufgelöst werden:

$$y = \frac{b}{a} \cdot \sqrt{x^2 - a^2} \qquad (|x| \geq a) \qquad \text{oberer Teil der Hyperbel} \qquad (2\text{-}143)$$

$$y = -\frac{b}{a} \cdot \sqrt{x^2 - a^2} \qquad \text{unterer Teil der Hyperbel}$$

Die Tangente t im Punkt P_1 (Abb. 2.7.33) ist gegeben durch:

$$b^2 \cdot x_1 \cdot x - a^2 \cdot y_1 \cdot y = a^2 \cdot b^2 \qquad M(0 \mid 0) \text{ und } P_1(x_1 \mid y_1) \qquad (2\text{-}144)$$

Es lässt sich auch hier für eine Gerade g: $y = k \cdot x + d$ eine Berührbedingung herleiten:

$$a^2 \cdot k^2 - b^2 = d^2 \qquad M(0 \mid 0) \qquad (2\text{-}145)$$

Die Hyperbel besitzt zwei Asymptoten, die durch M gehen:

$$y = y_0 + \frac{b}{a} \cdot (x - x_0) \qquad M(x_0 \mid y_0) \qquad (2\text{-}146)$$

$$y = y_0 - \frac{b}{a} \cdot (x - x_0)$$

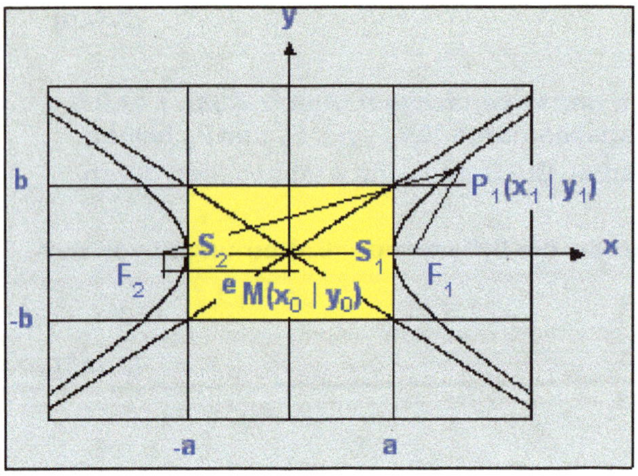

Abb. 2.7.33

<u>Beispiel 2.7.47:</u>

Wird durch die gegebene Kegelschnittgleichung eine Hyperbel beschrieben? Wenn ja, bestimmen Sie die Hyperbelgleichung.

$$4 \cdot x^2 - 9 \cdot y^2 + 16 \cdot x + 72 \cdot y - 164 = 0$$

Hier ist A = 4 und B = -9 und A B = -36 < 0. Es liegt eine Hyperbel vor.

$$4 \cdot x^2 + 16 \cdot x - 9 \cdot y^2 + 72 \cdot y = 164 \qquad \text{Glieder ordnen}$$

$$4 \cdot \left(x^2 + 2 \cdot \frac{16}{2 \cdot 4} \cdot x + 2^2\right) - 9 \cdot \left(y^2 - 2 \cdot \frac{72}{2 \cdot 9} \cdot y + 4^2\right) = 164 + 4 \cdot 2^2 - 9 \cdot 4^2$$ quadratische Ergänzung

$$4 \cdot (x+2)^2 - 9 \cdot (y-4)^2 = 36$$ vereinfachte Gleichung

$$\frac{4 \cdot (x+2)^2}{36} - \frac{9 \cdot (y-4)^2}{36} = 1$$ umgeformte Gleichung

$$\frac{(x+2)^2}{9} - \frac{(y-4)^2}{4} = 1$$ Hauptform der Ellipse

Der Mittelpunkt ist M(-2 | 4), die Halbachsen a = 3, b = 2.

Beispiel 2.7.48:

Ermitteln Sie die Schnittpunkte, falls vorhanden, einer Geraden g mit einer Hyperbel.

$$x^2 - 2 \cdot y^2 = 7$$ gegebene Hyperbelgleichung

$$x - y = -2$$ gegebene Gerade

Vorgabe

$$x^2 - 2 \cdot y^2 = 7$$

$$x - y = -2$$

$$\mathbf{X} := \text{Suchen}(x, y) \rightarrow \begin{pmatrix} -3 & -5 \\ -1 & -3 \end{pmatrix} \qquad \begin{pmatrix} x_1 & x_2 \\ y_1 & y_2 \end{pmatrix} := \mathbf{X}$$ Lösung des Gleichungssystems

$x_1 = -3$ $y_1 = -1$

$x_2 = -5$ $y_2 = -3$

Koordinaten der Schnittpunkte der Geraden mit der Hyperbel

Beispiel 2.7.49:

Ermitteln Sie den Schnittpunkt, falls vorhanden, einer Geraden g mit einer Hyperbel. Stellen Sie, wenn möglich, die Tangentengleichung im Berührungspunkt auf.

$$x^2 - y^2 = 9$$ gegebene Hyperbelgleichung

$$\frac{5}{4} \cdot x - y = \frac{9}{4}$$ gegebene Geradengleichung

Die Geradengleichung kann explizit aufgelöst werden:

$$y = \frac{5}{4} \cdot x - \frac{9}{4}$$

$k := \frac{5}{4}$ $\quad d := \frac{-9}{4}$ Steigung und Achsenabschnitt der Geraden

$a := 3$ $\quad b := 3$ Halbachsen der Hyperbel

$\left(a^2 \cdot k^2 - b^2 = d^2\right) = 1$ Die Berührbedingung (2-145) ist erfüllt (1 ... wahre Aussage)!

Vorgabe

$$x^2 - y^2 = 9$$

$$\frac{5}{4} \cdot x - y = \frac{9}{4}$$

$\begin{pmatrix} x_1 \\ y_1 \end{pmatrix} := \text{Suchen}(x, y) \rightarrow \begin{pmatrix} 5 \\ 4 \end{pmatrix}$ Lösung des Gleichungssystems

$\mathbf{x_1} := \begin{pmatrix} x_1 \\ y_1 \end{pmatrix}$ $\quad \mathbf{x_1} = \begin{pmatrix} 5 \\ 4 \end{pmatrix}$ Ortsvektor zum Schnittpunkt P_1

$y := y$ Redefinition

$b^2 \cdot x_1 \cdot x - a^2 \cdot y_1 \cdot y = a^2 \cdot b^2$ auflösen, $y \rightarrow \frac{5 \cdot x}{4} - \frac{9}{4}$ vergleiche die gegebene Geradengleichung

$x^2 - y^2 = 9$ hat als Lösung(en) $\begin{pmatrix} -\sqrt{x^2 - 9} \\ \sqrt{x^2 - 9} \end{pmatrix}$ Hyperbelgleichung explizit aufgelöst

$y_o(x) := \sqrt{x^2 - 9}$

$y_u(x) := -\sqrt{x^2 - 9}$

oberer und unterer Teil der Hyperbel

$y(x) := \frac{5}{4} \cdot x - \frac{9}{4}$ Tangentengleichung

$y_{1t}(x) := x$

$y_{2t}(x) := -x$

Asymptoten

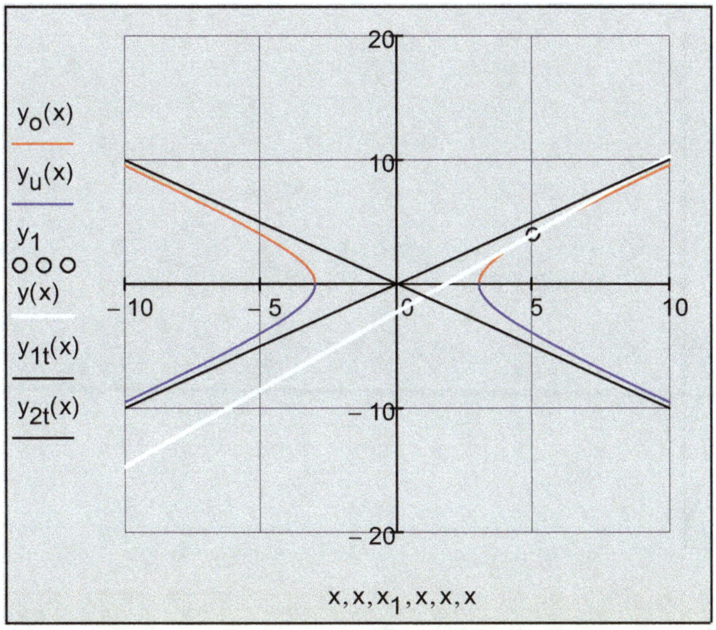

Abb. 2.7.34

Parabel:

Für p > 0 beschreibt die Punktmenge

$$Par = \{ \vec{x} \in \mathbb{R}^2 \mid (y - y_0)^2 = 2 \cdot p \cdot (x - x_0) \} \quad \text{(2-147)}$$

die Hauptform einer Parabel im $\mathbb{R}^2$ (Abb. 2.7.35). F heißt Brennpunkt und $S(x_0 \mid y_0)$ Scheitelpunkt.

Die Strecke $\overline{SF} = e = \left|\frac{p}{2}\right|$ wird Brennweite genannt.

Die Parabel ist der geometrische Ort aller Punkte P, die von einem festen Punkt F (Brennpunkt) und einer festen Geraden (Leitlinie) gleich weit entfernt sind:

$$\overline{PF} = \overline{PQ}\,. \quad \text{(2-148)}$$

Die Gleichung

$$y^2 = 2 \cdot p \cdot x \qquad S(0 \mid 0) \quad \text{(2-149)}$$

heißt Scheitelgleichung der Parabel in 1. Hauptlage. Für p > 0 und $x \ge 0$ (bzw. $x \ge x_0$) ist die Parabel nach rechts geöffnet. Für p < 0 und $x \le 0$ (bzw. $x \le x_0$) ist die Parabel nach links geöffnet.

$$x^2 = 2 \cdot p \cdot y \qquad S(0 \mid 0) \quad \text{(2-150)}$$

heißt Scheitelgleichung der Parabel in 2. Hauptlage.
Für p > 0 und $y \ge 0$ (bzw. $y \ge y_0$) ist die Parabel nach oben geöffnet. Für p < 0 und $y \le 0$ (bzw. $y \le y_0$) ist die Parabel nach unten geöffnet.
Die Tangente t im Punkt P_1 (Abb. 2.7.35) ist gegeben durch:

$$y_1 \cdot y = p \cdot (x_1 + x) \qquad S(0 \mid 0) \text{ und } P_1(x_1 \mid y_1) \quad \text{(2-151)}$$

Es lässt sich auch hier für eine Gerade g: $y = k \cdot x + d$ eine Berührbedingung herleiten:

$$p = 2 \cdot k \cdot d \qquad M(0 \mid 0) \quad \text{(2-152)}$$

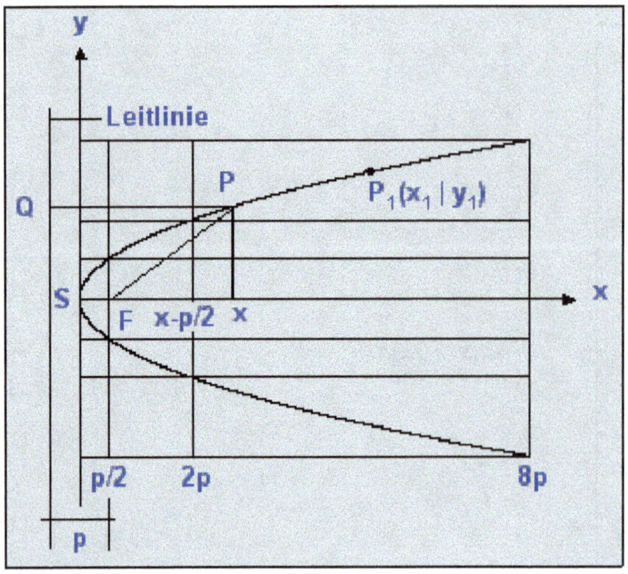

Abb. 2.7.35

Beispiel 2.7.50:

Wird durch die gegebene Kegelschnittgleichung eine Parabel beschrieben? Wenn ja, bestimmen Sie die Parabelgleichung.

$$y^2 - 2 \cdot x - 4 \cdot y - 10 = 0$$

Hier ist A = 0 und B = 1 ($\neq 0$). Es liegt eine Parabel vor.

$y^2 - 4 \cdot y = 2 \cdot x + 10$ Glieder ordnen

$y^2 - 4 \cdot y + 2^2 = 2 \cdot x + 10 + 2^2$ quadratische Ergänzung

$(y - 2)^2 = 2 \cdot x + 14$ vereinfachte Gleichung

$(y - 2)^2 = 2 \cdot (x + 7)$ Hauptform der Parabel

Der Scheitelpunkt ist S(2 | -7) und der Parameter p = 1.

Beispiel 2.7.51:

Ermitteln Sie die Schnittpunkte, falls vorhanden, einer Geraden g mit einer Parabel.

$y^2 = 4 \cdot x$ gegebene Parabelgleichung

$2 \cdot x - 5 \cdot y = -12$ gegebene Gerade

Vorgabe

$$y^2 = 4 \cdot x$$

$$2 \cdot x - 5 \cdot y = -12$$

$\mathbf{X} := \text{Suchen}(x, y) \rightarrow \begin{pmatrix} 4 & 9 \\ 4 & 6 \end{pmatrix}$ $\begin{pmatrix} x_1 & x_2 \\ y_1 & y_2 \end{pmatrix} := \mathbf{X}$ Lösung des Gleichungssystems

$x_1 = 4$ $y_1 = 4$ $x_2 = 9$ $y_2 = 6$ Koordinaten der Schnittpunkte der Geraden mit der Parabel

Beispiel 2.7.52:

Bestimmen Sie den Schnittpunkt, falls vorhanden, einer Geraden g mit einer Parabel. Stellen Sie, wenn möglich, die Tangentengleichung im Berührungspunkt auf.

$y^2 = 6 \cdot x$ gegebene Parabelgleichung

$-x + y = \frac{3}{2}$ gegebene Geradengleichung

Die Geradengleichung kann explizit aufgelöst werden:

$y = 1 \cdot x + \frac{3}{2}$

$k := 1 \qquad d := \frac{3}{2}$ Steigung und Achsenabschnitt der Geraden

$p := 3$ Parameter p

$(p = 2 \cdot k \cdot d) = 1$ Die Berührbedingung (2-152) ist erfüllt (1 ... wahre Aussage)!

Vorgabe

$y^2 = 6 \cdot x$

$-x + y = \frac{3}{2}$

$\begin{pmatrix} x_1 \\ y_1 \end{pmatrix} := \text{Suchen}(x, y) \rightarrow \begin{pmatrix} \frac{3}{2} \\ 3 \end{pmatrix}$ Lösung des Gleichungssystems

$\mathbf{x_1} := \begin{pmatrix} x_1 \\ y_1 \end{pmatrix} \qquad \mathbf{x_1} = \begin{pmatrix} 1.5 \\ 3 \end{pmatrix}$ Ortsvektor zum Schnittpunkt P_1

$y := y$ Redefinition

$y_1 \cdot y = p \cdot (x_1 + x) \text{ auflösen}, y \rightarrow x + \frac{3}{2}$ vergleiche die gegebene Geradengleichung

$y^2 = 6 \cdot x$ hat als Lösung(en) $\begin{pmatrix} -\sqrt{6} \cdot \sqrt{x} \\ \sqrt{6} \cdot \sqrt{x} \end{pmatrix}$ Parabelgleichung explizit aufgelöst

$y_o(x) := \sqrt{6} \cdot \sqrt{x}$

$y_u(x) := -\sqrt{6} \cdot \sqrt{x}$

oberer und unterer Teil der Parabel

$y(x) := x + \frac{3}{2}$ Tangentengleichung

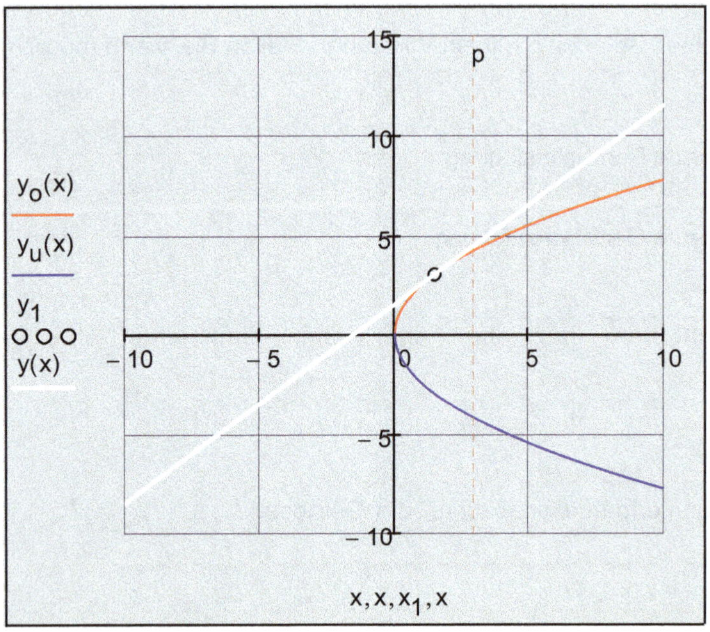

Abb. 2.7.36

Flächen 2. Ordnung:

Quadratische Gleichungen im dreidimensionalen Raum beschreiben gekrümmte Flächen. Diese Flächen besitzen eine Gleichung der Form:

$$A \cdot x^2 + B \cdot y^2 + C \cdot z^2 + D = 0 \qquad \text{(2-153)}$$

Die Form der Fläche bestimmen die Koeffizienten A, B, C und die Konstante D.

Allgemein können die Raumflächen in verschiedenen Formen dargestellt werden:

$z = f(x, y)$ **explizite Darstellung** (2-154)

$F(x, y, z) = 0$ **implizite Darstellung** (2-155)

$x = x(\lambda, \mu)$, $y = y(\lambda, \mu)$, $z = z(\lambda, \mu)$ **Parameterdarstellung** (2-156)

Nachfolgend werden Kugel, Ellipsoid, Hyperboloid, Kegel, Paraboloid und Zylinder kurz dargestellt.

Kugel:

Mittelpunktsgleichung oder Normalform:

$$x^2 + y^2 + z^2 = r^2 \qquad \text{(2-157)}$$

Parameterdarstellung (Abb. 2.7.37) mit den Parametern $\vartheta \in [0, \pi]$ (Polwinkel) und $\varphi \in [0, 2\,\pi[$ (Azimutwinkel):

$$x = r \cdot \sin(\vartheta) \cdot \cos(\varphi) \qquad \text{(2-158)}$$
$$y = r \cdot \sin(\vartheta) \cdot \sin(\varphi)$$
$$z = r \cdot \cos(\vartheta)$$

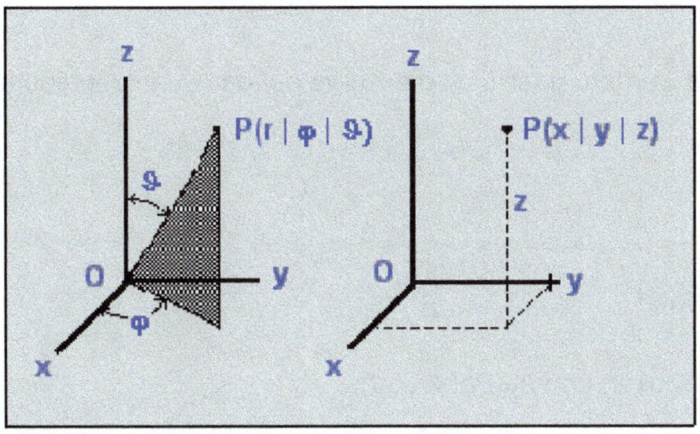

Abb. 2.7.37

Beispiel 2.7.53:

Stellen Sie grafisch eine Kugel und eine schneidende Ebene in einem Koordinatensystem dar (Quickplot).

$z_E(x,y) := \frac{-1}{3} \cdot x - \frac{1}{3} \cdot y + 0.5$ gegebene Ebene

$x(\varphi,\vartheta) := 2 \cdot \sin(\vartheta) \cdot \cos(\varphi)$

$y(\varphi,\vartheta) := 2 \cdot \sin(\vartheta) \cdot \sin(\varphi)$ gegebener Kreis in Parameterdarstellung

$z(\varphi,\vartheta) := 2 \cdot \cos(\vartheta)$

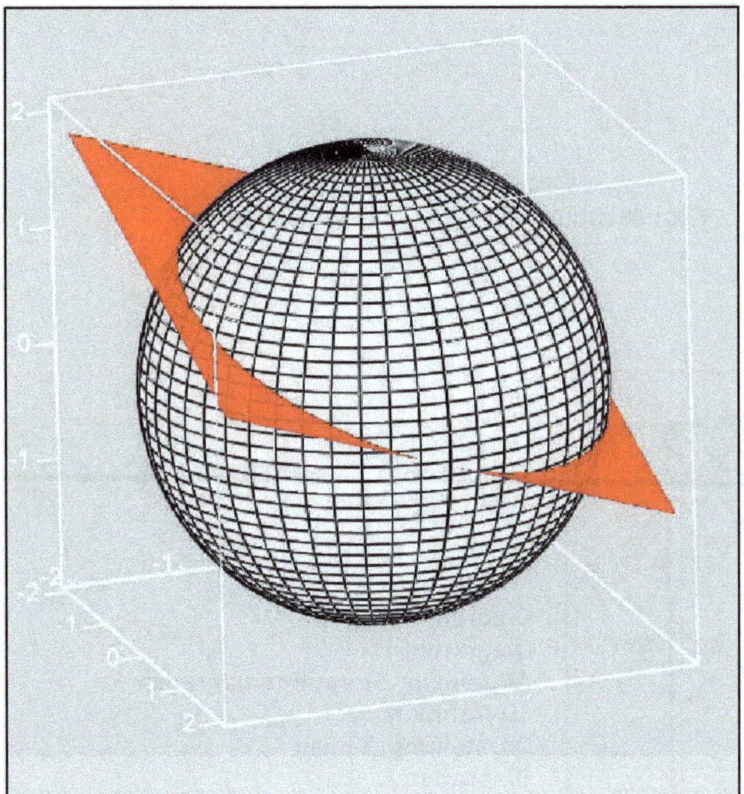

Abb. 2.7.38

Diagrammformat:
Diagramm 1:
Allgemein: Flächendiagramm
3D-Rahmen
Darstellung: Fläche füllen
QuickPlot-Daten:
Bereich 1
Beginn -2, Ende 2, Schrittweite 1
Bereich 2
Beginn -2, Ende 2, Schrittweite 12
Diagramm 2:
Allgemein: Flächendiagramm
3D-Rahmen
Darstellung: Fläche füllen, Drahtmodell
QuickPlot-Daten:
Bereich 1
Beginn 0, Ende 6.28, Schrittweite 50
Bereich 2
Beginn 0, Ende 3.14, Schrittweite 50

Beispiel 2.7.54:

Eine Kurve f(x) soll auf einer Kugeloberfläche so dargestellt werden, dass sich die Kurve auf der Kugeloberfläche dreht.

ORIGIN := 0   ORIGIN festlegen

$m := 40 \quad n := 40$

$i := 0..m \quad j := 0..n$ Bereichsvariablen für die Kugel

$\varphi_i := i \cdot \frac{2\pi}{m} \quad \vartheta_j := j \cdot \frac{\pi}{n}$ Parameterwerte φ_i (Azimutwinkel) und ϑ_j (Polwinkel)

$\mathbf{Xk}_{i,j} := \sin(\vartheta_j)\cos(\varphi_i)$

$\mathbf{Yk}_{i,j} := \sin(\vartheta_j)\sin(\varphi_i)$ Parameterdarstellung einer Kugel in Matrixform (siehe dazu nächstes Kapitel)

$\mathbf{Zk}_{i,j} := \cos(\vartheta_j)$

$f(x) := 0.5 \cdot \sin(x)^2$ gegebene Kurve

$n := 300 \quad k := 0..n$ Bereichsvariable für die Kurve

$a := 10 \cdot \pi \quad \mathbf{x1}_k := k \cdot \frac{a}{n}$ Vektor der x-Werte

$\mathbf{xp}_k := \cos(f(\mathbf{x1}_k)) \cdot \cos\left(2\pi \cdot \frac{k + FRAME}{n}\right)$

$\mathbf{yp}_k := \cos(f(\mathbf{x1}_k)) \cdot \sin\left(2\pi \cdot \frac{k + FRAME}{n}\right)$ Parameterdarstellung der gegebenen Kurve

$\mathbf{zp}_k := \sin(f(\mathbf{x1}_k))$

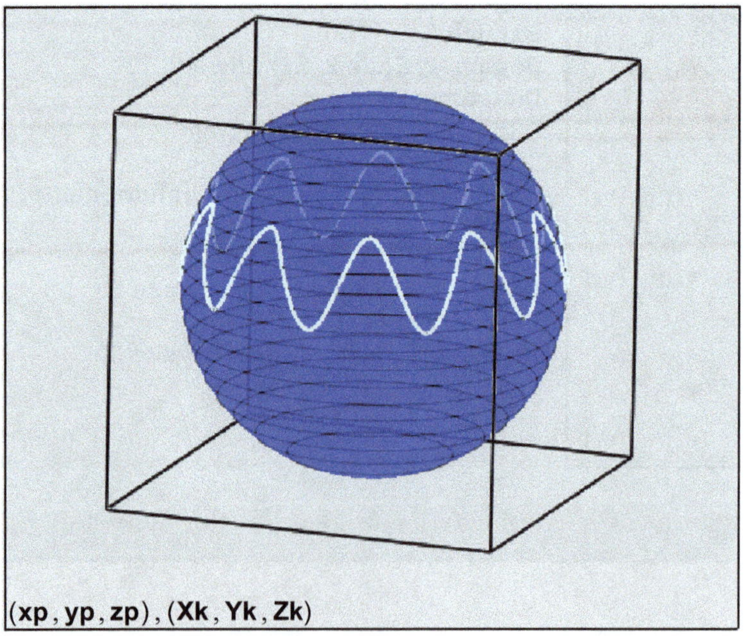

Animation: z. B. FRAME von 0 bis 50

Diagrammformat:
Diagramm 1:
Allgemein: Streuungsdiagramm
3D-Rahmen
Darstellung: Linien
Diagramm 2:
Allgemein: Flächendiagramm
3D-Rahmen
Darstellung: Fläche füllen, Umrisslinien

Abb. 2.7.39

Ellipsoid:

Mittelpunktsgleichung (kanonische Form oder Normalform) eines Ellipsoids (Abb. 2.7.40) mit den Halbachsen a > 0, b > 0 und c > 0:

$$\frac{x^2}{a^2} + \frac{y^2}{b^2} + \frac{z^2}{c^2} = 1 \qquad (2\text{-}159)$$

Parameterdarstellung mit den Parametern φ und ϑ:

$$x = a \cdot \sin(\vartheta) \cdot \cos(\varphi) \qquad (2\text{-}160)$$
$$y = b \cdot \sin(\vartheta) \cdot \sin(\varphi)$$
$$z = c \cdot \cos(\vartheta)$$

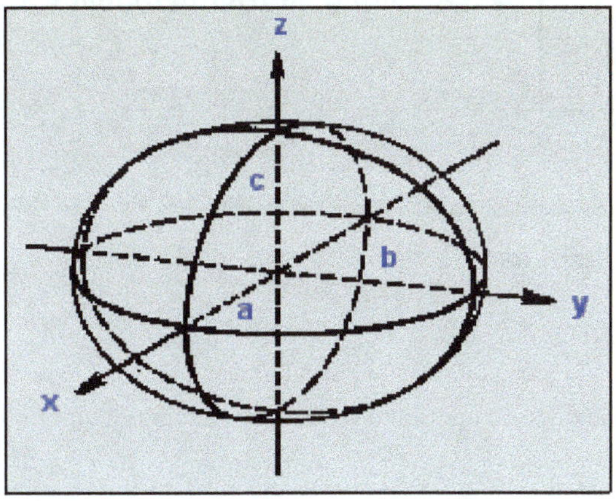

Abb. 2.7.40

Beispiel 2.7.55:

Stellen Sie grafisch ein Ellipsoid für folgende gegebene Halbachsen dar:

$a := 3$ $\quad b := 2$ $\quad c := 1$ gegebene Halbachsen

$$\text{Ell}(\varphi, \vartheta) := \begin{pmatrix} a \cdot \sin(\vartheta) \cdot \cos(\varphi) \\ b \cdot \sin(\vartheta) \cdot \sin(\varphi) \\ c \cdot \cos(\vartheta) \end{pmatrix}$$

Parameterdarstellung der Ellipse

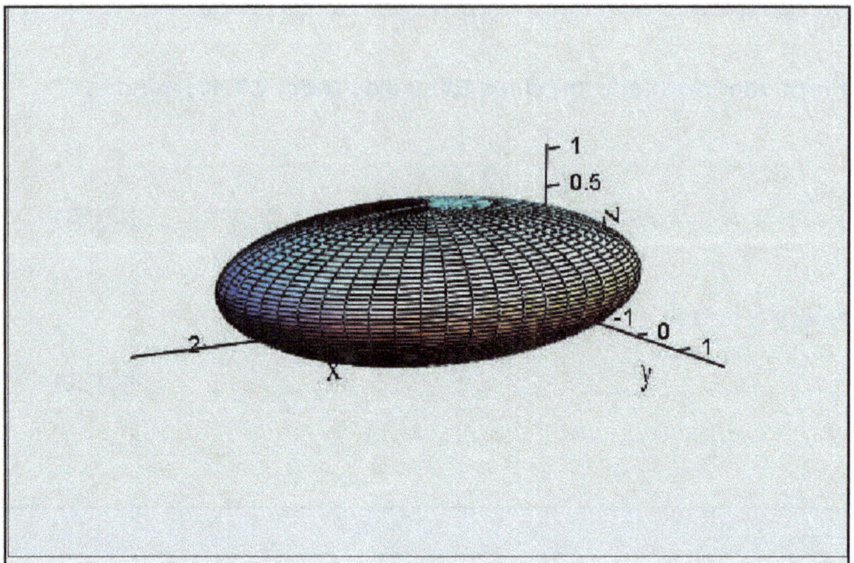

Ell

Diagrammformat:
Diagramm 1:
Allgemein: Flächendiagramm
Achsenformat Ecke
Darstellung: Fläche füllen, Drahtmodell
QuickPlot-Daten:
Bereich 1
Beginn 0, Ende 6.28, Schrittweite 50
Bereich 2
Beginn 0, Ende 3.14, Schrittweite 50
Beleuchtung:
Beleuchtung aktivieren Schema 1

Abb. 2.7.41

Beispiel 2.7.56:

Stellen Sie grafisch ein Ellipsoid mit Parametergleichungen in Matrixform dar.

$a := 3 \quad b := 2 \quad c := 1$ gegebene Halbachsen

$m := 40 \quad n := 40$

$i := 0..m \quad j := 0..n$ Bereichsvariablen

$\varphi_i := i \cdot \frac{2\pi}{m} \quad \vartheta_j := j \cdot \frac{\pi}{n}$ Parameterwerte φ_i und ϑ_j

$\mathbf{Xe}_{i,j} := a \cdot \sin(\vartheta_j)\cos(\varphi_i)$

$\mathbf{Ye}_{i,j} := b \cdot \sin(\vartheta_j)\sin(\varphi_i)$

$\mathbf{Ze}_{i,j} := c \cdot \cos(\vartheta_j)$

Parameterdarstellung eines Ellipsoids in Matrixform (siehe dazu nächstes Kapitel)

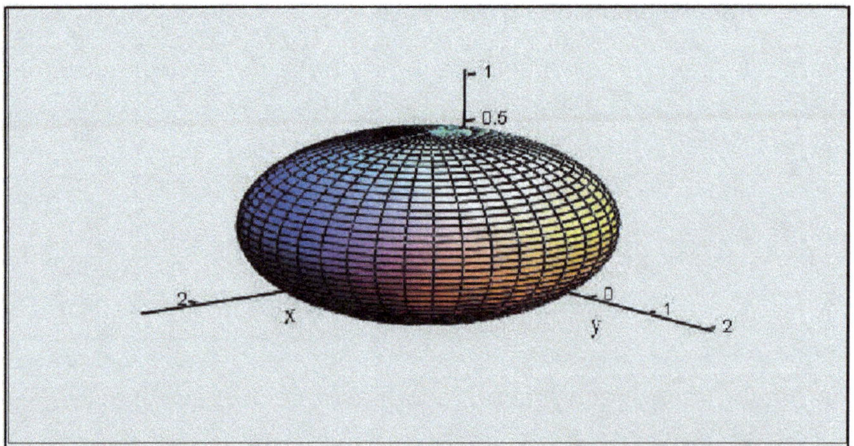

(**Xe**, **Ye**, **Ze**)

Diagrammformat:
Diagramm 1:
Allgemein: Flächendiagramm
Achsenformat Ecke
Darstellung: Fläche füllen, Drahtmodell
Beleuchtung:
Beleuchtung aktivieren Schema 1

Abb. 2.7.42

Hyperboloid:

Mittelpunktsgleichung (kanonische Form oder Normalform) eines Hyperboloids mit den Halbachsen a > 0, b > 0 und c > 0:

$$\frac{x^2}{a^2} + \frac{y^2}{b^2} - \frac{z^2}{c^2} = 1$$ **(einschalig - Abb. 2.7.43)** **(2-161)**

$$\frac{x^2}{a^2} + \frac{y^2}{b^2} - \frac{z^2}{c^2} = -1$$ **(zweischalig - Abb. 2.7.44)** **(2-162)**

Parameterdarstellung (Abb. 2.7.43) mit dem Parameter φ:

$$x = \sqrt{a^2 + z^2} \cdot \cos(\varphi)$$ **(2-163)**

$$y = \sqrt{b^2 + z^2} \cdot \sin(\varphi)$$

$$z = c \cdot z$$

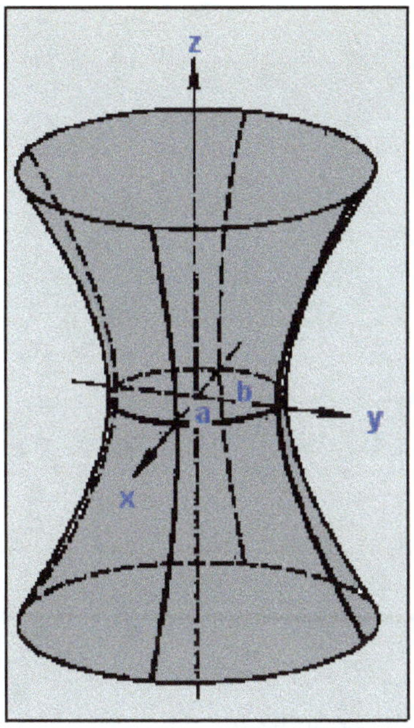

Abb. 2.7.43

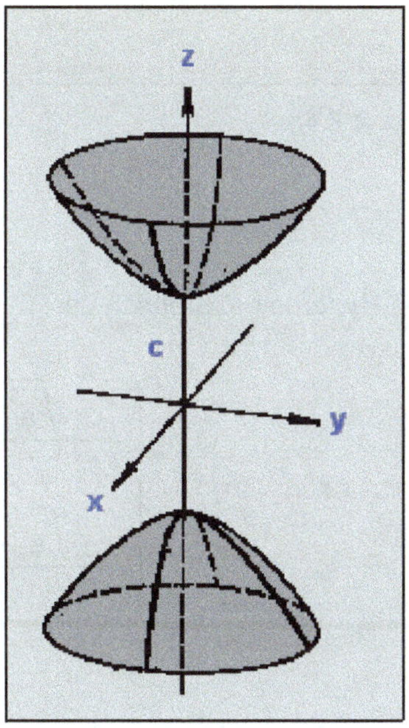

Abb. 2.7.44

Beispiel 2.7.57:

Stellen Sie grafisch ein einschaliges Hyperboloid dar.

$a := 2$ $b := 2$ $c := 1$ gegebene Halbachsen

$$\text{Hyperboloid}(\varphi, z) := \begin{pmatrix} \sqrt{a^2 + z^2} \cdot \cos(\varphi) \\ \sqrt{b^2 + z^2} \cdot \sin(\varphi) \\ c \cdot z \end{pmatrix}$$

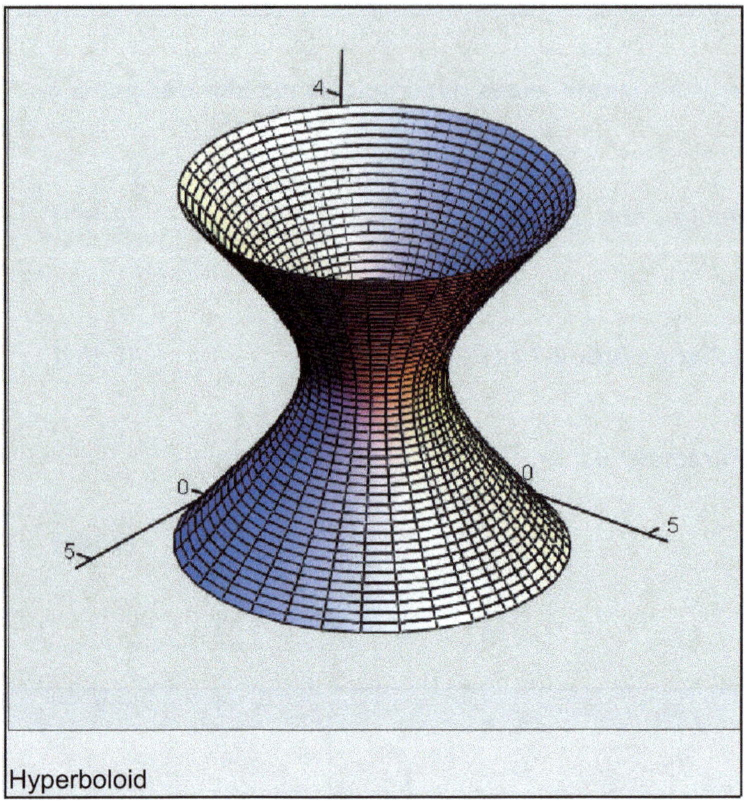

Diagrammformat:
Diagramm 1:
Allgemein: Flächendiagramm
Achsenformat Ecke
Darstellung: Fläche füllen, Drahtmodell
QuickPlot-Daten:
Bereich 1
Beginn -5, Ende 5, Schrittweite 50
Bereich 2
Beginn -5, Ende 5, Schrittweite 50
Beleuchtung:
Beleuchtung aktivieren Schema 1

Abb. 2.7.45

Beispiel 2.7.58:

Stellen Sie ein zweischaliges Hyperboloid grafisch dar.

$$\frac{x^2}{a^2} + \frac{y^2}{b^2} - \frac{z^2}{c^2} = -1 \quad \text{hat als Lösung(en)} \quad \begin{pmatrix} -\dfrac{c \cdot \sqrt{a^2 \cdot b^2 + a^2 \cdot y^2 + b^2 \cdot x^2}}{a \cdot b} \\ \dfrac{c \cdot \sqrt{a^2 \cdot b^2 + a^2 \cdot y^2 + b^2 \cdot x^2}}{a \cdot b} \end{pmatrix}$$

$a := 1 \qquad b := 1 \qquad c := 2$ gegebene Halbachsen

$$\text{Hyperboloid\_pos}(x, y) := \frac{c \cdot \sqrt{a^2 \cdot b^2 + a^2 \cdot y^2 + b^2 \cdot x^2}}{a \cdot b}$$ Hyperboloid im positiven Bereich

$\text{Hyperboloid\_neg}(x, y) := -\text{Hyperboloid\_pos}(x, y)$ Hyperboloid im negativen Bereich

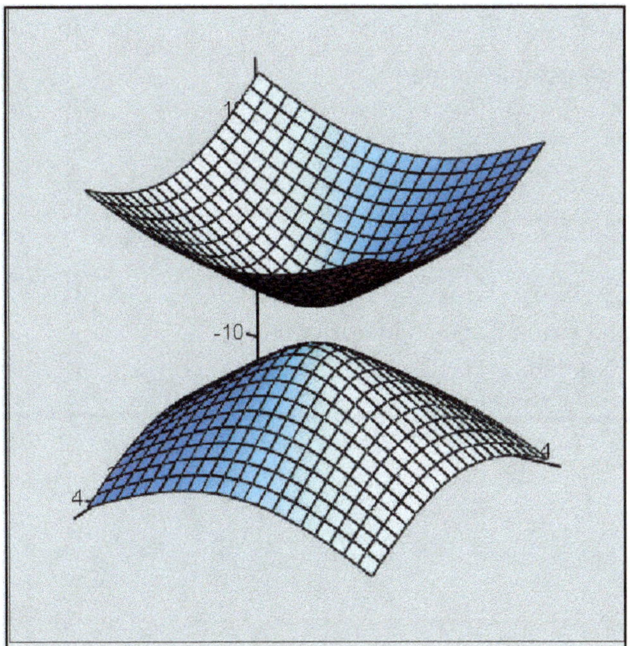

Hyperboloid_pos , Hyperboloid_neg

Diagrammformat:
Diagramm 1:
Allgemein: Flächendiagramm
Achsenformat Ecke
Darstellung: Fläche füllen, Drahtmodell
QuickPlot-Daten:
Bereich 1
Beginn -5, Ende 5, Schrittweite 20
Bereich 2
Beginn -5, Ende 5, Schrittweite 20
Diagramm 2:
Allgemein: Flächendiagramm
Achsenformat Ecke
Darstellung: Fläche füllen, Drahtmodell
QuickPlot-Daten:
Bereich 1
Beginn -5, Ende 5, Schrittweite 20
Bereich 2
Beginn -5, Ende 5, Schrittweite 20
Beleuchtung:
Beleuchtung aktivieren Schema 1

Abb. 2.7.46

Kegel:

Mittelpunktsgleichung (kanonische Form oder Normalform) eines Kegels (Abb. 2.7.47) mit den Halbachsen a > 0, b > 0 und c > 0:

$$\frac{x^2}{a^2} + \frac{y^2}{b^2} - \frac{z^2}{c^2} = 0 \qquad (2\text{-}164)$$

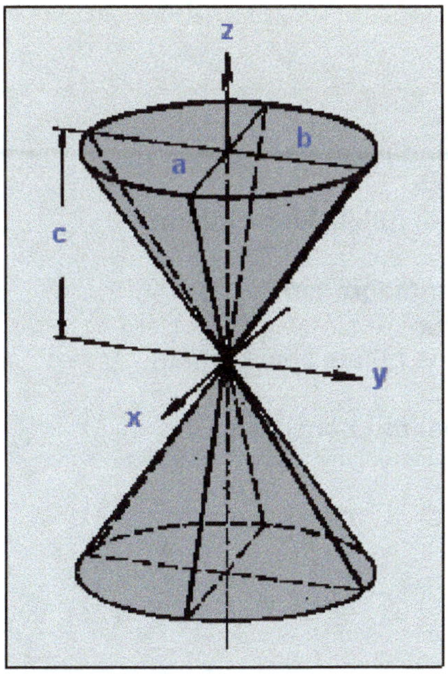

Abb. 2.7.47

Beispiel 2.7.59:

Es soll ein Kegel und eine Ebene, die den Kegel schneidet, dargestellt werden.

$i := 0..40 \quad j := 0..40$ Bereichsvariablen

$$Xk_{i,j} := \left(\frac{j-20}{10}\right)\cdot\cos\left(\frac{2\cdot\pi\cdot i}{40}\right)$$

$$Yk_{i,j} := \left(\frac{j-20}{10}\right)\cdot\sin\left(\frac{2\cdot\pi\cdot i}{40}\right)$$

Parameterdarstellung für einen Kegel in Matrixform (siehe dazu nächstes Kapitel)

$$Zk_{i,j} := \frac{j-20}{10}$$

$\varphi := 30\cdot\text{Grad}$ Ebenenneigung

$$Xe_{i,j} := 0.5 + \left(\frac{j-20}{8}\right)\cdot\sin(\varphi)$$

$$Ye_{i,j} := \frac{i-20}{8}$$

Parameterdarstellung für eine Ebene in Matrixform (siehe dazu nächstes Kapitel)

$$Ze_{i,j} := \frac{j-30}{8}\cdot\cos(\varphi) + 1.1$$

$$K := \begin{pmatrix} Xk \\ Yk \\ Zk \end{pmatrix} \qquad E := \begin{pmatrix} Xe \\ Ye \\ Ze \end{pmatrix}$$

Matrizen in einem Vektor zusammengefasst

Abb. 2.7.48

Diagrammformat:
Diagramm 1:
Allgemein: Flächendiagramm
Achsenformat Ecke
Darstellung: Fläche füllen, keine Linien
Diagramm 2:
Allgemein: Flächendiagramm
Achsenformat Ecke
Darstellung: Fläche füllen, keine Linien
Beleuchtung:
Beleuchtung aktivieren Schema 1

Paraboloid:

Mittelpunktsgleichung (kanonische Form oder Normalform) eines Paraboloids mit a > 0, b > 0 und dem Parameter p > 0:

$$\frac{x^2}{a^2} + \frac{y^2}{b^2} = 2 \cdot p \cdot z \qquad \text{(elliptisches Paraboloid- Abb. 2.7.49)} \qquad (2\text{-}165)$$

$$\frac{x^2}{a^2} - \frac{y^2}{b^2} = 2 \cdot p \cdot z \qquad \text{(hyperbolisches Paraboloid - Abb. 2.7.50)} \qquad (2\text{-}166)$$

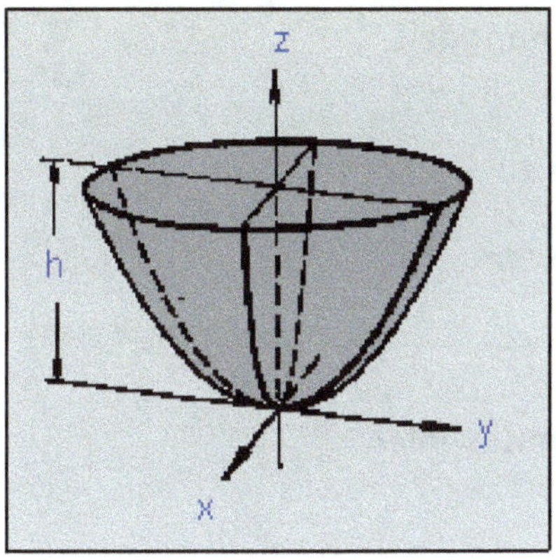

Abb. 2.7.49

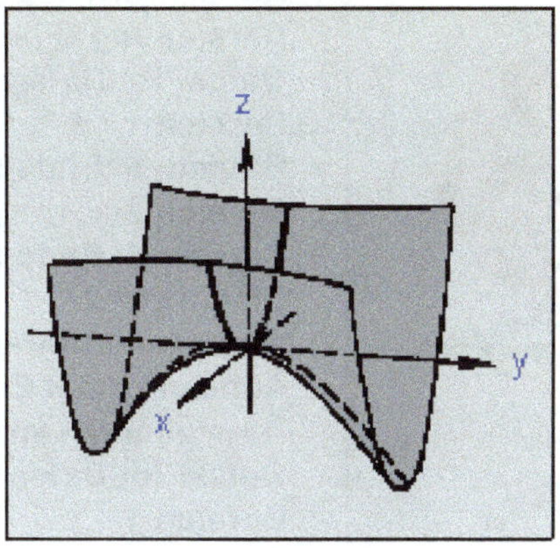

Abb. 2.7.50

Beispiel 2.7.60:

Stellen Sie ein elliptisches Paraboloid grafisch dar.

$a := 2$ $\qquad$ $b := 3$ $\qquad$ $c := 2$ $\qquad$ gegebene Daten

$$\text{EllParaboloid}(x, y) := c \cdot \left(\frac{x^2}{a^2} + \frac{y^2}{b^2} \right)$$

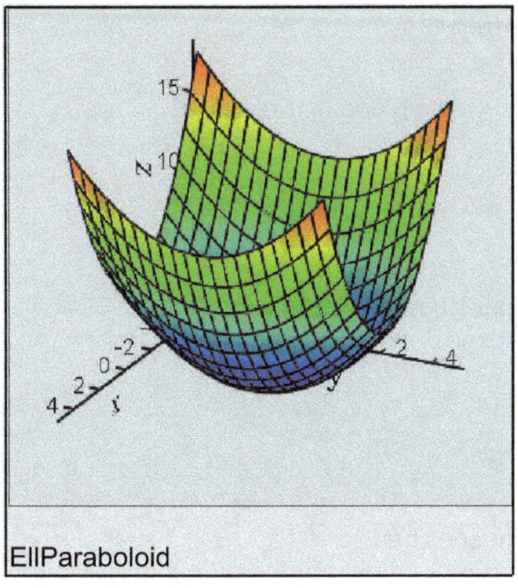

Abb. 2.7.51

Diagrammformat:
Diagramm 1:
Allgemein: Flächendiagramm
Achsenformat Ecke
Darstellung: Fläche füllen, Drahtmodell
QuickPlot-Daten:
Bereich 1
Beginn -5, Ende 5, Schrittweite 20
Bereich 2
Beginn -5, Ende 5, Schrittweite 20

Beispiel 2.7.61:

Stellen Sie ein hyperbolisches Paraboloid grafisch dar.

$a := 2 \qquad b := 2 \qquad c := 2$ gegebene Daten

$\mathrm{HypParaboloid}(x,y) := c \cdot \left(\frac{x^2}{a^2} - \frac{y^2}{b^2}\right)$ Funktionsdefinition

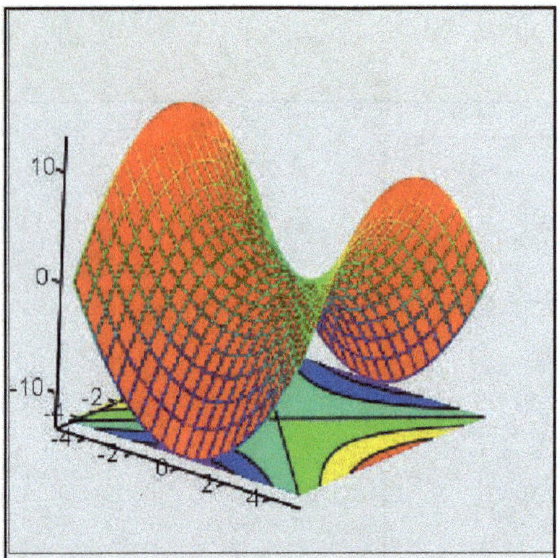

HypParaboloid , HypParaboloid

Abb. 2.7.52

Diagrammformat:
Diagramm 1:
Allgemein: Flächendiagramm
Achsenformat Ecke
Darstellung: Fläche füllen, Drahtmodell
QuickPlot-Daten:
Bereich 1
Beginn -5, Ende 5, Schrittweite 20
Bereich 2
Beginn -5, Ende 5, Schrittweite 20
Diagramm 2:
Allgemein: Umrissdiagramm
Achsenformat Ecke
Darstellung: Umrisse füllen, Umrisslinien
QuickPlot-Daten:
Bereich 1
Beginn -5, Ende 5, Schrittweite 20
Bereich 2
Beginn -5, Ende 5, Schrittweite 20

Beispiel 2.7.62:

Es soll ein elliptischer Paraboloidspiegel dargestellt werden. Im Fokus dieses Spiegels soll eine Lichtquelle in Form einer kleinen Kugel leuchten.

$N := 60$

$i := 0 .. N \qquad j := 0 .. N$ Bereichsvariable für die Kugel

$\varphi_i := \frac{2\pi}{N} i \qquad \vartheta_j := \frac{\pi}{N}\left(j - \frac{N}{2}\right)$ Parameterwerte φ_j (Azimutwinkel) und ϑ_i (Polwinkel)

$\mathbf{Xk}_{i,j} := \frac{1}{2} \cdot \sin(\vartheta_j)\cos(\varphi_i)$

$\mathbf{Yk}_{i,j} := \frac{1}{2} \cdot \sin(\vartheta_j)\sin(\varphi_i)$ Parameterdarstellung einer Kugel in Matrixform (siehe dazu nächstes Kapitel)

$\mathbf{Zk}_{i,j} := \frac{1}{2} \cdot \cos(\vartheta_j)$

$\mathbf{r}_j := \frac{10 \cdot j}{N}$ Radien in einem Vektor gespeichert

$Px_{i,j} := r_j \cos(\varphi_i)$

$Py_{i,j} := r_j \sin(\varphi_i)$

Parameterdarstellung für einen elliptischen Paraboloidspiegel in Matrixform (siehe dazu nächstes Kapitel)

$Pz_{i,j} := \frac{(r_j)^2}{16}$

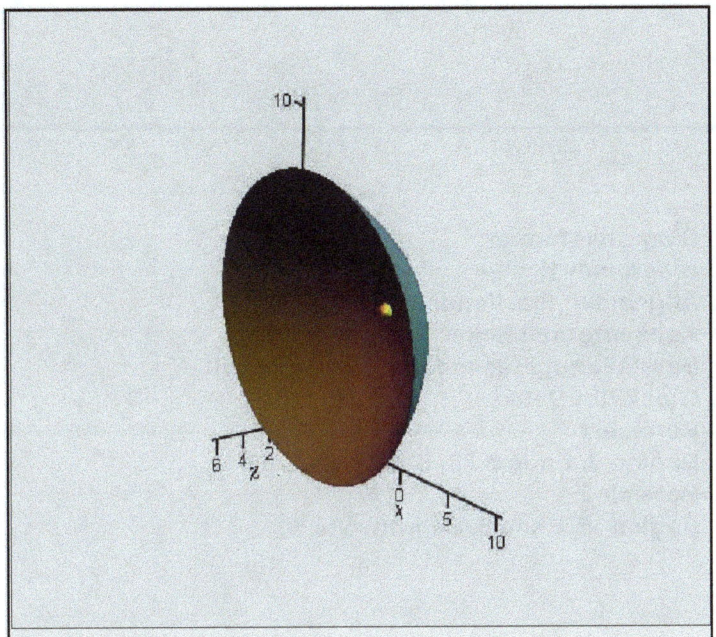

(Px, Py, Pz), (Xk, Yk, Zk + 1)

Diagrammformat:
Diagramm 1:
Allgemein: Flächendiagramm
Achsenformat Ecke
Darstellung: Fläche füllen, keine Linien
Diagramm 2:
Allgemein: Flächendiagramm
Achsenformat Ecke
Darstellung: Fläche füllen, keine Linien
Beleuchtung: Beleuchtung aktivieren
Licht 1 bis 4 ein

Abb. 2.7.53

Zylinder:

Mittelpunktsgleichung (kanonische Form oder Normalform) eines Zylinders mit den Halbachsen a > 0 und b > 0:

$$\frac{x^2}{a^2} + \frac{y^2}{b^2} = 1 \qquad \text{(elliptischer Zylinder)} \qquad (2\text{-}167)$$

Für a = b = r ergibt sich ein gerader Zylinder.

$$\frac{x^2}{a^2} - \frac{y^2}{b^2} = 1 \qquad \text{(hyperbolischer Zylinder)} \qquad (2\text{-}168)$$

Parameterdarstellung für den elliptischen Zylinder mit dem Parameter φ:

$$x = a \cdot \cos(\varphi) \qquad (2\text{-}169)$$
$$y = b \cdot \sin(\varphi)$$
$$z = z$$

Beispiel 2.7.63:

Stellen Sie einen elliptischen Zylinder grafisch dar.

$a := 5$ $\quad b := 1$ gegebene Halbachsen

$$\text{EllZylinder}(\varphi, z) := \begin{pmatrix} a \cdot \cos(\varphi) \\ b \cdot \sin(\varphi) \\ z \end{pmatrix}$$ Parameterdarstellung eines elliptischen Zylinders

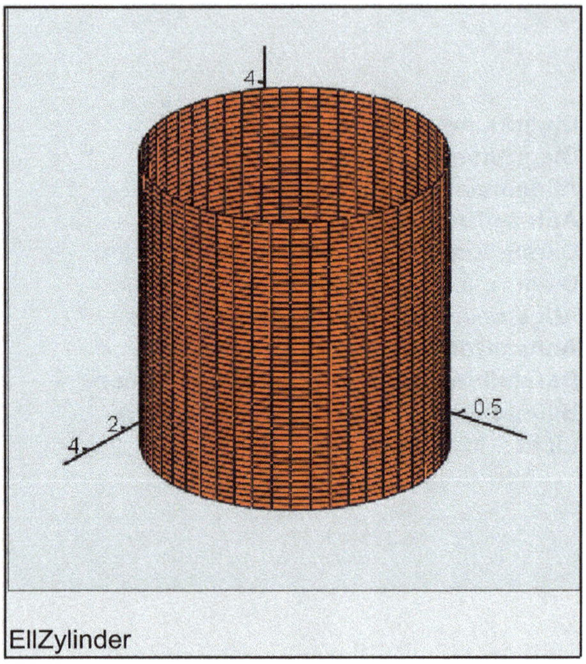

Diagrammformat:
Diagramm 1:
Allgemein: Flächendiagramm
Achsenformat Ecke
Darstellung: Fläche füllen, Drahtmodell
QuickPlot-Daten:
Bereich 1
Beginn 0, Ende 6.28, Schrittweite 50
Bereich 2
Beginn -5, Ende 5, Schrittweite 50

Abb. 2.7.54

Beispiel 2.7.64:

Stellen Sie einen hyperbolischen Zylinder grafisch dar.

$$\frac{x^2}{a^2} - \frac{y^2}{b^2} = 1$$ hat als Lösung(en) $$\begin{pmatrix} \dfrac{b \cdot \sqrt{x^2 - a^2}}{a} \\ -\dfrac{b \cdot \sqrt{x^2 - a^2}}{a} \end{pmatrix}$$ hyperbolischer Zylinder

$a := 2$ $\quad b := 7$ gegebene Daten

$$\text{HypZylinder\_pos}(x, y) := \frac{b \cdot \sqrt{x^2 - a^2}}{a}$$

hyperbolischer Zylinder als Funktion definiert

$$\text{HypZylinder\_neg}(x, y) := -\text{HypZylinder\_pos}(x, y)$$

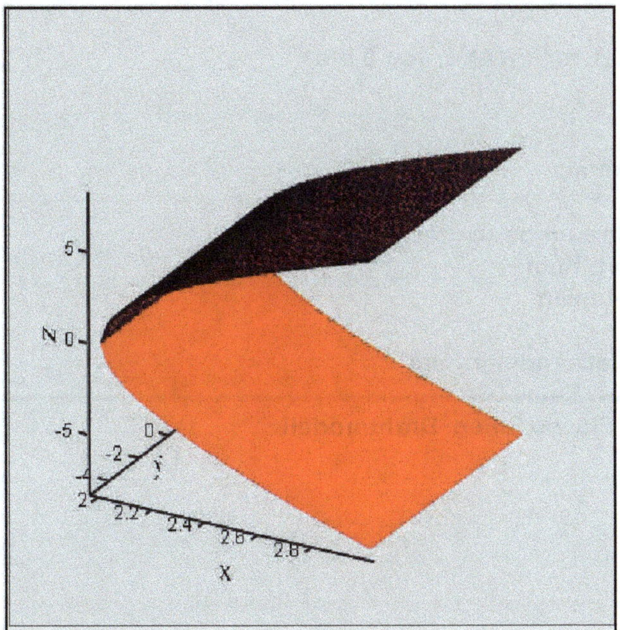

HypZylinder_pos , HypZylinder_neg

Diagrammformat:
Diagramm 1:
Allgemein: Flächendiagramm
Achsenformat Ecke
Darstellung: Fläche füllen, Drahtmodell
QuickPlot-Daten:
Bereich 1
Beginn 2, Ende 3, Schrittweite 50
Bereich 2
Beginn -5, Ende 5, Schrittweite 50
Diagramm 2:
Allgemein: Flächendiagramm
Achsenformat Ecke
Darstellung: Fläche füllen, Drahtmodell
QuickPlot-Daten:
Bereich 1
Beginn 2, Ende 3, Schrittweite 50
Bereich 2
Beginn -5, Ende 5, Schrittweite 50

Abb. 2.7.55

Beispiel 2.7.65:

Auf einem geraden Zylindermantel soll sich eine Kurve f(x) durch Animation drehen.

$i := 0..40 \quad j := 0..40$ Bereichsvariablen

$\mathbf{Xz}_{i,j} := \cos\left(\frac{2\cdot\pi\cdot i}{40}\right)$

$\mathbf{Yz}_{i,j} := \sin\left(\frac{2\cdot\pi\cdot i}{40}\right)$ Parameterdarstellung eines geraden Zylinders in Matrixform (siehe dazu nächstes Kapitel)

$\mathbf{Zz}_{i,j} := \frac{j-20}{10}$

$n := 500 \quad k := 0..n$ Bereichsvariable

$f(x) := \sin(x)\cdot\cos(2\cdot x)$ gegebene Funktion

$\mathbf{x1}_k := \cos\left[2\pi\cdot\left(\frac{k+5\cdot FRAME}{n}\right)\right]$

$\mathbf{y1}_k := \sin\left[2\pi\cdot\left(\frac{k+5\cdot FRAME}{n}\right)\right]$ Parameterdarstellung der gegebenen Funktion (Die Punkte $x1_k$, $y1_k$ liegen auf einem Kreis mit Radius 1, die Punkte $z1_k$ liegen darüber in der Höhe $f(x_k)$)

$\mathbf{z1}_k := f\left(\frac{k\cdot 10\cdot\pi}{n}\right)$

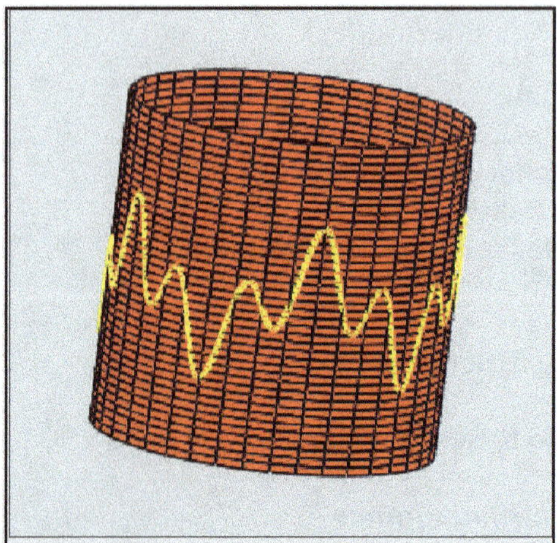

(x1 , y1 , z1) , (Xz , Yz , Zz)

Abb. 2.7.56

Animation z. B. mit FRAME von 0 bis 50.

Diagrammformat:
Diagramm 1:
Allgemein: Streuungsdiagramm
Achsenformat: Kein
Darstellung: Linien
Diagramm 2:
Allgemein: Flächendiagramm
Achsenformat: Kein
Darstellung: Fläche füllen, Drahtmodell

Beispiel 2.7.66:

Ein ebener Zylinder soll durch eine Ebene geschnitten werden.

$i := 0..40 \qquad j := 0..40$ Bereichsvariablen

$$Xz_{i,j} := 2 \cdot \cos\left(\frac{2 \cdot \pi \cdot i}{40}\right)$$

$$Yz_{i,j} := 2 \cdot \sin\left(\frac{2 \cdot \pi \cdot i}{40}\right)$$

Parameterdarstellung eines geraden Zylinders in Matrixform (siehe dazu nächstes Kapitel)

$$Zz_{i,j} := \frac{j-20}{10}$$

$\varphi := 60 \cdot Grad$ Neigungswinkel der Ebene

$$Xe_{i,j} := \frac{j-20}{8} \cdot \sin(\varphi) \qquad Ye_{i,j} := \frac{i-20}{8} \qquad Ze_{i,j} := \frac{j-30}{8} \cdot \cos(\varphi) + 0.6$$

Parameterdarstellung einer Ebene in Matrixform

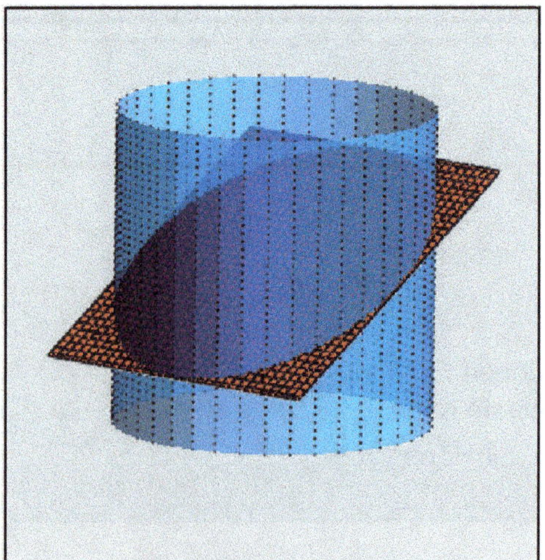

(Xz , Yz , Zz) , (Xe , Ye , Ze)

Abb. 2.7.57

Die Ellipse als ebener Zylinderschnitt.

Diagrammformat:
Diagramm 1:
Allgemein: Flächendiagramm
Achsenformat: Kein
Darstellung: Fläche Füllen, keine Linien, Punkte zeichnen
Diagramm 2:
Allgemein: Flächendiagramm
Achsenformat: Kein
Darstellung: Fläche füllen, Drahtmodell

3. Matrizenrechnung

Die Matrizenrechnung hat für die schnelle Erfassung und die quantitative Auswertung ökonomischer und technologischer Prozesse immer größere Bedeutung gewonnen.
Immer wenn wir uns mit großen Mengen von Daten beschäftigen müssen, organisieren wir die Daten in Datenreihen (Vektoren) oder Tabellen (Matrizen), um die Berechnungen übersichtlicher zu machen.
Vektoren (siehe Kapitel 2) und Matrizen sind grundlegende Begriffe der linearen Algebra und linearen Optimierung.
Rechenoperationen mit Vektoren und Matrizen vereinfachen die Beschreibung komplizierter Berechnungen, z. B. die Lösung von linearen Gleichungssystemen. Matrizen kommen aber auch in der Statistik zur Anwendung (Datenmatrix, Korrelationsmatrix).

Wie bereits im Abschnitt 2.4 ausgeführt wurde, gehören die Räume der n-Tupel zu den einfachsten und grundlegendsten Vektorräumen. Das Musterbeispiel dafür ist der $\mathbb{R}^n$, auf dem eine Addition und eine skalare Multiplikation elementweise definiert ist.
Ein Trippel (V, +, .), bestehend aus einer Menge V, einer Abbildung (genannt Addition)

$$+ : V \times V \longrightarrow V\,,\ (x,y) \longmapsto x + y \qquad (3\text{-}1)$$

und einer Abbildung (genannt skalare Multiplikation),

$$. : \mathbb{R} \times V \longrightarrow V\,,\ (\lambda, x) \longmapsto \lambda\, x \qquad (3\text{-}2)$$

heißt ein reeller Vektorraum, wenn für die Abbildungen "+" und "." die Gesetze (2-2) bis (2-5) und (2-11) bis (2-13) erfüllt sind. Weitere Beispiele für Vektorräume sind Polynome vom Grad $n \le 3$ oder Matrizen mit m Zeilen und n Spalten (kurz (m x n)-Matrizen).

3.1 Reelle Matrizen

Unter einer reellen (m x n)-Matrix oder Matrix vom Typ (m, n) verstehen wir ein rechteckiges Schema reeller Zahlen mit m Zeilen und n Spalten. Die reellen Zahlen in der Matrix heißen Elemente oder Koeffizienten der Matrix. Die Elemente einer Matrix A werden durch $a_{ik} = a_{i,k}$ bezeichnet, wobei i = 1, 2, ..., m Zeilenindex und k = 1, 2, ..., n Spaltenindex genannt wird.

$$\mathbf{A} = \begin{pmatrix} \mathbf{a}_{1,1} & .... & \mathbf{a}_{1,n} \\ ... & .... & ... \\ \mathbf{a}_{m,1} & .... & \mathbf{a}_{m,n} \end{pmatrix} = \left(\mathbf{a}_{i,k}\right) \qquad (3\text{-}3)$$

Matrizen werden in der Regel mit Großbuchstaben A, B, C, ... abgekürzt. Eine Matrix A kann auch in der Form $(a_{ik}) = (a_{i,k})$ geschrieben werden. Nachfolgend werden allgemein Matrizen und die Elemente der Matrizen in Fettschreibweise dargestellt.

Um zu zeigen, dass die (m x n)-Matrizen einen Vektorraum $\mathbb{R}^{m\times n}$ bilden, müssen wir auf diese eine Addition und eine skalare Multiplikation (wie auf Vektoren, Abschnitt 2.4) definieren ($\lambda \in \mathbb{R}$):

$$\left(\mathbf{a}_{i,k}\right) + \left(\mathbf{b}_{i,k}\right) = \left(\mathbf{a}_{i,k} + \mathbf{b}_{i,k}\right) \qquad (3\text{-}4)$$

bzw.

$$\begin{pmatrix} \mathbf{a}_{1,1} & .... & \mathbf{a}_{1,n} \\ ... & .... & ... \\ \mathbf{a}_{m,1} & .... & \mathbf{a}_{m,n} \end{pmatrix} + \begin{pmatrix} \mathbf{b}_{1,1} & .... & \mathbf{b}_{1,n} \\ ... & .... & ... \\ \mathbf{b}_{m,1} & .... & \mathbf{b}_{m,n} \end{pmatrix} = \begin{pmatrix} \mathbf{a}_{1,1} + \mathbf{b}_{1,1} & .... & \mathbf{a}_{1,n} + \mathbf{b}_{1,n} \\ ... & .... & ... \\ \mathbf{a}_{m,1} + \mathbf{b}_{m,1} & .... & \mathbf{a}_{m,n} + \mathbf{b}_{m,n} \end{pmatrix}$$

Die Subtraktion von Matrizen kann auf die Addition zurückgeführt werden:

$$(\mathbf{a}_{i,k}) - (\mathbf{b}_{i,k}) = [\mathbf{a}_{i,k} + (-\mathbf{b}_{i,k})] \tag{3-5}$$

Zwei Matrizen A und B vom gleichen Typ (m,n) werden addiert bzw. subtrahiert, indem wir die entsprechenden Matrixelemente addieren bzw. subtrahieren!

$$\lambda(\mathbf{a}_{i,k}) = (\lambda\,\mathbf{a}_{i,k}) \tag{3-6}$$

bzw.

$$\lambda \begin{pmatrix} \mathbf{a}_{1,1} & .... & \mathbf{a}_{1,n} \\ ... & .... & ... \\ \mathbf{a}_{m,1} & .... & \mathbf{a}_{m,n} \end{pmatrix} = \begin{pmatrix} \lambda\mathbf{a}_{1,1} & .... & \lambda\mathbf{a}_{1,n} \\ ... & .... & ... \\ \lambda\mathbf{a}_{m,1} & .... & \lambda\mathbf{a}_{m,n} \end{pmatrix}$$

Jetzt müssten noch die Gesetze (2-2) bis (2-5) und (2-11) bis (2-13) nachgerechnet werden, was jedoch dem Leser überlassen wird.
Matrizen vom gleichen Format (m,n) bilden den Vektorraum $\mathbb{R}^{m x n}$.

Spezielle Matrizen:

a) **Nullmatrix:**

Eine (m x n)-Matrix, deren Elemente aus lauter Nullen besteht, heißt Nullmatrix.

$$\mathbf{O} = \begin{pmatrix} 0 & .... & 0 \\ .... & .... & .... \\ 0 & .... & 0 \end{pmatrix} \tag{3-7}$$

b) **Einheitsmatrix:**

Eine (n x n)-Matrix (n-reihige quadratische Matrix oder Matrix n-ter Ordnung), deren Hauptdiagonalelemente gleich 1 sind ($a_{i,i}$ = 1 mit i = 1, 2, ..., n), heißt n-reihige Einheitsmatrix E.

$$\mathbf{E} = \begin{pmatrix} 1 & 0 & .... & 0 \\ 0 & 1 & .... & 0 \\ .... & .... & .... & .... \\ 0 & 0 & ...0... & 1 \end{pmatrix} \tag{3-8}$$

c) **Diagonalmatrix:**

Eine (n x n)-Matrix (n-reihige quadratische Matrix oder Matrix n-ter Ordnung), deren Elemente außerhalb der Hauptdiagonale gleich 0 sind ($a_{i,k}$ = 0 für $i \neq k$), heißt Diagonalmatrix.

$$\begin{pmatrix} \mathbf{a}_{1,1} & 0 & .... & 0 \\ 0 & \mathbf{a}_{2,2} & .... & 0 \\ .... & .... & .... & .... \\ 0 & 0 & .... & \mathbf{a}_{n,n} \end{pmatrix} \tag{3-9}$$

d) Dreiecksmatrix:

Eine (n x n)-Matrix (n-reihige quadratische Matrix oder Matrix n-ter Ordnung) wird als obere bzw. untere Dreiecksmatrix bezeichnet, wenn alle Elemente ober- bzw. unterhalb der Hauptdiagonalen verschwinden ($a_{i,k} = 0$ für $i < k$ bzw. $a_{i,k} = 0$ für $i > k$).

$$\begin{pmatrix} a_{1,1} & 0 & .... & 0 \\ a_{2,1} & a_{2,2} & .... & 0 \\ .... & .... & .... & .... \\ a_{n,1} & a_{n,2} & ..... & a_{n,n} \end{pmatrix} \text{ bzw. } \begin{pmatrix} a_{1,1} & a_{1,2} & .... & a_{1,n} \\ 0 & a_{2,2} & .... & a_{2,n} \\ .... & .... & .... & .... \\ 0 & 0 & .... & a_{n,n} \end{pmatrix} \qquad (3\text{-}10)$$

e) Symmetrische Matrix:

Eine (n x n)-Matrix (n-reihige quadratische Matrix oder Matrix n-ter Ordnung) $A = (a_{i,k})$ heißt symmetrisch, wenn für alle i und k (i,k = 1, 2, ..., n) gilt:

$$(a_{i,k}) = (a_{k,i})\,. \qquad (3\text{-}11)$$

Die Elemente einer symmetrischen Matrix sind also spiegelsymmetrisch zur Hauptdiagonalen angeordnet.

f) Schiefsymmetrische Matrix:

Eine (n x n)-Matrix (n-reihige quadratische Matrix oder Matrix n-ter Ordnung) $A = (a_{i,k})$ heißt schiefsymmetrisch, wenn für alle i und k (i,k = 1, 2, ..., n) gilt:

$$(a_{i,k}) = -(a_{k,i})\,. \qquad (3\text{-}12)$$

Die Hauptdiagonalelemente einer schiefsymmetrischen Matrix sind alle 0.
Für i = k gilt nach (3-12) nämlich: $a_{i,i} = - a_{i,i}$ und damit $2\, a_{i,i} = 0$.

g) Spaltenmatrix:

Eine (m , 1)-Matrix mit nur einer Spalte wird Spaltenmatrix oder m-dimensionaler Spaltenvektor genannt (siehe dazu Abschnitt 2.4).

$$A_{m,1} = \begin{pmatrix} a_1 \\ a_2 \\ ... \\ a_m \end{pmatrix} \qquad (3\text{-}13)$$

h) Zeilenmatrix:

Eine (1 , n)-Matrix mit nur einer Zeile wird Zeilenmatrix oder n-dimensionaler Zeilenvektor genannt.

$$A_{1,n} = \begin{pmatrix} a_1 & a_2 & .... & a_n \end{pmatrix} \qquad (3\text{-}14)$$

Eine (m x n)- Matrix enthält demnach genau m Zeilenvektoren $A_{m,1} \in \mathbb{R}^m$ und n Spaltenvektoren $A_{1,n} \in \mathbb{R}^n$. Eine (1x1)-Matrix ist eine Zahl!

Bemerkung:

In Mathcad kann für den Index i und k der Beginn (Ursprung) über die Systemvariable ORIGIN festgelegt werden.
Ist z. B. der ORIGIN := 0, so ist der Zeilenindex durch i = 0, 1, 2, ..., m-1 und der Spaltenindex durch k = 0, 1, 2, ..., n-1 festgelegt.
Zur Auswahl der Zeilen- und Spaltenvektoren ist der Operator $M^{\langle\,\rangle}$ (Matrixspalte) aus der Symbolleiste Matrix vorgesehen.

Beispiel 3.1.1:

In Mathcad können Matrizen auf verschiedene Art und Weise erzeugt werden (siehe dazu auch Band 1, Einführung in Mathcad):

Erzeugen einer Matrix oder eines Vektors mithilfe der Symbolleiste Matrix:

$$\begin{pmatrix} \blacksquare & \blacksquare & \blacksquare \\ \blacksquare & \blacksquare & \blacksquare \\ \blacksquare & \blacksquare & \blacksquare \end{pmatrix}$$

Mit der Tabulatortaste kann von einem Platzhalter zum anderen gesprungen werden.
Dies ermöglicht eine schnelle Eingabe der Matrixelemente.
Es können hiermit maximal (10x10)-Matrizen erzeugt werden.

Große Matrizen lassen sich, z. B. wie folgt, erzeugen:

ORIGIN := 1 ORIGIN festlegen

m := 20 n := 20 Anzahl der Zeilen und Spalten

i := 1 .. m

k := 1 .. n

Bereichsvariablen (Matrizen-Indizes)

$\mathbf{M}_{i,k} := i\,k$ Erzeugen einer Matrix

M =

	1	2	3	4	5	6	7
1	1	2	3	4	5	6	7
2	2	4	6	8	10	12	14
3	3	6	9	12	15	18	21
4	4	8	12	16	20	24	28
5	5	10	15	20	25	30	35
6	6	12	18	24	30	36	42
7	7	14	21	28	35	42	49
8	8	16	24	32	40	48	...

Die nicht sichtbaren Matrixelemente können mithilfe von Laufleisten eingesehen werden.

Weitere Möglichkeiten:

Einlesen von reinen ASCII-Dateien als Matrizen, in denen die Zahlenwerte spaltenförmig angeordnet sind. Einlesen von Bereichen eines EXCEL-Files als Matrizen. Es können auch Texte (Strings) in den Zellen enthalten sein. Diese werden in der Matrix unter Anführungszeichen dargestellt.
Eingefügte Tabellen können ebenfalls als Matrizen behandelt werden.

Beispiel 3.1.2:

Bestimmung des größten oder kleinsten Wertes und Sortieren von Matrixelementen:

$\mathbf{A} := \begin{pmatrix} 8 & 1 & -2 \\ 6.9 & -3 & 6 \\ 2 & 4 & 10 \end{pmatrix}$ gegebene Matrix

$\max(\mathbf{A}) = 10$ $\min(\mathbf{A}) = -3$ Größter und kleinster Wert der Matrix **A**.

$\max\left[17, \mathbf{A}, 46, \begin{pmatrix} 3 \\ 5 \\ -18 \end{pmatrix}\right] = 46$ $\min\left[17, \mathbf{A}, 46, \begin{pmatrix} 3 \\ 5 \\ -18 \end{pmatrix}\right] = -18$ Größter und kleinster Wert von Zahlen, einer Matrix und eines Vektors.

$\text{spsort}(\mathbf{A}, 1) = \begin{pmatrix} 2 & 4 & 10 \\ 6.9 & -3 & 6 \\ 8 & 1 & -2 \end{pmatrix}$ spsort(**A**, n) gibt eine Matrix zurück, deren Zeilen so umgeordnet werden, bis die Werte in der Spalte n in aufsteigender Reihenfolge angeordnet sind.

Beispiel 3.1.3:

Der Vektorisierungsoperator aus der Symbolleiste Matrix:

$\overrightarrow{\sin\left(\begin{pmatrix} \pi & \frac{\pi}{2} \\ \frac{\pi}{3} & \frac{\pi}{4} \end{pmatrix}\right)} = \begin{pmatrix} 0 & 1 \\ 0.866 & 0.707 \end{pmatrix}$ oder $\begin{pmatrix} \sin(\pi) & \sin\left(\frac{\pi}{2}\right) \\ \sin\left(\frac{\pi}{3}\right) & \sin\left(\frac{\pi}{4}\right) \end{pmatrix} = \begin{pmatrix} 0 & 1 \\ 0.866 & 0.707 \end{pmatrix}$

$\overrightarrow{\log\left(\begin{pmatrix} 0.2 & 10.0 & 6.5 \\ 1 & 8.7 & 1000.0 \end{pmatrix}\right)} = \begin{pmatrix} -0.699 & 1 & 0.813 \\ 0 & 0.94 & 3 \end{pmatrix}$

oder

$\begin{pmatrix} \log(0.2) & \log(10.0) & \log(6.5) \\ \log(1) & \log(8.7) & \log(1000.0) \end{pmatrix} = \begin{pmatrix} -0.699 & 1 & 0.813 \\ 0 & 0.94 & 3 \end{pmatrix}$

$\overrightarrow{\begin{pmatrix} -1 & 4 \\ 2 & -6 \\ 3 & 2 \end{pmatrix}^2} = \begin{pmatrix} 1 & 16 \\ 4 & 36 \\ 9 & 4 \end{pmatrix}$ $\overrightarrow{\sqrt{\begin{pmatrix} 4 & 25 \\ 16 & 9 \end{pmatrix}}} = \begin{pmatrix} 2 & 5 \\ 4 & 3 \end{pmatrix}$

$\overrightarrow{\begin{pmatrix} -1 & 1 \\ 2 & -6 \\ 5 & -9 \end{pmatrix} > 0} = \begin{pmatrix} 0 & 1 \\ 1 & 0 \\ 1 & 0 \end{pmatrix}$ logischer Vergleich

Beispiel 3.1.4:

Auffinden von Matrixelementen mithilfe eines Unterprogramms:

$ORIGIN := 1$ ORIGIN festlegen

$$\mathbf{M} := \begin{pmatrix} 1 & 5 & 10 \\ 5 & 3 & 0 \\ -4 & 2 & 7 \end{pmatrix}$$ gegebene Matrix

$c(x) := x = \max(\mathbf{M})$

$c1(x) := x = \min(\mathbf{M})$ logische Bedingungen zur Elementauswahl

$c2(x) := (x > 3)(x < 6)$ UND-Verknüpfung

```
Finden(M, c) := | i ← 1
                | A ← 0
                | for  m ∈ 1 .. zeilen(M)
                |   for  n ∈ 1 .. spalten(M)
                |     if  c(M_m,n) = 1
                |       | A^<i> ← (m, n)^T
                |       | i ← i + 1
                | A
```

Funktion zum Auffinden von Matrixelementen (erstellt mit der Symbolleiste Programmierung)

$\mathbf{A} := \text{Finden}(\mathbf{M}, c)$ $\mathbf{A} = \begin{pmatrix} 1 \\ 3 \end{pmatrix}$ Maximum beim Element $\mathbf{A}_{1,3}$

$\mathbf{A} := \text{Finden}(\mathbf{M}, c1)$ $\mathbf{A} = \begin{pmatrix} 3 \\ 1 \end{pmatrix}$ Minimum beim Element $\mathbf{A}_{3,1}$

$\mathbf{A} := \text{Finden}(\mathbf{M}, c2)$ $\mathbf{A} = \begin{pmatrix} 1 & 2 \\ 2 & 1 \end{pmatrix}$ Elemente $x > 3$ und $x < 7$, also hier die Zahl 5, beim Element $\mathbf{A}_{1,2}$ und $\mathbf{A}_{2,1}$

Beispiel 3.1.5:

Erzeugen einer Matrix **Z** von Funktionswerten:

$ORIGIN := 0$ ORIGIN festlegen

$f(x, y) := \sin(x + y)$ gegebene Funktion

$x_u := -2\pi$ $x_o := 2\pi$ Endwerte des x-Bereichs

$y_u := -\pi$ $y_o := \pi$ Endwerte des y-Bereichs

$x_n := 40$ $y_n := 20$ Anzahl der Punkte

$i := 0 .. x_n - 1 \quad k := 0 .. y_n - 1$ Bereichsvariable

$\mathbf{x}_i := x_u + i \frac{x_o - x_u}{x_n - 1}$ Vektor der x-Werte

$\mathbf{y}_k := y_u + k \frac{y_o - y_u}{y_n - 1}$ Vektor der y-Werte

$\mathbf{Z}_{i,k} := f(\mathbf{x}_i, \mathbf{y}_k)$ Matrix der z-Werte

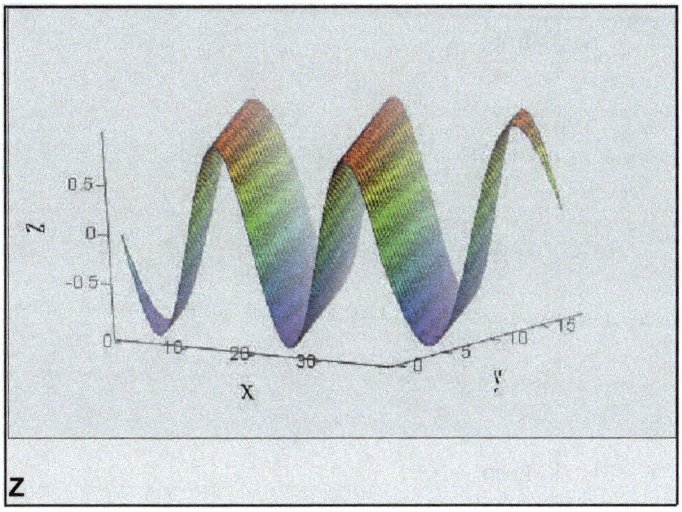

Diagrammformat:
Diagramm 1:
Allgemein: Flächendiagramm
Achsenformat: Rundum
Achsen: Automatische Gitterwerte, nummeriert, Beschriftung
Darstellung: Fläche füllen, Farbschema Drahtmodell, Volltonfarbe

Abb. 3.1.1

$f(x, y) := x^2 - y^2$ gegebene Funktion

$m := 20$ Anzahl der Zeilen der Matrix

$n := 20$ Anzahl der Spalten der Matrix

$\mathbf{Z} := \text{matrix}(m, n, f)$ Matrix der z-Werte

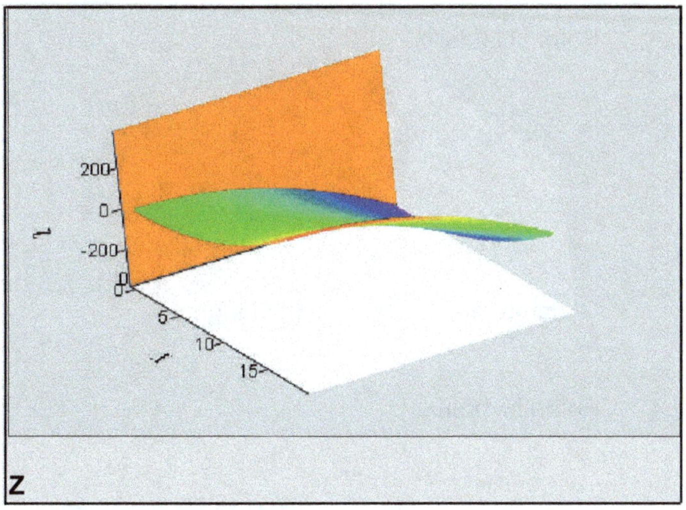

Diagrammformat:
Diagramm 1:
Allgemein: Flächendiagramm
Achsenformat: Ecke
Achsen: Automatische Gitterwerte, nummeriert, Beschriftung
Darstellung: Fläche füllen, Farbschema Drahtmodell, Farbschema
Hintergrundebene füllen

Abb. 3.1.2

Beispiel 3.1.6:

Elektrisches Potential von 3 Punktladungen:

$i := 0..80 \quad k := 0..80$ — Bereichsvariablen

$\mathbf{x}_i := \frac{6}{80} i$ — Vektor der x-Werte

$\mathbf{y}_k := \frac{6}{80} k$ — Vektor der y-Werte

$K := 9 \times 10^9$ — Konstante

$\varepsilon := 0.002$ — Konstante

$x_1 := 1.0 \quad y_1 := 2.5 \quad z_1 := 0$

$x_2 := 4.0 \quad y_2 := 2.5 \quad z_2 := 0$ — Koordinaten der Punktladungen

$x_3 := 2.5 \quad y_3 := 3. \quad z_3 := 0$

$q_1 := 10 \times 10^{-6}$

$q_2 := -10 \times 10^{-6}$ — Ladungen

$q_3 := 10 \times 10^{-6}$

$z := 0.3$ — z-Wert über der x-y-Ebene

$$V_1(x,y) := \frac{K q_1}{\sqrt{(x-x_1)^2 + (y-y_1)^2 + (z-z_1)^2 + \varepsilon}}$$

$$V_2(x,y) := \frac{K q_2}{\sqrt{(x-x_2)^2 + (y-y_2)^2 + (z-z_2)^2 + \varepsilon}}$$ — Potentialanteile

$$V_3(x,y) := \frac{K q_3}{\sqrt{(x-x_3)^2 + (y-y_3)^2 + (z-z_3)^2 + \varepsilon}}$$

$V(x,y) := V_1(x,y) + V_2(x,y) + V_3(x,y)$ — Gesamtpotential der Punktladungen

$\mathbf{V}_{i,k} := V(\mathbf{x}_i, \mathbf{y}_k)$ — Potentialmatrix

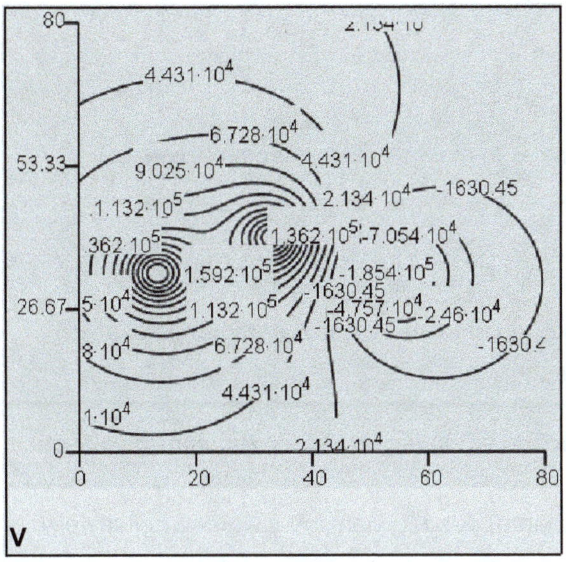

Abb. 3.1.3

Diagrammformat:
Diagramm 1:
Allgemein: Umrissdiagramm
Achsen: Automatische Gitterwerte, nummeriert
Darstellung: keine Füllung, Umrisslinien, Volltonfarbe

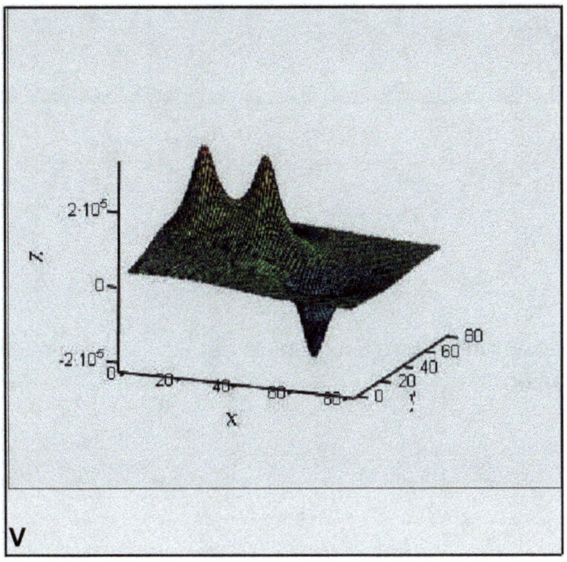

Abb. 3.1.4

Diagrammformat:
Diagramm 1:
Allgemein: Flächendiagramm
Achsenformat: Rundum
Achsen: Automatische Gitterwerte, nummeriert, Beschriftung
Darstellung: Umrisse füllen, Drahtmodell, Volltonfarbe

Beispiel 3.1.7:

Der in Abb. 3.1.5 dargestellte mechanische Gelenksmechanismus soll in einer Animation gezeigt werden.

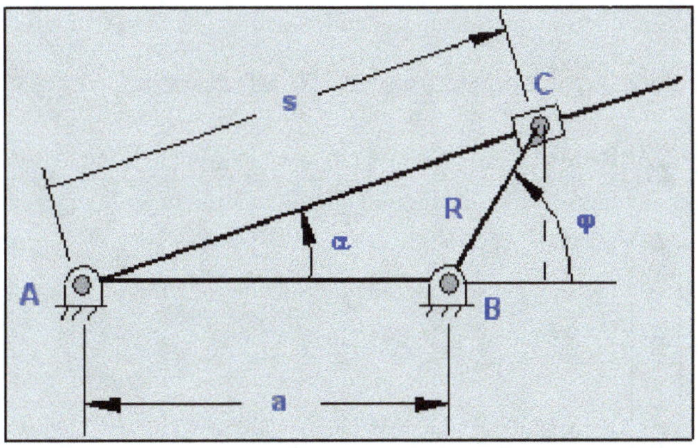

Abb. 3.1.5

Gegebene Parameter:

$a := 2$	Abstand $\overline{AB}$ der fix verankerten Gelenke in A und B
$R := 0.7$	Abstand $\overline{BC}$ des verschiebbaren Gelenks in C
$\varphi := 45\text{Grad}$	Winkel

$ORIGIN := 0$ ORIGIN festlegen

$i := 0..36$ Bereichsvariable

$\varphi_i := 45Grad + 10Grad\,i$ verschiedene Winkel φ in einem Vektor zusammengefasst

Aus der Geometrie folgt:

$$\alpha_i := \operatorname{atan}\left(\frac{R\sin(\varphi_i)}{a + R\cos(\varphi_i)}\right)$$

verschiedene Winkel α in einem Vektor zusammengefasst

$$s_i := \sqrt{(R\sin(\varphi_i))^2 + (R\cos(\varphi_i) + a)^2}$$

verschiedene Abstände AC in einem Vektor zusammengefasst

Die Anfangs- und Endpunkte (Punkte mit den x-, y- und z-Koordinaten) des Mechanismus werden zeilenweise in einer Matrix zusammengefasst:

$$\mathbf{M}(a1, b1, c1, d1) := \begin{bmatrix} 0 & 0 & 0 \\ a1 & 0 & 0 \\ a1 + b1\cos(c1) & b1\sin(c1) & 0 \\ (a1 + 2b1)\cos(d1) & (a1 + 2b1)\sin(d1) & 0 \\ 0 & 0 & 0 \end{bmatrix}$$

$$\overrightarrow{\mathbf{M}(a, R, \varphi_0, \alpha_0)} = \begin{pmatrix} 0 & 0 & 0 \\ 2 & 0 & 0 \\ 2.495 & 0.495 & 0 \\ 3.335 & 0.662 & 0 \\ 0 & 0 & 0 \end{pmatrix}$$

Die Koordinaten der Anfangs- und Endpunkte der gegenwärtigen Position

$$\mathbf{X1}^{\langle i \rangle} := \mathbf{M}(a, R, \varphi_i, \alpha_i)^{\langle 0 \rangle}$$

$$\mathbf{Y1}^{\langle i \rangle} := \mathbf{M}(a, R, \varphi_i, \alpha_i)^{\langle 1 \rangle}$$

Koordinaten aller möglichen Punkte (Matrixspalten)

$$\mathbf{Z1}^{\langle i \rangle} := \mathbf{M}(a, R, \varphi_i, \alpha_i)^{\langle 2 \rangle}$$

Für die Animation wird die Variable i für den i-ten Spaltenvektor durch den Parameter FRAME ersetzt:

$\mathbf{X} := \mathbf{X1}^{\langle FRAME \rangle}$ $\mathbf{Y} := \mathbf{Y1}^{\langle FRAME \rangle}$ $\mathbf{Z} := \mathbf{Z1}^{\langle FRAME \rangle}$

$$\mathbf{X} = \begin{pmatrix} 0 \\ 2 \\ 2.495 \\ 3.335 \\ 0 \end{pmatrix} \quad \mathbf{Y} = \begin{pmatrix} 0 \\ 0 \\ 0.495 \\ 0.662 \\ 0 \end{pmatrix} \quad \mathbf{Z} = \begin{pmatrix} 0 \\ 0 \\ 0 \\ 0 \\ 0 \end{pmatrix}$$

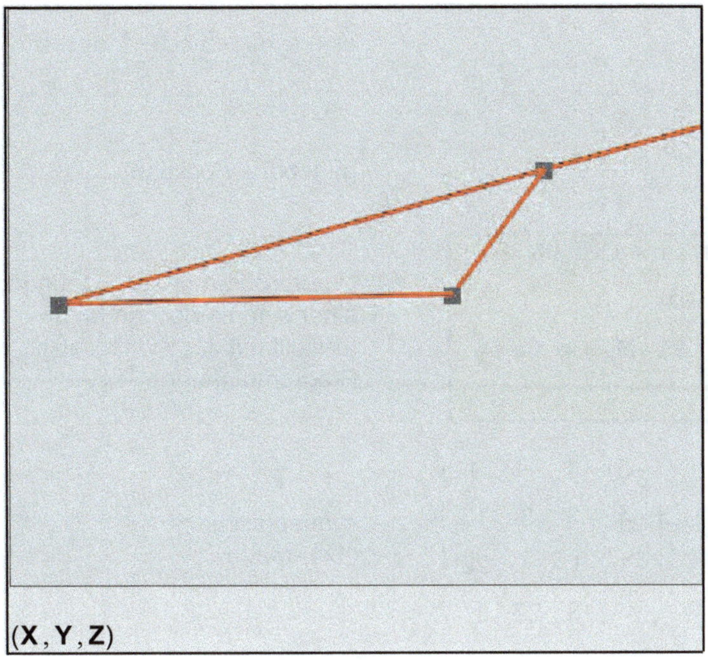

FRAME von 0 bis 36 für eine Umdrehung

Diagrammformat:
Diagramm 1:
Allgemein: Streuungsdiagramm
Achsenformat: Kein
Achsen: Automatische Gitterwerte,
Achsenbegrenzungen:
X-Achse: Mindestwert -3, Höchstwert 6
Y-Achse: Mindestwert -3, Höchstwert 3
Z-Achse: Mindestwert -1, Höchstwert 1
Darstellung: Linien, Volltonfarbe
Punkte zeichnen, Symbol Felder,
Farbschema

Abb. 3.1.6

Beispiel 3.1.8:

Geben Sie für die unter a) bis f) angegebenen speziellen Matrizen jeweils ein Beispiel an.

$\mathbf{O} = \begin{pmatrix} 0 & 0 & 0 \\ 0 & 0 & 0 \end{pmatrix}$ eine (2x3)-Nullmatrix

$\mathbf{E} = \begin{pmatrix} 1 & 0 & 0 & 0 \\ 0 & 1 & 0 & 0 \\ 0 & 0 & 1 & 0 \\ 0 & 0 & 0 & 1 \end{pmatrix}$ eine (4x4)-Einheitsmatrix

$\mathbf{D} = \begin{pmatrix} -1 & 0 & 0 \\ 0 & 4 & 0 \\ 0 & 0 & 5 \end{pmatrix}$ eine (3x3)-Diagonalmatrix

$\mathbf{a} := \begin{pmatrix} 2 \\ 5 \end{pmatrix}$ $\quad \mathrm{diag}(\mathbf{a}) = \begin{pmatrix} 2 & 0 \\ 0 & 5 \end{pmatrix}$ Die Funktion diag erzeugt aus einem Vektor eine Diagonalmatrix.

$\mathbf{UD} = \begin{pmatrix} 1 & 0 & 0 \\ -2 & 2 & 0 \\ 8 & 0 & 7 \end{pmatrix}$ eine (3x3)-Untere Dreiecksmatrix (oder untere Dreiecksmatrix 3. Ordnung)

$\mathbf{OD} = \begin{pmatrix} 3 & -4 & 0 & 1 \\ 0 & 7 & 6 & 0 \\ 0 & 0 & 0 & 9 \\ 0 & 0 & 0 & 1 \end{pmatrix}$ eine (4x4)-Obere Dreiecksmatrix (oder obere Dreiecksmatrix 4. Ordnung)

$$\mathbf{S} = \begin{pmatrix} 2 & 5 & -3 \\ 5 & 6 & 4 \\ -3 & 4 & -8 \end{pmatrix}$$

eine symmetrische Matrix (3x3)

$f(i,k) := i^2(k+1) - 5$

gegebene Funktion

```
Matrix_Symmetrisch(n, f) := | for  i ∈ ORIGIN .. n + ORIGIN − 1
                            |   for  k ∈ ORIGIN .. i
                            |     (M[i,k] ← f(i,k)   M[k,i] ← M[i,k])
                            | M
```

Unterprogramm zur Erzeugung einer symmetrischen Matrix (erstellt mit der Symbolleiste Programmierung)

S1 := Matrix_Symmetrisch(4, f)

$$\mathbf{S1} = \begin{pmatrix} -5 & -4 & -1 & 4 \\ -4 & -3 & 3 & 13 \\ -1 & 3 & 7 & 22 \\ 4 & 13 & 22 & 31 \end{pmatrix}$$

symmetrische (4x4)-Matrix

```
Matrix_Schiefsymmetrisch(n, f) := | for  i ∈ ORIGIN .. n + ORIGIN − 1
                                  |   for  k ∈ ORIGIN .. i
                                  |     (M[i,k] ← f(i,k)   M[k,i] ← −M[i,k])
                                  | M
```

Unterprogramm zur Erzeugung einer schiefsymmetrischen Matrix (erstellt mit der Symbolleiste Programmierung)

SS := Matrix_Schiefsymmetrisch(4, f)

$$\mathbf{SS} = \begin{pmatrix} 5 & 4 & 1 & -4 \\ -4 & 3 & -3 & -13 \\ -1 & 3 & -7 & -22 \\ 4 & 13 & 22 & -31 \end{pmatrix}$$

schiefsymmetrische (4x4)-Matrix

3.1.1 Transposition

Ist $A = (a_{i,k}) \in \mathbb{R}^{m \times n}$, so heißt die durch

$$(a_{i,k}{}^T) = (a_{k,i}) \qquad \text{(3-15)}$$

definierte Matrix $A^T = (a_{i,k}{}^T) \in \mathbb{R}^{n \times m}$ die transponierte Matrix von A. Die Transposition bedeutet also das Vertauschen von Zeilen und Spalten.

Für die Transposition gelten folgende Rechengesetze:

$$\left(\mathbf{A}^T\right)^T = \mathbf{A} \qquad \text{(3-16)}$$

$$(\mathbf{A}+\mathbf{B})^T = \mathbf{A}^T + \mathbf{B}^T \qquad \text{(3-17)}$$

$$(\lambda \mathbf{A})^T = \lambda \mathbf{A}^T \qquad \text{(3-18)}$$

Die Transposition ist wegen (3-17) und (3-18) eine sogenannte lineare Abbildung!
Eine Abbildung L: V ⟶ W von Vektorräumen heißt linear, wenn sie Addition und Multiplikation mit Skalaren enthält, also $L(v_1+v_2) = L(v_1) + L(v_2)$, $L(\lambda\, v) = \lambda\, L(v)$.

Beispiel 3.1.9:

Wie lauten die Zeilen- und Spaltenvektoren der gegebenen Matrix **A**? Wandeln Sie zeilenweise und spaltenweise die Matrix **A** in einen Vektor um.

$\mathbf{A} := \begin{pmatrix} 2 & 5 & -1 \\ 3 & -4 & 9 \end{pmatrix}$ gegebene (2 x 3)-Matrix

$ORIGIN := 1$ ORIGIN festlegen

$a_{1s} := \mathbf{A}^{\langle 1 \rangle}$ $a_{1s} = \begin{pmatrix} 2 \\ 3 \end{pmatrix}$ 1. Spaltenvektor

$a_{2s} := \mathbf{A}^{\langle 2 \rangle}$ $a_{2s} = \begin{pmatrix} 5 \\ -4 \end{pmatrix}$ 2. Spaltenvektor

$a_{3s} := \mathbf{A}^{\langle 3 \rangle}$ $a_{3s} = \begin{pmatrix} -1 \\ 9 \end{pmatrix}$ 3. Spaltenvektor

$a_{1z} := \left[(\mathbf{A})^T\right]^{\langle 1 \rangle T}$ $a_{1z} = (2 \;\; 5 \;\; -1)$ 1. Zeilenvektor

$a_{2z} := \left[(\mathbf{A})^T\right]^{\langle 2 \rangle T}$ $a_{2z} = (3 \;\; -4 \;\; 9)$ 2. Zeilenvektor

$ze := zeilen(\mathbf{A})$ $ze = 2$ Anzahl der Zeilen:

$sp := spalten(\mathbf{A})$ $sp = 3$ Anzahl der Spalten:

$Spalte(M, sp) := M^{\langle sp \rangle}$ $Spalte(\mathbf{A}, 3) = \begin{pmatrix} -1 \\ 9 \end{pmatrix}$ 3. Spaltenvektor

$Zeile(M, ze) := \left[\left(M^T\right)^{\langle ze \rangle}\right]^T$ $Zeile(\mathbf{A}, 2) = (3 \;\; -4 \;\; 9)$ 2. Zeilenvektor

$ORIGIN := 0$ ORIGIN festlegen

$n := ze \cdot sp$ $n = 6$ Anzahl der Vektorelemente

$k := 0 .. n - 1$ Bereichsvariable

$a_k := \mathbf{A}_{floor\left(\frac{k}{sp}\right), mod(k, sp)}$ zeilenweise Umwandlung der Matrix **A** in einen Vektor

$a^T = (2 \;\; 5 \;\; -1 \;\; 3 \;\; -4 \;\; 9)$

$a_k := \mathbf{A}_{mod(k, ze), floor\left(\frac{k}{ze}\right)}$ spaltenweise Umwandlung der Matrix **A** in einen Vektor

$a^T = (2 \;\; 3 \;\; 5 \;\; -4 \;\; -1 \;\; 9)$

Mithilfe eines Unterprogramms (erstellt mit der Symbolleiste Programmierung):

```
Matrix_Vektor(M) := | a ← M⟨0⟩
                    | for i ∈ 1.. spalten(M) − 1 if spalten(M) > 1
                    |   a ← stapeln(a, M⟨i⟩)
                    | a
```

$\mathbf{a} := \text{Matrix\_Vektor}(\mathbf{A})$

$\mathbf{a}^T = (2 \quad 3 \quad 5 \quad -4 \quad -1 \quad 9)$ spaltenweise Umwandlung der Matrix **A** in einem Vektor

Beispiel 3.1.10:

Bilden Sie **A** + **B** und **A** - **B**. Stimmen die Gesetze (3-16) bis (3-18) für die nachfolgend gegebenen Matrizen (z. B. $\lambda = 2$) ? Zeigen Sie mit der Funktion erweitern(**A, B, C, ...**), dass Matrizen gleicher Zeilenzahl zu einer Matrix zusammengefügt werden können. Analog fasst die Funktion stapeln(**A, B, C, ...**) zwei Matrizen gleicher Spaltenzahl übereinander zu einer gemeinsamen Matrix zusammen. Bilden Sie die Submatrix (Untermatrix) mit Zeilen 2 bis 3 und Spalten 1 bis 3 der Matrix **A** und mit Zeilen 1 bis 2 und Spalten 1 bis 3 der Matrix **M**.

$\mathbf{A} := \begin{pmatrix} 6 & 9 & 4 \\ -3 & 5 & -2 \\ 0 & -9 & 1 \end{pmatrix}$ $\mathbf{B} := \begin{pmatrix} 5 & -2 & 6 \\ 0 & 1 & -2 \\ 5 & 2 & -7 \end{pmatrix}$ $\mathbf{C} := (-4 \quad 1 \quad 5)$ gegebene Matrizen

$\mathbf{M1} := \begin{pmatrix} 2.5 & 3.1 \\ -1.1 & 5.7 \end{pmatrix}$ $\mathbf{M2} := \begin{pmatrix} 2 \\ -3 \end{pmatrix}$ $\mathbf{M3} := \begin{pmatrix} 4.8 & 1.0 \\ 2.9 & -3.8 \end{pmatrix}$ gegebene Matrizen

ORIGIN := 1 ORIGIN festlegen

M :=

	1	2	3	4	5
1	19.11	3.53	2.63	19.03	0.56
2	1.12	2.63	17.29	14.43	0.29
3	14.16	4.35	3.38	6.82	7.35
4	16.05	10.53	15.96	2.9	8.05

gegebene eingefügte Tabelle

$\mathbf{A} + \mathbf{B} = \begin{pmatrix} 11 & 7 & 10 \\ -3 & 6 & -4 \\ 5 & -7 & -6 \end{pmatrix}$ $\mathbf{A} - \mathbf{B} = \begin{pmatrix} 1 & 11 & -2 \\ -3 & 4 & 0 \\ -5 & -11 & 8 \end{pmatrix}$ Addition und Subtraktion

$\mathbf{A}^T = \begin{pmatrix} 6 & -3 & 0 \\ 9 & 5 & -9 \\ 4 & -2 & 1 \end{pmatrix}$ $\mathbf{A}^{T^T} = \begin{pmatrix} 6 & 9 & 4 \\ -3 & 5 & -2 \\ 0 & -9 & 1 \end{pmatrix}$ (3-16)

$(\mathbf{A} + \mathbf{B})^T = \begin{pmatrix} 11 & -3 & 5 \\ 7 & 6 & -7 \\ 10 & -4 & -6 \end{pmatrix}$ $\mathbf{A}^T + \mathbf{B}^T = \begin{pmatrix} 11 & -3 & 5 \\ 7 & 6 & -7 \\ 10 & -4 & -6 \end{pmatrix}$ (3-17)

$(2 \cdot \mathbf{A})^T = \begin{pmatrix} 12 & -6 & 0 \\ 18 & 10 & -18 \\ 8 & -4 & 2 \end{pmatrix}$ $\quad 2 \cdot \mathbf{A}^T = \begin{pmatrix} 12 & -6 & 0 \\ 18 & 10 & -18 \\ 8 & -4 & 2 \end{pmatrix}$ (3-18)

$\mathbf{M} := \text{erweitern}(\mathbf{A}, \mathbf{B})$ $\quad \mathbf{M} = \begin{pmatrix} 6 & 9 & 4 & 5 & -2 & 6 \\ -3 & 5 & -2 & 0 & 1 & -2 \\ 0 & -9 & 1 & 5 & 2 & -7 \end{pmatrix}$ nebeneinander zusammengefügte Matrizen

$\mathbf{M4} := \text{erweitern}(\mathbf{M1}, \mathbf{M2}, \mathbf{M3})$ $\quad \mathbf{M4} = \begin{pmatrix} 2.5 & 3.1 & 2 & 4.8 & 1 \\ -1.1 & 5.7 & -3 & 2.9 & -3.8 \end{pmatrix}$ nebeneinander zusammengefügte Matrizen

$\mathbf{M1} := \text{stapeln}(\mathbf{C}, \mathbf{B})$ $\quad \mathbf{M1} = \begin{pmatrix} -4 & 1 & 5 \\ 5 & -2 & 6 \\ 0 & 1 & -2 \\ 5 & 2 & -7 \end{pmatrix}$ übereinander zusammengefügte Matrizen

$\mathbf{U} := \text{submatrix}(\mathbf{A}, 2, 3, 1, 3)$ $\quad \mathbf{U} = \begin{pmatrix} -3 & 5 & -2 \\ 0 & -9 & 1 \end{pmatrix}$ Untermatrix der Matrix **A** (Zeile 2 bis 3 und Spalte 1 bis 3)

$\mathbf{U1} := \text{submatrix}(\mathbf{M}, 1, 2, 1, 3)$ $\quad \mathbf{U1} = \begin{pmatrix} 6 & 9 & 4 \\ -3 & 5 & -2 \end{pmatrix}$ Untermatrix der Matrix **M** (Zeile 1 bis 2 und Spalte 1 bis 3)

Beispiel 3.1.11:

Für symmetrische Matrizen gilt stets: $\mathbf{A}^T = \mathbf{A}$. Zeigen Sie diesen Zusammenhang für die gegebene Matrix **A**.

$\mathbf{A} := \begin{pmatrix} 3 & 2 & -4 \\ 2 & 5 & -7 \\ -4 & -7 & 9 \end{pmatrix}$ gegebene symmetrische Matrix

$\mathbf{A}^T = \begin{pmatrix} 3 & 2 & -4 \\ 2 & 5 & -7 \\ -4 & -7 & 9 \end{pmatrix}$ Es gilt: $\mathbf{A}^T = \mathbf{A}$. Damit ist die Matrix **A** symmetrisch!

Beispiel 3.1.12:

Für schiefsymmetrische Matrizen gilt stets: $\mathbf{A}^T = -\mathbf{A}$ (sämtliche Matrixelemente ändern beim Transponieren ihr Vorzeichen). Zeigen Sie diesen Zusammenhang für die gegebene Matrix **A**.

$\mathbf{A} := \begin{pmatrix} 0 & 5 & 8 \\ -5 & 0 & -3 \\ -8 & 3 & 0 \end{pmatrix}$ gegebene schiefsymmetrische Matrix

$\mathbf{A}^T = \begin{pmatrix} 0 & -5 & -8 \\ 5 & 0 & 3 \\ 8 & -3 & 0 \end{pmatrix}$ $\quad -\mathbf{A} = \begin{pmatrix} 0 & -5 & -8 \\ 5 & 0 & 3 \\ 8 & -3 & 0 \end{pmatrix}$ Es gilt: $\mathbf{A}^T = -\mathbf{A}$. Damit ist die Matrix **A** schiefsymmetrisch!

3.1.2 Gleichheit von Matrizen

Zwei Matrizen $A = (a_{i,k}) \in \mathbb{R}^{mxn}$ und $B = (b_{i,k}) \in \mathbb{R}^{mxn}$ heißen gleich, A = B, wenn für alle i = 1, 2, ..., m und k = 1, 2, ..., n gilt:

$$(a_{i,k}) = (b_{i,k}). \qquad (3\text{-}19)$$

Beispiel 3.1.13:

Sind die nachfolgend gegebenen Matrizen gleich?

$\mathbf{A} := \begin{pmatrix} 1 & 2 \\ 4 & 7 \end{pmatrix}$ $\mathbf{B} := \begin{pmatrix} 1 & 2 \\ 4 & 7 \end{pmatrix}$ $\mathbf{C} := \begin{pmatrix} 2 & 1 \\ 4 & 7 \end{pmatrix}$ gegebene Matrizen

$(\mathbf{A} = \mathbf{B}) = 1$ Matrix **A** und **B** sind gleich

$(\mathbf{A} = \mathbf{C}) = 0$ Matrix **A** und **C** sind ungleich

3.1.3 Multiplikation von Matrizen

Multiplikation einer Matrix mit einem Vektor:

Für $\mathbf{x} = (x_1 \;\; x_2 \;\; .... \;\; x_n)^T \in \mathbb{R}^n$ und $A = (a_{i,k}) \in \mathbb{R}^{mxn}$ wird $\mathbf{A} \cdot \mathbf{x} \in \mathbb{R}^m$ durch

$$\mathbf{A} \cdot \mathbf{x} = \left[\sum_{k=1}^{n} (a_{1,k} \cdot x_k) \;\; \sum_{k=1}^{n} (a_{2,k} \cdot x_k) \;\; .... \;\; \sum_{k=1}^{n} (a_{m,k} \cdot x_k) \right]^T \qquad (3\text{-}20)$$

definiert. Das lässt sich übersichtlicher auch so schreiben:

$$\begin{pmatrix} a_{1,1} & .... & a_{1,n} \\ ... & .... & ... \\ a_{m,1} & .... & a_{m,n} \end{pmatrix} \cdot \begin{pmatrix} x_1 \\ ... \\ x_n \end{pmatrix} = \begin{pmatrix} a_{1,1} \cdot x_1 + a_{1,2} \cdot x_2 + ... + a_{1,n} \cdot x_n \\ .... \\ a_{m,1} \cdot x_1 + a_{m,2} \cdot x_2 + ... + a_{m,n} \cdot x_n \end{pmatrix} \qquad (3\text{-}21)$$

Eine (mxn)-Matrix definiert also eine Abbildung vom $\mathbb{R}^n$ in den $\mathbb{R}^m$. Auch hier liegt eine lineare Abbildung vor, denn es gilt für alle $\mathbf{x}, \mathbf{y} \in \mathbb{R}^n$ und $\lambda \in \mathbb{R}$:

$$\mathbf{A} \cdot (\mathbf{x} + \mathbf{y}) = \mathbf{A} \cdot \mathbf{x} + \mathbf{A} \cdot \mathbf{y} \qquad (3\text{-}22)$$
$$\mathbf{A} \cdot (\lambda \cdot \mathbf{x}) = \lambda \cdot \mathbf{A} \cdot \mathbf{x} \qquad (3\text{-}23)$$

Multiplikation einer Matrix mit einer Matrix:

Sei $A = (a_{i,k}) \in \mathbb{R}^{mxn}$ und $B = (b_{i,k}) \in \mathbb{R}^{nxp}$ mit i = 1, 2, ... , m und k = 1, 2, ... , p. Dann ist das Produkt $C = (c_{i,k}) = A * B$ definiert durch

$$c_{i,k} = a_{i,1} \cdot b_{1,k} + a_{i,2} \cdot b_{2,k} + ... + a_{i,n} \cdot b_{n,k} = \sum_{j=1}^{n} (a_{i,j} \cdot b_{j,k}). \qquad (3\text{-}24)$$

Das Matrixelement $c_{i,k}$ des Matrixproduktes A * B ist das skalare Produkt aus dem i-ten Zeilenvektor von A und dem k-ten Spaltenvektor von B.

Für die Dimension der Matrizen gilt: (mxn) mal (nxp) ergibt (mxp)!
Die Produktbildung ist also nur möglich, wenn die Spaltenzahl von A mit der Zeilenzahl von B übereinstimmt!

Für die Matrizenmultiplikation gelten folgende Rechengesetze bei passenden Matrixformaten:

$$\mathbf{A} \cdot (\mathbf{B} \cdot \mathbf{C}) = (\mathbf{A} \cdot \mathbf{B}) \cdot \mathbf{C}$$ **Assoziativgesetz** (3-25)

$$\mathbf{A} \cdot (\mathbf{B} + \mathbf{C}) = \mathbf{A} \cdot \mathbf{B} + \mathbf{A} \cdot \mathbf{C}$$ **Distributivgesetz** (3-26)

$$(\mathbf{A} + \mathbf{B}) \cdot \mathbf{C} = \mathbf{A} \cdot \mathbf{C} + \mathbf{B} \cdot \mathbf{C}$$ **Distributivgesetz** (3-27)

$$(\mathbf{A} \cdot \mathbf{B})^T = \mathbf{B}^T \cdot \mathbf{A}^T$$ (3-28)

$$\mathbf{A} \cdot \mathbf{E} = \mathbf{E} \cdot \mathbf{A} = \mathbf{A}$$ (3-29)

Beispiel 3.1.14:

Verschiedene Matrixprodukte:

$$\begin{pmatrix} 3 & 1 \\ 4 & 0 \end{pmatrix} \cdot \begin{pmatrix} 2 \\ 3 \end{pmatrix} = \begin{pmatrix} 3 \cdot 2 + 1 \cdot 3 \\ 4 \cdot 2 + 0 \cdot 3 \end{pmatrix} = \begin{pmatrix} 9 \\ 8 \end{pmatrix}$$

(2 x 2)-Matrix mal (2 x 1)-Matrix ergibt eine (2 x 1)-Matrix

$$\begin{pmatrix} 3 & 1 \end{pmatrix} \cdot \begin{pmatrix} 2 & 1 \\ 3 & 2 \end{pmatrix} = \begin{pmatrix} 3 \cdot 2 + 1 \cdot 3 & 3 \cdot 1 + 1 \cdot 2 \end{pmatrix} = \begin{pmatrix} 9 & 5 \end{pmatrix}$$

(1 x 2)-Matrix mal (2 x 2)-Matrix ergibt eine (1 x 2)-Matrix

$$\begin{pmatrix} 8 & 4 & -1 \\ 1 & -2 & 0 \end{pmatrix} \cdot \begin{pmatrix} 1 \\ 2 \\ 4 \end{pmatrix} = \begin{pmatrix} 8 \cdot 1 + 4 \cdot 2 - 1 \cdot 4 \\ 1 \cdot 1 - 2 \cdot 2 + 0 \cdot 4 \end{pmatrix} = \begin{pmatrix} 12 \\ -3 \end{pmatrix}$$

(2 x 3)-Matrix mal (3 x 1)-Matrix ergibt eine (2 x 1)-Matrix

$$\begin{pmatrix} 3 & 4 & -1 \\ 1 & -2 & 0 \end{pmatrix} \cdot \begin{pmatrix} -2 & 1 & 5 & 1 \\ 3 & 0 & 4 & 3 \\ 2 & 2 & 4 & 0 \end{pmatrix} = \begin{pmatrix} 4 & 1 & 27 & 15 \\ -8 & 1 & -3 & -5 \end{pmatrix}$$

(2 x 3)-Matrix mal (3 x 4)-Matrix ergibt eine (2 x 4)-Matrix

$$\begin{pmatrix} 1 & 0 & 3 \\ -1 & 1 & 3 \\ 0 & 3 & 5 \\ 1 & 2 & 4 \end{pmatrix} \cdot \begin{pmatrix} 1 \\ 3 \\ 5 \end{pmatrix} = \begin{pmatrix} 16 \\ 17 \\ 34 \\ 27 \end{pmatrix}$$

(4 x 3)-Matrix mal (3 x 1)-Matrix ergibt eine (4 x 1)-Matrix

$$\begin{pmatrix} 8 & 4 & -1 \\ 1 & -2 & 5 \end{pmatrix} \cdot \begin{pmatrix} 0 & 0 \\ 0 & 0 \\ 0 & 0 \end{pmatrix} = \begin{pmatrix} 0 & 0 \\ 0 & 0 \end{pmatrix}$$

(2 x 3)-Matrix mal (3 x 2)-Matrix ergibt eine (2 x 2)-Matrix

$$\begin{pmatrix} 1 & 0 \\ 0 & 0 \end{pmatrix} \cdot \begin{pmatrix} 0 & 0 \\ 0 & 1 \end{pmatrix} = \begin{pmatrix} 0 & 0 \\ 0 & 0 \end{pmatrix}$$

(2 x 2)-Matrix mal (2 x 2)-Matrix ergibt eine (2 x 2)-Matrix

Beispiel 3.1.15:

Überprüfen Sie das Assoziativgesetz.

$\mathbf{A} := \begin{pmatrix} -1 & 3 \\ 2 & 5 \end{pmatrix}$ $\quad \mathbf{B} := \begin{pmatrix} 8 & 4 & -1 & 4 \\ 1 & -2 & 5 & 0 \end{pmatrix}$ $\quad \mathbf{C} := \begin{pmatrix} 2 & 8 \\ -4 & 9 \\ 3 & 7 \\ 1 & -2 \end{pmatrix}$ gegebene Matrizen

$\mathbf{A} \cdot (\mathbf{B} \cdot \mathbf{C}) = \begin{pmatrix} 74 & -10 \\ 127 & 295 \end{pmatrix}$ (3-25)

$(\mathbf{A} \cdot \mathbf{B}) \cdot \mathbf{C} = \begin{pmatrix} 74 & -10 \\ 127 & 295 \end{pmatrix}$

(2 x 2)-Matrix mal (2 x 4)-Matrix mal (4 x 2)-Matrix ergibt eine (2 x 2)-Matrix

Beispiel 3.1.16:

Überprüfen Sie die Distributivgesetze.

$\mathbf{A} := \begin{pmatrix} 2 & 5 & 8 \\ 1 & -6 & 9 \\ 10 & -4 & 7 \end{pmatrix}$ $\quad \mathbf{B} := \begin{pmatrix} -3 & 5 & 9 \\ 2 & 4 & 6 \\ -1 & -2 & 5 \end{pmatrix}$ $\quad \mathbf{C} := \begin{pmatrix} 9 & 10 & -4 \\ 8 & 9 & 4 \\ -2 & -5 & -6 \end{pmatrix}$ gegebene Matrizen

$\mathbf{A} \cdot (\mathbf{B} + \mathbf{C}) = \begin{pmatrix} 38 & 39 & 52 \\ -81 & -126 & -64 \\ -1 & 49 & 3 \end{pmatrix}$ $\quad \mathbf{A} \cdot \mathbf{B} + \mathbf{A} \cdot \mathbf{C} = \begin{pmatrix} 38 & 39 & 52 \\ -81 & -126 & -64 \\ -1 & 49 & 3 \end{pmatrix}$ (3-26)

$(\mathbf{A} + \mathbf{B}) \cdot \mathbf{C} = \begin{pmatrix} 37 & -5 & -58 \\ -19 & -63 & -110 \\ 9 & -24 & -132 \end{pmatrix}$ $\quad \mathbf{A} \cdot \mathbf{C} + \mathbf{B} \cdot \mathbf{C} = \begin{pmatrix} 37 & -5 & -58 \\ -19 & -63 & -110 \\ 9 & -24 & -132 \end{pmatrix}$ (3-27)

Beispiel 3.1.17:

Überprüfen Sie die Gesetze (3-28) und (3-29).

$\mathbf{A} := \begin{pmatrix} 2 & 5 & 8 \\ 1 & -6 & 9 \\ 10 & -4 & 7 \end{pmatrix}$ $\quad \mathbf{B} := \begin{pmatrix} -3 & 5 & 9 \\ 2 & 4 & 6 \\ -1 & -2 & 5 \end{pmatrix}$ $\quad \mathbf{E} := \mathrm{einheit}(3)$ $\quad \mathbf{E} = \begin{pmatrix} 1 & 0 & 0 \\ 0 & 1 & 0 \\ 0 & 0 & 1 \end{pmatrix}$ gegebene Matrizen

$(\mathbf{A} \cdot \mathbf{B})^T = \begin{pmatrix} -4 & -24 & -45 \\ 14 & -37 & 20 \\ 88 & 18 & 101 \end{pmatrix}$ $\quad \mathbf{B}^T \cdot \mathbf{A}^T = \begin{pmatrix} -4 & -24 & -45 \\ 14 & -37 & 20 \\ 88 & 18 & 101 \end{pmatrix}$ (3-28)

$\mathbf{A} \cdot \mathbf{E} = \begin{pmatrix} 2 & 5 & 8 \\ 1 & -6 & 9 \\ 10 & -4 & 7 \end{pmatrix}$ $\quad \mathbf{E} \cdot \mathbf{A} = \begin{pmatrix} 2 & 5 & 8 \\ 1 & -6 & 9 \\ 10 & -4 & 7 \end{pmatrix}$ (3-29)

Beispiel 3.1.18:

Gilt für Matrizen das Kommutativgesetz **A B** = **B A**?

$\mathbf{A} := \begin{pmatrix} 0 & 1 \\ 0 & 1 \end{pmatrix}$ $\mathbf{B} := \begin{pmatrix} 1 & 1 \\ 0 & 0 \end{pmatrix}$ gegebene Matrizen

$\mathbf{A} \cdot \mathbf{B} = \begin{pmatrix} 0 & 0 \\ 0 & 0 \end{pmatrix}$ $\mathbf{B} \cdot \mathbf{A} = \begin{pmatrix} 0 & 2 \\ 0 & 0 \end{pmatrix}$ Das Kommutativgesetz gilt allgemein nicht für Matrizen!

3.1.4 Determinanten

Wir können die Determinante von jeder (nxn)-Matrix bestimmen. Für nichtquadratische Matrizen ist die Determinante nicht definiert. Zuerst wollen wir die Berechnung der Determinanten von (2x2)- bzw. (3x3)-Matrizen besprechen.
Unter der Determinante einer (2x2)-Matrix (quadratische Matrix) A = ($a_{i,k}$) verstehen wir den sich aus

$$D = \left| \begin{pmatrix} a_{1,1} & a_{1,2} \\ a_{2,1} & a_{2,2} \end{pmatrix} \right| = a_{1,1} \cdot a_{2,2} - a_{2,1} \cdot a_{1,2} \qquad (3\text{-}30)$$

ergebenden Zahlenwert (Produkt der Hauptdiagonalelemente minus dem Produkt der Nebendiagonalelemente).
D heißt hier auch 2-reihige Determinante oder Determinante 2. Ordnung.

Unter der Determinante einer (3x3)-Matrix (quadratische Matrix) A = ($a_{i,k}$) verstehen wir den sich aus

$$D = \left| \begin{pmatrix} a_{1,1} & a_{1,2} & a_{1,3} \\ a_{2,1} & a_{2,2} & a_{2,3} \\ a_{3,1} & a_{3,2} & a_{3,3} \end{pmatrix} \right| \qquad (3\text{-}31)$$

$$D = a_{1,1}\, a_{2,2}\, a_{3,3} + a_{1,2}\, a_{2,3}\, a_{3,1} + a_{1,3}\, a_{2,1}\, a_{3,2} - a_{3,1}\, a_{2,2}\, a_{1,3} - a_{3,2}\, a_{2,3}\, a_{1,1} - a_{3,3}\, a_{2,1}\, a_{1,2}$$

ergebenden Zahlenwert. Die Auswertung erfolgt hier nach der Regel von Sarrus. Wir schreiben zuerst die ersten beiden Spalten der Matrix hinten an. Die Determinante ergibt sich dann aus der Summe der Produkte der Hauptdiagonalelemente minus der Summe der Produkte der Nebendiagonalelemente (siehe Abb. 3.1.7).
D heißt hier auch 3-reihige Determinante oder Determinante 3. Ordnung.

Für Determinanten werden verschiedene symbolische Schreibweisen verwendet:
D, det(A), |A|, $|a_{i,k}|$.
In Mathcad steht zur Determinantenbildung |x| aus der Matrix-Symbolleiste zur Verfügung.

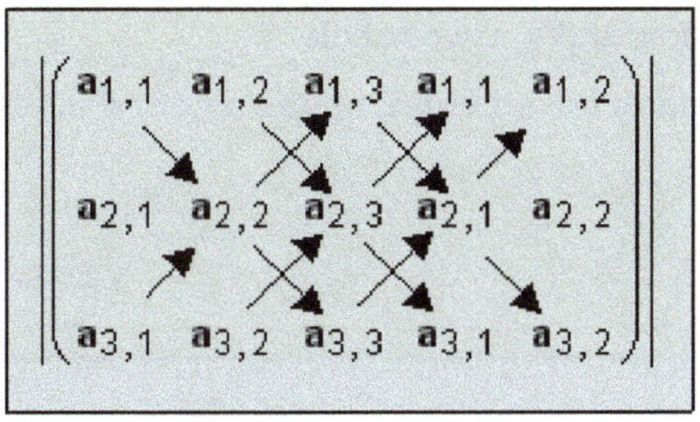

Abb. 3.1.7

Beispiel 3.1.19:

Wie lauten die Determinanten der gegebenen Matrizen?

$\mathbf{A} := \begin{pmatrix} 4 & 5 \\ 3 & -2 \end{pmatrix}$ $\mathbf{B} := \begin{pmatrix} 4 & 5 & 3 \\ 3 & -2 & 1 \\ 0 & 3 & 1 \end{pmatrix}$ $\mathbf{E} := \begin{pmatrix} 1 & 0 & 0 \\ 0 & 1 & 0 \\ 0 & 0 & 1 \end{pmatrix}$ $\mathbf{O} := \begin{pmatrix} 0 & 0 \\ 0 & 0 \end{pmatrix}$ $\begin{pmatrix} a_1 - \lambda & b_1 \\ c_1 & d_1 - \lambda \end{pmatrix}$ gegebene Matrizen

$$D = \det(\mathbf{A}) = \left|\begin{pmatrix} 4 & 5 \\ 3 & -2 \end{pmatrix}\right| = 4(-2) - 3 \cdot 5 = -23$$

$D := |\mathbf{A}|$ $D = -23$ Determinante der Matrix **A**

$$D = \det(\mathbf{B}) = \left|\begin{pmatrix} 4 & 5 & 3 \\ 3 & -2 & 1 \\ 0 & 3 & 1 \end{pmatrix}\right| = 4(-2)1 + 5 \cdot 1 \cdot 0 + 3 \cdot 3 \cdot 3 - 0 \cdot (-2) \cdot 3 - 3 \cdot 1 \cdot 4 - (-1) \cdot 3 \cdot 5 = -8$$

$D := |\mathbf{B}|$ $D = -8$ Determinante der Matrix **B**

$D := |\mathbf{E}|$ $D = 1$ Determinante der Einheitsmatrix **E**

$D := |\mathbf{O}|$ $D = 0$ Determinante der Nullmatrix **O**

$$\left|\begin{pmatrix} a_1 - \lambda & b_1 \\ c_1 & d_1 - \lambda \end{pmatrix}\right| \rightarrow \lambda^2 - a_1\lambda + a_1 d_1 - b_1 c_1 - \lambda d_1$$ symbolische Auswertung der Determinante

Determinanten vom Typ (n,n) mit n ≥ 3 werden berechnet, indem wir eine Rechenregel erklären, mit der sich die Berechnung einer Determinante vom Typ (n,n) zurückführen lässt auf die Berechnung von n Determinanten vom Typ (n-1,n-1). Durch die sukzessive Anwendung dieser Rechenregel zur Reduktion der Elementezahl in der Determinante, erhalten wir nach mehrfachen Schritten ein Reduktionsverfahren zur Berechnung von insgesamt n (n - 1) (n - 2) ... 3 Determinanten vom Typ (2,2). Für dieses Reduktionsverfahren definieren wir zwei neue Begriffe.

Unterdeterminante:

Zu jedem Element $a_{i,k}$ des Zahlenschemas der Determinante (bzw. der Matrix) vom Typ (n,n) existiert eine Unterdeterminante $D_{i,k}$ vom Typ (n-1,n-1). Die Unterdeterminante wird gebildet, in dem wir die i-te Zeile und k-te Spalte der ursprünglichen Determinante herausstreichen.

Algebraisches Komplement:

Versehen wir die Unterdeterminante $D_{i,k}$ mit einem Vorzeichen sgn($D_{i,k}$), wobei die Vorzeichenregel sgn($U_{i,k}$) = $(-1)^{i+k}$ (Schachbrettregel) verwendet wird, so entsteht das algebraische Komplement von $a_{i,k}$ in D:

$$A_{i,k} = (-1)^{i+k} D_{i,k}. \qquad (3\text{-}32)$$

Laplacescher Entwicklungssatz:

Eine n-reihige Determinante lässt sich nach den Elementen einer beliebigen Zeile oder Spalte wie folgt entwickeln:

$$D = \sum_{k=1}^{n} \left(a_{i,k} \cdot \mathbf{A}_{i,k}\right)$$ Entwicklung nach der i-ten Zeile (3-33)

$$D = \sum_{i=1}^{n} \left(a_{i,k} \cdot \mathbf{A}_{i,k}\right)$$ Entwicklung nach der k-ten Spalte (3-34)

Die Berechnung des algebraischen Komplements vom Typ (n-1, n-1) verläuft nach dem gleichen Verfahren; d. h., wir müssen die Zeilen- oder Spaltenentwicklungen so lange wiederholen, bis die verbleibenden algebraischen Komplemente vom Typ (3,3) oder (2,2) sind.

Es ist offensichtlich, dass die Berechnung der Determinanten vom Typ (n,n) mit $n \geq 4$ eine große Anzahl von Einzelrechnungen erfordert. Aus diesem Grund ist es zweckmäßig zu versuchen, durch geeignete Umformungen der Matrix bzw. ihrer Determinante den Rechenaufwand zu verringern. Diese Umformungen müssen so geschehen, dass sie zwar das Aussehen der Matrix, aber nicht den Wert der Determinanten verändern. Umformungen, die den Wert der Determinante nicht verändern, aber den Rechenaufwand im Regelfall verringern, können wir nun so formulieren:

Rechenregeln für n-reihige Determinanten:

R1: Der Wert einer Determinante ändert sich nicht, wenn Zeilen und Spalten miteinander vertauscht werden:

$\det(A^T) = \det(A)$ (3-35)

R2: Für zwei n-reihige Matrizen A und B gilt stets

$\det(A\,.\,B) = \det(A)\,.\,\det(B)$ (3-36)

R3: Die Determinante einer n-reihigen Dreiecksmatrix A besitzt den Wert

$\det(A) = a_{1,1}\, a_{2,2}\, a_{3,3} \cdots a_{n,n}$ (Produkt der Hauptdiagonalelemente) (3-37)

R4: Die Determinante des λ-fachen einer (nxn)-Matrix A ist das λ^n-fache der Determinante von A:

$\det(\lambda\, A) = \lambda^n \det(A)$ (3-38)

R5: Gemeinsame Faktoren einer Zeile bzw. Spalte dürfen vor die Determinante gezogen werden.

R6: Bei Vertauschen zweier Spalten oder Zeilen ändert eine Determinante ihr Vorzeichen.

R7: Eine Determinante besitzt den Wert null, wenn sie mindestens eine der folgenden Bedingungen erfüllt:
1. Alle Elemente einer Zeile oder Spalte sind null.
2. Zwei Zeilen oder Spalten sind gleich.
3. Zwei Zeilen oder Spalten sind zueinander proportional.
4. Eine Zeile oder Spalte ist als Linearkombination der übrigen Zeilen oder Spalten darstellbar.

R8: **Der Wert einer Determinante ändert sich nicht, wenn wir zu einer Zeile bzw. Spalte ein beliebiges Vielfaches einer anderen Zeile bzw. anderen Spalte addieren.**

R9: **Die Determinante des λ-fachen einer Zeile einer (nxn)-Matrix A ist das λ-fache der Determinante von A:**

$$\det(\lambda\, z_1, z_2, \ldots, z_n)) = \lambda \det(A) \qquad (3\text{-}39)$$

Beispiel 3.1.20:

Zeigen Sie den Zusammenhang $\det(\mathbf{A}^T) = \det(\mathbf{A})$ und $\det(\mathbf{A}\,\mathbf{B}) = \det(\mathbf{A}) \det(\mathbf{B})$ mit gegebenen Matrizen.

$\mathbf{A} := \begin{pmatrix} 2 & 9 & -1 \\ 5 & 8 & 4 \\ -3 & 5 & 1 \end{pmatrix}$ $\quad \mathbf{B} := \begin{pmatrix} -4 & 3 & 1 \\ 1 & 6 & 9 \\ 3 & -2 & 1 \end{pmatrix}$ gegebene Matrizen

$\left|\mathbf{A}^T\right| = -226$ $\quad |\mathbf{A}| = -226$ $\quad \det(\mathbf{A}^T) = \det(\mathbf{A})$ Regel (3-35)

$|\mathbf{A}\cdot\mathbf{B}| = 8.588 \times 10^3$ $\quad |\mathbf{A}|\cdot|\mathbf{B}| = 8.588 \times 10^3$ $\quad \det(\mathbf{A}\,\mathbf{B}) = \det(\mathbf{A}) \det(\mathbf{B})$ Regel (3-36)

Beispiel 3.1.21:

Berechnen Sie die Determinante der nachfolgend gegebenen Matrix.

$\mathbf{A} := \begin{pmatrix} 1 & 3 & -4 & 5 \\ 0 & 5 & 1 & 7 \\ 0 & 0 & 2 & 8 \\ 0 & 0 & 0 & 4 \end{pmatrix}$ gegebene Matrix

Nach Regel 3 (3-37) gilt:

$$D = \left|\begin{pmatrix} 1 & 3 & -4 & 5 \\ 0 & 5 & 1 & 7 \\ 0 & 0 & 2 & 8 \\ 0 & 0 & 0 & 4 \end{pmatrix}\right| = 1\cdot 5\cdot 2\cdot 4 = 40$$

Produkt der Hauptdiagonalelemente

$D := |\mathbf{A}|$ $\quad D = 40$

Beispiel 3.1.22:

Zeigen Sie den Zusammenhang $\det(3\,\mathbf{A}) = 3^n \det(\mathbf{A})$ mit einer gegebenen Matrix.

$\mathbf{A} := \begin{pmatrix} 2 & 1 \\ 5 & 3 \end{pmatrix}$ gegebene (2x2)-Matrix

$|3\cdot\mathbf{A}| = 9$ $\quad 3^2\cdot|\mathbf{A}| = 9$ $\quad \det(3\,\mathbf{A}) = 3^2 \det(\mathbf{A})$ Regel (3-38)

Beispiel 3.1.23:

Berechnen Sie die 3-reihige Determinante mithilfe des Entwicklungssatzes von Laplace.

$$\mathbf{A} := \begin{pmatrix} 2 & 4 & 5 \\ 3 & 9 & 27 \\ 2 & 6 & 12 \end{pmatrix}$$ gegebene Matrix

Nach Regel 5 kann aus der zweiten Zeile der Faktor 3 und aus der 3. Zeile der Faktor 2 vor die Determinante geschrieben werden:

$$D = \left|\begin{pmatrix} 2 & 4 & 5 \\ 3 & 9 & 27 \\ 2 & 6 & 12 \end{pmatrix}\right| = 3 \cdot 2 \cdot \left|\begin{pmatrix} 2 & 4 & 5 \\ 1 & 3 & 9 \\ 1 & 3 & 6 \end{pmatrix}\right|$$

Wir entwickeln nach der ersten Spalte:

$$D = 6\left(a_{1,1} \cdot A_{1,1} + a_{2,1} \cdot A_{2,1} + a_{3,1} \cdot A_{3,1}\right)$$

$$D = 6 \cdot \left[a_{1,1} \cdot (-1)^{1+1} \cdot D_{1,1} + a_{2,1} \cdot (-1)^{2+1} \cdot D_{2,1} + a_{3,1} \cdot (-1)^{3+1} \cdot D_{3,1}\right]$$

$$D = 6 \cdot \left[2 \cdot \left|\begin{pmatrix} 3 & 9 \\ 3 & 6 \end{pmatrix}\right| - 1 \cdot \left|\begin{pmatrix} 4 & 5 \\ 3 & 6 \end{pmatrix}\right| + 1 \cdot \left|\begin{pmatrix} 4 & 5 \\ 3 & 9 \end{pmatrix}\right|\right] = 6 \cdot [2 \cdot (18 - 27) - 1 \cdot (24 - 15) + 1 \cdot (36 - 15)] = -36$$

Beispiel 3.1.24:

Berechnen Sie die 3-reihige Determinante mithilfe des Entwicklungssatzes von Laplace.

$$\mathbf{A} := \begin{pmatrix} 2 & 0 & 1 \\ 3 & 1 & 2 \\ 2 & 1 & 2 \end{pmatrix}$$ gegebene Matrix

Wir entwickeln sinnvollerweise nach der zweiten Spalte, weil hier eine Null vorkommt:

$$D = a_{1,2} \cdot A_{1,2} + a_{2,2} \cdot A_{2,2} + a_{3,2} \cdot A_{3,2}$$

$$D = a_{1,2} \cdot (-1)^{1+2} \cdot D_{1,2} + a_{2,2} \cdot (-1)^{2+2} \cdot D_{2,2} + a_{3,2} \cdot (-1)^{3+2} \cdot D_{3,2}$$

$$D = 0 \cdot (-1)^3 \cdot \left[\left|\begin{pmatrix} 3 & 2 \\ 2 & 2 \end{pmatrix}\right| + 1 \cdot (-1)^4 \cdot \left|\begin{pmatrix} 2 & 1 \\ 2 & 2 \end{pmatrix}\right| + 1 \cdot (-1)^5 \cdot \left|\begin{pmatrix} 2 & 1 \\ 3 & 2 \end{pmatrix}\right|\right]$$

$$D = 0 + 2 - 1 = 1$$

<u>**Beispiel 3.1.25:**</u>

Zeigen Sie mit einer gegebenen Matrix, dass sich beim Vertauschen zweier Zeilen das Vorzeichen einer Determinante ändert.

$\mathbf{A} := \begin{pmatrix} 2 & 0 & 1 \\ 3 & 1 & 2 \\ 2 & 1 & 2 \end{pmatrix}$ gegebene Matrix

$\mathbf{B} := \begin{pmatrix} 3 & 1 & 2 \\ 2 & 0 & 1 \\ 2 & 1 & 2 \end{pmatrix}$ wie Matrix **A**, aber 1. und 2. Zeile vertauscht

$|\mathbf{A}| = 1$ $|\mathbf{B}| = -1$

<u>**Beispiel 3.1.26:**</u>

Warum sind die Determinanten der nachfolgend gegebenen Matrizen null (Regel 7)?

$\mathbf{A} := \begin{pmatrix} 2 & 8 & 9 & 0 \\ 7 & 5 & 1 & 0 \\ 7 & 8 & -2 & 0 \\ 5 & 9 & 1 & 0 \end{pmatrix}$ $\mathbf{B} := \begin{pmatrix} 1 & 2 & 3 \\ 4 & -3 & 5 \\ 1 & 2 & 3 \end{pmatrix}$ $\mathbf{C} := \begin{pmatrix} 1 & 1 \\ 4 & 4 \end{pmatrix}$ $\mathbf{D} := \begin{pmatrix} 1 & 1 & 3 \\ 4 & 4 & 3 \\ 5 & 5 & 6 \end{pmatrix}$ gegebene Matrizen

$|\mathbf{A}| = 0$ Alle Elemente der vierten Spalte sind 0.

$|\mathbf{B}| = 0$ 1. und 3. Zeile sind gleich.

$|\mathbf{C}| = 0$ Die 2. Zeile ist das Vierfache der 1. Zeile.

$|\mathbf{D}| = 0$ Die 3. Zeile lässt sich durch Addition der 1. und 2. Zeile bilden.

<u>**Beispiel 3.1.27:**</u>

Wir dürfen zu einer Zeile beliebige Vielfache anderer Zeilen oder Linearkombinationen anderer Zeilen addieren, ohne den Wert der Determinanten zu verändern. Ideal ist, wenn unter der Hauptdiagonalen möglichst viele Nullen stehen. Für lineare Gleichungssysteme ist dieses Rechenverfahren unter dem Namen **Gauß-Algorithmus** bekannt. Stehen unter der Hauptdiagonalen nur Nullen, so ergibt sich der Wert der Determinanten als Produkt der Elemente der Hauptdiagonalen.

Die nachfolgenden Unterprogramme ermöglichen elementare Zeilenumformungen (auch für (mxn)-Matrizen):

$$\text{vert\_z1\_mit\_z2}(\mathbf{A}, z1, z2) := \left| \begin{array}{l} \mathbf{B} \leftarrow \mathbf{A}^T \\ \mathbf{B}^{\langle z2 \rangle} \leftarrow \left(\mathbf{A}^T\right)^{\langle z1 \rangle} \\ \mathbf{B}^{\langle z1 \rangle} \leftarrow \left(\mathbf{A}^T\right)^{\langle z2 \rangle} \\ \mathbf{B}^T \end{array} \right.$$

Vertauschen von Zeile z1 mit Zeile z2 der Matrix **A**

$$\text{c\_mal\_z}(\mathbf{A}, c, z) := \left| \begin{array}{l} \mathbf{B} \leftarrow \mathbf{A}^T \\ \mathbf{B}^{\langle z \rangle} \leftarrow c\left(\mathbf{A}^T\right)^{\langle z \rangle} \\ \mathbf{B}^T \end{array} \right.$$

Multiplikation einer Zeile z der Matrix **A** mit einer Zahl c

$z1\_und\_c\_mal\_z2(\mathbf{A}, z1, c, z2) := \begin{vmatrix} \mathbf{B} \leftarrow \mathbf{A}^T \\ \mathbf{B}^{\langle z1 \rangle} \leftarrow \left(\mathbf{A}^T\right)^{\langle z1 \rangle} + c\left(\mathbf{A}^T\right)^{\langle z2 \rangle} \\ \mathbf{B}^T \end{vmatrix}$

Ersetzen der Zeile z1 der Matrix **A** durch z1 + c. z2

ORIGIN := 1

ORIGIN festlegen

$\mathbf{A} := \begin{pmatrix} 1 & 3 & 4 \\ 1 & 4 & 2 \\ 2 & 7 & 9 \end{pmatrix}$

gegebene Matrix

$\mathbf{A1} := z1\_und\_c\_mal\_z2(\mathbf{A}, 2, -1, 1)$ $\qquad \mathbf{A1} = \begin{pmatrix} 1 & 3 & 4 \\ 0 & 1 & -2 \\ 2 & 7 & 9 \end{pmatrix}$

z2 = z2 -1. z1

$\mathbf{A2} := z1\_und\_c\_mal\_z2(\mathbf{A1}, 3, -2, 1)$ $\qquad \mathbf{A2} = \begin{pmatrix} 1 & 3 & 4 \\ 0 & 1 & -2 \\ 0 & 1 & 1 \end{pmatrix}$

z3 = z3 -2 . z1

$\mathbf{A3} := z1\_und\_c\_mal\_z2(\mathbf{A2}, 3, -1, 2)$ $\qquad \mathbf{A3} = \begin{pmatrix} 1 & 3 & 4 \\ 0 & 1 & -2 \\ 0 & 0 & 3 \end{pmatrix}$

z3 = z3 -1. z2

$|\mathbf{A}| = |\mathbf{A1}| = |\mathbf{A2}| = |\mathbf{A3}| = 1 \cdot 1 \cdot 3 = 3$

Determinante der Matrix **A**

$|\mathbf{A}| = 3$

zum Vergleich mit Mathcad

$D := \prod_{i=1}^{3} \mathbf{A3}_{i,i} \qquad D = 3$

Determinante ist gleich dem Produkt der Elemente der Hauptdiagonale

$\mathbf{B} := \begin{pmatrix} 4 & -12 & -1 & 2 \\ 2 & -6 & 4 & 0 \\ 1 & 7 & 2 & 1 \\ 0 & 10 & 3 & 9 \end{pmatrix}$

gegebene Matrix

$\mathbf{B1} := c\_mal\_z\left(\mathbf{B}, \frac{1}{2}, 2\right)$ $\qquad \mathbf{B1} = \begin{pmatrix} 4 & -12 & -1 & 2 \\ 1 & -3 & 2 & 0 \\ 1 & 7 & 2 & 1 \\ 0 & 10 & 3 & 9 \end{pmatrix}$

z2 = 1/2 z2

$\mathbf{B2} := vert\_z1\_mit\_z2(\mathbf{B1}, 1, 2)$ $\qquad \mathbf{B2} = \begin{pmatrix} 1 & -3 & 2 & 0 \\ 4 & -12 & -1 & 2 \\ 1 & 7 & 2 & 1 \\ 0 & 10 & 3 & 9 \end{pmatrix}$

z1 mit z2 vertauschen

B3 := z1_und_c_mal_z2(**B2**, 2, −4, 1)

$$\mathbf{B3} = \begin{pmatrix} 1 & -3 & 2 & 0 \\ 0 & 0 & -9 & 2 \\ 1 & 7 & 2 & 1 \\ 0 & 10 & 3 & 9 \end{pmatrix}$$

z2 = z2 - 4.z1

B4 := z1_und_c_mal_z2(**B3**, 3, −1, 1)

$$\mathbf{B4} = \begin{pmatrix} 1 & -3 & 2 & 0 \\ 0 & 0 & -9 & 2 \\ 0 & 10 & 0 & 1 \\ 0 & 10 & 3 & 9 \end{pmatrix}$$

z3 = z3 - z1

B5 := vert_z1_mit_z2(**B4**, 2, 4)

$$\mathbf{B5} = \begin{pmatrix} 1 & -3 & 2 & 0 \\ 0 & 10 & 3 & 9 \\ 0 & 10 & 0 & 1 \\ 0 & 0 & -9 & 2 \end{pmatrix}$$

z2 mit z4 vertauschen

B6 := z1_und_c_mal_z2(**B5**, 3, −1, 2)

$$\mathbf{B6} = \begin{pmatrix} 1 & -3 & 2 & 0 \\ 0 & 10 & 3 & 9 \\ 0 & 0 & -3 & -8 \\ 0 & 0 & -9 & 2 \end{pmatrix}$$

z3 = z3 - z2

B7 := z1_und_c_mal_z2(**B6**, 4, −3, 3)

$$\mathbf{B7} = \begin{pmatrix} 1 & -3 & 2 & 0 \\ 0 & 10 & 3 & 9 \\ 0 & 0 & -3 & -8 \\ 0 & 0 & 0 & 26 \end{pmatrix}$$

z4 = z4 - 3 z3

$|\mathbf{B}| = 2 \cdot |\mathbf{B7}| = 2 \cdot 1 \cdot 10 \cdot (-3) \cdot 26 = -1560$ nach Regel 3 (3-37) und 9 (3-39)

$|\mathbf{B}| = -1560$ zum Vergleich mit Mathcad

3.1.5 Reguläre und singuläre Matrix

Eine (nxn)-Matrix A heißt regulär, wenn die Determinante einen von null verschiedenen Wert besitzt. Andernfalls nennen wir sie singulär.

Beispiel 3.1.28:

Sind die gegebenen Matrizen regulär?

$$\mathbf{A} := \begin{pmatrix} 2 & 1 \\ 4 & 2 \end{pmatrix} \qquad \mathbf{B} := \begin{pmatrix} -2 & 3 & 8 \\ -3 & 5 & -1 \\ 6 & 2 & 7 \end{pmatrix}$$

gegebene Matrizen

$|\mathbf{A}| = 0$ die Matrix **A** ist singulär

$|\mathbf{B}| = -317$ die Matrix **B** ist regulär

3.1.6 Inverse Matrix

Gibt es zu einer (nxn)-Matrix A eine (nxn)-Matrix A^{-1} mit

$$A \cdot A^{-1} = A^{-1} \cdot A = E, \qquad (3\text{-}40)$$

so heißt A^{-1} die zu A inverse Matrix, Kehrmatrix oder Umkehrmatrix.
Die Multiplikation einer Matrix A mit ihrer inversen A^{-1} ergibt also die Einheitsmatrix E.
A und A^{-1} sind kommutativ!
Eine inverse Matrix A^{-1} einer Matrix A existiert aber nur dann, wenn die Matrix A regulär ist!

Mit Mathcad bestimmen wir die inverse Matrix mit dem Symbol X^{-1} in der Matrix-Symbolleiste.

Falls die Matrizen A und B regulär sind, gelten nachfolgende Gesetze. Mit (3-40) und (3-36) erhalten wir: 1 = det(E) = det(A . A^{-1}) = det(A) . det(A^{-1}). Es gilt also:

$$\det(\mathbf{A}) = \frac{1}{\det\left(\mathbf{A}^{-1}\right)} \qquad (3\text{-}41)$$

$$\left(\mathbf{A}^{-1}\right)^{-1} = \mathbf{A} \qquad (3\text{-}42)$$

$$(\mathbf{A} \cdot \mathbf{B})^{-1} = \mathbf{B}^{-1} \cdot \mathbf{A}^{-1} \qquad (3\text{-}43)$$

$$\left[(\mathbf{A})^{T}\right]^{-1} = \left(\mathbf{A}^{-1}\right)^{T} \qquad (3\text{-}44)$$

Zur Berechnung der inversen Matrix werden nachfolgend zwei Verfahren angegeben.

a) Verwendung von Unterdeterminanten:

Zur Berechnung der inversen Matrix führen wir zuerst die zur regulären Matrix A adjungierte Matrix A_{adj} ein:

$$\mathbf{A_{adj}} = \left(\mathbf{A}_{i,k}\right)^{T} = \begin{pmatrix} A_{1,1} & A_{1,2} & \cdots & A_{1,n} \\ A_{2,1} & A_{2,2} & \cdots & A_{2,n} \\ \cdots & \cdots & \cdots & \cdots \\ A_{n,1} & A_{n,2} & \cdots & A_{n,n} \end{pmatrix}^{T} = \begin{pmatrix} A_{1,1} & A_{2,1} & \cdots & A_{n,1} \\ A_{1,2} & A_{2,2} & \cdots & A_{n,2} \\ \cdots & \cdots & \cdots & \cdots \\ A_{1,n} & A_{2,n} & \cdots & A_{n,n} \end{pmatrix} \qquad (3\text{-}45)$$

Dabei ist $A_{i,k} = (-1)^{i+k} D_{i,k}$ das unter (3-32) angeführte algebraische Komplement.
Die inverse Matrix A^{-1} berechnet sich dann aus:

$$\mathbf{A}^{-1} = \frac{1}{\det(\mathbf{A})} \cdot \mathbf{A_{adj}} \qquad (3\text{-}46)$$

Die Berechnung der inversen Matrix mithilfe von Determinanten erfordert, wie wir hier erkennen können, einen hohen Rechenaufwand. Daher sei hier nachfolgend noch die einfachere Berechnungsmöglichkeit nach dem Gauß-Jordan-Algorithmus angeführt.

b) Berechnung der inversen Matrix mithilfe elementarer Zeilenumformungen:

Die inverse Matrix A^{-1} kann schrittweise wie folgt berechnet werden:
Zunächst wird aus der (nxn)-Matrix A und der (nxn)-Matrix E die neue erweiterte Matrix

$$(A|E) = \begin{pmatrix} a_{1,1} & a_{1,2} & .... & a_{1,n} & 1 & 0 & .... & 0 \\ a_{2,1} & a_{2,2} & .... & a_{2,n} & 0 & 1 & .... & 0 \\ .... & .... & .... & .... & .... & .... & .... & .... \\ a_{n,1} & a_{n,2} & .... & a_{n,n} & 0 & 0 & 0 & 1 \end{pmatrix} \quad (3\text{-}47)$$

vom Typ (nx2n) gebildet.

Diese erweiterte Matrix (A|E) wird nun mithilfe elementarer Zeilenumformungen (Vertauschung zweier Zeilen oder Multiplikation einer Zeile mit $\lambda \neq 0$ bzw. Addition eines beliebigen Vielfachen einer Zeile zu einer anderen Zeile) so umgeformt, dass die Einheitsmatrix E den ursprünglichen Platz von A einnimmt. Die inverse Matrix $B = A^{-1}$ finden wir dann auf dem ursprünglichen Platz der Einheitsmatrix E:

$$\begin{pmatrix} 1 & 0 & .... & 0 & b_{1,1} & b_{1,2} & .... & b_{1,n} \\ 0 & 1 & .... & 0 & b_{2,1} & b_{2,2} & .... & b_{2,n} \\ .... & .... & .... & .... & .... & .... & .... & .... \\ 0 & 0 & 0 & 1 & b_{n,1} & b_{n,2} & .... & b_{n,n} \end{pmatrix} = \left(E|A^{-1}\right) \quad (3\text{-}48)$$

Beispiel 3.1.29:

Gibt es für die Matrix **A** eine inverse Matrix? Wenn ja, wie lautet sie.

$$A := \begin{pmatrix} -2 & 3 & 8 \\ -1.5 & 2.5 & -0.5 \\ 6 & 2 & 7 \end{pmatrix}$$ gegebene Matrix

$D := |A| \qquad D = -158.5$ die Matrix **A** ist regulär

$$A^{-1} = \begin{pmatrix} -0.117 & 0.032 & 0.136 \\ -0.047 & 0.391 & 0.082 \\ 0.114 & -0.139 & 0.003 \end{pmatrix}$$ die zu **A** inverse Matrix

$$A^{-1} \cdot A = \begin{pmatrix} 1 & 0 & 0 \\ 0 & 1 & 0 \\ 0 & 0 & 1 \end{pmatrix} \qquad A \cdot A^{-1} = \begin{pmatrix} 1 & 0 & 0 \\ 0 & 1 & 0 \\ 0 & 0 & 1 \end{pmatrix}$$ nach (3-40)

Beispiel 3.1.30:

Zeigen Sie die Richtigkeit der Gesetze (3-41) bis (3-45) mit den gegebenen Matrizen.

$\mathbf{A} := \begin{pmatrix} 1 & -2 & 7 \\ 5 & 6 & 1 \\ 4 & -2 & 9 \end{pmatrix}$ $\mathbf{B} := \begin{pmatrix} -2 & 5 & 3 \\ 9 & 10 & 7 \\ -4 & -1 & 2 \end{pmatrix}$ gegebene Matrizen

$|\mathbf{A}| = -100$ $|\mathbf{B}| = -191$ die Matrizen sind regulär

$\left(|\mathbf{A}| = \frac{1}{|\mathbf{A}^{-1}|}\right) = 1$ (3-41) ist erfüllt

$\left[\left(\mathbf{A}^{-1}\right)^{-1} = \mathbf{A}\right] = 1$ (3-42) ist erfüllt

$(\mathbf{A} \cdot \mathbf{B})^{-1} = \mathbf{B}^{-1} \cdot \mathbf{A}^{-1} = 1$ (3-43) ist erfüllt

$\left[\left[(\mathbf{A})^{T}\right]^{-1} = \left(\mathbf{A}^{-1}\right)^{T}\right] = 1$ (3-44) ist erfüllt

Beispiel 3.1.31:

Berechnen Sie, falls vorhanden, unter Verwendung von Unterdeterminanten die inverse Matrix von **A**.

$\mathbf{A} := \begin{pmatrix} 2 & 0 \\ 1 & 1 \end{pmatrix}$ gegebene Matrix

$|\mathbf{A}| = 2$ die Matrix **A** ist regulär

Die inverse Matrix erhalten wir aus:

$$\mathbf{A}^{-1} = \frac{1}{\det(\mathbf{A})} \cdot \mathbf{A}_{adj} = \frac{1}{\det(\mathbf{A})} \cdot \begin{pmatrix} a_{2,2} & -a_{1,2} \\ -a_{2,1} & a_{1,1} \end{pmatrix} = \frac{1}{2} \cdot \begin{pmatrix} 1 & 0 \\ -1 & 2 \end{pmatrix} = \begin{pmatrix} \frac{1}{2} & 0 \\ \frac{-1}{2} & 1 \end{pmatrix}$$

$\begin{pmatrix} 2 & 0 \\ 1 & 1 \end{pmatrix} \cdot \begin{pmatrix} \frac{1}{2} & 0 \\ \frac{-1}{2} & 1 \end{pmatrix} = \begin{pmatrix} 1 & 0 \\ 0 & 1 \end{pmatrix}$ Es gilt: $\mathbf{A}\,\mathbf{A}^{-1} = \mathbf{E}$

Beispiel 3.1.32:

Berechnen Sie, falls vorhanden, unter Verwendung von Unterdeterminanten die inverse Matrix von **A**.

$\mathbf{A} := \begin{pmatrix} 3 & 8 & 4 \\ 1 & 0 & 1 \\ 7 & 2 & 1 \end{pmatrix}$ gegebene Matrix

$|\mathbf{A}| = 50$ die Matrix **A** ist regulär

$$\mathbf{A}^T = \begin{pmatrix} 3 & 1 & 7 \\ 8 & 0 & 2 \\ 4 & 1 & 1 \end{pmatrix}$$ transponierte Matrix von **A**

$$\mathbf{A}^{-1} = \frac{1}{\det(\mathbf{A})} \cdot \begin{pmatrix} \mathbf{A}_{1,1} & \mathbf{A}_{2,1} & \mathbf{A}_{3,1} \\ \mathbf{A}_{1,2} & \mathbf{A}_{2,2} & \mathbf{A}_{3,2} \\ \mathbf{A}_{1,3} & \mathbf{A}_{2,3} & \mathbf{A}_{3,3} \end{pmatrix} = \frac{1}{50} \cdot \begin{bmatrix} \left|\begin{pmatrix} 0 & 2 \\ 1 & 1 \end{pmatrix}\right| & -\left|\begin{pmatrix} 8 & 2 \\ 4 & 1 \end{pmatrix}\right| & \left|\begin{pmatrix} 8 & 0 \\ 4 & 1 \end{pmatrix}\right| \\ -\left|\begin{pmatrix} 1 & 7 \\ 1 & 1 \end{pmatrix}\right| & \left|\begin{pmatrix} 3 & 7 \\ 4 & 1 \end{pmatrix}\right| & -\left|\begin{pmatrix} 3 & 1 \\ 4 & 1 \end{pmatrix}\right| \\ \left|\begin{pmatrix} 1 & 7 \\ 0 & 2 \end{pmatrix}\right| & -\left|\begin{pmatrix} 3 & 7 \\ 8 & 2 \end{pmatrix}\right| & \left|\begin{pmatrix} 3 & 1 \\ 8 & 0 \end{pmatrix}\right| \end{bmatrix} = \frac{1}{50} \cdot \begin{pmatrix} -2 & 0 & 8 \\ 6 & -25 & 1 \\ 2 & 50 & -8 \end{pmatrix}$$

$$\frac{1}{50} \cdot \begin{pmatrix} -2 & 0 & 8 \\ 6 & -25 & 1 \\ 2 & 50 & -8 \end{pmatrix} \cdot \begin{pmatrix} 3 & 8 & 4 \\ 1 & 0 & 1 \\ 7 & 2 & 1 \end{pmatrix} = \begin{pmatrix} 1 & 0 & 0 \\ 0 & 1 & 0 \\ 0 & 0 & 1 \end{pmatrix}$$ Es gilt: $\mathbf{A}^{-1}\,\mathbf{A} = \mathbf{E}$

Beispiel 3.1.33:

Bestimmen Sie die inverse Matrix von **B**, falls vorhanden, unter Anwendung des Gauß-Jordan-Algorithmus.

$$\mathbf{B} := \begin{pmatrix} 1 & 1 & 3 \\ 2 & 1 & 4 \\ 4 & 0 & 3 \end{pmatrix}$$ gegebene Matrix

Wir verwenden hier die im Beispiel 3.1.27 angegebenen Unterprogramme:

B|E := erweitern(**B**, einheit(3))

$$\mathbf{B|E} = \begin{pmatrix} 1 & 1 & 3 & 1 & 0 & 0 \\ 2 & 1 & 4 & 0 & 1 & 0 \\ 4 & 0 & 3 & 0 & 0 & 1 \end{pmatrix}$$ erweiterte Matrix

B1 := z1_und_c_mal_z2(**B|E**, 2, −2, 1)

$$\mathbf{B1} = \begin{pmatrix} 1 & 1 & 3 & 1 & 0 & 0 \\ 0 & -1 & -2 & -2 & 1 & 0 \\ 4 & 0 & 3 & 0 & 0 & 1 \end{pmatrix}$$ z2 = z2 - 2.z1

B2 := z1_und_c_mal_z2(**B1**, 3, −4, 1)

$$\mathbf{B2} = \begin{pmatrix} 1 & 1 & 3 & 1 & 0 & 0 \\ 0 & -1 & -2 & -2 & 1 & 0 \\ 0 & -4 & -9 & -4 & 0 & 1 \end{pmatrix}$$ z3 = z3 - 4.z1

B3 := c_mal_z(**B2**, −1, 2)

$$\mathbf{B3} = \begin{pmatrix} 1 & 1 & 3 & 1 & 0 & 0 \\ 0 & 1 & 2 & 2 & -1 & 0 \\ 0 & -4 & -9 & -4 & 0 & 1 \end{pmatrix}$$ z2 = -1.z2

$\mathbf{B4} := \text{z1\_und\_c\_mal\_z2}(\mathbf{B3}, 3, 4, 2)$ $\quad \mathbf{B4} = \begin{pmatrix} 1 & 1 & 3 & 1 & 0 & 0 \\ 0 & 1 & 2 & 2 & -1 & 0 \\ 0 & 0 & -1 & 4 & -4 & 1 \end{pmatrix}$ $\quad$ z3 = z3 + 4.z2

$\mathbf{B5} := \text{c\_mal\_z}(\mathbf{B4}, -1, 3)$ $\quad \mathbf{B5} = \begin{pmatrix} 1 & 1 & 3 & 1 & 0 & 0 \\ 0 & 1 & 2 & 2 & -1 & 0 \\ 0 & 0 & 1 & -4 & 4 & -1 \end{pmatrix}$ $\quad$ z3 = -1.z3

$\mathbf{B6} := \text{z1\_und\_c\_mal\_z2}(\mathbf{B5}, 1, -3, 3)$ $\quad \mathbf{B6} = \begin{pmatrix} 1 & 1 & 0 & 13 & -12 & 3 \\ 0 & 1 & 2 & 2 & -1 & 0 \\ 0 & 0 & 1 & -4 & 4 & -1 \end{pmatrix}$ $\quad$ z1 = z1 -3.z3

$\mathbf{B7} := \text{z1\_und\_c\_mal\_z2}(\mathbf{B6}, 2, -2, 3)$ $\quad \mathbf{B7} = \begin{pmatrix} 1 & 1 & 0 & 13 & -12 & 3 \\ 0 & 1 & 0 & 10 & -9 & 2 \\ 0 & 0 & 1 & -4 & 4 & -1 \end{pmatrix}$ $\quad$ z2 = z2 -2.z3

$\mathbf{B8} := \text{z1\_und\_c\_mal\_z2}(\mathbf{B7}, 1, -1, 2)$ $\quad \mathbf{B8} = \begin{pmatrix} 1 & 0 & 0 & 3 & -3 & 1 \\ 0 & 1 & 0 & 10 & -9 & 2 \\ 0 & 0 & 1 & -4 & 4 & -1 \end{pmatrix}$ $\quad$ z1 = z1 -1.z2

Die gesuchte inverse Matrix zu **B** ergibt sich dann aus:

$\mathbf{B}^{-1} = \text{submatrix}(\mathbf{B8}, 1, 3, 4, 6)$ $\quad \mathbf{B_{inv}} := \text{submatrix}(\mathbf{B8}, 1, 3, 4, 6)$ $\quad \mathbf{B_{inv}} = \begin{pmatrix} 3 & -3 & 1 \\ 10 & -9 & 2 \\ -4 & 4 & -1 \end{pmatrix}$

$\mathbf{B_{inv}} \cdot \mathbf{B} = \begin{pmatrix} 1 & 0 & 0 \\ 0 & 1 & 0 \\ 0 & 0 & 1 \end{pmatrix}$ $\quad$ Es gilt: $\mathbf{B}^{-1}\,\mathbf{B} = \mathbf{E}$

3.1.7 Orthogonale Matrix

Eine (nxn)-Matrix A heißt orthogonal, wenn Folgendes gilt:

$$\mathbf{A} \cdot \mathbf{A}^T = \mathbf{A}^T \cdot \mathbf{A} = \mathbf{E} \qquad (3\text{-}49)$$

Eine orthogonale Matrix geht beim Transponieren in die inverse Matrix über:

$$\mathbf{A}^T = \mathbf{A}^{-1} \qquad (3\text{-}50)$$

Diesen Zusammenhang erhalten wir, wenn wir (3-49) von links mit der inversen Matrix $\mathbf{A}^{-1}$ multiplizieren:

$\mathbf{A}^{-1}(\mathbf{A}\ \mathbf{A}^T) = \mathbf{A}^{-1}\mathbf{E} \Rightarrow \mathbf{A}^{-1}\mathbf{A}\ \mathbf{A}^T = \mathbf{A}^{-1}\mathbf{E} \Rightarrow \mathbf{E}\,\mathbf{A}^T = \mathbf{A}^{-1}\mathbf{E}$

Mit den Rechenregeln für n-reihige Determinanten (3-36) und (3-35) folgt aus (3-49):

$$\det\left(\mathbf{A}\cdot\mathbf{A}^T\right) = \det(\mathbf{A})\cdot\det\left(\mathbf{A}^T\right) = \det(\mathbf{A})\cdot\det(\mathbf{A}) = (\det(\mathbf{A}))^2 = \det(\mathbf{E}) = 1 \qquad (3\text{-}51)$$

Die Determinante einer orthogonalen Matrix A besitzt also den Wert +1 oder -1:

$$\det(\mathbf{A}) = 1 \text{ oder } \det(\mathbf{A}) = -1 \qquad (3\text{-}52)$$

Eine orthogonale Matrix ist wegen (3-52) stets regulär.

Sind A und B orthogonal, so ist auch das Produkt A B orthogonal.

Die Zeilenvektoren bzw. Spaltenvektoren einer orthogonalen Matrix A bilden ein orthonormiertes System. Sie stellen also zueinander orthogonale Einheitsvektoren dar.
Es gilt nämlich:
Bei der Matrixmultiplikation A A^T wird der i-te Zeilenvektor von A skalar mit dem k-tem Spaltenvektor von A^T multipliziert:

$$\sum_{j=1}^{n}\left(a_{i,j}\cdot a_{j,k}{}^T\right) = \sum_{j=1}^{n}\left(a_{i,j}\cdot a_{k,j}\right) = 1 \text{ für } i = k \text{ und } 0 \text{ für } i \neq k \ (i,k = 1,2, ..., n). \qquad (3\text{-}53)$$

Diese Beziehung bedeutet aber, dass die Zeilenvektoren einer orthogonalen Matrix normiert sind, also Einheitsvektoren darstellen und zueinander orthogonal sind. Die gleiche Aussage gilt auch für Spaltenvektoren einer orthogonalen Matrix.

Beispiel 3.1.34:

Ist die gegebene Matrix regulär bzw. orthogonal?

$\mathbf{A} := \begin{pmatrix} 1 & 1 \\ 2 & 1 \end{pmatrix}$ gegebene Matrix

$|\mathbf{A}| = -1$ die Matrix ist wegen $\det(\mathbf{A}) \neq 0$ regulär

$\mathbf{A}\cdot\mathbf{A}^T = \begin{pmatrix} 2 & 3 \\ 3 & 5 \end{pmatrix}$ die Matrix ist wegen $\mathbf{A}\,\mathbf{A}^T \neq \mathbf{E}$ nicht orthogonal (3-49)

Beispiel 3.1.35:

Wie lauten die Transformationsgleichungen bei der Drehung des kartesischen ebenen Koordinatensystems um den Winkel φ für einen beliebigen Punkt der Ebene? Wie lautet die zugehörige Transformationsmatrix? Ist die Transformationsmatrix orthogonal?

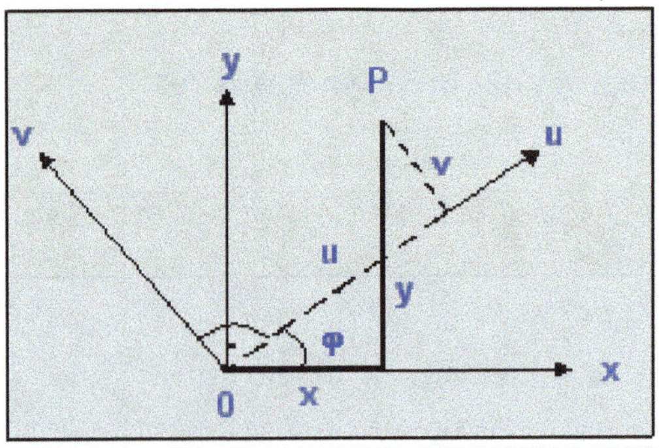

Abb. 3.1.8

Aus der Geometrie in Abb. 3.1.8 folgen die Transformationsgleichungen:

$u = x\cos(\varphi) + y\sin(\varphi)$

$v = -x\sin(\varphi) + y\cos(\varphi)$

Diese können in Form einer Matrixgleichung geschrieben werden:

$$\begin{pmatrix} u \\ v \end{pmatrix} = \begin{pmatrix} \cos(\varphi) & \sin(\varphi) \\ -\sin(\varphi) & \cos(\varphi) \end{pmatrix} \begin{pmatrix} x \\ y \end{pmatrix}$$

Die Transformationsmatrix lautet somit:

$$\mathbf{D_r}(\varphi) := \begin{pmatrix} \cos(\varphi) & \sin(\varphi) \\ -\sin(\varphi) & \cos(\varphi) \end{pmatrix}$$

Die Transformationsmatrix ist orthogonal, denn es gilt (3-49):

$\varphi := \varphi$ Redefinition

$$\mathbf{D_r}(\varphi) \cdot \mathbf{D_r}(\varphi)^T \text{ vereinfachen } \rightarrow \begin{pmatrix} 1 & 0 \\ 0 & 1 \end{pmatrix}$$

Es gilt auch (3-50):

$$\mathbf{D_r}(\varphi)^T \rightarrow \begin{pmatrix} \cos(\varphi) & -\sin(\varphi) \\ \sin(\varphi) & \cos(\varphi) \end{pmatrix} \qquad \mathbf{D_r}(\varphi)^{-1} \text{ vereinfachen } \rightarrow \begin{pmatrix} \cos(\varphi) & -\sin(\varphi) \\ \sin(\varphi) & \cos(\varphi) \end{pmatrix}$$

3.1.8 Rang einer Matrix

Der Rang einer Matrix kann auf verschiedene Art und Weise bestimmt werden.

a) Bestimmung des Ranges r einer Matrix A unter Verwendung von Unterdeterminanten:

Unter dem Rang einer (mxn)-Matrix A verstehen wir die höchste Ordnung r aller von null verschiedenen Unterdeterminanten von A. Wir schreiben dafür:

$$rg(\mathbf{A}) = r \qquad (3\text{-}54)$$

Der Rang r ist höchstens gleich der kleineren der beiden Zahlen m und n:

$$rg(\mathbf{A}) \le \{m,n\} \qquad (3\text{-}55)$$

Das heißt: rg(A) ≤ m für m ≤ n bzw. rg(A) ≤ n für n < m.

Rangbestimmung (für m ≤ n):

1. **Zuerst bestimmen wir die m-reihigen Unterdeterminanten von A (Abschnitt 3.1.4). Der Rang r = m, wenn es unter ihnen wenigstens eine von null verschiedene gibt.**
2. **Sind alle m-reihigen Unterdeterminanten von A gleich null, so ist r höchstens gleich m-1. Es ist daher zu prüfen, ob es nicht eine von null verschiedene (m-1)-reihige Unterdeterminante von A gibt. Ist dies der Fall, so ist r = m-1, andernfalls ist r höchstens gleich m-2. Dieses Verfahren wird dann so lange fortgesetzt, bis sich eine von null verschiedene Unterdeterminante von A ergibt. Für den Fall, dass m > n ist, muss in diesem Verfahren die Zahl m durch n ersetzt werden.**

Beispiel 3.1.36:

Bestimmen Sie den Rang der gegebenen Matrix:

$$\mathbf{A} := \begin{pmatrix} 1 & 1 & 1 & 0 \\ -1 & 2 & 1 & 3 \\ -2 & 1 & 0 & 3 \end{pmatrix}$$ gegebene Matrix

Der Rang dieser (3x4)-Matrix kann höchstens gleich 3 sein (rg(**A**) ≤ 3). Zuerst werden alle (m = 3) Unterdeterminanten bestimmt:

ORIGIN := 1 ORIGIN festlegen

$$\mathbf{A1} := \begin{pmatrix} 1 & 1 & 1 \\ -1 & 2 & 1 \\ -2 & 1 & 0 \end{pmatrix} \quad \mathbf{A2} := \begin{pmatrix} 1 & 1 & 0 \\ -1 & 2 & 3 \\ -2 & 1 & 3 \end{pmatrix} \quad \mathbf{A3} := \begin{pmatrix} 1 & 1 & 0 \\ -1 & 1 & 3 \\ -2 & 0 & 3 \end{pmatrix} \quad \mathbf{A4} := \begin{pmatrix} 1 & 1 & 0 \\ 2 & 1 & 3 \\ 1 & 0 & 3 \end{pmatrix}$$

$$|\mathbf{A1}| = 0 \quad |\mathbf{A2}| = 0 \quad |\mathbf{A3}| = 0 \quad |\mathbf{A4}| = 0$$

Alle 3-reihigen Unterdeterminanten sind null. Daher kann der Rang von **A** höchstens 2 sein(Rg(**A**) ≤ 2). Wir prüfen, ob es nicht eine 2-reihige Unterdeterminante gibt, die ungleich null ist. zum Beispiel durch Streichen der 3. Zeile und der 2. und 3. Spalte erhalten wir eine Unterdeterminante die ungleich null ist:

$$\mathbf{A5} := \begin{pmatrix} 1 & 1 \\ -1 & 2 \end{pmatrix} \qquad |\mathbf{A5}| = 3$$

Die Matrix **A** hat also den Rang r = 2 (rg(**A**) = 2).

b) Rangbestimmung durch elementare Umformungen der Matrix A:

Eine Matrix A ändert nicht ihren Rang, wenn sie den folgenden elementaren Umformungen unterworfen wird:

1. Vertauschen von 2 Zeilen (oder Spalten).

2. Die Elemente einer Zeile (oder Spalte) werden mit $\lambda \neq 0$ multipliziert oder durch eine solche Zahl dividiert.

3. Zu einer Zeile (oder Spalte) wird ein beliebiges Vielfaches einer anderen Zeile (bzw. anderen Spalte) addiert.

Der Rang einer (mxn)-Matrix A kann wie folgt bestimmt werden: Zuerst wird die Matrix A mithilfe elementarer Umformungen auf eine sogenannte Trapezform (Abb. 3.1.9) gebracht ($b_i \neq 0$ für i = 1, 2, ... , r).

Der Rang der Matrix A ist dann gleich der Anzahl r der nichtverschwindenden Zeilen: Rg(A) = r.

$$\begin{pmatrix} b_{1,1} & b_{1,2} & \dots & b_{1,r} & b_{1,r+1} & b_{1,r+2} & \dots & b_{1,n} \\ 0 & b_{2,2} & \dots & b_{2,r} & b_{2,r+1} & b_{2,r+2} & \dots & b_{2,n} \\ \dots & \dots & \dots & \dots & \dots & \dots & \dots & \dots \\ 0 & 0 & \dots & b_{r,r} & b_{r,r+1} & b_{r,r+2} & \dots & b_{r,n} \\ 0 & 0 & 0 & 0 & 0 & 0 & 0 & 0 \\ 0 & 0 & 0 & 0 & 0 & 0 & 0 & 0 \\ \dots & \dots & \dots & \dots & \dots & \dots & \dots & \dots \\ 0 & 0 & 0 & 0 & 0 & 0 & 0 & 0 \end{pmatrix}$$

r - Zeilen

(m - r) Nullzeilen

Abb. 3.1.9

Beispiel 3.1.37:

Bestimmen Sie den Rang der gegebenen Matrix:

$$\mathbf{A} := \begin{pmatrix} 1 & 1 & 1 & 0 \\ -1 & 2 & 1 & 3 \\ -2 & 1 & 0 & 3 \end{pmatrix}$$

Wir verwenden hier die im Beispiel 3.1.27 angegebenen Unterprogramme:

$\mathbf{B1} := \text{z1\_und\_c\_mal\_z2}(\mathbf{A}, 3, -1, 2)$ $\quad \mathbf{B1} = \begin{pmatrix} 1 & 1 & 1 & 0 \\ -1 & 2 & 1 & 3 \\ -1 & -1 & -1 & 0 \end{pmatrix}$ $\quad$ z3 = z3 - z2

$\mathbf{B2} := \text{z1\_und\_c\_mal\_z2}(\mathbf{B1}, 2, -1, 3)$ $\quad \mathbf{B2} = \begin{pmatrix} 1 & 1 & 1 & 0 \\ 0 & 3 & 2 & 3 \\ -1 & -1 & -1 & 0 \end{pmatrix}$ $\quad$ z2 = z2 - z3

$\mathbf{B3} := \text{z1\_und\_c\_mal\_z2}(\mathbf{B2}, 3, 1, 1)$ $\quad \mathbf{B3} = \begin{pmatrix} 1 & 1 & 1 & 0 \\ 0 & 3 & 2 & 3 \\ 0 & 0 & 0 & 0 \end{pmatrix}$ $\quad$ z3 = z3 + z1

Die Matrix **B3** hat die gewünschte Trapezform. Der Rang der Matrix **A** beträgt somit: rg(**A**) = 2.

c) Lineare Unabhängigkeit von Vektoren ((mxn)-Matrix)

Der Rang r einer (mxn)-Matrix A ist definiert als die maximale Anzahl der linear unabhängigen Spaltenvektoren (Spaltenrang rgs(A)) bzw. Zeilenvektoren (Zeilenrang rgz(A)).

$$\text{rg}(\mathbf{A}) = \text{rgs}(\mathbf{A}) = \text{rgz}(\mathbf{A}) \le \min\{m,n\} \qquad (3\text{-}56)$$

Zur Erinnerung aus Abschnitt 2.4.2:

Eine Menge von n Vektoren $a_1, a_2, \ldots, a_n \in \mathbb{R}^m$ heißen linear unabhängig, wenn für jede Linearkombination mit ($\lambda_i \in \mathbb{R}$)

$$\sum_{i=1}^{n} (\lambda_i \mathbf{a}_i) = \mathbf{0} \text{ stets } \lambda_1 = \lambda_2 = \ldots = \lambda_n \text{ gilt.} \qquad (3\text{-}57)$$

Andernfalls heißen die $a_1, a_2, \ldots, a_n$ linear abhängig.
Die linearen Abhängigkeit ist nur dann gegeben, wenn eine der folgenden drei Eigenschaften gilt:

1. **Die Menge von n Vektoren $a_1, a_2, \ldots, a_n \in \mathbb{R}^m$ enthält den Nullvektor.**
2. **Die Menge von n Vektoren $a_1, a_2, \ldots, a_n \in \mathbb{R}^m$ enthält zwei gleiche oder zwei kollineare Vektoren.**
3. **Mindestens einer der n Vektoren kann als Linearkombination der übrigen dargestellt werden.**

Die n Spaltenvektoren $a_1, a_2, \ldots, a_n \in \mathbb{R}$ einer (mxn)-Matrix A stellen z. B. eine solche Menge von n Vektoren dar ($A = (a_1, a_2, \ldots, a_n)$).

Wir können demnach die lineare Vektorgleichung

$$\lambda_1 \mathbf{a}_1 + \lambda_2 \mathbf{a}_2 + ... + \lambda_n \mathbf{a}_n = \mathbf{0} \qquad (3\text{-}58)$$

auch als Matrizengleichung schreiben:

$$\begin{pmatrix} a_{1,1} & a_{1,2} & .... & a_{1,n} \\ a_{2,1} & a_{2,2} & .... & a_{2,n} \\ .... & .... & .... & .... \\ a_{m,1} & a_{m,2} & .... & a_{m,n} \end{pmatrix} \cdot \begin{pmatrix} \lambda_1 \\ \lambda_2 \\ .... \\ \lambda_n \end{pmatrix} = \begin{pmatrix} 0 \\ 0 \\ .... \\ 0 \end{pmatrix} \quad \text{oder} \quad \mathbf{A}\boldsymbol{\lambda} = \mathbf{0} \qquad (3\text{-}59)$$

Dabei handelt es sich um ein homogenes lineares Gleichungssystem mit n unbekannten Koeffizienten $\lambda_1, \lambda_2, ..., \lambda_n$.
Es ist bekannt, dass ein solches System immer lösbar ist. Nachfolgend wollen wir aber noch zwei Fälle unterscheiden:

1.Fall:

Der Rang r der aus den n Spaltenvektoren $a_1, a_2, ..., a_n$ gebildeten Koeffizientenmatrix A ist gleich der Anzahl n der vorgegebenen Vektoren:

$$rg(\mathbf{A}) = n \qquad (3\text{-}60)$$

In diesem Fall gibt es genau eine Lösung von (3-59) die triviale Lösung $\boldsymbol{\lambda} = \mathbf{0}$. Die n Spaltenvektoren sind also linear unabhängig.

2.Fall:

Der Rang r der aus den n Spaltenvektoren $a_1, a_2, ..., a_n$ gebildeten Koeffizientenmatrix A ist kleiner als die Anzahl n der vorgegebenen Vektoren:

$$rg(\mathbf{A}) < n \qquad (3\text{-}61)$$

In diesem Fall gibt es unendlich viele Lösungen von (3-59) für die unbekannten Koeffizienten (nicht alle λ_i sind null). Die n Spaltenvektoren sind also linear abhängig.

Beispiel 3.1.38:

Welchen Rang r besitzt die nachfolgend gegebene Matrix **A**?

$$\mathbf{A} = \begin{pmatrix} 2 & 1 & -2 \\ 6 & 4 & 4 \\ 5 & 4 & 3 \end{pmatrix} \quad \text{gegebene Matrix}$$

Zum Nachweis, ob die Spaltenvektoren linear unabhängig sind, lösen wir das Gleichungssystem:

$$\begin{pmatrix} 2 & 1 & -2 \\ 6 & 4 & 4 \\ 5 & 4 & 3 \end{pmatrix} \cdot \begin{pmatrix} \lambda_1 \\ \lambda_2 \\ \lambda_3 \end{pmatrix} = \begin{pmatrix} 0 \\ 0 \\ 0 \end{pmatrix}$$

Durch elementares Umformen (siehe oben b)) erhalten wir das äquivalente System:

$$\begin{pmatrix} 2 & 1 & -2 \\ 0 & 1 & 10 \\ 0 & 0 & -7 \end{pmatrix} \cdot \begin{pmatrix} \lambda_1 \\ \lambda_2 \\ \lambda_3 \end{pmatrix} = \begin{pmatrix} 0 \\ 0 \\ 0 \end{pmatrix}$$

Offenbar kann das Gleichungssystem mit $\lambda_1 = \lambda_2 = \lambda_3 = 0$ gelöst werden. Die Spaltenvektoren sind daher linear unabhängig. Der Rang der Matrix **A** ist daher: rg(**A**) = 3.

Beispiel 3.1.39:

Welchen Rang r besitzt die nachfolgend gegebene Matrix **A**?

$$\mathbf{A} = \begin{pmatrix} 2 & 4 & 16 \\ 1 & -3 & -7 \\ -2 & 2 & 2 \end{pmatrix}$$ gegebene Matrix

Zum Nachweis, ob die Spaltenvektoren linear unabhängig sind, lösen wir das Gleichungssystem:

$$\begin{pmatrix} 2 & 4 & 16 \\ 1 & -3 & -7 \\ -2 & 2 & 2 \end{pmatrix} \cdot \begin{pmatrix} \lambda_1 \\ \lambda_2 \\ \lambda_3 \end{pmatrix} = \begin{pmatrix} 0 \\ 0 \\ 0 \end{pmatrix}$$

Durch elementares Umformen (siehe oben b)) erhalten wir das äquivalente System

$$\begin{pmatrix} 2 & 4 & 16 \\ 0 & -5 & -15 \\ 0 & 0 & 0 \end{pmatrix} \cdot \begin{pmatrix} \lambda_1 \\ \lambda_2 \\ \lambda_3 \end{pmatrix} = \begin{pmatrix} 0 \\ 0 \\ 0 \end{pmatrix}$$

Offensichtlich gibt es neben $\lambda_1 = \lambda_2 = \lambda_3$ weitere Lösungen. Wir können λ_3 beliebig wählen, weil Gleichung drei immer stimmt. Mit $\lambda_3 = 1$ erhalten wir $\lambda_2 = -3$ und $\lambda_1 = -2$. Die Spaltenvektoren von **A** sind also linear abhängig. Der Rang der Matrix **A** ist daher: rg(**A**) < 3.

d) Lineare Unabhängigkeit von Vektoren ((nxn)-Matrix)

Sei A eine (nxn)-Matrix mit n Spaltenvektoren des n-dimensionalen Raumes $\mathbb{R}^n$.
Für eine (nxn)-Matrix A gilt stets: rg(A) ≤ n.
Für reguläre bzw. singuläre Matrizen gilt insbesondere:

det(**A**) ≠ 0 **(reguläre Matrix) ⇔ rg(A) = n ⇔ linear unabhängige Vektoren** **(3-62)**

det(**A**) = 0 **(singuläre Matrix) ⇔ rg(A) < n ⇔ linear abhängige Vektoren** **(3-63)**

Unter den n Spaltenvektoren des n-dimensionalen Raumes $\mathbb{R}^n$ gibt es maximal n linear unabhängige Vektoren. Mehr als n Vektoren sind also stets linear abhängig.

e) Rangbestimmung mit Mathcad

Mit Mathcad kann der Rang einer (mxn)-Matrix A mit der Funktion rg(A) bestimmt werden!

Beispiel 3.1.40:

Bestimmen Sie den Rang der gegebenen Matrix.

$\mathbf{A} := \begin{pmatrix} 1 & 2 & 4 \\ 0 & 2 & 2 \\ 1 & 3 & 1 \end{pmatrix}$ gegebene Matrix

$|\mathbf{A}| = -8$ Die Matrix **A** ist regulär. Daher ist der Rang der Matrix: rg(**A**) = n = 3. Die Spaltenvektoren der Matrix **A** sind somit linear unabhängig.

$rg(\mathbf{A}) = 3$ Rangbestimmung mit der Mathcadfunktion rg(**A**)

Beispiel 3.1.41:

Bestimmen Sie den Rang der gegebenen Matrix.

$\mathbf{A} := \begin{pmatrix} 2 & 4 & 16 \\ 1 & -3 & -7 \\ -2 & 2 & 2 \end{pmatrix}$ gegebene Matrix

$|\mathbf{A}| = 2.132 \times 10^{-14}$ Die Matrix **A** ist singulär. Daher ist der Rang der Matrix: rg(**A**) < 3. Die Spaltenvektoren der Matrix **A** sind somit linear abhängig.

$rg(\mathbf{A}) = 2$ Der Rang der Matrix ist gleich 2.

Beispiel 3.1.42:

Sind die drei Spaltenvektoren (Basisvektoren) des dreidimensionalen Raumes linear unabhängig?

$\mathbf{E_3} := \begin{pmatrix} 1 & 0 & 0 \\ 0 & 1 & 0 \\ 0 & 0 & 1 \end{pmatrix}$ gegebene Matrix

$|\mathbf{E_3}| = 1$ Die Einheitsmatrix $\mathbf{E}_3$ ist regulär. Daher ist der Rang der Matrix: rg(**A**) = 3. Die Spaltenvektoren (Basisvektoren) der Matrix **A** sind somit linear unabhängig.

Beispiel 3.1.43:

Im Beispiel 3.1.38 wurde gezeigt, dass die Spaltenvektoren der gegebenen Matrix **A** linear unabhängig sind. Sind die Vektoren noch linear unabhängig, wenn wir einen beliebigen Vektor $\mathbf{a}_4$ hinzufügen?

$\mathbf{a_4} := \begin{pmatrix} 1 \\ 3 \\ 7 \end{pmatrix}$ gegebener Vektor

Durch Hinzufügen eines beliebigen Vektors $\mathbf{a}_4$ werden die Vektoren linear abhängig!

Es gelten folgende Gesetzmäßigkeiten bei passender Ordnung von A und B:

$rg(\mathbf{A}) = rg(-\mathbf{A})$ **(3-64)**

$rg(\mathbf{A}^T) = rg(\mathbf{A})$ **(3-65)**

$rg(\mathbf{A}) - rg(\mathbf{B}) \le rg(\mathbf{A} + \mathbf{B}) \le rg(\mathbf{A}) + rg(\mathbf{B})$ **(3-66)**

$rg(\mathbf{A} \cdot \mathbf{B}) \le \min\{rg(\mathbf{A}), rg(\mathbf{B})\}$ **(3-67)**

$rg(\mathbf{E_n}) = n$ **(E_n ... (nxn)-Einheitsmatrix)** **(3-68)**

Beispiel 3.1.44:

Überprüfen Sie mit Mathcad die Gesetze (3-64) bis (3-68).

$\mathbf{A} := \begin{pmatrix} 1 & 5 & 7 \\ 3 & 2 & 6 \\ 8 & 9 & 4 \end{pmatrix}$ $\mathbf{B} := \begin{pmatrix} -2 & 4 & -5 \\ 1 & 5 & 3 \\ 10 & 7 & -2 \end{pmatrix}$ $\mathbf{E_2} := \begin{pmatrix} 1 & 0 \\ 0 & 1 \end{pmatrix}$ gegebene Matrizen

$rg(\mathbf{A}) = 3$ $rg(-\mathbf{A}) = 3$ (3-64)

$rg(\mathbf{A}^T) = 3$ $rg(\mathbf{A}) = 3$ (3-65)

$rg(\mathbf{A}) - rg(\mathbf{B}) = 0$ $rg(\mathbf{A} + \mathbf{B}) = 3$ $rg(\mathbf{A}) + rg(\mathbf{B}) = 6$ (3-66)

$rg(\mathbf{A}\mathbf{B}) = 3$ $\min\{3,3\} = 3$ (3-67)

$rg(\mathbf{E_2}) = 2$ (3-68)

3.1.9 Spur einer Matrix

Sei A = ($a_{i,k}$) eine (nxn)-Matrix. Dann heißt die Summe der Diagonalelemente Spur von A. Wir schreiben dafür:

$$sp(\mathbf{A}) = \sum_{i=1}^{n} a_{i,i} \quad \textbf{(3-69)}$$

Mit Mathcad kann die Spur einer (nxn)-Matrix A mit der Funktion sp(A) bestimmt werden!

Für die Spur der (nxn)-Matrizen A und B gelten folgende Gesetzmäßigkeiten:

$sp(k \cdot \mathbf{A} + \mathbf{B}) = k \cdot sp(\mathbf{A}) + sp(\mathbf{B})$ **($k \in \mathbb{R}$)** **(3-70)**

$sp(\mathbf{A}) = sp(\mathbf{A}^T)$ **(3-71)**

$sp(\mathbf{A} \cdot \mathbf{B}) = sp(\mathbf{B} \cdot \mathbf{A})$ **(gilt auch, wenn A und B (mxn)-Matrizen sind)** **(3-72)**

$\mathbf{x}, \mathbf{y} \in \mathbb{R}^n$, dann gilt: $sp(\mathbf{x} \cdot \mathbf{y}^T) = sp(\mathbf{y} \cdot \mathbf{x}^T) = \mathbf{x}^T \cdot \mathbf{y}$ **(3-73)**

Beispiel 3.1.45:

Berechnen Sie die Spur der folgenden Matrizen:

$$\mathbf{A} := \begin{pmatrix} 6 & -4 & -10 & 4 \\ -5 & 2 & 8 & -5 \\ -2 & 4 & 7 & -3 \\ 2 & -3 & -5 & 8 \end{pmatrix} \qquad \mathbf{B} := \begin{pmatrix} 4 & 0 \\ 2 & 5 \end{pmatrix}$$ gegebene Matrizen

$sp(\mathbf{A}) = 6 + 2 + 7 + 8 = 23$ Spur der Matrix **A**

$sp(\mathbf{B}) = 4 + 5 = 9$ Spur der Matrix **B**

$sp(\mathbf{A}) = 23$

$sp(\mathbf{B}) = 9$

mit Mathcad berechnet

Beispiel 3.1.46:

Überprüfen Sie mit Mathcad die Gesetze (3-70) bis (3-73).

$$\mathbf{A} := \begin{pmatrix} 1 & 9 & 5 \\ -3 & 2 & 8 \\ -1 & -5 & -8 \end{pmatrix} \qquad \mathbf{B} := \begin{pmatrix} 3 & -4 & 7 \\ 9 & 1 & 4 \\ 2 & 1 & -2 \end{pmatrix} \qquad \mathbf{x} := \begin{pmatrix} 1 \\ -2 \\ 5 \end{pmatrix} \qquad \mathbf{y} := \begin{pmatrix} 3 \\ -5 \\ 2 \end{pmatrix}$$ gegebene Matrizen und Vektoren

$sp(3\mathbf{A}) = -15$ $\quad 3\,sp(\mathbf{A}) = -15$

$sp(\mathbf{A} + \mathbf{B}) = -3$ $\quad sp(\mathbf{A}) + sp(\mathbf{B}) = -3$ (3-70)

$sp(\mathbf{A}) = -5$ $\quad sp(\mathbf{A}^T) = -5$ (3-71)

$sp(\mathbf{A} \cdot \mathbf{B}) = 105$ $\quad sp(\mathbf{B} \cdot \mathbf{A}) = 105$ (3-72)

$sp(\mathbf{x} \cdot \mathbf{y}^T) = 23$ $\quad sp(\mathbf{y} \cdot \mathbf{x}^T) = 23$ $\quad \mathbf{x}^T \cdot \mathbf{y} = 23$ (3-73)

3.1.10 Verallgemeinerte inverse Matrix

Sei A = ($a_{i,k}$) eine (nxm)-Matrix mit m ≥ n. Dann heißt die (nxm)-Matrix A_{ginv} verallgemeinerte Inverse oder g-Inverse (generalized Inverse) von A falls gilt:

$$A \cdot A_{ginv} \cdot A = A \qquad (3\text{-}74)$$

Zu jeder Matrix A existiert eine g-Inverse, die aber im Allgemeinen nicht eindeutig ist.

Mit Mathcad kann die verallgemeinerte Inverse einer (nxn)-Matrix (quadratische Matrix) A mit der Funktion A_{ginv} = geninv(A) bestimmt werden, und es gilt, wenn A regulär ist: A_{ginv} A = E.

Ist A_{ginv} eine g-Inverse der Matrix A, dann gelten folgende Gesetzmäßigkeiten:

$$\mathrm{rg}(\mathbf{A}) = \mathrm{rg}(\mathbf{A}\cdot\mathbf{A_{ginv}}) = \mathrm{rg}(\mathbf{A_{ginv}}\cdot\mathbf{A}) \quad (3\text{-}75)$$

$$\mathrm{rg}(\mathbf{A}) \le \mathrm{rg}(\mathbf{A_{ginv}}) \quad (3\text{-}76)$$

$$\mathbf{A}\text{ regulär} \Rightarrow \mathbf{A_{ginv}} = \mathbf{A}^{-1} \quad (3\text{-}77)$$

Beispiel 3.1.47:

Überprüfen Sie mit Mathcad die Gesetze (3-75) bis (3-77).

$$\mathbf{A} := \begin{pmatrix} 1 & 9 & 5 \\ -3 & 2 & 8 \\ -1 & -5 & -8 \end{pmatrix}$$ gegebene Matrix

$$\mathbf{A_{ginv}} := \mathrm{geninv}(\mathbf{A}) \qquad \mathbf{A_{ginv}} = \begin{pmatrix} -0.134 & -0.263 & -0.346 \\ 0.179 & 0.017 & 0.128 \\ -0.095 & 0.022 & -0.162 \end{pmatrix}$$ g-Inverse von A

$$\mathbf{A}\cdot\mathbf{A_{ginv}}\cdot\mathbf{A} = \begin{pmatrix} 1 & 9 & 5 \\ -3 & 2 & 8 \\ -1 & -5 & -8 \end{pmatrix}$$ (3-74)

$\mathrm{rg}(\mathbf{A}) = 3$ $\quad \mathrm{rg}(\mathbf{A}\cdot\mathbf{A_{ginv}}) = 3$ $\quad \mathrm{rg}(\mathbf{A_{ginv}}\cdot\mathbf{A}) = 3$ (3-75)

$\mathrm{rg}(\mathbf{A}) = 3$ $\quad \mathrm{rg}(\mathbf{A_{ginv}}) = 3$ (3-76)

$|\mathbf{A}| = -179$ damit ist **A** regulär $\quad \mathbf{A}^{-1} = \begin{pmatrix} -0.134 & -0.263 & -0.346 \\ 0.179 & 0.017 & 0.128 \\ -0.095 & 0.022 & -0.162 \end{pmatrix}$ (3-77)

3.1.11 Untermatrizen

Matrizen können in Untermatrizen aufgespaltet werden. Die Elemente einer solchen aufgespaltenen "Hypermatrix" sind dann ihrerseits Untermatrizen.
So ergibt z. B. das dyadische Produkt von zwei Hypervektoren

$$\mathbf{A} = \begin{pmatrix} \mathbf{A_1} \\ \mathbf{A_2} \end{pmatrix} \text{ und } \mathbf{B} = \begin{pmatrix} \mathbf{B_1} & \mathbf{B_2} \end{pmatrix} \quad (3\text{-}78)$$

die Produktmatrix

$$\mathbf{C} = \begin{pmatrix} \mathbf{A_1}\cdot\mathbf{B_1} & \mathbf{A_1}\cdot\mathbf{B_2} \\ \mathbf{A_2}\cdot\mathbf{B_1} & \mathbf{A_2}\cdot\mathbf{B_2} \end{pmatrix}, \quad (3\text{-}79)$$

deren Elemente Matrizen sind.

Beispiel 3.1.48:

Aus den Hypervektoren **A** und **B** soll die Hypermatrix (Produktmatrix) **C** = **A . B** gebildet werden. Wie lautet dazu die transponierte Matrix von **C**?

ORIGIN := 1 ORIGIN festlegen

$\mathbf{A_1} := \begin{pmatrix} 1 & 3 \\ 5 & -1 \end{pmatrix}$ $\mathbf{A_2} := \begin{pmatrix} -3 & 2 \\ 7 & 9 \end{pmatrix}$ $\mathbf{B_1} := \begin{pmatrix} -4 & 6 \\ -9 & 1 \end{pmatrix}$ $\mathbf{B_2} := \begin{pmatrix} 5 & 2 \\ 8 & 3 \end{pmatrix}$ gegebene Matrizen

$\mathbf{A} := \begin{pmatrix} \mathbf{A_1} \\ \mathbf{A_2} \end{pmatrix}$ $\mathbf{A} = \begin{pmatrix} \{2,2\} \\ \{2,2\} \end{pmatrix}$ $\mathbf{B} := \begin{pmatrix} \mathbf{B_1} & \mathbf{B_2} \end{pmatrix}$ $\mathbf{B} = (\{2,2\} \quad \{2,2\})$ Hypervektoren

$\mathbf{A} = \begin{bmatrix} \begin{pmatrix} 1 & 3 \\ 5 & -1 \end{pmatrix} \\ \begin{pmatrix} -3 & 2 \\ 7 & 9 \end{pmatrix} \end{bmatrix}$ $\mathbf{B} = \begin{bmatrix} \begin{pmatrix} -4 & 6 \\ -9 & 1 \end{pmatrix} & \begin{pmatrix} 5 & 2 \\ 8 & 3 \end{pmatrix} \end{bmatrix}$ Anzeige der Untermatrizen (Ergebnisformat-Anzeige Option-Geschachtelte Felder erweitern)

$\mathbf{C} := \begin{pmatrix} \mathbf{A_1} \cdot \mathbf{B_1} & \mathbf{A_1} \cdot \mathbf{B_2} \\ \mathbf{A_2} \cdot \mathbf{B_1} & \mathbf{A_2} \cdot \mathbf{B_2} \end{pmatrix}$ $\mathbf{C} = \begin{pmatrix} \{2,2\} & \{2,2\} \\ \{2,2\} & \{2,2\} \end{pmatrix}$ $\mathbf{C} = \begin{bmatrix} \begin{pmatrix} -31 & 9 \\ -11 & 29 \end{pmatrix} & \begin{pmatrix} 29 & 11 \\ 17 & 7 \end{pmatrix} \\ \begin{pmatrix} -6 & -16 \\ -109 & 51 \end{pmatrix} & \begin{pmatrix} 1 & 0 \\ 107 & 41 \end{pmatrix} \end{bmatrix}$ gesuchte Matrix

$\mathbf{C}^T = \begin{bmatrix} \begin{pmatrix} -31 & 9 \\ -11 & 29 \end{pmatrix} & \begin{pmatrix} -6 & -16 \\ -109 & 51 \end{pmatrix} \\ \begin{pmatrix} 29 & 11 \\ 17 & 7 \end{pmatrix} & \begin{pmatrix} 1 & 0 \\ 107 & 41 \end{pmatrix} \end{bmatrix}$ transponierte Matrix von C

Beispiel 3.1.49:

Aus den folgenden Vektoren und Matrizen sollen verschiedene Matrizen mit Untermatrizen hergestellt werden.

ORIGIN := 0 ORIGIN festlegen

$\mathbf{a} := \begin{pmatrix} 1 \\ 2 \end{pmatrix}$ $\mathbf{b} := (2 \quad 4)$ $\mathbf{B} := \begin{pmatrix} \mathbf{a} \\ \mathbf{b} \end{pmatrix}$ gegebene Vektoren und Matrizen

$\mathbf{K_0} := 1$ $\mathbf{K_1} := \mathrm{einheit}(2)$ $\mathbf{K_2} := \begin{pmatrix} \mathbf{K_0} & 2 & \mathbf{a} \end{pmatrix}$

$\mathbf{B} = \begin{pmatrix} \{2,1\} \\ \{1,2\} \end{pmatrix}$ $\mathbf{B} = \begin{bmatrix} \begin{pmatrix} 1 \\ 2 \end{pmatrix} \\ (2 \quad 4) \end{bmatrix}$ Hypermatrix **B**

$\mathbf{B_0} = \begin{pmatrix} 1 \\ 2 \end{pmatrix}$ $\mathbf{B_1} = (2 \quad 4)$ Matrixkomponenten

$\mathbf{B}^T = (\{2,1\} \quad \{1,2\})$ $\mathbf{B}^T = \begin{bmatrix} \begin{pmatrix} 1 \\ 2 \end{pmatrix} & (2 \quad 4) \end{bmatrix}$ transponierte Matrix

$\mathbf{C} := \text{erweitern}(\mathbf{B}, \mathbf{B})$ $\quad \mathbf{C} = \begin{bmatrix} \begin{pmatrix} 1 \\ 2 \end{pmatrix} & \begin{pmatrix} 1 \\ 2 \end{pmatrix} \\ (2\ \ 4) & (2\ \ 4) \end{bmatrix}$ erweiterte Matrix

$\mathbf{K} = \begin{pmatrix} 1 \\ \{2,2\} \\ \{1,3\} \end{pmatrix}$ $\quad \mathbf{K} = \begin{bmatrix} 1 \\ \begin{pmatrix} 1 & 0 \\ 0 & 1 \end{pmatrix} \\ \begin{bmatrix} 1 & 2 & \begin{pmatrix} 1 \\ 2 \end{pmatrix} \end{bmatrix} \end{bmatrix}$ Hypermatrix **K**

$\mathbf{K}_0 = 1$ $\quad \mathbf{K}_1 = \begin{pmatrix} 1 & 0 \\ 0 & 1 \end{pmatrix}$ $\quad \mathbf{K}_2 = \begin{bmatrix} 1 & 2 & \begin{pmatrix} 1 \\ 2 \end{pmatrix} \end{bmatrix}$ Matrixkomponenten

$(\mathbf{K}_2)_{0,0} = 1$ $\quad (\mathbf{K}_2)_{0,1} = 2$ $\quad (\mathbf{K}_2)_{0,2} = \begin{pmatrix} 1 \\ 2 \end{pmatrix}$ Elemente von Untermatrizen

Beispiel 3.1.50:

Es soll mit Mathcad eine Hypermatrix (multidimensionales Array) $\mathbf{M}_{i,j,k} = \mathbf{x}_i \cdot \mathbf{y}_j \cdot \mathbf{z}_k$ erzeugt werden. Dies ist in Mathcad jedoch nur für zwei Dimensionen möglich. Die k-te Dimension muss individuell erstellt werden.

ORIGIN := 0 ORIGIN festlegen

$i := 0..3 \quad j := 0..3 \quad k := 0..3$ Bereichsvariablen

$\mathbf{x}_i := i + 1 \quad \mathbf{y}_j := j + 1 \quad \mathbf{z}_k := k + 1$ gegebene Vektoren

$\mathbf{x} = \begin{pmatrix} 1 \\ 2 \\ 3 \\ 4 \end{pmatrix} \quad \mathbf{y} = \begin{pmatrix} 1 \\ 2 \\ 3 \\ 4 \end{pmatrix} \quad \mathbf{z} = \begin{pmatrix} 1 \\ 2 \\ 3 \\ 4 \end{pmatrix}$

$\mathbf{M0}_{i,j} := \mathbf{x}_i \cdot \mathbf{y}_j \cdot \mathbf{z}_0$ $\quad \mathbf{M0} = \begin{pmatrix} 1 & 2 & 3 & 4 \\ 2 & 4 & 6 & 8 \\ 3 & 6 & 9 & 12 \\ 4 & 8 & 12 & 16 \end{pmatrix}$ erzeugte Untermatrix mit konstantem k = 0

$\mathbf{M1}_{i,j} := \mathbf{x}_i \cdot \mathbf{y}_j \cdot \mathbf{z}_1$ $\quad \mathbf{M1} = \begin{pmatrix} 2 & 4 & 6 & 8 \\ 4 & 8 & 12 & 16 \\ 6 & 12 & 18 & 24 \\ 8 & 16 & 24 & 32 \end{pmatrix}$ erzeugte Untermatrix mit konstantem k = 1

$\mathbf{M2}_{i,j} := \mathbf{x}_i \cdot \mathbf{y}_j \cdot \mathbf{z}_2$ $\quad \mathbf{M2} = \begin{pmatrix} 3 & 6 & 9 & 12 \\ 6 & 12 & 18 & 24 \\ 9 & 18 & 27 & 36 \\ 12 & 24 & 36 & 48 \end{pmatrix}$ erzeugte Untermatrix mit konstantem k = 2

$M3_{i,j} := x_i \cdot y_j \cdot z_3$ $\quad M3 = \begin{pmatrix} 4 & 8 & 12 & 16 \\ 8 & 16 & 24 & 32 \\ 12 & 24 & 36 & 48 \\ 16 & 32 & 48 & 64 \end{pmatrix}$ erzeugte Untermatrix mit konstantem k = 3

$M := \begin{pmatrix} M0 \\ M1 \\ M2 \\ M3 \end{pmatrix}$ $\quad M = \begin{pmatrix} \{4,4\} \\ \{4,4\} \\ \{4,4\} \\ \{4,4\} \end{pmatrix}$ Matrix mit den 4 Untermatrizen

$$M^T = \left[\begin{pmatrix} 1 & 2 & 3 & 4 \\ 2 & 4 & 6 & 8 \\ 3 & 6 & 9 & 12 \\ 4 & 8 & 12 & 16 \end{pmatrix} \begin{pmatrix} 2 & 4 & 6 & 8 \\ 4 & 8 & 12 & 16 \\ 6 & 12 & 18 & 24 \\ 8 & 16 & 24 & 32 \end{pmatrix} \begin{pmatrix} 3 & 6 & 9 & 12 \\ 6 & 12 & 18 & 24 \\ 9 & 18 & 27 & 36 \\ 12 & 24 & 36 & 48 \end{pmatrix} \begin{pmatrix} 4 & 8 & 12 & 16 \\ 8 & 16 & 24 & 32 \\ 12 & 24 & 36 & 48 \\ 16 & 32 & 48 & 64 \end{pmatrix} \right]$$

Untermatrizen:

$$M_0 = \begin{pmatrix} 1 & 2 & 3 & 4 \\ 2 & 4 & 6 & 8 \\ 3 & 6 & 9 & 12 \\ 4 & 8 & 12 & 16 \end{pmatrix} \quad M_1 = \begin{pmatrix} 2 & 4 & 6 & 8 \\ 4 & 8 & 12 & 16 \\ 6 & 12 & 18 & 24 \\ 8 & 16 & 24 & 32 \end{pmatrix} \quad M_2 = \begin{pmatrix} 3 & 6 & 9 & 12 \\ 6 & 12 & 18 & 24 \\ 9 & 18 & 27 & 36 \\ 12 & 24 & 36 & 48 \end{pmatrix} \quad M_3 = \begin{pmatrix} 4 & 8 & 12 & 16 \\ 8 & 16 & 24 & 32 \\ 12 & 24 & 36 & 48 \\ 16 & 32 & 48 & 64 \end{pmatrix}$$

Elemente in den Untermatrizen:

$(M_0)_{0,0} = 1$ $\quad (M_1)_{1,1} = 8$ $\quad (M_2)_{1,3} = 24$ $\quad (M_3)_{3,3} = 64$

z = 0, x = 0, y = 0 **z = 1, x = 1, y = 1** **z = 2, x = 1, y = 3** **z = 3, x = 3, y = 3**

Die Matrix **M** mit Untermatrizen kann mit einem Unterprogramm schneller erzeugt werden:

```
M := | for k ∈ 0.. zeilen(z) − 1
     |   | for i ∈ 0.. zeilen(x) − 1
     |   |   for j ∈ 0.. zeilen(y) − 1
     |   |     ZM[i,j] ← x[i] y[j] z[k]
     |   | ZM1[k] ← ZM
     | ZM1
```

$M = \begin{pmatrix} \{4,4\} \\ \{4,4\} \\ \{4,4\} \\ \{4,4\} \end{pmatrix}$

$$M^T = \left[\begin{pmatrix} 1 & 2 & 3 & 4 \\ 2 & 4 & 6 & 8 \\ 3 & 6 & 9 & 12 \\ 4 & 8 & 12 & 16 \end{pmatrix} \begin{pmatrix} 2 & 4 & 6 & 8 \\ 4 & 8 & 12 & 16 \\ 6 & 12 & 18 & 24 \\ 8 & 16 & 24 & 32 \end{pmatrix} \begin{pmatrix} 3 & 6 & 9 & 12 \\ 6 & 12 & 18 & 24 \\ 9 & 18 & 27 & 36 \\ 12 & 24 & 36 & 48 \end{pmatrix} \begin{pmatrix} 4 & 8 & 12 & 16 \\ 8 & 16 & 24 & 32 \\ 12 & 24 & 36 & 48 \\ 16 & 32 & 48 & 64 \end{pmatrix} \right]$$

Beispiel 3.1.51:

Mithilfe von Hypermatrizen sollen Pfeilspitzen für Vektoren erzeugt und dargestellt werden.

ORIGIN := 1 ORIGIN festlegen

Koordinaten von zwei Vektoren:

$x1_1 := 0$ $y1_1 := 0$ Koordinaten des Anfangspunktes

$x1_2 := 8$ $y1_2 := -9$ Koordinaten des Endpunktes

$x2_1 := -5$ $y2_1 := 5$ Koordinaten des Anfangspunktes

$x2_2 := 3$ $y2_2 := 6$ Koordinaten des Endpunktes

$\mathbf{x1} = \begin{pmatrix} 0 \\ 8 \end{pmatrix}$ $\mathbf{y1} = \begin{pmatrix} 0 \\ -9 \end{pmatrix}$ x- und y-Koordinaten zu einem Vektor zusammengefasst

$\mathbf{x2} = \begin{pmatrix} -5 \\ 3 \end{pmatrix}$ $\mathbf{y2} = \begin{pmatrix} 5 \\ 6 \end{pmatrix}$ x- und y-Koordinaten zu einem Vektor zusammengefasst

Unterprogramm zur Berechnung der Pfeilspitzen eines Vektors:

$$\text{vektorpfeil}(\mathbf{x},\mathbf{y}) := \left|\begin{array}{l} \mathbf{X}_1 \leftarrow \begin{pmatrix} \mathbf{x}_2 \\ \mathbf{x}_2 - \sin\left(\frac{\pi}{3} - \text{winkel}(\mathbf{x}_2 - \mathbf{x}_1, \mathbf{y}_2 - \mathbf{y}_1)\right) \end{pmatrix} \\ \mathbf{X}_2 \leftarrow \begin{pmatrix} \mathbf{x}_2 \\ \mathbf{x}_2 - \cos\left(\text{winkel}(\mathbf{x}_2 - \mathbf{x}_1, \mathbf{y}_2 - \mathbf{y}_1) - \frac{\pi}{6}\right) \end{pmatrix} \\ \mathbf{Y}_1 \leftarrow \begin{pmatrix} \mathbf{y}_2 \\ \mathbf{y}_2 - \cos\left(\frac{\pi}{3} - \text{winkel}(\mathbf{x}_2 - \mathbf{x}_1, \mathbf{y}_2 - \mathbf{y}_1)\right) \end{pmatrix} \\ \mathbf{Y}_2 \leftarrow \begin{pmatrix} \mathbf{y}_2 \\ \mathbf{y}_2 - \sin\left(\text{winkel}(\mathbf{x}_2 - \mathbf{x}_1, \mathbf{y}_2 - \mathbf{y}_1) - \frac{\pi}{6}\right) \end{pmatrix} \\ \begin{pmatrix} \mathbf{X} \\ \mathbf{Y} \end{pmatrix} \end{array}\right.$$

Ein Vektorpfeil besteht aus zwei Geradenstücken mit jeweils einem Anfangs- und Endpunkt:

$$\text{vektorpfeil}(\mathbf{x1},\mathbf{y1})^T = \left[\begin{bmatrix} \begin{pmatrix} 8 \\ 7.051 \end{pmatrix} \\ \begin{pmatrix} 8 \\ 7.798 \end{pmatrix} \end{bmatrix} \begin{bmatrix} \begin{pmatrix} -9 \\ -8.685 \end{pmatrix} \\ \begin{pmatrix} -9 \\ -8.021 \end{pmatrix} \end{bmatrix}\right] \qquad \text{vektorpfeil}(\mathbf{x2},\mathbf{y2})^T = \left[\begin{bmatrix} \begin{pmatrix} 3 \\ 2.203 \end{pmatrix} \\ \begin{pmatrix} 3 \\ 2.079 \end{pmatrix} \end{bmatrix} \begin{bmatrix} \begin{pmatrix} 6 \\ 5.396 \end{pmatrix} \\ \begin{pmatrix} 6 \\ 6.389 \end{pmatrix} \end{bmatrix}\right]$$

$\mathbf{X1} := \text{vektorpfeil}(\mathbf{x1}, \mathbf{y1})_1$

$\mathbf{Y1} := \text{vektorpfeil}(\mathbf{x1}, \mathbf{y1})_2$

$$\mathbf{X1} = \begin{bmatrix} \begin{pmatrix} 8 \\ 7.051 \end{pmatrix} \\ \begin{pmatrix} 8 \\ 7.798 \end{pmatrix} \end{bmatrix} \qquad \mathbf{Y1} = \begin{bmatrix} \begin{pmatrix} -9 \\ -8.685 \end{pmatrix} \\ \begin{pmatrix} -9 \\ -8.021 \end{pmatrix} \end{bmatrix}$$

Anfangs- und Endpunkte der Geradenstücke eines Vektors

$\mathbf{X2} := \text{vektorpfeil}(\mathbf{x2}, \mathbf{y2})_1$

$\mathbf{Y2} := \text{vektorpfeil}(\mathbf{x2}, \mathbf{y2})_2$

$$\mathbf{X2} = \begin{bmatrix} \begin{pmatrix} 3 \\ 2.203 \end{pmatrix} \\ \begin{pmatrix} 3 \\ 2.079 \end{pmatrix} \end{bmatrix} \qquad \mathbf{Y2} = \begin{bmatrix} \begin{pmatrix} 6 \\ 5.396 \end{pmatrix} \\ \begin{pmatrix} 6 \\ 6.389 \end{pmatrix} \end{bmatrix}$$

Anfangs- und Endpunkte der Geradenstücke eines Vektors

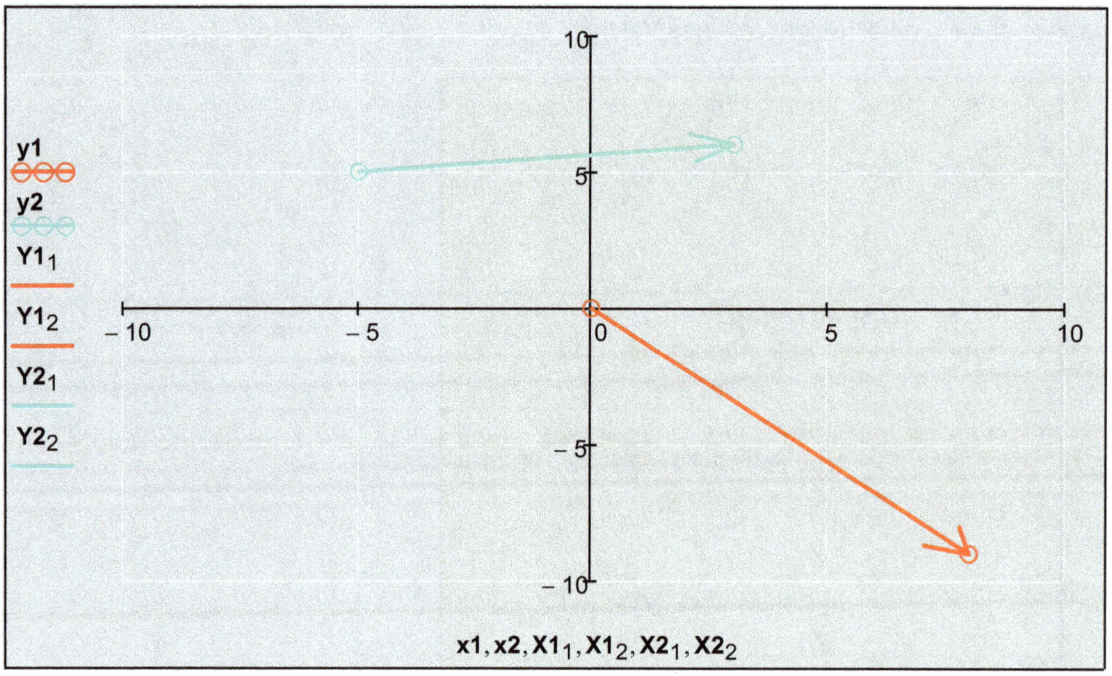

Abb. 3.1.10

3.1.12 Verschiedene Matrixzerlegungen

Mathcad stellt zahlreiche Funktionen für die Matrizenzerlegung zur Verfügung.

Cholesky-Zerlegung:

Eine symmetrische Matrix A, die positiv definit ist ($x^T A x > 0$ für alle $x \neq 0$), kann mit der Funktion cholesky in eine untere Dreiecksmatrix L (Lower) zerlegt werden. Es gilt dann für diese Matrix A mit L = cholesky(A):

$$\mathbf{A} = \mathbf{L} \cdot \mathbf{L}^T \qquad (3\text{-}80)$$

Beispiel 3.1.52:

Zerlegen Sie die gegebene symmetrische Matrix **A** in eine untere Dreiecksmatrix.

$$\mathbf{A} := \begin{pmatrix} 1 & 2 & 1 \\ 2 & 7 & -2 \\ 1 & -2 & 40 \end{pmatrix}$$ gegebene symmetrische Matrix

$|\mathbf{A}| = 101$ positive Determinante

$\mathbf{L} := \text{cholesky}(\mathbf{A})$ $$\mathbf{L} = \begin{pmatrix} 1 & 0 & 0 \\ 2 & 1.732 & 0 \\ 1 & -2.309 & 5.802 \end{pmatrix}$$ untere Dreiecksmatrix

$$\mathbf{L} \cdot \mathbf{L}^T = \begin{pmatrix} 1 & 2 & 1 \\ 2 & 7 & -2 \\ 1 & -2 & 40 \end{pmatrix}$$ $\mathbf{L}\,\mathbf{L}^T$ ergibt die Matrix **A**

PLU-Zerlegung:

Sei A eine (nxn)-Matrix (quadratische Matrix). Die Funktion lu(A) gibt eine Matrix mit drei quadratischen Matrizen P, L und U vom Typ (nxn) zurück (lu(A) = (P L U)). L ist dabei eine untere (Lower) und U eine obere (Upper) Dreiecksmatrix. Die Matrix P steht für Permutationen der Zeilen. Für diese drei Matrizen gilt:

$$\mathbf{P} \cdot \mathbf{A} = \mathbf{L} \cdot \mathbf{U} \qquad (3\text{-}81)$$

Wegen $\mathbf{A}^{-1}\mathbf{P}^{-1} = (\mathbf{P}\,\mathbf{A})^{-1} = (\mathbf{L}\,\mathbf{U})^{-1} = \mathbf{U}^{-1}\mathbf{L}^{-1}$

folgt $\mathbf{A}^{-1} = \mathbf{U}^{-1}\mathbf{L}^{-1}\mathbf{P}$.

Beispiel 3.1.53:

Zeigen Sie den Zusammenhang nach Gleichung (3-81).

$$\mathbf{A} := \begin{pmatrix} 1 & 3 & -8 \\ 4 & 5 & 6 \\ 1 & -5 & 10 \end{pmatrix}$$ gegebene Matrix

ORIGIN := 1 ORIGIN festlegen

$\mathbf{M} := \mathrm{lu}(\mathbf{A})$ $\mathbf{M} = \begin{pmatrix} 0 & 1 & 0 & 1 & 0 & 0 & 4 & 5 & 6 \\ 0 & 0 & 1 & 0.25 & 1 & 0 & 0 & -6.25 & 8.5 \\ 1 & 0 & 0 & 0.25 & -0.28 & 1 & 0 & 0 & -7.12 \end{pmatrix}$ (3x9)-Matrix mit den Matrizen **P**, **L** und **U**

$\mathbf{P} := \mathrm{submatrix}(\mathbf{M}, 1, 3, 1, 3)$ $\mathbf{P} = \begin{pmatrix} 0 & 1 & 0 \\ 0 & 0 & 1 \\ 1 & 0 & 0 \end{pmatrix}$ Matrix **P**

$\mathbf{L} := \mathrm{submatrix}(\mathbf{M}, 1, 3, 4, 6)$ $\mathbf{L} = \begin{pmatrix} 1 & 0 & 0 \\ 0.25 & 1 & 0 \\ 0.25 & -0.28 & 1 \end{pmatrix}$ untere Dreiecksmatrix **L**

$\mathbf{U} := \mathrm{submatrix}(\mathbf{M}, 1, 3, 7, 9)$ $\mathbf{U} = \begin{pmatrix} 4 & 5 & 6 \\ 0 & -6.25 & 8.5 \\ 0 & 0 & -7.12 \end{pmatrix}$ obere Dreiecksmatrix **U**

$\mathbf{P} \cdot \mathbf{A} = \begin{pmatrix} 4 & 5 & 6 \\ 1 & -5 & 10 \\ 1 & 3 & -8 \end{pmatrix}$ $\mathbf{L} \cdot \mathbf{U} = \begin{pmatrix} 4 & 5 & 6 \\ 1 & -5 & 10 \\ 1 & 3 & -8 \end{pmatrix}$ **P A** und **L U** stimmen offensichtlich überein

$\mathbf{P} \cdot \mathbf{A} - \mathbf{L} \cdot \mathbf{U} = \begin{pmatrix} 0 & 0 & 0 \\ 0 & 0 & 0 \\ 0 & 0 & 0 \end{pmatrix}$ $\mathbf{A}^{-1} = \begin{pmatrix} 0.449 & 0.056 & 0.326 \\ -0.191 & 0.101 & -0.213 \\ -0.14 & 0.045 & -0.039 \end{pmatrix}$ $\mathbf{U}^{-1}\mathbf{L}^{-1}\mathbf{P} = \begin{pmatrix} 0.449 & 0.056 & 0.326 \\ -0.191 & 0.101 & -0.213 \\ -0.14 & 0.045 & -0.039 \end{pmatrix}$

OU-Zerlegung:

Sei A ein Vektor oder eine Matrix (muss nicht quadratisch sein). Die Funktion qr(A) gibt eine Matrix zurück, deren erste n Spalten eine quadratische orthogonale Matrix O und deren restliche Spalten eine obere Dreiecksmatrix U bilden (qr(A) = (O U)).
Für diese drei Matrizen gilt:

$$\mathbf{A} = \mathbf{O} \cdot \mathbf{U} \qquad (3\text{-}82)$$

Beispiel 3.1.54:

Zeigen Sie den Zusammenhang nach Gleichung (3-82).

$\mathbf{A} := \begin{pmatrix} 1 & 2 & -1 \\ 3.1 & 4 & 4 \\ -2 & 5.1 & 1 \\ 0 & 0.9 & 5 \end{pmatrix}$ gegebene Matrix

ORIGIN := 1 ORIGIN festlegen

$\mathbf{M} := \mathrm{qr}(\mathbf{A})$ $\quad \mathbf{M} = \begin{pmatrix} 0.262 & 0.254 & -0.464 & -0.807 & 3.822 & 1.099 & 2.459 \\ 0.811 & 0.46 & 0.111 & 0.344 & 0 & 6.754 & 3.094 \\ -0.523 & 0.84 & -0.06 & 0.129 & 0 & 0 & 5.232 \\ 0 & 0.133 & 0.877 & -0.462 & 0 & 0 & 0 \end{pmatrix}$ (4x7)-Matrix mit den Matrizen **O** und **L**

$\mathbf{O} := \mathrm{submatrix}(\mathbf{M}, 1, 4, 1, 4)$ $\quad \mathbf{O} = \begin{pmatrix} 0.262 & 0.254 & -0.464 & -0.807 \\ 0.811 & 0.46 & 0.111 & 0.344 \\ -0.523 & 0.84 & -0.06 & 0.129 \\ 0 & 0.133 & 0.877 & -0.462 \end{pmatrix}$ orthogonale Matrix

$\mathbf{O}^{-1} = \begin{pmatrix} 0.262 & 0.811 & -0.523 & 0 \\ 0.254 & 0.46 & 0.84 & 0.133 \\ -0.464 & 0.111 & -0.06 & 0.877 \\ -0.807 & 0.344 & 0.129 & -0.462 \end{pmatrix}$ $\quad \mathbf{O}^{T} = \begin{pmatrix} 0.262 & 0.811 & -0.523 & 0 \\ 0.254 & 0.46 & 0.84 & 0.133 \\ -0.464 & 0.111 & -0.06 & 0.877 \\ -0.807 & 0.344 & 0.129 & -0.462 \end{pmatrix}$ **O** ist eine orthogonale Matrix

$\mathbf{O} \cdot \mathbf{O}^{T} = \begin{pmatrix} 1 & 0 & 0 & 0 \\ 0 & 1 & 0 & 0 \\ 0 & 0 & 1 & 0 \\ 0 & 0 & 0 & 1 \end{pmatrix}$

$\mathbf{U} := \mathrm{submatrix}(\mathbf{M}, 1, 4, 5, 7)$ $\quad \mathbf{U} = \begin{pmatrix} 3.822 & 1.099 & 2.459 \\ 0 & 6.754 & 3.094 \\ 0 & 0 & 5.232 \\ 0 & 0 & 0 \end{pmatrix}$ obere Dreiecksmatrix

$\mathbf{O}\,\mathbf{U} = \begin{pmatrix} 1 & 2 & -1 \\ 3.1 & 4 & 4 \\ -2 & 5.1 & 1 \\ 0 & 0.9 & 5 \end{pmatrix}$ demnach gilt **O U = A**

UDV-Zerlegung:

Die Singulärwertzerlegung einer (mxn)-Matrix A (m ≥ n) hat die Form

$$\mathbf{A} = \mathbf{U} \cdot \mathbf{D} \cdot \mathbf{V}^{T}. \qquad (3\text{-}83)$$

Die Funktion svd(A) liefert die Matrix U und V. U ist eine (mxn)-Matrix, V eine (nxn)-Orthogonalmatrix. D = diag(d) ist eine (nxn)-Diagonalmatrix mit den Singulärwerten $d_i > 0$ als Elemente. Die Singulärwerte lassen sich mit der Funktion d = svds(A) berechnen.
Die einzelnen Matrizen U, D und V^T liefern als eingebettete Matrizen auch die neue Funktion svd2(A).

Beispiel 3.1.55:

Zeigen Sie den Zusammenhang nach Gleichung (3-83).

ORIGIN := 1 — ORIGIN festlegen

$\mathbf{A} := \begin{pmatrix} 1 & 3 \\ 2 & 5 \\ 3 & 9 \end{pmatrix}$ — gegebene Matrix

$\mathbf{M} := \mathrm{svd}(\mathbf{A})$ $\quad \mathbf{M} = \begin{pmatrix} 0.278 & 0.15 \\ 0.474 & -0.881 \\ 0.835 & 0.449 \\ 0.329 & -0.944 \\ 0.944 & 0.329 \end{pmatrix}$ — (5x2)-Matrix mit den Matrizen **U** und **V**

$\mathbf{U} := \mathrm{submatrix}(\mathbf{M}, 1, \mathrm{zeilen}(\mathbf{A}), 1, \mathrm{spalten}(\mathbf{A}))$ $\quad \mathbf{U} = \begin{pmatrix} 0.278 & 0.15 \\ 0.474 & -0.881 \\ 0.835 & 0.449 \end{pmatrix}$

$\mathbf{V} := \mathrm{submatrix}(\mathbf{M}, \mathrm{zeilen}(\mathbf{A}) + 1, \mathrm{zeilen}(\mathbf{M}), 1, \mathrm{spalten}(\mathbf{A}))$ $\quad \mathbf{V} = \begin{pmatrix} 0.329 & -0.944 \\ 0.944 & 0.329 \end{pmatrix}$

$\mathbf{V} \cdot \mathbf{V}^T = \begin{pmatrix} 1 & 0 \\ 0 & 1 \end{pmatrix}$ — **V** ist orthogonal

$\mathbf{d} := \mathrm{svds}(\mathbf{A})$ $\quad \mathbf{d} = \begin{pmatrix} 11.354 \\ 0.279 \end{pmatrix}$ — Vektor der Singulärwerte

$\mathbf{D} := \mathrm{diag}(\mathbf{d})$ $\quad \mathbf{D} = \begin{pmatrix} 11.354 & 0 \\ 0 & 0.279 \end{pmatrix}$ — aus Singulärwerten $d_i > 0$ eine Diagonalmatrix bilden

$\mathbf{U} \cdot \mathbf{D} \cdot \mathbf{V}^T = \begin{pmatrix} 1 & 3 \\ 2 & 5 \\ 3 & 9 \end{pmatrix}$ — **U D V**^{T} ergibt wie erwartet **A**

Oder:

$\begin{pmatrix} \mathbf{d1} \\ \mathbf{U1} \\ \mathbf{V1_T} \end{pmatrix} := \mathrm{svd2}(\mathbf{A})$ $\quad \mathbf{d1} = \begin{pmatrix} 11.354 \\ 0.279 \end{pmatrix}$ $\quad \mathbf{U1} = \begin{pmatrix} -0.278 & 0.15 \\ -0.474 & -0.881 \\ -0.835 & 0.449 \end{pmatrix}$ $\quad \mathbf{V1_T} = \begin{pmatrix} -0.329 & -0.944 \\ -0.944 & 0.329 \end{pmatrix}$

$\mathbf{D1} := \mathrm{diag}(\mathbf{d1})$ — aus Singulärwerten $d1_i > 0$ eine Diagonalmatrix bilden

$\mathbf{U1} \cdot \mathbf{D1} \cdot \mathbf{V1_T} = \begin{pmatrix} 1 & 3 \\ 2 & 5 \\ 3 & 9 \end{pmatrix}$ — **U D1 V1**^{T} ergibt wie erwartet **A**

3.1.13 Lineare Gleichungssysteme

Unter einem linearen Gleichungssystem ((mxn)-System) mit Unbekannten $x_1, x_2, ..., x_n$ verstehen wir ein System von Gleichungen der Form

$$\begin{aligned} a_{1,1} \cdot x_1 + a_{1,2} \cdot x_2 + a_{1,3} \cdot x_3 + ... + a_{1,n} \cdot x_n &= c_1 \\ a_{2,1} \cdot x_1 + a_{2,2} \cdot x_2 + a_{2,3} \cdot x_3 + ... + a_{2,n} \cdot x_n &= c_2 \\ a_{3,1} \cdot x_1 + a_{3,2} \cdot x_2 + a_{3,3} \cdot x_3 + ... + a_{3,n} \cdot x_n &= c_3 \\ \dots\dots\dots\dots\dots\dots\dots\dots\dots\dots \\ a_{m,1} \cdot x_1 + a_{m,2} \cdot x_2 + a_{m,3} \cdot x_3 + ... + a_{m,n} \cdot x_n &= c_m \end{aligned} \qquad (3\text{-}84)$$

wobei die Skalare $a_{i,k} \in \mathbb{R}$ bekannte Koeffizienten und $c_i \in \mathbb{R}$ bekannte Konstanten sind.
Fassen wir die Skalare $a_{i,k}$ zur (mxn)-Matrix und x_i und c_i zu den (nx1)- bzw. (mx1)-Spaltenvektoren zusammen, so lässt sich ein lineares Gleichungssystem als Matrixgleichung

$$\mathbf{Ax} = \mathbf{c} \quad \text{bzw.} \quad \begin{pmatrix} a_{1,1} & a_{1,2} & a_{1,3} & .... & a_{1,n} \\ a_{2,1} & a_{2,2} & a_{2,3} & .... & a_{2,n} \\ a_{3,1} & a_{3,2} & a_{3,3} & .... & a_{3,n} \\ .... & .... & .... & .... & .... \\ a_{m,1} & a_{m,2} & a_{m,3} & .... & a_{m,n} \end{pmatrix} \cdot \begin{pmatrix} x_1 \\ x_2 \\ x_3 \\ .... \\ x_n \end{pmatrix} = \begin{pmatrix} c_1 \\ c_2 \\ c_3 \\ .... \\ c_m \end{pmatrix} \qquad (3\text{-}85)$$

schreiben.
Für **c** = **0** (Nullvektor) heißt das Gleichungssystem homogen, andernfalls inhomogen. Ein lösbares System heißt konsistent, andernfalls inkonsistent. Offensichtlich ist ein homogenes Gleichungssystem stets konsistent (dies gilt wegen der trivialen Lösung $x_1 = x_2 = ... = x_n = 0$).

Das inhomogene Gleichungssystem $\mathbf{Ax} = \mathbf{c}$ besitzt entweder genau eine Lösung oder unendlich viele Lösungen oder überhaupt keine Lösung.
Das homogene Gleichungssystem $\mathbf{Ax} = \mathbf{0}$ besitzt entweder genau eine Lösung, nämlich die triviale Lösung $\mathbf{x} = \mathbf{0}$ (Nullvektor), oder unendlich viele Lösungen.

Das Lösungsverfahren, mit dem jedes System von linearen Gleichungen behandelt werden kann, heißt Gauß'sches Eliminationsverfahren oder Gauß-Algorithmus. Es beruht auf folgenden elementaren Zeilenumformungen (siehe dazu auch Abschnitt 3.1.8 b)):

1. Zwei Gleichungen dürfen miteinander vertauscht werden.
2. Jede Gleichung darf mit einer Zahl $\lambda \neq 0$ multipliziert werden.
3. Zu jeder Gleichung darf ein Vielfaches einer anderen Gleichung addiert werden.

Mit diesem Lösungsverfahren kann nun jedes Gleichungssystem auf ein äquivalentes System

$$\begin{aligned} b_{1,1} \cdot x_1 + b_{1,2} \cdot x_2 + ... + b_{1,r} \cdot x_r + b_{1,r+1} \cdot x_{r+1} + ... + b_{1,n} \cdot x_n &= d_1 \\ b_{2,2} \cdot x_2 + ... + a_{2,r} \cdot x_r + b_{2,r+1} \cdot x_{r+1} + ... + b_{2,n} \cdot x_n &= d_2 \\ \dots\dots\dots\dots\dots\dots\dots\dots \\ a_{r,r} \cdot x_r + b_{r,r+1} \cdot x_{r+1} + ... + b_{r,n} \cdot x_n &= d_r \\ 0 &= d_{r+1} \\ 0 &= d_{r+2} \\ \dots\dots \\ 0 &= d_m \end{aligned} \qquad (3\text{-}86)$$

übergeführt werden ($b_i \neq 0$ für i = 1, 2, ... ,r).

Das lineare (mxn)-Gleichungssystem ist aber offensichtlich nur dann lösbar, wenn alle Elemente d_{r+1}, d_{r+2}, ..., d_r verschwinden d. h. null sind!
Wir können dann das äquivalente Gleichungssystem in Matrixform schreiben:

$$\mathbf{B}\cdot\mathbf{x}=\mathbf{d}\ \text{bzw.}\ \begin{pmatrix} b_{1,1} & b_{1,2} & .... & b_{1,r} & b_{1,r+1} & .... & b_{1,n} \\ 0 & b_{2,2} & .... & a_{2,r} & b_{2,r+1} & .... & b_{2,n} \\ 0 & 0 & .... & .... & .... & .... & .... \\ 0 & 0 & 0 & a_{r,r} & b_{r,r+1} & .... & b_{r,n} \\ 0 & 0 & 0 & 0 & 0 & 0 & 0 \\ 0 & 0 & 0 & 0 & 0 & 0 & 0 \\ .... & ..... & .... & .... & .... & .... & .... \\ 0 & 0 & 0 & 0 & 0 & 0 & 0 \end{pmatrix}\cdot\begin{pmatrix} x_1 \\ x_2 \\ .... \\ x_r \\ x_{r+1} \\ .... \\ .... \\ x_n \end{pmatrix}=\begin{pmatrix} d_1 \\ d_2 \\ .... \\ d_r \\ 0 \\ 0 \\ .... \\ 0 \end{pmatrix} \qquad (3\text{-}87)$$

Die äquivalente Matrix B und die erweiterte Matrix (B|d) sind dann von trapezförmiger Gestalt und enthalten jeweils in den letzten (n - r)-Zeilen nur Nullen. Sie stimmen daher in ihrem Rang überein (Abschnitt 3.1.8 b)):

$$\mathrm{rg}(\mathbf{B})=\mathrm{rg}(\mathbf{B}|\mathbf{d}) \qquad (3\text{-}88)$$

Nachdem aber das Gleichungssystem B x = d durch elementare Zeilenumformungen aus dem Gleichungssystem A x = c hervorgeht, sind sowohl A und B als auch (A|c) und (B|d) ranggleich.

Das lineare (mxn)-Gleichungssystem A x = c ist dann und nur dann lösbar, wenn der Rang der Koeffizientenmatrix A mit dem Rang der erweiterten Matrix (A|c) übereinstimmt:

$$\mathrm{rg}(\mathbf{A})=\mathrm{rg}(\mathbf{A}|\mathbf{c}) \qquad (r\le m,\ r\le n) \qquad (3\text{-}89)$$

Im Falle der Lösbarkeit besitzt das lineare Gleichungssystem folgende Lösungsmenge:

1. Für $r = n$ genau eine Lösung;
2. Für $r < n$ unendlich viele Lösungen, wobei n - r der insgesamt n Unbekannten frei wählbare Parameter sind.

Für den Fall, dass $\mathrm{rg}(\mathbf{A}) \neq \mathrm{rg}(\mathbf{A}|\mathbf{c})$ gilt, ist das lineare Gleichungssystem unlösbar.

Bei einem homogenen linearen Gleichungssystem A x = 0 ist $\mathrm{rg}(\mathbf{A}) = \mathrm{rg}(\mathbf{A}|\mathbf{c})$ immer erfüllt. Das System ist daher immer lösbar und besitzt wenigstens die triviale Lösung $x_1 = x_2 = ... = x_n = 0$. Sie ist die einzige Lösung, wenn r = n ist. Von null verschiedene Lösungen existieren nur für r < n.

Mit der in Abschnitt 3.1.10 definierten verallgemeinerten inversen Matrix gilt:

1. Das lineare (mxn)-Gleichungssystem A x = c ist genau dann lösbar, wenn $\mathbf{A}\cdot\mathbf{Aginv}\cdot\mathbf{c}=\mathbf{c}$.
2. Im Falle der Lösbarkeit erhalten wir den Lösungsvektor

$$\mathbf{x}=\mathbf{A_{ginv}}\cdot\mathbf{c}+\left(\mathbf{E}-\mathbf{A_{ginv}}\cdot\mathbf{A}\right)\cdot\mathbf{w} \qquad (3\text{-}90)$$

mit beliebigen $\mathbf{w}\in\mathbb{R}^n$.

Beispiel 3.1.56:

Besitzt das folgende Gleichungssystem eine Lösung (m > n)?

$4\,x_1 - x_2 - x_3 = 6$
$x_1 + 2\,x_3 = 0$
$-x_1 + 2\,x_2 + 2\,x_3 = 2$
$3\,x_1 - x_2 = 3$

$\mathbf{A} := \begin{pmatrix} 4 & -1 & -1 \\ 1 & 0 & 2 \\ -1 & 2 & 2 \\ 3 & -1 & 0 \end{pmatrix}$ Koeffizientenmatrix

$\mathbf{c} := \begin{pmatrix} 6 \\ 0 \\ 2 \\ 3 \end{pmatrix}$ Konstantenvektor

$\mathbf{A|c} := \text{erweitern}(\mathbf{A}, \mathbf{c})$ $\mathbf{A|c} = \begin{pmatrix} 4 & -1 & -1 & 6 \\ 1 & 0 & 2 & 0 \\ -1 & 2 & 2 & 2 \\ 3 & -1 & 0 & 3 \end{pmatrix}$ erweiterte Matrix

$\text{rg}(\mathbf{A}) = 3$ $\text{rg}(\mathbf{A|c}) = 3$ Das Gleichungssystem ist lösbar und hat wegen r = n = 3 genau eine Lösung!

$(\text{rg}(\mathbf{A}) = \text{rg}(\mathbf{A|c})) = 1$ richtige Aussage

Aufsuchen der Lösung mithilfe des Gauß-Algorithmus. Wir verwenden hier die im Beispiel 3.1.27 angegebenen Unterprogramme:

ORIGIN := 1 ORIGIN festlegen

$\mathbf{B1|d1} := \text{vert\_z1\_mit\_z2}(\mathbf{A|c}, 1, 2)$ $\mathbf{B1|d1} = \begin{pmatrix} 1 & 0 & 2 & 0 \\ 4 & -1 & -1 & 6 \\ -1 & 2 & 2 & 2 \\ 3 & -1 & 0 & 3 \end{pmatrix}$ z1 mit z2 vertauschen

$\mathbf{B2|d2} := \text{z1\_und\_c\_mal\_z2}(\mathbf{B1|d1}, 3, -3, 1)$ $\mathbf{B2|d2} = \begin{pmatrix} 1 & 0 & 2 & 0 \\ 4 & -1 & -1 & 6 \\ -4 & 2 & -4 & 2 \\ 3 & -1 & 0 & 3 \end{pmatrix}$ z3 = z3 - 3.z1

$\mathbf{B3|d3} := \text{z1\_und\_c\_mal\_z2}(\mathbf{B2|d2}, 2, -4, 1)$ $\mathbf{B3|d3} = \begin{pmatrix} 1 & 0 & 2 & 0 \\ 0 & -1 & -9 & 6 \\ -4 & 2 & -4 & 2 \\ 3 & -1 & 0 & 3 \end{pmatrix}$ z2 = z2 - 4.z1

$\mathbf{B4|d4} := \text{z1\_und\_c\_mal\_z2}(\mathbf{B3|d3}, 3, 4, 1)$ $\quad \mathbf{B4|d4} = \begin{pmatrix} 1 & 0 & 2 & 0 \\ 0 & -1 & -9 & 6 \\ 0 & 2 & 4 & 2 \\ 3 & -1 & 0 & 3 \end{pmatrix}$ $\quad$ z3 = z2 + 4.z1

$\mathbf{B5|d5} := \text{z1\_und\_c\_mal\_z2}(\mathbf{B4|d4}, 4, -3, 1)$ $\quad \mathbf{B5|d5} = \begin{pmatrix} 1 & 0 & 2 & 0 \\ 0 & -1 & -9 & 6 \\ 0 & 2 & 4 & 2 \\ 0 & -1 & -6 & 3 \end{pmatrix}$ $\quad$ z4 = z2 - 3.z1

$\mathbf{B6|d6} := \text{z1\_und\_c\_mal\_z2}(\mathbf{B5|d5}, 3, 2, 4)$ $\quad \mathbf{B6|d6} = \begin{pmatrix} 1 & 0 & 2 & 0 \\ 0 & -1 & -9 & 6 \\ 0 & 0 & -8 & 8 \\ 0 & -1 & -6 & 3 \end{pmatrix}$ $\quad$ z3 = z3 + 2.z1

$\mathbf{B7|d7} := \text{z1\_und\_c\_mal\_z2}(\mathbf{B6|d6}, 4, -1, 2)$ $\quad \mathbf{B7|d7} = \begin{pmatrix} 1 & 0 & 2 & 0 \\ 0 & -1 & -9 & 6 \\ 0 & 0 & -8 & 8 \\ 0 & 0 & 3 & -3 \end{pmatrix}$ $\quad$ z4 = z4 - z2

$\mathbf{B8|d8} := \text{c\_mal\_z}(\mathbf{B7|d7}, 3, 3)$ $\quad \mathbf{B8|d8} = \begin{pmatrix} 1 & 0 & 2 & 0 \\ 0 & -1 & -9 & 6 \\ 0 & 0 & -24 & 24 \\ 0 & 0 & 3 & -3 \end{pmatrix}$ $\quad$ z3 = 3.z3

$\mathbf{B9|d9} := \text{c\_mal\_z}(\mathbf{B8|d8}, 8, 4)$ $\quad \mathbf{B9|d9} = \begin{pmatrix} 1 & 0 & 2 & 0 \\ 0 & -1 & -9 & 6 \\ 0 & 0 & -24 & 24 \\ 0 & 0 & 24 & -24 \end{pmatrix}$ $\quad$ z4 = 8.z4

$\mathbf{B|d} := \text{z1\_und\_c\_mal\_z2}(\mathbf{B9|d9}, 4, 1, 3)$ $\quad \mathbf{B|d} = \begin{pmatrix} 1 & 0 & 2 & 0 \\ 0 & -1 & -9 & 6 \\ 0 & 0 & -24 & 24 \\ 0 & 0 & 0 & 0 \end{pmatrix}$ $\quad$ z4 = z4 + z3

Damit ergibt sich das äquivalente gestaffelte lineare Gleichungssystem:

$$x_1 + 2x_3 = 0$$
$$-x_2 - 9x_3 = 6$$
$$-24x_3 = 24$$

Durch rückwertiges Auflösen des Gleichungssystems erhalten wir dann die Lösungen: $x_3 = -1$, $x_2 = 3$, $x_1 = 2$

Aufsuchen der Lösungen mithilfe von Mathcad:
Setzen wir das Gauß'sche Eliminationsverfahren in **B|d** weiter fort, sodass links von der Spalte **d** eine Diagonalmatrix mit lauter Einsen entsteht, so können wir die Lösungen direkt ablesen. Dafür steht in Mathcad die Funktion zref(**A**|**c**) (Zeilenreduktion) zur Verfügung:

$$\mathrm{zref}(\mathbf{A}|\mathbf{c}) = \begin{pmatrix} 1 & 0 & 0 & 2 \\ 0 & 1 & 0 & 3 \\ 0 & 0 & 1 & -1 \\ 0 & 0 & 0 & 0 \end{pmatrix} \qquad x_1 = 2 \quad x_2 = 3 \quad x_3 = -1$$

Symbolische Lösung mithilfe des Operators auflösen:

$x_1 := x_1 \qquad x_2 := x_2 \qquad x_3 := x_3$ Redefinitionen

$$\begin{pmatrix} x_1 & x_2 & x_3 \end{pmatrix} := \begin{pmatrix} 4 \cdot x_1 - x_2 - x_3 = 6 \\ x_1 + 2 \cdot x_3 = 0 \\ -x_1 + 2 \cdot x_2 + 2 \cdot x_3 = 2 \\ 3 \cdot x_1 - x_2 = 3 \end{pmatrix} \text{ auflösen}, x_1, x_2, x_3 \rightarrow \begin{pmatrix} 2 & 3 & -1 \end{pmatrix}$$

$x_1 = 2 \qquad x_2 = 3 \qquad x_3 = -1$ Lösungen

Symbolische Lösung mit dem Lösungsblock:

Vorgabe

$4 \cdot x_1 - x_2 - x_3 = 6$

$x_1 + 2 \cdot x_3 = 0$

$-x_1 + 2 \cdot x_2 + 2 \cdot x_3 = 2$

$3 \cdot x_1 - x_2 = 3$

$$\begin{pmatrix} x_1 \\ x_2 \\ x_3 \end{pmatrix} := \mathrm{Suchen}(x_1, x_2, x_3) \qquad \begin{pmatrix} x_1 \\ x_2 \\ x_3 \end{pmatrix} \rightarrow \begin{pmatrix} 2 \\ 3 \\ -1 \end{pmatrix}$$ Lösungen

Lösungen mithilfe der g-Inversen Matrix ($\mathbf{x} = \mathbf{A_{ginv}}\ \mathbf{c}$):

ORIGIN := 1 ORIGIN festlegen

$$\mathbf{A_{ginv}} := \mathrm{geninv}(\mathbf{A}) \qquad \mathbf{A_{ginv}} = \begin{pmatrix} 0.239 & -0.041 & 0.16 & 0.082 \\ 0.365 & -0.431 & 0.613 & -0.138 \\ -0.208 & 0.443 & -0.047 & 0.113 \end{pmatrix}$$ g-Inverse Matrix

$$\mathbf{x} := \mathbf{A_{ginv}} \cdot \mathbf{c} \qquad \mathbf{x} = \begin{pmatrix} 2 \\ 3 \\ -1 \end{pmatrix} \qquad \mathbf{x}_1 = 2 \quad \mathbf{x}_2 = 3 \quad \mathbf{x}_3 = -1$$ Lösungen

Die Lösungen können für m > n aus der Gauß'schen Normalgleichung N x = A^T c mit N = A^T A berechnet werden. Ist N regulär (|A| ≠ 0 bzw. Rg(A) = n) ⇒ x = N^{-1} A^T c.

$\mathbf{N} := \mathbf{A}^T \cdot \mathbf{A} = \begin{pmatrix} 27 & -9 & -4 \\ -9 & 6 & 5 \\ -4 & 5 & 9 \end{pmatrix}$ $|\mathbf{N}| = 318$ $\text{rg}(\mathbf{A}) = 3$ **N = A^T A** ist eine reguläre Matrix

$\mathbf{x} := \mathbf{N}^{-1} \cdot \mathbf{A}^T \cdot \mathbf{c}$ $\mathbf{x} = \begin{pmatrix} 2 \\ 3 \\ -1 \end{pmatrix}$ Lösungsvektor

Beispiel 3.1.57:

Besitzt das folgende Gleichungssystem eine Lösung?

$3x_1 - 3x_2 = 1$
$-x_1 + 5x_2 = 4$
$5x_1 + 2x_2 = 10$

$\mathbf{A} := \begin{pmatrix} 3 & 3 \\ -1 & 5 \\ 5 & 2 \end{pmatrix}$ Koeffizientenmatrix

$\mathbf{c} := \begin{pmatrix} 1 \\ 4 \\ 10 \end{pmatrix}$ Konstantenvektor

$\text{rg}(\mathbf{A}) = 2$ $\text{rg}(\text{erweitern}(\mathbf{A}, \mathbf{c})) = 3$ Das Gleichungssystem ist also nicht lösbar (inkonsistentes Gleichungssystem)!

$(\text{rg}(\mathbf{A}) = \text{rg}(\text{erweitern}(\mathbf{A}, \mathbf{c}))) = 0$ falsche Aussage

oder:

$|\text{erweitern}(\mathbf{A}, \mathbf{c})| = 189$ Die erweiterte Matrix ist regulär, also rg(**A**|c) = 3 (3-62).

$\left|\begin{pmatrix} -1 & 5 \\ 5 & 2 \end{pmatrix}\right| = -27$ Es gibt eine von null verschiedene Unterdeterminante der Matrix **A**. Damit gilt: rg(**A**) = 2 (3-54).

Beispiel 3.1.58:

Besitzt das folgende Gleichungssystem eine Lösung?

$x_1 + 2x_2 - 2x_3 = 7$
$2x_1 + 3x_2 = 0$
$2x_1 + x_2 + 8x_3 = -28$

$\mathbf{A} := \begin{pmatrix} 1 & 2 & -2 \\ 2 & 3 & 0 \\ 2 & 1 & 8 \end{pmatrix}$ Koeffizientenmatrix

$\mathbf{c} := \begin{pmatrix} 7 \\ 0 \\ -28 \end{pmatrix}$ Konstantenvektor

$rg(\mathbf{A}) = 2$ $\quad$ $rg(erweitern(\mathbf{A}, \mathbf{c})) = 2$ $\quad$ das Gleichungssystem ist lösbar

Wegen rg(**A**) < 3 gibt es unendlich viele Lösungen:

$$zref(erweitern(\mathbf{A}, \mathbf{c})) = \begin{pmatrix} 1 & 0 & 6 & -21 \\ 0 & 1 & -4 & 14 \\ 0 & 0 & 0 & 0 \end{pmatrix} \qquad \begin{aligned} x_1 &= 6\lambda - 21 \\ x_2 &= -4\lambda + 14 \\ x_3 &= 0 \quad (n - r = 3 - 2 = 1) \end{aligned}$$

3.1.14 Quadratische lineare Gleichungssysteme

Unter einem quadratischen linearen Gleichungssystem ((nxn)-System) mit Unbekannten $x_1, x_2, ..., x_n$ verstehen wir ein System von Gleichungen der Form

$$\begin{aligned} a_{1,1} \cdot x_1 + a_{1,2} \cdot x_2 + a_{1,3} \cdot x_3 + ... + a_{1,n} \cdot x_n &= c_1 \\ a_{2,1} \cdot x_1 + a_{2,2} \cdot x_2 + a_{2,3} \cdot x_3 + ... + a_{2,n} \cdot x_n &= c_2 \\ a_{3,1} \cdot x_1 + a_{3,2} \cdot x_2 + a_{3,3} \cdot x_3 + ... + a_{3,n} \cdot x_n &= c_3 \\ \dots\dots\dots\dots\dots\dots\dots\dots\dots \\ a_{n,1} \cdot x_1 + a_{n,2} \cdot x_2 + a_{n,3} \cdot x_3 + ... + a_{n,n} \cdot x_n &= c_n \end{aligned} \qquad (3\text{-}91)$$

wobei die Skalare $a_{i,k} \in \mathbb{R}$ bekannte Koeffizienten und $c_i \in \mathbb{R}$ bekannte Konstanten sind.
Fassen wir die Skalare $a_{i,k}$ zur (nxn)-Matrix und x_i und c_i zu den (nx1)- bzw. (nx1)-Spaltenvektoren zusammen, so lässt sich dieses lineare Gleichungssystem als Matrixgleichung

$$\mathbf{A} \cdot \mathbf{x} = \mathbf{c} \quad \text{bzw.} \quad \begin{pmatrix} a_{1,1} & a_{1,2} & a_{1,3} & .... & a_{1,n} \\ a_{2,1} & a_{2,2} & a_{2,3} & .... & a_{2,n} \\ a_{3,1} & a_{3,2} & a_{3,3} & .... & a_{3,n} \\ .... & .... & .... & .... & .... \\ a_{n,1} & a_{n,2} & a_{n,3} & .... & a_{n,n} \end{pmatrix} \cdot \begin{pmatrix} x_1 \\ x_2 \\ x_3 \\ .... \\ x_n \end{pmatrix} = \begin{pmatrix} c_1 \\ c_2 \\ c_3 \\ .... \\ c_n \end{pmatrix} \qquad (3\text{-}92)$$

schreiben.
Für c = 0 (Nullvektor) heißt das Gleichungssystem homogen, andernfalls inhomogen.

Für ein quadratisches lineares Gleichungssystem gelten im Wesentlichen alle weiteren der im letzten Abschnitt 3.1.13 angeführten Bezeichnungen und Gesetzmäßigkeiten.

<u>Für quadratische inhomogene lineare (nxn)-Gleichungssysteme A x = c gelten folgende äquivalente Aussagen zu det(A) ≠ 0:</u>

1. Das System besitzt genau eine Lösung, wenn gilt:

$$rg(\mathbf{A}) = rg(\mathbf{A|c}) = r = n \qquad (3\text{-}93)$$

Damit sind alle Zeilenvektoren der Matrix A linear unabhängig (siehe (3-62)).

2. Die Determinante der Matrix A ist ungleich null:

$$\det(\mathbf{A}) \neq 0 \qquad (3\text{-}94)$$

Damit ist die Matrix A regulär und es existiert die inverse Matrix von A.

Das Gleichungssystem kann dann in einfacher Weise gelöst werden:

a) Mithilfe der inversen Matrix:

Wir multiplizieren zuerst die Matrixgleichung mit der inversen Matrix von links:

$$\mathbf{A}^{-1} \cdot \mathbf{A} \cdot \mathbf{x} = A^{-1}\mathbf{c} \Rightarrow \mathbf{E} \cdot \mathbf{x} = \mathbf{A}^{-1} \cdot \mathbf{c} \quad \text{(E ... Einheitsmatrix)} \qquad (3\text{-}95)$$

Damit erhalten wir den Lösungsvektor x aus:

$$\mathbf{x} = \mathbf{A}^{-1} \cdot \mathbf{c} \qquad (3\text{-}96)$$

b) Mithilfe der Cramer-Regel:

Mit (3-96) und (3-46) erhalten wir mit D = det(A):

$$\mathbf{x} = \mathbf{A}^{-1} \cdot \mathbf{c} = \frac{1}{D} \cdot \begin{pmatrix} c_1 \cdot A_{1,1} + c_2 \cdot A_{2,1} + ... + c_n \cdot A_{n,1} \\ c_1 \cdot A_{1,2} + c_2 \cdot A_{2,2} + ... + c_n \cdot A_{n,2} \\ .... \\ c_1 \cdot A_{1,n} + c_2 \cdot A_{2,n} + ... + c_n \cdot A_{n,n} \end{pmatrix} = \frac{1}{D} \cdot \begin{pmatrix} D_1 \\ D_2 \\ .... \\ D_n \end{pmatrix} \qquad (3\text{-}97)$$

Wenn wir in der Koeffizientenmatrix A nacheinander die erste Spalte, die zweite Spalte usw. durch den Konstantenvektor c ersetzen, so erhalten wir mit diesen Matrizen die Hilfsdeterminanten D_1, D_2, ..., D_n. Beispielsweise ergibt sich dann D_1 aus:

$$D_1 = \left| \begin{pmatrix} c_1 & a_{1,2} & a_{1,3} & .... & a_{1,n} \\ c_2 & a_{2,2} & a_{2,3} & .... & a_{2,n} \\ .... & .... & .... & .... & .... \\ c_n & a_{n,2} & a_{n,3} & .... & a_{n,n} \end{pmatrix} \right| \qquad (3\text{-}98)$$

Entwickeln wir D_1 nach den Elementen der 1. Spalte, dann erhalten wir wie in (3-97) angeführt:

$$D_1 = c_1 \cdot A_{1,1} + c_2 \cdot A_{2,1} + ... + c_n \cdot A_{n,1} \qquad (3\text{-}99)$$

Mit diesen Hilfsdeterminanten D_i und der Determinante D erhalten wir dann nach Cramer alle Lösungen des Gleichungssystems aus:

$$x_i = \frac{D_i}{D} \qquad (D \neq 0 \text{ und } i = 1, 2, ..., n) \qquad (3\text{-}100)$$

Bemerkung:
Das homogene System A x = 0 hat unter den oben angeführten Bedingungen genau eine Lösung, nämlich die triviale Lösung x = 0 (Nullvektor).

Es gelten auch die unter (3-90) angeführten Beziehungen über die verallgemeinerte inverse Matrix.

Für quadratische inhomogene lineare (nxn)-Gleichungssysteme A x = c gelten folgende äquivalente Aussagen zu det(A) = 0:

1. Die Determinante der Matrix A ist gleich null:

$$\det(\mathbf{A}) = 0 \qquad \textbf{(3-101)}$$

Damit ist die Matrix A singulär (siehe (3-63))

2. Das System besitzt unendlich viele Lösungen mit (n - r) Parametern, wenn gilt:

$$rg(\mathbf{A}) = rg(\mathbf{A|c}) = r < n \qquad \textbf{(3-102)}$$

Dies gilt auch für das homogene System A x = 0.

3. Das System besitzt keine Lösung, wenn gilt:

$$rg(\mathbf{A}) \neq rg(\mathbf{A|c}) \qquad \textbf{(3-103)}$$

Hier liefert Mathcad mit der verallgemeinerten inversen Matrix eine Näherungslösung mit minimaler Abweichung: $\mathbf{x}_{\mathbf{näh}} = \text{geninv}(\mathbf{A})\,\mathbf{c}$ **mit** $\left|\mathbf{A}\mathbf{x}_{\mathbf{näh}} - \mathbf{c}\right| = \text{Minimum}$

Die Genauigkeit der Berechnung von geninv(A) hängt in Mathcad vom Toleranzparameter TOL ab!

Bemerkung:
In Mathcad stehen unter anderem zur Lösung eines linearen quadratischen Gleichungssystem die Funktion llösen(A,c) zur Verfügung.

Beispiel 3.1.59:

Lösen Sie, wenn möglich, folgendes quadratische Gleichungssystem:

$$3x_1 + 2x_2 + 3x_3 = 4$$

$$2x_1 + 2x_2 + 6x_3 = 6$$

$$5x_1 + 4x_2 + 3x_3 = 5$$

$\mathbf{A} := \begin{pmatrix} 3 & 2 & 3 \\ 2 & 2 & 6 \\ 5 & 4 & 3 \end{pmatrix}$ Koeffizientenmatrix $\qquad \mathbf{c} := \begin{pmatrix} 4 \\ 6 \\ 5 \end{pmatrix}$ Konstantenvektor

$|\mathbf{A}| = -12$ Die Matrix ist regulär, d. h., es gibt genau eine Lösung des Gleichungssystems

$(|\mathbf{A}| \neq 0) = 1$ **1... Die Aussage ist wahr**
0... Die Aussage ist falsch

$rg(\mathbf{A}) = 3 \qquad rg(\text{erweitern}(\mathbf{A}, \mathbf{c})) = 3$ Rangvergleich

Lösung mithilfe der inversen Matrix:

$\mathbf{x} := \mathbf{A}^{-1} \cdot \mathbf{c} \qquad \mathbf{x} = \begin{pmatrix} 0.5 \\ 0 \\ 0.833 \end{pmatrix} \qquad \mathbf{x}^T \rightarrow \begin{pmatrix} \frac{1}{2} & 0 & \frac{5}{6} \end{pmatrix}$ Lösungsvektor

$\mathbf{A}\cdot\mathbf{x} = \begin{pmatrix} 4 \\ 6 \\ 5 \end{pmatrix}$ oder $(\mathbf{A}\cdot\mathbf{x} = \mathbf{c}) = 1$ Probe

Lösung mithilfe der Funktion llösen:

$\mathbf{x} := \text{llösen}(\mathbf{A}, \mathbf{c})$ $\mathbf{x} \rightarrow \begin{pmatrix} \frac{1}{2} \\ 0 \\ \frac{5}{6} \end{pmatrix}$ Lösungsvektor

Lösung mithilfe der UO-Zerlegung (3-81):

Aus **L U** = **P A** folgt: **L U x** = **P c**. Multiplizieren wir die letzte Gleichung von Links mit $(\mathbf{L\ U})^{-1}$, so erhalten wir: $(\mathbf{L\ U})^{-1}\ \mathbf{L\ U\ x} = (\mathbf{L\ U})^{-1}\ \mathbf{P\ c}$. Damit gilt mit (3-43) für den Lösungsvektor: $\mathbf{x} = \mathbf{U}^{-1}\ \mathbf{L}^{-1}\ \mathbf{P\ c}$.

ORIGIN := 1 ORIGIN festlegen

$\mathbf{M} := \text{lu}(\mathbf{A})$ $\mathbf{M} = \begin{pmatrix} 0 & 0 & 1 & 1 & 0 & 0 & 5 & 4 & 3 \\ 1 & 0 & 0 & 0.6 & 1 & 0 & 0 & -0.4 & 1.2 \\ 0 & 1 & 0 & 0.4 & -1 & 1 & 0 & 0 & 6 \end{pmatrix}$ (3x9)-Matrix mit den Matrizen **P**, **L** und **U**

$\mathbf{P} := \text{submatrix}(\mathbf{M}, 1, 3, 1, 3)$ $\mathbf{P} = \begin{pmatrix} 0 & 0 & 1 \\ 1 & 0 & 0 \\ 0 & 1 & 0 \end{pmatrix}$ Matrix **P**

$\mathbf{L} := \text{submatrix}(\mathbf{M}, 1, 3, 4, 6)$ $\mathbf{L} = \begin{pmatrix} 1 & 0 & 0 \\ 0.6 & 1 & 0 \\ 0.4 & -1 & 1 \end{pmatrix}$ untere Dreiecksmatrix **L**

$\mathbf{U} := \text{submatrix}(\mathbf{M}, 1, 3, 7, 9)$ $\mathbf{U} = \begin{pmatrix} 5 & 4 & 3 \\ 0 & -0.4 & 1.2 \\ 0 & 0 & 6 \end{pmatrix}$ obere Dreiecksmatrix **U**

$\mathbf{P}\cdot\mathbf{A} = \begin{pmatrix} 5 & 4 & 3 \\ 3 & 2 & 3 \\ 2 & 2 & 6 \end{pmatrix}$ $\mathbf{L}\cdot\mathbf{U} = \begin{pmatrix} 5 & 4 & 3 \\ 3 & 2 & 3 \\ 2 & 2 & 6 \end{pmatrix}$ **P A** und **L U** stimmen offensichtlich überein

$\mathbf{x} := \mathbf{U}^{-1}\cdot\mathbf{L}^{-1}\cdot\mathbf{P}\cdot\mathbf{c}$ $\mathbf{x} = \begin{pmatrix} 0.5 \\ 0 \\ 0.833 \end{pmatrix}$ Lösungsvektor

Lösung mithilfe der Zeilenreduktion (Gauß-Algorithmus):

$$\text{zref}(\text{erweitern}(\mathbf{A},\mathbf{c})) \rightarrow \begin{pmatrix} 1 & 0 & 0 & \frac{1}{2} \\ 0 & 1 & 0 & 0 \\ 0 & 0 & 1 & \frac{5}{6} \end{pmatrix}$$

$x_1 = 1/2$

$x_2 = 0$

$x_3 = 5/6$

$$\mathbf{x} := \text{zref}(\text{erweitern}(\mathbf{A},\mathbf{c}))^{\langle 4 \rangle} \qquad \mathbf{x} \rightarrow \begin{pmatrix} \frac{1}{2} \\ 0 \\ \frac{5}{6} \end{pmatrix}$$

Lösung mithilfe der Cramer-Regel:

```
Cramer(A, c) :=  | Fehler("Die Matrix ist nicht regulär !") if |A| = 0
                 | n ← spalten(A)
                 | D ← |A|
                 | for i ∈ 1..n
                 |    | A1 ← A
                 |    | A1⟨i⟩ ← c
                 |    | D1_i ← |A1|
                 | x ← (1/D) D1
                 | x
```

Cramer-Regel mit einem Unterprogramm realisiert

$$\mathbf{x} := \text{Cramer}(\mathbf{A},\mathbf{c}) \qquad \mathbf{x} = \begin{pmatrix} 0.5 \\ 0 \\ 0.833 \end{pmatrix}$$

Lösungsvektor

Lösung mithilfe des Operators auflösen:

$x_1 := x_1 \qquad x_2 := x_2 \qquad x_3 := x_3$

Redefinitionen

$$\mathbf{x} := \begin{pmatrix} 3x_1 + 2x_2 + 3x_3 = 4 \\ 2x_1 + 2x_2 + 6x_3 = 6 \\ 5x_1 + 4x_2 + 3x_3 = 5 \end{pmatrix} \text{auflösen}, x_1, x_2, x_3 \rightarrow \begin{pmatrix} \frac{1}{2} & 0 & \frac{5}{6} \end{pmatrix} \qquad \mathbf{x}^T \rightarrow \begin{pmatrix} \frac{1}{2} \\ 0 \\ \frac{5}{6} \end{pmatrix}$$

$\mathbf{x}_{1,1} = 0.5 \qquad \mathbf{x}_{1,2} = 0 \qquad \mathbf{x}_{1,3} = 0.833$

Lösungen

Lösung mithilfe eines Lösungsblocks:

$\mathbf{x} := (1 \;\; 1 \;\; 1)^T$

Startwerte

Vorgabe

$\mathbf{A} \cdot \mathbf{x} = \mathbf{c}$

$$\mathbf{x} := \text{Suchen}(\mathbf{x}) \qquad \mathbf{x} = \begin{pmatrix} 0.5 \\ 0 \\ 0.833 \end{pmatrix}$$

Lösungsvektor

Lösungen mithilfe der g-Inversen Matrix ($\mathbf{x} = \mathbf{A_{ginv}}\,\mathbf{c}$):

$\mathbf{A_{ginv}} := \text{geninv}(\mathbf{A})$ generalisierte inverse Matrix

$\mathbf{x} := \mathbf{A_{ginv}} \cdot \mathbf{c}$ $\mathbf{x} \rightarrow \begin{pmatrix} \frac{1}{2} \\ 0 \\ \frac{5}{6} \end{pmatrix}$ Lösungsvektor

Beispiel 3.1.60:

Lösen Sie, wenn möglich, folgendes quadratische Gleichungssystem:

$$\begin{pmatrix} 1 & 1 & 1 \\ -1 & -2 & 1 \\ 1 & -1 & 5 \end{pmatrix} \cdot \begin{pmatrix} x \\ y \\ z \end{pmatrix} = \begin{pmatrix} 1 \\ 2 \\ 0 \end{pmatrix}$$

$\mathbf{A} := \begin{pmatrix} 1 & 1 & 1 \\ -1 & -2 & 1 \\ 1 & -1 & 5 \end{pmatrix}$ Koeffizientenmatrix

$\mathbf{c} := \begin{pmatrix} 1 \\ 2 \\ 0 \end{pmatrix}$ Konstantenvektor

$|\mathbf{A}| = 0$ Das Gleichungssystem hat entweder unendlich viele oder keine Lösung.

$\text{rg}(\mathbf{A}) = 2$ $\text{rg}(\text{erweitern}(\mathbf{A}, \mathbf{c})) = 3$ Das Gleichungssystem ist unlösbar!

$$\text{zref}(\text{erweitern}(\mathbf{A}, \mathbf{c})) \rightarrow \begin{pmatrix} 1 & 0 & 3 & 0 \\ 0 & 1 & -2 & 0 \\ 0 & 0 & 0 & 1 \end{pmatrix}$$

Beispiel 3.1.61:

Lösen Sie, wenn möglich, folgendes quadratische Gleichungssystem:

$$\begin{pmatrix} 1 & 1 & 1 & 3 \\ 0 & 2 & 0 & 2 \\ -1 & -1 & -2 & -2 \\ 2 & 4 & 2 & 8 \end{pmatrix} \cdot \begin{pmatrix} x_1 \\ x_2 \\ x_3 \\ x_4 \end{pmatrix} = \begin{pmatrix} 0 \\ 5 \\ 4 \\ 8 \end{pmatrix}$$

$$\mathbf{A} := \begin{pmatrix} 1 & 1 & 1 & 3 \\ 0 & 2 & 0 & 2 \\ -1 & -1 & -2 & -2 \\ 2 & 4 & 2 & 8 \end{pmatrix}$$ Koeffizientenmatrix

$$\mathbf{c} := \begin{pmatrix} 0 \\ 5 \\ 4 \\ 5 \end{pmatrix}$$ Konstantenvektor

$|\mathbf{A}| = 0$ Das Gleichungssystem hat entweder unendlich viele oder keine Lösung!

$\text{rg}(\mathbf{A}) = 3$ $\text{rg}(\text{erweitern}(\mathbf{A}, \mathbf{c})) = 3$ Das Gleichungssystem hat unendlich viele Lösungen!

$$\text{zref}(\text{erweitern}(\mathbf{A}, \mathbf{c})) \rightarrow \begin{pmatrix} 1 & 0 & 0 & 3 & \frac{3}{2} \\ 0 & 1 & 0 & 1 & \frac{5}{2} \\ 0 & 0 & 1 & -1 & -4 \\ 0 & 0 & 0 & 0 & 0 \end{pmatrix}$$

$x_1 = 3\lambda + 3/2$

$x_2 = \lambda + 5/2$

$x_3 = -\lambda - 4$

$x_4 = 0$ $(n - r = 4 - 3 = 1)$

Beispiel 3.1.62:

Lösen Sie, wenn möglich, folgendes quadratische Gleichungssystem:

$\mathbf{A}\mathbf{x} = \mathbf{c}$

$$\mathbf{A} := \begin{pmatrix} 2 & 3 & -1 \\ -3 & 1 & 18 \\ 3 & 10 & 15 \end{pmatrix}$$ Koeffizientenmatrix

$$\mathbf{c} := \begin{pmatrix} 14 \\ -10 \\ 30 \end{pmatrix}$$ Konstantenvektor

$|\mathbf{A}| = 0$ Das Gleichungssystem hat entweder unendlich viele oder keine Lösung!

$\text{rg}(\mathbf{A}) = 2$ $\text{rg}(\text{erweitern}(\mathbf{A}, \mathbf{c})) = 3$ Das Gleichungssystem ist unlösbar!

Näherungslösung:

$\mathbf{x}_{\text{näh}} := \text{geninv}(\mathbf{A})\,\mathbf{c}$ $\mathbf{x}_{\text{näh}} = \begin{pmatrix} 1.922 \\ 3.065 \\ -0.416 \end{pmatrix}$ $\mathbf{A}\mathbf{x}_{\text{näh}} = \begin{pmatrix} 13.455 \\ -10.182 \\ 30.182 \end{pmatrix}$ $|\mathbf{A}\mathbf{x}_{\text{näh}} - \mathbf{c}| = 0.603$

3.2 Komplexe Matrizen

In diesem Abschnitt soll eine kurze Einführung in die komplexe Matrizenrechnung gegeben werden. Dazu setzen wir die grundlegenden Kenntnisse über komplexe Zahlen voraus, wie sie im Kapitel 1 in diesem Buch beschrieben wurden. Wie reelle Matrizen finden auch komplexe Matrizen eine weit verbreitete Anwendung, wie z. B. bei der Behandlung von Netzwerken und Vierpolen. Besondere Bedeutung haben dabei spezielle quadratische Matrizen wie hermitesche, schiefhermitesche und unitäre Matrizen.

Unter einer komplexen (m x n)-Matrix oder Matrix vom Typ (m, n) verstehen wir ein rechteckiges Schema komplexer Zahlen mit m Zeilen und n Spalten. Die komplexen Zahlen in der Matrix heißen Elemente oder Koeffizienten der Matrix. Die Elemente einer Matrix $\underline{\mathbf{A}}$ werden durch $\underline{\mathbf{a}}_{ik} = \underline{\mathbf{a}}_{i,k}$ bezeichnet, wobei i = 1, 2, ..., m Zeilenindex und k = 1, 2, ..., n Spaltenindex genannt wird.

$$\underline{\mathbf{A}} = \begin{pmatrix} \underline{\mathbf{a}}_{1,1} & \cdots & \underline{\mathbf{a}}_{1,n} \\ \cdots & \cdots & \cdots \\ \underline{\mathbf{a}}_{m,1} & \cdots & \underline{\mathbf{a}}_{m,n} \end{pmatrix} = \left(\underline{\mathbf{a}}_{i,k}\right) = \left(\mathbf{b}_{i,k} + j \cdot \mathbf{c}_{i,k}\right) \qquad (3\text{-}104)$$

$$\underline{\mathbf{A}} = \left(\mathbf{b}_{i,k} + j \cdot \mathbf{c}_{i,k}\right) = \mathrm{Re}\left(\underline{\mathbf{a}}_{i,k}\right) + j \cdot \mathrm{Im}\left(\underline{\mathbf{a}}_{i,k}\right) = \mathbf{B} + j \cdot \mathbf{C} \qquad (3\text{-}105)$$

Matrizen werden in der Regel mit Großbuchstaben $\underline{\mathbf{A}}$, $\underline{\mathbf{B}}$, $\underline{\mathbf{C}}$, ... abgekürzt. Nachfolgend werden allgemein komplexe Matrizen und die Elemente der Matrizen in Fettschreibweise mit Unterstreichen dargestellt.

Die in Abschnitt 3.1 definierten Rechenoperationen, Rechenregeln und Aussagen für reelle Matrizen lassen sich sinngemäß auch auf komplexe Matrizen übertragen. Sie werden daher in diesem Abschnitt nicht mehr explizit angeführt.

Beispiel 3.2.1:

Zeigen Sie: $\underline{\mathbf{A}}$ = Re($\underline{\mathbf{A}}$) + j Im($\underline{\mathbf{A}}$). Bilden Sie $\underline{\mathbf{A}}$ + $\underline{\mathbf{B}}$ und $\underline{\mathbf{A}}$ - $\underline{\mathbf{B}}$. Stimmen die Gesetze (3-16) bis (3-18), (3-28) und (3-29) auch für die nachfolgend gegebenen Matrizen (z. B. λ = 2)? Zeigen Sie mit der Funktion erweitern($\underline{\mathbf{A}}$, $\underline{\mathbf{B}}$, $\underline{\mathbf{C}}$, ...), dass Matrizen gleicher Zeilenzahl zu einer Matrix zusammengefügt werden können. Analog fasst die Funktion stapeln($\underline{\mathbf{A}}$, $\underline{\mathbf{B}}$, $\underline{\mathbf{C}}$, ...) zwei Matrizen gleicher Spaltenzahl übereinander zu einer gemeinsamen Matrix zusammen. Bilden Sie die Submatrix (Untermatrix) mit Zeilen 2 bis 3 und Spalten 1 bis 3 der Matrix $\underline{\mathbf{A}}$.

Gegebene Matrizen:

$$\underline{\mathbf{A}} := \begin{pmatrix} 1 - j & 4 + j & 4 \\ -3 + 2 \cdot j & 5 - 4 \cdot j & -2 + 5 \cdot j \\ 0 & j & -4 \cdot j \end{pmatrix} \quad \underline{\mathbf{B}} := \begin{pmatrix} 6 - 3 \cdot j & 2 - 7 \cdot j & 9 + j \\ 0 & j & -2 + 3 \cdot j \\ 5 - 2 \cdot j & 2 - 4 \cdot j & -7 \end{pmatrix} \quad \underline{\mathbf{C}} := \begin{pmatrix} -4 + j & 1 - 8 \cdot j & 5 \end{pmatrix}$$

ORIGIN := 1 ORIGIN festlegen

$$\mathrm{Re}(\underline{\mathbf{A}}) = \begin{pmatrix} 1 & 4 & 4 \\ -3 & 5 & -2 \\ 0 & 0 & 0 \end{pmatrix} \quad \mathrm{Im}(\underline{\mathbf{A}}) = \begin{pmatrix} -1 & 1 & 0 \\ 2 & -4 & 5 \\ 0 & 1 & -4 \end{pmatrix}$$

Matrix der Real- und Imaginärteile

$$\mathrm{Re}(\underline{\mathbf{A}}) + j \cdot \mathrm{Im}(\underline{\mathbf{A}}) = \begin{pmatrix} 1 - j & 4 + j & 4 \\ -3 + 2j & 5 - 4j & -2 + 5j \\ 0 & j & -4j \end{pmatrix}$$

komplexe Matrix $\underline{\mathbf{A}}$

$$\underline{\mathbf{A}}+\underline{\mathbf{B}}=\begin{pmatrix}7-4j & 6-6j & 13+j\\ -3+2j & 5-3j & -4+8j\\ 5-2j & 2-3j & -7-4j\end{pmatrix}\qquad \underline{\mathbf{A}}-\underline{\mathbf{B}}=\begin{pmatrix}-5+2j & 2+8j & -5-j\\ -3+2j & 5-5j & 2j\\ -5+2j & -2+5j & 7-4j\end{pmatrix}$$

Addition und Subtraktion

$$\underline{\mathbf{A}}^T=\begin{pmatrix}1-j & -3+2j & 0\\ 4+j & 5-4j & j\\ 4 & -2+5j & -4j\end{pmatrix}\qquad \underline{\mathbf{A}}^{T^T}=\begin{pmatrix}1-j & 4+j & 4\\ -3+2j & 5-4j & -2+5j\\ 0 & j & -4j\end{pmatrix}$$

(3-16)

$$(\underline{\mathbf{A}}+\underline{\mathbf{B}})^T=\begin{pmatrix}7-4j & -3+2j & 5-2j\\ 6-6j & 5-3j & 2-3j\\ 13+j & -4+8j & -7-4j\end{pmatrix}\qquad \underline{\mathbf{A}}^T+\underline{\mathbf{B}}^T=\begin{pmatrix}7-4j & -3+2j & 5-2j\\ 6-6j & 5-3j & 2-3j\\ 13+j & -4+8j & -7-4j\end{pmatrix}$$

(3-17)

$$(2\underline{\mathbf{A}})^T=\begin{pmatrix}2-2j & -6+4j & 0\\ 8+2j & 10-8j & 2j\\ 8 & -4+10j & -8j\end{pmatrix}\qquad 2\underline{\mathbf{A}}^T=\begin{pmatrix}2-2j & -6+4j & 0\\ 8+2j & 10-8j & 2j\\ 8 & -4+10j & -8j\end{pmatrix}$$

(3-18)

$\underline{\mathbf{M}} := \text{erweitern}(\underline{\mathbf{A}}, \underline{\mathbf{B}})$

$$\underline{\mathbf{M}}=\begin{pmatrix}1-j & 4+j & 4 & 6-3j & 2-7j & 9+j\\ -3+2j & 5-4j & -2+5j & 0 & j & -2+3j\\ 0 & j & -4j & 5-2j & 2-4j & -7\end{pmatrix}$$

nebeneinander zusammengefügte Matrizen

$\underline{\mathbf{M1}} := \text{stapeln}(\underline{\mathbf{C}}, \underline{\mathbf{B}})$

$$\underline{\mathbf{M1}}=\begin{pmatrix}-4+j & 1-8j & 5\\ 6-3j & 2-7j & 9+j\\ 0 & j & -2+3j\\ 5-2j & 2-4j & -7\end{pmatrix}$$

übereinander zusammengefügte Matrizen

$\underline{\mathbf{U}} := \text{submatrix}(\underline{\mathbf{A}}, 2, 3, 1, 3)$

$$\underline{\mathbf{U}}=\begin{pmatrix}-3+2j & 5-4j & -2+5j\\ 0 & j & -4j\end{pmatrix}$$

Untermatrix der Matrix $\underline{\mathbf{A}}$ (Zeile 2 bis 3 und Spalte 1 bis 3)

$$\underline{\mathbf{A}}\,\underline{\mathbf{B}}=\begin{pmatrix}23-17j & 2-21j & -29+2j\\ -12+50j & 28+48j & -13+3j\\ -8-20j & -17-8j & -3+26j\end{pmatrix}$$

Multiplikation zweier Matrizen

$$(\underline{\mathbf{A}}\,\underline{\mathbf{B}})^T=\begin{pmatrix}23-17j & -12+50j & -8-20j\\ 2-21j & 28+48j & -17-8j\\ -29+2j & -13+3j & -3+26j\end{pmatrix}\qquad \underline{\mathbf{B}}^T\underline{\mathbf{A}}^T=\begin{pmatrix}23-17j & -12+50j & -8-20j\\ 2-21j & 28+48j & -17-8j\\ -29+2j & -13+3j & -3+26j\end{pmatrix}$$

(3-28)

$$\underline{\mathbf{A}}\,\text{einheit}(3)=\begin{pmatrix}1-j & 4+j & 4\\ -3+2j & 5-4j & -2+5j\\ 0 & j & -4j\end{pmatrix}\qquad \text{einheit}(3)\,\underline{\mathbf{A}}=\begin{pmatrix}1-j & 4+j & 4\\ -3+2j & 5-4j & -2+5j\\ 0 & j & -4j\end{pmatrix}$$

(3-29)

Beispiel 3.2.2:

Gibt es für die Matrix **A** eine inverse Matrix? Wenn ja, wie lautet sie.

$$\underline{A} := \begin{pmatrix} -2-j & 3+4\cdot j & 8+2\cdot j \\ -1.5-3\cdot j & 2.5+4\cdot j & -0.5 \\ 6+9\cdot j & 2\cdot j & 7 \end{pmatrix}$$ gegebene Matrix

$D := |\underline{A}|$ $\quad D = 265.5 - 338j$ die Matrix **A** ist regulär

$$\underline{A}^{-1} = \begin{pmatrix} -0.028+0.074i & -0.014-0.063i & 0.052-0.081i \\ -0.019+0.037i & 0.103-0.211i & 0.04-0.052i \\ 0.129-0.022i & -0.129+0.042i & -0.02-0.009i \end{pmatrix}$$ die zu **A** inverse Matrix

$$\underline{A}^{-1}\cdot\underline{A} = \begin{pmatrix} 1 & 0 & 0 \\ 0 & 1 & 0 \\ 0 & 0 & 1 \end{pmatrix} \qquad \underline{A}\cdot\underline{A}^{-1} = \begin{pmatrix} 1 & 0 & 0 \\ 0 & 1 & 0 \\ 0 & 0 & 1 \end{pmatrix}$$ nach (3-40)

3.2.1 Konjugiert komplexe Matrix

Ersetzen wir in einer komplexen Matrix $\underline{A} = (\underline{a}_{i,k}) = (b_{i,k} + j\cdot c_{i,k})$ jedes Matrixelement $\underline{a}_{i,k}$ durch das zugehörige konjugiert komplexe Element $(\overline{\underline{a}_{i,k}})$, so erhalten wir die konjugiert komplexe Matrix

$$\overline{\underline{A}} = (\overline{\underline{a}_{i,k}}) = (b_{i,k} - j\cdot c_{i,k}) \qquad (3\text{-}106)$$

$$\underline{A} = B + j\cdot C \quad \Rightarrow \quad \overline{\underline{A}} = B - j\cdot C \qquad (3\text{-}107)$$

Den Querstrich erhalten wir in Mathcad mit der Anführungszeichentaste <">!

Es gelten folgende Rechengesetze:

$$\overline{\overline{\underline{A}}} = \underline{A} \qquad (3\text{-}108)$$

$$\overline{(\underline{A}+\underline{B})} = \overline{\underline{A}} + \overline{\underline{B}} \qquad (3\text{-}109)$$

$$\overline{(\underline{A}\cdot\underline{B})} = \overline{\underline{A}}\cdot\overline{\underline{B}} \qquad (3\text{-}110)$$

Beispiel 3.2.3:

Überprüfen Sie mit Mathcad die Gesetze (3-108) bis (3-110).

$$\underline{A} := \begin{pmatrix} j & -2+1\cdot j & 3-2\cdot j \\ -j & 5+4\cdot j & -1-2\cdot j \end{pmatrix} \qquad \underline{B} := \begin{pmatrix} 2+j & -3\cdot j & 4-j \\ 5+3\cdot j & -2-2\cdot j & 1-j \end{pmatrix}$$

$$\underline{C} := \begin{pmatrix} 2+j & -3\cdot j & 4-j \\ 5+3\cdot j & -2-2\cdot j & 1-j \\ 1+5\cdot j & 4+3\cdot j & 9+2\cdot j \end{pmatrix}$$ gegebene Matrizen

$$\overline{\underline{A}} = \begin{pmatrix} -j & -2-j & 3+2j \\ j & 5-4j & -1+2j \end{pmatrix} \qquad \overline{\underline{B}} = \begin{pmatrix} 2-j & 3j & 4+j \\ 5-3j & -2+2j & 1+j \end{pmatrix}$$

konjugiert komplexe Matrizen

$$\overline{\overline{\underline{A}}} = \begin{pmatrix} j & -2+j & 3-2j \\ -j & 5+4j & -1-2j \end{pmatrix} \qquad (3\text{-}108)$$

$$\overline{(\underline{A}+\underline{B})} = \begin{pmatrix} 2-2j & -2+2j & 7+3j \\ 5-2j & 3-2j & 3j \end{pmatrix} \qquad \overline{\underline{A}} + \overline{\underline{B}} = \begin{pmatrix} 2-2j & -2+2j & 7+3j \\ 5-2j & 3-2j & 3j \end{pmatrix} \qquad (3\text{-}109)$$

$$\overline{(\underline{A}\cdot\underline{C})} = \begin{pmatrix} -1-14j & 27-3j & 31+5j \\ 23-26j & -3+29j & 3+25j \end{pmatrix} \qquad \overline{\underline{A}}\cdot\overline{\underline{C}} = \begin{pmatrix} -1-14j & 27-3j & 31+5j \\ 23-26j & -3+29j & 3+25j \end{pmatrix} \qquad (3\text{-}110)$$

3.2.2 Konjugiert transponierte Matrix

Eine konjugiert transponierte Matrix erhalten wir dadurch, indem wir die konjugiert komplexe Matrix einer komplexen Matrix $\underline{A} = (\underline{a}_{i,k}) = (b_{i,k} + j \cdot c_{i,k})$ transponieren:

$$\left(\overline{\underline{A}}\right)^T = \left(\overline{\underline{a}_{i,k}}\right)^T = \left(b_{i,k} - j \cdot c_{i,k}\right)^T \qquad \textbf{(3-111)}$$

Die Operationen "Konjugieren" und "Transponieren" können vertauscht werden:

$$\left(\overline{\underline{A}}\right)^T = \overline{\left(\underline{A}^T\right)} \qquad \textbf{(3-112)}$$

Beispiel 3.2.4:

Bilden Sie aus der gegebenen Matrix die konjugiert komplexe Matrix und zeigen Sie den Zusammenhang (3-111).

$$\underline{A} := \begin{pmatrix} 5+j & -3\cdot j & 2-j \\ 1+3\cdot j & -2-2\cdot j & 6-j \\ 7+5\cdot j & 10+3\cdot j & 8+2\cdot j \end{pmatrix}$$

gegebene Matrix

$$\overline{\underline{A}} = \begin{pmatrix} 5-j & 3j & 2+j \\ 1-3j & -2+2j & 6+j \\ 7-5j & 10-3j & 8-2j \end{pmatrix}$$

zugehörige komplexe Matrix

$$\left(\overline{\underline{A}}\right)^T = \begin{pmatrix} 5-j & 1-3j & 7-5j \\ 3j & -2+2j & 10-3j \\ 2+j & 6+j & 8-2j \end{pmatrix}$$

komplexe transponierte Matrix

$$\overline{\left(\underline{A}^T\right)} = \begin{pmatrix} 5-j & 1-3j & 7-5j \\ 3j & -2+2j & 10-3j \\ 2+j & 6+j & 8-2j \end{pmatrix}$$

damit gilt: $\left(\overline{\underline{A}}\right)^T = \overline{\left(\underline{A}^T\right)}$

3.2.3 Hermitesche Matrix

Eine komplexe (nxn)-Matrix $\underline{A} = \left(a_{i,k}\right) = \left(b_{i,k} + j \cdot c_{i,k}\right) = \underline{B} + j \cdot \underline{C}$ heißt hermitesch, wenn

$$\underline{A} = \left(\overline{\underline{A}}\right)^T \qquad (3\text{-}113)$$

gilt (i = 1, 2, ..., n und k = 1, 2, ..., n).

Eine hermitesche Matrix hat folgende Eigenschaften:

1. Die Hauptdiagonalelemente $a_{i,i}$ einer hermiteschen Matrix $\underline{A}$ sind immer reell (i = k):

$$a_{i,i} = \overline{a_{i,i}} \qquad (3\text{-}114)$$

Eine komplexe Zahl mit dieser Eigenschaft kann nur reell sein (der zugehörige Bildpunkt liegt auf der reellen Achse).

2. Im Reellen ist $\overline{\underline{A}} = A$. Damit gilt aber für eine hermitesche Matrix:

$$\underline{A} = \left(\overline{\underline{A}}\right)^T = A^T \Rightarrow A = A^T \qquad (3\text{-}115)$$

Das heißt, die Matrix A ist symmetrisch! Im Reellen sind also die Begriffe symmetrisch und hermitesch identisch.

3. Eine hermitesche Matrix $\underline{A} = \underline{B} + j \cdot \underline{C}$ besitzt einen symmetrischen Realteil $\underline{B}$ und schiefsymmetrischen Imaginärteil $\underline{C}$. Es gilt auch die Umkehrung. Es gilt nämlich mit (3-112) und (3-17):

$$\underline{A} = \underline{B} + j \cdot \underline{C} = \left(\overline{\underline{A}}\right)^T = (\underline{B} - j \cdot \underline{C})^T = \underline{B}^T - j \cdot \underline{C}^T \qquad (3\text{-}116)$$

Mit $B = B^T$ gilt: Der Realteil B muss eine symmetrische Matrix sein.
Mit $C = - C^T$ gilt: Der Imaginärteil muss eine schiefsymmetrische Matrix sein.

Beispiel 3.2.5:

Zeigen Sie, dass die gegebene Matrix hermitesch ist.

$\underline{A} := \begin{pmatrix} 1 & 1-j \\ 1+j & 3 \end{pmatrix}$ gegebene Matrix

$\underline{A} = \begin{pmatrix} 1 & 1-j \\ 1+j & 3 \end{pmatrix}$ $\left(\overline{\underline{A}}\right)^T = \begin{pmatrix} 1 & 1-j \\ 1+j & 3 \end{pmatrix}$ die Matrix $\underline{A}$ ist hermitesch

$|\underline{A}| = 1$ $\underline{A}$ besitzt reelle Hauptdiagonalelemente und eine reellwertige Determinante

$\underline{B} := \mathrm{Re}(\underline{A})$ $\underline{B} = \begin{pmatrix} 1 & 1 \\ 1 & 3 \end{pmatrix}$ $\left(\underline{B} = \underline{B}^T\right) = 1$ der Realteil $\underline{B}$ ist symmetrisch

$\underline{C} := \mathrm{Im}(\underline{A})$ $\underline{C} = \begin{pmatrix} 0 & -1 \\ 1 & 0 \end{pmatrix}$ $\left(\underline{C} = -\underline{C}^T\right) = 1$ der Imaginärteil ist schiefsymmetrisch

3.2.4 Schiefhermitesche Matrix

Eine komplexe (nxn)-Matrix $\underline{A} = (\underline{a}_{i,k}) = (b_{i,k} + j \cdot c_{i,k}) = \underline{B} + j \cdot \underline{C}$ heißt schiefhermitesch, wenn

$$\underline{A} = -\left(\overline{\underline{A}}\right)^T \qquad (3\text{-}117)$$

gilt (i = 1, 2, ..., n und k = 1, 2, ..., n).

Eine schiefhermitesche Matrix hat folgende Eigenschaften:

1. Die Hauptdiagonalelemente $\underline{a}_{i,i}$ einer schiefhermiteschen Matrix $\underline{A}$ sind immer imaginär, wenn wir als Grenzfall die Zahl Null dazunehmen (i = k):

$$\underline{A} = -\left(\overline{\underline{A}}\right)^T = -\overline{\underline{A}} \qquad (3\text{-}118)$$

Eine komplexe Zahl mit dieser Eigenschaft kann nur imaginär sein (Richtungsumkehr des zugehörigen Zeigers).

2. Im Reellen ist $\overline{\underline{A}} = A$. Damit gilt aber für eine schiefhermitesche Matrix:

$$\underline{A} = -\left(\overline{\underline{A}}\right)^T = -A^T \Rightarrow A = -A^T \qquad (3\text{-}119)$$

Das heißt, die Matrix A ist schiefsymmetrisch! Im Reellen sind also die Begriffe schiefsymmetrisch und schiefhermitesch identisch.

3. Eine schiefhermitesche Matrix $\underline{A} = \underline{B} + j \cdot \underline{C}$ besitzt einen schiefsymmetrischen Realteil $\underline{B}$ und symmetrischen Imaginärteil $\underline{C}$. Es gilt auch die Umkehrung. Es gilt nämlich mit (3-118) und (3-12):

$$\underline{A} = \underline{B} + j \cdot \underline{C} = -\left(\overline{\underline{A}}\right)^T = -(\underline{B} - j \cdot \underline{C})^T = -\underline{B}^T + j \cdot \underline{C}^T \qquad (3\text{-}120)$$

Mit $B = -B^T$ gilt: Der Realteil B muss eine schiefsymmetrische Matrix sein.
Mit $C = C^T$ gilt: Der Imaginärteil muss eine symmetrische Matrix sein.

Beispiel 3.2.6:

Zeigen Sie, dass die gegebene Matrix schiefhermitesch ist.

$\underline{A} := \begin{pmatrix} 4 \times j & 5 - 2 \cdot j \\ -5 - 2 \cdot j & 8 \cdot j \end{pmatrix}$ gegebene Matrix

$\underline{A} = \begin{pmatrix} 4j & 5 - 2j \\ -5 - 2j & 8j \end{pmatrix}$ $\quad -\left(\overline{\underline{A}}\right)^T = \begin{pmatrix} 4j & 5 - 2j \\ -5 - 2j & 8j \end{pmatrix}$ die Matrix $\underline{A}$ ist schiefhermitesch

$|\underline{A}| = -3$ $\quad$ $\underline{A}$ besitzt imaginäre Hauptdiagonalelemente und eine reellwertige Determinante

$\underline{B} := \mathrm{Re}(\underline{A})$ $\quad \underline{B} = \begin{pmatrix} 0 & 5 \\ -5 & 0 \end{pmatrix}$ $\quad \left(\underline{B} = -\underline{B}^T\right) = 1$ der Realteil $\underline{B}$ ist schiefsymmetrisch

$\underline{C} := \mathrm{Im}(\underline{A})$ $\quad \underline{C} = \begin{pmatrix} 4 & -2 \\ -2 & 8 \end{pmatrix}$ $\quad \left(\underline{C} = \underline{C}^T\right) = 1$ der Imaginärteil ist symmetrisch

3.2.5 Unitäre Matrizen

Eine komplexe (nxn)-Matrix $\underline{A} = (\underline{a}_{i,k}) = (b_{i,k} + j \cdot c_{i,k}) = \underline{B} + j \cdot \underline{C}$ heißt unitär, wenn

$$\underline{A} \cdot (\overline{\underline{A}})^T = (\overline{\underline{A}})^T \cdot \underline{A} = E \qquad (3\text{-}121)$$

gilt (i = 1, 2, ..., n und k = 1, 2, ..., n).

Eine unitäre Matrix hat folgende Eigenschaften:

1. Eine unitäre Matrix $\underline{A}$ ist stets regulär, denn es gilt:

$$|\det(\underline{A})| = 1 \quad \Rightarrow \quad \det(\underline{A}) \neq 0 \qquad (3\text{-}122)$$

Es gibt daher zu jeder unitären Matrix $\underline{A}$ eine inverse Matrix $\underline{A}^{-1}$.

2. Die konjugiert transponierte Matrix $(\overline{\underline{A}})^T$ ist identisch mit der inversen Matrix $\underline{A}^{-1}$:

$$(\overline{\underline{A}})^T = \underline{A}^{-1} \qquad (3\text{-}123)$$

3. Die inverse einer unitären Matrix ist ebenso wie das Produkt unitärer Matrizen wiederum eine unitäre Matrix.

4. Im Reellen ist $\underline{A} = A$ und $\overline{\underline{A}} = A$. Damit gilt aber für eine unitäre Matrix:

$$\underline{A} \cdot (\overline{\underline{A}})^T = A \cdot A^T = E \qquad (3\text{-}124)$$

Das heißt, die Matrix A ist orthogonal! Im Reellen sind also die Begriffe unitär und orthogonal identisch.

Beispiel 3.2.7:

Zeigen Sie, dass die gegebene Matrix hermitesch ist.

$\underline{A} := \begin{pmatrix} 0 & j \\ -j & 0 \end{pmatrix}$ gegebene Matrix

$\underline{A} \cdot (\overline{\underline{A}})^T = \begin{pmatrix} 1 & 0 \\ 0 & 1 \end{pmatrix}$ die Matrix $\underline{A}$ ist unitär

$(\overline{\underline{A}})^T = \begin{pmatrix} 0 & j \\ -j & 0 \end{pmatrix}$ $\quad \underline{A}^{-1} = \begin{pmatrix} 0 & j \\ -j & 0 \end{pmatrix}$ Es gilt offensichtlich: $(\overline{\underline{A}})^T = \underline{A}^{-1}$

$|\underline{A}| = -1$ Der Betrag der Determinante ist 1!

3.2.6 Komplexe quadratische lineare Gleichungssysteme

Unter einem komplexen quadratischen linearen Gleichungssystem ((nxn)-System) mit Unbekannten $\underline{x}_1, \underline{x}_2, ..., \underline{x}_n$ verstehen wir ein System von Gleichungen der Form

$$\begin{aligned} \underline{a}_{1,1} \cdot \underline{x}_1 + \underline{a}_{1,2} \cdot \underline{x}_2 + \underline{a}_{1,3} \cdot \underline{x}_3 + ... + \underline{a}_{1,n} \cdot \underline{x}_n &= \underline{c}_1 \\ \underline{a}_{2,1} \cdot \underline{x}_1 + \underline{a}_{2,2} \cdot \underline{x}_2 + \underline{a}_{2,3} \cdot \underline{x}_3 + ... + \underline{a}_{2,n} \cdot \underline{x}_n &= \underline{c}_2 \\ \underline{a}_{3,1} \cdot \underline{x}_1 + \underline{a}_{3,2} \cdot \underline{x}_2 + \underline{a}_{3,3} \cdot \underline{x}_3 + ... + \underline{a}_{3,n} \cdot \underline{x}_n &= \underline{c}_3 \\ .... \\ \underline{a}_{n,1} \cdot \underline{x}_1 + \underline{a}_{n,2} \cdot \underline{x}_2 + \underline{a}_{n,3} \cdot \underline{x}_3 + ... + \underline{a}_{n,n} \cdot \underline{x}_n &= \underline{c}_n \end{aligned} \qquad (3\text{-}125)$$

wobei $\underline{a}_{i,k} \in \mathbb{C}$ bekannte Koeffizienten und $\underline{c}_i \in \mathbb{C}$ bekannte Konstanten sind.

Fassen wir die $\underline{a}_{i,k}$ zur (nxn)-Matrix und $\underline{x}_i$ und $\underline{c}_i$ zu den (nx1)- bzw. (nx1)-Spaltenvektoren zusammen, so lässt sich dieses Gleichungssystem als Matrixgleichung

$$\underline{\mathbf{A}}\underline{\mathbf{x}} = \underline{\mathbf{c}} \quad \text{bzw.} \quad \begin{pmatrix} \underline{a}_{1,1} & \underline{a}_{1,2} & \underline{a}_{1,3} & .... & \underline{a}_{1,n} \\ \underline{a}_{2,1} & \underline{a}_{2,2} & \underline{a}_{2,3} & .... & \underline{a}_{2,n} \\ \underline{a}_{3,1} & \underline{a}_{3,2} & \underline{a}_{3,3} & .... & \underline{a}_{3,n} \\ .... & .... & .... & .... & .... \\ \underline{a}_{n,1} & \underline{a}_{n,2} & \underline{a}_{n,3} & .... & \underline{a}_{n,n} \end{pmatrix} \cdot \begin{pmatrix} \underline{x}_1 \\ \underline{x}_2 \\ \underline{x}_3 \\ .... \\ \underline{x}_n \end{pmatrix} = \begin{pmatrix} \underline{c}_1 \\ \underline{c}_2 \\ \underline{c}_3 \\ .... \\ \underline{c}_n \end{pmatrix} \qquad (3\text{-}126)$$

schreiben. Für $\underline{c} = 0$ (Nullvektor) heißt das Gleichungssystem homogen, andernfalls inhomogen.

Beispiel 3.2.8:

Wie lautet die Lösung des folgenden komplexen Gleichungssystems?

$$\begin{pmatrix} 3+j & j \\ 2-j & 3-2j \end{pmatrix} \cdot \mathbf{x} = \begin{pmatrix} 1-j \\ 2 \cdot j \end{pmatrix} \qquad \left| \begin{pmatrix} 3+j & j \\ 2-j & 3-2j \end{pmatrix} \right| = 10 - 5j$$

Die Determinante der Koeffizientenmatrix ist ungleich null

$$\mathbf{x} := \begin{pmatrix} 3+j & j \\ 2-j & 3-2j \end{pmatrix}^{-1} \cdot \begin{pmatrix} 1-j \\ 2 \cdot j \end{pmatrix} \qquad \mathbf{x} = \begin{pmatrix} 0.44 - 0.28j \\ -0.6 + 0.6j \end{pmatrix}$$

Lösungsvektor

3.3 Eigenwerte und Eigenvektoren einer quadratischen Matrix

Die Berechnung von Eigenwerten und Eigenvektoren ist sehr wichtig in der Mathematik, Physik und Technik. Anwendungen finden sich z. B. bei der Berechnung von Eigenfrequenzen schwingender Systeme, Differentialgleichungen (z. B. Schrödinger-Gleichung), Hauptträgheitsmomenten, affinen Abbildungen, Kegelschnitten u. a. m.

Die Eigenwerte einer quadratischen Matrix $\mathbf{A} \in \mathbb{R}^{n \times n}$ (bzw. $\underline{\mathbf{A}} \in \mathbb{C}^{n \times n}$) sind diejenigen reellen oder komplexen Zahlen λ_i, für die die Gleichung

$$\mathbf{A} \cdot \mathbf{x}_i = \lambda_i \cdot \mathbf{x}_i = \lambda_i \cdot \mathbf{E} \cdot \mathbf{x}_i \quad (\text{bzw. } \underline{\mathbf{A}} \cdot \underline{\mathbf{x}}_i = \underline{\lambda}_i \cdot \underline{\mathbf{x}}_i = \underline{\lambda}_i \cdot \mathbf{E} \cdot \underline{\mathbf{x}}_i) \qquad (3\text{-}127)$$

eine nichttriviale Lösung hat.

Jeder Vektor $\mathbf{x}_i \neq \mathbf{0}$ (bzw. $\underline{\mathbf{x}}_i \neq \mathbf{0}$) mit $\mathbf{A} \cdot \mathbf{x}_i = \lambda_i \cdot \mathbf{x}_i$ bzw. $\underline{\mathbf{A}} \cdot \underline{\mathbf{x}}_i = \underline{\lambda}_i \cdot \underline{\mathbf{x}}_i$) heißt Eigenvektor der Matrix A (bzw. $\underline{\mathbf{A}}$) zum Eigenwert λ_i (bzw. $\underline{\lambda}_i$).

Ist $\mathbf{x}_i$ (bzw. $\underline{\mathbf{x}}_i$) Eigenvektor von A (bzw. $\underline{\mathbf{A}}$) zum Eigenwert λ_i (bzw. $\underline{\lambda}_i$), so sind alle Vielfachen $\alpha \cdot \mathbf{x}_i$ (bzw. $\alpha \cdot \underline{\mathbf{x}}_i$) ($\alpha \in \mathbb{R} \setminus \{0\}$) auch Eigenvektoren zum Eigenwert λ_i (bzw. $\underline{\lambda}_i$).

Falls λ_i (bzw. $\underline{\lambda}_i$) ein Eigenwert der Matrix A (bzw. $\underline{\mathbf{A}}$) ist, so muss gelten:

$$\mathbf{A} \cdot \mathbf{x}_i = \lambda_i \cdot \mathbf{x}_i \quad \Leftrightarrow \quad (\mathbf{A} - \lambda_i \cdot \mathbf{E}) \cdot \mathbf{x}_i = \mathbf{0} \qquad (3\text{-}128)$$

bzw.

$$\underline{\mathbf{A}} \cdot \underline{\mathbf{x}}_i = \underline{\lambda}_i \cdot \underline{\mathbf{x}}_i\,) \quad \Leftrightarrow \quad (\underline{\mathbf{A}} - \underline{\lambda}_i \cdot \mathbf{E}) \cdot \underline{\mathbf{x}}_i = \mathbf{0}$$

Dieses homogene Gleichungssystem hat aber nach (3-102) entweder unendlich viele Lösungen oder nur die triviale Lösung. Nach Definition (3-127) kann die triviale Lösung aber nicht Eigenvektor sein. Damit ergibt sich, dass für einen Eigenvektor folgende Beziehung gelten muss:

$$\mathbf{x}_i \neq \mathbf{0} \text{ (zw. } \underline{\mathbf{x}}_i \neq \mathbf{0}) \Leftrightarrow \det(\mathbf{A} - \lambda_i \cdot \mathbf{E}) = 0 \text{ (bzw. } \det(\underline{\mathbf{A}} - \underline{\lambda}_i \cdot \mathbf{E}) = 0) \qquad (3\text{-}129)$$

Die Determinante ist ein Polynom n-ten Grades in λ_i (bzw. $\underline{\lambda}_i$).
Dies wird als charakteristisches Polynom $p(\lambda_i)$ (bzw. $p(\underline{\lambda}_i)$) der Matrix A (bzw. $\underline{\mathbf{A}}$) bezeichnet.
Die Eigenwerte von A sind die Nullstellen des charakteristischen Polynoms vom Grade n.

Die Menge aller Eigenwerte heißt Spektrum

$$\sigma(A) = \{ \lambda \in \mathbb{R} \mid \lambda \text{ Eigenwert von A} \} \text{ bzw. } \sigma(\underline{A}) = \{ \underline{\lambda} \in \mathbb{C} \mid \underline{\lambda} \text{ Eigenwert von } \underline{A} \} \qquad (3\text{-}130)$$

Die Eigenvektoren zu $\lambda \in \sigma(A)$ (bzw. $\underline{\lambda} \in \sigma(\underline{A})$) erzeugen den Eigenraum (Unterraum des $\mathbb{R}^n$)

$$E_\lambda(A) = \{x \in \mathbb{R}^n \mid (A - \lambda\, E)\, x = 0\} \text{ bzw. } E_\lambda(\underline{A}) = \{\underline{x} \in \mathbb{C}^n \mid (\underline{A} - \underline{\lambda}\, E)\, \underline{x} = 0\} \qquad (3\text{-}131)$$

Für $A \in \mathbb{R}^{n \times n}$ hat das charakteristische Polynom $p(\lambda)$ Grad n, also n Nullstellen.
Ist λ k-fache Nullstelle, so ist λ Eigenwert der algebraischen Vielfachheit k.
Ist λ komplexe Nullstelle, so ist $(A - \lambda\, E) \in \mathbb{C}^{n \times n}$ mit den Eigenvektoren in $E_\lambda(\underline{A}) \subseteq \mathbb{C}^n$.

Für die n Eigenwerte λ_i einer (nxn)-Matrix (u. U. komplex und nicht alle verschieden) gelten folgende Eigenschaften:

1. $\det(\mathbf{A}) = \prod_{i=1}^{n} \lambda_i$ (3-132)

2. $sp(\mathbf{A}) = \sum_{i=1}^{n} \lambda_i$ (3-133)

3. **A regulär $\Leftrightarrow$ alle Eigenwerte $\lambda_i \neq 0$**

4. **A und A^T haben dasselbe charakteristische Polynom und damit dieselben Eigenwerte.**

5. **Ist λ Eigenwert einer regulären Matrix A, so ist $1/\lambda$ ein Eigenwert von A^{-1}.**

6. **Eine (nxn)-Matrix A ist genau dann regulär, wenn sämtliche Eigenwerte von null verschieden sind.**

7. **Ist A orthogonal ($A^T A = E$) $\Rightarrow$ $\lambda_i = \pm 1$.**

8. **Sind alle Eigenwerte voneinander verschieden, so gehört zu jedem Eigenwert genau ein linear unabhängiger Eigenvektor, der bis auf einen (beliebigen) konstanten Faktor eindeutig bestimmt ist. Die n Eigenvektoren werden normalerweise normiert und sind linear unabhängig.**

9. **Tritt ein Eigenvektor dagegen k-fach auf, so gehören hierzu mindestens ein, höchstens aber k linear unabhängige Eigenvektoren.**

10. **Die zu verschiedenen Eigenwerten gehörenden Eigenvektoren sind immer linear unabhängig.**

Bemerkung:
Die Lösung der Eigenwertaufgabe ist sehr rechenintensiv, da die Eigenwerte λ_i (bzw. $\underline{\lambda}_i$) als Lösungen des charakteristischen Polynoms bestimmt werden und anschließend für jeden Eigenwert das gegebene Gleichungssystem gelöst werden muss. Zur Bestimmung der Nullstellen existieren Berechnungsformeln nur für Polynome bis zum vierten Grad! Deshalb können wir auch von Mathcad nicht erwarten, dass es für n > 4 immer exakte Lösungen findet! Es existieren aber zahlreiche Näherungsverfahren.
Zur Bestimmung der Eigenwerte und Eigenvektoren stehen in Mathcad die Funktionen eigenwerte(A), eigenvek(A , λ) bzw. eigenvektoren(A) zur Verfügung.

Beispiel 3.3.1:

Wie lauten die Eigenwerte, Eigenvektoren, Spur und Determinante der nachfolgend gegebenen Matrix?

$\mathbf{A} := \begin{pmatrix} -2 & -5 \\ 1 & 4 \end{pmatrix}$ gegebene Matrix

ORIGIN := 1 ORIGIN festlegen

Bestimmung der Eigenwerte:

$$\mathbf{A} - \lambda \cdot \text{einheit}(2) \rightarrow \begin{pmatrix} -\lambda - 2 & -5 \\ 1 & 4 - \lambda \end{pmatrix}$$

$p(\lambda) := |\mathbf{A} - \lambda \cdot \text{einheit}(2)| \rightarrow \lambda^2 - 2\lambda - 3$ charakteristisches Polynom

$\boldsymbol{\lambda} := p(\lambda) = 0 \text{ auflösen}, \lambda \rightarrow \begin{pmatrix} -1 \\ 3 \end{pmatrix}$ Vektor der Eigenwerte

$\boldsymbol{\lambda}_1 = -1 \qquad \boldsymbol{\lambda}_2 = 3$ Eigenwerte

Der zu λ_1 gehörige Eigenvektor:

$(\mathbf{A} + 1 \cdot \mathbf{E}) \cdot \mathbf{x} = \mathbf{0}$ homogenes lineares Gleichungssystem

$$\begin{pmatrix} -1 & -5 \\ 1 & 5 \end{pmatrix} \cdot \begin{pmatrix} x_1 \\ x_2 \end{pmatrix} = \begin{pmatrix} 0 \\ 0 \end{pmatrix} \quad \text{vereinfacht auf} \quad \begin{pmatrix} -x_1 - 5x_2 \\ x_1 + 5x_2 \end{pmatrix} = \begin{pmatrix} 0 \\ 0 \end{pmatrix}$$

Das Gleichungssystem reduziert sich auf folgende Gleichung:

$x_1 + 5x_2 = 0$

x_1 und x_2 sind damit frei wählbar. Wir wählen z. B. $x_2 = \alpha$ ($\in \mathbb{R} \setminus \{0\}$) dann ist $x_1 = -5\,\alpha$:

$$\mathbf{x_1} = \begin{pmatrix} -5 \cdot \alpha \\ \alpha \end{pmatrix} = \alpha \cdot \begin{pmatrix} -5 \\ 1 \end{pmatrix}$$

Nach Normierung ergibt sich der Eigenvektor zu:

$\mathbf{x_1} := \frac{1}{\sqrt{26}} \cdot \begin{pmatrix} -5 \\ 1 \end{pmatrix} \qquad \mathbf{x_1} = \begin{pmatrix} -0.981 \\ 0.196 \end{pmatrix} \qquad |\mathbf{x_1}| = 1$ Länge 1

Der zu λ_2 gehörige Eigenvektor:

$(\mathbf{A} - 3 \cdot \mathbf{E}) \cdot \mathbf{x} = \mathbf{0}$ homogenes lineares Gleichungssystem

$$\begin{pmatrix} -5 & -5 \\ 1 & 1 \end{pmatrix} \cdot \begin{pmatrix} x_1 \\ x_2 \end{pmatrix} = \begin{pmatrix} 0 \\ 0 \end{pmatrix} \quad \text{vereinfacht auf} \quad \begin{pmatrix} -5x_1 - 5x_2 \\ x_1 + x_2 \end{pmatrix} = \begin{pmatrix} 0 \\ 0 \end{pmatrix}$$

Das Gleichungssystem reduziert sich auf folgende Gleichung:

$x_1 + x_2 = 0$

x_1 und x_2 sind damit frei wählbar. Wir wählen z. B. $x_2 = \beta$ ($\in \mathbb{R} \setminus \{0\}$) dann ist $x_1 = -\beta$:

$$\mathbf{x_2} = \begin{pmatrix} -\beta \\ \beta \end{pmatrix} = \beta \cdot \begin{pmatrix} -1 \\ 1 \end{pmatrix}$$

Nach Normierung ergibt sich der Eigenvektor zu:

$\mathbf{x_2} := \frac{1}{\sqrt{2}} \cdot \begin{pmatrix} -1 \\ 1 \end{pmatrix}$ $\mathbf{x_2} = \begin{pmatrix} -0.707 \\ 0.707 \end{pmatrix}$ $|\mathbf{x_2}| = 1$ Länge

Die normierten Eigenvektoren sind damit linear unabhängig (Eigenschaft 10).

$sp(\mathbf{A}) = \lambda_1 + \lambda_2 = -1 + 3 = 2$ $sp(\mathbf{A}) = 2$ Spur der Matrix **A**

$det(\mathbf{A}) = \lambda_1 \cdot \lambda_2 = -1 \cdot 3 = -3$ $|\mathbf{A}| = -3$ Determinante der Matrix **A**

Direkte Berechnung mit den Mathcadfunktionen:

$\lambda := eigenwerte(\mathbf{A})$ $\lambda = \begin{pmatrix} -1 \\ 3 \end{pmatrix}$ reelle Eigenwerte

$\mathbf{x_1} := eigenvek(\mathbf{A}, \lambda_1)$ $\mathbf{x_2} := eigenvek(\mathbf{A}, \lambda_2)$

$\mathbf{x_1} = \begin{pmatrix} 0.981 \\ -0.196 \end{pmatrix}$ $\mathbf{x_2} = \begin{pmatrix} -0.707 \\ 0.707 \end{pmatrix}$ genormte Eigenvektoren der Länge 1

oder:

$\mathbf{X} := eigenvektoren(\mathbf{A})$ $\mathbf{X} = \begin{pmatrix} -0.981 & 0.707 \\ 0.196 & -0.707 \end{pmatrix}$

$\mathbf{x_1} := \mathbf{X}^{\langle 1 \rangle}$ $\mathbf{x_2} := \mathbf{X}^{\langle 2 \rangle}$ $\mathbf{x_1} = \begin{pmatrix} -0.981 \\ 0.196 \end{pmatrix}$ $\mathbf{x_2} = \begin{pmatrix} 0.707 \\ -0.707 \end{pmatrix}$ genormte Eigenvektoren der Länge 1

Beispiel 3.3.2:

Wie lauten die Eigenwerte, Eigenvektoren, Spur und Determinante der nachfolgend gegebenen Matrix?

$\mathbf{A} := \begin{pmatrix} 1 & -1 \\ 1 & 1 \end{pmatrix}$ gegebene Matrix

ORIGIN := 1 ORIGIN festlegen

Direkte Berechnung mit den Mathcadfunktionen:

$\underline{\lambda} := eigenwerte(\mathbf{A})$ $\underline{\lambda} = \begin{pmatrix} 1 + j \\ 1 - j \end{pmatrix}$ komplexe Eigenwerte

$\underline{\mathbf{x1}} := eigenvek(\mathbf{A}, \underline{\lambda}_1)$ $\underline{\mathbf{x2}} := eigenvek(\mathbf{A}, \underline{\lambda}_2)$

$\underline{\mathbf{x1}} = \begin{pmatrix} 0.005 + 0.707i \\ 0.707 - 0.005i \end{pmatrix}$ $\underline{\mathbf{x2}} = \begin{pmatrix} 0.005 - 0.707i \\ 0.707 + 0.005i \end{pmatrix}$ komplexe Eigenvektoren

$|\underline{\mathbf{x1}}| = 1$ $\qquad |\underline{\mathbf{x2}}| = 1$ $\qquad$ genormte Einheitsvektoren

Probe: **A x = λ x**

$$\mathbf{A}\cdot\underline{\mathbf{x1}} = \begin{pmatrix} -0.702 + 0.712j \\ 0.712 + 0.702j \end{pmatrix} \qquad \lambda_1\cdot\underline{\mathbf{x1}} = \begin{pmatrix} -0.702 + 0.712j \\ 0.712 + 0.702j \end{pmatrix}$$

$$\mathbf{A}\cdot\underline{\mathbf{x2}} = \begin{pmatrix} -0.702 - 0.712j \\ 0.712 - 0.702j \end{pmatrix} \qquad \lambda_2\cdot\underline{\mathbf{x2}} = \begin{pmatrix} -0.702 - 0.712j \\ 0.712 - 0.702j \end{pmatrix}$$

Die Funktion **eigenvek(A,λ)** ermittelt mit einem inversen Iterationsalgorithmus einen korrespondierenden Eigenvektor zu einem bekannten Eigenwert.
Die Funktion **eigenvektoren(A)** liefert dagegen im Allgemeinen nicht dieselben Eigenvektoren, denn sie berücksichtigt nicht die Vorgabe von bekannten Eigenwerten. Hier wird eine Hessenberg-Reduktion gekoppelt mit einem Dekompositions-Algorithmus angewendet.
Beide Funktionen liefern aber ein brauchbares Ergebnis, weil es ja zu gegebenen Eigenwerten viele Eigenvektoren gibt!

$\underline{\mathbf{X}} := \text{eigenvektoren}(\mathbf{A})$ $\qquad \underline{\mathbf{X}} = \begin{pmatrix} 0.707 & 0.707 \\ -0.707j & 0.707j \end{pmatrix}$ $\qquad$ Matrix mit Eigenvektoren

$\underline{\mathbf{X}}^{\langle 1\rangle} = \begin{pmatrix} 0.707 \\ -0.707j \end{pmatrix}$ $\qquad \underline{\mathbf{X}}^{\langle 2\rangle} = \begin{pmatrix} 0.707 \\ 0.707j \end{pmatrix}$ $\qquad$ genormte Eigenvektoren

$\left|\underline{\mathbf{X}}^{\langle 1\rangle}\right| = 1$ $\qquad \left|\underline{\mathbf{X}}^{\langle 2\rangle}\right| = 1$ $\qquad$ Länge 1

Probe: **A x = λ x**

$$\mathbf{A}\cdot\underline{\mathbf{X}}^{\langle 1\rangle} = \begin{pmatrix} 0.707 + 0.707j \\ 0.707 - 0.707j \end{pmatrix} \qquad \lambda_1\cdot\underline{\mathbf{X}}^{\langle 1\rangle} = \begin{pmatrix} 0.707 + 0.707j \\ 0.707 - 0.707j \end{pmatrix}$$

$$\mathbf{A}\cdot\underline{\mathbf{X}}^{\langle 2\rangle} = \begin{pmatrix} 0.707 - 0.707j \\ 0.707 + 0.707j \end{pmatrix} \qquad \lambda_2\cdot\underline{\mathbf{X}}^{\langle 2\rangle} = \begin{pmatrix} 0.707 - 0.707j \\ 0.707 + 0.707j \end{pmatrix}$$

Zusammenhang der Eigenvektoren:

$$\underline{\mathbf{z}} := \frac{\underline{\mathbf{x1}}_1}{\left(\underline{\mathbf{X}}^{\langle 1\rangle}\right)_1} \qquad \underline{\mathbf{z}} = 6.561\times 10^{-3} + j$$

$\underline{\mathbf{x1}} = \begin{pmatrix} 0.005 + 0.707i \\ 0.707 - 0.005i \end{pmatrix}$ $\qquad \underline{\mathbf{z}}\cdot\underline{\mathbf{X}}^{\langle 1\rangle} = \begin{pmatrix} 0.005 + 0.707i \\ 0.707 - 0.005i \end{pmatrix}$ $\qquad$ Beide Eigenvektoren unterscheiden sich nur durch einen Produktfaktor!

$\text{sp}(\mathbf{A}) = \lambda_1 + \lambda_2 = 1 + j + 1 - j = 2$ $\qquad \text{sp}(\mathbf{A}) = 2$ $\qquad$ Spur der Matrix **A**

$\det(\mathbf{A}) = \lambda_1\lambda_2 = (1 + j)\cdot(1 - j) = 2$ $\qquad |\mathbf{A}| = 2$ $\qquad$ Determinante der Matrix **A**

Die normierten Eigenvektoren sind damit linear unabhängig (Eigenschaft 10).

Beispiel 3.3.3:

Wie lauten die Eigenwerte, Eigenvektoren, Spur und Determinante der nachfolgend gegebenen Matrix?

$\mathbf{B} := \begin{pmatrix} 1 & \sqrt{3} & 0 \\ \sqrt{3} & -1 & 0 \\ 0 & 0 & 3 \end{pmatrix}$ gegebene Matrix

ORIGIN := 1 ORIGIN festlegen

Bestimmung der Eigenwerte:

$\mathbf{B} - \lambda \text{einheit}(3) \rightarrow \begin{pmatrix} 1-\lambda & \sqrt{3} & 0 \\ \sqrt{3} & -\lambda-1 & 0 \\ 0 & 0 & 3-\lambda \end{pmatrix}$

$p(\lambda) := |\mathbf{B} - \lambda \text{einheit}(3)| \rightarrow 3\lambda^2 - \lambda^3 + 4\lambda - 12$ charakteristisches Polynom

$\lambda := p(\lambda) = 0 \text{ auflösen}, \lambda \rightarrow \begin{pmatrix} 2 \\ -2 \\ 3 \end{pmatrix}$ Vektor der Eigenwerte

$\lambda_1 = 2 \qquad \lambda_2 = -2 \qquad \lambda_3 = 3$ Eigenwerte

$\lambda := \text{eigenwerte}(\mathbf{B}) \qquad \lambda^T = (2 \ \ -2 \ \ 3)$ mit der Mathcadfunktion berechnet

Die zu λ_i gehörigen normierten Eigenvektoren:

$\mathbf{x1} := \text{eigenvek}(\mathbf{B}, \lambda_1) \qquad \mathbf{x2} := \text{eigenvek}(\mathbf{B}, \lambda_2) \qquad \mathbf{x3} := \text{eigenvek}(\mathbf{B}, \lambda_3)$

$\mathbf{x1} = \begin{pmatrix} 0.866 \\ 0.5 \\ 0 \end{pmatrix} \qquad \mathbf{x2} = \begin{pmatrix} -0.5 \\ 0.866 \\ 0 \end{pmatrix} \qquad \mathbf{x3} = \begin{pmatrix} 0 \\ 0 \\ 1 \end{pmatrix}$

$\text{sp}(\mathbf{B}) = \lambda_1 + \lambda_2 + \lambda_3 = 2 - 2 + 3 = 3 \qquad \text{sp}(\mathbf{B}) = 3$ Spur der Matrix **A**

$\det(\mathbf{B}) = \lambda_1 \cdot \lambda_2 \cdot \lambda_3 = 2 \cdot (-2) \cdot 3 = -12 \qquad |\mathbf{B}| = -12$ Determinante der Matrix **A**

Die normierten Eigenvektoren sind damit linear unabhängig (Eigenschaft 10).

Probe: $\mathbf{B}\ \mathbf{x} = \lambda\ \mathbf{x}$

$\mathbf{B} \cdot \mathbf{x1} = \begin{pmatrix} 1.732 \\ 1 \\ 0 \end{pmatrix} \qquad 2 \cdot \mathbf{x1} = \begin{pmatrix} 1.732 \\ 1 \\ 0 \end{pmatrix}$

$$\mathbf{B} \cdot \mathbf{x2} = \begin{pmatrix} 1 \\ -1.732 \\ 0 \end{pmatrix} \qquad -2 \cdot \mathbf{x2} = \begin{pmatrix} 1 \\ -1.732 \\ 0 \end{pmatrix}$$

$$\mathbf{B} \cdot \mathbf{x3} = \begin{pmatrix} 0 \\ 0 \\ 3 \end{pmatrix} \qquad 3 \cdot \mathbf{x3} = \begin{pmatrix} 0 \\ 0 \\ 3 \end{pmatrix}$$

Beispiel 3.3.4:

Wie lauten die Eigenwerte und Eigenvektoren der nachfolgend gegebenen Matrix?

$$\underline{\mathbf{M}} := \begin{pmatrix} 4j & 1 & 10 \\ 2 & 7 & 7 \\ 1 & 1+j & -4j \end{pmatrix}$$ gegebene Matrix

ORIGIN := 1 — ORIGIN festlegen

Bestimmung der Eigenwerte:

$$\underline{\mathbf{M}} - \lambda \,\text{einheit}(3) \rightarrow \begin{pmatrix} -\lambda + 4j & 1 & 10 \\ 2 & 7 - \lambda & 7 \\ 1 & 1 + j & -\lambda + -4j \end{pmatrix}$$

$$p(\lambda) := \left|\underline{\mathbf{M}} - \lambda \,\text{einheit}(3)\right| \rightarrow 7\lambda^2 - \lambda^3 + (3 + 7j)\lambda + 97$$ charakteristisches Polynom

$$\underline{\lambda} := p(\lambda) = 0 \;\left|\; \begin{matrix} \text{auflösen}, \lambda \\ \text{Gleitkommazahl}, 4 \end{matrix} \right. \rightarrow \begin{pmatrix} 8.672 + 0.6021j \\ -0.6395 + 2.949j \\ -1.032 - 3.551j \end{pmatrix}$$ Vektor der Eigenwerte

$\underline{\lambda}_1 = 8.672 + 0.602j$ $\quad \underline{\lambda}_2 = -0.639 + 2.949j$ $\quad \underline{\lambda}_3 = -1.032 - 3.551j$ Eigenwerte

$\underline{\lambda} := \text{eigenwerte}(\underline{\mathbf{M}})$

$\underline{\lambda}^T = (8.672 + 0.602j \quad -0.639 + 2.949j \quad -1.032 - 3.551j)$ mit der Mathcadfunktion berechnet

Die zu λ_i gehörigen normierten Eigenvektoren:

$\underline{\mathbf{x1}} := \text{eigenvek}(\underline{\mathbf{M}}, \underline{\lambda}_1)$ $\quad \underline{\mathbf{x2}} := \text{eigenvek}(\underline{\mathbf{M}}, \underline{\lambda}_2)$ $\quad \underline{\mathbf{x3}} := \text{eigenvek}(\underline{\mathbf{M}}, \underline{\lambda}_3)$

$$\underline{\mathbf{x1}} = \begin{pmatrix} 0.271 + 0.051j \\ 0.891 - 0.322j \\ 0.163 - 0.015j \end{pmatrix} \qquad \underline{\mathbf{x2}} = \begin{pmatrix} -0.177 - 0.953j \\ 0.049 + 0.215j \\ -0.094 + 0.058j \end{pmatrix} \qquad \underline{\mathbf{x3}} = \begin{pmatrix} -0.043 + 0.683j \\ -0.452 + 0.069j \\ 0.566 - 0.045j \end{pmatrix}$$

Probe: $\underline{\mathbf{M}}\ \underline{\mathbf{x}} = \lambda\ \underline{\mathbf{x}}$

$$\underline{\mathbf{M}}\,\underline{\mathbf{x1}} = \begin{pmatrix} 2.316 + 0.609j \\ 7.918 - 2.259j \\ 1.423 - 0.033j \end{pmatrix} \qquad \underline{\lambda}_1\,\underline{\mathbf{x1}} = \begin{pmatrix} 2.316 + 0.609j \\ 7.918 - 2.259j \\ 1.423 - 0.033j \end{pmatrix}$$

$$\underline{\mathbf{M}}\,\underline{\mathbf{x2}} = \begin{pmatrix} 2.923 + 0.088i \\ -0.666 + 0.007i \\ -0.111 - 0.314i \end{pmatrix} \qquad \underline{\lambda}_2\,\underline{\mathbf{x2}} = \begin{pmatrix} 2.923 + 0.088i \\ -0.666 + 0.007i \\ -0.111 - 0.314i \end{pmatrix}$$

$$\underline{\mathbf{M}}\,\underline{\mathbf{x3}} = \begin{pmatrix} 2.471 - 0.553j \\ 0.711 + 1.534j \\ -0.743 - 1.963j \end{pmatrix} \qquad \underline{\lambda}_3\,\underline{\mathbf{x3}} = \begin{pmatrix} 2.471 - 0.553j \\ 0.711 + 1.534j \\ -0.743 - 1.963j \end{pmatrix}$$

3.3.1 Eigenwerte und Eigenvektoren einer Diagonal- bzw. Dreiecksmatrix

Die Eigenwerte einer (nxn)-Diagonal- bzw. Dreiecksmatrix A (bzw. A̲) sind identisch mit den Hauptdiagonalelementen (i = 1, 2, ..., n):

$$\lambda_i = a_{i,i} \qquad (\text{bzw. } \underline{\lambda}_i = \underline{a}_{i,i}) \qquad \textbf{(3-134)}$$

Beispiel 3.3.5:

Wie lauten die Eigenwerte und die Eigenvektoren der folgenden Matrix?

$$\mathbf{A} := \begin{pmatrix} 2 & 0 & 0 \\ -5 & 3 & 0 \\ 3 & 0 & 4 \end{pmatrix}$$ gegebene untere Dreiecksmatrix

ORIGIN := 1 — ORIGIN festlegen

$i := 1 .. 3$ — Bereichsvariable

$\lambda_i := \mathbf{A}_{i,i}$ $\qquad \lambda^T = (2\ \ 3\ \ 4)$ — Eigenwerte

$\lambda := \text{eigenwerte}(\mathbf{A})$ $\qquad \lambda^T = (4\ \ 3\ \ 2)$ — mit der Mathcadfunktion errechnet

Die zu λ_i gehörigen normierten Eigenvektoren:

$\mathbf{x1} := \text{eigenvek}(\mathbf{A}, \lambda_1)$ $\qquad \mathbf{x2} := \text{eigenvek}(\mathbf{A}, \lambda_2)$ $\qquad \mathbf{x3} := \text{eigenvek}(\mathbf{A}, \lambda_3)$

$$\mathbf{x1} = \begin{pmatrix} 0 \\ 0 \\ 1 \end{pmatrix} \qquad \mathbf{x2} = \begin{pmatrix} 0 \\ 1 \\ 0 \end{pmatrix} \qquad \mathbf{x3} = \begin{pmatrix} 0.188 \\ 0.941 \\ -0.282 \end{pmatrix}$$

Beispiel 3.3.6:

Wie lauten die Eigenwerte und die Eigenvektoren der folgenden Matrix?

$\mathbf{A} := \begin{pmatrix} 2 & 1 \\ 0 & 2 \end{pmatrix}$ gegebene obere Dreiecksmatrix

ORIGIN := 1 ORIGIN festlegen

$i := 1..2$ Bereichsvariable

$\lambda 1_i := \mathbf{A}_{i,i}$ $\lambda 1^T = (2\ \ 2)$ doppelte Eigenwerte

$\lambda := \text{eigenwerte}(\mathbf{A})$ $\lambda^T = (2\ \ 2)$ mit der Mathcadfunktion errechnet

Die zu λ_i gehörigen normierten Eigenvektoren:

$\mathbf{x1} := \text{eigenvek}(\mathbf{A}, \lambda_1)$ $\mathbf{x2} := \text{eigenvek}(\mathbf{A}, \lambda_2)$

$\mathbf{x1} = \begin{pmatrix} -1 \\ 0 \end{pmatrix}$ $\mathbf{x2} = \begin{pmatrix} -1 \\ 0 \end{pmatrix}$

Die Matrix A hat doppelten Eigenwert 2, aber nur einen linear unabhängigen Eigenvektor, denn A - 2 E hat den Rang 1:

$\mathbf{A} - 2 \cdot \text{einheit}(2) \rightarrow \begin{pmatrix} 0 & 1 \\ 0 & 0 \end{pmatrix}$

$\text{rg}(\mathbf{A} - 2 \cdot \text{einheit}(2)) = 1$

Beispiel 3.3.7:

Wie lauten die Eigenwerte und die Eigenvektoren der folgenden Matrix?

$\underline{\mathbf{A}} := \begin{pmatrix} -3 & 0 & 0 & 0 \\ 0 & j & 0 & 0 \\ 0 & 0 & 5 & 0 \\ 0 & 0 & 0 & j \end{pmatrix}$ gegebene Diagonalmatrix

ORIGIN := 1 ORIGIN festlegen

$i := 1..4$ Bereichsvariable

$\underline{\lambda}_i := \underline{\mathbf{A}}_{i,i}$ $\underline{\lambda}^T = (-3\ \ j\ \ 5\ \ j)$ Eigenwerte

$\underline{\lambda} := \text{eigenwerte}(\underline{\mathbf{A}})$ $\underline{\lambda}^T = (-3\ \ j\ \ 5\ \ j)$ mit der Mathcadfunktion errechnet

Es gibt also zwei einfache und einen doppelten Eigenwert!

Die zu λ_i gehörigen normierten Eigenvektoren:

$\mathbf{x1} := \text{eigenvek}(\underline{\mathbf{A}}, \lambda_1)$ $\mathbf{x2} := \text{eigenvek}(\underline{\mathbf{A}}, \lambda_2)$ $\mathbf{x3} := \text{eigenvek}(\underline{\mathbf{A}}, \lambda_3)$ $\mathbf{x4} := \text{eigenvek}(\underline{\mathbf{A}}, \lambda_4)$

$$\mathbf{x1} = \begin{pmatrix} 1 \\ 0 \\ 0 \\ 0 \end{pmatrix} \quad \mathbf{x2} = \begin{pmatrix} 0 \\ 0.483 \\ 0 \\ 0.876 \end{pmatrix} \quad \mathbf{x3} = \begin{pmatrix} 0 \\ 0 \\ 1 \\ 0 \end{pmatrix} \quad \mathbf{x4} = \begin{pmatrix} 0 \\ 0.483 \\ 0 \\ 0.876 \end{pmatrix}$$

3.3.2 Eigenwerte und Eigenvektoren einer symmetrischen Matrix

Die Eigenwerte und Eigenvektoren einer symmetrischen (nxn)-Matrix A besitzen folgende Eigenschaften:

1. Alle n Eigenwerte sind reell.

2. Es gibt genau n linear unabhängige Eigenvektoren.

3. Zu jedem einfachen Eigenwert gehört genau ein linear unabhängiger Eigenvektor und zu jedem k-fachen Eigenwert dagegen genau k linear unabhängige Eigenvektoren.

4. Je zwei zu verschiedenen Eigenwerten gehörende Eigenvektoren sind zueinander orthogonal.

5. Der Rang von A (rg(A)) ist gleich der Anzahl der von null verschiedenen Eigenwerten.

6. Spektralzerlegung: Schreiben wir die Eigenvektoren $\mathbf{x}_i$ als Spalten einer Matrix O, so ist O orthogonal (also $O^{-1} = O^T$) und

$$\mathbf{A} = \mathbf{O} \cdot \mathbf{\Lambda} \cdot \mathbf{O}^T \quad \text{mit } \mathbf{\Lambda} = \begin{pmatrix} \lambda_1 & \cdots & 0 \\ \cdots & \cdots & \cdots \\ 0 & \cdots & \lambda_n \end{pmatrix} \qquad \text{(3-135)}$$

Beispiel 3.3.8:

Wie lauten die Eigenwerte und die Eigenvektoren der folgenden Matrix?

$\mathbf{A} := \begin{pmatrix} 1 & 2 \\ 2 & -2 \end{pmatrix}$ gegebene symmetrische Matrix

$\lambda := \text{eigenwerte}(\mathbf{A})$ $\lambda^T = (2 \;\; -3)$ die Eigenvektoren sind reell

Die zu λ_i gehörigen normierten Eigenvektoren:

$\mathbf{x1} := \text{eigenvek}(\mathbf{A}, \lambda_1)$ $\mathbf{x2} := \text{eigenvek}(\mathbf{A}, \lambda_2)$

$$\mathbf{x1} = \begin{pmatrix} 0.894 \\ 0.447 \end{pmatrix} \quad \mathbf{x2} = \begin{pmatrix} -0.447 \\ 0.894 \end{pmatrix}$$

$\mathbf{x1} \cdot \mathbf{x2} = 0$ die Eigenvektoren sind orthogonal (das Skalarprodukt verschwindet)

Beispiel 3.3.9:

Führen Sie eine Spektralzerlegung der Matrix **M** durch.

$\mathbf{M} := \begin{pmatrix} 1 & 4 \\ 4 & 2 \end{pmatrix}$ gegebene symmetrische Matrix

$\lambda :=$ eigenwerte$(\mathbf{M})$ $\quad \lambda = \begin{pmatrix} -2.531 \\ 5.531 \end{pmatrix}$ reelle Eigenwerte

$\mathbf{O} :=$ eigenvektoren$(\mathbf{M})$ $\quad \mathbf{O} = \begin{pmatrix} -0.75 & -0.662 \\ 0.662 & -0.75 \end{pmatrix}$ Matrix der Eigenvektoren

$\mathbf{O}^{-1} = \begin{pmatrix} -0.75 & 0.662 \\ -0.662 & -0.75 \end{pmatrix} \quad \mathbf{O}^T = \begin{pmatrix} -0.75 & 0.662 \\ -0.662 & -0.75 \end{pmatrix}$ die Matrix O ist orthogonal

ORIGIN := 1 ORIGIN festlegen

$\Lambda := \begin{pmatrix} \lambda_1 & 0 \\ 0 & \lambda_2 \end{pmatrix} \quad \Lambda = \begin{pmatrix} -2.531 & 0 \\ 0 & 5.531 \end{pmatrix}$ die aus den Eigenwerten gebildete Diagonalmatrix

$\text{diag}(\lambda) = \begin{pmatrix} -2.531 & 0 \\ 0 & 5.531 \end{pmatrix}$ oder die Diagonalmatrix mit der Funktion diag gebildet

Es gilt:

$\mathbf{O} \cdot \Lambda \cdot \mathbf{O}^{-1} = \begin{pmatrix} 1 & 4 \\ 4 & 2 \end{pmatrix}$ Spektralzerlegung

3.3.3 Eigenwerte und Eigenvektoren einer hermiteschen Matrix

Die Eigenwerte und Eigenvektoren einer hermiteschen (nxn)-Matrix $\underline{\mathbf{A}} = \left[(\overline{\underline{\mathbf{A}}})^T\right]$ besitzen folgende Eigenschaften (vergleiche dazu symmetrische Matrizen):

1. Alle n Eigenwerte sind reell.

2. Es gibt genau n linear unabhängige Eigenvektoren.

3. Zu jedem einfachen Eigenwert gehört genau ein linear unabhängiger Eigenvektor und zu jedem k-fachen Eigenwert dagegen genau k linear unabhängige Eigenvektoren.

Beispiel 3.3.10:

Wie lauten die Eigenwerte, Eigenvektoren der nachfolgend gegebenen Matrix?

$\underline{\mathbf{A}} := \begin{pmatrix} 1 & -j \\ j & 1 \end{pmatrix}$ gegebene Matrix

ORIGIN := 1 — ORIGIN festlegen

$\mathbf{A} = \begin{pmatrix} 1 & -j \\ j & 1 \end{pmatrix}$ $\quad \left(\overline{\mathbf{A}}\right)^T = \begin{pmatrix} 1 & -j \\ j & 1 \end{pmatrix}$ — die Matrix **A** ist hermitesch

Bestimmung der Eigenwerte:

$\mathbf{A} - \lambda \cdot \text{einheit}(2) \rightarrow \begin{pmatrix} 1-\lambda & -j \\ j & 1-\lambda \end{pmatrix}$

$p(\lambda) := \left|\mathbf{A} - \lambda \cdot \text{einheit}(2)\right| \rightarrow \lambda^2 - 2\lambda$ — charakteristisches Polynom

$\lambda := p(\lambda) = 0 \text{ auflösen}, \lambda \rightarrow \begin{pmatrix} 0 \\ 2 \end{pmatrix}$ — Vektor der Eigenwerte

$\lambda_1 = 0 \qquad \lambda_2 = 2$ — Eigenwerte (alle Eigenwerte sind reell)

Der zu λ_1 gehörige Eigenvektor:

$(\mathbf{A} - 0 \cdot \mathbf{E}) \cdot \mathbf{x} = \mathbf{0}$ — homogenes lineares Gleichungssystem

$\begin{pmatrix} 1 & -j \\ j & 1 \end{pmatrix} \cdot \begin{pmatrix} x_1 \\ x_2 \end{pmatrix} = \begin{pmatrix} 0 \\ 0 \end{pmatrix}$ vereinfacht auf $\begin{pmatrix} x_1 - j\,x_2 \\ j\,x_1 + x_2 \end{pmatrix} = \begin{pmatrix} 0 \\ 0 \end{pmatrix}$

Das Gleichungssystem reduziert sich auf folgende Gleichung (beide Gleichungen sind linear abhängig - multiplizieren wir die erste Gleichung mit j, dann erhalten wir die zweite Gleichung):

$x_1 - jx_2 = 0$ bzw. $x_1 = j\,x_2$

x_1 und x_2 sind damit frei wählbar. Wir wählen z. B. $x_1 = \alpha$ ($\in \mathbb{R} \setminus \{0\}$) dann ist $x_2 = 1/j\, x_1 = -j\, x_1 = -j\,\alpha$:

$\mathbf{x1} = \begin{pmatrix} \alpha \\ -j \cdot \alpha \end{pmatrix} = \alpha \cdot \begin{pmatrix} 1 \\ -j \end{pmatrix}$

Der normierte Vektor muss die Bedingung $\left|\mathbf{x1}\right| = 1$ erfüllen

$\mathbf{x1} \cdot \overline{\mathbf{x1}} = \alpha \cdot \begin{pmatrix} 1 \\ -j \end{pmatrix} \cdot \alpha \begin{pmatrix} 1 \\ j \end{pmatrix} = \alpha^2 \cdot \left(1 - j^2\right) = 2 \cdot \alpha^2$ — Skalarprodukt

$\left|\mathbf{x1}\right| = \sqrt{\mathbf{x1} \cdot \overline{\mathbf{x1}}} = \sqrt{2 \cdot \alpha^2} = \alpha \cdot \sqrt{2} = 1$ — Normierungsbedingung

Damit lautet der zum Eigenwert $\lambda_1 = 0$ gehörige normierte Eigenvektor mit dem Normierungsfaktor $\alpha = \frac{1}{\sqrt{2}}$:

$\mathbf{x1} := \frac{1}{\sqrt{2}} \cdot \begin{pmatrix} 1 \\ -j \end{pmatrix} \qquad \mathbf{x1} = \begin{pmatrix} 0.707 \\ -0.707j \end{pmatrix} \qquad \left|\mathbf{x1}\right| = 1$ — Länge 1

Der zu λ_2 gehörige Eigenvektor:

$(\mathbf{A} - 2 \cdot \mathbf{E}) \cdot \mathbf{x} = \mathbf{0}$ — homogenes lineares Gleichungssystem

$$\begin{pmatrix} -1 & -j \\ j & -1 \end{pmatrix} \cdot \begin{pmatrix} x_1 \\ x_2 \end{pmatrix} = \begin{pmatrix} 0 \\ 0 \end{pmatrix} \quad \text{vereinfacht auf} \quad \begin{pmatrix} -x_1 - jx_2 \\ jx_1 - x_2 \end{pmatrix} = \begin{pmatrix} 0 \\ 0 \end{pmatrix}$$

Das Gleichungssystem reduziert sich auf folgende Gleichung (beide Gleichungen sind linear abhängig - multiplizieren wir die zweite Gleichung mit j, dann erhalten wir die erste Gleichung):

$-x_1 - jx_2 = 0$ bzw. $x_1 = -j\,x_2$

x_1 und x_2 sind damit frei wählbar. Wir wählen z. B. $x_1 = \beta$ ($\in \mathbb{R} \setminus \{0\}$), dann ist $x_2 = -1/j\, x_1 = j\, x_1 = j\,\beta$:

$$\underline{\mathbf{x2}} = \begin{pmatrix} \beta \\ j \cdot \beta \end{pmatrix} = \beta \cdot \begin{pmatrix} 1 \\ j \end{pmatrix}$$

Nach Normierung ergibt sich der zweite Eigenvektor zu:

$$\underline{\mathbf{x2}} := \frac{1}{\sqrt{2}} \cdot \begin{pmatrix} 1 \\ j \end{pmatrix} \qquad \underline{\mathbf{x2}} = \begin{pmatrix} 0.707 \\ 0.707j \end{pmatrix} \qquad \left|\underline{\mathbf{x2}}\right| = 1 \quad \text{Länge 1}$$

Direkte Berechnung mit den Mathcadfunktionen:

$$\lambda := \text{eigenwerte}(\underline{\mathbf{A}}) \qquad \lambda = \begin{pmatrix} 2 \\ 0 \end{pmatrix} \qquad \text{reelle Eigenwerte}$$

$$\underline{\mathbf{X}} := \text{eigenvektoren}(\underline{\mathbf{A}}) \qquad \underline{\mathbf{X}} = \begin{pmatrix} -0.707j & 0.707 \\ 0.707 & -0.707j \end{pmatrix} \qquad \text{Matrix mit Eigenvektoren}$$

$$\underline{\mathbf{X}}^{\langle 1 \rangle} = \begin{pmatrix} -0.707j \\ 0.707 \end{pmatrix} \qquad \underline{\mathbf{X}}^{\langle 2 \rangle} = \begin{pmatrix} 0.707 \\ -0.707j \end{pmatrix} \qquad \text{genormte Eigenvektoren}$$

$$\left|\underline{\mathbf{X}}^{\langle 1 \rangle}\right| = 1 \qquad \left|\underline{\mathbf{X}}^{\langle 2 \rangle}\right| = 1 \qquad \text{Länge 1}$$

Probe: **($\underline{\mathbf{A}}$ - λ E) $\underline{\mathbf{x}}$ = 0**

$$\left(\underline{\mathbf{A}} - \lambda_1 \cdot \text{einheit}(2)\right) \cdot \underline{\mathbf{X}}^{\langle 1 \rangle} = \begin{pmatrix} 0 \\ 0 \end{pmatrix}$$

$$\left(\underline{\mathbf{A}} - \lambda_2 \cdot \text{einheit}(2)\right) \cdot \underline{\mathbf{X}}^{\langle 2 \rangle} = \begin{pmatrix} 0 \\ 0 \end{pmatrix}$$

3.3.4 Verallgemeinertes Eigenwertproblem

Das oben angeführte Eigenwertproblem lässt sich verallgemeinern.
Die Eigenwerte der quadratischen Matrizen $A \in \mathbb{R}^{nxn}$ und $B \in \mathbb{R}^{nxn}$ sind diejenigen reellen λ_i, für die die Gleichung:

$$A \cdot x_i = \lambda_i \cdot B \cdot x_i \qquad (3\text{-}136)$$

eine nichttriviale Lösung hat.

Jeder Vektor $x_i \neq 0$ mit $A \cdot x_i = \lambda_i \cdot B \cdot x_i$ heißt Eigenvektor der Matrizen A und B.
Zur Bestimmung der Eigenwerte und der Eigenvektoren stehen für dieses Problem in Mathcad die Funktionen genwerte(A,B) und genvektoren(A,B) zur Verfügung.

Beispiel 3.3.11:

Wie lauten die Eigenwerte, Eigenvektoren des nachfolgend gegebenen verallgemeinerten Eigenwertproblems **A x = λ B x**?

$\mathbf{A} := \begin{pmatrix} 2 & 4 \\ 5 & 7 \end{pmatrix} \quad \mathbf{B} := \begin{pmatrix} 5 & 1 \\ 8 & 2 \end{pmatrix}$ gegebene Matrizen

ORIGIN := 1 ORIGIN festlegen

Berechnung der Eigenwerte λ mit der Funktion genwerte:

$\lambda := \text{genwerte}(\mathbf{A}, \mathbf{B}) \quad \lambda = \begin{pmatrix} 2.303 \\ -1.303 \end{pmatrix}$ Eigenwertevektor

$\lambda_1 = 2.303 \quad \lambda_2 = -1.303$ Eigenvektoren

Berechnung der Eigenvektoren mit der Funktion genvektoren:

$\mathbf{X} := \text{genvektoren}(\mathbf{A}, \mathbf{B}) \quad \mathbf{X} = \begin{pmatrix} -0.178 & -0.623 \\ -1 & 1 \end{pmatrix}$ Eigenwertematrix

$\mathbf{x_1} := \mathbf{X}^{\langle 1 \rangle} \quad \mathbf{x_2} := \mathbf{X}^{\langle 2 \rangle} \quad \mathbf{x_1} = \begin{pmatrix} -0.178 \\ -1 \end{pmatrix} \quad \mathbf{x_2} = \begin{pmatrix} -0.623 \\ 1 \end{pmatrix}$ genormte Eigenvektoren

$|\mathbf{x_1}| = 1.016 \quad |\mathbf{x_2}| = 1.178$ Länge 1

Probe: **A x - λ B x = 0**

$\mathbf{A} \cdot \mathbf{x_1} - \lambda_1 \cdot \mathbf{B} \cdot \mathbf{x_1} = \begin{pmatrix} 0 \\ -1.776 \times 10^{-15} \end{pmatrix} \quad \mathbf{A} \cdot \mathbf{x_2} - \lambda_2 \cdot \mathbf{B} \cdot \mathbf{x_2} = \begin{pmatrix} 0 \\ 2.22 \times 10^{-15} \end{pmatrix}$

3.4 Matrixnormen und Konditionszahlen

Zur Normierung von Matrizen werden nachfolgend einige Matrixnormen definiert. Zur Berechnung dieser Normen stehen in Mathcad die Funktionen norme, norm1, norm2 und normi zur Verfügung.

Für eine quadratische Matrix $A \in \mathbb{R}^{n \times n}$ definieren wir folgende Normen:

1. Euklidische Norm:

$$(\|\mathbf{A}\|)_e = \text{norme}(\mathbf{A}) = \sqrt{\sum_{i=1}^{n} \sum_{k=1}^{n} (\mathbf{a}_{i,k})^2} \quad (3\text{-}137)$$

2. Norm der maximalen Spaltenbetragssumme (L1-Norm):

$$(\|\mathbf{A}\|)_1 = \text{norm1}(\mathbf{A}) = \max_k\left(\sum_{i=1}^{n} |\mathbf{a}_{i,k}|\right) \quad (3\text{-}138)$$

3. Spektralnorm (L2-Norm):

$$(\|\mathbf{A}\|)_2 = \text{norm2}(\mathbf{A}) = \sqrt{\max\left(\text{eigenwerte}\left(\mathbf{A}\mathbf{A}^T\right)\right)} \quad (3\text{-}139)$$

4. Norm der maximalen Zeilenbetragssumme (Unendlichnorm):

$$(\|\mathbf{A}\|)_\infty = \text{normi}(\mathbf{A}) = \max_i\left(\sum_{k=1}^{n} |\mathbf{a}_{i,k}|\right) \quad (3\text{-}140)$$

Unter der Voraussetzung, dass die Matrix A regulär ist, führen wir noch einige Konditionszahlen an. Die Konditionszahl spielt eine große Rolle bei einem linearen Gleichungssystem A x = c mit fehlerbehaftetem c. Eine Änderung Δc hat eine Änderung der Lösung Δx zur Folge. Es lässt sich zeigen, dass der relative Fehler von x kleiner gleich der Konditionszahl, multipliziert mit dem relativen Fehler von c ist ((3-145)).

Die Konditionszahlen cond(A) sind definiert als Produkt der Matrixnormen von A und A^{-1}. Zur Berechnung sind in Mathcad die Funktionen conde, cond1, cond2 und condi vorgegeben:

$$\text{conde}(\mathbf{A}) = \text{norme}(\mathbf{A})\,\text{norme}\left(\mathbf{A}^{-1}\right) \quad (3\text{-}141)$$

$$\text{cond1}(\mathbf{A}) = \text{norm1}(\mathbf{A})\,\text{norm1}\left(\mathbf{A}^{-1}\right) \quad (3\text{-}142)$$

$$\text{cond2}(\mathbf{A}) = \text{norm2}(\mathbf{A})\,\text{norm2}\left(\mathbf{A}^{-1}\right) \quad (3\text{-}143)$$

$$\text{condi}(\mathbf{A}) = \text{normi}(\mathbf{A})\,\text{normi}\left(\mathbf{A}^{-1}\right) \quad (3\text{-}144)$$

Für die Lösung $\mathbf{A} \cdot \mathbf{x} = \mathbf{c}$ und $\mathbf{A} \cdot (\mathbf{x} + \Delta\mathbf{x}) = \mathbf{c} + \Delta\mathbf{c}$ gilt die Beziehung:

$$\frac{\|\Delta\mathbf{x}\|}{\|\mathbf{x}\|} \le \text{cond}(\mathbf{A})\,\frac{\|\Delta\mathbf{c}\|}{\|\mathbf{c}\|} \quad (3\text{-}145)$$

Beispiel 3.4.1:

Die nachfolgende Matrix soll mit den oben angeführten Normen normiert werden. Falls möglich, berechnen Sie auch die Konditionszahlen.

$$\mathbf{A} := \begin{pmatrix} 1.01 & -2.02 & 3.61 \\ 3.45 & 0.66 & -2.83 \\ -0.72 & -0.43 & 2.16 \end{pmatrix}$$ gegebene Matrix

ORIGIN := 1 — ORIGIN festlegen

$n := 3$ $\quad i := 1..n$ $\quad k := 1..n$ — Bereichsvariablen

$\text{norme}(\mathbf{A}) = 6.622$ $\quad \sqrt{\sum_{i=1}^{n}\sum_{k=1}^{n}\left(\mathbf{A}_{i,k}\right)^2} = 6.622$ — euklidische Norm

$\text{norm1}(\mathbf{A}) = 8.6$ $\quad \mathbf{v}_k := \sum_{i=1}^{n}\left|\left(\mathbf{A}^{\langle k\rangle}\right)_i\right|$ $\quad \max(\mathbf{v}) = 8.6$ — Norm der maximalen Spaltenbetragssumme (L1-Norm)

$\text{norm2}(\mathbf{A}) = 5.709$ $\quad \sqrt{\max\left(\text{eigenwerte}\left(\mathbf{A}\,\mathbf{A}^T\right)\right)} = 5.709$ — Spektralnorm (L2-Norm)

$\text{normi}(\mathbf{A}) = 6.94$ $\quad \mathbf{v}_i := \sum_{k=1}^{n}\left|\left[\left(\mathbf{A}^T\right)^{\langle i\rangle}\right]_k\right|$ $\quad \max(\mathbf{v}) = 6.94$ — Norm der maximalen Zeilenbetragssumme (Unendlichnorm)

Die Konditionszahlen:

$|\mathbf{A}| = 7.508$ — die Matrix A ist regulär

$\text{conde}(\mathbf{A}) = 16.933$ $\quad \text{norme}(\mathbf{A})\,\text{norme}\left(\mathbf{A}^{-1}\right) = 16.933$

$\text{cond1}(\mathbf{A}) = 30.105$ $\quad \text{norm1}(\mathbf{A})\,\text{norm1}\left(\mathbf{A}^{-1}\right) = 30.105$

$\text{cond2}(\mathbf{A}) = 14.463$ $\quad \text{norm2}(\mathbf{A})\,\text{norm2}\left(\mathbf{A}^{-1}\right) = 14.463$

$\text{condi}(\mathbf{A}) = 23.579$ $\quad \text{normi}(\mathbf{A})\,\text{normi}\left(\mathbf{A}^{-1}\right) = 23.579$

Beispiel 3.4.2:

Zeigen Sie, dass für die Gleichungssysteme $\mathbf{A}\ \mathbf{x_1} = \mathbf{c_1}$ und $\mathbf{A}\ (\mathbf{x_1}+\Delta x) = \mathbf{c_1}+\Delta\mathbf{c}$ die Abschätzung (3-145) gilt.

$\mathbf{A} := \begin{pmatrix} 1 & 4 \\ 3 & 5 \end{pmatrix}$ gegebene Koeffizientenmatrix

$\mathbf{c_1} := \begin{pmatrix} 1 \\ 2 \end{pmatrix}$ Konstantenvektor

$r_b := 4\%$ Fehlerfaktor

$j := 1 .. 2$ Bereichsvariable

$\mathbf{c_2}_j := \mathbf{c_1}_j \cdot \left[1 + \left(\text{rnd}(2)\, r_b - r_b\right)\right]$ fehlerbehafteter Vektor

$\mathbf{c_2} = \begin{pmatrix} 0.96 \\ 1.951 \end{pmatrix}$

$\Delta\mathbf{c} := \mathbf{c_2} - \mathbf{c_1}$ fehlerbehaftete Änderung

$\Delta\mathbf{c} = \begin{pmatrix} -0.04 \\ -0.049 \end{pmatrix}$

$\mathbf{x_1} := \text{llösen}(\mathbf{A}, \mathbf{c_1})$ $\mathbf{x_2} := \text{llösen}(\mathbf{A}, \mathbf{c_2})$ Lösungen der Gleichungssysteme $\mathbf{A}\ \mathbf{x_1} = \mathbf{c_1}$ und $\mathbf{A}\ \mathbf{x_2} = \mathbf{c_2}$

$\mathbf{x_1} = \begin{pmatrix} 0.429 \\ 0.143 \end{pmatrix}$ $\mathbf{x_2} = \begin{pmatrix} 0.429 \\ 0.133 \end{pmatrix}$

$\frac{|\mathbf{x_2} - \mathbf{x_1}|}{|\mathbf{x_1}|} = 2.236\,\%$ $\frac{|\Delta\mathbf{c}|}{|\mathbf{c_1}|} = 2.828\,\%$ prozentuelle relative Fehler

$\frac{|\mathbf{x_2} - \mathbf{x_1}|}{|\mathbf{x_1}|} = 0.022$ $\frac{|\Delta\mathbf{c}|}{|\mathbf{c_1}|} = 0.028$ relative Fehler

$\text{conde}(\mathbf{A}) = 7.286$

$\log(\text{conde}(\mathbf{A})) = 0.862$

Konditionszahl. Sie drückt aus, um welchen Faktor sich der relative Fehler von $\mathbf{c_1}$ in $\mathbf{x_1}$ vervielfachen kann. Oder anders formuliert: Wenn die letzte wesentliche Ziffer der Eingabewerte unsicher war (log(cond(A)) ist die Schätzung der Anzahl der unsicheren Dezimalen des Ergebnisses).

$\left(\frac{|\mathbf{x_2} - \mathbf{x_1}|}{|\mathbf{x_1}|} \le \text{conde}(\mathbf{A}) \cdot \frac{|\Delta\mathbf{c}|}{|\mathbf{c_1}|}\right) = 1$ die Beziehung (3-145) ist erfüllt

3.5 Anwendungen der Matrizenrechnung

Die Matrizenrechnung erfährt heute auf dem Computer eine sehr weitreichende Anwendung. Sei es die Berechnung von elektrischen Netzwerken, die Berechnung von Deformationen in der Elastizitätstheorie, die Berechnung der Statik eines Fachwerkes oder die Kostenrechnung in der Ökonomie. Aber auch in der Bildverarbeitung und Visualisierung, CAD-Technik, Computergrafik und in der Statistik kommen Matrizen zur Anwendung. Nicht unerwähnt sollen auch die Anwendungen in der linearen Optimierung, Spieltheorie und Bedienungstheorie bleiben. Diese Aufzählung, die noch weiter fortgesetzt werden könnte und auch Teile des großen Bereichs des Operations Research abdeckt, zeigt aber bereits, dass in diesem Abschnitt nicht auf alle Anwendungsaspekte eingegangen werden kann. Es wird daher nachfolgend daraus eine kleine Auswahl getroffen.
Nicht eingegangen wird hier auf die bei der Berechnung mit Matrizen oft auftretenden numerischen Probleme und die damit notwendigen Fehlerabschätzungen. Es sollte jedenfalls in Mathcad, im Menü-Extras-Arbeitsblattoptionen-Berechnung "Bei Matrizen strikte Singularitätsprüfung durchführen" angehakt sein.

3.5.1 Anwendung der Matrizenrechnung in der Elektrotechnik

Nachdem häufig in der Nachrichtentechnik und Elektrotechnik lineare Zusammenhänge zwischen den zu betrachtenden Größen bestehen bzw. nichtlineare Zusammenhänge durch lineare Beziehungen angenähert werden können, wird die Matrizenrechnung mit Vorteil angewendet. Anwendungen finden wir vor allem auf den Gebieten der Berechnung linearer Netzwerke, Vierpoltheorie, elektrischer Maschinen und Untersuchung elektromagnetischer Felder.
Hier soll nur auf die ersten beiden Gebiete eingegangen werden.

3.5.1.1 Einfache Anwendungen in der linearen Netzwerktechnik

Zunächst setzen wir voraus, dass die zu betrachtenden elektrischen Netze keine äußeren Einströmungen enthalten und zwischen den Zweigen keine induktiven Kopplungen bestehen. Für die Knotenpunkte eines elektrischen Netzes gilt für die Zweigströme $I_1, I_2, ..., I_n$ das erste Kirchhoff'sche Gesetz:

$$\begin{pmatrix} m_{1,1} & m_{1,2} & .... & m_{1,n} \\ m_{2,1} & m_{2,2} & .... & m_{2,n} \\ .... & .... & .... & ... \\ m_{m,1} & m_{m,2} & .... & m_{m,n} \end{pmatrix} \cdot \begin{pmatrix} I_1 \\ I_2 \\ .... \\ I_n \end{pmatrix} = \begin{pmatrix} 0 \\ 0 \\ .... \\ 0 \end{pmatrix} \quad \text{bzw.} \quad \mathbf{M \cdot I = 0} \qquad (3\text{-}146)$$

Für die Maschen eines elektrischen Netzes gilt das zweite Kirchhoff'sche Gesetz:

$$\begin{pmatrix} Z_{1,1} & Z_{1,2} & .... & Z_{1,n} \\ Z_{2,1} & Z_{2,2} & .... & Z_{2,n} \\ .... & .... & .... & .... \\ Z_{n,1} & Z_{n,2} & .... & Z_{n,n} \end{pmatrix} \cdot \begin{pmatrix} I_1 \\ I_2 \\ .... \\ I_n \end{pmatrix} + \begin{pmatrix} m_{1,1} & m_{2,1} & .... & m_{m,1} \\ m_{1,2} & m_{2,2} & .... & m_{m,2} \\ .... & .... & .... & ... \\ m_{1,n} & m_{2,n} & .... & m_{m,n} \end{pmatrix} \cdot \begin{pmatrix} U_1 \\ U_2 \\ .... \\ U_m \end{pmatrix} = \begin{pmatrix} U_{q_1} \\ U_{q_2} \\ .... \\ U_{q_n} \end{pmatrix} \qquad (3\text{-}147)$$

$$\text{bzw.} \quad \mathbf{Z \cdot I + M^T \cdot U = U_q}$$

Dabei ist Z die Impedanz-Matrix (Widerstands-Matrix), I die Spaltenmatrix der Zweigströme, M^T die transponierte Koeffizientenmatrix M, U die Spaltenmatrix der Knotenpotentiale und U_q die Spaltenmatrix der Zweigurspannungen.

Beispiel 3.5.1:

Wie muss der variable Widerstand R_x einer Wheatstone'schen Brücke eingestellt werden, damit die Brücke C-D stromlos wird?

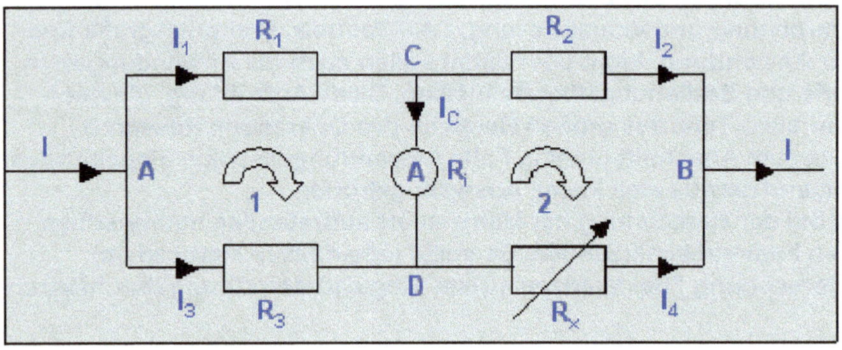

Abb. 3.5.1

Gegebene Werte:

$R_1 := 15 \cdot \Omega$

$R_2 := 25 \cdot \Omega$

$R_3 := 3 \cdot \Omega$

Unter der Annahme, dass zwischen C und D ein Strom I_C fließt, gilt nach der Maschenregel für die Maschen 1 und 2:

(1) $R_1 \cdot I_1 + R_i \cdot I_C - R_3 \cdot I_3 = 0 \cdot V$

(2) $R_2 \cdot I_2 - R_x \cdot I_4 - R_i \cdot I_C = 0 \cdot V$

Der Widerstand R_x wird nun so eingestellt, dass der Strom $I_C = 0$ wird. Dann gilt aber auch $I_2 = I_1$ und $I_4 = I_3$. Das Gleichungssystem geht dann über in:

(1) $R_1 \cdot I_1 - R_3 \cdot I_3 = 0 \cdot V$

(2) $R_2 \cdot I_1 - R_x \cdot I_3 = 0 \cdot V$

bzw. $\begin{pmatrix} R_1 & -R_3 \\ R_2 & -R_x \end{pmatrix} \cdot \begin{pmatrix} I_1 \\ I_2 \end{pmatrix} = \begin{pmatrix} 0 \\ 0 \end{pmatrix} \cdot V$ **(R I = U)**

Das lineare homogene Gleichungssystem ist nur dann nichttriveal lösbar, wenn die Determinante der Koeffizientenmatrix R verschwindet:

$$D = \left| \begin{pmatrix} R_1 & -R_3 \\ R_2 & -R_x \end{pmatrix} \right| = 0$$

$\left| \begin{pmatrix} R_1 & -R_3 \\ R_2 & -R_x \end{pmatrix} \right| = 0$ vereinfacht auf $R_2 \cdot R_3 - R_1 \cdot R_x = 0$

Daraus folgt:

$R_x := \dfrac{R_2 \cdot R_3}{R_1}$ $\qquad R_x = 5\Omega$ gesuchter Widerstand

Beispiel 3.5.2:

Berechnen Sie die Zweigströme der gegebenen Schaltung.

$R_1 := 20$ $\quad R_2 := 30$ $\quad R_3 := 25$ $\quad R_4 := 15$ $\quad Uq_1 := 20$ $\quad Uq_2 := 40$ gegebene Daten (in Ω und V)

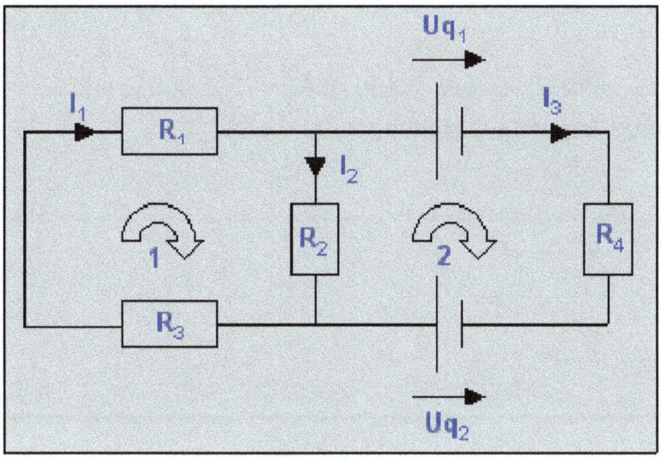

Abb. 3.5.2

Mit der Maschenregel und der Knotenregel ergibt sich folgendes Gleichungssystem:

(1) $I_1 \cdot R_1 + I_2 \cdot R_2 + I_1 \cdot R_3 = 0 \cdot V$

(2) $I_3 \cdot R_4 - I_2 \cdot R_2 = -Uq_1 + Uq_2$

(3) $I_1 - I_2 - I_3 = 0 \cdot A$

Nun ordnen wir das Gleichungssystems und multiplizieren noch die Gleichung (3) mit 1 Ω:

(1) $(R_1 + R_3) \cdot I_1 + R_2 \cdot I_2 = 0 \cdot V$

(2) $-R_2 \cdot I_2 + R_4 \cdot I_3 = -Uq_1 + Uq_2$

(3) $1\Omega \cdot I_1 - 1 \cdot \Omega \cdot I_2 - 1 \cdot \Omega \cdot I_3 = 0 \cdot V$

Das Gleichungssystem kann nun in Matrixform **R I = U** geschrieben werden:

$ORIGIN := 1$ ORIGIN festlegen

$$\mathbf{R} := \begin{pmatrix} R_1 + R_3 & R_2 & 0 \\ 0 & -R_2 & R_4 \\ 1 & -1 & -1 \end{pmatrix} \cdot \Omega$$

Koeffizientenmatrix (Widerstandsmatrix)

$$\mathbf{U} := \begin{pmatrix} 0 \\ -Uq_1 + Uq_2 \\ 0 \end{pmatrix} \cdot V$$

Konstantenvektor (Knotenpotentialvektor)

$$\left| \frac{\mathbf{R}}{\Omega} \right| = 2.475 \times 10^3$$

Die Matrix **R** ist regulär. Es gibt daher eine inverse Matrix $\mathbf{R}^{-1}$.

Die Zweigströme ergeben sich dann aus:

$$\mathbf{I} := \mathbf{R}^{-1} \cdot \mathbf{U}$$

$$\mathbf{I} = \begin{pmatrix} 0.242 \\ -0.364 \\ 0.606 \end{pmatrix} \cdot A \qquad I_1 = 0.242\,A \qquad I_2 = -0.364\,A \qquad I_3 = 0.606\,A$$

Beispiel 3.5.3:

Für einen verzweigten Gleichstromkreis mit Uq_1 = 24 V, Uq_2 = 12 V, $R_1 = R_2$ = 100 Ω, $R_3 = R_4$ = 500 Ω und R_5 = 300 Ω ergeben sich mithilfe der Kirchhoff'schen Gesetze folgende Gleichungen:

$$I_1 \cdot R_1 + I_3 \cdot R_3 = Uq_1$$

$$I_2 \cdot R_2 + I_4 \cdot R_4 = Uq_2$$

$$I_3 \cdot R_3 - I_4 \cdot R_4 - I_5 \cdot R_5 = 0 \cdot V$$

$$I_1 - I_3 - I_5 = 0 \cdot A$$

$$I_2 - I_4 + I_5 = 0 \cdot A$$

Nun ordnen wir das Gleichungssystem und multiplizieren noch die letzten beiden Gleichungen mit 1 Ω. Dann kann das Gleichungssystem wieder in Matrixform **R I** = **U** geschrieben werden und daraus die Zweigströme berechnet werden.

$U_{01} := 24 \qquad U_{02} := 12$ gegebene Knotenpotentiale in V

$R_1 := 100 \qquad R_2 := 100 \qquad R_3 := 500 \qquad R_4 := 500 \qquad R_5 := 300$ gegebene Widerstände in Ω

ORIGIN := 1 ORIGIN festlegen

$$\mathbf{R} := \begin{pmatrix} R_1 & 0 & R_3 & 0 & 0 \\ 0 & R_2 & 0 & R_4 & 0 \\ 0 & 0 & R_3 & -R_4 & -R_5 \\ 1 & 0 & -1 & 0 & -1 \\ 0 & 1 & 0 & -1 & 1 \end{pmatrix} \cdot \Omega$$

Koeffizientenmatrix (Widerstandsmatrix)

$$\left| \frac{\mathbf{R}}{\Omega} \right| = -1.68 \times 10^8$$

Reguläre Matrix (Determinante ist ungleich null)
Es existiert die inverse Matrix.

$$\mathbf{U} := \begin{pmatrix} U_{01} \\ U_{02} \\ 0 \\ 0 \\ 0 \end{pmatrix} \cdot V$$

Konstantenvektor (Knotenpotentialvektor)

$$\mathbf{I} := \mathbf{R}^{-1} \cdot \mathbf{U} \qquad \mathbf{I} = \begin{pmatrix} 57.9 \\ 2.1 \\ 36.4 \\ 23.6 \\ 21.4 \end{pmatrix} \cdot mA$$

gesuchter Stromvektor

$I_1 = 57.9 \cdot mA \qquad I_2 = 2.1 \cdot mA \qquad I_3 = 36.4 \cdot mA \qquad I_4 = 23.6 \cdot mA \qquad I_5 = 21.4 \cdot mA$

Weitere Lösungsmöglichkeit mit der Funktion llösen:

$\mathbf{I} := \text{llösen}(\mathbf{R}, \mathbf{U})$ $\qquad \mathbf{I} = \begin{pmatrix} 57.9 \\ 2.1 \\ 36.4 \\ 23.6 \\ 21.4 \end{pmatrix} \cdot \text{mA}$ $\qquad$ Lösungsvektor

Probe:

$$\mathbf{R} \cdot \mathbf{I} = \begin{pmatrix} 24 \\ 12 \\ 0 \\ 0 \\ 0 \end{pmatrix} \text{V}$$

3.5.1.2 Anwendungen in der Vierpoltheorie

Vierpole werden in der Elektrotechnik, Elektronik und Nachrichtentechnik zur Beschreibung von Systemen der Energie- und Informationsverarbeitung verwendet. Die Vierpoltheorie stellt nun auf Basis der Matrizenrechnung geeignete Verfahren zur Verknüpfung serieller und paralleler Verarbeitung der Vierpole zur Verfügung. Wichtig dabei ist der Umstand, dass die Beschreibung der Vierpole als "black boxes" lediglich durch die an den Klemmen der Ein- und Ausgänge zugehörigen Spannungen und Ströme möglich sein muss (Abb. 3.5.3). Siehe dazu auch Abschnitt 1.7.4.

Voraussetzungen für das Rechnen mit Vierpolen:

1. **Lineare Bauelemente für die Vierpole:**
   Passive lineare Vierpole: Diese enthalten ausschließlich lineare Verbraucherbauteile, also im Wesentlichen ideale R, L und C.
   Aktive lineare Vierpole: Diese enthalten auch Spannungs- und Stromquellen.
2. **Die Signale müssen periodisch sein und somit nach Fourier (siehe dazu Band 4) in harmonische Sinus- und Cosinusschwingungen zerlegbar sein.**
3. **Es dürfen nur stationäre Betriebszustände mit der Vierpolschreibweise behandelt werden.**

Vierpolgleichungen:

Die Vierpolgleichungen können in Widerstandsform, Leitwertform, Hybridform und Kettenform angegeben werden.

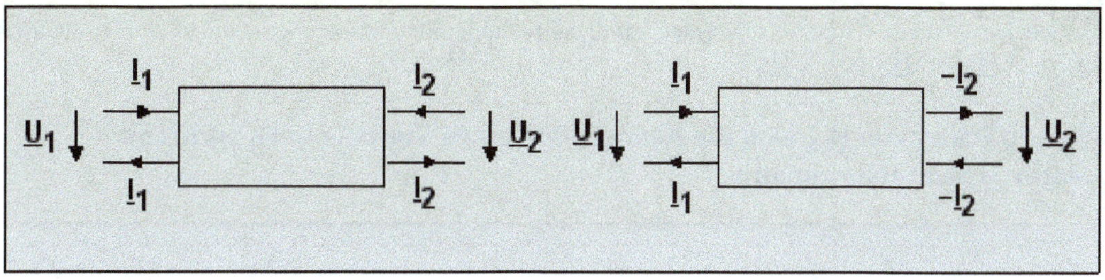

Abb. 3.5.3

a) Widerstandsform:
Diese Form eignet sich besonders für Vierpole, bei denen der Eingang von einer Spannungsquelle gespeist wird, deren Lastwiderstand sich aus einer Reihenschaltung von Teilwiderständen zusammensetzt, sowie für die Berechnung der Reihenschaltung von Vierpolen.

$$\underline{U}_1 = \underline{Z}_{1,1} \cdot \underline{I}_1 + \underline{Z}_{1,2} \cdot \underline{I}_2 \qquad (3\text{-}148)$$
$$\underline{U}_2 = \underline{Z}_{2,1} \cdot \underline{I}_1 + \underline{Z}_{2,2} \cdot \underline{I}_2$$

In Matrizenschreibweise:

$$\begin{pmatrix} \underline{U}_1 \\ \underline{U}_2 \end{pmatrix} = \begin{pmatrix} \underline{Z}_{1,1} & \underline{Z}_{1,2} \\ \underline{Z}_{2,1} & \underline{Z}_{2,2} \end{pmatrix} \cdot \begin{pmatrix} \underline{I}_1 \\ \underline{I}_2 \end{pmatrix} \quad \text{bzw.} \quad \underline{U} = \underline{Z} \cdot \underline{I} \qquad (3\text{-}149)$$

Die Widerstands-Parameter $\underline{Z}_{i,k}$ sind die Kenngrößen eines Vierpols in Widerstandsform.
Die Matrix $\underline{Z}$ heißt Impedanz-Matrix (Widerstands-Matrix).

b) Leitwertform:
Diese Form eignet sich besonders für Vierpole, deren Eingang von einer Stromquelle gespeist wird mit einem Lastleitwert, der sich aus einer Parallelschaltung von Teilleitwerten zusammensetzt, sowie für die Berechnung der Parallelschaltung von Vierpolen.

$$\underline{I}_1 = \underline{Y}_{1,1} \cdot \underline{U}_1 + \underline{Y}_{1,2} \cdot \underline{U}_2 \qquad (3\text{-}150)$$
$$\underline{I}_2 = \underline{Y}_{2,1} \cdot \underline{U}_1 + \underline{Y}_{2,2} \cdot \underline{U}_2$$

In Matrizenschreibweise:

$$\begin{pmatrix} \underline{I}_1 \\ \underline{I}_2 \end{pmatrix} = \begin{pmatrix} \underline{Y}_{1,1} & \underline{Y}_{1,2} \\ \underline{Y}_{2,1} & \underline{Y}_{2,2} \end{pmatrix} \cdot \begin{pmatrix} \underline{U}_1 \\ \underline{U}_2 \end{pmatrix} \quad \text{bzw.} \quad \underline{I} = \underline{Y} \cdot \underline{U} \qquad (3\text{-}151)$$

Die Leitwert-Parameter $\underline{Y}_{i,k}$ sind die Kenngrößen eines Vierpols in Leitwertform.
Die Matrix $\underline{Y}$ heißt Admittanz-Matrix (Leitwert-Matrix).
Die Leitwertparameter haben analoge Bedeutung wie oben angegeben.

c) Hybridform:
Die Hybridform ist besonders für Vierpole geeignet, bei denen der Eingang von einer Spannungsquelle gespeist wird, deren Lastwiderstand sich aus der Parallelschaltung von Teilleitwerten zusammensetzt, sowie für die Berechnung von Reihen-Parallelschaltung von Vierpolen.

$$\underline{U}_1 = \underline{H}_{1,1} \cdot \underline{I}_1 + \underline{H}_{1,2} \cdot \underline{U}_2 \qquad (3\text{-}152)$$
$$\underline{I}_2 = \underline{H}_{2,1} \cdot \underline{I}_1 + \underline{H}_{2,2} \cdot \underline{U}_2$$

In Matrizenschreibweise:

$$\begin{pmatrix} \underline{U}_1 \\ \underline{I}_2 \end{pmatrix} = \begin{pmatrix} \underline{H}_{1,1} & \underline{H}_{1,2} \\ \underline{H}_{2,1} & \underline{H}_{2,2} \end{pmatrix} \cdot \begin{pmatrix} \underline{I}_1 \\ \underline{U}_2 \end{pmatrix} \quad \text{bzw.} \quad \underline{V_{1H}} = \underline{H} \cdot \underline{V_{2H}} \qquad (3\text{-}153)$$

Die Hybrid-Parameter $\underline{H}_{i,k}$ sind die Kenngrößen eines Vierpols in Hybridform.
Die Matrix $\underline{H}$ heißt Hybridmatrix.

d) Kettenform:
Diese Form eignet sich besonders für Vierpole, deren Eingang von einer Stromquelle gespeist wird, deren Lastwiderstand sich aus einer Reihenschaltung von Teilwiderständen zusammensetzt, sowie für die Berechnung der Kettenschaltung von Vierpolen.

$$\underline{U}_1 = \underline{A}_{1,1} \cdot \underline{U}_2 + \underline{A}_{1,2} \cdot (-\underline{I}_2)$$
$$\underline{I}_1 = \underline{A}_{2,1} \cdot \underline{U}_2 + \underline{A}_{2,2} \cdot (-\underline{I}_2) \qquad (3\text{-}154)$$

In Matrizenschreibweise:

$$\begin{pmatrix} \underline{U}_1 \\ \underline{I}_1 \end{pmatrix} = \begin{pmatrix} \underline{A}_{1,1} & \underline{A}_{1,2} \\ \underline{A}_{2,1} & \underline{A}_{2,2} \end{pmatrix} \cdot \begin{pmatrix} \underline{U}_2 \\ -\underline{I}_2 \end{pmatrix} \quad \text{bzw.} \quad \underline{V}_{1K} = \underline{A} \cdot \underline{V}_{2K} \qquad (3\text{-}155)$$

Die Ketten-Parameter $\underline{A}_{i,k}$ sind die Kenngrößen eines Vierpols in Kettenform.
Die Matrix $\underline{A}$ heißt Kettenmatrix.

Zwischen den Vierpolparametern bestehen Beziehungen, die nun zusammengestellt werden:
Impedanz-Admittanzmatrix:

Es gilt mit (3-149) $\underline{U} = \underline{Z} \cdot \underline{I}$ und mit (3-151) $\underline{I} = \underline{Y} \cdot \underline{U}$. Aus diesen Gleichungen folgt: $\underline{U} = \underline{Z} \cdot \underline{Y} \cdot \underline{U}$.
Damit muss $\underline{Z} \cdot \underline{Y} = \underline{E}$ sein, d. h. entweder $\underline{Z} = \underline{Y}^{-1}$ oder $\underline{Y} = \underline{Z}^{-1}$.
Es gilt daher:

$$\underline{Y}^{-1} = \frac{1}{\det(\underline{Y})} \cdot \begin{pmatrix} \underline{Y}_{2,2} & -\underline{Y}_{1,2} \\ -\underline{Y}_{2,1} & \underline{Y}_{1,1} \end{pmatrix} = \underline{Z} = \begin{pmatrix} \underline{Z}_{1,1} & \underline{Z}_{1,2} \\ \underline{Z}_{2,1} & \underline{Z}_{2,2} \end{pmatrix} \qquad (3\text{-}156)$$

$$\underline{Z}^{-1} = \frac{1}{\det(\underline{Z})} \cdot \begin{pmatrix} \underline{Z}_{2,2} & -\underline{Z}_{1,2} \\ -\underline{Z}_{2,1} & \underline{Z}_{1,1} \end{pmatrix} = \underline{Y} = \begin{pmatrix} \underline{Y}_{1,1} & \underline{Y}_{1,2} \\ \underline{Y}_{2,1} & \underline{Y}_{2,2} \end{pmatrix} \qquad (3\text{-}157)$$

Impedanz-Kettenmatrix:

Es gilt mit (3-149) $\underline{U} = \underline{Z} \cdot \underline{I}$ und mit (3-155) $\underline{V}_{1K} = \underline{A} \cdot \underline{V}_{2K}$ und damit

(1) $\underline{U}_1 = \underline{Z}_{1,1} \cdot \underline{I}_1 + \underline{Z}_{1,2} \cdot \underline{I}_2$

(2) $\underline{U}_2 = \underline{Z}_{2,1} \cdot \underline{I}_1 + \underline{Z}_{2,2} \cdot \underline{I}_2$

bzw.

(1*) $\underline{U}_1 = \underline{A}_{1,1} \cdot \underline{U}_2 + \underline{A}_{1,2} \cdot (-\underline{I}_2)$

(2*) $\underline{I}_1 = \underline{A}_{2,1} \cdot \underline{U}_2 + \underline{A}_{2,2} \cdot (-\underline{I}_2)$

Aus (2*) erhalten wir:

(1**) $\underline{U}_2 = \frac{1}{\underline{A}_{2,1}} \cdot \underline{I}_1 + \frac{\underline{A}_{2,2}}{\underline{A}_{2,1}} \cdot \underline{I}_2$

Setzen wir nun $\underline{U}_2$ aus dieser Gleichung in (1*) ein, so erhalten wir eine zweite Gleichung:

(2**) $\underline{U}_1 = \frac{\underline{A}_{1,1}}{\underline{A}_{2,1}} \cdot \underline{I}_1 + \underline{A}_{1,1} \cdot \frac{\underline{A}_{2,2}}{\underline{A}_{2,1}} \cdot \underline{I}_2 - \underline{A}_{1,2} \cdot \underline{I}_2 = \frac{\underline{A}_{1,1}}{\underline{A}_{2,1}} \cdot \underline{I}_1 + \frac{\underline{A}_{1,1} \cdot \underline{A}_{2,2} - \underline{A}_{1,2} \cdot \underline{A}_{2,1}}{\underline{A}_{2,1}} \cdot \underline{I}_2$

Vergleichen wir nun (1**) und (2**) mit (1) und (2), so ergibt sich die Matrix $\underline{Z}$ zu:

$$\underline{Z} = \frac{1}{\underline{A}_{2,1}} \cdot \begin{pmatrix} \underline{A}_{1,1} & \underline{A}_{1,1} \cdot \underline{A}_{2,2} - \underline{A}_{1,2} \cdot \underline{A}_{2,1} \\ 1 & \underline{A}_{2,2} \end{pmatrix} = \frac{1}{\underline{A}_{2,1}} \cdot \begin{pmatrix} \underline{A}_{1,1} & \det(\underline{A}) \\ 1 & \underline{A}_{2,2} \end{pmatrix} \qquad (3\text{-}158)$$

Admittanz-Kettenmatrix:

Es gilt mit (3-151) $\underline{I} = \underline{Y} \cdot \underline{U}$ und mit (3-155) $\underline{V}_{1K} = \underline{A} \cdot \underline{V}_{2K}$ und damit

(1) $\underline{I}_1 = \underline{Y}_{1,1} \cdot \underline{U}_1 + \underline{Y}_{1,2} \cdot \underline{U}_2$

(2) $\underline{I}_2 = \underline{Y}_{2,1} \cdot \underline{U}_1 + \underline{Y}_{2,2} \cdot \underline{U}_2$

bzw.

(1*) $\underline{U}_1 = \underline{A}_{1,1} \cdot \underline{U}_2 + \underline{A}_{1,2} \cdot \left(-\underline{I}_2\right)$

(2*) $\underline{I}_1 = \underline{A}_{2,1} \cdot \underline{U}_2 + \underline{A}_{2,2} \cdot \left(-\underline{I}_2\right)$

Aus (1*) erhalten wir:

(1**) $\underline{I}_2 = -\frac{1}{\underline{A}_{1,2}} \cdot \underline{U}_1 + \frac{\underline{A}_{1,1}}{\underline{A}_{1,2}} \cdot \underline{U}_2$

Setzen wir nun $\underline{I}_2$ aus dieser Gleichung in (2*) ein, so erhalten wir eine zweite Gleichung:

(2**) $\underline{I}_1 = \underline{A}_{2,1} \cdot \underline{U}_2 + \frac{\underline{A}_{2,2}}{\underline{A}_{1,2}} \cdot \underline{U}_1 - \underline{A}_{2,2} \cdot \frac{\underline{A}_{1,1}}{\underline{A}_{1,2}} \cdot \underline{U}_2 = \frac{\underline{A}_{2,2}}{\underline{A}_{1,2}} \cdot \underline{U}_1 + \frac{\underline{A}_{2,1} \cdot \underline{A}_{1,2} - \underline{A}_{2,2} \cdot \underline{A}_{1,1}}{\underline{A}_{1,2}} \cdot \underline{U}_2$

Vergleichen wir nun (1**) und (2**) mit (1) und (2), so ergibt sich die Matrix $\underline{Y}$ zu:

$$\underline{Y} = \frac{1}{\underline{A}_{1,2}} \cdot \begin{pmatrix} \underline{A}_{2,2} & \underline{A}_{2,1} \cdot \underline{A}_{1,2} - \underline{A}_{1,1} \cdot \underline{A}_{2,2} \\ -1 & \underline{A}_{1,2} \end{pmatrix} = \frac{1}{\underline{A}_{1,2}} \cdot \begin{pmatrix} \underline{A}_{2,2} & -\det(\underline{A}) \\ -1 & \underline{A}_{1,1} \end{pmatrix} \qquad (3\text{-}159)$$

Alle anderen Umrechnungen erfolgen in ähnlicher Weise wie oben.

Tabelle mit den Umrechnungen der Vierpolparameter:

	$\underline{Z}$	$\underline{Y}$	$\underline{A}$	$\underline{H}$
$\underline{Z}$	$\underline{U}_1 = \underline{Z}_{1,1} \cdot \underline{I}_1 + \underline{Z}_{1,2} \cdot \underline{I}_2$ $\underline{U}_2 = \underline{Z}_{2,1} \cdot \underline{I}_1 + \underline{Z}_{2,2} \cdot \underline{I}_2$	$\frac{1}{\det(\underline{Y})} \cdot \begin{pmatrix} \underline{Y}_{2,2} & -\underline{Y}_{1,2} \\ -\underline{Y}_{2,1} & \underline{Y}_{1,1} \end{pmatrix}$	$\frac{1}{\underline{A}_{2,1}} \cdot \begin{pmatrix} \underline{A}_{1,1} & \det(\underline{A}) \\ 1 & \underline{A}_{2,2} \end{pmatrix}$	$\frac{1}{\underline{H}_{2,2}} \cdot \begin{pmatrix} \det(\underline{H}) & \underline{H}_{1,2} \\ -\underline{H}_{2,1} & 1 \end{pmatrix}$
$\underline{Y}$	$\frac{1}{\det(\underline{Z})} \cdot \begin{pmatrix} \underline{Z}_{2,2} & -\underline{Z}_{1,2} \\ -\underline{Z}_{2,1} & \underline{Z}_{1,1} \end{pmatrix}$	$\underline{I}_1 = \underline{Y}_{1,1} \cdot \underline{U}_1 + \underline{Y}_{1,2} \cdot \underline{U}_2$ $\underline{I}_2 = \underline{Y}_{2,1} \cdot \underline{U}_1 + \underline{Y}_{2,2} \cdot \underline{U}_2$	$\frac{1}{\underline{A}_{1,2}} \cdot \begin{pmatrix} \underline{A}_{2,2} & -\det(\underline{A}) \\ -1 & \underline{A}_{1,1} \end{pmatrix}$	$\frac{1}{\underline{H}_{1,1}} \cdot \begin{pmatrix} 1 & -\underline{H}_{1,2} \\ \underline{H}_{2,1} & \det(\underline{H}) \end{pmatrix}$
$\underline{A}$	$\frac{1}{\underline{Z}_{2,1}} \cdot \begin{pmatrix} \underline{Z}_{1,1} & \det(\underline{Z}) \\ 1 & \underline{Z}_{2,2} \end{pmatrix}$	$\frac{-1}{\underline{Y}_{2,1}} \cdot \begin{pmatrix} \underline{Y}_{2,2} & 1 \\ \det(\underline{Y}) & \underline{Y}_{1,1} \end{pmatrix}$	$\underline{U}_1 = \underline{A}_{1,1} \cdot \underline{U}_2 + \underline{A}_{1,2} \cdot (-\underline{I}_2)$ $\underline{I}_1 = \underline{A}_{2,1} \cdot \underline{U}_2 + \underline{A}_{2,2} \cdot (-\underline{I}_2)$	$\frac{1}{\underline{H}_{2,1}} \cdot \begin{pmatrix} -\det(\underline{H}) & -\underline{H}_{1,1} \\ -\underline{H}_{2,2} & -1 \end{pmatrix}$
$\underline{H}$	$\frac{1}{\underline{Z}_{2,2}} \cdot \begin{pmatrix} \det(\underline{Z}) & \underline{Z}_{1,2} \\ -\underline{Z}_{2,1} & 1 \end{pmatrix}$	$\frac{1}{\underline{Y}_{1,1}} \cdot \begin{pmatrix} 1 & -\underline{Y}_{1,2} \\ \underline{Y}_{2,1} & \det(\underline{Y}) \end{pmatrix}$	$\frac{1}{\underline{A}_{2,2}} \cdot \begin{pmatrix} \underline{A}_{1,2} & \det(\underline{A}) \\ -1 & \underline{A}_{2,1} \end{pmatrix}$	$\underline{U}_1 = \underline{H}_{1,1} \cdot \underline{I}_1 + \underline{H}_{1,2} \cdot \underline{U}_2$ $\underline{I}_2 = \underline{H}_{2,1} \cdot \underline{I}_1 + \underline{H}_{2,2} \cdot \underline{U}_2$

Abb. 3.5.4

Berechnung der Matrizenelemente:

Zur Berechnung eines Vierpols sind, wie aus den oben angeführten Gleichungen hervorgeht, vier Parameter notwendig ($\underline{Z}_{11}$, $\underline{Z}_{12}$, $\underline{Z}_{21}$, $\underline{Z}_{22}$ usw.).
Um diese Parameter zu bestimmen, sind vier lineare Gleichungen notwendig. Diese erhalten wir aus dem Leerlaufversuch (Abb. 3.5.5) und Kurzschlussversuch (Abb. 3.5.6).

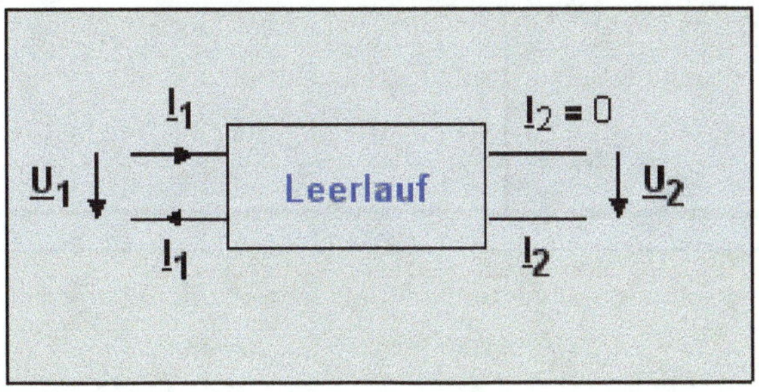

$\underline{I}_1$, $\underline{U}_1$ und $\underline{U}_2$ werden gemessen und $\underline{I}_2 = 0$

Abb. 3.5.5

Im Leerlauf erhält dann mit $\underline{I}_2 = 0$ die reduzierten Gleichungssysteme:

1) $\underline{U}_1 = \underline{Z}_{1,1} \cdot \underline{I}_1$ (3-160)

(2) $\underline{U}_2 = \underline{Z}_{2,1} \cdot \underline{I}_1$

(1*) $\underline{U}_1 = \underline{A}_{1,1} \cdot \underline{U}_2$ (3-161)

(2*) $\underline{I}_1 = \underline{A}_{2,1} \cdot \underline{U}_2$

Daraus können die Parameter $\underline{Z}_{1,1}$ und $\underline{Z}_{2,1}$ bzw. $\underline{A}_{1,1}$ und $\underline{A}_{2,1}$ berechnet werden.

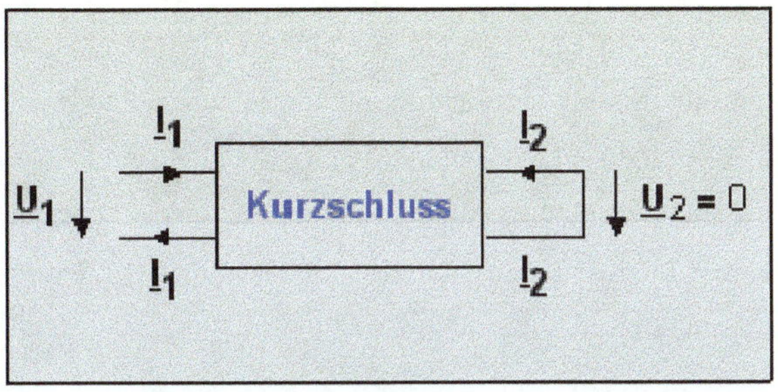

$\underline{I}_1$, $\underline{I}_2$ und $\underline{U}_1$ werden gemessen und $\underline{U}_2 = 0$

Abb. 3.5.6

Bei Kurzschluss erhält dann mit $\underline{U}_2 = 0$ die reduzierten Gleichungssysteme:

1) $\underline{U}_1 = \underline{Z}_{1,2} \cdot \underline{I}_1 + \underline{Z}_{1,2} \cdot \underline{I}_2$ (3-162)

(2) $\boxed{0 = \underline{Z}_{2,1} \cdot \underline{I}_1 + \underline{Z}_{2,2} \cdot \underline{I}_2}$

(1*) $\underline{U}_1 = \underline{A}_{1,2} \cdot \underline{I}_2$ (3-163)

(2*) $\underline{I}_1 = \underline{A}_{2,2} \cdot \underline{I}_2$

Daraus können mit den Ergebnissen des Leerlaufversuchs die Parameter $\underline{Z}_{1,2}$ und $\underline{Z}_{2,2}$ bzw. $\underline{A}_{1,2}$ und $\underline{A}_{2,2}$ berechnet werden.

Vierpole können durch Serienschaltung bzw. Parallelschaltung kombiniert werden:

a) Serienschaltung:

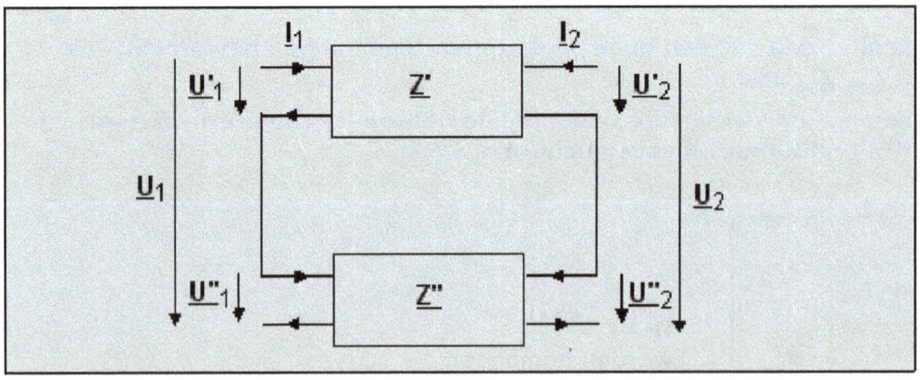

Abb. 3.5.7

Es gilt: $\underline{U} = \underline{U}' + \underline{U}''$, $\underline{I} = \underline{I}' = \underline{I}''$.

Damit erhalten wir:

$$\underline{U} = \underline{Z}' \cdot \underline{I} + \underline{Z}'' \cdot \underline{I} = (\underline{Z}' + \underline{Z}'') \cdot \underline{I} \tag{3-164}$$

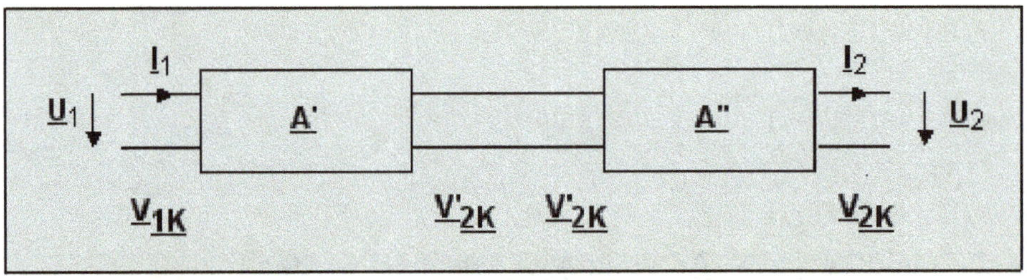

Abb. 3.5.8

Es gilt: $\underline{V}_{1K} = \underline{A}' \cdot \underline{V}'_{2K}$, $\underline{V}'_{2K} = \underline{A}'' \cdot \underline{V}_{2K}$.

Damit erhalten wir:

$$\underline{V}_{1K} = \underline{A}' \cdot \underline{A}'' \cdot \underline{V}_{2K} = \underline{A} \cdot \underline{V}_{2K} \tag{3-165}$$

b) Parallelschaltung:

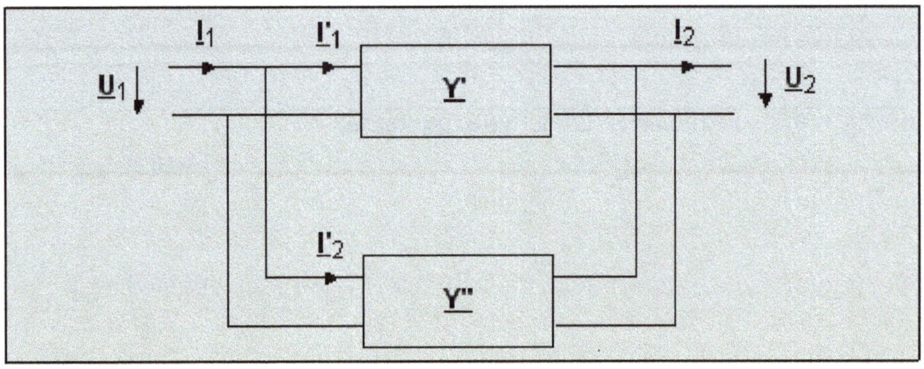

Abb. 3.5.9

Es gilt: $\underline{I}' = \underline{Y}' \cdot \underline{U}$, $\underline{I}'' = \underline{Y}'' \cdot \underline{U}$ und $\underline{I} = \underline{I}' + \underline{I}''$.

Damit erhalten wir:

$$\underline{I} = \underline{I}' + \underline{I}'' = \underline{Y}' \cdot \underline{U} + \underline{Y}'' \cdot \underline{U} = (\underline{Y}' + \underline{Y}'') \cdot \underline{U} = \underline{Y} \cdot \underline{U} \tag{3-166}$$

Beispiel 3.5.4:

Ermitteln Sie aus der gegebenen Schaltung die zugehörigen Vierpolmatrizen $\underline{A}$ und $\underline{Y}$.

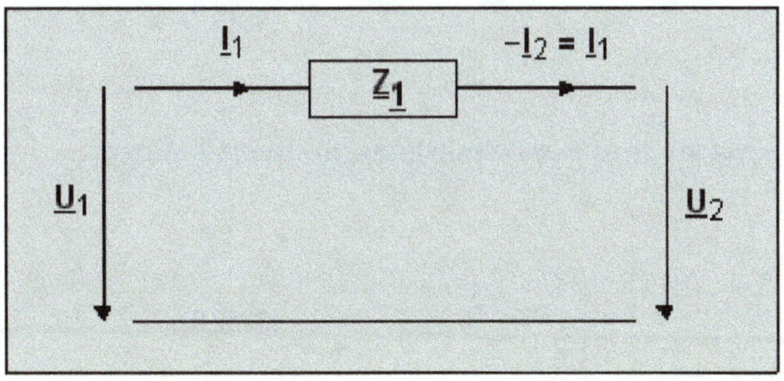

Abb. 3.5.10

Laut Schaltung gilt:

$\underline{U}_1 = \underline{U}_2 + \underline{Z}_1 \cdot (-\underline{I}_2)$

$\underline{I}_2 = (-\underline{I}_2) = \underline{I}_1$

Allgemein gilt:

$\underline{U}_1 = \underline{A}_{1,1} \cdot \underline{U}_2 + \underline{A}_{1,2} \cdot (-\underline{I}_2)$

$\underline{I}_1 = \underline{A}_{2,1} \cdot \underline{U}_2 + \underline{A}_{2,2} \cdot (-\underline{I}_2)$

Vergleichen wir beide Gleichungssysteme, so ergibt sich die Kettenmatrix zu:

$$\underline{A} = \begin{pmatrix} 1 & \underline{Z}_1 \\ 0 & 1 \end{pmatrix} \qquad \text{(3-167)}$$

Mit den Kettenparameter erhalten wir die Admittanz-Matrix (Leitwert-Matrix):

$$\underline{Y} = \frac{1}{\underline{A}_{1,2}} \cdot \begin{pmatrix} \underline{A}_{2,2} & -\det(\underline{A}) \\ -1 & \underline{A}_{1,1} \end{pmatrix} = \frac{1}{\underline{Z}_1} \cdot \begin{pmatrix} 1 & -1 \\ -1 & 1 \end{pmatrix} \qquad \text{(3-168)}$$

Die Widerstandsmatrix $\underline{Z}$ existiert wegen $\underline{A}_{2,1} = 0$ nicht!

Beispiel 3.5.5:

Ermitteln Sie aus der gegebenen Schaltung die zugehörigen Vierpolmatrizen $\underline{A}$ und $\underline{Z}$.

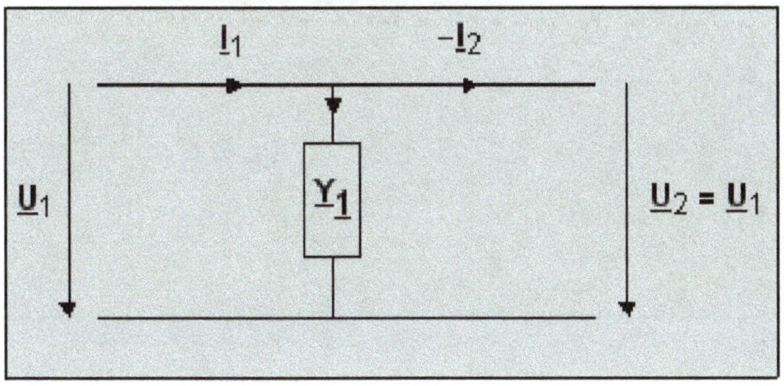

Abb. 3.5.11

Laut Schaltung gilt:

$\underline{U}_1 = \underline{U}_2$

$\underline{I}_1 = \underline{Y}_1 \cdot \underline{U}_2 + (-\underline{I}_2)$

Allgemein gilt:

$\underline{U}_1 = \underline{A}_{1,1} \cdot \underline{U}_2 + \underline{A}_{1,2} \cdot (-\underline{I}_2)$

$\underline{I}_1 = \underline{A}_{2,1} \cdot \underline{U}_2 + \underline{A}_{2,2} \cdot (-\underline{I}_2)$

Vergleichen wir beide Gleichungssysteme, so ergibt sich die Kettenmatrix zu:

$$\underline{A} = \begin{pmatrix} 1 & 0 \\ \underline{Y_1} & 1 \end{pmatrix} = \begin{pmatrix} 1 & 0 \\ \dfrac{1}{\underline{Z_1}} & 1 \end{pmatrix} \tag{3-169}$$

Mit den Kettenparameter erhalten wir die Widerstandsmatrix und die Admittanz- (Leitwert-) Matrix:

$$\underline{Z} = \frac{1}{\underline{A}_{2,1}} \cdot \begin{pmatrix} \underline{A}_{1,1} & \det(\underline{A}) \\ 1 & \underline{A}_{2,2} \end{pmatrix} = \frac{1}{\underline{Y_1}} \cdot \begin{pmatrix} 1 & 1 \\ 1 & 1 \end{pmatrix} = \begin{pmatrix} \dfrac{1}{\underline{Y_1}} & \dfrac{1}{\underline{Y_1}} \\ \dfrac{1}{\underline{Y_1}} & \dfrac{1}{\underline{Y_1}} \end{pmatrix} = \begin{pmatrix} \underline{Z_1} & \underline{Z_1} \\ \underline{Z_1} & \underline{Z_1} \end{pmatrix} \tag{3-170}$$

Die Admittanz-Matrix (Leitwert-Matrix) $\underline{Y}$ existiert wegen $\underline{A}_{1,2} = 0$ nicht!

Beispiel 3.5.6:

Ermitteln Sie aus der gegebenen Schaltung die zugehörige gesamte Kettenmatrix $\underline{A}$.

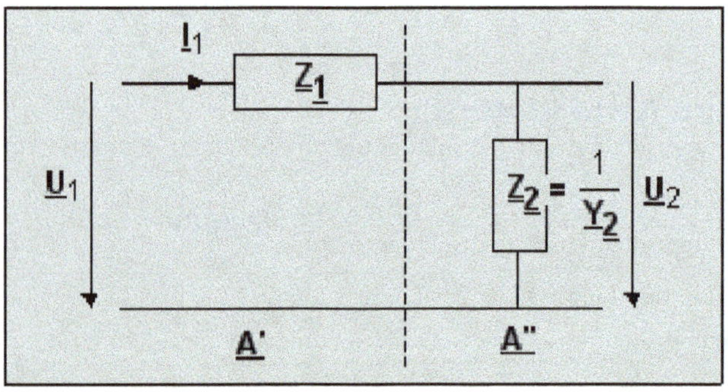

Abb. 3.5.12

Es gilt: $\underline{V_{1K}} = \underline{A}' \cdot \underline{A}'' \cdot \underline{V_{2K}} = \underline{A} \cdot \underline{V_{2K}}$

Mit (3-167) und (3-169) erhalten wir die gesamte Kettenmatrix für diese Schaltung:

$$\underline{A} = \underline{A}' \cdot \underline{A}'' = \begin{pmatrix} 1 & \underline{Z_1} \\ 0 & 1 \end{pmatrix} \cdot \begin{pmatrix} 1 & 0 \\ \dfrac{1}{\underline{Z_2}} & 1 \end{pmatrix} = \begin{pmatrix} 1 + \dfrac{\underline{Z_1}}{\underline{Z_2}} & \underline{Z_1} \\ \dfrac{1}{\underline{Z_2}} & 1 \end{pmatrix} \tag{3-171}$$

Beispiel 3.5.7:

Ermitteln Sie aus dem gegebenen π-Glied (oder der Dreiecksschaltung) die zugehörige gesamte Kettenmatrix $\underline{A}$.

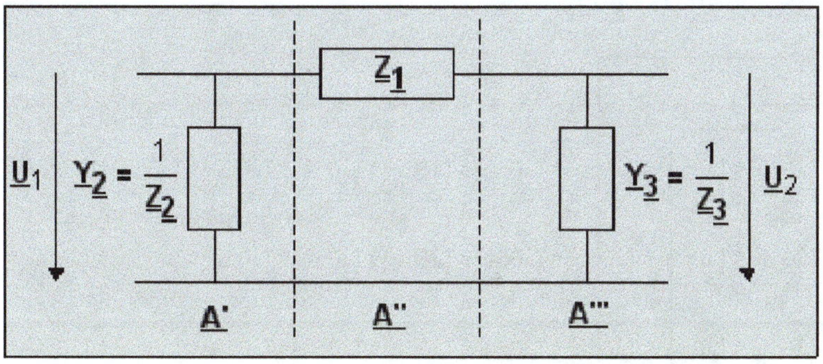

Abb. 3.5.13

Es gilt: $\underline{V}_{1K} = \underline{A}' \cdot \underline{A}'' \cdot \underline{A}''' \cdot \underline{V}_{2K} = \underline{A} \cdot \underline{V}_{2K}$

Mit (3-167) und (3-169) erhalten wir die gesamte Kettenmatrix für diese Schaltung:

$$\underline{A} = \underline{A}' \cdot \underline{A}'' \cdot \underline{A}''' = \begin{pmatrix} 1 & 0 \\ \frac{1}{\underline{Z}_2} & 1 \end{pmatrix} \cdot \begin{pmatrix} 1 & \underline{Z}_1 \\ 0 & 1 \end{pmatrix} \cdot \begin{pmatrix} 1 & 0 \\ \frac{1}{\underline{Z}_3} & 1 \end{pmatrix} = \begin{pmatrix} 1 + \frac{\underline{Z}_1}{\underline{Z}_3} & \underline{Z}_1 \\ \frac{1}{\underline{Z}_2} + \frac{\underline{Z}_1}{\underline{Z}_2 \cdot \underline{Z}_3} + \frac{1}{\underline{Z}_3} & \frac{\underline{Z}_1}{\underline{Z}_2} + 1 \end{pmatrix} \quad (3\text{-}172)$$

Beispiel 3.5.8:

Ermitteln Sie aus dem gegebenen T-Glied (oder der Sternschaltung) die zugehörige gesamte Kettenmatrix $\underline{A}$.

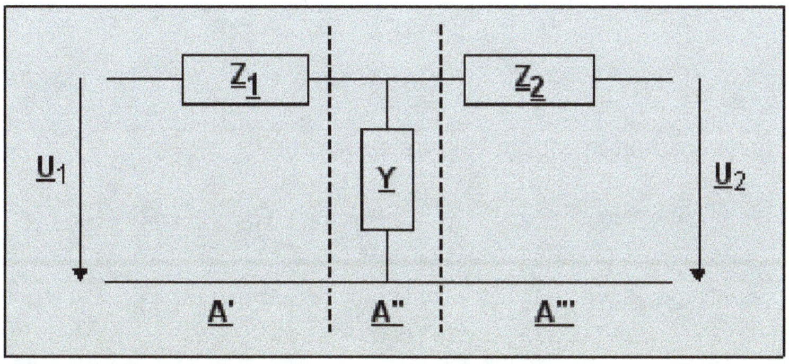

Abb. 3.5.14

Es gilt: $\underline{V}_{1K} = \underline{A}' \cdot \underline{A}'' \cdot \underline{A}''' \cdot \underline{V}_{2K} = \underline{A} \cdot \underline{V}_{2K}$

Mit (3-167) und (3-169) erhalten wir die gesamte Kettenmatrix für diese Schaltung:

$$\underline{A} = \underline{A}' \cdot \underline{A}'' \cdot \underline{A}''' = \begin{pmatrix} 1 & \underline{Z}_1 \\ 0 & 1 \end{pmatrix} \cdot \begin{pmatrix} 1 & 0 \\ \underline{Y} & 1 \end{pmatrix} \cdot \begin{pmatrix} 1 & \underline{Z}_2 \\ 0 & 1 \end{pmatrix} = \begin{pmatrix} 1 + \underline{Z}_1 \cdot \underline{Y} & \underline{Z}_2 + \underline{Z}_1 \cdot \underline{Z}_2 \cdot \underline{Y} + \underline{Z}_1 \\ \underline{Y} & \underline{Z}_2 \cdot \underline{Y} + 1 \end{pmatrix} \quad (3\text{-}173)$$

Beispiel 3.5.9:

Gegeben ist ein symmetrisches T-Glied mit den Ohm'schen Widerständen $R_1 = 10\ \Omega$ und $R_2 = 20\ \Omega$.
Die Eingangsgrößen sind U_1 und I_1. Die Ausgangsgrößen U_2 und I_2.

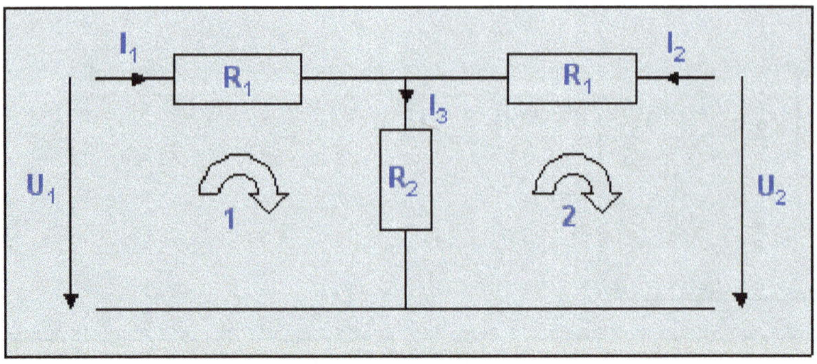

Abb. 3.5.15

$R_1 := 10 \cdot \Omega$

$R_2 := 20 \cdot \Omega$

vorgegebene Werte

a) Bestimmen Sie die Widerstandsmatrix **Z**, Leitwertmatrix **Y** und Kettenmatrix **A** dieses Vierpols und zeigen Sie, dass die Kettenmatrix orthogonal ist.

b) Wie lauten die Spannungswerte U_1 und U_2 für $I_1 = 0.5$ A und $I_2 = 2$ A?

c) Welche Ströme I_1 und I_2 fließen bei Gleichspannungen $U_1 = 10$ V und $U_2 = 5$ V?

d) Die Ausgangsgrößen besitzen die Werte $U_2 = 10$ V, $I_2 = 0.1$ A. Welche Werte besitzen die zugehörigen Eingangsgrößen U_1 und I_1?

a) Bestimmen Sie die Widerstandsmatrix Z, Leitwertmatrix Y und Kettenmatrix A dieses Vierpols und zeigen Sie, dass die Kettenmatrix orthogonal ist.

Mit der Maschenregel für 1 und 2 ergibt sich folgendes Gleichungssystem:

1 : $R_1 \cdot I_1 + R_2 \cdot (I_1 + I_2) - U_1 = 0$

2 : $-R_1 \cdot I_2 - R_2 \cdot (I_1 + I_2) + U_2 = 0$

Durch das Auflösen der Gleichungen nach U_1 und U_2 erhalten wir die Widerstandsform:

$R_1 \cdot I_1 + R_2 \cdot (I_1 + I_2) - U_1 = 0$ hat als Lösung(en) $R_1 \cdot I_1 + R_2 \cdot I_1 + R_2 \cdot I_2$

$-R_1 \cdot I_2 - R_2 \cdot (I_1 + I_2) + U_2 = 0$ hat als Lösung(en) $R_1 \cdot I_2 + R_2 \cdot I_1 + R_2 \cdot I_2$

$U_1 = R_1 \cdot I_1 + R_2 \cdot I_1 + R_2 \cdot I_2$ durch Faktorisierung, ergibt $U_1 = I_1 \cdot (R_1 + R_2) + R_2 \cdot I_2$

$U_2 = R_2 \cdot I_1 + R_2 \cdot I_2 + R_1 \cdot I_2$ durch Faktorisierung, ergibt $U_2 = R_2 \cdot I_1 + I_2 \cdot (R_1 + R_2)$

Widerstandsmatrix:

$$\begin{pmatrix} U_1 \\ U_2 \end{pmatrix} = \begin{pmatrix} R_1 + R_2 & R_2 \\ R_2 & R_1 + R_2 \end{pmatrix} \cdot \begin{pmatrix} I_1 \\ I_2 \end{pmatrix}$$ bzw. $\mathbf{U} = \mathbf{Z} \cdot \mathbf{I}$ **Widerstandsform**

$$\mathbf{Z} = \begin{pmatrix} R_1 + R_2 & R_2 \\ R_2 & R_1 + R_2 \end{pmatrix}$$ **Widerstandsmatrix**

Die Leitwertmatrix Y ergibt sich aus der inversen Widerstandsmatrix Z^{-1}:

$R_1 := R_1 \quad R_2 := R_2$ Redefinitionen

$$\begin{pmatrix} R_1 + R_2 & R_2 \\ R_2 & R_1 + R_2 \end{pmatrix}^{-1} \rightarrow \begin{pmatrix} \frac{R_1 + R_2}{R_1^2 + 2 \cdot R_2 \cdot R_1} & -\frac{R_2}{R_1^2 + 2 \cdot R_2 \cdot R_1} \\ -\frac{R_2}{R_1^2 + 2 \cdot R_2 \cdot R_1} & \frac{R_1 + R_2}{R_1^2 + 2 \cdot R_2 \cdot R_1} \end{pmatrix}$$

$$\mathbf{Y} = \begin{pmatrix} \frac{R_1 + R_2}{R_1^2 + 2 \cdot R_2 \cdot R_1} & -\frac{R_2}{R_1^2 + 2 \cdot R_2 \cdot R_1} \\ -\frac{R_2}{R_1^2 + 2 \cdot R_2 \cdot R_1} & \frac{R_1 + R_2}{R_1^2 + 2 \cdot R_2 \cdot R_1} \end{pmatrix}$$ **Leitwertmatrix**

Kettenmatrix:

Mit (3-173) gilt:

$$A = \begin{pmatrix} 1 + \frac{R_1}{R_2} & R1 + \frac{R_1 \cdot R_1}{R_2} + R_1 \\ \frac{1}{R_2} & \frac{R_1}{R_2} + 1 \end{pmatrix}$$ **Kettenmatrix**

$$\left| \begin{pmatrix} 1 + \frac{R_1}{R_2} & R_1 + \frac{R_1 \cdot R_1}{R_2} + R_1 \\ \frac{1}{R_2} & \frac{R_1}{R_2} + 1 \end{pmatrix} \right| \rightarrow 1$$ Die Kettenmatrix ist orthogonal!

$$\mathbf{Z} := \begin{pmatrix} R_1 + R_2 & R_2 \\ R_2 & R_1 + R_2 \end{pmatrix} \qquad \mathbf{Z} = \begin{pmatrix} 30 & 20 \\ 20 & 30 \end{pmatrix} \Omega$$ **Widerstandsmatrix Z**

$$\mathbf{Y} := \begin{pmatrix} \frac{R_1 + R_2}{R_1^2 + 2 \cdot R_2 \cdot R_1} & -\frac{R_2}{R_1^2 + 2 \cdot R_2 \cdot R_1} \\ -\frac{R_2}{R_1^2 + 2 \cdot R_2 \cdot R_1} & \frac{R_1 + R_2}{R_1^2 + 2 \cdot R_2 \cdot R_1} \end{pmatrix} \qquad \mathbf{Y} = \begin{pmatrix} 0.06 & -0.04 \\ -0.04 & 0.06 \end{pmatrix} \frac{1}{\Omega}$$ **Leitwertmatrix Y**

$$\mathbf{Y} = \mathbf{Z}^{-1}$$

$R_1 := 10 \cdot \Omega \qquad R_2 := 20 \cdot \Omega$ gegebene Werte

$$\mathbf{A} = \begin{pmatrix} 1 + \frac{R_1}{R_2} & R_1 + \frac{R_1 \cdot R_1}{R_2} + R_1 \\ \frac{1}{R_2} & \frac{R_1}{R_2} + 1 \end{pmatrix} \qquad \begin{pmatrix} 1 + \frac{R_1}{R_2} & R_1 + \frac{R_1 \cdot R_1}{R_2} + R_1 \\ \frac{1}{R_2} & \frac{R_1}{R_2} + 1 \end{pmatrix} \rightarrow \begin{pmatrix} \frac{3}{2} & 25 \cdot \Omega \\ \frac{1}{20 \cdot \Omega} & \frac{3}{2} \end{pmatrix}$$ Kettenmatrix A

b) Wie lauten die Spannungswerte U_1 und U_2 für $I_1 = 0.5$ A und $I_2 = 2$ A?

Die gewünschten Größen erhalten wir aus der Widerstandsform:

$$\begin{pmatrix} U_1 \\ U_2 \end{pmatrix} = \begin{pmatrix} R_1 + R_2 & R_2 \\ R_2 & R_1 + R_2 \end{pmatrix} \cdot \begin{pmatrix} I_1 \\ I_2 \end{pmatrix} \qquad \mathbf{U = Z \cdot I}$$ Widerstandsform

$$\begin{pmatrix} U_1 \\ U_2 \end{pmatrix} = \begin{pmatrix} 30 & 20 \\ 20 & 30 \end{pmatrix} \Omega \cdot \begin{pmatrix} I_1 \\ I_2 \end{pmatrix}$$ Einsetzen der Stromwerte

$$\begin{pmatrix} U_1 \\ U_2 \end{pmatrix} = \begin{pmatrix} 30 & 20 \\ 20 & 30 \end{pmatrix} \Omega \cdot \begin{pmatrix} 0.5 \\ 2 \end{pmatrix} \cdot A$$ vereinfacht auf $$\begin{pmatrix} U_1 \\ U_2 \end{pmatrix} = \begin{pmatrix} 55.0 \cdot A \cdot \Omega \\ 70.0 \cdot A \cdot \Omega \end{pmatrix}$$

c) Welche Ströme I_1 und I_2 fließen bei Gleichspannungen $U_1 = 10$ V und $U_2 = 5$ V?

Die gewünschten Größen erhalten wir aus der Leitwertform:

$$\begin{pmatrix} I_1 \\ I_2 \end{pmatrix} = \begin{pmatrix} 0.06 & -0.04 \\ -0.04 & 0.06 \end{pmatrix} \cdot S \cdot \begin{pmatrix} U_1 \\ U_2 \end{pmatrix}$$

$$\begin{pmatrix} I_1 \\ I_2 \end{pmatrix} = \begin{pmatrix} 0.06 & -0.04 \\ -0.04 & 0.06 \end{pmatrix} \cdot S \cdot \begin{pmatrix} 10 \cdot V \\ 5 \cdot V \end{pmatrix}$$ vereinfacht auf $$\begin{pmatrix} I_1 \\ I_2 \end{pmatrix} = \begin{pmatrix} 0.4 \cdot S \cdot V \\ -0.1 \cdot S \cdot V \end{pmatrix}$$

d) Die Ausgangsgrößen besitzen die Werte $U_2 = 10$ V, $I_2 = 0.1$ A. Welche Werte besitzen die zugehörigen Eingangsgrößen U_1 und I_1?

Die gewünschten Eingangsgrößen erhalten wir aus der Kettenform:

$$\begin{pmatrix} U_1 \\ I_1 \end{pmatrix} = \begin{pmatrix} \frac{3}{2} & 25 \cdot \Omega \\ \frac{1}{20 \cdot \Omega} & \frac{3}{2} \end{pmatrix} \cdot \begin{pmatrix} U_2 \\ -I_2 \end{pmatrix}$$

$$\begin{pmatrix} U_1 \\ I_1 \end{pmatrix} = \begin{pmatrix} \frac{3}{2} & 25 \cdot \Omega \\ \frac{1}{20 \cdot \Omega} & \frac{3}{2} \end{pmatrix} \cdot \begin{pmatrix} 10 \cdot V \\ -0.1 \cdot A \end{pmatrix}$$ Gleitkommaauswertung ergibt $$\begin{pmatrix} U_1 \\ I_1 \end{pmatrix} = \begin{pmatrix} 15 \cdot V + -2.5 \cdot A \cdot \Omega \\ \frac{V}{2 \cdot \Omega} + -0.15 \cdot A \end{pmatrix}$$

$U_1 := 15 \cdot V + -2.5 \cdot A \cdot \Omega = 12.5V$

$I_1 := \dfrac{V}{2 \cdot \Omega} + -0.15 \cdot A = 0.35A$

Beispiel 3.5.10:

Für die nachfolgende Schaltung wurden mittels Leerlauf- und Kurzschlusses die Kettenparameter bestimmt. Wie lauten die unbekannten Widerstände R_1 und R_2?

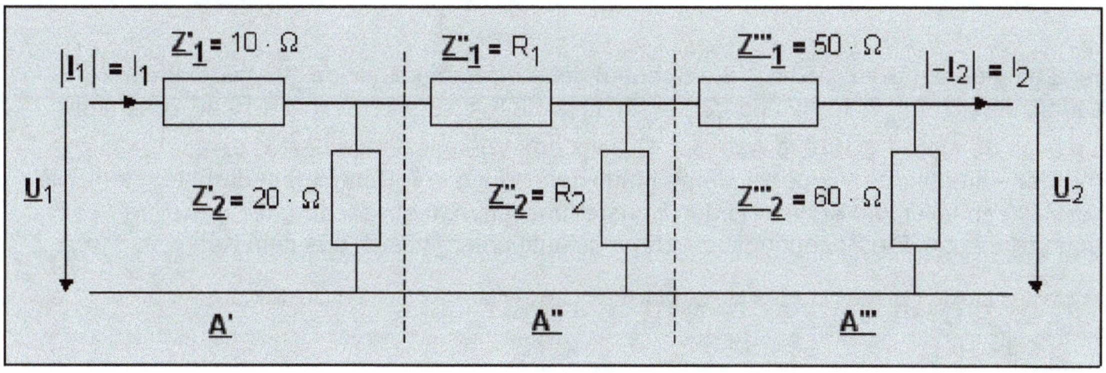

Abb. 3.5.16

Die Gleichungen mit den bekannten Kettenparametern lauten:

$U_1 = A_{11} \cdot U_2 + A_{12} \cdot I_2 = 6.187125 \cdot U_2 + 198.75 \cdot I_2$

$I_1 = A_{21} \cdot U_2 + A_{22} \cdot I_2 = 0.247915 \cdot \Omega^{-1} \cdot U_2 + 8.125 \cdot I_2$

Die gegebene Schaltung ist aus drei gleichartigen Vierpolen zusammengesetzt. Nach (3-170) gilt demnach:

$$\underline{A'} = \begin{pmatrix} 1 + \dfrac{\underline{Z_1}}{\underline{Z_2}} & \underline{Z_1} \\ \dfrac{1}{\underline{Z_2}} & 1 \end{pmatrix}$$

Für die gesamte Kettenmatrix gilt:

$$\mathbf{A = A' \cdot A'' \cdot A''' =} \begin{pmatrix} 1 + \dfrac{10}{20} & 10 \\ \dfrac{1}{20} & 1 \end{pmatrix} \cdot \begin{pmatrix} 1 + \dfrac{R_1}{R_2} & R_1 \\ \dfrac{1}{R_2} & 1 \end{pmatrix} \cdot \begin{pmatrix} 1 + \dfrac{50}{60} & 50 \\ \dfrac{1}{60} & 1 \end{pmatrix}$$

Die gesuchte Matrix **A''** erhalten wir durch folgende Umformung:

$$\mathbf{A'^{-1} \cdot A \cdot A'''^{-1} = A'^{-1} \cdot A' \cdot A'' \cdot A''' \cdot A'''^{-1} = E \cdot A'' \cdot E}$$

$$\mathbf{A'' = A'^{-1} \cdot A \cdot A'''^{-1}}$$ gesuchte Matrix

$$\mathbf{A''} := \begin{pmatrix} 1 + \dfrac{10}{20} & 10 \\ \dfrac{1}{20} & 1 \end{pmatrix}^{-1} \cdot \begin{pmatrix} 6.187125 & 198.75 \\ 0.247915 & 8.125 \end{pmatrix} \cdot \begin{pmatrix} 1 + \dfrac{50}{60} & 50 \\ \dfrac{1}{60} & 1 \end{pmatrix}^{-1}$$

$$\mathbf{A''} = \begin{pmatrix} 1.75 & 30.018 \\ 0.025 & 0.999 \end{pmatrix}$$

$R_1 := \mathbf{A''}_{1,2} \cdot \Omega$ $\qquad R_1 = 30\,\Omega$

gesuchte Widerstände

$R_2 := \dfrac{1}{\mathbf{A''}_{2,1}} \cdot \Omega$ $\qquad R_2 = 40\,\Omega$

Beispiel 3.5.11:

Aus dem nachfolgend gegebenen Wienglied soll die Spannungsübertragungsfunktion $\underline{\mathbf{G}}(\omega)$ und die Bodediagramme im Frequenzbereich f_{min} = 10 Hz und f_{max} = 100 kHz mit R = 15.9 kΩ und C = 10 nF bestimmt werden. Siehe dazu auch Beispiel 1.7.10. Die Abb. 3.5.17 zeigt das Wienglied aufgelöst in eine Kettenschaltung von vier elementaren Vierpolen, deren Matrixdarstellung in A-Parametern darunter steht. Die Multiplikation dieser Matrizen liefert die Kehrwerte der Transferfunktionen, insbesondere die gesuchte Spannungsübertragungsfunktion. Die Spannungsübertragungsfunktion ergibt sich aus dem Kehrwert von $\underline{\mathbf{A}}_{11}$.

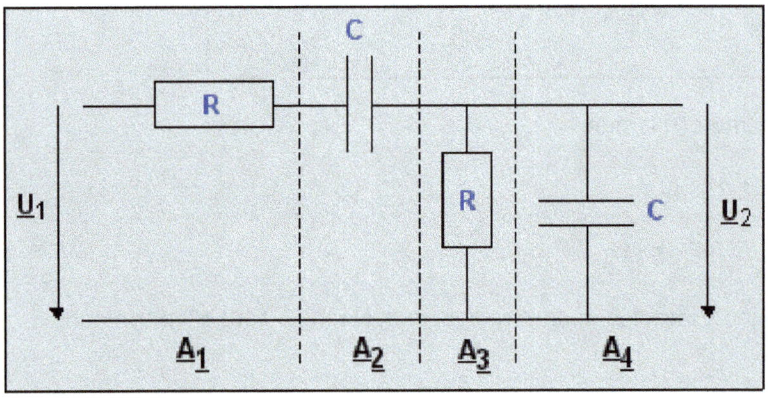

Abb. 3.5.17

$$\underline{\mathbf{A}} = \begin{pmatrix} \dfrac{\underline{U}_1}{\underline{U}_2} = \dfrac{1}{\underline{\mathbf{G}}(\omega)} & \dfrac{\underline{U}_1}{\underline{I}_2} \\ \dfrac{\underline{I}_1}{\underline{U}_2} & \dfrac{\underline{I}_1}{\underline{I}_2} \end{pmatrix} = \underline{\mathbf{A}}_1 \cdot \underline{\mathbf{A}}_2 \cdot \underline{\mathbf{A}}_3 \cdot \underline{\mathbf{A}}_4$$

Kettenmatrix für diese Schaltung

$$\underline{\mathbf{A}} = \begin{pmatrix} 1 & R \\ 0 & 1 \end{pmatrix} \cdot \begin{pmatrix} 1 & \dfrac{1}{j \cdot \omega \cdot C} \\ 0 & 1 \end{pmatrix} \cdot \begin{pmatrix} 1 & 0 \\ \dfrac{1}{R} & 1 \end{pmatrix} \cdot \begin{pmatrix} 1 & 0 \\ j \cdot \omega \cdot C & 1 \end{pmatrix}$$

vereinfacht auf

$$\underline{\mathbf{A}} = \begin{bmatrix} 3 - \left(\dfrac{1}{C \cdot R \cdot \omega}\right) \cdot j + C \cdot R \cdot \omega \cdot j & R - \left(\dfrac{1}{C \cdot \omega}\right) \cdot j \\ \dfrac{1}{R} + C \cdot \omega \cdot j & 1 \end{bmatrix}$$

$$3 - \left(\frac{1}{C \cdot R \cdot \omega}\right) \cdot j + C \cdot R \cdot \omega \cdot j$$ Auswertung über komplexer Ebene ergibt $$3 + \left(C \cdot R \cdot \omega - \frac{\frac{\frac{1}{C}}{R}}{\omega}\right) \cdot j$$

$$\underline{A}_{1,1} = \frac{3 \cdot R \cdot \omega \cdot C + \left(R^2 \cdot \omega^2 \cdot C^2 - 1\right) \cdot j}{R \cdot \omega \cdot C}$$

$$\underline{G}(\omega) = \frac{1}{\underline{A}_{1,1}} = \frac{R \cdot \omega \cdot C}{3 \cdot R \cdot \omega \cdot C + \left(R^2 \cdot \omega^2 \cdot C^2 - 1\right) \cdot j}$$ **Spannungsübertragungsfunktion**

$$\underline{G}(f, R, C) := \frac{R \cdot 2 \cdot \pi \cdot f \cdot C}{3 \cdot R \cdot 2 \cdot \pi \cdot f \cdot C + \left[R^2 \cdot (2 \cdot \pi \cdot f)^2 \cdot C^2 - 1\right] \cdot j}$$

$A(f, R, C) := \left|\underline{G}(f, R, C)\right|$ **Amplitudengang**

$\varphi(f, R, C) := \arg(\underline{G}(f, R, C))$ **Phasengang**

Darstellung des Amplituden- und Phasenganges mit logarithmisch äquidistanten Werten:

$f_{min} := 10 \cdot Hz$ unterste Frequenz

$f_{max} := 100 \cdot kHz$ oberste Frequenz

$n := 100$ Anzahl der Schritte

$$\Delta f := \frac{\log\left(\frac{f_{max}}{f_{min}}\right)}{n}$$ Schrittweite

$ORIGIN := 0$ ORIGIN festlegen

$k := 0 .. n$ Bereichsvariable

$f_k := f_{min} \cdot 10^{k \cdot \Delta f}$ Vektor der Frequenzwerte

$R := 15.9 \cdot k\Omega$ $C := 10 \cdot nF$ gegebener Widerstand und gegebene Kapazität

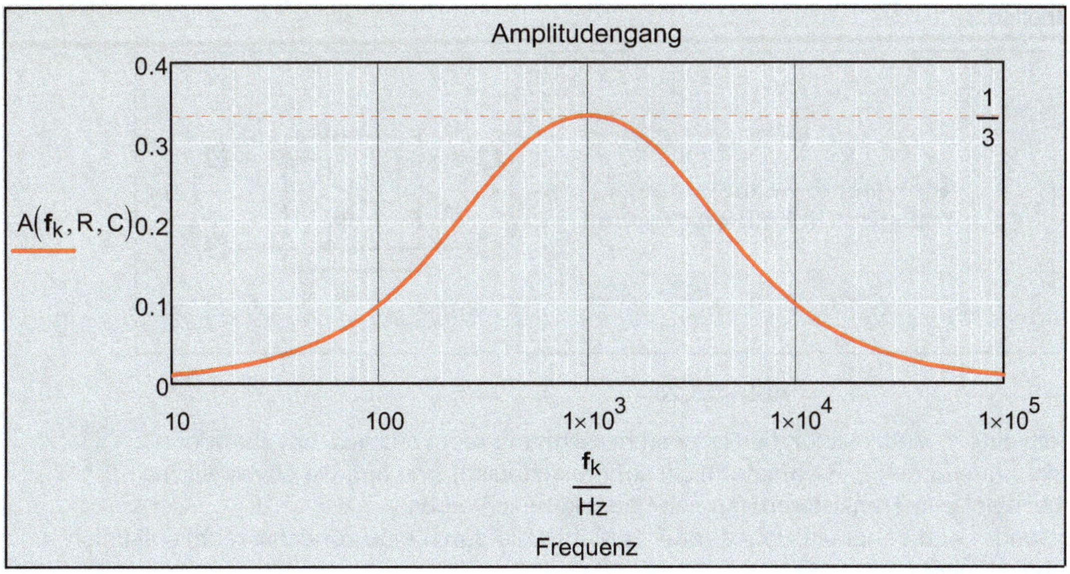

Abb. 3.5.18

Bestimmung des Maximums:

$f_1 := 950 \cdot Hz$ Startwert

$A1(f) := |\mathbf{G}(f, R, C)|$ Amplitudengang

$f_0 := \text{Maximieren}(A1, f_1)$

$f_0 = 1000.974 \cdot Hz$ $A1(f_0) = 0.333$ Maximum

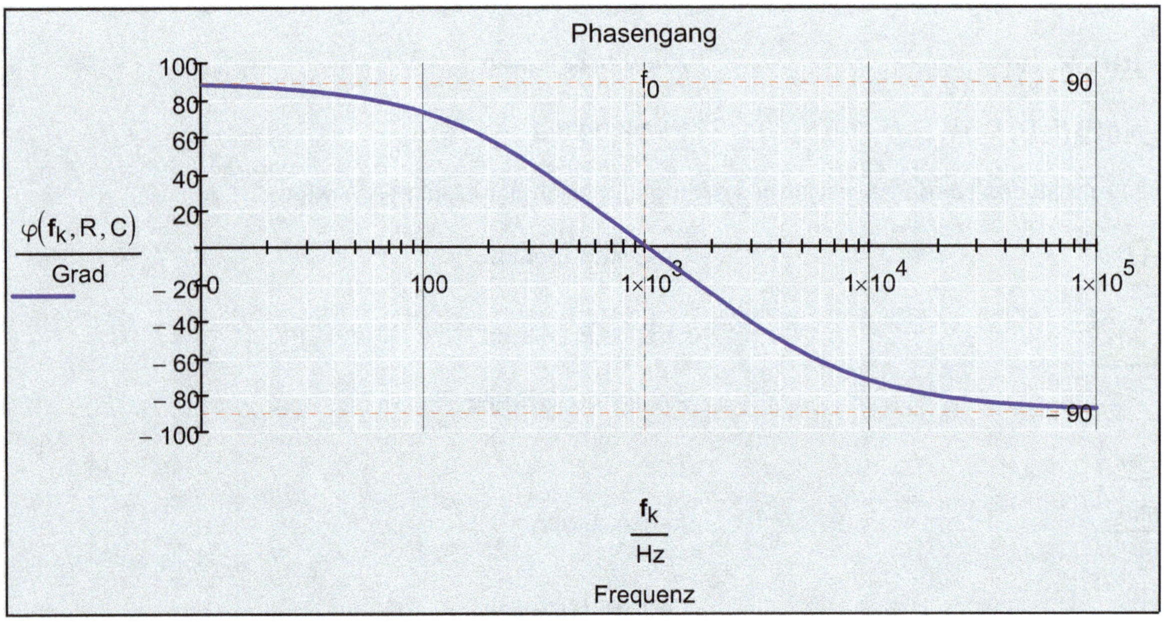

Abb. 3.5.19

Beispiel 3.5.12:

Ein Transistor, ein Bauelement mit drei Anschlüssen, kann als Vierpol beschrieben werden (Abb. 3.5.20).
Diese formale Beschreibung ist für die Netzwerktheorie und die Simulation wichtig.
Der Transistor ist dann ganz allgemein durch eine Matrix definiert, die zwei der Variablen U_1, I_1, U_2, I_2 auf die beiden anderen abbildet.

Abb. 3.5.20

Die Beschreibung durch eine **Y**-Matrix ist für die Netzwerkberechnung recht nützlich, hat aber den Nachteil, dass die darin auftretenden **Y**-Parameter nicht sehr anschaulich sind und die physikalische Funktion, zumindest bei bipolaren Transistoren, nur sehr indirekt beschreiben.
Sehr viel häufiger verwendet wird daher die Hybrid- oder **H**-Matrix, die durch eine zunächst recht willkürlich erscheinende Abbildung definiert ist:

$$\begin{pmatrix} U_1 \\ I_2 \end{pmatrix} = \begin{pmatrix} H_{1,1} & H_{1,2} \\ H_{2,1} & H_{2,2} \end{pmatrix} \cdot \begin{pmatrix} I_1 \\ U_2 \end{pmatrix}$$

Die Transistorkennlinien sind allgemein hochgradig nichtlinear, d. h., die Parameter (Matrixelemente) hängen daher von den Größen selbst ab, zwischen denen sie vermitteln. Bei sogenannten Großsignalanwendungen muss dies berücksichtigt werden. Die **H**- oder **Y**-Parameter sind dann nicht konstant, sondern hängen von den anliegenden Spannungen ab. Anders ist es bei sogenannten Kleinsignalanwendungen. Dort legen wir einen Arbeitspunkt fest, um den die Spannungen und Ströme nur geringfügig verändert werden. Die **H**- oder **Y**-Matrizen vermitteln dann den Zusammenhang zwischen kleinen Spannungs- und Stromänderungen, am Arbeitspunkt werden die Kennlinien linearisiert, die **H**-Parameter sind durch die Steigungen der Kennlinien im Arbeitspunkt definiert und damit konstant. Aus den Transistorkennlinien, die hier nicht explizit abgebildet werden, ist zu erkennen, dass die Steigungen der Kennlinien über relativ große Bereiche einigermaßen konstant sind. Das heißt, dass die Angabe konstanter Parameter (wie wir sie in Datenblättern für Transistoren finden) eine sehr gute Näherung für Kleinsignalanwendungen ist.
In den Datenblättern der Transistoren sind die H-Parameter für die Emitterschaltung und für einen bestimmten Arbeitspunkt angegeben. Dieser ist festgelegt durch Kollektorspannung und Emitter- bzw. Kollektorstrom (meist 5V/2mA, bei 25 °C). Für andere Arbeitspunkte benötigen wir Korrekturfaktoren, die entsprechenden Kurvenblättern zu entnehmen sind.
Die physikalische Bedeutung der H-Parameter ergibt sich sehr einfach, wenn wir die bei den einzelnen Parametern genannten Zusatzbedingungen in die Ausgangsgleichungen einsetzen und interpretieren:

Eingangswiderstand (bei kurzgeschlossenem Ausgang: $U_2 = 0$):

$$H_{1,1} = \frac{U_1}{I_1} \mid U_2 = 0 = \frac{\Delta U_{BE}}{\Delta I_B} \mid U_{CE} = \text{konst}$$

Spannungsrückwirkung (bei offenem Eingang: $I_1 = 0$):

$$H_{1,2} = \frac{U_1}{U_2} \mid I_1 = 0 = \frac{\Delta U_{BE}}{\Delta U_{CE}} \mid I_B = \text{konst}$$

Stromverstärkung (bei kurzgeschlossenem Ausgang: $U_2 = 0$):

$$H_{2,1} = \frac{I_2}{I_1} \mid U_2 = 0 = \frac{\Delta I_C}{\Delta I_B} \mid U_{CE} = \text{konst}$$

Ausgangsleitwert (bei offenem Eingang: $I_1 = 0$):

$$H_{2,2} = \frac{I_2}{U_2} \mid I_1 = 0 = \frac{\Delta I_C}{\Delta U_{CE}} \mid I_B = \text{konst}$$

Für einen Transistor BC 548 C in Emitterschaltung bei einer Temperatur von 25 °C, $U_{CE} = 5$ V, $I_C = 2$ mA und einer Frequenz f = 2kHz folgende H-Parameter:

Kurzschluss - Eingangswiderstand:	$H_{11} = 8.7\ k\Omega$
Leerlauf - Spannungsrückwirkung:	$H_{12} = 3\ 10^{-4}$
Kurzschluss - Stromverstärkung:	$H_{21} = 600$
Leerlauf - Ausgangsleitwert:	$H_{22} = 60\ \mu S$

Damit gilt die Matrizengleichung:

$$\begin{pmatrix} U_{BE} \\ I_C \end{pmatrix} = \begin{pmatrix} 8.7 \cdot k\Omega & 3 \cdot 10^{-4} \\ 600 & 60 \cdot \mu S \end{pmatrix} \cdot \begin{pmatrix} I_B \\ U_{CE} \end{pmatrix} \quad \text{bzw.} \quad \begin{pmatrix} U_{BE} \\ 2 \cdot mA \end{pmatrix} = \begin{pmatrix} 8.7 \cdot k\Omega & 3 \cdot 10^{-4} \\ 600 & 60 \cdot \mu S \end{pmatrix} \cdot \begin{pmatrix} I_B \\ 5 \cdot V \end{pmatrix}$$

3.5.2 Anwendungen in der Mechanik

Im Bereich der Mechanik wird die Matrizenrechnung auch sehr häufig angewendet. Sei es bei der Berechnung von Stabkräften, Fachwerken, Durchbiegung eines Trägers, Biegeschwingungen, kritischen Drehzahlen, Torsionsschwingungen, Massen- oder Flächenträgheitsmomenten. Aber auch beim Lösen von Problemen in der Struktur- und Kontinuumsmechanik findet die Matrizenrechnung mithilfe der Methode der finiten Elemente (FEM) eine weitreichende Anwendung. Nachfolgend werden hier aus einigen Bereichen nur einige Beispiele angeführt.

Beispiel 3.5.13:

Gegeben sei ein räumliches Fachwerk (Bockgerüst - belastetes Dreibein) mit den Knotenpunkten A(3 | -2 | 0), B(5 | 2 | 1), C(-6 | 3 | 2) und D(0 | 0 | 7). Im Punkt D greift einen Kraft **F** an. Gesucht sind die Stabkräfte $\mathbf{F_A}$, $\mathbf{F_B}$ und $\mathbf{F_C}$.

$kN := 10^3 \cdot N$ Einheitendefinition

$$\mathbf{F} = \begin{pmatrix} 4 \\ 0.125 \\ -4.125 \end{pmatrix} \cdot kN$$ gegebene Kraft

$$\mathbf{F_A} = \alpha \cdot \mathbf{AD} = \alpha \cdot \begin{pmatrix} -3 \\ 2 \\ 7 \end{pmatrix} \qquad \mathbf{F_B} = \beta \cdot \mathbf{BD} = \beta \cdot \begin{pmatrix} -5 \\ -2 \\ 6 \end{pmatrix} \qquad \mathbf{F_C} = \gamma \cdot \mathbf{CD} = \gamma \cdot \begin{pmatrix} 6 \\ -3 \\ 5 \end{pmatrix}$$ gesuchte Stabkräfte

Das System befindet sich im Gleichgewicht, wenn alle Kräfte verschwinden:

$$\mathbf{F_A} + \mathbf{F_B} + \mathbf{F_C} + \mathbf{F} = \mathbf{0}$$

$$\alpha \cdot \begin{pmatrix} -3 \\ 2 \\ 7 \end{pmatrix} + \beta \cdot \begin{pmatrix} -5 \\ -2 \\ 6 \end{pmatrix} + \gamma \cdot \begin{pmatrix} 6 \\ -3 \\ 5 \end{pmatrix} = -\begin{pmatrix} 4 \\ 0.125 \\ -4.125 \end{pmatrix} \cdot kN$$

vereinfacht auf

$$\begin{pmatrix} 6 \cdot \gamma - 5 \cdot \beta - 3 \cdot \alpha \\ 2 \cdot \alpha - 2 \cdot \beta - 3 \cdot \gamma \\ 5 \cdot \gamma + 6 \cdot \beta + 7 \cdot \alpha \end{pmatrix} = \begin{pmatrix} -4 \cdot kN \\ -0.125 \cdot kN \\ 4.125 \cdot kN \end{pmatrix}$$ inhomogenes lineares Gleichungssystem

Dieses Gleichungssystem kann in Matrizenform **A x** = **F** geschrieben werden:

$$\begin{pmatrix} -3 & -5 & 6 \\ 2 & -2 & -3 \\ 7 & 6 & 5 \end{pmatrix} \cdot \begin{pmatrix} \alpha \\ \beta \\ \gamma \end{pmatrix} = \begin{pmatrix} -4 \cdot kN \\ -0.125 \cdot kN \\ 4.125 \cdot kN \end{pmatrix}$$

$$\begin{pmatrix} \alpha \\ \beta \\ \gamma \end{pmatrix} := \begin{pmatrix} -3 & -5 & 6 \\ 2 & -2 & -3 \\ 7 & 6 & 5 \end{pmatrix}^{-1} \cdot \begin{pmatrix} -4 \\ -0.125 \\ 4.125 \end{pmatrix} \cdot kN \qquad \begin{pmatrix} \alpha \\ \beta \\ \gamma \end{pmatrix} = \begin{pmatrix} 250 \\ 500 \\ -125 \end{pmatrix} N$$ Lösungen des Gleichungssystem

$$F_A := \alpha \cdot \begin{pmatrix} -3 \\ 2 \\ 7 \end{pmatrix} \qquad F_A = \begin{pmatrix} -0.75 \\ 0.5 \\ 1.75 \end{pmatrix} \cdot kN$$

$$F_B := \beta \cdot \begin{pmatrix} -5 \\ -2 \\ 6 \end{pmatrix} \qquad F_B = \begin{pmatrix} -2.5 \\ -1 \\ 3 \end{pmatrix} \cdot kN$$

gesuchte Stabkräfte

$$F_C := \gamma \cdot \begin{pmatrix} 6 \\ -3 \\ 5 \end{pmatrix} \qquad F_C = \begin{pmatrix} -0.75 \\ 0.375 \\ -0.625 \end{pmatrix} \cdot kN$$

Die inverse Matrix $\mathbf{A}^{-1}$ ist unabhängig von der aufgesetzten Last. Die Stabkräfte lassen sich deshalb mit derselben Inversen für verschiedene Belastungen berechnen.

Beispiel 3.94:

Auf einem zweifach abgestützten Träger wirken die Kräfte F_1 und F_2 (Abb. 3.5.21). Wie groß sind die Kräfte F_A und F_B?

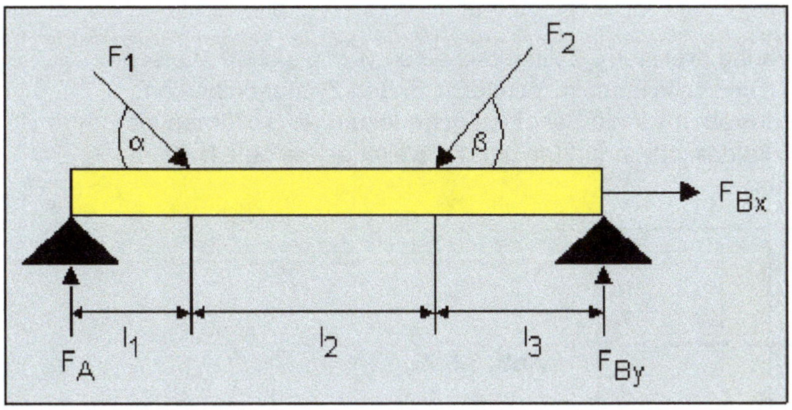

Abb. 3.5.21

$F_1 := 300 \cdot N$

$F_2 := 260 \cdot N$

$\alpha := 45 Grad$

$\beta := 35 \cdot Grad$

$l_1 := 0.25 \cdot m$

$l_2 := 0.85 \cdot m$

$l_3 := 0.45 \cdot m$

gegebene Daten

Aus folgenden Gleichgewichtsbedingungen erhalten wir ein Gleichungssystem mit den gesuchten Größen:

$\sum_i F_{x_i} = 0$ Die Summe der Kräfte in x-Richtung muss verschwinden!

$\sum_j F_{y_j} = 0$ Die Summe der Kräfte in y-Richtung muss verschwinden!

$\sum_k M_k = 0$ Die Summe aller Drehmomente muss verschwinden!

(1) $F_{Bx} + F_1 \cdot \cos(\alpha) - F_2 \cdot \cos(\beta) = 0$

(2) $F_A + F_{By} - F_1 \cdot \sin(\alpha) - F_2 \cdot \sin(\beta) = 0$

(3) $-F_1 \cdot \sin(\alpha) \cdot l_1 - F_2 \cdot \sin(\beta) \cdot (l_1 + l_2) + F_{By}(l_1 + l_2 + l_3) = 0$

$$\begin{pmatrix} 1 & 0 & 0 \\ 0 & 1 & 1 \\ 0 & \frac{l_1 + l_2 + l_3}{m} & 0 \end{pmatrix} \cdot \begin{pmatrix} F_{Bx} \\ F_{By} \\ F_A \end{pmatrix} = \begin{pmatrix} -F_1 \cdot \cos(\alpha) + F_2 \cdot \cos(\beta) \\ F_1 \cdot \sin(\alpha) + F_2 \cdot \sin(\beta) \\ F_1 \cdot \sin(\alpha) \cdot \frac{l_1}{m} + F_2 \cdot \sin(\beta) \cdot \frac{l_1 + l_2}{m} \end{pmatrix}$$

Das Gleichungssystem in Matrizenform.

$$\begin{pmatrix} F_{Bx} \\ F_{By} \\ F_A \end{pmatrix} := \begin{pmatrix} 1 & 0 & 0 \\ 0 & 1 & 1 \\ 0 & \frac{l_1 + l_2 + l_3}{m} & 0 \end{pmatrix}^{-1} \cdot \begin{pmatrix} -F_1 \cdot \cos(\alpha) + F_2 \cdot \cos(\beta) \\ F_1 \cdot \sin(\alpha) + F_2 \cdot \sin(\beta) \\ F_1 \cdot \sin(\alpha) \cdot \frac{l_1}{m} + F_2 \cdot \sin(\beta) \cdot \frac{l_1 + l_2}{m} \end{pmatrix}$$

Lösungsvektor mithilfe der inversen Matrix.

$$\begin{pmatrix} F_{Bx} \\ F_{By} \\ F_A \end{pmatrix} = \begin{pmatrix} 0.847 \\ 140.049 \\ 221.213 \end{pmatrix} N$$

Lösungsvektor

Beispiel 3.5.14:

Mit einer Welle sind in symmetrischer Anordnung drei starre Zylinderscheiben vom gleichen Massenträgheitsmoment J verbunden (Abb. 3.5.22). Die Welle kann im Vergleich zu den Zylinderscheiben nahezu als masselos angesehen werden. Verdrehen wir die Scheiben gegeneinander, so führen sie infolge der elastischen Rückstellmomente Torsionsschwingungen um die Wellenachse aus. Bestimmen Sie die Eigenkreisfrequenzen dieses Systems.

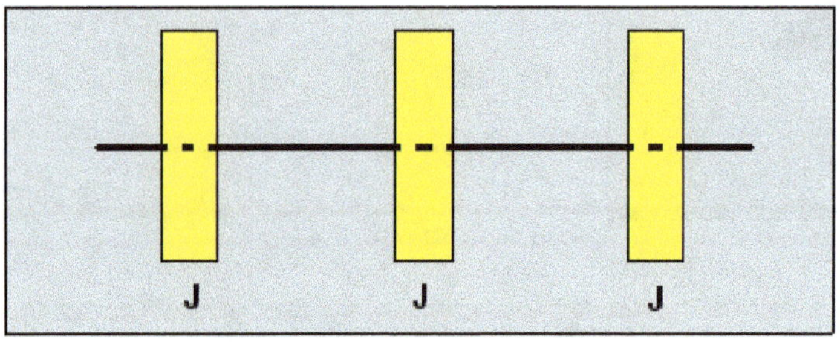

Abb. 3.5.22

Zur Bestimmung der Eigenkreisfrequenzen dieses Torsionsschwingers liegt folgendes lineare Gleichungssystem vor:

$$\begin{pmatrix} c - \omega^2 \cdot J & -c & 0 \\ -c & 2 \cdot c - \omega^2 \cdot J & -c \\ 0 & -c & c - \omega^2 \cdot J \end{pmatrix} \cdot \begin{pmatrix} A_1 \\ A_2 \\ A_3 \end{pmatrix} = \begin{pmatrix} 0 \\ 0 \\ 0 \end{pmatrix}$$

c ist die Torsionsfederkonstante der elastischen Welle. Das Gleichungssystem ist nur dann nichttrivial lösbar, wenn die Koeffizientendeterminante verschwindet:

$$\left| \begin{pmatrix} c - \omega^2 \cdot J & -c & 0 \\ -c & 2 \cdot c - \omega^2 \cdot J & -c \\ 0 & -c & c - \omega^2 \cdot J \end{pmatrix} \right| \rightarrow 4 \cdot J^2 \cdot \omega^4 \cdot c - J^3 \cdot \omega^6 - 3 \cdot J \cdot \omega^2 \cdot c^2$$

$$4 \cdot J^2 \cdot \omega^4 \cdot c - J^3 \cdot \omega^6 - 3 \cdot J \cdot \omega^2 \cdot c^2 = 0 \text{ auflösen}, \omega \rightarrow \begin{pmatrix} 0 \\ 0 \\ \frac{\sqrt{J \cdot c}}{J} \\ \frac{\sqrt{3} \cdot \sqrt{J \cdot c}}{J} \\ -\frac{\sqrt{J \cdot c}}{J} \\ -\frac{\sqrt{3} \cdot \sqrt{J \cdot c}}{J} \end{pmatrix}$$

Physikalisch kommen nur Kreisfrequenzen $\omega > 0$ in Frage:

$$\omega_1 = \frac{\sqrt{J \cdot c}}{J} = \sqrt{\frac{c}{J}} \qquad \omega_2 = \frac{\sqrt{3} \cdot \sqrt{J \cdot c}}{J} = \sqrt{\frac{3 \cdot c}{J}}$$

gesuchte Eigenkreisfrequenzen

Beispiel 3.5.15:

Ein Autorad rotiert um die Achse durch den Schwerpunkt in Richtung des Vektors **v** (Auswuchten eines Autorades). Bestimmen Sie die Hauptträgheitsmomente (Eigenwerte λ_1, λ_2 und λ_3) mit der Achsenrichtung v_1, v_2 und v_3 (zugehörige Eigenvektoren). Die zugehörige Matrix A heißt Trägheitstensor des starren Körpers. Zeigen Sie auch, dass die gegebene Matrix A symmetrisch ist.

$$\mathbf{A} := \begin{pmatrix} 6 \cdot \sqrt{2} & -2 & -2 \\ -2 & 9 \cdot \sqrt{2} & -3 \cdot \sqrt{2} \\ -2 & -3 \cdot \sqrt{2} & 9 \cdot \sqrt{2} \end{pmatrix}$$

gegebene Matrix **A** (Trägheitstensor)

$$(\mathbf{A} = \mathbf{A}^T) = 1$$

Die Matrix **A** ist symmetrisch, was auch direkt ersichtlich ist.

Berechnung der Hauptträgheitsmomente mithilfe der charakteristischen Gleichung:

$$\det(\mathbf{A} - \lambda \cdot \mathbf{E}) = 0$$

ORIGIN := 1 ORIGIN festlegen

$\lambda := \text{eigenwerte}(\mathbf{A})$ λ^T Gleitkommazahl, 4 $\rightarrow (16.97 \quad 11.31 \quad 5.657)$ Eigenwerte

λ_1 Gleitkommazahl, 4 $\rightarrow 16.97$ λ_2 Gleitkommazah λ_3 Gleitkommazahl, 4 $\rightarrow 5.657$

Bestimmung der zugehörigen Eigenvektoren:

$$(\mathbf{A} - \lambda_i \cdot \mathbf{E}) \cdot \mathbf{v_1} = \mathbf{0}$$

$v_1 := \text{eigenvek}(A, \lambda_1)$ $v_2 := \text{eigenvek}(A, \lambda_2)$ $v_3 := \text{eigenvek}(A, \lambda_3)$

$v_1 = \begin{pmatrix} -0.707 \\ 0.5 \\ 0.5 \end{pmatrix}$ $v_2 = \begin{pmatrix} 0.707 \\ 0.5 \\ 0.5 \end{pmatrix}$ $v_3 = \begin{pmatrix} 0 \\ -0.707 \\ 0.707 \end{pmatrix}$ genormte Eigenvektoren der Länge 1

$|v_1| = 1$ $|v_2| = 1$ $|v_3| = 1$

Probe:

$A \cdot v_1 = \begin{pmatrix} -8 \\ 5.657 \\ 5.657 \end{pmatrix}$ $\lambda_1 \cdot v_1 = \begin{pmatrix} -8 \\ 5.657 \\ 5.657 \end{pmatrix}$

$A \cdot v_2 = \begin{pmatrix} 4 \\ 2.828 \\ 2.828 \end{pmatrix}$ $\lambda_2 \cdot v_2 = \begin{pmatrix} 4 \\ 2.828 \\ 2.828 \end{pmatrix}$

$A \cdot v_3 = \begin{pmatrix} 0 \\ -12 \\ 12 \end{pmatrix}$ $\lambda_3 \cdot v_3 = \begin{pmatrix} 0 \\ -12 \\ 12 \end{pmatrix}$

3.5.3 Anwendungen in der Computergrafik

Computerprogramme erlauben es, Werkstücke, Automobile, Motoren, Gebäude und dgl. grafisch am Bildschirm darzustellen und auf beliebige Ebenen zu projizieren. Voraussetzung dafür sind Algorithmen, mit deren Hilfe die Koordinaten vieler Bildpunkte etwa nach einer Drehung, Verschiebung oder Projektion eines geometrischen Objektes berechnet werden können.
In der Mechanik gehen wir häufig den umgekehrten Weg. Hier werden häufig Koordinatensysteme in geeigneter Form transformiert.
Wir wollen hier einige Transformationen behandeln, welche im CAD-Bereich oder z. B. für eine Robotersteuerung besonders wichtig sind. Wir betrachten dabei sowohl den 3D-Raum als auch den 2D-Raum (x-y-Ebene).
Wir gehen dabei von umkehrbaren (affinen) Abbildungen aus. Typische affine Abbildungen sind z. B. Verschiebungen (Translationen), Stauchungen und Streckungen (Maßstabsänderungen), Drehungen, Scherungen, Spiegelungen, Drehstreckungen, Drehspiegelungen usw.
Auf die Vorteile homogener Koordinaten, die z. B. eine einheitliche Behandlung aller Transformationen ermöglichen, wird hier nicht eingegangen.

Eine affine Abbildung kann allgemein in folgender Matrizenform geschrieben werden:

$$x_1 = A \cdot x + d \qquad (3\text{-}174)$$

x_1, x sind Vektoren im 2- oder 3-dimensionalen Raum. A ist die quadratische Transformationsmatrix, für die det(A) ≠ 0 gelten muss, andernfalls wäre die Abbildung nicht umkehrbar. d ist ein Verschiebungs- bzw. Translationsvektor.

Beispiel 3.5.16:

Ein Rechteck, das durch die vier Eckpunkte A(0|0), B(1|0), C(1|1) und D(0|1) gegeben ist, soll um die x-Achse bzw. y-Achse gespiegelt werden.

ORIGIN := 1 — ORIGIN festlegen

$\mathbf{a} := \begin{pmatrix} 0 \\ 0 \end{pmatrix}$ $\mathbf{b} := \begin{pmatrix} 1 \\ 0 \end{pmatrix}$ $\mathbf{c} := \begin{pmatrix} 1 \\ 1 \end{pmatrix}$ $\mathbf{d} := \begin{pmatrix} 0 \\ 1 \end{pmatrix}$ — Vektoren zu den Eckpunkten des Vierecks

$\mathbf{P} := \text{erweitern}(\mathbf{a}, \mathbf{b}, \mathbf{c}, \mathbf{d}, \mathbf{a})$ $\mathbf{P} = \begin{pmatrix} 0 & 1 & 1 & 0 & 0 \\ 0 & 0 & 1 & 1 & 0 \end{pmatrix}$ — Die 4 Vektoren mit den Koordinanten der Eckpunkte werden in einer Matrix zusammengefasst. Der letzte Vektor muss wieder der erste sein, damit der Linienzug geschlossen gezeichnet werden kann.

$\mathbf{x} := \left(\mathbf{P}^T\right)^{\langle 1 \rangle}$ $\mathbf{y} := \left(\mathbf{P}^T\right)^{\langle 2 \rangle}$ $\mathbf{x} = \begin{pmatrix} 0 \\ 1 \\ 1 \\ 0 \\ 0 \end{pmatrix}$ $\mathbf{y} = \begin{pmatrix} 0 \\ 0 \\ 1 \\ 1 \\ 0 \end{pmatrix}$ — x- und y-Koordinaten der Eckpunkte werden in einem Vektor zusammengefasst

$\mathbf{S_x} := \begin{pmatrix} 1 & 0 \\ 0 & -1 \end{pmatrix}$ — Matrix zur Spiegelung um die x-Achse

$\mathbf{P_{Sp}} := \mathbf{S_x} \cdot \mathbf{P}$ — Transformationsgleichung

$\mathbf{x_1} := \left(\mathbf{P_{Sp}}^T\right)^{\langle 1 \rangle}$ $\mathbf{y_1} := \left(\mathbf{P_{Sp}}^T\right)^{\langle 2 \rangle}$ $\mathbf{x_1} = \begin{pmatrix} 0 \\ 1 \\ 1 \\ 0 \\ 0 \end{pmatrix}$ $\mathbf{y_1} = \begin{pmatrix} 0 \\ 0 \\ -1 \\ -1 \\ 0 \end{pmatrix}$ — Die gespiegelten x- und y-Koordinaten werden spaltenweise selektiert.

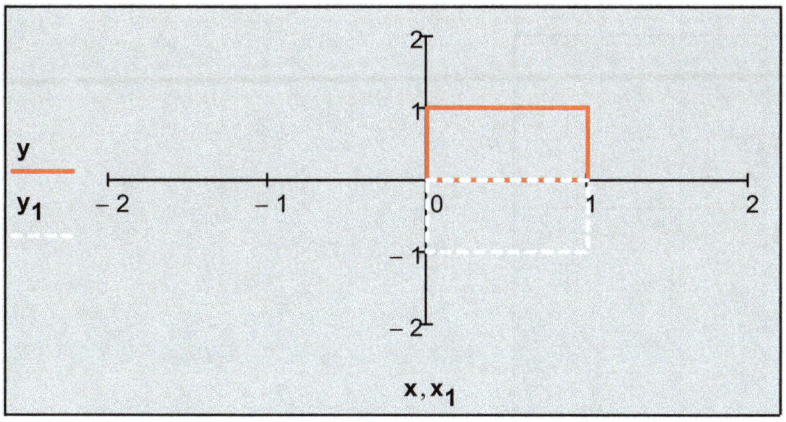

Abb. 3.5.23

$\mathbf{S_y} := \begin{pmatrix} -1 & 0 \\ 0 & 1 \end{pmatrix}$ — Matrix zur Spiegelung um die y-Achse

$\mathbf{P_{Sp}} := \mathbf{S_y} \cdot \mathbf{P}$ — Transformationsgleichung

$x_1 := \left(P_{Sp}{}^{T}\right)^{\langle 1 \rangle}$ $\quad y_1 := \left(P_{Sp}{}^{T}\right)^{\langle 2 \rangle}$ $\quad x_1 = \begin{pmatrix} 0 \\ -1 \\ -1 \\ 0 \\ 0 \end{pmatrix}$ $\quad y_1 = \begin{pmatrix} 0 \\ 0 \\ 1 \\ 1 \\ 0 \end{pmatrix}$

Die gespiegelten x- und y-Koordinaten werden spaltenweise selektiert.

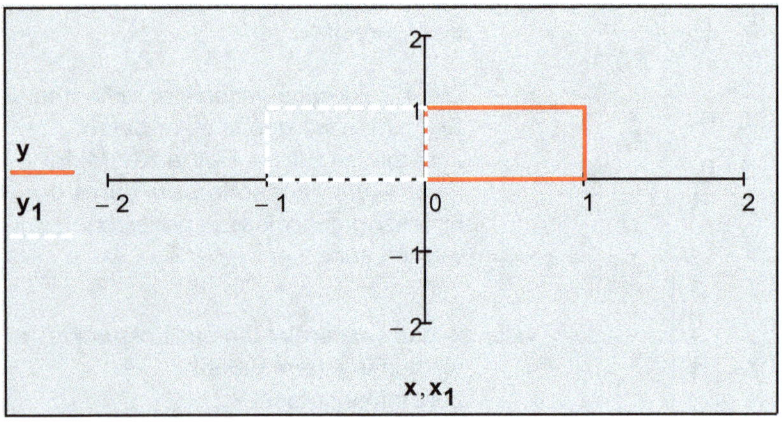

Abb. 3.5.24

$S_0 := S_x \cdot S_y$ $\quad S_0 = \begin{pmatrix} -1 & 0 \\ 0 & -1 \end{pmatrix}$

Matrix zur Spiegelung um die x- und y-Achse (Spiegelung um den Ursprung oder Drehung um 180° um den Ursprung)

$P_{Sp} := S_0 \cdot P$

Transformationsgleichung

$x_1 := \left(P_{Sp}{}^{T}\right)^{\langle 1 \rangle}$ $\quad y_1 := \left(P_{Sp}{}^{T}\right)^{\langle 2 \rangle}$ $\quad x_1 = \begin{pmatrix} 0 \\ -1 \\ -1 \\ 0 \\ 0 \end{pmatrix}$ $\quad y_1 = \begin{pmatrix} 0 \\ 0 \\ -1 \\ -1 \\ 0 \end{pmatrix}$

Die gespiegelten x- und y-Koordinaten werden spaltenweise selektiert.

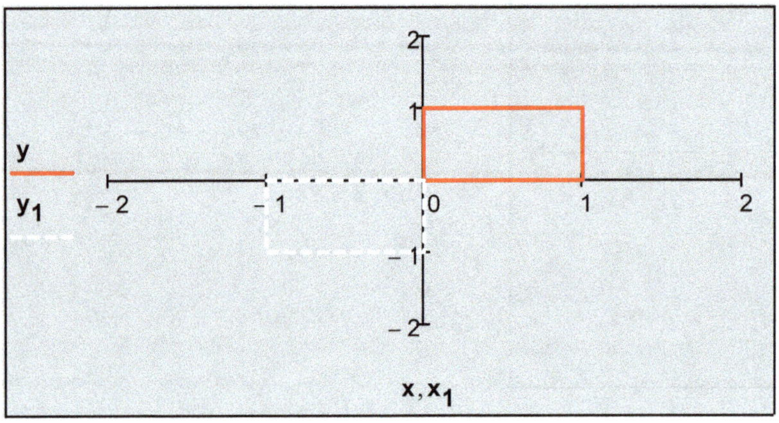

Abb. 3.5.25

Beispiel 3.5.17:

Eine gegebene Fläche im Raum soll um die xy-Ebene gespiegelt werden.

Programm zur Berechnung der Koordinaten der Gitterpunkte einer räumlichen Fläche:

$$\text{Gitter}(n, x_1, y_1, f) := \left| \begin{array}{l} k \leftarrow 1 \\ \text{for } i \in 1..n \\ \quad \text{for } j \in 1..n \\ \quad\quad \left| \begin{array}{l} \mathbf{x} \leftarrow -|x_1| + \dfrac{2 \cdot |x_1| \cdot i}{n} \\ \mathbf{y} \leftarrow -|y_1| + \dfrac{2 \cdot |y_1| \cdot j}{n} \\ \mathbf{K}^{\langle k \rangle} \leftarrow \begin{pmatrix} \mathbf{x} \\ \mathbf{y} \\ f(\mathbf{x}, \mathbf{y}) \end{pmatrix} \\ k \leftarrow k + 1 \end{array} \right. \\ \mathbf{K}^T \end{array} \right.$$

n^2 ... Anzahl der darzustellenden Gitterpunkte

$-x_1 \le x \le x_1$, $-y_1 \le y \le y_1$ x- und y-Bereich

f ... gegebene Flächenfunktion

$f(x, y) := \sin\left(-x^2 - 2 \cdot y^2\right)$ **gegebene Flächenfunktion**

$x_1 := 1$ $y_1 := 1$ **x- und y-Bereich ($-x_1 \le x \le x_1$, $-y_1 \le y \le y_1$)**

$n := 25$ **n^2 ... Anzahl der darzustellenden x- und y-Gitterpunkte**

$\text{ORIGIN} := 1$ ORIGIN festlegen

$\mathbf{K} := \text{Gitter}(n, x_1, y_1, f)$ Matrix mit den Gitterpunkten für die gegebene Flächenfunktion

$\mathbf{x} := \mathbf{K}^{\langle 1 \rangle}$ $\mathbf{y} := \mathbf{K}^{\langle 2 \rangle}$ $\mathbf{z} := \mathbf{K}^{\langle 3 \rangle}$ Selektion der x-, y- und z-Koordinaten

$\mathbf{P} := \text{erweitern}(\mathbf{x}, \mathbf{y}, \mathbf{z})$ Die Vektoren **x**, **y** und **z** werden zu einer Matrix zusammengefasst.

$$\mathbf{S_{xy}} := \begin{pmatrix} 1 & 0 & 0 \\ 0 & 1 & 0 \\ 0 & 0 & -1 \end{pmatrix}$$

Matrix zur Spiegelung an der xy-Ebene ($\det(\mathbf{S_{xy}}) < 0$)

$\mathbf{P_{Sp}} := \mathbf{S_{xy}} \cdot \mathbf{P}^T$ Transformationsgleichung

$\mathbf{x_1} := \left(\mathbf{P_{Sp}}^T\right)^{\langle 1 \rangle}$ $\mathbf{y_1} := \left(\mathbf{P_{Sp}}^T\right)^{\langle 2 \rangle}$ $\mathbf{z_1} := \left(\mathbf{P_{Sp}}^T\right)^{\langle 3 \rangle}$ Die gespiegelten x- , y- und z-Koordinaten der Gitterpunkte werden spaltenweise selektiert.

$x_0 := 0$ $y_0 := 0$ $z_0 := f(x_0, y_0)$ $z_0 = 0$

x-, y- und z-Koordinate für die Tangentialfläche durch den Ursprung

$dx := \frac{\partial}{\partial x_0} f(x_0, y_0)$ $dy := \frac{\partial}{\partial y_0} f(x_0, y_0)$

Ableitungen (Näheres siehe dazu Band 3)

$T1(x, y) := dx \cdot (x - x_0) + dy \cdot (y - y_0) + z_0$

Gleichung der Tangentialfläche im Punkt $P(x_0|y_0|z_0)$ (hier ist es die xy-Ebene)

$\mathbf{K} := \text{Gitter}(n, x_1, y_1, T1)$

Matrix der Gitterpunkte für die Tangentialfläche

$\mathbf{x_t} := \mathbf{K}^{\langle 1 \rangle}$ $\mathbf{y_t} := \mathbf{K}^{\langle 2 \rangle}$ $\mathbf{z_t} := \mathbf{K}^{\langle 3 \rangle}$

Koordinaten der Gitterpunkte werden vektorweise selektiert.

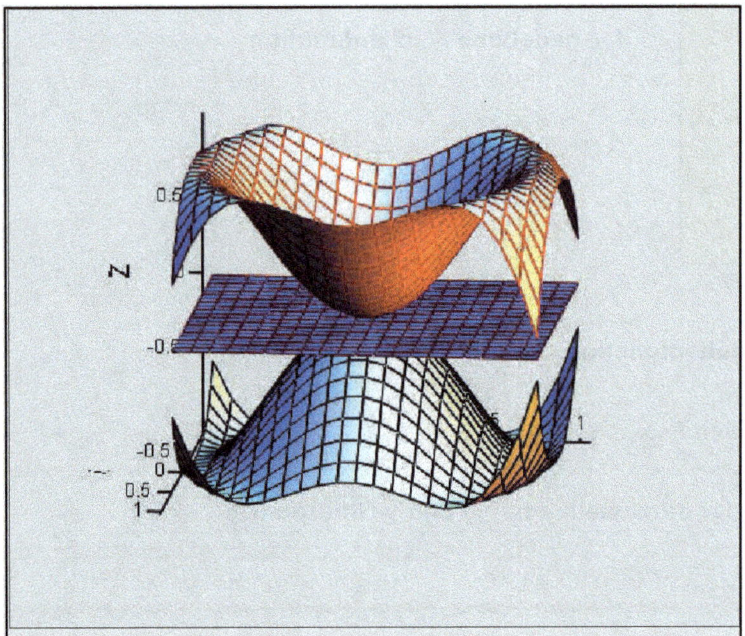

$(\mathbf{x}, \mathbf{y}, \mathbf{z}), (\mathbf{x_1}, \mathbf{y_1}, \mathbf{z_1}), (\mathbf{x_t}, \mathbf{y_t}, \mathbf{z_t})$

Diagrammformat:
Diagramm 1:
Allgemein: Flächendiagramm
Rahmen anzeigen
Darstellung: Fläche füllen, Drahtmodell
Diagramm 2:
Allgemein: Flächendiagramm
Rahmen anzeigen
Darstellung: Fläche füllen, Drahtmodell
Diagramm 3:
Allgemein: Flächendiagramm
Rahmen anzeigen
Darstellung: Fläche füllen, Drahtmodell

Abb. 3.5.26

Beispiel 3.5.18:

Ein Rechteck, das durch die vier Eckpunkte A(0|0), B(2|0), C(2|1) und D(0|1) gegeben ist, soll entlang der x-Achse gestreckt oder gestaucht werden.

ORIGIN := 1

ORIGIN festlegen

$\mathbf{a} := \begin{pmatrix} 0 \\ 0 \end{pmatrix}$ $\mathbf{b} := \begin{pmatrix} 2 \\ 0 \end{pmatrix}$ $\mathbf{c} := \begin{pmatrix} 2 \\ 1 \end{pmatrix}$ $\mathbf{d} := \begin{pmatrix} 0 \\ 1 \end{pmatrix}$

Vektoren zu den Eckpunkten des Vierecks

$\mathbf{P} := \text{erweitern}(\mathbf{a}, \mathbf{b}, \mathbf{c}, \mathbf{d}, \mathbf{a})$ $\mathbf{P} = \begin{pmatrix} 0 & 2 & 2 & 0 & 0 \\ 0 & 0 & 1 & 1 & 0 \end{pmatrix}$

Die 4 Vektoren mit den Koordinanten der Eckpunkte werden in einer Matrix zusammengefasst. Der letzte Vektor muss wieder der erste sein, damit der Linienzug geschlossen gezeichnet werden kann.

$\mathbf{x} := \left(\mathbf{P}^T\right)^{\langle 1 \rangle}$ $\quad \mathbf{y} := \left(\mathbf{P}^T\right)^{\langle 2 \rangle}$ $\quad \mathbf{x} = \begin{pmatrix} 0 \\ 2 \\ 2 \\ 0 \\ 0 \end{pmatrix}$ $\quad \mathbf{y} = \begin{pmatrix} 0 \\ 0 \\ 1 \\ 1 \\ 0 \end{pmatrix}$

x- und y-Koordinaten der Eckpunkte werden in einem Vektor zusammengefasst.

a :=

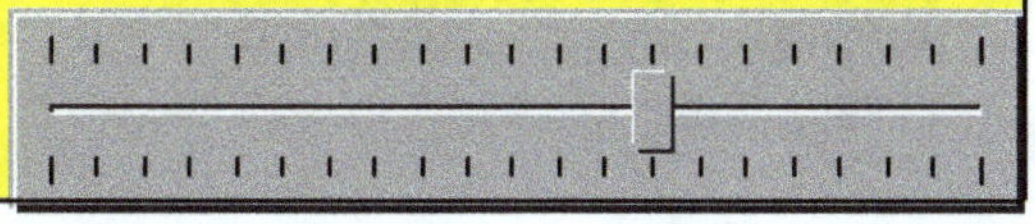

Slider oder Schieberegler (Minimum -10, Maximum 10, Teilstrichfähigkeit 1)

$a := \frac{a}{5} \qquad a = 0.6$

$\mathbf{S_x}(a) := \begin{pmatrix} a & 0 \\ 0 & 1 \end{pmatrix}$

Matrix zur Streckung oder Stauchung um den Faktor a entlang der x-Achse (für a = 1 ergibt sich eine identische Abbildung)

$\mathbf{P_{St}} := \mathbf{S_x}(a) \cdot \mathbf{P}$

Transformationsgleichung

$\mathbf{x_1} := \left(\mathbf{P_{St}}^T\right)^{\langle 1 \rangle}$ $\quad \mathbf{y_1} := \left(\mathbf{P_{St}}^T\right)^{\langle 2 \rangle}$ $\quad \mathbf{x_1} = \begin{pmatrix} 0 \\ 1.2 \\ 1.2 \\ 0 \\ 0 \end{pmatrix}$ $\quad \mathbf{y_1} = \begin{pmatrix} 0 \\ 0 \\ 1 \\ 1 \\ 0 \end{pmatrix}$

Die gespiegelten x- und y- Koordinaten werden spaltenweise selektiert.

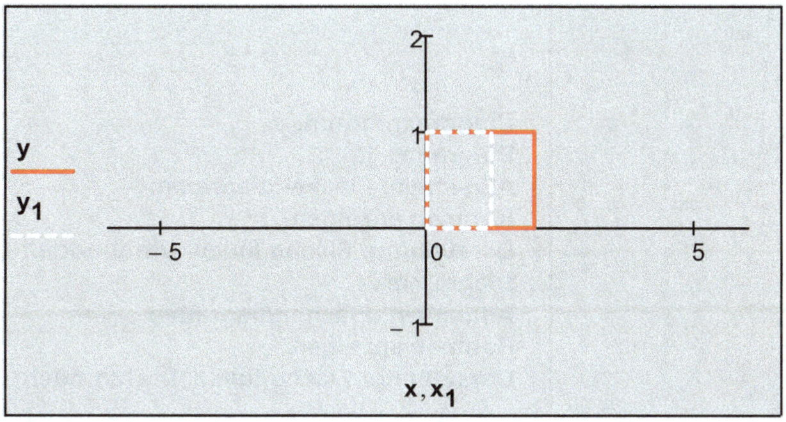

Abb. 3.5.27

Beispiel 3.5.19:

Eine gegebene Fläche im Raum soll entlang der x-Achse um den Faktor a gestreckt bzw. gestaucht werden.

$f(x, y) := \frac{y}{2} \sin\left(\frac{x}{3}\right) + \frac{x}{3} \cos(y)$ **gegebene Flächenfunktion**

$x_1 := \frac{\pi}{3} \qquad y_1 := \frac{\pi}{3}$ **x- und y-Bereich ($-x_1 \le x \le x_1$, $-y_1 \le y \le y_1$)**

$n := 25$ **n^2 ... Anzahl der darzustellenden x- und y-Gitterpunkte**

ORIGIN := 1 ORIGIN festlegen

$\mathbf{K} := \text{Gitter}(n, x_1, y_1, f)$ — Matrix mit den Gitterpunkten

$\mathbf{x} := \mathbf{K}^{\langle 1 \rangle}$ $\quad \mathbf{y} := \mathbf{K}^{\langle 2 \rangle}$ $\quad \mathbf{z} := \mathbf{K}^{\langle 3 \rangle}$ — Selektion der x-, y- und z-Koordinaten

$\mathbf{P} := \text{erweitern}(\mathbf{x}, \mathbf{y}, \mathbf{z})$ — Die Vektoren **x**, **y** und **z** werden zu einer Matrix zusammengefasst

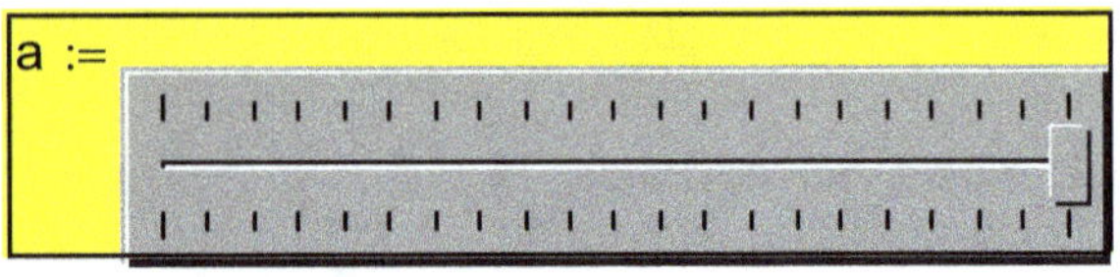

Slider oder Schieberegler (Minimum -10, Maximum 10, Teilstrichfähigkeit 1)

$a := \frac{a}{5}$ $\qquad a = 2$

$$\mathbf{S_{xy}}(a) := \begin{pmatrix} a & 0 & 0 \\ 0 & 1 & 0 \\ 0 & 0 & 1 \end{pmatrix}$$

Matrix zur Streckung oder Stauchung um den Faktor a entlang der x-Achse (für a = 1 ergibt sich eine identische Abbildung)

$\mathbf{P_{St}} := \mathbf{S_{xy}}(a) \cdot \mathbf{P}^T$ — Transformationsgleichung

$\mathbf{x_1} := \left(\mathbf{P_{St}}^T\right)^{\langle 1 \rangle}$ $\quad \mathbf{y_1} := \left(\mathbf{P_{St}}^T\right)^{\langle 2 \rangle}$ $\quad \mathbf{z_1} := \left(\mathbf{P_{St}}^T\right)^{\langle 3 \rangle}$

Die gespiegelten x- , y- und z-Koordinaten der Gitterpunkte werden spaltenweise selektiert.

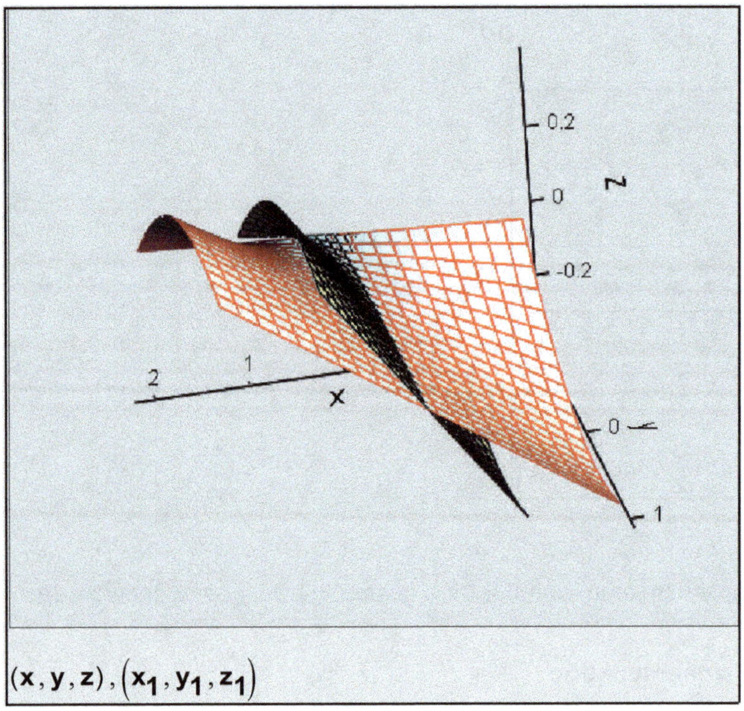

Abb. 3.5.28

Diagrammformat:
Diagramm 1:
Allgemein: Flächendiagramm
Rahmen anzeigen
Darstellung: Fläche füllen, Drahtmodell
Diagramm 2:
Allgemein: Flächendiagramm
Rahmen anzeigen
Darstellung: Fläche füllen, Drahtmodell

Beispiel 3.5.20:

Ein Dreieck mit den Eckpunkten A(-2|0), B(2|0) und D(0|3) soll in x-Richtung durch Scherung verändert werden. Der Flächeninhalt bleibt dabei gleich, d. h., die Determinante der Transformationsmatrix ist gleich 1.

$\text{ORIGIN} := 1$ — ORIGIN festlegen

$\mathbf{a} := \begin{pmatrix} 1 \\ 0 \end{pmatrix} \quad \mathbf{b} := \begin{pmatrix} 0 \\ 2 \end{pmatrix} \quad \mathbf{c} := \begin{pmatrix} -1 \\ 0 \end{pmatrix}$ — Vektoren zu den Eckpunkten des Dreiecks

$\mathbf{P} := \text{erweitern}(\mathbf{a}, \mathbf{b}, \mathbf{c}, \mathbf{a}) \qquad \mathbf{P} = \begin{pmatrix} 1 & 0 & -1 & 1 \\ 0 & 2 & 0 & 0 \end{pmatrix}$

Die 3 Vektoren mit den Koordinanten der Eckpunkte werden in einer Matrix zusammengefasst. Der letzte Vektor muss wieder der erste sein, damit der Linienzug geschlossen gezeichnet werden kann.

$\mathbf{x} := \left(\mathbf{P}^T\right)^{\langle 1 \rangle} \quad \mathbf{y} := \left(\mathbf{P}^T\right)^{\langle 2 \rangle} \qquad \mathbf{x} = \begin{pmatrix} 1 \\ 0 \\ -1 \\ 1 \end{pmatrix} \quad \mathbf{y} = \begin{pmatrix} 0 \\ 2 \\ 0 \\ 0 \end{pmatrix}$

x- und y-Koordinaten der Eckpunkte werden in einem Vektor zusammengefasst

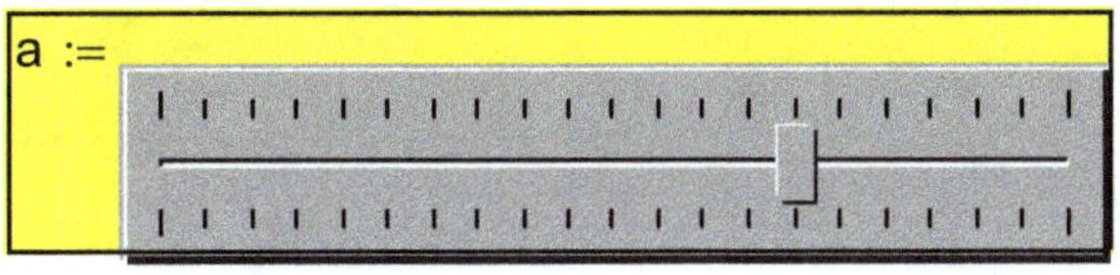

Slider oder Schieberegler
(Minimum -10, Maximum 10, Teilstrichfähigkeit 1)

$a := \dfrac{a}{5} \qquad a = 0.8$

$\mathbf{S_{sx}}(a) := \begin{pmatrix} 1 & a \\ 0 & 1 \end{pmatrix}$

Matrix zur Scherung um den Faktor a entlang der x-Achse
(für a = 0 ergibt sich eine identische Abbildung)

$\mathbf{P_{Sch}} := \mathbf{S_{sx}}(a) \cdot \mathbf{P}$ — Transformationsgleichung

$\mathbf{x_1} := \left(\mathbf{P_{Sch}}^T\right)^{\langle 1 \rangle} \quad \mathbf{y_1} := \left(\mathbf{P_{Sch}}^T\right)^{\langle 2 \rangle} \qquad \mathbf{x_1} = \begin{pmatrix} 1 \\ 1.6 \\ -1 \\ 1 \end{pmatrix} \quad \mathbf{y_1} = \begin{pmatrix} 0 \\ 2 \\ 0 \\ 0 \end{pmatrix}$

Die gespiegelten x- und y- Koordinaten werden spaltenweise selektiert.

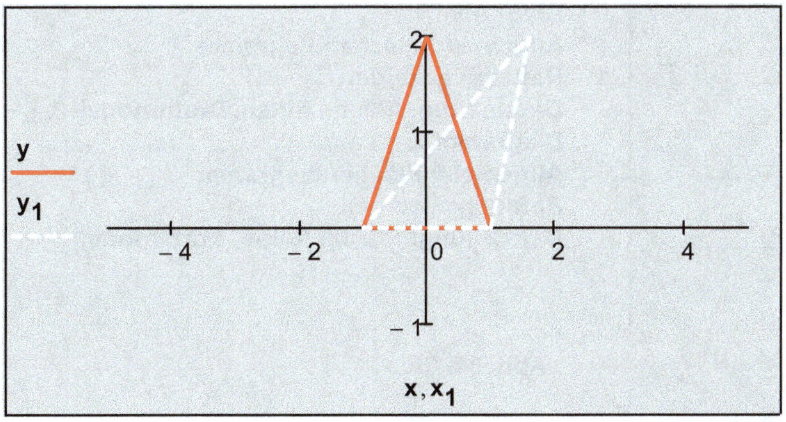

Abb. 3.5.29

Beispiel 3.5.21:

Für eine gegebene Fläche im Raum soll die Scherung entlang der x-Achse proportional zu y gezeigt werden.

$f(x, y) := 10 \cdot \left(-x^3 - y^2\right)$ **gegebene Flächenfunktion**

$x_1 := 1$ $y_1 := 1$ **x- und y-Bereich ($-x_1 \le x \le x_1$, $-y_1 \le y \le y_1$)**

$n := 25$ **n^2 ... Anzahl der darzustellenden x- und y-Gitterpunkte**

$ORIGIN := 1$ ORIGIN festlegen

$\mathbf{K} := \text{Gitter}\left(n, x_1, y_1, f\right)$ Matrix mit den Gitterpunkten

$\mathbf{x} := \mathbf{K}^{\langle 1 \rangle}$ $\mathbf{y} := \mathbf{K}^{\langle 2 \rangle}$ $\mathbf{z} := \mathbf{K}^{\langle 3 \rangle}$ Selektion der x-, y- und z-Koordinaten

$\mathbf{P} := \text{erweitern}(\mathbf{x}, \mathbf{y}, \mathbf{z})$ Die Vektoren **x**, **y** und **z** werden zu einer Matrix zusammengefasst.

a :=

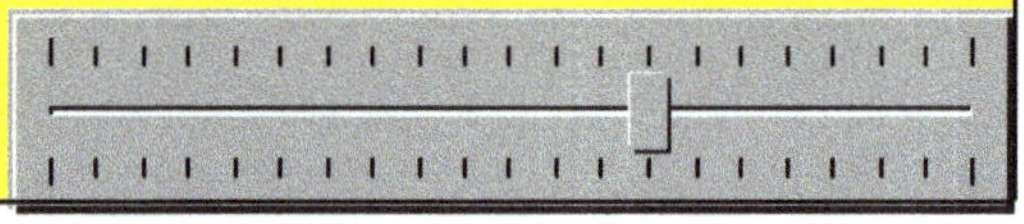

Slider oder Schieberegler
(Minimum -10, Maximum 10, Teilstrichfähigkeit 1)

$a := \frac{a}{5}$ $a = 0.6$

$$\mathbf{S_{sch}}(a) := \begin{pmatrix} 1 & a & 0 \\ 0 & 1 & 0 \\ 0 & 0 & 1 \end{pmatrix}$$

Matrix zur Scherung um den Faktor a entlang der x-Achse proportional zur y-Achse (für a = 0 ergibt sich eine identische Abbildung)

$\mathbf{P_{Sch}} := \mathbf{S_{sch}}(a) \cdot \mathbf{P}^T$ Transformationsgleichung

$\mathbf{x_1} := \left(\mathbf{P_{Sch}}^T\right)^{\langle 1 \rangle}$ $\mathbf{y_1} := \left(\mathbf{P_{Sch}}^T\right)^{\langle 2 \rangle}$ $\mathbf{z_1} := \left(\mathbf{P_{Sch}}^T\right)^{\langle 3 \rangle}$ Die gespiegelten x- , y- und z-Koordinaten der Gitterpunkte werden spaltenweise selektiert.

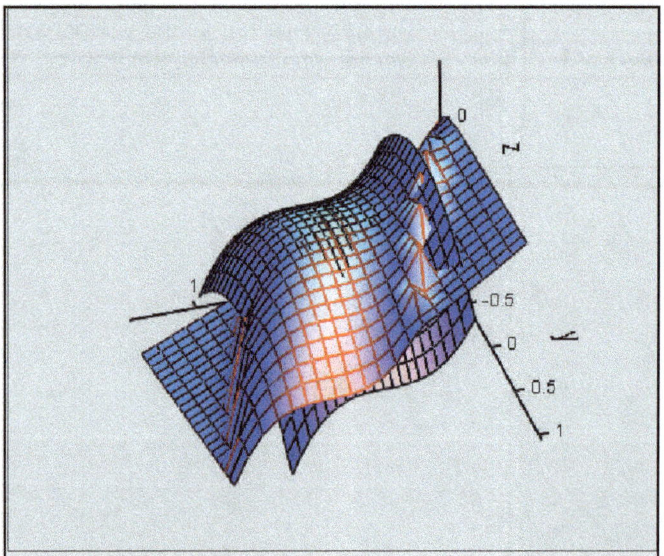

$(\mathbf{x}, \mathbf{y}, \mathbf{z}), (\mathbf{x_1}, \mathbf{y_1}, \mathbf{z_1})$

Diagrammformat:
Diagramm 1:
Allgemein: Flächendiagramm
Rahmen anzeigen
Darstellung: Fläche füllen, Drahtmodell
Diagramm 2:
Allgemein: Flächendiagramm
Rahmen anzeigen
Darstellung: Fläche füllen, Drahtmodell

Abb. 3.5.30

Beispiel 3.5.22:

Ein Dreieck soll um einen bestimmten Winkel φ gedreht und anschließend mithilfe des Translationsvektors **d** verschoben werden.

$ORIGIN := 1$ ORIGIN festlegen

$\mathbf{a} := \begin{pmatrix} -4 \\ 1 \end{pmatrix} \quad \mathbf{b} := \begin{pmatrix} 4 \\ -3 \end{pmatrix} \quad \mathbf{c} := \begin{pmatrix} 0 \\ 6 \end{pmatrix}$ Vektoren zu den Eckpunkten des Dreiecks

$\mathbf{d} := \begin{pmatrix} 3 \\ 0 \end{pmatrix}$ Verschiebungsvektor

$\mathbf{P} := \text{erweitern}(\mathbf{a}, \mathbf{b}, \mathbf{c}, \mathbf{a}) \quad \mathbf{P} = \begin{pmatrix} -4 & 4 & 0 & -4 \\ 1 & -3 & 6 & 1 \end{pmatrix}$

Die 3 Vektoren mit den Koordinanten der Eckpunkte werden in einer Matrix zusammengefasst. Der letzte Vektor muss wieder der erste sein, damit der Linienzug geschlossen gezeichnet werden kann.

$\mathbf{x} := \left(\mathbf{P}^T\right)^{\langle 1 \rangle} \quad \mathbf{y} := \left(\mathbf{P}^T\right)^{\langle 2 \rangle} \quad \mathbf{x} = \begin{pmatrix} -4 \\ 4 \\ 0 \\ -4 \end{pmatrix} \quad \mathbf{y} = \begin{pmatrix} 1 \\ -3 \\ 6 \\ 1 \end{pmatrix}$

x- und y-Koordinaten der Eckpunkte werden in einem Vektor zusammengefasst

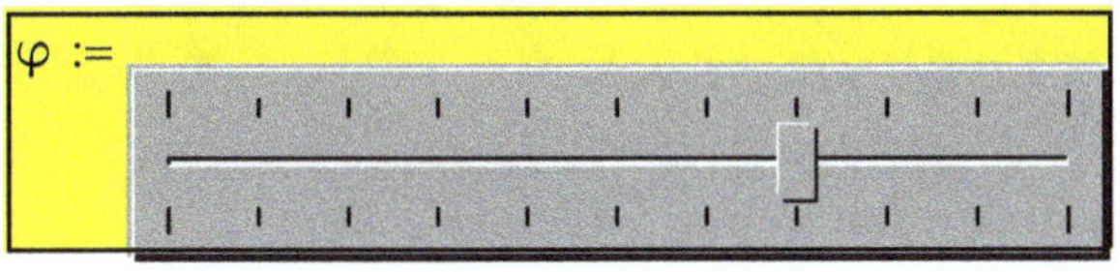

Slider oder Schieberegler
(Minimum 0, Maximum 10, Teilstrichfähigkeit 1)

$\varphi := \frac{\varphi}{2} \quad \varphi = 200.535 \cdot \text{Grad}$

$\mathbf{D}(\varphi) := \begin{pmatrix} \cos(\varphi) & -\sin(\varphi) \\ \sin(\varphi) & \cos(\varphi) \end{pmatrix}$

Matrix zur Drehung um den Winkel φ
(für $\varphi = 0$ ergibt sich eine identische Abbildung)

$\mathbf{d} := \text{erweitern}(\mathbf{d}, \mathbf{d}, \mathbf{d}, \mathbf{d})$

Der Translationsvektor muss auf dieselbe Dimension wie die Punktematrix gebracht werden

$\mathbf{P_D} := \mathbf{D}(\varphi) \cdot \mathbf{P} + \mathbf{d}$ Transformationsgleichung

$\mathbf{x_1} := \left(\mathbf{P_D}^T\right)^{\langle 1 \rangle} \quad \mathbf{y_1} := \left(\mathbf{P_D}^T\right)^{\langle 2 \rangle}$

Die gespiegelten x- und y-Koordinaten werden spaltenweise selektiert.

$\mathbf{x_1} = \begin{pmatrix} 7.097 \\ -1.798 \\ 5.105 \\ 7.097 \end{pmatrix} \quad \mathbf{y_1} = \begin{pmatrix} 0.467 \\ 1.406 \\ -5.619 \\ 0.467 \end{pmatrix}$

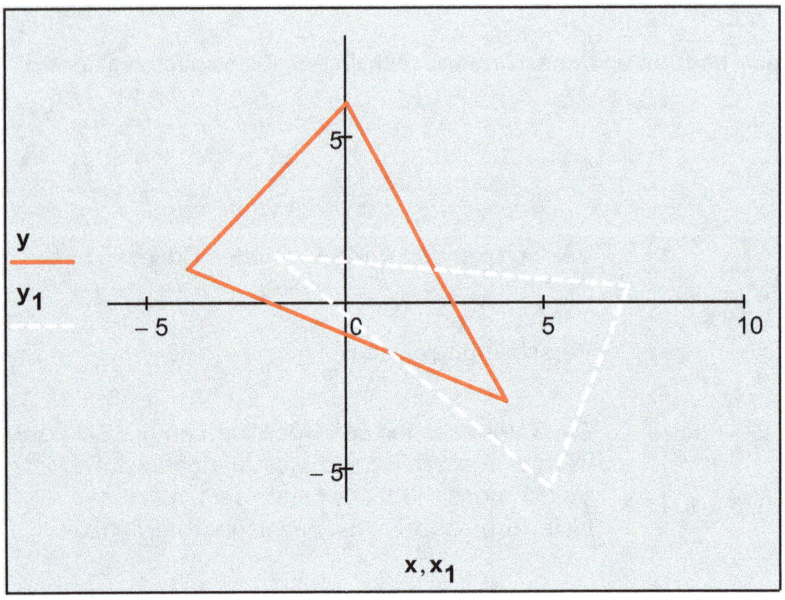

Abb. 3.5.31

Beispiel 3.5.23:

Eine gegebene Fläche im Raum soll um einen Winkel gedreht werden.

$f(x,y) := x^2 + y^3 - 1$ **gegebene Flächenfunktion**

$x_1 := 1$ $y_1 := 1$ **x- und y-Bereich ($-x_1 \le x \le x_1$, $-y_1 \le y \le y_1$)**

$n := 25$ **n^2 ... Anzahl der darzustellenden x- und y-Gitterpunkte**

ORIGIN := 1 ORIGIN festlegen

$\mathbf{K} := \mathrm{Gitter}(n, x_1, y_1, f)$ Matrix mit den Gitterpunkten

$\mathbf{x} := \mathbf{K}^{\langle 1 \rangle}$ $\mathbf{y} := \mathbf{K}^{\langle 2 \rangle}$ $\mathbf{z} := \mathbf{K}^{\langle 3 \rangle}$ Selektion der x-, y- und z-Koordinaten

$\mathbf{P} := \mathrm{erweitern}(\mathbf{x}, \mathbf{y}, \mathbf{z})$ Die Vektoren **x**, **y** und **z** werden zu einer Matrix zusammengefasst.

$\alpha :=$ [Slider]

Slider oder Schieberegler
(Minimum 0, Maximum 6, Teilstrichfähigkeit 1)

$\alpha := \alpha$ $\alpha = 229.183 \cdot \mathrm{Grad}$

$$\mathbf{D_z}(\alpha) := \begin{pmatrix} \cos(\alpha) & -\sin(\alpha) & 0 \\ \sin(\alpha) & \cos(\alpha) & 0 \\ 0 & 0 & 1 \end{pmatrix}$$

Matrix zur Drehung um den Winkel α um die z-Achse
(für $\alpha = 0$ ergibt sich eine identische Abbildung)

$\mathbf{P_D} := \mathbf{D_z}(\alpha) \cdot \mathbf{P}^T$ Transformationsgleichung

$\mathbf{x_1} := \left(\mathbf{P_D}^T\right)^{\langle 1 \rangle}$ $\mathbf{y_1} := \left(\mathbf{P_D}^T\right)^{\langle 2 \rangle}$ $\mathbf{z_1} := \left(\mathbf{P_D}^T\right)^{\langle 3 \rangle}$

Die gespiegelten x- , y- und z-Koordinaten der Gitterpunkte werden spaltenweise selektiert.

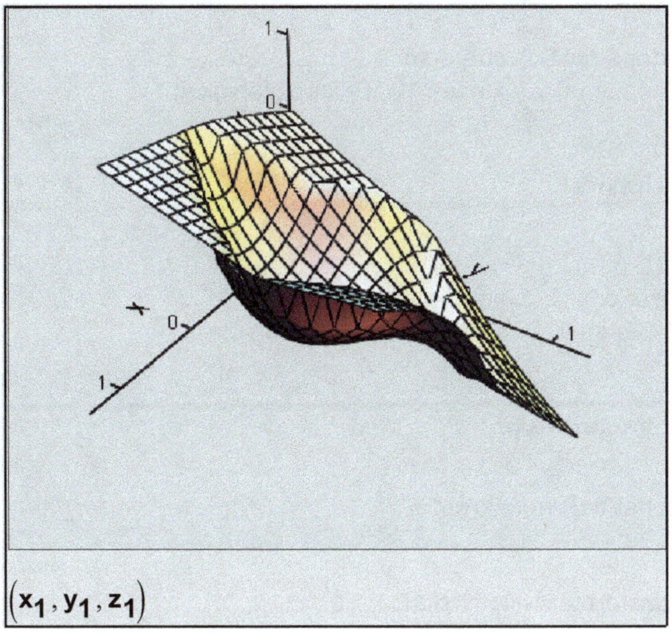

Diagrammformat:
Diagramm 1:
Allgemein: Flächendiagramm
Rahmen anzeigen
Darstellung: Fläche füllen, Drahtmodell

Abb. 3.5.32

$$\mathbf{D_x}(\beta) := \begin{pmatrix} 1 & 0 & 0 \\ 0 & \cos(\beta) & -\sin(\beta) \\ 0 & \sin(\beta) & \cos(\beta) \end{pmatrix}$$

Matrix zur Drehung um den Winkel β um die x-Achse (für β = 0 ergibt sich eine identische Abbildung)

$$\mathbf{D_y}(\gamma) := \begin{pmatrix} \cos(\gamma) & 0 & \sin(\gamma) \\ 0 & 1 & 0 \\ -\sin(\gamma) & 0 & \cos(\gamma) \end{pmatrix}$$

Matrix zur Drehung um den Winkel γ um die y-Achse (für γ = 0 ergibt sich eine identische Abbildung)

Beispiel 3.5.24:

Ein Dreieck soll um einen Faktor a gestreckt und anschließend gedreht werden.

ORIGIN := 1 ORIGIN festlegen

$$\mathbf{a} := \begin{pmatrix} -4 \\ 0 \end{pmatrix} \quad \mathbf{b} := \begin{pmatrix} 4 \\ 0 \end{pmatrix} \quad \mathbf{c} := \begin{pmatrix} 0 \\ 3 \end{pmatrix}$$

Vektoren zu den Eckpunkten des Dreiecks

$$\mathbf{P} := \text{erweitern}(\mathbf{a}, \mathbf{b}, \mathbf{c}, \mathbf{a}) \qquad \mathbf{P} = \begin{pmatrix} -4 & 4 & 0 & -4 \\ 0 & 0 & 3 & 0 \end{pmatrix}$$

Die drei Vektoren mit den Koordinanten der Eckpunkte werden in einer Matrix zusammengefasst. Der letzte Vektor muss wieder der erste sein, damit der Linienzug geschlossen gezeichnet werden kann.

$$\mathbf{x} := \left(\mathbf{P}^T\right)^{\langle 1 \rangle} \quad \mathbf{y} := \left(\mathbf{P}^T\right)^{\langle 2 \rangle} \quad \mathbf{x} = \begin{pmatrix} -4 \\ 4 \\ 0 \\ -4 \end{pmatrix} \quad \mathbf{y} = \begin{pmatrix} 0 \\ 0 \\ 3 \\ 0 \end{pmatrix}$$

x- und y-Koordinaten der Eckpunkte werden in einem Vektor zusammengefasst.

$$\mathbf{D}(\varphi) := \begin{pmatrix} \cos(\varphi) & -\sin(\varphi) \\ \sin(\varphi) & \cos(\varphi) \end{pmatrix}$$

Matrix zur Drehung um den Winkel φ

$$\mathbf{S_{xy}}(a) := \begin{pmatrix} a & 0 \\ 0 & a \end{pmatrix}$$

Matrix zur Streckung in x- und y-Richtung um den Faktor a

$\phi :=$

Slider oder Schieberegler (Minimum 0, Maximum 10, Teilstrichfähigkeit 1)

$\varphi := \varphi$ $\qquad \varphi = 200.535 \cdot \text{Grad}$ $\qquad$ Drehwinkel

$a :=$

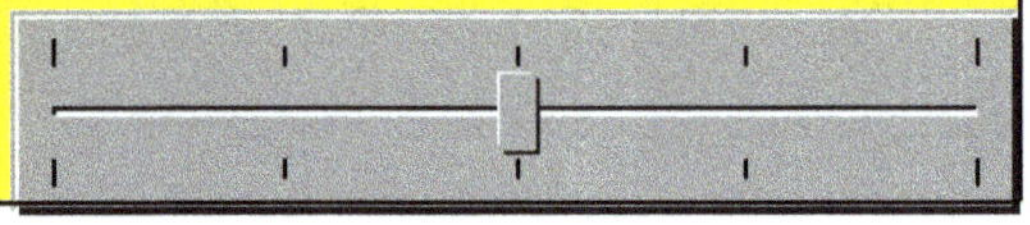

Slider oder Schieberegler (Minimum 1, Maximum 5, Teilstrichfähigkeit 1)

$a := \frac{a}{2}$ $\qquad a = 1.5$ $\qquad$ Streckungsfaktor

$\mathbf{DS}(\varphi, a) := \mathbf{D}(\varphi) \cdot \mathbf{S_{xy}}(a)$ $\qquad$ Drehstreckungsmatrix

$\mathbf{P_{DS}} := \mathbf{DS}(\varphi, a) \cdot \mathbf{P}$ $\qquad$ Transformationsgleichung

$\mathbf{x_1} := \left(\mathbf{P_{DS}}^T\right)^{\langle 1 \rangle}$ $\qquad \mathbf{y_1} := \left(\mathbf{P_{DS}}^T\right)^{\langle 2 \rangle}$ $\qquad$ Die gespiegelten x- und y-Koordinaten werden spaltenweise selektiert.

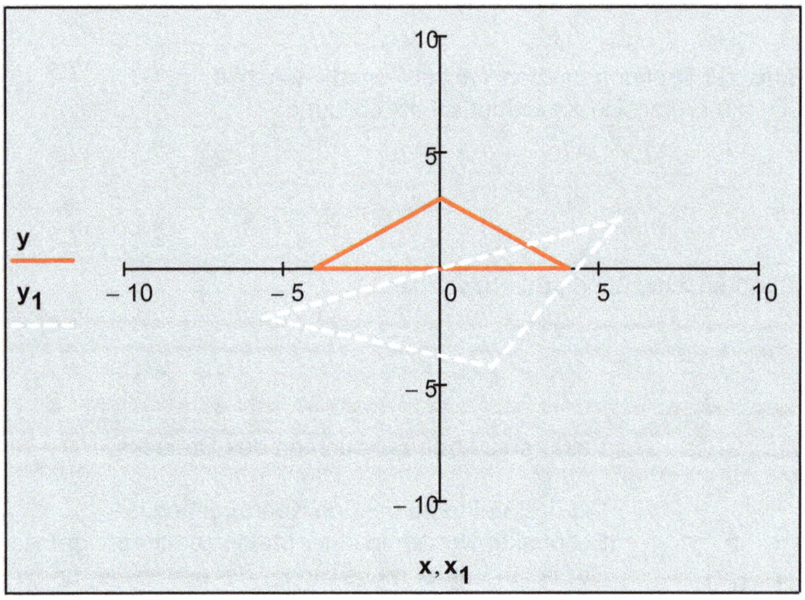

Abb. 3.5.33

Beispiel 3.5.25:

Mittels verschiedener hintereinander ausgeführter Abbildungen soll die Parameterdarstellung einer Spiralfeder ermittelt und die Spiralfeder schließlich grafisch dargestellt werden.

$$\mathbf{a}(r_3) := \begin{pmatrix} 0 \\ 0 \\ r_3 \end{pmatrix}$$ gegebener Ausgangsvektor

1. Transformation: Rotation des Ausgangsvektors um die y-Achse.

$$\mathbf{D_y}(v) := \begin{pmatrix} \cos(v) & 0 & \sin(v) \\ 0 & 1 & 0 \\ -\sin(v) & 0 & \cos(v) \end{pmatrix}$$

Drehmatrix um die y-Achse

$$\mathbf{D_y}(v) \cdot \mathbf{a}(r_3) \rightarrow \begin{pmatrix} r_3 \cdot \sin(v) \\ 0 \\ r_3 \cdot \cos(v) \end{pmatrix}$$

Drehung des Ausgangsvektors um die y-Achse

2. Transformation: Verschiebung um r_2 in x-Richtung.

$$\mathbf{d_1}(r_2) := \begin{pmatrix} r_2 \\ 0 \\ 0 \end{pmatrix}$$

Verschiebungsvektor in x-Richtung

$$\mathbf{D_y}(v) \cdot \mathbf{a}(r_3) + \mathbf{d_1}(r_2) \rightarrow \begin{pmatrix} r_2 + r_3 \cdot \sin(v) \\ 0 \\ r_3 \cdot \cos(v) \end{pmatrix}$$

Der gedrehte Ausgangsvektor wird in x-Richtung verschoben.

3.Transformation: Rotation um die z-Achse (ergibt einen Torus der parallel zur xy-Ebene liegt).

$$\mathbf{D_z}(u) := \begin{pmatrix} \cos(u) & -\sin(u) & 0 \\ \sin(u) & \cos(u) & 0 \\ 0 & 0 & 1 \end{pmatrix}$$

Rotationsmatrix um die z-Achse

$$\mathbf{D_z}(u) \cdot \left(\mathbf{D_y}(v) \cdot \mathbf{a}(r_3) + \mathbf{d_1}(r_2)\right) \rightarrow \begin{bmatrix} \cos(u) \cdot (r_2 + r_3 \cdot \sin(v)) \\ \sin(u) \cdot (r_2 + r_3 \cdot \sin(v)) \\ r_3 \cdot \cos(v) \end{bmatrix}$$

Der unter 2. entstandene Vektor wird um die z-Achse gedreht.

4. Transformation: Verschiebung um r_1 in x-Richtung.

$$\mathbf{d_2}(r_1) := \begin{pmatrix} r_1 \\ 0 \\ 0 \end{pmatrix}$$

Verschiebungsvektor in x-Richtung

$$\mathbf{D_z}(u) \cdot \left(\mathbf{D_y}(v) \cdot \mathbf{a}(r_3) + \mathbf{d_1}(r_2)\right) + \mathbf{d_2}(r_1) \rightarrow \begin{bmatrix} r_1 + \cos(u) \cdot (r_2 + r_3 \cdot \sin(v)) \\ \sin(u) \cdot (r_2 + r_3 \cdot \sin(v)) \\ r_3 \cdot \cos(v) \end{bmatrix}$$

Der unter 3. entstandene Vektor wird in x-Richtung verschoben.

5. Transformation: Rotation um die y-Achse.

$$\mathbf{D_{y1}}(u,p) := \begin{pmatrix} \cos\left(\frac{u}{p}\right) & 0 & -\sin\left(\frac{u}{p}\right) \\ 0 & 1 & 0 \\ \sin\left(\frac{u}{p}\right) & 0 & \cos\left(\frac{u}{p}\right) \end{pmatrix}$$

Drehmatrix um die y-Achse

$$\mathbf{D_{y1}}(u,p) \cdot \left[\mathbf{D_z}(u) \cdot \left(\mathbf{D_y}(v) \cdot \mathbf{a}(r_3) + \mathbf{d_1}(r_2)\right) + \mathbf{d_2}(r_1)\right]$$

$$\begin{pmatrix} \cos\left(\frac{u}{p}\right) & 0 & -\sin\left(\frac{u}{p}\right) \\ 0 & 1 & 0 \\ \sin\left(\frac{u}{p}\right) & 0 & \cos\left(\frac{u}{p}\right) \end{pmatrix} \cdot \begin{bmatrix} \cos(u) \cdot \left(\sin(v) \cdot r_3 + r_2\right) + r_1 \\ \sin(u) \cdot \left(\sin(v) \cdot r_3 + r_2\right) \\ \cos(v) \cdot r_3 \end{bmatrix}$$

Der unter 4. entstandene Vektor wird um die y-Achse gedreht.

ergibt

$$\begin{bmatrix} \cos\left(\frac{u}{p}\right) \cdot \left[r_1 + \cos(u) \cdot \left(r_2 + r_3 \cdot \sin(v)\right)\right] - r_3 \cdot \sin\left(\frac{u}{p}\right) \cdot \cos(v) \\ \sin(u) \cdot \left(r_2 + r_3 \cdot \sin(v)\right) \\ \sin\left(\frac{u}{p}\right) \cdot \left[r_1 + \cos(u) \cdot \left(r_2 + r_3 \cdot \sin(v)\right)\right] + r_3 \cdot \cos\left(\frac{u}{p}\right) \cdot \cos(v) \end{bmatrix}$$

In diesem Vektor stehen die Parametergleichungen für die gesuchte Fläche.

$p := 10$ Teilungsfaktor

$r_1 := 10$ $r_2 := 3$ $r_3 := 2$ gegebene Radien

$$x(u,v) := \cos\left(\frac{u}{p}\right) \cdot \left[r_1 + \cos(u) \cdot \left(r_2 + r_3 \cdot \sin(v)\right)\right] - r_3 \cdot \sin\left(\frac{u}{p}\right) \cdot \cos(v)$$

$$y(u,v) := \sin(u) \cdot \left(r_2 + r_3 \cdot \sin(v)\right)$$

Parametergleichungen

$$z(u,v) := \sin\left(\frac{u}{p}\right) \cdot \left[r_1 + \cos(u) \cdot \left(r_2 + r_3 \cdot \sin(v)\right)\right] + r_3 \cdot \cos\left(\frac{u}{p}\right) \cdot \cos(v)$$

$ORIGIN := 1$ ORIGIN festlegen

$m_1 := 400$ $n_1 := 25$

$i := 1 .. m_1$ $k := 1 .. n_1$ Bereichsvariable

$\mathbf{u}_i := \frac{i}{m_1} \cdot 2 \cdot p \cdot \pi$ $\mathbf{v}_k := \frac{k}{n_1} \cdot 2 \cdot \pi$ Parameter u und v als Vektoren

$X1_{i,k} := x(u_i, v_k)$ $Y1_{i,k} := y(u_i, v_k)$ $Z1_{i,k} := z(u_i, v_k)$ Matrizen der x-, y- und z-Werte

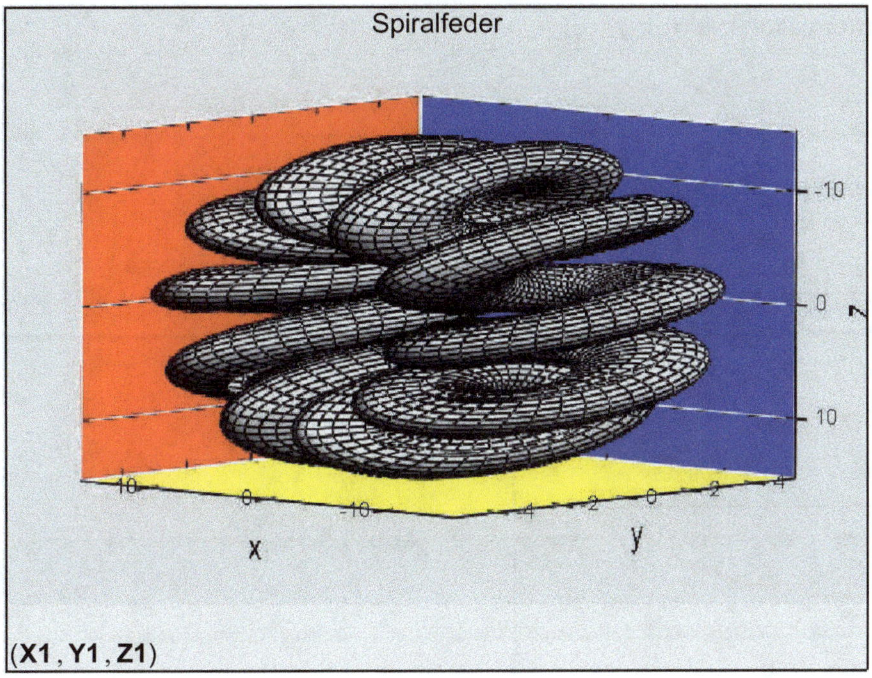

Diagrammformat:
Diagramm 1:
Allgemein: Flächendiagramm
Achsenformat rundum
Darstellung: Fläche füllen, Drahtmodell
Achsen: Teilstriche, automatische Gitterwerte, Achsenformat nummeriert, Beschriftung
XY-Hintergrundebene: Hintergrundebene füllen, Rahmen für Hintergrundebene

Abb. 3.5.34

Beispiel 3.5.26:

Eine gegebene Ellipse soll um 120 Grad gegen den Uhrzeigersinn gedreht werden:

$4 \cdot y^2 + x^2 = 4$ bzw. $\frac{x^2}{4} + \frac{y^2}{1} = 1$ implizite Ellipsengleichung

$f(x) := \frac{\sqrt{4 - x^2}}{2}$ explizite Ellipsengleichung (positiver Anteil im 1. und 2. Quadranten)

$ORIGIN := 1$ ORIGIN festlegen

$i := 1..101$ Bereichsvariable

$x1_i := -2 + \frac{i-1}{25}$ Vektor der x-Werte von -2 bis +2

$\mathbf{x} := \text{erweitern}\left(\mathbf{x1}^T, \text{umkehren}(\mathbf{x1})^T\right)^T$ Vektor der x-Werte (für alle 4 Quadranten)

$\mathbf{y} := \text{erweitern}\left(\overrightarrow{f(\mathbf{x1})}^T, \text{umkehren}\left(\overrightarrow{-f(\mathbf{x1})}\right)^T\right)^T$ Vektor der y-Werte (für alle 4 Quadranten)

$\varphi := \frac{2 \cdot \pi}{3}$ Drehwinkel

$\mathbf{D}(\varphi) := \begin{pmatrix} \cos(\varphi) & -\sin(\varphi) \\ \sin(\varphi) & \cos(\varphi) \end{pmatrix}$ Drehmatrix

$\mathbf{P} := \text{erweitern}(\mathbf{x}, \mathbf{y})^T$ Matrix der Datenpunkte der gegebenen Ellipse

$\mathbf{P_1} := \mathbf{D}(\varphi) \cdot \mathbf{P}$ Transformationsgleichung

$\mathbf{x_1} := \left(\mathbf{P_1}^T\right)^{\langle 1 \rangle}$

$\mathbf{y_1} := \left(\mathbf{P_1}^T\right)^{\langle 2 \rangle}$ Extrahierung der Daten für die gedrehte Ellipse

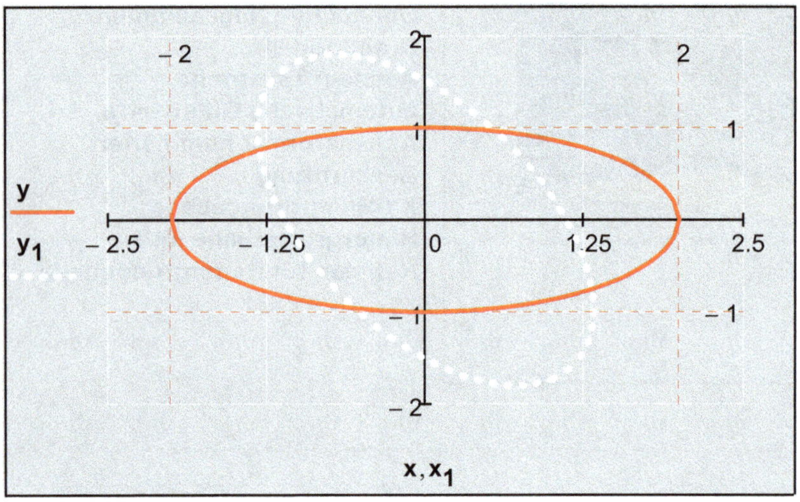

Abb. 3.5.35

__Beispiel 3.5.27:__

Eine Ellipse in Mittelpunktslage wurde um den Ursprung des Koordinatensystems gedreht. Bestimmen Sie die Drehmatrix und die Ellipse in Hauptachsenlage.

$2.92 \cdot x^2 - 2.88 \cdot x \cdot y + 2.08 \cdot y^2 = 16$ Ellipsengleichung (Kegelschnittgleichung) der gedrehten Ellipse

Die Ellipsengleichung kann auch in Matrixform geschrieben werden:

$\mathbf{x_1}^T \cdot \mathbf{A} \cdot \mathbf{x_1} = 16$ mit $\mathbf{x_1} = (x \;\; y)^T$ und der symmetrischen Matrix $\mathbf{A} := \begin{pmatrix} 2.92 & -1.44 \\ -1.44 & 2.08 \end{pmatrix}$

$x := x \qquad y := y$ Redefinitionen

$(x \;\; y) \cdot \begin{pmatrix} 2.92 & -1.44 \\ -1.44 & 2.08 \end{pmatrix} \cdot \begin{pmatrix} x \\ y \end{pmatrix} = 16 \;\Big|\; \begin{matrix}\text{vereinfachen} \\ \text{Gleitkommazahl}, 3\end{matrix} \rightarrow 2.92 \cdot x^2 + 2.08 \cdot y^2 + -2.88 \cdot x \cdot y = 16$

ORIGIN := 1 ORIGIN festlegen

$\lambda := \text{eigenwerte}(\mathbf{A})$ Eigenwerte der Matrix **A**

$\lambda = \begin{pmatrix} 4 \\ 1 \end{pmatrix}$ $\lambda_1 = 4$ $\lambda_2 = 1$

$\mathbf{D}^{\langle 1 \rangle} := \text{eigenvek}(\mathbf{A}, \lambda_1)$ $\mathbf{D}^{\langle 2 \rangle} := \text{eigenvek}(\mathbf{A}, \lambda_2)$ Spaltenvektoren der Drehmatrix

$\mathbf{D}^{\langle 1 \rangle} = \begin{pmatrix} -0.8 \\ 0.6 \end{pmatrix}$ $\mathbf{D}^{\langle 2 \rangle} = \begin{pmatrix} 0.6 \\ 0.8 \end{pmatrix}$ normierte Eigenvektoren:

Es gilt die Transformationsgleichung: $\mathbf{x_1} = \mathbf{x_{alt}} = \mathbf{D}\,\mathbf{x_{neu}}$

$\mathbf{D} = \begin{pmatrix} -0.8 & 0.6 \\ 0.6 & 0.8 \end{pmatrix}$ symmetrische Drehmatrix

$|\mathbf{D}| = -1$ die Matrix **D** ist regulär

$\mathbf{D}^{\langle 1 \rangle} \cdot \mathbf{D}^{\langle 2 \rangle} = 0$ Die Spalten- und Zeilen-Vektoren stehen aufeinander senkrecht.

Die Matrix D ist orthogonal!

$\mathbf{D}^{-1} = \begin{pmatrix} -0.8 & 0.6 \\ 0.6 & 0.8 \end{pmatrix}$ = $\mathbf{D}^T = \begin{pmatrix} -0.8 & 0.6 \\ 0.6 & 0.8 \end{pmatrix}$

Aus der Transformation: $\mathbf{x_{alt}} = \mathbf{D}\,\mathbf{x_{neu}}$ folgt durch Transponieren $\mathbf{x_{alt}}^T = \mathbf{x_{neu}}^T\,\mathbf{D}^T$. Damit erhalten wir aus der Matrixgleichung für die gedrehte Ellipse:

$\mathbf{x_1}^T \cdot \mathbf{A} \cdot \mathbf{x_1} = 16 \quad \Rightarrow \quad \mathbf{x_{neu}}^T \cdot \mathbf{D}^T \cdot \mathbf{A} \cdot \mathbf{D} \cdot \mathbf{x_{neu}} = 16 \quad \Rightarrow \quad \mathbf{x_{neu}}^T \cdot \mathbf{D_{neu}} \cdot \mathbf{x_{neu}} = 16$

$\mathbf{D_{neu}} := \mathbf{D}^T \cdot \mathbf{A} \cdot \mathbf{D}$ $\mathbf{D_{neu}} = \begin{pmatrix} 4 & 0 \\ 0 & 1 \end{pmatrix}$ gesuchte Drehmatrix

$\begin{pmatrix} x \\ y \end{pmatrix}^T \cdot \begin{pmatrix} 4 & 0 \\ 0 & 1 \end{pmatrix} \cdot \begin{pmatrix} x \\ y \end{pmatrix} = 16 \rightarrow 4 \cdot x^2 + y^2 = 16$ gesuchte Ellipsengleichung

Dividieren wir die Gleichung durch 16, so erhalten wir die Normalform der Ellipsengleichung:

$\frac{x^2}{4} + \frac{y^2}{16} = 1$ bzw. $\frac{x^2}{a^2} + \frac{y^2}{b^2} = 1$ Ellipse mit den Halbachsen a = 2 und b = 4

$a := 2$ $b := 4$ Haupt- und Nebenachsenabschnitt

$t := 0, 0.02 .. 2 \cdot \pi$ Bereichsvariable

$x(t) := a \cdot \cos(t)$

$y(t) := b \cdot \sin(t)$

Parameterdarstellung der gesuchten Ellipse

$x_1(t) := -0.8 \cdot x(t) + 0.6 \cdot y(t)$

$y_1(t) := 0.6 \cdot x(t) + 0.8 \cdot y(t)$

Parameterdarstellung der ursprünglich transformierten Ellipse

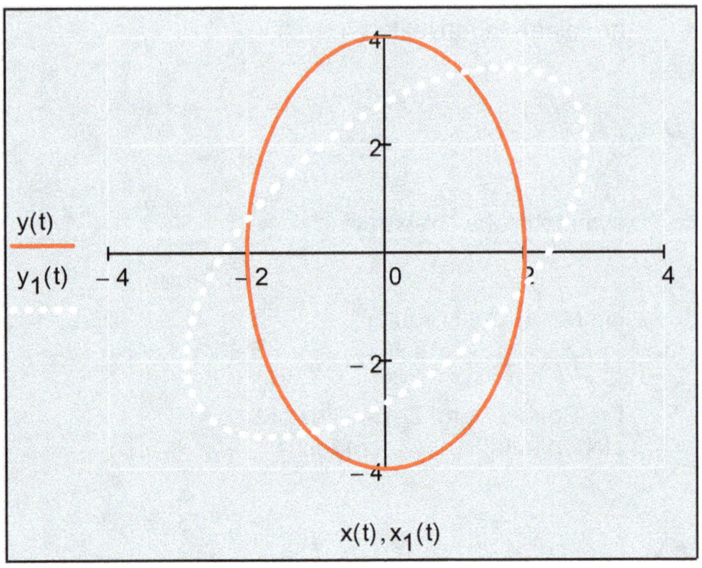

Abb. 3.5.36

3.5.4 Anwendungen in der linearen Optimierung

Unter einem Optimierungsproblem verstehen wir ein Problem, bei dem das Minimum oder Maximum einer Funktion, der sogenannten Zielfunktion, bestimmt werden muss. Im Gegensatz zur nichtlinearen Optimierung ist bei der linearen Optimierung die Zielfunktion eine lineare Funktion.

Typischerweise hängt die Zielfunktion von mehreren unabhängigen Variablen ab, die auch noch einige einschränkende Bedingungen, die Nebenbedingungen oder Restriktionen, erfüllen müssen. Bei der linearen Optimierung sind auch diese Nebenbedingungen als lineare Gleichungen oder Ungleichungen formuliert. Wegen der Linearität können wir sowohl die Zielfunktion als auch die Restriktionen in Vektor- bzw. Matrixform umschreiben und die optimale Lösung mit den Methoden der Matrizenrechnung bestimmen.
Falls die Zielfunktion von $n \leq 2$ Veränderlichen abhängt, kann das Problem auch grafisch gelöst werden (in speziellen Fällen auch bei $n > 2$).

Der erste und vielleicht der wichtigste Schritt ist die Modellbildung: die Aufgabenstellung aus der Alltagssprache in die Sprache der Mathematik zu übersetzen, d. h. die zu optimierende Funktion und die den Nebenbedingungen entsprechenden linearen Gleichungen und Ungleichungen aufzustellen.
Wichtig dabei ist die korrekte Fixierung und formale Beschreibung der Variablen x_k mit Angabe der Maßeinheiten! Als solche kommen nur Größen in Betracht, auf die wir direkten Einfluss haben, also z. B. Produktionsmengen in Produktionsplanungsproblemen, zu mischende Mengen in Mischungsproblemen, zu zerschneidende Stangen oder Platten in Zuschnittproblemen usw.
Die Menge der Alternativen mithilfe von Ungleichungen und Gleichungen beschreibt den zulässigen Bereich. Zu beachten ist dabei das Relationszeichen:
a) " = ": vollständige Ausnutzung gegebener Ressourcen
b) " ≤ ": gegebene Ressourcen sind nicht zu überschreiten
(c) " ≥ ": Sicherung gewisser Mindestgrößen, wie z. B. Mindestumsatz, untere Schranke für die Warenproduktion zur Sicherung einer effizienten Produktion usw.
Die Variablen unterliegen oftmals noch den Nichtnegativitätsbedingungen:
Diese dürfen nicht vergessen werden und ergeben sich zumeist aus Vorzeichenbeschränkungen für ökonomische Größen.

Die Aufgabe der linearen Optimierung kann folgendermaßen formuliert werden:

Die Zielfunktion f

$$f(x_1, x_2, ..., x_n) = \sum_{k=1}^{n} (c_j \cdot x_j) \qquad (3\text{-}175)$$

soll unter den Restriktionen (Nebenbedingungen)

$$\sum_{k=1}^{n} (a_{i,k} \cdot x_k) = b_i \text{ bzw. } \sum_{k=1}^{n} (a_{i,k} \cdot x_k) \le b_i \text{ bzw. } \sum_{k=1}^{n} (a_{i,k} \cdot x_k) \ge b_i \qquad (3\text{-}176)$$

für alle i = 1, 2, ..., m und unter den Nichtnegativitätsbedingungen

$$x_k \ge 0 \qquad (3\text{-}177)$$

für alle k = 1, 2, ..., r (r < n) ein Minimum oder Maximum werden.

Unter Verwendung der Matrizenrechnung schreiben wir die lineare Optimierungsaufgabe mithilfe des Zielfunktionsvektors c, der Koeffizientenmatrix A und dem Vektor b in folgender Form:

$$f(x_1, x_2, ..., x_n) = \mathbf{c}^T \cdot \mathbf{x} \longrightarrow \text{Minimum oder Maximum} \qquad (3\text{-}178)$$

$$\mathbf{A} \cdot \mathbf{x} = \mathbf{b} \text{ bzw. } \mathbf{A} \cdot \mathbf{x} \le \mathbf{b} \text{ bzw. } \mathbf{A} \cdot \mathbf{x} \ge \mathbf{b} \qquad (3\text{-}179)$$

$$x_k \ge 0 \text{ für alle } k = 1, 2, ..., r \qquad (3\text{-}180)$$

Beispiel 3.5.28:

Lösen Sie die folgende lineare Optimierungsaufgabe grafisch.

$f(x_1, x_2) = 5 \cdot x_1 + 8 \cdot x_2$ Die Zielfunktion soll ein Maximum werden.

$5 \cdot x_1 + 2 \cdot x_2 \le 24$

$x_1 + 5 \cdot x_2 \le 24$ Nebenbedingungen

$x_1 + x_2 \le 6$

$x_1 \ge 0$

$x_2 \ge 0$ Nichtnegativitätsbedingungen

Lösungsschritte:

1. Menge der zulässigen Lösungen im Koordinatensystem einzeichnen:
   Zunächst werden die den zulässigen Bereich begrenzenden Geraden der Reihe nach eingezeichnet.
   a) Einzeichnen einer Geraden. Diese teilt die Ebene in zwei Halbebenen. Der zulässige Bereich liegt in genau einem dieser Halbräume.
   b) Bestimmung des richtigen Halbraumes durch Einsetzen eines Punktes, der nicht auf der Geraden liegt, in die betrachtete Ungleichung. Erfüllt er diese, so liegt er im richtigen Halbraum, sonst im falschen. Markieren des richtigen Halbraumes.

Der zulässige Bereich ergibt sich als Durchschnitt aller so markierten Halbräume. Wenn der zulässige Bereich leer ist, dann ist die lineare Optimierungsaufgabe nicht lösbar. Ansonsten ist der zulässige Bereich zu schraffieren.

2. Optimierung:
Es wird eine Niveaulinie $c_1 x_1 + c_2 x_2 = d$ der Zielfunktion eingezeichnet. Dabei kann eine beliebige Zahl $d > 0$ verwendet werden, da d den Anstieg der Geraden nicht ändert, sondern lediglich die Lage durch Verschiebung bestimmt („Niveau"). Die Niveaulinie muss durch Parallelverschiebung über dem zulässigen Bereich so weit wie möglich in Optimierungsrichtung verschoben werden. Wenn diese Verschiebung bis in das Unendliche möglich ist, so ist die lineare Optimierungsaufgabe nicht lösbar. Ansonsten ergibt sich dabei die Niveaulinie $c_1 x_1 + c_2 x_2 = f_{0p}$: Dabei ist f_{0p} der optimale Zielfunktionswert. Jeder zulässige Punkt auf dieser Niveaulinie ist die optimale Lösung der lineare Optimierungsaufgabe.

3. Berechnung der optimalen Lösung(en): Hier sind zwei Fälle möglich:
a) Die optimale Lösung ist eindeutig. Dann gibt es zwei den zulässigen Bereich begrenzende Geraden, deren Schnittpunkt die optimale Lösung ist. Zur Berechnung der optimalen Lösung ist das durch diese beiden Geraden bestimmte lineare Gleichungssystem zu lösen.
b) Es gibt unendlich viele optimale Lösungen. Dann gibt es auch (mindestens) einen Schnittpunkt von zwei Geraden, der einer optimalen Lösung entspricht. Dieser Schnittpunkt wird berechnet. Wird die Menge optimaler Lösungen durch zwei solcher Schnittpunkte begrenzt, so ist sie gleich der Menge aller konvexen Linearkombinationen dieser zwei Schnittpunkte.
Wenn das nicht der Fall ist, so kann die Menge aller optimaler Lösungen mithilfe der Punkt-Richtungsform für die Gerade, auf der die optimalen Lösungen liegen, angegeben werden. Der dabei verwendete Parameter muss im Vorzeichen beschränkt werden.

Folgende Lösungsfälle sind möglich:
a) Das Vorhandensein einer eindeutigen optimalen Lösung.
b) Unendlich viele optimale Lösungen.
c) Die Lineare Optimierungsaufgabe ist nicht lösbar (der zulässige Bereich ist leer).

$$\frac{x_1}{\frac{24}{5}} + 2 \cdot \frac{x_2}{\frac{24}{2}} \le 1 \qquad \mathbf{x_1} := \begin{pmatrix} \frac{24}{5} \\ 0 \end{pmatrix} \qquad \mathbf{y_1} := \begin{pmatrix} 0 \\ \frac{24}{2} \end{pmatrix}$$

Schnittpunkte der Geraden mit der x_1- und x_2-Achse

$$\frac{x_1}{24} + \frac{x_2}{\frac{24}{5}} \le 1 \qquad \mathbf{x_2} := \begin{pmatrix} 24 \\ 0 \end{pmatrix} \qquad \mathbf{y_2} := \begin{pmatrix} 0 \\ \frac{24}{5} \end{pmatrix}$$

Schnittpunkte der Geraden mit der x_1- und x_2-Achse

$$\frac{x_1}{6} + \frac{x_2}{6} \le 1 \qquad \mathbf{x_3} := \begin{pmatrix} 6 \\ 0 \end{pmatrix} \qquad \mathbf{y_3} := \begin{pmatrix} 0 \\ 6 \end{pmatrix}$$

Schnittpunkte der Geraden mit der x_1- und x_2-Achse

$$5 \cdot x_1 + 8 \cdot x_2 = 100$$

gewählte Niveaulinie

$$\frac{x_1}{\frac{100}{5}} + \frac{x_2}{\frac{100}{8}} = 1 \qquad \mathbf{x} := \begin{pmatrix} \frac{100}{5} \\ 0 \end{pmatrix} \qquad \mathbf{y} := \begin{pmatrix} 0 \\ \frac{100}{8} \end{pmatrix}$$

Schnittpunkte mit der x_1- und x_2-Achse (Niveaulinie)

$$\frac{x_1}{\frac{43.5}{5}} + \frac{x_2}{\frac{43.5}{8}} = 1 \qquad \mathbf{x_p} := \begin{pmatrix} \frac{43.5}{5} \\ 0 \end{pmatrix} \qquad \mathbf{y_p} := \begin{pmatrix} 0 \\ \frac{43.5}{8} \end{pmatrix}$$

Schnittpunkte mit der x_1- und x_2-Achse (Parallele zur Niveaulinie)

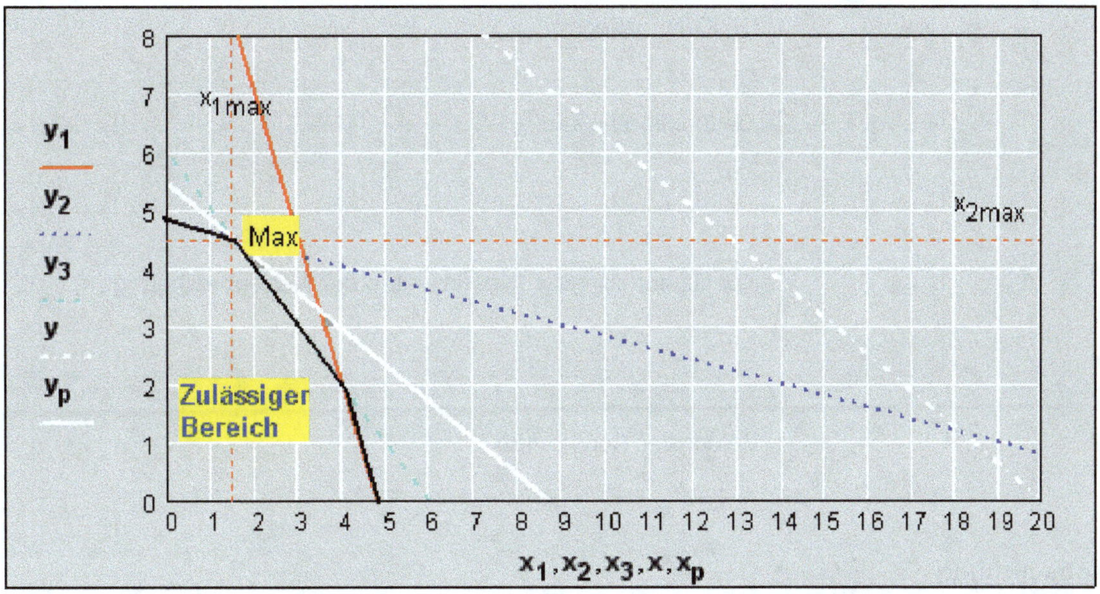

Abb. 3.5.37

$x_{1max} \equiv 1.5$ $\quad x_{2max} \equiv 4.5$ optimale Lösung (globale Zuweisung!)

$f(x_1, x_2) := (5 \cdot x_1 + 8 \cdot x_2)$

$f(x_{1max}, x_{2max}) = 43.5$ optimale Lösung der Zielfunktion

Beispiel 3.5.29:

In einem Betrieb werden zur Erzeugung der Produkte P_1 und P_2 die Maschinen A, B und C eingesetzt. Die für die Fertigstellung nötigen Maschinenzeiten sowie die höchstmögliche wöchentliche Ausnützung sind in nachfolgender Tabelle ersichtlich:

Maschine	Zeit in Stunden für ein kg von P_1	P_2	Größtmögliche Nutzung in Stunden
A	4	8	80
B	10	4	100
C	8	1	64

Produkt P_1 liefert als Gewinn b = 380 Euro pro kg, Produkt P_2 a = 200 Euro pro kg. Welche Menge jedes Produktes soll erzeugt werden, damit der größtmögliche Gewinn erzielt wird?

x ... pro Woche erzeugte Menge P_1 in kg
y ... pro Woche erzeugte Menge P_2 in kg

$f(x, y) = a \cdot x + b \cdot y$ Die angenommene Zielfunktion soll ein Maximum werden!

$a := 380$ $\quad b := 200$ Koeffizienten der Zielfunktion

$4 \cdot x + 8 \cdot y \le 80$

$10 \cdot x + 4 \cdot y \le 100$ Nebenbedingungen

$8 \cdot x + y \le 64$

$x \ge 0 \quad y \ge 0$ Nichtnegativitätsbedingungen

$ORIGIN := 1$ ORIGIN festlegen

$\mathbf{c} := \begin{pmatrix} a \\ b \end{pmatrix}$ Zielfunktionsvektor

$\mathbf{A} := \begin{pmatrix} 4 & 8 \\ 10 & 4 \\ 8 & 1 \end{pmatrix}$ Koeffizientenmatrix (Koeffizienten der Nebenbedingungen)

$\mathbf{b} := \begin{pmatrix} 80 \\ 100 \\ 64 \end{pmatrix}$ Vektor der Konstanten

Grafische Veranschaulichung

Die zu erfüllenden linearen Ungleichungen in den Variablen x und y teilen die x-y-Ebene jeweils in eine erlaubte und eine unerlaubte Halbebene auf. Die Durchschnittsmenge der erlaubten Halbebenen ergibt ein konvexes Polyeder und stellt den Lösungsbereich für alle Ungleichungen dar. Die Zielfunktion z(x,y) ist ebenfalls eine lineare Funktion in den gesuchten Größen x und y. Kurven mit z = konstant stellen deshalb Geraden in der x-y-Ebene dar. Diese Geradenschar besteht aus lauter parallelen Geraden mit unterschiedlichen z-Werten. Das konvexe Polyeder wird von zwei dieser Geraden berührt. Eine dieser Berührungsgeraden ist die gesuchte optimale Lösung mit maximalem z-Wert.

$f_z(x,z) := \frac{z - a \cdot x}{b}$ Die Gerade für z = konstant in der x-y-Ebene.

$y_1(x) := \frac{\mathbf{b}_1 - \mathbf{A}_{1,1} \cdot x}{\mathbf{A}_{1,2}}$

$y_2(x) := \frac{\mathbf{b}_2 - \mathbf{A}_{2,1} \cdot x}{\mathbf{A}_{2,2}}$

$y_3(x) := \frac{\mathbf{b}_3 - \mathbf{A}_{3,1} \cdot x}{\mathbf{A}_{3,2}}$

Die erlaubten und unerlaubten Halbebenen werden durch eine Trenngerade voneinander getrennt. Diese Trenngeraden erhalten wir durch Umformen der Ungleichungen nach y.

$y_{min}(x) := \min\left(\left(y_1(x) \quad y_2(x) \quad y_3(x)\right)\right)$ ein Teil des konvexen Polyeders

$x_{max} := \max\left(\left(\frac{\mathbf{b}_1}{\mathbf{A}_{1,1}} \quad \frac{\mathbf{b}_2}{\mathbf{A}_{2,1}} \quad \frac{\mathbf{b}_3}{\mathbf{A}_{3,1}}\right)\right)$ Wegen $y \geq 0$ kann für x ein maximaler Wert aus den Ungleichungen bestimmt werden.

$x := 0, \frac{x_{max}}{200} .. x_{max}$ Bereichsvariable

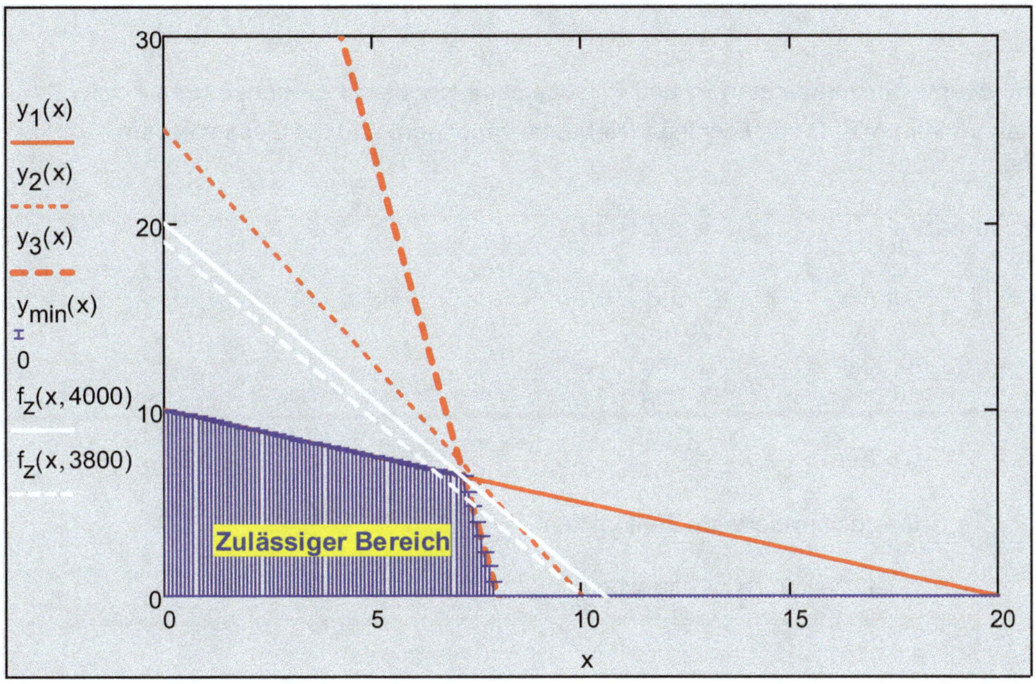

Abb. 3.5.38

Durch Änderung des z-Wertes in der Funktion $f_z(x,z)$ kann näherungsweise grafisch die optimale Lösung (die Gerade berührt das konvexe Polyeder) bestimmt werden.

$f(x,y) := \mathbf{c}^T \cdot \begin{pmatrix} x \\ y \end{pmatrix}$ Die zu optimierende Zielfunktion soll ein Maximum werden.

$x := 7$ $y := 10$ Startwerte (Schätzwerte): Können hier näherungsweise aus dem Diagramm abgelesen werden.

Vorgabe

$\mathbf{A} \cdot \begin{pmatrix} x \\ y \end{pmatrix} \le \mathbf{b}$ Matrixungleichung

$x \ge 0$ $y \ge 0$ Nichtnegativitätsbedingungen

$\begin{pmatrix} x_{max} \\ y_{max} \end{pmatrix} := \text{Maximieren}(f, x, y)$

Klicken wir mit der rechten Maustaste auf Maximieren, so können aus dem sich öffnenden Kontextmenü verschiedene Lösungsalgorithmen eingestellt werden. Außerdem können die Konvergenztoleranz und die Toleranz für Nebenbedingungen mit TOL bzw. CTOL verändert werden (Menü-Extras-Arbeitsblattoptionen).

$\begin{pmatrix} x_{max} \\ y_{max} \end{pmatrix} = \begin{pmatrix} 7.2 \\ 6.4 \end{pmatrix}$ $f(x_{max}, y_{max}) = 4016$ Maximalwert der Zielfunktion

Es sollen also zu den genannten Bedingungen wöchentlich 7.2 kg des Produktes P_1 und 6.4 kg des Produktes P_2 erzeugt werden. Der Gewinn beträgt dabei 4016 Euro.

Beispiel 3.5.30:

Es soll eine Mischung aus zwei Vitaminpräparaten P_1 und P_2 so zusammengestellt werden, dass sie den täglichen Mindestbedarf an Vitamin A, B, D und E enthält (Nebenbedingungen) und die Gesamtkosten (Zielfunktion) minimal sind.

Vitamin	Vitaminpräparat P_1	P_2	Tagesbedarf
A	0.2 mg	0.4 mg	2 mg
C	20 mg	10 mg	100 mg
D	2 mg	4 mg	10 mg
E	0 mg	10 mg	20 mg
Kosten pro g	0.3 Euro	0.6 Euro	

$f(x,y) = a \cdot x + b \cdot y$ die zu minimierende Zielfunktion

$a := 0.3 \qquad b := 0.6$ Koeffizienten der Zielfunktion

$0.2 \cdot x + 0.4 \cdot y \geq 2$

$20 \cdot x + 10 \cdot y \geq 100$

$2 \cdot x + 4 \cdot y \geq 10$ Nebenbedingungen

$0 \cdot x + 10 \cdot y \geq 20$

$x \geq 0 \qquad y \geq 0$ Nichtnegativitätsbedingungen

ORIGIN := 1 ORIGIN festlegen

$\mathbf{c} := \begin{pmatrix} a \\ b \end{pmatrix}$ Zielfunktionsvektor

$\mathbf{A} := \begin{pmatrix} 0.2 & 0.4 \\ 20 & 10 \\ 2 & 4 \\ 0 & 10 \end{pmatrix}$ Koeffizientenmatrix (Koeffizienten der Nebenbedingungen)

$\mathbf{b} := \begin{pmatrix} 2 \\ 100 \\ 10 \\ 20 \end{pmatrix}$ Vektor der Konstanten

$f_z(x,z) := \frac{z - a \cdot x}{b}$ Gerade für z = konstant in der xy-Ebene

$y_1(x) := \frac{\mathbf{b}_1 - \mathbf{A}_{1,1} \cdot x}{\mathbf{A}_{1,2}}$ Trenngerade

$y_2(x) := \frac{\mathbf{b}_2 - \mathbf{A}_{2,1} \cdot x}{\mathbf{A}_{2,2}}$

$y_3(x) := \frac{\mathbf{b}_3 - \mathbf{A}_{3,1} \cdot x}{\mathbf{A}_{3,2}}$

Die erlaubten und unerlaubten Halbebenen werden durch eine Trenngerade voneinander getrennt. Diese Trenngeraden erhalten wir durch Umformen der Ungleichungen nach y.

$y_4(x) := 2$

$y_{max}(x) := \max\left(\left(y_1(x) \;\; y_2(x) \;\; y_3(x) \;\; y_4(x)\right)\right)$ ein Teil des konkaven Polyeders

$x_{max} := \max\left(\left(\frac{\mathbf{b}_1}{\mathbf{A}_{1,1}} \;\; \frac{\mathbf{b}_2}{\mathbf{A}_{2,1}} \;\; \frac{\mathbf{b}_3}{\mathbf{A}_{3,1}}\right)\right)$

Wegen $y \geq 0$ kann für x ein maximaler Wert aus den Ungleichungen bestimmt werden. $\mathbf{A}_{4,1}$ ist hier gleich 0!

$x := 0, \frac{x_{max}}{200} .. x_{max}$ Bereichsvariable

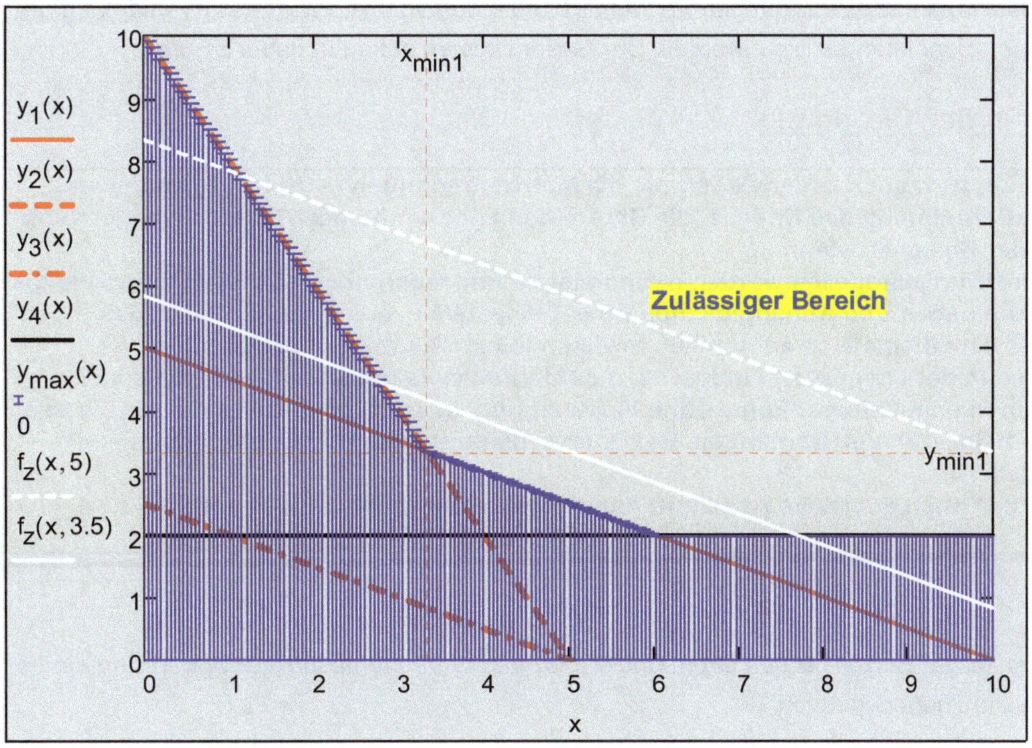

Abb. 3.5.39

Durch Änderung des z-Wertes in der Funktion $f_z(x,z)$ kann näherungsweise grafisch die optimale Lösung (die Gerade berührt das konkave Polyeder) bestimmt werden.

$f(x, y) := \mathbf{c}^T \cdot \begin{pmatrix} x \\ y \end{pmatrix}$ Die zu optimierende Zielfunktion soll ein Minimum werden.

$x := 4 \qquad y := 4$ Startwerte (Schätzwerte): Können hier näherungsweise aus dem Diagramm abgelesen werden.

Vorgabe

$$\mathbf{A} \cdot \begin{pmatrix} x \\ y \end{pmatrix} \geq \mathbf{b}$$ Matrixungleichung

$x \geq 0 \qquad y \geq 0$ Nichtnegativitätsbedingungen

$$\begin{pmatrix} x_{min} \\ y_{min} \end{pmatrix} := \text{Minimieren}(f, x, y)$$

Klicken wir mit der rechten Maustaste auf Minimieren, so können aus dem sich öffnenden Kontextmenü verschiedene Lösungsalgorithmen eingestellt werden. Außerdem können die Konvergenztoleranz und die Toleranz für Nebenbedingungen mit TOL bzw. CTOL verändert werden (Menü-Extras-Arbeitsblattoptionen).

$$\begin{pmatrix} x_{min} \\ y_{min} \end{pmatrix} = \begin{pmatrix} 3.333 \\ 3.333 \end{pmatrix}$$ $f(x_{min}, y_{min}) = 3$ Minimalwert der Zielfunktion

$x_{min1} \equiv 3.333 \qquad y_{min1} \equiv 3.333$ globale Zuweisung

Es sollen also zu den genannten Bedingungen wöchentlich 3.3 g des Vitaminpräparates P_1 und 3.3 g des Vitaminpräparates P_2 zusammengemischt werden. Der Gesamtkosten betragen dabei 3 Euro.

3.5.5 Anwendungen in der Ökonomie

Wie bereits erwähnt, wird auch in der Ökonomie die Matrizenrechnung recht häufig angewandt. Seien es z. B. die Berechnung des Erlöses, die Berechnung der benötigten Rohstoffmengen oder die Berechnung der Gesamtkosten.
Mithilfe von Verflechtungsmodellen werden ökonomische und technologische Systeme sowie die quantitativen Beziehungen und Abhängigkeiten ihrer Teilsysteme veranschaulicht und das Gesamtsystem wird mathematisch aufbereitet. In vielen Industriezweigen, so u. a. im Maschinenbau und in der chemischen Industrie, durchlaufen viele Erzeugnisse die einzelnen Produktionsstufen in unmittelbarer Folge ohne Verzweigung. In solchen Fällen sprechen wir von geraden oder auch linearen Verflechtungen. Bei Querverbindungen sprechen wir jedoch von verzweigten Modellen.
Nachfolgend werden auch in diesem Abschnitt nur einige einfache Beispiele angeführt.

Beispiel 3.5.31:

Ein Kaufmann deckt seinen Bedarf bei den Großhändlern G_1 und G_2. Für 6 bestimmte Waren sind die Preise je Mengeneinheit gegeben durch:

$$\mathbf{p_1} := \begin{pmatrix} 4 \\ 5 \\ 2 \\ 3 \\ 1 \\ 4 \end{pmatrix} \qquad \mathbf{p_2} := \begin{pmatrix} 5 \\ 4 \\ 3 \\ 2 \\ 2 \\ 3 \end{pmatrix}$$ Preise je Mengeneinheit von G_1 und G_2

$\mathbf{A} := (7 \;\; 6 \;\; 5 \;\; 4 \;\; 3 \;\; 6)$ gegebene Matrix mit den Warennummern A_i

Wo kann der Kaufmann billiger einkaufen, bei G_1 oder bei G_2? Wie viele Geldeinheiten kann er ersparen, wenn er die Käufe verteilt?

$$\mathbf{P} := \text{erweitern}\left[\mathbf{p_1}, \mathbf{p_2}, \begin{pmatrix} 4 \\ 4 \\ 2 \\ 2 \\ 1 \\ 3 \end{pmatrix}\right] \qquad \mathbf{P} = \begin{pmatrix} 4 & 5 & 4 \\ 5 & 4 & 4 \\ 2 & 3 & 2 \\ 3 & 2 & 2 \\ 1 & 2 & 1 \\ 4 & 3 & 3 \end{pmatrix}$$

Preismatrix (in der letzten Spalte stehen die minimalen Preise je Mengeneinheit)

$$\mathbf{E_r} := \mathbf{A} \cdot \mathbf{P}$$

Erlösmatrix

$$\mathbf{E_r} = (107 \quad 106 \quad 91)$$

Der Kaufmann kann bei G_1 seinen Bedarf um 107 und bei G_2 um 106 Geldeinheiten decken. Wenn er bei G_1 die Waren $\mathbf{A_1}$, $\mathbf{A_3}$ und $\mathbf{A_5}$ und bei G_2 die Waren $\mathbf{A_2}$, $\mathbf{A_4}$ und $\mathbf{A_6}$ kauft, so zahlt er nur 91 Geldeinheiten.

Beispiel 3.5.32:

Ein Betrieb stellt aus den Rohstoffen R_1, R_2 und R_3 die Zwischenprodukte Z_1, Z_2, Z_3 und Z_4 her. Aus diesen werden in einem weiteren Fabrikationsgang die Endprodukte E_1 und E_2 gewonnen. Der jeweilige Materialverbrauch ist durch folgende Tabellen gegeben:

	Z_1	Z_2	Z_3	Z_4
R_1	2	3	4	1
R_2	5	2	**7**	3
R_3	4	0	3	2

	E_1	E_2
Z_1	1	3
Z_2	4	2
Z_3	1	**2**
Z_4	3	4

Welche Rohstoffmengen werden bei der Herstellung von 100 Einheiten E_1 und 300 Einheiten E_2 verbraucht?
Die Zahl 7, das Element $\mathbf{R_{23}}$ der Rohstoffmatrix **R**, gibt an, dass 7 Einheiten von $\mathbf{R_2}$ zur Herstellung einer Einheit $\mathbf{Z_3}$ benötigt werden.
Die Zahl 2, das Element $\mathbf{Z_{32}}$ der Matrix **Z**, gibt an, dass 2 Einheiten $\mathbf{Z_3}$ zur Herstellung einer Einheit E_2 gebraucht werden.
Die Materialverbrauchsmatrix ergibt sich aus:

$$\mathbf{M} = \mathbf{R} \cdot \mathbf{Z} = \begin{pmatrix} 2 & 3 & 4 & 1 \\ 5 & 2 & 7 & 3 \\ 4 & 0 & 3 & 2 \end{pmatrix} \cdot \begin{pmatrix} 1 & 3 \\ 4 & 2 \\ 1 & 2 \\ 3 & 4 \end{pmatrix}$$

$$\mathbf{M} := \begin{pmatrix} 2 & 3 & 4 & 1 \\ 5 & 2 & 7 & 3 \\ 4 & 0 & 3 & 2 \end{pmatrix} \cdot \begin{pmatrix} 1 & 3 \\ 4 & 2 \\ 1 & 2 \\ 3 & 4 \end{pmatrix} \qquad \mathbf{M} = \begin{pmatrix} 21 & 24 \\ 29 & 45 \\ 13 & 26 \end{pmatrix}$$

Materialverbrauchsmatrix

Für den Gesamtverbrauch gilt: **Verbrauchsmatrix = Materialverbrauchsmatrix . Anzahlmatrix**

$$\mathbf{A} := \begin{pmatrix} 100 \\ 300 \end{pmatrix}$$ Anzahlmatrix

$$\mathbf{V} := \mathbf{M} \cdot \mathbf{A} \qquad \mathbf{V} = \begin{pmatrix} 9300 \\ 16400 \\ 9100 \end{pmatrix}$$ Verbrauchsmatrix

Zur Herstellung von 100 Einheiten E_1 und 300 Einheiten E_2 werden 9300 Einheiten R_1, 16400 Einheiten R_2 und 9100 Einheiten R_3 benötigt.

Beispiel 3.5.33:

Der Materialfluss einer Produktion ist aus folgenden Tabellen zu erkennen:

	Z_1	Z_2	Z_3	Z_4
R_1	2	1	0	1
R_2	3	2	1	0
R_3	0	0	3	2
R_4	1	0	4	1
R_5	2	1	0	2

	E_1	E_2	E_3
Z_1	1	**2**	0
Z_2	2	0	1
Z_3	1	**1**	1
Z_4	1	0	2

	E_2	E_3
R_3	**2**	0
R_5	0	3

Welche Rohstoffmengen werden zur Herstellung von 50 Einheiten E_1, 100 Einheiten E_2 und 200 Einheiten E_3 benötigt?
Zur Herstellung von 1 Einheit E_2 brauchen wir 2 Einheiten Z_1, 1 Einheit Z_3 und zusätzlich 2 Einheiten R_3.

$$\mathbf{M} = \mathbf{M_1} \cdot \mathbf{M_2} + \mathbf{M_3} = \begin{pmatrix} 2 & 1 & 0 & 1 \\ 3 & 2 & 1 & 0 \\ 0 & 0 & 3 & 2 \\ 1 & 0 & 4 & 1 \\ 2 & 1 & 0 & 2 \end{pmatrix} \cdot \begin{pmatrix} 1 & 2 & 0 \\ 2 & 0 & 1 \\ 1 & 1 & 1 \\ 1 & 0 & 2 \end{pmatrix} + \begin{pmatrix} 0 & 0 & 0 \\ 0 & 0 & 0 \\ 0 & 2 & 0 \\ 0 & 0 & 0 \\ 0 & 0 & 3 \end{pmatrix}$$ Materialverbrauchsmatrix

$$\mathbf{M} := \begin{pmatrix} 2 & 1 & 0 & 1 \\ 3 & 2 & 1 & 0 \\ 0 & 0 & 3 & 2 \\ 1 & 0 & 4 & 1 \\ 2 & 1 & 0 & 2 \end{pmatrix} \cdot \begin{pmatrix} 1 & 2 & 0 \\ 2 & 0 & 1 \\ 1 & 1 & 1 \\ 1 & 0 & 2 \end{pmatrix} + \begin{pmatrix} 0 & 0 & 0 \\ 0 & 0 & 0 \\ 0 & 2 & 0 \\ 0 & 0 & 0 \\ 0 & 0 & 3 \end{pmatrix} \qquad \mathbf{M} = \begin{pmatrix} 5 & 4 & 3 \\ 8 & 7 & 3 \\ 5 & 5 & 7 \\ 6 & 6 & 6 \\ 6 & 4 & 8 \end{pmatrix}$$

$$\mathbf{A} := \begin{pmatrix} 50 \\ 100 \\ 200 \end{pmatrix}$$ Anzahlmatrix

$$\mathbf{V} := \mathbf{M} \cdot \mathbf{A} \qquad \mathbf{V} = \begin{pmatrix} 1250 \\ 1700 \\ 2150 \\ 2100 \\ 2300 \end{pmatrix}$$

Verbrauchsmatrix: Zur Herstellung von 50 Einheiten E_1, 100 Einheiten E_2 und 200 Einheiten E_3 benötigen wir bei dem gegebenen Materialfluss 1250 Einheiten R_1, 1700 Einheiten R_2, 2150 Einheiten R_3, 2100 Einheiten E_4 und 2300 Einheiten R_5.

Beispiel 3.5.34:

Es soll eine Gesamtkostenrechnung für den Rohstoff- und Energiebedarf einschließlich der entstehenden Lohnkosten durchgeführt werden, wenn das Produktionsprogramm bekannt ist.
Es sollen 50 Einheiten vom Endprodukt E_1 und 60 Einheiten vom Endprodukt E_2 produziert werden. Der Bedarf an Zwischenprodukten für die Endprodukte ist der Tabelle A und der Rohstoffbedarf für die Zwischenprodukte der Tabelle B_1 zu entnehmen. Den Energiebedarf und die Lohnkosten, die bei der Herstellung und bei der Verarbeitung je Einheit Z_i entstehen, gibt die Tabelle B_2 an. Es sind die Gesamtkosten für das vorgesehene Produktionsprogramm zu ermitteln, wenn die Kosten für eine Einheit R_1 2 Kosteneinheiten, für eine Einheit R_2 3 Kosteneinheiten und für eine Energieeinheit 0.5 Kosteneinheiten betragen.

Tabelle A:

	Z_1	Z_2	Z_3
E_1	3	0	2
E_2	0	1	3

Tabelle B_1:

	R_1	R_2
Z_1	0	1
Z_2	3	2
Z_3	1	0

Tabelle B_2:

	E	L
Z_1	0.5	2
Z_2	0.8	5
Z_3	0.2	4

B_1 und B_2 können unter dem Oberbegriff Einsatzgrößen zur Tabelle B zusammengefasst werden.
Einsatzgrößen sind die Rohstoffe R_1 und R_2, der Energieverbrauch E und die Lohnkosten L.

Tabelle B:

	R_1	R_2	E	L
Z1	0	1	0.5	2
Z2	3	2	0.8	5
Z3	1	0	0.2	4

Der Kostenvektor lautet

$$\mathbf{K}^T = (K_{R1} \ \ K_{R2} \ \ K_E \ \ K_L) = (2 \ \ 3 \ \ 0.5 \ \ 1) \ ,$$

weil eine Lohneinheit gleich einer Kosteneinheit ist, d. h. der Umrechnungsfaktor hier den Wert 1 hat.
Die Gesamtkosten können nun mithilfe der nachstehenden Anordnung bestimmt werden:

Planzahlen (Absatz) ⟵ Produktion der Endprodukte ⟵ Produktion der Zwischenprodukte ⟵ Kosten

P ⟵ **A** ⟵ **B** ⟵ **K**

$$\mathbf{G} = \mathbf{P} \cdot \mathbf{A} \cdot \mathbf{B} \cdot \mathbf{K}$$

Gesamtkosten (Produkt der Teilsystemmatrizen - vierstufiges lineares Modell)

$$\mathbf{G} := (50 \ \ 60) \cdot \begin{pmatrix} 3 & 0 & 2 \\ 0 & 1 & 3 \end{pmatrix} \cdot \begin{pmatrix} 0 & 1 & 0.5 & 2 \\ 3 & 2 & 0.8 & 5 \\ 1 & 0 & 0.2 & 4 \end{pmatrix} \cdot \begin{pmatrix} 2 \\ 3 \\ 0.5 \\ 1 \end{pmatrix}$$

$$\mathbf{G} = 3539.5$$

Die Gesamtkosten für das vorgesehene Produktionsprogramm betragen 3539.5 Kosteneinheiten.

4. Vektoranalysis

Die Vektoranalysis ist u. a. ein notwendiges mathematisches Werkzeug zum Verständnis der theoretischen Physik (z. B. Mechanik oder Elektrodynamik). Sie behandelt Vektorfunktionen mit den Mitteln der Differential- und Integralrechnung. Natürlich kann auch hier nicht auf alle Aspekte dieses Themas eingegangen werden. Wir wollen daher hier nur einen Einblick in die Vektoranalysis gegeben. Die Ausführungen sind nicht immer mathematisch streng, sondern sollen auf anschauliche Weise einige Anwendungen der Vektoranalysis klar machen. Für das bessere Verständnis sollten jedenfalls zuerst die Kapitel 2 und 3 in diesem Band wiederholt werden. Aber auch die Grundlagen der Differential- und Integralrechnung, wie sie im Band 3 dieser Serie besprochen werden, sollten für das Verständnis dieses Kapitels zuerst ausführlich studiert werden.

4.1 Raumkurven

4.1.1 Vektorielle Darstellung einer Kurve

Wir betrachten nun Vektoren, die eine Abhängigkeit von äußeren Parametern aufweisen. Ein typisches Beispiel hierzu sind Raumkurven. Wir wählen im dreidimensionalen euklidischen Raum ein festes Koordinatensystem (Abb. 4.1.1). So kann z. B. die Position eines Teilchens, idealisiert durch einen Massenpunkt P, durch den Ortsvektor r(t) festgelegt werden. Der Ortsvektor kann sich als Funktion der Zeit als äußerer Parameter ändern.

In einem zeitunabhängigen, vollständigen Orthogonalsystem $\vec{e_i} = \mathbf{e}_i$ werden dann die Komponenten des Vektors zeitabhängige Funktionen:

$$\overrightarrow{r(t)} = \mathbf{r}(t) = \sum_{i=1}^{3} \left(x_i(t) \cdot \vec{e_i} \right) = \begin{pmatrix} x_1(t) \\ x_2(t) \\ x_3(t) \end{pmatrix} = \begin{pmatrix} x(t) \\ y(t) \\ z(t) \end{pmatrix} \quad (t_1 \le t \le t_2) \qquad (4\text{-}1)$$

Für den Ortsvektor einer ebenen Kurve gilt demnach:

$$\overrightarrow{r(t)} = \mathbf{r}(t) = \sum_{i=1}^{2} \left(x_i(t) \cdot \vec{e_i} \right) = \begin{pmatrix} x_1(t) \\ x_2(t) \end{pmatrix} = \begin{pmatrix} x(t) \\ y(t) \end{pmatrix} \qquad (4\text{-}2)$$

Somit kann die Kurve (Trajektorie oder die Bahnkurve) selbst durch diesen parameterabhängigen Ortsvektor (Vektorfunktion des Parameters t) beschrieben werden. Als Parameter wird meist die Zeit verwendet, kann aber auch, wie z. B. bei Kreisbewegungen, ein Winkel sein.

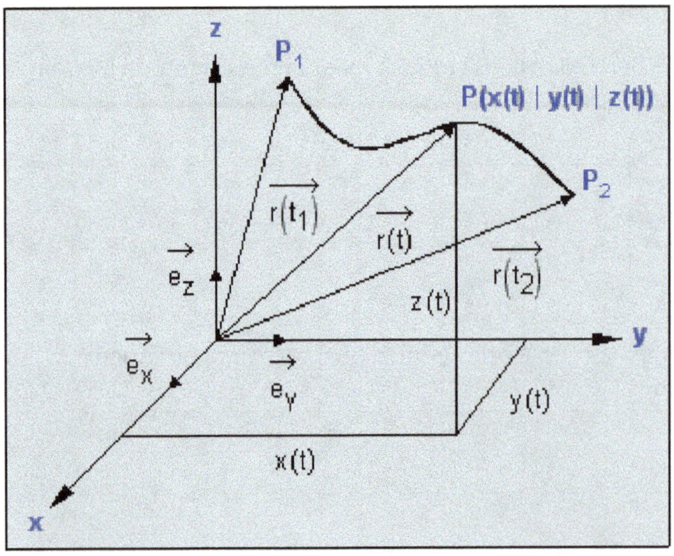

Abb. 4.1.1

Beispiel 4.1.1:

Für einen Körper, der mit der Geschwindigkeit vom Betrag v_0 waagrecht abgeschossen wird (waagrechter Wurf eines Körpers ohne Luftwiderstand), wird die dabei durchlaufene Bahnkurve durch die folgenden Parametergleichungen bzw. durch die folgende Vektorfunktion beschrieben:

ORIGIN := 1 — ORIGIN festlegen

$v_0 := 30 \cdot \frac{m}{s}$ — gewählter Betrag der Abschussgeschwindigkeit

$g = 9.807 \frac{m}{s^2}$ — Erdbeschleunigung (in Mathcad bereits vordefiniert)

$x(t) := v_0 \cdot t$

$y(t) := -\frac{g}{2} \cdot t^2$

Parametergleichungen

$\mathbf{r}(t) := \begin{pmatrix} x(t) \\ y(t) \end{pmatrix}$ — Vektorfunktion (zeitabhängiger Ortsvektor)

$t := 0 \cdot s, 0.01 \cdot s .. 4 \cdot s$ — Bereichsvariable

$t_1 := \frac{FRAME}{10} \cdot s$ — **z. B. FRAME von 0 bis 40**

$\mathbf{r_1}(t) := \begin{bmatrix} \begin{pmatrix} 0 \cdot m \\ \mathbf{r}(t)_1 \end{pmatrix} \\ \begin{pmatrix} 0 \cdot m \\ \mathbf{r}(t)_2 \end{pmatrix} \end{bmatrix}$ — Vektorfunktion zur grafischen Darstellung des zeitabhängigen Ortsvektors (ohne Vektorpfeilspitze)

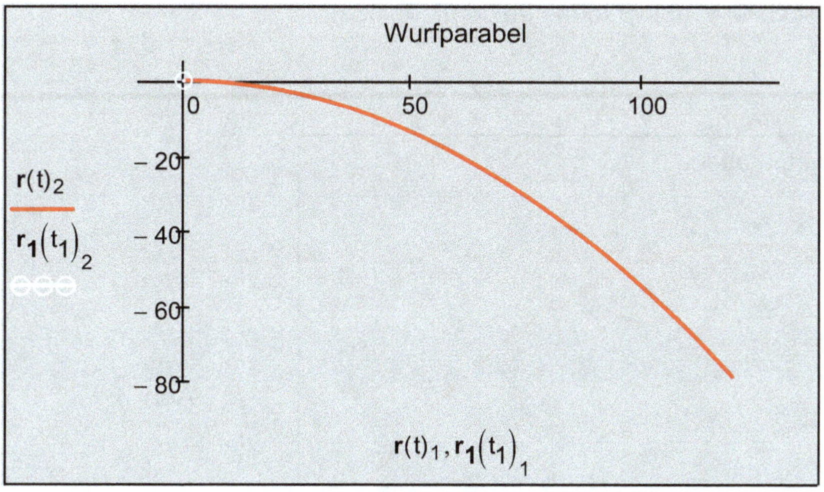

Abb. 4.1.2

Beispiel 4.1.2:

Für einen Körper, der mit der Geschwindigkeit vom Betrag v_0 unter einem Winkel α gegen die Horizontale abgeschossen wird (schiefer Wurf eines Körpers ohne Luftwiderstand), wird die dabei durchlaufene Bahnkurve (Wurfparabel) durch die folgenden Parametergleichungen bzw. durch die folgende Vektorfunktion beschrieben:

$ORIGIN := 1$ ORIGIN festlegen

$v_0 := 40 \cdot \frac{m}{s}$ gewählter Betrag der Abschussgeschwindigkeit

$\alpha := 30 \cdot Grad$ gewählter Abschusswinkel

$x(t) := v_0 \cdot \cos(\alpha) \cdot t$

Parametergleichungen

$y(t) := v_0 \cdot \sin(\alpha) \cdot t - \frac{g}{2} \cdot t^2$

$\mathbf{r}(t) := \begin{pmatrix} x(t) \\ y(t) \end{pmatrix}$ Vektorfunktion (zeitabhängiger Ortsvektor)

$v_0 \cdot \sin(\alpha) \cdot t - \frac{g}{2} \cdot t^2 = 0$ hat als Lösung(en) $\begin{pmatrix} 0 \\ \frac{2 \cdot v_0 \cdot \sin(\alpha)}{g} \end{pmatrix}$ Nullstellen der Wurfparabel

$t_2 := \frac{2 \cdot v_0 \cdot \sin(\alpha)}{g}$ $t_2 = 4.079\,s$

$t := 0 \cdot s, 0.01 \cdot s .. t_2$ Bereichsvariable

$t_1 := \frac{t_2}{40} \cdot FRAME$ **FRAME von 0 bis 40**

$\mathbf{r_1}(t) := \begin{bmatrix} \begin{pmatrix} 0 \cdot m \\ \mathbf{r}(t)_1 \end{pmatrix} \\ \begin{pmatrix} 0 \cdot m \\ \mathbf{r}(t)_2 \end{pmatrix} \end{bmatrix}$ Vektorfunktion zur grafischen Darstellung des zeitabhängigen Ortsvektors (ohne Vektorpfeilspitze)

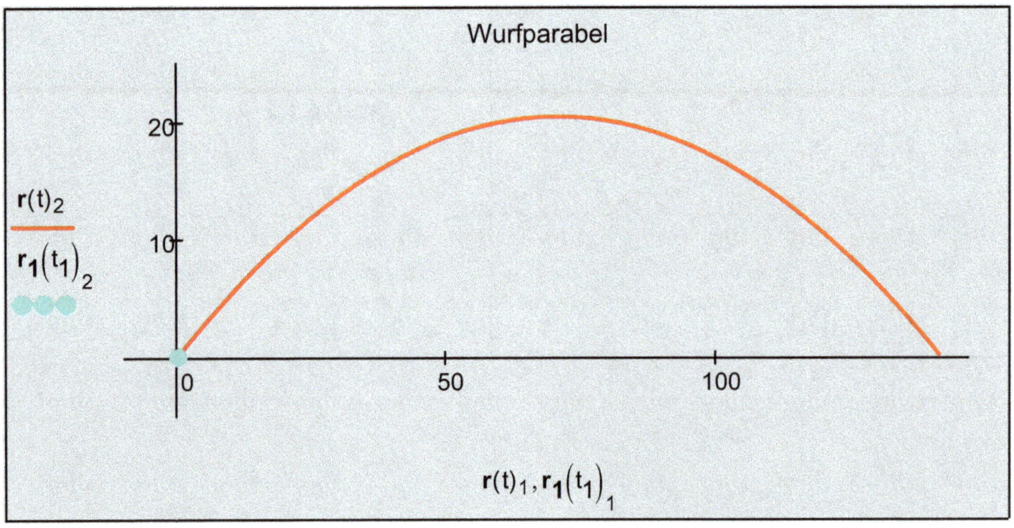

Abb. 4.1.3

Beispiel 4.1.3:

Geladene Teilchen, die schief in ein homogenes Magnetfeld eingeschossen werden, bewegen sich auf einer Schraubenlinie um die Feldrichtung (z. B. z-Achse). Die Bahnkurve lässt sich durch die folgenden Parametergleichungen bzw. durch die folgende Vektorfunktion beschreiben:

$ORIGIN := 0$ ORIGIN festlegen

$R := 10 \cdot cm$ gewählter Radius der Bahnkurve

$\omega := 3 \cdot \pi \cdot s^{-1}$ gewählte Kreisfrequenz

$c := 50 \cdot \frac{cm}{s}$ gewählte Konstante

$x(t) := R \cdot \cos(\omega \cdot t)$

$y(t) := R \cdot \sin(\omega \cdot t)$ Parametergleichungen (v = c t)

$z(t) := c \cdot t$

$\mathbf{r}(t) := \begin{pmatrix} x(t) \\ y(t) \\ z(t) \end{pmatrix}$ Vektorfunktion (zeitabhängiger Ortsvektor)

$t := 0 \cdot s, 1 \cdot s .. 35 \cdot s$ Bereichsvariable

$\mathbf{X}(t) := \begin{pmatrix} 0 \cdot m \\ x(t) \end{pmatrix}$ $\mathbf{Y}(t) := \begin{pmatrix} 0 \cdot m \\ y(t) \end{pmatrix}$ $\mathbf{Z}(t) := \begin{pmatrix} 0 \cdot m \\ z(t) \end{pmatrix}$ Vektorfunktionen zur grafischen Darstellung des zeitabhängigen Ortsvektors (ohne Vektorpfeilspitze)

$t_1 := \frac{FRAME}{35} \cdot s$ **FRAME von 0 bis 35**

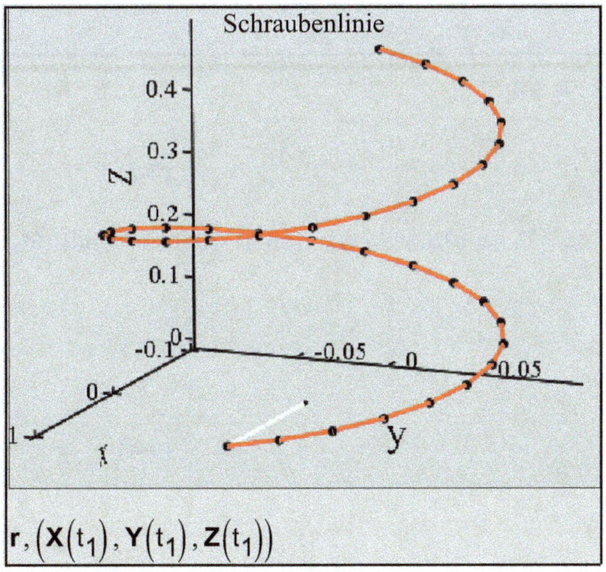

Diagrammformat:
Diagramm 1:
Allgemein: Streuungsdiagramm
Achsenformat Ecke
Darstellung: Linien und Punkte zeichnen
Achsen: Teilstriche, automatische Gitterwerte,
Achsenformat nummeriert, Beschriftung
QuickPlot-Daten: Beginn 0, Ende 1,
Schrittweite 35
Diagramm 2:
Allgemein: Streuungsdiagramm
Achsenformat Ecke
Darstellung: Linien und Punkte zeichnen

Abb. 4.1.4

Nachfolgend eine alternative grafische Darstellung des Problems:

$n := 36$ Anzahl der Parameterwerte

$k := 0 .. n-1$ Bereichsvariable

$$x_k := 0.1 \cdot \cos\left(3 \cdot \pi \cdot \frac{k}{n-1}\right)$$

$$y_k := 0.1 \cdot \sin\left(3 \cdot \pi \cdot \frac{k}{n-1}\right)$$ Koordinatenvektoren **x**, **y** und **z**

$$z_k := 0.5 \cdot \frac{k}{n-1}$$

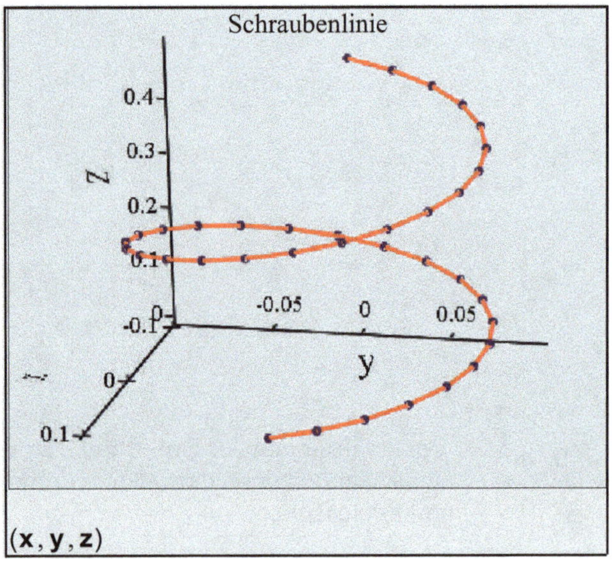

Diagrammformat:
Diagramm 1:
Allgemein: Streuungsdiagramm
Achsenformat Ecke
Darstellung: Linien und Punkte zeichnen
Achsen: Teilstriche, automatische Gitterwerte, Achsenformat nummeriert, Beschriftung

Abb. 4.1.5

4.1.2 Ableitung einer Vektorfunktion

Wir betrachten zuerst den Differenzvektor $\overrightarrow{\Delta r}$ in Abb. 4.1.6:

$$\overrightarrow{\Delta r} = \overrightarrow{r(t+\Delta t)} - \overrightarrow{r(t)} \qquad (4\text{-}3)$$

Dividieren wir nun diesen Vektor durch den Skalar $\Delta t \neq 0$, so erhalten wir den in gleicher Richtung liegenden Vektor

$$\frac{\overrightarrow{\Delta r}}{\Delta t} = \frac{\overrightarrow{r(t)} - \overrightarrow{r(t+\Delta t)}}{\Delta t} = \begin{pmatrix} \dfrac{x(t+\Delta t) - x(t)}{\Delta t} \\ \dfrac{y(t+\Delta t) - y(t)}{\Delta t} \\ \dfrac{z(t+\Delta t) - z(t)}{\Delta t} \end{pmatrix} \qquad (4\text{-}4)$$

Der Vektor (4-4) geht beim Grenzübergang $\Delta t \to 0$ in den sogenannten Tangentenvektor (Abb. 4.1.6) über, der die Richtung der Tangente im Kurvenpunkt P festlegt:

$$\lim_{\Delta t \to 0} \frac{\overrightarrow{\Delta r}}{\Delta t} = \lim_{\Delta t \to 0} \frac{\overrightarrow{r(t)} - \overrightarrow{r(t+\Delta t)}}{\Delta t} = \begin{pmatrix} \lim\limits_{\Delta t \to 0} \dfrac{x(t+\Delta t) - x(t)}{\Delta t} \\ \lim\limits_{\Delta t \to 0} \dfrac{y(t+\Delta t) - y(t)}{\Delta t} \\ \lim\limits_{\Delta t \to 0} \dfrac{z(t+\Delta t) - z(t)}{\Delta t} \end{pmatrix} \qquad (4\text{-}5)$$

Dieser Tangentenvektor stellt in Anlehnung an die Differentialrechnung für Funktionen (Band 3) die komponentenweise erste Ableitung des Vektors $\overrightarrow{r(t)}$ dar. Wir können daher schreiben:

$$\frac{d}{dt}\overrightarrow{r(t)} = \sum_{i=1}^{3} \left(\frac{d}{dt}x_i(t) \cdot \overrightarrow{e_i}\right) = \begin{pmatrix} \frac{d}{dt}x_1(t) \\ \frac{d}{dt}x_2(t) \\ \frac{d}{dt}x_3(t) \end{pmatrix} = \begin{pmatrix} \frac{d}{dt}x(t) \\ \frac{d}{dt}y(t) \\ \frac{d}{dt}z(t) \end{pmatrix} \qquad (4\text{-}6)$$

Für die erste Ableitung einer Vektorfunktion in der Ebene gilt dann:

$$\frac{d}{dt}\overrightarrow{r(t)} = \sum_{i=1}^{2} \left(\frac{d}{dt}x_i(t) \cdot \overrightarrow{e_i}\right) = \begin{pmatrix} \frac{d}{dt}x_1(t) \\ \frac{d}{dt}x_2(t) \end{pmatrix} = \begin{pmatrix} \frac{d}{dt}x(t) \\ \frac{d}{dt}y(t) \end{pmatrix} \qquad (4\text{-}7)$$

Wir nennen daher eine Vektorfunktion differenzierbar, wenn ihre Vektorkoordinaten differenzierbare Funktionen eines Parameters t sind.

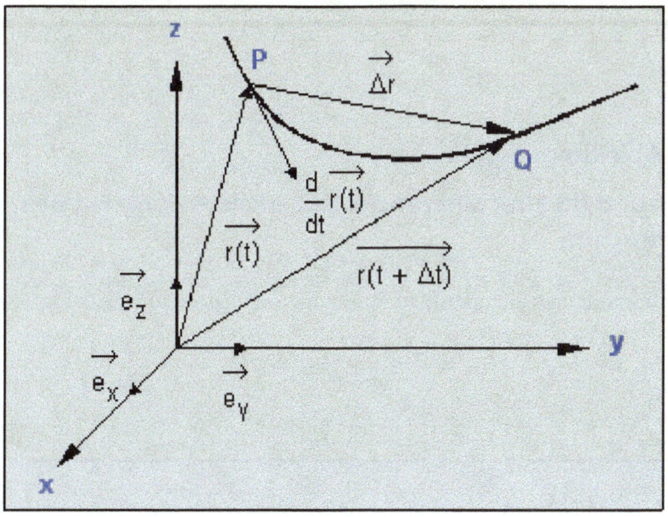

Abb. 4.1.6

Sind die Vektorkoordinaten der Vektorfunktion $\vec{r}(t)$ n-mal differenzierbar, so existieren auch die höheren Ableitungen:

$$\frac{d^k}{dt^k}\vec{r}(t) = \sum_{i=1}^{3}\left(\frac{d^k}{dt^k}x_i(t)\cdot\vec{e_i}\right) = \begin{pmatrix}\frac{d^k}{dt^k}x_1(t)\\ \frac{d^k}{dt^k}x_2(t)\\ \frac{d^k}{dt^k}x_3(t)\end{pmatrix} = \begin{pmatrix}\frac{d^k}{dt^k}x(t)\\ \frac{d^k}{dt^k}y(t)\\ \frac{d^k}{dt^k}z(t)\end{pmatrix} \qquad (k = 1, 2, 3 \ldots, n) \qquad (4\text{-}8)$$

Für die höheren Ableitungen eines Ortsvektors in der Ebene gilt dann:

$$\frac{d^k}{dt^k}\vec{r}(t) = \sum_{i=1}^{2}\left(\frac{d^k}{dt^k}x_i(t)\cdot\vec{e_i}\right) = \begin{pmatrix}\frac{d^k}{dt^k}x_1(t)\\ \frac{d^k}{dt^k}x_2(t)\end{pmatrix} = \begin{pmatrix}\frac{d^k}{dt^k}x(t)\\ \frac{d^k}{dt^k}y(t)\end{pmatrix} \qquad (k = 1, 2, 3 \ldots, n) \qquad (4\text{-}9)$$

Bemerkungen:

Alle Ableitungen des Ortsvektors sind wiederum Vektoren!
In den technisch-naturwissenschaftlichen Anwendungen wird die Bahnkurve eines Massenpunktes häufig durch einen zeitabhängigen Ortsvektor beschrieben. Durch einmaliges Differenzieren des Ortsvektors nach dem Zeitparameter t erhalten wir dann den Geschwindigkeitsvektor (Tangentenvektor) und durch zweimaliges Differenzieren den Beschleunigungsvektor!

$$\vec{v}(t) = \frac{d}{dt}\vec{r}(t) \qquad (4\text{-}10)$$

$$\vec{a}(t) = \frac{d}{dt}\vec{v}(t) = \frac{d^2}{dt^2}\vec{r}(t) \qquad (4\text{-}11)$$

Ableitungsregeln für Vektorfunktionen:

Im Wesentlichen gelten die im Band 3 angeführten Ableitungsregeln.
Sind $\vec{a}(t)$ und $\vec{b}(t)$ differenzierbare Vektorfunktionen und f(t) eine differenzierbare skalare Funktion des Parameters t, so gelten speziell folgende Ableitungsregeln:

a) Summenregel

$$\frac{d}{dt}\left(\vec{a}(t) + \vec{b}(t)\right) = \frac{d}{dt}\vec{a}(t) + \frac{d}{dt}\vec{b}(t) \qquad (4\text{-}12)$$

b) Produktregel

Für Skalarprodukte:

$$\frac{d}{dt}\left(\overrightarrow{a(t)} \cdot \overrightarrow{b(t)}\right) = \frac{d}{dt}\overrightarrow{a(t)} \cdot \overrightarrow{b(t)} + \overrightarrow{a(t)} \cdot \frac{d}{dt}\overrightarrow{b(t)} \qquad (4\text{-}13)$$

Für Vektorprodukte:

$$\frac{d}{dt}\left(\overrightarrow{a(t)} \times \overrightarrow{b(t)}\right) = \frac{d}{dt}\overrightarrow{a(t)} \times \overrightarrow{b(t)} + \overrightarrow{a(t)} \times \frac{d}{dt}\overrightarrow{b(t)} \qquad (4\text{-}14)$$

Für Produkte aus einer skalaren und einer Vektorfunktion:

$$\frac{d}{dt}\left(f(t) \cdot \overrightarrow{a(t)}\right) = \frac{d}{dt}f(t) \cdot \overrightarrow{a(t)} + f(t) \cdot \frac{d}{dt}\overrightarrow{a(t)} \qquad (4\text{-}15)$$

Bogenlänge s einer Kurve in der Ebene und im Raum:

Die Berechnung der Bogenlänge s wird für Kurven in der Ebene im Band 3, Abschnitt 4.6.1 ausführlich dargestellt. Das Bogendifferential (Linienelement) ds ergibt sich für Kurvengleichungen in expliziter Form y = f(x) zu:

$$ds = \sqrt{1 + \left(\frac{d}{dx}f(x)\right)^2} \cdot dx \qquad (4\text{-}16)$$

Zwischen der Tangentensteigung $\frac{d}{dx}f(x)$ und den Ableitungen der beiden Vektorkomponenten von $\overrightarrow{r(t)}$ besteht der Zusammenhang:

$$\frac{d}{dx}f(x) = \frac{\frac{d}{dt}y(t)}{\frac{d}{dt}x(t)} \qquad (4\text{-}17)$$

Mit (4-15) und mithilfe der Beziehung $dx = \frac{d}{dt}x(t) \cdot dt$ ergibt sich das Bogendifferential ds in Parameterform zu:

$$ds = \sqrt{1 + \left(\frac{\frac{d}{dt}y(t)}{\frac{d}{dt}x(t)}\right)^2} \cdot \frac{d}{dt}x(t) \cdot dt = \sqrt{\left(\frac{d}{dt}x(t)\right)^2 + \left(\frac{d}{dt}y(t)\right)^2} \cdot dt \qquad (4\text{-}18)$$

Bei einer Raumkurve erweitert sich (4-18) entsprechend zu:

$$ds = \sqrt{\left(\frac{d}{dt}x(t)\right)^2 + \left(\frac{d}{dt}y(t)\right)^2 + \left(\frac{d}{dt}z(t)\right)^2} \cdot dt \qquad (4\text{-}19)$$

Das Bogendifferential kann dann kurz wie folgt geschrieben werden:

$$ds = \left|\frac{d}{dt}\vec{r(t)}\right| \cdot dt \qquad \textbf{(4-20)}$$

Hieraus folgt die wichtige Beziehung

$$\frac{d}{dt}s = \left|\frac{d}{dt}\vec{r(t)}\right| \qquad \textbf{(4-21)}$$

Das heißt die erste Ableitung der Bogenlänge nach dem Parameter t ist gleich dem Betrag (Länge) des Tangentenvektors. Die Länge des Tangentenvektors ist also ein Maß für die Änderungsgeschwindigkeit der Bogenlänge!

Die Bogenlänge einer Kurve kann dann wie folgt berechnet werden:

$$s = \int_{t_1}^{t_2} 1\,ds = \int_{t_1}^{t_2} \left|\frac{d}{dt}\vec{r(t)}\right|\,dt \qquad \textbf{(4-22)}$$

<u>**Beispiel 4.1.4:**</u>

Wie lauten der Geschwindigkeitsvektor und der Beschleunigungsvektor für den waagrechten Wurf (Beispiel 4.1.1)? Wie groß ist die Bogenlänge der Bahnkurve zwischen $t_1 = 0$ s und $t_2 = 4$ s?

$ORIGIN := 1$ — ORIGIN festlegen

$v_0 := 30 \cdot \frac{m}{s}$ — gewählter Betrag der Abschussgeschwindigkeit

$t := t \quad v_0 := v_0$ — Redefinitionen

$$\mathbf{r}(t) := \begin{pmatrix} v_0 \cdot t \\ -\frac{g}{2} \cdot t^2 \end{pmatrix}$$

Vektorfunktion
(zeitabhängiger Ortsvektor)

$$\mathbf{v}(t) := \begin{pmatrix} \frac{d}{dt}\mathbf{r}(t)_1 \\ \frac{d}{dt}\mathbf{r}(t)_2 \end{pmatrix} \qquad \mathbf{v}(t) \rightarrow \begin{pmatrix} v_0 \\ -g \cdot t \end{pmatrix}$$

Geschwindigkeitsvektor (4-10)

$$\mathbf{a}(t) := \begin{pmatrix} \frac{d^2}{dt^2}\mathbf{r}(t)_1 \\ \frac{d^2}{dt^2}\mathbf{r}(t)_2 \end{pmatrix} \qquad \mathbf{a}(t) \rightarrow \begin{pmatrix} 0 \\ -g \end{pmatrix}$$

Beschleunigungsvektor (4-11)

oder:

$$\mathbf{a}(t) := \begin{pmatrix} \frac{d}{dt}\mathbf{v}(t)_1 \\ \frac{d}{dt}\mathbf{v}(t)_2 \end{pmatrix} \qquad \mathbf{a}(t) \rightarrow \begin{pmatrix} 0 \\ -g \end{pmatrix}$$

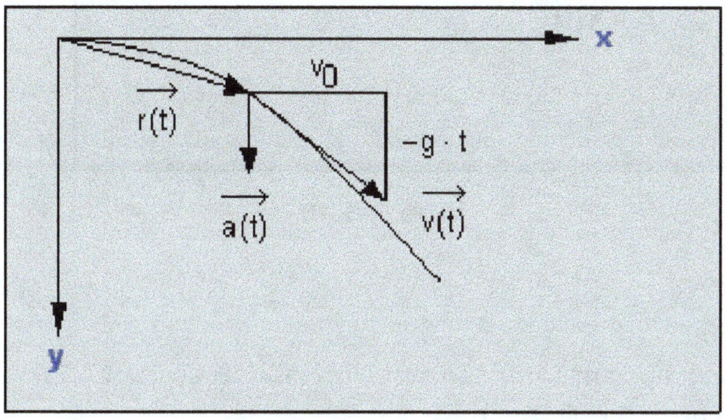

Abb. 4.1.7

Unter der Wirkung der Erdanziehung überlagern sich bei der Bewegung eines Körpers die gleichförmig-geradlinige Bewegung in der Richtung von v_0 und die Fallbewegung in vertikaler Richtung nach unten.

$v(t) := |\mathbf{v}(t)| \qquad v(t) \rightarrow \sqrt{(|g \cdot t|)^2 + (|v_0|)^2}$ Betrag des Geschwindigkeitsvektors

$a(t) := |\mathbf{a}(t)|$ annehmen, $g < 0 \rightarrow -g$ Betrag des Beschleunigungsvektors

$t_1 := 0 \cdot s \qquad t_2 := 4 \cdot s$ Anfangs- und Endzeitpunkt

$s_B := \int_{t_1}^{t_2} v(t)\,dt \qquad s_B = 148.465\,m$ Bogenlänge der Bahnkurve (4-22)

$t := t_1, 0.001 \cdot s .. t_2$ Bereichsvariable

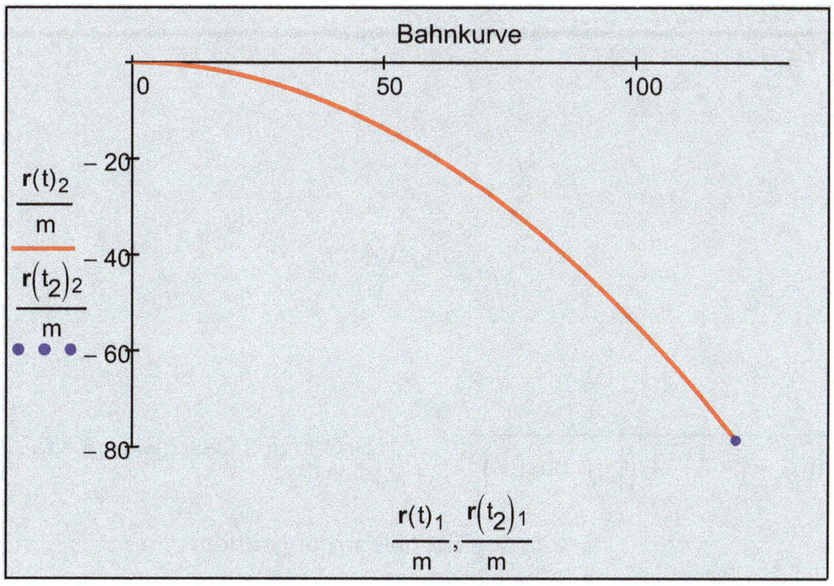

Abb. 4.1.8

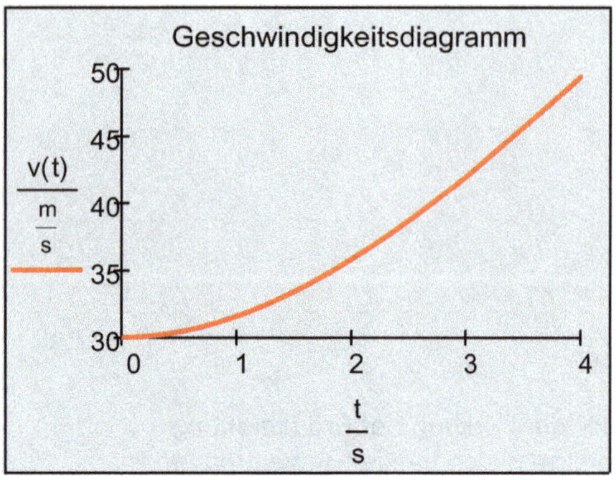

Abb. 4.1.9

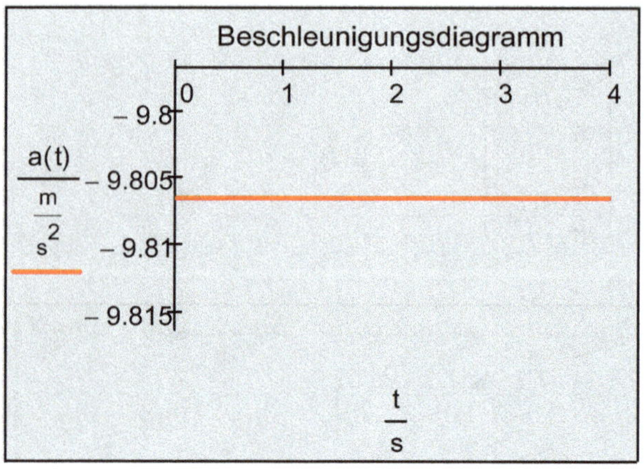

Abb. 4.1.10

Beispiel 4.1.5:

Wie lauten der Geschwindigkeitsvektor und der Beschleunigungsvektor für den schiefen Wurf (Beispiel 4.1.2)? Wie groß ist die Bogenlänge der Bahnkurve zwischen den beiden Nullstellen?

ORIGIN := 1 — ORIGIN festlegen

$v_0 := 20 \cdot \frac{m}{s} \qquad v_0 = 72 \cdot \frac{km}{h}$ — gewählter Betrag der Abschussgeschwindigkeit

$\alpha := (30 + FRAME) \cdot Grad$ — gewählter Abschusswinkel **(Animation - FRAME von 0 bis 40)**

$t := t \qquad v_0 := v_0 \qquad \alpha := \alpha$ — Redefinitionen

$$\mathbf{r}(t) := \begin{pmatrix} v_0 \cdot \cos(\alpha) \cdot t \\ v_0 \cdot \sin(\alpha) \cdot t - \frac{g}{2} \cdot t^2 \end{pmatrix}$$

Vektorfunktion (zeitabhängiger Ortsvektor)

$$\mathbf{v}(t) := \begin{pmatrix} \frac{d}{dt}\mathbf{r}(t)_1 \\ \frac{d}{dt}\mathbf{r}(t)_2 \end{pmatrix} \qquad \mathbf{v}(t) \rightarrow \begin{pmatrix} v_0 \cdot \cos(\alpha) \\ v_0 \cdot \sin(\alpha) - g \cdot t \end{pmatrix}$$

Geschwindigkeitsvektor

$$\mathbf{a}(t) := \begin{pmatrix} \frac{d^2}{dt^2}\mathbf{r}(t)_1 \\ \frac{d^2}{dt^2}\mathbf{r}(t)_2 \end{pmatrix} \qquad \mathbf{a}(t) \rightarrow \begin{pmatrix} 0 \\ -g \end{pmatrix}$$

Beschleunigungsvektor

$$v(t) := |\mathbf{v}(t)| \qquad v(t) \rightarrow \sqrt{\left(\left|v_0 \cdot \sin(\alpha) - g \cdot t\right|\right)^2 + \left(\left|v_0 \cdot \cos(\alpha)\right|\right)^2}$$

Betrag des Geschwindigkeitsvektors

$$a(t) := |\mathbf{a}(t)| \text{ annehmen}, g < 0 \ \rightarrow -g$$

Betrag des Beschleunigungsvektors

Die Flugzeit kann auf zwei verschiedene Arten errechnet werden:

$t_2 := 2 \cdot v_0 \cdot \frac{\sin(\alpha)}{g}$ $\quad t_2 = 2.039\,s$

$t_2 := \mathrm{wurzel}\left(\mathbf{r}(t)_2, t, 0.1 \cdot s, 100 \cdot s\right)$ $\quad t_2 = 2.039\,s$ 2. Nullstelle

$t_s := \frac{t_2}{2}$ $\quad t_s = 1.02\,s$ Steigzeit

$y_{max} := \mathbf{r}\left(t_s\right)_2$ $\quad y_{max} = 5.099\,m$ maximale Steighöhe

$s_B := \int_{0 \cdot s}^{t_2} v(t)\,dt$ $\quad s_B = 37.198\,m$ Bogenlänge der Bahnkurve

$t := 0 \cdot s, 0.2 \cdot s .. 2 \cdot t_2$ Bereichsvariable

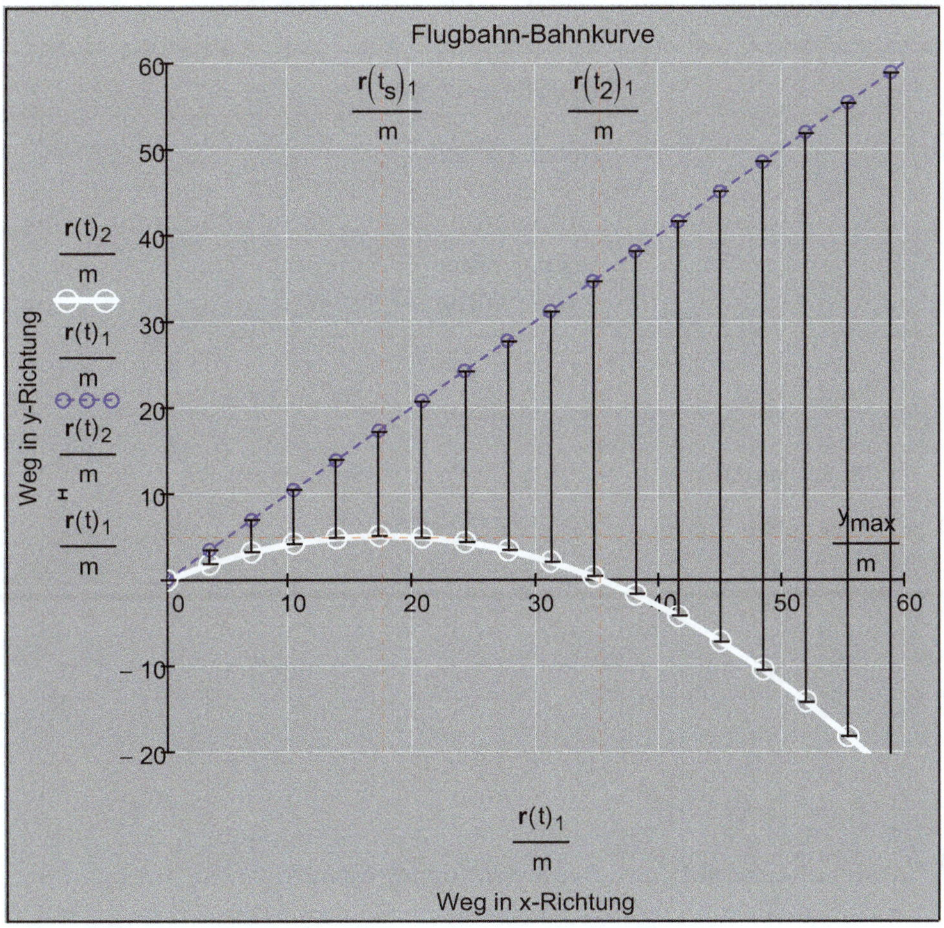

$t_s = 1.02\,s$

$t_2 = 2.039\,s$

$\alpha = 30 \cdot \mathrm{Grad}$

$\mathbf{r}\left(t_s\right)_1 = 17.662\,m$

$y_{max} = 5.099\,m$

$\mathbf{r}\left(t_2\right)_1 = 35.324\,m$

Abb. 4.1.11

In der Abb. 4.1.11 entstehen die Funktionswerte der Wurfparabel durch Subtraktion der Strecken des freien Falls von den Funktionswerten auf der Geraden der gleichförmigen Bewegung. Die Punkte auf der Geraden haben alle gleiche Zeitabstände und repräsentieren damit auch gleiche Strecken.

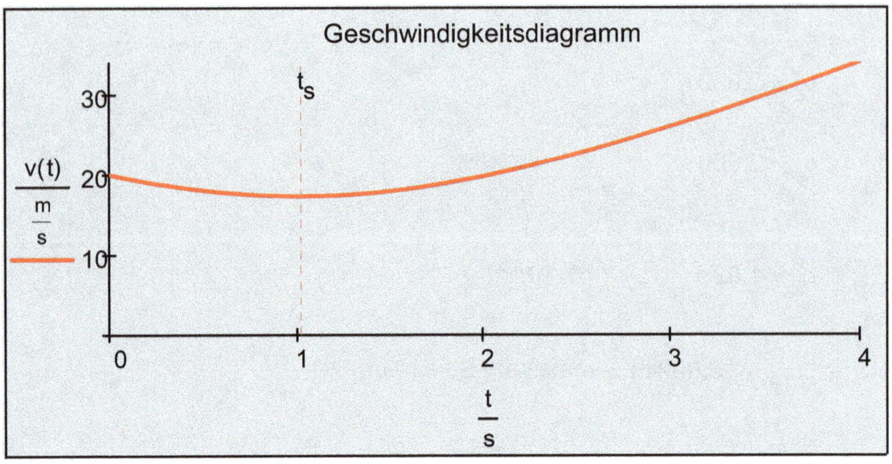

Abb. 4.1.12

Beispiel 4.1.6:

Wie lauten der Geschwindigkeitsvektor und der Beschleunigungsvektor für geladene Teilchen, die schief in ein homogenes Magnetfeld eingeschossen werden (Beispiel 4.1.3)? Wie groß ist der bei drei vollen Umläufen (Zeit T = 2 π/ω für einen Umlauf) zurückgelegte Weg s_B?

ORIGIN := 1 — ORIGIN festlegen

$R := R \quad \omega := \omega \quad c := c \quad t := t$ — Redefinitionen

$$\mathbf{r}(t) := \begin{pmatrix} R \cdot \cos(\omega \cdot t) \\ R \cdot \sin(\omega \cdot t) \\ c \cdot t \end{pmatrix}$$

Vektorfunktion (zeitabhängiger Ortsvektor)

$$\mathbf{v}(t) := \begin{pmatrix} \frac{d}{dt}\mathbf{r}(t)_1 \\ \frac{d}{dt}\mathbf{r}(t)_2 \\ \frac{d}{dt}\mathbf{r}(t)_3 \end{pmatrix} \qquad \mathbf{v}(t) \rightarrow \begin{pmatrix} -R \cdot \omega \cdot \sin(\omega \cdot t) \\ R \cdot \omega \cdot \cos(\omega \cdot t) \\ c \end{pmatrix}$$

Geschwindigkeitsvektor

$$\mathbf{a}(t) := \begin{pmatrix} \frac{d^2}{dt^2}\mathbf{r}(t)_1 \\ \frac{d^2}{dt^2}\mathbf{r}(t)_2 \\ \frac{d^2}{dt^2}\mathbf{r}(t)_3 \end{pmatrix} \qquad \mathbf{a}(t) \rightarrow \begin{pmatrix} -R \cdot \omega^2 \cdot \cos(\omega \cdot t) \\ -R \cdot \omega^2 \cdot \sin(\omega \cdot t) \\ 0 \end{pmatrix}$$

Beschleunigungsvektor

Die z-Komponente des Beschleunigungsvektors verschwindet. Dies bedeutet wegen $\vec{F} = m \cdot \vec{a}$, dass auf ein geladenes Teilchen in einem homogenen Magnetfeld stets eine Kraft (Lorentz-Kraft) wirkt, die senkrecht zur Feldrichtung steht.

$$|\mathbf{v}(t)| \;\begin{vmatrix} \text{annehmen}, R > 0, \omega > 0, t > 0, c > 0 \\ \text{vereinfachen} \end{vmatrix} \rightarrow \sqrt{R^2 \cdot \omega^2 \cdot (|\cos(\omega \cdot t)|)^2 + R^2 \cdot \omega^2 \cdot (|\sin(\omega \cdot t)|)^2 + c^2}$$

$$s_{B1} = 3 \cdot \int_0^{\frac{2\cdot\pi}{\omega}} \left(R^2 \cdot \omega^2 + c^2\right)^{\frac{1}{2}} dt \rightarrow s_{B1} = \frac{6 \cdot \pi \cdot \sqrt{R^2 \cdot \omega^2 + c^2}}{\omega}$$

der bei drei vollen Umläufen zurückgelegte Weg

Beispiel 4.1.7:

Wie lautet die Kraft $\vec{F}$, die auf einen Körper der Masse m = konstant bzw. m = m(t) einwirkt?

Die Kraft $\overrightarrow{F(t)}$ ist die zeitliche Änderung des Impulses $\overrightarrow{p(t)} = m \cdot \overrightarrow{v(t)}$ (dynamisches Grundgesetz):

$$\overrightarrow{F(t)} = \frac{d}{dt}\overrightarrow{p(t)} = \frac{d}{dt}\left(m \cdot \overrightarrow{v(t)}\right) = \frac{d}{dt}m \cdot \overrightarrow{v(t)} + m \cdot \frac{d}{dt}\overrightarrow{v(t)} = \frac{d}{dt}m \cdot \overrightarrow{v(t)} + m \cdot \overrightarrow{a(t)}$$ nach (4-11) und (4-15)

Bei konstanter Masse gilt: $\frac{d}{dt}m = 0$. Damit erhalten wir das vereinfachte Kraftgesetz: $\overrightarrow{F(t)} = m \cdot \overrightarrow{a(t)}$.

4.1.3 Tangenten- und Hauptnormaleneinheitsvektor und Krümmung einer Kurve

Jedem Massenpunkt, der sich auf einer ebenen oder räumlichen Bahnkurve bewegt und durch einen Ortsvektor $\overrightarrow{r(t)}$ beschrieben wird, können in eindeutiger Weise zwei Einheitsvektoren, der Tangenteneinheitsvektor (Geschwindigkeitseinheitsvektor) $\overrightarrow{v_0(t)}$ und der Hauptnormalen-einheitsvektor $\overrightarrow{n_0(t)}$, zugeordnet werden (Abb. 4.13).

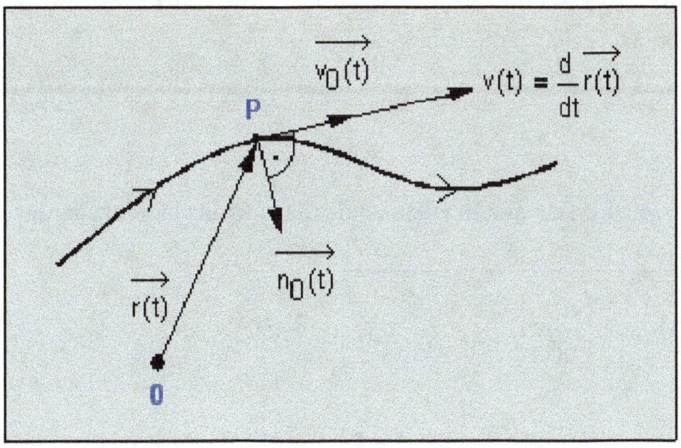

Abb. 4.1.13

Den Tangenteneinheitsvektor (Geschwindigkeitseinheitsvektor) $\overrightarrow{v_0(t)}$) erhalten wir aus dem Tangentenvektor (Geschwindigkeitsvektor) $\overrightarrow{v(t)} = \frac{d}{dt}\overrightarrow{r(t)}$ durch Normierung:

$$\overrightarrow{v_0(t)} = \frac{1}{\left|\frac{d}{dt}\overrightarrow{r(t)}\right|} \cdot \frac{d}{dt}\overrightarrow{r(t)} = \frac{1}{\left|\overrightarrow{v(t)}\right|} \cdot \overrightarrow{v(t)} \qquad \text{(4-23)}$$

Der Hauptnormaleneinheitsvektor $\overrightarrow{n_0(t)}$ kann folgendermaßen hergeleitet werden:

Differenzieren wir das Skalarprodukt $\overrightarrow{v_0(t)} \cdot \overrightarrow{v_0(t)} = 1$ nach dem Parameter t mithilfe der Produktregel (4-13), so erhalten wir:

$$\frac{d}{dt}\left(\overrightarrow{v_0(t)} \cdot \overrightarrow{v_0(t)}\right) = \frac{d}{dt}\overrightarrow{v_0(t)} \cdot \overrightarrow{v_0(t)} + \overrightarrow{v_0(t)} \cdot \frac{d}{dt}\overrightarrow{v_0(t)} = 0 \qquad \text{(4-24)}$$

Der Ausdruck (4-24) kann aber wegen der Kommutativität des Skalarproduktes vereinfacht werden:

$$2 \cdot \overrightarrow{v_0(t)} \cdot \frac{d}{dt}\overrightarrow{v_0(t)} = 0 \quad \text{bzw.} \quad \overrightarrow{v_0(t)} \cdot \frac{d}{dt}\overrightarrow{v_0(t)} = 0 \qquad \text{(4-25)}$$

Dieser Ausdruck bedeutet aber, dass der Vektor $\frac{d}{dt}\overrightarrow{v_0(t)}$ senkrecht auf dem Tangenteneinheitsvektor stehen muss. Normieren wir diesen Vektor, so erhalten wir den Hauptnormaleneinheitsvektor:

$$\overrightarrow{n_0(t)} = \frac{1}{\left|\frac{d}{dt}\overrightarrow{v_0(t)}\right|} \cdot \frac{d}{dt}\overrightarrow{v_0(t)} \qquad \text{(4-26)}$$

Der Hauptnormaleneinheitsvektor zeigt in die Richtung der Kurvenkrümmung (siehe dazu Band 3, Abschnitt 3.2.14)!

Wir versuchen zuerst den Geschwindigkeitsvektor in jeweils eine Tangential- und Normalkomponente zu zerlegen:

$$\overrightarrow{v(t)} = \overrightarrow{v_t(t)} + \overrightarrow{v_n(t)} = v_t \cdot \overrightarrow{v_0(t)} + v_n \cdot \overrightarrow{n_0(t)} \qquad \text{(4-27)}$$

Der Geschwindigkeitsvektor $\overrightarrow{v(t)}$ zeigt in Richtung der Tangente (Abb. 4.1.13) und lässt sich in der Form

$$\overrightarrow{v(t)} = \left|\overrightarrow{v(t)}\right| \cdot \overrightarrow{v_0(t)} = v(t) \cdot \overrightarrow{v_0(t)} = \sqrt{\left(\frac{d}{dt}x(t)\right)^2 + \left(\frac{d}{dt}y(t)\right)^2 + \left(\frac{d}{dt}z(t)\right)^2} \cdot \overrightarrow{v_0(t)} \qquad \text{(4-28)}$$

schreiben.

Die Geschwindigkeit $\overrightarrow{v(t)}$ besitzt nach (4-28) nur eine Komponente, die Tangentialkomponente $v_t = v(t) = \frac{d}{dt}s(t)$. Die Normalkomponente v_n ist stets null!

Wir versuchen nun den Beschleunigungsvektor in jeweils eine Tangential- und Normalkomponente zu zerlegen (Abb. 4.1.14):

$$\vec{a}(t) = \vec{a_t}(t) + \vec{a_n}(t) = a_t \cdot \vec{v_0}(t) + a_n \cdot \vec{n_0}(t) \qquad (4\text{-}29)$$

Den Beschleunigungsvektor erhalten wir durch Differenzieren des Geschwindigkeitsvektors nach der Zeit t:

$$\vec{a}(t) = \frac{d}{dt}\vec{v}(t) = \frac{d}{dt}\left(v(t) \cdot \vec{v_0}(t)\right) = \frac{d}{dt}v(t) \cdot \vec{v_0}(t) + v(t) \cdot \frac{d}{dt}\vec{v_0}(t) \qquad (4\text{-}30)$$

Setzen wir nun $\frac{d}{dt}\vec{v_0}(t) = \left|\frac{d}{dt}\vec{v_0}(t)\right| \cdot \vec{n_0}(t)$ **aus (4-26) in (4-30) ein, so erhalten wir schließlich:**

$$\vec{a}(t) = \frac{d}{dt}v(t) \cdot \vec{v_0}(t) + v(t) \cdot \left|\frac{d}{dt}\vec{v_0}(t)\right| \cdot \vec{n_0}(t) = a(t) \cdot \vec{v_0}(t) + a(t) \cdot \vec{n_0}(t) \qquad (4\text{-}31)$$

Die Beschleunigung besitzt also die Tangentialkomponente

$$\vec{a_t}(t) = a_t \cdot \vec{v_0}(t) = \frac{d}{dt}v(t) \cdot \vec{v_0}(t) = a(t) \cdot \vec{v_0}(t) \qquad (4\text{-}32)$$

und die Normalkomponente

$$\vec{a_n}(t) = a_n \cdot \vec{n_0}(t) = v(t) \cdot \left|\frac{d}{dt}\vec{v_0}(t)\right| \cdot \vec{n_0}(t) = \left|\vec{a}(t)\right| \cdot \vec{n_0}(t) = a(t) \cdot \vec{n_0}(t) \qquad (4\text{-}33)$$

(Zentripedalbeschleunigung).

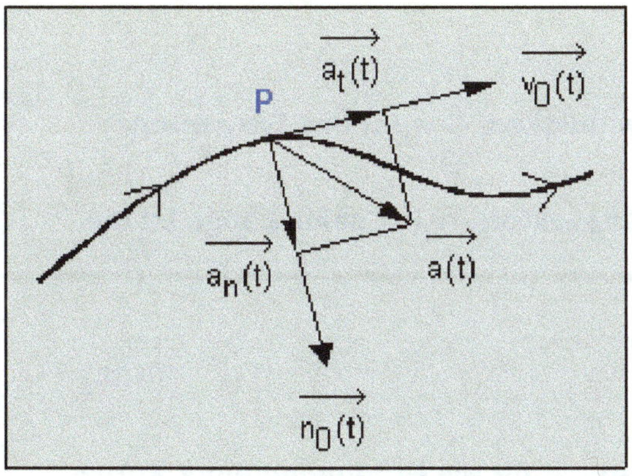

Abb. 4.1.14

In vielen Anwendungen stellt der Kurvenparameter t die Zeit dar, und der Ortsvektor ist damit von der Zeit abhängig. Gehen wir nicht von einer zeitabhängigen Darstellung des Ortsvektors aus, so kann auch der geometrische Parameter, die Bogenlänge s, als Kurvenparameter verwendet werden. Der Ortsvektor hängt dann von s ab. In diesem Zusammenhang sprechen wir von einem natürlichen Parameter und nennen die Parameterdarstellung $\vec{r}(s)$ eine natürliche Darstellung der Kurve. In diesem wichtigen Sonderfall ist der Ortsvektor der Kurve eine Vektorfunktion der Bogenlänge s, die von einem bestimmten Punkt der Kurve aus gemessen wird. Der zugehörige Tangentenvektor wird sich dann im Allgemeinen von Kurvenpunkt zu Kurvenpunkt verändern (Abb. 4.1.15).

Der zugehörige Tangentenvektor $\frac{d}{ds}\overrightarrow{r(s)}$ ist dann bereits normiert und identisch mit dem Tangenteneinheitsvektor:

$$\overrightarrow{v_0(s)} = \frac{d}{ds}\overrightarrow{r(s)} \quad \text{mit} \quad \left|\overrightarrow{v_0(s)}\right| = \left|\frac{d}{ds}\overrightarrow{r(s)}\right| = 1 \qquad (4\text{-}34)$$

Bei einer beliebigen Raumkurve kennzeichnet der Vektor $\frac{d}{ds}\overrightarrow{v_0(s)}$ die Änderungsgeschwindigkeit des Tangenteneinheitsvektors $\overrightarrow{v_0(s)}$. Schreiten wir in positiver Richtung längs der Kurve um das Bogenelement ds fort, so ändert sich der Vektor $\overrightarrow{v_0(s)}$ um

$$d\overrightarrow{v_0(s)} = \frac{d}{ds}\overrightarrow{v_0(s)} \cdot ds \qquad (4\text{-}35)$$

Je größer diese Änderung bei festem ds ist, umso stärker ist sie gekrümmt. Die Änderungsgeschwindigkeit $\frac{d}{ds}\overrightarrow{v_0(s)}$ des Tangenteneinheitsvektors charakterisiert also in gewisser Weise die Krümmung der Kurve an der betreffenden Stelle. Für die Abweichung einer Kurve vom geradlinigen Verlauf ist die positive Größe

$$\kappa = \kappa(s) = \left|\frac{d}{ds}\overrightarrow{v_0(s)}\right| \qquad (4\text{-}36)$$

ein geeignetes Maß und wird als Kurvenkrümmung bezeichnet. Die Krümmung κ ist von der Bogenläge abhängig. Der reziproke Wert der Krümmung

$$\rho(s) = \frac{1}{\kappa(s)} = \frac{1}{\left|\frac{d}{ds}\overrightarrow{v_0(s)}\right|} \qquad (4\text{-}37)$$

wird als Krümmungsradius bezeichnet. Die Änderungsgeschwindigkeit $\frac{d}{ds}\overrightarrow{v_0(s)}$ des Tangenteneinheitsvektors zeigt in die Richtung des Hauptnormaleneinheitsvektors $\overrightarrow{n_0(s)}$, seine Länge ist die Krümmung κ. Es gilt somit mit $\kappa > 0$

$$\frac{d}{ds}\overrightarrow{v_0(s)} = \kappa \cdot \overrightarrow{n_0(s)} \qquad (4\text{-}38)$$

Ist die Raumkurve von einem Parameter t abhängig, also $\overrightarrow{r(t)}$, so gilt für die Krümmung einer Kurve

$$\kappa = \kappa(t) = \frac{\left|\frac{d}{dt}\overrightarrow{r(t)} \times \frac{d^2}{dt^2}\overrightarrow{r(t)}\right|}{\left(\left|\frac{d}{dt}\overrightarrow{r(t)}\right|\right)^3} \qquad (4\text{-}39)$$

Die Kurvenkrümmung einer Raumkurve ist stets positiv. Bei ebenen Kurven gilt jedoch:
Ist $\kappa < 0$, so hat die Kurve eine Rechtskrümmung. Ist $\kappa > 0$, so hat die Kurve eine Linkskrümmung.

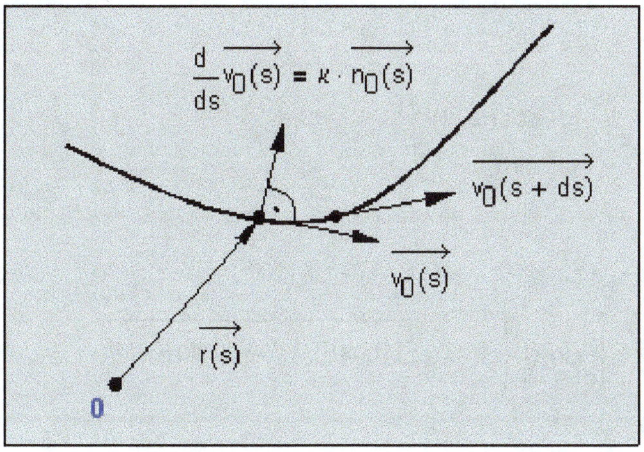

Abb. 4.1.15

Beispiel 4.1.8:

Ein Massenpunkt bewegt sich auf einer Kreisbahn in der Ebene mit dem Radius R = 2 m gegen den Uhrzeigersinn mit der konstanten Winkelgeschwindigkeit ω = 0.5 s^{-1}. Die Kreisbahn wird durch den nachfolgend gegebenen Ortsvektor beschrieben. Wie lauten der Geschwindigkeitseinheitsvektor und der Hauptnormaleneinheitsvektor. Wie lauten der Geschwindigkeitsvektor und der Beschleunigungsvektor?

ORIGIN := 1 — ORIGIN festlegen

$R := R \qquad \omega := \omega$ — Redefinitionen

$$\mathbf{r}(t) = \begin{pmatrix} R \cdot \cos(\omega \cdot t) \\ R \cdot \sin(\omega \cdot t) \end{pmatrix}$$ Ortsvektor der Kreisbahn

$$\mathbf{v}(t) = \begin{bmatrix} \frac{d}{dt}(R \cdot \cos(\omega \cdot t)) \\ \frac{d}{dt}(R \cdot \sin(\omega \cdot t)) \end{bmatrix}$$ vereinfacht auf $$\mathbf{v}(t) = \begin{pmatrix} -R \cdot \omega \cdot \sin(\omega \cdot t) \\ R \cdot \omega \cdot \cos(\omega \cdot t) \end{pmatrix}$$ Geschwindigkeitsvektor

$$\mathbf{a}(t) = \begin{bmatrix} \frac{d}{dt}(-R \cdot \sin(\omega \cdot t) \cdot \omega) \\ \frac{d}{dt}(R \cdot \cos(\omega \cdot t) \cdot \omega) \end{bmatrix}$$ vereinfacht auf $$\mathbf{a}(t) = \begin{pmatrix} -R \cdot \omega^2 \cdot \cos(\omega \cdot t) \\ -R \cdot \omega^2 \cdot \sin(\omega \cdot t) \end{pmatrix}$$ Beschleunigungsvektor

Betrag des Geschwindigkeitsvektors:

$$\left|\begin{pmatrix} -R \cdot \omega \cdot \sin(\omega \cdot t) \\ R \cdot \omega \cdot \cos(\omega \cdot t) \end{pmatrix}\right| \left| \begin{array}{l} \text{annehmen}, R > 0, \omega > 0, t > 0 \\ \text{vereinfachen} \end{array} \right. \rightarrow R \cdot \omega \cdot \sqrt{(|\cos(\omega \cdot t)|)^2 + (|\sin(\omega \cdot t)|)^2}$$

Betrag des Beschleunigungsvektors.

$$\left|\begin{pmatrix} -R \cdot \omega^2 \cdot \cos(\omega \cdot t) \\ -R \cdot \omega^2 \cdot \sin(\omega \cdot t) \end{pmatrix}\right| \left| \begin{array}{l} \text{annehmen}, R > 0, \omega > 0, t > 0 \\ \text{vereinfachen} \end{array} \right. \rightarrow R \cdot \omega^2 \cdot \sqrt{(|\cos(\omega \cdot t)|)^2 + (|\sin(\omega \cdot t)|)^2}$$

$$\mathbf{v_0}(t) = \frac{1}{|\mathbf{v}(t)|} \cdot \mathbf{v}(t) = \frac{1}{R \cdot \omega} \cdot \begin{pmatrix} -R \cdot \omega \cdot \sin(\omega t) \\ R \cdot \omega \cdot \cos(\omega \cdot t) \end{pmatrix} = \begin{pmatrix} -\sin(\omega \cdot t) \\ \cos(\omega \cdot t) \end{pmatrix}$$ Geschwindigkeitseinheitsvektor

Ableitung des Geschwindigkeitseinheitsvektors:

$$\frac{d}{dt}\mathbf{v_0}(t) = \begin{pmatrix} \frac{d}{dt}-\sin(\omega \cdot t) \\ \frac{d}{dt}\cos(\omega \cdot t) \end{pmatrix}$$ vereinfacht auf $$\frac{d}{dt}\mathbf{v_0}(t) = \begin{pmatrix} -\omega \cdot \cos(\omega \cdot t) \\ -\omega \cdot \sin(\omega \cdot t) \end{pmatrix}$$

Betrag der Ableitung des Geschwindigkeitseinheitsvektors:

$$\left|\frac{d}{dt}\mathbf{v_0}(t)\right| = \left|\begin{pmatrix} -\omega \cdot \cos(\omega \cdot t) \\ -\omega \cdot \sin(\omega \cdot t) \end{pmatrix}\right| \begin{array}{|l} \text{annehmen}, \omega > 0, t > 0 \\ \text{ersetzen}, \omega \cdot t = \alpha \\ \text{vereinfachen} \end{array} \rightarrow \left|\frac{d}{dt}\mathbf{v_0}(t)\right| = \omega \cdot \sqrt{(|\cos(\alpha)|)^2 + (|\sin(\alpha)|)^2}$$

$$\mathbf{n_0}(t) = \frac{1}{\left|\frac{d}{dt}\mathbf{v_0}(t)\right|} \cdot \frac{d}{dt}\mathbf{v_0}(t) = \frac{1}{\omega} \cdot \begin{pmatrix} -\omega \cdot \cos(\omega \cdot t) \\ -\omega \cdot \sin(\omega \cdot t) \end{pmatrix} = -\begin{pmatrix} \cos(\omega \cdot t) \\ \sin(\omega \cdot t) \end{pmatrix}$$ Hauptnormaleneinheitsvektor

Der Hauptnormaleneinheitsvektor $\mathbf{n_0}(t)$ zeigt also in Richtung des Kreismittelpunktes und ist antiparallel zum Ortsvektor $\mathbf{r}(t)$.

Bei einer Kreisbewegung mit einer konstanten Geschwindigkeit v(t) = v ist $\frac{d}{dt}v = 0$. Damit ist die Tangentialkomponente $\mathbf{a_t}(t)$ der Beschleunigung gleich null (4-32)!

$$\mathbf{a_n}(t) = |\mathbf{a}(t)| \cdot \mathbf{n_0}(t) = -R \cdot \omega^2 \cdot \begin{pmatrix} \cos(\omega \cdot t) \\ \sin(\omega \cdot t) \end{pmatrix} = -\omega^2 \cdot \mathbf{r}(t)$$ Normalkomponente der Beschleunigung (Zentripetalbeschleunigung)

$R := 2 \cdot m$ Kreisradius

$\omega := 0.5 \cdot s^{-1}$ Kreisfrequenz

$$\mathbf{r}(t) := \begin{pmatrix} R \cdot \cos(\omega \cdot t) \\ R \cdot \sin(\omega \cdot t) \end{pmatrix}$$ Ortsvektor der Kreisbahn

$$\mathbf{v}(t) := \begin{pmatrix} -R \cdot \sin(\omega \cdot t) \cdot \omega \\ R \cdot \cos(\omega \cdot t) \cdot \omega \end{pmatrix}$$ Geschwindigkeitsvektor

$\mathbf{a_n}(t) := -\omega^2 \cdot \mathbf{r}(t)$ Zentripetalbeschleunigung

$t := 0 \cdot s, 0.01 \cdot s .. 4 \cdot \pi \cdot s$ Bereichsvariable

$t_1 := \frac{4 \cdot \pi}{40} \cdot FRAME \cdot s$ **FRAME von 0 bis 40**

$$\mathbf{r_1}(t) := \begin{bmatrix} \begin{pmatrix} 0 \cdot m \\ \mathbf{r}(t)_1 \end{pmatrix} \\ \begin{pmatrix} 0 \cdot m \\ \mathbf{r}(t)_2 \end{pmatrix} \end{bmatrix}$$ Vektorfunktion zur grafischen Darstellung des zeitabhängigen Ortsvektors (ohne Vektorpfeilspitze)

$$v_1(t) := \begin{bmatrix} \begin{pmatrix} \frac{r(t)_1}{s} \\ v(t)_1 + \frac{r(t)_1}{s} \end{pmatrix} \\ \begin{pmatrix} \frac{r(t)_2}{s} \\ v(t)_2 + \frac{r(t)_2}{s} \end{pmatrix} \end{bmatrix}$$

Vektorfunktion zur grafischen Darstellung des zeitabhängigen Geschwindigkeitsvektors (ohne Vektorpfeilspitze)

$$a_{n1}(t) := \begin{bmatrix} \begin{pmatrix} \frac{r(t)_1}{s^2} \\ \frac{r(t)_1}{s^2} + a_n(t)_1 \end{pmatrix} \\ \begin{pmatrix} \frac{r(t)_2}{s^2} \\ \frac{r(t)_2}{s^2} + a_n(t)_2 \end{pmatrix} \end{bmatrix}$$

Vektorfunktion zur grafischen Darstellung des zeitabhängigen Beschleunigungsvektors (ohne Vektorpfeilspitze)

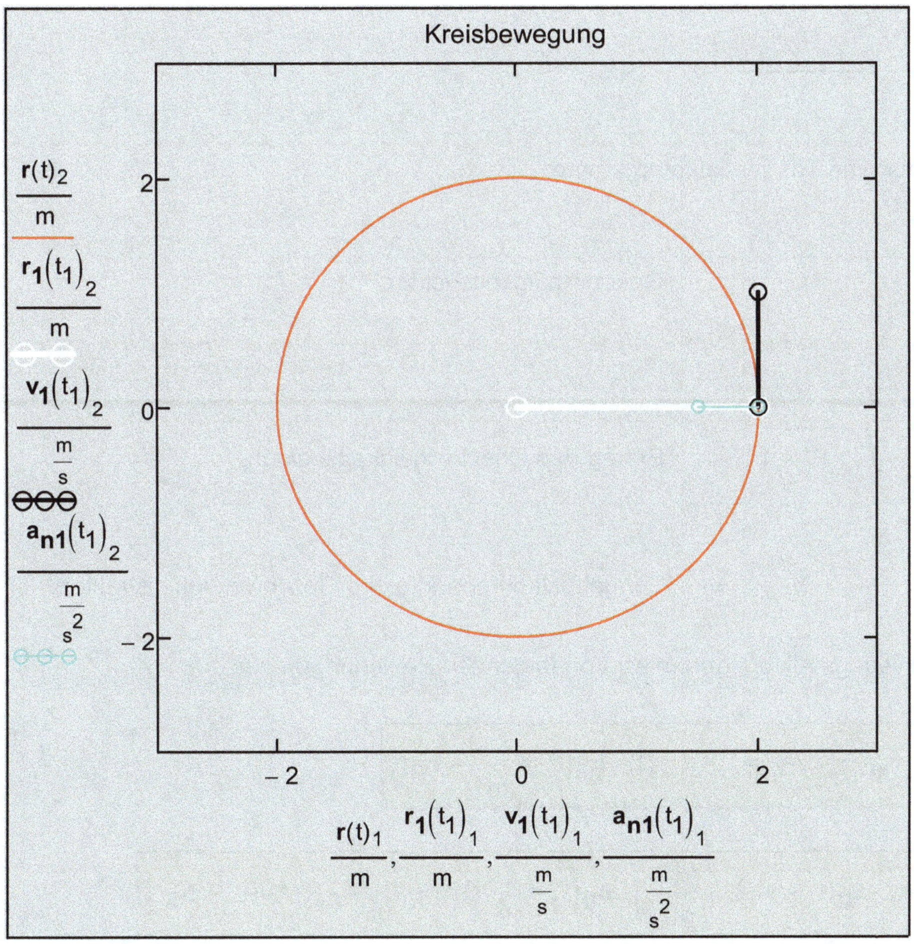

Abb. 4.1.16

Beispiel 4.1.9:

Für eine nachfolgend gegebene Raumkurve (t > 0) sollen die Tangential- und Normalkomponenten von Geschwindigkeit und Beschleunigung berechnet werden.

$t := t$ Redefinition

$\mathbf{r}(t) := \begin{pmatrix} t \\ t^2 \\ t \end{pmatrix}$ gegebene Raumkurve

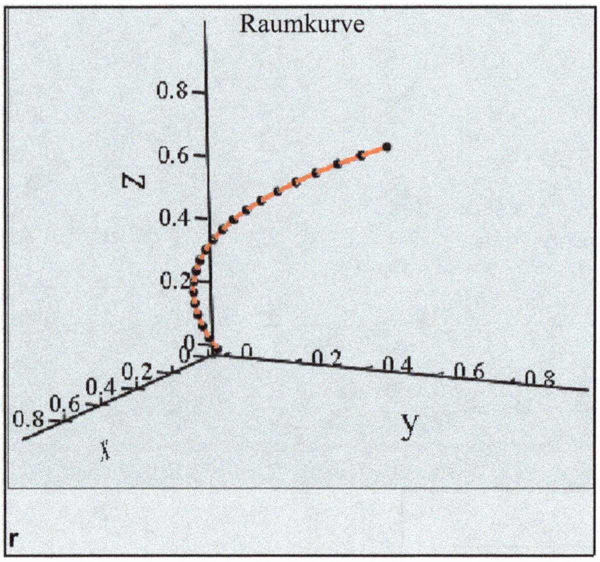

Diagrammformat:
Diagramm 1:
Allgemein: Streuungsdiagramm
Achsenformat Ecke
Darstellung: Linien und Punkte zeichnen
Achsen: Teilstriche, automatische Gitterwerte,
Achsenformat nummeriert, Beschriftung
QuickPlot-Daten: Beginn 0, Ende 1,
Schrittweite 20

Abb. 4.1.17

Für die Geschwindigkeit existiert nur eine Tangentialkomponente:

$\mathbf{v}(t) = \frac{d}{dr}\mathbf{r}(t) = \begin{pmatrix} 1 \\ 2 \cdot t \\ 1 \end{pmatrix}$ Geschwindigkeitsvektor

$\left| \begin{pmatrix} 1 \\ 2 \cdot t \\ 1 \end{pmatrix} \right|$ annehmen, $t > 0 \rightarrow \sqrt{2} \cdot \sqrt{2 \cdot t^2 + 1}$ Betrag des Geschwindigkeitsvektors

$v_t = v(t) = \sqrt{2 + 4 \cdot t^2}$ Tangentialkomponente des Geschwindigkeitsvektors

Für die Berechnung des Beschleunigungsvektors gehen wir von folgenden Beziehungen aus:

$$\frac{d}{dt}\mathbf{v_0}(t) = \left(\frac{d}{ds}\mathbf{v_0}(t)\right) \cdot \frac{d}{dt}s = \left(\kappa(t) \cdot \mathbf{n_0}(t)\right) \cdot v(t) = \kappa(t) \cdot v(t) \cdot \mathbf{n_0}(t) = \frac{v(t)}{\rho(t)} \cdot \mathbf{n_0}(t)$$

$$a(t) = a_t \cdot \mathbf{v_0}(t) + a_n \cdot \mathbf{n_0}(t) = \frac{d}{dt}v(t) \cdot \mathbf{v_0}(t) + v(t) \cdot \left(\frac{v(t)}{\rho(t)}\right) \cdot \mathbf{n_0}(t) = \frac{d}{dt}v(t) \cdot \mathbf{v_0}(t) + \kappa(t) \cdot v(t)^2 \cdot \mathbf{n_0}(t)$$

$$a_t = a(t) = \frac{d}{dt}v(t) = \frac{d}{dt}\sqrt{2+4\cdot t^2} = \frac{1}{2}\cdot\left(2+4\cdot t^2\right)^{\frac{-1}{2}}\cdot 8\cdot t = \frac{4\cdot t}{\sqrt{2+4\cdot t^2}}$$

Tangentialkomponente

$$\kappa = \frac{\left|\frac{d}{dt}\overrightarrow{r(t)} \times \frac{d^2}{dt^2}\overrightarrow{r(t)}\right|}{\left(\left|\frac{d}{dt}\overrightarrow{r(t)}\right|\right)^3} = \frac{\left|\begin{pmatrix}1\\2\cdot t\\1\end{pmatrix}\times\begin{pmatrix}0\\2\\0\end{pmatrix}\right|}{\left(\sqrt{2+4\cdot t^2}\right)^3} = \frac{\left|\begin{pmatrix}-2\\0\\2\end{pmatrix}\right|}{\left(2+4\cdot t^2\right)^{\frac{3}{2}}} = \frac{2\cdot\sqrt{2}}{\left(2+4\cdot t^2\right)^{\frac{3}{2}}}$$

Krümmung der Kurve

$$a_n = \kappa(t)\cdot v(t)^2 = \frac{2\cdot\sqrt{2}}{\left(2+4\cdot t^2\right)^{\frac{3}{2}}}\cdot\left(2+4\cdot t^2\right) = \frac{2\cdot\sqrt{2}}{\sqrt{2+4\cdot t^2}}$$

Normalkomponente der Beschleunigung

Beispiel 4.1.10:

Die Bahnkurve einer Ellipse ist durch den nachfolgenden Ortsvektor gegeben. Bestimmen Sie die Krümmung und den Krümmungsradius dieser Kurve.

$$\mathbf{r}(t) = \begin{pmatrix}a\cdot\cos(t)\\b\cdot\sin(t)\end{pmatrix}$$

gegebener Ortsvektor ($0 \le t \le 2\,\pi$)

Mit $x_t = \frac{d}{dt}x(t)$, $y_t = \frac{d}{dt}y(t)$, $x_{tt} = \frac{d^2}{dt^2}x(t)$ und $y_{tt} = \frac{d^2}{dt^2}x(t)$ erhalten wir für die Krümmung:

$$\kappa(t) = \frac{\left|\frac{d}{dt}\overrightarrow{r(t)} \times \frac{d^2}{dt^2}\overrightarrow{r(t)}\right|}{\left(\left|\frac{d}{dt}\overrightarrow{r(t)}\right|\right)^3} = \frac{\begin{pmatrix}x_t\\y_t\\0\end{pmatrix}\times\begin{pmatrix}x_{tt}\\y_{tt}\\0\end{pmatrix}}{\left(x_t^2+y_t^2\right)^{\frac{3}{2}}} = \frac{\begin{pmatrix}0\\0\\x_t\cdot y_{tt}-y_t\cdot x_{tt}\end{pmatrix}}{\left(x_t^2+y_t^2\right)^{\frac{3}{2}}}$$

Damit gilt für die Krümmung einer ebenen Kurve:

$$\kappa(t) = \frac{x_t\cdot y_{tt}-y_t\cdot x_{tt}}{\left(x_t^2+y_t^2\right)^{\frac{3}{2}}}$$

$x_t = -a\cdot\sin(t)$ $\quad x_{tt} = -a\cdot\cos(t)$

$y_t = b\cdot\cos(t)$ $\quad y_{tt} = -b\cdot\sin(t)$

Ableitungen der Parametergleichungen

$$\kappa(t) = \frac{(-a \cdot \sin(t)) \cdot (-b \cdot \sin(t)) - (b \cdot \cos(t)) \cdot (-a \cdot \cos(t))}{\left(a^2 \cdot \sin(t)^2 + b^2 \cdot \cos(t)^2\right)^{\frac{3}{2}}}$$

ergibt

$$\kappa(t) = \frac{\left(a \cdot b \cdot \cos(t)^2 + a \cdot b \cdot \sin(t)^2\right)}{\left(a^2 \cdot \sin(t)^2 + b^2 \cdot \cos(t)^2\right)^{\frac{3}{2}}}$$

vereinfacht auf

$$\kappa(t) = \frac{a \cdot b}{\left(a^2 \cdot \sin(t)^2 + b^2 \cdot \cos(t)^2\right)^{\frac{3}{2}}}$$

Krümmung der Kurve

$$\rho(t) = \frac{1}{\kappa(t)} = \frac{\left(a^2 \cdot \sin(t)^2 + b^2 \cdot \cos(t)^2\right)^{\frac{3}{2}}}{a \cdot b}$$

Krümmungsradius der Kurve

$a := 3 \qquad b := 2$

gewählte Halbachsen der Ellipse

$$\mathbf{r}(t) := \begin{pmatrix} a \cdot \cos(t) \\ b \cdot \sin(t) \end{pmatrix}$$

Ortsvektor

$$\kappa(t) := \frac{a \cdot b}{\left(a^2 \cdot \sin(t)^2 + b^2 \cdot \cos(t)^2\right)^{\frac{3}{2}}}$$

Krümmungsfunktion

$t := 0, 0.001 .. 2 \cdot \pi$

Bereichsvariable

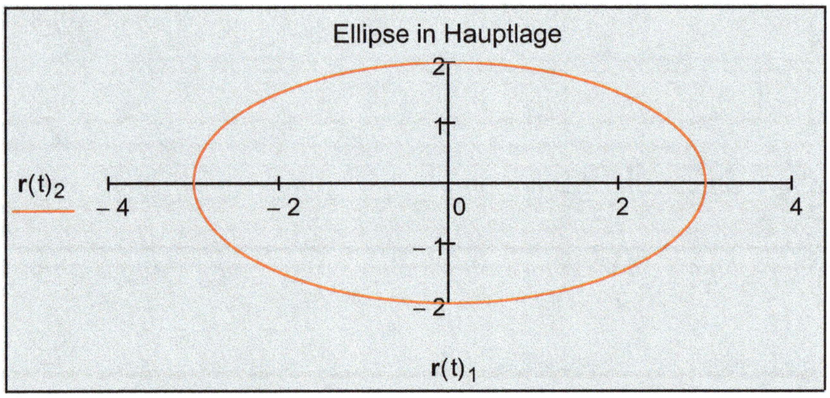

Abb. 4.1.18

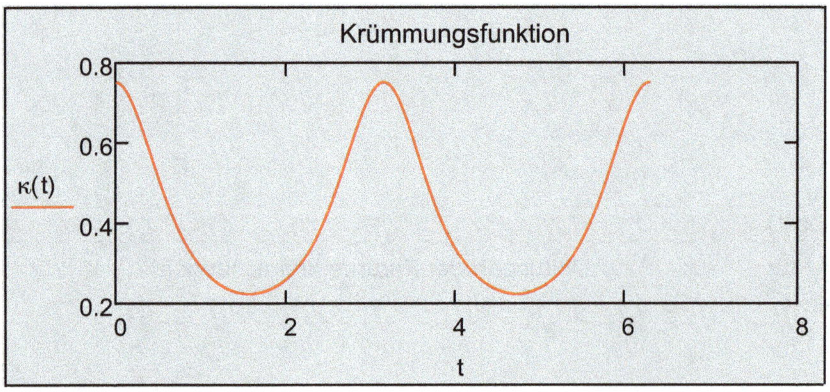

Abb. 4.1.19

4.2 Flächen im Raum

4.2.1 Vektorielle Darstellung einer Fläche

Flächen im Raum lassen sich auch durch Ortsvektoren beschreiben, die von zwei reellen Parametern u und v abhängen:

$$\overrightarrow{r(u,v)} = x(u,v)\cdot\vec{e_x} + y(u,v)\cdot\vec{e_y} + z(u,v)\cdot\vec{e_z} = \begin{pmatrix} x(u,v) \\ y(u,v) \\ z(u,v) \end{pmatrix} \tag{4-40}$$

Die Fläche wird dabei von einem Netz von Parameterkurven (Gitterlinien oder Koordinatenlinien) durchzogen. Wir nennen sie kurz u-Linien und v-Linien (Abb. 4.2.1). Längs einer solchen Linie ist jeweils einer der beiden Parameter konstant, d. h., die Parameterkurven hängen nur noch von einem Parameter ab:

$$\overrightarrow{r(u, v = const)} \quad \text{... u-Linien} \tag{4-41}$$

$$\overrightarrow{r(u = const, v)} \quad \text{... v-Linien}$$

Da längs einer u-Linie der Parameter v konstant bleibt und längs einer v-Linie der Parameter u konstant bleibt, erhalten wir analog wie nach (4-6) die Tangentenvektoren aus (Abb. 4.2.1):

$$\vec{t_u} = \frac{\partial}{\partial u}\overrightarrow{r(u,v)} = \frac{\partial}{\partial u}x(u,v)\cdot\vec{e_x} + \frac{\partial}{\partial u}y(u,v)\cdot\vec{e_y} + \frac{\partial}{\partial u}z(u,v)\cdot\vec{e_z} \tag{4-42}$$

$$\vec{t_v} = \frac{\partial}{\partial v}\overrightarrow{r(u,v)} = \frac{\partial}{\partial v}x(u,v)\cdot\vec{e_x} + \frac{\partial}{\partial v}y(u,v)\cdot\vec{e_y} + \frac{\partial}{\partial v}z(u,v)\cdot\vec{e_z} \tag{4-43}$$

Hier sind wegen der Abhängigkeit des Ortsvektors von u und v formal die partiellen Ableitungen zu verwenden. Es wird hier vorausgesetzt, dass sie existieren.

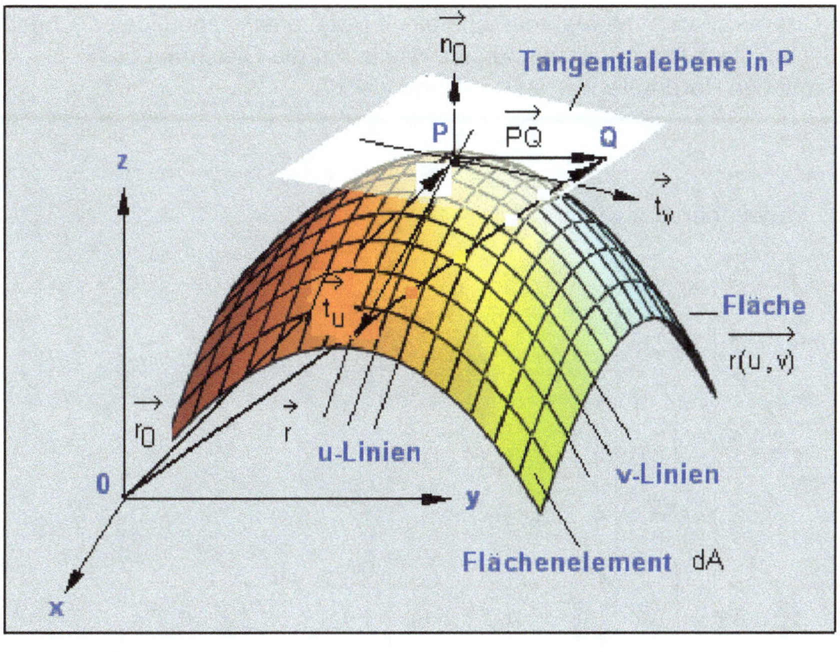

Abb. 4.2.1

Die Tangentialebene in einem Flächenpunkt $P(x_0|y_0|z_0)$ der Fläche $\overrightarrow{r(u,v)}$ wird dabei von den beiden Tangentenvektoren $\vec{t_u}$ und $\vec{t_v}$ aufgespannt, wenn die Bedingung $\vec{t_u} \times \vec{t_v} \neq 0$ erfüllt ist.

Unter dieser Voraussetzung steht das Vektorprodukt $\vec{t_u} \times \vec{t_v}$ senkrecht auf der Tangentialebene. Durch Normierung dieses Vektorproduktes erhalten wir den Normaleneinheitsvektor der Fläche, der auch Flächennormale $\vec{n_0}$ genannt wird:

$$\vec{n_0} = \frac{\vec{t_u} \times \vec{t_v}}{\left|\vec{t_u} \times \vec{t_v}\right|} \qquad \textbf{(4-44)}$$

Ist $\overrightarrow{r(u,v)}$ der Ortsvektor eines beliebigen Punktes Q der Tangentialebene, so liegt nach Abb. 4.2.1 der Vektor $\overrightarrow{PQ} = \vec{r} - \vec{r_0}$ in dieser Ebene und steht damit senkrecht zur Flächennormale $\vec{n_0}$ im Flächenpunkt P. Das Skalarprodukt dieser Vektoren verschwindet also und bildet daher die Gleichung der Tangentialebene an diese Fläche mit dem festen Flächenpunkt $P(x_0|y_0|z_0)$:

$$\vec{n_0} \cdot \left(\vec{r} - \vec{r_0}\right) = 0 \qquad \textbf{(4-45)}$$

Die Flächennormale $\vec{n_0}$ steht in einem Punkt P der Fläche $\overrightarrow{r(u,v)}$ auf dem Flächenelement dA senkrecht. Das Flächenelement dA lässt sich daher mithilfe der Differentiale du und dv der beiden Flächenparameter in folgender Form darstellen:

$$dA = \left|\vec{t_u} \times \vec{t_v}\right| \cdot du \cdot dv \qquad \textbf{(4-46)}$$

Beispiel 4.2.1:

Durch den nachfolgend gegebenen Ortsvektor wird die Mantelfläche eines Rotationsparapoloids beschrieben, die durch die Rotation der Normalparabel um die z-Achse entstanden ist. Wie lautet die Gleichung der Tangentialebene im Flächenpunkt P mit den Parameterwerten u = 1 und v = 1?

$$\mathbf{r}(u,v) := \begin{pmatrix} u \\ v \\ u^2 + v^2 \end{pmatrix}$$ gegebener Ortsvektor

Tangentenvektoren des Flächenpunktes P(1 | 1 | 2):

$$\mathbf{t_u}(u,v) = \frac{\partial}{\partial u}\mathbf{r}(u,v) = \begin{pmatrix} 1 \\ 0 \\ 2 \cdot u \end{pmatrix} \qquad \mathbf{t_u}(u,v) := \begin{pmatrix} 1 \\ 0 \\ 2 \cdot u \end{pmatrix} \qquad \mathbf{t_u}(1,1) = \begin{pmatrix} 1 \\ 0 \\ 2 \end{pmatrix}$$

$$\mathbf{t_v}(u,v) = \frac{\partial}{\partial v}\mathbf{r}(u,v) = \begin{pmatrix} 0 \\ 1 \\ 2 \cdot v \end{pmatrix} \qquad \mathbf{t_v}(u,v) := \begin{pmatrix} 0 \\ 1 \\ 2 \cdot v \end{pmatrix} \qquad \mathbf{t_v}(1,1) = \begin{pmatrix} 0 \\ 1 \\ 2 \end{pmatrix}$$

Vektorprodukt der Tangentenvektoren und Normaleneinheitsvektor:

$$\mathbf{t_u}(1,1)\times\mathbf{t_v}(1,1)=\begin{pmatrix}-2\\-2\\1\end{pmatrix}$$

$$\mathbf{n_0} := \frac{\mathbf{t_u}(1,1)\times\mathbf{t_v}(1,1)}{\left|\mathbf{t_u}(1,1)\times\mathbf{t_v}(1,1)\right|} \qquad \mathbf{n_0}^T \rightarrow \begin{pmatrix}-\frac{2}{3} & -\frac{2}{3} & \frac{1}{3}\end{pmatrix}$$

Gleichung der Tangentialebene im Punkt P:

$$\mathbf{n_0}\cdot\left[\begin{pmatrix}x\\y\\z\end{pmatrix}-\begin{pmatrix}1\\1\\2\end{pmatrix}\right]=0$$

$$\frac{1}{3}\cdot\begin{pmatrix}-2\\-2\\1\end{pmatrix}\cdot\left[\begin{pmatrix}x\\y\\z\end{pmatrix}-\begin{pmatrix}1\\1\\2\end{pmatrix}\right]=0 \quad \text{vereinfacht auf} \quad \frac{\overline{z}}{3}-\frac{2\cdot\overline{y}}{3}-\frac{2\cdot\overline{x}}{3}+\frac{2}{3}=0$$

Die Gleichung für die Tangentialebene kann noch durch Multiplikation mit 3 vereinfacht werden:

$$-2\cdot x+2\cdot y+1\cdot z+2=0$$

bzw.

$$z(x,y) := 2\cdot x+2\cdot y-2$$

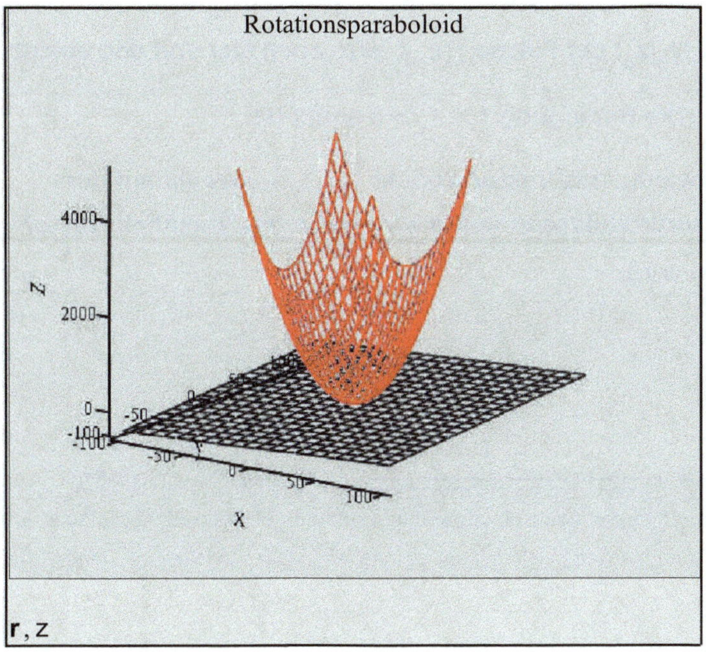

Abb. 4.2.2

Diagrammformat:
Diagramm 1:
Allgemein: Flächendiagramm
Achsenformat Ecke
Darstellung: keine Füllung, Drahtmodell, Volltonfarbe
Achsen: automatische Gitterwerte, Achsenformat nummeriert, Beschriftung
QuickPlot-Daten:
Bereich 1: Beginn -50, Ende 50, Schrittweite 20
Bereich 2: Beginn -50, Ende 50, Schrittweite 20
Diagramm 2:
Allgemein: Flächendiagramm
Achsenformat Ecke
Darstellung: keine Füllung, Drahtmodell, Volltonfarbe
Achsen: automatische Gitterwerte, Achsenformat nummeriert, Beschriftung
QuickPlot-Daten:
Bereich1:
Beginn -100, Ende 100, Schrittweite 20
Bereich2:
Beginn -100, Ende 100, Schrittweite 20

Flächen im Raum werden auch häufig durch die Funktion z = f(x,y) dargestellt. Ein beliebiger Punkt P auf einer solchen Fläche besitzt dann die Koordinaten P(x,y,z = f(x,y)). Damit kann jeder Punkt einer solchen Fläche durch Ortsvektoren beschrieben werden, die von den reellen Parametern x und y abhängen:

$$\overrightarrow{r(x,y)} = x \cdot \vec{e_x} + y \cdot \vec{e_y} + f(x,y) \cdot \vec{e_z} = \begin{pmatrix} x \\ y \\ f(x,y) \end{pmatrix} \qquad (4\text{-}47)$$

Die Fläche wird dabei auch von einem Netz von Parameterkurven (Gitterlinien oder Koordinatenlinien) durchzogen. Wir nennen sie kurz x-Linien und y-Linien. Längs einer solchen Linie ist jeweils einer der beiden Parameter konstant, d. h., die Parameterkurven hängen nur noch von einem Parameter ab:

$$\overrightarrow{r(x, y = \text{const})} \quad \text{... x-Linien} \qquad (4\text{-}48)$$

$$\overrightarrow{r(x = \text{const}, y)} \quad \text{... y-Linien}$$

Da längs einer x-Linie der Parameter y konstant bleibt und längs einer y-Linie der Parameter x konstant bleibt, erhalten wir analog wie nach (4-42) und (4-43) die Tangentenvektoren:

$$\vec{t_x} = \frac{\partial}{\partial x}\overrightarrow{r(x,y)} = \begin{pmatrix} 1 \\ 0 \\ \frac{\partial}{\partial x} f(x,y) \end{pmatrix} = \begin{pmatrix} 1 \\ 0 \\ f_x(x,y) \end{pmatrix} \qquad (4\text{-}49)$$

$$\vec{t_y} = \frac{\partial}{\partial y}\overrightarrow{r(x,y)} = \begin{pmatrix} 0 \\ 1 \\ \frac{\partial}{\partial y} f(x,y) \end{pmatrix} = \begin{pmatrix} 0 \\ 1 \\ f_y(x,y) \end{pmatrix} \qquad (4\text{-}50)$$

Die Tangentialebene in einem Flächenpunkt $P(x_0|y_0|z_0)$ der Fläche $\overrightarrow{r(x,y)}$ wird auch hier von den beiden Tangentenvektoren $\vec{t_x}$ und $\vec{t_y}$ aufgespannt, wenn die Bedingung $\vec{t_x} \times \vec{t_y} \neq 0$ erfüllt ist.

Unter dieser Voraussetzung steht, wie bereits erwähnt, das Vektorprodukt $\vec{t_x} \times \vec{t_y}$ senkrecht auf der Tangentialebene. Durch Normierung dieses Vektorproduktes erhalten wir den Normaleneinheitsvektor der Fläche, der auch Flächennormale $\vec{n_0}$ genannt wird:

$$\vec{n_0} = \frac{\vec{t_u} \times \vec{t_v}}{\left|\vec{t_u} \times \vec{t_v}\right|} = \frac{\begin{pmatrix} 1 \\ 0 \\ f_x(x,y) \end{pmatrix} \times \begin{pmatrix} 0 \\ 1 \\ f_y(x,y) \end{pmatrix}}{\left|\begin{pmatrix} 1 \\ 0 \\ f_x(x,y) \end{pmatrix} \times \begin{pmatrix} 0 \\ 1 \\ f_y(x,y) \end{pmatrix}\right|} = \frac{1}{\sqrt{f_x(x,y)^2 + f_y(x,y)^2 + 1}} \cdot \begin{pmatrix} -f_x(x,y) \\ -f_y(x,y) \\ 1 \end{pmatrix} \qquad (4\text{-}51)$$

Die Tangentialebene im Flächenpunkt $P(x_0|y_0|z_0)$ ergibt sich mit dem Ortsvektor $\vec{r_0}$ nach der Vektorgleichung:

$$\vec{n_0} \cdot \left(\vec{r} - \vec{r_0}\right) = 0 \quad \text{bzw.} \quad \begin{pmatrix} -f_x(x_0, y_0) \\ -f_y(x_0, y_0) \\ 1 \end{pmatrix} \cdot \begin{pmatrix} x - x_0 \\ y - y_0 \\ z - z_0 \end{pmatrix} = 0 \qquad (4\text{-}52)$$

Die partiellen Ableitungen sind im fest vorgegebenen Flächenpunkt P zu bilden. Der Normierungsfaktor von $\vec{n_0}$ kann hier weggelassen werden.

Bilden wir das Skalarprodukt auf der linken Seite der Vektorgleichung (4-52), so erhalten wir die Gleichung für die Tangentialebene in der impliziten Form

$$-f_x(x_0, y_0) \cdot (x - x_0) - f_y(x_0, y_0) \cdot (y - y_0) + (z - z_0) = 0 \qquad (4\text{-}53)$$

Lösen wir die implizite Gleichung nach z auf, so erhalten wir die Gleichung für die Tangentialebene in expliziter Form

$$z = f_x(x_0, y_0) \cdot (x - x_0) + f_y(x_0, y_0) \cdot (y - y_0) + z_0 \qquad (4\text{-}54)$$

Das Flächenelement dA lässt sich hier in den kartesischen Flächenparametern x und y ausdrücken:

$$dA = \left|\vec{t_x} \times \vec{t_y}\right| \cdot dx \cdot dy = \sqrt{f_x(x, y)^2 + f_y(x, y)^2 + 1} \cdot dx \cdot dy \qquad (4\text{-}55)$$

Beispiel 4.2.2:

Die Fläche $z = f(x,y) = x\, e^{x\,y}$ kann durch den nachfolgend gegebenen Ortsvektor beschrieben werden. Wie lautet die Gleichung der Tangentialebene im Flächenpunkt P mit den Parameterwerten x = 1 und y = 0?

$$\mathbf{r}(x, y) := \begin{pmatrix} x \\ y \\ x \cdot e^{x \cdot y} \end{pmatrix}$$ gegebener Ortsvektor

Tangentenvektoren des Flächenpunktes P(1 | 0 | 1):

$$\mathbf{t_x}(x, y) = \frac{\partial}{\partial x}\mathbf{r}(x, y) = \begin{pmatrix} 1 \\ 0 \\ e^{x \cdot y} + x \cdot y \cdot e^{x \cdot y} \end{pmatrix} \qquad \mathbf{t_x}(x, y) := \begin{pmatrix} 1 \\ 0 \\ e^{x \cdot y} + x \cdot y \cdot e^{x \cdot y} \end{pmatrix} \qquad \mathbf{t_x}(1, 0) = \begin{pmatrix} 1 \\ 0 \\ 1 \end{pmatrix}$$

$$\mathbf{t_y}(x, y) = \frac{\partial}{\partial y}\mathbf{r}(x, y) = \begin{pmatrix} 0 \\ 1 \\ x \cdot x \cdot e^{x \cdot y} \end{pmatrix} \qquad \mathbf{t_y}(x, y) := \begin{pmatrix} 0 \\ 1 \\ x \cdot x \cdot e^{x \cdot y} \end{pmatrix} \qquad \mathbf{t_y}(1, 0) = \begin{pmatrix} 0 \\ 1 \\ 1 \end{pmatrix}$$

Vektorprodukt der Tangentenvektoren und Normaleneinheitsvektor:

$$\mathbf{t_x}(1,0)\times\mathbf{t_y}(1,0)=\begin{pmatrix}-1\\-1\\1\end{pmatrix}$$

$$\mathbf{n_0}:=\frac{\mathbf{t_x}(1,0)\times\mathbf{t_y}(1,0)}{\left|\mathbf{t_x}(1,0)\times\mathbf{t_y}(1,0)\right|}\qquad \mathbf{n_0}^T\rightarrow\begin{pmatrix}-\frac{\sqrt{3}}{3} & -\frac{\sqrt{3}}{3} & \frac{\sqrt{3}}{3}\end{pmatrix}$$

Gleichung der Tangentialebene im Punkt P:

$$\mathbf{n_0}\cdot\left[\begin{pmatrix}x\\y\\z\end{pmatrix}-\begin{pmatrix}1\\0\\1\end{pmatrix}\right]=0$$

$$\frac{3^{\frac{1}{2}}}{3}\cdot\begin{pmatrix}-1\\-1\\1\end{pmatrix}\cdot\left[\begin{pmatrix}x\\y\\z\end{pmatrix}-\begin{pmatrix}1\\0\\1\end{pmatrix}\right]=0\quad\text{vereinfacht auf}\quad\frac{\sqrt{3}\cdot\overline{z}}{3}-\frac{\sqrt{3}\cdot\overline{y}}{3}-\frac{\sqrt{3}\cdot\overline{x}}{3}=0$$

Die Gleichung für die Tangentialebene kann noch durch Division von $\frac{\sqrt{3}}{3}$ vereinfacht werden:

$$-x-y+z=0$$

bzw.

$$z(x,y):=x+y$$

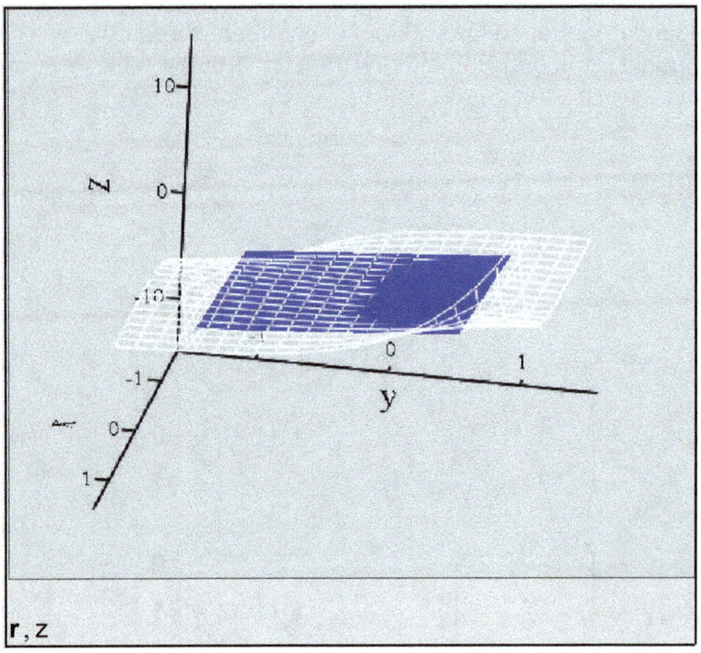

Abb. 4.2.3

Diagrammformat:
Diagramm 1:
Allgemein: Flächendiagramm
Achsenformat Ecke
Darstellung: keine Füllung, Drahtmodell, Volltonfarbe
Achsen: automatische Gitterwerte, Achsenformat nummeriert, Beschriftung
QuickPlot-Daten:
Bereich 1: Beginn -1.5, Ende 1.5, Schrittweite 20
Bereich 2: Beginn -1.5, Ende 1.5, Schrittweite 20
Diagramm 2:
Allgemein: Flächendiagramm
Achsenformat Ecke
Darstellung: Fläche füllen, Volltonfarbe, keine Linien
Achsen: automatische Gitterwerte, Achsenformat nummeriert, Beschriftung
QuickPlot-Daten:
Bereich 1: Beginn -1, Ende 1, Schrittweite 20
Bereich 2: Beginn -1, Ende 1, Schrittweite 20

4.2.2 Kurven auf Flächen

Die Flächenparameter u und v können auch Funktionen einer Variablen t sein, also

$$u = u(t) \text{ und } v = v(t) \tag{4-56}$$

Der Ortsvektor, der letztlich nur mehr von t abhängig ist

$$\overrightarrow{r(u(t), v(t))} = \overrightarrow{r(t)} = \begin{pmatrix} x(u(t), v(t)) \\ y(u(t), v(t)) \\ z(u(t), v(t)) \end{pmatrix} \tag{4-57}$$

beschreibt eine auf der Fläche $\overrightarrow{r(u, v)}$ verlaufende Kurve, die auch Flächenkurve genannt wird. Der zum Parameter t gehörige Punkt P der Flächenkurve besitzt dann (durch Anwendung der Kettenregel) folgenden Tangentenvektor:

$$\frac{d}{dt}\overrightarrow{r(t)} = \frac{\partial}{\partial u}\overrightarrow{r(u, v)} \cdot \frac{d}{dt}u(t) + \frac{\partial}{\partial v}\overrightarrow{r(u, v)} \cdot \frac{d}{dt}v(t) = \overrightarrow{t_u} \cdot \frac{d}{dt}u(t) + \overrightarrow{t_v} \cdot \frac{d}{dt}v(t) \tag{4-58}$$

$$\frac{d}{dt}\overrightarrow{r(t)} = \frac{d}{dt}u(t) \cdot \overrightarrow{t_u} + \frac{d}{dt}v(t) \cdot \overrightarrow{t_v}$$

Die Vektoren $\overrightarrow{t_u}$ und $\overrightarrow{t_v}$ sind die Tangentenvektoren an die durch den Kurvenpunkt P(u(t)|v(t)) gehenden Parameterlinien der Fläche.

Beispiel 4.2.3:

Geladene Teilchen, die schräg in ein homogenes Magnetfeld eintreten, bewegen sich auf der Mantelfläche eines Zylinders, der durch den nachfolgend gegebenen Ortsvektor beschrieben wird. Die Flächenparameter u und v sind dabei wie folgt von der Zeit abhängig: $u(t) = \omega\ t$; $v(t) = c\ t$. Wie lautet der Tangentenvektor dieser Flächenkurve?

$$\mathbf{r}(u, v) = \begin{pmatrix} R \cdot \cos(u) \\ R \cdot \sin(u) \\ v \end{pmatrix}$$ Ortsvektor

$$\mathbf{t_u} = \frac{\partial}{\partial u}\mathbf{r}(u, v) = \begin{pmatrix} -R \cdot \sin(u) \\ R \cdot \cos(u) \\ 0 \end{pmatrix} \qquad \mathbf{t_v} = \frac{\partial}{\partial v}\mathbf{r}(u, v) = \begin{pmatrix} 0 \\ 0 \\ 1 \end{pmatrix}$$ Tangentenvektoren

$$\frac{d}{dt}u(t) = \omega \qquad \frac{d}{dt}v(t) = c$$ Ableitungen der Parameter

$$\frac{d}{dt}\mathbf{r}(t) = \frac{d}{dt}u(t) \cdot \mathbf{t_u} + \frac{d}{dt}v(t) \cdot \mathbf{t_v} = \omega \cdot \begin{pmatrix} -R \cdot \sin(\omega \cdot t) \\ R \cdot \cos(\omega \cdot t) \\ 0 \end{pmatrix} + c \cdot \begin{pmatrix} 0 \\ 0 \\ 1 \end{pmatrix} = \begin{pmatrix} -R \cdot \omega \cdot \sin(\omega \cdot t) \\ R \cdot \omega \cdot \cos(\omega \cdot t) \\ c \end{pmatrix}$$

Dieses Ergebnis stimmt mit dem Ergebnis in Beispiel 4.1.6 überein.

$R := 10 \cdot cm$ gewählter Radius der Bahnkurve

$\omega := 3 \cdot \pi \cdot s^{-1}$ gewählte Kreisfrequenz

$c := 50 \cdot \frac{cm}{s}$ gewählte Konstante

$$\mathbf{r}(u, v) := \begin{pmatrix} R \cdot \cos(u) \\ R \cdot \sin(u) \\ v \end{pmatrix}$$ Ortsvektor für die Zylindermantelfläche

$$\mathbf{r_1}(t) := \begin{pmatrix} R \cdot \cos(\omega \cdot t) \\ R \cdot \sin(\omega \cdot t) \\ c \cdot t \end{pmatrix}$$ Ortsvektor der Flächenkurve

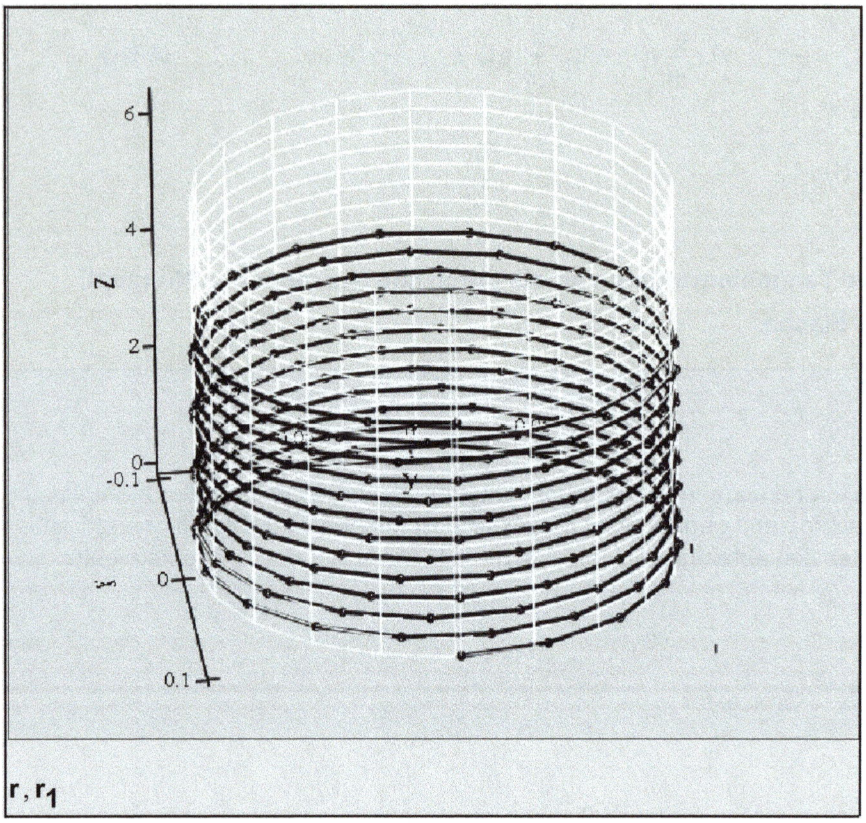

Abb. 4.2.4

Diagrammformat:
Diagramm 1:
Allgemein: Flächendiagramm
Achsenformat Ecke
Darstellung: keine Füllung, Drahtmodell
Achsen: Teilstriche, automatische Gitterwerte, Achsenformat nummeriert, Beschriftung
QuickPlot-Daten: Beginn 0, Ende 6.26, Schrittweite 20

Diagramm 2:
Allgemein: Streuungsdiagramm
Achsenformat Ecke
Darstellung: Linien, Volltonfarbe
QuickPlot-Daten: Beginn 0, Ende 8, Schrittweite 200

4.3 Ebene und räumliche Koordinatensysteme

4.3.1 Zweidimensionale Koordinatensysteme

a) Kartesische Koordinaten

Die einfachste Wahl einer Basis des $\mathbb{R}^2$ führt auf das bekannte kartesische Koordinatensystem. Hier wählen wir Einheitsvektoren $\vec{e}_x$ und $\vec{e}_y$ in x- und y-Richtung als Basisvektoren und kommen so zu der bekannten Darstellung eines Vektors (Abb. 4.3.1).

$$\vec{r} = x \cdot \vec{e}_x + y \cdot \vec{e}_y = \begin{pmatrix} x \\ y \end{pmatrix} \qquad (4\text{-}59)$$

b) Polarkoordinaten

Das zweite häufig verwendete Koordinatensystem ist das Polarkoordinatensystem. Die Polarkoordinaten (r, φ) eines Punktes P der Ebene sind hier nicht durch die Projektion auf die x- und y-Achse gegeben, sondern durch die Länge r des Vektors $\vec{r}$ und den Winkel φ, den er mit der x-Achse einschließt, wobei der Winkel im mathematisch positiven Drehsinn (entgegen dem Uhrzeigersinn) gemessen wird (Abb. 4.3.1). Zwischen den kartesischen Koordinaten und den Polarkoordinaten besteht dann folgender Zusammenhang:

$$\begin{matrix} x = r \cdot \cos(\varphi) \\ y = r \cdot \sin(\varphi) \end{matrix} \quad \Leftrightarrow \quad \begin{matrix} r = \sqrt{x^2 + y^2} \\ \tan(\varphi) = \dfrac{y}{x} \end{matrix} \qquad (r \ge 0 \; ; \; 0 \le \varphi < 2 \cdot \pi) \qquad (4\text{-}60)$$

Der Koordinatenursprung eines Polarkoordinatensystems, auch als Pol bezeichnet, hat die Abstandskoordinate r = 0, die Winkelkoordinate φ ist aber unbestimmt. Das Polarkoordinatensystem ist ein krummliniges Koordinatensystem (Abb. 4.3.2), in Mathcad Kreisdiagramm genannt, mit folgenden Koordinatenlinien:

r = const. : Konzentrische Kreise um den Koordinatenursprung (φ-Linien)

φ = const.: Vom Koordinatenursprung nach außen laufende Strahlen (r-Linien)

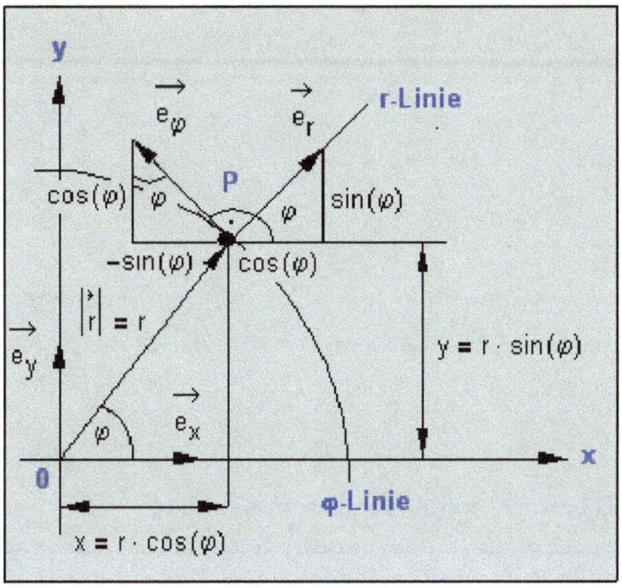

Abb. 4.3.1

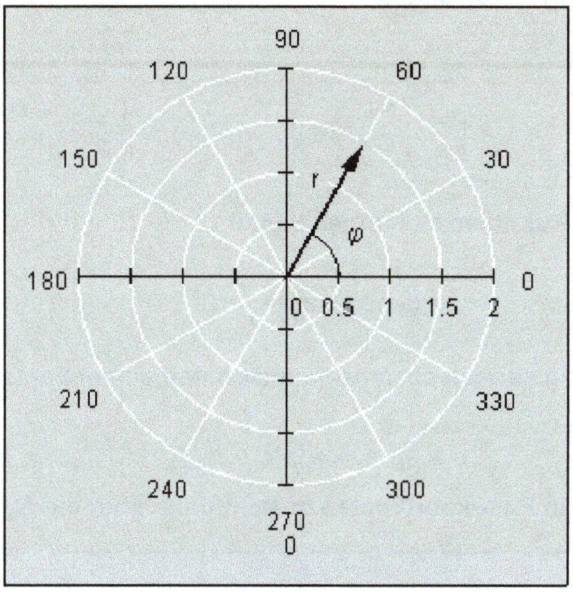

Abb. 4.3.2

Als natürliche Basis verwenden wir in Polarkoordinaten die folgende Orthogonalbasis ($\vec{e_r} \cdot \vec{e_\varphi} = 0$):

$$\vec{e_r} = \frac{\vec{r}}{r} = \begin{pmatrix} \cos(\varphi) \\ \sin(\varphi) \end{pmatrix}$$ Tangenteneinheitsvektor an die r-Koordinatenlinie (4-61)

$$\vec{e_\varphi} = \begin{pmatrix} -\sin(\varphi) \\ \cos(\varphi) \end{pmatrix}$$ Tangenteneinheitsvektor an die φ-Koordinatenlinie (4-62)

Die Vektoren zeigen jeweils in die Richtung, in der sich $\vec{r}$ ändert, wenn wir r bzw. φ erhöhen (Abb. 4.3.1) im Gegensatz zu den kartesischen Einheitsvektoren.

Der Übergang von der kartesischen Basis $\vec{e_x}$ und $\vec{e_y}$ zur Basis in Polarkoordinaten $\vec{e_r}$ und φ kann aus Abb. 4.3.1 abgelesen werden:

$$\vec{e_r} = \cos(\varphi) \cdot \vec{e_x} + \sin(\varphi) \cdot \vec{e_y} = \begin{pmatrix} \cos(\varphi) \\ \sin(\varphi) \end{pmatrix} \tag{4-63}$$

$$\vec{e_\varphi} = -\sin(\varphi) \cdot \vec{e_x} + \cos(\varphi) \cdot \vec{e_y} = \begin{pmatrix} -\sin(\varphi) \\ \cos(\varphi) \end{pmatrix}$$

Der Übergang lässt sich auch durch eine Transformationsmatrix D beschreiben (siehe dazu Abschnitt 3.5.3 Drehmatrix):

$$\begin{pmatrix} \vec{e_r} \\ \vec{e_\varphi} \end{pmatrix} = \begin{pmatrix} \cos(\varphi) & \sin(\varphi) \\ -\sin(\varphi) & \cos(\varphi) \end{pmatrix} \cdot \begin{pmatrix} \vec{e_x} \\ \vec{e_y} \end{pmatrix} = \mathbf{D} \cdot \begin{pmatrix} \vec{e_x} \\ \vec{e_y} \end{pmatrix} \tag{4-64}$$

Die Matrix D ist orthogonal:

$$\det(\mathbf{D}) = \left| \begin{pmatrix} \cos(\varphi) & \sin(\varphi) \\ -\sin(\varphi) & \cos(\varphi) \end{pmatrix} \right| = \cos(\varphi)^2 + \sin(\varphi)^2 = 1 \tag{4-65}$$

Umgekehrt gilt für die Rücktransformation von Polarkoordinaten in kartesische Koordinaten mithilfe der inversen Matrix D^{-1}:

$$\begin{pmatrix} \vec{e_x} \\ \vec{e_y} \end{pmatrix} = \begin{pmatrix} \cos(\varphi) & -\sin(\varphi) \\ \sin(\varphi) & \cos(\varphi) \end{pmatrix} \cdot \begin{pmatrix} \vec{e_r} \\ \vec{e_\varphi} \end{pmatrix} = \mathbf{D}^{-1} \cdot \begin{pmatrix} \vec{e_r} \\ \vec{e_\varphi} \end{pmatrix} \tag{4-66}$$

Für einen beliebigen Vektor

$$\vec{a} = a_x \cdot \vec{e_x} + a_y \cdot \vec{e_y} \tag{4-67}$$

in kartesischen Koordinaten und einem Vektor

$$\vec{a} = a_r \cdot \vec{e_r} + a_\varphi \cdot \vec{e_\varphi} \tag{4-68}$$

in Polarkoordinaten besteht dann über die Matrix D bzw. D^{-1} folgender Zusammenhang:

$$\begin{pmatrix} a_r \\ a_\varphi \end{pmatrix} = \begin{pmatrix} \cos(\varphi) & \sin(\varphi) \\ -\sin(\varphi) & \cos(\varphi) \end{pmatrix} \cdot \begin{pmatrix} a_x \\ a_y \end{pmatrix} \qquad \textbf{(4-69)}$$

bzw.

$$\begin{pmatrix} a_x \\ a_y \end{pmatrix} = \begin{pmatrix} \cos(\varphi) & -\sin(\varphi) \\ \sin(\varphi) & \cos(\varphi) \end{pmatrix} \cdot \begin{pmatrix} a_r \\ a_\varphi \end{pmatrix} \qquad \textbf{(4-70)}$$

Ein Vektor $\vec{a}$ ist an sich unabhängig vom Koordinatensystem. Erst die Komponenten eines Vektors sind von der Wahl des Koordinatensytems abhängig!

Beispiel 4.3.1:

Für einen Massenpunkt, der sich auf einer Kreisbahn in der Ebene mit dem Radius R = 2 m gegen den Uhrzeigersinn mit konstanter Winkelgeschwindigkeit ω = 0.5 s^{-1} bewegt, sollen der Ortsvektor, der Geschwindigkeitsvektor und der Beschleunigungsvektor in Polarkoordinaten dargestellt werden (siehe dazu Beispiel 4.1.8).

ORIGIN := 1 — ORIGIN festlegen

$R := R \qquad \omega := \omega \qquad t := t$ — Redefinitionen

$$\mathbf{r}(t) = \begin{pmatrix} R \cdot \cos(\omega \cdot t) \\ R \cdot \sin(\omega \cdot t) \end{pmatrix}$$ Ortsvektor der Kreisbahn

$$\mathbf{v}(t) = \begin{pmatrix} -R \cdot \sin(\omega \cdot t) \cdot \omega \\ R \cdot \cos(\omega \cdot t) \cdot \omega \end{pmatrix}$$ Geschwindigkeitsvektor

$$\mathbf{a}(t) = \begin{pmatrix} -R \cdot \cos(\omega \cdot t) \cdot \omega^2 \\ -R \cdot \sin(\omega \cdot t) \cdot \omega^2 \end{pmatrix}$$ Beschleunigungsvektor

Mit $\boldsymbol{\varphi = \omega\, t}$ ergibt sich für die Kreisbahn in Polarkoordinaten die Gleichung:

$r(\varphi) = r(\omega \cdot t) = R$ — Polarkoordinatengleichung für die Kreisbahn

Die allgemeine Darstellung des Geschwindigkeitsvektors und Beschleunigungsvektors in Polarkoordinaten lautet:

$$\mathbf{v} = v_r \cdot \mathbf{e_r} + v_\varphi \cdot \mathbf{e_\varphi} \qquad \mathbf{a} = a_r \cdot \mathbf{e_r} + a_\varphi \cdot \mathbf{e_\varphi}$$

Für den Übergang von kartesischen Koordinaten in Polarkoordinaten gilt nach (4-69):

$$\begin{pmatrix} v_r \\ v_\varphi \end{pmatrix} = \begin{pmatrix} \cos(\varphi) & \sin(\varphi) \\ -\sin(\varphi) & \cos(\varphi) \end{pmatrix} \cdot \begin{pmatrix} v_x \\ v_y \end{pmatrix} \qquad \begin{pmatrix} a_r \\ a_\varphi \end{pmatrix} = \begin{pmatrix} \cos(\varphi) & \sin(\varphi) \\ -\sin(\varphi) & \cos(\varphi) \end{pmatrix} \cdot \begin{pmatrix} a_x \\ a_y \end{pmatrix}$$

$$\begin{pmatrix} v_r \\ v_\varphi \end{pmatrix} = \begin{pmatrix} \cos(\omega \cdot t) & \sin(\omega \cdot t) \\ -\sin(\omega \cdot t) & \cos(\omega \cdot t) \end{pmatrix} \cdot \begin{pmatrix} -R \cdot \sin(\omega \cdot t) \cdot \omega \\ R \cdot \cos(\omega \cdot t) \cdot \omega \end{pmatrix} \quad \text{vereinfacht auf} \quad \begin{pmatrix} v_r \\ v_\varphi \end{pmatrix} = \begin{pmatrix} 0 \\ R \cdot \omega \end{pmatrix}$$

Der Massenpunkt besitzt also nur eine konstante tangentiale Geschwindigkeitskomponente in Übereinstimmung mit Beispiel 4.1.8:

$$\mathbf{v}(t) = 0 \cdot \mathbf{e_r} + \omega \cdot R \cdot \mathbf{e_\varphi} = \omega \cdot R \cdot \mathbf{e_\varphi} = \omega \cdot R \cdot \begin{pmatrix} -\sin(\omega \cdot t) \\ \cos(\omega \cdot t) \end{pmatrix}$$

Für den Beschleunigungsvektor gilt:

$$\begin{pmatrix} a_r \\ a_\varphi \end{pmatrix} = \begin{pmatrix} \cos(\omega \cdot t) & \sin(\omega \cdot t) \\ -\sin(\omega \cdot t) & \cos(\omega \cdot t) \end{pmatrix} \cdot \begin{pmatrix} -R \cdot \cos(\omega \cdot t) \cdot \omega^2 \\ -R \cdot \sin(\omega \cdot t) \cdot \omega^2 \end{pmatrix} \quad \text{vereinfacht auf} \quad \begin{pmatrix} a_r \\ a_\varphi \end{pmatrix} = \begin{pmatrix} -R \cdot \omega^2 \\ 0 \end{pmatrix}$$

Der Massenpunkt besitzt also nur eine konstante radiale Beschleunigungskomponente in Übereinstimmung mit Beispiel 4.1.8 (Zentripetalbeschleunigung):

$$\mathbf{a}(t) = a_r \cdot \mathbf{e_r} + a_\varphi \cdot \mathbf{e_\varphi} = -R \cdot \omega^2 \cdot \mathbf{e_r} + 0 \cdot \mathbf{e_\varphi} = -R \cdot \omega^2 \cdot \mathbf{e_r} = -R \cdot \omega^2 \cdot \begin{pmatrix} \cos(\omega \cdot t) \\ \sin(\omega \cdot t) \end{pmatrix}$$

$R := 2 \cdot m$ Kreisradius

$\omega := 0.5 \cdot s^{-1}$ Kreisfrequenz

$r(t) := R$ Kreisbahn in Polarkoordinaten

$\mathbf{a}(t) := -R \cdot \omega^2 \cdot \begin{pmatrix} \cos(\omega \cdot t) \\ \sin(\omega \cdot t) \end{pmatrix}$ Beschleunigungsvektor

$k := 1 .. 2$ Bereichsvariable

$t := 0 \cdot s, 0.01 \cdot s .. 2 \cdot \pi \cdot s$ Bereichsvariable

$t_1 := \frac{4 \cdot \pi}{20} \cdot FRAME \cdot s$ **FRAME von 0 bis 20**

$\mathbf{a_1}(t) := \begin{pmatrix} \frac{R}{s^2} \\ \frac{R}{s^2} - |\mathbf{a}(t)| \end{pmatrix}$ Vektorfunktion zur grafischen Darstellung des zeitabhängigen Beschleunigungsvektors (ohne Vektorpfeilspitze)

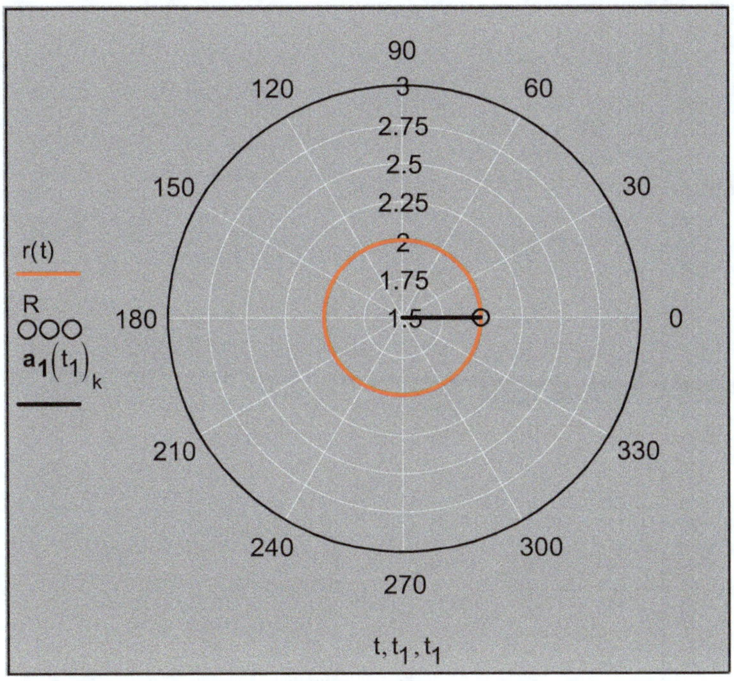

Abb. 4.3.3

4.3.2 Dreidimensionale Koordinatensysteme

4.3.2.1 Zylinderkoordinaten

Bei räumlichen Problemen mit Axial- oder Zylindersymmetrie bzw. Rotationssymmetrie verwenden wir häufig Zylinderkoordinaten.
Die Zylinderkoordinaten ρ, φ und z eines Raumpunktes P(x | y | z) bestehen aus den Polarkoordinaten ρ und φ des Projektionspunktes P'(x | y | 0) in der x-y-Ebene und der kartesischen Höhenkoordinate z (Abb. 4.3.4).

Zwischen den kartesischen Koordinaten und den Zylinderkoordinaten besteht dann folgender Zusammenhang:

$$x = \rho \cdot \cos(\varphi) \qquad \rho = \sqrt{x^2 + y^2}$$

$$y = \rho \cdot \sin(\varphi) \quad \Leftrightarrow \quad \tan(\varphi) = \frac{y}{x} \qquad (\rho \geq 0 \, ; \, 0 \leq \varphi < 2 \cdot \pi \, ; \, -\infty < z < \infty) \qquad (4\text{-}71)$$

$$z = z \qquad z = z$$

Die Berechnung von φ erfolgt mit den nachfolgend in Abb. 4.3.8 angegebenen Beziehungen.
Koordinatenflächen entstehen, wenn jeweils eine der drei Zylinderkoordinaten festgehalten wird:
ρ = const.: Zylindermantel
φ = const.: Halbebene durch die z-Achse
z = const.: Parallele Ebene zur x-y-Ebene in der Höhe z
Koordinatenlinien entstehen, wenn jeweils zwei der drei Zylinderkoordinaten festgehalten werden:
φ , z = const.: Halbgerade senkrecht zur z-Achse (ρ ≥ 0; ρ-Linie)
ρ , z = const.: Kreis um die z-Achse parallel zur x-y-Ebene (φ-Linie)
ρ , z = const.: Mantellinie des Zylinders (z-Linie)

Die Koordinatenlinien stehen in jedem Punkt, mit Ausnahme des Koordinatenursprungs, paarweise senkrecht aufeinander. Die Zylinderkoordinaten sind daher wie die kartesischen Koordinaten orthogonale räumliche Koordinaten.

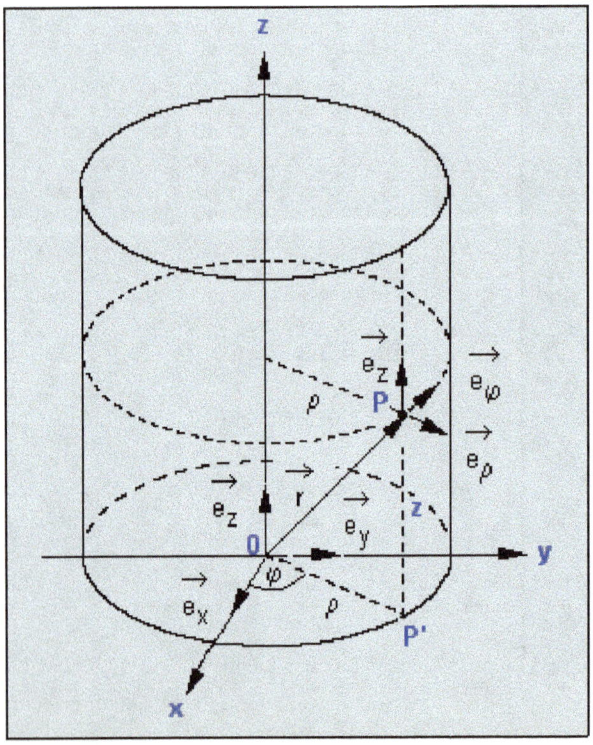

Abb. 4.3.4

Als natürliche Basis verwenden wir in Zylinderkoordinaten die folgende Orthogonalbasis:
Tangenteneinheitsvektor an die ρ-Koordinatenlinie (axial nach außen gerichtet):

$$\vec{e}_\rho = \frac{\vec{\rho}}{\rho} = \begin{pmatrix} \cos(\varphi) \\ \sin(\varphi) \\ 0 \end{pmatrix} \quad (4\text{-}72)$$

Tangenteneinheitsvektor an die φ-Koordinatenlinie (tangiert den Kreis ρ = const. um die z-Achse in der Höhe z):

$$\vec{e}_\varphi = \begin{pmatrix} -\sin(\varphi) \\ \cos(\varphi) \\ 0 \end{pmatrix} \quad (4\text{-}73)$$

Tangenteneinheitsvektor an die z-Koordinatenlinie (verläuft in der Mantellinie des Zylinders, d. h. parallel zur z-Achse):

$$\vec{e}_z = \begin{pmatrix} 0 \\ 0 \\ 1 \end{pmatrix} \quad (4\text{-}74)$$

Die Einheitsvekoren $\vec{e}_\rho$ und $\vec{e}_\varphi$ ändern sich von Punkt zu Punkt, der Einheitsvektor $\vec{e}_z$ bleibt dagegen unverändert (Abb. 4.3.4). Sie stehen aber stets senkrecht aufeinander und bilden ein rechtshändiges System ("Rechtsschraubensystem").

Der Übergang von der kartesischen Basis $\vec{e}_x$, $\vec{e}_y$ und $\vec{e}_z$ zur Basis in Zylinderkoordinaten $\vec{e}_\rho$, $\vec{e}_\varphi$ und $\vec{e}_z$, kann wie bei ebenen Polarkoordinaten durch eine orthogonale Transformationsmatrix D beschrieben werden (siehe dazu Abschnitt 3.5.3 Drehmatrix um die z-Achse um den Winkel φ):

$$\begin{pmatrix} \vec{e}_\rho \\ \vec{e}_\varphi \\ \vec{e}_z \end{pmatrix} = \begin{pmatrix} \cos(\varphi) & \sin(\varphi) & 0 \\ -\sin(\varphi) & \cos(\varphi) & 0 \\ 0 & 0 & 1 \end{pmatrix} \cdot \begin{pmatrix} \vec{e}_x \\ \vec{e}_y \\ \vec{e}_z \end{pmatrix} = \mathbf{D} \cdot \begin{pmatrix} \vec{e}_x \\ \vec{e}_y \\ \vec{e}_z \end{pmatrix} \quad (4\text{-}75)$$

Umgekehrt gilt für die Rücktransformation von Zylinderkoordinaten in kartesische Koordinaten mithilfe der inversen Matrix D^{-1}:

$$\begin{pmatrix} \vec{e}_x \\ \vec{e}_y \\ \vec{e}_z \end{pmatrix} = \begin{pmatrix} \cos(\varphi) & -\sin(\varphi) & 0 \\ \sin(\varphi) & \cos(\varphi) & 0 \\ 0 & 0 & 1 \end{pmatrix} \cdot \begin{pmatrix} \vec{e}_\rho \\ \vec{e}_\varphi \\ \vec{e}_z \end{pmatrix} = \mathbf{D}^{-1} \cdot \begin{pmatrix} \vec{e}_\rho \\ \vec{e}_\varphi \\ \vec{e}_z \end{pmatrix} \quad (4\text{-}76)$$

Für einen beliebigen Vektor

$$\vec{a} = a_x \cdot \vec{e}_x + a_y \cdot \vec{e}_y + a_z \cdot \vec{e}_z \quad (4\text{-}77)$$

in kartesischen Koordinaten und einem Vektor

$$\vec{a} = a_\rho \cdot \vec{e}_\rho + a_\varphi \cdot \vec{e}_\varphi + a_z \cdot \vec{e}_z \quad (4\text{-}78)$$

in Zylinderkoordinaten besteht dann über die Matrix D bzw. D^{-1} folgender Zusammenhang:

$$\begin{pmatrix} a_\rho \\ a_\varphi \\ a_z \end{pmatrix} = \begin{pmatrix} \cos(\varphi) & \sin(\varphi) & 0 \\ -\sin(\varphi) & \cos(\varphi) & 0 \\ 0 & 0 & 1 \end{pmatrix} \cdot \begin{pmatrix} a_x \\ a_y \\ a_z \end{pmatrix} \quad (4\text{-}79)$$

$$\begin{pmatrix} a_x \\ a_y \\ a_z \end{pmatrix} = \begin{pmatrix} \cos(\varphi) & -\sin(\varphi) & 0 \\ \sin(\varphi) & \cos(\varphi) & 0 \\ 0 & 0 & 1 \end{pmatrix} \cdot \begin{pmatrix} a_\rho \\ a_\varphi \\ a_z \end{pmatrix} \quad (4\text{-}80)$$

Ein Vektor $\vec{a}$ ist auch hier unabhängig vom Koordinatensystem. Erst die Komponenten des Vektors sind von der Wahl des Koordinatensytems abhängig!

<u>Beispiel 4.3.2:</u>

Wie lauten der Geschwindigkeitsvektor und der Beschleunigungsvektor für geladene Teilchen, die schief in ein homogenes Magnetfeld eingeschossen werden (Beispiel 4.1.6) in Zylinderkoordinaten?

$$\mathbf{r}(t) = x(t)\cdot\mathbf{e_x} + y(t)\cdot\mathbf{e_y} + z(t)\cdot\mathbf{e_z} = \begin{pmatrix} R\cdot\cos(\omega\cdot t) \\ R\cdot\sin(\omega\cdot t) \\ c\cdot t \end{pmatrix}$$

Vektorfunktion (zeitabhängiger Ortsvektor)

$$\mathbf{v}(t) = \frac{d}{dt}x(t)\cdot\mathbf{e_x} + \frac{d}{dt}y(t)\cdot\mathbf{e_y} + \frac{d}{dt}z(t)\cdot\mathbf{e_z} = \begin{pmatrix} \frac{d}{dt}x(t) \\ \frac{d}{dt}y(t) \\ \frac{d}{dt}z(t) \end{pmatrix} = \begin{pmatrix} -R\cdot\omega\cdot\sin(\omega\cdot t) \\ R\cdot\omega\cdot\cos(\omega\cdot t) \\ c \end{pmatrix}$$

Geschwindigkeitsvektor in kartesischen Koordinaten

$$\mathbf{a}(t) = \frac{d}{dt}v_x(t)\cdot\mathbf{e_x} + \frac{d}{dt}v_y(t)\cdot\mathbf{e_y} + \frac{d}{dt}v_z(t)\cdot\mathbf{e_z} = \begin{pmatrix} \frac{d}{dt}v_x(t) \\ \frac{d}{dt}v_y(t) \\ \frac{d}{dt}v_z(t) \end{pmatrix} = \begin{pmatrix} -R\cdot\omega^2\cdot\cos(\omega\cdot t) \\ -R\cdot\omega^2\cdot\sin(\omega\cdot t) \\ 0 \end{pmatrix}$$

Beschleunigungsvektor in kartesischen Koordinaten

Die allgemeine Darstellung des Geschwindigkeitsvektors und Beschleunigungsvektor in Polarkoordinaten lautet:

$$\mathbf{v} = v_\rho\cdot\mathbf{e_\rho} + v_\varphi\cdot\mathbf{e_\varphi} + v_z\cdot\mathbf{e_z} \qquad \mathbf{a} = a_\rho\cdot\mathbf{e_\rho} + a_\varphi\cdot\mathbf{e_\varphi} + a_z\cdot\mathbf{e_z}$$

Für den Übergang von kartesischen Koordinaten in Polarkoordinaten gilt nach (4-79):

$$\begin{pmatrix} v_\rho \\ v_\varphi \\ v_z \end{pmatrix} = \begin{pmatrix} \cos(\omega\cdot t) & \sin(\omega\cdot t) & 0 \\ -\sin(\omega\cdot t) & \cos(\omega\cdot t) & 0 \\ 0 & 0 & 1 \end{pmatrix}\cdot\begin{pmatrix} v_x \\ v_y \\ v_z \end{pmatrix} \qquad \begin{pmatrix} a_\rho \\ a_\varphi \\ a_z \end{pmatrix} = \begin{pmatrix} \cos(\omega\cdot t) & \sin(\omega\cdot t) & 0 \\ -\sin(\omega\cdot t) & \cos(\omega\cdot t) & 0 \\ 0 & 0 & 1 \end{pmatrix}\cdot\begin{pmatrix} a_x \\ a_y \\ a_z \end{pmatrix}$$

$$\begin{pmatrix} v_\rho \\ v_\varphi \\ v_z \end{pmatrix} = \begin{pmatrix} \cos(\omega\cdot t) & \sin(\omega\cdot t) & 0 \\ -\sin(\omega\cdot t) & \cos(\omega\cdot t) & 0 \\ 0 & 0 & 1 \end{pmatrix}\cdot\begin{pmatrix} -R\cdot\omega\cdot\sin(\omega\cdot t) \\ R\cdot\omega\cdot\cos(\omega\cdot t) \\ c \end{pmatrix}$$

vereinfacht auf

$$\begin{pmatrix} v_\rho \\ v_\varphi \\ v_z \end{pmatrix} = \begin{pmatrix} 0 \\ R\cdot\omega \\ c \end{pmatrix}$$

$$\mathbf{v}(t) = 0 \cdot \mathbf{e_\rho} + R \cdot \omega \cdot \mathbf{e_\varphi} + c \cdot \mathbf{e_z} = R \cdot \omega \cdot \mathbf{e_\varphi} + c \cdot \mathbf{e_z} = \begin{pmatrix} -R \cdot \omega \cdot \sin(\omega \cdot t) \\ R \cdot \omega \cdot \cos(\omega \cdot t) \\ c \end{pmatrix}$$

Für den Beschleunigungsvektor gilt:

$$\begin{pmatrix} a_\rho \\ a_\varphi \\ a_z \end{pmatrix} = \begin{pmatrix} \cos(\omega \cdot t) & \sin(\omega \cdot t) & 0 \\ -\sin(\omega \cdot t) & \cos(\omega \cdot t) & 0 \\ 0 & 0 & 1 \end{pmatrix} \cdot \begin{pmatrix} -R \cdot \omega^2 \cdot \cos(\omega \cdot t) \\ -R \cdot \omega^2 \cdot \sin(\omega \cdot t) \\ 0 \end{pmatrix}$$

vereinfacht auf

$$\begin{pmatrix} a_\rho \\ a_\varphi \\ a_z \end{pmatrix} = \begin{pmatrix} -R \cdot \omega^2 \\ 0 \\ 0 \end{pmatrix}$$

$$\mathbf{a}(t) = -R \cdot \omega^2 \cdot \mathbf{e_\rho} + 0 \cdot \mathbf{e_\varphi} + 0 \cdot \mathbf{e_z} = -R \cdot \omega^2 \cdot \begin{pmatrix} \cos(\varphi) \\ \sin(\varphi) \\ 0 \end{pmatrix}$$

Der Massenpunkt besitzt also nur eine konstante radiale Beschleunigungskomponente.

Linien- oder Bogenelement ds in Zylinderkoordinaten:

Das Linien- oder Bogenelement, die geradlinige Verbindung zweier differentiell benachbarter Punkte, ist in Zylinderkoordinaten gegeben durch:

$$ds = \sqrt{d\rho^2 + \rho^2 \cdot d\varphi^2 + dz^2} \qquad (4\text{-}81)$$

Das Flächenelement dA auf dem Zylindermantel mit ρ = const.:

Ein Flächenelement dA besitzt, wie nachfolgend in Abb. 4.3.5 angegeben, den Inhalt

$$dA = \rho \cdot d\varphi \cdot dz \qquad (4\text{-}82)$$

Das Volumselement dV eines Zylinderkörpers:

Ein Volumselement dV eines Zylinderkörpers besitzt, wie nachfolgend in Abb. 4.3.6 angegeben, den Inhalt

$$dV = dA \cdot dz = \rho \cdot d\rho \cdot d\varphi \cdot dz \qquad (4\text{-}83)$$

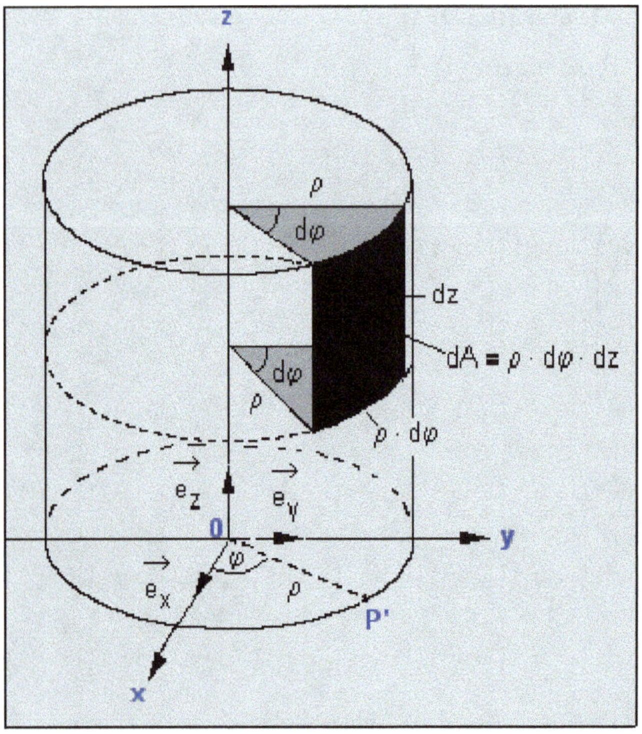

Abb. 4.3.5

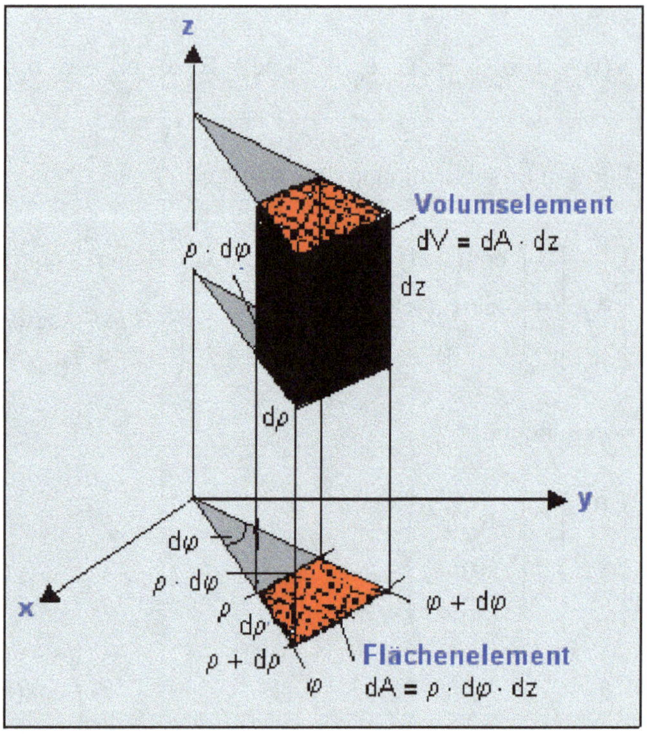

Abb. 4.3.6

4.3.2.2 Kugelkoordinaten

Bei räumlichen Problemen mit Kugel- oder Radialsymmetrie verwenden wir häufig Kugelkoordinaten.
Die Kugelkoordinaten r, ϑ und φ eines Raumpunktes P(x | y | z) bestehen aus der Abstandskoordinate r und zwei Winkelkoordinaten ϑ und φ (Abb. 4.3.7).

Zwischen den kartesischen Koordinaten und den Kugelkoordinaten besteht dann folgender Zusammenhang:

$$x = r \cdot \sin(\vartheta) \cdot \cos(\varphi) \qquad r = \sqrt{x^2 + y^2 + z^2}$$

$$y = r \cdot \sin(\vartheta) \cdot \sin(\varphi) \quad \Leftrightarrow \quad \sin(\varphi) = \frac{y}{\sqrt{x^2 + y^2}} \qquad \cos(\varphi) = \frac{x}{\sqrt{x^2 + y^2}} \qquad \tan(\varphi) = \frac{y}{x}$$

$$z = r \cdot \cos(\vartheta) \qquad \cos(\vartheta) = \frac{z}{r} \qquad \tan(\vartheta) = \frac{\sqrt{x^2 + y^2}}{z} \qquad \text{(4-84)}$$

$$(r \geq 0;\ 0 \leq \vartheta \leq \pi;\ 0 \leq \varphi < 2 \cdot \pi)$$

Für die Umrechnung der Koordinaten φ und ϑ gelten die nachfolgenden Beziehungen in Abb. 4.3.8.

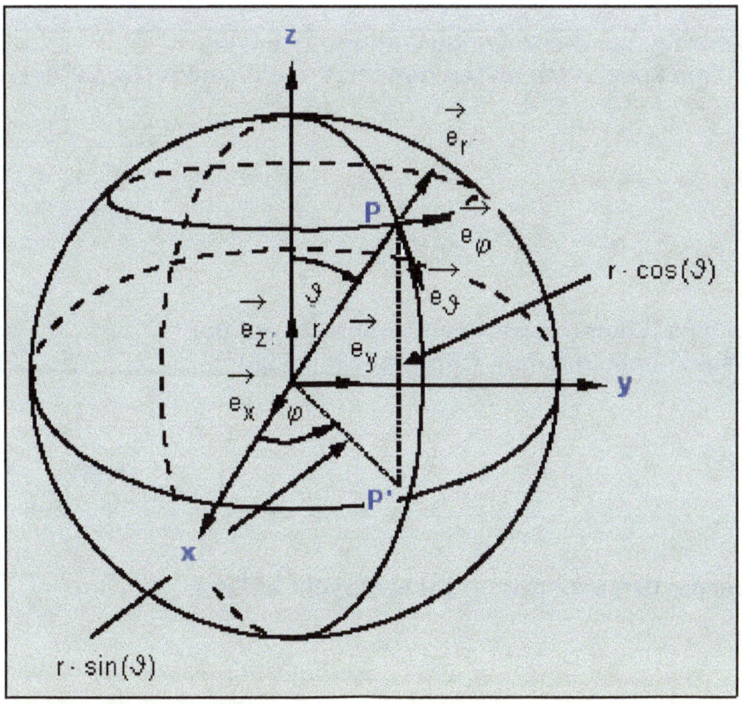

Abb. 4.3.7

Koordinatenflächen entstehen, wenn jeweils eine der drei Kugelkoordinaten festgehalten wird:
r = const. : Kugeloberfläche
ϑ = const.: Mantelfläche eines Kegels (Kegelspitze im Koordinatenursprung)
φ = const. : Halbebene durch die z-Achse
Koordinatenlinien entstehen, wenn jeweils zwei der drei Kugelkoordinaten festgehalten werden:
ϑ , φ = const.: Radialer Strahl vom Koordinatenursprung nach außen (r-Linie)
r , ϑ = const.: Breitenkreis mit dem Radius r sin(ϑ) (φ-Linie)
r , φ = const.: Längenkreis (ϑ-Linie)

Die Koordinatenlinien stehen in jedem Punkt, mit Ausnahme des Koordinatenursprungs, paarweise senkrecht aufeinander. Die Kugelkoordinaten sind daher wie die kartesischen Koordinaten und Zylinderkoordinaten orthogonale räumliche Koordinaten.

$$\varphi = \begin{cases} \arctan\left(\frac{y}{x}\right) & \text{für } x > 0 \\ \pi + \arctan\left(\frac{y}{x}\right) & \text{für } x < 0,\ y \geq 0 \\ -\pi + \arctan\left(\frac{y}{x}\right) & \text{für } x < 0,\ y < 0 \\ -\frac{\pi}{2} & \text{für } x = 0,\ y < 0 \\ \frac{\pi}{2} & \text{für } x = 0,\ y > 0 \\ \text{undefiniert} & \text{für } x = 0,\ y = 0 \end{cases}$$

$$\vartheta = \begin{cases} \arctan\left(\frac{\sqrt{x^2+y^2}}{z}\right) & \text{für } z > 0,\ \sqrt{x^2+y^2} > 0 \\ \arctan\left(\frac{\pi}{2}\right) & \text{für } z > 0,\ \sqrt{x^2+y^2} > 0 \\ \pi + \arctan\left(\frac{\sqrt{x^2+y^2}}{z}\right) & \text{für } z > 0,\ \sqrt{x^2+y^2} > 0 \end{cases}$$

Abb. 4.3.8

Als natürliche Basis verwenden wir in Kugelkoordinaten die folgende Orthogonalbasis:
Tangenteneinheitsvektor an die r-Koordinatenlinie (axial nach außen gerichtet; steht senkrecht auf der Kugeloberfläche r = const.):

$$\vec{e}_r = \frac{\vec{r}}{r} = \begin{pmatrix} \sin(\vartheta)\cdot\cos(\varphi) \\ \sin(\vartheta)\cdot\sin(\varphi) \\ \cos(\vartheta) \end{pmatrix} \qquad (4\text{-}85)$$

Tangenteneinheitsvektor an die φ-Koordinatenlinie (Längenkreis; steht senkrecht auf der Koordinatenfläche ϑ = const., d. h. auf dem Kegelmantel mit dem Öffnungswinkel 2ϑ)

$$\vec{e}_\vartheta = \begin{pmatrix} \cos(\vartheta)\cdot\cos(\varphi) \\ \cos(\vartheta)\cdot\sin(\varphi) \\ -\sin(\vartheta) \end{pmatrix} \qquad (4\text{-}86)$$

Tangenteneinheitsvektor an die φ-Koordinatenlinie (Breitenkreis; steht senkrecht auf der Koordinatenfläche φ = const.):

$$\vec{e}_\phi = \begin{bmatrix} -\sin(\varphi) \\ \cos(\varphi) \\ 0 \end{bmatrix} \qquad (4\text{-}87)$$

Die Einheitsvekoren $\vec{e}_r$, $\vec{e}_\vartheta$ und $\vec{e}_\varphi$ ändern sich von Punkt zu Punkt (Abb. 4.30). Sie stehen aber stets senkrecht aufeinander und bilden ein rechtshändiges System ("Rechtsschraubensystem").

Der Übergang von der kartesischen Basis $\vec{e}_x$, $\vec{e}_y$ und $\vec{e}_z$ zur Basis in Kugelkoordinanten $\vec{e}_r$, $\vec{e}_\vartheta$ und $\vec{e}_\varphi$ kann durch eine orthogonale Transformationsmatrix D beschrieben werden:

$$\begin{pmatrix} \vec{e}_r \\ \vec{e}_\vartheta \\ \vec{e}_\varphi \end{pmatrix} = \begin{pmatrix} \sin(\vartheta)\cdot\cos(\varphi) & \sin(\vartheta)\cdot\sin(\varphi) & \cos(\vartheta) \\ \cos(\vartheta)\cdot\cos(\varphi) & \cos(\vartheta)\cdot\sin(\varphi) & -\sin(\vartheta) \\ -\sin(\varphi) & \cos(\varphi) & 0 \end{pmatrix} \cdot \begin{pmatrix} \vec{e}_x \\ \vec{e}_y \\ \vec{e}_z \end{pmatrix} = \mathbf{D}\cdot\begin{pmatrix} \vec{e}_x \\ \vec{e}_y \\ \vec{e}_z \end{pmatrix} \qquad (4\text{-}88)$$

Umgekehrt gilt für die Rücktransformation von Kugelkoordinaten in kartesische Koordinaten mithilfe der inversen Matrix D^{-1}:

$$\begin{pmatrix} \vec{e}_x \\ \vec{e}_y \\ \vec{e}_z \end{pmatrix} = \begin{pmatrix} \sin(\vartheta)\cdot\cos(\varphi) & \cos(\vartheta)\cdot\cos(\varphi) & -\sin(\vartheta) \\ \sin(\vartheta)\cdot\sin(\varphi) & \cos(\vartheta)\cdot\sin(\varphi) & \cos(\varphi) \\ \cos(\vartheta) & -\sin(\vartheta) & 0 \end{pmatrix} \cdot \begin{pmatrix} \vec{e}_r \\ \vec{e}_\vartheta \\ \vec{e}_\varphi \end{pmatrix} = \mathbf{D}^{-1}\cdot\begin{pmatrix} \vec{e}_r \\ \vec{e}_\vartheta \\ \vec{e}_\varphi \end{pmatrix} \qquad (4\text{-}89)$$

Für einen beliebigen Vektor

$$\vec{a} = a_x \cdot \vec{e_x} + a_y \cdot \vec{e_y} + a_z \cdot \vec{e_z} \qquad (4\text{-}90)$$

in kartesischen Koordinaten und einem Vektor

$$\vec{a} = a_r \cdot \vec{e_r} + a_\vartheta \cdot \vec{e_\vartheta} + a_\varphi \cdot \vec{e_\varphi} \qquad (4\text{-}91)$$

in Kugelkoordinaten besteht dann über die Matrix D bzw. D^{-1} folgender Zusammenhang:

$$\begin{pmatrix} a_r \\ a_\vartheta \\ a_\varphi \end{pmatrix} = \begin{pmatrix} \sin(\vartheta)\cdot\cos(\varphi) & \sin(\vartheta)\cdot\sin(\varphi) & \cos(\vartheta) \\ \cos(\vartheta)\cdot\cos(\varphi) & \cos(\vartheta)\cdot\sin(\varphi) & -\sin(\vartheta) \\ -\sin(\varphi) & \cos(\varphi) & 0 \end{pmatrix} \cdot \begin{pmatrix} a_x \\ a_y \\ a_z \end{pmatrix} \qquad (4\text{-}92)$$

$$\begin{pmatrix} a_x \\ a_y \\ a_z \end{pmatrix} = \begin{pmatrix} \sin(\vartheta)\cdot\cos(\varphi) & \cos(\vartheta)\cdot\cos(\varphi) & -\sin(\varphi) \\ \sin(\vartheta)\cdot\sin(\varphi) & \cos(\vartheta)\cdot\sin(\varphi) & \cos(\varphi) \\ \cos(\vartheta) & -\sin(\vartheta) & 0 \end{pmatrix} \cdot \begin{pmatrix} a_r \\ a_\vartheta \\ a_\varphi \end{pmatrix} \qquad (4\text{-}93)$$

a_r, a_ϑ und a_φ sind die mit einem Vorzeichen versehenen Projektionen des Vektors $\vec{a}$ auf die drei Basisvektoren $\vec{e_r}$, $\vec{e_\vartheta}$ und $\vec{e_\varphi}$. Diese positiven oder negativen skalaren Größen sind die Vektorkoordinaten oder skalaren Vektorkomponenten des Vektors $\vec{a}$ im Kugelkoordinatensystem.

Ein Vektor $\vec{a}$ ist auch hier unabhängig vom Koordinatensystem. Erst die Komponenten des Vektors sind von der Wahl des Koordinatensytems abhängig!

Beispiel 4.3.3:

Wenn sich ein Massenpunkt auf dem Breitenkreis einer Kugel mit dem Radius r bewegt, so ist die Bahn durch die Angabe der Breitenkoordinate ϑ eindeutig festgelegt. Wie lautet in diesem Falle der Geschwindigkeitsvektor?

Die allgemeine Darstellung des Geschwindigkeitsvektors lautet:

$$\mathbf{v} = v_r \cdot \mathbf{e_r} + v_\vartheta \cdot \mathbf{e_\vartheta} + v_\varphi \cdot \mathbf{e_\varphi}$$

Für den Übergang von kartesischen Koordinaten in Polarkoordinaten gilt nach (4-93):

$$\begin{pmatrix} v_r \\ v_\vartheta \\ v_\varphi \end{pmatrix} = \begin{pmatrix} \sin(\vartheta)\cdot\cos(\varphi) & \sin(\vartheta)\cdot\sin(\varphi) & \cos(\vartheta) \\ \cos(\vartheta)\cdot\cos(\varphi) & \cos(\vartheta)\cdot\sin(\varphi) & -\sin(\vartheta) \\ -\sin(\varphi) & \cos(\varphi) & 0 \end{pmatrix} \cdot \begin{pmatrix} v_x \\ v_y \\ v_z \end{pmatrix}$$

Unter Berücksichtigung von $\frac{d}{dt} r = 0$ und $\frac{d}{dt}\vartheta = 0$, weil auf dem Breitenkreis r und ϑ feste Größen sind, erhalten wir:

$$\begin{pmatrix} v_x \\ v_y \\ v_z \end{pmatrix} = \begin{pmatrix} \frac{d}{dt}x(t) \\ \frac{d}{dt}y(t) \\ \frac{d}{dt}z(t) \end{pmatrix} = \begin{bmatrix} \frac{d}{dt}(r \cdot \sin(\vartheta) \cdot \cos(\varphi)) \\ \frac{d}{dt}(r \cdot \sin(\vartheta) \cdot \sin(\varphi)) \\ \frac{d}{dt}(r \cdot \cos(\vartheta)) \end{bmatrix} = \begin{pmatrix} -r \cdot \sin(\vartheta) \cdot \sin(\varphi) \cdot \frac{d}{dt}\varphi(t) \\ r \cdot \sin(\vartheta) \cdot \cos(\varphi) \cdot \frac{d}{dt}\varphi(t) \\ 0 \end{pmatrix}$$

Die Transformationsgleichung lautet somit:

$$\begin{pmatrix} v_r \\ v_\vartheta \\ v_\varphi \end{pmatrix} = \begin{pmatrix} \sin(\vartheta) \cdot \cos(\varphi) & \sin(\vartheta) \cdot \sin(\varphi) & \cos(\vartheta) \\ \cos(\vartheta) \cdot \cos(\varphi) & \cos(\vartheta) \cdot \sin(\varphi) & -\sin(\vartheta) \\ -\sin(\varphi) & \cos(\varphi) & 0 \end{pmatrix} \cdot \begin{pmatrix} -r \cdot \sin(\vartheta) \cdot \sin(\varphi) \cdot \frac{d}{dt}\varphi(t) \\ r \cdot \sin(\vartheta) \cdot \cos(\varphi) \cdot \frac{d}{dt}\varphi(t) \\ 0 \end{pmatrix}$$

vereinfacht auf

$$\begin{pmatrix} v_r \\ v_\vartheta \\ v_\varphi \end{pmatrix} = \begin{pmatrix} 0 \\ 0 \\ r \cdot \frac{d}{dt}\varphi(t) \cdot \sin(\vartheta) \end{pmatrix}$$

$$\mathbf{v}(t) = r \cdot \sin(\vartheta) \cdot \frac{d}{dt}\varphi(t) \cdot \mathbf{e}_{\varphi}$$

Mit ω = const. und $\varphi = \omega$ t erhalten wir das bereits bekannte Ergebnis:

$$\mathbf{v}(t) = r \cdot \sin(\vartheta) \cdot \omega \cdot \mathbf{e}_{\varphi} = R \cdot \omega \cdot \mathbf{e}_{\varphi}$$ (R = r sin(ϑ) ... Radius des Breitenkreises)

Linien- oder Bogenelement ds in Kugelkoordinaten:

Das Linien- oder Bogenelement, die geradlinige Verbindung zweier differentiell benachbarter Punkte, ist in Kugelkoordinaten gegeben durch:

$$ds = \sqrt{dr^2 + r^2 \cdot d\vartheta^2 + r^2 \cdot \sin(\vartheta)^2 \cdot d\varphi^2} \qquad \textbf{(4-94)}$$

Das Flächenelement dA auf der Kugeloberfläche mit r = const.:

Ein Flächenelement dA besitzt nach Abb. 4.3.9 den Inhalt

$$dA = r^2 \cdot \sin(\vartheta) \cdot d\vartheta \cdot d\varphi \qquad \textbf{(4-95)}$$

Das Volumselement dV eines Kugelkörpers:

Ein Volumselement dV eines Kugelkörpers besitzt nach Abb. 4.3.9 den Inhalt

$$dV = dA \cdot dr = r^2 \cdot \sin(\vartheta) \cdot dr \cdot d\vartheta \cdot d\varphi \qquad \textbf{(4-96)}$$

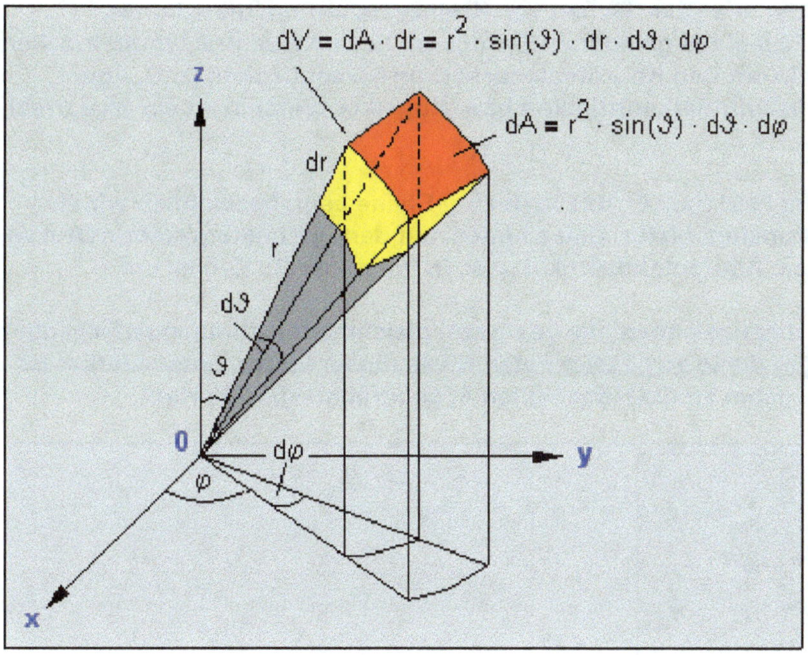

Abb. 4.3.9

4.4 Skalar- und Vektorfelder

Eine physikalische Größe, die eine Funktion des Ortes ist, wird als Feld bezeichnet. Der Begriff des Feldes stellt ein fundamentales Konzept in der Physik dar. Wir unterscheiden zwischen Skalarfeldern und Vektorfeldern als die einfachsten Sonderfälle des allgemeinen Begriffs des Tensorfeldes.

4.4.1 Skalarfelder

Ein Skalarfeld $f\left(\vec{r}\right)$ ist eine skalarwertige (reellwertige) Funktion. Dabei wird jedem Raumpunkt $\vec{r} = (x, y, z)$ eine Zahl (Skalar) zugeordnet.

$f\colon G \longrightarrow \mathbb{R}$, Gebiet $G \subset \mathbb{R}^3$, $(x,y,z) \longmapsto f\left(\vec{r}\right) = f(x, y, z)$ heißt stationäres Skalarfeld.
Beispiele für stationäre Skalarfelder sind z. B. Druckfelder (Druckverteilungen), Potentialfelder (Potential eines elektrostatischen Feldes), Ladungsdichtefelder (Ladungsdichte einer kontinuierlichen Ladungsverteilung) usw.

$f\colon G \times T \longrightarrow \mathbb{R}$, Gebiet $G \subset \mathbb{R}^3$, $T = [t_1, t_2] \subset \mathbb{R}$, $(x,y,z) \longmapsto f\left(\vec{r}\right) = f(x, y, z, t)$ heißt instationäres Skalarfeld. Als Beispiel kann hier ein Temperaturfeld (Temperaturverteilung eines Körpers oder in einem Raum) genannt werden.
Skalarfelder können stetig oder stetig differenzierbar sein.
Nachfolgend werden nur stationäre, d. h. zeitunabhängige Skalarfelder besprochen. Abb. 4.4.1 zeigt einen Ausschnitt des skalaren Feldes $f(x,y,z) = x + y + z$.
Wenn die Funktionswerte nur von dem senkrechten Abstand ρ von einer Achse abhängen, heißt $f(\rho)$ axiales Feld. Wenn die Werte der Funktion f nur von dem Abstand r von einem Zentrum abhängen, heißt $f(r)$ ein zentrales Feld.

Den Verlauf skalarer Felder im Raum können wir durch Niveauflächen veranschaulichen (z. B. Äquipotentialflächen). Dies sind die Flächen im Raum, auf denen $f(\vec{r}) = f(x, y, z)$ konstante Werte besitzt. Sie werden bestimmt durch $\{ (x, y, z) \mid f(x,y,z) = \text{const.} \}$.

In einem axialsymmetrischen Feld bilden die Oberflächen von Kreiszylindern um die z-Achse Niveauflächen (z. B. Äquipotentialflächen eines geladenen Zylinders). In einem zentralsymmetrischen Feld bilden die Oberflächen von Kugeln um den Koordinatenursprung Niveauflächen (z. B. Äquipotentialflächen einer Punktladung). In Zylinderkoordinaten bzw. Kugelkoordinaten ist ein Skalarfeld gegeben durch $f(\rho,\varphi,z)$ bzw. $f(r,\vartheta,\varphi)$.

In einem ebenen skalaren Feld, z. B. im Feld $f(x,y,0)$, das in der x-y-Ebene liegt, bezeichnen wir als Niveaulinien die Kurven, auf denen f konstant bleibt. Diese Linien, auf denen Punkte gleichen Drucks, Potentials usw. liegen, heißen Isobaren, Äquipotentiallinien usw. In Polarkoordinaten ist ein Skalarfeld gegeben durch $f(r,\varphi)$.
Oft ist es üblich, nur die Niveaulinien einzuzeichnen, die gewissen gleichmäßig aufeinanderfolgenden Funktionswerten entsprechen. Je enger diese so gezeichneten Niveaulinien liegen, umso stärker ist das Wachstum von f (denken wir z. B. dabei an die Höhenlinien in geographischen Karten).

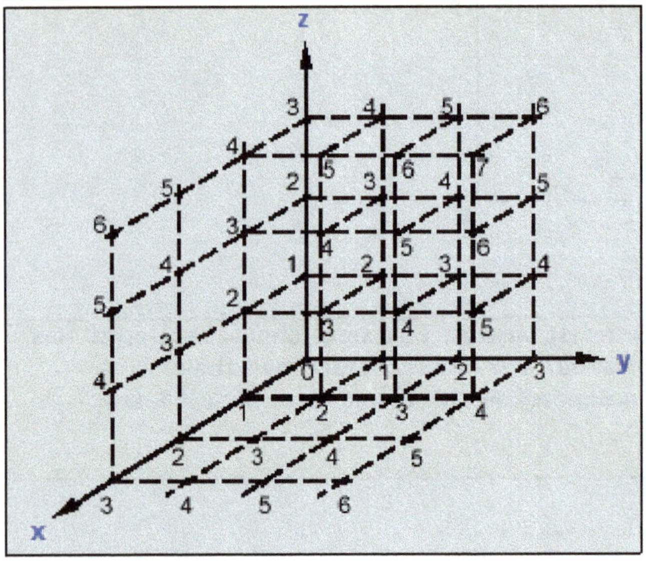

Abb. 4.4.1

Beispiel 4.4.1:

Wir betrachten die Funktion $f(\vec{r}) = \frac{c}{r} = \frac{c}{\sqrt{x^2+y^2+z^2}}$. Grafisch stellen wir solche Felder durch zwei-dimensionale Schnitte dar, in denen die Flächen $f(\vec{r}) = \text{const}$ als sogenannte Niveaulinien (Höhenlinien) erscheinen. Der Abstand der Linien entspricht dabei gleichen Wertunterschieden der Konstanten.

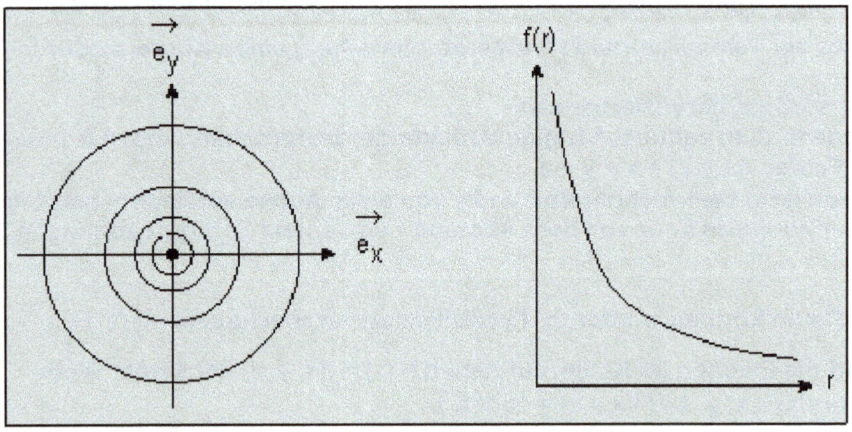

Abb. 4.4.2

4.4.2 Vektorfelder

Von einem Skalarfeld unterscheidet sich ein Vektorfeld. Hier wird jedem Punkt $\vec{r} = (x, y, z)$ eines Raumbereichs die Menge von durch Richtung und Betrag gekennzeichneten Vektoren $\vec{F}(\vec{r}) = \left(F_x(\vec{r}), F_y(\vec{r}), F_z(\vec{r})\right)^T$ zugeordnet.

Es handelt sich also um eine vektorwertige Funktion.

$\vec{F} : G \longrightarrow \mathbb{R}^3$, Gebiet $G \subset \mathbb{R}^3$, $(x,y,z) \longrightarrow \vec{F}(\vec{r}) = \vec{F}(x, y, z)$

$$\vec{F}(\vec{r}) = \vec{F}(x, y, z) = F_x(x, y, z) \cdot \vec{e}_x + F_y(x, y, z) \cdot \vec{e}_y + F_z(x, y, z) \cdot \vec{e}_z = \begin{pmatrix} F_x(x, y, z) \\ F_y(x, y, z) \\ F_z(x, y, z) \end{pmatrix}$$

heißt stationäres Vektorfeld. Für eine physikalische Größe mit Vektorcharakter gilt für jeden regulären Raumpunkt immer nur ein Vektor. Ausnahmen bilden Quellen und Senken, welche irreguläre Punkte darstellen.

Beispiele für stationäre Vektorfelder sind z. B. Kraftfelder (Gravitationsfeld), Geschwindigkeitsfelder usw.

$\vec{F}$: $G \times T \longrightarrow \mathbb{R}^3$, Gebiet $G \subset \mathbb{R}^3$, $T = [t_1, t_2] \subset \mathbb{R}$, $(x,y,z,t) \longrightarrow \vec{F}(\vec{r}) = \vec{F}(x, y, z, t)$ heißt instationäres Vektorfeld. Als Beispiele können hier z. B. zeitabhängige elektrische und magnetische Felder genannt werden.

Vektorfelder können stetig oder stetig differenzierbar sein.

Nachfolgend werden nur stationäre, d. h. zeitunabhängige Vektorfelder besprochen. Abb. 4.4.3 zeigt einen Ausschnitt des Vektorfeldes $\vec{F}(\vec{r}) = \vec{F}(x, y, z) = (0, x + z, 0)^T$.

Zur Veranschaulichung von Vektorfeldern benutzen wir Feldlinien (Stromlinien). Diese sind Kurven, bei denen gemäß Abb. 4.4.3 in jedem Punkt P der Feldvektor $\vec{F}(\vec{r})$ ein Tangentenvektor ist. Durch jeden Punkt P des Feldes geht eine Feldlinie (Abb. 4.4.4). Außer in den Punkten, in denen $\vec{F}(\vec{r})$ nicht definiert ist oder $\vec{F}(\vec{r}) = 0$ ist, schneiden die Feldlinien einander nicht. Die Gesamtheit der Feldlinien (durch eine Fläche) bezeichnen wir als den Fluss des Vektorfeldes.

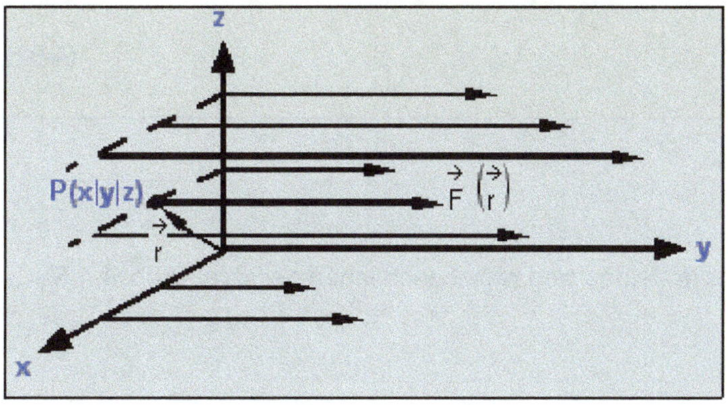

Abb. 4.4.3

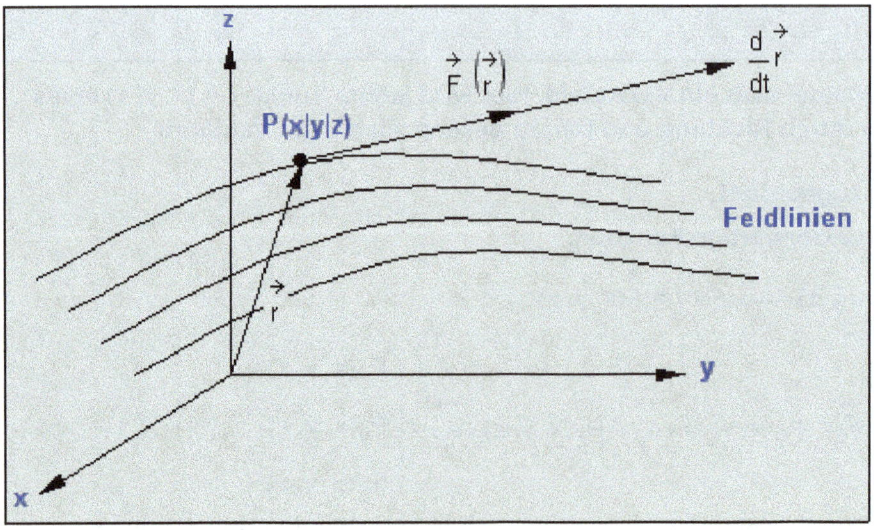

Abb. 4.4.4

Die Feldlinien lassen sich aus der Bedingung

$$\vec{F}(\vec{r}) \times \frac{d}{dt}\vec{r} = \vec{0} \text{ oder } \vec{F}(\vec{r}) \times \vec{dr} = \vec{0} \qquad (4\text{-}97)$$

bestimmen, weil der Feldvektor $\vec{F}(\vec{r})$ stets zum Tangentenvektor $\frac{d}{dt}\vec{r}$ der Feldlinie verläuft. Das differentielle Wegelement $\vec{dr}$ liegt ebenfalls in der Kurventangente.

Spezielle Vektorfelder:

a) Ebene Vektorfelder:

$\vec{F}(\vec{r})$ hängt nicht von z ab, die Vektoren $\vec{F}(\vec{r})$ liegen in der x-y-Ebene oder parallel dazu. Dieses Vektorfeld ist also im gesamten Raum definiert. Häufig betrachten wir es aber nur in der x-y-Ebene:

$$\vec{F}(x, y) = F_x(x, y) \cdot \vec{e_x} + F_y(x, y) \cdot \vec{e_y} = \begin{pmatrix} F_x(x, y) \\ F_y(x, y) \end{pmatrix} \qquad (4\text{-}98)$$

In ebenen Polarkoordinaten erhalten wir dann die Darstellung

$$\vec{F}(r, \varphi) = F_r(r, \varphi) \cdot \vec{e_r} + F_\varphi(r, \varphi) \cdot \vec{e_\varphi} \qquad (4\text{-}99)$$

Beispiel 4.4.2:

Die Feldlinien des nachfolgend gegebenen Vektorfeldes sind radial nach innen gerichtet (Abb. 4.4.5).

$$\vec{F}(x, y) = -x \cdot \vec{e_x} - y \cdot \vec{e_y} = -\vec{r} \qquad (|\vec{r}| \geq R)$$

Die Feldlinien des nachfolgend gegebenen Vektorfeldes sind radial nach außen gerichtet (Abb. 4.4.6).

$$\vec{F}(x, y) = x \cdot \vec{e_x} + y \cdot \vec{e_y} = \vec{r} \qquad (|\vec{r}| \geq R)$$

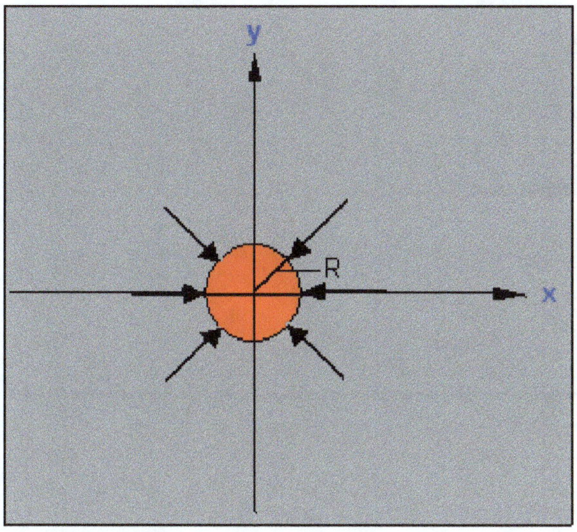

Abb. 4.4.5

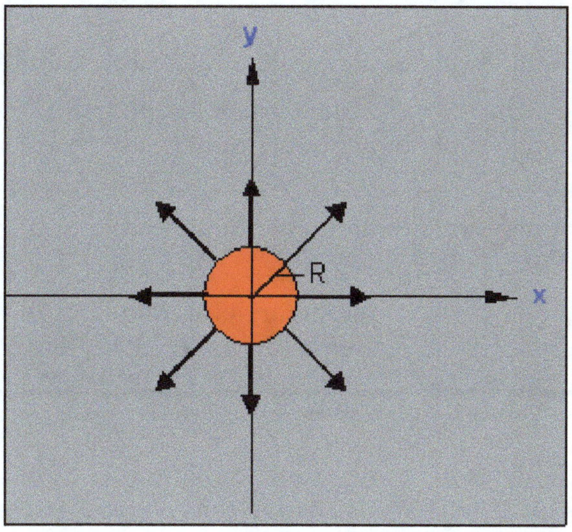

Abb. 4.4.6

Beispiel 4.4.3:

In der Umgebung eines stromdurchflossenen Leiters mit dem senkrechten Abstand r vom Leiter und einer Stromstärke I in z-Richtung lässt sich das Magnetfeld durch den nachfolgend gegebenen magnetischen Feldstärkevektor beschreiben. Zeigen Sie, dass die ringförmig in der x-y-Ebene verlaufenden Feldlinien konzentrische Kreise darstellen.

$$\vec{H}(x,y) = \frac{I}{2\cdot\pi\cdot r^2}\cdot\begin{pmatrix}-y\\ x\\ 0\end{pmatrix}$$ magnetischer Feldstärkevektor

Die Feldlinien müssen nach (4-97) die folgende Bedingung erfüllen:

$$\vec{H}(x,y)\times\vec{dr} = \vec{0}$$

$$\left[\frac{I}{2\cdot\pi\cdot r^2}\cdot\begin{pmatrix}-y\\ x\\ 0\end{pmatrix}\right]\times\begin{pmatrix}dx\\ dy\\ 0\end{pmatrix} = \begin{pmatrix}0\\ 0\\ 0\end{pmatrix}$$ vereinfacht auf $$\begin{bmatrix}0\\ 0\\ -\frac{I\cdot(dx\cdot x + dy\cdot y)}{2\cdot\pi\cdot r^2}\end{bmatrix} = \begin{pmatrix}0\\ 0\\ 0\end{pmatrix}$$

Damit erhalten wir die Differentialgleichung 1. Ordnung (siehe dazu auch Band 4), die wir durch Trennung der Variablen wie folgt lösen:

$-y\cdot dy - x\cdot dx = 0$ bzw. $y\cdot dx = -x\cdot dx$

Durch beidseitiges Integrieren erhalten wir:

$$\int y\,dy = -\int x\,dx + C$$ vereinfacht auf $$\frac{1}{2}\cdot y^2 = \frac{-1}{2}\cdot x^2 + C$$

Durch Umformung ergeben sich für C > 0 konzentrische Kreise um den Nullpunkt der x-y-Ebene mit $r^2 = 2$ C:

$$x^2 + y^2 = 2\cdot C = r^2$$

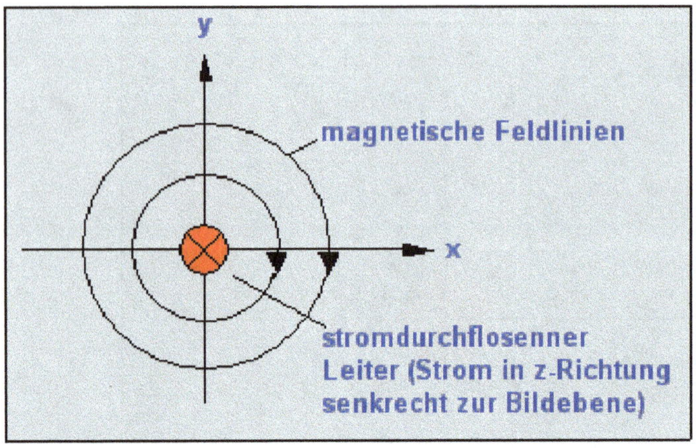

Abb. 4.4.7

Beispiel 4.4.4:

Wie lautet die Darstellung des nachfolgend gegebenen Geschwindigkeitsfeldes $\vec{v}(x, y)$ in Polarkoordinaten?

$$\vec{v}(x,y) = v_x(x,y)\cdot\vec{e_x} + v_y(x,y)\cdot\vec{e_y} = \frac{1}{x^2+y^2}\cdot\left(-y\cdot\vec{e_x} + x\cdot\vec{e_y}\right) \quad \text{mit} \quad x^2+y^2 \neq 0$$

In Zylinderkoordinaten hat das Feld die Darstellung:

$$\vec{v}(r,\varphi) = v_r(r,\varphi)\cdot\vec{e_r} + v_\varphi(r,\varphi)\cdot\vec{e_\varphi}$$

Die gesuchten Vektorkoordinaten lassen sich unter Verwendung von (4-60) und (4-69) wie folgt berechnen:

$$v_r(r,\varphi) = v_x(x,y)\cdot\cos(\varphi) + v_y(x,y)\cdot\sin(\varphi) = \frac{1}{x^2+y^2}\cdot(-y\cdot\cos(\varphi) + x\cdot\sin(\varphi))$$

$$v_r(r,\varphi) = \frac{1}{r^2}(-r\cdot\sin(\varphi)\cdot\cos(\varphi) + r\cdot\cos(\varphi)\cdot\sin(\varphi)) = 0$$

$$v_\varphi(r,\varphi) = -v_x(x,y)\cdot\sin(\varphi) + v_y(x,y)\cdot\cos(\varphi) = \frac{1}{x^2+y^2}\cdot(y\cdot\sin(\varphi) + x\cdot\cos(\varphi))$$

$$v_\varphi(r,\varphi) = \frac{1}{r^2}\cdot(r\cdot\sin(\varphi)\cdot\sin(\varphi) + r\cdot\cos(\varphi)\cdot\cos(\varphi)) = \frac{1}{r} \quad \text{wegen } \sin^2(\varphi)+\cos^2(\varphi) = 1$$

Damit lautet das Geschwindigkeitsfeld in Polarkoordinaten:

$$\vec{v}(r,\varphi) = \frac{1}{r}\cdot\vec{e_\varphi}$$

b) **Homogenes Vektorfeld:**

Ein homogenes Vektorfeld liegt dann vor, wenn der Feldvektor $\vec{F}(\vec{r})$ in jedem Punkt des Feldes die gleiche Richtung und den gleichen Betrag hat:

$$\vec{F}(\vec{r}) = \overrightarrow{const} \qquad \textbf{(4-100)}$$

Beispiel 4.4.5:

Zwischen den Platten eines geladenen Plattenkondensators herrscht ein homogenes konstantes elektrisches Feld E_0 in y-Richtung, das durch den nachfolgend gegebenen Feldstärkevektor beschrieben wird. Die Platten des Plattenkondensators liegen parallel zur x-z-Ebene.

$$\vec{E}(\vec{r}) = 0 \cdot \vec{e}_x + E_0 \cdot \vec{e}_y + 0 \cdot \vec{e}_z = \begin{pmatrix} 0 \\ E_0 \\ 0 \end{pmatrix}$$ konstantes elektrisches Vektorfeld

c) Axialsymmetrisches (Zylindersymmetrisches) Vektorfeld:

Betrachten wir einen festen Kreiszylinder um die z-Achse mit dem Radius ρ, dann hat $\vec{F}(\vec{r})$ in jedem Oberflächenpunkt die gleiche Länge und ist parallel oder antiparallel zur Flächennormalen. Im axialsymmetrischen Feld sind alle Geraden, die die z-Achse rechtwinkelig schneiden, Feldlinien (Abb. 4.4.8).

$$\vec{F}(\vec{r}) = f(\rho) \cdot \frac{\vec{r}}{|\vec{r}|} = f(\rho) \cdot \vec{e}_\rho \quad \text{mit } \rho = \sqrt{x^2 + y^2} \text{ und } \vec{r} = x \cdot \vec{e}_x + y \cdot \vec{e}_y + 0 \cdot \vec{e}_z \qquad (4\text{-}101)$$

$\vec{e}_\rho$ ist ein axial nach außen gerichteter Einheitsvektor. Der Betrag des Feldvektors ergibt sich zu:

$$\left|\vec{F}(\vec{r})\right| = F(\rho) = |f(\rho)| \qquad (4\text{-}102)$$

Beispiel 4.4.6:

In der Umgebung eines homogen geladenen Zylinders besitzt das elektrische Feld Zylindersymmetrie. Bei gegebener positiver Ladungsdichte ρ_L, Zylinderradius R und elektrischer Feldkonstante ε_0 gilt für den elektrischen Feldstärkevektor:

$$\vec{E}(\rho) = f(\rho) \cdot \vec{e}_\rho = \frac{\rho_L \cdot R^2}{2 \cdot \varepsilon_0} \cdot \frac{1}{\rho} \cdot \vec{e}_\rho \quad \text{mit} \quad \rho \ge R$$

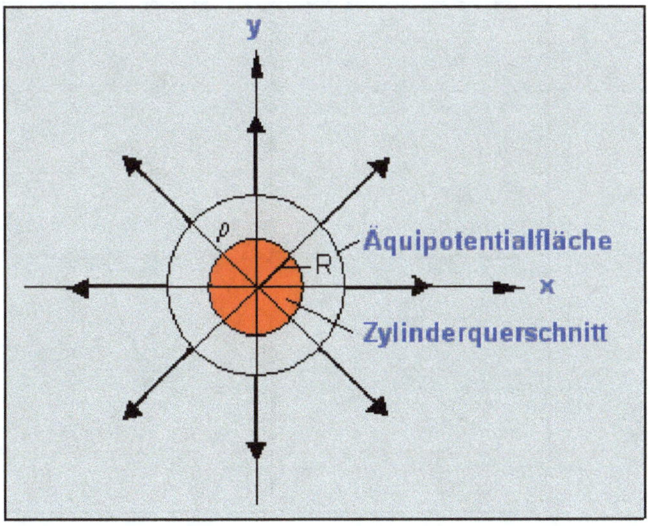

Abb. 4.4.8

d) Zentralsymmetrisches (Kugelsymmetrisches oder Radiales) Vektorfeld:

Betrachten wir eine feste Kugel um den Koordinatenursprung mit dem Radius r, dann besitzt $\vec{F}(\vec{r})$ in jedem Oberflächenpunkt die gleiche Länge und ist parallel oder antiparallel zur Flächennormalen. Im zentralsymmetrischen Feld sind alle Geraden durch den Koordinatenursprung Feldlinien.

$$\vec{F}(\vec{r}) = f(r) \cdot \frac{\vec{r}}{|\vec{r}|} = f(r) \cdot \vec{e}_r \text{ mit } r = \sqrt{x^2 + y^2 + z^2} \text{ und } \vec{r} = x \cdot \vec{e}_x + y \cdot \vec{e}_y + z \cdot \vec{e}_z \qquad (4\text{-}103)$$

$\vec{e}_r$ ist ein axial nach außen gerichteter Einheitsvektor. Der Betrag des Feldvektors ergibt sich zu:

$$|\vec{F}(\vec{r})| = F(r) = |f(r)| \qquad (4\text{-}104)$$

Beispiel 4.4.7:

Das elektrische Feld $\vec{E}(\vec{r})$ einer positiven Punktladung Q und das Gravitationsfeld $\vec{F}(\vec{r})$ der Erde sind klassische Beispiele für zentralsymmetrische Felder. Grafisch lassen sich solche Vektorfelder durch zwei-dimensionale ebene Schnitte darstellen, in denen die Flächen konstanter Feldstärke $|\vec{E}(\vec{r})| = \text{const}$ bzw. $|\vec{F}(\vec{r})| = \text{const}$ als Äquipotentiallinien erscheinen, an denen wir das Feld lokal durch einen Vektorpfeil charakterisieren.

Das elektrische Feld in der Umgebung einer positiven Punktladung Q ist gegeben durch (ε_0 bedeutet die elektrische Feldkonstante):

$$\vec{E}\cdot(\vec{r}) = \frac{Q}{4 \cdot \pi \cdot \varepsilon_0 \cdot r^2} \cdot \vec{e}_r = \frac{Q}{4 \cdot \pi \cdot \varepsilon_0 \cdot r^2} \cdot \frac{\vec{r}}{r} = \frac{Q}{4 \cdot \pi \cdot \varepsilon_0 \cdot r^3} \cdot \vec{r} \qquad |\vec{E}\cdot(\vec{r})| = \frac{Q}{4 \cdot \pi \cdot \varepsilon_0} \cdot \frac{1}{r^2} = \frac{\text{const}}{r^2}$$

Das Gravitationsfeld der Erde ist immer zentral zum Erdmittelpunkt gerichtet. Nach dem Gravitationsgesetz von Newton wird eine Masse m im Abstand r vom Erdmittelpunkt von der Erdmasse M mit folgender Kraft angezogen (γ bedeutet die Gravitationskonstante):

$$\vec{F}\cdot(\vec{r}) = -\gamma \cdot \frac{m \cdot M}{r^2} \cdot \vec{e}_r = -\gamma \cdot \frac{m \cdot M}{r^2} \cdot \frac{\vec{r}}{r} = -\gamma \cdot \frac{m \cdot M}{r^3} \cdot \vec{r} \qquad |\vec{F}(\vec{r})| = \gamma \cdot m \cdot M \cdot \frac{1}{r^2} = \frac{\text{const}}{r^2}$$

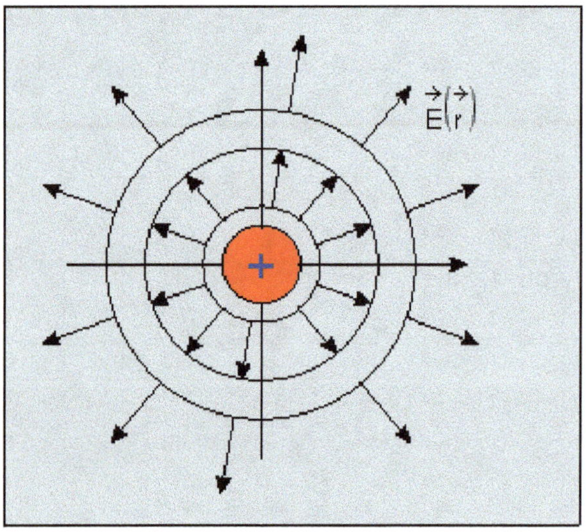

Abb. 4.4.9

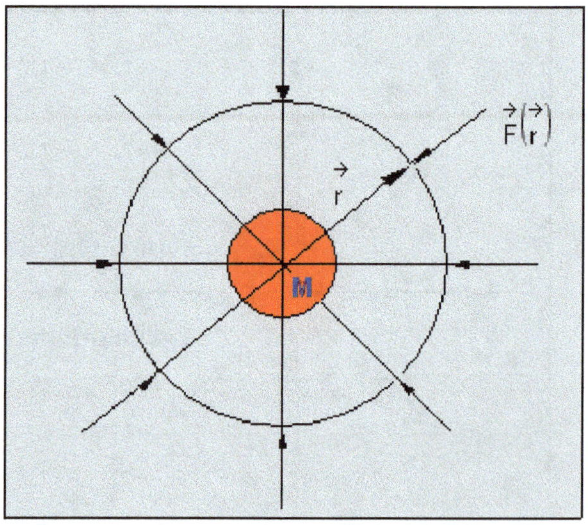

Abb. 4.4.10

4.5 Klassische Differentialoperatoren

Weitere Eigenschaften der Felder werden durch die Differentialoperatoren Gradient, Divergenz und Rotation charakterisiert.

4.5.1 Der Gradient eines Skalarfeldes

Existieren für eine skalare Funktion f alle partiellen Ableitungen und sind diese stetig, so ist f (total) differenzierbar.
Die partiellen Ableitungen 1. Ordnung einer differenzierbaren skalaren Funktion f ermöglichen Aussagen über die Änderung des Funktionswertes f(x,y,z), wenn wir von einem Punkt P aus in Richtung der betreffenden Koordinaten fortschreiten (siehe dazu auch Band 3, Abschnitt 3.8.2).

Beim Fortschreiten um dx ändert sich f(x,y,z) um $\frac{\partial}{\partial x} f(x,y,z) \cdot dx$. Das Entsprechende gilt auch für die y- und die z-Richtung.
Betrachten wir nun den Funktionswert von f in der Entfernung

$$\vec{dr} = dx \cdot \vec{e_x} + dy \cdot \vec{e_y} + dz \cdot \vec{e_z} \qquad (4\text{-}105)$$

dann ist die gesamte Änderung df(x,y,z) von f die Summe der Änderungen in den einzelnen Richtungen, also:

$$df(x,y,z) = \frac{\partial}{\partial x} f(x,y,z) \cdot dx + \frac{\partial}{\partial y} f(x,y,z) \cdot dy + \frac{\partial}{\partial z} f(x,y,z) \cdot dz \qquad (4\text{-}106)$$

Diesen Ausdruck nennen wir das totale Differential der Funktion $f(\vec{r}) = f(x,y,z)$.
Die diversen partiellen Ableitungen geben an, "wie empfindlich" f auf Änderungen der entsprechenden Variablen reagiert, und das totale Differential kombiniert diese Information für den Fall, dass sich alle Variablen ändern.

Der Ausdruck df(x,y,z) in Gleichung (4-106) hängt linear von $\vec{dr}$ ab. Wir können ihn daher als Skalarprodukt auffassen:

$$\frac{\partial}{\partial x} f \cdot dx + \frac{\partial}{\partial y} f \cdot dy + \frac{\partial}{\partial z} f \cdot dz = \left(\frac{\partial}{\partial x} f \cdot \vec{e_x} + \frac{\partial}{\partial y} f \cdot \vec{e_y} + \frac{\partial}{\partial z} f \cdot \vec{e_z}\right) \cdot \left(dx \cdot \vec{e_x} + dy \cdot \vec{e_y} + dz \cdot \vec{e_z}\right)$$

Den Ausdruck in der ersten Klammer bezeichnen wir dabei als den Gradienten des Skalarfeldes f in kartesischen Koordinaten:

$$\mathbf{grad}(f) = \frac{\partial}{\partial x} f(x,y,z) \cdot \vec{e_x} + \frac{\partial}{\partial y} f(x,y,z) \cdot \vec{e_y} + \frac{\partial}{\partial z} f(x,y,z) \cdot \vec{e_z} = \begin{pmatrix} \frac{\partial}{\partial x} f(x,y,z) \\ \frac{\partial}{\partial y} f(x,y,z) \\ \frac{\partial}{\partial z} f(x,y,z) \end{pmatrix} \qquad (4\text{-}107)$$

Unter dem Gradienten eines differenzierbaren Skalarfeldes f verstehen wir also den aus den partiellen Ableitungen 1. Ordnung von f gebildeten Vektor. Bei einem ebenen Skalarfeld f(x,y) reduziert sich der Gradient des Feldes f auf zwei Komponenten. Siehe dazu Band 1, Einführung in Mathcad, Nabla-Operator.

Das totale Differential df(x,y,z) von (4-106) kann dann in folgender Form geschrieben werden:

$$df(x, y, z) = \mathbf{grad}(f) \cdot \vec{dr} \quad (4\text{-}108)$$

Das ist also die Änderung von f in Richtung $\vec{dr}$, und wir nennen die rechte Seite deshalb auch die Richtungsableitung von f an der Stelle $\vec{r}$ in Richtung $\vec{dr}$.

Betrachten wir zunächst nur ein ebenes Skalarfeld f(x,y), so steht der Gradient eines solchen Feldes in jedem Punkt P senkrecht auf der durch P verlaufenden Niveaulinie von f(x,y) (Abb. 4.5.1). Auf einer Niveaulinie ist wegen f(x,y) = const. stets df(x,y) = 0. Somit ist das Skalarprodukt

$$\mathbf{grad}(f) \cdot \vec{dr} = 0 \, . \quad (4\text{-}109)$$

Dies ist aber nur möglich, wenn die beiden Vektoren senkrecht aufeinander stehen.
Der Gradient zeigt also immer in die Richtung des größten Zuwachses von f(x,y). Der Betrag des Gradienten ist daher ein Maß für die Änderung des Skalarfeldes senkrecht zu den Niveaulinien.

Entsprechende Aussagen gelten auch für ein räumliches Skalarfeld f(x,y,z). Die Gleichung (4-109) besagt, dass der Vektor **grad**(f) auf allen beliebigen Änderungen, die in der Fläche f(x,y,z) = const. liegen, gemäß Abb. 4.5.2 senkrecht steht, d. h., dass er die Richtung der Flächennormalen (Niveauflächen) haben muss. Es gilt also, dass der Vektor **grad**(f) parallel zum Normaleneinheitsvektor $\vec{n_0}$ steht und ferner gilt

$$df = \mathbf{grad}(f) \cdot \vec{dr} = \mathbf{grad}(f) \cdot dr \cdot \vec{n_0} \, , \quad (4\text{-}110)$$

woraus die Änderung der Funktion f für diejenige Richtung ihren größten Wert haben wird, für die $\vec{dr}$ parallel zu **grad**(f) verläuft. Der Vektor **grad**(f) weist somit normal zur Fläche in Richtung des stärksten Anstieges der Funktion f(x,y,z).

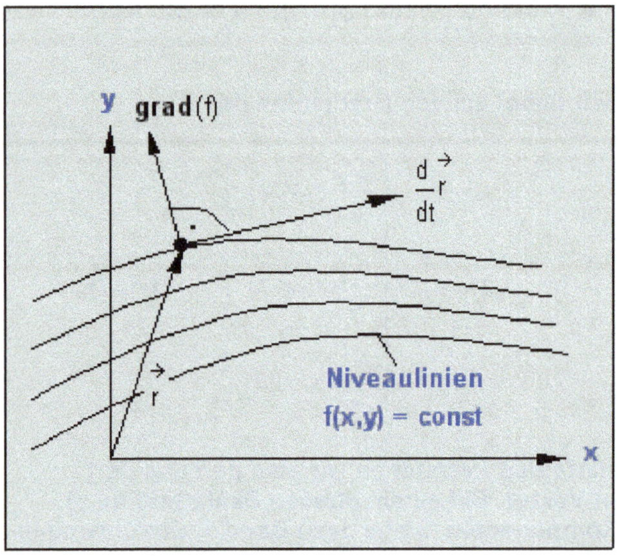

Abb. 4.5.1

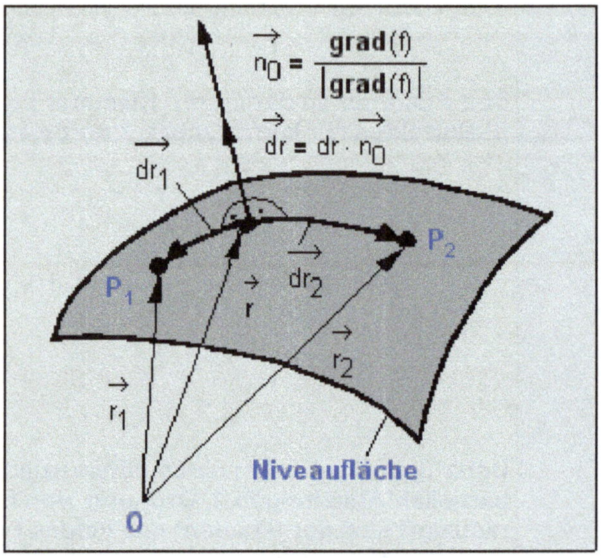

Abb. 4.5.2

Um eine einheitliche Schreibweise der Differentialoperatoren Gradient, Divergenz und Rotation zu erhalten, führen wir noch den Nabla-Operator, benannt nach der Dreiecksform eines althebräisches Harfeninstruments, ein (siehe dazu Band 1, Einführung in Mathcad, Nabla-Operator):

$$\vec{\nabla} = \begin{pmatrix} \frac{\partial}{\partial x}\blacksquare \\ \frac{\partial}{\partial y}\blacksquare \\ \frac{\partial}{\partial z}\blacksquare \end{pmatrix} = \left(\frac{\partial}{\partial x}\blacksquare\right)\cdot\vec{e_x} + \left(\frac{\partial}{\partial y}\blacksquare\right)\cdot\vec{e_y} + \left(\frac{\partial}{\partial z}\blacksquare\right)\cdot\vec{e_z} \qquad \textbf{(4-111)}$$

Damit können wir den Gradienten in kartesischer Form schreiben:

$$\vec{\nabla}\, f(x,y,z) = \begin{pmatrix} \frac{\partial}{\partial x}f(x,y,z) \\ \frac{\partial}{\partial y}f(x,y,z) \\ \frac{\partial}{\partial z}f(x,y,z) \end{pmatrix} \qquad \textbf{(4-112)}$$

In Zylinderkoordinaten gilt:

$$\vec{\nabla}\, f(\rho,\varphi,z) = \frac{\partial}{\partial \rho}f(\rho,\varphi,z)\cdot\vec{e_\rho} + \frac{1}{\rho}\cdot\frac{\partial}{\partial \varphi}f(\rho,\varphi,z)\cdot\vec{e_\phi} + \frac{\partial}{\partial z}f(\rho,\varphi,z)\cdot\vec{e_z} \qquad \textbf{(4-113)}$$

In Kugelkoordinanten gilt:

$$\vec{\nabla}\, f(r,\vartheta,\varphi) = \frac{\partial}{\partial r}f(r,\vartheta,\varphi)\cdot\vec{e_r} + \frac{1}{r}\cdot\frac{\partial}{\partial \vartheta}f(r,\vartheta,\varphi)\cdot\vec{e_\vartheta} + \frac{1}{r\cdot\sin(\vartheta)}\cdot\frac{\partial}{\partial \varphi}f(r,\vartheta,\varphi)\cdot\vec{e_\phi} \qquad \textbf{(4-114)}$$

Der Gradient ist eine Form der Ableitung, daher gelten für die Gradientenbildung die üblichen Ableitungsregeln, sofern sie sinnvoll übertragbar sind. Insbesonders gilt für konstante Vektoren $\vec{a}$:

$$\mathbf{grad}\left(\vec{a}\cdot\vec{r}\right) = \vec{a} \qquad \textbf{(4-115)}$$

$$\mathbf{grad}\left[\left(\vec{a}\cdot\vec{r}\right)^2\right] = 2\cdot\vec{a}\cdot\left(\vec{a}\cdot\vec{r}\right) \qquad \textbf{(4-116)}$$

$$\mathbf{grad}\left(r^n\right) = n\cdot r^{n-2}\cdot\vec{r} \qquad \textbf{(4-117)}$$

$$\mathbf{grad}\left(\frac{1}{r}\right) = -\frac{\vec{r}}{r^3} \qquad \textbf{(4-118)}$$

Sind f_1 und f_2 skalare Felder und c eine Konstante, dann gelten noch folgende Ableitungsregeln:

$$\mathbf{grad}(c\cdot f_1) = c\cdot\mathbf{grad}(f_1) \qquad \textbf{(4-119)}$$

$$\mathbf{grad}(f_1 + f_2) = \mathbf{grad}(f_1) + \mathbf{grad}(f_2) \qquad \textbf{(4-120)}$$

$$\mathbf{grad}(f_1\cdot f_2) = f_1\cdot\mathbf{grad}(f_2) + f_2\cdot\mathbf{grad}(f_1) \qquad \textbf{(4-121)}$$

Beispiel 4.5.1:

Es sei $f(x,y,z) = \vec{n} \cdot \vec{r}$. Aus der analytischen Geometrie wissen wir, dass $\vec{n} \cdot \vec{r} = n_x \cdot x + n_y \cdot y + n_z \cdot z = d$ die Gleichung einer Ebene ist. Die Niveauflächen des skalaren Feldes f sind also parallele Ebenen mit dem Normalenvektor $\vec{n}$. Wie lautet der Gradient des Feldes f?

Nach (4-115) gilt:

$$\mathbf{grad}\left(\vec{n} \cdot \vec{r}\right) = \vec{n}$$ Der Gradient dieses Feldes ist also der Normalenvektor der Ebenen.

Beispiel 4.5.2:

Es sei $f(x,y,z) = \left(\vec{r}\right)^2 = x^2 + y^2 + z^2$. Für jeden festen Wert $f(x,y,z) = c$ ergibt sich eine Kugel als Niveaufläche mit dem Radius $\sqrt{c}$. Wie lautet der Gradient dieses Feldes?

Nach (4-117) gilt:

$$\mathbf{grad}\left[\left(\vec{r}\right)^2\right] = 2 \cdot \vec{r} = 2 \cdot x \cdot \vec{e_x} + 2 \cdot y \cdot \vec{e_y} + 2 \cdot z \cdot \vec{e_z}$$

Beispiel 4.5.3:

Ein skalares Feld sei gegeben durch $f(x,y,z) = \left(\vec{a} \times \vec{r}\right)^2$ mit einem konstanten Vektor $\vec{a}$. Die Niveauflächen $f(x,y,z) = \text{const}$ sind hier Zylinder mit einer gemeinsamen Achse $\vec{a}$, denn $\vec{a} \times \vec{r}$ ist ein Vektor, der auf $\vec{a}$ und $\vec{r}$ senkrecht steht. Nun ist aber $\left(\vec{a} \times \vec{r}\right)^2 = \left(\left|\vec{a} \times \vec{r}\right|\right)^2 = (a \cdot r \cdot \sin(\varphi))^2 = a^2 \cdot (r \cdot \sin(\varphi))^2$.
$r \cdot \sin(\varphi) = \rho$ ist aber, wie wir in Abb. 4.5.3 sehen, der Abstand von der Achse. Wie lautet der Gradient des skalaren Feldes?

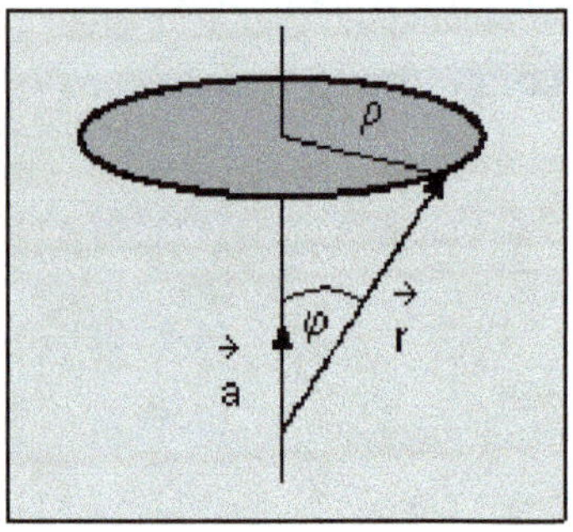

Abb. 4.5.3

Der Gradient berechnet sich wie folgt ((4-116), (4-119)):

$$\mathbf{grad}(f) = \mathbf{grad}\left[a^2 \cdot r^2 - \left(\vec{a} \cdot \vec{r}\right)^2\right] = 2 \cdot a^2 \cdot \vec{r} - 2 \cdot \vec{a} \cdot \left(\vec{a} \cdot \vec{r}\right)$$

$$\mathbf{grad}(f) = -2 \cdot \vec{a} \times \left(\vec{a} \times \vec{r}\right)$$

Beispiel 4.5.4:

Ein scheibenförmiger Körper mit dem Radius R, dem Trägheitsmoment θ und dem Torsionsmodul G hängt an einem zylindrischen Draht der Länge L und schwingt (Abb. 4.5.4) um dessen Achse. Bestimmen Sie aus der nachfolgend gegebenen Schwingungsdauer T den Gradienten der skalaren Funktion T.

$$T(\theta, G, L, R) = \sqrt{2 \cdot \pi} \cdot \frac{\sqrt{L \cdot \theta}}{R^2 \cdot \sqrt{G}}$$ Schwingungsdauer

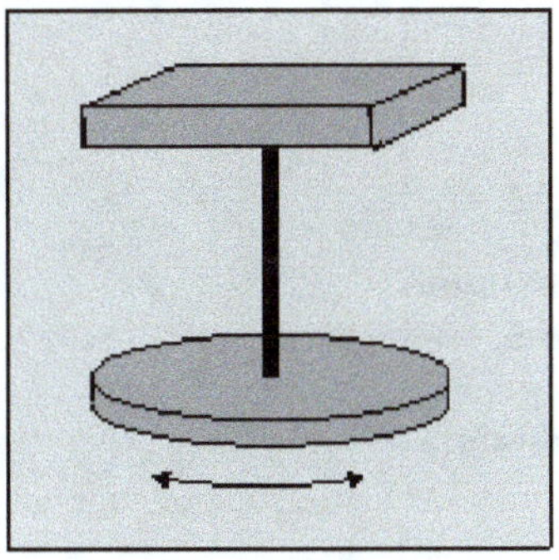

Abb. 4.5.4

$$\mathbf{grad}(T(\theta,G,L,R)) = \sqrt{2\cdot\pi}\cdot\begin{pmatrix} \dfrac{\sqrt{L}}{2\cdot R^2\cdot\sqrt{\theta\cdot G}} \\ -\dfrac{\sqrt{L\cdot\theta}}{2\cdot R^2\cdot G\cdot\sqrt{G}} \\ \dfrac{\sqrt{\theta}}{2\cdot R^2\cdot\sqrt{L\cdot G}} \\ -\dfrac{2\cdot\sqrt{L\cdot\theta}}{R^3\cdot\sqrt{G}} \end{pmatrix} = T(\theta,G,L,R)\cdot\begin{pmatrix} \theta^{-1} \\ -G^{-1} \\ L^{-1} \\ -4\cdot R^{-1} \end{pmatrix}$$

Beispiel 4.5.5:

Gegeben ist das skalare Feld $f(x,y) = x^2 + y^2$. Stellen Sie dieses skalare Feld und für f(x,y) = const = c die zugehörigen Niveaulinien (Höhenlinien) grafisch dar.

$f(x,y) := x^2 + y^2$ skalares Feld

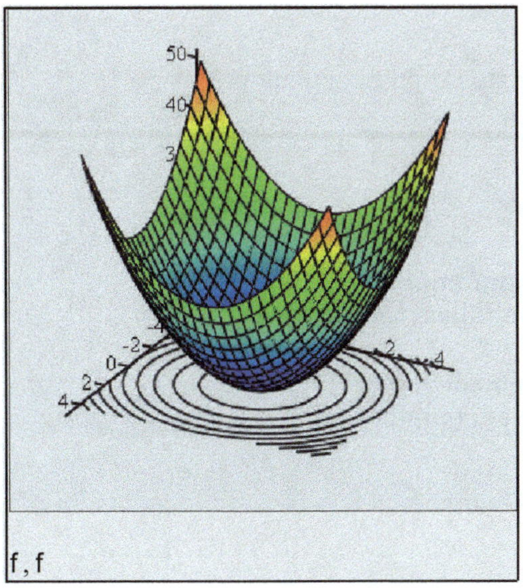

Abb. 4.5.5

Diagrammformat:
Diagramm 1:
Allgemein: Flächendiagramm
Achsenformat Ecke
Darstellung: Fläche füllen, Farbschema, Drahtmodell, Volltonfarbe
Achsen: automatische Gitterwerte, nummeriert, Automatische Skalierung
QuickPlot-Daten: Beginn -5, Ende 5, Schrittweite 25
Diagramm 2:
Allgemein: Umrissdiagramm
Darstellung: Umrisse füllen, Umrisslinien, Volltonfarbe
QuickPlot-Daten: Beginn -5, Ende 5, Schrittweite 25
Spezial: Füllen, Linien zeichnen

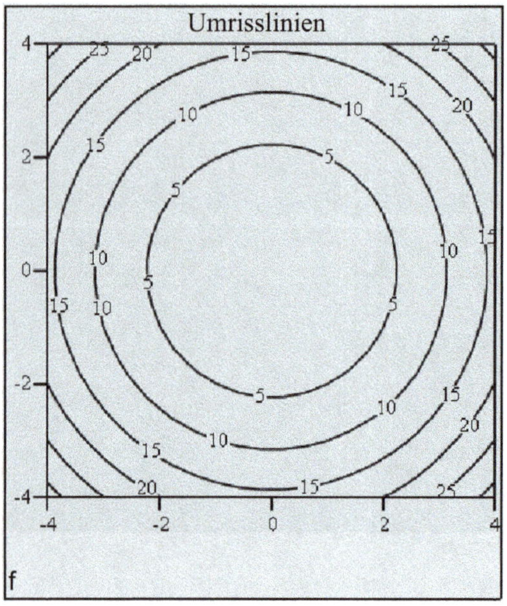

Diagrammformat:
Diagramm 1:
Allgemein: Umrissdiagramm
Darstellung: keine Füllung, Umrisslinien
QuickPlot-Daten: Beginn -5, Ende 5, Schrittweite 25
Spezial: Linien zeichnen, Automatische Umrisse, nummeriert

Abb. 4.5.6

Beispiel 4.5.6:

Für das nachfolgend gegebene skalare Feld sollen die zugehörigen Niveaulinien dargestellt werden

$f(x,y) := |y| \cdot \left(x^2 + y^2\right)^{\frac{3}{2}}$ skalares Feld

$f_1(x,y) := \text{wenn}(f(x,y) < 1, f(x,y), 0)$ Mit der Konstante (hier 1) kann der darzustellende Bereich geändert werden.

$I := 99$ $K := 99$

$i := 1..I + 1$ $k := 1..K + 1$ Bereichsvariable

$N_{i,k} := f_1\left[\frac{2}{I} \cdot \left(i - \frac{I}{2} - 1\right), \frac{2}{K} \cdot \left(k - \frac{K}{2} - 1\right)\right]$ Matrix zur Darstellung des Umrissdiagramms

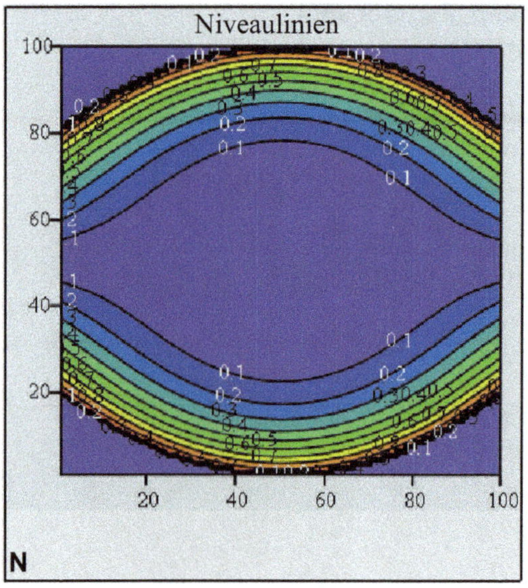

Diagrammformat:
Diagramm 1:
Allgemein: Umrissdiagramm
Darstellung: Umrisse füllen, Umrisslinien, Volltonfarbe
Spezial: Füllen, Linien zeichnen, Automatische Umrisse, nummeriert

Abb. 4.5.7

Beispiel 4.5.7:

Gegeben ist das nachfolgend angeführte skalare Feld (radialsymmetrische Schwingung). Zu diesem Feld soll das zugehörige Gradientenfeld (Vektorfeld) berechnet werden. Das skalare Feld, die zugehörigen Niveaulinien und das Gradientenfeld sollen grafisch veranschaulicht werden.

$ORIGIN := 0$ ORIGIN festlegen

$x := x \quad y := y$ Redefinitionen

$f(x,y) := \cos\left(\sqrt{x^2+y^2}\right)$ skalares Feld (radialsymmetrische Schwingung)

$$\nabla_2(f,x,y) := \begin{pmatrix} \frac{\partial}{\partial x} f(x,y) \\ \frac{\partial}{\partial y} f(x,y) \end{pmatrix} \qquad \nabla_2(f,x,y) \rightarrow \begin{pmatrix} -\frac{x \cdot \sin\left(\sqrt{x^2+y^2}\right)}{\sqrt{x^2+y^2}} \\ -\frac{y \cdot \sin\left(\sqrt{x^2+y^2}\right)}{\sqrt{x^2+y^2}} \end{pmatrix}$$

Der Gradient eines skalaren Feldes ist ein Vektorfeld, das in die Richtung der größten Änderung von f zeigt.

Siehe dazu Band 1, Einführung in Mathcad, Nabla-Operator.

$n_x := 31 \quad n_y := 31$ Anzahl der x- und y-Werte

$i := 0 .. n_x - 1 \quad k := 0 .. n_y - 1$ Bereichsvariablen

$x_{min} := -2 \cdot \pi \quad x_{max} := 2 \cdot \pi$

$y_{min} := -2 \cdot \pi \quad y_{max} := 2 \cdot \pi$

minimale und maximale x- und y-Werte

$\mathbf{x}_i := x_{min} + \frac{i}{n_x - 1} \cdot (x_{max} - x_{min})$

$\mathbf{y}_k := y_{min} + \frac{k}{n_y - 1} \cdot (y_{max} - y_{min})$

Koordinatenvektoren

$\mathbf{F}_{i,k} := f(\mathbf{x}_i, \mathbf{y}_k)$ Wertematrix des skalaren Feldes

$\mathbf{N} := \text{ErstellenGitter}(f, x_{min}, x_{max}, y_{min}, y_{max}, n_x, n_y)$ Wertematrix für die Niveaulinien des skalaren Feldes (erstellt mithilfe der Funktion "ErstellenGitter")

$\mathbf{GRAD}_{i,k} := \nabla_2(f, \mathbf{x}_i, \mathbf{y}_k)$ Wertematrix des Gradientenfeldes

$\mathbf{f_x}_{i,k} := (\mathbf{GRAD}_{i,k})_0 \quad \mathbf{f_y}_{i,k} := (\mathbf{GRAD}_{i,k})_1$

Die Komponenten $\mathbf{f_x}$ und $\mathbf{f_y}$ des Gradientenfeldes **müssen** in Form von Wertematrizen vorliegen!

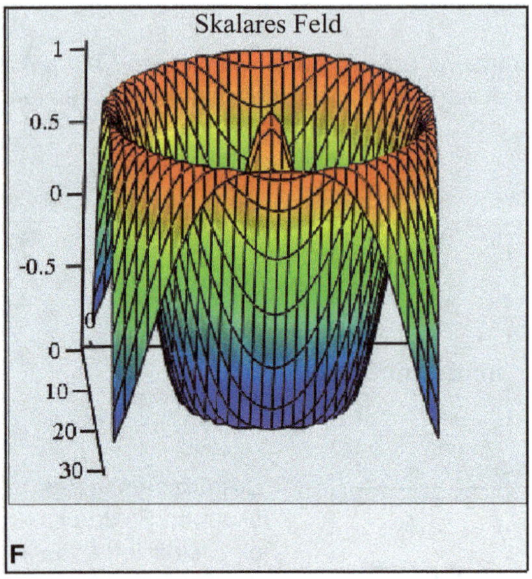

Diagrammformat:
Diagramm 1:
Allgemein: Flächendiagramm
Achsenformat Ecke
Darstellung: Fläche füllen, Farbschema, Drahtmodell, Volltonfarbe
Achsen: automatische Gitterwerte, nummeriert, Automatische Skalierung

Abb. 4.5.8

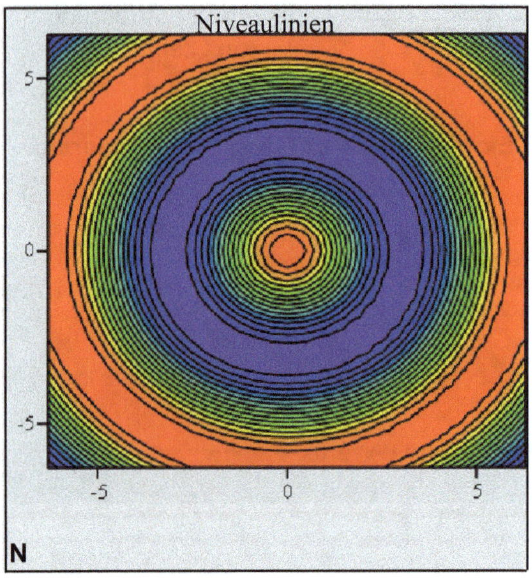

Diagrammformat:
Diagramm 1:
Allgemein: Umrissdiagramm
Darstellung: Umrisse füllen, Umrisslinien, Volltonfarbe
Spezial: Füllen, Linien zeichnen

Abb. 4.5.9

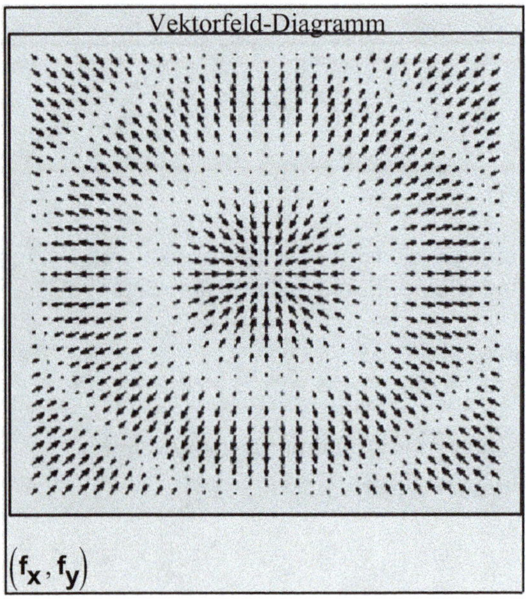

Diagrammformat:
Diagramm 1:
Allgemein: Vektorfeld-Diagramm
Bilder-Rahmen anzeigen
Darstellung: Keine Füllung, Drahtpfeile, Volltonfarbe

Die Pfeile veranschaulichen den Verlauf der Feldlinien.

Abb. 4.5.10

Beispiel 4.5.8:

Gegeben ist das nachfolgend angeführte skalare Feld (Schwingung). Zu diesem Feld soll das zugehörige Gradientenfeld (Vektorfeld) berechnet werden. Das skalare Feld und das Gradientenfeld sollen grafisch veranschaulicht werden.

$ORIGIN := 0$ ORIGIN festlegen

$x := x \quad y := y$ Redefinitionen

$f(x,y) := \sin(x) \cdot \cos(y)$ skalares Feld (Schwingung)

$$\nabla_2(f,x,y) := \begin{pmatrix} \frac{\partial}{\partial x} f(x,y) \\ \frac{\partial}{\partial y} f(x,y) \end{pmatrix}$$

Der Gradient wird hier mit dem Nabla-Operator definiert.

$$\nabla_2(f,x,y) \rightarrow \begin{pmatrix} \cos(x) \cdot \cos(y) \\ -\sin(x) \cdot \sin(y) \end{pmatrix}$$

$$\nabla_{x,y} f(x,y) \rightarrow \begin{pmatrix} \cos(x) \cdot \cos(y) \\ -\sin(x) \cdot \sin(y) \end{pmatrix}$$

Der Gradient eines skalaren Feldes ist ein Vektorfeld, das in die Richtung der größten Änderung von f zeigt.

Siehe dazu Band 1, Einführung in Mathcad, Nabla-Operator.

$n := 41$ Anzahl der x- und y-Werte

$i := 0..n-1 \quad k := 0..n-1$ Bereichsvariablen

$x_{min} := -2 \cdot \pi \quad x_{max} := 2 \cdot \pi$

$y_{min} := -2 \cdot \pi \quad y_{max} := 2 \cdot \pi$

minimale und maximale x- und y-Werte

$$\mathbf{x}_i := x_{min} + \frac{i}{n-1} \cdot (x_{max} - x_{min})$$

$$\mathbf{y}_k := y_{min} + \frac{k}{n-1} \cdot (y_{max} - y_{min})$$

Koordinatenvektoren

$\mathbf{F}_{i,k} := f(\mathbf{x}_i, \mathbf{y}_k)$ Wertematrix des skalaren Feldes

$\mathbf{GRAD}_{i,k} := \nabla_2(f, \mathbf{x}_i, \mathbf{y}_k)$ Wertematrix des Gradientenfeldes

$\mathbf{f_x}_{i,k} := (\mathbf{GRAD}_{i,k})_0 \quad \mathbf{f_y}_{i,k} := (\mathbf{GRAD}_{i,k})_1$

Die Komponenten $\mathbf{f_x}$ und $\mathbf{f_y}$ des Gradientenfeldes **müssen** in Form von Wertematrizen vorliegen!

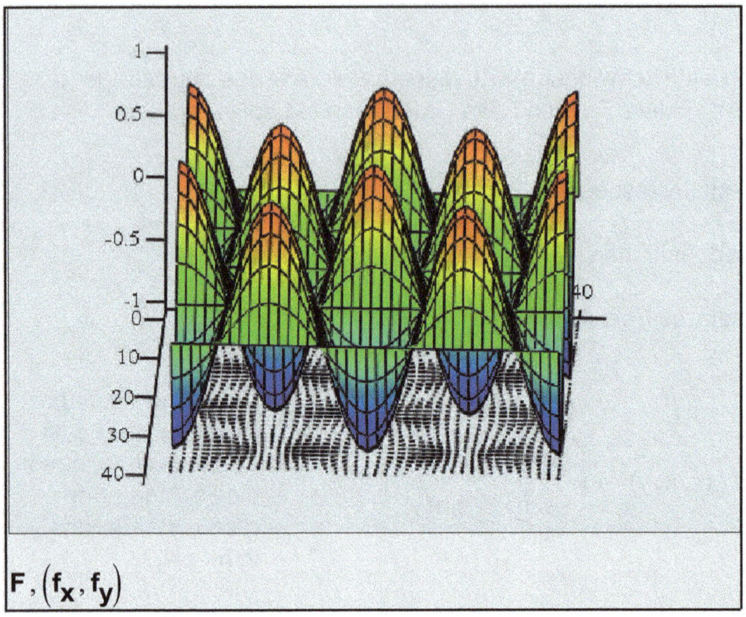

Diagrammformat:
Diagramm 1:
Allgemein: Flächendiagramm
Achsenformat Ecke
Darstellung: Fläche füllen, Farbschema, Drahtmodell, Volltonfarbe
Achsen: automatische Gitterwerte, Nummeriert, Automatische Skalierung
Diagramm 2:
Allgemein: Vektorfeld-Diagramm
Bilder-Rahmen anzeigen
Darstellung: Keine Füllung, Drahtpfeile, Volltonfarbe

Abb. 4.5.11

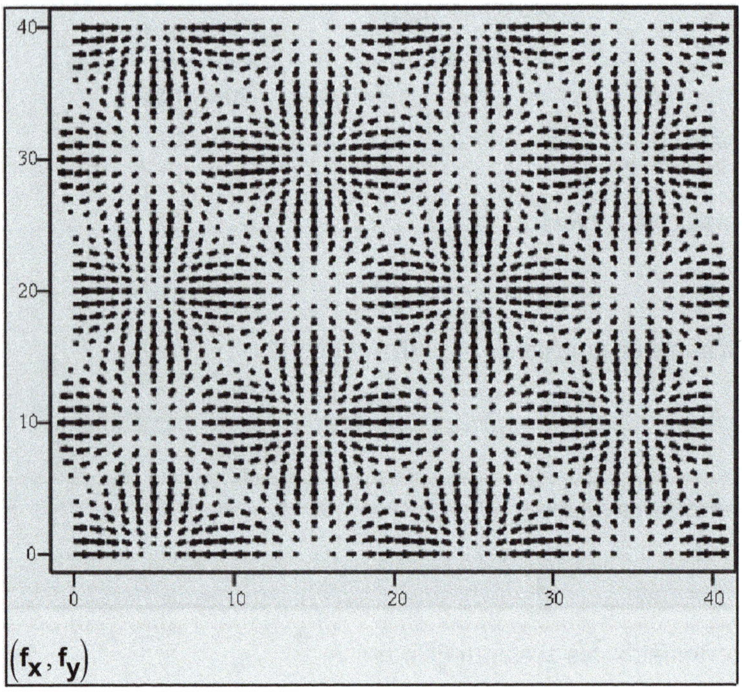

Diagrammformat:
Diagramm 1:
Allgemein: Vektorfeld-Diagramm
Bilder-Rahmen anzeigen
Darstellung: Pfeile füllen, Drahtpfeile, Volltonfarbe

Abb. 4.5.12

Beispiel 4.5.9:

Die Anziehungskraft einer Masse M, die sich im Ursprung O(0|0|0) befindet, auf eine Masse m im Punkt P(x|y|z) lässt sich durch ein Vektorfeld $\vec{F}$, das Gravitationsfeld (newtonsches Gravitationsgesetz), beschreiben.
Leiten Sie aus dem nachfolgend gegebenen Gravitationspotential V(r) das Gravitationsfeld aus der Beziehung $\vec{F} = -\mathbf{grad}(V(r))$ her. γ bedeutet die Gravitationskonstante.

$V(r) = -\gamma \cdot \frac{m \cdot M}{r}$ Gravitationspotential

$$F(\vec{r}) = \gamma \cdot m \cdot M \cdot \begin{pmatrix} \frac{\partial}{\partial x}\frac{1}{\sqrt{x^2+y^2+z^2}} \\ \frac{\partial}{\partial y}\frac{1}{\sqrt{x^2+y^2+z^2}} \\ \frac{\partial}{\partial z}\frac{1}{\sqrt{x^2+y^2+z^2}} \end{pmatrix} = -\gamma \cdot m \cdot M \cdot \begin{bmatrix} \frac{x}{(x^2+y^2+z^2)^{\frac{3}{2}}} \\ \frac{y}{(x^2+y^2+z^2)^{\frac{3}{2}}} \\ \frac{z}{(x^2+y^2+z^2)^{\frac{3}{2}}} \end{bmatrix} = -\gamma \cdot \frac{m \cdot M}{(x^2+y^2+z^2)^{\frac{3}{2}}} \cdot \begin{pmatrix} x \\ y \\ z \end{pmatrix}$$

$$F(\vec{r}) = -\gamma \cdot \frac{m \cdot M}{r^3} \cdot \vec{r} = -\gamma \cdot \frac{m \cdot M}{r^2} \cdot \frac{\vec{r}}{r} = -\gamma \cdot \frac{m \cdot M}{r^2} \cdot \vec{e_r}$$

Gravitationsgesetz von Newton (Zentralfeld)

Dieses Gravitationsfeld ist ein Gradientenfeld (Potentialfeld)! Die Herleitung stimmt mit der Ableitungsregel (4-118) überein!

Wie schon ausgeführt wurde, kann eine Fläche im Raum in vektorieller Form $\overrightarrow{r(u,v)}$ oder aber auch in expliziter Form z = f(x,y) dargestellt werden. Eine Fläche im Raum kann aber auch durch eine implizite Gleichung der Form F(x,y,z) = 0 beschrieben werden.
Eine solche Fläche kann aber dann als eine spezielle Niveaufläche eines skalaren Feldes f der Form

$$f(x, y, z) = F(x, y, z) = \text{const} = c \qquad \textbf{(4-122)}$$

betrachtet werden. Weil aber der Gradient des skalaren Feldes f(x,y,z) = F(x,y,z) stets senkrecht auf den Niveauflächen steht, verläuft er auch senkrecht zu der Fläche F(x,y,z) = 0 und ist somit ein Normalvektor dieser Fläche.
Die im Flächenpunkt $P(x_0|y_0|z_0)$ mit dem Ortsvektor $\overrightarrow{r_0}$ errichtete Tangentialebene lässt sich dann in der Form

$$\mathbf{grad}(F(x_0, y_0, z_0)) \cdot (\vec{r} - \vec{r_0}) = 0 \qquad \textbf{(4-123)}$$

darstellen, wobei $\vec{r}$ der Ortsvektor eines beliebigen Punktes Q(x|y|z) der Tangentialebene ist (siehe dazu auch Abb. 4.2.1). Hier sind nach der Gradientenbildung die Koordinaten des Punktes P einzusetzen.

Beispiel 4.5.10:

Bestimmen Sie die Gleichung der Tangentialebene im Punkt P(1|1|15) auf der Fläche mit der Gleichung $(x - 1)^2 + (y - 1)^2 + z = 15$ (F(x,y,z) = c).

Die Gleichung der Fläche ist eine spezielle Niveaufläche des skalaren Feldes $f(x,y,z) = (x - 1)^2 + (y - 1)^2 + z$.

$$f(x, y, z) := (x-1)^2 + (y-1)^2 + z$$

$x := x$ $\quad y := y$ $\quad z := z$ — Redefinitionen

$x_0 := 1$ $\quad y_0 := 1$ $\quad z_0 := 15$ — Koordinaten des Punktes P

$f_x(x,y,z) := \frac{d}{dx}f(x,y,z)$ $\quad f_x(x,y,z) \rightarrow 2 \cdot x - 2$

$f_y(x,y,z) := \frac{d}{dy}f(x,y,z)$ $\quad f_y(x,y,z) \rightarrow 2 \cdot y - 2$ — Komponenten des Gradienten

$f_z(x,y,z) := \frac{d}{dz}f(x,y,z)$ $\quad f_z(x,y,z) \rightarrow 1$

$f_x(x_0,y_0,z_0) = 0$ $\quad f_y(x_0,y_0,z_0) = 0$ $\quad f_z(x_0,y_0,z_0) = 1$

$f_x(x_0,y_0,z_0) \cdot (x - x_0) + f_y(x_0,y_0,z_0) \cdot (y - y_0) + f_z(x_0,y_0,z_0) \cdot (z - z_0) = 0$ — Tangentialebene im Punkt P

Damit lautet die Gleichung für die Tangentialebene im Punkt P:

$z = z_0 = 15$

$f(x,y) := 15 - (x-1)^2 - (y-1)^2$ — Funktion für die räumliche Fläche

$x_0 := 1$ $\quad y_0 := 1$ $\quad z_0 := f(x_0, y_0)$ — x-y-z-Koordinaten für den Punkt P der Fläche

$m := 25$ $\quad n := 25$ — Anzahl der x- und y-Werte

$i := 0..m-1$ $\quad k := 0..n-1$ — Bereichsvariablen

$\mathbf{x}_i := \text{wenn}\left(x_0 = 0, \frac{2 \cdot i}{m-1} - 1, \frac{2 \cdot i}{m-1} \cdot x_0\right)$

Koordinatenvektoren für die Fläche

$\mathbf{y}_k := \text{wenn}\left(y_0 = 0, \frac{2 \cdot k}{n-1} - 1, \frac{2 \cdot k}{n-1} \cdot y_0\right)$

$\mathbf{x_{t}}_i := \text{wenn}\left(x_0 = 0, -\frac{1}{3} + \frac{i}{m-1}, \frac{1}{3} \cdot x_0 + \frac{i}{m-1} \cdot \frac{5}{3} \cdot x_0\right)$

Koordinatenvektoren für die Tangentialfläche

$\mathbf{y_{t}}_k := \text{wenn}\left(y_0 = 0, -\frac{1}{3} + \frac{k}{n-1}, \frac{1}{3} \cdot y_0 + \frac{k}{n-1} \cdot \frac{5}{3} \cdot y_0\right)$

$T(x,y) := \left(\frac{\partial}{\partial x_0}f(x_0,y_0)\right) \cdot (x - x_0) + \left(\frac{\partial}{\partial y_0}f(x_0,y_0)\right) \cdot (y - y_0) + z_0$ — Gleichung der Tangentialebene

$X1_{i,k} := x_i$ $Y1_{i,k} := y_k$ $F1_{i,k} := f(x_i, y_k)$ Matrizen zur Flächendarstellung

$X_{t_{i,k}} := x_{t_i}$ $Y_{t_{i,k}} := y_{t_k}$ $Z_{t_{i,k}} := T(x_{t_i}, y_{t_k})$ Matrizen zur Darstellung der Tangentialebene im Punkt P

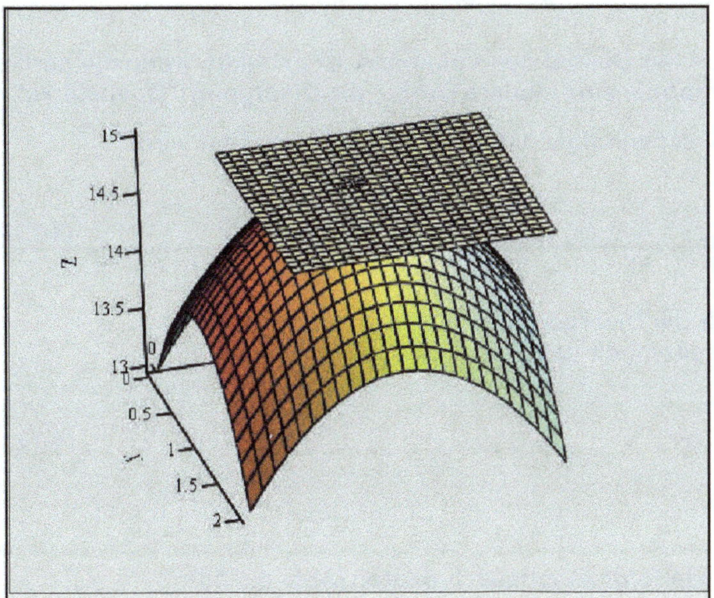

$(X1, Y1, F1), (X_t, Y_t, Z_t)$

Diagrammformat:
Diagramm 1:
Allgemein: Flächendiagramm
Achsenformat Ecke
Darstellung: Fläche füllen, Farbschema, Drahtmodell, Volltonfarbe
Achsen: automatische Gitterwerte, Beschriftung nummeriert, Automatische Skalierung
Diagramm 2:
Allgemein: Flächendiagramm
Achsenformat Ecke
Darstellung: Fläche füllen, Volltonfarbe, Linienoptionen: Drahtmodell, Volltonfarbe

Abb. 4.5.13

4.5.2 Die Divergenz eines Vektorfeldes

Wir betrachten in einer strömenden Flüssigkeit, die durch ein Geschwindigkeitsfeld $\vec{v} = (v_x, v_y, v_z)^T$ beschrieben wird, ein abgegrenztes Volumenelement dV = dx dy dz.

Durch die in Abb. 4.5.14 hintere differentielle Fläche dz dy tritt näherungsweise die eintretende Flüssigkeitsmenge

$$v_x \cdot dz \cdot dy \qquad (4\text{-}124)$$

und durch die dazu im Abstand dx parallele Fläche dz dy tritt diese Flüssigkeitsmenge

$$\left(v_x + \frac{\partial}{\partial x} v_x \cdot dx\right) \cdot dz \cdot dy \qquad (4\text{-}125)$$

wieder aus. Als Differenz zwischen abgeflossener und zugeflossener Menge ergibt sich somit

$$\left(v_x + \frac{\partial}{\partial x} v_x \cdot dx\right) \cdot dz \cdot dy - v_x \cdot dz \cdot dy = \frac{\partial}{\partial x} v_x \cdot dx \cdot dy \cdot dz \qquad (4\text{-}126)$$

und analog für die übrigen Flächenpaare

$$\left(v_y + \frac{\partial}{\partial y} v_y \cdot dy\right) \cdot dx \cdot dz - v_y \cdot dx \cdot dz = \frac{\partial}{\partial y} v_y \cdot dx \cdot dy \cdot dz \qquad (4\text{-}127)$$

$$\left(v_z + \frac{\partial}{\partial z} v_z \cdot dz\right) \cdot dx \cdot dy - v_z \cdot dx \cdot dy = \frac{\partial}{\partial z} v_z \cdot dx \cdot dy \cdot dz \qquad (4\text{-}128)$$

Durch Addition der einzelnen Beiträge in x-, y- und z-Richtung ergibt sich somit aus dem Grenzwert der "Volumengewinn" an Flüssigkeit pro Volumen dV = dx dy dz und Zeiteinheit:

$$\lim_{V \to 0} \left[\frac{1}{dx \cdot dy \cdot dz} \cdot \left(\frac{\partial}{\partial x} v_x + \frac{\partial}{\partial y} v_y + \frac{\partial}{\partial z} v_z \right) \cdot dx \cdot dy \cdot dz \right] \qquad (4\text{-}129)$$

Der Grenzwert ist hier aber unabhängig von der Gestalt des Volumens. Er existiert, wenn die partiellen Ableitungen existieren. Wir erhalten als Ergebnis eine skalare Größe, die Divergenz ("Quellstärke" oder "Quellstärke pro Volumenelement") des Geschwindigkeitsfeldes $\vec{v}(x, y, z)$ genannt wird.

$$\operatorname{div}\left(\vec{v}\right) = \operatorname{div}\left[\vec{v}(x, y, z)\right] = \frac{\partial}{\partial x} v_x(x, y, z) + \frac{\partial}{\partial y} v_y(x, y, z) + \frac{\partial}{\partial z} v_z(x, y, z) \qquad (4\text{-}130)$$

Bei einem ebenen Vektorfeld reduziert sich die Divergenz auf zwei Summanden!
Im Volumenelement dV wird somit in der Zeiteinheit das Flüssigkeitsvolumen

$$\operatorname{div}\left(\vec{v}\right) \cdot dV = \left(\frac{\partial}{\partial x} v_x + \frac{\partial}{\partial y} v_y + \frac{\partial}{\partial z} v_z \right) \cdot dV \qquad (4\text{-}131)$$

"erzeugt" oder "vernichtet".

Die skalare Größe $\operatorname{div}\left(\vec{v}\right)$ lässt sich daher wie folgt anschaulich deuten (Abb. 4.5.15):

$\operatorname{div}\left(\vec{v}\right) > 0$: Im Volumenelement befindet sich eine "Quelle".

$\operatorname{div}\left(\vec{v}\right) < 0$: Im Volumenelement befindet sich eine "Senke".

$\operatorname{div}\left(\vec{v}\right) = 0$: Im Volumenelement befindet sich weder eine "Quelle" noch eine "Senke", d. h., das Vektorfeld ist an dieser Stelle "quellenfrei" (bei FlüssigkeitenvVolumentreu, inkompressibel).

Quellenfreie Vektorfelder, die in den Anwendungen eine Rolle spielen, sind z. B.:
homogene Vektorfelder (elektrische Felder in einem Plattenkondensator), elektrisches Feld einer Punktladung, Gravitationsfeld einer Masse, Magnetfeld in der Umgebung eines stromdurchflossenen geraden Leiters usw.

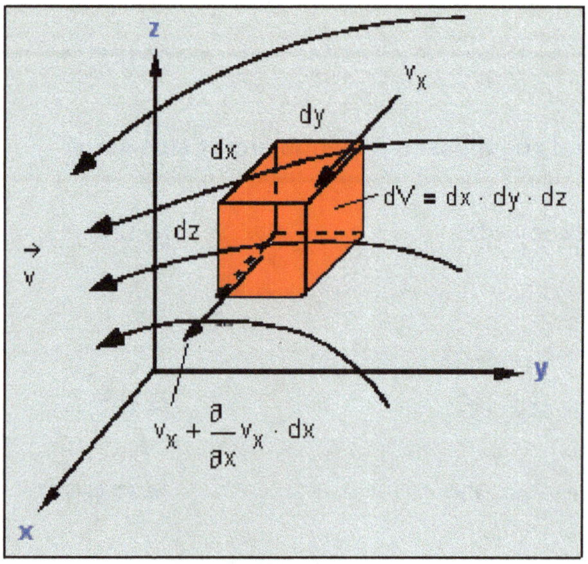

Abb. 4.5.14

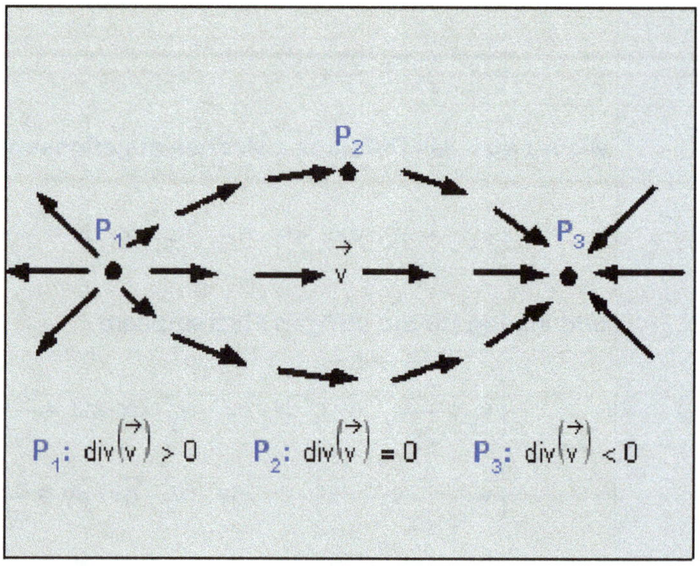

Abb. 4.5.15

Die Divergenz eines Vektorfeldes ($\vec{v}$, $\vec{F}$, $\vec{E}$ usw.) lässt sich formal als skalares Produkt aus Nabl-Operator (4-111) und Feldvektor darstellen:

$$\vec{\nabla} \cdot \vec{v} = \begin{pmatrix} \frac{\partial}{\partial x} \blacksquare \\ \frac{\partial}{\partial y} \blacksquare \\ \frac{\partial}{\partial z} \blacksquare \end{pmatrix} \cdot \begin{pmatrix} v_x(x,y,z) \\ v_y(x,y,z) \\ v_z(x,y,z) \end{pmatrix} = \frac{\partial}{\partial x} v_x(x,y,z) + \frac{\partial}{\partial y} v_y(x,y,z) + \frac{\partial}{\partial z} v_z(x,y,z) \qquad \text{(4-132)}$$

In Zylinderkoordinaten gilt:

$$\vec{\nabla} \cdot \vec{v}(\rho, \varphi, z) = \frac{1}{\rho} \cdot \frac{\partial}{\partial \rho}(\rho \cdot v_\rho) + \frac{1}{\rho} \cdot \frac{\partial}{\partial \varphi} v_\phi + \frac{\partial}{\partial z} v_z \qquad \text{(4-133)}$$

In Kugelkoordinanten gilt:

$$\vec{\nabla} \cdot \vec{v}(r, \vartheta, \varphi) = \frac{1}{r^2} \cdot \frac{\partial}{\partial r}(r^2 \cdot v_r) + \frac{1}{r \cdot \sin(\vartheta)} \cdot \frac{\partial}{\partial \vartheta}(v_\vartheta \cdot \sin(\vartheta)) + \frac{1}{r \cdot \sin(\vartheta)} \cdot \frac{\partial}{\partial \varphi} v_\varphi \qquad \text{(4-134)}$$

Für die Divergenzbildung gelten folgende Rechenregeln, wenn $\vec{r}$, $\vec{A}$ und $\vec{B}$ differenzierbare Vektorfelder, f ein differenzierbares Skalarfeld, $\vec{a}$ ein konstanter Vektor und c eine reelle Konstante sind:

$$\mathrm{div}(\vec{r}) = 3 \qquad \text{(4-135)}$$

$$\mathrm{div}(r^n \cdot \vec{r}) = n \cdot r^{n-2} \cdot \vec{r} \cdot \vec{r} + 3 \cdot r^n = (n+3) \cdot r^n \qquad \text{(4-136)}$$

$$\mathrm{div}(\vec{a} \times \vec{r}) = 0 \qquad \text{(4-137)}$$

$$\mathrm{div}(\vec{a}) = 0 \qquad \text{(4-138)}$$

$$\mathrm{div}(c \cdot \vec{A}) = c \cdot \mathrm{div}(\vec{A}) \qquad \text{(4-139)}$$

$$\mathrm{div}(\vec{A} + \vec{a}) = \mathrm{div}(\vec{A}) \qquad \text{(4-140)}$$

$$\mathrm{div}(\vec{A} + \vec{B}) = \mathrm{div}(\vec{A}) + \mathrm{div}(\vec{B}) \qquad \text{(4-141)}$$

$$\mathrm{div}(f \cdot \vec{A}) = \mathbf{grad}(f) \cdot \vec{A} + f \cdot \mathrm{div}(\vec{A}) \qquad \text{(4-142)}$$

Ein zylindersymmetrisches oder axialsymmetrisches Vektorfeld ist vom Typ

$$\vec{F} = f(\rho) \cdot \vec{e_\rho} = f(\rho) \cdot \frac{\vec{\rho}}{\rho} \qquad (4\text{-}143)$$

Dieses Feld besitzt nur eine skalare Vektorkomponente in radialer Richtung:

$$F_\rho = f(\rho) \quad F_\vartheta = 0, \; F_\varphi = 0 \qquad (4\text{-}144)$$

Für die Divergenz des Vektorfeldes gilt nach (4-133) folgender Ausdruck:

$$\operatorname{div}\left(\vec{F}\right) = \frac{1}{\rho} \cdot \frac{\partial}{\partial \rho}\left(\rho \cdot F_\rho\right) = \frac{1}{\rho} \cdot \frac{\partial}{\partial \rho}(\rho \cdot f(\rho)) \qquad (4\text{-}145)$$

Ein kugel- oder radialsymmetrisches Vektorfeld (Zentralfeld) ist vom Typ

$$\vec{F} = f(r) \cdot \vec{e_r} = f(r) \cdot \frac{\vec{r}}{r} \qquad (4\text{-}146)$$

Dieses Feld besitzt nur eine skalare Vektorkomponente in radialer Richtung:

$$F_r = f(r), \; F_\vartheta = 0, \; F_\varphi = 0 \qquad (4\text{-}147)$$

Für die Divergenz des Vektorfeldes gilt nach (4-134) folgender Ausdruck:

$$\operatorname{div}\left(\vec{F}\right) = \frac{1}{r^2} \cdot \frac{\partial}{\partial r}\left(r^2 \cdot F_r\right) = \frac{1}{r^2} \cdot \frac{\partial}{\partial r}\left(r^2 \cdot f(r)\right) \qquad (4\text{-}148)$$

Beispiel 4.5.11:

Wie lautet die Divergenz des nachfolgend gegebenen Vektorfeldes im Punkt P(1|2|3)?

ORIGIN := 1 ORIGIN festlegen

$$\mathbf{v}(x, y, z) := \begin{pmatrix} x \cdot y \\ x \cdot z \\ x^2 \cdot y \cdot z^2 \end{pmatrix}$$ gegebenes Vektorfeld

$$\nabla_3(\mathbf{D}, x, y, z) := \frac{\partial}{\partial x}\mathbf{D}(x, y, z)_1 + \frac{\partial}{\partial y}\mathbf{D}(x, y, z)_2 + \frac{\partial}{\partial z}\mathbf{D}(x, y, z)_3$$ Definition der Divergenz mithilfe des Nabla-Operators.

$$\nabla_3(\mathbf{v}, x, y, z) \rightarrow 2 \cdot y \cdot z \cdot x^2 + y$$ Die Divergenz des Vektorfeldes ist ein skalares Feld!

$$\nabla_3(\mathbf{v}, 1, 2, 3) = 14$$ Divergenz im Punkt P

Beispiel 4.5.12:

Bei einer Kugel mit konstanter Ladung Q herrscht im Inneren der Kugel die nachfolgend gegebene Feldstärke $\vec{E}$ (Kugelradius R und elektrische Feldkonstante ε_0). Bestimmen Sie die Divergenz dieses kugelsymmetrischen Vektorfeldes.

$$\mathbf{E}(x, y, z) = \frac{Q}{4 \cdot \pi \cdot \varepsilon_0 \cdot R^3} \cdot \mathbf{r} = \frac{Q}{4 \cdot \pi \cdot \varepsilon_0 \cdot R^3} \cdot \begin{pmatrix} x \\ y \\ z \end{pmatrix}$$ elektrische Feldstärke im Inneren der Kugel ($|\mathbf{r}| \le R$)

$$\operatorname{div}(\mathbf{E}(x, y, z)) = \frac{Q}{4 \cdot \pi \cdot \varepsilon_0 \cdot R^3} \cdot \operatorname{div}(\mathbf{r})$$ gilt nach (4-139)

$$\operatorname{div}(\mathbf{r}) = \frac{\partial}{\partial x}x + \frac{\partial}{\partial y}y + \frac{\partial}{\partial z}z = 1 + 1 + 1 = 3$$ Divergenz eines Ortsvektors im Raum

Wenn ein Ortsvektor nur eine Radialkomponente besitzt, erhalten wir nach (4-148) das gleiche Ergebnis:

$$\operatorname{div}(\mathbf{r}) = \operatorname{div}(r \cdot \mathbf{e_r}) = \frac{1}{r^2} \cdot \frac{\partial}{\partial r}\left(r^2 \cdot r\right) = \frac{1}{r^2} \cdot \frac{\partial}{\partial r}r^3 = \frac{3 \cdot r^2}{r^2} = 3$$

$$\operatorname{div}(\mathbf{E}(x, y, z)) = \frac{3 \cdot Q}{4 \cdot \pi \cdot \varepsilon_0 \cdot R^3} = \frac{Q}{\frac{4}{3} \cdot \pi \cdot R^3 \cdot \varepsilon_0} = \frac{\rho_{el}}{\varepsilon_0}$$ Divergenz des elektrischen Feldes (ρ_{el} bedeutet die Ladungsdichte)

Es gilt: $\operatorname{div}(\mathbf{E}(x, y, z)) > 0$. Dies bedeutet, dass jeder Punkt im Inneren der geladenen Kugel eine Quelle des elektrischen Feldes ist.

Beispiel 4.5.13:

Zwei Kugelelektroden sind im Abstand d voneinander auf der x-Achse angeordnet (Abb. 4.5.16). Stellen Sie das elektrische Feld zwischen den beiden Kugelelektroden dar.

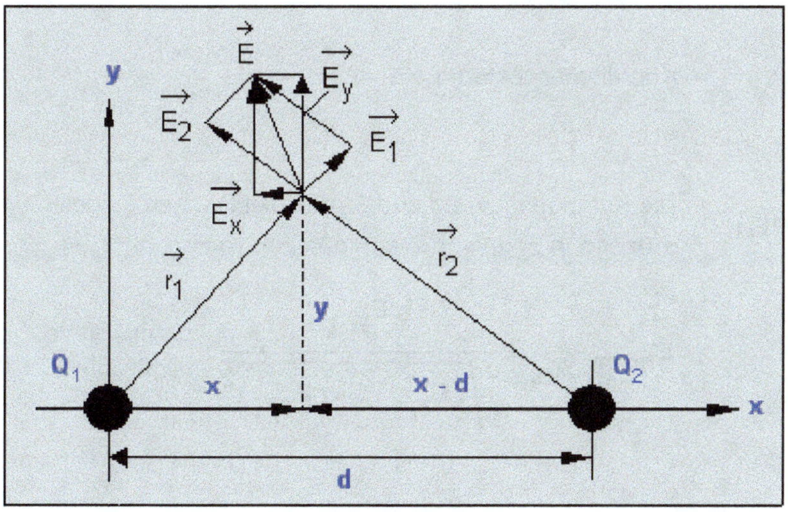

Abb. 4.5.16

$ORIGIN := 0$ ORIGIN festlegen

$\varepsilon_0 := 8.854 \cdot 10^{-12} \cdot \frac{F}{m}$ elektrische Feldkonstante

$Q_1 := 10^{-2} \cdot C$ gewählte Ladung

$Q_2 := -10^{-2} \cdot C$ gewählte Ladung

$d := 0.2 \cdot m$ Abstand der Ladungen auf der x-Achse

Das gesamte elektrische Feld ergibt sich aus der Überlagerung der beiden Einzelfelder am Ort P(x|y):

$$\mathbf{E}(x, y) := \frac{1}{4 \cdot \pi \cdot \varepsilon_0} \cdot \begin{bmatrix} \dfrac{Q_1 \cdot x}{\left(x^2 + y^2\right)^{\frac{3}{2}}} + \dfrac{Q_2 \cdot (x - d)}{\left[(x - d)^2 + y^2\right]^{\frac{3}{2}}} \\ \dfrac{Q_1 \cdot y}{\left(x^2 + y^2\right)^{\frac{3}{2}}} + \dfrac{Q_2 \cdot y}{\left[(x - d)^2 + y^2\right]^{\frac{3}{2}}} \end{bmatrix}$$

$n := 20$ Anzahl der x- und y-Werte

$i := 0 .. n - 1$ $\quad k := 0 .. n - 1$ Bereichsvariablen

$x_{min} := -1 \cdot d$ $\quad x_{max} := 2 \cdot d$

minimale und maximale x- und y-Werte

$y_{min} := -0.5 \cdot d$ $\quad y_{max} := 0.5 \cdot d$

$\mathbf{x1}_i := x_{min} + \frac{i}{n - 1} \cdot \left(x_{max} - x_{min}\right)$

Koordinatenvektoren

$\mathbf{y1}_k := y_{min} + \frac{k}{n - 1} \cdot \left(y_{max} - y_{min}\right)$

$\mathbf{E_x}_{i,k} := \mathbf{E}\left(\mathbf{x1}_i, \mathbf{y1}_k\right)_0$ $\quad \mathbf{E_y}_{i,k} := \mathbf{E}\left(\mathbf{x1}_i, \mathbf{y1}_k\right)_1$

Die Komponenten $\mathbf{E_x}$ und $\mathbf{E_y}$ des elektrischen Feldes **müssen** in Form von Wertematrizen vorliegen!

$\mathbf{E_{norm\_x}}_{i,k} := \frac{\mathbf{E_x}_{i,k}}{\sqrt{\left(\mathbf{E_x}_{i,k}\right)^2 + \left(\mathbf{E_y}_{i,k}\right)^2}}$ $\quad \mathbf{E_{norm\_y}}_{i,k} := \frac{\mathbf{E_y}_{i,k}}{\sqrt{\left(\mathbf{E_x}_{i,k}\right)^2 + \left(\mathbf{E_y}_{i,k}\right)^2}}$

normalisiertes elektrisches Feld

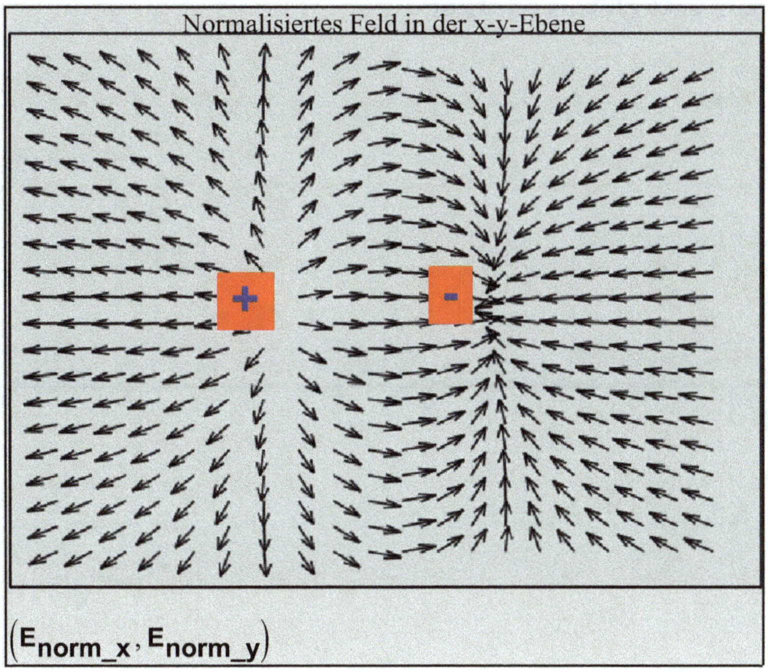

Diagrammformat:
Diagramm 1:
Allgemein: Vektorfeld-Diagramm
Bilder-Rahmen anzeigen
Darstellung: Keine Füllung, Drahtpfeile, Volltonfarbe

Positive Ladungen (+) wirken als Quelle, negative Ladungen (-) als Senken für das elektrische Feld. Die Feldlinien zeigen vom positiven Pol weg und hin zum negativen Pol.

Abb. 4.5.17

4.5.3 Die Rotation eines Vektorfeldes

Wir betrachten eine strömende Flüssigkeit, die sich durch ein Rohr mit dem Radius r bewegt. Ordnen wir jedem Punkt der Flüssigkeit den zugehörigen Geschwindigkeitsvektor zu, dann erhalten wir, wie auch schon im letzten Abschnitt angegeben, das vektorielle Geschwindigkeitsfeld $\vec{v} = (v_x, v_y, v_z)^T$ der Flüssigkeit.

Die Strömungsgeschwindigkeit ist in der Mitte des Rohres am größten, nimmt jedoch, durch Reibungskräfte bedingt, zur Rohrwand hin ab (Abb. 4.5.18). Kleine in die Strömung gebrachte Kugeln rotieren in Wandnähe infolge des Geschwindigkeitsgefälles um ihre Achsen und erlauben somit einen anschaulichen Einblick in die Bewegung der dortigen Wasserteilchen. Diese Rotation lässt sich nun durch einen Vektor mit der Bezeichnung "Rotation des Geschwindigkeitsfeldes" beschreiben.

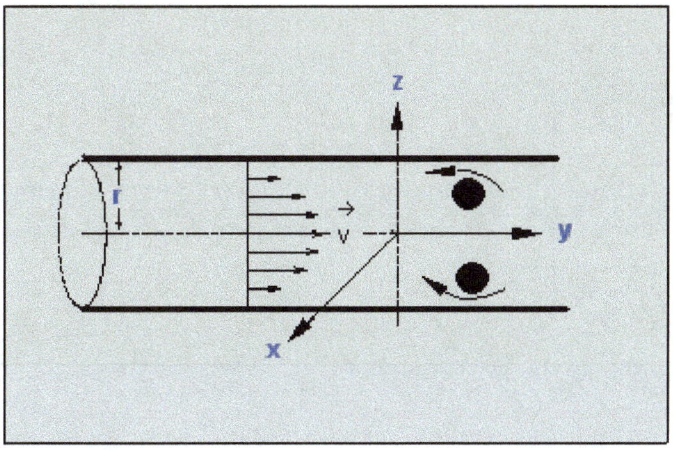

Abb. 4.5.18

Allgemein definieren wir die Rotation eines Vektorfeldes wie folgt:
Unter der Rotation eines Vektorfeldes

$$\vec{v}(x,y,z) = \begin{pmatrix} v_x(x,y,z) \\ v_y(x,y,z) \\ v_z(x,y,z) \end{pmatrix} \qquad (4\text{-}149)$$

verstehen wir das Vektorfeld

$$\mathbf{rot}(\vec{v}) = \left(\frac{\partial}{\partial y}v_z - \frac{\partial}{\partial z}v_y\right)\cdot\vec{e_x} + \left(\frac{\partial}{\partial z}v_x - \frac{\partial}{\partial x}v_z\right)\cdot\vec{e_y} + \left(\frac{\partial}{\partial x}v_y - \frac{\partial}{\partial y}v_x\right)\cdot\vec{e_z} \qquad (4\text{-}150)$$

$$\mathbf{rot}(\vec{v}) = \begin{pmatrix} \frac{\partial}{\partial y}v_z - \frac{\partial}{\partial z}v_y \\ \frac{\partial}{\partial z}v_x - \frac{\partial}{\partial x}v_z \\ \frac{\partial}{\partial x}v_y - \frac{\partial}{\partial y}v_x \end{pmatrix} \qquad (4\text{-}151)$$

Bei einem ebenen Vektorfeld

$$\vec{v}(x,y) = \begin{pmatrix} v_x(x,y) \\ v_y(x,y) \end{pmatrix} \qquad (4\text{-}152)$$

verschwindet sowohl die x-Komponente als auch die y-Komponente. Es gilt dann

$$\mathbf{rot}(\vec{v}) = \left(\frac{\partial}{\partial x}v_y - \frac{\partial}{\partial y}v_x\right)\cdot\vec{e_z} \qquad (4\text{-}153)$$

Die Rotation an einem Punkt ist definiert, wenn das Vektorfeld dort endlich, eindeutig und differenzierbar ist.

Die Rotation eines Vektorfeldes ($\vec{v}$, $\vec{F}$, $\vec{E}$ usw.) lässt sich formal als Vektorprodukt aus Nabla-Operator (4-111) und Feldvektor darstellen:

$$\vec{\nabla} \times \vec{v} = \begin{pmatrix} \frac{\partial}{\partial x}\blacksquare \\ \frac{\partial}{\partial y}\blacksquare \\ \frac{\partial}{\partial z}\blacksquare \end{pmatrix} \times \begin{pmatrix} v_x(x,y,z) \\ v_y(x,y,z) \\ v_z(x,y,z) \end{pmatrix} = \begin{pmatrix} \frac{\partial}{\partial y}v_z - \frac{\partial}{\partial z}v_y \\ \frac{\partial}{\partial z}v_x - \frac{\partial}{\partial x}v_z \\ \frac{\partial}{\partial x}v_y - \frac{\partial}{\partial y}v_x \end{pmatrix} \qquad (4\text{-}154)$$

Mithilfe der Determinantenauswertung nach (3-31) besteht eine weitere Berechnungsmöglichkeit der Rotation:

$$\mathbf{rot}\left(\vec{v}\right) = \left|\begin{pmatrix} \vec{e_x} & \vec{e_y} & \vec{e_z} \\ \frac{\partial}{\partial x}\blacksquare & \frac{\partial}{\partial y}\blacksquare & \frac{\partial}{\partial z}\blacksquare \\ v_x & v_y & v_z \end{pmatrix}\right| = \left(\frac{\partial}{\partial y}v_z - \frac{\partial}{\partial z}v_y\right)\cdot\vec{e_x} + \left(\frac{\partial}{\partial z}v_x - \frac{\partial}{\partial x}v_z\right)\cdot\vec{e_y} + \left(\frac{\partial}{\partial x}v_y - \frac{\partial}{\partial y}v_x\right)\cdot\vec{e_z} \quad \textbf{(4-155)}$$

In Zylinderkoordinaten gilt:

$$\mathbf{rot}\left[\vec{v}\,(\rho,\varphi,z)\right] = \left(\frac{1}{\rho}\cdot\frac{\partial}{\partial\varphi}v_z - \frac{\partial}{\partial z}v_\phi\right)\cdot\vec{e_\rho}\;... \quad \textbf{(4-156)}$$
$$+\left(\frac{\partial}{\partial z}v_\rho - \frac{\partial}{\partial\rho}v_z\right)\cdot\vec{e_\varphi}\;...$$
$$+\frac{1}{\rho}\cdot\left[\frac{\partial}{\partial\rho}\left(\rho\cdot v_\varphi\right) - \frac{\partial}{\partial\varphi}v_\rho\right]\cdot\vec{e_z}$$

In Kugelkoordinaten gilt:

$$\mathbf{rot}\left[\vec{v}\,(r,\vartheta,\varphi)\right] = \left[\frac{1}{r\cdot\sin(\vartheta)}\cdot\left[\frac{\partial}{\partial\vartheta}\left(\sin(\vartheta)\cdot v_\phi\right) - \frac{\partial}{\partial\varphi}v_\vartheta\right]\right]\cdot\vec{e_r}\;... \quad \textbf{(4-157)}$$
$$+\left[\frac{1}{r\cdot\sin(\vartheta)}\cdot\frac{\partial}{\partial\varphi}v_r - \frac{1}{r}\cdot\frac{\partial}{\partial r}\left(r\cdot v_\varphi\right)\right]\cdot\vec{e_\vartheta}\;...$$
$$+\left[\frac{1}{r}\cdot\frac{\partial}{\partial r}\left(r\cdot v_\vartheta\right) - \frac{1}{r}\cdot\frac{\partial}{\partial\vartheta}v_r\right]\cdot\vec{e_\varphi}$$

Für die Rotationsbildung gelten folgende Rechenregeln, wenn $\vec{r}$, $\vec{A}$ und $\vec{B}$ differenzierbare Vektorfelder, f ein differenzierbares Skalarfeld, $\vec{a}$ ein konstanter Vektor und c eine reelle Konstante sind:

$$\mathbf{rot}\left(\vec{r}\right) = \vec{0} \quad \textbf{(4-158)}$$

$$\mathbf{rot}\left(r^n\cdot\vec{r}\right) = \vec{0} \quad \textbf{(4-159)}$$

$$\mathbf{rot}\left(\vec{a}\times\vec{r}\right) = 2\cdot\vec{a} \quad \textbf{(4-160)}$$

$$\mathbf{rot}\left(\vec{a}\right) = \vec{0} \quad \textbf{(4-161)}$$

$$\mathbf{rot}\left(c\cdot\vec{A}\right) = c\cdot\mathbf{rot}\left(\vec{A}\right) \quad \textbf{(4-162)}$$

$$\mathbf{rot}\left(\vec{A}+\vec{a}\right) = \mathbf{rot}\left(\vec{A}\right) \quad \textbf{(4-163)}$$

$$\mathbf{rot}\left(\vec{A} + \vec{B}\right) = \mathbf{rot}\left(\vec{A}\right) + \mathbf{rot}\left(\vec{B}\right) \qquad (4\text{-}164)$$

$$\mathbf{rot}\left(f \cdot \vec{A}\right) = \mathbf{grad}(f) \cdot \vec{A} + f \cdot \mathbf{rot}\left(\vec{A}\right) \qquad (4\text{-}165)$$

Die Rotation erzeugt ein vektorielles Feld, das als Wirbelfeld des Vektorfeldes $\vec{v}$ bezeichnet wird.
Ein Vektorfeld $\vec{v}$ heißt in einem Bereich rotations- oder wirbelfrei, wenn dort überall $\mathbf{rot}\left(\vec{v}\right) = \vec{0}$ gilt.

Wirbelfreie Vektorfelder, die in den Anwendungen eine Rolle spielen, sind z. B.:
Homogene Vektorfelder (elektrische Felder in einem Plattenkondensator), zylinder- oder axialsymmetrische Vektorfelder (elektrisches Feld in der Umgebung eines geladenen Zylinders), kugel- oder radialsymmetrische Vektorfelder (elektrisches Feld einer Punktladung, Gravitationsfeld einer Masse) usw.

Ein zylindersymmetrisches oder axialsymmetrisches Vektorfeld ist vom Typ

$$\vec{F} = f(\rho) \cdot \vec{e_\rho} = f(\rho) \cdot \frac{\vec{\rho}}{\rho} \qquad (\rho > 0) \qquad (4\text{-}166)$$

Dieses Feld besitzt nur eine skalare Vektorkomponente in radialer Richtung:

$$F_\rho = f(\rho),\ F_\vartheta = 0,\ F_\varphi = 0 \qquad (4\text{-}167)$$

Für die Rotation des Vektorfeldes gilt nach (4-154) folgender Ausdruck:

$$\mathbf{rot}\left(\vec{F}\right) = \mathrm{rot}\left(f(\rho) \cdot \vec{e_\rho}\right) = \vec{0} \quad \text{(alle partiellen Ableitungen verschwinden)} \qquad (4\text{-}168)$$

Ein kugel- oder radialsymmetrisches Vektorfeld (Zentralfeld) ist vom Typ

$$\vec{F} = f(r) \cdot \vec{e_r} = f(r) \cdot \frac{\vec{r}}{r} \qquad (r > 0) \qquad (4\text{-}169)$$

Dieses Feld besitzt nur eine skalare Vektorkomponente in radialer Richtung:

$$F_r = f(r),\ F_\vartheta = 0,\ F_\varphi = 0 \qquad (4\text{-}170)$$

Für die Rotation des Vektorfeldes gilt nach (4-155) folgender Ausdruck:

$$\mathbf{rot}\left(\vec{F}\right) = \mathrm{rot}\left(f(r) \cdot \vec{e_r}\right) = \vec{0} \quad \text{(alle partiellen Ableitungen verschwinden)} \qquad (4\text{-}171)$$

Beispiel 4.5.14:

Das Geschwindigkeitsfeld der laminaren Rohrströmung einer viskosen, inkompressiblen Flüssigkeit konstanter Dichte in einem zylindrischen Rohr vom Radius r ist durch das nachfolgend angegebene Vektorfeld gegeben. Wie lautet die Rotation dieses Feldes? Wie lautet die Rotation im Punkt $P_1(1|\,0\,|\,0)$ und $P_2(-1|\,0\,|\,0)$. Stellen Sie das Geschwindigkeitsfeld grafisch dar.

$$\mathbf{v}(x,y,z) = c\cdot\begin{pmatrix} 0 \\ r^2 - x^2 - y^2 \\ 0 \end{pmatrix} \qquad x^2 + y^2 \le r^2$$ gegebenes Geschwindigkeitsfeld

$$\mathbf{rot}(\mathbf{v}(x,y,z)) = \begin{pmatrix} \frac{\partial}{\partial y}v_z - \frac{\partial}{\partial z}v_y \\ \frac{\partial}{\partial z}v_x - \frac{\partial}{\partial x}v_z \\ \frac{\partial}{\partial x}v_y - \frac{\partial}{\partial y}v_x \end{pmatrix} = \begin{pmatrix} 0 \\ 0 \\ -2\cdot x \end{pmatrix}$$ Der Rotationsvektor steht zur x-y-Ebene senkrecht

$ORIGIN := 0$ ORIGIN festlegen

$c := 1 \qquad r := \sqrt{8}$ gewählte Konstante und gewählter Radius

$$\mathbf{v}(x,y,z) := c\cdot\begin{pmatrix} 0 \\ r^2 - x^2 - y^2 \\ 0 \end{pmatrix}$$ Geschwindigkeitsfeld

$$\mathbf{rot_3}(\mathbf{R},x,y,z) := \begin{pmatrix} \frac{\partial}{\partial y}\mathbf{R}(x,y,z)_2 - \frac{\partial}{\partial z}\mathbf{R}(x,y,z)_1 \\ \frac{\partial}{\partial z}\mathbf{R}(x,y,z)_0 - \frac{\partial}{\partial x}\mathbf{R}(x,y,z)_2 \\ \frac{\partial}{\partial x}\mathbf{R}(x,y,z)_1 - \frac{\partial}{\partial y}\mathbf{R}(x,y,z)_0 \end{pmatrix}$$ mögliche Definition der Rotation mit Mathcad

$$\mathbf{rot_3}(\mathbf{v},x,y,z) \rightarrow \begin{pmatrix} 0 \\ 0 \\ -2\cdot x \end{pmatrix}$$ Auswertung mit Mathcad. Das Geschwindigkeitsfeld ist ein Wirbelfeld!

$$\mathbf{rot_3}(\mathbf{v},1,0,0) = \begin{pmatrix} 0 \\ 0 \\ -2 \end{pmatrix}$$ Ein Schaufelrädchen würde sich in diesem Punkt P_1 im Uhrzeigersinn drehen! Siehe dazu auch Abb. 4.5.18.

$$\mathbf{rot_3}(\mathbf{v},-1,0,0) = \begin{pmatrix} 0 \\ 0 \\ 2 \end{pmatrix}$$ Ein Schaufelrädchen würde sich in diesem Punkt P_2 gegen den Uhrzeigersinn drehen! Siehe dazu auch Abb. 4.5.18.

$n := 20$ Anzahl der x- und y-Werte

$i := 0..n-1 \quad k := 0..n-1$ Bereichsvariablen

$x_{min} := -2 \quad x_{max} := 2$

$y_{min} := -2 \quad y_{max} := 2$

minimale und maximale x- und y-Werte

$$x_i := x_{min} + \frac{i}{n-1} \cdot (x_{max} - x_{min})$$

$$y_k := y_{min} + \frac{k}{n-1} \cdot (y_{max} - y_{min})$$

Koordinatenvektoren

$$v_{x_{i,k}} := v(x_i, y_i, 0)_0 \qquad v_{y_{i,k}} := v(x_i, y_i, 0)_1$$

Die Komponenten $\mathbf{v_x}$ und $\mathbf{v_y}$ des Geschwindigkeitsfeldes **müssen** in Form von Wertematrizen vorliegen!

$$v_{norm\_x_{i,k}} := \frac{v_{x_{i,k}}}{\sqrt{\left(v_{x_{i,k}}\right)^2 + \left(v_{y_{i,k}}\right)^2}} \qquad v_{norm\_y_{i,k}} := \frac{v_{y_{i,k}}}{\sqrt{\left(v_{x_{i,k}}\right)^2 + \left(v_{y_{i,k}}\right)^2}}$$

normalisiertes Geschwindigkeitsfeld

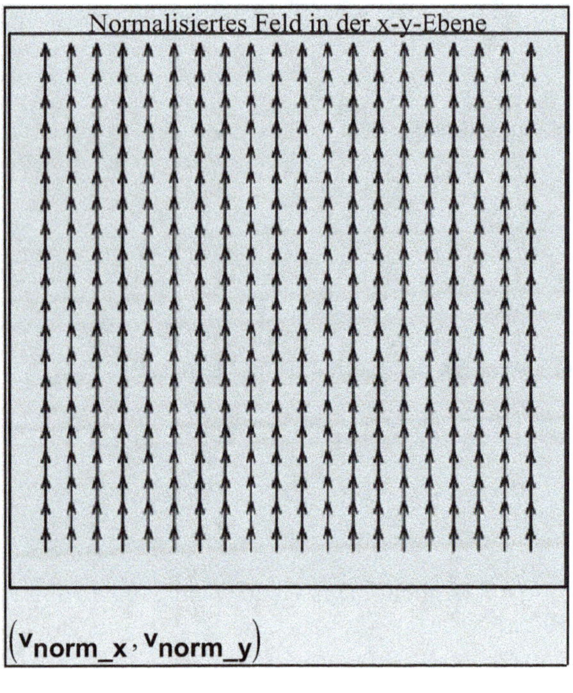

Diagrammformat:
Diagramm 1:
Allgemein: Vektorfeld-Diagramm
Bilder-Rahmen anzeigen
Darstellung: Keine Füllung, Drahtpfeile, Volltonfarbe

Abb. 4.5.19

Beispiel 4.5.15:

In der Umgebung eines stromdurchflossenen geraden Leiters mit dem senkrechten Abstand r vom Leiter und einer Stromstärke I in z-Richtung lässt sich das Magnetfeld durch das nachfolgend gegebene Vektorfeld beschreiben. Geben Sie das Vektorfeld in Zylinderkoordinaten an und bestimmen Sie daraus die Rotation und die Divergenz. Stellen Sie das Magnetfeld auch grafisch dar.

ORIGIN := 0 ORIGIN festlegen

$$\mathbf{H}(x,y,z) = \frac{I}{2\cdot\pi\cdot r^2}\cdot\begin{pmatrix}-y\\x\\0\end{pmatrix}$$ gegebenes Magnetfeld

Überführung in Zylinderkoordinaten:

$$\mathbf{H}(x,y,z) = \frac{I}{2\cdot\pi\cdot r^2}\cdot\begin{pmatrix}-y\\x\\0\end{pmatrix} = \frac{I}{2\cdot\pi}\cdot\begin{pmatrix}\frac{-y}{x^2+y^2}\\\frac{x}{x^2+y^2}\\0\end{pmatrix} = \frac{I}{2\cdot\pi}\cdot\left(\frac{-y}{x^2+y^2}\cdot\vec{e_x}+\frac{x}{x^2+y^2}\cdot\vec{e_y}+0\cdot\vec{e_z}\right)$$

$$\mathbf{H}(\rho,\varphi,z) = \frac{I}{2\cdot\pi}\cdot\left[\frac{-y}{x^2+y^2}\cdot\left(\frac{x}{\rho}\cdot\vec{e_\rho}-\frac{y}{\rho}\cdot\vec{e_\phi}\right)+\frac{x}{x^2+y^2}\cdot\left(\frac{y}{\rho}\cdot\vec{e_\rho}+\frac{x}{\rho}\cdot\vec{e_\phi}\right)+0\cdot\vec{e_z}\right]$$

$$\mathbf{H}(\rho,\varphi,z) = \frac{I}{2\cdot\pi\cdot\rho}\cdot\vec{e_\phi}$$ magnetisches Feld in Zylinderkoordinaten (z-Komponente ist 0)

Mit den Feldkomponenten $H_\rho = 0$ und $H_z = 0$ erhalten wir nach (4-154):

$$\mathrm{rot}[\mathbf{H}(\rho,\varphi,z)] = -\frac{\partial}{\partial z}H_\phi\cdot\vec{e_\rho}+\frac{1}{\rho}\cdot\frac{\partial}{\partial\rho}(\rho\cdot H_\phi)\cdot\vec{e_z}$$

H_φ ist von z unabhängig:

$$\mathrm{rot}[\mathbf{H}(\rho,\varphi,z)] = \frac{1}{\rho}\cdot\frac{\partial}{\partial\rho}(\rho\cdot H_\phi)\cdot\vec{e_z} = \frac{1}{\rho}\cdot\frac{\partial}{\partial\rho}\left(\rho\cdot\frac{I}{2\cdot\pi\cdot\rho}\right)\cdot\vec{e_z} = \vec{0}$$ Dieses Feld ist wirbelfrei (4-168)!

Für die Divergenz gilt nach (4-143):

$$\mathrm{div}(\mathbf{H}) = \frac{1}{\rho}\cdot\frac{\partial}{\partial\rho}(\rho\cdot f(\rho)) = \frac{1}{\rho}\cdot\frac{\partial}{\partial\rho}\left(\rho\cdot\frac{I}{2\cdot\pi\cdot\rho}\right) = 0$$ Dieses Feld ist quellenfrei!

$I := 1 \cdot A$ gewählte Stromstärke durch den Leiter

$$H(x,y,z) := \frac{I}{2 \cdot \pi} \cdot \begin{pmatrix} \frac{-y}{\sqrt{x^2 + y^2}} \\ \frac{x}{\sqrt{x^2 + y^2}} \\ 0 \end{pmatrix}$$

magnetisches Feld in kartesischen Koordinaten

$n := 21$ Anzahl der x- und y-Werte

$i := 0..n-1 \quad k := 0..n-1$ Bereichsvariablen

$x_{min} := -2 \cdot m \quad x_{max} := 2 \cdot m$

$y_{min} := -2 \cdot m \quad y_{max} := 2 \cdot m$

minimale und maximale x- und y-Werte

$$\mathbf{x}_i := x_{min} + \frac{i}{n-1} \cdot (x_{max} - x_{min})$$

$$\mathbf{y}_k := y_{min} + \frac{k}{n-1} \cdot (y_{max} - y_{min})$$

Koordinatenvektoren

$\mathbf{H}_{i,k} := \mathbf{H}(\mathbf{x}_i, \mathbf{y}_k, 0)$ Wertematrix des Vektorfeldes

$\mathbf{h_x}_{i,k} := (\mathbf{H}_{i,k})_0 \qquad \mathbf{h_y}_{i,k} := (\mathbf{H}_{i,k})_1$

Die Komponenten $\mathbf{h_x}$ und $\mathbf{h_y}$ des Vektorfeldes **müssen** in Form von Wertematrizen vorliegen!

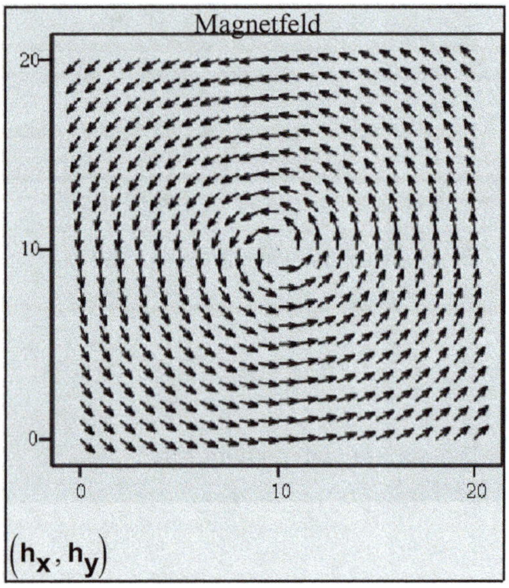

Diagrammformat:
Diagramm 1:
Allgemein: Vektorfeld-Diagramm
Bilder-Rahmen anzeigen
Darstellung: Keine Füllung, Drahtpfeile, Volltonfarbe

Abb. 4.5.20

4.6 Mehrfach-Anwendung der Differentialoperatoren

Laplace-Operator:

Wir gehen wieder von einer differenzierbaren skalaren Funktion f(x,y,z) aus, wie sie im Abschnitt 4.5.1 beschrieben wurde.
Das Hintereinanderausführen der Differentialoperatoren "div" und "grad" bzw. das skalare Produkt des Nabla-Operators $\vec{\nabla}$ führt zum sogenannten Laplace-Operator Δ (Differentialoperator 2. Ordnung):

$$\mathrm{div}(\mathbf{grad}(f)) = \vec{\nabla}\cdot\left(\vec{\nabla}\cdot f\right) = \left(\vec{\nabla}\cdot\vec{\nabla}\right)\cdot f = \left(\vec{\nabla}\right)^2\cdot f = \Delta f \quad (4\text{-}172)$$

$$\Delta f(x,y,z) = \frac{d^2}{dx^2}f(x,y,z) + \frac{d^2}{dy^2}f(x,y,z) + \frac{d^2}{dz^2}f(x,y,z) \quad (4\text{-}173)$$

Bei einem ebenen Problem reduziert sich der Laplace-Operator auf

$$\Delta f(x,y) = \frac{d^2}{dx^2}f(x,y,z) + \frac{d^2}{dy^2}f(x,y,z) \quad (4\text{-}174)$$

In Polarkoordinaten ergibt sich der Laplace-Operator zu

$$\Delta f(r,\varphi) = \frac{d^2}{dr^2}f(r,\varphi) + \frac{1}{r}\cdot\frac{\partial}{\partial r}f(r,\varphi) + \frac{1}{r^2}\cdot\frac{d^2}{d\varphi^2}f(r,\varphi) \quad (4\text{-}175)$$

Der Laplace-Operator in Polarkoordinaten enthält auch die 1. Ableitung im Gegensatz zur kartesischen Darstellung.

In Zylinderkoordinaten ergibt sich der Laplace-Operator zu

$$\Delta f(\rho,\varphi,z) = \frac{1}{\rho}\cdot\left[\frac{\partial}{\partial\rho}\left(\rho\cdot\frac{\partial}{\partial\rho}f(\rho,\varphi,z)\right)\right] + \frac{1}{\rho^2}\cdot\frac{d^2}{d\varphi^2}f(\rho,\varphi,z) + \frac{d^2}{dz^2}f(\rho,\varphi,z) \quad (4\text{-}176)$$

Der Laplace-Operator in Zylinderkoordinaten enthält auch die 1. Ableitung im Gegensatz zur kartesischen Darstellung.

In Kugelkoordinaten ergibt sich der Laplace-Operator zu

(4-177)

$$\Delta f(r,\vartheta,\varphi) = \frac{1}{r^2}\cdot\left[\frac{\partial}{\partial r}\left(r^2\cdot\frac{\partial}{\partial r}f(r,\vartheta,\varphi)\right) + \frac{1}{\sin(\vartheta)}\cdot\left[\frac{\partial}{\partial\vartheta}\left(\sin(\vartheta)\cdot\frac{\partial}{\partial\vartheta}f(r,\vartheta,\varphi)\right)\right] + \frac{1}{\sin(\vartheta)^2}\cdot\frac{d^2}{d\varphi^2}f(r,\vartheta,\varphi)\right]$$

Der Laplace-Operator in Kugelkoordinaten enthält auch die 1. Ableitung im Gegensatz zur kartesischen Darstellung.

Die homogene Differentialgleichung 2. Ordnung

$$\Delta f = 0 \qquad (4\text{-}178)$$

heißt Laplace-Gleichung. Die Lösungen dieser Differentialgleichung heißen harmonische Funktionen.

Die inhomogene Differentialgleichung 2. Ordnung mit der Störfunktion g

$$\Delta f = g \qquad (4\text{-}179)$$

heißt Poisson- oder Potentialgleichung. Die Lösungen dieser Differentialgleichung heißen Potentialfunktionen.

Beispiel 4.6.1:

Es soll gezeigt werden, dass die Funktion f(r) = ln(1/r) (r > 0) im Zweidimensionalen eine harmonische Funktion ist, d. h. eine spezielle Lösung der Laplace-Gleichung $\Delta f = 0$ darstellt.

$$f(r) = \ln\left(\frac{1}{r}\right) = \ln\left(r^{-1}\right) = -1 \cdot \ln(r)$$ Umformung mithilfe der Logarithmusgesetze

$$f(x,y) := -\ln\left[\left(x^2 + y^2\right)^{\frac{1}{2}}\right]$$ Darstellung in kartesischer Form

$$\Delta_2(f,x,y) := \frac{d^2}{dx^2} f(x,y) + \frac{d^2}{dy^2} f(x,y)$$

$$\Delta_2(f,x,y) \text{ vereinfachen } \rightarrow 0$$ Die Funktion f(r) = ln(1/r) ist also eine Lösung der Laplace-Gleichung!

Beispiel 4.6.2:

Es soll gezeigt werden, dass das räumliche skalare Feld f(r) = ln(r) (r > 0) eine spezielle Lösung der Poisson-Gleichung $\Delta f = \frac{1}{r^2}$ darstellt.

$$f(x,y,z) := \ln\left[\left(x^2 + y^2 + z^2\right)^{\frac{1}{2}}\right]$$ Darstellung in kartesischer Form

$$\Delta_3(f,x,y,z) := \frac{d^2}{dx^2} f(x,y,z) + \frac{d^2}{dy^2} f(x,y,z) + \frac{d^2}{dz^2} f(x,y,z)$$

$r := r$ Redefinition

$$\Delta_3(f,x,y,z) \;\Bigg|\; \begin{array}{l} \text{vereinfachen} \\ \text{ersetzen}, x^2 + y^2 + z^2 = r^2 \end{array} \rightarrow \frac{1}{r^2}$$

Das Ergebnis ist also $\frac{1}{r^2}$.

Die Funktion f(r) = ln(r) ist also eine Lösung der Poisson-Gleichung!

Beispiel 4.6.3:

Gesucht sind diejenigen Lösungen f(r) der Laplace-Gleichung $\Delta f = 0$, die Rotationssymmetrie besitzen, d. h. nur von der Abstandskoordinaten r abhängen.

Nach (4-175) gilt:

$$\Delta f(r) = \frac{d^2}{dr^2} f(r,\varphi) + \frac{1}{r} \cdot \frac{\partial}{\partial r} f(r,\varphi) = 0 \quad \text{bzw.} \quad f''(r) + \frac{1}{r} \cdot f'(r) = 0 \qquad \text{Laplace-Gleichung}$$

Diese Differentialgleichung 2. Ordnung kann durch Substitution auf eine Differentialgleichung 1. Ordnung gebracht werden (siehe dazu Band 4):

$$u = f'(r) \qquad u' = f''(r) \qquad \text{Substitution}$$

Damit lautet die Differentialgleichung 1. Ordnung:

$$u' + \frac{1}{r} \cdot u = 0 \quad \text{bzw.} \quad \frac{d}{dr} u + \frac{u}{r} = 0$$

Durch Trennung der Variablen kann dann auf beiden Seiten integriert werden:

$$\frac{du}{dr} = -\frac{u}{r} \quad \Rightarrow \quad \frac{du}{u} = -\frac{dr}{r}$$

$$\int \frac{1}{u}\, du = -\int \frac{1}{r}\, dr \quad \Rightarrow \quad \ln(u) = -\ln(r) + C$$

Setzen wir die Konstante C = ln(C1) und wenden die Logarithmusregeln an, dann erhalten wir:

$$\ln(u \cdot r) = \ln(C_1)$$

Mit der Umkehrfunktion folgt schließlich:

$$u \cdot r = C_1 \quad \text{bzw.} \quad u = \frac{C_1}{r}$$

Durch Rücksubstitution und anschließende Integration erhalten wir dann:

$$f(r) = C_1 \cdot \int \frac{1}{r}\, dr = C_1 \cdot \ln(r) + C_2$$

Damit lauten die rotationssymmetrischen Lösungen mit den noch zu bestimmenden Konstanten C1, C2 $\in \mathbb{R}$:

$$f(r) = C_1 \cdot \ln(r) + C_2$$

<u>Quellenfreies Vektorfeld:</u>

Wir gehen von zwei Vektorfeldern $\vec{F}$ und $\vec{E}$ aus.

Ein Wirbelfeld $\vec{F} = \mathbf{rot}(\vec{E}) = \vec{\nabla} \times \vec{E}$ ist stets quellenfrei, d. h. es genügt der Bedingung

$$\mathrm{div}(\vec{F}) = \mathrm{div}(\mathbf{rot}(\vec{E})) = \vec{\nabla} \cdot (\vec{\nabla} \times \vec{E}) = 0 \qquad (4\text{-}180)$$

$$\mathrm{div}(\mathbf{rot}(\vec{E})) = \begin{pmatrix} \frac{\partial}{\partial x} \blacksquare \\ \frac{\partial}{\partial y} \blacksquare \\ \frac{\partial}{\partial z} \blacksquare \end{pmatrix} \cdot \begin{pmatrix} \frac{\partial}{\partial y} E_z - \frac{\partial}{\partial z} E_y \\ \frac{\partial}{\partial z} E_x - \frac{\partial}{\partial x} E_z \\ \frac{\partial}{\partial x} E_y - \frac{\partial}{\partial y} E_x \end{pmatrix}$$

$$= \frac{\partial}{\partial x}\frac{\partial}{\partial y} E_z - \frac{\partial}{\partial x}\frac{\partial}{\partial z} E_y + \frac{\partial}{\partial y}\frac{\partial}{\partial z} E_x - \frac{\partial}{\partial y}\frac{\partial}{\partial x} E_z + \frac{\partial}{\partial z}\frac{\partial}{\partial x} E_y - \frac{\partial}{\partial z}\frac{\partial}{\partial y} E_x = 0 \qquad (4\text{-}181)$$

Wenn wir voraussetzen, dass die Vektorkoordinaten von $\vec{E}$ stetige partielle Ableitungen 2. Ordnung besitzen, so heben sich nach dem Satz von Schwarz (Band 3, Abschnitt 10.3) in (4-181) die gemischten partiellen Ableitungen auf.

Umgekehrt lässt sich auch zeigen, dass ein quellenfreies Vektorfeld $\vec{F}$ stets als Rotation eines Vektorfeldes $\vec{E}$ dargestellt werden kann:

$$\mathrm{div}(\vec{F}) = \vec{\nabla} \cdot \vec{F} = 0 \quad \Rightarrow \quad \vec{F} = \mathbf{rot}(\vec{E}) = \vec{\nabla} \times \vec{E} \qquad (4\text{-}182)$$

Das Vektorfeld $\vec{E}$ heißt Vektorpotential und ist bis auf den Gradienten einer skalaren Funktion f eindeutig bestimmt.

**Quellenfreie Vektorfelder, die in den Anwendungen eine Rolle spielen, sind z. B.:
homogene Vektorfelder (elektrische Felder in einem Plattenkondensator), elektrisches Feld einer Punktladung, Gravitationsfeld einer Masse, Magnetfeld in der Umgebung eines stromdurchflossenen geraden Leiters usw.**

<u>Beispiel 4.6.4:</u>

Ist das nachfolgend gegebene Vektorfeld quellenfrei?

ORIGIN := 1   ORIGIN festlegen

$$\mathbf{v}(x, y, z) := \begin{pmatrix} x^2 \cdot y \\ z \\ x \cdot y \cdot z \end{pmatrix} \qquad \text{gegebenes Vektorfeld}$$

$$\nabla_3(\mathbf{D},x,y,z) := \frac{\partial}{\partial x}\mathbf{D}(x,y,z)_1 + \frac{\partial}{\partial y}\mathbf{D}(x,y,z)_2 + \frac{\partial}{\partial z}\mathbf{D}(x,y,z)_3$$

$\nabla_3(\mathbf{v},x,y,z) \rightarrow 3\cdot x\cdot y$ — Das Vektorfeld **v** ist nicht Rotation eines anderen Vektorfeldes, also nicht quellenfrei!

Beispiel 4.6.5:

Ein homogener in z-Richtung gerichteter Elektronenstrahl mit der Stromdichte $\vec{i} = I_0 \cdot \vec{e_z}$ erzeugt ein ringförmiges Magnetfeld um die z-Achse. Dieses Magnetfeld besitzt die nachfolgend gegebene Feldstärke $\vec{H}$. Ist das durch $\mathrm{rot}(\vec{H})$ entstehende Vektorfeld quellenfrei?

$\mathbf{H}(\rho) = \frac{1}{2}\cdot I_0 \cdot \rho \cdot \mathbf{e}_\phi$ — magnetische Feldstärke des Elektronenstrahls

Mit den Feldkomponenten $H_\rho = 0$ und $H_z = 0$ erhalten wir nach (4-156):

$$\mathbf{rot}[\mathbf{H}(\rho,\varphi,z)] = -\frac{\partial}{\partial z}H_\phi \cdot \vec{e_\rho} + \frac{1}{\rho}\cdot\frac{\partial}{\partial \rho}(\rho\cdot H_\phi)\cdot\vec{e_z}$$

H_φ ist von z unabhängig:

$$\mathbf{rot}[\mathbf{H}(\rho,\varphi,z)] = \frac{1}{\rho}\cdot\frac{\partial}{\partial \rho}(\rho\cdot H_\phi)\cdot\vec{e_z} = \frac{1}{\rho}\cdot\frac{\partial}{\partial \rho}\left(\rho\cdot\frac{I_0\cdot\rho}{2}\right)\cdot\vec{e_z} = \frac{I_0}{2}\cdot\frac{1}{\rho}\cdot\frac{\partial}{\partial \rho}\rho^2\cdot\vec{e_z} = I_0\cdot\vec{e_z} = \vec{i}$$

Für die Divergenz gilt nach (4-138):

$\mathrm{div}(\mathbf{H}) = \mathrm{div}\left(\begin{pmatrix}0\\0\\I_0\end{pmatrix}\right) = 0$ — Dieses Feld ist quellenfrei!

Wirbelfreies Vektorfeld:

Wir gehen von einem Vektorfeld $\vec{F}$ und einem skalaren Feld f aus.

Ein wirbelfreies Vektorfeld hat die Eigenschaft $\mathbf{rot}(\vec{F}) = \vec{0}$. Ein Gradientenfeld $\vec{F} = \mathbf{grad}(f)$ ist stets wirbelfrei, d.h. es genügt der Bedingung

$$\mathbf{rot}(\vec{F}) = \mathbf{rot}(\mathbf{grad}(f)) = \vec{\nabla}\times(\vec{\nabla}\cdot f) = \vec{0} \qquad \textbf{(4-183)}$$

$$\mathbf{rot}(\mathbf{grad}(f)) = \begin{pmatrix}\frac{\partial}{\partial y}\frac{\partial}{\partial z}f - \frac{\partial}{\partial z}\frac{\partial}{\partial y}f\\ \frac{\partial}{\partial z}\frac{\partial}{\partial x}f - \frac{\partial}{\partial z}\frac{\partial}{\partial z}f\\ \frac{\partial}{\partial x}\frac{\partial}{\partial y}f - \frac{\partial}{\partial y}\frac{\partial}{\partial x}f\end{pmatrix} = \begin{pmatrix}0\\0\\0\end{pmatrix} \qquad \textbf{(4-184)}$$

Wenn wir voraussetzen, dass die Vektorkoordinaten von rot(grad(f)) stetige partielle Ableitungen 2. Ordnung besitzen, so heben sich nach dem Satz von Schwarz (Band 3, Abschnitt 10.3) in (4-184) die gemischten partiellen Ableitungen auf und jede Komponente des Vektors ist dann gleich null.

Umgekehrt lässt sich auch zeigen, dass ein wirbelfreies Vektorfeld $\vec{F}$ stets als Gradient eines skalaren Feldes f dargestellt werden kann:

$$\mathbf{rot}(\vec{F}) = \vec{\nabla} \times \vec{F} = \vec{0} \quad \Rightarrow \quad \vec{F} = \mathbf{grad}(f) \tag{4-185}$$

Wirbelfreie Vektorfelder, die in den Anwendungen eine Rolle spielen, sind z. B.: homogene Vektorfelder (elektrische Felder in einem Plattenkondensator), zylinder- oder axialsymmetrische Vektorfelder (elektrisches Feld in der Umgebung eines geladenen Zylinders), kugel- oder radialsymmetrische Vektorfelder (elektrisches Feld einer Punktladung, Gravitationsfeld einer Masse) usw.

Beispiel 4.6.6:

Ist das nachfolgend gegebene Vektorfeld ein Gradientenfeld?

ORIGIN := 0 ORIGIN festlegen

$$\mathbf{v}(x, y, z) := \begin{pmatrix} y \\ -x \\ 0 \end{pmatrix}$$ gegebenes Vektorfeld

$$\mathbf{rot_3}(\mathbf{R}, x, y, z) = \begin{pmatrix} \frac{\partial}{\partial y}\mathbf{R}(x,y,z)_2 - \frac{\partial}{\partial z}\mathbf{R}(x,y,z)_1 \\ \frac{\partial}{\partial z}\mathbf{R}(x,y,z)_0 - \frac{\partial}{\partial x}\mathbf{R}(x,y,z)_2 \\ \frac{\partial}{\partial x}\mathbf{R}(x,y,z)_1 - \frac{\partial}{\partial y}\mathbf{R}(x,y,z)_0 \end{pmatrix}$$ mögliche Definition der Rotation mit Mathcad

$$\mathbf{rot_3}(\mathbf{v}, x, y, z) \rightarrow \begin{pmatrix} 0 \\ 0 \\ -2 \end{pmatrix}$$ Das gegebene Vektorfeld ist nicht wirbelfrei, daher auch kein Gradientenfeld!

Beispiel 4.6.7:

Ist das gegebene Gradientenfeld wirbelfrei?

ORIGIN := 0 ORIGIN festlegen

k := 1 Konstante

$$\mathbf{F1}(x,y,z) := \frac{k}{\left(x^2+y^2+z^2\right)^{\frac{3}{2}}} \cdot \begin{pmatrix} x \\ y \\ z \end{pmatrix}$$ gegebenes Gradientenfeld

$$\mathbf{rot_3}(\mathbf{R},x,y,z) = \begin{pmatrix} \frac{\partial}{\partial y}\mathbf{R}(x,y,z)_2 - \frac{\partial}{\partial z}\mathbf{R}(x,y,z)_1 \\ \frac{\partial}{\partial z}\mathbf{R}(x,y,z)_0 - \frac{\partial}{\partial x}\mathbf{R}(x,y,z)_2 \\ \frac{\partial}{\partial x}\mathbf{R}(x,y,z)_1 - \frac{\partial}{\partial y}\mathbf{R}(x,y,z)_0 \end{pmatrix}$$ mögliche Definition der Rotation mit Mathcad

$$\mathbf{rot_3}(\mathbf{F1},x,y,z) \rightarrow \begin{pmatrix} 0 \\ 0 \\ 0 \end{pmatrix}$$

Das gegebene Gradientenfeld ist wirbelfrei. Wie bereits erwähnt, sind kugelsymmetrische Vektorfelder immer wirbelfrei.

Quellen- und wirbelfreie Vektorfelder:

Ein quellen- und zugleich wirbelfreies Vektorfeld $\vec{F}$ muss die folgenden Gleichungen erfüllen:

$$\text{div}\left(\vec{F}\right) = 0 \quad \text{und} \quad \mathbf{rot}\left(\vec{F}\right) = \vec{0} \qquad \textbf{(4-186)}$$

Ein solches Vektorfeld ist dann wegen der Wirbelfreiheit als Gradient eines skalaren Feldes f (Potentialfunktion) darstellbar:

$$\vec{F} = \mathbf{grad}(f) \qquad \textbf{(4-187)}$$

Damit erhalten wir durch Einsetzen von (4-185) in die erste Gleichung von (4-184) und der Beziehung von (4-170)

$$\text{div}\left(\vec{F}\right) = \text{div}(\mathbf{grad}(f)) = \Delta f = 0 \qquad \textbf{(4-188)}$$

Also ist die zugehörige Potentialfunktion eine Lösung der Laplace-Gleichung (ansonsten eine Lösung der Poisson-Gleichung). Ein solches Feld wird auch ein Laplace-Feld genannt.

Beispiel 4.6.8:

Das Potential φ im Außenraum einer positiv geladenen Kugel mit dem Radius R ist durch die nachfolgende Gleichung gegeben. Prüfen Sie, ob diese Funktion unter Berücksichtigung der Kugelsymmetrie die Laplace-Gleichung erfüllt. Bestimmen Sie weiters die elektrische Feldstärke aus dem negativen Gradienten des Potentials ($\vec{E} = -\mathbf{grad}(\varphi)$).

$$\varphi(r) = \frac{Q}{4 \cdot \pi \cdot \varepsilon_0 \cdot r} \qquad r \geq R$$

elektrisches Potential außerhalb einer geladenen Kugel (ε_0 bedeutet die Feldkonstante)

Die Laplace-Gleichung lautet unter Berücksichtigung der Kugelsymmetrie nach (4-177):

$$\frac{1}{r^2} \cdot \frac{d}{dr}\left(r^2 \cdot \frac{d}{dr}\varphi(r)\right) = 0 \qquad \frac{d}{dr}\varphi(r) = \frac{-Q}{4 \cdot \pi \cdot \varepsilon_0 \cdot r^2}$$

$$\frac{1}{r^2} \cdot \left[\frac{d}{dr}\left(r^2 \cdot \frac{-Q}{4 \cdot \pi \cdot \varepsilon_0 \cdot r^2}\right)\right] = \frac{1}{r^2} \cdot \left(\frac{d}{dr}\frac{-Q}{4 \cdot \pi \cdot \varepsilon_0}\right) = 0$$

Die Potentialfunktion erfüllt also die Laplace-Gleichung

$$\vec{E} = -\mathbf{grad}(\varphi) = -\frac{\partial}{\partial r}\varphi(r) \cdot \vec{e_r} = -\frac{d}{dr}\varphi(r) \cdot \vec{e_r}$$

elektrisches Feld ergibt sich aus dem negativen Gradienten

$$\vec{E} = -\frac{d}{dr}\varphi(r) \cdot \vec{e_r} = -\frac{d}{dr}\left(\frac{Q}{4 \cdot \pi \cdot \varepsilon_0 \cdot r} \cdot \vec{e_r}\right) = \frac{Q}{4 \cdot \pi \cdot \varepsilon_0 \cdot r^2} \cdot \vec{e_r}$$

elektrisches Feld außerhalb der geladenen Kugel ($r \geq R$)

Das elektrische Feld ist außerhalb der geladenen Kugel quellen- und wirbelfrei!

$$E(r) = \left|\vec{E}\right| = \frac{Q}{4 \cdot \pi \cdot \varepsilon_0 \cdot r^2}$$

Betrag des elektrischen Feldes. Die Feldstärke nimmt mit zunehmender Entfernung r vom Kugelmittelpunkt ab.

Beispiel 4.6.9:

Ein elektrisches Feld wird von einer Raumladung mit der ortsabhängigen Ladungsdichte $\rho_{el}(x, y, z)$ erzeugt.

Die Feldstärke $\vec{E}$ und die Ladungsdichte $\rho_{el}(x, y, z)$ sind über die Maxwell-Gleichung $\mathrm{div}\left(\vec{E}\right) = \frac{\rho_{el}}{\varepsilon_0}$ verknüpft (ε_0 bedeutet die Feldkonstante). Zeigen Sie, dass das Potential φ der Poisson-Gleichung genügt.

Das elektrische Feld ist der negative Gradient des Potentials:

$$\vec{E} = -\mathbf{grad}(\varphi)$$

Daraus berechnen wir die Divergenz (die Quellen des elektrischen Feldes sind die Ladungen):

$$\mathrm{div}\left(\vec{E}\right) = \mathrm{div}(-\mathbf{grad}(\varphi)) = -\mathrm{div}(\mathbf{grad}(\varphi)) = -\Delta\varphi = \frac{\rho_{el}}{\varepsilon_0}$$

$$-\Delta\varphi = \frac{\rho_{el}}{\varepsilon_0} \quad \text{bzw.} \quad \Delta\varphi = -\frac{\rho_{el}}{\varepsilon_0}$$

Die gesuchte Poisson-Gleichung (Potentialgleichung). Bei einem ladungsfreien Feld geht diese Gleichung in die Laplace-Gleichung über.

4.7 Linien- oder Kurvenintegrale

Grundsätzlich unterscheiden wir zwischen zwei Arten von Kurvenintegralen oder Linienintegralen.

Sei C: $[t_1, t_2] \longrightarrow G(\subset \mathbb{R}^3)$, $\overrightarrow{r(t)} = (x(t), y(t), z(t))^T$ eine stückweise stetig differenzierbare Raumkurve, die die Punkte P_1 und P_2 $(\overrightarrow{r(t_1)}$ und $\overrightarrow{r(t_2)})$ verbindet, und $\frac{d}{dt}\overrightarrow{r(t)}$ der zugehörige Tangentenvektor der Kurve.

Kurvenintegral 1. Art:

Für stetige Skalarfelder $f : G(\subset \mathbb{R}^3) \longrightarrow \mathbb{R}$, $f(\vec{r}) = f(x, y, z)$ ist das Kurvenintegral 1. Art definiert durch

$$\int_C f(\vec{r})\, d\vec{r} = \int_{t_1}^{t_2} f(\overrightarrow{r(t)}) \cdot \left|\frac{d}{dt}\overrightarrow{r(t)}\right| dt = \int_{t_1}^{t_2} f(\overrightarrow{r(t)}) \cdot \sqrt{\dot{x}(t)^2 + \dot{y}(t)^2 + \dot{z}(t)^2}\, dt \qquad (4\text{-}189)$$

Eine Anwendung findet dieses Integral z. B. bei der Berechnung der Bogenlänge (siehe dazu (4-22)) mit z. B. der Massendichte $\rho(\overrightarrow{r(t)}) = f(\overrightarrow{r(t)}) = 1$, statischer Momente, Trägheitsmomente usw.

Kurvenintegrale 2. Art:

Für stetige Vektorfelder $\vec{F} : D(\subset \mathbb{R}^3) \longrightarrow \mathbb{R}$, $\vec{F} = (F_x(x, y, z), F_y(x, y, z), F_z(x, y, z))^T$ ist das Kurvenintegral 2. Art definiert durch

$$\int_C \vec{F}(\vec{r})\, d\vec{r} = \int_{t_1}^{t_2} \vec{F}(\overrightarrow{r(t)}) \cdot \frac{d}{dt}\overrightarrow{r(t)}\, dt = \qquad (4\text{-}190)$$

$$= \int_{t_1}^{t_2} \left(F_x(x(t), y(t), z(t)) \cdot \frac{d}{dt}x(t) + F_y(x(t), y(t), z(t)) \cdot \frac{d}{dt}y(t) + F_z(x(t), y(t), z(t)) \cdot \frac{d}{dt}z(t) \right) dt$$

Eine Anwendung findet dieses Integral z. B. bei der Berechnung der Arbeit und der Zirkulation (Strömungslehre), bei der Untersuchung von Potentialfeldern usw.

Ist $\vec{F}$ ein Kraftfeld, das z .B. einen Massenpunkt von einem Punkt P_1 aus längs der Kurve C in einem Punkt P_2 verschiebt, so bedeutet

$$W = \int_C \vec{F}(\vec{r})\, d\vec{r} = \int_{t_1}^{t_2} \vec{F}(\overrightarrow{r(t)}) \cdot \frac{d}{dt}\overrightarrow{r(t)}\, dt \qquad (4\text{-}191)$$

die physikalische Arbeit, die das Kraftfeld an einem Massenpunkt verrichtet. Sie kann positiv (Verschiebung in Richtung des Kraftfeldes) oder negativ (gegen die Richtung des Kraftfeldes) sein. Eine besondere Rolle spielen in den Anwendungen Potentialfelder (konservative Felder). Zu ihnen gehören z. B. die bereits erwähnten homogenen und kugelsymmetrischen Kraftfelder.

Bemerkungen:

Das Wegelement $d\vec{r}$ wird häufig bei verschiedenen Anwendungen auch durch das Symbol $d\vec{s}$ (infinitesimaler Verschiebungsvektor) gekennzeichnet.

Der Wert eines Kurvenintegrals (Linienintegrals) 2. Art hängt im Allgemeinen nicht nur vom Anfangspunkt P_1 und Endpunkt P_2 des Integrationsweges ab, sondern auch noch vom eingeschlagenen Verbindungsweg.

In der Praxis kommen oft Kurven vor, die nur stückweise eine stetige Ableitung haben, die also durch Aneinanderhängen von endlich vielen Kurven mit stetiger Ableitung entstehen. Ein Beispiel ist die Integration über den Rand eines Dreiecks. Dafür addieren wir einfach die entsprechenden Kurvenintegrale.

Für ein Kurvenintegral längs eines geschlossenen Integrationsweges C mit dem Anfangs- und Endpunkt P_1, auch Umlaufintegral genannt, wird meist ein Kreissymbol über das Integralzeichen geschrieben. In Mathcad ist diese Schreibweise nicht möglich.

Die Kurvenintegrale gelten auch für ebene Probleme.

Beispiel 4.7.1:

Berechnen Sie die Masse m_1 des Bogens der Kurve y = ln(x) zwischen $x_1 = 1$ und $x_2 = 4$, wenn die lineare Dichte ρ der Kurve in jedem Punkt gleich dem Quadrat seiner Abszisse ist.

$$m_1 = \int_{x_1}^{x_2} \rho \, ds = \int_{x_1}^{x_2} x^2 \, ds$$

Kurvenintegral 1. Art zur Berechnung der Masse

$$ds = \sqrt{1 + y'^2} \cdot dx = \sqrt{1 + \left(\frac{1}{x}\right)^2} \cdot dx = \frac{\sqrt{1+x^2}}{x} \cdot dx$$

Bogenelement

$$m_1 = \int_{x_1}^{x_2} x^2 \cdot \frac{\sqrt{1+x^2}}{x} \, dx = \frac{1}{2} \cdot \int_{x_1}^{x_2} \sqrt{1+x^2} \cdot 2 \cdot x \, dx = \frac{1}{2} \cdot \int_{x_1}^{x_2} \sqrt{1+x^2} \, d\left(1+x^2\right) = \frac{1}{2} \cdot \frac{\left(1+x^2\right)^{\frac{3}{2}}}{\frac{3}{2}} \Bigg|_{x_1}^{x_2}$$

$$m_1 := \int_1^4 x^2 \cdot \frac{\sqrt{1+x^2}}{x} \, dx \qquad m_1 = 22.421$$

Maßzahl der Masse

Beispiel 4.7.2:

Berechnen Sie das Kurvenintegral 1. Art $I = \int x \cdot y \cdot z \, ds$ wenn C der Bogen der Kurve $x = t$, $y = \frac{1}{3} \cdot \sqrt{8 \cdot t^3}$,

$z = \frac{1}{2} \cdot t^2$ zwischen t = 0 und t = 1 ist.

$$I = \int x \cdot y \cdot z \, ds = \frac{\sqrt{2}}{3} \cdot \int_0^1 t^{\frac{9}{2}} \cdot \sqrt{\left(\frac{d}{dx}x(t)\right)^2 + \left(\frac{d}{dy}y(t)\right)^2 + \left(\frac{d}{dz}z(t)\right)^2} \, dt = \frac{\sqrt{2}}{3} \cdot \int_0^1 t^{\frac{9}{2}} \cdot (1+t) \, dt$$

$$I = \frac{\sqrt{2}}{3} \cdot \int_0^1 t^{\frac{9}{2}} \cdot (1+t) \, dt \text{ vereinfachen } \rightarrow I = \frac{16 \cdot \sqrt{2}}{143}$$

Beispiel 4.7.3:

Berechnen Sie das Kurvenintegral längs der Kurve $\overrightarrow{r(t)} = \left(\cos(t), \sin(t), \frac{t}{2 \cdot \pi}\right)^T$ $(0 \le t \le 2\,\pi)$ für das Vektorfeld $\vec{F}$.

$$\vec{F}(x,y,z) = \begin{pmatrix} y \\ -x \\ 1 \end{pmatrix}$$ gegebenes Vektorfeld

$$\int_{t_1}^{t_2} f\left(\overrightarrow{r(t)}\right) \cdot \frac{d}{dt}\overrightarrow{r(t)} \, dt = \int_0^{2\cdot\pi} \begin{pmatrix} \sin(t) \\ -\cos(t) \\ 1 \end{pmatrix} \cdot \begin{pmatrix} -\sin(t) \\ \cos(t) \\ \frac{1}{2 \cdot \pi} \end{pmatrix} dt = \int_0^{2\cdot\pi} \left(-\sin(t)^2 - \cos(t)^2 + \frac{1}{2 \cdot \pi}\right) dt$$ Kurvenintegral 2. Art

$$\int_0^{2\cdot\pi} \left(-\sin(t)^2 - \cos(t)^2 + \frac{1}{2 \cdot \pi}\right) dt = \int_0^{2\cdot\pi} \left(-1 + \frac{1}{2 \cdot \pi}\right) dt = 2 \cdot \pi \cdot \left(-1 + \frac{1}{2 \cdot \pi}\right) = 1 - 2 \cdot \pi$$ Wert des Kurvenintegrals 2. Art

Beispiel 4.7.4:

Wie lautet jeweils der Wert des Kurvenintegrals längs der Kurven C_1 und C_2 $(0 \le t \le 1)$ für das ebene Vektorfeld $\vec{F}(x,y)$?

$$\mathbf{r1}(t) := \begin{pmatrix} t \\ t \end{pmatrix}$$ Kurve C_1

$$\mathbf{r2}(t) := \begin{pmatrix} \sqrt{t} \\ t \end{pmatrix}$$ Kurve C_2

$$\mathbf{F}(x,y) := \begin{pmatrix} x^2 \cdot y \\ x + y \end{pmatrix}$$ gegebenes Vektorfeld

ORIGIN := 1 ORIGIN festlegen

t := 0, 0.001 .. 1 Bereichsvariable

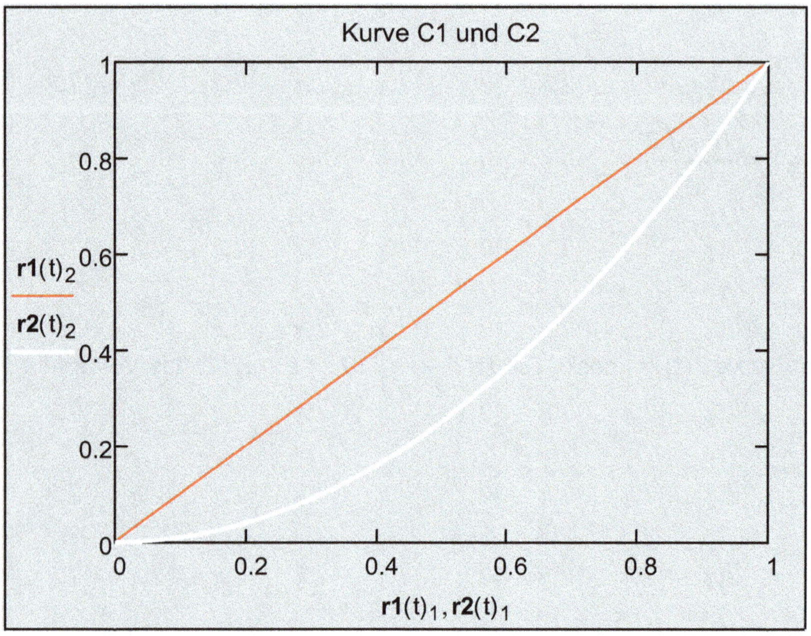

Abb. 4.7.1

$$\int \vec{F}(\vec{r})\, d\vec{r} = \int_{t_1}^{t_2} \vec{F}\left(\overrightarrow{r(t)}\right)\cdot\frac{d}{dt}\overrightarrow{r(t)}\, dt = \int_0^1 \begin{pmatrix} t^3 \\ 2\cdot t \end{pmatrix}\cdot\begin{pmatrix} 1 \\ 1 \end{pmatrix} dt$$

$$\int_0^1 \begin{pmatrix} t^3 \\ 2\cdot t \end{pmatrix}\cdot\begin{pmatrix} 1 \\ 1 \end{pmatrix} dt \text{ vereinfachen } \rightarrow \frac{5}{4}$$

Wert des Kurvenintegrals entlang des Weges C_1

$$\int \vec{F}(\vec{r})\, d\vec{r} = \int_{t_1}^{t_2} \vec{F}\left(\overrightarrow{r(t)}\right)\cdot\frac{d}{dt}\overrightarrow{r(t)}\, dt = \int_0^1 \begin{pmatrix} t^2 \\ t+\sqrt{t} \end{pmatrix}\cdot\begin{pmatrix} \frac{1}{2\cdot\sqrt{t}} \\ 1 \end{pmatrix} dt$$

$$\int_0^1 \begin{pmatrix} t^2 \\ t+\sqrt{t} \end{pmatrix}\cdot\begin{pmatrix} \frac{1}{2\cdot\sqrt{t}} \\ 1 \end{pmatrix} dt \text{ vereinfachen } \rightarrow \frac{41}{30}$$

Wert des Kurvenintegrals entlang des Weges C_2

Der Wert eines Kurvenintegrals hängt also nicht nur von den beiden Endpunkten $P_1(0|0)$ und $P_2(1|1)$ der betrachteten Kurven ab, sondern auch von dem Weg, der dabei zurückgelegt wurde.

Beispiel 4.7.5:

Wir betrachten zwei Kurven im Raum C_1: $t \longrightarrow (t, t, t)^T$ $(0 \le t \le 1)$ und C_2: $t \longrightarrow (t, t^2, t^3)^T$ $(0 \le t \le 1)$, die beide den Punkt $P_1(0|0|0)$ mit den Punkt $P_2(1|1|1)$ verbinden. Wie lautet jeweils der Wert des Kurvenintegrals für das gegebene Vektorfeld $\vec{K}$?

ORIGIN := 0 — ORIGIN festlegen

$x1(t) := t$

$y1(t) := t$ — Parametergleichungen der Kurve C_1

$z1(t) := t$

$\mathbf{r1}(t) := \begin{pmatrix} x1(t) \\ y1(t) \\ z1(t) \end{pmatrix}$ — Ortsvektor für die Raumkurve C_1

$x2(t) := t$

$y2(t) := t^2$ — Parametergleichungen der Kurve C_2

$z2(t) := t^3$

$\mathbf{r2}(t) := \begin{pmatrix} x2(t) \\ y2(t) \\ z2(t) \end{pmatrix}$ — Ortsvektor für die Raumkurve C_2

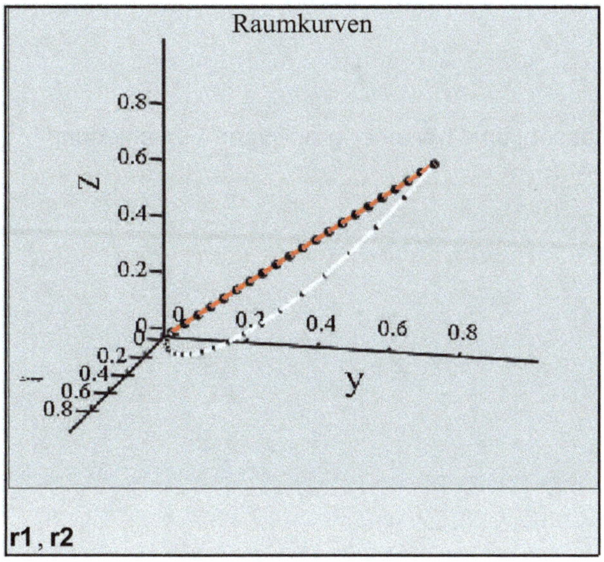

Abb. 4.7.2

Diagrammformat:
Diagramm 1:
Allgemein: Streuungsdiagramm
Achsenformat Ecke
Darstellung: Linien und Punkte zeichnen
Achsen: Teilstriche, automatische Gitterwerte, Achsenformat nummeriert, Beschriftung
QuickPlot-Daten: Beginn 0, Ende 1, Schrittweite 20
Diagramm 2:
Allgemein: Streuungsdiagramm
Achsenformat Ecke
Darstellung: Linien und Punkte zeichnen
Achsen: Teilstriche, automatische Gitterwerte, Achsenformat nummeriert, Beschriftung
QuickPlot-Daten: Beginn 0, Ende 1, Schrittweite 20

$\mathbf{K}(x, y, z) := \begin{pmatrix} y^2 \\ x \cdot z \\ 1 \end{pmatrix}$ — gegebenes Vektorfeld

$$\int \vec{K}(\vec{r})\, d\vec{r} = \int_{t_1}^{t_2} \vec{K}(\overrightarrow{r(t)}) \cdot \frac{d}{dt}\overrightarrow{r(t)}\, dt = \int_0^1 \begin{pmatrix} t^2 \\ t^2 \\ 1 \end{pmatrix} \cdot \begin{pmatrix} 1 \\ 1 \\ 1 \end{pmatrix} dt$$

$$\int_0^1 \begin{pmatrix} t^2 \\ t^2 \\ 1 \end{pmatrix} \cdot \begin{pmatrix} 1 \\ 1 \\ 1 \end{pmatrix} dt \text{ vereinfachen } \rightarrow \frac{5}{3}$$

Wert des Kurvenintegrals entlang des Weges C_1

$$\int \vec{K}(\vec{r})\, d\vec{r} = \int_{t_1}^{t_2} \vec{K}(\overrightarrow{r(t)}) \cdot \frac{d}{dt}\overrightarrow{r(t)}\, dt = \int_0^1 \begin{pmatrix} t^4 \\ t^4 \\ 1 \end{pmatrix} \cdot \begin{pmatrix} 1 \\ 2 \cdot t \\ 3 \cdot t^2 \end{pmatrix} dt$$

$$\int_0^1 \begin{pmatrix} t^4 \\ t^4 \\ 1 \end{pmatrix} \cdot \begin{pmatrix} 1 \\ 2 \cdot t \\ 3 \cdot t^2 \end{pmatrix} dt \text{ vereinfachen } \rightarrow \frac{23}{15}$$

Wert des Kurvenintegrals entlang des Weges C_2

Der Wert des Kurvenintegrals hängt also auch hier nicht nur von den beiden Endpunkten $P_1(0|0|0)$ und $P_2(1|1|1)$ der betrachteten Kurven ab, sondern auch von dem Weg, der dabei zurückgelegt wurde.

Beispiel 4.7.6

Wie groß ist die Arbeit, die das ebene Kraftfeld $\vec{F}$ an einem Massenpunkt bei einer gradlinigen Verschiebung von $P_1(0|0)$ nach $P_2(2|2)$ verrichtet?

$$\mathbf{r}(t) := \begin{pmatrix} 2 \cdot t \\ 2 \cdot t \end{pmatrix}$$

Kurve C ($0 \le t \le 1$) von P_1 nach P_2

$$\mathbf{F}(x, y) := \begin{pmatrix} x \cdot y^2 \\ x \cdot y \end{pmatrix}$$

gegebenes ebenes Kraftfeld

$$W = \int \vec{F}(\vec{r})\, d\vec{r} = \int_{t_1}^{t_2} \vec{F}(\overrightarrow{r(t)}) \cdot \frac{d}{dt}\overrightarrow{r(t)}\, dt = \int_0^1 \begin{pmatrix} t^3 \\ t^2 \end{pmatrix} \cdot \begin{pmatrix} 2 \\ 2 \end{pmatrix} dt$$

$$W = \int_0^1 \begin{pmatrix} t^3 \\ t^2 \end{pmatrix} \cdot \begin{pmatrix} 2 \\ 2 \end{pmatrix} dt \text{ vereinfachen } \rightarrow W = \frac{7}{6}$$

Zahlenwert, für die vom Kraftfeld entlang des Weges C geleistete Arbeit

Konservative Vektorfelder oder Potentialfelder:

Der Wert des Linien- oder Kurvenintegrals eines Vektorfeldes entlang einer Kurve C, die zwei Punkte P_1 und P_2 verbindet, ist in der Regel, wie vorher aus einigen Beispielen zu entnehmen ist, abhängig von der Verbindungskurve. Es gibt allerdings eine wichtige Kategorie von Vektorfeldern, für die das Linien- oder Kurvenintegral nur vom Anfangspunkt P_1 und Endpunkt P_2, nicht aber vom eingeschlagenen Verbindungsweg der beiden Punkte abhängt, also wegunabhängig ist.

Ein Vektorfeld $\vec{F}$ heißt konservativ oder ein Potentialfeld, wenn das Linien- oder Kurvenintegral

$$\int_C \vec{F}(\vec{r})\, d\vec{r}$$ nur vom Anfangs- und Endpunkt, nicht aber vom eingeschlagenen

Verbindungsweg C der beiden Punkte P_1 und P_2 abhängt.

Ein Linienintegral

$$\int_C \vec{F}(\vec{r})\, d\vec{r} = \int_C F_x(x,y,z)\cdot dx + F_y(x,y,z)\cdot dy + F_z(x,y,z)\, dz \qquad (4\text{-}192)$$

ist wegunabhängig, wenn die lineare Differentialform

$$\vec{F}(\vec{r})\cdot d\vec{r} = F_x(x,y,z)\cdot dx + F_y(x,y,z)\cdot dy + F_z(x,y,z)\cdot dz \qquad (4\text{-}193)$$

vollständig ist. Dies bedeutet aber, dass diese Differentialform das totale oder vollständige Differential df einer ortsabhängigen Funktion (Potentialfunktion) f(x,y,z) darstellt:

$$df = F_x\cdot dx + F_y\cdot dy + F_z\cdot dz = \frac{\partial}{\partial x}f\cdot dx + \frac{\partial}{\partial y}f\cdot dy + \frac{\partial}{\partial z}f\cdot dz \qquad (4\text{-}194)$$

Es gilt dann nämlich:

$$\int_C \vec{F}(\vec{r})\, d\vec{r} = \int_C F_x\cdot dx + F_y\cdot dy + F_z\, dz = \int_C \frac{\partial}{\partial x}f\cdot dx + \frac{\partial}{\partial y}f\cdot dy + \frac{\partial}{\partial z}f\, dz = \qquad (4\text{-}195)$$

$$= \int_{P_1}^{P_2} 1\, df = f(P_2) - f(P_1) = f(x_2, y_2, z_2) - f(x_1, y_1, z_1)$$

Das Linienintegral hängt also in diesem Fall nur vom Anfangspunkt P_1 und dem Endpunkt P_2 des Integrationsweges ab. Das Vektorfeld mit dieser Eigenschaft ist also ein konservatives Feld oder Potentialfeld und die Funktion f(x,y,z) heißt dann Potentialfunktion oder auch kurz Potential des Vektorfeldes.

Es erhebt sich nun die Frage nach dem Kriterium dafür, dass der Ausdruck (4-194) ein totales Differential ist. Wir setzen in einem einfach zusammenhängenden Gebiet G voraus, dass es den Integrationsweg C enthält, in ihm die drei Funktionen F_x, F_y und F_z definiert und die Ableitungen

stetig sind.

Ist nun (4-192) das totale Differential einer Potentialfunktion f(x,y,z), gelten also die Gleichungen

$$F_x = \frac{\partial}{\partial x} f \,,\; F_y = \frac{\partial}{\partial y} f \,,\; F_z = \frac{\partial}{\partial z} f \qquad (4\text{-}196)$$

bzw.

$$\vec{F}(x,y,z) = \mathbf{grad}(f(x,y,z)) = \begin{pmatrix} \frac{\partial}{\partial x} f \\ \frac{\partial}{\partial y} f \\ \frac{\partial}{\partial z} f \end{pmatrix} , \qquad (4\text{-}197)$$

so ist

$$\frac{\partial}{\partial y} F_x = \frac{\partial}{\partial y}\frac{\partial}{\partial x} f \,,\; \frac{\partial}{\partial z} F_x = \frac{\partial}{\partial z}\frac{\partial}{\partial x} f \,,\; \frac{\partial}{\partial z} F_y = \frac{\partial}{\partial z}\frac{\partial}{\partial x} f \,,\; \frac{\partial}{\partial x} F_y = \frac{\partial}{\partial x}\frac{\partial}{\partial y} f \,, \qquad (4\text{-}198)$$

$$\frac{\partial}{\partial x} F_z = \frac{\partial}{\partial x}\frac{\partial}{\partial z} f \,,\; \frac{\partial}{\partial y} F_z = \frac{\partial}{\partial y}\frac{\partial}{\partial z} f \,.$$

Alle diese Ableitungen sind nach Voraussetzung stetig. Es gelten aber dann nach dem Satz von Schwarz die Beziehungen (Integrabilitätsbedingung)

$$\frac{\partial}{\partial z} F_y = \frac{\partial}{\partial y} F_z \text{ bzw. } \frac{\partial}{\partial y} F_z - \frac{\partial}{\partial z} F_y = 0 \qquad (4\text{-}199)$$

$$\frac{\partial}{\partial z} F_x = \frac{\partial}{\partial x} F_z \text{ bzw. } \frac{\partial}{\partial z} F_x - \frac{\partial}{\partial x} F_z = 0$$

$$\frac{\partial}{\partial y} F_x = \frac{\partial}{\partial x} F_y \text{ bzw. } \frac{\partial}{\partial x} F_y - \frac{\partial}{\partial y} F_x = 0$$

Somit müssen in jedem Gebiet G die Gleichungen (4-199) erfüllt sein, damit der Ausdruck (4-194) ein totales Differential einer Potentialfunktion f ist und somit das Kurvenintegral wegunabhängig ist.
Die Bedingungen (4-199) lassen sich auch durch die Gleichung

$$\mathbf{rot}\left(\vec{F}\right) = \vec{0} \qquad (4\text{-}200)$$

beschreiben.

Bemerkungen:

Die zuvor angestellten Betrachtungen gelten auch in der Ebene.

Ein einfach zusammenhängendes Gebiet ist ein Gebiet, in dem sich jede in ihm liegende geschlossene Kurve auf einen Punkt "zusammenziehen" lässt, ohne das Gebiet zu verlassen. In der Ebene könnte es z. B. ein rechteckiges Gebiet oder ein kreisförmiges Gebiet sein. Die x-y-Ebene ohne den Nullpunkt stellt ein zweifach zusammenhängendes Gebiet dar (Gebiet mit einem sogenannten "Loch").

Sind C_1 und C_2 zwei verschiedene Verbindungswege der Punkte P_1 und P_2, so gilt wegen der Wegunabhängigkeit

$$\int_{C_1} \vec{F}\, d\vec{r} = \int_{C_2} \vec{F}\, d\vec{r} \qquad (4\text{-}201)$$

Dies bedeutet, dass im Falle der Wegunabhängigkeit das Linienintegral längs einer geschlossenen Kurve verschwindet.

Eigenschaften eines konservativen Vektorfeldes oder Potentialfeldes:

Ein konservatives Vektorfeld $\vec{F}$ besitzt in einem einfach zusammenhängenden Gebiet die folgenden gleichwertigen Eigenschaften:

1. Das Linien- oder Kurvenintegral $\int_C \vec{F}(\vec{r})\, d\vec{r}$ längs einer Kurve C, die zwei beliebige Punkte P_1 und P_2 verbindet, ist unabhängig vom eingeschlagenen Verbindungsweg, solange dieser vollständig im Gebiet liegt.

2. Das Linien- oder Kurvenintegral einer im Gebiet liegenden geschlossenen Kurve C hat stets den Wert null:

$$\oint_C \vec{F}(\vec{r})\, d\vec{r} = 0 \qquad (4\text{-}202)$$

3. Das Vektorfeld $\vec{F}$ ist überall im Gebiet als Gradient einer Potentialfunktion f darstellbar (d. h., konservative Felder sind Gradientenfelder):

$$\vec{F} = \mathbf{grad}(f) \qquad (4\text{-}203)$$

4. Das Vektorfeld $\vec{F}$ ist im Gebiet wirbelfrei:

$$\mathbf{rot}(\vec{F}) = \vec{0} \qquad (4\text{-}204)$$

5. Das Skalarprodukt $\vec{F} \cdot d\vec{r}$ ist das totale oder vollständige Differential einer Potentialfunktion f:

$$df = \vec{F} \cdot d\vec{r} \qquad (4\text{-}205)$$

Kugel- oder radialsymmetrische Vektorfelder (Zentralfelder):

Wie bereits in (4-169) ausgeführt wurde, verschwindet die Rotation eines kugelsymmetrischen Vektorfeldes oder Zentralfeldes $\vec{F} = f(r) \cdot \vec{e_r}$ in jedem Bereich, der den Nullpunkt r = 0 nicht enthält:

$$\mathrm{rot}(\vec{F}) = 0 \qquad (r > 0) \qquad (4\text{-}206)$$

Es ist daher jedes Zentralfeld in jedem einfach zusammenhängenden Gebiet, das den Nullpunkt nicht enthält, konservativ. Der Raum ohne Nullpunkt (der Nullpunkt ist die einzig singuläre Stelle im Raum) stellt für ein Zentralfeld ein einfach zusammenhängendes Gebiet dar, weil sich jede geschlossene Kurve C ober- oder unterhalb des Nullpunktes auf einen Punkt zusammenziehen lässt.

Das Linien- oder Kurvenintegral $\int_C \vec{F}(\vec{r})\, d\vec{r}$ **ist daher nur vom Anfangs- und Endpunkt abhängig, nicht aber vom eingeschlagenen Verbindungsweg C der beiden Punkte.**

Für jede geschlossene Kurve C, die nicht durch den Nullpunkt verläuft, gilt:

$$\int_C \vec{F}(\vec{r})\, d\vec{r} = 0 \qquad (4\text{-}207)$$

Beispiel 4.7.7:

Zeigen Sie, dass das nachfolgend gegebene ebene Vektorfeld konservativ oder ein Potentialfeld und daher wegunbhängig ist.

$$\vec{F}(x,y) = F_x(x,y) \cdot \vec{e_x} + F_y(x,y) \cdot \vec{e_y} = 4 \cdot x^3 \cdot y \cdot \vec{e_x} + x^4 \cdot \vec{e_y}$$ gegebenes Vektorfeld

Das gegebene Vektorfeld ist konservativ, weil die Integrabilitätsbedingung (4-199) erfüllt ist:

$$\frac{\partial}{\partial y} F_x(x,y) = \frac{\partial}{\partial y}\left(4 \cdot x^3 \cdot y\right) = 4 \cdot x^3 \qquad \frac{\partial}{\partial x} F_y(x,y) = \frac{\partial}{\partial x} x^4 = 4 \cdot x^3$$

Wegen (4-201) ist das Vektorfeld ein Gradientenfeld:

$$\vec{F}(x,y) = \mathbf{grad}(f(x,y))$$

$$\vec{F} = \begin{pmatrix} F_x \\ F_y \end{pmatrix} = \begin{pmatrix} 4 \cdot x^3 \cdot y \\ x^4 \end{pmatrix} = \begin{pmatrix} \frac{\partial}{\partial x} f(x,y) \\ \frac{\partial}{\partial y} f(x,y) \end{pmatrix}$$

Wir integrieren zuerst $\frac{\partial}{\partial x} f(x,y) = 4 \cdot x^3 \cdot y$ nach x und berücksichtigen, dass die Integrationskonstante C noch von der Variablen y abhängig ist:

$$f(x,y) = \int \frac{\partial}{\partial x} f(x,y)\, dx = \int 4 \cdot x^3 \cdot y\, dx = 4 \cdot y \cdot \int x^3\, dx = x^4 \cdot y + C(y)$$

Die so erhaltene Funktion wird nun nach y differenziert:

$$\frac{\partial}{\partial y} f(x,y) = \frac{\partial}{\partial y}\left(x^4 \cdot y + C(y)\right) = x^4 + C'(y)$$

Diese Ableitung muss natürlich mit der zweiten Komponente des Gradienten übereinstimmen, also:

$x^4 + C'(y) = x^4$ Damit muss C' (y) = 0 sein. Durch Integration ergibt sich dann die Konstante zu: $C(y) = \text{const.} = C_0$

Damit lautet die Potentialfunktion f schließlich:

$$f(x,y) = x^4 \cdot y + C_0$$

df ist dann das totale Differential (4-205):

$$df(x,y) = 4 \cdot x^3 \cdot y \cdot dx + x^4 \cdot dy = \vec{F} \cdot d\vec{r}$$

Das Linienintegral ist wegunabhängig, und für einen beliebigen, von Punkt $P_1(x_1|y_1)$ nach $P_2(x_2|y_2)$ führenden Integrationsweg C gilt somit:

$$\int_C \vec{F}(\vec{r})\, d\vec{r} = \int_C 4 \cdot x^3 \cdot y \cdot dx + x^4\, dy = \int_{P_1}^{P2} 1\, df(x,y) = f(x,y) \Big|_{P_1}^{P_2} = x^4 \cdot y + C_0 \Big|_{(x_1,y_1)}^{(x_2,y_2)} = x_2^{\,4} \cdot y_2 - x_1^{\,4} \cdot y_1$$

Beispiel 4.7.8:

Wir wenden uns in diesem Beispiel der Frage zu, welche Wärmemenge U wir durch Änderung des Zustandes einer gegebenen Menge eines idealen Gases erhalten. Wird die Zustandsänderung durch eine Kurve C in der p-V-Ebene charakterisiert, so lässt sich diese Wärmemenge U durch das nachfolgende Kurvenintegral ausdrücken. Ist dieses Kurvenintegral wegunabhängig?

$$U = \int_C \frac{c_p}{R} \cdot p \cdot dV + \frac{c_V}{R} \cdot V\, dp$$

Betrachten wir die Wärmekapazitäten c_p und c_V des Gases bei konstantem Volumen und konstantem Druck als unveränderlich, so ist wegen $c_p \neq c_V$ die Integrabilitätsbedingung hier offenbar verletzt:

$$\frac{\partial}{\partial p}\left(\frac{c_p}{R} \cdot p\right) = \frac{c_p}{R} \qquad \frac{\partial}{\partial V}\left(\frac{c_V}{R} \cdot V\right) = \frac{c_V}{R}$$

Daraus folgt, dass die Wärmemenge U nicht etwa eine Funktion des Gaszustandes ist, sondern von dem Prozess abhängt, der zu diesem Zustand führte. Selbst bei einem zyklischen Prozess, der das Gas in seinen ursprünglichen Zustand zurückversetzt, kann Wärme gewonnen oder verloren werden.

Multiplizieren wir die differentielle Größe dU der Wärmemenge mit 1/T, wobei die absolute Temperatur des Gases T = p V/R ist, so erhalten wir:

$$dU = \frac{c_p}{R} \cdot p \cdot dV + \frac{c_V}{R} \cdot V \cdot d$$

$$\frac{dU}{T} = \frac{c_p}{T \cdot R} \cdot p \cdot dV + \frac{c_V}{T \cdot R} \cdot V \cdot dp = \frac{c_p}{p \cdot V} \cdot p \cdot dV + \frac{c_V}{p \cdot V} \cdot V \cdot dp = c_p \cdot \frac{dV}{V} + c_V \cdot \frac{dp}{p}$$

dU/T ist dann ein totales Differential. Das Kurvenintegral ist somit wegunabhängig:

$$\int_{(V_1, p_1)}^{(V, p)} \frac{1}{T} \, dU = \int_{(V_1, p_1)}^{(V, p)} c_p \cdot \frac{1}{V} \cdot dV + c_V \cdot \frac{1}{p} \, dp$$

Durch dieses Integral wird eine physikalische Größe, die sogenannte Entropie S, definiert. Sie ist eine Funktion des Gaszustandes. Stammfunktionen sind dann mit C_0 als Konstante:

$$S = c_p \cdot \ln(V) + c_V \cdot \ln(p) + C_0$$

Beispiel 4.7.9:

Eine Rakete mit m_R = 50 000 kg soll von der Erde aus in h = 600 km Höhe steigen. Wie groß ist die zu verrichtende Hubarbeit?

Eine Masse m erfährt im Gravitationsfeld der Erdmasse m_E die Kraft $\vec{F}$:

$$\vec{F} = \gamma \cdot m \cdot m_E \cdot \frac{\vec{r}}{r^3} = \frac{\gamma \cdot m \cdot m_E}{r^2} \cdot \frac{\vec{r}}{r} = \frac{\gamma \cdot m \cdot m_E}{r^2} \cdot \vec{e_r}$$

Dieses Zentralfeld ist konservativ und daher ist das Arbeitsintegral (Wegintegral) wegunabhängig:

$$W = \int_C \vec{F}(\vec{r}) \, d\vec{r} = \int_{r_E}^{r_E+h} \frac{\gamma \cdot m_R \cdot m_E}{r^2} \, dr = \gamma \cdot m_R \cdot m_E \cdot \left(\frac{1}{r_E} - \frac{1}{r_E + h} \right)$$

$m_R := 50000 \cdot kg$ Raketenmasse

$m_E := 6 \cdot 10^{24} \cdot kg$ Erdmasse

$r_E := 6.37 \cdot 10^6 \cdot m$ Erdradius

$h := 600000 \cdot m$ Höhe über der Erde

$\gamma := 6.673 \cdot 10^{-11} \cdot \frac{m^3}{kg \cdot s^2}$ Gravitationskonstante

$W := \gamma \cdot m_R \cdot m_E \cdot \left(\frac{1}{r_E} - \frac{1}{r_E + h} \right)$ $W = 2.705 \times 10^{11} J$ Hubarbeit

Beispiel 4.7.10:

Auf einen Elektronenstrahl, der mit konstanter Geschwindigkeit $\vec{v}$ senkrecht in ein homogenes Magnetfeld mit der Flussdichte $\vec{B}$ eingeschossen wird, wirkt die Lorentz-Kraft $\vec{F_L}$. Die Lorentz-Kraft wirkt dabei als Zentripetalkraft und zwingt die Elektronen auf eine Kreisbahn K um die Feldrichtung als Achse (Abb. 4.7.3). Verrichtet das Magnetfeld eine Arbeit an den Elektronen?

$\vec{F_L} = -e \cdot (\vec{v} \times \vec{B})$ Lorentz-Kraft

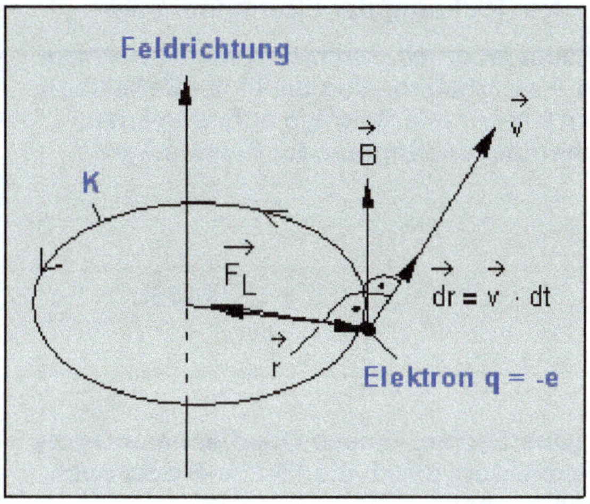

Abb. 4.4.7.3

$dW = \vec{F_L} \cdot \vec{dr} = 0$ Die Vektoren stehen senkrecht!

Oder:

$dW = \vec{F_L} \cdot \vec{dr} = \vec{F_L} \cdot \vec{v} \cdot dt = -e \cdot (\vec{v} \times \vec{B}) \cdot \vec{v} \cdot dt = 0$ Das Spatprodukt verschwindet, weil es zwei gleiche Vektoren enthält!

Damit ist das geschlossene Linienintegral, das die vom Magnetfeld verrichtete Arbeit pro Umlauf beschreibt, gleich null:

$$W = \int_K \vec{F_L} \, \vec{dr} = 0$$

4.8 Oberflächenintegrale von Vektorfeldern

Noch wichtiger als die Integration skalarer Funktionen über Flächen (siehe dazu Band 3) ist z. B. in der Elektrotechnik oder der Dynamik von Gasen oder Flüssigkeiten die Integration von Vektorfeldern.

Zur näheren Erläuterung gehen wir von einem Geschwindigkeitsfeld stationärer Strömungen $\vec{v}$ aus und betrachten den Flüssigkeitsfluss durch das Flächenelement dA einer Fläche A im Raum (Abb. 4.8.1). Der Fluss durch das Flächenelemenet dA beträgt pro Zeiteinheit:

$$\frac{dV}{dt} = \vec{v} \cdot \vec{dA} = \left(\vec{v} \cdot \vec{n_0}\right) \cdot dA \qquad (4\text{-}208)$$

$\vec{dA}$ ist das orientierte vektorielle Flächenelement der Fläche A in Richtung der Flächennormale $\vec{n_0}$ (Normaleneinheitsvektor). Die Orientierung der Fläche im Raum ist damit durch die Flächennormale eindeutig festgelegt. Um den Gesamtfluss durch die Fläche A zu erhalten, also die in der Zeiteinheit durch die Fläche A strömende Flüssigkeitsmenge, brauchen wir nur alle Beiträge aufsummieren, d. h. integrieren. Der Gesamtfluss ist durch das folgende Oberflächenintegral oder Flussintegral gegeben:

$$\int_{(A)} \vec{v}\, \vec{dA} = \int_{(A)} \left(\vec{v} \cdot \vec{n_0}\right) dA \qquad (4\text{-}209)$$

Die Integration erfolgt dabei über eine Fläche (A) im Raum (Oberfläche). Dieses Oberflächenintegral wird auch Flussintegral des Vektorfeldes oder Fluss des Feldvektors durch die Fläche A oder auch Flächenintegral des Feldvektors über die orientierte Fläche A genannt.

Das Oberflächenintegral wird oft mit zwei Integralzeichen dargestellt. Wird über eine geschlossene Fläche A integriert, so wird auch wie beim geschlossenen Kurvenintegral öfters ein Kreis über das Integralzeichen gezeichnet. Diese Darstellung kann in Mathcad nicht geschrieben werden. Solche Integrale werden auch Hüllenintegrale oder Fluss des Feldvektors durch eine geschlossene Fläche genannt.

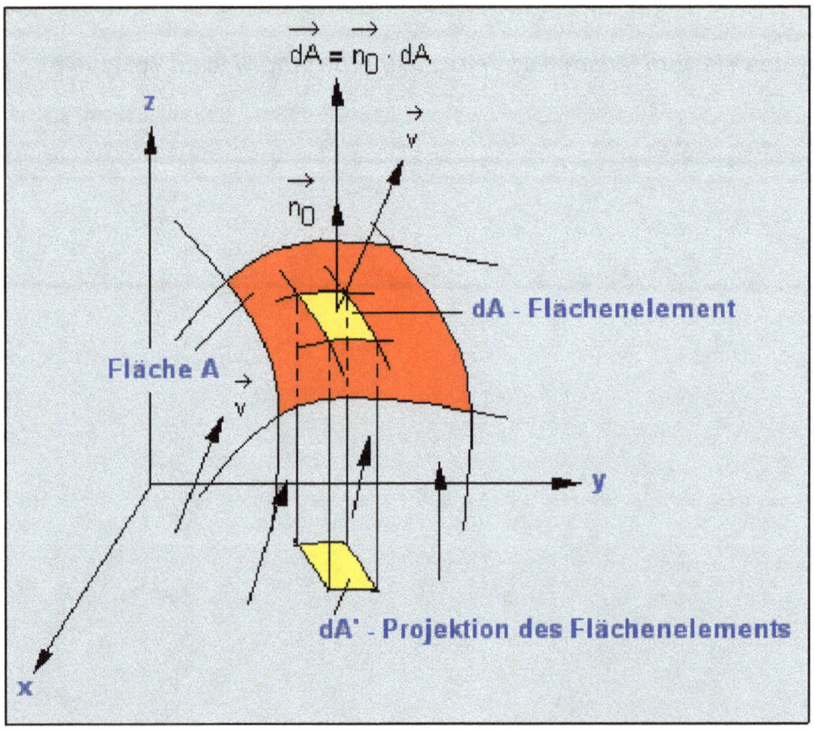

Abb. 4.8.1

Oberflächenintegrale können für alle Arten von Vektorfeldern $\vec{F}$ bestimmt werden, sie sind natürlich nicht, wie in diesem Beispiel angeführt, auf Geschwindigkeitsfelder beschränkt.
Die Berechnung eines Oberflächenintegrals

$$\int_{(A)} \vec{F}\, d\vec{A} = \int_{(A)} \left(\vec{F} \cdot \vec{n_0}\right) dA \qquad \textbf{(4-210)}$$

unter Verwendung symmetriegerechter Koordinaten kann stets auf ein Doppelintegral zurückgeführt werden und erfolgt in vier Schritten:

1. **Zuerst werden geeignete Koordinaten ausgewählt, die sich der Symmetrie des Problems in optimaler Weise anpassen. Zur Auswahl stehen kartesische Koordinaten oder die bereits öfters erwähnten Zylinder- und Kugelkoordinaten.**
2. **Anschließend wird die Flächennormale $\vec{n_0}$ und daraus das Flächenelement $\vec{dA}$ in den gewählten Koordinaten bestimmt sowie das Skalarprodukt $\vec{F} \cdot \vec{dA}$ berechnet.**
3. **Jetzt werden die Integrationsgrenzen im gewählten Koordinatensystem bestimmt.**
4. **Anschließend wird das Integral berechnet.**

Ist die vom Vektorfeld $\vec{F}(x, y, z)$ durchflutete Fläche A durch einen von den Parametern u und v abhängigen Ortsvektor (4-40)

$$\vec{r}(u, v) = \begin{pmatrix} x(u, v) \\ y(u, v) \\ z(u, v) \end{pmatrix} \qquad \textbf{(4-211)}$$

gegeben, dann besitzt das Oberflächenintegral die folgende Gestalt:

$$\int_{(A)} \vec{F}\, d\vec{A} = \int_{(A)} \left(\vec{F} \cdot \vec{n_0}\right) dA = \int\!\!\int_{(A)} \vec{F} \cdot \left(\vec{t_u} \times \vec{t_v}\right) du\, dv \qquad \textbf{(4-212)}$$

Die Integralberechnung erfolgt dann wieder in vier Schritten:

1. **Das Vektorfeld wird zunächst durch die Flächenparameter u und v ausgedrückt:**

$$\vec{F}(x, y, z) \longrightarrow \vec{F}(u, v) \qquad \textbf{(4-213)}$$

2. **Nachdem wir die Tangentenvektoren (4-42) und (4-43)**

$$\vec{t_u} = \frac{\partial}{\partial u}\left[\vec{r}(u, v)\right] \quad \text{und} \quad \vec{t_v} = \frac{\partial}{\partial v}\left[\vec{r}(u, v)\right] \qquad \textbf{(4-214)}$$

an die Parameterlinien u und v der Fläche gebildet haben, kann anschließend das Spatprodukt

$\vec{F} \cdot \left(\vec{t_u} \times \vec{t_v}\right) = \det\left(\vec{F}, \vec{t_u}, \vec{t_v}\right)$ **ausgeführt werden.**

3. **Bestimmung der Integrationsgrenzen im erhaltenen Doppelintegral.**
4. **Berechnung des Doppelintegrals.**

Bemerkung:

Ist auf der räumlichen Fläche A ein Vektorfeld gegeben, das jedem Flächenpunkt die dortige Flächennormale $\vec{n}_0$ zuordnet, also $\vec{F} = \vec{n}_0$, so erhalten wir das folgende Doppelintegral zur Berechnung des Flächeninhaltes A der räumlichen Fläche:

$$A = \int_{(A)} 1\, dA = \int\int_{(A)} \left|\vec{t}_u \times \vec{t}_v\right| du\, dv \qquad (4\text{-}215)$$

Das Flächenelement $dA = \left|\vec{t}_u \times \vec{t}_v\right| \cdot du \cdot dv$ **wurde bereits in (4-46) festgelegt.**

Beispiel 4.8.1:

Wie groß ist der Fluss des Vektorfeldes $\vec{F}$ durch die im 1. Oktant gelegene Fläche der Ebene x + 2 y + 2 z = 2 (Abb. 4.8.2)?

$$\vec{F} = \begin{pmatrix} 5 \cdot z \\ -2 \cdot y \\ 2 \end{pmatrix}$$ gegebenes Vektorfeld

$E_1(x, y, z) := x + 2 \cdot y + 2 \cdot z - 2$ Ebene als Funktion definiert

$z_{E1}(x, y) := E_1(x, y, z) = 0$ auflösen, z $\rightarrow 1 - y - \frac{x}{2}$ nach z aufgelöste Gleichung der Ebene

$z_{E2}(x, y) := 0$ Ebene mit z = 0

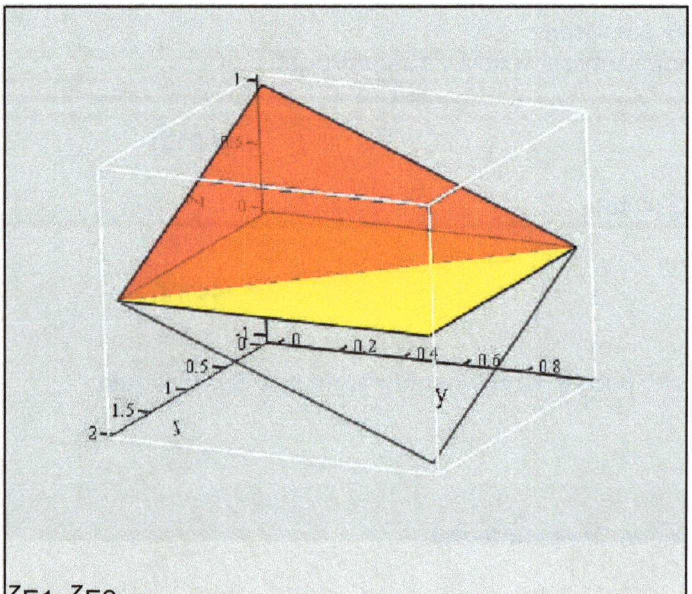

Abb. 4.8.2

Diagrammformat:
Diagramm 1:
Allgemein: Flächendiagramm
3D-Rahmen
Darstellung: Fläche füllen, Drahtmodell
QuickPlot-Daten:
Bereich 1
Beginn 0, Ende 2, Schrittweite 1
Bereich 2
Beginn 0, Ende 1, Schrittweite 1
Diagramm 2:
Allgemein: Flächendiagramm
3D-Rahmen
Darstellung: Fläche füllen, Drahtmodell
QuickPlot-Daten:
Bereich 1
Beginn 0, Ende 2, Schrittweite 1
Bereich 2
Beginn 0, Ende 1, Schrittweite 1

Die Projektionsfläche A' der gegebenen Fläche A auf die x-y-Ebene im 1. Oktant wird begrenzt durch die Gerade (z = 0): x + 2 y = 2 bzw. y = -1/2 x + 1.
Die Ebene der Gleichung x + 2 y + 2 z = 2 kann als eine Niveaufläche des skalaren Feldes f(x,y,z) = x + 2 y + 2 z aufgefasst werden. Der Gradient dieser Funktion steht überall senkrecht auf dieser Ebene. Es lässt sich daher daraus mit (4-112) der Normaleneinheitsvektor (Flächennormale) berechnen:

$$\mathbf{F}(x,y,z) := \begin{pmatrix} 9 \cdot z \\ -6 \cdot y \\ 3 \end{pmatrix}$$ Vektorfeld

$$f(x,y,z) := x + 2 \cdot y + 2 \cdot z$$ skalares Feld

$$\nabla_3(f,x,y,z) := \begin{pmatrix} \frac{\partial}{\partial x} f(x,y,z) \\ \frac{\partial}{\partial y} f(x,y,z) \\ \frac{\partial}{\partial z} f(x,y,z) \end{pmatrix}$$

$$\nabla_3(f,x,y,z) \rightarrow \begin{pmatrix} 1 \\ 2 \\ 2 \end{pmatrix}$$ Gradient des skalaren Feldes

$$\nabla_{x,y,z} f(x,y,z) \rightarrow \begin{pmatrix} 1 \\ 2 \\ 2 \end{pmatrix}$$ mit Mathcad eigenen Operator ausgewertet

$$\mathbf{n_0}(x,y,z) := \frac{\nabla_3(f,x,y,z)}{\left|\nabla_3(f,x,y,z)\right|}$$

$$\mathbf{n_0}(x,y,z)^T \rightarrow \begin{pmatrix} \frac{1}{3} & \frac{2}{3} & \frac{2}{3} \end{pmatrix}$$ Normaleneinheitsvektor

$$\mathbf{F}(x,y,z) \cdot \mathbf{n_0}(x,y,z) \rightarrow 3 \cdot z - 4 \cdot y + 2$$ Skalarprodukt des Vektorfeldes mit der Flächennormalen

$$x + 2 \cdot y + 2 \cdot z = 2 \text{ auflösen}, z \rightarrow 1 - y - \frac{x}{2}$$ gegebene Ebene nach z auflösen

$$\mathbf{F}(x,y,z) \cdot \mathbf{n_0}(x,y,z) \text{ ersetzen}, z = \frac{-1}{2} \cdot x - y + 1 \rightarrow 5 - 7 \cdot y - \frac{3 \cdot x}{2}$$ z im Skalarprodukt ersetzen

Die Projektion des differentiellen Flächenelements dA in die x-y-Ebene ergibt das infinitesimale Rechteck mit dem Flächeninhalt dA' = dy dx. Andererseits ist aber diese Projektion auch das skalare Produkt $\overrightarrow{dA}$ mit dem Einheitsvektor $\overrightarrow{e_z}$. Es gilt daher:

$$dA' = \overrightarrow{dA} \cdot \overrightarrow{e_z} = dA \cdot \left(\overrightarrow{n_0} \cdot \overrightarrow{e_z}\right) = dA \cdot \begin{pmatrix} \frac{1}{3} \\ \frac{2}{3} \\ \frac{2}{3} \end{pmatrix} \cdot \begin{pmatrix} 0 \\ 0 \\ 1 \end{pmatrix} = dA \cdot \frac{2}{3} = dy \cdot dx$$

$$dA = \frac{3}{2} \cdot dy \cdot dx$$ das gesuchte Flächenelement dA

Wir integrieren nun über den Bereich A', der sich durch die Projektion der gegebenen Fläche A auf die x-y-Ebene im 1. Oktant ergibt. Die Integration verläuft von x = 0 bis x = 2 und von y = 0 bis y = -1/2 x + 1.

Das Oberflächenintegral (Flussintegral) ergibt sich dann zu:

$$\int_{(A)} \vec{F} \cdot \vec{n_0}\, dA = \int_{(A')} \left(5 - \frac{3}{2} \cdot x - 7 \cdot y\right) \cdot \frac{3}{2} \cdot dy\, dx = \frac{3}{2} \cdot \int_0^2 \int_0^{-\frac{1}{2} \cdot x+1} 5 - \frac{3}{2} \cdot x - 7 \cdot y \, dy\, dx$$

$$\frac{3}{2} \cdot \int_0^2 \int_0^{-\frac{1}{2} \cdot x+1} \left(5 - \frac{3}{2} \cdot x - 7 \cdot y\right) dy\, dx \rightarrow \frac{5}{2}$$

Beispiel 4.8.2:

Wie groß ist der Fluss des Vektorfeldes $\vec{F}$ durch einen Zylindermantel A, wobei der Radius des Zylinders R = 5 und die Höhe h = 10 ist?

$\vec{F} = \begin{pmatrix} y \\ x \\ z^2 \end{pmatrix}$ gegebenes Vektorfeld

$ORIGIN := 0$ ORIGIN festlegen

$h := 10$ Höhe des Zylinders

$\rho := 5$ Radius des Zylinders

$i := 0..80 \qquad j := 0..80$ Bereichsvariablen

$\varphi_i := i \cdot \frac{2\pi}{80} \qquad z_j := \frac{j}{80} \cdot h$ Vektoren der Winkel φ und z-Werte

$Xz_{i,j} := \rho \cdot \cos(\varphi_i) \qquad Yz_{i,j} := \rho \cdot \sin(\varphi_i) \qquad Zz_{i,j} := z_j$ Matrizen der x-, y- und z-Werte (Zylinderkoordinaten)

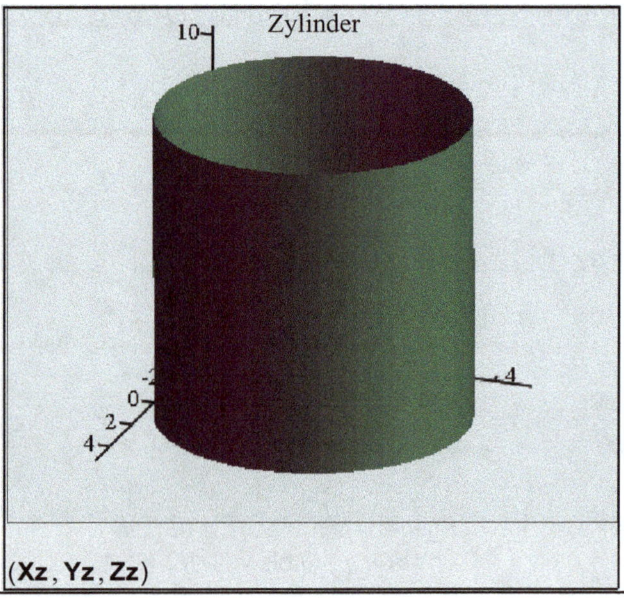

Diagrammformat:
Diagramm 1:
Allgemein: Flächendiagramm
Ecke, Rahmen anzeigen
Darstellung: Fläche füllen, keine Linien
Beleuchtung: Beleuchtung aktiv

Abb. 4.8.3

Der Zylindermantel mit der Gleichung $x^2 + y^2 = 25$ und $0 \le z \le 10$ kann als Niveaufläche des skalaren Feldes $f(x,y,z) = x^2 + y^2$ aufgefasst werden. Der Gradient dieser Funktion steht überall senkrecht auf diesen Zylindermantel. Es lässt sich daher daraus mit (4-112) der Normaleneinheitsvektor (Flächennormale) berechnen:

$$\mathbf{F}(x,y,z) := \begin{pmatrix} y \\ x \\ z^2 \end{pmatrix}$$ Vektorfeld

$$f(x,y,z) := x^2 + y^2$$ skalares Feld

$$\boldsymbol{\nabla}_3(f,x,y,z) := \begin{pmatrix} \frac{\partial}{\partial x} f(x,y,z) \\ \frac{\partial}{\partial y} f(x,y,z) \\ \frac{\partial}{\partial z} f(x,y,z) \end{pmatrix} \qquad \boldsymbol{\nabla}_3(f,x,y,z) \rightarrow \begin{pmatrix} 2 \cdot x \\ 2 \cdot y \\ 0 \end{pmatrix}$$ Gradient des skalaren Feldes

$$\nabla_{x,y,z} f(x,y,z) \rightarrow \begin{pmatrix} 2 \cdot x \\ 2 \cdot y \\ 0 \end{pmatrix}$$ mit Mathcad eigenen Operator ausgewertet

$$\mathbf{n_0}(x,y,z) := \frac{\boldsymbol{\nabla}_3(f,x,y,z)}{\left|\boldsymbol{\nabla}_3(f,x,y,z)\right|}$$

$$\mathbf{n_0}(x,y,z)^T \rightarrow \begin{bmatrix} \frac{x}{\sqrt{(|x|)^2 + (|y|)^2}} & \frac{y}{\sqrt{(|x|)^2 + (|y|)^2}} & 0 \end{bmatrix}$$ Normaleneinheitsvektor

Für die Punkte auf dem Zylindermantel gilt $\sqrt{x^2 + y^2} = 5$. Damit ergibt sich die benötigte Flächennormale zu:

$$\mathbf{n_0}(x,y,z) := \frac{1}{5} \cdot \begin{pmatrix} x \\ y \\ 0 \end{pmatrix}$$

$$\mathbf{F}(x,y,z) \cdot \mathbf{n_0}(x,y,z) \text{ annehmen, ALLE(S)} > 0 \rightarrow \frac{2 \cdot x \cdot y}{5}$$ Skalarprodukt des Vektorfeldes mit der Flächennormalen

Zur weiteren Berechnung wählen wir wegen der Zylinderfläche natürlich Zylinderkoordinaten:

$$\mathbf{F}(x,y,z) \cdot \mathbf{n_0}(x,y,z) \left| \begin{array}{l} \text{annehmen, ALLE(S)} > 0 \\ \text{ersetzen, } x = 5 \cdot \cos(\varphi) \\ \text{ersetzen, } y = 5 \cdot \sin(\varphi) \end{array} \right. \rightarrow 10 \cdot \cos(\varphi) \cdot \sin(\varphi)$$

Dieses Ergebnis kann mit $2 \sin(\varphi) \cos(\varphi) = \sin(2\varphi)$ vereinfacht werden.

Das Flächenelement dA ergibt sich nach (4-82) zu:

$$dA = \rho \cdot dz \cdot d\varphi = 5 \cdot dz \cdot d\varphi$$

Die Integration verläuft von $z = 0$ bis $z = 10$ und von $\varphi = 0$ bis $\varphi = 2\,\pi$.

Der Fluss durch den Zylindermantel lässt sich dann durch folgendes Doppelintegral in Zylinderkoordinaten berechnen:

$$\int_{(A)} \vec{F} \cdot \vec{n_0}\, dA = \int_{(A)} 5 \cdot \sin(2 \cdot \varphi) \cdot 5 \cdot dz\, d\varphi = 25 \cdot \int_0^{2\pi} \int_0^{10} \sin(2 \cdot \varphi)\, dz\, d\varphi$$

$$25 \cdot \int_0^{2\pi} \int_0^{10} \sin(2 \cdot \varphi)\, dz\, d\varphi \rightarrow 0$$

Der Gesamtfluss des Vektorfeldes ist durch den gesamten Zylindermantel null!

Beispiel 4.8.3:

Wie groß ist der Fluss des Vektorfeldes $\vec{F}$ durch die geschlossene Halbkugelschale $x^2 + y^2 + z^2 = 1$, $z \geq 0$?

$$\vec{F} = \begin{pmatrix} -y \\ x \\ x^2 \end{pmatrix}$$ gegebenes Vektorfeld

ORIGIN := 0 ORIGIN festlegen

$n := 80$

$i := 0..n$ $j := 0..n$ Bereichsvariablen

$\vartheta_i := \frac{\pi}{2 \cdot n} \cdot i$ $\varphi_j := \frac{2 \cdot \pi}{n} j$ Vektoren der Winkel ϑ und φ

$X_{i,j} := \sin(\vartheta_j)\cos(\varphi_i)$ $Y_{i,j} := \sin(\vartheta_j)\sin(\varphi_i)$ $Z_{i,j} := \cos(\vartheta_j)$ Matrizen der x-, y- und z-Werte (Kugelkoordinaten)

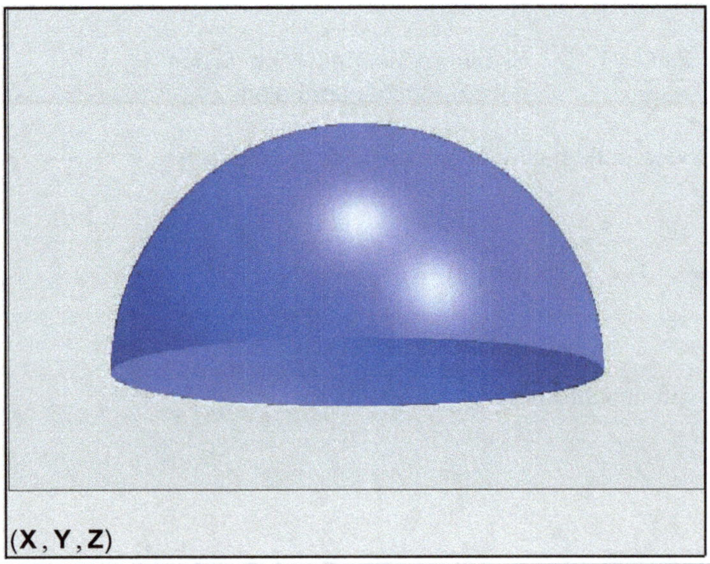

(X, Y, Z)

Diagrammformat:
Diagramm 1:
Allgemein: Flächendiagramm
3D-Rahmen
Darstellung: Fläche füllen, Gouraud-Schatten, keine Linien
Beleuchtung: Beleuchtung aktiv, Licht Richtung Licht1:1,0,4 und Licht2:1,1,1

Abb. 4.8.4

Die durch die Gleichung $x^2 + y^2 + z^2 = 1$, $z \ge 0$ beschriebene Oberfläche einer Halbkugel kann als Niveaufläche des skalaren Feldes $f(x,y,z) = x^2 + y^2 + z^2$ aufgefasst werden. Der Gradient dieser Funktion steht überall senkrecht auf dieser Fläche. Es lässt sich daher daraus mit (4-112) der Normaleneinheitsvektor (Flächennormale) berechnen:

$$\mathbf{F}(x,y,z) := \begin{pmatrix} -y \\ x \\ x^2 \end{pmatrix}$$ Vektorfeld

$$f(x,y,z) := x^2 + y^2 + z^2$$ skalares Feld

$$\nabla_3(f,x,y,z) := \begin{pmatrix} \frac{\partial}{\partial x} f(x,y,z) \\ \frac{\partial}{\partial y} f(x,y,z) \\ \frac{\partial}{\partial z} f(x,y,z) \end{pmatrix} \qquad \nabla_3(f,x,y,z) \rightarrow \begin{pmatrix} 2 \cdot x \\ 2 \cdot y \\ 2 \cdot z \end{pmatrix}$$ Gradient des skalaren Feldes

$$\mathbf{n_0}(x,y,z) := \frac{\nabla_3(f,x,y,z)}{\left|\nabla_3(f,x,y,z)\right|}$$ Normaleneinheitsvektor

$$\mathbf{n_0}(x,y,z)^T \rightarrow \left[\frac{x}{\sqrt{(|x|)^2 + (|y|)^2 + (|z|)^2}} \quad \frac{y}{\sqrt{(|x|)^2 + (|y|)^2 + (|z|)^2}} \quad \frac{z}{\sqrt{(|x|)^2 + (|y|)^2 + (|z|)^2}} \right]$$

Für die Punkte auf der Halbkugeloberfläche gilt $\sqrt{x^2 + y^2 + z^2} = 1$. Damit ergibt sich die benötigte Flächennormale zu:

$$\mathbf{n_0}(x,y,z) := \begin{pmatrix} x \\ y \\ z \end{pmatrix}$$

$$\mathbf{F}(x,y,z) \cdot \mathbf{n_0}(x,y,z) \text{ annehmen, ALLE(S)} > 0 \;\rightarrow x^2 \cdot z$$ Skalarprodukt des Vektorfeldes mit der Flächennormalen

Zur weiteren Berechnung wählen wir wegen der Kugeloberfläche natürlich Kugelkoordinaten:

$$\mathbf{F}(x,y,z) \cdot \mathbf{n_0}(x,y,z) \left| \begin{array}{l} \text{annehmen, ALLE(S)} > 0 \\ \text{ersetzen, } x = \sin(\vartheta) \cdot \cos(\varphi) \\ \text{ersetzen, } z = \cos(\vartheta) \end{array} \right. \rightarrow -\cos(\varphi)^2 \cdot \cos(\vartheta) \cdot \left(\frac{\cos(2 \cdot \vartheta)}{2} - \frac{1}{2} \right)$$

$$-\left(\frac{\cos(2 \cdot \vartheta)}{2} - \frac{1}{2} \right) = \sin(\vartheta)^2$$

Das Flächenelement dA ergibt sich nach (4-95) zu:

$$dA = r^2 \cdot \sin(\vartheta) \cdot d\vartheta \cdot d\varphi = 1 \cdot \sin(\vartheta) \cdot d\vartheta \cdot d\varphi$$

Die Integration verläuft von $\vartheta = 0$ bis $\vartheta = \pi/2$ und von $\varphi = 0$ bis $\varphi = 2\pi$.

Der Fluss durch die Halbkugelschale lässt sich dann durch folgendes Doppelintegral in Kugelkoordinaten berechnen:

$$\int_{(A)} \vec{F} \cdot \vec{n_0}\, dA = \int_{(A)} \sin(\vartheta)^2 \cdot \cos(\varphi)^2 \cdot \cos(\vartheta) \cdot \sin(\vartheta) d\vartheta\, d\varphi = \int_{(A)} \sin(\vartheta)^3 \cdot \cos(\vartheta) \cdot \cos(\varphi)^2 \cdot d\vartheta\, d\varphi$$

$$\int_0^{2\pi} \int_0^{\frac{\pi}{2}} \sin(\vartheta)^3 \cdot \cos(\vartheta) \cdot \cos(\varphi)^2\, d\vartheta\, d\varphi \rightarrow \frac{\pi}{4}$$

Wie würde dann wohl der Gesamtfluss durch die gesamte Oberfläche der Kugel lauten?

Beispiel 4.8.4:

Wie groß ist der Fluss des homogenen Feldes $\vec{E}$ durch den Grafen der Funktion $f(x,y) = x\,y + y^2$ über der Kreisscheibe K: $x^2 + y^2 \le 9$?

$$\vec{E} = \begin{pmatrix} 0 \\ 0 \\ E_3 \end{pmatrix}$$ gegebenes homogenes Vektorfeld

$$\mathbf{r}(u,v) := \begin{pmatrix} u \\ v \\ u \cdot v + v^2 \end{pmatrix}$$ die gegebene Funktion durch einen Ortsvektor beschrieben (Parametrisierung der Funktion)

$$\mathbf{t_u}(u,v) = \frac{\partial}{\partial u}\mathbf{r}(u,v) = \begin{pmatrix} 1 \\ 0 \\ v \end{pmatrix} \qquad \mathbf{t_v}(u,v) = \frac{\partial}{\partial v}\mathbf{r}(u,v) = \begin{pmatrix} 0 \\ 1 \\ u + 2 \cdot v \end{pmatrix}$$ Tangentenvektoren

$$\mathbf{t_u}(u,v) := \begin{pmatrix} 1 \\ 0 \\ v \end{pmatrix} \qquad \mathbf{t_v}(u,v) := \begin{pmatrix} 0 \\ 1 \\ u + 2 \cdot v \end{pmatrix}$$

$$\mathbf{t_u}(u,v) \times \mathbf{t_v}(u,v) \rightarrow \begin{pmatrix} -v \\ -u - 2 \cdot v \\ 1 \end{pmatrix}$$ Vektorprodukt der Tangentenvektoren

$$\begin{pmatrix} 0 \\ 0 \\ E_3 \end{pmatrix} \cdot \left(\mathbf{t_u}(u,v) \times \mathbf{t_v}(u,v)\right) \rightarrow E_3$$ oder $$\left|\begin{pmatrix} 0 & 1 & 0 \\ 0 & 0 & 1 \\ E_3 & v & u + 2 \cdot v \end{pmatrix}\right| \rightarrow E_3$$ Ergebnis des Spatproduktes

$$\int_{(A)} \vec{F}\, d\vec{A} = \int_{(K)} \vec{F} \cdot \vec{n_0}\, dA = \int_{(K)}\int \vec{F} \cdot \left(\vec{t_u} \times \vec{t_v}\right) du\, dv = \int_{(K)}\int E_3\, du\, dv = 9 \cdot \pi \cdot E_3$$

Die Kreisfläche hat den Flächeninhalt von $9\ \pi$.

Der Fluss hängt gar nicht von der Funktion f ab, er ist für alle Grafen über der Kreisscheibe **(K)** gleich.

Beispiel 4.8.5:

Durch die Gleichung $z^2 = x^2 + y^2$ und $0 \le z \le 5$ wird ein Kegelmantel (Abb. 4.8.5) beschrieben. Wie groß ist die Mantelfläche M dieses Kegels?

$i := 0..30 \quad j := 0..30$ Bereichsvariablen

$\varphi_i := i \cdot \frac{2 \cdot \pi}{30} \quad \mathbf{r1}_j := j \cdot \frac{5}{30} \quad \mathbf{r2}_j := j \cdot \frac{5}{30}$ Vektoren der Winkelwerte und Radien

$\mathbf{X1}_{i,j} := \mathbf{r1}_j \cos(\varphi_i) \quad \mathbf{Y1}_{i,j} := \mathbf{r1}_j \sin(\varphi_i) \quad \mathbf{Z1}_{i,j} := \mathbf{r1}_j$ Matrizen der x-, y- und z-Werte des Kegels (Parameterdarstellung)

$\mathbf{X2}_{i,j} := \mathbf{r2}_j \cos(\varphi_i) \quad \mathbf{Y2}_{i,j} := \mathbf{r2}_j \sin(\varphi_i) \quad \mathbf{Z2}_{i,j} := 0$ Matrizen der x-, y- und z-Werte für konzentrische Kreise in der x-y-Ebene (Parameterdarstellung)

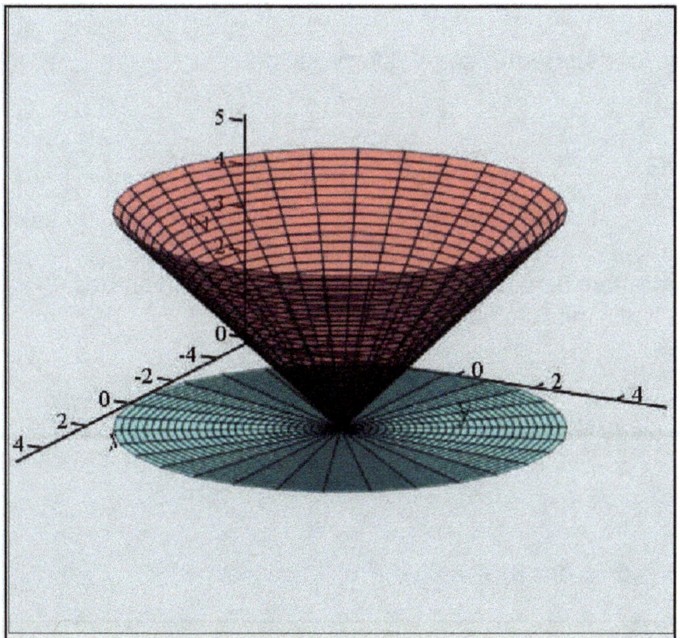

(X1, Y1, Z1), (X2, Y2, Z2)

Diagrammformat:
Diagramm 1:
Allgemein: Flächendiagramm
Ecke, Rahmen anzeigen
Darstellung: Fläche füllen, Drahtmodell
Diagramm 2:
Allgemein: Flächendiagramm
Ecke, Rahmen anzeigen
Darstellung: Fläche füllen, Drahtmodell

Abb. 4.8.5

$$\mathbf{r}(x, y) := \begin{pmatrix} x \\ y \\ \sqrt{x^2 + y^2} \end{pmatrix}$$

Kegelmantel durch einen Ortsvektor dargestellt (Parametrisierung der Funktion)

$$\mathbf{t_x}(x,y) = \frac{\partial}{\partial x}\mathbf{r}(x,y) = \begin{pmatrix} 1 \\ 0 \\ \dfrac{x}{\sqrt{x^2+y^2}} \end{pmatrix} \qquad \mathbf{t_y}(x,y) = \frac{\partial}{\partial y}\mathbf{r}(x,y) = \begin{pmatrix} 0 \\ 1 \\ \dfrac{y}{\sqrt{x^2+y^2}} \end{pmatrix}$$ Tangentenvektoren

$$\mathbf{t_x}(x,y) := \begin{pmatrix} 1 \\ 0 \\ \dfrac{x}{\sqrt{x^2+y^2}} \end{pmatrix} \qquad \mathbf{t_y}(x,y) := \begin{pmatrix} 0 \\ 1 \\ \dfrac{y}{\sqrt{x^2+y^2}} \end{pmatrix}$$

$$\mathbf{t_x}(x,y) \times \mathbf{t_y}(x,y) \rightarrow \begin{pmatrix} -\dfrac{x}{\sqrt{x^2+y^2}} \\ -\dfrac{y}{\sqrt{x^2+y^2}} \\ 1 \end{pmatrix}$$ Vektorprodukt der Tangentenvektoren

Setzen wir als Abkürzung $\sqrt{x^2+y^2} = \rho$, so erhalten wir für den Betrag des Vektorproduktes:

$$\left|\mathbf{t_x}(x,y) \times \mathbf{t_y}(x,y)\right| = \sqrt{\frac{x^2}{\rho^2} + \frac{y^2}{\rho^2} + 1} = \sqrt{\frac{\rho^2+\rho^2}{\rho^2}} = \sqrt{2}$$

Die Mantelfläche berechnet sich nach (4-215). Der Integrationsbereich entspricht dabei der Projektion des Kegelmantels in die x-y-Ebene (Abb. 4.8.5), also einem Kreis mit Radius r = 5.

$$M = \int_{(A)} 1\, dA = \int_{(A)}\int \left|\vec{t_x} \times \vec{t_y}\right| dx\, dy = \sqrt{2}\cdot \int_{(A)}\int 1\, dx\, dy = \sqrt{2}\cdot 25\cdot \pi$$

Das Doppelintegral bedeutet den Flächeninhalt $A = r^2\,\pi = 5^2\,\pi$ des Kreises der Projektionsfläche.

Im Folgenden seien noch einige Spezialfälle aufgelistet:

1. Der Fluss eines homogenen Vektorfeldes $\vec{F} = \overrightarrow{const}$ durch eine beliebige geschlossene Fläche A im Raum (Oberfläche) verschwindet:

$$\int_{(A)} \vec{F}\, d\vec{A} = 0 \qquad \textbf{(4-216)}$$

2. Der Fluss eines zylindrischen Vektorfeldes durch die Oberfläche eines Zylinders:

Der Fluss eines zylindrischen Vektorfeldes

$$\vec{F} = f(\rho) \cdot \vec{e}_\rho \tag{4-217}$$

durch die geschlossene Oberfläche A eines (koaxialen) Zylinders mit Radius ρ = r und Höhe h um die z-Achse beträgt

$$\int_{(A)} \vec{F}\, d\vec{A} = \int_{(A)} \left(\vec{F} \cdot \vec{n}_0\right) dA = \int_{(A)} \left(\vec{F} \cdot \vec{e}_\rho\right) dA = f(r) \cdot \int_{(M)} 1\, dA = f(r) \cdot 2 \cdot \pi \cdot r \cdot h \tag{4-218}$$

Das letzte Doppelintegral repräsentiert die Mantelfläche $M = 2\,\pi\,r\,h$ des Zylinders.

3. Der Fluss eines kugelsymmetrischen Vektorfeldes durch die Oberfläche einer Kugel:

Der Fluss eines kugelsymmetrischen Vektorfeldes

$$\vec{F} = f(r) \cdot \vec{e}_r \tag{4-219}$$

durch die geschlossene Oberfläche A einer Kugel mit Radius r beträgt

$$\int_{(A)} \vec{F}\, d\vec{A} = \int_{(A)} \left(\vec{F} \cdot \vec{n}_0\right) dA = \int_{(A)} \left(\vec{F} \cdot \vec{e}_r\right) dA = f(r) \cdot \int_{(A)} 1\, dA = f(r) \cdot 4 \cdot \pi \cdot r^2 \tag{4-220}$$

Das letzte Doppelintegral repräsentiert die Kugeloberfläche $A = 4\,\pi\,r^2$.

Bemerkung:

Für Zentralfelder, vom Typ $f(r) = \frac{c}{r^2}$, gilt unabhängig vom Kugelradius

$$\int_{(A)} \vec{F}\, d\vec{A} = f(r) \cdot 4 \cdot \pi \cdot r^2 = \frac{c}{r^2} \cdot 4 \cdot \pi \cdot r^2 = 4 \cdot \pi \cdot c = \text{const} \tag{4-221}$$

Der Vektorfluss durch konzentrische Kugelschalen bleibt also konstant.

Beispiel 4.8.6:

Ein positiv geladener linearer Leiter mit der Ladungsdichte λ (Ladung pro Längeneinheit) und der elektrischen Feldkonstante ε_0 besitzt in der Umgebung ein zylindrisches oder axialsymmetrisches elektrisches Feld $\vec{E}(\rho)$.

Wie groß ist der Fluss des Feldstärkevektors durch die geschlossenen Oberfläche (A) eines koaxialen Zylinders mit dem Radius r und der Höhe h?

$$\vec{E}(\rho) = \frac{\lambda}{2 \cdot \pi \cdot \varepsilon_0 \cdot \rho} \cdot \vec{e_\rho} = f(\rho) \cdot \vec{e_\rho}$$ gegebener Feldstärkevektor ($\rho > 0$)

Für $\rho = r$ und (4-216) gilt:

$$\int_{(A)} \left(\vec{E} \cdot \vec{n_0}\right) dA = \int_{(A)} \left(\vec{E} \cdot \vec{e_\rho}\right) dA = f(r) \cdot \int_{(A)} 1\, dA = f(r) \cdot 2 \cdot \pi \cdot r \cdot h = \frac{\lambda}{2 \cdot \pi \cdot \varepsilon_0 \cdot r} \cdot 2 \cdot \pi \cdot r \cdot h = \frac{\lambda \cdot h}{\varepsilon_0}$$

Der Fluss durch die Zylinderoberfläche ist unabhängig vom Radius r des Zylinders und proportional zu h.

Beispiel 4.8.7:

Eine positiv geladene Punktladung Q (Beispiel 4.4.19) besitzt ein kugel- oder radialsymmetrisches elektrisches Feld $\vec{E}(r)$. Wie groß ist der Fluss dieses Vektorfeldes durch die Oberfläche (A) einer konzentrischen Kugel mit dem Radius r?

$$\vec{E}(r) = \frac{Q}{4 \cdot \pi \cdot \varepsilon_0 \cdot r^2} \cdot \vec{e_r} = f(r) \cdot \vec{e_r}$$ gegebener Feldstärkevektor ($r > 0$)

Mit (4-218) gilt:

$$\int_{(A)} \left(\vec{E} \cdot \vec{n_0}\right) dA = \int_{(A)} \left(\vec{E} \cdot \vec{e_r}\right) dA = f(r) \cdot \int_{(A)} 1\, dA = f(r) \cdot 4 \cdot \pi \cdot r^2 = \frac{Q}{4 \cdot \pi \cdot \varepsilon_0 \cdot r^2} \cdot 4 \cdot \pi \cdot r^2 = \frac{Q}{\varepsilon_0}$$

Der Fluss durch die Kugeloberfläche ist unabhängig vom Radius r.

Beispiel 4.8.8:

Wie groß ist der Fluss der stationären Strömung $\vec{v}$ durch eine Kugeloberfläche (KO) vom Radius r um den Ursprung?

$$\vec{v} = \frac{\vec{x}}{\left(\left|\vec{x}\right|\right)^3}$$ gegebenes Geschwindigkeitsfeld der stationären Strömung

Zur Berechnung des Flusses verwenden wir natürlich Kugelkoordinaten. Die Integration verläuft dann von $\vartheta = 0$ bis $\vartheta = \pi$ und von $\varphi = 0$ bis $\varphi = 2\,\pi$.

Der Fluss durch die Kugeloberfläche lässt sich dann durch folgendes Doppelintegral in Kugelkoordinaten berechnen:

$$\vec{dA} = r \cdot \vec{x} \cdot \sin(\vartheta) \cdot d\vartheta \cdot d\varphi$$ das vektorielle Flächenelement in Kugelkoordinaten

$$\int_{(KO)} \vec{v}\, d\vec{A} = \int_{(KO)} \frac{\vec{x}}{r^3}\, d\vec{A} = \iint_{(KO)} \frac{\vec{x}}{r^3} \cdot r \cdot \vec{x} \cdot \sin(\vartheta)\, d\vartheta\, d\varphi = \frac{r^3}{r^3} \cdot \int_0^{2\cdot\pi} \int_0^{\pi} \sin(\vartheta)\, d\vartheta\, d\varphi$$

$$\frac{r^3}{r^3} \cdot \int_0^{2\cdot\pi} \int_0^{\pi} \sin(\vartheta)\, d\vartheta\, d\varphi \rightarrow 4 \cdot \pi$$

Der Fluss ist insbesondere unabhängig vom Radius r der Kugel (4-221). Das kann auch erwartet werden, weil die Stärke der Strömung quadratisch mit dem Radius abnimmt, während die Fläche der Sphäre quadratisch mit dem Radius wächst.

4.9 Integralsätze von Gauß und Stokes

Mit diesen Integralsätzen wird die Beziehung zwischen Kurvenintegralen, Oberflächenintegralen und mehrdimensionalen Integralen hergestellt. Sie verknüpfen die lokalen Größen Divergenz und Rotation mit globalen Größen.

Der Integralsatz von Gauß:

Wir haben bereits früher die Divergenz eines Vektorfeldes als seine Quelldichte eingeführt. Betrachten wir die Fluss-Bilanz über die Oberfläche eines dreidimensionalen Bereichs V, so ist aus physikalischen Gründen einleuchtend, dass der Überschuss des austretenden Flusses über den eintretenden gerade die gesamte Quelle im Inneren des Bereichs wiedergibt. Das heißt, dass der Fluss durch die Oberfläche eines Volumens gleich der Summe seiner Quellen ist oder was im Volumen an Feld entsteht (beschrieben durch die Divergenz oder Quellstärke), strömt durch die Oberfläche hinaus. Sei V ein kompakter Bereich (Volumen), dessen Rand A (Hüllfläche, die das Volumen umschließt) eine Fläche im Sinne des letzten Abschnittes. Die Parametrisierung dieser Fläche sei wieder so gewählt, dass die Normale überall aus dem Bereich V heraus weist.

Sei $\vec{F}(x, y, z)$ ein Vektorfeld auf einer offenen Umgebung von V mit stetigen partiellen Ableitungen. Dann gilt:

$$\int_{(A)} \vec{F}\, d\vec{A} = \int_{(A)} \left(\vec{F} \cdot \vec{n_0}\right) dA = \int_{(V)} \operatorname{div}\left(\vec{F}\right) dV \qquad (4\text{-}222)$$

Im Stömungsmodell hat das Vektorfeld die Bedeutung des Geschwindigkeitsfeldes einer strömenden Flüssigkeit. Der Integralsatz von Gauß besagt dann (von links nach rechts gelesen), dass die Flüssigkeitsmenge, die in der Zeiteinheit durch die geschlossene Hülle A fließt, gleich ist, der im Gesamtvolumen V in der Zeiteinheit "erzeugte" bzw. "vernichtete" Flüssigkeitsmenge. Mathematisch heißt dies, dass ein Oberflächenintegral eines Vektorfeldes über eine geschlossene Oberfläche eines Volumens in ein Volumenintegral über die Divergenz des Vektorfeldes umgewandelt werden kann und umgekehrt.

Bei einem quellenfreien Vektorfeld ($\operatorname{div}\left(\vec{F}\right) = 0$) ist der Gesamtfluss durch die geschlossene Oberfläche A gleich null!

Eine Anwendung des Integralsatzes von Gauß findet sich z. B. in der Darstellung der 1. Maxwell-Gleichung:

Die Quellstärke des elektrischen Feldes $\vec{E}$ ist durch die Ladungsdichte $\rho(\vec{r}) = \rho(x,y,z)$ bestimmt:

$$\mathrm{div}(\vec{E}) = \nabla \cdot \vec{E} = \frac{\rho(\vec{r})}{\varepsilon_0}$$ **differentielle Form der 1. Maxwell-Gleichung** **(4-223)**

Die Integration der differentiellen Form über ein Volumen V liefert:

$$\int_{(V)} \mathrm{div}(\vec{E})\, dV = \int_{(V)} \frac{\rho(\vec{r})}{\varepsilon_0}\, dV$$ **(4-224)**

Die Anwendung des Integralsatzes von Gauß auf die linke Seite liefert schließlich:

$$\int_{(A)} \vec{E}\, d\vec{A} = \int_{(V)} \frac{\rho(\vec{r})}{\varepsilon_0}\, dV$$ **Integraldarstellung der 1. Maxwell-Gleichung** **(4-225)**

Der Fluss des elektrischen Feldes durch eine geschlossene Fläche A (Oberfläche) im dreidimensionalen Raum ist gleich der von dieser Fläche eingeschlossenen Ladung.

Beispiel 4.9.1:

Wie lautet der Fluss des Vektorfeldes $\vec{F}$ durch die Oberfläche eines Zylinders, wie in Abb. 4.8.3 dargestellt, mit dem Radius r = 3 und h = 10?

$$\vec{F} = \begin{pmatrix} x^3 \\ y \\ -z \end{pmatrix}$$ gegebenes Vektorfeld

Es gilt nach (4-222):

$$\int_{(A)} \vec{F} \cdot \vec{n_0}\, dA = \int_{(V)} \mathrm{div}(\vec{F})\, dV$$

Wir versuchen das Volumenintegral zu berechnen:

$$\mathrm{div}(\vec{F}) = \frac{\partial}{\partial x}x^3 + \frac{\partial}{\partial y}y + \frac{\partial}{\partial z}-z = 3 \cdot x^2 + 1 - 1 = 3 \cdot x^2$$ Divergenz des Vektorfeldes

$$\int_{(V)} \mathrm{div}(\vec{F})\, dV = 3 \cdot \int_{(V)} x^2\, dV$$ zu berechnendes Volumenintegral

Mithilfe der Zylinderkoordinaten erhalten wir:

$$3 \cdot \int_{(V)} x^2\, dV = 3 \cdot \int_{(V)} (\rho \cdot \cos(\varphi))^2 \cdot \rho \cdot dz \cdot d\rho\, d\varphi$$

Die Integrationsgrenzen dieses Dreifachintegrals lauten: $z = 0$ bis $z = 10$, $\rho = 0$ bis $\rho = 3$, $\varphi = 0$ bis $\varphi = 2\,\pi$:

$$3 \cdot \int x^2\, dV = \int_0^{2\cdot\pi} \int_0^3 \int_0^{10} \rho^3 \cdot \cos(\varphi)^2\, dz\, d\rho\, d\varphi$$ vereinfacht auf $$3 \cdot \int x^2\, dV = \frac{405 \cdot \pi}{2}$$

Der Fluss des Vektorfeldes durch die geschlossenen Zylinderfläche A beträgt demnach:

$$\int_{(A)} \vec{F} \cdot \vec{n_0}\, dA = \int_{(V)} \mathrm{div}(\vec{F})\, dV = \frac{405}{2} \cdot \pi$$

Beispiel 4.9.2:

Wie lautet der Fluss des Vektorfeldes $\vec{v}$ durch die Oberfläche einer Vollkugel V um den Ursprung O(0|0|0) mit dem Radius r?

$$\vec{v} = \frac{\vec{r}}{\left(|\vec{r}|\right)^3} = \frac{\vec{r}}{\left(\sqrt{x^2 + y^2 + z^2}\right)^3}$$ gegebenes Vektorfeld

Auf dieses Vektorfeld kann der Integralsatz von Gauß **nicht** angewendet werden, denn $\vec{v}$ ist auf V nicht differenzierbar. Im Ursprung O(0|0|0) ist es nicht einmal stetig! Überall sonst in $\mathbb{R}^3$ ist allerdings $\mathrm{div}(\vec{v}) = 0$..
Wir betrachten nun als Bereich V eine Hohlkugel um den Ursprung mit dem inneren Radius r_1 und äußeren Radius r_2. Wir bezeichnen mit A_1 die innere Kugelfläche und mit A_2 die äußere Kugelfläche (Abb. 4.9.1).

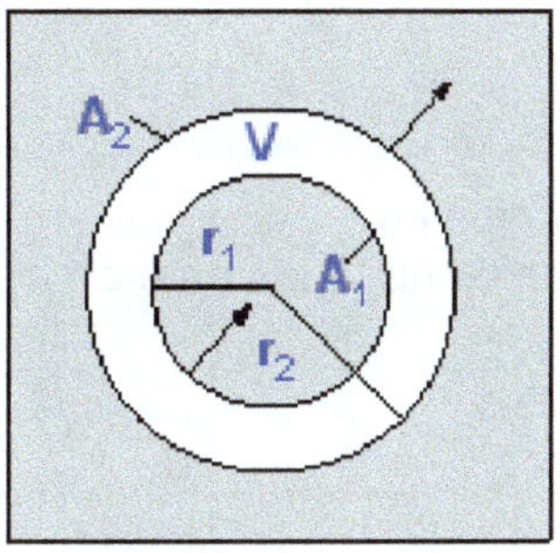

Abb. 4.9.1

Auf A_2 zählt der Fluss weg vom Nullpunkt positiv, auf A_1 aber negativ, weil das aus V herausragende vektorielle Oberflächenelement in die kleine Kugel hineinzeigt!

Nach dem Integralsatz von Gauß ist wegen des Verschwindens der Divergenz und wegen der Orientierung der beiden Randkomponenten A1 und A2 der Fluss gleich null:

$$\int_V \mathrm{div}(\vec{v})\, dV = \int_{A_1} \vec{v}\, dA_1 + \int_{A_2} \vec{v}\, dA_2 = 0$$

Beispiel 4.9.3:

Wir betrachten einen positiv geladenen, sehr langen Zylinder mit Radius R und Länge L mit der konstanten Ladungsdichte ρ_{el} mit der z-Achse als Zylinderachse wie in Abb 4.8.3. Wie groß ist die Feldstärke $\vec{E}$ des elektrischen Feldes im Innen- und Außenraum des Zylinders (Abb. 4.9.2)?

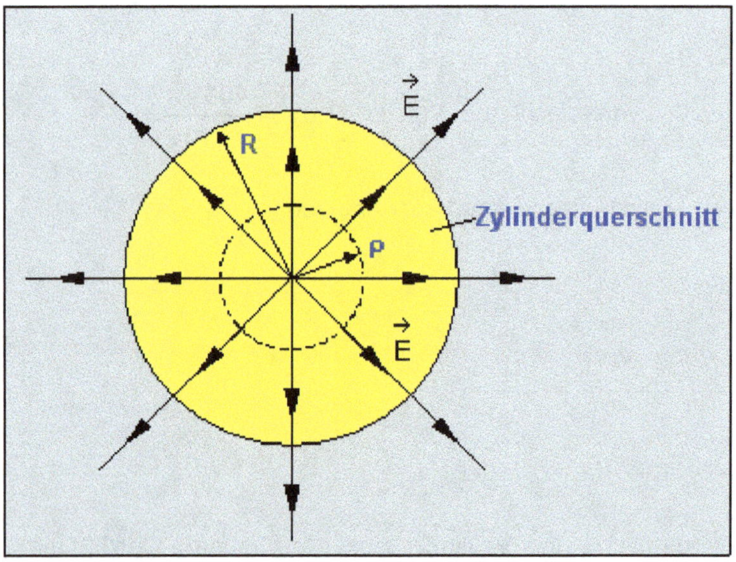

Abb. 4.9.2

Für den Fluss des Feldstärkevektors $\vec{E}$ durch die Zylinderoberfläche A gilt nach dem Integralsatz von Gauß (4-222):

$$\int_{(A)} \vec{E}\, d\vec{A} = \int_{(A)} \left(\vec{E} \cdot \vec{n_0}\right) dA = \int_{(V)} \mathrm{div}(\vec{E})\, dV$$

Wegen der Zylindersymmetrie gilt für das elektrische Feld und für den Normaleneinheitsvektor:

$$\vec{E} = E(\rho) \cdot \vec{e_\rho} \qquad \text{und} \qquad \vec{n_0} = \vec{e_\rho}$$

$$\vec{E} \cdot \vec{n_0} = E(\rho) \cdot \vec{e_\rho} \cdot \vec{e_\rho} = E(\rho)$$

Wegen der fehlenden Feldstärkekomponenten in Richtung der z-Achse kann die Integration im Oberflächenintegral auf den Zylindermantel A_M beschränkt werden. Der Integralsatz von Gauß lautet damit:

$$\int_{(A)} E(\rho)\, dA = \int_{(A_M)} E(\rho)\, dA = \int_{(V)} \mathrm{div}(\vec{E})\, dV$$

E(ρ) ist auf dem Mantel des Zylinders mit Radius ρ konstant und das Doppelintegral bedeutet dann die Mantelfläche des Zylinders:

$$\int_{(A_M)} E(\rho)\, dA = E(\rho) \cdot \int_{(A_M)} 1\, dA = E(\rho) \cdot 2 \cdot \pi \cdot \rho \cdot L$$

Der Integralsatz von Gauß reduziert sich dann auf:

$$E(\rho) \cdot 2 \cdot \pi \cdot \rho \cdot L = \int_{(V)} \operatorname{div}(\vec{E})\, dV$$

Das Volumenintegral (Dreifachintegral) muss für zwei verschiedene Fälle berechnet werden. Zuerst betrachten wir den **Innenraum (ρ ≤ R)** des geladenen Zylinders mit der konstanten Ladungsdichte ρ_{el}. Hier gilt nach der

1. Maxwell-Gleichung (4-221): $\operatorname{div}(\vec{E}) = \nabla \cdot \vec{E} = \frac{\rho_{el}}{\varepsilon_0}$.

Demnach ergibt sich mithilfe des Integralsatzes von Gauß die elektrische Feldstärke im inneren des Zylinders:

$$E(\rho) \cdot 2 \cdot \pi \cdot \rho \cdot L = \int_{(V)} \operatorname{div}(\vec{E})\, dV = \int_{(V)} \frac{\rho_{el}}{\varepsilon_0}\, dV = \frac{\rho_{el}}{\varepsilon_0} \cdot \int_{(V)} 1\, dV = \frac{\rho_{el}}{\varepsilon_0} \cdot \rho^2 \cdot \pi \cdot L$$

Das letzte Dreifachintegral repräsentiert das Volumen des koaxialen Zylinders mit dem Radius ρ und der Länge L.

$$E(\rho) = \frac{\rho_{el}}{2 \cdot \varepsilon_0} \cdot \rho$$

elektrische Feldstärke im Inneren des geladenen Zylinders (**ρ ≤ R**)

Im Außenraum (**ρ > R**) des geladenen Zylinders ist das elektrische Feld quellenfrei, denn es gilt: $\operatorname{div}(\vec{E}) = 0$. Demnach liefert für ρ > R das Volumenintergal keinen Beitrag. Damit kann die Integration auf das Volumen V_R des Zylinders beschränkt werden:

$$E(\rho) \cdot 2 \cdot \pi \cdot \rho \cdot L = \int_{(V_R)} \operatorname{div}(\vec{E})\, dV = \int_{(V_R)} \frac{\rho_{el}}{\varepsilon_0}\, dV = \frac{\rho_{el}}{\varepsilon_0} \cdot \int_{(V_R)} 1\, dV = \frac{\rho_{el}}{\varepsilon_0} \cdot R^2 \cdot \pi \cdot L$$

Das letzte Dreifachintegral repräsentiert das Volumen des Zylinders mit dem Radius R und der Länge L.

$$E(\rho) = \frac{\rho_{el} \cdot R^2}{2 \cdot \varepsilon_0} \cdot \frac{1}{\rho}$$

elektrische Feldstärke im Außenraum des geladenen Zylinders (**ρ ≥ R**)

$\varepsilon_0 := 8.854 \cdot 10^{-12} \cdot \frac{F}{m}$ elektrische Feldkonstante

$R := 5 \cdot cm$ gewählter Zylinderradius

$\rho_{el} := 10^5 \cdot \frac{C}{m^2}$ gewählte Ladungsdichte

$\rho := 0 \cdot cm, 0.01 \cdot cm .. 30 \cdot cm$ Bereichsvariable

$$E(\rho) := \begin{cases} \frac{\rho_{el}}{2 \cdot \varepsilon_0} \cdot \rho & \text{if } \rho \le R \\ \frac{\rho_{el} \cdot R^2}{2 \cdot \varepsilon_0} \cdot \frac{1}{\rho} & \text{if } \rho > R \end{cases}$$

elektrische Feldstärke des homogenen und positiv geladenen Zylinders

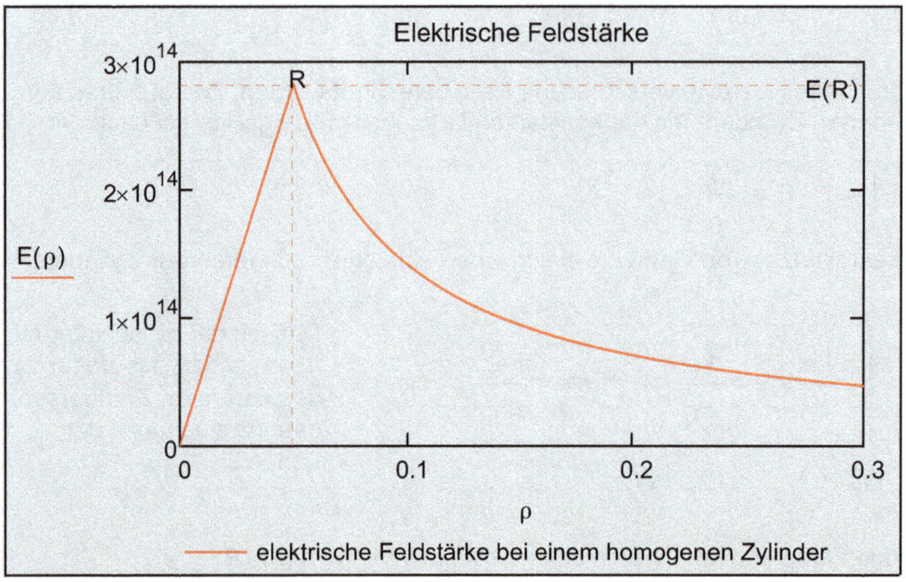

Abb. 4.9.3

Der Integralsatz von Stokes:

Sei A eine (parametrisierte) Fläche im Raum $\mathbb{R}^3$ mit stückweiser glatter, orientierter und geschlossener Randkurve C. Die Orientierung der Randkurve wird wie folgt festgelegt: Ein Beobachter, der in die Richtung $\vec{dA} = \vec{n_0} \cdot dA$ blickt, durchläuft die Randkurve C dabei so, dass die Fläche links liegen bleibt.

Dies gilt auch für Flächen, die von mehreren (einfach) geschlossenen Kurven begrenzt werden (Abb. 4.9.4).

Sei $\vec{F}(x, y, z)$ ein Vektorfeld auf einer offenen Umgebung von A mit stetigen partiellen Ableitungen. Dann gilt:

$$\int_C \vec{F}\, d\vec{r} = \int_{(A)} \mathbf{rot}(\vec{F})\, d\vec{A} = \int_{(A)} \mathbf{rot}(\vec{F}) \cdot \vec{n_0}\, dA \qquad (4.226)$$

Das rechts stehende Flächenintergral beschreibt den Fluss des Vektors $\mathbf{rot}(\vec{F})$ durch die Fläche A und wird auch als Wirbelfluss bezeichnet.

Der Integralsatz von Stokes bedeutet dann (von rechts nach links gelesen), dass der Wirbelfluss eines Vektors $\vec{F}$ durch eine Fläche A gleich der Zirkulation von $\vec{F}$ längs der Randkurve C dieser Fläche ist. Oder anders ausgedrückt: Alles, was an Wirbeln innerhalb der Fläche A entsteht (beschrieben durch die Rotation oder Wirbelstärke), addiert sich zu einer Gesamtzirkulation entlang der Umrandung C. Mathematisch heißt dies, dass ein Kurven- oder Linienintegral eines Vektorfeldes über eine geschlossene Kurve C in ein Flächenintegral über die Rotation des Vektorfeldes umgewandelt werden kann und umgekehrt.

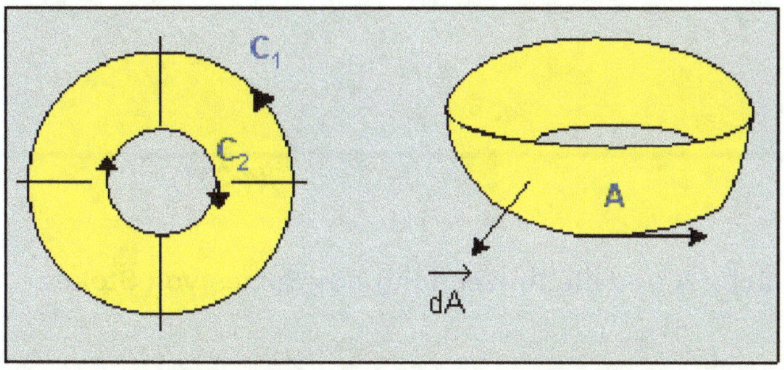

Abb. 4.9.4

Der Wirbelfluss durch eine geschlossene Fläche A (Oberfläche eines räumlichen Bereichs wie z.B. die Kugel- oder Würfeloberfläche) ist gleich null:

$$\int_C \vec{F}\,d\vec{r} = \int_{(A)} \mathbf{rot}\left(\vec{F}\right) d\vec{A} = \int_{(A)} \mathbf{rot}\left(\vec{F}\right) \cdot \vec{n_0}\, dA = 0 \qquad \text{(4-227)}$$

Ist $\vec{F} = -\mathbf{grad}(f)$ ein Vektorfeld, welches ein Potential f besitzt und A eine geschlossene Fläche (Oberfläche eines räumlichen Bereichs), dann gilt nach (4-227):

$$\int_C \vec{F}\,d\vec{r} = -\int_{(A)} \mathrm{rot}(\mathbf{grad}(f))\, d\vec{A} \quad \text{und } \mathrm{rot}(\mathbf{grad}(f)) = 0 \qquad \text{(4-228)}$$

Sei $\vec{F} = \mathrm{rot}\left(\vec{w}\right)$ ein Vektorfeld, welches ein Vektorpotential $\vec{w}$ besitzt. Dann gilt für jede geschlossene Fläche A (Oberfläche eines räumlichen Bereichs) nach dem Satz von Stokes

$$\int_{(A)} \vec{F}\,d\vec{A} = \int_{(A)} \mathrm{rot}\left(\vec{w}\right) d\vec{A} = 0 \qquad \text{(4-229)}$$

Das ist eine notwendige Bedingung für die Existenz eines Vektorpotentials, so wie (4-226) eine notwendige und hinreichende Bedingung für die Existenz eines gewöhnlichen Potentials ist.

Für den Fall eines ebenen Vektrofeldes $\vec{F}$ vereinfacht sich der Satz von Stokes zu:

$$\int_C \vec{F}\,d\vec{r} = \int\int_{(A)} \left(\frac{\partial}{\partial x}F_y - \frac{\partial}{\partial y}F_x\right) dx\,dy \quad \text{(Green'sche Formel)} \qquad \text{(4-230)}$$

Eine Anwendung des Integralsatzes von Gauß findet sich z. B. in der Darstellung der 3. und 4. Maxwell-Gleichung, die das magnetische und das elektrische Feld miteinander verbinden. Dieses Gesetz wird Ampere'sches Gesetz genannt.

Das Ampere'sche Gesetz besagt, dass wir durch einen Strom $\vec{i}$ oder die Änderung eines elektrischen Flusses Φ ein Magnetfeld $\vec{B}$ erhalten. Dieses Feld umschließt den Strom bzw. den sich ändernden elektrischen Fluss. Im einfachsten Fall eines stromdurchflossenen Drahtes erhalten wir ein kreisförmiges Magnetfeld um den Draht, bei mehreren stromdurchflossenen Drähten ergibt sich ein aus geschlossenen Magnetfeldlinien bestehendes Feld um diese Drähte. Diese geschlossenen Feldlinien sind typisch für ein Wirbelfeld.

Differentielle Form des Ampere'schen Gesetzes:

$$\operatorname{rot}\left(\vec{B}\right) = \nabla \times \vec{B} = \mu_0 \cdot \varepsilon_0 \cdot \frac{\partial}{\partial t}\vec{E} + \mu_0 \cdot \vec{i} \qquad \textbf{(4-231)}$$

Die Integration der differentiellen Form über die Fläche A und die Anwendung des Satzes von Stokes liefert die Integralform:

$$\int_C \vec{B}\, d\vec{r} = \mu_0 \cdot \int_{(A)} \vec{i}\, d\vec{A} + \mu_0 \cdot \varepsilon_0 \cdot \int \frac{\partial}{\partial t}\vec{E}\, d\vec{A} \qquad \textbf{(4-232)}$$

Beispiel 4.9.4:

Mit einem gegebenen Vektorfeld $\vec{F}$ soll der Integralsatz von Stokes demonstriert werden. Die Fläche sei dabei die obere Halbsphäre (Mantelfläche der oberen Halbkugel $z \geq 0$) vom Radius R. Die Randkurve der oberen Halbsphäre ist der Kreis vom Radius R.

$$\mathbf{F1}(x,y,z) := \begin{pmatrix} y^3 \\ x^2 \\ z \end{pmatrix}$$ gegebenes Vektorfeld

Wir berechnen zuerst das Randintegral:

$$\overrightarrow{r(t)} = \begin{pmatrix} R\cdot\cos(t) \\ R\cdot\sin(t) \\ 0 \end{pmatrix}$$ Randkurve (Kreis) in der x-y-Ebene mit positiven Umlaufsinn ($0 \leq t \leq 2\,\pi$)

$$\int_C \vec{F}\, d\vec{r} = \int_0^{2\cdot\pi} \vec{F}\left(\overrightarrow{r(t)}\right)\cdot\left(\frac{d}{dt}\overrightarrow{r(t)}\right) dt = \int_0^{2\cdot\pi} \begin{pmatrix} R^3\cdot\sin(t)^3 \\ R^2\cdot\cos(t)^2 \\ 0 \end{pmatrix} \cdot \begin{pmatrix} -R\cdot\sin(t) \\ R\cdot\cos(t) \\ 0 \end{pmatrix} dt$$

$$\int_0^{2\cdot\pi} \left(-R^4\cdot\sin(t)^4 + R^3\cdot\cos(t)^3\right) dt$$ vereinfacht auf $$-\frac{3\cdot\pi\cdot R^4}{4}$$

Berechnung des Flächenintegrals (Wirbelfluss):

ORIGIN := 0 — ORIGIN festlegen

$$\mathbf{rot_3}(\mathbf{R},x,y,z) := \begin{pmatrix} \frac{\partial}{\partial y}\mathbf{R}(x,y,z)_2 - \frac{\partial}{\partial z}\mathbf{R}(x,y,z)_1 \\ \frac{\partial}{\partial z}\mathbf{R}(x,y,z)_0 - \frac{\partial}{\partial x}\mathbf{R}(x,y,z)_2 \\ \frac{\partial}{\partial x}\mathbf{R}(x,y,z)_1 - \frac{\partial}{\partial y}\mathbf{R}(x,y,z)_0 \end{pmatrix}$$

mögliche Definition der Rotation mit Mathcad

$$\mathbf{rot_3}(\mathbf{F1},x,y,z) \rightarrow \begin{pmatrix} 0 \\ 0 \\ 2\cdot x - 3\cdot y^2 \end{pmatrix}$$

Rotation des Vektorfeldes

Mithilfe von Kugelkoordinaten und dem vektoriellen Oberflächenelement $\overrightarrow{dA} = R\cdot\sin(\vartheta)\cdot\vec{r}$ erhalten wir:

$$\int_{(A)} \mathbf{rot}(\vec{F})\,\overrightarrow{dA} = \int_{(A)} \begin{pmatrix} 0 \\ 0 \\ 2\cdot x - 3\cdot y^2 \end{pmatrix} \overrightarrow{dA} = \int_0^{2\cdot\pi}\int_0^{\frac{\pi}{2}} \begin{pmatrix} 0 \\ 0 \\ 2\cdot R\cdot\sin(\vartheta)\cdot\cos(\varphi) - 3\cdot R^2\cdot\sin(\vartheta)^2\cdot\sin(\varphi)^2 \end{pmatrix} d\vartheta\, d\varphi$$

$$\int_0^{2\cdot\pi}\int_0^{\frac{\pi}{2}} \begin{pmatrix} 0 \\ 0 \\ 2\cdot R\cdot\sin(\vartheta)\cdot\cos(\varphi) - 3\cdot R^2\cdot\sin(\vartheta)^2\cdot\sin(\varphi)^2 \end{pmatrix} \cdot R\cdot\sin(\vartheta)\cdot \begin{pmatrix} R\cdot\sin(\vartheta)\cdot\cos(\varphi) \\ R\cdot\sin(\vartheta)\cdot\sin(\varphi) \\ R\cdot\cos(\vartheta) \end{pmatrix} d\vartheta\, d\varphi$$

vereinfacht auf $\frac{-3}{4}\cdot\pi\cdot R^4$

Der Satz von Stokes ist damit erfüllt.

Wir versuchen das Flächenintegral noch mithilfe des Flächennormaleneinheitsvektors zu berechnen. Die Oberfläche der Halbkugel kann als eine Niveaufläche der skalaren Funktion $f(x,y,z) = x^2 + y^2 + z^2$ aufgefasst werden. Der Gradient steht dann senkrecht auf dieser Fläche:

$f(x,y,z) := x^2 + y^2 + z^2$ — skalare Funktion

$$\nabla_3(f,x,y,z) := \begin{pmatrix} \frac{\partial}{\partial x} f(x,y,z) \\ \frac{\partial}{\partial y} f(x,y,z) \\ \frac{\partial}{\partial z} f(x,y,z) \end{pmatrix} \qquad \nabla_3(f,x,y,z) \to \begin{pmatrix} 2\cdot x \\ 2\cdot y \\ 2\cdot z \end{pmatrix}$$

Gradient von f

$$\mathbf{n_0}(x,y,z) := \frac{\nabla_3(f,x,y,z)}{\left|\nabla_3(f,x,y,z)\right|} \qquad \mathbf{n_0}(x,y,z) \to \begin{bmatrix} \dfrac{x}{\sqrt{(|x|)^2+(|y|)^2+(|z|)^2}} \\ \dfrac{y}{\sqrt{(|x|)^2+(|y|)^2+(|z|)^2}} \\ \dfrac{z}{\sqrt{(|x|)^2+(|y|)^2+(|z|)^2}} \end{bmatrix}$$

Normaleneinheitsvektor

Unter Berücksichtigung von $x^2 + y^2 + z^2 = R^2$ (Gleichung der Halbkugel) gilt:

$R := R$ Redefinition

$$\mathbf{n_0}(x,y,z,R) := \frac{1}{R}\cdot\begin{pmatrix} x \\ y \\ z \end{pmatrix}$$

Normaleneinheitsvektor

$$N_R(x,y,z) := \mathbf{rot_3}(\mathbf{F1},x,y,z)\cdot \mathbf{n_0}(x,y,z,R)$$

$$N_R(x,y,z) \text{ annehmen}, \text{ALLE}(S) > 0 \;\to\; \frac{z\cdot\left(2\cdot x - 3\cdot y^2\right)}{R}$$

Normalkomponente von $\text{rot}(\vec{F})$

Zur weiteren Berechnung wählen wir wegen der Kugeloberfläche natürlich Kugelkoordinaten:

$$N_R(x,y,z) \left| \begin{array}{l} \text{annehmen}, \text{ALLE}(S) > 0 \\ \text{ersetzen}, x = R\cdot\sin(\vartheta)\cdot\cos(\varphi) \\ \text{ersetzen}, y = R\cdot\sin(\vartheta)\cdot\sin(\varphi) \\ \text{ersetzen}, z = R\cdot\cos(\vartheta) \\ \text{vereinfachen} \end{array} \right. \to R\cdot\cos(\vartheta)\cdot\sin(\vartheta)\cdot\left[2\cdot\cos(\varphi) + 3\cdot R\cdot\sin(\vartheta)\cdot\left(\cos(\varphi)^2 - 1\right)\right]$$

Das Flächenelement dA auf der Kugeloberfläche lautet in Kugelkoordinaten:

$$dA = R\cdot\sin(\vartheta)\cdot d\vartheta\cdot d\varphi$$

Das Flächenintegral (Wirbelfluss) berechnet sich dann aus:

$$\int \mathbf{rot}(\vec{F})\,d\vec{A} = \int \mathbf{rot}(\vec{F})\cdot\vec{n_0}\,dA$$

$$\int_0^{2\cdot\pi}\int_0^{\frac{\pi}{2}} R\cdot\cos(\vartheta)\cdot\sin(\vartheta)\cdot\left[2\cdot\cos(\varphi)+3\cdot R\cdot\sin(\vartheta)\cdot\left(\cos(\varphi)^2-1\right)\right]\cdot R\cdot\sin(\vartheta)\,d\vartheta\,d\varphi \rightarrow -\frac{3\cdot\pi\cdot R^3}{4}$$

Wir erhalten, wie zu erwarten war, das gleiche Ergebnis wie oben.

Beispiel 4.9.5:

Ein sehr langer gerader Leiter mit der Querschnittsfläche A_L wird von einem konstanten Strom I in Richtung z-Achse mit der Stromdichte $\vec{i} = i_0 \cdot \vec{e_z}$ durchflossen (Abb. 4.9.5). Dieser Strom erzeugt in der Umgebung des Leiters ein ringförmiges Magnetfeld $\vec{B} = \mu_0 \cdot \vec{H}$. Wegen der Zylindersymmetrie kann der Betrag von $\vec{B}$ nur vom Abstand ρ abhängen. Bei Verwendung von Zylinderkoordinaten gilt daher: $\vec{B} = \mu_0 \cdot H(\rho) \cdot \vec{e_\varphi}$.

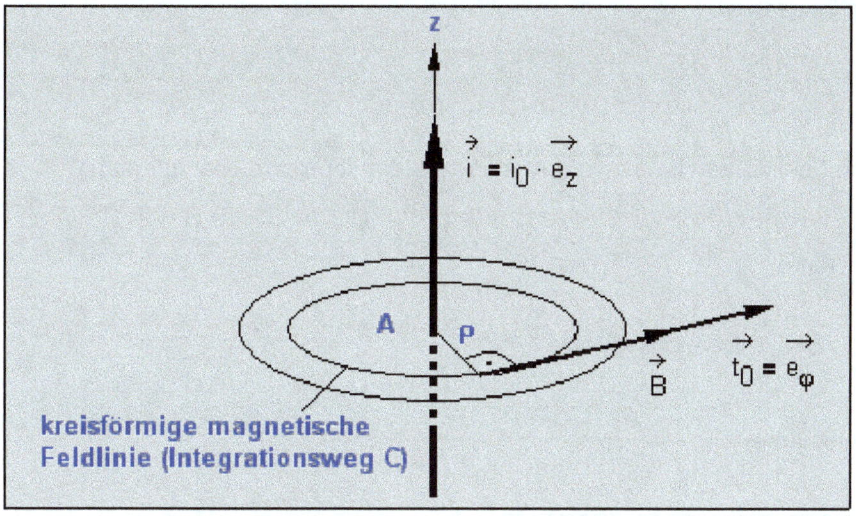

Abb. 4.9.5

Nach (4-231) und (4-232) gilt:

$$\int_C \vec{B}\,d\vec{r} = \int_{(A)} \mathbf{rot}\left(\vec{B}\right)\cdot\vec{n_0}\,dA = \mu_0\cdot\int_{(A_L)}\vec{i}\,dA$$

Wir berechnen zunächst das links stehende Kurvenintegral. Weil der Feldvektor $\vec{B}$ zum Tangenteneinheitsvektor $\vec{t_0}$ parallel ist, gilt:

$$\vec{B}\cdot d\vec{r} = \left(\vec{B}\cdot\vec{t_0}\right)\cdot ds = \left(\vec{B}\cdot\vec{e_\varphi}\right)\cdot ds = \mu_0\cdot H(\rho)\cdot\vec{e_\varphi}\cdot\vec{e_\varphi}\cdot ds = \mu_0\cdot H(\rho)\cdot ds \qquad \text{(wegen } \vec{e_\varphi}\cdot\vec{e_\varphi} = 1\text{)}$$

$$\int_C \vec{B}\,d\vec{r} = \int_C \mu_0\cdot H(\rho)\,ds = \mu_0\cdot H(\rho)\cdot\int_C 1\,ds = \mu_0\cdot H(\rho)\cdot 2\cdot\pi\cdot\rho$$

Das letzte Kurvenintegral beschreibt den Umfang der kreisförmigen Feldlinie in Abb. 4.9.5.

Beim Fluss des Vektors $\mathbf{rot}(\vec{B})$ durch die Kreisfläche A (Abb. 4.9.5) ist die Flächennormale $\vec{n_0}$,

die in z-Richtung zeigt, identisch mit dem Einheitsvektor $\vec{e_z}$.

Es gilt daher: $\mathbf{rot}(\vec{B}) \cdot \vec{n_0} = \mu_0 \cdot \vec{i} \cdot \vec{e_z} = \mu_0 \cdot i_0 \cdot \vec{e_z} \cdot \vec{e_z} = \mu_0 \cdot i_0$ (wegen $\vec{e_z} \cdot \vec{e_z} = 1$). Die Integration ist nur über den Leiterquerschnitt A_L zu erstrecken, weil außerhalb des Leiters die Stromdichte null ist.
Das rechts stehende Doppelintegral stellt den Wirbelfluss des Magnetfeldes dar und liefert die konstante Stromstäke $I = i_0\ A_L$:

$$\int_{(A)} \mathbf{rot}(\vec{B}) \cdot \vec{n_0}\, dA = \mu_0 \cdot \int_{(A_L)} i_0\, dA = \mu_0 \cdot i_0 \cdot \int_{(A_L)} 1\, dA = \mu_0 \cdot i_0 \cdot A_L = \mu_0 \cdot I$$

Der Integralsatz von Stokes liefert dann insgesamt:

$$\mu_0 \cdot H(\rho) \cdot 2 \cdot \pi \cdot \rho = \mu_0 \cdot I$$

$$H(\rho) = \frac{I}{2 \cdot \pi} \cdot \frac{1}{\rho}$$ Die magnetische Feldstärke $H(\rho)$ ist vom Abstand ρ indirekt proportional abhängig!

$I := 10 \cdot A$ gewählte Stromstärke

$\rho := 0.5 \cdot cm, 0.5 \cdot cm + 0.001 \cdot cm .. 10 \cdot cm$ Bereichsvariable

$$H(\rho) := \frac{I}{2 \cdot \pi} \cdot \frac{1}{\rho}$$ magnetische Feldstärke

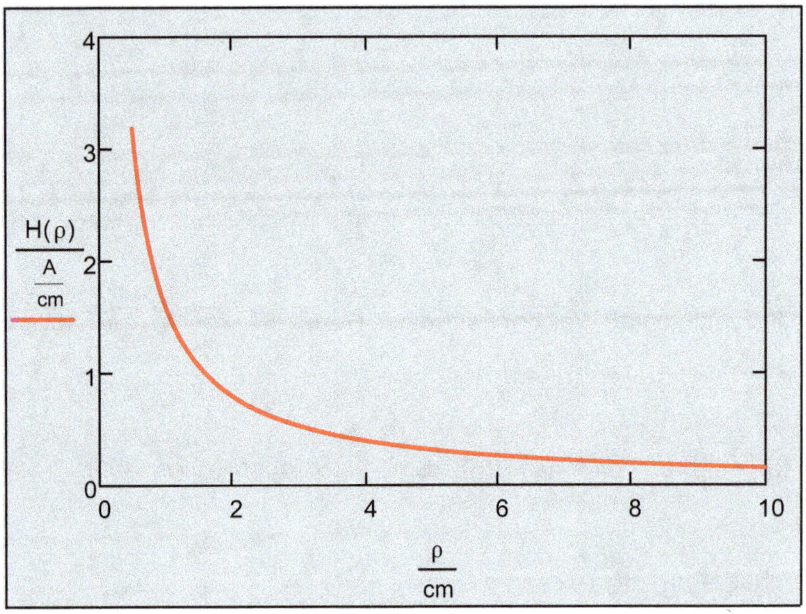

Abb. 4.9.6

1. Komplexe Zahlen

1.5.1 Addition und Subtraktion von komplexen Zahlen

Beispiel 1:

Gegeben sind folgende komplexe Zahlen:

$\underline{z_1} := 4 - j \cdot 4 \qquad \underline{z_2} := 5 + j$

Stellen Sie $\underline{z_1}$ und $\underline{z_2}$ in Polar- und Exponentialform dar. Führen Sie dann folgende Berechnungen durch:

$\underline{z} = \underline{z_1} + \underline{z_2} \qquad \underline{z} = \underline{z_1} - \underline{z_2} \qquad \underline{z} = \underline{z_1} + \overline{\underline{z_1}} \qquad \underline{z} = \underline{z_1} - \overline{\underline{z_1}}$

$\underline{z} = \frac{1}{2} \cdot \left(\underline{z_1} + \overline{\underline{z_1}}\right) \qquad \underline{z} = \frac{1}{2 \cdot j} \cdot \left(\underline{z_1} - \overline{\underline{z_1}}\right)$

Stellen Sie $\underline{z_1}$ und $\underline{z_2}$, sowie alle berechneten komplexen Zahlen, jeweils als Bildpunkt und als Zeiger in der Gauß'schen Zahlenebene dar.

Beispiel 2:

Die folgenden komplexen Zahlen sind in Polar- und Exponentialform anzugeben. Wie lauten dazu die konjugiert komplexen Zahlen?

$\underline{z_1} = 2 + j \cdot \pi \qquad \underline{z_2} = 4.5 - 2.4 \cdot j \qquad \underline{z_3} = -3 + j \cdot 5 \qquad \underline{z_4} = -6$

Beispiel 3:

Stellen Sie die in Polar- und Exponentialform gegebenen komplexen Zahlen in kartesischer Form dar.

$\underline{z_1} = 4 \cdot \left(\cos\left(\frac{3 \cdot \pi}{4}\right) + j \cdot \sin\left(\frac{3 \cdot \pi}{4}\right)\right) \qquad \underline{z_2} = 2 \cdot (\cos(210\mathrm{Grad}) + j \cdot \sin(210 \cdot \mathrm{Grad}))$

$\underline{z_3} = 5 \cdot e^{j \cdot 35 \mathrm{Grad}} \qquad \underline{z_4} = 2 \cdot e^{-j \cdot \frac{3 \cdot \pi}{2}}$

Zeigen Sie, dass für die gegebenen komplexen Zahlen nachfolgende Zusammenhänge und die Dreiecksungleichheiten gelten:

$\left|\underline{z_1}\right| = \left|\underline{z_1}^*\right| \;;\; \left|\underline{z_3}\right| = \sqrt{\underline{z_3} \cdot \underline{z_3}^*} \;;\; \left|\underline{z_1} \cdot \underline{z_2}\right| = \left|\underline{z_1}\right| \cdot \left|\underline{z_2}\right| \;;\; \left|\frac{\underline{z_1}}{\underline{z_2}}\right| = \frac{\left|\underline{z_1}\right|}{\left|\underline{z_2}\right|}.$

$\left|\underline{z_1} + \underline{z_2}\right| \le \left|\underline{z_1}\right| + \left|\underline{z_2}\right|$ bzw. $\left|\underline{z_1} - \underline{z_2}\right| \le \left|\underline{z_1}\right| + \left|\underline{z_2}\right|$

1.5.2 Multiplikation und Division von komplexen Zahlen

Beispiel 1:

Gegeben sind folgende komplexe Zahlen:

$\underline{z}_1 = 8 - j \qquad \underline{z}_2 = -4 + j \cdot 5$

Gesucht sind:

$\underline{z} = \underline{z}_1 \cdot \underline{z}_2 \qquad \underline{z} = \underline{z}_1 \cdot \overline{\underline{z}_1} \qquad \underline{z} = \underline{z}_2 \cdot \overline{\underline{z}_2}$

Beispiel 2:

Gegeben sind folgende komplexe Zahlen:

$\underline{z}_1 = 5 \cdot (\cos(120 \cdot \text{Grad}) + j \cdot \sin(120 \cdot \text{Grad})) \qquad \underline{z}_2 = 2 \cdot \left(\cos\left(\frac{-\pi}{2}\right) + j \cdot \sin\left(\frac{-\pi}{2}\right)\right)$

Gesucht sind:

$\underline{z} = \underline{z}_1 \cdot \underline{z}_2 \qquad \underline{z} = \underline{z}_1 \cdot \overline{\underline{z}_1} \qquad \underline{z} = \underline{z}_2 \cdot \overline{\underline{z}_2}$

Beispiel 3:

Gegeben ist folgende komplexe Zahl: $\underline{z} = 10 \cdot e^{j \cdot \frac{\pi}{6}}$

Gesucht ist $\underline{z}_1 = \frac{1}{2} \cdot \underline{z}$ **und ihre geometrische Deutung (grafische Darstellung von $\underline{z}$ und $\underline{z}_1$).**

Beispiel 4:

Gegeben sind folgende komplexe Zahlen:

$\underline{z}_1 := 7 \cdot e^{-\left(j \cdot \frac{\pi}{4}\right)} \qquad \underline{z}_2 := 4 \cdot e^{j \cdot \frac{2 \cdot \pi}{3}}$

Gesucht ist $\underline{z} = \underline{z}_1 \cdot \underline{z}_2$ **und ihre geometrische Deutung (grafische Darstellung von $\underline{z}$ und $\underline{z}_1$ und $\underline{z}_2$).**

$\underline{z} := \underline{z}_1 \cdot \underline{z}_2 \qquad \underline{z} = 7.247 + 27.046i$

Beispiel 5:

Gegeben ist folgende komplexe Zahl:

$\underline{z} := -6 + j \cdot 2$

Gesucht ist der Zeiger $\underline{z}_1$, der aus der Drehung von $\underline{z}$ um 120° entsteht. Stellen Sie $\underline{z}$ und $\underline{z}_1$ grafisch dar.

Beispiel 6:

Gegeben ist folgende komplexe Zahl $\underline{z} = (10\ ;\ -60°)$.

Gesucht ist der Zeiger $\underline{z_2}$, der aus der Streckung von $\underline{z}$ um das k = 1/2-fache ($\underline{z_1} = k\ \underline{z}$) und der Drehung um den Winkel von 90° hervorgeht. Stellen Sie $\underline{z}$ und $\underline{z_1}$ und $\underline{z_2}$ grafisch dar.

Beispiel 7:

Zerlegen Sie in ein Produkt von zwei Binomen:

$c^2 + d^2$ $\quad$ $a^2 + 5$ $\quad$ $16 \cdot a^2 + 25 \cdot b^2$ $\quad$ $x^2 + y^2$

Beispiel 8:

Gegeben sind folgende komplexe Zahlen:

$\underline{z_1} = 9 - 2 \cdot j \qquad \underline{z_2} = 3 + j$

Gesucht sind:

$\underline{z} = \dfrac{\underline{z_1}}{\underline{z_2}} \qquad \underline{z} = \dfrac{\underline{z_1}}{\overline{\underline{z_1}}} \qquad \underline{z} = \dfrac{\underline{z_2}}{\overline{\underline{z_2}}}$

Beispiel 9:

Gegeben sind folgende komplexe Zahlen:

$\underline{z_1} = 9 \cdot e^{j \cdot \frac{3 \cdot \pi}{4}} \qquad \underline{z_2} = \dfrac{9}{10} \cdot e^{j \cdot \frac{2 \cdot \pi}{3}}$

Gesucht sind $\underline{z} = \dfrac{\underline{z_1}}{\underline{z_2}}$ bzw. $\underline{z_r} = \dfrac{1}{\underline{z_2}}$ und ihre geometrische Deutung.

Beispiel 10:

Gegeben sind folgende komplexe Zahlen:

$\underline{z_1} = 6 - j \cdot 3 \qquad \underline{z_2} = \dfrac{1}{j^4}$

Gesucht ist $\underline{z} = \dfrac{\underline{z_1}}{\underline{z_2}}$ und ihre geometrische Deutung.

1.5.3 Potenzieren von komplexen Zahlen

Beispiel 1:

Gegeben sind folgende komplexe Zahlen:

$\underline{z_1} = 1 + j$ $\quad\quad$ $\underline{z_2} = 3 - j \cdot \sqrt{3}$

Berechnen Sie mit den binomischen Formeln und mit Moivre:

$\underline{z} = \underline{z_1}^2$ $\quad\quad$ $\underline{z} = \underline{z_2}^3$

Stellen Sie z_1, z_2, z_1^2 und z_2^3 als Zeiger dar und interpretieren Sie z_1^2 und z_2^3.

Beispiel 2:

Berechnen Sie:

$\underline{z} = (2 - j \cdot 3)^{-5}$ $\quad\quad$ $\underline{z} = \left(3 \cdot e^{-j \cdot 30°}\right)^5$

$\underline{z} = (-4 - j \cdot 3)^3$ $\quad\quad$ $\underline{z} = \left[2 \cdot \left(\cos\left(\frac{\pi}{3}\right) + j \cdot \sin\left(\frac{\pi}{3}\right)\right)\right]^{10}$

$\underline{z} = \left(\frac{3 - j}{2 + j}\right)^3$

1.5.4 Wurzelziehen (Radizieren) von komplexen Zahlen

Beispiel 1:

Berechnen Sie: $\quad \sqrt[3]{-1} \quad\quad \sqrt{3 - j \cdot 4} \quad\quad \sqrt[5]{7 - j \cdot 4}$

Stellen Sie die Lösungen grafisch dar und interpretieren Sie die Lösungen.

Beispiel 2:

Berechnen Sie alle reellen und komplexen Lösungen und stellen Sie die Lösungen grafisch dar:

$\underline{z}^6 - 1 = 0$ $\quad\quad$ $\underline{z}^8 - 1 = 0$

Beispiel 3:

Berechnen Sie alle reellen und komplexen Lösungen und stellen Sie die Lösungen grafisch dar:

$x^2 + x + 1 = 0$ $\quad\quad$ $x^4 - 6 \cdot x^2 + 25 = 0$ $\quad\quad$ $\frac{1}{x - 4} - \frac{1}{x - 3} + \frac{1}{x - 2} = 0$

Beispiel 4:

Zerlegen Sie in Linearfaktoren:

$x^3 - x^2 + 4 \cdot x - 4$ $\quad\quad$ $x^4 - 2 \cdot x^2 - 3$

1.5.5 Logarithmieren von komplexen Zahlen

Beispiel 1:

Berechnen Sie den natürlichen Logarithmus folgender komplexen Zahl:

$\underline{z} = -1 + j \cdot 4$

Geben Sie den Hauptwert und die ersten 10 Nebenwerte an.

Beispiel 2:

Berechnen Sie den natürlichen Logarithmus folgender komplexen Zahl (Hauptwert):

$\ln(1)$ $\ln(2 - j)$ $\ln(j)$ $\ln\left(2 \cdot e^{j\frac{\pi}{3}}\right)$

1.6. Anwendungen von komplexen Zahlen

1.6.1 Komplexe Darstellung von sinusförmigen Größen

Beispiel 1:

Wandeln Sie die Momentanwertgleichung u(t) = 45.5 V sin(ω t - 20.2°) in alle Formen der komplexen Spannungsgleichungen um.

Beispiel 2:

Die gegebene komplexe Spannungsgleichung $\underline{U}$ = 30 V + j 11 V soll in die Exponentialform umgeformt werden.

Beispiel 3:

Ermitteln Sie die Zeigerlänge und die Phase folgender Spannung: $\underline{U}$ = 110 V + j 60 V.

Beispiel 4:

In welchem Quadranten liegen folgende komplexe Größen: $\underline{Z}$ = 20 Ω + j 30 Ω; $\underline{Y}$ = 0.1 S - j 0.3 S; $\underline{S}$ = - 10 kW + j 5 kVar.

Beispiel 5:

Wandeln Sie die gegebenen komplexen Größen in die trigonometrische Schreibweise um:
$\underline{S}$ = 100 W + j 80 Var; $\underline{Z}$ = 8 Ω - j 10 Ω; $\underline{Y}$ = - 0.2 S - j 0.3 S; $\underline{I}$ = 8 A - j 10 A.

Beispiel 6:

Geben Sie die Komponentenform für folgende elektrische Größen an:
$\underline{U}$ = 220 V (-cos(150°) - j sin(150°)) ; $\underline{I}$ = 3 A (-cos(30°) + j sin(30°)).

Beispiel 7:

Stellen Sie für folgende Typenschildangabe die Komponentenform und Exponentialform her:
a) S = 10 kVA , cos(φ) = 0.8
b) S = 60 kVA , cos(φ) = 0.7

Beispiel 8:

Am Eingang eines Verstärkers liegt das Signal $\underline{U}_e = 10\ e^{-j\,22°}$ mV an. Der Verstärker hat den Faktor v = 10 und eine Phasenverschiebung von 33°. Stellen Sie die Ausgangsspannung $\underline{U}_a$ in Exponentialform dar.

1.6.2 Überlagerung von Schwingungen gleicher Frequenz

Beispiel 1:

Zwei harmonische mechanische Schwingungen y_1 und y_2 sollen subtraktiv ($y = y_1 - y_2 = \hat{A}_D \sin(\omega t + \varphi_D)$) überlagert werden. Die Berechnung soll zuerst reell und dann komplex durchgeführt werden. Die geometrische Subtraktion der komplexen Schwingungsamplituden soll grafisch dargestellt werden. Stellen Sie anschließend die zeitabhängigen Größen y, y_1 und y_2 in einem kartesischen Koordinatensystem dar.

$$y_1(t) := 6 \cdot cm \cdot \cos\left(3 \cdot s^{-1} \cdot t\right)$$

$$y_2(t) := 3 \cdot cm \cdot \sin\left(4 \cdot s^{-1} \cdot t + \frac{\pi}{3}\right)$$

Beispiel 2:

Die nachfolgenden drei Wechselströme werden zur Überlagerung gebracht. Wie lautet die Gleichung der resultierenden Wechselströme $i(t) = i_1(t) + i_2(t) - i_3(t)$?

$f := 50 \cdot Hz$ Frequenz der Wechselströme

$\omega := 2 \cdot \pi \cdot f$ Kreisfrequenz

$\hat{I}_1 := 18 \cdot mA$ $\hat{I}_2 := 21 \cdot mA$ $\hat{I}_3 := 22 \cdot mA$ Scheitelwerte der Wechselströme

$\varphi_{i2} := \frac{2 \cdot \pi}{3}$ $\varphi_{i3} := 0$ Nullphasenwinkel

$$i_1(t) = \hat{I}_1 \cdot \cos\left(\omega \cdot t + \frac{5 \cdot \pi}{3}\right)$$

$$i_2(t) = \hat{I}_2 \cdot \sin\left(\omega \cdot t + \varphi_{i2}\right)$$ Wechselspannungen

$$i_3(t) = \hat{I}_3 \cdot \sin\left(\omega \cdot t + \varphi_{i3}\right)$$

1.6.3 Berechnungen in Wechselstromkreisen

Beispiel 1:

Stellen Sie folgende Größen in Komponentenform und Exponentialform dar:
a) I = 3.7 A bei Voreilung gegenüber der Spannung um 37°;
b) U = 110 V bei Nacheilung gegenüber dem Strom um 28°.

Beispiel 2:

Geg.: a) $\underline{Z}$ = 10 Ω + j 20 Ω; b) $\underline{S}$ = 5 kW - 3 kVar; c) $\underline{U}$ = 3 V + j 5 V
Ges.: Betrag der komplexen Größen und Phasenwinkel und die grafische Darstellung. Um welche Art von Verbraucher handelt es sich?

Beispiel 3:

In einem Drehstromverbraucher fließt in einem Strang die Stromstärke $\underline{I} = 3\ e^{-j\,42°}$ A. Berechnen Sie die Stromstärke in den beiden anderen Strängen in Exponentialform und stellen Sie die 3 Zeiger in einem Koordinatensystem dar.

Beispiel 4:

Ein Verbraucher nimmt S = 16 kVA auf. 70 % seiner Scheinleistung sind echte Wirkleistung und 71 % seiner Scheinleistung sind induktive Blindleistung. Bestimmen Sie die Komponenten- und Exponentialform von S.

Beispiel 5:

Welche Scheinleistung ergibt sich, wenn durch $\underline{Z} = 20\ e^{j40°}\ \Omega$ ein Strom von $\underline{I} = 8.4\ e^{-j18°}$ A fließt?

Beispiel 6:

Ein Drehstromverbraucher nimmt $\underline{S} = 15\ e^{j\,32°}$ kVA auf die Spannung beträgt $\underline{U} = 380\ e^{j\,10°}$ V. Berechnen Sie den Strom $\underline{I}$ ($\underline{S} = \sqrt{3} \cdot \underline{U} \cdot \overline{\underline{I}}$).

Beispiel 7:

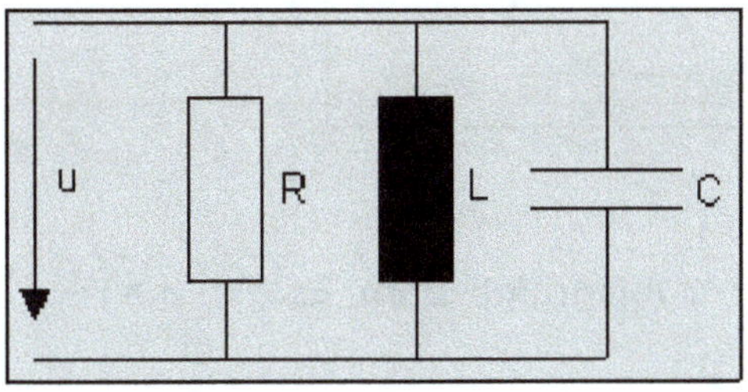

$f := 50 \cdot Hz$	Frequenz
$R := 250 \cdot \Omega$	Widerstand
$L := 0.5 \cdot H$	Induktivität
$C := 0.3 \cdot \mu F$	Kapazität
$U := 220 \cdot V$	Effektivwert der Spannung

Wie groß ist der Scheinleitwert $\underline{Y}$, die Stromstärke $\underline{I}$, der Scheinwiderstand $\underline{Z}$ und die Leistungsanteile $\underline{S}$, P, Q der gegebenen Schaltung. Gesucht sind auch die Zeiger- und Operatorendarstellung für die Schaltung.

Beispiel 8:

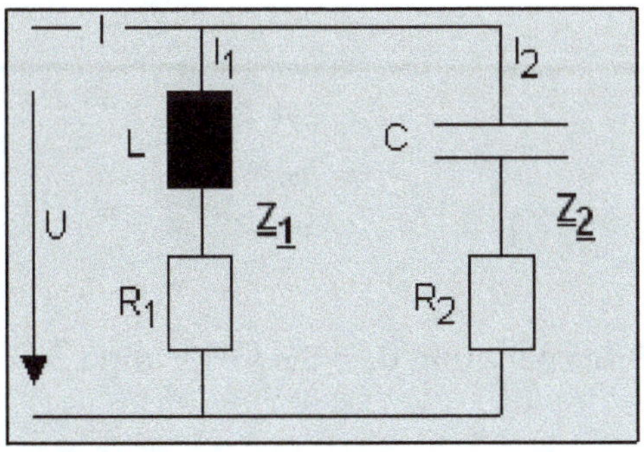

$f := 60 \cdot Hz$	Frequenz
$R_1 := 50 \cdot \Omega$	Widerstand
$R_2 := 80 \cdot \Omega$	Widerstand
$L := 0.16 \cdot H$	Induktivität
$C := 20 \cdot \mu F$	Kapazität
$U := 500 \cdot V$	Effektivwert der Spannung

Wie groß sind die Scheinleitwerte Y_1, Y_2, $\underline{Y}$, die Stromstärke $\underline{I}$, der Scheinwiderstand $\underline{Z}$ und die Leistungsanteile $\underline{S}$, P, Q der gegebenen Schaltung. Gesucht sind auch die Zeiger- und Operatorendarstellung für die Schaltung.

Beispiel 9:

Gesucht ist der Gesamtfrequenzgang $G(s) = G_1(s) \cdot G_2(s) \cdot G_3(s)$ einer zusammengesetzten Regelstrecke. Stellen Sie $G_1(s)$, $G_2(s)$, $G_3(s)$ und $G(s)$ in einem Koordinatensystem dar.

Berechnen Sie das Ausgangssignal, wenn am Eingang eine Spannung $U_e = 20\ e^{j\,110°}$ V angelegt ist ($G(s) = U_a / U_e$).

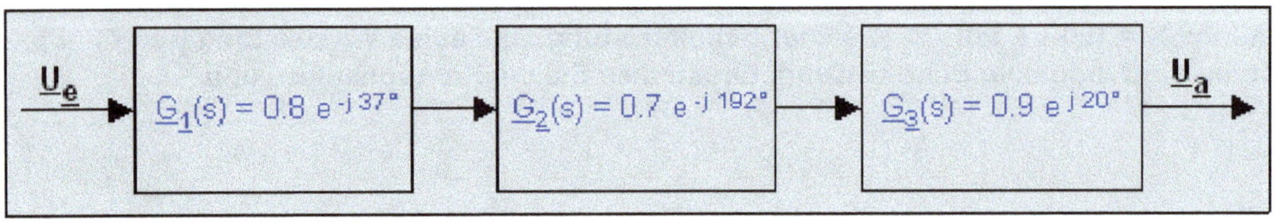

Beispiel 10:

Gesucht ist der Gesamtfrequenzgang $G(s) = G_1(s) * G_2(s) * G_3(s)$ einer zusammengesetzten Regelstrecke. Es gilt: $s = p = j\,\omega$ und $T_1 = T_2 = T_3 = T$.

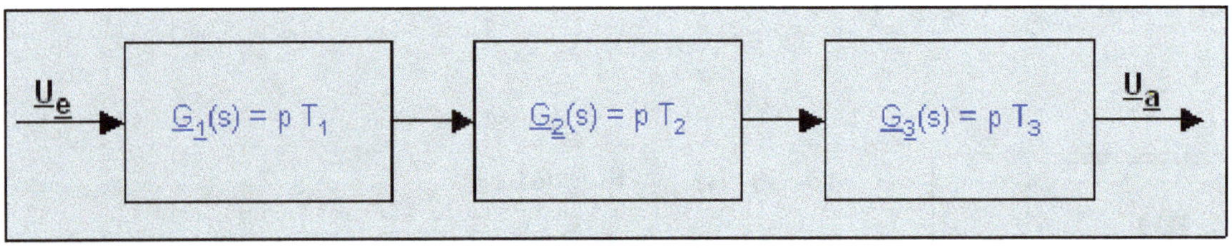

Beispiel 11:

Gesucht ist der Gesamtfrequenzgang $G(s) = G_1(s) * G_2(s) * G_3(s)$ von 3 Integralgliedern. Es gilt: $p = j\,\omega$ und $T_1 = T_2 = T_3 = T$.

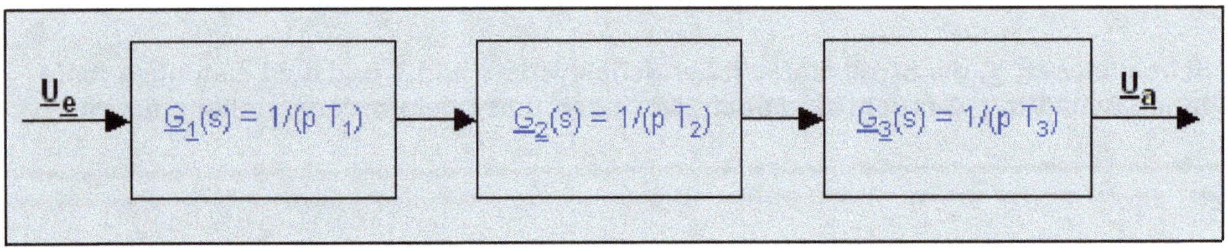

Beispiel 12:

Gegeben ist eine Regelstrecke mit einer Störgröße U_z.

Gesucht ist:

a) Gesamtfrequenzgang $G(s)$;

b) Die Ausgangsspannung U_a, wenn $U_e = 20\ e^{-j\,20°}$ mV;

c) Die Ausgangsspannung U_a, wenn zu b) an der Störstelle Z eine Störspannung $U_z = 5\ e^{j\,30°}$ V wirkt (Anleitung: $U_a = (\,G_1(s)\ G_2(s)\ U_e + U_z)\ G_3(s))$

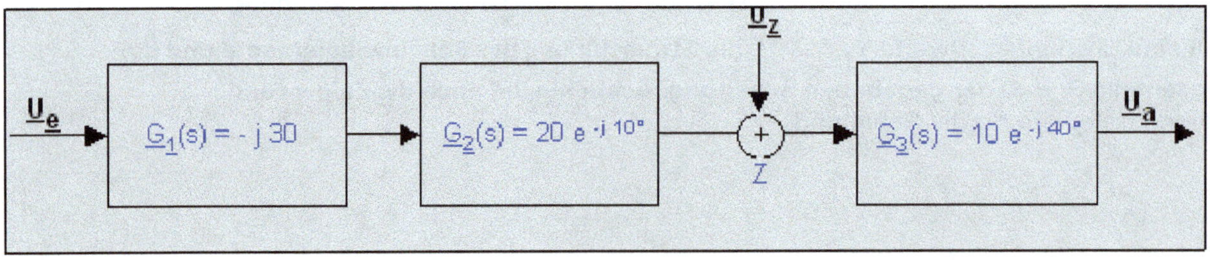

Beispiel 13:

Gesucht ist der Gesamtfrequenzgang $\underline{G}(s) = \underline{G}_1(s) + \underline{G}_2(s) + \underline{G}_3(s)$ einer zusammengesetzten Regelstrecke. Stellen Sie $\underline{G}_1(s)$, $\underline{G}_2(s)$, $\underline{G}_3(s)$ und $\underline{G}(s)$ in einem Koordinatensystem dar.

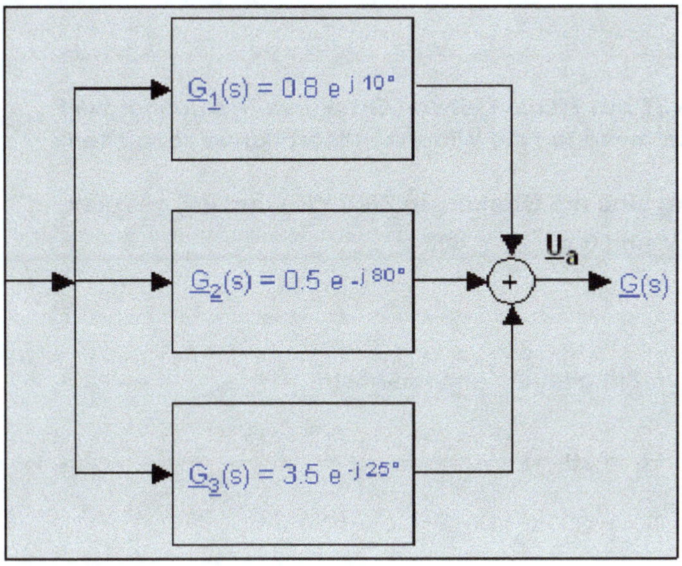

1.7 Ortskurven

Beispiel 1:

Gesucht ist die Ortskurve $\underline{U}(\omega) = I\,(R + j\,\omega\,L)$ für $R = 20\ \Omega$, $L = 0.5$ H und $\underline{I} = I = 2.6$ A für $0\ s^{-1} \le \omega \le 100\ s^{-1}$.

Beispiel 2:

Für die dargestellte Schaltung sind die Ortskurve des komplexen Widerstandes und die zugehörige Leitwert-Ortskurve als Funktion von R gesucht (maßstäblich).

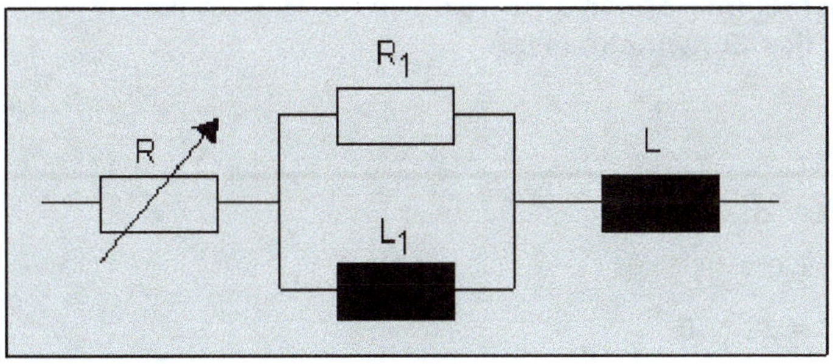

$f = 50 \cdot Hz$

$L = 25 \cdot mH$

$L_1 = 100 \cdot mH$

$R_1 = 250 \cdot \Omega$

$0 \cdot \Omega \le R \le 100 \cdot \Omega$

Beispiel 3:

Für die gegebene Reihenschaltung ist die Ortskurve der Spannung $\underline{U}$ in Abhängigkeit von der Kapazität C gesucht (maßstäblich).

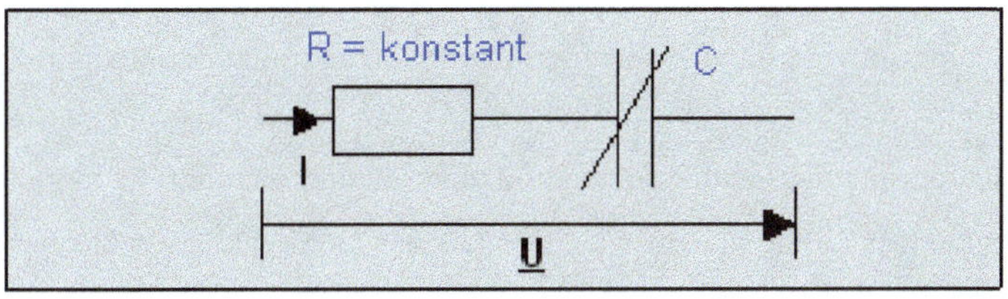

$\omega = 5000 \cdot s^{-1}$

$R = 280 \cdot \Omega$ $\qquad 0.5 \cdot \mu F \le C \le 3 \cdot \mu F$

$\underline{I} = I = 20 \cdot mA$

Beispiel 4:

Für eine Reihenschaltung von R und L an Wechselspannung sind die Ortskurven $\underline{Z}(\omega)$, $\underline{Y}(\omega)$ und $\underline{I}(\omega)$ gesucht (maßstäblich). Dabei ist R = 1 kΩ, L = 5.0 H, U = 2 kV und $0\ s^{-1} \leq \omega \leq 400\ s^{-1}$.

Beispiel 5:

Für eine Parallelschaltung von R = 100 Ω und L = 6.37 mH ist die Leitwert-Ortskurve in Abhängigkeit von der Frequenz f zu bestimmen und daraus durch Inversion die Widerstandsortskurve abzuleiten und maßstäblich darzustellen (2 kHz ≤ f ≤ 20 kHz).
Reihenschaltung von R und L an Wechselspannung sind die Ortskurven $\underline{Z}(\omega)$, $\underline{Y}(\omega)$ und $\underline{I}(\omega)$ gesucht (maßstäblich). Dabei ist R = 1 kΩ, L = 5.0 H, U = 2 kV und $0\ s^{-1} \leq \omega \leq 400\ s^{-1}$.

Beispiel 6:

Für die gegebene Parallelschaltung ist die Ortskurve $\underline{Z}(f)$ gesucht (maßstäblich).

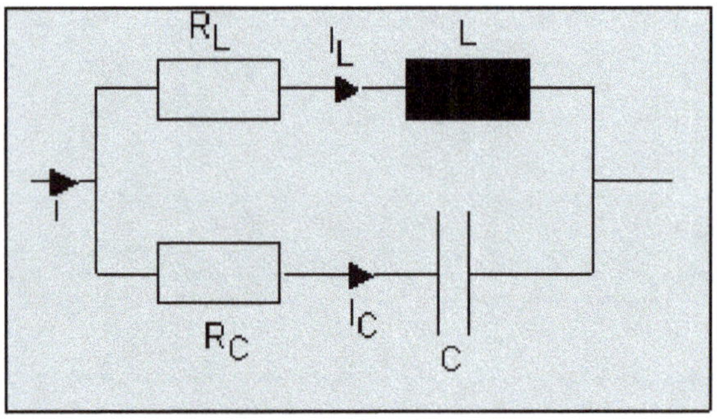

$R_L = 20 \cdot \Omega$

$R_C = 30 \cdot \Omega$

$C = 30 \cdot \mu F$ $\qquad 10 \cdot Hz \leq f \leq 1000 \cdot Hz$

$L = 0.2 \cdot H$

$U = 220 \cdot V$

1.7.3 Komplexe Wechselstromrechnung im Schwingkreis

Beispiel 1:

Bestimmen Sie die Ortskurve $\underline{Z}(f)$ und die Frequenzgänge Z(f) und I(f) sowie den Phasengang $\varphi_z(f)$ rechnerisch und grafisch von folgendem Schwingkreis im Bereich 0 Hz ≤ f ≤ 200 Hz. Bestimmen Sie auch die Resonanzfrequenz f_{res}, Z_{max} und Z_{res} des Schwingkreises.

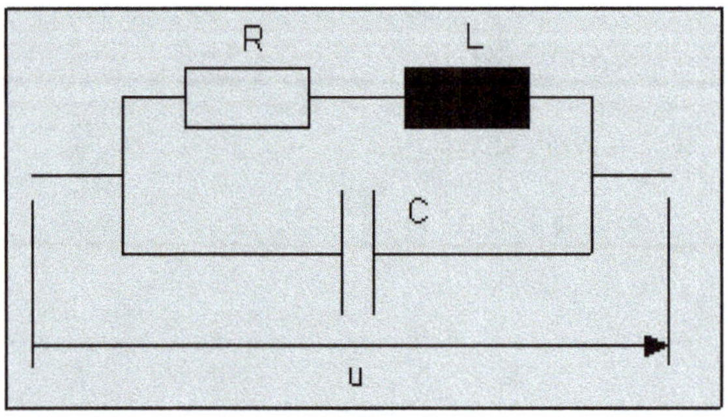

$R = 20 \cdot \Omega$

$L = 0.1 \cdot H$

$C = 32 \cdot \mu F$

$U = 110 \cdot V$

Beispiel 2:

Bestimmen Sie die Ortskurve $\underline{Z}(f)$ und die Frequenzgänge Z(f) und X(f) sowie den Phasengang $\varphi_z(f)$ rechnerisch und grafisch von folgendem Schwingkreis im Bereich 0 Hz $\leq f \leq$ 300 Hz. Bestimmen Sie auch die Resonanzfrequenz f_{res}, Z_{max} und Z_{res} des Schwingkreises.

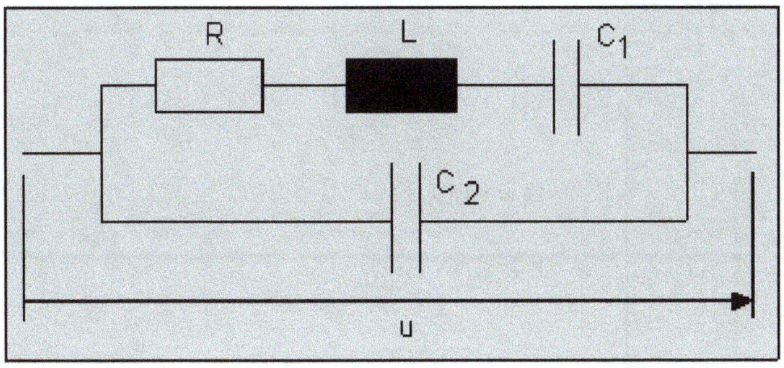

$R = 55 \cdot \Omega$

$L = 2 \cdot H$

$C_1 = 4 \cdot \mu F$

$C_2 = 2 \cdot \mu F$

Beispiel 3:

Bestimmen Sie die Frequenzgänge X(f) und B(f) rechnerisch und grafisch (in einem Koordinatensystem) von folgendem Reaktanz-Zweipol im Bereich 0 Hz $\leq f \leq$ 150 Hz. Bestimmen Sie auch die Nullstelle von X(f) (Resonanzfrequenz f_{res}) und B(f) (Kennfrequenz f_p) des Schwingkreises.

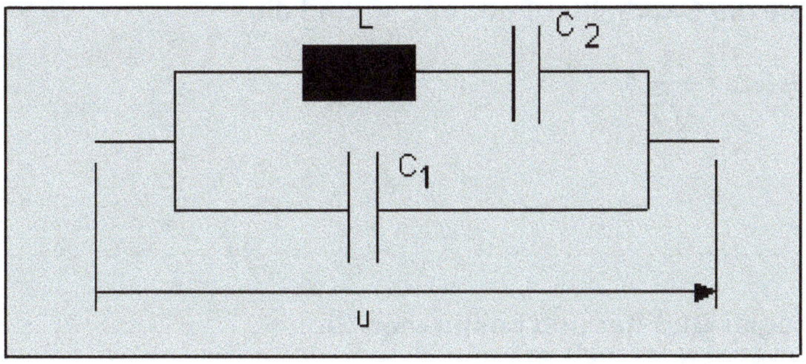

$L = 0.2 \cdot H$

$C_1 = 50 \cdot \mu F$

$C_2 = 1 \cdot \mu F$

1.7.4 Amplitudengang und Phasengang bei Vierpolen

Beispiel 1:

Stellen Sie für den Tiefpassfilter und dem Hochpassfilter den Amplituden- und Phasengang der komplexen Übertragungsfunktion $\underline{G}(\omega)$ in einem Bodediagramm dar. Vergleichen Sie das Bodediagramm mit der Ortskurve der Übertragungsfunktion und interpretieren Sie das Ergebnis. Bei welcher Kreisfrequenz ω_0 bzw. Frequenz f_0 wird das Spannungsverhältnis U_a/U_e reell, d. h. keine Phasenverschiebung zwischen U_a und U_e? Bei welcher Frequenz ist die Phasenverschiebung genau 45°?

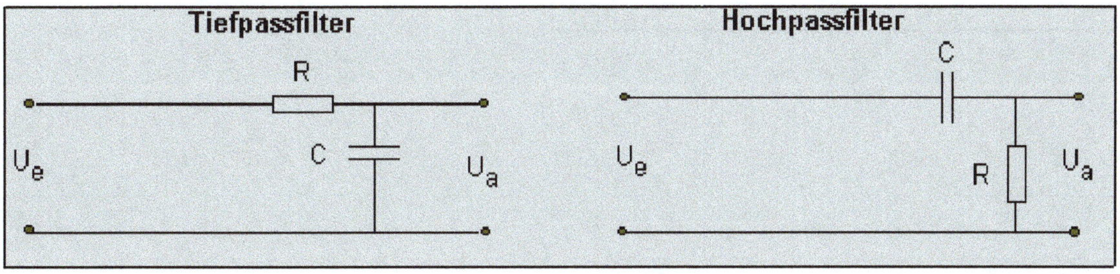

$R = 5 \cdot k\Omega$

$C = 1 \cdot \mu F$

Beispiel 2:

An einem RLC-Filter (Bandsperre) soll die Übertragungsfunktion, der Amplitudengang, der Phasengang, obere und untere Grenzfrequenz und die Grafen des Amplituden und Phasenganges ermittelt und interpretiert werden.

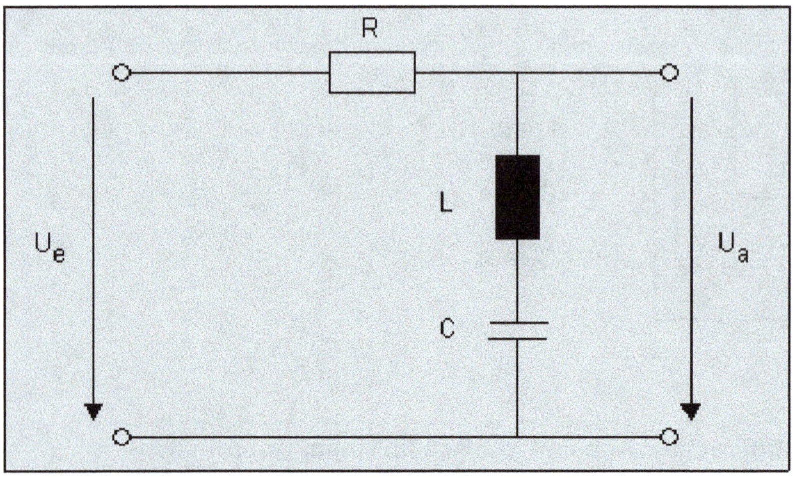

$R = 500 \cdot \Omega$

$L = 0.1 \cdot H$

$C = 1 \cdot \mu F$

Leiten Sie die Übertragungsfunktion $\underline{G}(\omega)$ her und bestimmen Sie den Amplituden- und Phasengang rechnerisch und grafisch. Berechnen Sie die Bandmittenfrequenz ω_0 und die obere und untere Grenzkreisfrequenz ω_{gu} und ω_{go} ($A(\omega) = \frac{1}{\sqrt{2}}$).

Stellen Sie den Amplitudengang auch in dB dar.

Beispiel 3:

Leiten Sie die Übertragungsfunktion für einen PID-Regler $\underline{G}(\omega)$ her und bestimmen Sie den Amplituden- und Phasengang rechnerisch und grafisch. Stellen Sie den Amplitudengang in dB dar.

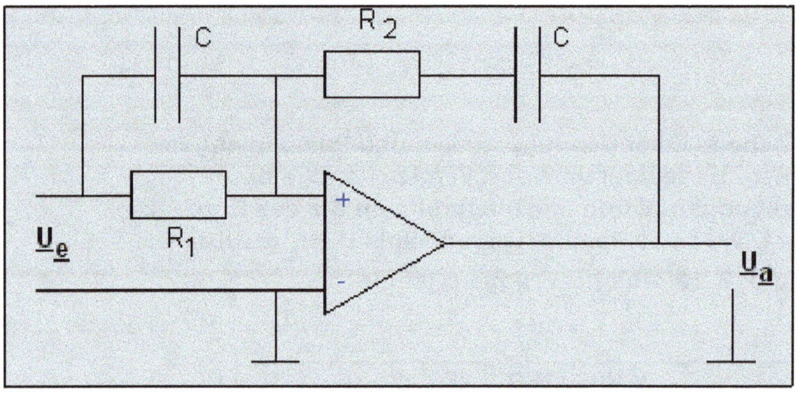

$$\underline{U_a} = \frac{R_2}{1 + j \cdot \omega \cdot R_2 \cdot C}$$

$$\underline{U_e} = R_1 + \frac{R_2}{1 + j \cdot \omega \cdot R_2 \cdot C}$$

$R_1 = 100 \cdot \Omega$ $R_2 = 500 \cdot \Omega$

$C = 1 \cdot \mu F$

2. Vektoralgebra und analytische Geometrie

2.2 Grundrechenoperationen für Vektoren

Beispiel 1:

Gegeben: $\mathbf{a} := \begin{pmatrix} 2 \\ -1 \\ 3 \end{pmatrix}$ $\mathbf{b} := \begin{pmatrix} 2 \\ 4 \\ -2 \end{pmatrix}$ $\mathbf{c} := \begin{pmatrix} -1 \\ 5 \\ -2 \end{pmatrix}$

Gesucht: c = a + b, d = a - b in Koordinaten- und Komponentendarstellung.

Beispiel 2:

Ermitteln Sie die Koordinaten des Punktes C des Parallelogramms ABCD mit den Eckpunkten A(0|2), B(6|4) und D(1|6).

Beispiel 3:

Gegeben: $\mathbf{a} = \begin{pmatrix} 1 \\ -5 \\ -2 \end{pmatrix}$ $\mathbf{b} = 3 \cdot \mathbf{e_1} + 4 \cdot \mathbf{e_2} + 7 \cdot \mathbf{e_3}$ $\mathbf{c} = -6 \cdot \mathbf{e_1} + 3 \cdot \mathbf{e_2} - 3 \cdot \mathbf{e_3}$

Gesucht: $\mathbf{d} = 5 \cdot \mathbf{a} - \frac{1}{2} \cdot \mathbf{b} + \frac{1}{3} \cdot \mathbf{c}$

Beispiel 4:

Ein Passagierflugzeug, dessen Geschwindigkeit gegenüber Luft konstant 950 km/h beträgt, fliegt in östlicher Richtung eine Strecke 2000 km. Es weht ein Wind mit 40 km/h aus Nordost. Wie groß ist die Fluggeschwindigkeit v über dem Boden und wie lange ist die Flugdauer?

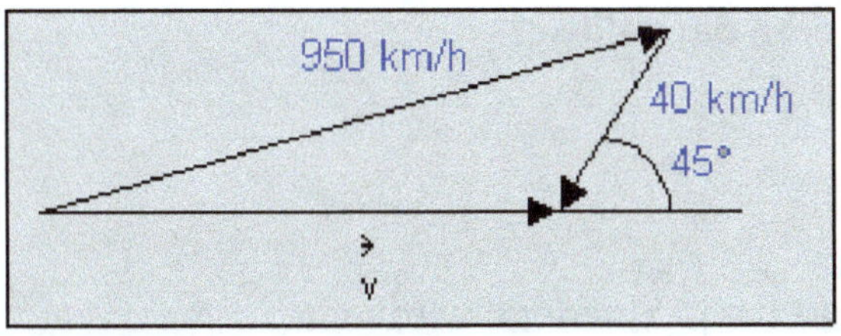

2.4 Vektorräume

Beispiel 1:

Sind alle Geraden und Ebenen des $\mathbb{R}^n$, die nicht durch 0 gehen, Untervektorräume?

Beispiel 2:

Sind die Vektoren $\vec{a} = \begin{pmatrix} 1 \\ 2 \\ 0 \end{pmatrix}$, $\vec{b} = \begin{pmatrix} 0 \\ 2 \\ 1 \end{pmatrix}$ bzw. $\vec{a}$, $\vec{b}$ und $\vec{c} = \begin{pmatrix} 1 \\ 2 \\ 6 \end{pmatrix}$ linear unabhängig?

Beispiel 3:

Ein Ausleger besteht aus zwei Stäben. Im Gelenk S greift unter einem Winkel α = 25° gegen die Vertikale eine Kraft $\vec{F}$ vom Betrag F = 5 kN an. Bestimmen Sie unter Vernachlässigung des Eigengewichtes der Stäbe die in den Stäben auftretenden Reaktionskräfte (Zug- und Druckkraft) $\vec{F_A}$ und $\vec{F_B}$. Die Abstände sind durch a = 3 m und b = 2 m gegeben.

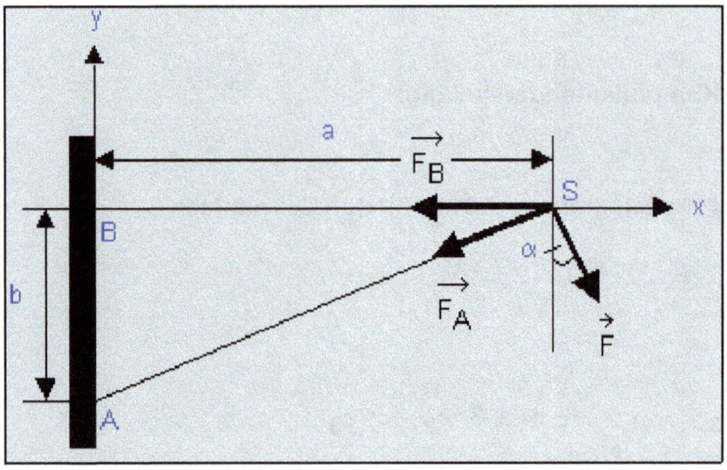

Beispiel 4:

Im $\mathbb{R}^2$ ist mit $\vec{b_1} = \begin{pmatrix} 3 \\ \frac{1}{3} \end{pmatrix}$ und $\vec{b_2} = \begin{pmatrix} \frac{1}{4} \\ 4 \end{pmatrix}$ eine Basis gegeben.

Ist der Vektor $\vec{a} = \begin{pmatrix} 13 \\ 17 \end{pmatrix}$ als Linearkombination dieser Basisvektoren darstellbar?

Beispiel 5:

Ein Vektor $\vec{c} = \begin{pmatrix} 8 \\ 9 \end{pmatrix}$ soll in der Richtung der Vektoren $\vec{a} = \begin{pmatrix} 4 \\ 2 \end{pmatrix}$ und $\vec{b} = \begin{pmatrix} 1 \\ 3 \end{pmatrix}$ zerlegt werden.
Wie lautet die Zerlegung?

2.5 Betrag eines Vektors

Beispiel 1:

Bestimmen Sie den Betrag des nachfolgend gegebenen Feldstärkevektors und den zugehörigen Richtungsvektor der Länge 1.

$$\mathbf{E} = \begin{pmatrix} 2.21 \\ 4.75 \\ -0.17 \end{pmatrix} \cdot \frac{V}{m}$$

Beispiel 2:

Eine DC 10 „fliegt" in nordwestlicher Richtung mit v_m = 930 km/h relativ zur Erde. Es bläst eine steife Brise aus Westen mit w = 120 km/h relativ zur Erde. Mit welcher Geschwindigkeit v_0 und in welche Richtung würde das Flugzeug ohne Windablenkung fliegen?

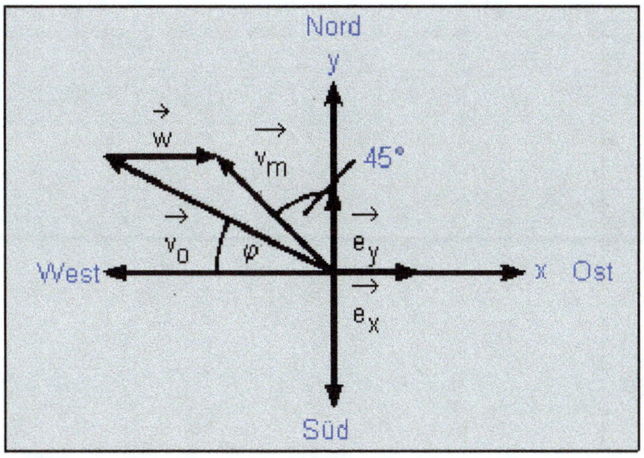

2.6 Produkte von Vektoren

2.6.1 Skalarprodukt

Beispiel 1:

Bilden Sie das Skalarprodukt der nachfolgend gegebenen Vektoren.

$$\mathbf{a} = \begin{pmatrix} 2 \\ 8 \\ 4 \end{pmatrix} \qquad \mathbf{b} = \begin{pmatrix} 1 \\ -3 \\ -6 \end{pmatrix}$$

Beispiel 2:

Sind die nachfolgend gegebenen Vektoren orthogonal?

$$\mathbf{a} = \begin{pmatrix} 3 \\ 4 \\ -2 \end{pmatrix} \qquad \mathbf{b} = \begin{pmatrix} 2 \\ 1 \\ 5 \end{pmatrix}$$

Beispiel 3:

Beweisen Sie den Satz des Pythagoras. Anleitung: $\vec{c} = \vec{a} + \vec{b};\ \vec{a} \cdot \vec{b} = 0.$

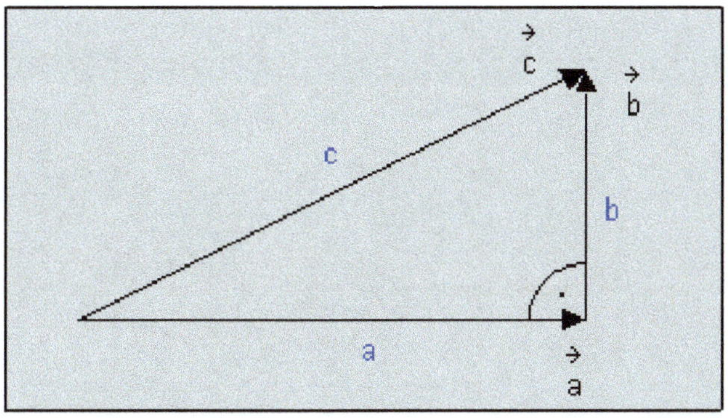

Beispiel 4:

Beweisen Sie den Satz von Thales. Er besagt, dass jedes Dreieck, dessen Grundseite der Durchmesser eines Kreises ist und dessen Spitze auf dem Kreis liegt, rechtwinkelig ist. Anleitung: $\vec{u} \cdot \vec{v} = 0$; $|\vec{a}| = |\vec{b}|$.

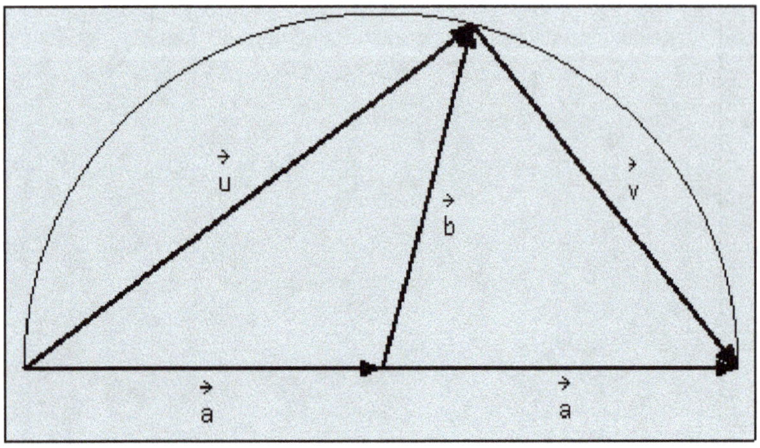

Beispiel 5:

Wie groß ist der Winkel φ, den die beiden Vektoren $\vec{a}$ und $\vec{b}$ miteinander einschließen?

$$\mathbf{a} = \begin{pmatrix} 1 \\ 2 \\ 4 \end{pmatrix} \qquad \mathbf{b} = \begin{pmatrix} -3 \\ 5 \\ 8 \end{pmatrix}$$

Beispiel 6:

Wie groß sind die Richtungswinkel α, β und γ des folgenden Vektors:

$$\mathbf{a} = \begin{pmatrix} 3 \\ -2 \\ -4 \end{pmatrix}$$

Beispiel 7:

Von zwei Kräften $\vec{F_1}$ und $\vec{F_2}$ sind Betrag und Richtung bekannt. Bestimmen Sie den Betrag und die Richtung der Resultierenden $\vec{F_1} + \vec{F_2}$, wenn $F_1 = 100$ N, $\alpha_1 = 80°$, $\beta_1 = 120°$, $\gamma_1 \leq 90°$ und $F_2 = 130°$, $\alpha_2 = 60°$, $\beta_2 = 40°$, $\gamma_2 \geq 90°$ sind.

Beispiel 8:

Wie lautet die Projektion eines Vektors $\vec{b}$ auf einen Vektor $\vec{a}$?

$$\mathbf{a} = \begin{pmatrix} 3 \\ 0 \\ 4 \end{pmatrix} \qquad \mathbf{b} = \begin{pmatrix} 4 \\ -1 \\ 7 \end{pmatrix}$$

Beispiel 9:

Eine Kraft $\vec{F}$ vom Betrag F = 60 N, die einen Körper von P_1(2 m| - 2 m| 1 m) nach P_2(3 m| 4 m| 5 m) bewegt, besitzt die Richtung des Vektors $\vec{r}$. Welche Arbeit W wird von der Kraft verrichtet?

$$\mathbf{r} = \begin{pmatrix} -1 \\ 3 \\ 2 \end{pmatrix} \cdot m$$

Beispiel 10:

Welche Arbeit verrichtet die Kraft $\vec{F} = \left(310 \cdot \vec{e_x} + 240 \cdot \vec{e_y} - 350 \cdot \vec{e_z}\right) \cdot N$, die einen Körper längs des Weges $\vec{s} = \left(-4 \cdot \vec{e_x} + 15 \cdot \vec{e_y} + 3 \cdot \vec{e_z}\right) \cdot m$ verschiebt?

Beispiel 11:

Eine Punktladung Q = 10^{-8} C soll in einem konstanten elektrischen Feld mit der Feldstärke $\vec{E}$ vom Punkt P_1(-2 m| 3 m| 4 m) aus geradlinig längs des Richtungsvektors $\vec{a}$ in positiver Richtung um 4 m verschoben werden. Welche Arbeit wird an der Punktladung verrichtet? Welchen Winkel φ bildet der an der Punktladung angreifende Kraftvektor $\vec{F}$ mit dem Verschiebungsvektor $\vec{s}$?

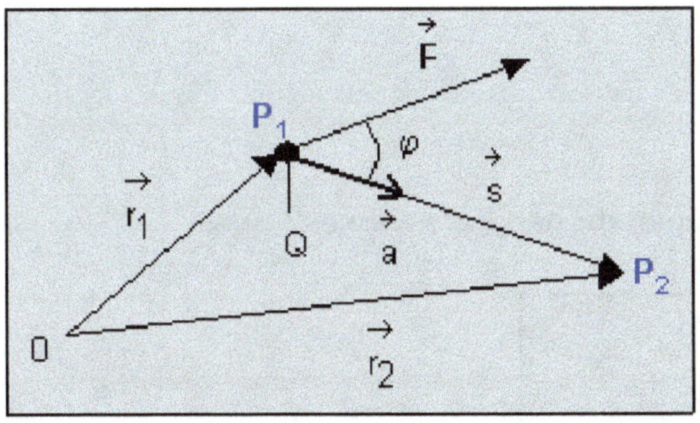

2.6.2 Vektorprodukt

Beispiel 1:

Berechnen Sie den Flächeninhalt des von den beiden Vektoren $\vec{a}$ und $\vec{b}$ aufgespannten Parallelogramms. Wie groß ist der Winkel φ zwischen $\vec{a}$ und $\vec{b}$?

$$\mathbf{a} := \begin{pmatrix} 2 \\ -4 \\ 1 \end{pmatrix} \cdot m \qquad \mathbf{b} := \begin{pmatrix} 1 \\ 6 \\ 5 \end{pmatrix} \cdot m$$

gegebene Vektoren

Beispiel 2:

Berechnen Sie das Vektorprodukt der gegebenen Vektoren $\vec{a}$ und $\vec{b}$ mithilfe der Determinante.

$$\mathbf{a} := \begin{pmatrix} -3 \\ 5 \\ -1 \end{pmatrix} \qquad \mathbf{b} := \begin{pmatrix} 2 \\ -3 \\ 6 \end{pmatrix}$$

Beispiel 3:

Wie groß ist der Flächeninhalt des Dreiecks mit den Eckpunkten A(2 m| 1 m| 0 m), B(4 m| 0 m| -2 m) und C(1 m| 1 m| 1 m)?

Beispiel 4:

Ein Elektron mit der Elementarladung e = 1.6 10^{-19} C tritt mit einer Geschwindigkeit $\vec{v}$ in ein räumlich und zeitlich konstantes Magnetfeld ein. Es erfährt dort eine Lorentz-Kraft von $\vec{F_L} = -e \cdot (\vec{v} \times \vec{B})$.

Wie groß ist die Kraftwirkung auf das Elektron, wenn $\vec{v}$ und die Flussdichte $\vec{B}$ des Magnetfeldes gegeben sind?

$$\mathbf{v} := \begin{pmatrix} 0 \\ 2000 \\ 0 \end{pmatrix} \cdot \frac{m}{s}$$ **gegebene Geschwindigkeit**

$$\mathbf{B} := \begin{pmatrix} 0.1 \\ 0 \\ 0 \end{pmatrix} \cdot \frac{V \cdot s}{m^2}$$ **gegebene Flussdichte (V s / m² = 1 T)**

Beispiel 5:

Wie groß sind die Stützkräfte $\vec{F_A}$ und $\vec{F_B}$ und deren Beträge des gegebenen Fachwerkes?

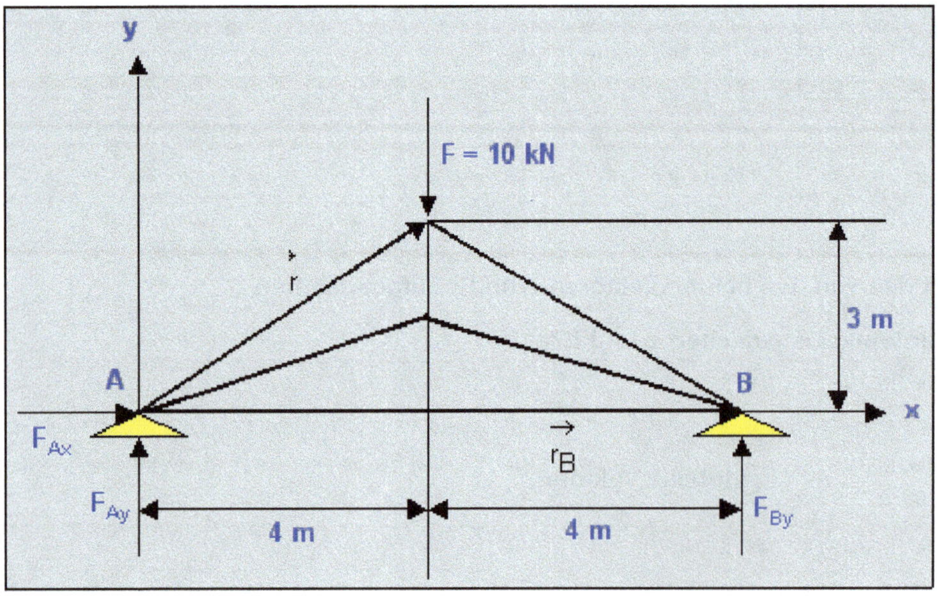

Beispiel 6:

Bestimmen Sie die Tangentialgeschwindigkeit eines Körper auf einer Kreisbahn, der sich mit der Winkelgeschwindigkeit ω um eine Drehachse dreht ($\vec{v} = \vec{\omega} \times \vec{r}$).

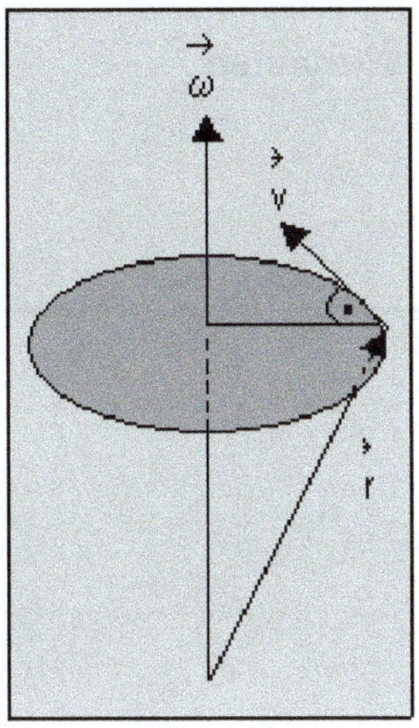

$$\omega = \begin{pmatrix} 0 \\ 0 \\ 10 \end{pmatrix} \cdot \frac{1}{s} \qquad r = \begin{pmatrix} 0.2 \\ 0.3 \\ 0.5 \end{pmatrix} \cdot m$$ **gegebene Vektoren**

Beispiel 7:

In einem geraden Leiter fließt ein Strom von I = 5 A. Der Leiter verlaufe in der x-y-Ebene eines Koordinatensystems mit einer Steigung von $\varphi = 30°$ zur x-Achse. Welche Kraft $\vec{F_L}$, zerlegt nach Betrag und Einheitsvektor, wirkt auf eine Länge von $L_0 = 8$ cm, wenn im Raum eine magnetische Flussdichte $\vec{B} = (1, 2, -3)^T$ herrscht?

$$\mathbf{F_L} = I \cdot (\mathbf{L} \times \mathbf{B}) = I \cdot \left[\begin{pmatrix} \mathbf{L_x} \\ \mathbf{L_y} \\ \mathbf{L_z} \end{pmatrix} \times \begin{pmatrix} \mathbf{B_x} \\ \mathbf{B_y} \\ \mathbf{B_z} \end{pmatrix} \right] = I \cdot L_0 \cdot \left| \begin{pmatrix} \cos(\varphi) & \mathbf{B_x} & \vec{\mathbf{e_x}} \\ \sin(\varphi) & \mathbf{B_y} & \vec{\mathbf{e_y}} \\ 0 & \mathbf{B_z} & \vec{\mathbf{e_z}} \end{pmatrix} \right|$$

2.6.3 Spatprodukt

Beispiel 1:

Bestimmen Sie das Volumen des durch die Vektoren $\vec{a}$, $\vec{b}$ und $\vec{c}$ aufgespannten Parallelepipeds (Spat).

$$\mathbf{a} := \begin{pmatrix} 1 \\ -1 \\ 3 \end{pmatrix} \quad \mathbf{b} := \begin{pmatrix} 2 \\ 3 \\ -2 \end{pmatrix} \quad \mathbf{c} := \begin{pmatrix} -1 \\ 2 \\ -3 \end{pmatrix}$$

Beispiel 2:

Liegen die Punkte A(6 | 9 | 4), B(0 | 5 | 2), C(0 | 0 | 4) und D(6 | 2 | 8) bzw. A_1(2 | -1 | -2), B_1(1 | 2 | 1), C_1(2 | 3 | 0) und D_1(5 | 0 | -6) in einer Ebene?

2.7. Analytische Geometrie

2.7.1 Teilung einer Strecke

Beispiel 1:

Gegeben sind zwei Punkte M(1 | 4) und A(-3 | 6). M ist der Mittelpunkt der Strecke $\overline{AB}$. Wie lauten die Koordinaten von B?

Beispiel 2:

Die Strecke $\overline{AB}$, mit A(-1 | -3) und B(7 | 1), wird in vier gleich lange Teilstrecken zerlegt. Berechnen Sie die Koordinaten der Teilungspunkte.

Beispiel 3:

Gegeben ist die Strecke $\overline{AB}$ mit A(-5 | 9) und B(9 | 2). Berechnen Sie die Koordinaten des inneren Teilungspunktes für das Verhältnis 5:2.

Beispiel 4:

Gegeben ist die Strecke $\overline{AB}$ mit A(-5 | 9) und B(9 | 2). Berechnen Sie die Koordinaten des äußeren Teilungspunktes für das Verhältnis 11:4.

Beispiel 5:

Von einem Dreieck ABC kennen wir den Schwerpunkt S(3 | 3 | 3) und zwei Eckpunkte B(-1 | -2 | -3), C(4 | 2 | 0). Wie lauten die Koordinaten des dritten Eckpunktes?

2.7.2 Geradendarstellung

Beispiel 1:

Wie lautet die Geradengleichung in Parameterdarstellung, wenn die Gerade g durch P_1(4 | -1) mit dem Richtungsvektor $\vec{a} = (-2 \quad 1)^T$ bzw. durch P_1(3 | -5 | 1) mit dem Richtungsvektor $\vec{a} = (-2 \quad 5 \quad -4)^T$ geht.

Beispiel 2:

Gegeben sind zwei Punkte A(-3 | 2 | 1) und B(-4 | 5 | 1) einer Geraden. Wie lautet die Geradengleichung? Bestimmen Sie für verschiedene λ jeweils einen Punkt der Geraden. Wie lautet die Geradengleichung, wenn der Einheitsvektor von A nach B als Richtungsvektor genommen wird? Wie lautet der Punkt, der drei Einheiten vom Punkt A entfernt liegt?

Beispiel 3:

Ermitteln Sie die Gleichungen der Trägergeraden der Schwerlinien des Dreiecks ABC mit A(-2 | 1), B(4 | -3) und C(2 | 3).

Beispiel 4:

Wie lautet die parameterfreie Form der Geradengleichung bei gegebener Vektorform in impliziter Form, expliziter Form und Achsenabschnittsform?

$\vec{x} = \begin{pmatrix} -1 \\ 3 \end{pmatrix} + \lambda \cdot \begin{pmatrix} -3 \\ -1 \end{pmatrix}$ gegebene Vektorform der Geradengleichung

Beispiel 5:

Aus einer gegebenen impliziten Form einer Geradengleichung g soll eine Parameterdarstellung angegeben werden.

g: $-4 \cdot x + 5 \cdot y = -2$ gegebene Geradengleichung

Beispiel 6:

Ermitteln Sie die Gleichung der Geraden g durch den Punkt P(-4 | -1) mit der Steigung k = 1/2 in Vektorform und Koordinatenform.

Beispiel 7:

Stellen Sie fest, ob die drei Punkte A, B und C auf einer Geraden liegen:
a) A(2 | 3), B(10 | 7), C(-6 | -1)
b) A(3 | 4 | -2), B(-1 | -3 | 5), C(-5 | -10 | 11)

Beispiel 8:

Wie lautet der Schnittpunkt der folgenden Geraden? Welchen Winkel schließen diese Geraden ein?

g_1: $\vec{x} = \begin{pmatrix} 1 \\ 0 \end{pmatrix} + \lambda \cdot \begin{pmatrix} 1 \\ 1 \end{pmatrix}$ g_2: $\vec{x} = \begin{pmatrix} 0 \\ 5 \end{pmatrix} + \mu \cdot \begin{pmatrix} 3 \\ -1 \end{pmatrix}$ gegebene Geradengleichungen

Beispiel 9:

Wie lautet der Schnittpunkt der folgenden Geraden? Welchen Winkel schließen diese Geraden ein?

g_1: $\vec{x} = \begin{pmatrix} 2 \\ 1 \\ 3 \end{pmatrix} + \lambda \cdot \begin{pmatrix} 0 \\ 1 \\ -1 \end{pmatrix}$ g_2: $\vec{x} = \begin{pmatrix} 1 \\ 1 \\ 1 \end{pmatrix} + \mu \cdot \begin{pmatrix} 1 \\ 0 \\ 2 \end{pmatrix}$ gegebene Geradengleichungen

Beispiel 10:

Berechnen Sie eine implizite Gleichung der Geraden g, die durch die Punkte A(3 | -4), B(-2 | 8) geht.

Beispiel 11:

Berechnen Sie die implizite Gleichung der Geraden g, die durch den Punkt P(2 | -5) geht und parallel zur Geraden g_1: -3 x - 2 y - 6 = 0 ist.

Beispiel 12:

Berechnen Sie die implizite Gleichung der Geraden g, die durch den Punkt P(-4 | -7) geht und die Steigung k = - 2/3 hat.

Beispiel 13:

Gegeben ist die explizite Darstellung einer Geraden g: y = - 4 x + 8. Wie lautet die Parameterdarstellung der Geraden?

Beispiel 14:

Wie lautet die parameterfreie Form der Geradengleichung?

$\vec{x} = \begin{pmatrix} 2 \\ 1 \end{pmatrix} + \lambda \cdot \begin{pmatrix} 2 \\ 3 \end{pmatrix}$ gegebene Geradengleichung in Parameterdarstellung

Beispiel 15:

Wie lautet die parameterfreie Form der Geradengleichung?

$\vec{x} = \begin{pmatrix} -1 \\ -3 \\ 2 \end{pmatrix} + \lambda \cdot \begin{pmatrix} -4 \\ -5 \\ 8 \end{pmatrix}$ gegebene Geradengleichung in Parameterdarstellung

Beispiel 16:

Eine Gerade sei gegeben durch g: $\vec{x} = \begin{pmatrix} -3 \\ 1 \end{pmatrix} + \lambda \cdot \begin{pmatrix} 4 \\ 7 \end{pmatrix}$

Bestimmen Sie den Normalabstand des Punkte P(3 | 2) von der Geraden. Wie lautet der Fußpunkt Q des Lotes von P auf g?

Beispiel 17:

Eine Gerade sei gegeben durch g: $\vec{x} = \begin{pmatrix} 2 \\ -3 \\ 4 \end{pmatrix} + \lambda \cdot \begin{pmatrix} 5 \\ 1 \\ -4 \end{pmatrix}$

Bestimmen Sie den Normalabstand des Punktes P(4 | -5 | 2) von der Geraden. Wie lautet der Fußpunkt Q des Lotes von P auf g ?

Beispiel 18:

Berechnen Sie den Normalabstand des Punktes P(6 | -2) von der Geraden g: $-4x + 3y + 7 = 0$.

Beispiel 19:

Wie groß ist der Abstand der Geraden g zur Geraden h?

g: $\vec{x} = \begin{pmatrix} 1 \\ -9 \\ 5 \end{pmatrix} + \lambda \cdot \begin{pmatrix} 0 \\ 3 \\ -1 \end{pmatrix}$ h: $\vec{x} = \begin{pmatrix} 8 \\ 8 \\ 4 \end{pmatrix} + \mu \cdot \begin{pmatrix} 4 \\ 3 \\ -3 \end{pmatrix}$

Beispiel 20:

Welche Lage besitzen die folgenden Geraden g_1 und g_2 zueinander? Bestimmen Sie gegebenenfalls Abstand, Schnittpunkt und Schnittwinkel.

g: $\vec{x} = \begin{pmatrix} 5 \\ 1 \\ 0 \end{pmatrix} + \lambda \cdot \begin{pmatrix} -2 \\ 1 \\ 3 \end{pmatrix}$ h: $\vec{x} = \begin{pmatrix} 1 \\ 1 \\ 5 \end{pmatrix} + \mu \cdot \begin{pmatrix} 6 \\ -3 \\ -9 \end{pmatrix}$

2.7.3 Ebenendarstellung

Beispiel 1:

Wie lautet die Ebenengleichung in Parameterdarstellung, wenn die Ebene E durch $P_1(-2 \mid 6 \mid -1)$ verläuft und ihre Richtungsvektoren $\vec{a} = (-3 \;\; -2 \;\; 8)^T$ und $\vec{b} = (-2 \;\; 3 \;\; 5)^T$ sind?

Beispiel 2:

Gegeben sind die Punkte A(2 | -2 | 5), B(1 | 2 | -4) und C(3 | -5 | 7) einer Ebene. Wie lautet die Ebenengleichung? Bestimmen Sie für verschiedene λ und μ jeweils einen Punkt der Ebene.

Beispiel 3:

Wie lautet die parameterfreie Form der Ebenengleichung?

$$\vec{x} = \begin{pmatrix} -1 \\ 2 \\ -1 \end{pmatrix} + \lambda \cdot \begin{pmatrix} 3 \\ -4 \\ -5 \end{pmatrix} + \mu \cdot \begin{pmatrix} 7 \\ 2 \\ -3 \end{pmatrix}$$ gegebene Ebenengleichung in Parameterdarstellung

Beispiel 4:

Ermitteln Sie eine Parameterform der Ebenengleichung, wenn die implizite Form der Ebenengleichung gegeben ist.

E: $-2 \cdot x - 5 \cdot y - z = -4$ gegebene implizite Ebenengleichung

Beispiel 5:

Liegt der Punkt P(3| 1 | -3) in der nachfolgend gegebenen Ebene?

$$\vec{x} = \begin{pmatrix} 1 \\ 1 \\ 1 \end{pmatrix} + \lambda \cdot \begin{pmatrix} -1 \\ 0 \\ 3 \end{pmatrix} + \mu \cdot \begin{pmatrix} 0 \\ -1 \\ 2 \end{pmatrix}$$ gegebene Ebene

Beispiel 6:

Bestimmen Sie die Gleichung der Ebene, die den Punkt $P_1(-1 \mid 2 \mid 5)$ enthält und auf der der Normalvektor $\vec{n}$ steht.

$$\mathbf{n} = \begin{pmatrix} -2 \\ 1 \\ -3 \end{pmatrix}$$ gegebener Normalvektor

Beispiel 7:

Bestimmen Sie die Gleichung der Ebene, die den Punkt $P_1(-2 \mid 5 \mid 2)$ enthält und auf der ein Normalvektor $\vec{n}$ steht. Wie lautet die Hesse'sche Normalform der Ebenengleichung?

$\mathbf{n} = 3 \cdot \mathbf{e_x} + 5 \cdot \mathbf{e_y} - 3 \cdot \mathbf{e_z}$ gegebener Normalvektor in Komponentendarstellung

Beispiel 8:

Wie lautet die Hesse'sche Normalform der Ebene $\vec{x} = \begin{pmatrix} 1 \\ -2 \\ -5 \end{pmatrix} + \lambda \cdot \begin{pmatrix} 1 \\ 2 \\ 3 \end{pmatrix} + \mu \cdot \begin{pmatrix} -4 \\ 5 \\ -7 \end{pmatrix}$?

Beispiel 9:

Gegeben ist ein Punkt $P_1(-3 \mid 1 \mid 10)$ und ein Normalvektor $\vec{n} = (-2 \quad 2 \quad -3)^T$ einer Ebene.
Bestimmen Sie den Normalabstand des Punktes P(-10 | 5 | 15) zur Ebene.

Beispiel 10:

Berechnen Sie den Normalabstand des Punktes P(10 | -5 | 5) von der Ebene E: $-10x + 5y + 3z + 6 = 0$.

Beispiel 11:

Wie groß ist der Abstand zwischen der Geraden g und der Ebene E?

$\vec{x} = \begin{pmatrix} 5 \\ 3 \\ 6 \end{pmatrix} + \lambda \cdot \begin{pmatrix} 2 \\ 5 \\ 1 \end{pmatrix}$ gegebene Gerade g

$3 \cdot x - y - z - 1 = 0$ gegebene Ebene E

Beispiel 12:

Eine Ebene und eine Gerade sind gegeben durch:
E: $P_0(3 \mid 4 \mid 1)$ und $\vec{n} = (2 \quad -1 \quad 1)^T$
g: $P_1(2 \mid 1 \mid 5)$ und $\vec{a} = (3 \quad -4 \quad 0)^T$
Bestimmen Sie den Schnittpunkt der Geraden mit der Ebene und den Winkel zwischen Gerader und Ebene.

Beispiel 13:

Bestimmen Sie den Schnittpunkt einer Geraden mit einer Ebene.

$\mathbf{OX}(\lambda_1) := \begin{pmatrix} 1 \\ 2 \\ -3 \end{pmatrix} + \lambda_1 \cdot \begin{pmatrix} 2 \\ 1 \\ -1 \end{pmatrix}$ gegebene Gerade

$\mathbf{OE}(\lambda, \mu) := \begin{pmatrix} -1 \\ 2 \\ -1 \end{pmatrix} + \lambda \cdot \begin{pmatrix} 2 \\ 3 \\ -1 \end{pmatrix} + \mu \cdot \begin{pmatrix} 4 \\ -3 \\ -7 \end{pmatrix}$ gegebene Ebene

Beispiel 14:

Bestimmen Sie den Schnittpunkt einer Geraden mit einer Ebene.

$$OX(\lambda) = \begin{pmatrix} 1 \\ 2 \\ 3 \end{pmatrix} + \lambda \cdot \begin{pmatrix} -1 \\ 1 \\ 2 \end{pmatrix}$$ **gegebene Gerade**

$3 \cdot x + 5 \cdot y + 4 \cdot z = 25$ **gegebene Ebene**

Beispiel 15:

Gegeben sind zwei Ebenen. Wie groß ist der Abstand der beiden Ebenen, wenn sie parallel liegen?

E_1: $P_1(3 \mid 5 \mid 6)$ und $\vec{n_1} = (1 \quad 3 \quad -2)^T$

E_2: $P_2(1 \mid 5 \mid -2)$ und $\vec{n_2} = (-3 \quad -9 \quad 6)^T$

Beispiel 16:

Bestimmen Sie die Schnittgerade g und den Schnittwinkel der nachfolgend gegebenen Ebenen.

$$E_1(\lambda,\mu) := \begin{pmatrix} 1 \\ 0 \\ 1 \end{pmatrix} + \lambda \cdot \begin{pmatrix} 1 \\ 1 \\ 3 \end{pmatrix} + \mu \cdot \begin{pmatrix} 2 \\ 1 \\ 5 \end{pmatrix}$$

gegebene Ebenen

$$E_2(\lambda,\mu) := \begin{pmatrix} 1 \\ 1 \\ -2 \end{pmatrix} + \lambda \cdot \begin{pmatrix} -1 \\ -1 \\ 1 \end{pmatrix} + \mu \cdot \begin{pmatrix} 1 \\ -2 \\ 2 \end{pmatrix}$$

2.7.4 Darstellung nichtlinearer geometrischer Gebilde

Beispiel 1:

Repräsentiert die nachfolgende algebraische Gleichung einen Kreis? Bestimmen Sie allenfalls den Mittelpunkt und den Radius.

$x^2 + y^2 + 2 \cdot x + 4 \cdot y + 10 = 0$ **gegebene algebraische Gleichung**

Beispiel 2:

Stellen Sie die Gleichung des folgenden Kreises auf: M(7 | 1), r = 5.

Beispiel 3:

Ermitteln Sie die Schnittpunkte, falls vorhanden, einer Geraden g mit einem Kreis.

$x^2 + 2 \cdot x + y^2 + 14 \cdot y + 1 = 0$ **gegebene Kreisgleichung**

$x + 2 \cdot y = -1$ **gegebene Geradengleichung**

Beispiel 4:

Ermitteln Sie den Schnittpunkt, falls vorhanden, einer Geraden g mit einem Kreis. Stellen Sie, wenn möglich, die Tangentengleichung im Berührungspunkt auf.

$(x + 12)^2 + (y - 8)^2 = 36$ gegebene Kreisgleichung

$5 \cdot x - 12 \cdot y = 71$ gegebene Geradengleichung

Beispiel 5:

Errichten Sie von einem Punkt P(2 | 5) aus die Tangenten an den folgenden Kreis:

$(x - 2)^2 + (y - 5)^2 = 9$

Beispiel 6:

Wird durch die gegebene Kegelschnittgleichung eine Ellipse beschrieben? Wenn ja, bestimmen Sie die Ellipsengleichung.

$2 \cdot x^2 + 5 \cdot y^2 - 3 \cdot x - 2 \cdot y - 20 = 0$

Beispiel 7:

Ermitteln Sie die Schnittpunkte, falls vorhanden, einer Geraden g mit einer Ellipse.

$9 \cdot x^2 + 4 \cdot y^2 = 36$ gegebene Ellipsengleichung

$4 \cdot x + 5 \cdot y = 20$ gegebene Gerade

Beispiel 8:

Ermitteln Sie den Schnittpunkt, falls vorhanden, einer Geraden g mit einer Ellipse. Stellen Sie, wenn möglich, die Tangentengleichung im Berührungspunkt auf.

$5 \cdot x^2 + 2 \cdot y^2 = 36$ gegebene Ellipsengleichung

$-3 \cdot x + 2 \cdot y = 1$ gegebene Geradengleichung

Beispiel 9:

Wird durch die gegebene Kegelschnittgleichung eine Hyperbel beschrieben? Wenn ja, bestimmen Sie die Hyperbelgleichung.

$5 \cdot x^2 - 2 \cdot y^2 - 4 \cdot x + 6 \cdot y - 58 = 0$

Beispiel 10:

Ermitteln Sie die Schnittpunkte, falls vorhanden, einer Geraden g mit einer Hyperbel.

$x^2 - y^2 = 15$ gegebene Hyperbelgleichung

$3 \cdot x - y = 10$ gegebene Gerade

Beispiel 11:

Ermitteln Sie den Schnittpunkt, falls vorhanden, einer Geraden g mit einer Hyperbel. Stellen Sie, wenn möglich, die Tangentengleichung im Berührungspunkt auf.

$\frac{1}{2} \cdot x^2 - y^2 = 1$ gegebene Hyperbelgleichung

$y = x - 1$ gegebene Geradengleichung

Beispiel 12:

Wird durch die gegebene Kegelschnittgleichung eine Parabel beschrieben? Wenn ja, bestimmen Sie die Parabelgleichung.

$2 \cdot y^2 + 5 \cdot x - 2 \cdot y + 4 = 0$

Beispiel 13:

Ermitteln Sie die Schnittpunkte, falls vorhanden, einer Geraden g mit einer Parabel.

$4 \cdot y^2 = x$ gegebene Parabelgleichung

$x - 2 \cdot y = 6$ gegebene Gerade

Beispiel 14:

Ermitteln Sie den Schnittpunkt, falls vorhanden, einer Geraden g mit einer Hyperbel. Stellen Sie, wenn möglich, die Tangentengleichung im Berührungspunkt auf.

$y^2 = 4 \cdot x$ gegebene Parabelgleichung

$y = \frac{1}{2} \cdot x + 2$ gegebene Geradengleichung

Beispiel 15:

Stellen Sie grafisch eine Kugel und eine schneidende Ebene in einem Koordinatensystem dar (Quickplot).

$z = \frac{-1}{2} \cdot x - \frac{1}{2} \cdot y + 1$ gegebene Ebene

$x(\varphi, \theta) = 3 \cdot \sin(\theta) \cdot \cos(\varphi)$

$y(\varphi, \theta) = 3 \cdot \sin(\theta) \cdot \sin(\varphi)$ gegebener Kreis in Parameterdarstellung

$z(\varphi, \theta) = 3\cos(\theta)$

Beispiel 16:

Stellen Sie grafisch ein Ellipsoid für folgende gegebene Halbachsen dar:

$x = 5 \cdot \sin(\theta) \cdot \cos(\varphi)$

$y = 3 \cdot \sin(\theta) \cdot \sin(\varphi)$ Parameterdarstellung der Ellipse

$z = 2 \cdot \cos(\theta)$

Beispiel 17:

Stellen Sie grafisch ein einschaliges Hyperboloid dar.

$x = \sqrt{3^2 + z^2} \cdot \cos(\varphi)$

$y = \sqrt{3^2 + z^2} \cdot \sin(\varphi)$ — **Parameterdarstellung des Hyperboloids**

$z = z$

Beispiel 17:

Stellen Sie grafisch einen Kegel dar.

$i := 0..30 \qquad j := 0..30$

$\varphi_i := i \cdot \frac{2 \cdot \pi}{30} \qquad \mathbf{r}_j := j \cdot \frac{10}{30}$

$\mathbf{x1}_{i,j} := \mathbf{r}_j \cos(\varphi_i)$

$\mathbf{y1}_{i,j} := \mathbf{r}_j \sin(\varphi_i)$ — **Parametergleichungen für einen Kegel und seine Spiegelung**

$\mathbf{z1}_{i,j} := 1.5\,\mathbf{r}_j$

$\mathbf{z2} := -\mathbf{z1}$

Beispiel 18:

Stellen Sie ein elliptisches Paraboloid grafisch dar.

$a := 3 \qquad b := 2 \qquad c := 1$ — **gegebene Daten**

$z = c \cdot \left(\frac{x^2}{a^2} + \frac{y^2}{b^2}\right)$

Beispiel 19:

Stellen Sie einen elliptischen Zylinder grafisch dar.

$a := 5 \qquad b := 1$ — **gegebene Halbachsen**

$x = 4 \cdot \cos(\varphi)$

$y = 2 \cdot \sin(\varphi)$ — **Parameterdarstellung eines elliptischen Zylinders**

$z = z$

3. Matrizenrechnung

3.1 Reelle Matrizen

Beispiel 1:

Bilden Sie A + B, A - B, A B, 2 C + D, - 4 C - 6 D und C D auf konventionelle Art und mithilfe von Mathcad numerisch und symbolisch.

$$\mathbf{A} := \begin{pmatrix} -2 & -5 \\ 1 & -4 \end{pmatrix} \qquad \mathbf{B} := \begin{pmatrix} 3 & 1 \\ -5 & 2 \end{pmatrix}$$

gegebene Matrizen

$$\mathbf{C} := \begin{pmatrix} 6 & 9 & 4 \\ -3 & 5 & -2 \\ 0 & -9 & 1 \end{pmatrix} \qquad \mathbf{D} := \begin{pmatrix} 5 & -2 & 6 \\ 0 & 1 & -2 \\ 5 & 2 & -7 \end{pmatrix}$$

Beispiel 2:

Berechnen Sie: A A = A^2 und B B B = B^3.

$$\mathbf{A} := \begin{pmatrix} 3 & 2 & 6 \\ -7 & 2 & -1 \\ 8 & 0 & -5 \end{pmatrix} \qquad \mathbf{B} := \begin{pmatrix} 1 & -3 & -8 \\ 2 & 5 & -1 \\ 9 & 2 & 4 \end{pmatrix}$$

gegebene Matrizen

Beispiel 3:

Bilden Sie A^T und B^T auf konventionelle Art und mithilfe von Mathcad numerisch und symbolisch. Wie lauten die Zeilen- und Spaltenvektoren der gegebenen Matrix A? Wandeln Sie zeilenweise und spaltenweise die Matrix A in einem Vektor um.

$$\mathbf{A} := \begin{pmatrix} 1 & 7 & 4 \\ -3 & 9 & 2 \end{pmatrix} \qquad \mathbf{B} := \begin{pmatrix} -4 & 5 \\ 1 & 4 \\ -2 & 8 \end{pmatrix}$$

gegebene Matrizen

Beispiel 3:

Gilt für die gegebene Matrix A: $A^T = A$ und für $B^T = -B$? Wenn ja, warum?

$$\mathbf{A} := \begin{pmatrix} 1 & 1 & -2 \\ 1 & 3 & -3 \\ -2 & -3 & 4 \end{pmatrix} \qquad \mathbf{B} := \begin{pmatrix} 2 & 2 & -5 \\ -2 & 0 & -1 \\ 5 & 1 & 3 \end{pmatrix}$$

gegebene Matrizen

Beispiel 4:

Wie lauten die Determinanten der gegebenen Matrizen? Berechnen Sie die Determinanten zum Vergleich auch mit Mathcad auf verschiedene Art und Weise.

$$\mathbf{A} := \begin{pmatrix} -1 & 2 \\ 5 & -2 \end{pmatrix} \qquad \mathbf{B} := \begin{pmatrix} 4 & 5 & 3 \\ 3 & -2 & 1 \\ 0 & 3 & 1 \end{pmatrix} \qquad \left| \begin{pmatrix} 3-\lambda & 2 \\ -1 & 4-\lambda \end{pmatrix} \right|$$

gegebene Matrizen

Beispiel 5:

Berechnen Sie mit der Regel von Sarrus die Determinanten folgender Matrizen:

$$\mathbf{A} := \begin{pmatrix} 1 & 5 & 8 \\ 3 & 5 & 9 \\ -2 & 7 & 10 \end{pmatrix} \qquad \mathbf{B} := \begin{pmatrix} 5 & 0 & 1 \\ -3 & 8 & 9 \\ 1 & 1 & 2 \end{pmatrix}$$

Beispiel 6:

Wie lautet der Wert folgender Determinanten? (Berechnung mithilfe des Entwicklungssatzes von Laplace und mithilfe von Mathcad.)

$$\left|\begin{pmatrix} 1 & 4 & 1 & 5 \\ -3 & 1 & 0 & 3 \\ 1 & 2 & 1 & 6 \\ 0 & 3 & 3 & 0 \end{pmatrix}\right| \qquad \left|\begin{pmatrix} 1 & 0 & 8 & 2 \\ 1 & 2 & 2 & 2 \\ 0 & 1 & 4 & 1 \\ 3 & 0 & 2 & -4 \end{pmatrix}\right|$$

Beispiel 7:

Warum verschwinden die nachfolgend gegebenen Determinanten?

$$\det(\mathbf{A}) = \left|\begin{pmatrix} 1 & 0 & -4 \\ 7 & 0 & 8 \\ 0 & 0 & 2 \end{pmatrix}\right| \qquad \det(\mathbf{A}) = \left|\begin{pmatrix} 1 & -2 & 3 \\ -4 & 8 & 0 \\ \frac{1}{2} & -1 & 3 \end{pmatrix}\right|$$

Beispiel 8:

Berechnen Sie durch elementare Umformungen den Wert der folgenden Determinante:

$$|\mathbf{A}| = \left|\begin{pmatrix} 4 & 6 & 8 \\ 3 & 1 & 4 \\ -2 & 4 & 0 \end{pmatrix}\right|$$

Beispiel 9:

Wie lautet das Drehmoment M = r x F für r = (1 - 2 6)^T m und F = (10 12 20)^T N?

$$\vec{M} = \vec{r} \times \vec{F} = \left|\begin{pmatrix} \vec{e}_x & \vec{e}_y & \vec{e}_z \\ r_x & r_y & r_z \\ F_x & F_y & F_z \end{pmatrix}\right|$$

Beispiel 10:

Sind folgende Vektoren komplanar (d. h., liegen sie in einer Ebene)?

$$\mathbf{a} := \begin{pmatrix} 1 \\ 2 \\ 2 \end{pmatrix} \qquad \mathbf{b} := \begin{pmatrix} 0 \\ -4 \\ 3 \end{pmatrix} \qquad \mathbf{c} := \begin{pmatrix} 3 \\ -6 \\ 15 \end{pmatrix}$$

Zeigen Sie, dass das folgende Spatprodukt verschwindet:

$$\mathbf{a} \cdot (\mathbf{b} \times \mathbf{c}) = \left| \begin{pmatrix} a_x & a_y & a_z \\ b_x & b_y & b_z \\ c_x & c_y & c_z \end{pmatrix} \right|$$

Beispiel 11:

Sind die gegebenen Matrizen regulär oder singulär?

$$\mathbf{A} := \begin{pmatrix} 1 & 2 & 5 \\ 2 & 4 & -3 \\ -3 & 0 & 2 \end{pmatrix} \qquad \mathbf{B} := \begin{pmatrix} 4 & 1 & -3 \\ 0 & 1 & 1 \\ -8 & 1 & 9 \end{pmatrix}$$

Beispiel 12:

Gibt es für die Matrizen A, B und C eine inverse Matrix? Wenn ja, wie lauten sie?

$$\mathbf{A} := \begin{pmatrix} -1 & 3 & 2 \\ -4 & 1.5 & -5 \\ -2.3 & 1 & 3 \end{pmatrix} \qquad \mathbf{B} = \begin{pmatrix} \frac{1}{\sqrt{2}} & \frac{1}{\sqrt{2}} \\ \frac{-1}{\sqrt{2}} & \frac{1}{\sqrt{2}} \end{pmatrix} \qquad \mathbf{C} := \begin{pmatrix} 3 & 1 & 4 \\ 0 & 1 & -2 \\ 1 & 2 & 0 \end{pmatrix}$$

Beispiel 13:

Bestimmen Sie die inverse Matrix von A, falls vorhanden, unter Anwendung des Gauß-Jordan-Algorithmus.

$$\mathbf{A} := \begin{pmatrix} 3 & 4 & 9 \\ -4 & 1 & 5 \\ 2 & -6 & 5 \end{pmatrix}$$

Beispiel 14:

Sind die nachfolgend gegebenen Transformationsmatrizen S und D orthogonal?

$$\mathbf{S} := \begin{pmatrix} 1 & 0 & 0 \\ 0 & 1 & 0 \\ 0 & 0 & -1 \end{pmatrix}$$ **Spiegelung eines Raumpunktes um die x-y-Ebene**

$$\mathbf{D} = \begin{pmatrix} \cos(\alpha) & \sin(\alpha) & 0 \\ -\sin(\alpha) & \cos(\alpha) & 0 \\ 0 & 0 & 1 \end{pmatrix}$$ **Drehung des räumlichen Koordinatensystems um die z-Achse**

Beispiel 15:

Bestimmen Sie den Rang der gegebenen Matrizen auf verschiedene Art und Weise:

$$\mathbf{A} := \begin{pmatrix} 2 & 3 & 0 \\ 0 & 5 & 7 \\ -2 & 1 & 8 \end{pmatrix} \qquad \mathbf{B} := \begin{pmatrix} 1 & 2 & 2 & 9 \\ -3 & 1 & 1 & -5 \\ 8 & 1 & -2 & 6 \end{pmatrix} \qquad \mathbf{C} := \begin{pmatrix} 1 & 0 & -3 \\ 2 & 3 & 4 \\ 6 & 10 & 5 \\ 7 & 2 & 1 \end{pmatrix}$$

Beispiel 16:

Berechnen Sie die Spur der folgenden Matrizen:

$$\mathbf{A} := \begin{pmatrix} 1 & -3 & 0 & 1 \\ 2 & -4 & 5 & -1 \\ -5 & 1 & 8 & -9 \\ 4 & -7 & 8 & 10 \end{pmatrix} \qquad \mathbf{B} := \begin{pmatrix} 6 & 1 \\ 0 & 9 \end{pmatrix}$$

Beispiel 17:

Bestimmen Sie die verallgemeinerte inverse Matrix zu A.

$$\mathbf{A} := \begin{pmatrix} 2 & 10 & 3 \\ 1 & 3 & 5 \\ -2 & -2 & -7 \end{pmatrix}$$

Beispiel 18:

Aus den Hypervektoren A und B soll die Hypermatrix (Produktmatrix) C = A B gebildet werden. Wie lautet dazu die transponierte Matrix von C?

$$\mathbf{A_1} := \begin{pmatrix} 3 & 1 \\ -3 & 5 \end{pmatrix} \qquad \mathbf{A_2} := \begin{pmatrix} -1 & 1 \\ 4 & 5 \end{pmatrix} \qquad \mathbf{B_1} := \begin{pmatrix} -5 & 9 \\ -1 & 2 \end{pmatrix} \qquad \mathbf{B_2} := \begin{pmatrix} 7 & 1 \\ 2 & 2 \end{pmatrix}$$ gegebene Matrizen

$$\mathbf{A} := \begin{pmatrix} \mathbf{A_1} \\ \mathbf{A_2} \end{pmatrix} \qquad \mathbf{B} := \begin{pmatrix} \mathbf{B_1} & \mathbf{B_2} \end{pmatrix}$$ Hypervektoren

Beispiel 19:

Stellen Sie die gegebenen Ortsvektoren als Vektorpfeile in einem kartesischen Koordinatensystem dar.

$$\mathbf{a} := \begin{pmatrix} -3 \\ 3 \end{pmatrix} \qquad \mathbf{b} := \begin{pmatrix} 5 \\ -4 \end{pmatrix}$$

Beispiel 20:

Geben Sie eine Cholesky-Zerlegung der Matrix A an.

$$\mathbf{A} := \begin{pmatrix} 3 & -4 & 2 \\ 1 & 5 & -6 \\ -5 & -1 & 20 \end{pmatrix}$$

Beispiel 21:

Geben Sie eine PLU-Zerlegung der Matrix A an.

$$\mathbf{A} := \begin{pmatrix} 3 & -4 & 2 \\ 1 & 5 & -6 \\ -5 & -1 & 20 \end{pmatrix}$$

Beispiel 22:

Geben Sie eine UO-Zerlegung der Matrix A an.

$$\mathbf{A} := \begin{pmatrix} -3 & 4 & -2 \\ 5 & 2.5 & 1.3 \\ -5 & 5 & 1.6 \\ 0 & 3.3 & -4 \end{pmatrix}$$

Beispiel 23:

Geben Sie eine UDV-Zerlegung der Matrix A an.

$$\mathbf{A} := \begin{pmatrix} 2 & 9 \\ 1 & -3 \\ 2 & 5 \end{pmatrix}$$

Beispiel 24:

Besitzt das folgende Gleichungssystem eine Lösung (m > n)? Wenn ja, dann lösen Sie das Gleichungssystem mit allen zur Verfügung stehenden Methoden.

$$\begin{aligned} 2x_1 - x_2 - x_3 &= -3 \\ x_1 + 5x_3 &= 8 \\ -3x_1 + x_2 - 2x_3 &= 0 \\ 4x_1 - x_2 &= 1 \end{aligned}$$

Beispiel 25:

Besitzt das folgende Gleichungssystem eine Lösung?

$$\begin{aligned} 2x_1 - 2x_2 &= 6 \\ -x_1 + 3x_2 &= 2 \\ 4x_1 + 3x_2 &= 1 \end{aligned}$$

Beispiel 26:

Besitzt das folgende Gleichungssystem eine Lösung?

$$\begin{aligned} x_1 + 5x_2 - 5x_3 &= 9 \\ 4x_1 - x_2 &= 0 \\ 3x_1 + x_2 + 2x_3 &= -10 \end{aligned}$$

Beispiel 27:

Lösen Sie, wenn möglich, mit allen zur Verfügung stehenden Methoden, folgendes quadratische Gleichungssystem:

$$-2 \cdot x_1 + 4 \cdot x_2 + 5 \cdot x_3 = -1$$

$$-3 \cdot x_1 + 7 \cdot x_2 + 5 \cdot x_3 = 8$$

$$2 \cdot x_1 + 3 \cdot x_2 + 9 \cdot x_3 = 10$$

Beispiel 28:

Lösen Sie, wenn möglich, mit allen zur Verfügung stehenden Methoden, folgendes quadratische Gleichungssystem:

$$10 \cdot x_1 - 4 \cdot x_2 + 5 \cdot x_3 = -13$$

$$2 \cdot x_1 + 8 \cdot x_2 - 7 \cdot x_3 = 35$$

$$7 \cdot x_1 - x_2 + 9 \cdot x_3 = 20$$

3.2 Komplexe Matrizen

Beispiel 1:

Bilden Sie $\underline{A} + \underline{B}$, $\underline{A} - \underline{B}$, $3\,\underline{A} - 8\,\underline{B}$, und $\underline{A}\,\underline{B}$.

$$\underline{A} := \begin{pmatrix} 2-3j & j & 4-3\cdot j \\ 1+j & 2-2\cdot j & -5+9\cdot j \\ 0 & -j & -2\cdot j \end{pmatrix} \qquad \underline{B} := \begin{pmatrix} 2-2\cdot j & 7-9\cdot j & 10+j \\ 2 & -j & -3+4\cdot j \\ 7-9\cdot j & 1-4\cdot j & -20 \end{pmatrix}$$

Beispiel 2:

Berechnen Sie: $\underline{A}\,\underline{A} = \underline{A}^2$ und $\underline{B}\,\underline{B}\,\underline{B} = \underline{B}^3$.

$$\underline{A} := \begin{pmatrix} j & 2-j \\ -4\cdot j & 4+3\cdot j \end{pmatrix} \qquad \underline{B} := \begin{pmatrix} -3+j & 6-j \\ 2+4\cdot j & -2 \end{pmatrix}$$

Beispiel 3:

Bilden Sie $\underline{A}^T$ und $\underline{B}^T$ auf konventionelle Art und mithilfe von Mathcad numerisch und symbolisch. Wie lauten die Zeilen- und Spaltenvektoren der gegebenen Matrix $\underline{A}$?

$$\underline{A} := \begin{pmatrix} j & 2+j & 5 \\ -2+4\cdot j & 3+2\cdot j & 2\cdot j \end{pmatrix} \qquad \underline{B} := \begin{pmatrix} -2\cdot j & 7-3\cdot j \\ 4 & 4-7\cdot j \\ -10 & 6+1\cdot j \end{pmatrix}$$

Beispiel 4:

Gibt es für die Matrix A eine inverse Matrix? Wenn ja, wie lautet sie?

$$\underline{A} := \begin{pmatrix} -1-j & 5+2\cdot j & -3+5\cdot j \\ 5.5-6\cdot j & 10+3\cdot j & -10 \\ 8-j & -4\cdot j & j \end{pmatrix}$$

Beispiel 5:

Bilden Sie die zugehörige komplexe Matrix und die konjugiert transponierte Matrix.

$$\underline{A} := \begin{pmatrix} 2-j & -3+5\cdot j & -1+7\cdot j \\ 6\cdot j & 1+3\cdot j & -2.4 \\ 4.2-j & -2\cdot j & -j \end{pmatrix}$$

Beispiel 6:

Welche der nachfolgend angegebenen Matrizen sind hermitesch, und welche sind schiefhermitesch?

$$\underline{A} := \begin{pmatrix} 1 & j & 0 \\ -j & 0 & 1 \\ 0 & 1 & 1 \end{pmatrix} \qquad \underline{B} := \begin{pmatrix} 1 & 2-j & 1-2\cdot j \\ 2+j & 1 & 5-4\cdot j \\ 1-2\cdot j & 5+4\cdot j & 0 \end{pmatrix} \qquad \underline{C} := \begin{pmatrix} -2\cdot j & -1-j \\ 1-j & -3\cdot j \end{pmatrix}$$

Beispiel 7:

Sind die nachfolgend angegebenen Matrizen unitär?

$$\underline{A} := \frac{1}{\sqrt{12}} \cdot \begin{pmatrix} 2 & 1-\sqrt{3}\cdot j & -1-\sqrt{3}\cdot j \\ -2\cdot j & \sqrt{3}-j & \sqrt{3}+j \\ -2 & 2 & -2 \end{pmatrix} \qquad \underline{B} := \begin{pmatrix} j & 0 \\ 0 & j \end{pmatrix}$$

Beispiel 8:

Wie lautet die Lösung des folgenden komplexen Gleichungssystems?

$$\begin{pmatrix} 2+j & j \\ 5-j & 8-3\cdot j \end{pmatrix} \cdot \mathbf{x} = \begin{pmatrix} 2-j \\ 2-3\cdot j \end{pmatrix}$$

3.3 Eigenwerte und Eigenvektoren einer quadratischen Matrix

Beispiel 1:

Wie lauten die Eigenwerte, Eigenvektoren, Spur und Determinante der nachfolgend gegebenen Matrix?

$$\mathbf{A} := \begin{pmatrix} 3 & 4 \\ -1 & 5 \end{pmatrix}$$

Beispiel 2:

Wie lauten die Eigenwerte, Eigenvektoren, Spur und Determinante der nachfolgend gegebenen Matrix?

$$\mathbf{A} := \begin{pmatrix} 1 & 1 \\ -1 & 1 \end{pmatrix}$$

Beispiel 3:

Wie lauten die Eigenwerte, Eigenvektoren, Spur und Determinante der nachfolgend gegebenen Matrix?

$$\mathbf{A} := \begin{pmatrix} 2 & 1 & 1 \\ 2 & 3 & 4 \\ -1 & -1 & -2 \end{pmatrix}$$

Beispiel 4:

Wie lauten die Eigenwerte und Eigenvektoren der nachfolgend gegebenen Matrix?

$$\underline{\mathbf{A}} := \begin{pmatrix} 2 \cdot j & 1 - j & 1 \\ 3 \cdot j & 5 & -2 \cdot j \\ 3 & 4 + j & 10 \end{pmatrix}$$

Beispiel 5:

Zeigen Sie, dass die aus den Eigenvektoren der Matrix A gebildete Matrix orthogonal ist.

$$\mathbf{A} := \begin{pmatrix} 7 & 2 & 0 \\ 2 & 6 & 2 \\ 0 & 2 & 5 \end{pmatrix}$$

Beispiel 6:

Wie lauten die Eigenwerte und Eigenvektoren der folgenden symmetrischen Matrizen?

$$\mathbf{A} := \begin{pmatrix} 1 & 2 \\ 2 & -3 \end{pmatrix} \qquad \mathbf{B} := \begin{pmatrix} -2 & -5 \\ -5 & 6 \end{pmatrix}$$

Beispiel 7:

Wie lauten die Eigenwerte und Eigenvektoren der folgenden schiefsymmetrischen Matrix?

$$\mathbf{A} := \begin{pmatrix} 0 & -3 & 3 \\ 3 & 0 & -1 \\ 3 & 1 & 0 \end{pmatrix}$$

Beispiel 8:

Wie lauten die Eigenwerte und Eigenvektoren der folgenden hermiteschen Matrix?

$$\underline{\mathbf{A}} := \begin{pmatrix} 5 & 2 \cdot j \\ -2 \cdot j & 1 \end{pmatrix}$$

Beispiel 9:

Wie lauten die Eigenwerte, Eigenvektoren des nachfolgend gegebenen verallgemeinerten Eigenwertproblems A x = λ B x?

$$\mathbf{A} := \begin{pmatrix} 1 & 3 \\ 2 & 9 \end{pmatrix} \qquad \mathbf{B} := \begin{pmatrix} -3 & 4 \\ -5 & 1 \end{pmatrix}$$

Beispiel 10:

Die nachfolgende Matrix soll mit den angeführten Normen normiert werden. Falls es möglich ist, berechnen Sie auch die Konditionszahlen.

$$\mathbf{A} := \begin{pmatrix} 2.8 & -5 & 5.3 \\ -1 & 6 & -4 \\ -2 & 1 & 4.7 \end{pmatrix}$$

3.5 Anwendungen der Matrizenrechnung

3.5.1 Anwendung der Matrizenrechnung in der Elektrotechnik

Beispiel 1:

Berechnen Sie die Zweigströme der gegebenen Schaltung.

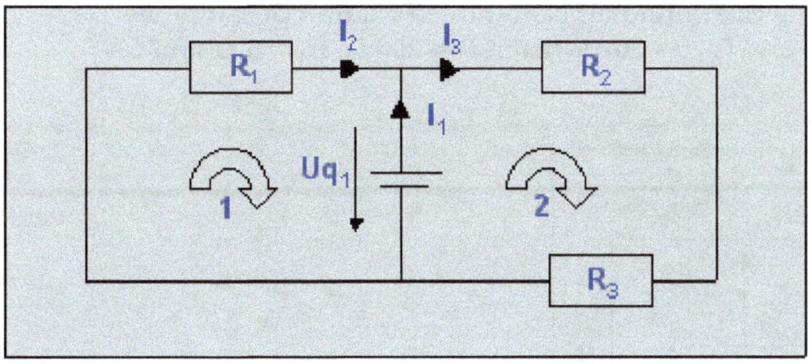

$R_1 = 6 \cdot \Omega$

$R_2 = 12 \cdot \Omega$

$R_3 = 10 \cdot \Omega$

$Uq_1 = 10 \cdot V$

gegebene Daten

Beispiel 2:

Berechnen Sie die Zweigströme der gegebenen Schaltung.

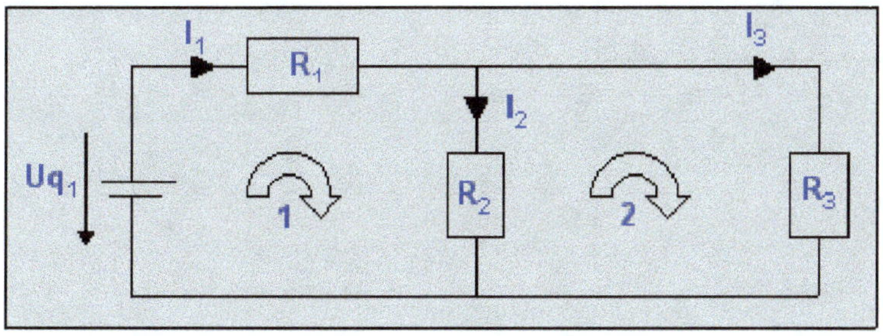

$R_1 = 8 \cdot \Omega$

$R_2 = 10 \cdot \Omega$

$R_3 = 16 \cdot \Omega$

$Uq_1 = 24 \cdot V$

gegebene Daten

Beispiel 3:

Bestimmen Sie die Kettenmatrix A des T-Gliedes. Die Ausgangsgrößen besitzen die Werte U_2 = 12 V und I_2 = 0.2 A. Welche Werte besitzen die zugehörigen Eingangsgrößen?

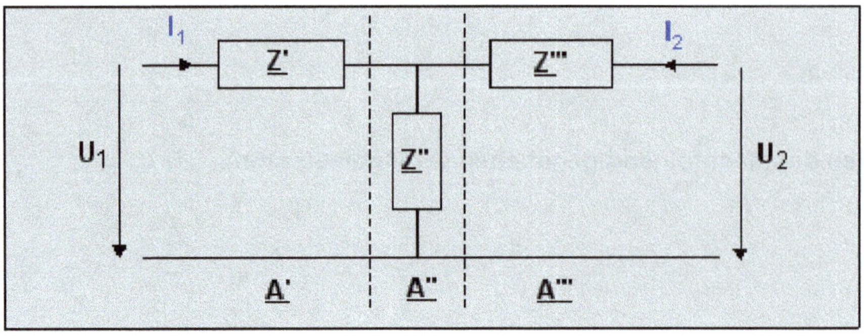

Beispiel 4:

Bestimmen Sie für die dargestellte symmetrische π-Schaltung die Eingangsspannung U_1 und den Eingangsstrom I_1, wenn die Ausgangsspannung U_2 = 24 V und der Ausgangsstrom I_2 = 1.5 A gegeben sind.

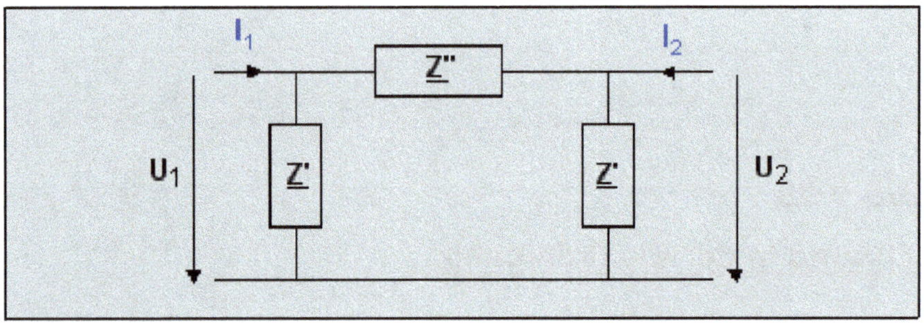

Beispiel 5:

Aus der nachfolgend gegebenen Schaltung soll die Spannungsübertragungsfunktion $\underline{G}(\omega)$ und die Bodediagramme im Frequenzbereich f_{min} = 10 Hz und f_{max} = 200 kHz mit R = 20 kΩ, R_1 = 5 Ω und C = 20 nF bestimmt werden.

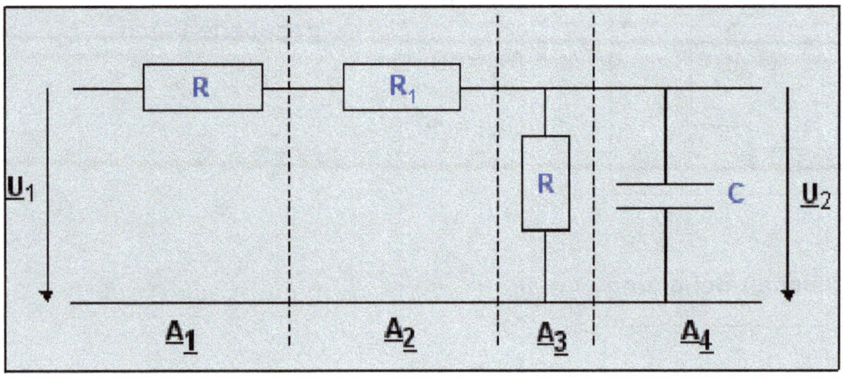

3.5.2 Anwendungen in der Mechanik

Beispiel 1:

Gegeben sei ein räumliches Fachwerk (Bockgerüst - belastetes Dreibein) mit den Knotenpunkten A(2 | -5 | 1), B(3 | -2 | 0), C(-5 | 2 | 1) und D(0 | 0 | 10). Im Punkt D greift eine Kraft F an. Gesucht sind die Stabkräfte F_A, F_B und F_C.

$kN := 10^3 \cdot N$ **Einheitendefinition**

$F = \begin{pmatrix} 2 \\ -0.7 \\ 5.2 \end{pmatrix} \cdot kN$ **gegebene Kraft**

Beispiel 2:

Auf einem zweifach abgestützten Träger wirken die Kräfte F_1 und F_2. Wie groß sind die Kräfte F_A und F_B?

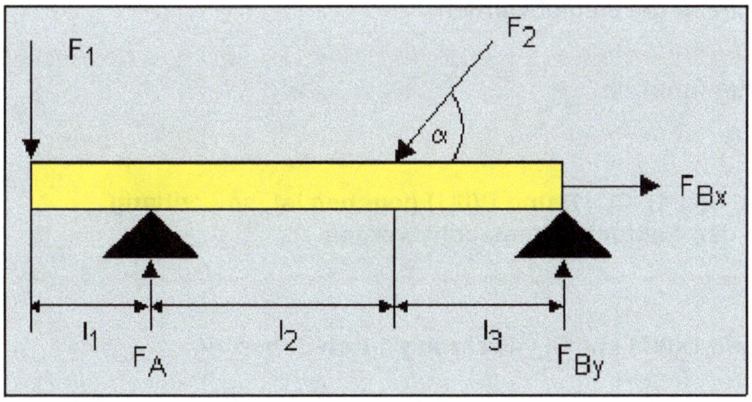

$F_1 := 350 \cdot N$

$F_2 := 500 \cdot N$

$\alpha := 45 Grad$ gegebene Daten

$l_1 := 0.6 \cdot m$

$l_2 := 1.4 \cdot m$

$l_3 := 0.25 \cdot m$

Beispiel 3:

Zwei identische Massen m sind durch zwei elastische Federn mit der Federkonstante c_1 und einer weiteren Feder zwischen den Massen mit der Federkonstante c_2 miteinander verbunden (Kopplung zweier schwingungsfähiger Systeme). Dieses System schwingt mit Normalschwingungen in Richtung der Systemachse. Bestimmen Sie die unbekannten Kreisfrequenzen ω_1 und ω_2 aus den Eigenwerten λ_i der gegebenen Systemmatrix A.

$$A = \begin{pmatrix} \frac{c_1 + c_2}{m} & \frac{-c_2}{m} \\ \frac{-c_2}{m} & \frac{c_1 + c_2}{m} \end{pmatrix} = \begin{pmatrix} \alpha & -\beta \\ -\beta & \alpha \end{pmatrix} \qquad \omega_1 = \omega_0 = \sqrt{\lambda_1} \qquad \omega_2 = \sqrt{\lambda_2}$$

Beispiel 4:

Ein homogener Träger der Länge L = 2 m ist auf zwei Stützen an den Enden gelagert und wird durch drei Kräfte $F_1 = 2$ kN, $F_2 = 5$ kN und $F_3 = 4$ kN, die gleichmäßig verteilt sind, belastet. Wie groß sind die Durchbiegungen y_1, y_2 und y_3, wenn die Koeffizientenmatrix A der Einflusszahlen gegeben ist und die Matrixgleichung y = A F gilt? Die Biegesteifigkeit beträgt E I = $5 \cdot 10^{10}$ N mm².

$$A = \lambda \cdot \begin{pmatrix} 8 & 12 & 7 \\ 12 & 15 & 12 \\ 7 & 12 & 8 \end{pmatrix}$$ Matrix der Einflusszahlen mit $\lambda = \frac{L^3}{768 \cdot E \cdot I}$

3.5.3 Anwendungen in der Computergrafik

Beispiel 1:

Ein Dreieck, das durch die drei Eckpunkte A(0|0), B(2|0) und C(1|3) gegeben ist, soll um die x-Achse bzw. y-Achse gespiegelt werden.

Beispiel 2:

Eine gegebene Fläche im Raum soll um die xy-Ebene gespiegelt werden.

$f(x,y) := \cos\left(-4 \cdot x^2 - 4 \cdot y^2\right)$ gegebene Flächenfunktion

Beispiel 3:

Ein Viereck, das durch die vier Eckpunkte A(0|0), B(2|-1), C(3|1) und D(0|1) gegeben ist, soll entlang der x-Achse um den Faktor 2 gestreckt bzw. um den Faktor 1/2 gestaucht werden.

Beispiel 4:

Ein Dreieck mit den Eckpunkten A(-3|0), B(1|0) und D(0|2) soll in y-Richtung durch Scherung verändert werden.

Beispiel 5:

Ein Viereck soll um einen Winkel $\varphi = \pi/2$ gedreht und anschließend mithilfe des Translationsvektors d verschoben werden.

$\mathbf{a_1} := \begin{pmatrix} -4 \\ -2 \end{pmatrix}$ $\mathbf{a_2} := \begin{pmatrix} 0 \\ -3 \end{pmatrix}$ $\mathbf{a_3} := \begin{pmatrix} 2 \\ 4 \end{pmatrix}$ $\mathbf{a_4} := \begin{pmatrix} -2 \\ 3 \end{pmatrix}$ Vektoren zu den Eckpunkten des Vierecks

$\mathbf{d} := \begin{pmatrix} 5 \\ 2 \end{pmatrix}$ Verschiebungsvektor

Beispiel 6:

Eine gegebene Fläche im Raum soll um einen Winkel $\alpha = 30°$ um die y-Achse gedreht werden.

$f(x,y) := x + y - 2$ gegebene Flächenfunktion

Beispiel 7:

Eine gegebene Ellipse soll um 100 Grad im Uhrzeigersinn gedreht werden:

$$\frac{x^2}{9} + \frac{y^2}{4} = 1$$ implizite Ellipsengleichung

Beispiel 8:

Eine Ellipse in Mittelpunktslage wurde um den Ursprung des Koordinatensystems gedreht.
Bestimmen Sie die Drehmatrix und die Ellipse in Hauptachsenlage.

$$3 \cdot x^2 - 10 \cdot x \cdot y + 4 \cdot y^2 = 25$$ Ellipsengleichung (Kegelschnittgleichung) der gedrehten Ellipse

Beispiel 9:

Ein räumliches Objekt definiert durch die Eckpunkte

$$\mathbf{O} := \begin{pmatrix} 4 & 4 & 4 & 4 & 4 & 4 & 4 & 4 & 0 & 0 & 0 & 0 & 0 & 0 & 0 & 0 \\ 0 & 2 & 3 & 15 & 16 & 18 & 18 & 0 & 0 & 18 & 18 & 16 & 15 & 3 & 2 & 0 \\ 0 & 0 & 6 & 6 & 0 & 0 & 9 & 9 & 9 & 9 & 0 & 0 & 6 & 6 & 0 & 0 \end{pmatrix}$$

wird zuerst um 30° gedreht, dann an der xy-Ebene gespiegelt, in y-Richtung um den Faktor 2 gestreckt und zum Schluss noch um 60° um die x-Achse gedreht. Die so entstehende Figur soll dann noch durch die Projektionsmatrix P_{xy} in die xy-Ebene projiziert werden (Aufriss).

$$P_{xy} = \begin{pmatrix} 1 & 0 & 0 \\ 0 & 1 & 0 \\ 0 & 0 & 0 \end{pmatrix}$$ Projektionsmatrix

3.5.4 Anwendungen in der linearen Optimierung

Beispiel 1:

Lösen Sie die folgende lineare Optimierungsaufgabe grafisch:

$$f(x_1, x_2) = 2 \cdot x_1 + 3 \cdot x_2$$ Die Zielfunktion soll ein Maximum werden.

$$2 \cdot x_1 + 4 \cdot x_2 \le 16$$

$$2 \cdot x_1 + 1 \cdot x_2 \le 10$$ Nebenbedingungen

$$4 \cdot x_2 \le 12$$

$$x_1 \ge 0$$

$$x_2 \ge 0$$ Nichtnegativitätsbedingungen

Beispiel 2:

In einem Betrieb werden zur Erzeugung der Produkte P_1 und P_2 die Maschinen A, B und C eingesetzt. Die für die Fertigstellung nötigen Maschinenzeiten sowie die wöchentliche Ausnützung sind aus der nachfolgenden Tabelle zu entnehmen:

Maschine	Zeit in Stunden für 1 kg von		größtmögliche Nutzung in Stunden
	P_1	P_2	
A	4	8	80
B	10	4	100
C	8	0	64

Das Produkt P_1 liefert als Gewinn € 380 und das Produkt P_2 € 200 pro kg. Welche Menge jedes Produktes soll erzeugt werden, damit ein größtmöglicher Gewinn erzielt wird?

Beispiel 3:

Aus zwei Gasen soll ein möglichst billiges Mischgas hergestellt werden, wobei die Verbrennungsenergie nicht unter 1200 kJ gehen darf und der Schwefelgehalt höchstens 4 g/m^3 zu betragen hat. Der Heizwert von G_1 beträgt 1200 kJ/m^3 und von G_2 1000 kJ/m^3, der Schwefelgehalt von G_1 liegt bei 2 g/m^3, von G_2 bei 6 g/m^3. 1 m^3 des 1. Gases kostet € 6, und 1 m^3 des 2. Gases € 10.

3.5.5 Anwendungen in der Ökonomie

Beispiel 1:

Drei verschiedene Fertigprodukte F_1, F_2 und F_3 setzen sich aus den drei Baugruppen B_1, B_2 und B_3 zusammen. Die Baugruppen wiederum setzen sich aus den vier Einzelteilen E_1, E_2, E_3 und E_4 zusammen. Die jeweils benötigten Stückzahlen kann aus den nachfolgenden Tabellen entnommen werden (z. B. die Baugruppe B_2 benötigt von E_1 3 Stück, von E_2 4 Stück, von E_3 1 Stück und von E_4 2 Stück). Entsprechend benötigt das Fertigprodukt F_2 von B_1 1 Stück, von B_2 4 Stück und von B_3 3 Stück.

Einzelteil	Baugruppe		
	B1	B2	B3
E1	4	3	1
E2	5	4	0
E3	3	1	5
E4	0	2	1

Baugruppe	Fertigprodukte		
	F1	F2	F3
B1	2	1	3
B2	1	4	2
B3	2	3	0

Die Materialkosten je Stück Einzelteil betragen $p^T = (2 \quad 3 \quad 1 \quad 4)$ €.

Bezeichnungen:

b_1, b_2, b_3 ... Stückzahlen der Baugruppen B_1, B_2 und B_3

f_1, f_2, f_3 ... Stückzahlen der Fertigteile F_1, F_2 und F_3

e_1, e_2, e_3, e_4 ... Stückzahlen der Einzelteile E_1, E_2, E_3 und E_4

a) Geben Sie die Materialflüsse in den beiden Zusammensetzungen in Form einer Matrixgleichung an.

b) Wie lautet die zahlenmäßige Verflechtung zwischen den Eingangsgrößen (Stückzahlen der Einzelteile) und den Ausgangsgrößen (Stückzahlen der Fertigprodukte)?

c) Wie viele Einzelteile sind notwendig, um 500 Stück von F_1, 300 Stück von F_2 und 400 Stück von F_3 zu produzieren? Wie hoch sind dabei die Materialkosten?

4. Vektoranalysis

4.1 Raumkurven

Beispiel 1:

Eine bestimmte Bahnkurve ist durch die nachfolgend gegebene Vektorfunktion beschrieben. Stellen Sie die Bahnkurve grafisch dar.

$$\mathbf{r}(t) = \begin{bmatrix} \frac{-1}{65} \cdot t^2 \cdot (t+12) \cdot (t-8) \cdot (t+4)^2 \\ \frac{-3}{20} \cdot t \cdot (t+4) \cdot (t+8) \cdot (t-4) \end{bmatrix}$$

gegebene Vektorfunktion ($t \ge 0$)

Beispiel 2:

Eine bestimmte Bahnkurve ist durch die nachfolgend gegebene Vektorfunktion beschrieben. Stellen Sie die Bahnkurve grafisch dar.

$$\mathbf{r}(t) = \begin{pmatrix} \sin(t) \\ e^t \\ \cos(2 \cdot t) \end{pmatrix}$$

gegebene Vektorfunktion ($t \ge 0$)

Beispiel 3:

Wie lauten der Geschwindigkeitsvektor und der Beschleunigungsvektor für die nachfolgend gegebenen Ortsvektoren? Stellen Sie dazu die zugehörigen Diagramme dar (bei selbst gewähltem R und ω und $t \ge 0$) und berechne die Bogenlänge der Bahnkurve zwischen $t_1 = 0$ s und $t_2 = 5$ s?

a)

$$\mathbf{r}(t) = \begin{pmatrix} R \cdot \cos(\omega \cdot t) \\ R \cdot \sin(\omega \cdot t) \end{pmatrix}$$

b)

$$\mathbf{r}(t) = \begin{bmatrix} R \cdot (t - \sin(t)) \\ R \cdot (1 - \cos(t)) \end{bmatrix}$$

Beispiel 4:

Wie lauten der Geschwindigkeitsvektor und der Beschleunigungsvektor für die nachfolgend gegebene Bahnkurve? Stellen Sie die Bahnkurve grafisch dar.

$$\mathbf{r}(t) = \begin{pmatrix} e^{-t} \cdot \sin(t) \\ e^{-t} \cdot \cos(t) \\ t \end{pmatrix}$$

gegebener Ortsvektor der Bahnkurve ($t \ge 0$)

Beispiel 5:

Für die nachfolgend gegebenen parameterabhängigen Vektoren soll die erste Ableitung des Skalar- und Vektorproduktes bestimmt werden.

$\mathbf{r_1}(t) = \begin{pmatrix} t \\ t^2 \\ t^3 \end{pmatrix}$ $\quad \mathbf{r_2}(t) = \begin{pmatrix} e^{-t} \\ e^{-t} \\ t \end{pmatrix}$ gegebene Vektoren

a) $\mathbf{r_1}(t) \cdot \mathbf{r_2}(t)$ b) $\mathbf{r_1}(t) \times \mathbf{r_2}(t)$

Beispiel 6:

Für die durch den nachfolgend gegebenen Ortsvektor einer Raumkurve ist der Tangenten- und Hauptnormaleneinheitsvektor sowie die Krümmung der Kurve für den Parameterwert t = π/4 zu bestimmen.

$\mathbf{r}(t) = \cos(2 \cdot t) \cdot \vec{e_x} + 4 \cdot \sin(2 \cdot t) \cdot \vec{e_y} + 5 \cdot t \cdot \vec{e_z}$ gegebener Ortsvektor für die Raumkurve

Beispiel 7:

Bestimmen Sie für die Raumkurve r(t) die Bogenlänge im Intervall 0 s ≤ t ≤ 1 s sowie die Krümmung und den Krümmungsradius für den Parameterwert t = 0.5 s

$\mathbf{r}(t) = \begin{pmatrix} t \\ t^2 \\ t^2 \end{pmatrix}$ gegebener Ortsvektor für die Raumkurve

Beispiel 8:

Eine Bahnkurve ist durch den Ortsvektor r(t) gegeben.
a) Wie lautet die Bahnkurve in expliziter Form?
b) Wie groß ist die Bogenlänge s im Intervall 0 s ≤ t ≤ 2 s?
c) Wie groß ist die Krümmung der Kurve für t = 1.5 s?
d) Wie lautet der Geschwindigkeits- und Beschleunigungsvektor? Wie lauten die Tangential- und Normalkomponenten von Geschwindigkeit und Beschleunigungsvektor?
e) Stellen Sie das Problem grafisch dar.

$\mathbf{r}(t) = t^2 \cdot \vec{e_x} + t \cdot \vec{e_y}$ gegebener Ortsvektor für die Raumkurve

Beispiel 9:

Ein Massenpunkt bewegt sich auf einer Bahn in der Ebene, die durch den nachfolgend gegebenen Ortsvektor beschrieben wird. Wie lauten die Tangential- und Normalkomponenten von Geschwindigkeit und Beschleunigungsvektor?

$\mathbf{r}(t) = e^{-2 \cdot t} \cdot \cos(t) \cdot \vec{e_x} + e^{-2 \cdot t} \cdot \sin(t) \cdot \vec{e_y}$ gegebener Ortsvektor für die Raumkurve

4.2 Flächen im Raum

Beispiel 1:

Durch den nachfolgend gegebenen Ortsvektor wird eine Fläche im Raum beschrieben. Wie lautet die Gleichung der Tangentialebene im Flächenpunkt P mit den Parameterwerten u = 2 und v = 2? Stellen Sie das Problem grafisch dar.

$$\mathbf{r}(u,v) := \begin{pmatrix} 3 \cdot \cos(3 \cdot u) \\ 3 \cdot \sin(3 \cdot u) \\ v^2 \end{pmatrix}$$ gegebener Ortsvektor

Beispiel 2:

Durch den nachfolgend gegebenen Ortsvektor wird eine Fläche im Raum beschrieben. Wie lautet die Gleichung der Tangentialebene im Flächenpunkt P mit den Parameterwerten u = 1 und v = 1? Stellen Sie das Problem grafisch dar.

$$\mathbf{r}(u,v) := \begin{pmatrix} u + v \\ u - v \\ v \end{pmatrix}$$ gegebener Ortsvektor

Beispiel 3:

Ein Massenpunkt bewegt sich auf der Mantelfläche einer Kugel mit Radius R = 4 m, die durch den nachfolgend gegebenen Ortsvektor beschrieben wird. Die Flächenparameter u und v sind dabei wie folgt von der Zeit abhängig: $u(t) = t$; $v(t) = t^2$. Wie lauten die Tangentenvektoren $\vec{t_u}$ und $\vec{t_v}$? Wie lautet der Geschwindigkeitsvektor? Wie groß ist der Betrag der Geschwindigkeit zum Zeitpunkt $t = \pi$ s? Wie lautet die Flächennormale $\vec{n_0}$ für die Parameterwerte $u = v = \pi/2$? Stellen Sie die Kugelfläche und die Flächenkurve grafisch dar.

$$\mathbf{r}(u,v) = \begin{pmatrix} R \cdot \sin(u) \cdot \cos(v) \\ R \cdot \sin(u) \cdot \sin(v) \\ R \cdot \cos(u) \end{pmatrix}$$ Parameterdarstellung einer Kugeloberfläche $(0 \le u \le \pi;\ 0 \le v < 2 \cdot \pi)$

4.3 Ebene und räumliche Koordinatensysteme

Beispiel 1:

Wie lautet das nachfolgende Vektorfeld in Polarkoordinaten?

$$\vec{F} = x \cdot y \cdot \vec{e_x} + y^2 \cdot \vec{e_y}$$ gegebenes Vektorfeld

Beispiel 2:

Wie lautet das nachfolgende Vektorfeld in Zylinderkoordinaten?

$$\vec{F} = y \cdot \vec{e_x} - 2 \cdot \vec{e_y} + x \cdot \vec{e_z}$$ gegebenes Vektorfeld

Beispiel 2:

Für die Bahnkurve eines Masseteilchens gelten die nachfolgend gegebenen Parametergleichungen. Wie lautet der Geschwindigkeitsvektor in Zylinderkoordinaten und der Betrag dieses Vektors zum Zeitpunkt t = 1 s?

$x = e^{-t} \cdot \sin(t) \qquad y = e^{-t} \cdot \cos(t) \qquad z = 2 \cdot t$ Parametergleichungen der Bahnkurve

Beispiel 3:

Das nachfolgend gegebene Geschwindigkeitsfeld soll in Kugelkoordinaten dargestellt werden.

$$\vec{v}(x, y, z) = \frac{z}{\sqrt{x^2 + y^2}} \cdot \begin{pmatrix} -y \\ x \\ 0 \end{pmatrix}$$ gegebenes Geschwindigkeitsfeld

4.4 Skalar- und Vektorfelder

Beispiel 1:

Stellen Sie das gegebene Skalarfeld und die zugehörigen Niveaulinien grafisch dar.

$f(x, y) = x^2 - y^2$ gegebenes Skalarfeld

Beispiel 2:

Stellen Sie das gegebene Skalarfeld und die zugehörigen Niveaulinien grafisch dar.

$f(x, y) = x^4 - 4 \cdot x \cdot y + y^4 + 0.9$

$x_{min} = -2 \quad x_{max} = 2$

$y_{min} = -2 \quad y_{max} = 2$

Beispiel 3:

Stellen Sie das gegebene Skalarfeld und die zugehörigen Niveaulinien grafisch dar.

$f(x, y) := \cos(x + \sin(y))$

$x_{min} = 0 \quad x_{max} = 2 \cdot \pi$

$y_{min} = 0 \quad y_{max} = 2 \cdot \pi$

Beispiel 4:

Das Skalarfeld für eine zweidimensionale Temperaturverteilung ist nachfolgend gegeben. Stellen Sie die Isothermen (Niveaulinien) der zweidimensionalen Temperaturverteilung grafisch dar.

$$\vartheta(x, y) = \frac{50}{15 \cdot x^2 + 30 \cdot y^2 + 5} + 20$$ zweidimensionale Temperaturverteilung

Beispiel 5:

Stellen Sie von den nachfolgend gegebenen Vektorfeldern jeweils das zugehörige Vektorfelddiagramm dar.

a) $\vec{F} = \begin{pmatrix} -x \\ y \end{pmatrix}$ b) $\vec{v} = \begin{pmatrix} x \cdot e^{-y} \\ y \cdot e^{-x} \end{pmatrix}$

Beispiel 6:

Stellen Sie von dem nachfolgend gegebenen Vektorfeld das zugehörige Vektorfelddiagramm dar.

$$\vec{v}(x,y) = \begin{bmatrix} y \\ (1-x^2)\cdot y - x \end{bmatrix} \qquad x_{min} = -2 \quad x_{max} = 2 \qquad y_{min} = -4 \quad y_{max} = 4$$

Beispiel 7:

Stellen Sie von dem nachfolgend gegebenen Vektorfeld das zugehörige Vektorfelddiagramm dar.

$F_x(x,y) = y$

$F_y(x,y) = -x$

Vektorfeldkomponenten

$x_{min} = -2 \quad x_{max} = 2$

$y_{min} = -2 \quad y_{max} = 2$

4.5 Klassische Differentialoperatoren

Beispiel 1:

Bestimmen Sie das Gradientenfeld der Funktion f(x,y) = sin(x) cos(x) und stellen Sie es grafisch dar (x_{min} = -2, x_{max} = 2, y_{min} = -4 und y_{max} = 4).

Beispiel 2:

Wie lautet der Gradient der Funktion f(x,y,z) = $x\,y + x^2\,y\,z + y\,z^3$?

Beispiel 3:

Wie lautet das zum Potential φ(r) = 1/ r gehörige Kraftfeld $\vec{F} = -\mathbf{grad}(\varphi(r))$?

Beispiel 4:

Das Dach eines Gebäudes (siehe Abbildung - Schnitt durch die x-z-Ebene) ist gegeben als Graf der Funktion f(x,y) = sin(2 x) cos(y) ($-4 \le x \le 1$; $-1 \le y \le 0$). An den Kanten $x_0 = 1$, $-1 \le y_0 \le 0$ stößt es gegen eine vertikale Mauer. Wie lautet das Gradientenfeld und die Gleichung der Tangentialebene an der Stelle ($x_0|y_0|z_0 = f(x_0,y_0)$)? Stellen Sie das Skalarfeld f und das zugehörige Gradientenfeld (Geschwindigkeitsfeld des abfließenden Regenwassers) grafisch dar.

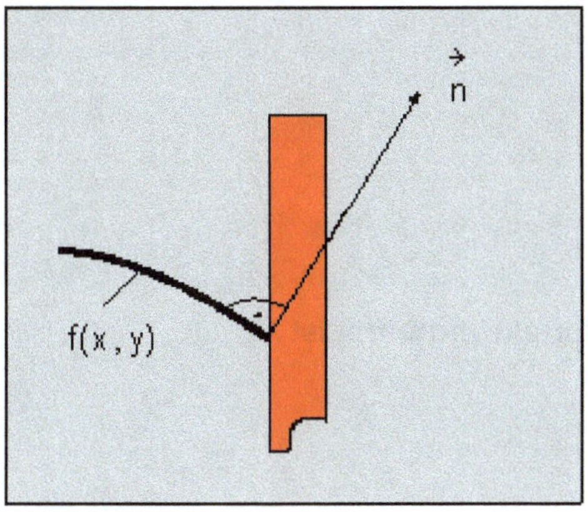

Beispiel 5:

Wie lautet die Gleichung der Tangentialebene, die im Punkt P(2|1|5) an die Zylindermantelfläche $F(x,y,z) = x^2 + y^2 - 5 = 0$ angelegt werden kann?

Beispiel 6:

Wie lautet der Gradient des folgenden in Zylinderkoordinaten gegebenen Skalarfeldes?

$f(\rho, \varphi, z) = \rho \cdot e^{\varphi} + z$ gegebenes Skalarfeld

Beispiel 7:

Bestimmen Sie die Divergenz des Gradientenfeldes des skalaren Feldes $f(x,y,z) = (x - 2)^2 + (y - 4)^2 + z^2$.

Beispiel 8:

Wie lautet die Divergenz des gegebenen Vektorfeldes im Punkt P(2|1|1)?

$$\vec{v} = \begin{pmatrix} x \cdot y - x^2 \cdot z^2 \\ 2 \cdot y \cdot z \\ x^2 \cdot y + y \cdot z \end{pmatrix}$$ gegebenes Vektorfeld

Beispiel 9:

Verschwindet die Divergenz des Gradienten des räumlichen radialsymmetrischen Skalarfeldes f?

$f(r) = a + \frac{c}{r}$ räumliches radialsymmetrisches Skalarfeld (Konstanten a, b > 0; r > 0)

Beispiel 10:

Ist das gegebene Geschwindigkeitsfeld wirbelfrei?

$$\vec{v} = \frac{1}{\sqrt{x^2 + y^2}} \cdot \left(-x \cdot \vec{e_x} - y \cdot \vec{e_y}\right)$$ gegebenes Geschwindigkeitsfeld

Beispiel 11:

Wie lautet die Rotation des folgenden Vektorfeldes im Punkt P(1|1|1)?

$$\vec{F} = \frac{1}{x^2 + y^2 + z^2} \cdot \left(x \cdot \vec{e_x} + y \cdot \vec{e_y} + z \cdot \vec{e_z}\right)$$

Beispiel 12:

Wie sind die Konstanten a und b zu wählen, damit das gegebene Vektorfeld wirbelfrei ist?

$$\vec{F} = \begin{pmatrix} 2 \cdot x \cdot z^2 + y^3 \cdot z \\ a \cdot x \cdot y^2 \cdot z \\ 2 \cdot x^2 \cdot z + b \cdot x \cdot y^3 \end{pmatrix}$$

Beispiel 13:

Wie lautet die Rotation des Vektorfeldes $\vec{v}$?

$$\vec{v} = \begin{pmatrix} x \\ x \cdot y \\ 1 \end{pmatrix}$$

Beispiel 14:

Wie lautet die Divergenz und Rotation des in Zylinderkoordinaten gegebenen Vektorfeldes?

$$\vec{F}(\rho, \varphi, z) = \frac{1}{\rho^2} \cdot \vec{e_\rho}$$ gegebenes Vektorfeld

4.6 Mehrfach-Anwendung der Differentialoperatoren

Beispiel 1:

Zeigen Sie, dass das Vektorfeld $\vec{F}$ wirbelfrei ist und damit als Gradient eines skalaren Feldes f(x,y,z) darstellbar ist. Wie lautet dieses skalare Feld f (Potentialfeld)?

$$\vec{G} = \begin{pmatrix} 2 \cdot x \cdot z + y^2 \\ 2 \cdot x \cdot y \\ x^2 \end{pmatrix}$$ gegebenes Vektorfeld

Beispiel 2:

Die Funktion f(r) = 1/r ist eine Lösung der Laplace-Gleichung $\Delta f = 0$ im Raum. Ist diese Funktion auch eine Lösung in der Ebene?

Beispiel 3:

Welche Funktion ergibt sich, wenn der Laplace-Operator auf das Skalarfeld $f(x,y,z) = (x^2 + x^2 + z^2)^2$ angewendet wird?

Beispiel 4:

Wie lauten die Lösungen der Laplace-Gleichung $\Delta f(\varphi) = 0$ in der Ebene, wenn f nur vom Polarwinkel φ abhängt?

Beispiel 5:

Ist das gegebene Vektorfeld $\vec{v}$ Rotation eines anderen Vektorfeldes?

$$\vec{v} = \begin{pmatrix} x^2 \cdot y \\ z \\ x \cdot y \cdot z \end{pmatrix}$$

Beispiel 6:

Ist $\vec{F}$ ein Gradientenfeld?

$$\vec{F} = \begin{pmatrix} -x \\ -y \\ 0 \end{pmatrix}$$

4.7 Linien- oder Kurvenintegrale

Beispiel 1:

Berechnen Sie die Masse des Bogens der Kurve $y = e^x$ zwischen $x_1 = 0$ und $x_2 = 5$, wenn die lineare Dichte ρ der Kurve in jedem Punkt gleich dem Quadrat seiner Abszisse ist.

Beispiel 2:

Berechnen Sie das Kurvenintegral längs der Kurve $\vec{r}(t) = \left(\cos(t), -\sin(t), \frac{t}{2 \cdot \pi}\right)^T$ $(0 \le t \le 2\,\pi)$ für das Vektorfeld $\vec{F}$.

$\vec{F}(x, y, z) = \begin{pmatrix} y \\ -x \\ 1 \end{pmatrix}$ gegebenes Vektorfeld

Beispiel 3:

Wie lautet jeweils der Wert des Kurvenintegrals längs der Kurven C_1 und C_2 $(0 \le t \le 4)$ für das ebene Vektorfeld $\vec{F}(x, y)$? Stellen Sie die Kurven C_1 und C_2 grafisch dar.

$\mathbf{r1}(t) := \begin{pmatrix} \frac{t}{2} \\ \frac{t}{2} \end{pmatrix}$ Kurve C_1

$\mathbf{r2}(t) := \begin{pmatrix} \sqrt{t} \\ \frac{t}{2} \end{pmatrix}$ Kurve C_2

$\mathbf{F}(x, y) := \begin{pmatrix} x^3 \cdot y^2 \\ x^2 + y \end{pmatrix}$ gegebenes Vektorfeld

Beispiel 4:

Wir betrachten zwei Kurven im Raum C_1: $t \longrightarrow (t^2, t^2, t^2)^T$ $(0 \le t \le 1)$ und C_2: $t \longrightarrow (t^3, t, t)^T$ $(0 \le t \le 1)$, die beide den Punkt $P_1(0|0|0)$ mit dem Punkt $P_2(1|1|1)$ verbinden. Wie lautet jeweils der Wert des Kurvenintegrals für das gegebene Vektorfeld $\vec{E}$? Stellen Sie die Kurven C_1 und C_2 grafisch dar.

$x1(t) := t^2$

$y1(t) := t^2$ Parametergleichungen der Kurve C_1

$z1(t) := t^2$

$x2(t) := t$

$y2(t) := t^2$ Parametergleichungen der Kurve C_2

$z2(t) := t^3$

$\mathbf{E}(x,y,z) := \begin{pmatrix} y \\ x \cdot z^2 \\ 1 \end{pmatrix}$ gegebenes Vektorfeld

Beispiel 5:

Wie groß ist die Arbeit, die das ebene Kraftfeld $\vec{F}$ an einem Massenpunkt bei einer gradlinigen Verschiebung von $P_1(0|0)$ nach $P_2(4|4)$ verrichtet?

$\mathbf{F}(x,y) := \begin{pmatrix} x^2 \cdot y \\ x \cdot y \end{pmatrix}$ gegebenes ebenes Kraftfeld

Beispiel 6:

Zeigen Sie, dass das nachfolgend gegebene ebene Vektorfeld konservativ oder ein Potentialfeld ist und daher wegunabhängig ist. Außerdem berechnen Sie das Arbeitsintegral.

$\int_C \vec{F}\, d\vec{r}$ für einen beliebig gewähltem Weg vom Punkt P1(1|0) nach P2(3|5).

$\vec{F}(x,y) = x \cdot \vec{e}_x + y \cdot \vec{e}_y$ gegebenes Vektorfeld

Beispiel 7:

Zeigen Sie, dass das folgende Linienintegral wegunabhängig ist. Außerdem bestimmen Sie die zugehörige Potentialfunktion.

$$\int_C e^x \cdot dx + x \cdot e^y\, dy$$

Beispiel 8:

Zeigen Sie, dass die Linienintegrale von A(0|0) nach B(1|1) entlang der Kurven $y = x$, $y = x^2$ und $y = \sin(\pi\, x/2)$ gleich 1 sind.

$\vec{F} = \begin{pmatrix} y \\ x \end{pmatrix}$ gegebenes Vektorfeld

Beispiel 9:

Für das nachfolgend gegebene Feld $\vec{F}$ soll zuerst die Integrabilitätsbedingung überprüft werden und anschließend das Umlaufintegral entlang vom Einheitskreis $\overrightarrow{r(t)} = (\cos(t), \sin(t))^T$ $(0 \le t \le 2\pi)$ berechnet werden. Ist das Feld konservativ?

$\vec{F} = \frac{-y}{x^2 + y^2} \cdot \vec{e_x} + \frac{x}{x^2 + y^2} \cdot \vec{e_y}$ gegebenes Vektorfeld

Beispiel 10:

Ist $dS(T, V) = \frac{C_V}{T} \cdot dT + \frac{R}{V} \cdot dV$ ein vollständiges Differential der Entropiefunktion S(T,V) des idealen Gases? Wenn ja, bestimmen Sie diese Funktion. T ist die absolute Temperatur, V das Volumen, C_V die Molwärme bei konstantem Volumen und R die allgemeine Gaskonstante.

Beispiel 11:

Ist das räumliche Kraftfeld $\vec{F} = r^2 \cdot \vec{r}$ konservativ? Wenn ja, bestimmen Sie das Potential f(x,y,z) des Feldes.

Beispiel 12:

Gegeben ist das Kraftfeld $\vec{F} = \left(2 \cdot x + 3 \cdot y^2, 9 \cdot x \cdot y^2 + 2 \cdot y\right)^T$. Gibt es eine Funktion f(x,y), so dass $\vec{F} = \mathbf{grad}(f(x, y))$ gilt? Wenn ja, bestimmen Sie diese Funktion.

4.8 Oberflächenintegrale von Vektorfeldern

Beispiel 1:

Wie groß ist der Fluss des Vektorfeldes $\vec{F}$ durch die im 1. Oktant gelegene Fläche der Ebene $x + y + z = 1$? Stellen Sie die Fläche grafisch dar.

$\vec{F} = \begin{pmatrix} 4 \cdot y \\ x^2 \\ x \cdot z \end{pmatrix}$ gegebenes Vektorfeld

Beispiel 2:

Wie groß ist der Fluss des Vektorfeldes $\vec{F}$ durch einen Zylindermantel A, wobei der Radius des Zylinders R = 2 und die Höhe h = 5 ist? Stellen Sie den Zylinder grafisch dar.

$\vec{F} = \begin{pmatrix} x \cdot y \\ x \\ \sin(z) \end{pmatrix}$ gegebenes Vektorfeld

Beispiel 3:

Wie groß ist der Fluss des Vektorfeldes $\vec{F}$ durch die geschlossene Halbkugelschale $x^2 + y^2 + z^2 = 4$, $z \geq 0$? Stellen Sie die Halbkugelschale grafisch dar.

$$\vec{F} = \begin{pmatrix} x \cdot y \\ z \\ -y \end{pmatrix}$$ gegebenes Vektorfeld

Beispiel 4:

Durch die Rotation der Normalparabel $z = x^2$ um die z-Achse entsteht ein Rotationsparaboloid. Der Mantel dieses Paraboloids wird durch die Gleichung $z = x^2 + y^2$ beschrieben. Wie groß ist der Flächeninhalt dieses Mantels mit der Höhe $h = 5$? Stellen Sie das Rotationsparaboloid grafisch dar.

Beispiel 5:

Wie groß ist der Fluss des in Zylinderkoordinaten dargestellten Vektorfeldes $\vec{F} = \frac{c}{\rho} \cdot \vec{e_\rho}$ ($\rho > 0$, c = konst.) durch die Oberfläche eines koaxialen Zylinders mit dem Radius R und der Höhe h (die Zylinderachse sei die z-Achse)?

4.9 Integralsätze von Gauß und Stokes

Beispiel 1:

Wie lautet der Fluss des Vektorfeldes $\vec{F}$ durch die (geschlossene) Oberfläche eines Zylinders mit der Zylinderachse z, mit dem Radius $r = 2$ und $h = 5$ ($0 \leq z \leq 5$)?

$$\vec{F} = \begin{pmatrix} x^2 \\ -x \\ z^2 \end{pmatrix}$$ gegebenes Vektorfeld

Beispiel 2:

Der Integralsatz von Gauß soll für das ebene Vektorfeld $\vec{F}$ und für die Kreisfläche mit Radius $R = 2$ und der Randkurve C um den Ursprung verifiziert werden. Die Kreisfläche hat den Radius $\vec{r}$ und den Normaleneinheitsvektor $\vec{n_0} = \frac{1}{|\vec{r}|} \cdot \vec{r}$.

Beispiel 3:

Gegeben sei die Mantelfläche der Halbkugel $x^2 + y^2 + z^2 = 4$ $(z \geq 0)$ und C die kreisförmige Randkurve in der x-y-Ebene. Wie groß ist der Wirbelfluss des Vektorfeldes $\vec{F}$ durch diese Fläche auf zwei verschiedene Arten? (Die Flächennormale ist nach außen gerichtet und die Randkurve C wird im Gegenuhrzeigersinn durchlaufen.)

$$\vec{F} = \begin{pmatrix} -y^3 \\ y \cdot z^2 \\ y^2 \cdot z \end{pmatrix}$$ gegebenes Vektorfeld

Beispiel 4:

Ein Vektorfeld ist in Kugelkoordinaten gegeben: $\vec{F}(r, \vartheta, \varphi) = r^2 \cdot \cos(\varphi) \cdot \vec{e_\vartheta}$. Bestätigen Sie die Aussage, dass der Vektorfluss durch eine Kugelschale mit dem Radius R verschwindet.

Literaturverzeichnis

Dieses Literaturverzeichnis enthält einige Werke über Mathematik, Elektrotechnik, Elektronik, Regelungstechnik, Maschinenbau, Signalverarbeitung, Mechanik und Physik. Es soll dem Leser zu den Ausführungen dieses Buches bei der Suche nach vertiefender Literatur eine Orientierungshilfe sein.

ANTON, H. (1995). Lineare Algebra. Heidelberg: Spektrum Akademischer Verlag.

BUCHMAYR, B. (2002). Werkstoff- und Fertigungstechnik mit Mathcad. Heidelberg: Springer.

DAVIS, A. (1999). Lineare Schaltungsanalyse. Bonn: mitp-Verlag.

FICHTENHOLZ, G.M. (1986). Differential- und Integralrechnung 3. Berlin: VEB Deutscher Verlag der Wissenschaften.

FISCHER, G. (1997). Lineare Algebra. Wiesbaden: Vieweg.

FORSTER, O. (1999). Analysis 3. Braunschweig, Wiesbaden: Vieweg.

GEORG, O. (1999). Elektromagnetische Felder. Berlin: Springer.

GÖTZ, H. (1990). Einführung in die digitale Signalverarbeitung. Stuttgart:Teubner.

GREINER, W. (1993). Mechanik 1 und 2. Thun: Harri Deutsch.

GREUEL, O. (1985). Mathematische Ergänzungen und Aufgaben für Elektrotechniker. Leipzig: VEB.

JÄNICH, K. (2004). Lineare Algebra. Berlin, Heidelberg, New York: Springer.

KUYPERS, F. (1993). Klassische Mechanik. Weinheim: VHC.

LEUPOLD, W. (1982). Mathematik Band III. Thun und Frankfurt/Main: Harri Deutsch.

MAEYER, M. (1998). Signalverarbeitung. Braunschweig, Wiesbaden: Vieweg.

MARTI, K., **GRÖGER**, D. (2000). Einführung in die lineare und nichtlineare Optimierung. Heidelberg: Physika.

NEUMANN, K., **MORLOCK**, K. (1993). Operations Research. München: Carl Hanser.

OSE, G. (1981). Mathematik Band IV. Thun und Frankfurt/Main: Harri Deutsch.

PAPULA, L. (2001). Mathematik für Ingenieure und Naturwissenschaftler. Band 1. Wiesbaden: Vieweg.

PAPULA, L. (2001). Mathematik für Ingenieure und Naturwissenschaftler. Band 2. Wiesbaden: Vieweg.

PAPULA, L. (1997). Mathematik für Ingenieure und Naturwissenschaftler. Band 3. Wiesbaden: Vieweg.

SCHLÜTER, G. (2000). Digitale Regelungstechnik. Leipzig: Fachverlag.

SCHMUTZER, E. (1991). Grundlagen der theoretischen Physik. Teil 1. Berlin: Deutscher Verlag der Wissenschaften.

SPERLICH, V. (2002). Übungsaufgaben zur Thermodynamik mit Mathcad. Leipzig: Fachbuchverlag.

STEPHAN, W. (2001). Leistungselektronik. Leipzig: Carl Hanser.

TRÖLSS, J. (2002). Einführung in die Statistik und Wahrscheinlichkeitsrechnung und in die Qualitätssicherung mithilfe von Mathcad. Linz: Trauner.

TRÖLSS, J. (2008). Angewandte Mathematik mit Mathcad (Lehr- und Arbeitsbuch). Band 1: Einführung in Mathcad. Wien: Springer.

TRÖLSS, J. (2008). Angewandte Mathematik mit Mathcad (Lehr- und Arbeitsbuch). Band 3: Differential- und Integralrechnung. Wien: Springer.

TRÖLSS, J. (2008). Angewandte Mathematik mit Mathcad (Lehr- und Arbeitsbuch). Band 4: Reihen, Transformationen, Differential- und Differenzengleichungen. Wien: Springer.

WAGNER, A. (2001). Elektrische Netzwerkanalyse. Norderstedt: BoD.

WEHRMANN, C. (1995). Elektronische Antriebstechnik. Wiesbaden: Vieweg.

Sachwortverzeichnis

A

B

C

D

E

www.ingramcontent.com/pod-product-compliance
Lightning Source LLC
LaVergne TN
LVHW081131051026
849532LV00009B/3230
* 9 7 8 3 2 1 1 7 6 7 4 4 3 *